AP1000依托项目工程建设经验论文集

（上册）

上海核工程研究设计院有限公司　组织编写

中国原子能出版社

图书在版编目（CIP）数据

AP1000 依托项目工程建设经验论文集 / 上海核工程研究设计院有限公司组织编写. —北京：中国原子能出版社，2021.9

ISBN 978-7-5221-1630-3

Ⅰ. ①A… Ⅱ. ①上… Ⅲ. ①核电厂–工程项目管理–经验–中国–文集 Ⅳ. ①TM623-53

中国版本图书馆 CIP 数据核字（2021）第 204361 号

AP1000 依托项目工程建设经验论文集（上册）

出版发行	中国原子能出版社（北京市海淀区阜成路 43 号 100048）
责任编辑	胡晓彤
装帧设计	武 涵 侯怡璇
责任校对	宋 巍
责任印制	赵 明
印 刷	河北文盛印刷有限公司
经 销	全国新华书店
开 本	787 mm×1092 mm 1/16
印 张	61.5
字 数	1532 千字
版 次	2021 年 9 月第 1 版 2021 年 9 月第 1 次印刷
书 号	ISBN 978-7-5221-1630-3 定 价 **260.00** 元

网址：http://www.aep.com.cn **E-mail：atomep123@126.com**

发行电话：010-68452845

目　录

上　册

第1篇　设　计　篇

第2篇　设　备　篇

第3篇　建　造　篇

下 册

第4篇 运 维 篇

第5篇　管　理　篇

第 1 篇

设 计 篇

AP1000 依托项目主控制室内渗透试验验证

曹熔泉，余　鑫

（上海核工程研究设计院有限公司，上海　200233）

摘要：核电厂主控制室可居留环境是主控制室通风空调系统设计的重点。主控制室内渗透量作为放射性后果评价的输入，是影响事故后主控制室人员剂量的重要参数。AP1000 依托项目在国内首次采用 ASTM E741 示踪气体法对主控制室内渗透进行了试验测量。试验结果表明，主控制室压力边界完整性不仅取决于围护结构、贯穿封堵及门洞等气密性，位于可居留区外的通风空调系统负压段也是影响主控制室内渗透不可忽视的组成部分。AP1000 依托项目通过改善可居留区外通风空调系统的气密性，在主控制室常规通风空调系统第二次试验时，通过了内渗透试验验证，使其在过滤模式下能够维持主控制室放射性水平，满足可居留要求。

关键词：主控制室；内渗透试验；示踪气体；可居留

Main Control Room Air Inleakage Testing and Validation for AP1000 China Plants

CAO Rongquan，YU Xin

（Shanghai Nuclear Engineering Research & Design Institute Co., Ltd., Shanghai 200233, China）

Abstract: Main Control Room（MCR）habitability is the essential issue in MCR HVAC system design. As an important input of MCR dose analysis，MCR air inleakage is one of the key parameters that affect the receiving radiation dose of operators. The MCR inleakage testing was first performed utilizing ASTM E741 tracer gas method in China at AP1000 China plants. The results indicates that the integrity of CRE not only depends on the wall/floor joints，penetration seals，and door seals，but the negative pressure portions of MCR ventilation system located outside CRE could be an important constituent not to be ignored. The airtight of these portions of MCR ventilation system was improved before repeated air inleakage testing. It was validated that the testing results satisfied the dose analysis，and the MCR ventilation system would perform as it was designed to maintain the acceptable control room habitability.

Key words：Main Control Room；Inleakage Test；Tracer Gas；Habitability

---

作者简介：曹熔泉（1984—　），男，江苏如东人，高级工程师，硕士，现主要从事核电厂暖通空调设计工作

主控制室通风空调系统气载放射性防护设计是核电厂主控制室可居留环境设计的重要组成部分。其中，主控制室空气内渗透量是放射性后果评价的主要参数之一。本文对 AP1000 依托项目主控制室内渗透的试验验证情况进行介绍，为后续核电厂主控制室通风空调系统的设计、电厂运行期间主控制室压力边界完整性的维护提供参考。

1 主控制室内渗透试验的意义

为应对放射性事故，达到主控制室应急区域长期可居留的目的，以满足标准法规[1]中关于主控制室人员有效剂量和甲状腺当量剂量要求，通风空调系统通常采用区域隔离和过滤净化方式[2,3]为主控制室应急区域提供通风空调服务。此时，未经过滤净化的空气从主控制室应急区域外部通过通风系统、围护结构或其他系统进入主控制室应急区域，即主控制室内渗透。放射性事故下，主控制室内渗透无疑会对人员放射性防护带来不利影响。有研究表明[4]，未经过滤的空气进入主控制室可居留区域对人员剂量评价会产生很大的影响。

目前主控制室内渗透没有适用的计算方法，主要采用试验进行测量验证。在 1991 年至 2001 年期间，美国对大约 30%的核电厂主控制室进行了主控制室边界的完整性试验，测得了主控制室内渗透量，仅一台机组的测量结果小于剂量分析评定中采用的假设数据，部分电厂甚至超出了几个数量级[5]。为此，美国在主控制室内渗透试验方法、设计验证、在役试验监督等方面形成了相对完整的体系[5–8]，要求核电厂在设计、取照和运行等阶段采取措施保证主控制室压力边界的完整性。

近年来，随着认识的提高，主控制室内渗透问题受到普遍的关注。不少国家也在着手开展核电厂主控制室内渗透试验验证的工作，比如韩国月城核电厂[9]。我国引进建设的 AP1000 堆型依托项目三门和海阳一期工程在国内首次按照 RG 1.197[5]采用 ASTM E741[10]示踪气体法对主控制室内渗透进行了试验验证。

2 主控制室通风空调系统介绍

主控制室应急区域（也被称作为主控制室边界）是主控制室操纵员进行电厂应急响应控制有必要经常进出或连续停留的关键场所，包括主控制室、专设计算机房、值长办公室、卫生间及厨房等[3,8]。AP1000 依托项目的主控制室应急区域主要由主控制区、运行工作区、值长办公室、操纵员休息区、厨房和卫生间组成。整个主控制室边界在同一个楼层，总面积约 250 m^2。主控制室应急区域采用双门门厅式的主入口，其边界由约 300 mm、600 mm 厚的混凝土围护结构围合而成。

AP1000 依托项目主控制室应急区域由两个系统提供通风空调服务：(1) 采用部分循环过滤维持主控制室正压的常规非安全级纵深防御的通风空调系统（VBS）;（2）隔离可居留区并采用压缩空气为主控制室提供新风、循环过滤及维持主控制室正压的安全级应急可居留通风系统（VES）。其中，VBS 系统流程架构主要参考文献［2］附录中“隔离主控制室应急区域，室外新风和室内回风经过净化送入主控制室应急区域，维持主控制室应急区域正压”的形式，而 VES 系统流程架构参考文献［2］附录中的“隔离主控制室应急区域，采用压缩空气代替室外新风，维持主控制室应急区域正压”的形式。通风空调系统的机房位于主控制室边界之外。

图 1 是 VBS 系统新风过滤模式的流程简图，图中给出了为主控制室边界提供通风空调服务的流程示意，除此以外本系统还为控制支持中心服务。在 VBS 主控制室送风管探测到气载

放射性剂量高时，VBS 系统自动切换至新风过滤模式，正常新风管上的密闭阀关闭，室外新风与部分室内回风混合经新风过滤机组过滤净化之后，由空气处理机组热湿处理之后送入主控制室边界内，维持主控制室边界相对邻近区域不小于 30 Pa 的正压。

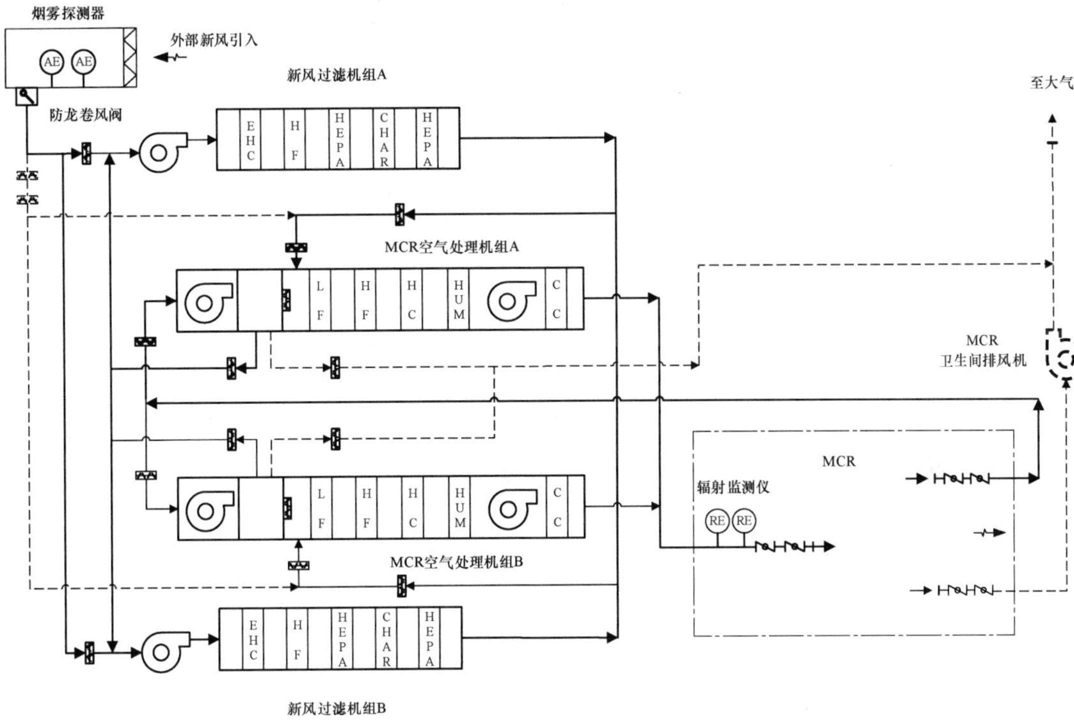

图 1 VBS 系统流程简图

安全级应急可居留通风系统 VES 运行时，关闭主控制室边界处的隔离阀（包含 VBS 通风空调系统及生活污水排放系统），由主控制室边界外的压缩空气储罐为主控制室人员提供可呼吸用气，维持主控制室边界相对邻近区域正压不小于 30 Pa。主控制室边界内潜在的污染空气由空气过滤机组循环过滤净化。流程示意图如图 2 所示。

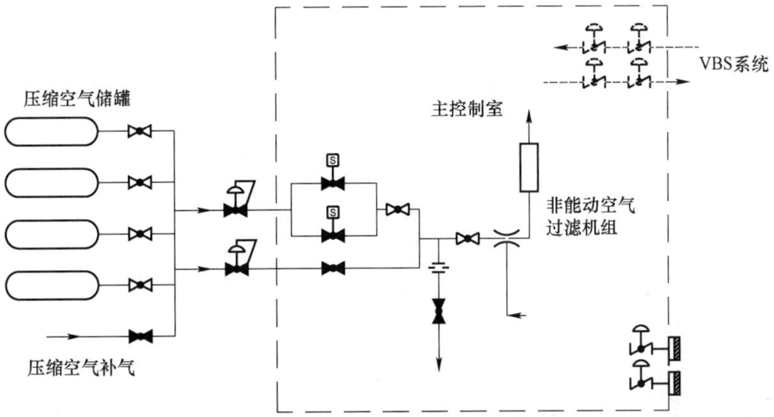

图 2 VES 系统流程简图

3 内渗透试验

主控制室内渗透试验方法主要有：浓度衰减法、恒定流量法及恒定浓度法等三种。文献［10］和文献［11］对这三种方法进行了详细介绍。

AP1000 依托项目各机组主控制室内渗透试验采用六氟化硫（SF_6）作为示踪气体，以恒定流量法，分别对非安全级纵深防御的主控制室/控制支持中心通风空调系统 VBS 的新风过滤模式和安全级主控制室应急可居留通风系统 VES 进行了内渗透试验，试验结果如表 1 所示。

表 1 AP1000 依托项目主控制室边界内渗透试验结果

机组	系统		第一次	第二次	验收指标
SM1①	VBS	A 序列	～340 m^3/h	97 m^3/h	≤128 m^3/h
		B 序列	201 m^3/h	71 m^3/h	
	VES		7 m^3/h	/	≤17 m^3/h
HY1②	VBS	A 序列	406 m^3/h	97 m^3/h	≤128 m^3/h
		B 序列	114 m^3/h	46 m^3/h	
	VES		5 m^3/h	/	≤17 m^3/h

注：① SM1 为三门 1 号机组；② HY1 为海阳 1 号机组。

其中，三门 1 号机组 VBS 系统两个序列和海阳 1 号机组 VBS 系统的 A 序列的第一次试验结果未能满足验收准则的要求。经对主控制室边界、控制支持中心边界、通风空调系统设备、风管及两个序列的隔离边界进行气密性检查和修正之后，在第二次试验时 4 台机组均通过了试验验证。

以下以 VBS 新风过滤模式 A 序列为列，简要说明主要试验步骤：

（1）根据系统流程预先确定示踪气体注入点、取样点，将示踪气体气瓶采用密封软管连接至注入点，气瓶与注入点之间的管路上设置流量控制器，并采用软管将各取样点通过取样泵与取样装置连通。

（2）打开主控制室边界和控制支持中心所有内门，采用混合风扇将室内空气混合均匀，取样测量本底示踪气体浓度。

（3）投运 VBS 系统 A 序列，切换至新风过滤模式，检查系统运行参数，测量主控制室边界与相邻区域的正压，确认系统风量、压力等参数在设计范围内。

（4）向注入点注入特定流量的示踪气体，检查各接口的密封性，确保不存在漏气现象，记录示踪气体注入时间。

（5）采用示踪气体法测量系统新风量，多次测量取平均值，确认实际运行新风量满足设计要求。

（6）每间隔一定时间，从系统管路、主控制室边界及控制支持中心中进行取样，并采用示踪气体分析仪进行浓度分析测量，直至各取样点示踪气体浓度趋于稳定。记录各取样时间及各取样点示踪气体浓度。

（7）移除试验设备，恢复系统状态。

（8）数据处理，按照文献［10］和文献［11］中给出的方法对内渗透空气量的进行计算，并对测量误差进行分析。

4　试验结果分析

如表 1 所列，主控制室应急可居留通风系统 VES 运行场景下，三门 1 号机组和海阳 1 号机组均在首次即通过了内渗透试验。内渗透试验结果较为理想，分别为 4 cfm 和 3 cfm，均小于 10 cfm，满足验收准则的要求。由于 VES 系统位于主控制室边界外的部件主要为压缩空气储罐、压力管道及阀门等，且系统管路均为正压，因而对主控制室内渗透的影响可忽略。试验表明：

（1）主控制室边界的围护结构、隔离阀、电缆桥架及管道贯穿的封堵、门洞、人员入口的门厅设计等具有良好的气密性，主控制室压力边界的设计合理。

（2）VES 系统送风能够维持主控制室边界既定的正压，配合气密性能良好的主控制室边界，能够很好地限制未经过滤的内渗透空气进入主控制室，满足人员放射性防护的设计意图。

由于主控制室边界的气密性能较好，VBS 系统在新风过滤模式下运行时也能较好地维持主控制室边界相对相邻区域的正压，其两个序列运行时主控制室内渗透量主要还是取决于主控制室边界外的通风空调系统部分。根据文献［7］和文献［11］中，这些部分主要集中于通风空调系统的负压段，包含的主要部件和泄漏点可能有：

（1）主控制室边界外的风管负压段。

（2）空气处理机组，包含箱体、检修门、冷凝水管、加湿器排水管、电缆管线贯穿处。

（3）两个冗余序列分界处的隔离或密闭风阀等。

通过更换泄漏率要求更高的风阀、加强相应风管泄漏率要求，同时对空气处理机组检修门密封条等进行调整，对其他泄漏点进行相关封堵，VBS 系统在第二次试验中通过了主控制室内渗透的试验验证。

主控制室内渗透试验及其试验期间系统的调整经验，不仅可反哺于后续设计，也为电厂运行主控制室边界的运行维护提供了指导。由于影响主控制室边界内渗透的因素纵多，各类封堵、密封条等的性能都会随着时间的推移有所退化，电厂运行期间需要定期对主控制室内渗透进行评估，并定期进行试验验证[5]，对影响主控制室内渗透的不利环节予以修正。

同时，国内首次的主控制室内渗透试验实践对推进国内核电厂主控制室可居留环境的安全运行具有重要意义，其验证经验也可供国内其他堆型核电厂主控制室边界的设计和压力边界的完整性验证参考。

5　结论

主控制室空气内渗透量是影响主控制室人员剂量评定的主要参数之一，对其进行内渗透验证试验对主控制室可居留环境的安全运行具有重要意义。

在主控制室边界设计合理、气密性良好的情况下，通风空调系统维持主控制室边界一定正压，能够较好地限制通过主控制室边界的内渗透。然而，位于主控制室边界外部的通风系统由于负压段和气密性问题的存在，仍然是影响主控制室内渗透的主要因素，加强这部分通风系统的气密性对降低主控制室内渗透，维持主控制室可居留环境有着积极意义。

国内首次主控制室内渗透试验验证，提升了行业内对内渗透的认识，推进了国内先进核电厂主控制室可居留环境的设计、验证及运行维护等工作。

参考文献

［1］国家核安全局．核动力厂营运单位的应急准备和应急响应：HAD 002/01［S］．北京：国家核安全局，2010．

［2］American Nuclear Society．Safety criteria for HVAC systems located outside primary containment：ANSI/ANS 59.2［S］．American Nuclear Society，1985．

［3］U. S. Nuclear Regulatory Commission．Standard review plan for the review of safety analysis reports for nuclear power plants：NUREG 0800［S］．USA：Nuclear Regulatory Commission，2007．

［4］杨东，唐邵华，王建华．核电厂事故条件下主控室可居留性剂量评价方法［J］．核动力工程，2012，33（2）：123-126．

［5］U．S．Nuclear Regulatory Commission．Demonstrating control room envelope integrity at nuclear power reactors：RG 1.197［S］．USA：Nuclear Regulatory Commission，2003．

［6］Peter L．Lagus．Control room envelope unfiltered air inleakage test protocols［C］．//20th Doe/NRC nuclear air cleaning and treatment conference，1989：401-425．

［7］U．S．Nuclear Energy Institute．Control room habitability assessment guidance：NEI 99-03［S］．USA：Nuclear Energy Institute，2001．

［8］U. S. Nuclear Regulatory Commission. Control room habitability at light-water nuclear power reactors：RG 1.196［S］．USA：Nuclear Regulatory Commission，2007．

［9］J. B. Lee. Control room habitability analysis and testing for Wolsong Unit 1［C］．//Gwangju，Korea：Transactions of the Korean Nuclear Society Spring Meeting，2013．

［10］American Society for Testing and Materials．Standard Test Method for Determining Air Change in a Single Zone by Means of a Tracer Gas Dilution：ASTM E741［S］．American Society for Testing and Materials，2000．

［11］叶剑云，余鑫．核电厂主控制室空气内渗透试验方法［J］．暖通空调 HV&AC，2016，46（11）：23-27．

AP1000核电厂机械补偿控制运行模式反应性管理技术

费敬然，杨伟焱，毕光文，杨　波，汤春桃

（上海核工程研究设计院有限公司，上海　200233）

摘要：反应性管理是确保裂变产物不向外界释放的重要一环。根据 WANO 有效反应性管理导则，堆芯反应性应被监视并控制在燃料设计及运行限值内，以作为避免裂变产物释放的屏障。以 AP1000 型和 CAP1400 型为代表的非能动压水堆采用机械补偿控制运行模式，具备不调硼负荷跟踪及快速降功率的能力，通过在线监测系统，在线监测功率分布与安全裕量，高效自动提供反应性管理信息。本文分析了业界在反应性管理方面的经验反馈和实践，介绍了 AP1000 核电厂基于 BEACON 系统的机械补偿控制运行模式反应性管理工具，并分析了其在工程实践中的应用方法和价值。

关键词：反应性管理；机械补偿；堆芯在线监测系统；BEACON

Mechanical Shim Operation Strategy Reactivity Management in AP1000

FEI Jingran，YANG Weiyan，BI Guangwen，YANG Bo，TANG Chuntao

（Shanghai Nuclear Engineering Research & Design Institute Co., Ltd., Shanghai 200233, China）

Abstract: Reactivity management is essential to ensure that fission products are not released to the outside for nuclear safety. According to the guideline of WANO effective reactivity management，core reactivity should be monitored and confined in the fuel design and operation limits，as a barrier to avoid the release of fission products. The advanced passive PWRs，represented by AP1000 and CAP1400，uses mechanical shim control strategy and core online monitoring system which can online monitor core power distribution and safety margin and can provide efficient reactivity management information. This paper introduces the industry's experience and practice in reactivity management，then introduces BEACON's mechanical shim operation strategy reactivity management function used by AP1000 plant，and analyzes its application in engineering practice.

Key words：Reactivity Management；Mechanical Shim；Core Online Monitoring System；BEACON

作者简介：费敬然（1991—　），男，四川成都人，硕士研究生，现主要从事反应堆物理和堆芯在线监测技术研究工作

在三哩岛事故和切尔诺贝利事故之后，核电行业逐渐认识到，在核安全领域，反应性管理是确保裂变产物不向外界释放的至关重要一环。根据 WANO 有效反应性管理导则（WANO－GL－2005－3）[1]，反应性管理指运用在会影响反应性的控制条件的运行原则和特定指引。只要是潜在可能发生临界的地方，包括堆芯反应性和核燃料贮存，都应被监视并控制在燃料设计及运行限值内，以作为避免裂变产物释放的屏障。

以 AP1000 型为代表的第三代反应堆采用机械补偿控制运行模式，在大部分时间内依靠控制棒控制堆芯反应性或功率变化，并阶段性调节可溶硼以维持控制棒在调节区间内。按照有效反应性管理导则的要求，电厂操纵员应掌握机械补偿控制运行模式下的相关反应性管理信息，以确保堆芯反应性的变化处于严密的监视和控制之下。

本文首先分析了业界在反应性管理方面的经验反馈和方法计划，明确了反应性管理对堆芯在线监测系统的需求，然后对 BEACON 反应性管理自动序列进行了计算和应用分析。

1　反应性管理

1.1　管理要求

在核电厂中，反应性管理所涉及的专业面非常广泛，需要几乎所有部门的贡献和合作。生产部门人员为反应性管理和反应堆的安全运行直接负责，同时所有活动影响堆芯反应性的运行人员也应对反应堆和燃料安全负责。为了包络反应性管理的方方面面、为电厂反应性管理的成功部署提供指导，电厂设立了反应性管理规程。反应性管理规程牵涉标准、程序、责任、训练、人因工程等多个领域，涵盖各个层面的决策。

反应性管理的对象是影响堆芯反应性和功率的所有因素，涉及核电厂的所有运行模式。对于压水堆核电厂，能够引起堆芯反应性和功率变化的因素可以分为直接和间接两类，其中直接因素包括：

（1）中子毒物控制（硼化和硼稀释操作）；

（2）控制棒动作；

（3）反应堆冷却剂/慢化剂化学变化；

（4）反应堆功率变化的后续氙、钐燃耗；

（5）换料操作。

间接因素通过一、二回路传热变化引起一回路温度改变从而间接影响堆芯反应性和功率水平，间接因素包括：

（1）汽轮机负荷调节；

（2）给水加热调节；

（3）蒸汽/给水流量变化。

对应影响反应性的各种因素，可以列出电厂中影响反应性的重要参数，分为反应堆操作和燃料储存两类。其中，涉及反应堆操作的参数包括：

（1）堆芯入口冷却剂温度；

（2）二回路蒸汽流量和压力；

（3）二回路给水流量和压力；

（4）燃料朝向和布置方式；

（5）控制棒棒位；

（6）燃料富集度和燃耗深度；

（7）毒物浓度（B、Xe、Sm、Gd）；
（8）反应堆水化学；
（9）反应堆保护系统性能；
（10）反应堆控制系统性能。
涉及燃料储存的参数包括：
（1）乏燃料池温度和水化学；
（2）乏燃料贮存格架设置；
（3）燃料状态（富集度、燃耗、物理损伤、装料量、位置）；
（4）新料贮存。

为了指导核电厂制定反应性管理目标、反应性管理程序并在核电厂运行活动中贯彻实施，WANO基于核电厂反应性管理研究，提出了有效反应性管理的八大要素。

（1）影响堆芯反应性管理的政策

反应性管理的成功实施依赖于电厂营运的有效团队合作。电厂人员包括操纵员、反应堆工程师、维护部门及管理层，都应清楚地了解其角色、责任，并应了解反应性管理规程的重要性。

（2）工作人员对堆芯运行限值的认识

电厂工作人员应认识到其工作职责即是使反应堆保有合理的运行裕量、堆芯状态不超过堆芯设计限值。电厂工作人员不应容忍对可能导致减少电厂安全运转的工作或行动；对于会影响运行裕量的电厂变更，在审查时必须抱有合理的怀疑态度。

（3）有关反应性控制程序

反应性控制程序书用于定义会影响反应性的工作预期及相关工作人员的责任。对会影响反应性控制的有关程序书，应予建立、检阅及维护。对程序书中会影响反应性的各项行为，应实施适当的检查以保证这些行为被工作人员充分了解。对有可能的异常反应性变化，应建立紧急应变措施。

（4）反应性管理训练计划

对于反应性管理有关的项目，包括核工程原理、实际应用和运转经验，电厂人员应有初始及持续的训练。电厂人员应充分了解他们的行为将如何影响反应性。

（5）减少失误工具的使用

在反应性变化时应用减少人因失误手段，以保守的个人/领导行为配合强大的组织力和安全文化，将极大地降低危险事件的发生率。对有可能会影响堆芯反应性的活动或工作，电厂人员应务必使用防误技巧，以防范人因失误。

（6）影响反应性的设备缺失

电厂全员必须明确影响反应性的设备缺失是不可接受的，设备缺失必须立即认定。当会影响反应性控制或监测的设备发生缺失时，电厂全员应以坚决的态度及时解决设备缺失的问题。

（7）反应性管理规程的绩效评价

反应性管理规程的绩效评价可以系统性地确保电厂管理层和职员意识到规程的整体效果。电厂必须具备反应性管理规程的绩效评价及其趋势分析，对管理规程的整体效能保持警觉，以防范危险事件发生。管理层应定期听取反应性管理规程有效性报告。

（8）自我评估和运行经验的使用

电厂以自我评估和运转经验来加强反应性管理；以不间断的持续改善，提升反应性管理的整体绩效。

1.2 电厂经验反馈

在 WANO 发布的“反应性管理”重大运行经验反馈报告（WANO SOER 2007-1，Reactivity Management）中，针对 2004 年至 2007 年世界范围内核电厂运行过程中发生的反应性异常事件的原因、进程、处理措施、最终状况和同行评审结果进行了详细分析，总结了核电厂反应性管理实践中在以下六个方面存在的弱项。

（1）管理标准和期望

在 WANO 分析的多起反应性异常事件中，管理标准和期望的不足表现为监测和控制反应性的相关规程执行不理想，包括使用不恰当的规程、已失效规程，一些核电厂的相关规程要求与监测和控制反应性的最佳实践标准不符。

（2）主管人员对反应性变化的监督

表现为值班主管对反应性变化未起到有效监督和指导的作用；欠缺实践经验的操纵员和运行人员在实施反应性监测和控制相关活动时，缺乏值班主管的密切监督，从而导致了紧急停堆和其他电厂瞬态情况。

（3）减少人因错误工具和技术的应用

在有效沟通、正向质疑和验证（自我检查和相互检查）以及其他工具和技术的应用不足，导致对反应性变化的趋势和结果预测不准确，甚至未能预料反应性将发生变化。

（4）反应堆工程功能和接口

核电厂反应堆工程技术人员在提供堆芯行为预测，支持操纵员进行核电厂状态调整的活动中未能提供有效支持，操纵员对堆芯反应性系数的大小不明确，或者不了解系数随堆芯状态的变化趋势。一些情况下，反应堆工程师未能与操纵员有效沟通，未提供反应性计划甚至提供错误的反应性计划。

（5）操纵员知识、技能和经验

一些反应性异常事件的分析表明，针对操纵员的一些重要知识、技能和经验的持续培训不充分。最为突出的是操纵员对系统综合知识和氙瞬态对反应性变化的影响认识不足。

（6）反应性控制设备的性能和工作计划

反应性控制设备缺陷未能及时发现并消除，导致操纵员在应对反应性瞬态时操作更为复杂，有些情况下，未能有效实施设备检修，使得状况恶化。

1.3 堆芯在线监测系统

传统上，电厂人员依据堆芯换料设计提供的典型工况下的核设计参数实现反应性管理，包括各类反应性系数、氙、钐价值、最小停堆硼浓度等。堆芯在线监测系统可以连续不断地利用电厂测量数据，在线监测堆芯功率分布及安全裕量，帮助运行人员更好地了解和掌握堆芯的各项运行特性与状态参数，为堆芯的实际运行提供更可靠的预测和分析，为电厂的反应性管理提供了非常重要的参考价值。通过堆芯在线监测系统，电厂操纵员可以基于堆芯实际运行工况校准堆芯设计模型，获取更高效、密切的反应性管理信息。

堆芯在线监测系统具备反应性管理功能，可为电厂操纵员直观地提供当前堆芯的反应性管理信息以及后续一段时间内堆芯运行状态信息，以辅助操纵员进行安全的反应性控制。

2　BEACON 反应性管理功能

2.1　功能简介

反应性管理报告功能用于为反应堆操纵员提供直观的当前堆芯反应性管理信息以及后续一段时间内的堆芯运行状态信息，由负荷跟踪模拟和反应性管理参数计算两部分组成。负荷跟踪模拟运用了一套高效、稳定的搜索策略，用于搜索堆芯入口温度、M 棒和 AO 棒棒位以及硼浓度，以实现对堆芯平均温度和轴向通量偏差（AFD）的控制。反应性管理参数计算主要包含以下步骤：

（1）硼浓度温度系数计算；

（2）M 棒组价值（等效硼浓度）计算；

（3）M 棒组温度系数计算；

（4）AO 棒组有效性计算；

（5）快速降功率系统（RPRS）相关反应性计算。

2.2　数值计算

利用 BEACON 反应性管理功能开展反应性管理参数计算。计算基于 CAP1000 首循环的最佳估算插棒燃耗模型，选取燃耗为 2 MWd/tU。输入变量取值如表 1 所示。

表 1　输入变量

变量	取值
HFP 下目标 AFD	−4.71
AFD 目标带上限偏差	3
AFD 目标带下限偏差	−5
RPR 棒组	AO1、S31

使用 BEACON 计算所得结果如表 2 所示。从表 2 可以看到，硼浓度温度系数为 −1.210 3 ℃/ppm，M 棒组从当前棒位至插入极限的等效硼浓度为 54.56 ppm，M 棒组从当前棒位至提出极限的等效硼浓度为 40.60 ppm，M 棒组温度系数为 0.142 2 ℃/步，AO 棒组有效性为 0.47% AFD/步，RPRS 降低功率为 29.97% RTP，RPRS 瞬态价值为 74.76 ppm，RPRS 触发后 M 棒组可用插入价值为 109.77 ppm，RPRS 触发后 M 棒组可用提出价值为 41.59 ppm，RPRS 触发后无硼化情况最低功率水平为 0.00% RTP。

表 2　计算结果

反应性参数	计算结果
硼浓度温度系数/（℃/ppm）	−1.210 3
M 棒组从当前棒位至插入极限的等效硼浓度/ppm	54.56
M 棒组从当前棒位至提出极限的等效硼浓度/ppm	40.60
M 棒组温度系数/（℃/步）	0.142 2
AO 棒组有效性/（% AFD/步）	0.47
RPRS 降低功率/（% RTP）	29.97
RPRS 瞬态价值/ppm	74.76

续表

反应性参数	计算结果
RPRS 触发后 M 棒组可用插入价值/ppm	109.77
RPRS 触发后 M 棒组可用提出价值/ppm	41.59
RPRS 触发后无硼化情况最低功率水平/% RTP	0.00

2.3 应用分析

在 AP1000 核电厂中，反应性管理自动序列主要用于为值班操纵员提供值班期间的反应性管理信息，一般在值班开始时执行计算。当执行反应性管理自动序列时，用户首先应确认当前堆芯功率、冷却剂入口温度、轴向偏移、硼浓度、燃耗、功率裕量、控制棒棒位等模型信息，然后根据该班次的反应性管理需要选择需要计算的反应性参数。反应性参数可以辅助操纵员快速计算出当前堆芯状态下温度、硼浓度、控制棒棒位之间的反应性价值换算关系，从而为操纵员操作反应堆提供相关依据。

在 M 棒组无法插入的情况下，操纵员可通过调硼来控制堆芯平均温度。硼浓度温度系数可以用于预估所需温度变化对应的硼浓度变化。

由于在功率运行期间不希望 M1 棒组插入，M 棒组从当前棒位至 M1 棒组插入前的价值表征 M 棒组插入可以提供的最大反应性价值。而 M 棒组从当前棒位至提出极限的价值则表征 M 棒组提升可以提供的最大反应性价值。

如果操纵员希望通过 M 棒组来手动调节堆芯平均温度，可利用 M 棒组温度系数预估所需温度变化对应的棒位变化。

如果操纵员希望通过 AO 棒组来手动调节堆芯 AO，可利用 AO 棒组有效性预估所需 AO 变化对应的 AO 棒位变化。

RPRS 降功率水平指当前反应堆状态执行快速降功率触发后立即达到的功率水平。如果计算后发现 RPRS 降功率水平超过 50%，操纵员应更新快速降功率棒组。RPRS 触发后停堆价值指当前快速降功率棒组的反应性价值，用于指示快速降功率棒组恢复阶段所需补偿负反应性的硼浓度变化。RPRS 触发后 M 棒组可用插入价值、可用提出价值指快速降功率触发后 M 棒组插入、提升可以提供的最大反应性价值，用于指示 M 棒组在快速降功率恢复阶段的控制能力。

3 结论

根据反应性管理对于堆芯在线监测系统的需求，利用堆芯在线监测系统 BEACON 执行了反应性管理自动序列计算，可为电厂操纵员提供机械补偿控制运行模式下的相关反应性管理信息。经分析，反应性管理计算的各项结果为操纵员提供了有效的运行支持信息，说明 BEACON 反应性管理自动序列可以辅助操纵员进行安全的反应性控制。

参考文献

[1] Guidelines for Effective Reactivity Management [R]. WANO GL 2005-03，2005.

AP1000核电机组凝结水泵故障工况联锁机组自动降负荷方案分析与设计

耿　韬，胡　娜，张　贤

（国核电力规划设计研究院有限公司，北京　100095）

摘要：AP1000核电厂正常满负荷或接近满负荷的高负荷运行期间，若一台凝结水泵故障，而第三台备用的凝结水泵无法启动。则凝结水泵仅剩一台在运，给水需求量还在高负荷水平，则除氧器水位下降，有导致给水泵低水位跳闸，蒸汽发生器水位下降进而反应堆停堆的巨大风险。结合核岛及常规岛的理论分析计算，需设置凝结水泵的流量限制逻辑，保证一台凝结水泵正常运行；并采用机组自动降负荷至50%的技术方案。本文对凝结水泵的性能曲线及运行状态进行分析，确定凝结水泵的控制逻辑，保证在运的一台凝结水泵的运行安全；对除氧器进出水量进行分析，计算工况过程对除氧器水位的影响，设置可行的降负荷速率，结合不同降负荷速率对核岛的影响，确定合理的降负荷速率方案。以达到降低除氧器水位影响，避免凝结水泵故障而导致主给水泵跳泵，并保有一定裕量不触发停堆或一回路保护系统动作的目的。

关键词：凝结水泵故障；自动降负荷；分析；设计

Analysis and Design for AP1000 Nuclear Power Unit Condensate Pump Lost Condition

GENG Tao，HU Na，ZHANG Xian

（State Nuclear Electric Power Planning Design & Research Institute Co.，Ltd.，Beijing 100095，China）

Abstract: During rated load operation or high load operation of AP1000 NPP，if one of the operating Condensate Pump failure occurs and the third standby Condensate Pump cannot be started，thus just one Condensate Pump is left in operation. In the meantime，the required feedwater flow still remains in high load level. Then the level of Deaerator will drop，and there are serial consequent huge risks of Feedwater Pumps trip，SG level drops and Reactor trips. Combining the

---

作者简介：耿　韬（1981—　），男，山东聊城人，学士，高级工程师，现主要从事核电厂机务设计工作

theoretical analysis calculation of NI and CI，the flow limitation logic of operating Condensate Pump should be set to ensure the only operating Condensate Pump stay in safe operation，and the Unit load should be designed to reduced to 50% automatically. This paper analyzes the performance curve of Condensate Pump and operation mode，determine the control logic of Condensate Pump on this condition，to ensure the only operating Condensate Pump stay in safe operation. This paper also analyzes the Deaerator level impact factors on this condition，to determine reasonable load reduction rate of the Unit，considering impact of different load reduction rate to NI. So as to lower the impact to Deaerator level，to prevent the only Condensate Pump trips and Feedwater Pumps trip，and to maintain margin not to trigger Reactor trip or primary loop protection system action.

Key words: Condensate Pump failure；Automatic Load Reduction；Analysis；Design

AP1000 工程凝结水系统设置三台 50%凝结水泵，正常运行期间凝结水泵两运一备。正常运行一台泵流量约 2 487 t/h。凝结水系统包括凝结水泵、低压加热器（低加）、除氧器、凝结水调阀组等设备（见图 1）。正常满负荷或接近满负荷的高负荷运行期间，若一台凝结水泵故障，而第三台备用的凝结水泵无法启动。

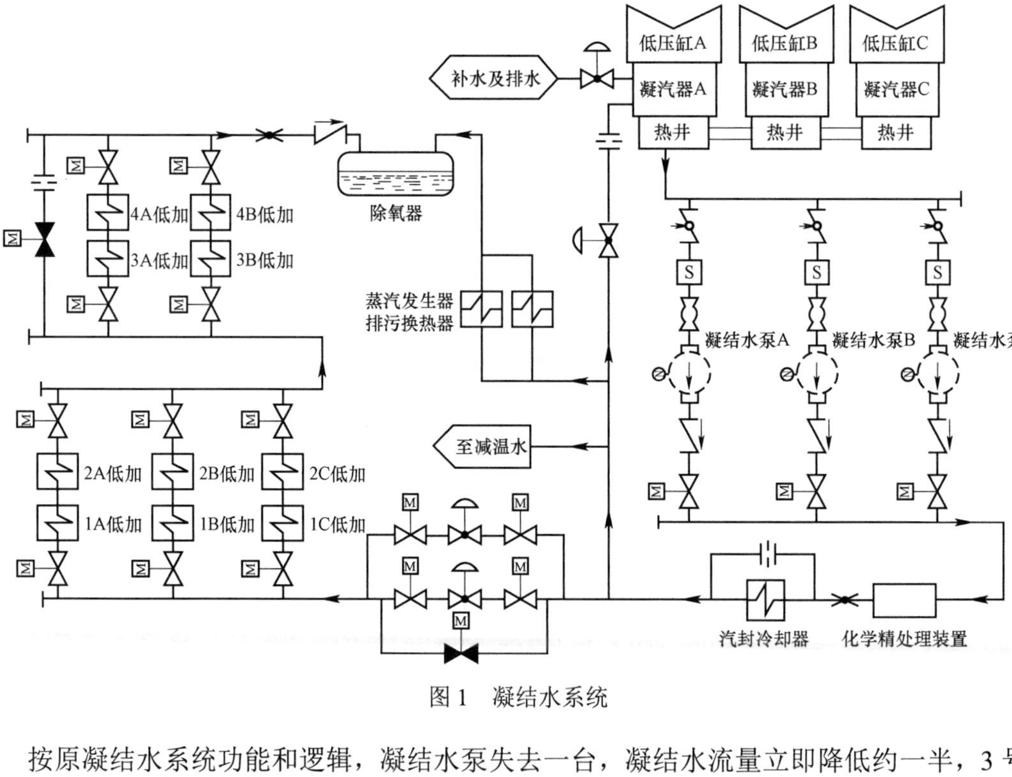

图 1　凝结水系统

按原凝结水系统功能和逻辑，凝结水泵失去一台，凝结水流量立即降低约一半，3 号、4 号低加抽汽量降低至约一半，除氧器水位下降，控制除氧器水位的凝结水主副调阀自动调节开大，引起凝结水泵出口压力降低，流量超大，凝泵电流变大可能超过限值，并且因流量超大，有极大的汽蚀损坏风险。

若凝结水泵全部无法运行，则除氧器失去全部凝结水流量和主要进水源，无法维持除氧器水位。从同类机组发生的事故看，去除各步骤反应时间，操作员可能只有 90 s 的人工干预时间。在此期间即使人工进行有效干预，仍因除氧器容积有限，水位下降迅速，有导致给水泵低水位跳闸，蒸汽发生器水位下降进而反应堆停堆的巨大风险。

1　系统分析计算

针对凝结水系统仅有一台凝结水泵运行工况进行相关的分析计算。

1.1　单台凝结水泵运行的流量分析

事故发生时，系统的阻力曲线和凝结水泵运行如图 2 曲线所示。

图 2 中双泵曲线与系统阻力曲线交点即是双泵运行的额定工作点，向左延长对齐即为单泵的额定工作点。按照额定负荷工况凝结水系统阻力曲线与单泵运行曲线的交点，即为事故发生后，预计事故工况的单泵运行点，流量约为 3 200 m^3/h，远高于泵运行维护说明书中允许的异常大流量（120%泵最佳效率点流量，约 2 984 m^3/h）。并且随着工况持续，凝结水调阀因除氧器水位下降而开度增大，系统阻力将进一步减小，系统阻力曲线将向下滑落，泵流量有进一步增大的趋势。

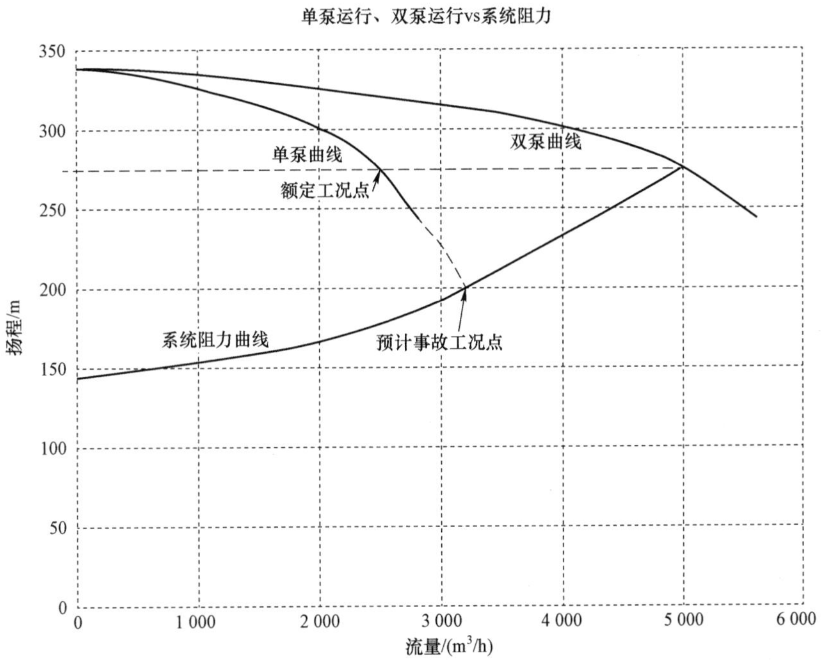

图 2　凝结水泵单泵运行、双泵运行 vs 系统阻力曲线

从图 2 及流量数据可以看到，一旦出现上述特殊事故工况，如不采取限流量措施，泵的流量将趋向超大流量，进而引起振动过大、电流超限、汽蚀恶化等一系列问题，最终仅存的一台凝结水泵有较大的跳泵风险。

1.2　除氧器水位限制

失去一台凝结水泵后，如备用泵无法启动，则维持仅有一台凝结水泵在运行。如果机组不快速降负荷，除氧器水位将会一直下降。

表 1 根据除氧器厂家资料各水位容积，以及 100%负荷 + SG 排污 BEC 工况热平衡图数据，计算得出保持给水需求不变，不进行任何干预情况下，除氧器水位降至低 2 给水泵跳闸水位

的时间。

表 1　失去一台凝结水泵后除氧器降至低 2 水位的时间计算

序号	项目	数值	备注
1	除氧器额定水装量/m^3	620	
2	除氧器低 2 水位定值/mm	NWL－1440	
3	从正常水位到低 2 水位的水装量/m^3	494	低 2 水位水装量 126 m^3
4	凝结水泵额定流量/（t/h）	2 487	=4 973/2
5	额定工况进入除氧器疏水量/（t/h）	2 247	高加疏水和 MSR 疏水
6	额定工况给水需求/（t/h）	8 148	
7	额定工况 3 号、4 号抽汽即低加疏水流量/（t/h）	645	235.543（4 号抽）+409.18（3 号抽）
8	失去一台凝泵后除氧器水位降至低 2 的时间（不考虑 3 号、4 号抽汽即低加疏水减少，分钟）	10.56	=494×0.886/2 487×60
9	失去一台凝泵后除氧器水位降至低 2 的时间（考虑 3 号、4 号抽汽即低加疏水减少一半，分钟）	9.35	=494×0.886/（2 487+645/2）×60
10	失去一台凝泵后除氧器水位降至低 2 的时间（考虑 3 号、4 号抽汽即低加疏水全部失去，低加疏水泵跳泵，分钟）	8.38	=494×0.886/（2 487+645）×60

注：① 假设机组保持满负荷运行，且给水需求保持不变。

表 1 的计算中，假设机组保持满负荷，且给水需求量不变，则在一台凝结水泵运行的情况下，除氧器水容量至少能保证在 8 min 内水位不降至低 2 水位，给水泵至少 8 min 内不跳泵。

2　技术方案

2.1　单台凝结水泵流量限制

由引言事故工况推演的结果看，凝结水泵和凝结水流量全部失去是机组无法承受的，会给机组运行带来巨大风险。因此需设置凝结水泵的流量限制逻辑，保证一台凝结水泵正常运行，而不滑向使凝结水泵跳泵的超大流量。维持机组从高负荷降低到 50%负荷过程中，至少有一台凝结水泵可用，保证在此期间除氧器水位不降到除氧器低 2 水位，不引起给水泵跳泵，不发生停堆事故。凝结水泵的限流控制逻辑，可设置为仅有 1 台泵运行时，泵出口母管流量不超过约 2 850 t/h，约 115%单泵额定流量。

2.2　事故工况单台凝结水泵运行触发自动降负荷

在上述正常满负荷或高负荷运行期间，若一台凝结水泵故障，而第三台备用的凝结水泵无法启动。应触发机组快速甩负荷，保证除氧器水位在事故过程中不至于降低到低 2 水位。即只有一台凝结水泵在高负荷运行触发机组自动降负荷，使机组负荷降至 50%，保证机组不停堆。

2.2.1　自动降负荷触发条件

当机组负荷大于 52%（可采用上网电动率）且只有一台凝结水泵运行，延迟 30 s 后触发自动降负荷。

采用凝泵运行状态和机组负荷作为自动降负荷触发条件，是最为直接简洁的条件，不易受其他运行条件干扰。

正常工况 3 号、4 号低加疏水通过低加疏水泵和凝结水管进入除氧器，但事故工况时这部分低加疏水量会通过危急疏水进入凝汽器，由凝结水泵输送进入除氧器。这部分流量在事故工况并不稳定。另外，凝结水流量还受机组减温水、BDS 用水等条件影响。若采用凝结水流量部分丧失作为自动降负荷触发条件，则难以定量分析，实际运行的偏差也可能较大。因此不考虑易受干扰的凝结水量作为自动降负荷触发条件，以免影响机组响应时间。

精处理旁路不设隔离阀，因此无法隔离，精处理故障不会导致失去凝结水流量；2 列 × 50%流量凝结水除氧器水位调节阀设定为故障保位，且设置一个旁路阀备用，因阀门故障导致失去凝结水流量的可能极小；1 号、2 号低加为 3 列 × 33%容量，若一列解列另两列可满足凝结是全流量通流，不会导致失去凝结水流量；3 号、4 号低加为 2 列 × 50%流量，设有旁路阀，若一列解列另一列也有 75%凝结水通流能力，对除氧器水位的影响较小，加热器解列工况也有对应的运行规程。综合以上系统设置情况，凝结水泵故障以外其他原因造成凝结水失流，并导致除氧器低 2 水位的可能性极小，可不作考虑。可采用只有一台凝结水泵在高负荷运行作为机组降负荷的触发条件。

2.2.2　降负荷速率

对降负荷速率的选取进行以下分析。

（1）手动降负荷：凝结水泵故障根据表 1 计算，5%/min 手动降负荷偏低，且受人因限制不能保证运行操作及时，因此不推荐。参考同类电站凝结水断流引起停堆的事故。

（2）按 5%/min 速率进行自动线性降负荷：按照该速率进行自动降负荷，则与核岛线性功率下降匹配，甚至不会触发旁排。根据核岛提供的 5%/min 降负荷速率的给水曲线数据、核岛对汽机降负荷的最大延时 120 s 进行估算，除氧器水位将低于正常水位约 1 340 mm，仅高于给水泵跳泵的低 2 水位约 840 mm。最低除氧器水容积 307 m^3 不到正常水容积 620 m^3 的一半，比低 2 水位容积 126 m^3 仅多出 181 m^3（181 m^3 折合约 71 s 额定负荷给水流量），除氧器水位的下降虽然没有直接危及给水泵运行，但是除氧器水容量损失较多，最低水位距给水泵跳泵水位的裕量较小，机组运行的容错性较差。

由于受限于计算边界条件，结果存在一定偏差，条件成熟时可通过模拟机进行 5%/min 降负荷速率试验进一步验证（见图 3）。

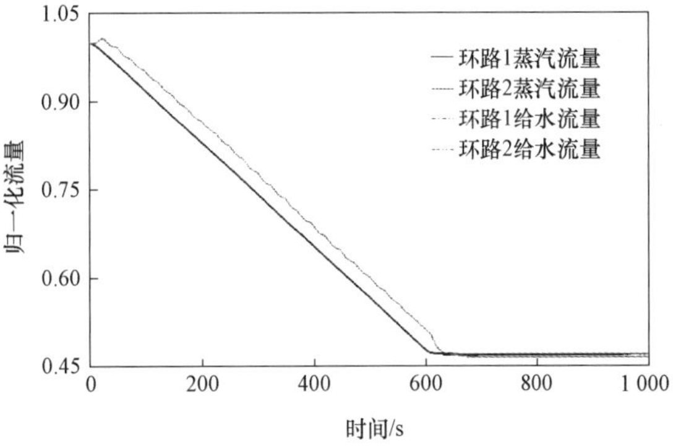

图 3　核岛 5%/min 降负荷速率给水曲线

（3）常规岛系统另外可考虑 25%/min，50%/min，100%/min 三种典型降负荷速率，加上延迟 30 s 的 RB 触发时间，从 100%负荷降至 50%负荷的工况过程分别为 2.5 min、1.5 min、1 min。除氧器水位均可满足不低于低 2 给水泵跳闸水位。

（4）经与核岛设计方技术配合，开展了 10%/min、20%/min、25%/min、30%/min、50%/min 和 100%/min 等不同汽轮机降负荷速率下的工况模拟分析。计算表明：

1）不同的汽轮机降负荷速率对蒸汽发生器二次侧的影响

随着汽轮机降负荷速率降低，超前滞后的主蒸汽管道压力越容易触发主蒸汽管道隔离而导致停堆；而随着汽轮机降负荷速率增加，裕量不断增加。

2）不同的汽轮机降负荷速率对 RCS 的影响

针对不同的汽轮机降负荷速率，分析表明：从 10%/min 至 100%/min 不同的汽轮机降负荷速率所导致的一回路温度压力变化不会触发快速降功率及停堆和其他保护信号。综上，对于给出的 10%/min 至 100%/min 降负荷速率范围，核岛院建议常规岛院采用 100%/min 汽轮机降负荷速率至目标负荷，避免凝结水泵故障而导致主给水泵跳泵，并保有较大裕量不触发停堆或保护系统动作。

3 常规岛相关系统影响及 SG 水位变化

3.1 给水系统

常规岛给水系统已考虑给水泵抗汽蚀设计，可满足 5%/min 和 100%/min 快速降负荷速率，且两种降负荷速率下除氧器的五级抽汽都可用，不会引起给水前置泵汽蚀等问题。

3.2 加热器疏水排气系统 HDS 及低加疏水泵

根据加热器疏水和排气系统 HDS 设计，低加疏水泵在 100%/min 快速甩负荷工况将自动跳泵，防止快甩负荷工况，由于压力降低，低加疏水泵出现汽蚀引起的设备损坏。3 号、4 号低加的疏水将通过危急疏水管路进入凝汽器，后经由凝结水泵输送至除氧器。若考虑一半额定 3 号、4 号低加疏水流量进入凝汽器，加额定的凝结水流量，则此时凝结水流量应共有约 2 800 t/h。

加热器疏水和排气系统 HDS 设计，也能够适应 5%/min 线性负荷变化。

3.3 汽水分离再热器系统 SRS 及 MSR 疏水泵

根据汽水分离再热器系统 SRS 设计，甩负荷工况当负荷降至 20%时，MSR 疏水泵停运，MSR 壳体疏水及一级、二级再热凝结水均通过危急疏水通道进入凝汽器。因凝结水泵甩负荷工况仅降负荷至 50%，MSR 疏水泵应能保持运行。

3.4 SG 水位

图 4 和图 5 分别为汽轮机 5%/min 和 100%/min 降负荷速率下，100%至 50%降负荷过程中的蒸汽发生器水位变化曲线。从中可以看到，5%/min 降负荷速率对应的 SG 水位更平稳；100%/min 降负荷速率对应的 SG 水位虽然波动相对更大，但最低水位也在 53%，对比正常负荷的水位值 60%变化不大。因此两种降负荷速率 SG 水位变化都可接受。

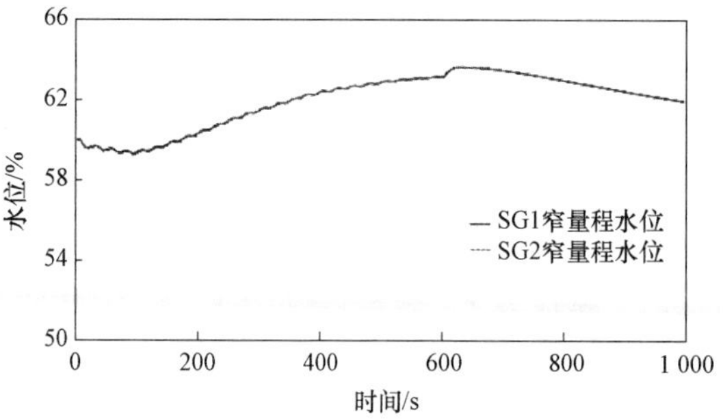

图 4　5%/min 降负荷速率 SG 水位曲线

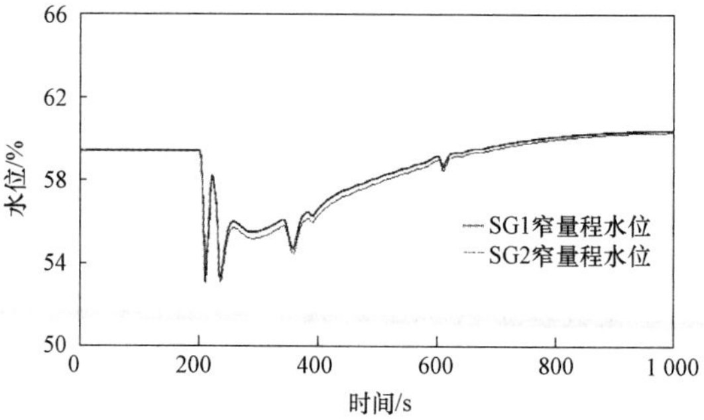

图 5　100%/min 降负荷速率 SG 水位曲线

表 2　单台凝结水泵跳泵后两种降负荷方案定性分析对比表

对比项	方案一：5%/min 线性降负荷	方案二：100%/min 快速降负荷
除氧器最低水位	除氧器内水容积减少一半以上，水位降至除氧器筒体中心线以下 600 mm，距离给水泵跳泵的低 2 水位仅 840 mm	除氧器水位有小幅波动，基本维持在正常液位（除氧器筒体中心线以上 740 mm）

续表

对比项	方案一：5%/min 线性降负荷	方案二：100%/min 快速降负荷
除氧器水位恢复正常时间	30 s（延迟）+120 s（延迟）+10 min（跌至最低水位）+41 min（水位逐渐回升正常），共计 53.5 min	—
汽轮机旁路阀	不会触发旁排阀开启	旁排阀开启
主给水泵	无给水泵汽蚀及跳泵风险	无给水泵汽蚀及跳泵风险
HDS 及低加疏水泵	能够适应 5%/min 线性负荷变化，低加疏水泵保持运行	快甩后会触发低加疏水泵自动跳泵，防止低加疏水泵出现汽蚀引起的设备损坏。 低加疏水经危急疏水进入凝汽器
SRS 及 MSR 疏水泵	能够适应 5%/min 线性负荷变化，MSR 疏水泵保持运行	能够适应 100%/min 快速降负荷，MSR 疏水泵能保持运行
SG 水位	59.4%～63.7%波动较平稳	53.4%～60.4%波动相对大
分析局限性	除氧器水位分析计算中，受制于 MSR 疏水量、高低加疏水量、实际运行中系统热容积等的影响，计算仅为理论计算值，实际液位会有一定偏差	该自动降负荷速率为核岛分析计算后的推荐数值，核岛计算保有较大裕量不触发停堆或保护系统动作。核岛需对其堆跟机模式的可靠性负责，确保堆功率调节不存在超调及震荡

4 结论

综上所述，结合核岛及常规岛的理论分析计算，需设置凝结水泵的流量限制逻辑，保证一台凝结水泵正常运行；并采用自动降负荷至 50%技术方案。5%/min 降负荷速率对整个二回路系统扰动较小，甚至不会触发旁排，但除氧器水位下降较多，最低水位距给水泵跳泵水位的裕量较小，机组运行的容错性较差；100%/min 降负荷速率较快，除氧器水位下降较少。凝泵跳闸后自动降负荷速率取 5%/min 和 100%/min 两种方案皆可选用，建议进行模拟机试验验证。结合核岛相关意见，我司推荐优先选取对除氧器水位影响较小、可避免凝结水泵故障而导致主给水泵跳泵、并保有较大裕量不触发停堆或保护系统动作的 100%/min 自动降负荷方案，尽快平衡凝泵跳泵带来的瞬态，快速进入新稳态。

参考文献

[1] 中国电力企业联合会. GB/T 50958—2013 核电厂常规岛设计规范 [S]. 北京：中国计划出版社，2013.

MN20中子屏蔽块温度场分析经验反馈

顾培文，曹克美，王佳赟

（上海核工程研究设计院有限公司，上海　200233）

摘要：为了降低安全壳内的放射性剂量，AP1000核电厂在压力容器外、堆腔内设置了屏蔽材料来屏蔽从堆芯区域释放的放射性射线。上海核工程研究设计院基于对AP1000压力容器外屏蔽块的设计方案，采用CFD程序对压力容器附近的MN20中子屏蔽块开展温度场分析，并核算其完整性。结果表明：在电厂正常运行下，MN20中子屏蔽块内的温度可能超过其屏蔽材料硼硅剂的熔点，发生硼硅剂泄漏的事故。考虑到在电厂正常运行条件下更换MN20中子屏蔽块的难度较大，应采取相应的改进措施，以保证MN20中子屏蔽块的长期稳定运行。本报告基于新的计算结果，建议将屏蔽材料由硼硅剂更换为熔点更高的碳化硼，以保证其在正常运行和事故工况下的完整性。

关键字：中子屏蔽块；CFD程序；温度场

The Lesson Learnt from MN20 Neutron Block Temperature Field Analysis

GU Peiwen, CAO Kemei, WANG Jiayun

（Shanghai Nuclear Engineering Research & Design Institute Co., Ltd., Shanghai 200233, China）

Abstract: The neutron block assembly (MN20) is designed inside AP1000 reactor cavity compartment to shield the radioactive emission from reactor fuel core. A CFD analysis has been carried out to calculate the temperature field of MN20 and check the its integrity. The results indicate that the temperature of MN20 upper block is likely to exceed its melting point at the plant at-power condition. The shielding material (boro-silicone) may leak out its container, contaminating the cavity region. Considering the difficulty of replacing shielding materials at the plant at-service phase, the design change plan should be carried out to ensure the MN20 upper block integrity, such as changing the boro-silicone to another shielding material. The MN20 lower block is kept at the low temperature condition due to its location and the insulation of baffle. Therefore, the integrity of MN20 lower block can be maintained.

作者简介：顾培文（1985—　），男，上海人，硕士，高级工程师，现从事核电厂事故分析工作

Key words: Neutron Shielding Block; CFD; Temperature Field

1　背景

MN20 中子屏蔽块位于压力容器外、堆腔内，主要用于屏蔽正常运行工况下从堆芯区域释放的中子。根据屏蔽块标高的不同，可分为 MN20 上部屏蔽块和 MN20 下部屏蔽块，如图 1 所示。上部屏蔽组件位于压力容器外侧，标高 98'处。在西屋设计中，采用不锈钢包壳盒点焊封装屏蔽材料（硼硅剂）和隔热材料，如图 2 所示。下部屏蔽块由 A、B、C 三块组成，均采用不锈钢包壳盒点焊封装屏蔽材料（硼硅剂）和铅板（屏蔽伽马射线），位于压力容器壁面侧的两块屏蔽材料还封装有隔热材料，具体的设计如图 3 所示。

为了控制 MN20 中子屏蔽块的温度，在核电厂正常运行时将利用堆腔通风系统向堆腔内通风，以冷却中子屏蔽块。安全壳循环冷却系统从安全壳大空间内吸气，经热交换器冷却，送入堆腔的底部（设计的气体流入温度为 20 ℃）。由于堆腔壁面与压力容器壁面之间有保温层阻隔，进入堆腔的气体主要沿堆腔壁面和保温层之间的流道流动，冷却中子屏蔽块的外侧，最终进入到环路隔间。

考虑到硼硅剂的熔点相对较低，在电厂正常运行条件下，将承受较高的温度载荷，硼硅剂材料是否能在电厂调试期间和正常运行期间保持完整性是需要重点研究的。本文采用 CFD 程序对 MN20 中子屏蔽块在正常运行工况下的温度场开展分析，研究其完整性。根据分析结果，提出设计改进方案，以更好地提高电厂安全裕量。

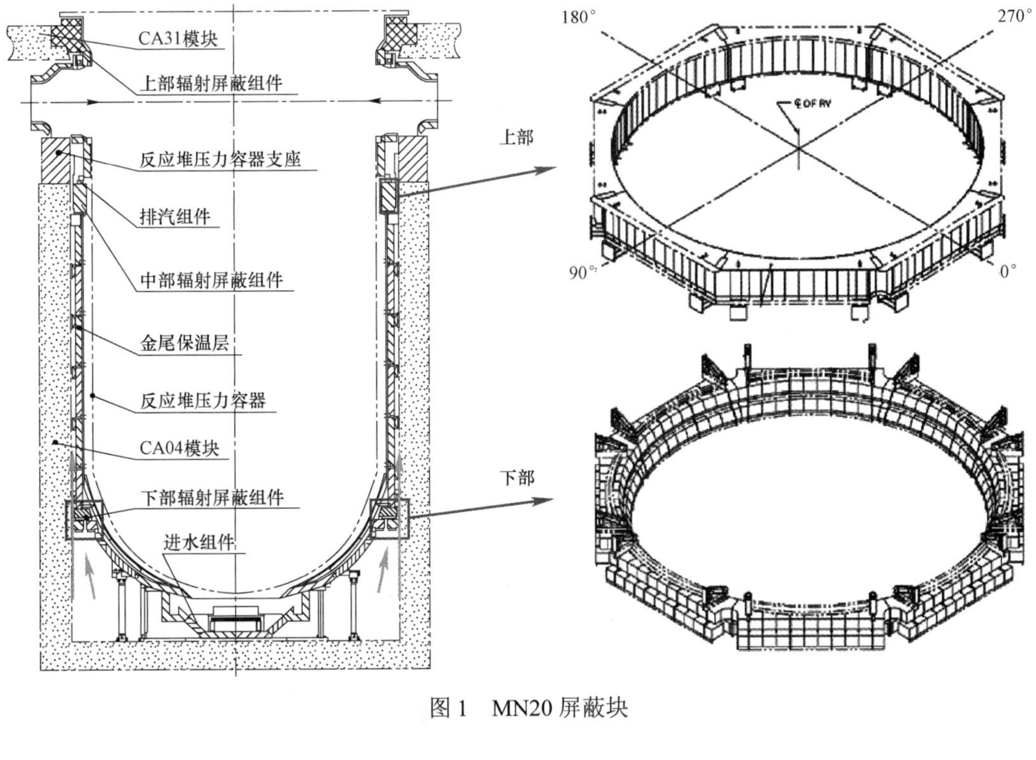

图 1　MN20 屏蔽块

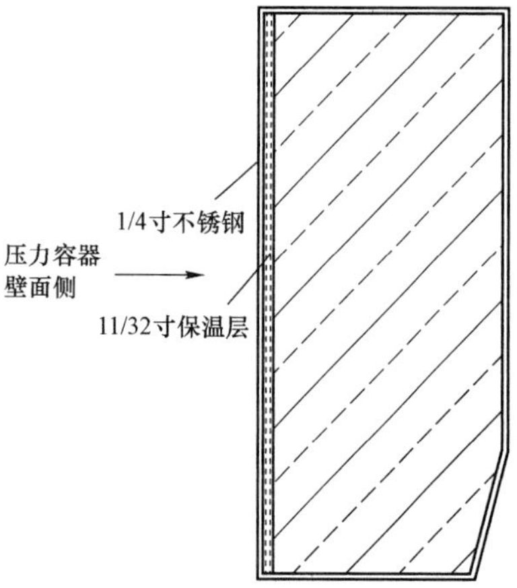

图 2　MN20 上部屏蔽块

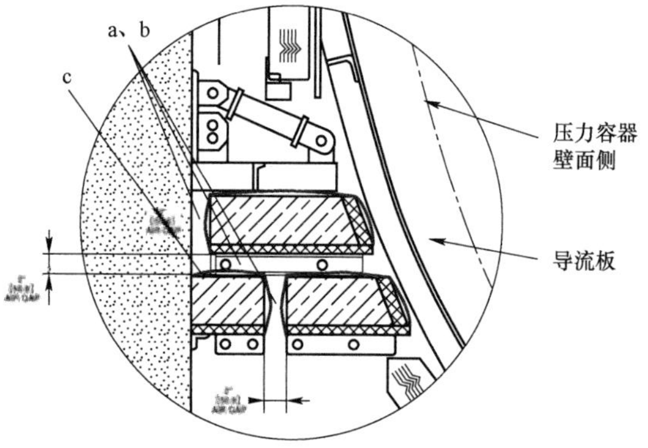

图 3　MN20 下部屏蔽块

2　建模及影响因素分析

图 4 以 MN20 上部屏蔽块为例，详细介绍开展 CFD 温度场分析所需考虑的几何结构因素和物理模型因素。在图 4 中，① 为 MN20 上部屏蔽块与堆腔混凝土之间的流道，该流道在正常运行和事故工况下分别存在强迫循环和自然循环，以冷却 MN20 上部屏蔽块；② 为 MN20 上部屏蔽块；③ 为压力容器壁面和屏蔽块之间的流道，该流道在正常运行工况下上下封死，没有空气流动。

MN20 上部屏蔽块位于压力容器壁面附近。压力容器壁面的高温通过间隙③以导热和辐射的形式向 MN20 传递热量，使得 MN20 的温度上升。MN20 又通过间隙①将热量带走，最终将确定 MN20 内部的温度场分布。由于区域③中的空气导热性能较差，辐射传热成为屏蔽块温升的主要因素，是在模拟计算分析中需要重点考虑的内容。

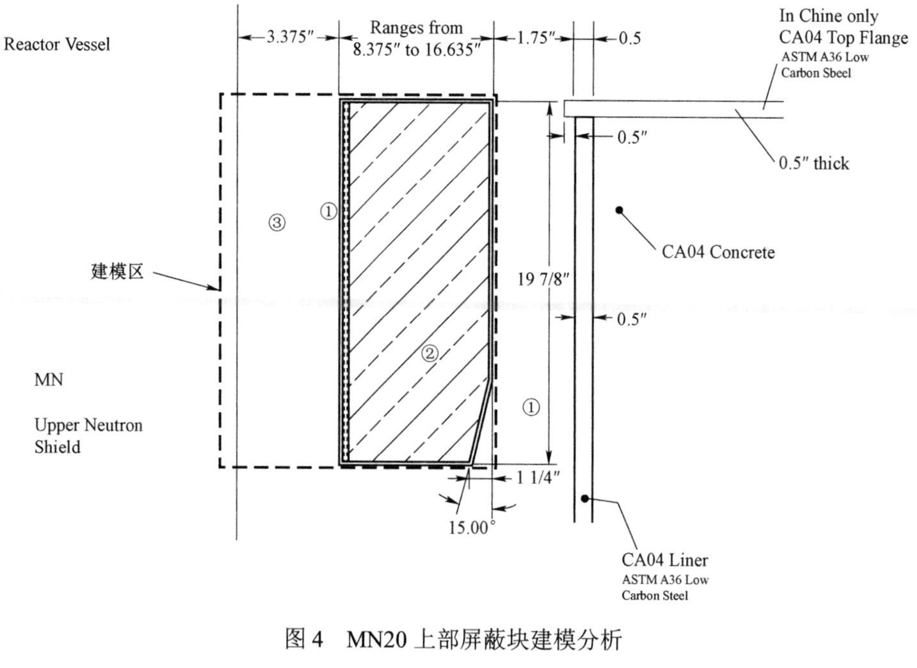

图 4　MN20 上部屏蔽块建模分析

通过评估西屋公司所开展的正常运行条件下屏蔽组件温度场分析结果，判断其分析可能未考虑压力容器壁面向屏蔽块的辐射传热效应，使得屏蔽块中的屏蔽材料（硼硅剂）的最高温度仅为 105 ℃（见图 5），远低于其熔点温度（204 ℃），故采用硼硅剂作为屏蔽材料仍有一定的安全裕量，能够保证其完整性。若考虑考虑压力容器壁面向屏蔽块的辐射传热，则屏蔽块的温度必定远高于现温度，采用硼硅剂或者采用现有的设计方案是否合适需要开展进一步的评估。

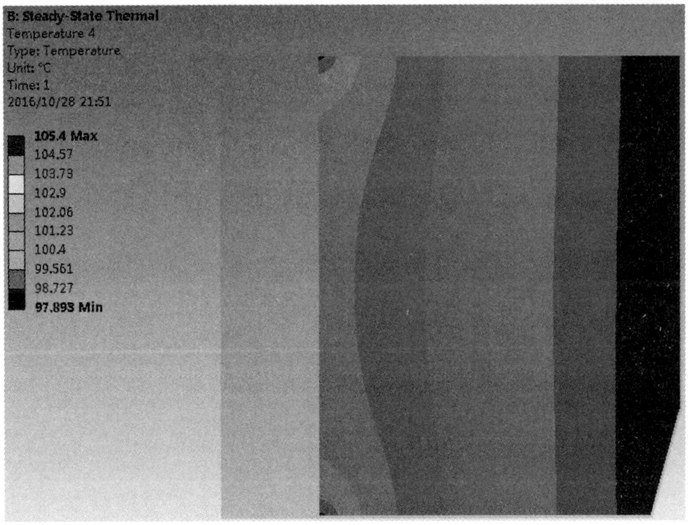

图 5　MN20 上部屏蔽块温度场分析（西屋）

3　边界条件

为了反映压力容器壁面向屏蔽块表面的辐射传热过程，在屏蔽块建模分析时考虑了“面对面”的辐射模型和导热模型。这些模型将根据压力容器壁面、屏蔽块表面的温度、发射率等信息计算压力容器壁面和屏蔽块之间的辐射换热量。另外，考虑到屏蔽块与 IVR 流道相连，其在事故条件下的完整性也需要补充分析。详细的计算边界条件见下文和图 6 所示。

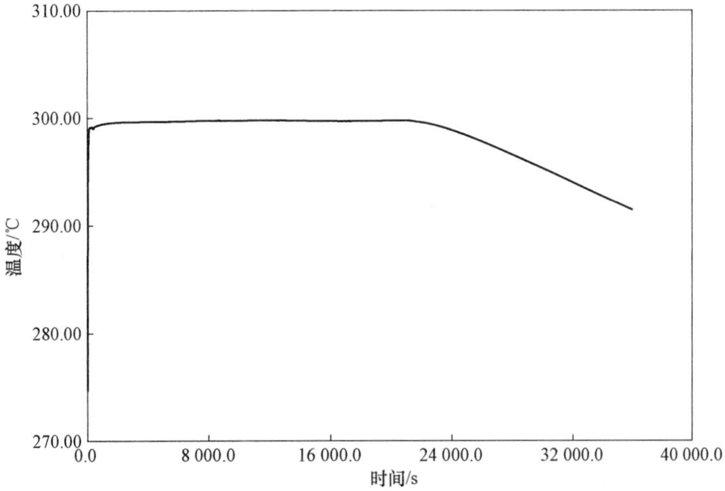

图 6　事故工况下的压力容器壁面温度

（1）正常运行工况：压力容器壁面侧的温度为 280 ℃（压力容器冷段），MN20 与堆腔混凝土之间存在通风冷却，换热系数根据公式计算为 25 W/（m^2 • K），主流空气温度为 57 ℃。

（2）72 h 失电工况：压力容器壁面侧的温度根据事故分析程序的结果为随时间的变化值（见图 6）。峰值温度约为 300 ℃，故保守认为壁面恒定处于 300 ℃下。MN20 与堆腔混凝土之间的强迫冷却由于失电而丧失，仅有自然循环冷却存在，换热系数根据公式计算为 5 W/（m^2 • K），主流空气温度为 121 ℃。

最终所确定的模型边界条件如图 7 所示。

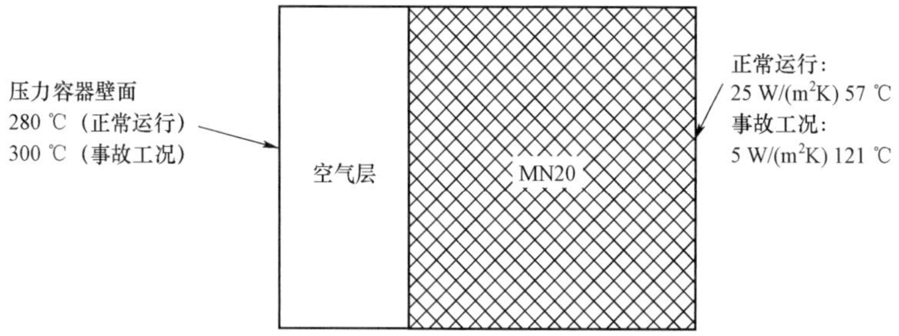

图 7　边界条件

4　计算分析

CFD 程序计算获得 MN20 上部屏蔽块在正常运行工况下的温度场分布如图 8 所示。分析结果表明：屏蔽块的局部温度已超过硼硅剂的熔点，整体温度远高于原设计计算的温度（未考虑辐射效应）。在此高温条件下，屏蔽块在正常运行工况下可能发生肿胀、甚至发生熔化是完全可能的。

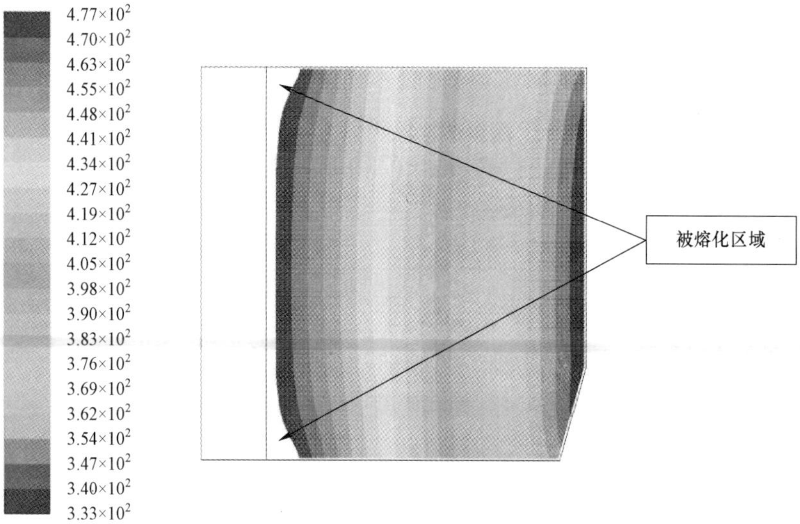

图 8　MN20 上部屏蔽块温度分布（K）

对于可能发生的 72 h 全厂断电工况，屏蔽块的温度场温度分布更高，熔化风险更大，如图 9 所示。约 1/3 的 MN20 屏蔽块温度超过了其熔点温度，发生了熔化。考虑到硼硅剂熔化之后可能的膨胀等效应，MN20 屏蔽块可能发生破损，甚至喷射。

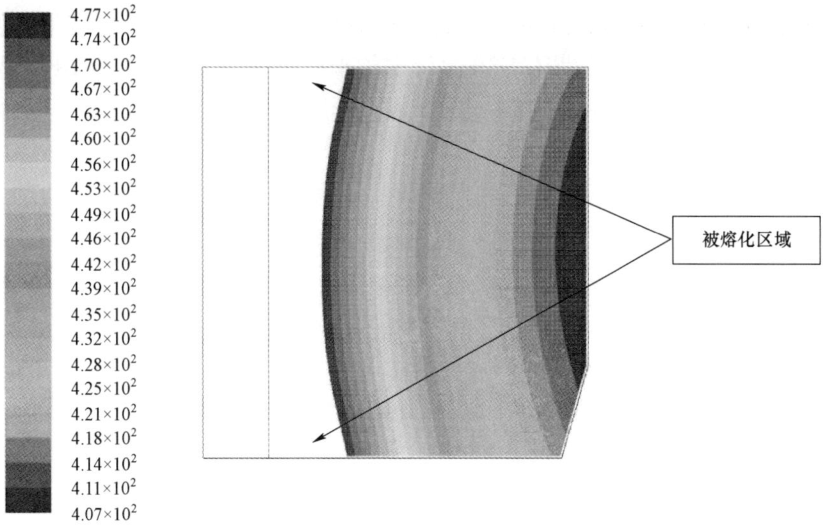

图 9　事故条件下 MN20 上部屏蔽块温度分布（K）

至于 MN20 下部屏蔽块，也采用了最新的温度场分析方法开展分析。由于下部屏蔽块与压力容器壁面之间有导流板隔开（见图 3），辐射传热能力被极大削弱，因此 MN20 下部屏蔽块在不改变结构、不更换屏蔽材料的条件下也不会超过熔点温度，其始终处于较低温度下。

5　改进建议

依据改进后的屏蔽块温度场分析模型，建议在后续项目中加厚 MN20 上部中子屏蔽块中的非金属保温层，降低含硼硅树脂的热面温度。另外，增加了辅助屏蔽组件，进一步降低屏蔽剂量（见图 10）。

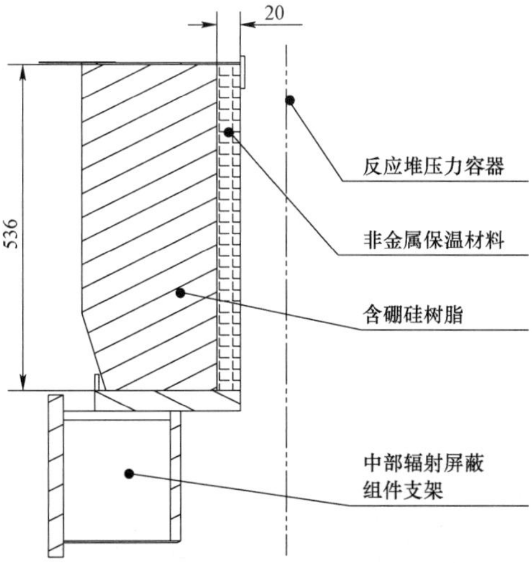

图 10　MN20 上部屏蔽块改进方案

6 总结

本论文采用 CFD 程序对 MN20 中子屏蔽块的温度场开展分析，研究了其在正常运行工况和事故工况下的完整性。结果表明 MN20 上部中子屏蔽块的温度场在正常运行和事故工况下均存在熔化的风险，建议更换设计方案，以保证其完整性。MN20 下部中子屏蔽块由于导流板的阻隔，能够保持较低的温度，故能够保证其完整性。

AP1000 循环水管道材质选择及设计探讨

郭晶晶，郑培钢

（中国电力工程顾问集团华东电力设计院有限公司，上海　200063）

摘要：本文对厂区循环冷却水进、排水管的材质选用进行必要的技术、经济比较。主要对钢管、玻璃钢管、预应力钢筒混凝土管（Pre-stressed Concrete Cylinder Pipe，PCCP）、现浇钢筋混凝土管这四种管材的综合抗渗性、承载力、耐腐蚀性、造价、自重、加工及施工工艺、施工工期及管道布置等方面进行分析，并针对项目特点，确定最终管道材质的选择。项目最终选择钢管作为循环冷却水进、排水管，结合项目循环水管道埋地深、管径大的情况，对三菱公司关于钢管计算的理论、设计要求与国内关于钢管计算的理论及设计要求进行探讨。总结项目在循环水管道设计及施工过程中遇到的难点和挑战。

关键词：循环水管道；钢管；玻璃钢管；PCCP 管；现浇钢筋混凝土管

Discussion on Material Selection and Design of AP1000 Circulating Water Pipe

GUO Jingjing，ZHENG Peigang

（East China Electric Power Design Institute Co.，Ltd. of China Power Engineering Consulting Group，Shanghai 200063，China）

Abstract: In this paper，the necessary technical and economic comparisons are made for the material selection of the circulating cooling water inlet and outlet pipes in the plant. Mainly for the comprehensive impermeability，bearing capacity，corrosion resistance，cost and weight of four kinds of pipes，such as steel pipe，FRP pipe（glass fiber reinforced plastics pipe），PCCP pipe（Pre-stressed Concrete Cylinder Pipe）and cast-in-place reinforced concrete pipe. The processing，construction process，construction period and piping layout are analyzed，and the final pipe material selection is determined according to the characteristics of the project. The project finally chooses steel pipe as the circulating cooling water inlet and outlet pipe，combined with the buried depth and large diameter of the circulating water pipe of this project，the theory and design requirements of Mitsubishi Corporation on steel pipe calculation and the domestic theory and design of steel pipe

---

作者简介：郭晶晶（1981—　），女，辽宁人，高级工程师，硕士研究生，现主要从事电厂的水工布置设计工作

calculation. Ask for a discussion. Summarize the difficulties and challenges encountered in the design and construction of circulating water pipelines.

Key words：Circulating Water Pipe；Steel Pipe；FRP Pipe；PCCP Pipe；Cast-in-place Reinforced Concrete Pipe

无论是对于常规火电厂还是核电厂，厂区循环冷却水进、排水管在整个循环水系统中都占有相当重要的地位，其管线布置及管径、材质的选用将直接影响工程投资造价及电厂长期运行的安全性、经济性。为此对管材选择需进行必要的技术、经济比较，以选择在工程造价最经济、施工敷设速度快、确保电厂长期处于安全、经济运行状态下的一种合理管材。

在发电厂中，循环水进、排水管可选用的材质较丰富，其中较为常用的有钢管、玻璃钢管、预应力钢筒混凝土管（Pre-stressed Concrete Cylinder Pipe，PCCP）、现浇钢筋混凝土管等。

在现有 600 MW 及以上单机容量火力发电厂中最为广泛使用的管材是钢管，其内外壁采用涂料进行防腐，外壁一般采用进行加筋肋支护。相比之下，玻璃钢管在 3 000 mm 左右的大口径管中，其单价一般要高于钢管的单价，但其防腐性能良好，因此只有在以海水作为水源的电厂中使用较为合适。PCCP 管相对于钢管，其每米的单位造价略低，不过其接口不是采用像钢管那样的刚性连接方法，因而布置起来较困难，其每个弯头及三通处均需使用混凝土支墩进行加固，并且循环水管道在进出主厂房的区域设置相对多的混凝土支墩对原本布置紧张的该区域前将带来较大的挑战。

1 不同管材的介绍

针对钢管、玻璃钢管、预应力钢筒混凝土管（Pre-stressed Concrete Cylinder Pipe，PCCP）、现浇钢筋混凝土管的优缺点进行简单介绍。

1.1 钢管

钢管是最常用的一种输水管道，因其方便施工、便于加工、技术应用相对成熟而得到广泛的应用。目前国内火电厂中最常用作循环水管的管材为 Q235A 焊接钢管。

1.1.1 焊接钢管

焊接钢管也称焊管，是用钢板或带钢经过卷曲成型后焊接制成的钢管。焊接钢管生产工艺简单，生产效率高，品种规格多，设备投资少，但一般强度低于无缝钢管。20 世纪 30 年代以来，随着优质带钢连轧生产的迅速发展以及焊接和检验技术的进步，焊缝质量不断提高，焊接钢管的品种规格日益增多，并在越来越多的领域代替了无缝钢管。焊接钢管按焊缝的形式分为直缝焊管和螺旋焊管。近年来，随着我国建设施工水平的飞速发展，国内施工单位已具备了现场制作 40 mm 厚度以下钢管的能力。

1.1.2 焊接钢管的优点

（1）耐压强度及抗渗性能高，优于钢筋混凝土管道。

（2）自重轻：与钢筋混凝土管道相比，同样管径，同样长度条件下，钢管自重仅为钢筋混凝土管道的 30%左右，运输、安装均较为方便。

（3）加工周期短：无论在现场自行加工，还是由生产厂制造，钢管制作速度均快于钢筋混凝土管道，且无需养护期。

（4）施工工艺简单：由于钢管自重轻，无需特殊施工机具，现场仅需配置合适的汽车吊以及一定的工作平台（半径范围小于钢筋混凝土管道），一般采用常规施工方法即可。

（5）总工期短：由于钢管加工周期短，施工方法简单，基础暴露问题及对周边建筑物的影响小，因而提高了施工总进度。

（6）管道布置方便：埋地钢管无需在转弯处设置支墩，特别在进出主厂房的区域，各种管沟布置纵横交叉，布置十分拥挤，其优越性更为突出。此外钢管刚性连接对地基不均匀沉降的适应性强于钢筋混凝土管道，在焊接质量保证的前提下，接口不易漏水，运行安全可靠。

1.1.3　钢管的缺点

（1）钢管单位造价高，通常每米长钢管的价格要高出钢筋混凝土管道。

（2）耐腐蚀性差，钢管与钢筋混凝土管道如同样不经防腐，钢管的耐腐蚀性要低于钢筋混凝土管，所以钢管还需进行额外的防腐处理（如管壁涂层、阴极保护等）。

（3）钢管属于柔性管道，其自身的刚度及抵抗外荷载的能力较弱，在国内设计中需要考虑与管体四周土体共同作用抵抗外荷载。因此，钢管不太适合埋地较深的使用环境。由于钢管自身的结构强度、刚度以及稳定性的要求，通常在电厂中的循环水压力钢管均需要采用加筋肋加固。

1.2　玻璃钢管

1.2.1　玻璃钢管结构

玻璃钢管是将浸有树脂基体的纤维增强材料，按照特定的工艺条件逐步缠到芯模上并进行适当固化而形成的，其管壁是一种层状结构，可以通过改变树脂系统或采用不同的增强材料来调整玻璃钢管的各项物理和化学性能，以适应不同介质和工作条件制成不同压力等级或具有某种特殊性能的玻璃钢管。改型周期短，则是纤维缠绕复合材料的显著特点，各向同性的金属管材无法与之相比。

1.2.2　玻璃钢优点

（1）耐腐蚀性能好

玻璃钢管道结构上分内衬层、结构层及外保护层三部分。其中，内衬层树脂含量高，一般在70%以上，其内表面富树脂层树脂含量高达95%左右。通过对内衬所用树脂的选择，可使玻璃钢管道在输送液体时具有不同的耐腐蚀性能，从而满足不同的工程需要；对需外防腐的场合，只需对外保护层树脂进行认真选择，便也可达到不同外防腐的使用目的。对于电厂循环水管道使用环境，玻璃钢管的耐腐蚀性完全可以达到要求。

（2）水力学性能优良

玻璃钢管道内表面光滑，内壁绝对粗糙度仅为 0.01 mm，远小于钢管及铸铁管的内壁粗糙度，属水力学光滑管。

（3）重量轻，安装、运输方便

玻璃钢管道密度约为 1.6 kg/cm^3 左右，仅是钢管或铸铁管的 1/4～1/5，实际应用表明，在承受同样内压的前提下，同口径、同长度的玻璃钢管道，其重量约为钢管的 30%左右。正因如此，玻璃钢管道在运输时可套装运输，节省油耗及其他费用；安装时，对中小口径的玻璃钢管道一般不需用重型机械，有的甚至可通过人工搬运，提高了安装速度。

（4）比强度高、力学性能合理

玻璃钢管道轴向拉伸强度为 160～320 MPa，接近于钢管，比强度（材料的抗拉强度与材料比重之比）更高，在结构设计时，管材自重可大幅度减轻，安装相对比较容易。

（5）接头少、连接方式多样灵活

玻璃钢管道单管长度 6～12 m，甚至更长，在长距离管线安装时，所需接头少，既能使流动水阻降低，也减少了施工费用，同时，管线因接头多而发生渗漏的可能性也较钢管大为降低。另外，玻璃钢管道的接头方式有多种，主要包括：承插胶接、平端对接、（活套）法兰连接、（带锁紧装置）“O”形圈连接、螺纹连接等，可根据具体施工条件，灵活选择接头方式。

（6）电绝缘性能好

钢管、铸铁管均为电的良导体。玻璃钢管道却是绝缘体，击穿电压：12～16 kV/mm，体积电阻率：约 1 014 Ω，表面电阻率：约 1 011 Ω，绝缘性能优良，可安全地应用于输电、电信线路密集区和多雷区。

（7）不生锈

钢管、铸铁管在储存、使用过程中，会因化学、电化学的作用产生局部电池反应，表面极易生锈，对输送介质往往会产生污染，因而，常需对其表面进行特殊防锈、除锈处理；纤维玻璃钢管道由于是由非金属材料制成，电极电位高，表面不会发生氧化锈蚀，无需处理，不会污染水质。

（8）防污抗蛀

玻璃钢管内壁洁净光滑，难以被海水或污水中的甲贝、菌类等微生物玷污蛀附。而钢管、铸铁管或钢筋混凝土管内表面却很容易被甲贝、牡蛎等附蛀寄生，且极难清除，增大粗糙率，使有效管径缩小，同时增大流动阻力，减少过水断面积。

（9）可设计性强

根据具体使用情况，可对管道的具体性能及形状进行设计：① 可对缠绕时的缠绕角进行设计，以使管道具有不同的纵/环向强度分配；② 可对管道壁厚进行设计，以使管道可以承受不同的内外压；③ 可对材料进行设计，以达到不同的耐腐蚀目的、阻燃目的、介电目的等；④ 可对接头方式进行设计，适用不同的安装条件，以提高工程安装速度；⑤ 可对产品形状进行设计，以满足具体的形状需要。

1.2.3 玻璃钢管的缺点

（1）连接可靠性差

每一段玻璃钢段头均靠连接头连接，而接头易漏水，对连接头的加工安装要求较高。

（2）卫生性差

其内衬层破裂后，玻璃纤维进入水中，污染水质；管材在锯断时，断面没有内衬层保护也会污染水质。

（3）难符合环保要求

玻璃钢废料难于处理，容易污染环境。在我国大力倡导“绿色经济”的今天，其生产加工及废料处理的环保问题较为严峻。

另外，本工程的厂区循环水压力管道的内径达到 DN 4 100 mm，总长近 1 710 m，业主经过调研认为从制造厂至在现场的运输比较复杂（进入厂址要穿越较多的隧洞），而在现场制作玻璃钢管需要将大量的制造设备运至现场，也不太现实，故不推荐在本工程中使用大口径玻璃钢管道。

1.3 PCCP

PCCP 是由预应力钢丝、钢筒、混凝土构成的复合管材，是预应力钢筒混凝土管（Pre-stressed Concrete Cylinder Pipe）的英文缩写。这种管材是在带钢筒的混凝土管芯上，环向缠绕预应力钢丝，最后在管外部施喷水泥砂浆保护层而制成的。

1.3.1 PCCP 结构

PCCP 由以下结构构成。

（1）高强度混凝土管芯：它是管道的主要结构部分，可提供光滑的内表面以利水流。该管芯内的钢筒起防渗作用和提供纵向抗拉强度，并可增加环向强度。在 PCCP－E 型管道中，钢筒嵌在混凝土管芯中，在 PCCP－L 型管道中，钢筒包在混凝土管芯的外部。钢筒两端连接钢制承、插口环和弹性“O”形橡胶环，它可为管与管间的连接提供止水并可使相邻两管道中心对齐。PCCP－E 型管混凝土在钢模内立式浇筑，多用于大管径 PCCP。PCCP－L 型管的混凝土靠离心浇筑或在钢筒内径向压实浇筑，多用于小管径 PCCP。

（2）冷拉预应力钢丝：以一定的拉应力螺旋式缠绕在管芯上，在管芯上产生均匀的预压应力以抵偿由内压和外荷载产生的拉应力。可根据具体运行条件设计钢丝直径、预压应力和缠丝密度，以提供所需的最佳预应力。

（3）一个密实的水泥砂浆保护层：保护高强度钢丝和管芯，使之免受物理损坏和外界腐蚀。

（4）钢制承、插口接头：焊在钢筒的两端，是 PCCP 的联接件和密封件。

1.3.2 PCCP 的优点

（1）承受高的内压和外荷载

因为 PCCP 使用了经过水压检验的钢筒，解决了一般混凝土管存在的渗水问题，所以它可以承受很高的工作压力，我国产品的标准工作压力指标为 0.4～2.0 MPa，国外应用的 PCCP 工作压力有的高达 3.0 MPa 以上。由于 PCCP 在设计上考虑充分运用混凝土的抗压强度，所以它较其他管材可承受更大的外荷载。

（2）良好的抗渗性及耐久性

PCCP 利用埋藏在混凝土中的经过水压试验的钢筒抗渗，利用水泥砂浆对预应力钢丝进行保护使其不受外界腐蚀，从而保证 PCCP 的抗渗性、耐久性。

（3）耐腐蚀性能好

由于构成 PCCP 的所有钢材都被密实的混凝土或水泥砂浆所包裹，高强钢丝在喷涂水泥净浆后被砂浆覆盖，经防腐处理的承口钢圈和插口钢圈安装后其外露部位又都用水泥砂浆灌注封口，混凝土或砂浆提供的高碱性环境使得包裹在 PCCP 内部的钢材纯化而不会发生腐蚀，因而使 PCCP 具有良好的防腐蚀性能，一般能达到 60 年以上。

（4）造价低于钢管

PCCP 管制作采用钢筒，配以钢丝、混凝土等材料，每米含钢量低于纯钢材管道，因此造价略低。

1.3.3 PCCP 管的缺点

（1）加工复杂，制作速度慢

首先，工作压力是管体结构设计和承插口钢圈、硬质胶圈的重要设计指标，采用的工作内压为 0.6～1.0 MPa。PCCP 靠承插口钢圈和硬质圆形胶圈连接，对钢圈的刚度和圆度以及胶圈的质量要求都很高。

其次，由带橡胶垫圈接头连接的 PCCP，允许的最大渗漏量为：每毫米内径管道、每 24 小时、每公里范围内渗水量 1 L。PCCP 管体为刚性管，接头采用承插式，要求具有可挠性，这些要求对接头加工要求较高。

最后，与钢管比较，如同样在现场加工，钢筋混凝土管制作比较复杂，且需要有一定的养护期；如在生产厂制作，钢管加工速度亦比 PCCP 快。

（2）自重大

等长的 DN 4 100 mm 管道（长度以 5 m 计），钢筋混凝土管自重约 45 t，而钢管自重（包括加固环）重约 28 t（三菱钢管方案）。

（3）施工工艺复杂

由于 PCCP 管自重大，安装需采取特殊的施工方法，除所需吊车吨位、工作半径均大于钢管之外，安装接口时尚需设置龙门吊，且工作环境较差，接口施工困难，管件容易损坏。

（4）总工期长

由于 PCCP 管施工复杂，造成施工速度较慢，导致基础暴露时间相对较长，且对其周边建筑物需特殊处理，降低了施工总进度。

（5）管道布置困难

PCCP 管道转弯处需做混凝土支墩予以加固，与阀门连接、变径及三通处仍需用钢制特殊零件连接，支墩布置造成厂区特别是进出主厂房的区域布置困难，加上如地基处理不当，刚性管道柔性连接，接口处易漏水。

正是鉴于以上缺点，且大口径 PCCP 在核电这种安全稳定性要求较高的工程中使用经验较少。根据本院的初步调研结果：目前在广州某火电厂中用到 PCCP 作为循环水管道，内径达到 DN 3 800 mm。故也不推荐在本工程中使用大口径玻璃钢管道。

1.4 钢筋混凝土管

钢筋混凝土管即为根据现场实际荷载等资料设计的由钢筋加固的混凝土管。

1.4.1 钢筋混凝土管的优点

（1）承载力大

现浇钢筋混凝土管最突出的一个优点就是可以通过钢筋混凝土来承受较大的外荷载，这样就比较适合在埋深较大的使用环境。

（2）由于主要荷载由钢筋混凝土结构承担，钢材用量大为减少，一般价格较为便宜。

（3）处理好后耐腐蚀性较好。

1.4.2 钢筋混凝土管的缺点

（1）自重较大

（2）抗渗性能不佳（可以通过内衬钢管或玻璃钢管来加强抗渗性）由于热胀冷缩的影响，一般每隔 20～25 m 就要设一道伸缩缝，施工分缝较多，每一道伸缩缝就是一个潜在的渗透点，所以设计现浇钢筋混凝土管时一定要注意伸缩缝的抗渗问题。

（3）施工周期长、施工难度大

由于为现场浇筑，所以管道的钢筋绑扎、立模、混凝土浇筑、养护等施工周期比较长，大范围长时间的施工占地，影响施工总进度；而且管道变径及三通处施工立模较困难，特别在进出主厂房的区域排外，各种管沟布置纵横交叉，布置十分拥挤，钢筋混凝土现浇管施工有一定难度。

（4）粗糙率较大，增大流动阻力（可以通过内衬钢管来减小）。

（5）对地基土的适应性

钢筋混凝土现浇管对地基不均匀沉降的适应性较钢管差，特别是在软硬地基结合处，管道漏水在其他工程建设中普遍存在。

2 循环水管道布置及管顶重荷载

2.1 厂区内循环水压力管布置

本文所比选的厂区内循环水管指从循泵房循环水泵出水口至汽轮机房凝汽器，以及从汽轮机房凝汽器出口至虹吸井内部直径为 DN 4 100 m 的主管道。进出主厂房的循环水支管，由于需与凝汽器直接连接，拟采用钢管。

循环水压力管道从循环水泵出口接出后，分别经过大件运输道路、核岛吊装场地后进入汽轮机房，分 3 根 DN 2 700 mm 支管进入凝汽器，循环水经凝汽器热交换后分别从 3 根 DN 2 700 mm 汇集至 DN 4 100 mm 钢管，排出后自流至虹吸井。

循环水管道连接循泵出水口中心标高为 0.13 m，厂区循环水管道的中心标高也为 0.13 m，厂区地坪标高为 12 m，管道管顶以上的覆土约为 9.82 m。DN 4 100 mm 管道长度约为 1 700 m。

2.2 循环水管道顶部活荷载

厂内循环水管道布置的区域基本上为基岩区，并且要穿过大件运输道路以及核岛吊装场地等重荷载区域。循环水管顶地面的重荷载主要有以下三个（注：通常设计所考虑的汽车荷载与此相比很小，所以可忽略不计）：

（1）核岛吊装区域（Hoisting Area）：地面达到 750 kN/m^2 的荷载强度。

（2）核岛模块吊车运行区域（Traveling Area for Heavy Crane & Area）：地面达到 700 kN/m^2 的荷载强度。

（3）核岛 CV/CA 模块拖车运行区域（Traveling Area for CV/CA Modules Trailer）：地面达到 500 kN/m^2 的荷载强度。

循环水管道布置区域基本为基岩，不具备大开挖放缓坡的条件，按 1:0.3～1:06 放坡，此部分重荷载按 30° 的扩散角传递管顶。

根据计算，核岛吊装区的循环水压力管道管顶的承受荷载为 128 kN/m^2；核岛模块吊车运行区的循环水压力管道管顶的承受荷载为 118 kN/m^2；核岛 CV/CA 模块拖车运行区域的循环水压力管道管顶的承受荷载为 86 kN/m^2。

3 循环水管道材质的比选

3.1 循环水管道材质比选原则

循环水管道材质的选择要综合抗渗性、承载力、耐腐蚀性、造价、自重、加工及施工工艺、施工工期及管道布置等方面的比较。

（1）抗渗性：不言而喻，厂区循环水管道为压力管道，没有好的抗渗性显然是不合要求的。

（2）承载力：由于项目汽轮机房为半地下式布置，电厂地坪标高为 +12.00 m，凝汽器水室顶标高为 +6.20 m，循环水主管道中心标高为 +0.13 m，管顶覆土有 9.82 m，而且还要随受来自核岛吊装区达 750 kN/m^2 的地面荷载、核岛模块吊车运行区 700 kN/m^2 的地面荷载、核岛 CV/CA 模块拖车运行区达 500 kN/m^2 的地面荷载。这对管材的刚度、强度以及稳定性的要求都较高。

（3）耐腐蚀性：由于项目是以海水作为循环冷却水，管道内壁与海水、外壁与土壤直接接触，而且核电厂的设计年限为 60 年，管壁的耐腐蚀性对循环水系统的正常运行也至关重要。

（4）加工及施工工艺：循环水管道特别是钢管，对加工及施工工艺，特别是回填土的质量有严格的要求，其是保证钢管结构能达到设计要求的关键所在。总结国内循环水钢管失稳的事故教训，由于回填土压实不密，未达到设计要求水平是一个主要的原因。

（5）施工工期：项目要求 1 年左右的时间，紧靠一期循泵房南面的大件运输道路就要投入使用。截止该日期，循环水管道的施工要完成。根据目前的计划安排：要完成 1、2 号堆循环水管道的负挖，剩余 9 个月的时间内要完成循环水管道的施工。可见施工工期的要求非常紧，项目要求循环水管材的选择应在保持安全可行性的基础上尽量满足现场施工进度的要求。

3.2 循环水管道材质初步比选

综合以上的比选原则，分析各种质材的主要优缺点，结合项目的实际要求进行比选，初步比选结果如表 1 所示。

表 1 各种管道材质初步比选结果列表

比选项目	钢管	玻璃钢管	PCCP 管	现浇钢筋混凝土管
承载能力	能满足（加厚管壁及用刚性加筋肋加固）	不能满足	理论上可行，但实际使用经验很少	能满足
防腐	内外壁需要（阴极保护，采用外加电流或牺牲阳极）	不需要	不需要	不需要
抗渗性	连续焊接钢管，好	管段连接处抗渗性要求高	管段连接处抗渗性要求高	管段连接处抗渗性要求高
施工方案	大开挖	大开挖	大开挖	大开挖
管内壁光滑度	一般	好	较差	较差
加工制造周期	现场加工制造较快	需从制造厂运至现场，工期较长	需从制造厂运至现场，工期较长	现场浇筑成形，工期较长

经过初步比选，钢管及现浇混凝土管在承载力要求方面能满足要求，但是由于现浇钢筋混凝土钢的管段连接处的抗渗能力较差，需要考虑增加抗渗能力的措施。

钢管方案主要具有施工周期短、抗渗性能好的优点。但管材的加工制造（如焊接）、施工工艺（如回填土）等要求均较高。

钢筋混凝土管方案有着承载能力强、国内施工工艺相对成熟的优点。但对于施工进度要求，该方案的实施确实有一定的难度。另外，由于连接头较多，钢筋混凝土管的整体抗渗能力不如钢管。

鉴于以上比选结果及现场施工进度的要求，在施工能够满足设计要求的前提下，最终选择钢管方案。

4 三菱公司标准与国内标准的差异

4.1 计算理论差异

根据《火力发电厂水工设计规范》（DL/T 5339—2206）8.4.6 小节中规定：垂直土压力标准值 P_{vk}（kPa）：

$$P_{vk} = K_C \times \gamma \times (H + 0.1D)$$

式中：H——管顶以上填土高度，m（本工程为 9.82 m）；

γ——回填土重度，kN/m^3（本工程为 19 kN/m^3）；

D——管外径，m（本工程为 4.172 m）；

K_C——垂直土压集中系数，设有加筋肋的管道 $K_C = 1.2$，不设加筋肋的管道 $K_C = 1.0$。

根据三菱的循环水管道计算报告，其管顶垂直土压力按以下公式考虑：

（1）当管顶覆土≤2.0 m 或管道采用敞开式开挖时：

$$P_{vk}=\gamma\times H\times g$$

式中：g——重力加速度（本工程取 9.806 65 N/kg）。

（2）当管顶覆土＞2.0 m 或管道采用沟槽式开挖时，垂直土压力采用 Marston 公式：

$$P_{vk}=\gamma\times g/(2K_a\cdot\tan\phi)\times(1-e^{-2K_a\cdot\tan\phi\cdot H/B})\times B$$

式中：K_a——朗金土压力系数，K_a=（$1-\sin\phi$）/（$1+\sin\phi$）；

ϕ——回填土内摩擦角（本工程取 35°）；

B——管顶开槽宽度；

e——自然对数，(2.718 28)；

图 1 为管道敞开式开挖或沟槽式开挖的示意图，B、H 含义与前述一致。

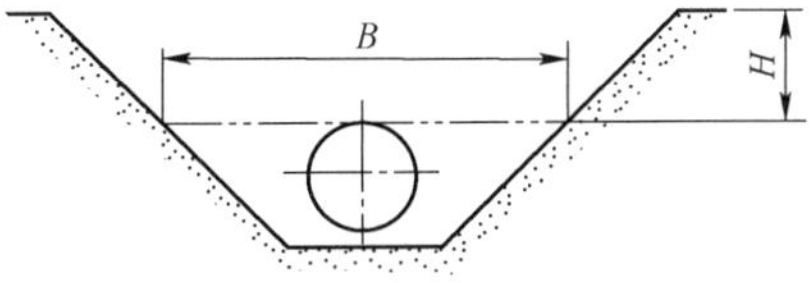

图 1　管道开挖示意图

按以上两种不同方法计算出的垂直土压力的比较如表 2 所示。

表 2　管顶垂直土压力计算对比表

序号	管道布置位置	国内规范计算值/MPa	Marston 公式计算值/MPa	两者相差/%
1	核岛吊装区	0.233	0.179	23.10
2	核岛模块吊车运行区	0.233	0.181	22.27
3	核岛 CV/CA 模块拖车运行区	0.233	0.181	22.27
4	汽机房 A 排外	0.233	0.187	19.77
5	凝汽器出水管段	0.233	0.183	21.91

注：① 在三菱的计算报告中 γ 取值 20.4 kN/m³。

从表 2 可以看出，两种计算方法的差值范围在 20%左右，这是由于国内标准与日本的设计理论基础不同所致。三菱基于日本的设计理论，其计算结果也是合理的。

4.2　三菱方案中钢管 ASTM 标准与国内 GB 标准比较

在三菱方案中，钢管的材质为 ASTM A283 Gr.D（日本 S400），加筋环的材质为 ASTM A572 Gr.42（日本 S440）。

经对比 ASTM 标准和国内标准《碳素结构钢》（GB/T 700—2006）以及《低合金高强度结构钢》（GB/T 1591—94）：ASTM A283 Gr.D 大约相当于国内 Q235－D 碳素钢，ASTM A572 Gr.42 相当于国内 Q345－A 合金钢。

5 结论

（1）厂区循环水管道采用钢管，主要具有施工周期短、抗渗性能好的优点。

（2）照国内相关规范，考虑钢管 2 mm 的腐蚀厚度，特别是对项目输送海水的循环水钢管。也就是说，钢管的壁厚应分别取 38 mm 和 34 mm。

（3）钢管方案的相关规范书及资料需达到三菱方案中的加工制造、安装和施工工艺要求。

（4）管道底部腋下和管道两侧回填砂及级配碎石的回填要求，需要施工承包商采用一定的技术措施，满足三菱设计要求。

（5）设计及施工过程中遇到上述的一些难点，最终通过项目相关人员的努力一一克服。

参考文献

[1] 钢管分类方法简介［J］. 金属世界，2005.2.

[2] 王超，窦培林，沈杰. FPSO 压载水系统中玻璃钢管的应用及应力分析［J］. 中外船舶科技，2011，2.

[3] 窦铁生，程冰清，胡赫，等. 预应力钢筒混凝土管结构变形规律的原型试验研究I：内压［J］. 水利学报，2017，12.

[4] DL/T 5339—2018，火力发电厂水工设计规范［S］. 北京：中国计划出版社，2018.

基于疏水优化、辅汽及轴封汽源优选的 AP 系列核电机组经济性提升方案

胡　娜

（国核电力规划设计研究院有限公司，北京　100095）

摘要：本文基于 AP 系列机组现有的主汽管道疏水，辅助蒸汽汽源设计，轴封蒸汽汽源设计，对机组正常运行时的管道疏水量进行分析计算，对疏水热量回收进行系统优化建议，对辅汽汽源和轴封汽源进行比选。旨在挖掘 AP 系列机组现有设计余量，提升机组整体经济性。对于蒸汽管道上的疏水，结合正常运行和启动阶段的理论计算数值、现场实测数据，进行疏水量的计算，并结合核电机组疏水点、疏水量较多的特点，提出优化系统设计，采用将疏水按照压力等级加以收集，引回二回路系统进行疏水热量回收的优化方案。针对辅助蒸汽系统，通过汽源比选，将正常运行时的辅汽汽源由主汽优化为汽轮机五级抽汽。针对汽轮机轴封系统，通过汽源比选，采用再热热段并增配减温器的方式作为低压轴封正常运行汽源。该综合经济性提升方案，可回收大量的湿蒸汽疏水直接进入凝汽器带来的热量流失，减少采用高品质主蒸汽作为辅汽和轴封汽源造成的能量浪费，增加机组实际发电量，经济效益可观。

关键词：AP 系列；疏水；辅汽；轴封；汽源；经济改造

AP Series Nuclear Power Unit Auxiliary Steam and Shaft Seal Steam Source Comprehensive Economic Optimization

HU Na

（State Nuclear Power Planning Design & Research institute Co.，Ltd.，Beijing 100095，China）

Abstract：This paper based on the existing main steam pipelines drain pipes，auxiliary steam source design and shaft seal steam source design of the AP series of units，the analysis and calculation of the steam drain in the normal operation of the units were carried out，the system optimization Suggestions for the heat recovery of steam drain were made，and the comparison between auxiliary steam source and shaft seal steam source was made. The purpose is to explore the

---

作者简介：胡　娜（1984—　），女，山东临沂人，高级工程师，硕士研究生，现主要从事核电厂常规岛系统设计工作

existing design margin of AP series units and improve the overall economy of units. For the hydrophobic on the steam pipe，combining with the normal operation and start-up phase of the theoretical calculation of numerical value and the measured data，the drain water is calculated，and combined with nuclear power units drain point，characteristics of the steam water more，put forward to optimize the design of the system，using hydrophobic according to the stress level would be collected，back into hydrophobic heat recovery of secondary circuit system optimization scheme. According to the auxiliary steam system，the auxiliary steam source in normal operation is optimized from the main steam source to the steam extraction of steam turbine. According to the steam turbine shaft seal system，through the steam source comparison and selection，the reheating section and additional desuperheater are adopted as the steam source for the normal operation of the low pressure shaft seal. This comprehensive economic improvement scheme can recover a large amount of heat loss caused by wet steam steam trap directly entering the condenser，reduce the energy waste caused by using high-quality main steam as auxiliary steam and shaft sealing steam source，increase the actual generating capacity of the unit，and achieve considerable economic benefits.

Key words：AP Series；Drain Pipes；Auxiliary Steam；Shaft Seal Steam；Steam Source；Economic Optimization

与常规火电相比，AP 系列压水堆核电厂容量大、参数低，主蒸汽为含有一定湿度的饱和蒸汽，在机组启动及正常运行时，蒸汽管道底部均有疏水持续析出。对主蒸汽管道疏水进行合理设计十分重要。一方面需要流畅引出疏水，确保汽轮机不发生进水事故；另一方面，持续的疏水会带走大量的热量，若直接引入凝汽器，会造成能量损耗。考虑管道及保温的散热量，以及湿蒸汽的析出，正常运行阶段，主蒸汽管道的疏水量达到约 10 t/h，回收疏水热量能够有效提升机组经济性。

辅助蒸汽系统是 AP 系列核电厂不可或缺的系统，它供应除氧器加热蒸汽、对凝结水进行预暖和除氧；为汽轮机高压缸和低压缸提供可靠的轴封蒸汽汽源；为 VYS 热水加热系统、厂区换热站提供加热蒸汽；在汽轮机跳闸后，辅助蒸汽系统向除氧器提供稳压蒸汽，为除氧器保压，防止除氧器水温下降过快对下游带来不利影响。新建 AP 系列核电机组的辅助蒸汽系统有两路汽源：辅助锅炉和主蒸汽来汽。在机组启动初期采用辅助锅炉供汽，机组正常运行后，切换到主蒸汽供汽。机组启动冲转阶段，辅助蒸汽用汽量高达 120～180 t/h。在冬季正常运行时，通过主蒸汽供入辅助蒸汽的汽量也有约 20 t/h。采用主蒸汽作为汽源为辅助蒸汽供汽，会分流进入汽轮机发电的高品质主蒸汽，降低机组经济性。

汽轮机轴封系统供给一定压力、流速和流量的连续蒸汽，这是密封主汽轮机，防止真空运行时空气进入汽轮机以建立主凝汽器真空，或防止正压运行时蒸汽从汽轮机轴封处漏入大气的必要条件。目前国内大型火电全速机组，可实现自密封，即高中压端轴封漏汽的汽量和品质即可满足低压端轴封的供汽需求，无需额外汽源向低压端轴封供汽。而 AP 系列核电机组及其他机型核电机组，由于蒸汽品质低于火电机组、低压缸通流量大、低压端漏气量多，无法实现自密封，需要额外向低压轴封供汽。AP 系列哈汽机型汽轮机轴封在标准汽轮机密封间隙下运行时，一般向低压轴封供汽 14.4 t/h（是正常轴封间隙 1.5 倍的流量），蒸汽溢流阀将上述情况下的多余蒸汽排入 1 号给水加热器。目前 AP 系列机组的系统设计为：机组启动阶段由辅助蒸汽作为轴封供汽汽源；当 SG 来主蒸汽达到要求后，由主蒸汽作为轴封供汽汽源，并在正常运行时保有该主汽汽源。采用高品质主蒸汽作为汽源，势必影响汽轮机进汽量。冬季主蒸汽供入辅助蒸汽的汽量以及主汽供轴封的汽量，已分别达到额定工况下主汽阀入口汽量的 3.1%和 2.2%。由于辅助蒸汽同时作为了轴封蒸汽的汽源，有必要对辅助蒸汽及轴封供汽汽源进行综合改造，提高机组热经济性，增加机组发电量。

1　改造前的系统设置

AP 系列哈汽机型机组为单轴、四缸六排汽（1 个高压缸、3 个低压缸）、汽水分离再热凝汽式半速汽轮机。机组额定工况下各路蒸汽参数如表 1 所示。

表 1　机组额定工况下各路蒸汽参数表

蒸汽来源	工作压力（a）/MPa	工作温度/℃	蒸汽状态
主汽	5.38	268.6	饱和蒸汽，湿度 0.45%
六抽	1.73	205.1	湿蒸汽，湿度 13.8%
再热冷段	0.981	179.0	湿蒸汽，湿度 12%
再热热段	0.932	257.0	过热蒸汽
四抽	0.37	161.6	过热蒸汽
辅助电锅炉	1.1～1.3	185～195	饱和蒸汽

主蒸汽管道（自核岛 SG 来管道起，至主汽阀、旁路阀止）上共设置低位疏水 12 路。各路疏水点的设置如图 1 所示，启动排污阶段，自疏水罐底部直接引出至排污箱；正常运行阶段，由疏水器持续导出疏水至凝汽器；疏水罐内液位高时，开启疏水旁路阀，导出疏水至凝汽器。

辅助蒸汽及轴封供汽汽源简化系统图如图 2 所示。

辅助蒸汽有两路汽源：一路来自主蒸汽，一路来自辅助电锅炉（针对新建电厂）。在机组启动初期，主蒸汽汽源不可用时，辅汽来自辅助电锅炉。当主蒸汽可用后，辅汽汽源切换至主汽，通过调节阀减压后供至辅助蒸汽系统。

高低压轴封系统汽源也有两路，机组启动阶段主蒸汽不可用时由辅助蒸汽作为供汽汽源，主汽可用后切换至主汽通过调节阀减压后供汽。启动初期，高压和低压缸排汽压力均小于大气压，需要的轴封汽量较大，为 26.8 t/h。当机组达到 15%额定负荷后，高压轴封达到自密封状态，此时低压轴封还需汽量 14.4 t/h。

2　主蒸汽疏水优化

AP 系列核电厂 G 出口蒸汽含湿量为 0.36%，汽轮机入口蒸汽含湿量控制在 0.5%以内。主蒸汽管道均为顺坡布置，为防止水击，及时排出疏水，在蒸汽管道的各个低点，均设置有疏水排出设施，如海阳一期主蒸汽管道设有 12 路低位疏水。疏水数量较多，根据理论计算，主蒸汽管道总疏水达到约 10 t/h。由图 1 可知，启动阶段的疏水经由疏水阀排放至凝汽器，是汽轮机防进水的重要手段，非连续运行，因此不对启动阶段的疏水进行优化。正常运行阶段的连续疏水经自由浮球式疏水器连续排出至凝汽器，被循环水带走热量。当疏水器内无疏水时，疏水器会自动关闭。因此可对正常运行阶段的疏水加以回收，具体方式如图 3 所示。

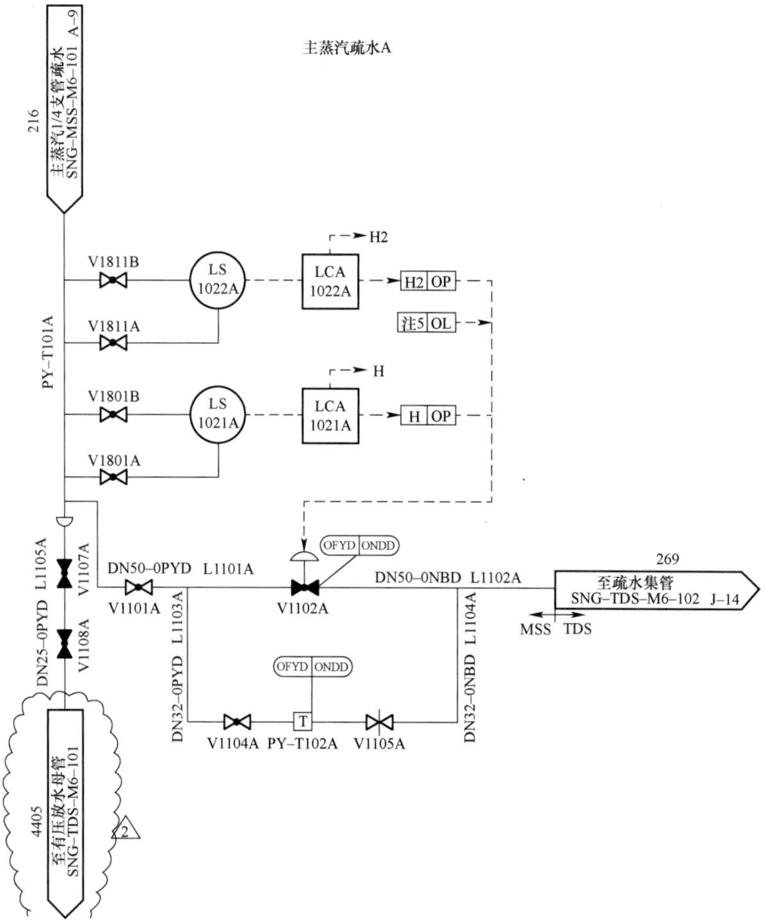

图1 主蒸汽管道疏水设置

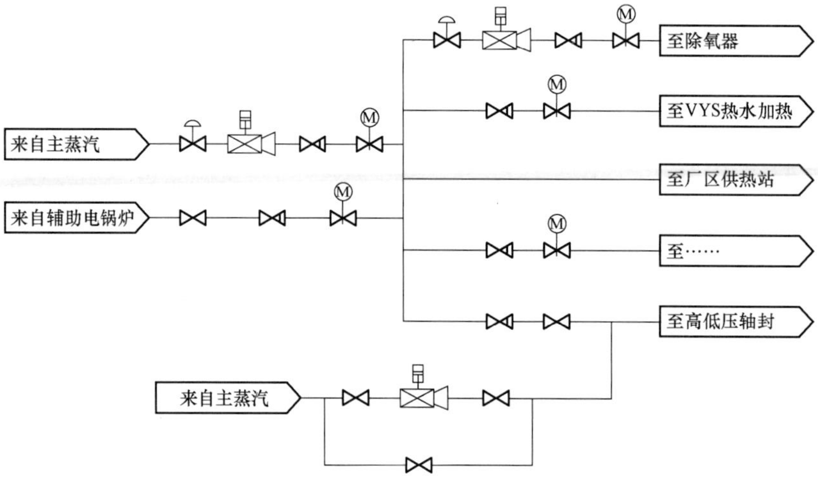

图2 AP系列辅助蒸汽及轴封供汽汽源简化系统图（原设计）

由上图可知，改造方案将 12 路运行连续疏水器后的疏水合并引入一个疏水收集罐，罐上设置液位模拟量仪表，罐底设置母管，经调节阀后，引入 7 号高加壳侧，回收热量。调节阀跟踪液位信号调节开度，维持疏水收集罐内水位。收集罐底部并联有进入凝汽器管路，在 7 号高加不可用，或负荷波动过大时，作为危急疏水，将水引入凝汽器。

在正常稳态运行时，疏水量相对稳定。按照疏水量为 10 t/h 计算，引入 7 号高加后，以上网电价 0.445 元/（kW·h）、热耗率 9 514 kJ/（kW·h）、年利用小时数 7 000 h 来计算，每年可增加收入 385 万元/机组，寿期（60 年）内可增加收入约 23 100 万元/机组。

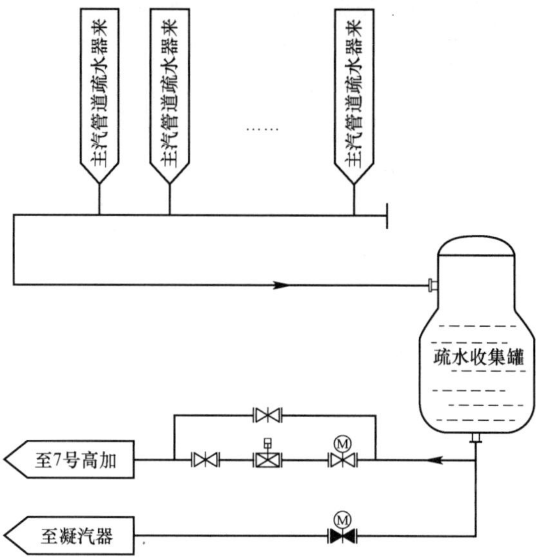

图 3 优化后主汽疏水去向示意图

3 辅助蒸汽汽源优化

对于 AP 系列核电厂，辅助蒸汽主要作用为以下几点：

（1）启动前，对除氧器进行冷态加热，将除氧器内冷水加热至一定温度，满足机组除氧需求。

（2）启动阶段，当机组负荷小于 20%时，除氧器正常运行汽源五级抽汽压力未达到要求，此时采用辅助蒸汽作为除氧器加热汽源。

（3）启动阶段，主蒸汽未达到轴封系统要求时，采用辅助电锅炉来辅助蒸汽作为轴封汽源。

（4）机组正常运行时，采用辅助蒸汽作为 VYS 热水加热系统汽源、厂区换热站汽源、洗衣房汽源等。

针对以上 4 项，前 2 项为启动阶段使用，由于启动阶段时间较短，在分析机组经济性时，不对启动阶段汽源进行优化，仅针对正常运行阶段的可用汽源进行比选优化。

表 2 给出了在正常运行阶段采用各路蒸汽作为辅汽汽源的比选分析。

表 2 正常运行辅汽汽源比选表[3,5]

蒸汽来源	特点
主汽阀入口	主汽品质高，热损失最大。此方案为优化前方案
六抽	虽蒸汽品质低于主汽，但仍有一定热损失。需在六抽至辅汽母管上设置调阀降压，才能满足用户压力要求，且若正常运行时高加切除，六抽汽源不可用
五抽（来自冷段）	压力接近原设计中辅汽系统压力，可不必设置调阀，直接引入辅汽母管。且对下游各用户的调阀选型基本无影响
再热热段	压力接近原设计中辅汽系统压力，可不必设置调阀，直接引入辅汽母管。且对下游各用户的调阀选型基本无影响。但品质高于冷段，为过热蒸汽。正常运行工况下的辅汽用户（VYS 热水加热系统汽源、厂区换热站汽源、洗衣房汽源）对蒸汽湿度无要求，且存在下游用户还需设置减温器的可能性，造成热源浪费
辅助电锅炉来汽	电锅炉投资大，需进行电加热，提高厂用电率，成本最高。仅在机组启动前无其他可用汽源时采用

基于上述分析，可考虑为机组辅汽增加五抽汽源，在机组正常运行时使用。此种改造方

案操作简单，无需设置额外调阀等，仅需从五抽隔离阀后增加接入辅汽母管的管线，并增设一道电动隔离阀、一道止回阀。电动隔离阀可跟踪机组负荷情况，在机组负荷较高，五抽汽源稳定时（约 70%负荷以上），将辅汽汽源由主汽自动切换至五抽；止回阀可防止在机组启动阶段，辅汽母管带压、五抽未投入时，辅汽母管中蒸汽倒流入五抽管道。

在冬季正常运行时，辅助蒸汽的汽量为 20.5 t/h。辅汽正常运行汽源切换至五抽后，相当于机组额定出力由原设计的 1 253 000 kW 提高至 1 256 888 kW。以上网电价 0.445 元/(kW·h)、年利用小时数 7 000 h、冬季采暖运行小时数 2 333 h 来计算，每年可增加收入 403 万元/机组，寿期（60 年）内可增加收入约 24 180 万元/机组。

4 轴封蒸汽汽源优化

轴封蒸汽温度应加以限制[4]。若轴封蒸汽温度过高或过低，热应力会带来轴封部位热涨不均匀，引起摩擦、振动，严重时会造成汽轮机进水，甚至转子损坏[1, 2]。轴封蒸汽温度的常规要求为：任何情况下轴封蒸汽过热度不得小于 14 ℃，高中压轴封蒸汽与转子温度之间温差小于 110 ℃，低压轴封蒸汽温度在 121～177 ℃。

由图 1 可知，AP 系列电厂原设计方案为，轴封汽源启动阶段为辅助电锅炉来汽、正常运行阶段为主汽来汽。由于启动阶段时间较短，在分析机组经济性时，不对启动阶段汽源进行优化，仅针对正常运行阶段的可用汽源进行比选优化。

AP 系列核电机组及其他机型核电机组，由于蒸汽品质低于火电机组、低压缸通流量大、低压端漏气量多，无法实现自密封，需要额外向低压轴封供汽。AP 系列哈汽机型汽轮机轴封在标准汽轮机密封间隙下运行时，一般向低压轴封供汽 14.4 t/h（是正常轴封间隙 1.5 倍的流量），蒸汽溢流阀将上述情况下的多余蒸汽排入 1 号给水加热器。因此，优化限定于对正常运行期间低压缸轴封供汽汽源的选择。表 3 列出了正常运行时可供低压轴封选择的各路汽源，并对各路汽源特点进行比较。

表 3　正常运行低压缸轴封供汽汽源比选表

蒸汽来源	特点
主汽阀入口	主汽品质高，热损失最大。需两级节流降压。此方案为优化前方案
五抽（来自冷段）	虽压力接近原设计中辅汽系统压力，但蒸汽湿度过大，即使节流减压至 0.13 MPa，仍有 7%湿度，不满足轴封蒸汽过热度要求
再热热段	压力接近原设计中辅汽系统压力，可不必设置调阀，且不影响下游各用户的调阀选型。但蒸汽减压至 0.13 MPa 后温度为 244 ℃，会造成轴封蒸汽与转子金属温差过大，需设置减温器
四抽	蒸汽温度合适，相比与再热热段可以进一步提高汽轮机效率。但蒸汽压力较低，影响原有主汽供轴封调阀和低压端轴封供汽调阀选型。且汽源不稳定，当低压加热器切除时，四抽汽源不可用
辅助电锅炉来汽	电锅炉投资大，需进行电加热，提高厂用电率，成本最高。仅在机组启动前无其他可用汽源时采用

基于表 3 的分析，可在正常运行时考虑采用再热热段作为轴封蒸汽汽源，并增设减温器（减温器在火电机组广泛应用，有成熟的设计和运行经验）。即：机组启动时，高低压端轴封蒸汽均有辅汽提供。在主蒸汽具备条件时，由主汽提供轴封蒸汽，减小辅助电锅炉蒸汽量。随着机组负荷上升，当再热热段压力达到约 0.85 MPa（a）时，可以逐步切换到再热热段供汽，并在进入轴封母管前设置减温器，通过凝结水系统提供减温水，通过调节减温水流量，控制低压缸端轴封蒸汽温度＜177 ℃。

正常运行工况低压缸轴封供汽汽量为14.4 t/h。低压缸正常运行汽源切换至再热热段后，相当于机组额定出力由原设计的1 253 000 kW提高至1 255 731 kW。以上网电价0.445元/(kW·h)、年利用小时数7 000 h来计算，每年可增加收入850万元/机组，寿期（60年）内可增加收入约51 000万元/机组。

5 优化后系统

基于以上的比选分析，对管道疏水、辅汽和轴封系统进行优化后，系统配置示意图如图4所示。

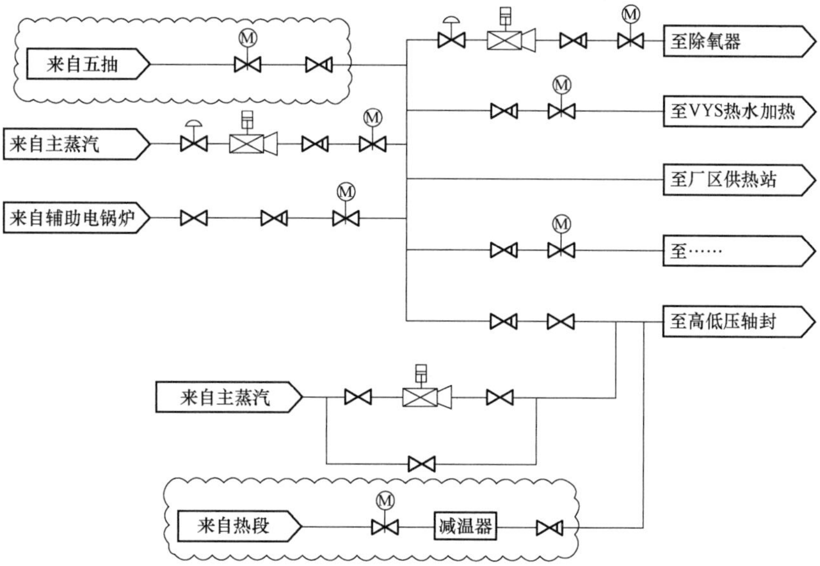

图4 AP系列辅助蒸汽及轴封供汽汽源简化系统图（优化后）

6 结论

本文对蒸汽管道疏水、辅汽系统和轴封系统的特点、功能、汽源要求、可用汽源特点进行了详细分析，对正常运行时的辅汽汽源和轴封供汽汽源进行了比选优化。针对主汽疏水管道，增设疏水收集罐，将疏水热量回收进二回路。针对辅助蒸汽系统，增加五级抽汽作为辅助蒸汽正常运行汽源。针对轴封系统，增加再热热段并增配减温器作为低压轴封正常运行汽源，经济效益可观，综合改造后，每年每台机组可增加收入1 638万元。该综合经济改造不影响原有系统的设置及调阀选型，可考虑直接在已建电厂进行改造，改造范围小。对于未开工电厂，可根据实际情况直接按照上述优化措施进行系统设计。

参考文献

[1] 王旭．汽轮机低压轴封蒸汽温度瞬间突降分析及对策 [J]．华北电力技术，2003（1）：38-39．

[2] 胡勇．汽轮机低压轴封供汽温度不稳定分析及对策 [J]．科技创新与生产力，2017（5）：79-81．

[3] 方永珍．岭澳核电站辅助蒸汽系统的优化设计 [J]．广东电力，2003，16（2）：56-58．

[4] 国家能源局．防止电力生产事故的二十五项重点要求（国能安全〔2014〕161 号）[EB/OL]．(2014-05-28)．https://wenku.baidu.com/view/b5ee10e5866fb84ae55c8d8b.html．
[5] 张群山．660 MW 超超临界机组辅助蒸汽系统设计和运行优化分析 [J]．工程技术：全文版，2016（12）：00268-00268．

AP1000 依托项目工程设计软件平台结构体系研究

黄增宏

（上海核工程研究设计院有限公司，上海　200233）

摘要：通过 10 年来与美国西屋公司交流与合作，在 AP1000 依托项目工程建设实践和 AP1000 技术转让工作中，了解了 AP1000 依托项目工程设计使用的 700 多个软件。通过分析和研究软件分类、功能和用途，梳理软件平台的总体结构体系，总结和评价 AP1000 依托项目工程设计软件开发和应用的得失，并从笔者观点给出优化建议，借此为 CAP 系列核电工程项目设计提供一些可供参考和借鉴的思路与经验。

关键词：AP1000；依托项目；工程设计；软件；平台结构

Research on AP1000 Support Project Engineering Design Software Structure System

HUANG Zenghong

(Shanghai Nuclear Engineering Research & Design Institute Co.，Ltd.，Shanghai 200233，China)

Abstract：For 10 Years of Communication and Cooperation with Westinghouse in America，on Construction and Practice of AP1000 Support Project and AP1000 Technology Transfer，There were more than 700 Engineering Design Software to be used in design of AP1000 Project. We Get an Integrity System Structure by Clarifying the Catalog，Function and Using of Software. And There We Will Give Some Experience and Suggestions about CAP Serial Nuclear Power Engineering Design for Engineers to Study and Research.

Key words：AP1000；Support Project；Engineering Design；Software；Platform Structure

在现代核电工程设计领域，软件发挥着至关重要的作用，核电工程大量的专业设计计算、仿真模拟、分析验证等工作，必须要有特定的或专用的 CAD/CAE 软件辅助完成。核电工程设计软件特殊性，在于集成和吸收了大量的历史经验和实践成果，总结和积累了很多的经验教训和典型案例，为核电安全性与可靠性提供了有力保障和良好基因。因此，研究 AP1000 依托项目工程设计软件平台结构体系，对中国核电事业，具有非凡价值和现实意义。

作者简介：黄增宏（1969—　），男，学士，高级工程师，现主要从事核岛工艺系统主系统设计与技术研究工作

1 软件总体架构

AP1000 依托项目工程设计软件平台结构体系的总体架构，分为“核安全评审软件”和“专业设计软件”。核安全评审软件，是美国核管会以及中国国家核安审中心使用的软件，主要用于与核安全相关的重要设计内容的审查和评估；专业设计软件，是西屋公司和上海核工院使用的软件，主要用于整个核岛的专业设计、分析验证和仿真模拟（见图 1）。

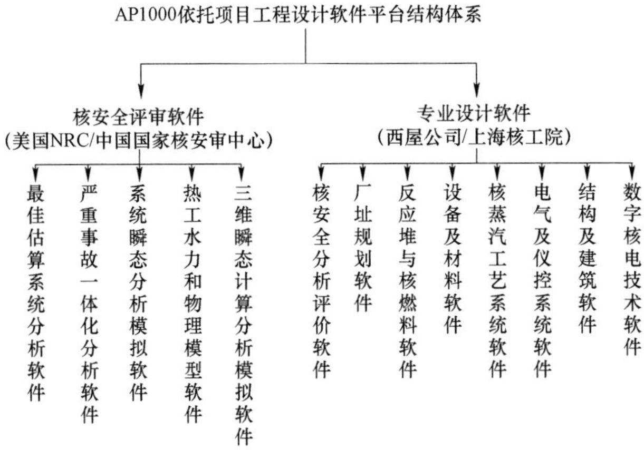

图 1 AP1000 依托项目工程设计软件平台结构体系

2 核安全评审软件

按照国际惯例，核安全评审是作为第三方的政府机构对核安全可靠性进行独立性审查的法规程序要求。世界主要的核大国，包括美国、法国、俄罗斯、日本以及中国等，对核安全独立评审都有明确的国家立法。因此，核安全评审软件，是 AP1000 依托项目的重要组成部分。

核安全设计评审，要求针对每个特定项目进行安全评价独立验证、安全审评独立计算复核。根据核电安全特殊性和重要性要求，必须通过国家核安全监管部门独立审查的方式，进行复核性验证校审，以第三方的独立身份评估核电厂重要设计系统和部件的安全性与可靠性。国家核安全监审机构在核安全审评中，要求使用与设计单位相同的安全分析软件，在复核输入设计数据正确性的基础上，核实输入数据与电厂设计参数的一致性，以及分析模型的合理性，并进行一定的敏感性分析研究。

目前，美国核管制委员会（Nuclear Regulation Committee，NRC）的核安全评审软件（见图 2），主要包括 TRACE、MELCOR、RELAP5、SNAP 和 PARCS 等安全事故评审软件，用以审查 AP1000 依托项目的安全设计。

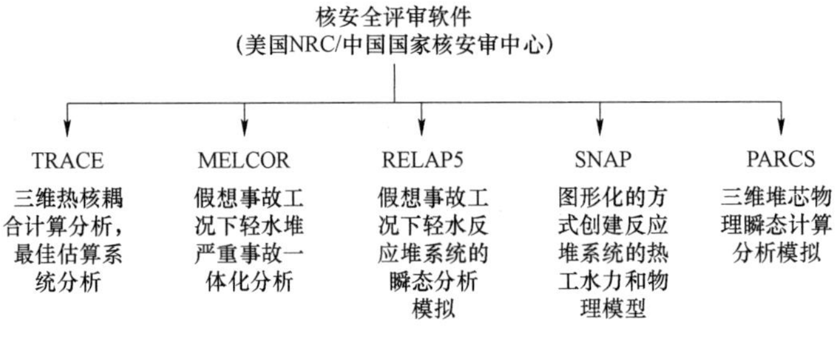

图 2 AP1000 依托项目工程核安全评审软件

2.1 TRACE

美国 NRC 最新开发的最佳估算系统分析软件，TRACE（TRAC/RELAP Advanced Computational Engine）是使用了非平衡、非均匀的三维流体动力学模型，可对反应堆堆芯冷却剂流道进行三维热工水力建模，并可耦合三维中子动力学程序开展三维热核耦合计算分析。该软件由四个主要系统程序（TRAC-P，TRAC-B，RELAP5 和 RAMONA）的功能集合而成的计算软件，能够模拟轻水堆（压水堆和沸水堆）、热工水力实验台架的冷却剂丧失事故、运行瞬态和其他事故工况等。

2.2 MELCOR

MELCOR 是美国 NRC 委托 Sandia 国家实验室开发的轻水堆严重事故一体化分析软件。在 AP1000 严重事故/PSA 中，西屋用 MAAP 程序进行设计计算，NRC 用 MELCOR 和 RELAP5 审核计算。

MELCOR 程序模块功能包括：反应堆冷却剂系统与安全壳热工水力；燃料包壳氧化和氢气产生；氢气复合或燃烧爆炸；堆芯损坏与熔化；压力容器受机械和热应力损坏；熔融堆芯与混凝土反应；裂变产物释放、输运、滞留与吸附等。

2.3 RELAP5

RELAP5 是模拟轻水堆冷却剂系统假想事故工况下瞬态行为最佳估算分析软件。最早由爱德华国家工程实验室为美国核管会 NRC 开发的。主要用于规则制定，许可审查计算，事故缓解措施评估，操作员规程评价，以及实验计划分析，各种堆型的安全分析研究。

Ralap5 涵盖了整个轻水反应堆系统的瞬态分析，比如：失水事故（LOCA），未能紧急停堆的预计瞬态（ATWS），以及操作瞬态，比如给水丧失，失去场外电源，全厂断电，汽轮机跳闸等。

2.4 SNAP

SNAP（Symbolic Nuclear Analysis Package）是 NRC 开发的图形可视化事故分析软件，包括可以简化工程分析过程应用功能：模型编辑器、任务状况、支持客户端及计算服务器的配置工具。SNAP 能够支持：CONTAIN、COBRA、FRAPCON-3、MELCOR、PARCS、RELAP5 和 TRACE 等。

SNAP 基于通用工程分析应用架构开发，采用图形化的方式，方便工程技术人员创建反应堆系统的热工水力和物理模型。

2.5 PARCS

PARCS（Purdue Advanced Reactor Core Simulator）最早是由美国普渡大学开发，NRC 收购后成为 NRC 安全分析程序体系中进行三维堆芯物理瞬态计算的模拟分析软件。

PARCS 能够求解直角和非直角几何结构中稳态和时间相关的多群中子扩散方程及低阶输运方程，解决方形和六角形燃料组件堆芯稳态和瞬态三维种子学计算等问题。

3 专业设计软件

根据研究，西屋公司及其设计分包单位，在 AP1000 工程项目设计中使用的各种软件数量达 700 多个，其软件平台结构非常复杂。研究 AP1000 依托项目工程设计软件平台结构体系，首先从其软件分类结构入手，以便从总体上了解其全貌。

按照学科和专业划分，核电可划分为“8 大领域、30 多个学科、100 多个专业”。每个专业都有至少一个以上的软件用于分析计算和辅助设计。核电软件覆盖核电设计的 8 大领域，包括厂址规划、核安全分析评价、反应堆与核燃料、设备及材料、工艺系统、电气及仪控系统、结构及建筑、数字核电技术等。

AP1000 依托项目工程设计软件分级分类清单（略）。

3.1 核安全分析评价

核电工程专业设计，首要工作是核安全分析评价，核安全分析评价软件是重要的技术辅助手段。核安全相关的设计软件 260 多个，占整个设计软件数量的 1/3 多，说明核电站设计中核安全极其特殊性的要求，以及核安全在整个核电站设计中极其重要的主导地位。核岛设计，首先要进行核安全分析和评价，在核安全分析和评价结果获得确认和保障的前提条件下，才能开展其他相关设计内容。

核安全评审软件，主要是专业设计软件中一部分非常重要的核安全分析评价软件，只是两者使用软件的主体、目的和要求不同而已。

3.2 厂址规划

厂址规划设计软件有 30 个左右，主要覆盖总图规划、环境影响评价、地质地震及岩土工程、厂区运输及道路交通、气象水文、项目经济评价等专业设计。

核电厂址选择与规划中有其特殊性的要求，一般要求厂址坐落于基岩之上；同时，对周边人居环境范围和核辐射剂量扩散有严格的限制和标准要求，按照厂址规划软件建立的分析模型，可以给出符合规范标准的科学评价结论。

3.3 反应堆与核燃料

反应堆与和材料设计软件有 130 个左右，主要用于堆芯及核燃料设计、反应堆失水或破口事故分析、燃料组态分析计算、反应堆结构强度计算分析、反应堆热工水力分析、地震事故堆芯动态结构影响分析等。

反应堆与核燃料设计软件，涉及核安全，因此，内部部门和外部机构对设计分析计算过程有更加严格的审核标准和要求。

3.4 设备及材料

设备及材料设计软件有 70 多个，主要用于设备及材料强度及疲劳分析计算、结构力学分析、流体力学分析、流体及传热性能分析计算、热工水力分析、流场分析、振动力学分析等。

设备及材料计算分析软件大多趋向和基于有限元多物理场耦合分析，并能提供三维动态仿真模拟功能。但是，对硬件资源条件有较高的计算能力要求。

3.5 工艺系统

工艺系统设计有 70 多个软件，主要用于工艺系统设备及管道流程分析计算、工艺系统热工水力分析计算、管道及部件强度及疲劳分析、管道应力分析计算，以工艺系统流程绘图、设备和管道布置设计等。

工艺系统专业作为核岛布置设计的龙头，负责核岛整体的规划布置设计。因此，三维工厂设计软件对工艺布置设计尤为重要。目前 AP1000 项目由于传承美国西屋公司的设计习惯和模式，主要应用 PDS 作为三维布置设计的平台。然而，法国、俄罗斯等，以及国内中核、广核的核电工程设计普遍采用 PDMS 作为三维布置设计平台。

3.6 电气及仪控系统

电气及仪控系统设计有 20 个专业设计软件，主要用于电气系统及设备分析计算、人机界面、流量及节流装置分析计算、电缆敷设、照明计算、电气及仪控控制逻辑设计等。

3.7 结构及建筑

结构及建筑设计有40多个专业软件，主要用于土建结构及建筑计算分析、钢结构设计分析、建筑结构工程设计、地基及基础设计，以及建筑给排水、暖通空调及消防系统设计等。

AP1000非能动特有的建筑结构有一个巨大的顶部环形水箱设计；同时，防止大飞机撞击的强度设计要求，以及防止地震和海啸侵袭等设计，都需要应用软件来进行计算分析和仿真模拟。

3.8 数字核电技术

数字核电技术，是一项多专业设计软件集成与数据融合的技术，也是核电最新增加的专业设计技术。基于人因工程，为核电厂安全保护、运行和管理维护等提供的新一代数字化设计内容，主要包括数字化运行控制系统和数字化安全保护系统，以及数字化仿真模拟系统等。通过二维和三维的人机交互界面，实现自动化运行操控，仿真模拟，以及人员培训教学等，为核电站提供了更佳直观的操控和展示平台。

核电厂未来设计软件及平台发展趋势，都将向数字化的方向集成与融合，以直观的方式反映设计的真实模拟状态，为未来智慧核电打开一扇新的窗户。数字化核电，以二三维模型集成数据库为核心，将贯穿核电设计、建造、运行、维护，以及资产管理等全过程。数字化核电软件平台应用前途光明，方兴未艾。

4 设计软件功能分析

按照传统的核电通用设计软件功能划分，西屋公司主要使用的主要软件有三类，即绘图设计软件、计算分析软件、仿真模拟软件。设计人员首先进行设计，绘制草图或建立模型，然后进行计算分析、仿真模拟，验证分析，最后输出二维或三维的设计成果。

4.1 绘图设计软件

通用设计绘图软件有二维设计软件和三维设计软件。

4.1.1 二维设计软件

二维设计软件有两种用途，即逻辑流程图和平面布置图。

（1）逻辑流程图

逻辑流程图，主要用于绘制工艺系统流程图、电气逻辑接线图、仪表控制回路图。AP1000依托项目使用SmartPlant P&ID绘制工艺系统流程图，SmartPlant Electrical绘制电气逻辑接线图，SmartPlant Instrumentation绘制仪表控制回路图等，这些软件都有后台数据库，称之为智能绘图软件。

（2）平面布置图

平断布置图，主要用于传统设计的平面和断面布置出图，比如：总平面布置图、主厂房平端面布置图。AP1000依托项目主要使用MicroStaion二维绘图软件完成平面制图，还有很多平断面图，则是来自三维设计软件的投影导出的二维图形结果。

4.1.2 三维设计软件

AP1000依托项目使用的三维设计软件包括两类，即机械设计软件和工厂设计软件。目前机械设计软件与工厂设计软件还无法集成，缺乏实现一体化融合的平台，因此，相对独立，无法共享和交换。

（1）机械设计软件

机械设计软件，主要用于核电设备的设计和出图。比如：Inventor、SolidWorks、Catia、

UG NX 等。这些先进的三维机械设计软件在核电设备设计上的普及应用，已经成为主流，不仅大大提升了核电设备设计的技术手段，同时极大地提高了设备设计的质量和效率，为核电设备数字化工厂加工制造提供了条件等。

（2）工厂设计软件

工厂设计软件，主要是用于核电厂工艺设备、管道、土建结构等专业协同布置设计。比如：西屋公司一直使用 PDS、Tekla 等软件作为核岛设计三维设计软件。三维设计软件在核电设计中的应用，不仅为工程技术和管理人员提供了便捷浏览核岛厂房模三维型的工具，同时还提供了强大的数据库支持，也为各种施工建造、运行维护等提供了仿真模拟的基础条件。

4.2 计算分析软件

西屋公司计算分析软件有两种，即自主开发软件和第三方软件。

（1）自主开发软件

西屋公司基于多年的核电理论研究和工程经验，开发了大量的核电工程计算分析软件，这些软件集成了西屋公司大量的工程设计经验，以及西屋技术秘密的理论数学模型。核电计算分析软件目前占据整个核电设计软件的 50%左右。

（2）第三方软件

除了西屋公司自主开发的计算分析软件，AP1000 依托项目设计还应用了很多优秀的商业化第三方计算分析软件。比如：核级管道应力计算分析软件 PipeStress，以及核级管道流体计算分析软件 FlowMaster 等，这些计算分析软件不断地得到来自工程实践的经验反馈，成为经典的国际通用的计算分析标准。

目前，计算分析与仿真模拟软件一体化异军突起，并且成为未来发展趋势。很多传统经典的核电计算分析软件，虽然没有有限元分析仿真模拟软件那样更加细致和直观的过程表现，但是在解决核电工程实际计算分析问题时，这些基于传统理论和实践经验的计算分析软件，更加快速有效，并且已经成为核电行业公认的设计标准。

4.3 仿真模拟软件

西屋公司仿真模拟软件也有两种类型，即自主开发和第三方软件。

（1）自主开发软件

仿真模拟软件由于其结构比较复杂，西屋公司一般委托第三方进行开发，也是自主开发软件的范畴。在核电设计中，核安全分析、力学分析等计算分析，已经逐步转向有限元理论分析的三维或多维仿真模拟软件。这些仿真模拟计算分析软件，集成结构力学、流体力学、传热学、工程热力学等，同时吸收大量工程实践经验和物理实验验证结果，成为核电设计计算分析软件的主流和趋势。

（2）第三方软件

比如：经典著名的有限元分析软件 ANSYS、ABAQUS，以及 CFD 计算流体力学最著名的 Fluent 软件，大量应用于 AP1000 核电设备和管道、结构设施和构件等计算分析与仿真模拟。仿真模拟软件已经成为现代核电设计不可或缺的工具和手段。西屋虽然大量应用第三方软件，但是形成大量的工程典型算例，集成了西屋多年的工程实践经验，也成为西屋特有的自主知识产权内容，这一点也值得学习和借鉴。

5 总结及评价

AP1000 依托项目在西屋总体主导设计之下，历经 10 年的设计过程，设计软件发展进步也是突飞猛进。从经验教训和良好实践正反两方面，进行简单的总结评价。

5.1 不足之处

AP1000设计过程中，发现有一些专业设计软件应用，都是相对孤立的，集中或偏向于某一狭窄的专业领域。这些软件并不是常用的工具软件，而且应用这些软件的工程师数量极为有限。

5.1.1 软件交互不够友好

西屋有一些专业设计软件，目前仍然基于早期DOS、Unix或Linux等操作系统环境之下、缺乏直观的用户图形交互界面。

5.1.2 软件架构体系不够完善

西屋自主开发的设计软件有300个左右，但是软件之间缺乏关联、接口和集成，没有统一的软件架构体系。一些很好的软件，没有集成历史经验数据库的支持，以及技术标准规范，专家系统、企业知识经验库的支持等，缺憾难免。

5.1.3 软件更新不够及时

西屋有一些专业设计软件比较老旧，缺乏长期的更新维护与技术升级。西屋公司对先进设计软件的更新，缺乏足够的动力和意愿。比如：西屋公司在三维协同设计软件上，几十年如一日坚持在PDS上的开发和应用。但是，众所周知，PDS作为Intergraph公司20世纪的软件产品已经淘汰，2004年之后就不再提供官方的技术升级、支持与维护。

与西屋公司技转工程师交流，对于商业市场上大多数用户推崇的PDMS（其最新升级版为Everything 3D，简称E3D）没有兴趣，即使同门出道的SmartPant3D也没有升级的意愿。西屋没有尝试更加先进的设计软件平台，尤其在三维设计软件平台技术应用上，处于相对落后的状态和局面，最主要的原因出于新平台软件投入不足，其次，是企业多年累积的技术经验和成果无法在新的软件平台上顺利继承和平滑延续。

其实，无独有偶，中国企业的通病是“重硬轻软”。企业对于设计软件的投入从来没有像硬件投入那样积极和重视，对软件的重要性没有更加深刻的认知。软件是武器，也是市场竞争力。先进的武器能够决定战争的胜利。过去软件“够用为原则”，其实是一种保守的思想，完全不能适应现代激烈变化的外部市场竞争环境。

5.2 借鉴之处

5.2.1 规范的软件技术支持文档

除了市场商业化第三方软件之外，西屋公司的设计软件有很大一部分软件是自主开发的，还有一部分是委托外部开发的。但是，无论是谁开发的，这些软件都具备相对完备的软件用户手册或技术开发说明文档。这是非常值得中国核电软件开发者积极学习的优点，我们往往在这方面不够重视，或者没有意识，造成很多软件，尤其自主开发软件经历长期岁月之后成为“黑匣子”。

5.2.2 企业知识产权授权许可制度

西屋公司对自主开发的软件，尤其企业核心技术软件非常重视，将其视为企业的核心竞争力和生命力。西屋公司自主开发软件，一般不会对外进行商业化销售，除非向特定的合作用户进行软件使用授权许可，比如：美国政府核安全监管机构NRC，或者柏克德、绍尔，以及中国的国家核电技术公司等项目合作伙伴。西屋公司在向用户进行软件授权许可之前，首先必须对用户进行指定用户的许可认证和审批，只有成为其指定用户名录清单之列的用户，才有权获得西屋公司的软件使用的授权许可，成为合法用户。

5.2.3 自主知识产权的意识和观念

西屋公司无论是自主开发的软件，还是第三方软件，都有根深蒂固的知识产权的认知理念。美国以及西方国家，大部分软件都不会进行加密保护，而是实行严肃的软件使用授权许可制度，即软件使用者通过申请授权许可，主动向软件所有者缴费。遵守软件知识产权的法律和制度，形成软件知识产权的主动意识和行为习惯，都是中国企业非常值得学习的地方。

6 优化建议

西门子、施耐德、达索、洛克希德马丁等工业界巨头，在全球疯狂收购各种优秀的工业软件，逐步变成全球的大型工业软件公司。中国核设计院未来发展也将成为核电行业领域类似具有丰富专业核技术经验的软件公司。

6.1 未来核电设计软件结构体系规划蓝图

基于个人台式机的C/S架构软件平台将彻底被抛弃，以网络云计算和大数据为基础的B/S架构软件平台将成为工业软件领域的主流和统治地位。

设计软件管理集成化，是核电软件智能化发展的必然趋势，同时，设计软件不再是单纯或单一的软件平台，而是向与企业EPC核心业务紧密关联的一体化集成平台的方向发展。未来核电工程智能化设计，将是设计、采购、制造、建造和调试一体化的上下游信息和数据联动和反馈的模式，更加有利于工程项目的快速应对、调整和优化，节约时间和成本，降低项目的风险，增加项目预测不确定性的可控性。

目前，西门子和达索等公司在机械设计模型的基础上，集成了基于有限元分析计算的仿真模拟软件，提供了一体化设计计算分析的仿真模拟平台，用户在一个平台环境下就可以完成设计、计算分析、模拟验证等工作过程，用户体验更加良好，这将成为未来设计技术发展的一种全新模式。

6.2 开发软件平台体系要有所为有所不为

核电设计软件涉及专业领域繁多，软件数量庞大，企业不可能完全自主开发所有的软件，因此，需要有所为有所不为，才能保证企业的利益最大化。企业应该本着利益为先的原则，即“核心软件重点开发、自主软件鼓励开发、第三方软件适度开发”，发挥软件的效率和价值。

6.2.1 重大核心技术软件重点开发

设计院的核心竞争力，是企业重大核心技术经验的结晶，是企业核心知识库的累积，是企业的无形资产和技术秘密。同时，核心技术涉及国家战略，企业技术水平和能力。因此，作为企业生命力的重大核心技术软件，是花钱买不来的，必须不遗余力持续开发和不断优化完善。比如：核安全评审软件，未来应规划考虑国产化和本地化，不能受制于美国等西方国家可能的政治制裁或技术威胁。

6.2.2 企业自主知识产权软件鼓励开发

企业对于应用价值和意义一般，但即使花钱，在市场上也很难找到的软件，应该积极鼓励企业研发设计人员自主开发专业设计工具软件，并能够持续优化和扩展应用。这样的专业设计软件开发短平快，不仅体现和培养员工的自主创新能力和意识，更能有效地提高设计研发的效率和质量，也是企业经验有效凝聚和知识持续累积的最佳方式。

西屋公司员工自主开发的企业知识产权软件，占据50%以上，也是西屋公司雄厚技术实力和工程经验多年积淀的表现。

6.2.3　第三方优秀软件应用适度开发

目前市场上涌现一大批第三方优秀设计软件，成为通用的设计标准，企业不需要或不值得开发，可直接利用成熟的第三方市场化商业软件，更能有效提高企业设计效率和质量，降低设计成本。

第三方软件应用为主，适度开发为辅。企业应以提高设计效率和质量为目的，尤其需要加强与同行学习交流，积极评估和探索、大胆引进和探索应用市场普及的第三方商业化优秀设计软件。通过深入应用第三方设计软件，集成企业自身的知识经验库和企业标准，发挥软件的最大的使用价值和效率。

同时，在第三方设计软件应用和开发中，企业要有及时转换和迁移平台的适应能力和水平。否则，长期局限于单一软件平台，就可能受制于软件供应商的绑架或劫持，骑虎难下，企业很难在更加先进的软件平台上寻求新的换代转型和跃升发展。

三门核电厂1号机组ADS第1～3级流道试验及分析

江　浩，武心壮

（上海核工程研究设计院有限公司，上海　200233）

摘要：本文对AP1000首台机组三门核电厂1号机组自动卸压系统（ADS）第1～3级流道试验数据进行分析和研究，并采用一维流体仿真软件FlowMaster对该试验进行了建模和仿真，用于试验预测和比对诊断。初次试验中A系列流道试验失败、B系列试验成功，根据仿真计算结果分析，确认管线中局部汽化问题是导致A系列流道试验失败的首要原因，并给出了试验改进方案。改进试验结果对比分析表明，FlowMaster仿真结果与试验值吻合的较好，在没有汽化影响的情况下管系总压降误差约3%，流阻误差约4%，A系列流道阻力满足验收准则，同时表明本文采用FlowMater模型对实际问题的分析诊断方法能够为系统设计、调试及运行提供良好的指导和技术支持。

关键词：自动卸压系统；ADS；流道试验；FlowMaster

The Flow Tests and Analysis of the ADS Stages 1，2，3 in Sanmen Nuclear Power Plant Unit 1

JIANG Hao，WU Xinzhuang

（Shanghai Nuclear Engineering Research & Design Institute Co.，Ltd.，Shanghai 200233，China）

Abstract: This paper analyzes the flow test data of the Automatic Depressurization System（ADS）Stages 1，2，3 in Sanmen Nuclear Power Plant Unit 1，the first unit of the AP1000 reactor. The model and simulation of the test are carried out by using the one-dimensional fluid simulation software FlowMaster，for test prediction and comparative diagnosis. For the first time，the test of Series A failed and the test of Series B was successful. According to the simulation results，it was confirmed that local vaporization in the pipe line was the primary reason for the failure of the test of Series A，and a test improvement proposal was given. The comparison shows that the simulation

---

作者简介：江　浩（1983—　），男，山东济宁人，硕士，工程师，现主要从事核岛工艺系统设计工作。

of FlowMaster is in good agreement with the results of the improved test. The total pressure drop error of the pipeline system is about 3% and the flow resistance error is about 4% without the influence of vaporization. It shows that the analysis and diagnosis by FlowMaster can provide good guidance for the system design，commissioning and operation.

Key words：Automatic Depressurization System；ADS；Flow Test；FlowMaster

自动卸压系统（ADS）是 AP1000 非能动专设安全设施的特有系统。AP1000 的非能动化安全注射系统使用堆芯补水箱（CMT）和安全壳内置换料水箱（IRWST）的非能动重力注射分别替代常规压水堆核电厂高压安注泵和低压安注泵的功能。由于受 CMT 高压安注水量和 IRWST 低压安注压头的限制，为了在不同破口尺寸的小 LOCA 事故中有效衔接高、中、低压安注，ADS 是必不可少的。

ADS 分为四级，其中第 1～3 级设有两个系列，每个系列的母管分别从稳压器顶部引出，经各级自动卸压阀后再汇集为母管引向 IRWST。排汽经各自的鼓泡器排出，被 IRWST 中的水冷凝以减轻对 IRWST 结构的动力效应。每个系列分为平行的三路，每级各为一路。每路中串联两个常关的电动阀，前一个为闸阀，起隔离作用，后一个为截止阀，可以缓慢开启缓解排放时对下游管线和 IRWST 的动力效应。在第 2 级卸压阀 V002A/B 出口管路上设有真空破坏阀，以防止卸压排汽后在管路内产生水锤。真空破坏阀限制了管路内因蒸汽冷凝而造成的压力下降，从而避免了 ADS 动作后流体从 IRWST 回流产生水锤的可能。出口母管上设有 8 字盲板，在电厂启动时，用于封闭 ADS 管线，以便 RCS 抽真空充水。ADS 第 4 级也分为两个系列，每个系列的母管从反应堆冷却剂环路热段引出，然后分为两个支路。每个支路各串联一个常开的电动隔离阀和一个常关的爆破阀。

ADS 对保障 AP1000 电厂安全极为重要，因此验证完工状态的 ADS 是否与设计相符是调试阶段重要内容。ADS 流道试验的目的就是测量 ADS 流道的流阻，以便确认其排量能否满足设计要求。鉴于 ADS 第 4 级流道较为简单，本文将基于 AP1000 首台机组三门核电厂 1 号机组冷态试验情况，对其中 ADS 第 1～3 级流道试验的结果和现象进行分析评价，同时利用一维流体仿真软件 FlowMaster 对该试验进行建模和仿真，并将仿真数据与试验数据进行分析、比较，以便为电厂调试、验收和运行提供支持。

1　试验系统及试验方法

图 1 给出了 ADS 第 1～3 级流道试验的试验系统。本试验主要利用电厂固有的设施进行试验，由正常余热排出系统泵（RNS 泵）从 IRWST 汲水，通过直接注射管线（DVI）注入 RCS，然后经稳压器从顶部 ADS 管线排至鼓泡器，并最终回到 IRWST。在稳压器上（A 点）设有压力仪表用于测量 ADS 管线入口压力，将真空破坏阀移除并利用其接口设置真空表，在 IRWST 上（D 点）设有液位计用于计算 ADS 管路出口压力，在稳压器波动管上（E 点）设有超声波流量计用于测量 ADS 排放流量。通过测得的管线入口、出口压力及排放流量，计算得到流道流阻与验收准则对比，以判断流道试验是否满足要求。相关试验设备和仪表性能参数如表 1 所示。

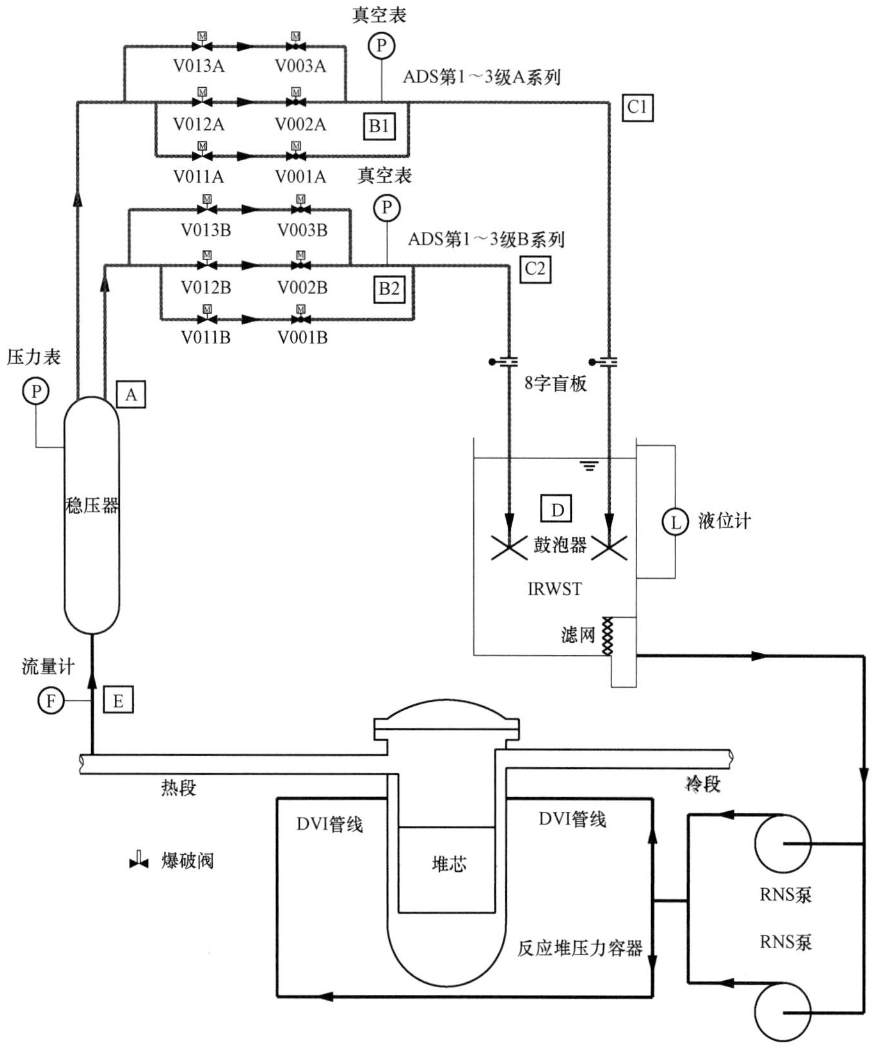

图 1　试验流程示意图

表 1　试验条件

参数	数值
RNS 泵额定扬程/m	109.6
RNS 泵总额定流量（两台）/（m^3/h）	690
流量计量程/（m^3/h）	0～800
流量计精度/%	2
压力表量程/kPa	0～1 379
压力表精度/%	0.10
真空表量程/kPa（a）	0～1 379
真空表精度/%	0.10
液位计量程/m	0～0.762
液位计精度/%	2.7

2　流道试验流阻计算

ADS 第 1～3 级流道是一个较为复杂的并联管系，且与消防水系统和设备冷却水系统等管网系统相比，该管系的总流阻非常小，管件特别是三通的局部阻力损失会对总流阻的计算产生较大影响，因此必须精确计算三通等管件产生的局部阻力。本文理论计算采用参考文献 2 中给出阻力计算公式。其中三通的阻力计算公式，三通的阻力系数与其两个流向的流量分配有关，而流量分配又由每个流道的总流阻有关，那么在计算并联管路流阻时，就必须要进行迭代或解方程，这无疑极大增加了流阻计算的难度。因此，在设计中通常使用 FlowMaster 这类仿真软件进行仿真计算，以便降低设计工作量。

本文根据管线的设计参数和布置情况，搭建了 ADS1～3 级流道阻力进 FlowMaster 模型，模型所用元件采用 FlowMaster 自带的元件，主要包括直管、弯头、孔板、阀门、阻力元件、压力源等，模型如图 2 所示。

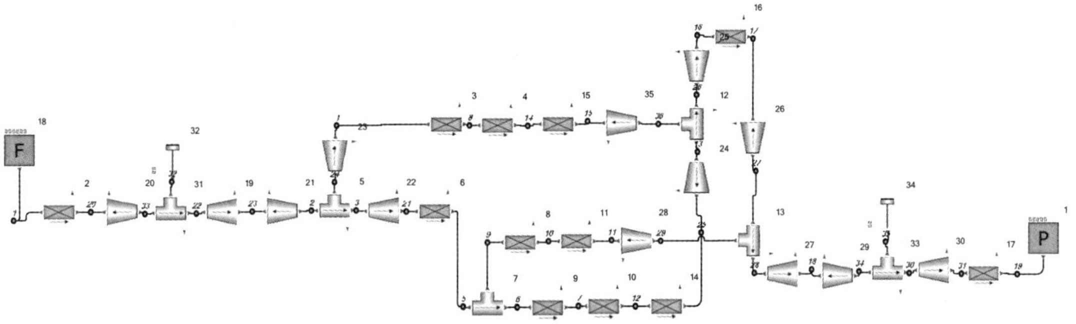

图 2　ADS 第 1～3 级 A 系列 FlowMaster 模型

表 2 给出了根据理论公式和 FlowMaster 仿真计算所得到的 ADS 第 1～3 级流阻结果对比。由该表可以看出，理论公式和 FlowMaster 计算结果偏差小于 1%。

表 2　ADS 第 1～3 级流阻理论计算与 FlowMaster 仿真计算结果对比

ADS 第 1～3 级	理论公式计算流阻/［$m/(m^3/h)^2$］	FlowMaster 仿真计算流阻/［$m/(m^3/h)^2$］
A 系列	1.442×10^{-5}	1.434×10^{-5}
B 系列	1.373×10^{-5}	1.362×10^{-5}

下文中将以 FlowMaster 仿真计算结果为参照，作为设计值与试验结果进行比较分析。

3　试验结果与分析

3.1　初次试验

根据三门核电厂 1 号机组 ADS 第 1～3 级流道试验的试验数据计算得到了 A、B 系列分别全开情况下的流阻（见图 3 和图 4）。从图中可以看出，对于 B 系列，在考虑偏差的情况下试验流阻平均值能够满足验收准则要求，较验收准则小 13%左右，在流量稳定阶段试验结果均在验收准则范围内。此外，在不考虑偏差的情况下，试验流阻曲线与设计流阻几乎重合，试验流阻平均值与设计流阻偏差小于 1%，与设计情况十分符合。

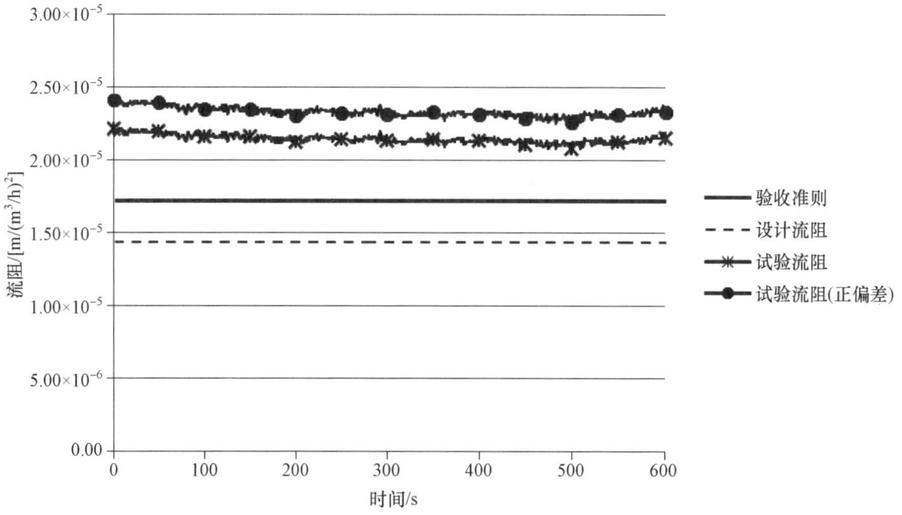

图 3 初次试验 A 系列流阻与验收准则的比较

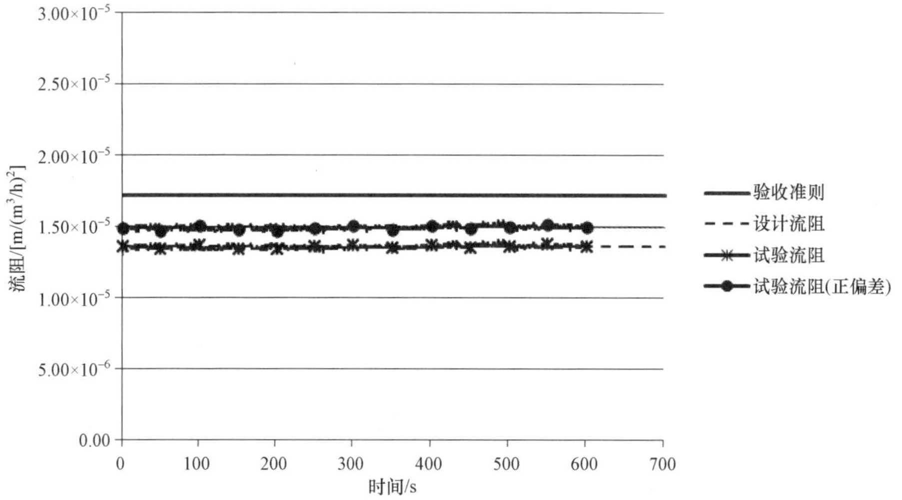

图 4 初次试验 B 系列流阻与验收准则的比较

但是 A 系列试验流阻不能满足验收准则要求，不考虑仪表偏差的情况下，较验收准则大 25%左右，较设计值大 49%左右，在考虑偏差的情况下，较验收准则大 35%左右，严重偏离设计。经过复核，除标高外，A 系列的系统设计、布置设计和竣工参数与 B 系列非常相似，在试验过程中两个系列使用的是相同仪表、试验流量也基本一致（见图 5），因此认为试验不成功的主因不是 A 系列实际流阻过大，可能是由于 A 系列中出现异常流态导致试验失败。

为了找出 A 系列流阻试验失败的原因，对流道流阻进行分段分析。图 6 给出了试验中 A、B 系列的管系总压降，以及从稳压器至 V002A/B 出口真空表（B1、B2 点）这部分管道的压降。从图中可以看出，虽然 A、B 系列的管系总压降存在较大差别，但从稳压器至 B1、B2 点这部分管道的压降却十分接近。此外，出口母管流阻在管系总流阻中的占比仅 7%左右，因此可以定性的判断是 V002A 下游存在异常流态导致试验失败。初步分析主要可能存在以下两种异常流态。

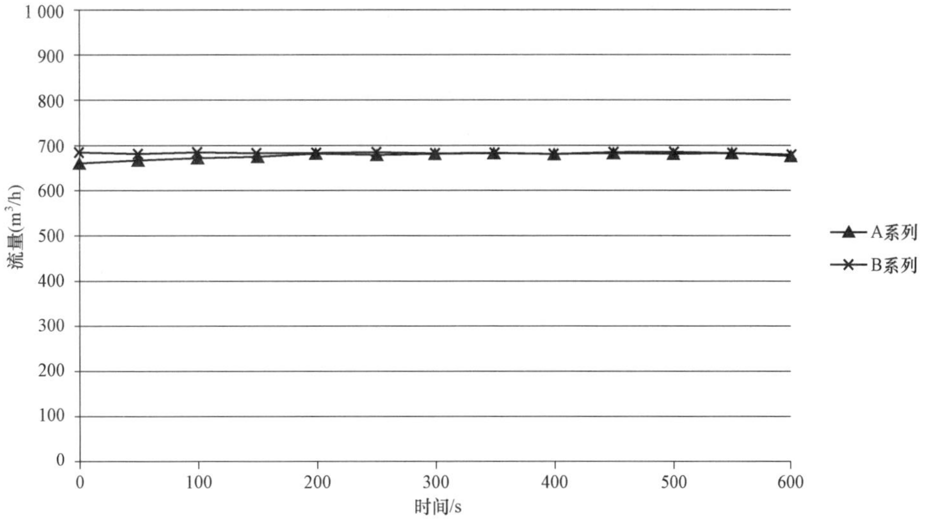

图 5　初次试验 A 系列和 B 系列流量的比较

（1）受 RNS 泵能力所限试验流量最大仅能达到 690 m^3/h 左右，在这种情况下，ADS 出口母管流速较低（约 1.66 m/s），其雷诺数约为 7.17×10^5，Froude 数仅为 0.87，所以可能存在气体积聚和非满管流动的问题，进而导致管线阻力增大。但是考虑到 A、B 系列管系布置的相似性，认为该问题不是导致 A 系列试验失败的主因。

（2）由于 ADS 第 1～3 级阀门（RCS-V001A、V002A 和 V003A）出口与 IRWST 液位高差较大（约 13.7 m），且出口母管流阻非常小，故在 RCS-V001A、V002A 和 V003A 下游及出口母管内静压接近真空，存在较大的汽化风险，这也可能导致 A 系列试验流阻偏大。

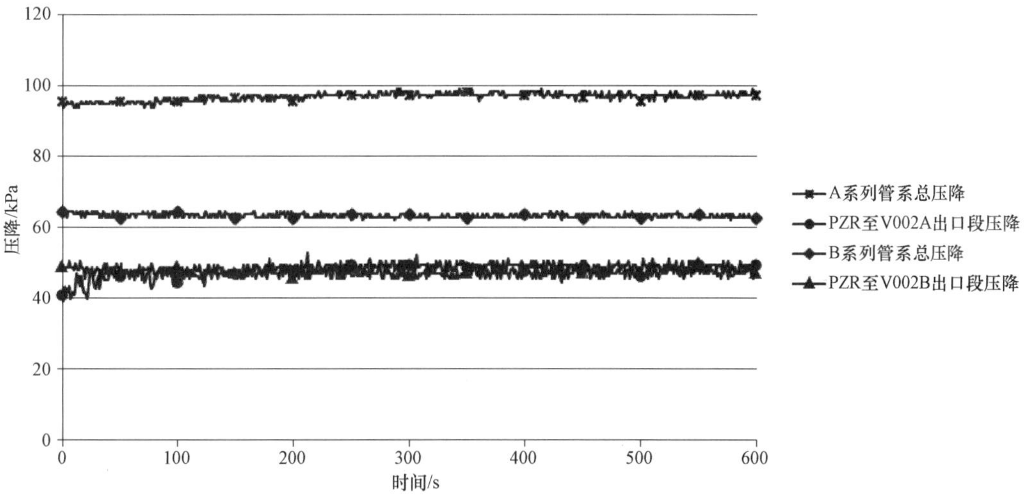

图 6　初次试验 A 系列和 B 系列管段压降的比较

3.2　分析诊断及改进方案

为了确认 A 系列试验失败原因，利用 FlowMaster 进行仿真计算。图 7 给出了不同试验流量下，预期的管系总压降；图 8 给出了不同试验流量下，V002A/B 出口（B1、B2 点）和管系中静压最低点（C1、C2 点）的静压。

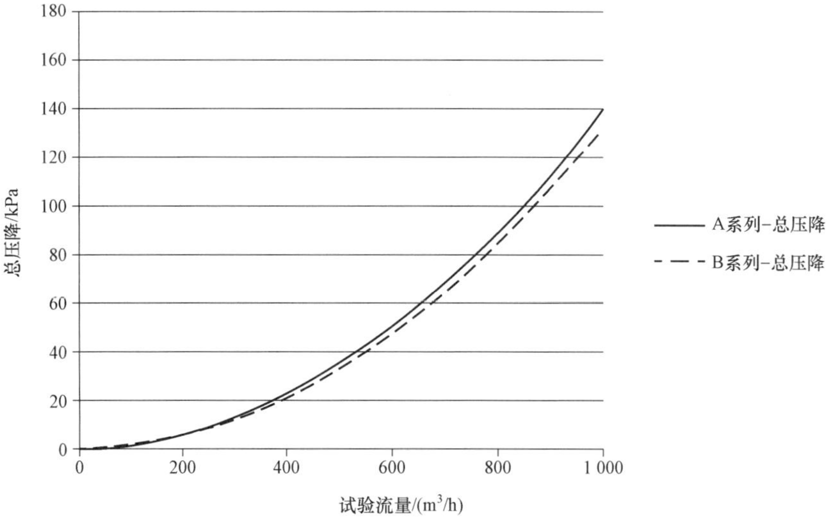

图 7　不同试验流量下 A、B 系列管系总压降

针对 A 系列，在理想情况下（不考虑汽化、气体积聚等因素），在当前试验流量下管系总压降约为 66 kPa，B1 点约为“−27.9 kPa（a）”，而管系中的静压最低点（C1 点）压力则为“−35.6 kPa（a）”，这是有违物理原理的状态。试验过程中水温大约为 21 ℃，对应饱和压力为 2.8 kPa（a）。在稳定状态下，管系内压力不可能低于介质饱和压力，因此实际试验中当压力降至介质饱和压力时，就会发生汽化。据此推算，汽化及其引起的非满管流动会导致 B1 点下游管道压降增大约 2.8−(−35.6)=38.4 kPa，也就是说试验测得压降会偏大约 58%，试验流阻偏大约 58%，这与实际试验情况基本相符（试验压降和流阻较预期值约增大 50%）。照此推算 B1 点压力为 10 kPa（a），实际试验中该处压力约为 6 kPa（a）（见图 9），也基本相符。

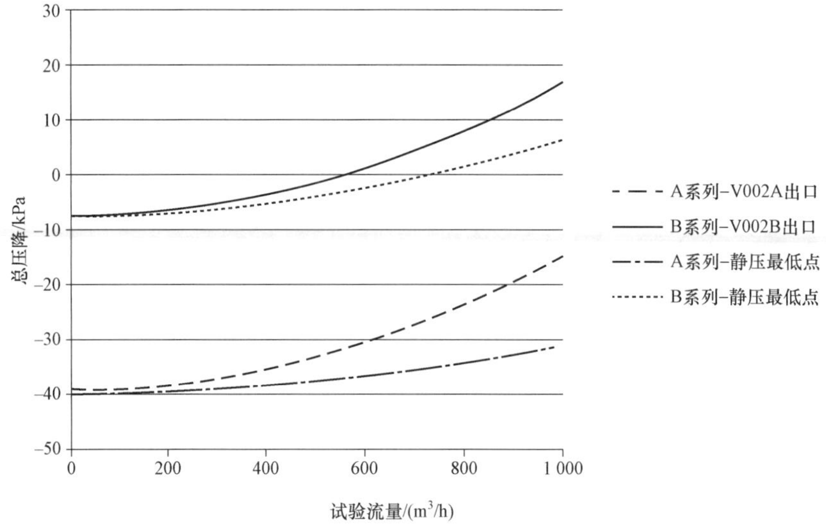

图 8　不同试验流量下 A、B 系列特定点静压

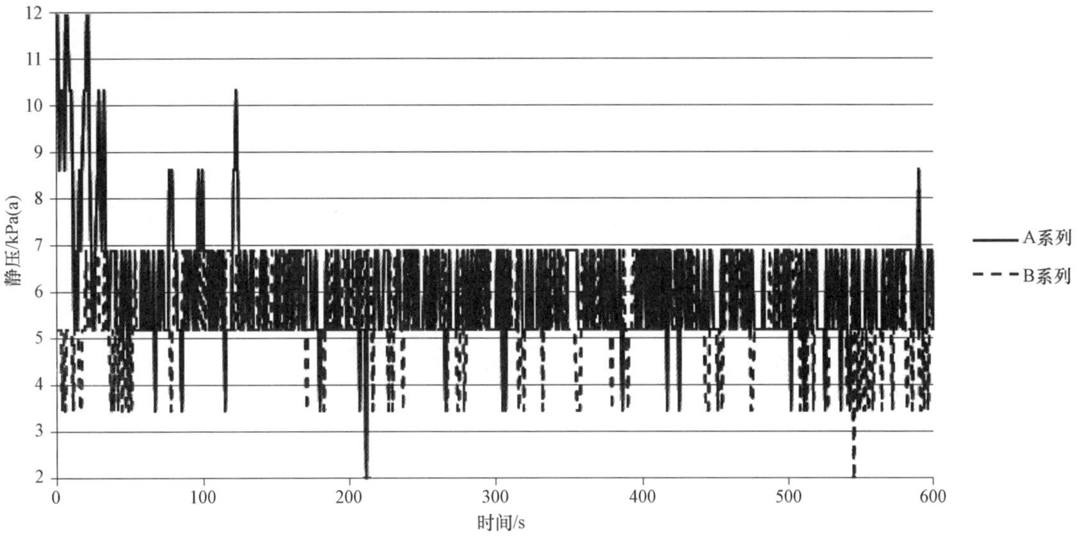

图9　初次试验 V002A/B 出口（B1、B2 点）静压

针对 B 系列，在当前试验流量下，仿真分析显示管系总压降约为 63 kPa，B2 点压力约为 4.06 kPa（a），高于试验介质的饱和压力，但管系中的静压最低点压力则为“－0.79 kPa（a）”，也就是说预计实际试验中 B 系列可能也存在汽化和非满管现场，并会导致 B2 点管道压降增大约 3.6 kPa，也就是说试验测得总压降会偏大约 5.7%，试验流阻偏大约 6%，这与实际试验情况基本相符（试验压降和流阻较预期值偏差小于 1%）。照此推算 RCS－V002B 出口压力为 7.6 kPa（a），实际试验中该处压力约为 5.5 kPa（a）（见图 9），也基本相符。

综合上述分析和计算，最终确定导致 A 系列试验失败的主要因素是：A 系列布置标高、与 IRWST 液位高差过大，导致出口管道内静压达到高度真空，出现严重的汽化现象。因此需要采取措施提高出口管道内压力才能保证 A 系列试验顺利进行，而要实现这个目标，可考虑以下三种途径。

（1）增大试验流量

增大流量可以提高管道内压降，在出口背压一定的情况下，出口管道内压力会随之上升。FlowMaster 仿真结果显示，流量提高至约 2 100 m^3/h，才可能避免汽化现象。然而现场不具备如此高流量的泵，因此该途径无法实施。

（2）增大管系出口背压

根据前述分析，需要将管系出口背压提高约 38.4 kPa 才能够避免汽化现象。但 ADS 管线通过鼓泡器直接排入 IRWST 内，该水箱是与大气连同的开放容器，不具备增压的条件，也不具备大幅提升液位高度能力，故该途径无法实施。

（3）增大出口母管流阻

因此增大出口母管流阻成为唯一现实的试验改进方式。在出口母管上设有 8 字盲板，用于 RCS 抽真空充水时封闭 ADS 管系，将此盲板更换为孔板是非常简便的增大出口母管流阻的措施。

根据 FlowMaster 的仿真分析，设置孔径为小于 186.5 mm 的孔板才能避免汽化现象。该措施也存在一定的负面影响：增设孔板会增大整个管系的流阻，降低试验流量，因而有可能降低出口母管的排气充分性。不过，根据 FlowMaster 仿真分析结果（见图 10），在由 RNS

系统供水的情况下，ADS 出口母管上增设孔径 150 mm 以上的孔板对最大可达试验流量的影响均小于 5%，因此不会造成试验流量大幅降低而加重排气不充分和非满管流动等现象。为适当留有余量，最终选定采用孔径为 171 mm 的孔板进行试验。

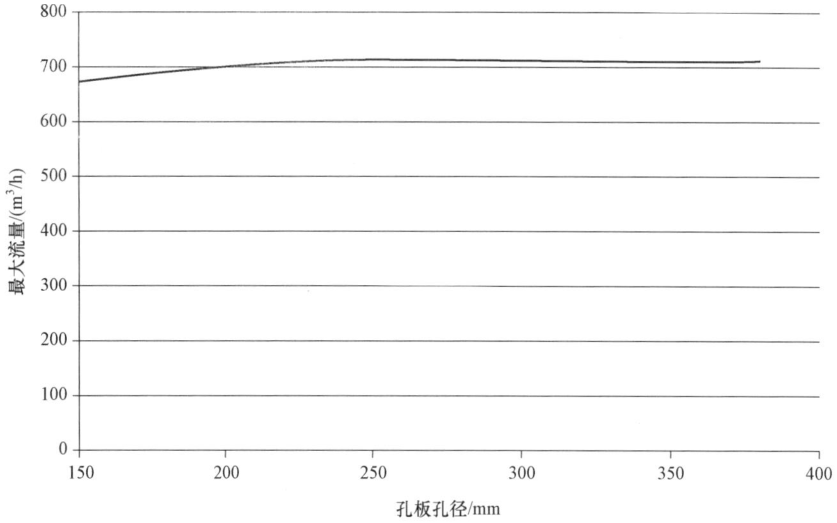

图 10　孔板尺寸与最大可达试验流量的关系

3.3　改进后试验

按照 4.2 节所确定的改进方案对 A 系列流道进行改造后，重新开展了 A 系列的流道试验。图 11 和图 12 分别给出了改进后试验所获得的 A 系列包含孔板在内的管系总压降和总流阻，以及与 FlowMaster 预测值的对比。从图中可以看出，实际试验结果与 FlowMaster 预测值非常吻合，总压降（含孔板）偏差约为 1.3%，总流阻（含孔板）偏差约为 1.4%。

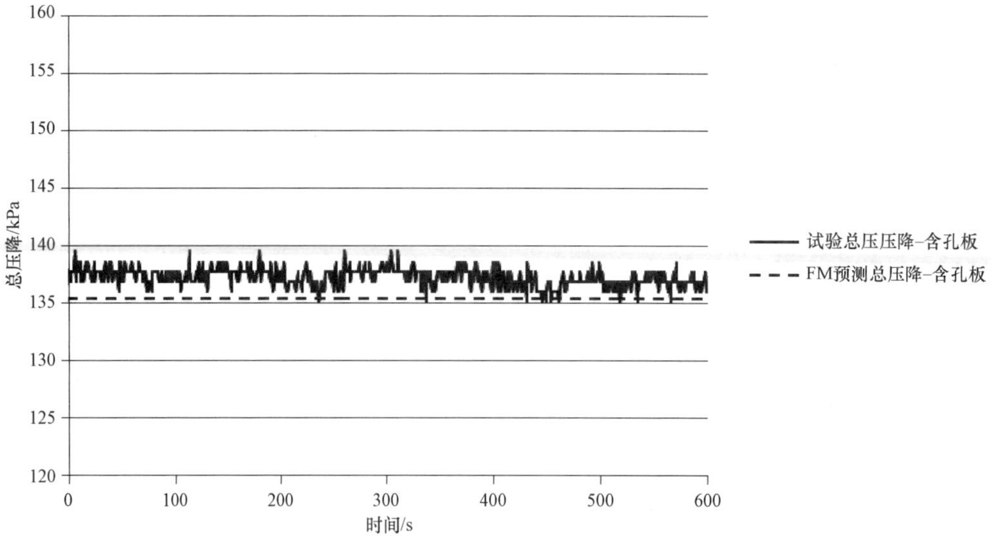

图 11　A 系列管系总压降（含孔板）与 FlowMaster 预测值的比较

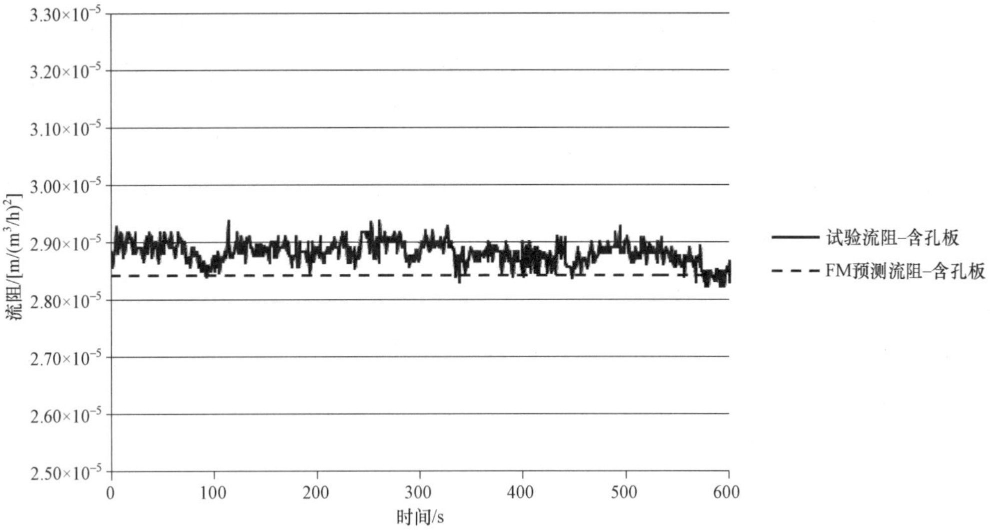

图 12　A 系列管系总流阻（含孔板）与 FlowMaster 预测值的比较

根据上述总流阻剔除孔板流阻后得到 A 系列本身的流阻（见图 13）。该流阻能够满足验收准则要求，不考虑仪表偏差的情况下，较验收准则小 13%左右，较设计值大 4.1%左右。在考虑仪表偏差的情况下，试验计算流阻值也能够满足验收准则要求，较验收准则小 2.9%左右。而且在流量稳定阶段，试验分析结果基本均在验收准则范围，所以 ADS 第 1～3 级 A 系列流阻满足设计要求。

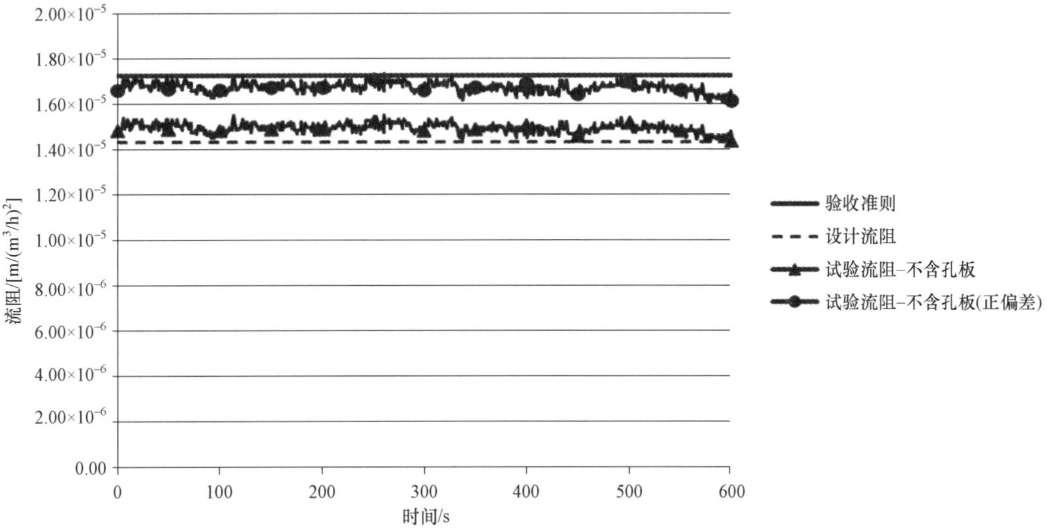

图 13　A 系列管系试验流阻（不含孔板）与设计值和验收准则的比较

4　结论

本文对 AP1000 首台机组三门核电厂 1 号机组 ADS 第 1～3 级流道试验的试验数据进行分析和研究，并采用 FlowMaster 对该试验进行了建模和仿真，用以进行试验诊断和预测比对。

根据仿真计算结果分析，确认管线中局部汽化问题是导致 A 系列流道试验失败的首要原因，并给出了将出口母管上 8 字盲板更换为孔板作为试验改进方案，改进试验结果对比分析表明 FlowMaster 仿真结果与试验值吻合的较好，在没有汽化影响的情况下管系总压降误差约 3%，流阻误差约 4%，能够为系统设计、调试及运行提供良好的指导和技术支持。

综合两次的试验结果认为，三门核电厂 1 号机组 ADS 第 1～3 级 A、B 系列流道流阻均能满足设计要求，试验取得圆满成功。

参考文献

［1］DONALD C. RENNELS，HOBART M. HUDSON. PIPE FLOW A Practical and Comprehensive Guide. John Wiley & Sons，Inc.，2012.

［2］Van Wissen RJE，Schreel KRAM，Van der Geld CWM. FLOW OF FLUIDS Through Valves，Fittings and Pipe. Grane Co.，2009.

［3］孙汉虹，等. 第三代核电技术 AP1000［M］. 北京：中国电力出版社，2010.

先进压水堆核电厂余热排出热交换器设计分析研究

矫　明，张菲茜，贺寅彪，张丽艳，李　波，黄　庆

（上海核工程研究设计院有限公司，上海　200233）

摘要：余热排出热交换器是核电厂正常余热排出系统的主要设备之一，用于核电厂正常停堆或事故后堆芯、反应堆冷却系统和乏燃料池等系统和设备的冷却。对于 AP1000 先进压水堆核电厂，其热工设计难度较大；且需额外考虑超压工况，此时余热排出热交换器的压力达到反应堆冷却剂系统的运行压力，达到其设计压力的 2.5 倍。为满足设计需求，本文从安全性、功能性及运行检修等多方面考虑，对 AP1000 余热排出热交换器的管壳程形式、法兰密封面结构、螺栓连接结构及垫片形式等进行了分析研究和优化，采用紧凑结构实现了热交换器的高换热性能，并采用限元分析方法对超压工况下密封结构的受力及变形进行了核算，从计算结果可见，设备在超设计压力情况下，密封面仍有较好的密封性，泄漏率为零，安全性亦能满足要求。研究结果为后续工程应用提供了依据。

关键词：余热排出热交换器；超压工况；结构设计

Design and Analysis of Normal Heat Removal Exchanger for Advanced PWR Nuclear Power Plant

JIAO Ming, ZHANG Feixi, HE Yinbiao, ZHANG Liyan, LI Bo, HUANG Qing

（Shanghai Nuclear Engineering Research & Design Institute Co.，Ltd.，Shanghai 200233，China）

Abstract: Residual heat removal exchanger（RNS HX）is one of the main equipment of normal residual heat removal system. It is used to remove reactor residual heat of equipment and system such as core，reactor cooling system and spent fuel pool after the second stage of reactor shutdown or accident. Thermal hydraulic design of RNS HX in AP1000 nuclear plant is difficult and a hypothetical over-pressurized accident，during which RNS HX would suffer the normal operating pressure of RCS，which is 2.5 times of RNS HX design pressure，should be considered. In order to meet design requirement，this paper considers safety，functionality and convenience of subsequent maintenance，discusses and optimizes the shell-and-tube structure，flange sealing surface，bolt

基金项目：核岛关键设备设计技术研究（ZA02-2010ZX06001002 AP1000）

作者简介：矫　明（1981—　），男，满族，辽宁人，高级工程师，硕士研究生，现主要从事核承压设备及换热器设计研究工作

connection and gasket form. Compact structure is adopted to realize the high heat transfer performance. In addition，finite element analysis method is used to analyze the stress and deformation of sealing surface under over-pressurized accident. From the results，the equipment has a good sealing performance and the leakage is 0，which confirms the safety of RNS HX. The study result provides is a reference for the following engineering application.

Key words: Normal Residual Heat Removal Exchanger; Over-pressurized Accident; Structure Design

余热排出热交换器是 AP1000 核电厂正常余热排出系统的主要设备之一，用于核电厂正常停堆或事故后堆芯、反应堆冷却系统和乏燃料池等系统和设备的冷却[1,2]。在核电厂冷停堆的第一阶段，反应堆冷却剂系统通过蒸汽发生器将热量传递给主蒸汽系统。在核电厂冷停堆的第二阶段，正常余热排出系统通过带出堆芯和反应堆冷却剂系统中的余热和显热来降低反应堆冷却剂系统的温度。对于冷停堆后的核电厂，从停堆到核电厂再启动期间，正常余热排出系统带出堆芯和反应堆冷却剂系统的热量。

余热排出热交换器结构上为一立式 U 型管换热器[3]，其管箱—管束—壳体为可拆卸结构，其中管箱法兰和壳体法兰通过螺栓垫片结构与管板相连。

较以往核电厂的大型热交换器，余热排出热交换器设计的安全性及功能性显著提高，以满足三代核电站的先进性。其不仅换热性能高，结构紧凑，还考虑了超压瞬态工况（即反应堆冷却剂系统发生系统间失水事故时，当连锁装置旁路，而且泄压阀被不慎打开，正常余热排出系统与反应堆冷却剂系统连通，导致热交换器管侧超压，最高压力达到反应堆冷却剂系统的运行压力 15.4 MPa），超压瞬态工况在 60 年的寿期内仅可能出现一次，但若发生，余热排出热交换器允许发生局部变形，但不允许破裂或泄漏。这类超压工况在工程上极为罕见，在以往的核级热交换器中也不曾考虑，因此，如何在满足 AP1000 三代核电安全性的前提下，从换热性能要求出发，尽可能的优化设计，提高结构合理性及经济性是余热排出热交换器的设计及分析难点。

1 设计要求

反应堆冷却器流经余热排出热交换器管侧，设备冷却水流经余热排出热交换器壳测。其设计寿命为 60 年。热工设计工况如表 1 所示。其余设计参数如表 2 所示。

表 1 余热排出热交换器热工设计工况

工质	流量/（kg/h）	温度℃		入口压力/MPa	最大压降/MPa
		入口	出口		
设备冷却水	638 204	32.4	≤41.5	0.69	0.17
反应堆冷却剂	359 245	52	35.6	1.38	0.17

表 2 余热排出热交换器设计参数

	壳侧	管侧
设计压力/MPa	1.38	6.2

续表

	壳侧	管侧
最高设计温度/℃	93.3	204.4
介质特性	设备冷却水	反应堆冷却剂
污垢系数/（m^2·℃/W）	8.8×10^{-5}	8.8×10^{-5}
腐蚀裕量/mm	1.59	0.13
堵管裕量	10%	
换热面积/m^2	＞1 000	
超压保护	在超压瞬态工况，允许局部变形，不允许破裂和泄漏	
设计寿命	60年	

2　设计思路及结构介绍

余热排出热交换器为立式倒U型管式热交换器，其主要结构包括壳程筒体、壳程法兰、管束、管侧法兰和管板等。设备的结构示意图如图1所示。

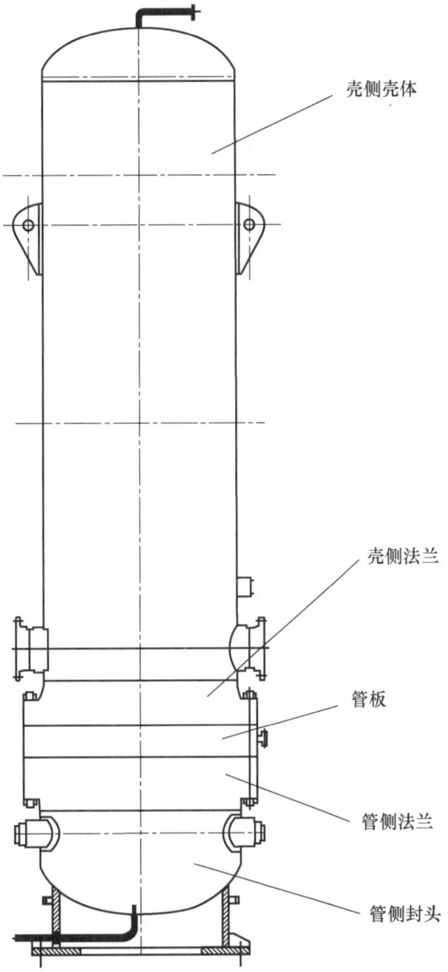

图1　余热排出热交换器结构示意图

2.1　热工设计

为了提高余热排出热交换器的换热效率，需要采取多管程的结构。此外，对于核电领域的传统大型管壳式热交换器，多采用单壳程形式，这是因为其换热性能要求不高，而且单壳程热交换器的制造经验丰富，制造难度低。但由于AP1000是模块化设计，包括余热排出热交换器在内的厂房的空间尺寸都非常有限，因此对设备的结构尺寸及重量都有严格的上限。

综上，为确保换热功能的正常运行，本文采用2壳程8管程的结构来提高热交换器的紧凑性，此时，管侧及壳侧的流速增大，换热效率高，所需空间尺寸小。此外，为减小壳程的程间泄漏，设计要求将壳程隔板与壳侧筒体焊接。热工性能通过HTRI软件核算，换热器换热裕量超过10%，其在双泵运行、热态运行及单泵运行下均等满足换热需求。

2.2　密封结构设计

由于余热排出热交换器不适宜设置人孔或手孔等检修孔，为此将热交换器的管板与壳程/管程的连接设计为可拆式的螺栓—法兰连接结构。为保证该螺栓—法兰连接在超压瞬态工况能够满足零泄漏的设计要求，并确保后期检修的顺利，进行了特殊考虑。

对于螺栓—法兰—垫片密封结构，垫片位于法兰和管板之间，并通过拉伸螺栓提供预紧力，在预紧力和操作压力下，若垫片能够保持压缩态，则能保证密封，显然，预紧力也大，能够承受的操作压力也越大[4]。

图 2 所示为常规的螺栓–法兰密封结构，垫片两侧的金属互相不接触，为“软接触”结构，该结构是应用最为广泛的密封结构，在引入“超压工况”之前，该结构能够满足设计要求。

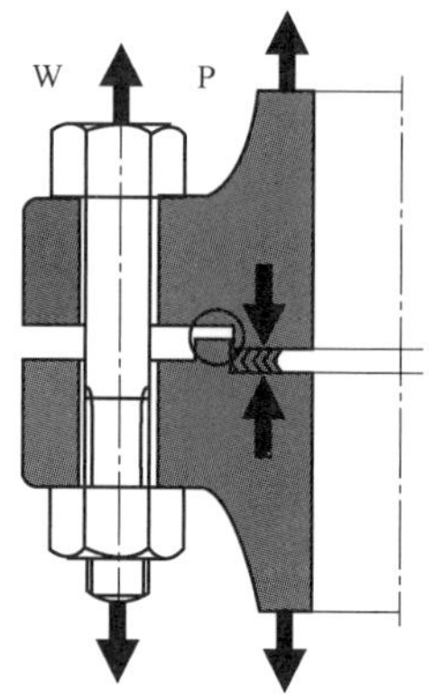

图 2　螺栓—法兰—垫片密封形式（软连接）

考虑到有限元分析方法能够 1:1 的建立三维模型，较传统的 Waters 法能够更加细致的模拟计算密封区域的变形量以及应力分布，本文采用有限元方法进行分析对密封结构的性能进行预测。

利用结构的轴对称性，使用 ANSYS SOLID45 单元建立以 1/52 圆周长的放射性角度的三维有限元模型[5]，该模型包括一个螺栓，以及管侧筒体、管侧法兰、管侧密封垫片、管板、壳侧法兰、壳侧密封垫片和壳侧筒体等，如图 3 所

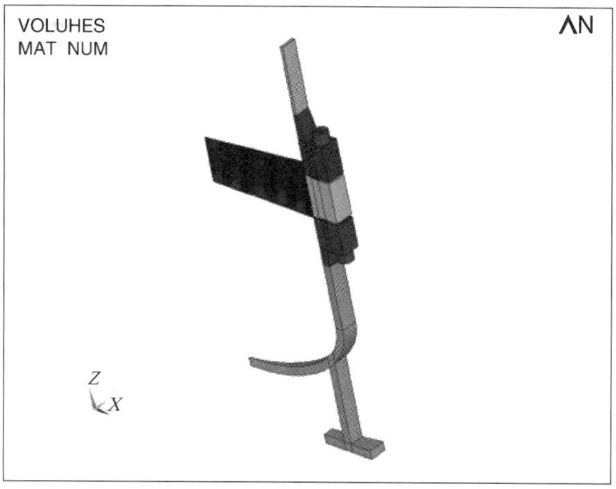

(a) 有限元分析模型图

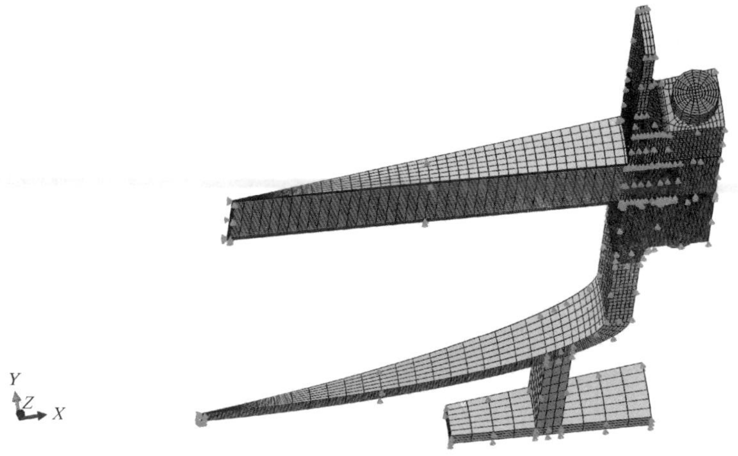

(b) 有限元模型网格示意图

图 3　密封结构有限元分析结构

示。模型中，在沿半径方向的两个竖直外表面上施加对称边界条件，在裙座底板的底部施加固定边界条件。因垫片较柔软，对结构承载能力无太大影响，故计算中只考虑垫片的金属保护环，未建立垫片的有限元模型，如图 4 所示。为了模拟螺栓的预紧效果，采用了 ANSYS 单元库中的预紧单元 PRETS179，并认为当密封垫片对应位置处的张开量大于密封垫片的有效回弹量时，密封失效。计算时，在距离垫片外径 5 mm 处的有效回弹量为 0.15 mm。

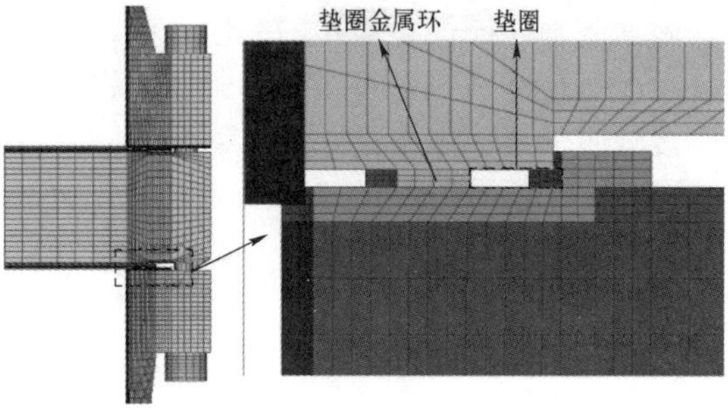

图 4　密封结构的有限元模型

图 5 和图 6 为常规结构下设计工况和超压瞬态下的分析结果，计算结果表明常规密封结构下，在设计工况下的密封能满足要求。当将预紧力提高到超压工况所需值时，管侧法兰颈部已有部分区域进入屈服；垫片的金属环外侧的压应力水平也已远超材料的屈服应力，这表示垫片被压溃，密封失效。施加超压压力后，管侧法兰颈部几乎全部屈服，而管侧密封面张开位移仍远大于 0.15 mm。可见，该结构无法承受超压工况，仅从增加螺栓预紧力入手，可能导致垫片的压溃，该结构在超压工况下的密封特性难以保证，未能解决问题。

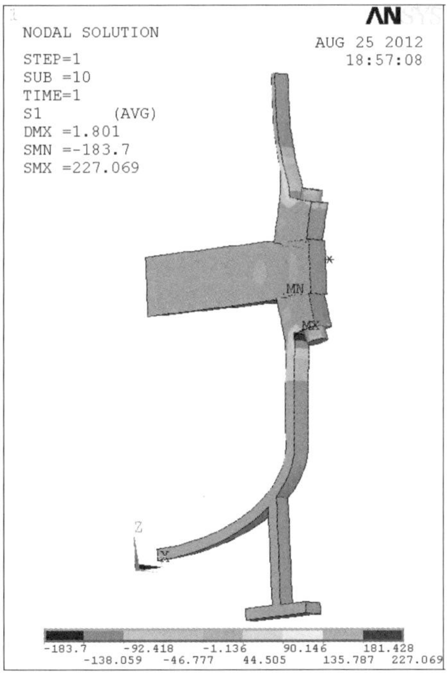

(a) 螺栓预紧（设计工况预紧力）

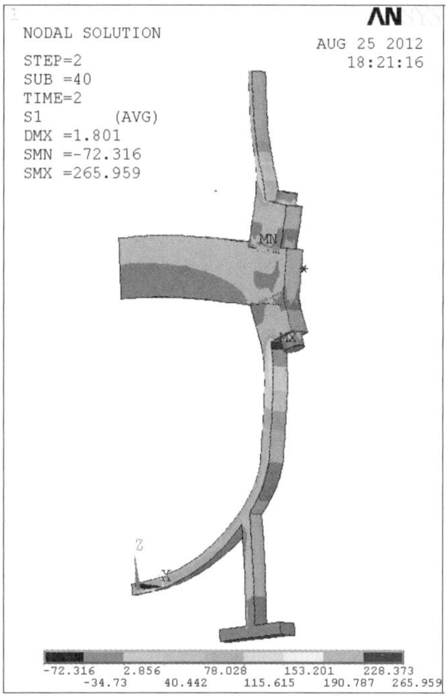

(b) 设计工况

图 5　常规密封结构在设计工况下的力学分析结果

为此，设计提出了图 7 所示结构，其为“硬接触”，当施加预紧力时，法兰表面与管板表面接触，在设计适宜的垫片槽前提下，既能保证垫片处于压紧状态，同时又能保证过大的预紧力不会作用在垫片上，而是传递到两个相接触的金属平面上。由于金属材质的弹性模量高，轻微的变形即能储存极高的能量，在操作压力的作用下，金属面接触所储存的能量被首先释放，而保持垫片不会被压溃。此时，设计需要关注垫片槽的设计及密封垫的选取，保证金属面接触时，垫片处于最好的压缩状态。

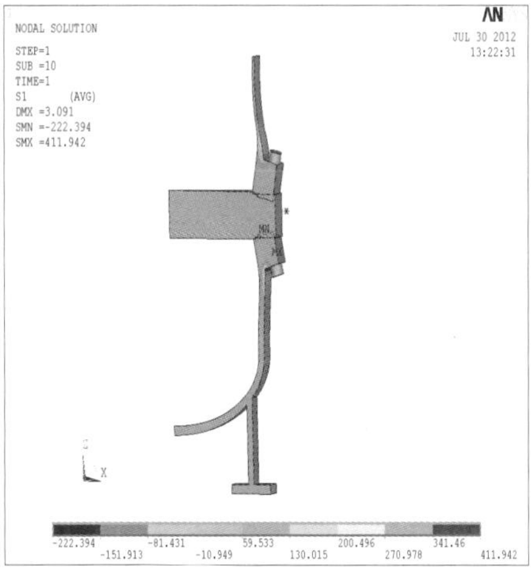

(a) 超压瞬态下密封结构的整体受力

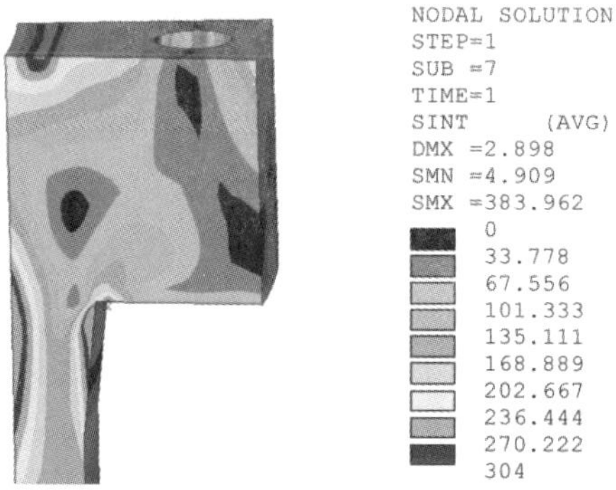

(b) 预紧工况下管侧法兰的应力强度（超压工况预紧力）

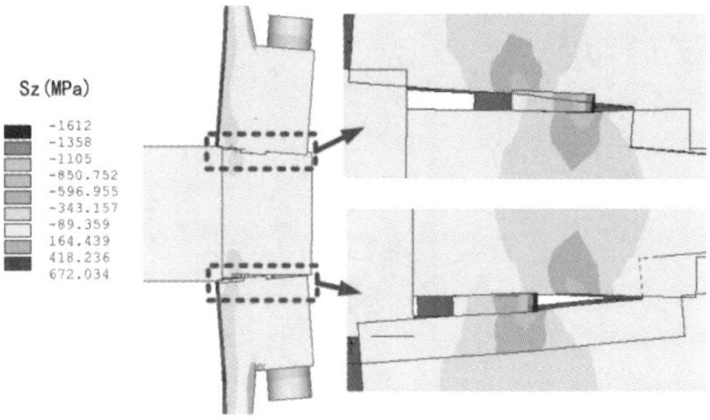

(c) 预紧工况下垫片金属环的应力强度（超压工况预紧力）

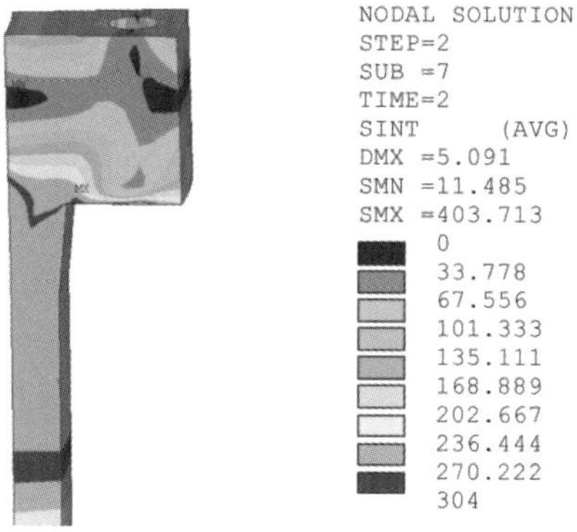

(d) 超压工况下管侧法兰的应力强度（超压工况预紧力）

图 6　常规密封结构在超压瞬态工况下的力学分析结果

进一步地，在图 8（a）中，P 为两个金属面开始接触的点，L 为接触面的长度，当管箱承受高压时，管板与法兰以 P 点为支点开始分离，垫片槽位置的分离间隙为：

$$\delta = L \times \sin(\alpha)$$

式中：α 为垫片位置的分离角，其与垫片至管板中心的距离（即垫片半径）成正比。

为了降低上述的分离间隙从而保证密封，L 以及垫片半径应尽可能的小。在超压工况下，若采用图 7 所示的结构，当两个金属面产生分离时，P 点作为唯一的受力点，其应力将非常高，如图 9 所示，从而

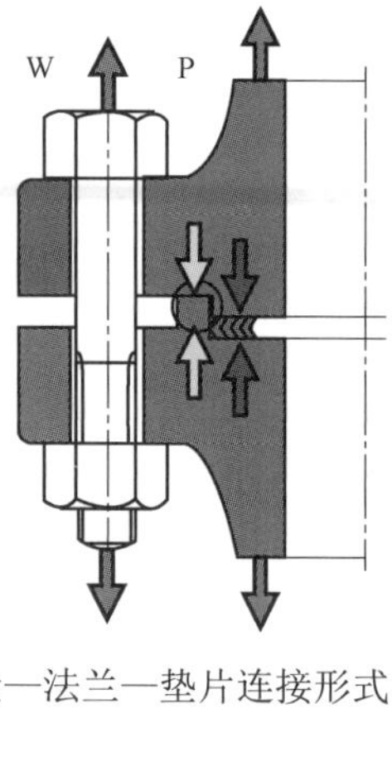

图 7　螺栓—法兰—垫片连接形式（硬连接）

可能致使密封失效，因此对图 7 结构进行了优化改进，采用了图 8 所示的结构，即在管板上加工一个倾角为 β 的楔形，β 等于超压工况下管板及管侧法兰弯曲变形的理论附加角，此时，当超压发生时，P 点以外的所有区域均将接触，从而使密封性能更加稳定。

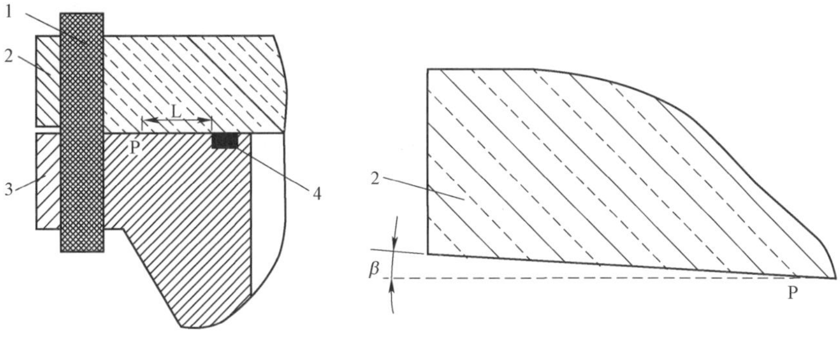

图 8　带楔角的金属–金属接触密封结构

1—螺栓；2—管板；3—法兰；4—垫片

最后，用 C 型密封环代替传统的缠绕垫片，这是因为 C 型密封环回弹量大（6.6 mm 处有效回弹量为 0.25 mm），即使在超压工况下仍保持优良的回弹特性，且采用 C 型密封环所需的螺栓预紧力较传统缠绕垫片更小，根据参考文献，螺栓的受力应不超过其最小屈服强度的 70%[5]，同时，接触的金属介质需处于弹性状态，否者将失去储存能量的能力，因此采用 C 型密封环更加保证密封的可靠性。

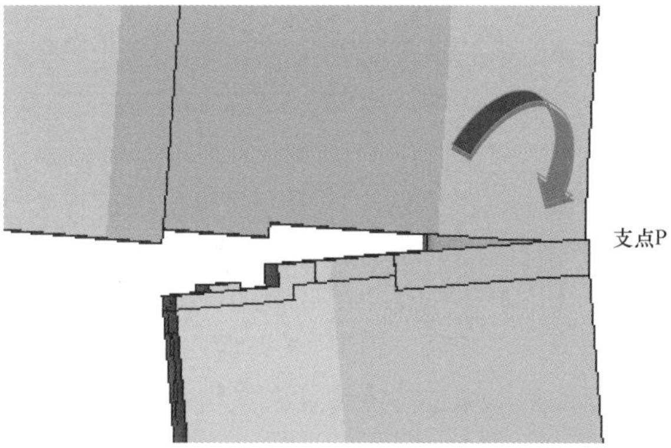

图 9　超压工况下支点 P 为唯一受力点

综上，采用特殊的“楔角+C 型环+metal–metal 接触”的配合设计，用于保证超压工况下垫片不被压溃，确保泄漏量为 0。图 10 和图 11 为该方案下管侧和壳侧的张开量，密封区域的垫片回弹量均低于回弹量限制（见表 3），即保证了密封。

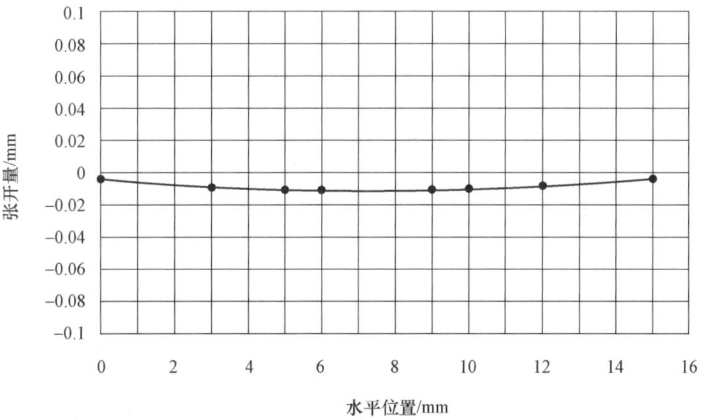

图 10　壳侧密封面张开量

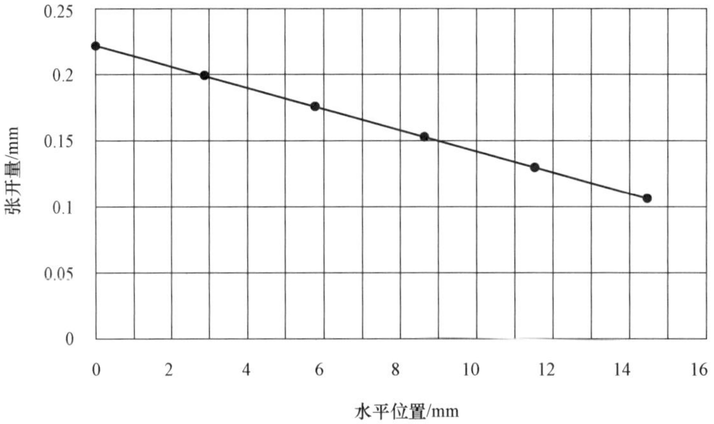

图 11　管侧密封面张开量

表 3　密封性能评定

密封部件	回弹量/mm	回弹量限值/mm
石墨垫片（壳侧）	−0.011	0.11
C 形密封环（管侧）	0.16	0.25

由于热交换器位于厂房内，若采用整体式垫片，当壳程垫片需要更换时，需将壳体抽离管束近 10 m，但是对应厂房无法提供上述拆装空间，此外，由于热交换器内部结构紧凑，折流板与分程隔板间距小，若将整体全部抽出，后续回装难度也较大。考虑到垫片更换时，仅需将壳体拉出一定高度（低于 400 mm），即可进行检修工作，因此在检修后选择将壳程垫片更换为分段式垫片，如图 12 及图 13 所示，采用焊接的形式实现垫片组装。该结构也有利于降低壳体整体抽装对传热管束损伤的可能性。

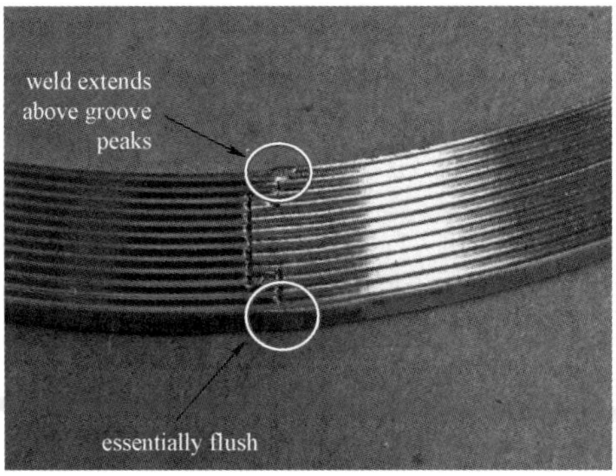

图 12　分段式垫片

此外，由于壳侧法兰、管板及管侧法兰通过螺栓连接成一个整体，为保证设备在后续检修过程中，管程及壳程的拆装能够相对独立，因此设计上将全螺纹螺栓及双头螺栓两种结构交替使用（每间隔 4 个双头螺栓采用一个全螺纹螺栓），并在全螺纹螺栓对应的管板螺栓孔内加工相应的内螺纹。在设备拆卸过程中，移除一侧法兰的同时，另一侧法兰和管板仍与全螺纹螺栓保持连接，提高了设备拆装及检修的便利性，如图 14 所示。

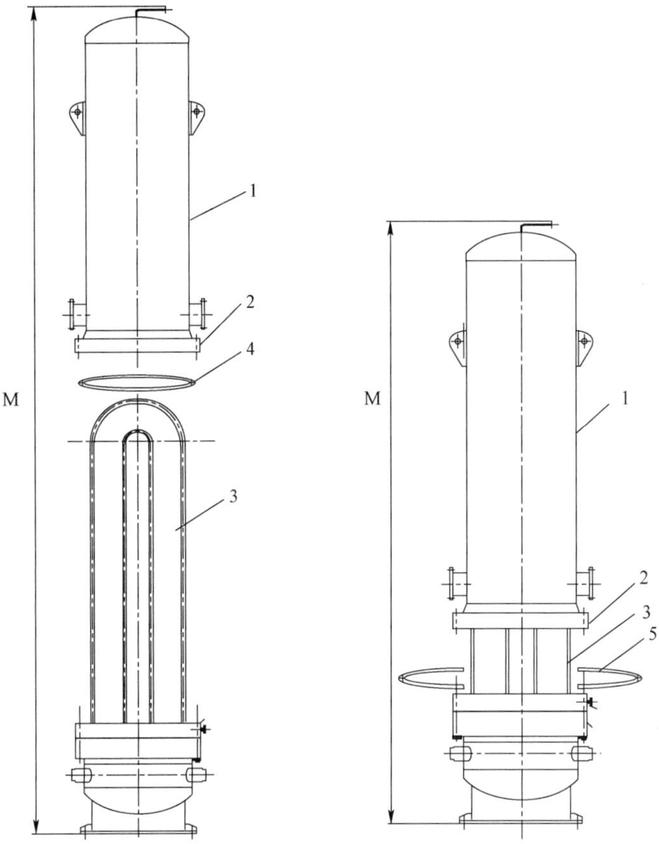

图 13　壳侧垫片的拆装及更换

1—壳体；2—壳侧法兰；3—管束；4—壳侧整体垫片；5—分段式垫片

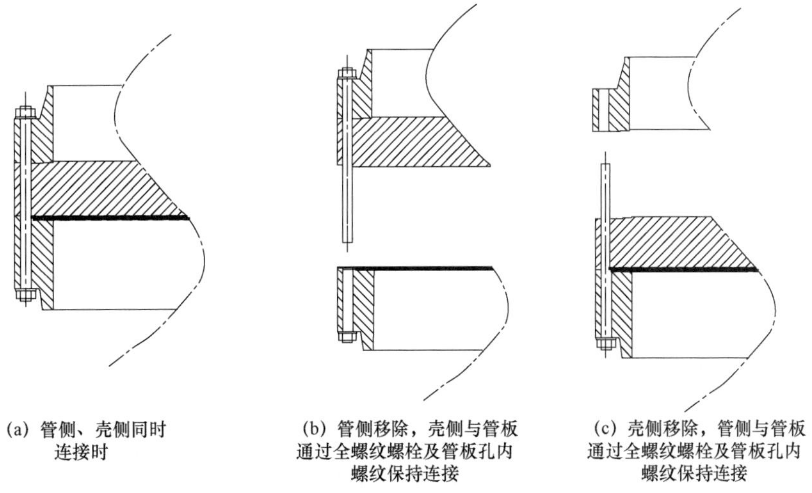

图 14　管程及壳程独立拆装示意图

3 小结

作为第三代核电厂正常余热排出系统的主要设备之一，余热排出热交换器的工作性能影响着电厂的正常运行，三代核电对该热交换器的功能要求及安全要求的显著提高，增加了设备设计和分析的难度。本文基于设计经验、HTRI 计算及有限元分析，对传统的核电用大型热交换器提出了诸多创新结构，使其适用于特殊的空间及工况限制，并兼顾了良好的换热特性，其与二代余热排出热交换器相比的主要区别如表 4 所示。

表 4 三代核电厂与二代核电厂余热排出热交换器主要区别

	三代核电厂余热排出热交换器	二代核电厂余热排出热交换器
管程数	8	4
壳程数	2	1
换热面积/m^2	约 1 050	约 235
正常运行要求的换热量/MW	6.73	4.68
设备尺寸/（m×m×m）	约 10.5×2.0×2.0	约 5.5×1.8×1.6
设计寿命/a	60	40
超压保护	有	无

三代余热排出热交换器设计及分析技术具有以下创新点：

（1）首次在大型核级换热器上采用了带楔面的金属与金属接触，及 C 型环密封结构，保证超压下的结构完整性和密封性要求。

（2）首次针对螺栓—法兰—垫片结构提出了超压分析方法，填补了核电设备在超压分析上的空白。

（3）首次在大型核级换热器上采用了 2 壳程 8 管程的紧凑布置结构，采用大型壳体分封隔板焊接技术，减少漏流，提高传热效率，减少空间尺寸，该设计方案在核电厂热交换器中具有明显的换热特性优势。

（4）采用了大厚度管板全深度加工内螺纹的方法，利用管板内螺纹进行壳程及管程拆装，并采用了壳程分段式齿型垫片，减少管束整体抽装，方便大型换热器垫片的更换。

ASME 规范将增加超压保护的相关内容，将来核电厂更多的系统将增加了超压保护要求，其分析方法与余热排出热交换器十分相似。因此，其设计思路及设计分析方法可为后续三代非能动核电厂换热器的设计分析提供了参考依据及支撑。此外，也可以应用于国内外相似管壳式热交换器的设计和分析，同时，也可用于运行电厂类似设备的技术改造。目前余热排出热交换器经现场热态调试，功能满足设计要求，设备运行状态良好。

参考文献

［1］臧希年，申世飞．核电厂系统及设备［M］．北京：清华大学出版社，2007：126-129．
［2］冯可新．换热器参数化建模技术研究［D］．哈尔滨：哈尔滨工程大学，2013．
［3］郑明光，杜圣华．压水堆核电站工程设计［M］．上海：上海科学技术出版社，2013：215-216．
［4］Xilin Li，Ming Jiao．Sealing Structure Design for Normal Residual Heat Removal Exchanger［C］．Proceedings of the 2017 25th International Conference on Nuclear Engineering，

Shanghai，2017.
［5］李源，贺寅彪，廖剑晖，等. 核级承压设备密封结构的有限元分析［J］. 核技术，2013，36（4）：040648-1-040648-5.
［6］The American Society of Mechanical Engineers. ASME PCC-1-2010 Guidelines for pressure boundary bolted flange joint assembly［S］. U. S. A.: The American Society of Mechanical Engineers，2010.

常规岛管道振动分析和治理

邢文斌，李晓滢，吴　健

（中国电力工程顾问集团华东电力设计院有限公司，上海　200063）

摘要：核电厂常规岛管道相对于火电厂管道来说参数较低，存在较多汽水两相的介质，在调试运行期间较易发生管道振动问题。而管道振动会加快管道材料疲劳损坏，缩短管道使用寿命，同时引起管系相关附件损坏，另外还会产生较大振动噪音，不利于现场调试及运行人员安全生产。管道振动机理较为复杂，主要为振源通过管系传播振动，当振源激振频率同管系本身结构固有频率或内部声腔固有频率接近时产生共振。而常见振源主要有转动机械、流体方向及参数剧烈变化、水锤和汽锤等。其共振的主要表现形式为低频振动和高频振动。本文介绍了三门核电厂振动评估标准，并对调试运行中发生的振动案例进行统计、分析，总结发生振动的系统、原因及现场振动治理方案，对设计优化及振动治理提出建议，以期能对后续核电工程的管道振动治理有所参考。

关键词：常规岛；管道振动评估；振动治理

Vibration Analysis and Treatment of Conventional Island Piping

XING Wenbin，LI Xiaoying，WU Jian

（East China Electric Power Design Institute Co.，Ltd. of China Power Engineering Consulting Group，Shanghai 200063，China）

Abstract: The parameters of conventional island piping are lower than those of thermal power plant piping. There are more vapor-water two-phase media. Piping vibration is easy to occur during commissioning and operation. Vibration will accelerate fatigue of piping materials，shorten the service life of piping，cause damage to relevant accessories of piping system，and also produce greater noise，which is not conducive to safe operation. The vibration mechanism of piping is complex. When the frequency of the vibration source is close to the natural frequency of the piping or the natural frequency of the internal cavity，the resonance occurs. The common vibration sources include rotating machine，drastic changes in fluid direction and parameters，water hammer and

---

作者简介：邢文斌（1987—　）男，河南平顶山人，硕士，高级工程师，现主要从事汽机专业设计工作

steam hammer, etc. The main forms of resonance are low-frequency vibration and high-frequency vibration. The main method to reduce the low frequency resonance is to increase the stiffness of the piping and increase the low-order natural frequency of the piping. The vibration evaluation criteria of Sanmen Nuclear Power Plant are introduced in detail, and the vibration cases are counted and analyzed. Systems, causes and vibration control methods are summarized. Suggestions for design optimization and vibration control are put forward in order to provide reference for the vibration control of pipelines in subsequent nuclear power projects.

Key words: Conventional Island; Vibration Evaluation Criteria; Vibration Control

核电厂常规岛管道相对于火电厂管道来说参数较低，存在较多汽水两相的介质，在调试运行期间较易发生管道振动问题。而管道振动会加快管道材料疲劳损坏，缩短管道使用寿命，同时引起管系相关附件（如阀门、仪表管、测量元件、支吊架和保温等）损坏，另外还会产生较大振动噪音，不利于现场调试及运行人员安全生产。

核电厂相关部门对振动等问题较为重视，在调试及运行阶段需治理的管道振动较多，需格外关注。

本文依托三门核电一期工程的管道振动治理实例，对振动原因及治理方案分析汇总，以期能对后续核电工程的管道振动治理有所参考。

1 管系振动及治理原理

管道振动机理较为复杂，主要为振源通过管系传播振动，当振源激振频率同管系本身结构固有频率或内部声腔固有频率接近时产生共振。而常见振源主要有转动机械、流体方向及参数的剧烈变化、水锤和汽锤等。其中共振主要表现形式为低频振动和高频振动，低频振动一般振幅较大，管道大幅晃动；而高频振动相对来说振幅较小，振速较高，并常伴有较大的噪声。

降低振动的主要方法为改变管系固有频率使之远离振源激振频率，目前核电站中较多的可预期的振动为振源激振频率与低阶管道固有频率接近时发生的共振，因此在一般情况下，尽量消除低阶固有频率是管道布置设计中常用的减少管道低频振动的方法。

减少低频共振的主要方法是增加管道刚度从而增大管道低阶固有频率。在管道布置设计中，影响管道刚度的主要因素为管道走向、管道支撑状况等，减少弯头的个数、增设限位都能够使管道的刚度增大，这两者中更常用的是通过调整支架来改变管系的固有频率，从而使激振频率避开共振区。

在高频振动中，激振频率和管系固有频率均较为复杂，管道振动治理的难度大，工程实践经验是治理效果的关键因素之一。

2 管道振动评估

2.1 管道振动评估标准

三门核电一期工程按合同要求，管道振动评估采用标准《核电站管道振动测试与评估》（DL/T 1103—2009）。

标准规定了核电站管道振动的分类、检查与测量要求，计算分析和评定。其参照 ASME OM－S/G 2000 part3：核电站管道系统试运行及启动过程中的振动要求，并等效引用其主要内容，主要用于稳态振动和可预期瞬态振动的测试与评估。

此标准的主要测试方法为目测和振动速度测试及振动应变测试。其振动主要评判方法为峰值速度评定和许用交变应力判定。鉴于应变测量由于对测量设备要求较高，且测量过程较为繁琐，常规岛范管道振动测试和评价多采用峰值速度评定。

目前 ASME OM－S/G 2000 标准已升版，新版标准中针对核电站典型小支管振动问题，给出了加速度评价准则，对于振动频率小于管道一阶固有频率 2 倍的情况，不适用速度准则，引入位移评价准则，以作为速度评价准则的补充。与此对应，DL/T 1103—2009 标准也已升版为 NB/T 25081—2018，其使用情况可进一步关注。

2.2 三门核电厂管道振动评估标准

三门核电厂管道振动评估除采用标准 DL/T 1103—2009《核电站管道振动测试与评估》外，还借鉴了三菱的设计经验，融合了速度判别标准和振动位移判别标准，形成了一套完整的管道振动测试评估体系，整个流程见图 1 管道振动测试及评估流程示意图。

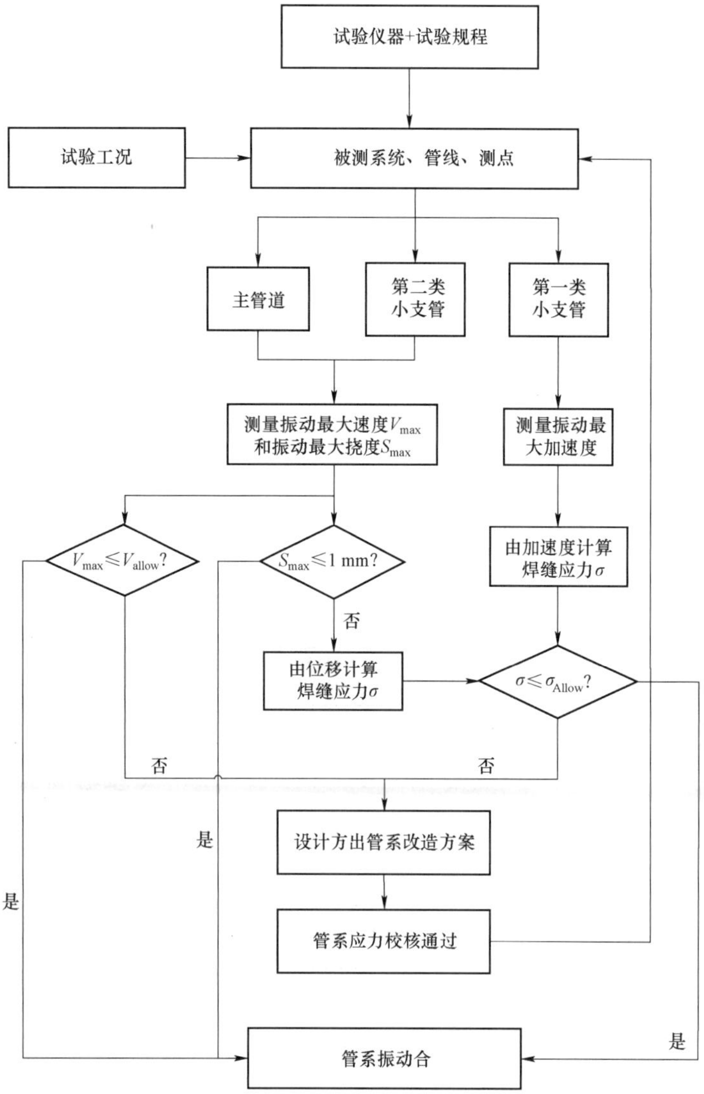

图 1　管道振动测试及评估流程示意图

2.2.1　管道分类

管径 $DN>50$ 的管道属于主管道；管径 $DN\leqslant 50$ 的管道属于小支管。

如果待测管道属于小支管，根据管道布置进一步判断小支管类型。

第一类小支管：至第一个阀门之间管道较短且直管连接无支吊架，管径小于 $DN50$。

第二类小支管：至第一个阀门之间管道较长且通常有弯头或支吊架，管径小于 $DN50$。

2.2.2　评估标准

（1）主管道

测得的振动速度不能超过根据标准 DL/T 1103—2009 计算的速度限值，同时如果测得的振动位移不超过 1 mm，则振动位移合格；如果测得的振动位移大于 1 mm，则需要进行应力评估，计算应力不超过规定的许用应力，则振动合格。

（2）第一类小支管

测量其加速度，并根据下列公式计算应力，其应力不超过规定的许用应力。

$$\sigma=\frac{M}{Z}=\frac{WGL}{Z}$$

式中：M——合适的力矩，N·M；

σ——振动应力，MPa；

W——阀门重量，kg；

G——合成加速度，$(\mathrm{m/s^2})^{0.5}$，$G=(G_x^2+G_y^2+G_z^2)^{0.5}$（沿支管轴向的振动忽略不计）；

G_x——X 方向振动加速度，$\mathrm{m/s^2}$；

G_y——Y 方向振动加速度，$\mathrm{m/s^2}$；

G_z——Z 方向振动加速度，$\mathrm{m/s^2}$；

L——阀门中心到应力评价点的距离，m；

Z——管道截面模量，$\mathrm{m^3}$。

（3）第二类小支管

测得振动速度不能超过根据标准 DL/T 1103—2009 计算的速度限值。将每个方向的振动位移输入管道应力分析模型，并使用管道应力分析程序来计算应力。计算应力不超过规定的许用应力。

对于不满足上述管道振动评估标准的，现场需进行振动治理。

3　振动实例统计分析

本文对三门核电一期的管道振动治理实例进行统计分析，得到表 1。后文将在本表的基础上进一步统计分析易发生振动的系统、位置、振动发生原因以及振动治理方案。

表 1　振动发生系统、位置及振动原因统计表

系统	位置	主要原因	振动治理方案
给水系统	大循环冲洗管道调阀和多级节流孔板后	管件扰动（调阀、孔板等）	增加限位和黏滞式阻尼器
给水系统	A/B/C 给水泵再循环调阀前	管件扰动（调阀）	增加限位和黏滞阻尼器
给水系统	冲洗管道（中循环）逆止阀后至疏水扩容器的管道	流体扰动（水锤）	调整管道布置
启动给水系统	至核岛启动给水母管	管道刚度不足	增加限位
凝结水系统	凝泵排气至凝汽器母管	较长直管，轴向刚度不足	增加限位

续表

系统	位置	主要原因	振动治理方案
凝结水系统	凝结水至 BDS 换热器冷却水	较长直管，轴向刚度不足	增加限位
凝结水系统	凝结水溢流管调阀前后	管件扰动（调阀）	增加限位
密封水系统	密封水至给水泵前置泵母管	较长直管，轴向刚度不足	增加限位
除盐水系统	除盐水至凝汽器补水管道	较长直管，轴向刚度不足	增加限位
低加疏水系统	低加疏水凝汽器入口	管件扰动（调阀）	增加限位
蒸汽发生器排污系统	核岛接口至 BDS 换热器入口处管道	流体扰动（水锤）	增加限位和阻尼器
SWS 系统	SWS 热交换器出口联络管道	流体扰动	增加限位

3.1 发生振动系统及位置统计

通过对实例中发生振动的系统及位置统计，给水系统、凝结水系统、低加疏水系统管道振动较多，主要集中在调节阀附近的管道。

密封水系统、除盐水系统的振动位置多发生在有着较长水平管道，刚性吊架多，限位少的部位。

SWS 系统的振动发生在 SWS 换热器进出口联络管处，此处三通、弯头布置密集，导致流体扰动而产生的振动。

蒸汽发生器排污系统在调试期间，BDS 换热器入口处管道发生水锤，现场通过增加限位和阻尼器及系统优化来治理。

给水系统冲洗管道至疏水扩容器段，存在袋型布置。当其他系统排放至疏水扩容器时，在袋型布置位置发生水锤。

3.2 振动原因统计

根据已有振动实例，对振动发生的主要原因进行统计，频次从高至低依次为管道刚度、管件扰动和流体扰动。

“管道刚度”为主要原因的振动，多为未见明显管件扰动因素和流体扰动因素的情况，一般发生在较长的直管段上。有着较长直管段的管道受现场布置条件的限制，支吊架大多采用刚性吊架，导向支架数量少，管系低阶固有频率较低，从而和振源频率较为接近，导致低频振动问题。

“管件扰动”为主要原因的振动，多发生在节流元件（调节阀、孔板）附近。当流体介质流经节流元件时，其前后流速和差压的急剧变化，都会引起管道振动。对于调节阀而言，介质在调节阀内的节流过程也是其受摩擦、受阻力和扰动的过程，形成的流体旋涡会随尾流脱落，当旋涡脱落频率与管道频率接近或一致时，便会引起管道振动。在调节阀发生汽蚀时，阀门的振动也会引起管道振动。

“流体扰动”为主要原因的振动，多发生在容易产生两相流、流体频繁变向、水锤或汽锤等状况的位置。对于两相流的系统，管系限位支撑不够，就会引发振动问题。布置上弯头、三通集中的地方，流体频繁变向，也会发生“流体扰动”。

蒸汽发生器排污系统水锤为系统设计原因，BDS 换热器后两个隔离阀关闭时间较长，阀门之间的介质冷却产生真空，当阀门快速打开时引起水锤。

给水系统冲洗管道至疏水扩容器段的水锤是由管道袋型布置引起，属于布置原因引发的水锤。

3.3 振动治理方案统计

现场管道振动的治理主要是通过修改管道布置及支吊架型式来改变管道固有频率，避开激振频率，以达到改善管道振动的目的。

根据表 1 的案例统计，现场对于管道刚度较小或两相流引发的振动，多为低频振动，通过增加限位提高管道的刚度来治理效果良好。

对于调阀或孔板节流引发的振动，一方面通过增加刚性限位来提高管道刚度，同时设置消能装置（黏滞式阻尼器）来减缓管道振动情况。

对于受系统设计影响出现水锤问题的管道，应从系统优化着手，在源头上避免水锤发生。现场为不影响调试进度，在等待系统优化的同时，增设了限位和阻尼器来降低水锤对系统管道设备的危害。

对于由管道布置引起的水锤，通过修改布置来避免水锤发生。如给水系统冲洗至疏水扩容器的管道，因袋型布置导致水锤，现场采取修改布置，取消袋型来治理。

3.4 黏滞式阻尼器

给水再循环和给水大循环冲洗管道的振动呈现多个方向超标。单个液压阻尼器仅能限制一个方向的振动，受现场安装空间所限，无法安装多个液压阻尼器。而黏滞阻尼器仅需其管道上方的安装空间即可，相对于液压式阻尼器，节省了水平方向的空间，在管道布置密集且调试阶段其他管道修改困难的情况下，选择增加黏滞阻尼器的改造方案。

黏滞式阻尼器具有多方向消能、减振的作用，对管道的静态应力影响小，现场安装方便，且对高频振动治理效果明显（见图 2）。

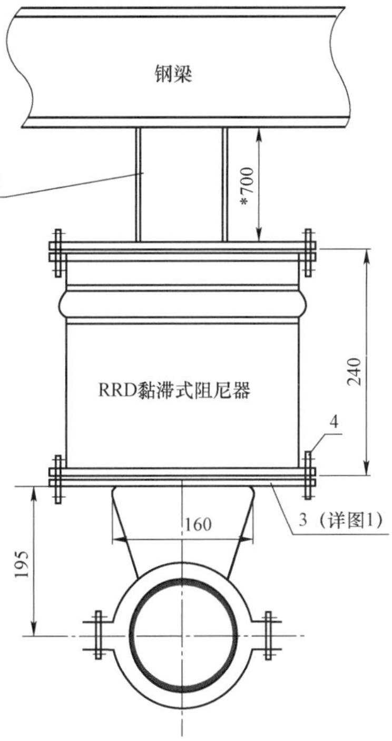

图 2 RRD 黏式阻尼器

4 设计优化及振动治理的建议

4.1 设计优化的建议

（1）在保证管道应力和设备接口许用力和力矩的前提下尽量增加管道限位，提高管道刚度。尤其在冷管道有条件做限位时尽量做限位支架。对于存在较长直管的管道，尽量靠墙或柱边布置，以便于利用厂房柱或墙做导向支架，如无条件，可考虑在合适位置落地做导向支架或从上方楼板搭门形框做限位支撑，以避免在后期调试运行期间更改支吊架设置。

（2）管道布置尽量流畅，尽量减少流体方向及压力等参数的剧烈改变，合理选用减压元件，减少两相流等情况发生。

（3）涉及调节阀的管系应核实阀门选型，选择合适的阀芯型式（迷宫、多级笼罩、单级套筒等）；同时调阀前后尽量设置限位支架。

（4）对于排放至凝汽器的管道，其阀门尽量靠近排放目的地布置，以减少阀后两相流或水锤/汽锤对管道振动的影响。

（5）对容易发生振动的系统管道，如给水再循环管道、给水大循环冲洗管道、凝结水系统再循环管道和加热器疏水管道，在管道布置及支吊架设计时提前干预，可以明显减少现场的振动问题。

4.2 振动治理的建议

（1）对于现场低频振动，可用增加刚性限位方法提高其管道刚度，减少低频共振发生。

（2）对于现场高频振动，建议通过测量振动数据来增设合适的阻尼器。

（3）汽锤、水锤的发生具有不可预测性及危害较大的特点。在布置及系统设计时应注意经验总结，从源头上避免汽锤、水锤的发生。

（4）对于现场施工安装尤其是支吊架的安装应予以重视，注意检查限位支吊架是否正确安装并发挥作用。

参考文献

[1]《核电站管道振动测试与评估》DL/T 1103—2009［S］.

[2]《核电站管道系统振动测试与评估》NB/T 25081—2018［S］.

[3]《Standards and Guides for Operation and Maintenance of Nuclear Power Plants》ASME OM-S/G—2000［S］.

核电厂楼面的加速度响应和反应谱分析研究

林少波，章骏华，陈　飞，干梦军，瞿鸣慧，张建成

（中国电力工程顾问集团华东电力设计院有限公司，上海　200063）

摘要：楼面反应谱就是指厂房中给定标高的反应谱，即把建筑物与附属系统（设备与管道）隔离开，建立建筑物各楼层的地震反应谱，用这个反应谱进行附属系统（设备与管道）的抗震设计。楼面反应谱分析实质上是一项地震分析，与地震作用和抗震验算相比，除了要取得地震作用下结构构件的力和节点位移外，还需取得楼面的节点加速度。本文以三门核电一期汽轮机房为例，介绍了选用两个结构模型（模型一，汽轮机房的地上结构部分；模型二，汽轮机房的地下结构部分+地上结构部分）和两个分析方法（方法一，振型分解反应谱法；方法二，模态叠加瞬态分析）进行的分析研究，旨在对核电厂楼面反应谱分析技术有清晰的了解，便于工程中该类分析项目参考和借鉴。

关键词：核电厂；楼面反应谱；抗震

Analysis and Research on Floor Acceleration Response and Response Spectrum of Nuclear Power Plant

LIN Shaobo，ZHANG Junhua，CHEN Fei，GAN Mengjun，
QU Minghui，ZHANG Jiancheng

（East China Electric Power Design Institute Co.，Ltd. of China Power Engineering Consulting Group，Shanghai 200063，China）

Abstract: Floor response spectrum refers to the response spectrum of a given elevation in a factory building，i. e. isolating the building from the auxiliary system（equipment and pipeline），establishing the seismic response spectrum of each floor of the building，and using this response spectrum to carry out the seismic design of the auxiliary system（equipment and pipeline）. Floor response spectrum analysis is essentially an earthquake analysis. Compared with seismic action and seismic checking calculation，in addition to obtaining the force and displacement of structural components in earthquake action，it is also necessary to obtain the node acceleration of the floor. This paper takes the turbine room of phase I of Sanmen Nuclear Power Plant as an example. Two structural models（model 1，the above-ground structural part of the turbine room；model 2，the

作者简介：林少波（1979—　），男，福建永春人，高级工程师，硕士研究生，现主要从事土建结构设计工作

underground structural part+the above-ground structural part of the turbine room) and two analytical methods (method 1, modal decomposition response spectrum method; method 2, modal superposition transient analysis) are used for analysis and research. The purpose of this paper is to have a clear understanding of the floor response spectrum analysis technology of nuclear power plant, and to facilitate the reference and reference of this kind of analysis project in engineering.

Key words: Nuclear Power Plant; Floor Response Spectrum; Anti-seismic

楼面反应谱就是指厂房中给定标高的反应谱，即把建筑物与附属系统（设备与管道）隔离开，建立建筑物各楼层的地震反应谱，用这个反应谱进行附属系统（设备与管道）的抗震设计。

楼面反应谱分析实质上是一项地震分析，与地震作用和抗震验算相比，除了要取得地震作用下结构构件的力和节点位移外，还需取得楼面的节点加速度。目前现有商用软件如 Sap 2000 和 Stadd V8i 的这方面功能，均已有或正在研制。本文以三门 AP1000 核电厂为本工程的汽轮机房为背景，选用了如下两个结构模型和两个分析方法，旨在对核电站楼面反应谱分析技术有清晰的了解，便于工程中该类分析项目参考和借鉴。

（1）分析模型

1）汽轮机房的地上结构部分；

2）汽轮机房的地下结构部分+地上结构部分。

（2）分析方法

1）振型分解反应谱法（Response）（简称反应谱法）；

2）模态叠加瞬态分析（Transient 简称时程法）。

1 三门 AP1000 核电厂汽轮机房和地震条件

1.1 三门 AP1000 核电厂汽轮机房

三门核电一期为国内建设的首台 AP1000 半速核电机组工程，汽轮机房为半地下结构，地下部分为混凝土框架剪力墙和挡土墙结构，地上部分为钢结构。埋深、长度和宽度均超过国内已设计的火电百万等级和核电汽轮机房的尺寸（见图 1～图 3）。

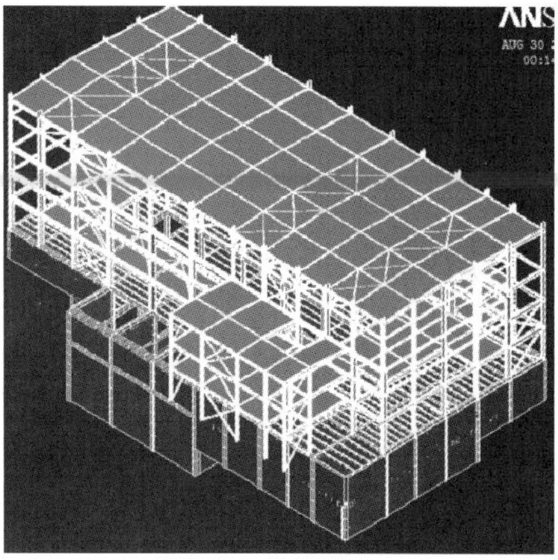

图 1 三门核电一期汽轮机房整体结构

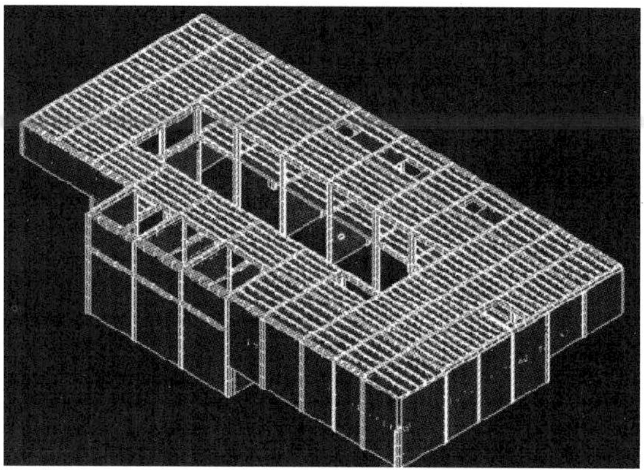

图 2 汽轮机房的半地下室结构（12.3 m 以下）

汽轮机厂纵向共计12跨(不含防倒塌的第1跨)，2至13轴柱中心距分别为9.0 m、10.5 m、11.0 m、（13.0×3）m、10.0 m、11.0 m、9.0 m、8.0 m和9.54 m，横向50 m。地下室的埋深不等，最深处达–26.65 m，屋面36 m。

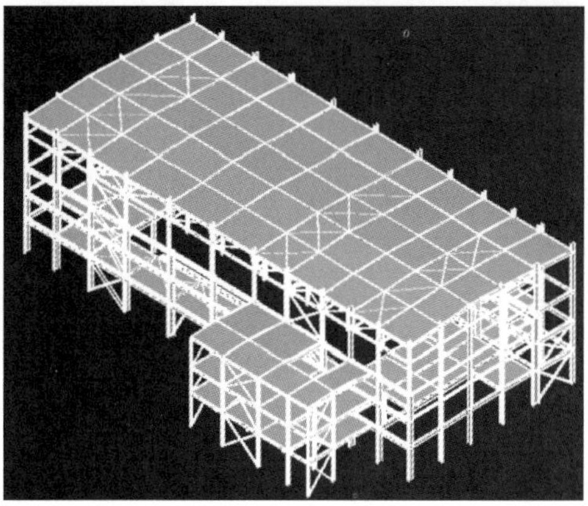

图3　汽轮机房地上部分的钢结构（12.3 m以上）

1.2　汽轮机房的地震设计条件

1.2.1　设计基准期50年的地震动参数

设防烈度6度；基本加速度0.05g；地震分组1；汽轮机房场地类别1号机组1类、2号机组2类，特征周期分别为T_g=0.25 s和T_g=0.35 s；结构的阻尼比见参考文献［1］中8.2.2节可取0.04；设计基准期60年。

本次分析选用：地震特征值周期取T_g=0.35 s；地震卓越周期的峰值区域为0.35和0.1 s（相应的频率范围为2.857 Hz至10 Hz）。

1.2.2　设计基准期60年的地震动参数

（1）设计基准期60年多遇地震的取值为设计基准期50年多遇地震的取值的1.12倍（参见文献［2］的表1.2.7–4)；

（2）设计基准期60年地震峰值加速度的取值为设计基准期50年地震峰值加速度（基本烈度）的取值的0.38/0.34=1.117 65倍（参见文献［2］的表1.2.7–3)；

（3）设计基准期60年罕遇地震的取值为设计基准期50年罕遇地震的取值的1.05倍（参见文献［2］的表1.2.7–8)。

当在规范表格中没有数值时，地震影响系数最大值和地震加速度时程曲线最大值可按如下公式换算；

$$\alpha = acc \times 2.25 / 980$$

式中：α——地震影响系数最大值；

acc——地震加速度时程曲线最大值，cm/s^2。

竖向地震作用取水平地震作用的65%考虑。

设计基准期50年地震影响系数最大值和加速度时程曲线最大值如表1所示，设计基准期60年地震影响系数最大值和加速度时程曲线最大值如表2所示。

可根据文献[1]的和相关标准的设备抗震性能的要求，确定楼面反应谱分析的地震水准，本研究项目选用基本烈度。

表1　设计基准期50年地震影响系数最大值和加速度时程曲线最大值

地震水准	地震影响系数最大值		地震加速度时程曲线最大值/（cm/s^2）	
	水平	竖向	水平	竖向
多遇地震	0.040 0	0.026	18.00	11.70
基本烈度	0.114 8	0.075	50.00	32.50
罕遇地震	0.280 0	0.182	120.00	78.00

表 2　设计基准期 60 年地震影响系数最大值和加速度时程曲线最大值

地震水准	地震影响系数最大值		地震加速度时程曲线最大值/（cm/s²）	
	水平	竖向	水平	竖向
多遇地震	0.044 8	0.029 1	20.160 0	13.104 0
基本烈度	0.128 3	0.083 4	55.882 4	36.323 5
罕遇地震	0.294 0	0.191 1	126.000 0	81.900 0

2　分析模型

楼面反应谱分析首先得有汽轮机房数值分析模型，本项目研究利用 Staad 钢结构设计和分析模型，根据楼面反应谱分析的需求进一步加工处理，并将 Staad 的分析模型转换成 Ansys 分析模型（数值处理软件将 Staad 的输入文件***.std 转换成 Ansys 的输入文件***.txt），进行楼面反应谱分析，详述如下。

2.1　质量和模型

楼面反应谱的分析质量可按地震分析的重力荷载代表值确定。因地震作用和抗震验算的地震分析仅考虑两个水平方向，竖向质量几乎为零，楼面反应谱分析的竖向质量可取两个水平方向的平均值。

可通过 Staad 特征值或地震分析（不含结构自重）以后，输出中间文件 mass.txt，以 Ansys 的质量单元形式加载楼面反应谱分析的节点动力质量。

2.2　结构和模型

2.2.1　设计分析模型的加工处理

根据楼面反应谱分析的需求，对设计分析模型作如下进一步加工处理：按要求，在设备支座处输出楼面反应谱。设备支座处可假定高于楼层中心层 0.5 m。支座处节点和楼层中心层设备荷载作用节点可选用刚性杆或刚体单元连接，当特征值分析采用 Ansys 缩减技术时，应选用刚性杆。可利用 Staad 钢结构设计和分析模型的设备荷载作用点，建立楼层设备支座处的节点。当模型中没有相应的节点，应根据荷载作用点位置，对杆件和板进行分隔，建立节点，并把设备荷载作用节点的动力质量移至支座处（见图 4～图 7 及表 3）。

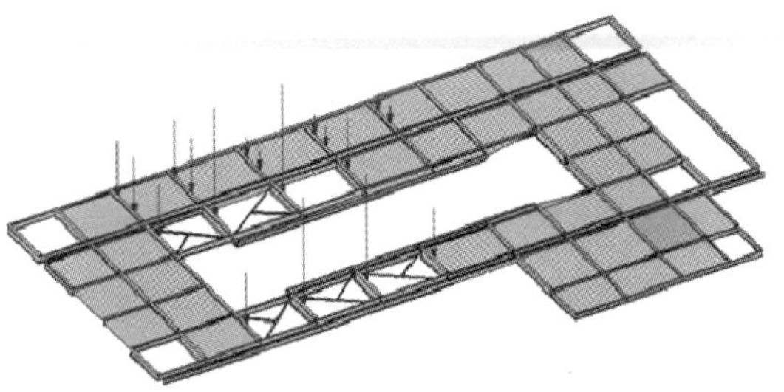

图 4　Staad 钢结构设计和分析模型的
20.8 m 楼层设备荷载作用点

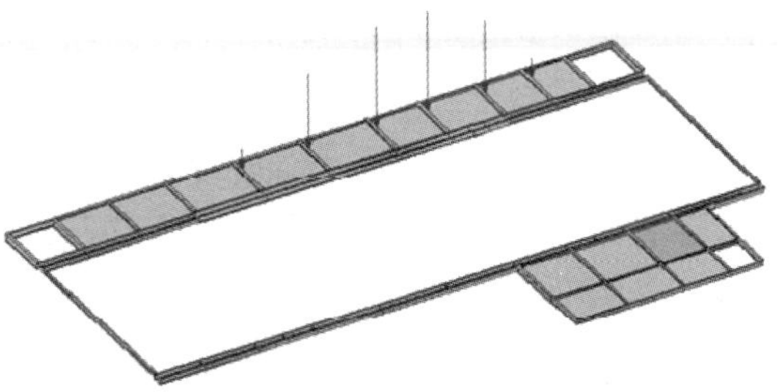

图 5　Staad 钢结构设计和分析模型的
27.8 m 楼层设备荷载作用点

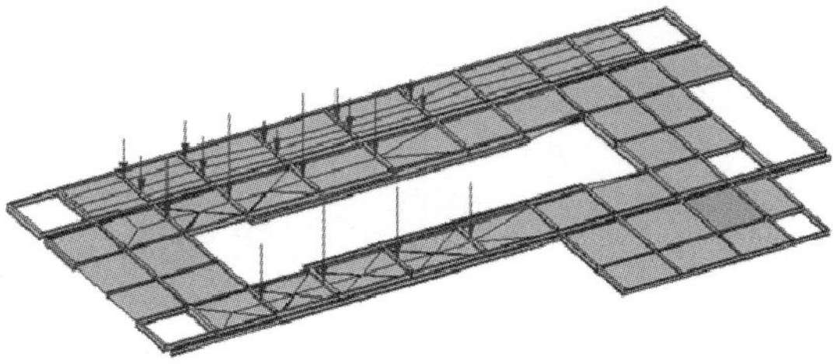

图6 杆件和板分隔后20.8 m楼层设备支座处的节点

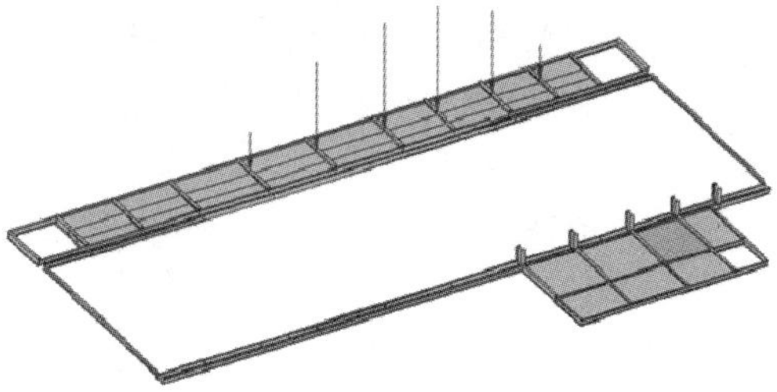

图7 杆件和板分隔后27.8 m楼层设备支座处的节点

表3 设备支座处和节点

节点	设备	楼层标高/m
2001～2004	A，3，HP No.7 Feedwater heater	20.8
2005～2010	1&2，LP No.3 &4 Feedwater heater	20.8
2011～2014	4，B－MOSTURE SEPARATOR DEHEATER	20.8
2015～2018	4，B－MOSTURE SEPARATOR DEHEATER	20.8
2021～2026	1，DEAERATOR TANK	27.8

2.2.2 结构模型的单元

结构包括：地下部分为混凝土框架剪力墙和挡土墙结构，地上部分为钢结构。

选用8节点SHELL93单元建立楼层和屋面层板，12.3 m、20.8 m、27.3 m楼层和35.8～47 m屋面层，板厚分别为0.12 m、0.12 m、0.15 m和0.15 m，板自重直接作用于周围纵横梁上，板单元密度为零。8节点板单元，可先以4节点建立，然后用命令EMID建立每边上中间节点。剪力墙和挡土墙选用4节点SHELL63单元建立。

混凝土框架和钢结构的梁和柱均选用BARM44单元建立。

可通过Staad，输入文件***.std转换为Ansys的输入文件***.txt，并进行特征值分析的基频比较校核。

3 特征值分析

根据文献［3］要求，特征值分析的计算截止频率≥33 Hz，可选用一致质量凝聚的分块Lanczos方法或缩减Reduc方法，分别进行特征值分析，两个模型频率数如表4所示。

表4 数值分析模型和计算频率数

文件名	结构	频率数	频率数
Model_a	结构：12.3 m以上楼层+屋架	1 000	500
Model_b	结构：12.3 m以上楼层+屋架；12.3 m以下结构	1 100	500

3.1 Ansys动力分析的缩减技术

为取得高价频率的动力响应，针对源自钢结构设计数值模型动力分析时局部振型多的特征，可选用一致质量凝聚和缩减Reduc方法，进行特征值分析，计算截止频率≥33 Hz，计算频率数500。

Ansys缩减技术可在模型上选择主自由度集，结构的总质量只分配到主自由度（DOF）上，输出感兴趣和可接受的频率和模态结果。

3.1.1 主自由度的节点的选择基本准则

（1）取节点动力质量大的节点为主自由度的节点，可以 Staad 输出中间文件 mass.txt 的数值确定。

（2）把预计结构或部件要振动的方向选为主自由度。可选择梁和柱交叉点为主自由度的节点。

（3）输出响应节点选为主自由度。楼面反应谱输出要求，选择设备支座点为主自由度的节点。

（4）避免选择不感兴趣和对分析结果无影响的节点为主自由度的节点，如屋架次节点（无纵向支撑节点出现的局部振型）。

3.1.2 自由度集的节点的指定命令

（1）用命令 Nsel 选择节点。

（2）用命令 M 和 MGEN 指定被选择节点为 Reduc 方法主自由度集的节点。

（3）可对模型的节点编号，指定被选择节点的节点号。完成主自由度集的节点。

3.1.3 Ansys 缩减技术注意事项

（1）可仅考虑主节点的位移设定自由度，以便减少计算频率数。

（2）主自由度的总数至少应是计算频率数的 2 倍。

（3）所有自由节点不能为刚体单元（CERIG）节点。

3.2 特征值分析结果

特征值分析结果如表 5、图 8～图 13 所示。

表 5 基本频率（根据参振质量比判别三个方向的基本振型）

模型	缩减 Reduc 方法				分块 Lanczos 方法			
	Model_a		Model_b		Model_a		Model_b	
方向	num	fre（Hz）	num	fre（Hz）	Num	fre（Hz）	Num	fre（Hz）
纵向（X）	2	0.968	3	1.024	6	1.076	6	1.024
竖向（Y）	19	3.261	19	3.242	31	3.389	32	3.356
横向（Z）	1	0.817	1	0.777	4	0.817	4	0.777

注：num 为模态数。

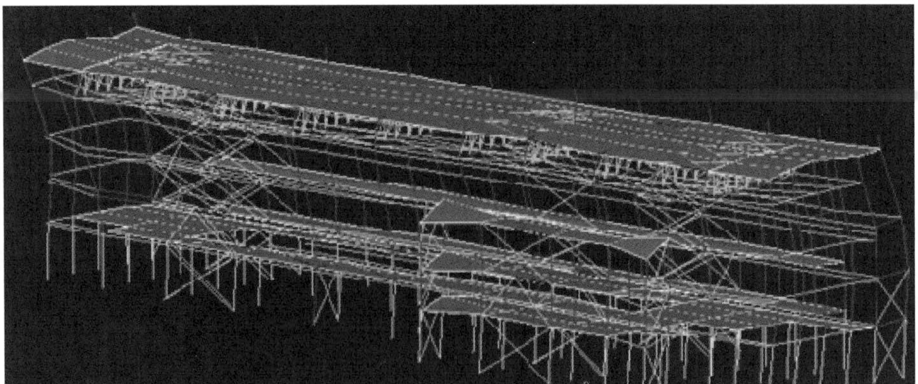

图 8 模型 Model_a，模态 1，频率 0.817 Hz，横向（Z）振形图

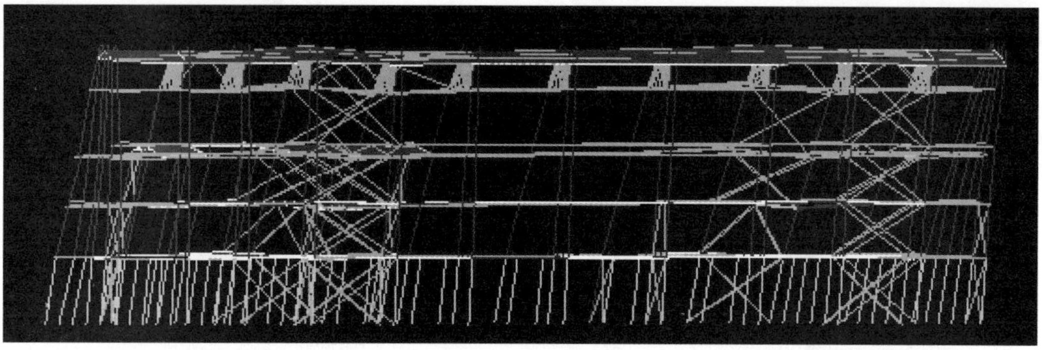

图 9　模型 Model_a，模态 2，频率 0.968 Hz，纵向（X）振形图

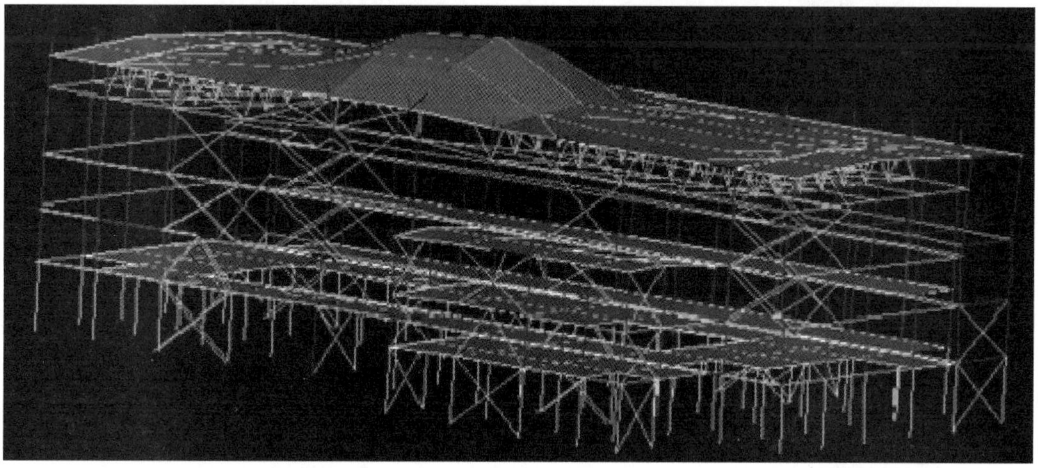

图 10　模型 Model_a，模态 19，频率 3.261 Hz，竖向（Y）振形图

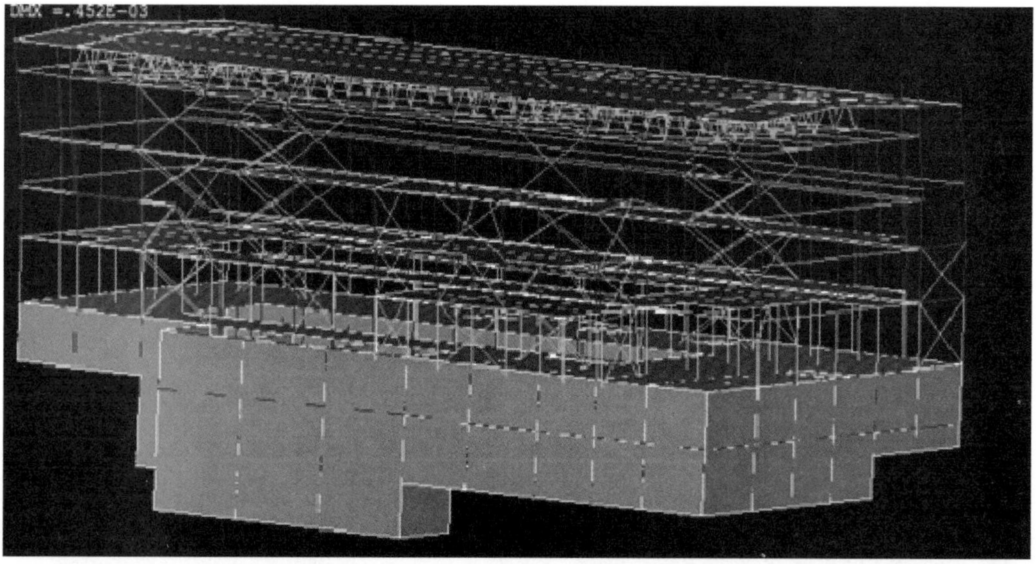

图 11　模型 Model_b，模态 1，频率 0.777 Hz，横向（Z）振形图

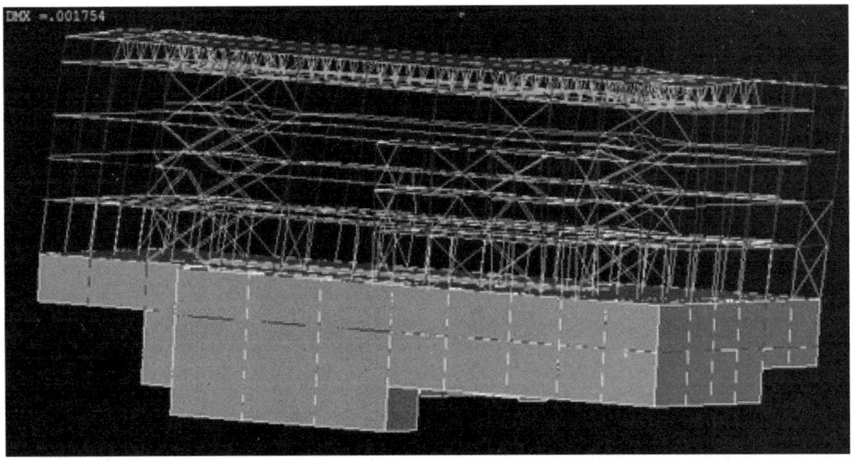

图 12　模型 Model_b，模态 2，频率 1.024 Hz，纵向（X）振形图

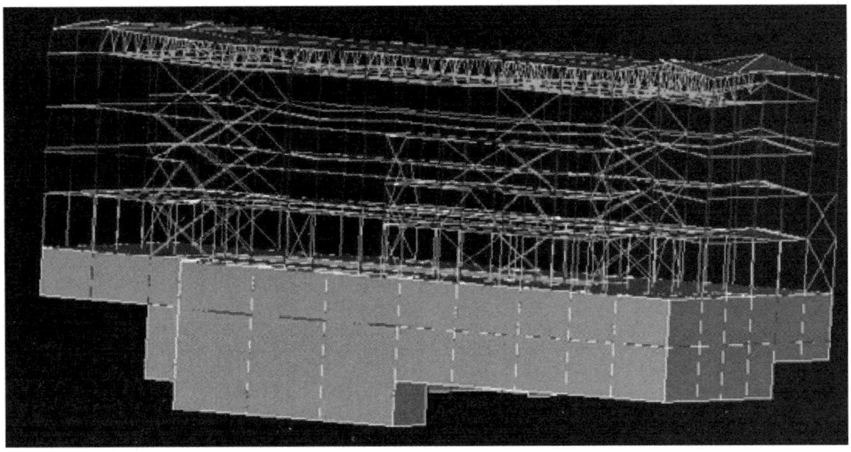

图 13　模型 Model_b，模态 19，频率 3.242 Hz，竖向（Y）振形图

4　地震分析

4.1　反应谱方法的地震影响系数曲线和加速度分析

（1）地震影响系数曲线

基本烈度的水平地震影响系数曲线可按文献［1］5.1.5 和地震条件确定，据表 1 和表 2，水平地震影响系数最大值与多遇地震的比例系数为：0.128 3÷0.04=3.207 5；结构的阻尼比 0.04，阻尼调整系数=1.069 4；则水平地震影响系数曲线卓越周期区域内的数值为 3.207 5×0.042 8=0.137 2。特征值周期 T_g=0.35 s；地震卓越周期的峰值区域为 0.1 s 和 0.35 s（相应的频率范围为 2.86～10 Hz）；竖向地震作用取水平地震作用的 65%考虑。

（2）节点的加速度的模态组合

反应谱法的节点位移和加速度可按如下公式计算。

$$D_i = Coe\_mode_i d_i \tag{1}$$

式：D_i——i 模态的节点位移；

Coe_mode_i——地震作用 i 模态参与系数（mode_coef）；

d_i——i 模态的节点特征向量。

$$A_i = (\omega_i)^2 D_i = (2\pi f_i)^2 D_i \tag{2}$$

A_i——i 模态的节点加速度，节点加速度频幅曲线 i 模态的加速度幅值；

f_i——i 模态的频率，Hz。

$$A_{\mathrm{SRS}} = \sqrt{\sum_{i-1}^{n} A_i^2} \tag{3}$$

A_{SRS}——节点每一频率的加速度的 SRS 组合，作为节点的模态组合加速度响应。

（3）节点加速度正交方向的组合

当需要考虑三个正交方向的组合，可按下列公式（4）计算 i 模态的节点 X 方向加速度，进行 SRS 组合取得，同样方法取得 Y 方向和 Z 方向加速度，组合系数应由相应标准和规范确定，本研究项目均选用 1。

$$A_{ix} = \sqrt{A_{ixx}^2 + (A_{ixy})^2 + (A_{ixz})^2} \tag{4}$$

式中：A_{ix}——节点 X 向加速度频幅曲线 i 模态的加速度幅值；

A_{ixx}、A_{ixy} 和 A_{ixz}——X、Y 和 Z 方向地震作用下 i 模态的节点 X 方向加速度。

4.2　时程方法的输入时程曲线和加速度分析

（1）输入时程曲线

时程分析方法的时程曲线应由实际强震纪录和人工模拟确定，本研究项目选用 SeismoSoft 地震波软件，进行地震影响系数曲线和地震波的转换。

输入地震影响系数曲线：上述反应谱法的地震影响系数曲线。

输出地震波：最大峰值加速度 0.566m/s^2，地震影响系数曲线的最大值与地震波最大峰值之比：0.137 2g÷0.566=2.377 15，与《建筑抗震设计设计手册》中结构地震反应放大倍数（2.25，阻尼比 0.05 时）最大值相接近。瞬态分析时结构的阻尼比，可通过输入单元阻尼比参数，由程序自动计入，分析时地震波乘以 0.558 824÷0.566，使地震波最大峰值达 0.055 882 4g。地震波作用时间 0.0～20.0 s。相关输入参数如图 14 和图 15 所示。

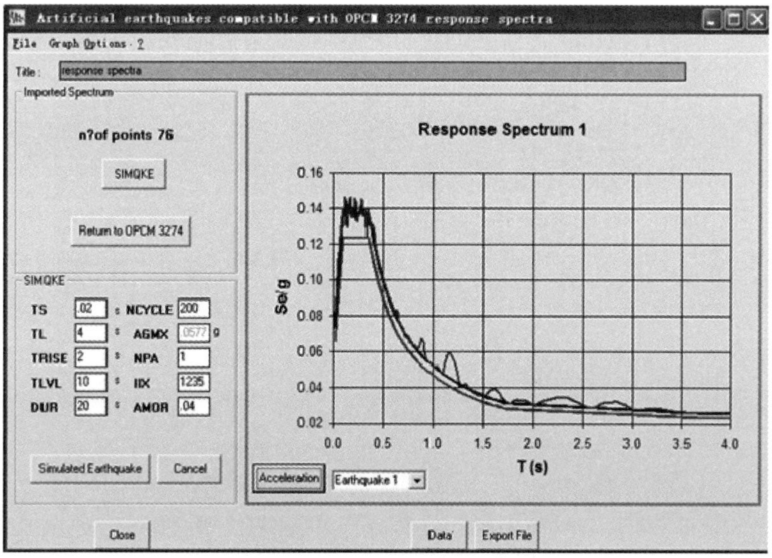

图 14　SeismoSoft 响应谱的输入

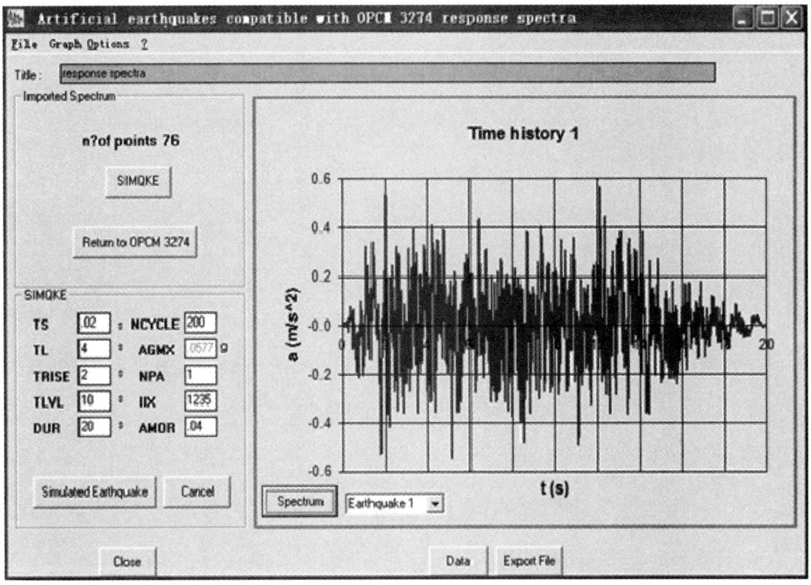

图 15　SeismoSoft 地震波的转换

（2）节点的加速度响应

时程分析方法的节点加速度响应以时程曲线表示，可参照上述 4.1（3）按同一时刻进行节点加速度正交方向的组合，要取得节点楼面反应谱的加速度频幅曲线或周期和加速度曲线（频率与周期互为倒数），需要对程序输出的加速度时程曲线进行时频转换。转换方法有下列两种。

方法一：参照[2] 3.1.7 节地震影响系数的确定，可建立一个如示图 16 模型，模型有 200 个单质弹性结构称为 Vibration。每个单质弹性结构设定一个频率，以 Model_a 或 Model_b 输出的加速度时程曲线为地震作用。通过时程分析得到的 Vibration 每个单质弹性结构的最大加速度反应与重力加速度比值，作为楼面反应谱的加速度频幅曲线的幅值，该单质弹性结构的频率为对应的频率。

方法二：通过 SeismoSignal 软件 Fourier 转换，得到时频曲线。

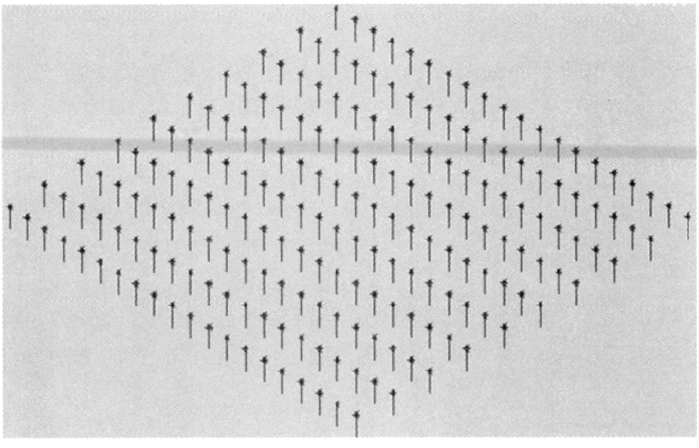

图 16　Vibration 模型，单质弹性结构由弹簧单元 Combin14 和质量单元 Mass21 组成，频率范围 0.7～35 Hz，阻尼比 0.04

4.3 反应谱方法的加速度响应

反应谱方法的加速度（g）响应如表6～表9所示。

表6 模型A加速度响应（缩减Reduc方法特征值分析）

Model A（REDUC）							
Equipment & level	Node	模态组合			模态+方向组合		
		ACC_X	ACC_Y	ACC_Z	ACC_X	ACC_Y	ACC_Z
A，3，HP No.7 Feedwater heater（20.8 m）	2001	0.040 1	0.111 0	0.060 8	0.081 9	0.111 9	0.071 1
	2002	0.041 0	0.079 8	0.054 5	0.076 0	0.080 7	0.065 8
	2003	0.044 3	0.096 8	0.061 4	0.087 2	0.097 9	0.070 4
	2004	0.046 3	0.069 0	0.055 1	0.082 5	0.070 2	0.065 8
Max		0.046 3	0.111 0	0.061 4	0.087 2	0.111 9	0.071 1
Mark_max		2004	2001	2003	2003	2001	2001
Min		0.040 1	0.069 0	0.054 5	0.076 0	0.070 2	0.065 8
Mark_min		2001	2004	2002	2002	2004	2002
Average		0.042 9	0.089 2	0.058 0	0.081 9	0.090 2	0.068 3
1&2，LP No.3 &4 Feedwater heater（20.8 m）	2005	0.040 3	0.077 8	0.040 6	0.073 5	0.078 4	0.050 7
	2006	0.040 4	0.111 3	0.041 6	0.079 0	0.111 8	0.056 1
	2007	0.041 6	0.078 4	0.041 4	0.074 6	0.079 0	0.058 0
	2008	0.044 8	0.055 7	0.041 6	0.076 0	0.056 2	0.051 5
	2009	0.044 3	0.073 4	0.042 1	0.081 1	0.074 0	0.056 8
	2010	0.042 2	0.053 3	0.041 9	0.077 5	0.054 1	0.058 3
Max		0.044 8	0.078 4	0.042 1	0.081 1	0.079 0	0.058 3
Mark_max		2008	2007	2009	2009	2007	2010
Min		0.041 6	0.053 3	0.041 4	0.074 6	0.054 1	0.051 5
Mark_min		2007	2010	2007	2007	2010	2008
Average		0.043 2	0.065 2	0.041 7	0.077 3	0.065 8	0.056 2
4，B－MOSTURE SEPARATOR DEHEATER（20.8 m）	2011	0.040 7	0.082 9	0.061 3	0.078 5	0.083 7	0.069 6
	2012	0.042 7	0.110 7	0.055 1	0.073 9	0.110 9	0.065 8
	2013	0.046 0	0.071 5	0.042 0	0.078 5	0.074 0	0.052 3
	2014	0.041 5	0.071 6	0.042 0	0.093 3	0.072 2	0.056 2
Max		0.046 0	0.110 7	0.061 3	0.093 3	0.110 9	0.069 6
Mark_max		2013	2012	2011	2014	2012	2011
Min		0.040 7	0.071 5	0.042 0	0.073 9	0.072 2	0.052 3
Mark_min		2011	2013	2014	2012	2014	2013
Average		0.042 7	0.084 2	0.050 1	0.081 1	0.085 2	0.061 0
4，B－MOSTURE SEPARATOR DEHEATER（20.8 m）	2015	0.048 0	0.089 6	0.059 5	0.094 2	0.089 8	0.069 1
	2016	0.048 0	0.085 2	0.048 6	0.084 7	0.085 4	0.061 7
	2017	0.047 9	0.073 5	0.032 5	0.083 2	0.087 1	0.045 6
	2018	0.048 4	0.112 9	0.034 1	0.089 3	0.113 5	0.055 4

续表

Model A（REDUC）							
Equipment & level	Node	模态组合			模态+方向组合		
		ACC_X	ACC_Y	ACC_Z	ACC_X	ACC_Y	ACC_Z
Max		0.048 4	0.112 9	0.059 5	0.094 2	0.113 5	0.069 1
Mark_max		2018	2018	2015	2015	2018	2015
Min		0.047 9	0.073 5	0.032 5	0.083 2	0.085 4	0.045 6
Mark_min		2017	2017	2017	2017	2016	2017
Average		0.048 1	0.090 3	0.043 7	0.087 8	0.093 9	0.057 9
1，DEAERATOR TANK（27.8 m）	2021	0.086 9	0.065 9	0.058 2	0.120 3	0.066 4	0.072 1
	2022	0.124 3	0.055 9	0.055 6	0.168 4	0.064 8	0.075 1
	2023	0.128 3	0.077 1	0.058 5	0.191 2	0.079 4	0.078 0
	2024	0.135 5	0.075 2	0.058 5	0.193 5	0.077 2	0.076 2
	2025	0.127 3	0.092 2	0.049 9	0.165 5	0.093 7	0.068 1
	2026	0.078 4	0.096 2	0.047 9	0.122 5	0.097 3	0.070 4
Max（27.8 m）		0.135 5	0.096 2	0.058 5	0.193 5	0.097 3	0.078 0
Ratio		0.987 7	1.078 8*	0.426 3	1.410 7*	1.091 3*	0.568 6
Mark_max		2024	2026	2023	2024	2026	2023
Min（27.8 m）		0.078 4	0.075 2	0.047 9	0.122 5	0.077 2	0.068 1
Mark_min		2026	2024	2026	2026	2024	2025
Average（27.8 m）		0.117 4	0.085 2	0.053 7	0.168 2	0.086 9	0.073 2
Max（20.8 m）		0.048 4	0.112 9	0.061 4	0.094 2	0.113 5	0.071 1
Ratio		0.352 4	1.266 2*	0.447 7	0.686 6	1.272 9*	0.518 5
Mark_max		2018	2018	2003	2015	2018	2001
Min（20.8 m）		0.040 1	0.053 3	0.032 5	0.073 5	0.054 1	0.045 6
Mark_min		2001	2010	2017	2005	2010	2017
Average（20.8 m）		0.043 8	0.083 6	0.047 6	0.081 4	0.085 0	0.060 0

Equipment & level	Node	*i* 模态			方向组合 *i* 模态		
		ACC_X	ACC_Y	ACC_Z	ACC_X	ACC_Y	ACC_Z
Max		0.100 8	0.110 8	0.045 8	0.120 9	0.111 0	0.047 4
Ratio		0.734 4	1.242 6*	0.334 1	0.880 9	1.244 3*	0.345 7
Mark_max		2023	2018	2003	2023	2018	2003
Min		0.020 4	0.035 1	0.014 1	0.024 6	0.035 2	0.016 2
Mark_min		2003	2012	2021	2003	2012	2021
Average		0.037 4	0.074 3	0.032 5	0.048 9	0.075 2	0.034 1

表 7　模型 B 加速度响应（缩减 Reduc 方法特征值分析）

Model B（REDUC）							
Equipment & level	Node	模态组合			模态 + 方向组合		
		ACC_X	ACC_Y	ACC_Z	ACC_X	ACC_Y	ACC_Z
A，3，HP No.7 Feedwater heater（20.8 m）	2001	0.040 2	0.096 6	0.088 4	0.099 2	0.107 0	0.097 9
	2002	0.043 9	0.078 9	0.079 0	0.107 5	0.104 2	0.085 0
	2003	0.042 7	0.086 9	0.086 6	0.103 1	0.100 7	0.094 6
	2004	0.046 2	0.066 2	0.079 2	0.099 5	0.099 3	0.084 3
Max		0.046 2	0.096 6	0.088 4	0.107 5	0.107 0	0.097 9
Mark_max		2004	2001	2001	2002	2001	2001
Min		0.040 2	0.066 2	0.079 0	0.099 2	0.099 3	0.084 3
Mark_min		2001	2004	2002	2001	2004	2004
Average		0.043 2	0.082 1	0.083 3	0.102 3	0.102 8	0.090 5
1&2，LP No.3 &4 Feedwater heater（20.8 m）	2005	0.063 7	0.066 1	0.063 1	0.102 4	0.093 7	0.070 7
	2006	0.051 9	0.088 7	0.059 7	0.094 3	0.106 7	0.074 2
	2007	0.050 4	0.076 6	0.053 4	0.112 4	0.094 7	0.070 6
	2008	0.063 6	0.048 1	0.063 7	0.116 4	0.093 3	0.070 4
	2009	0.053 0	0.064 3	0.059 3	0.099 3	0.105 4	0.073 1
	2010	0.048 5	0.050 7	0.051 6	0.101 6	0.088 2	0.068 5
Max		0.063 6	0.076 6	0.063 7	0.116 4	0.105 4	0.073 1
Mark_max		2008	2007	2008	2008	2009	2009
Min		0.048 5	0.048 1	0.051 6	0.099 3	0.088 2	0.068 5
Mark_min		2010	2008	2010	2009	2010	2010
Average		0.053 9	0.059 9	0.057 0	0.107 4	0.095 4	0.070 6
4，B－MOSTURE SEPARATOR DEHEATER（20.8 m）	2011	0.042 2	0.146 5	0.085 5	0.092 8	0.148 2	0.090 5
	2012	0.043 9	0.090 4	0.080 1	0.075 7	0.107 9	0.086 0
	2013	0.044 9	0.057 2	0.065 5	0.085 0	0.060 4	0.073 5
	2014	0.042 6	0.053 7	0.060 3	0.070 0	0.059 8	0.074 3
Max		0.044 9	0.146 5	0.085 5	0.092 8	0.148 2	0.090 5
Mark_max		2013	2011	2011	2011	2011	2011
Min		0.042 2	0.053 7	0.060 3	0.070 0	0.059 8	0.073 5
Mark_min		2011	2014	2014	2014	2014	2013
Average		0.043 4	0.086 9	0.072 9	0.080 9	0.094 1	0.081 1
4，B－MOSTURE SEPARATOR DEHEATER（20.8 m）	2015	0.051 2	0.082 9	0.084 8	0.092 0	0.083 9	0.092 3
	2016	0.052 0	0.060 7	0.066 0	0.072 7	0.065 2	0.074 5
	2017	0.051 8	0.094 6	0.048 5	0.075 5	0.100 4	0.063 6
	2018	0.052 1	0.109 6	0.050 3	0.082 6	0.110 6	0.069 0
Max		0.052 1	0.109 6	0.084 8	0.092 0	0.110 6	0.092 3
Mark_max		2018	2018	2015	2015	2018	2015
Min		0.051 2	0.060 7	0.048 5	0.072 7	0.065 2	0.063 6

续表

Model B（REDUC）							
Equipment & level	Node	模态组合			模态+方向组合		
		ACC_X	ACC_Y	ACC_Z	ACC_X	ACC_Y	ACC_Z
Mark_min		2015	2016	2017	2016	2016	2017
Average		0.051 8	0.087 0	0.062 4	0.080 7	0.090 0	0.074 9
1，DEAERATOR TANK（27.8 m）	2021	0.080 2	0.057 8	0.086 3	0.129 3	0.083 6	0.099 8
	2022	0.117 5	0.071 0	0.076 6	0.147 0	0.079 2	0.092 0
	2023	0.139 7	0.095 2	0.072 1	0.165 5	0.096 6	0.085 0
	2024	0.136 4	0.067 6	0.061 5	0.166 8	0.071 2	0.073 4
	2025	0.109 6	0.086 3	0.054 7	0.142 4	0.087 7	0.070 2
	2026	0.075 1	0.101 4	0.054 6	0.119 3	0.103 5	0.074 1
Max（27.8 m）		0.139 7	0.101 4	0.072 1	0.166 8	0.103 5	0.085 0
Ratio		1.017 9*	1.136 9*	0.525 6	1.215 4*	1.161 1*	0.619 7
Mark_max		2023	2026	2023	2024	2026	2023
Min（27.8 m）		0.075 1	0.067 6	0.054 6	0.119 3	0.071 2	0.070 2
Mark_min		2026	2024	2026	2026	2024	2025
Average（27.8 m）		0.115 2	0.087 6	0.060 7	0.148 5	0.089 8	0.075 7
Max（20.8 m）		0.063 7	0.146 5	0.088 4	0.116 4	0.148 2	0.097 9
Ratio		0.464 1	1.642 4*	0.644 3	0.848 2	1.662 2*	0.713 6
Mark_max		2005	2011	2001	2008	2011	2001
Min（20.8 m）		0.040 2	0.048 1	0.048 5	0.070 0	0.059 8	0.063 6
Mark_min		2001	2008	2017	2014	2014	2017
Average（20.8 m）		0.049 2	0.078 8	0.068 1	0.093 4	0.096 1	0.078 5
Equipment & level	Node	*i* 模态			方向组合 *i* 模态		
		ACC_X	ACC_Y	ACC_Z	ACC_X	ACC_Y	ACC_Z
Max		0.117 4	0.139 5	0.081 8	0.121 8	0.140 1	0.081 9
Ratio		0.855 7	1.564 7*	0.595 9	0.887 8	1.571 1*	0.597 1
Mark_max		2023	2011	2003	2023	2011	2003
Min		0.023 4	0.026 8	0.023 7	0.029 3	0.030 6	0.027 9
Mark_min		2003	2010	2021	2008	2023	0
Average		0.043 3	0.064 8	0.051 6	0.053 6	0.066 9	0.052 7

表 8　模型 A 加速度响应（分块 Lanczos 方法特征值分析）

Model A1（Lanczos）							
Equipment & level	Node	模态组合			模态+方向组合		
		ACC_X	ACC_Y	ACC_Z	ACC_X	ACC_Y	ACC_Z
A，3，HP No.7 Feedwater heater（20.8 m）	2001	0.038 2	0.094 8	0.069 5	0.074 5	0.095 4	0.077 6
	2002	0.038 5	0.061 8	0.060 2	0.069 2	0.062 7	0.068 2
	2003	0.042 2	0.083 4	0.070 2	0.078 3	0.084 4	0.077 5
	2004	0.044 0	0.053 9	0.060 9	0.076 8	0.055 2	0.068 5

续表

Model A1（Lanczos）							
Equipment & level	Node	模态组合			模态＋方向组合		
		ACC_X	ACC_Y	ACC_Z	ACC_X	ACC_Y	ACC_Z
Max		0.044 0	0.094 8	0.070 2	0.078 3	0.095 4	0.077 6
Mark_max		2004	2001	2003	2003	2001	2001
Min		0.038 2	0.053 9	0.060 2	0.069 2	0.055 2	0.068 2
Mark_min		2001	2004	2002	2002	2004	2002
Average		0.040 7	0.073 5	0.065 2	0.074 7	0.074 4	0.073 0
1&2，LP No.3 &4 Feedwater heater（20.8 m）	2005	0.037 6	0.058 4	0.042 4	0.068 6	0.059 3	0.050 4
	2006	0.038 2	0.121 5	0.041 7	0.069 8	0.122 0	0.055 1
	2007	0.035 0	0.066 1	0.041 0	0.064 0	0.067 6	0.054 5
	2008	0.042 2	0.048 0	0.043 5	0.072 3	0.048 8	0.051 2
	2009	0.041 9	0.078 5	0.042 3	0.072 3	0.079 1	0.055 9
	2010	0.037 4	0.044 0	0.041 6	0.069 6	0.045 5	0.055 1
Max		0.042 2	0.078 5	0.043 5	0.072 3	0.079 1	0.055 9
Mark_max		2008	2009	2008	2008	2009	2009
Min		0.035 0	0.044 0	0.041 0	0.064 0	0.045 5	0.051 2
Mark_min		2007	2010	2007	2007	2010	2008
Average		0.039 1	0.059 1	0.042 1	0.069 5	0.060 2	0.054 2
4，B－MOSTURE SEPARATOR DEHEATER（20.8 m）	2011	0.038 7	0.072 8	0.070 1	0.072 8	0.073 8	0.077 0
	2012	0.040 5	0.112 8	0.060 8	0.069 1	0.113 0	0.068 4
	2013	0.043 0	0.059 5	0.043 7	0.073 3	0.062 5	0.051 7
	2014	0.039 8	0.063 8	0.042 1	0.084 4	0.065 2	0.055 1
Max		0.043 0	0.112 8	0.070 1	0.084 4	0.113 0	0.077 0
Mark_max		2013	2012	2011	2014	2012	2011
Min		0.038 7	0.059 5	0.042 1	0.069 1	0.062 5	0.051 7
Mark_min		2011	2013	2014	2012	2013	2013
Average		0.040 5	0.077 2	0.054 2	0.074 9	0.078 6	0.063 1
4，B－MOSTURE SEPARATOR DEHEATER（20.8 m）	2015	0.043 8	0.087 0	0.068 1	0.086 7	0.087 1	0.075 9
	2016	0.044 6	0.085 9	0.053 7	0.081 3	0.086 6	0.062 9
	2017	0.044 4	0.090 8	0.033 9	0.082 0	0.091 8	0.045 1
	2018	0.043 9	0.068 1	0.035 7	0.085 2	0.068 4	0.051 6
Max		0.044 6	0.090 8	0.068 1	0.086 7	0.091 8	0.075 9
Mark_max		2016	2017	2015	2015	2017	2015
Min		0.043 8	0.068 1	0.033 9	0.081 3	0.068 4	0.045 1
Mark_min		2015	2018	2017	2016	2018	2017
Average		0.044 2	0.083 0	0.047 9	0.083 8	0.083 5	0.058 9
1，DEAERATOR TANK（27.8 m）	2021	0.085 5	0.055 2	0.061 3	0.118 2	0.055 7	0.074 4
	2022	0.123 9	0.057 7	0.058 1	0.172 1	0.063 9	0.076 9

续表

Model A1（Lanczos）							
Equipment & level	Node	模态组合			模态＋方向组合		
		ACC_X	ACC_Y	ACC_Z	ACC_X	ACC_Y	ACC_Z
1，DEAERATOR TANK（27.8 m）	2023	0.125 3	0.087 0	0.057 3	0.196 0	0.088 2	0.074 9
	2024	0.131 8	0.050 3	0.054 3	0.197 0	0.053 3	0.068 7
	2025	0.126 9	0.066 4	0.047 7	0.167 6	0.068 0	0.064 9
	2026	0.078 3	0.081 9	0.047 4	0.115 6	0.082 7	0.069 1
Max（27.8 m）		0.131 8	0.087 0	0.057 3	0.197 0	0.088 2	0.074 9
Ratio		0.960 4	0.976 0	0.417 3	1.435 5*	0.988 8	0.546 0
Mark_max		2024	2023	2023	2024	2023	2023
Min（27.8 m）		0.078 3	0.050 3	0.047 4	0.115 6	0.053 3	0.064 9
Mark_min		2026	2024	2026	2026	2024	2025
Average（27.8 m）		0.115 6	0.071 4	0.051 7	0.169 0	0.073 1	0.069 4
Max（20.8 m）		0.044 6	0.121 5	0.070 2	0.086 7	0.122 0	0.077 6
Ratio		0.325 2	1.362 4*	0.511 6	0.631 7	1.368 5*	0.565 4
Mark_max		2016	2006	2003	2015	2006	2001
Min（20.8 m）		0.035 0	0.044 0	0.033 9	0.064 0	0.045 5	0.045 1
Mark_min		2007	2010	2017	2007	2010	2017
Average（20.8 m）		0.040 8	0.075 1	0.051 2	0.075 0	0.076 0	0.061 2
Equipment & level	Node	*i* 模态			方向组合 *i* 模态		
		ACC_X	ACC_Y	ACC_Z	ACC_X	ACC_Y	ACC_Z
Max		0.096 9	0.117 3	0.057 5	0.118 2	0.117 3	0.059 9
Ratio		0.706 4	1.315 1*	0.419 0	0.861 7	1.315 2*	0.436 5
Mark_max		2023	2006	2003	2023	2006	2003
Min		0.019 5	0.028 3	0.016 0	0.024 0	0.028 5	0.018 9
Mark_min		2003	2010	2022	2009	2010	2021
Average		0.035 7	0.062 7	0.037 6	0.047 9	0.063 2	0.039 4

表 9　模型 B 加速度响应（分块 Lanczos 方法特征值分析）

Model B1（Lanczos）							
Equipment & level	Node	模态组合			模态＋方向组合		
		ACC_X	ACC_Y	ACC_Z	ACC_X	ACC_Y	ACC_Z
A，3，HP No.7 Feedwater heater（20.8 m）	2001	0.040 1	0.078 1	0.089 8	0.088 3	0.102 2	0.102 4
	2002	0.046 9	0.070 2	0.087 4	0.095 3	0.093 0	0.096 2
	2003	0.045 9	0.073 0	0.087 7	0.094 0	0.102 0	0.096 7
	2004	0.048 1	0.063 8	0.083 7	0.106 5	0.085 7	0.090 5
Max		0.048 1	0.078 1	0.089 8	0.106 5	0.102 2	0.102 4
Mark_max		2004	2001	2001	2004	2001	2001
Min		0.040 1	0.063 8	0.083 7	0.088 3	0.085 7	0.090 5

续表

Model B1（Lanczos）							
Equipment & level	Node	模态组合			模态+方向组合		
		ACC_X	ACC_Y	ACC_Z	ACC_X	ACC_Y	ACC_Z
Mark_min		2001	2004	2004	2001	2004	2004
Average		0.045 3	0.071 3	0.087 2	0.096 0	0.095 7	0.096 5
1&2，LP No.3 &4 Feedwater heater（20.8 m）	2005	0.092 9	0.067 7	0.069 6	0.164 8	0.115 2	0.079 0
	2006	0.069 7	0.089 8	0.061 5	0.118 5	0.107 4	0.075 6
	2007	0.067 0	0.086 5	0.054 4	0.124 9	0.110 4	0.071 6
	2008	0.084 2	0.046 6	0.066 7	0.147 7	0.139 6	0.074 5
	2009	0.066 2	0.064 7	0.058 7	0.112 2	0.106 4	0.071 5
	2010	0.055 8	0.056 9	0.052 8	0.127 4	0.109 8	0.068 6
Max		0.084 2	0.086 5	0.066 7	0.147 7	0.139 6	0.074 5
Mark_max		2008	2007	2008	2008	2008	2008
Min		0.055 8	0.046 6	0.052 8	0.112 2	0.106 4	0.068 6
Mark_min		2010	2008	2010	2009	2009	2010
Average		0.068 3	0.063 7	0.058 2	0.128 0	0.116 5	0.071 5
4，B－MOSTURE SEPARATOR DEHEATER（20.8 m）	2011	0.043 3	0.139 5	0.086 8	0.086 4	0.140 9	0.092 9
	2012	0.044 3	0.111 6	0.084 1	0.069 5	0.121 7	0.092 4
	2013	0.045 0	0.052 2	0.069 0	0.078 4	0.057 3	0.078 7
	2014	0.043 7	0.058 4	0.060 9	0.078 4	0.067 5	0.073 8
Max		0.045 0	0.139 5	0.086 8	0.086 4	0.140 9	0.092 9
Mark_max		2013	2011	2011	2011	2011	2011
Min		0.043 3	0.052 2	0.060 9	0.069 5	0.057 3	0.073 8
Mark_min		2011	2013	2014	2012	2013	2014
Average		0.044 1	0.090 4	0.075 2	0.078 2	0.096 9	0.084 4
4，B－MOSTURE SEPARATOR DEHEATER（20.8 m）	2015	0.054 7	0.075 3	0.087 0	0.090 4	0.077 9	0.098 5
	2016	0.053 8	0.072 4	0.069 5	0.074 8	0.082 5	0.077 8
	2017	0.054 8	0.093 0	0.054 6	0.078 1	0.098 8	0.068 0
	2018	0.053 8	0.074 7	0.059 3	0.086 7	0.077 7	0.076 6
Max		0.054 8	0.093 0	0.087 0	0.090 4	0.098 8	0.098 5
Mark_max		2017	2017	2015	2015	2017	2015
Min		0.053 8	0.072 4	0.054 6	0.074 8	0.077 7	0.068 0
Mark_min		2016	2016	2017	2016	2018	2017
Average		0.054 3	0.078 9	0.067 6	0.082 5	0.084 2	0.080 2
1，DEAERATOR TANK（27.8 m）	2021	0.078 8	0.045 0	0.091 0	0.123 3	0.095 0	0.106 2
	2022	0.117 8	0.067 7	0.076 6	0.148 1	0.078 2	0.091 7
	2023	0.141 6	0.101 0	0.070 0	0.168 9	0.103 2	0.082 0
	2024	0.137 6	0.051 2	0.064 3	0.169 1	0.057 9	0.075 9
	2025	0.109 1	0.088 3	0.054 5	0.140 5	0.091 9	0.072 0
	2026	0.075 1	0.078 3	0.057 9	0.100 0	0.087 0	0.081 8

续表

Model B1（Lanczos）							
Equipment & level	Node	模态组合			模态＋方向组合		
		ACC_X	ACC_Y	ACC_Z	ACC_X	ACC_Y	ACC_Z
Max（27.8 m）		0.141 6	0.101 0	0.070 0	0.169 1	0.103 2	0.082 0
Ratio		1.031 8*	1.132 7*	0.509 9	1.232 2*	1.156 7*	0.597 9
Mark_max		2023	2023	2023	2024	2023	2023
Min（27.8 m）		0.075 1	0.051 2	0.054 5	0.100 0	0.057 9	0.072 0
Mark_min		2026	2024	2025	2026	2024	2025
Average（27.8 m）		0.115 8	0.079 7	0.061 7	0.144 6	0.085 0	0.077 9
Max（20.8 m）		0.092 9	0.139 5	0.089 8	0.164 8	0.140 9	0.102 4
Ratio		0.677 4	1.564 5*	0.654 5	1.201 1*	1.579 7*	0.746 6
Mark_max		2005	2011	2001	2005	2011	2001
Min（20.8 m）		0.040 1	0.046 6	0.052 8	0.069 5	0.057 3	0.068 0
Mark_min		2001	2008	2010	2012	2013	2017
Average（20.8 m）		0.056 1	0.076 4	0.071 3	0.101 2	0.099 8	0.082 5
Equipment & level	Node	*i* 模态			方向组合 *i* 模态		
		ACC_X	ACC_Y	ACC_Z	ACC_X	ACC_Y	ACC_Z
Max		0.117 2	0.131 1	0.082 1	0.121 5	0.131 5	0.082 3
Ratio		0.854 3	1.469 6*	0.598 8	0.885 9	1.474 6*	0.600 0
Mark_max		2023	2011	2003	2023	2011	2003
Min		0.023 3	0.023 9	0.020 9	0.025 7	0.029 9	0.025 7
Mark_min		2003	2010	2021	2005	2015	2021
Average		0.045 8	0.063 9	0.051 6	0.056 6	0.067 8	0.052 5

注：Ratio：最大加速度响应与水平地震影响系数曲线卓越周期区域内的数值为 0.137 2 之比值，大于 1 时加*表示，竖向的数值为 0.65 × 0.137 2。加速度响应单位 g=9.806 65 m/s^2。

4.4 反应谱方法的加速度响应

模态叠加法时程分析方法的加速度峰值(g)响应见表 10(分块 Lanczos 方法特征值分析)。

表 10　时程分析方法的加速度峰值（g）响应

Equipment & level	Node	Model A			Model B		
		ACC_X	ACC_Y	ACC_Z	ACC_X	ACC_Y	ACC_Z
A，3，HP No.7 Feedwater heater（20.8 m）	2001	0.083 2	0.097 8	0.110 6	0.083 6	0.093 0	0.128 2
	2002	0.080 6	0.087 1	0.111 3	0.079 4	0.088 9	0.126 5
	2003	0.094 3	0.090 6	0.110 7	0.094 8	0.101 4	0.114 9
	2004	0.083 7	0.077 4	0.112 2	0.082 0	0.078 9	0.122 0
Max		0.094 3	0.097 8	0.112 2	0.094 8	0.101 4	0.128 2
Mark_max		2003	2001	2004	2003	2003	2001

续表

Equipment & level	Node	Model A			Model B		
		ACC_X	ACC_Y	ACC_Z	ACC_X	ACC_Y	ACC_Z
Min		0.080 6	0.077 4	0.110 6	0.079 4	0.078 9	0.114 9
Mark_min		2002	2004	2001	2002	2004	2003
Average		0.085 4	0.088 2	0.111 2	0.084 9	0.090 5	0.122 9
1&2，LP No.3 &4 Feedwater heater（20.8 m）	2005	0.082 6	0.116 7	0.097 2	0.080 8	0.109 5	0.114 0
	2006	0.082 3	0.111 4	0.103 2	0.083 6	0.103 4	0.119 4
	2007	0.069 4	0.112 1	0.095 7	0.070 0	0.130 5	0.112 5
	2008	0.080 0	0.078 7	0.099 1	0.080 1	0.086 8	0.118 3
	2009	0.081 1	0.077 2	0.104 7	0.079 3	0.085 2	0.114 5
	2010	0.071 2	0.070 0	0.096 8	0.072 0	0.110 9	0.108 6
Max		0.081 1	0.112 1	0.104 7	0.080 1	0.130 5	0.118 3
Mark_max		2009	2007	2009	2008	2007	2008
Min		0.069 4	0.070 0	0.095 7	0.070 0	0.085 2	0.108 6
Mark_min		2007	2010	2007	2007	2009	2010
Average		0.075 4	0.084 5	0.099 1	0.075 3	0.103 4	0.113 5
4，B－MOSTURE SEPARATOR DEHEATER（20.8 m）	2011	0.086 0	0.105 0	0.109 4	0.084 9	0.127 1	0.129 0
	2012	0.089 1	0.107 1	0.111 5	0.087 9	0.110 3	0.126 3
	2013	0.095 3	0.099 1	0.100 0	0.095 1	0.113 5	0.126 2
	2014	0.091 8	0.088 7	0.104 1	0.091 2	0.080 0	0.113 7
Max		0.095 3	0.107 1	0.111 5	0.095 1	0.127 1	0.129 0
Mark_max		2013	2012	2012	2013	2011	2011
Min		0.086 0	0.088 7	0.100 0	0.084 9	0.080 0	0.113 7
Mark_min		2011	2014	2013	2011	2014	2014
Average		0.090 5	0.100 0	0.106 2	0.089 7	0.107 7	0.123 8
4，B－MOSTURE SEPARATOR DEHEATER（20.8 m）	2015	0.093 8	0.095 2	0.104 6	0.097 3	0.099 7	0.108 4
	2016	0.098 1	0.088 9	0.094 4	0.100 0	0.093 4	0.096 8
	2017	0.098 5	0.090 5	0.070 1	0.101 5	0.094 9	0.085 3
	2018	0.097 9	0.094 2	0.078 0	0.100 2	0.103 7	0.089 8
Max		0.098 5	0.095 2	0.104 6	0.101 5	0.103 7	0.108 4
Mark_max		2017	2015	2015	2017	2018	2015
Min		0.093 8	0.088 9	0.070 1	0.097 3	0.093 4	0.085 3
Mark_min		2015	2016	2017	2015	2016	2017
Average		0.097 1	0.092 2	0.086 8	0.099 8	0.097 9	0.095 1

续表

Equipment & level	Node	Model A			Model B		
		ACC_X	ACC_Y	ACC_Z	ACC_X	ACC_Y	ACC_Z
1，DEAERATOR TANK（27.8 m）	2021	0.093 1	0.070 1	0.134 9	0.097 6	0.080 3	0.133 3
	2022	0.125 9	0.089 8	0.137 5	0.131 0	0.101 7	0.129 0
	2023	0.161 0	0.085 9	0.130 0	0.165 6	0.094 6	0.132 3
	2024	0.153 6	0.093 1	0.117 0	0.157 9	0.096 1	0.118 2
	2025	0.114 8	0.087 1	0.096 7	0.119 7	0.088 5	0.097 2
	2026	0.085 9	0.116 9	0.095 4	0.090 2	0.140 4	0.094 6
Max（27.8 m）		0.161 0	0.116 9	0.130 0	0.165 6	0.140 4	0.132 3
Ratio		1.173 2*	1.310 7*	0.947 6	1.207 3*	1.574 4*	0.964 0
Mark_max		2023	2026	2023	2023	2026	2023
Min（27.8 m）		0.085 9	0.085 9	0.095 4	0.090 2	0.088 5	0.094 6
Mark_min		2026	2023	2026	2026	2025	2026
Average（27.8 m）		0.128 8	0.095 7	0.109 8	0.133 4	0.104 9	0.110 6
Max（20.8 m）		0.098 5	0.116 7	0.112 2	0.101 5	0.130 5	0.129 0
Ratio		0.717 8	1.308 6*	0.817 6	0.739 7	1.463 5*	0.940 1
Mark_max		2017_UX	2005_UY	2004_UZ	2017_UX	2007_UY	2011_UZ
Min（20.8 m）		0.069 4	0.070 0	0.070 1	0.070 0	0.078 9	0.085 3
Mark_min		2007_UX	2010_UY	2017_UZ	2007_UX	2004_UY	2017_UZ
Average（20.8 m）		0.086 6	0.093 8	0.100 7	0.086 9	0.100 6	0.114 1

注：Ratio：最大峰值加速度响应与水平地震影响系数曲线卓越周期区域内的数值为 0.137 2 之比值，当大于 1 时加*表示，竖向的数值为 0.65 × 0.137 2。加速度响应单位 $g = 9.806\ 65\ m/s^2$。

4.5 楼面反应谱

4.5.1 反应谱方法

选自模型若干节点和 SeismoSof 软件，绘制的加速度周期曲线（见图 17 至图 24）。A_spectrum、B_spectrum、A1_spectrum 和 B1_spectrum 分别表示缩减 Reduc 方法和分块 Lanczos 方法特征值分析的模型 A 和 B，xx_2023 表示 2 023 节点 *x* 方向加速度响应，其他类同。

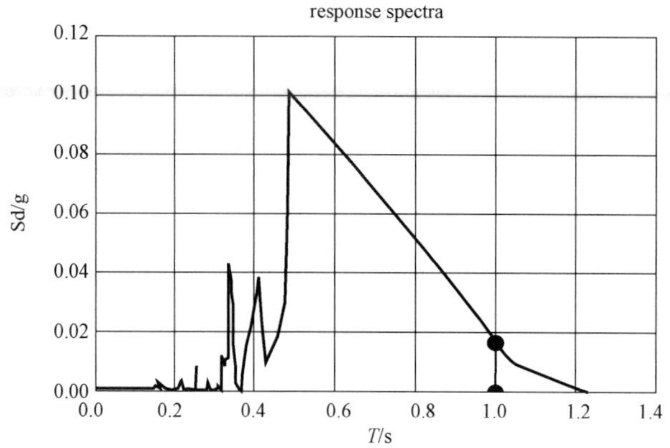

图 17　A_spectrum_xx_2023（REDUC）反应谱方法的周期加速度曲线

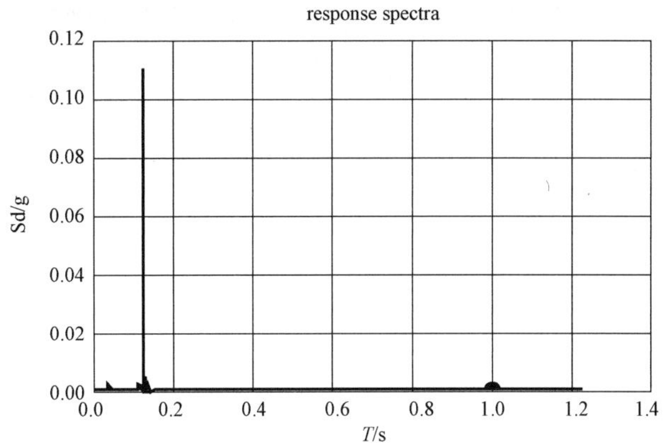

图 18 A_spectrum_yy_2018（REDUC）反应谱方法的周期加速度曲线

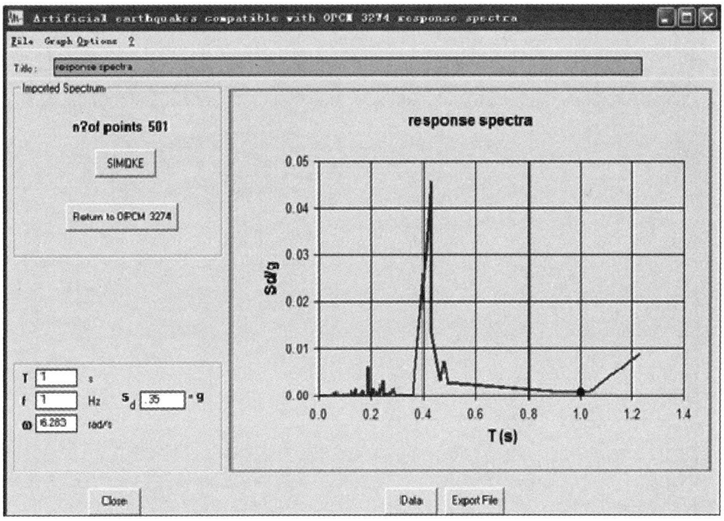

图 19 A_spectrum_zz_2003（REDUC）反应谱方法的周期加速度曲线

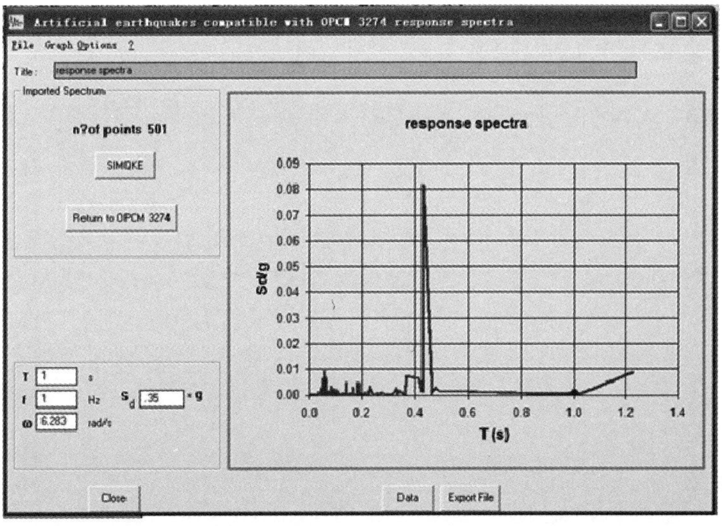

图 20 B_spectrum_zz_2003（REDUC）反应谱方法的周期加速度曲线

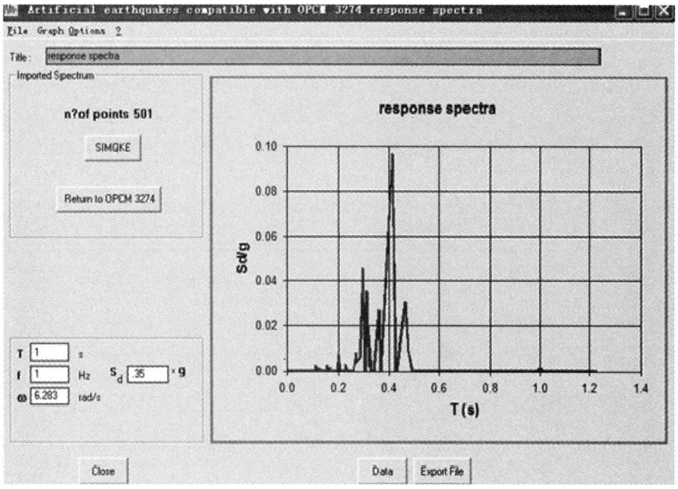

图 21　A1_spectrum_xx_2023（Lanczos）反应谱方法的周期加速度曲线

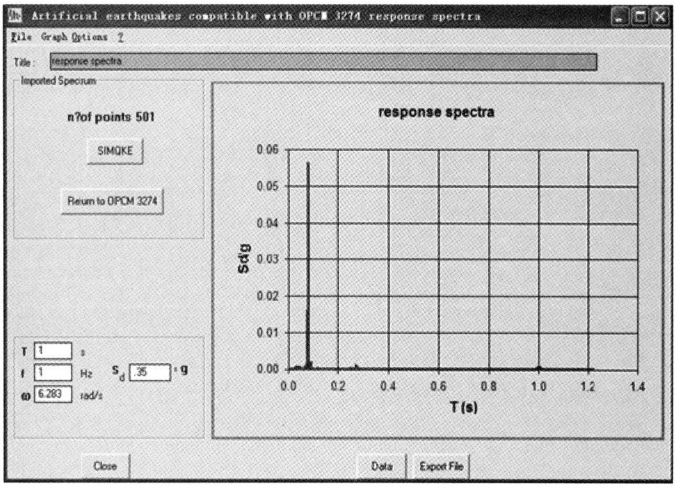

图 22　A1_spectrum_yy_2018（Lanczos）反应谱方法的周期加速度曲线

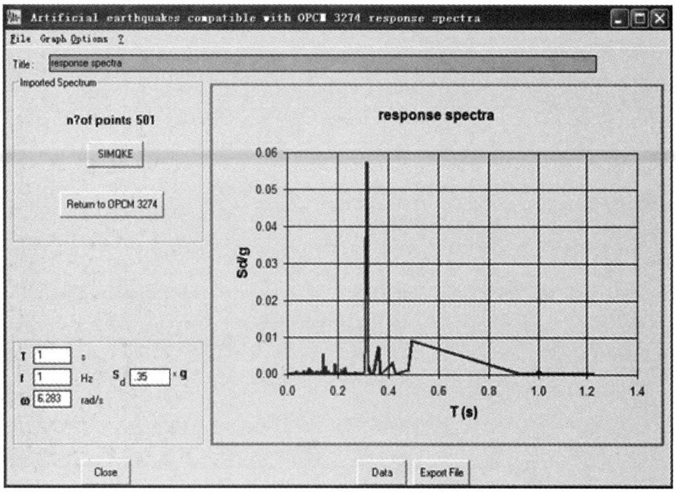

图 23　A1_spectrum_zz_2003（Lanczos）反应谱方法的周期加速度曲线

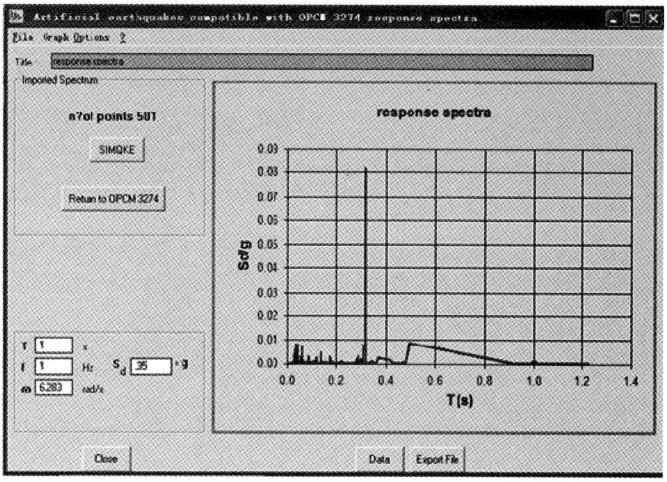

图 24　B1_spectrum_zz_2003（Lanczos）反应谱方法的周期加速度曲线

4.5.2　时程方法一

选自模型若干节点和模型 Vibration 时程分析的时频转换，由 SeismoSof 软件绘制的加速度频幅曲线（见图 25 至图 28）。A_time 和 B_time 分别表示分块 Lanczos 方法特征值分析的模型 A 和 B，xx_2023 表示 2 023 节点 X 方向加速度响应，其他类同。

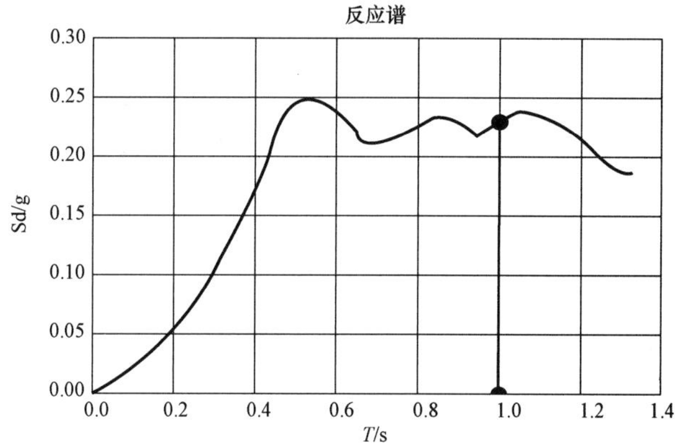

图 25　A_time_xx_2023（Vibration）时程方法的周期加速度曲线

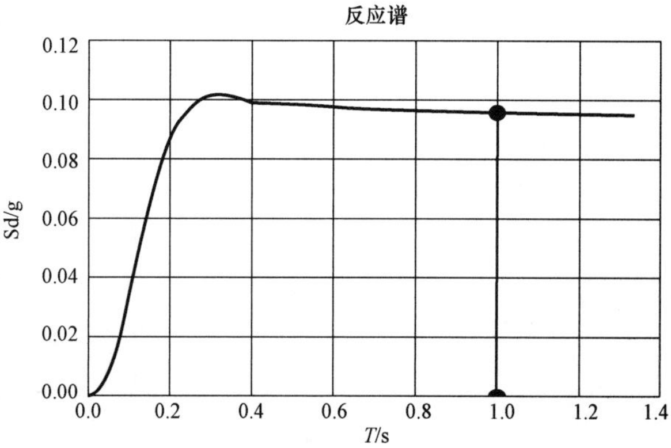

图 26　A_time_yy_2018（Vibration）时程方法的周期加速度曲线

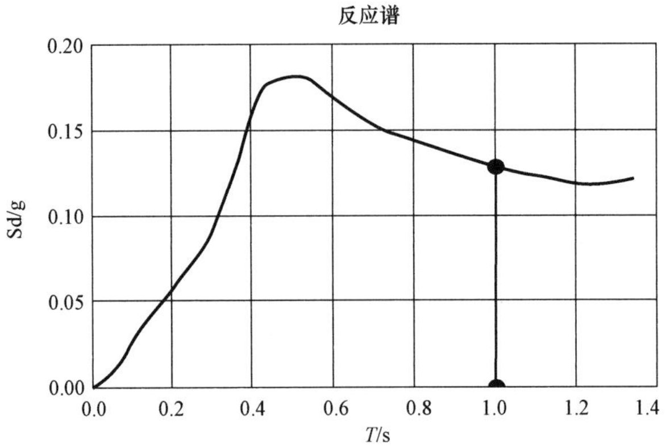

图 27　A_time_zz_2003（Vibration）时程方法的周期加速度曲线

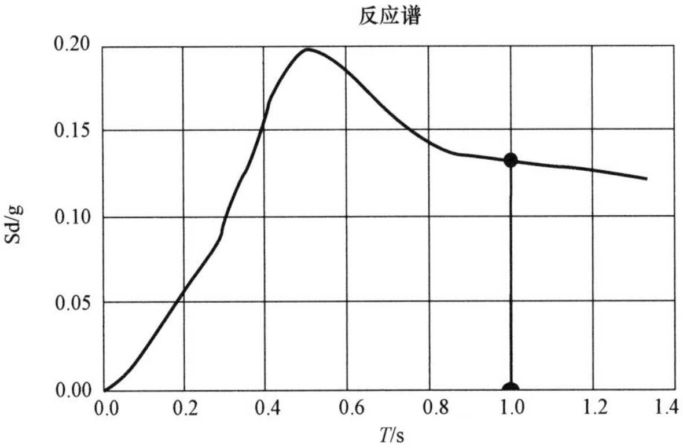

图 28　B_time_zz_2003（Vibration）时程方法的周期加速度曲线

4.5.3　时程方法二

选自模型若干节点和 SeismoSignal 软件，绘制的加速度时程曲线与加速度频幅曲线（见图29至图36）。A_time和B_time分别表示分块Lanczos方法特征值分析的模型A和B，xx_2023表示2 023节点x方向加速度响应，其他类同。加速度时程曲线Fourier时频转换由SeismoSignal软件完成。

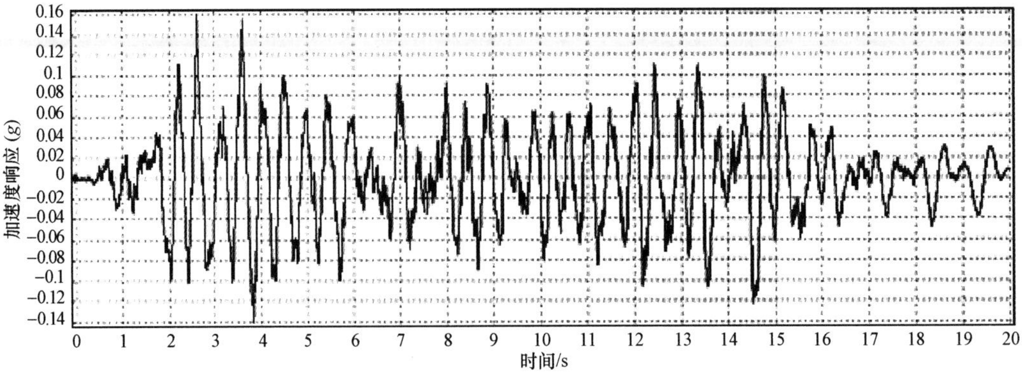

图 29　A_time_xx_2023 时程方法的加速度时程曲线

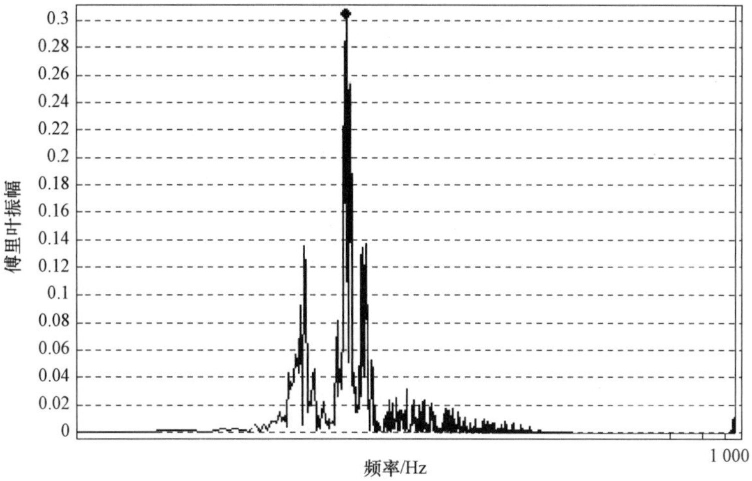

图 30　A_time_xx_2023 2.136（Hz），0.468（SEC）的频率加速度曲线

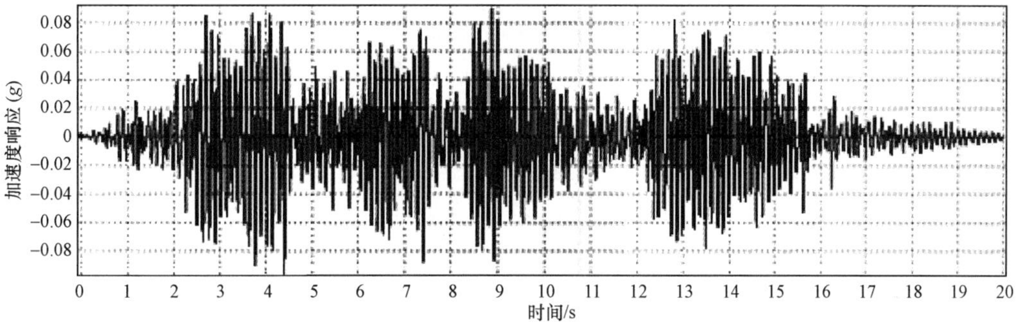

图 31　A_time_yy_2018 时程方法的加速度时程曲线

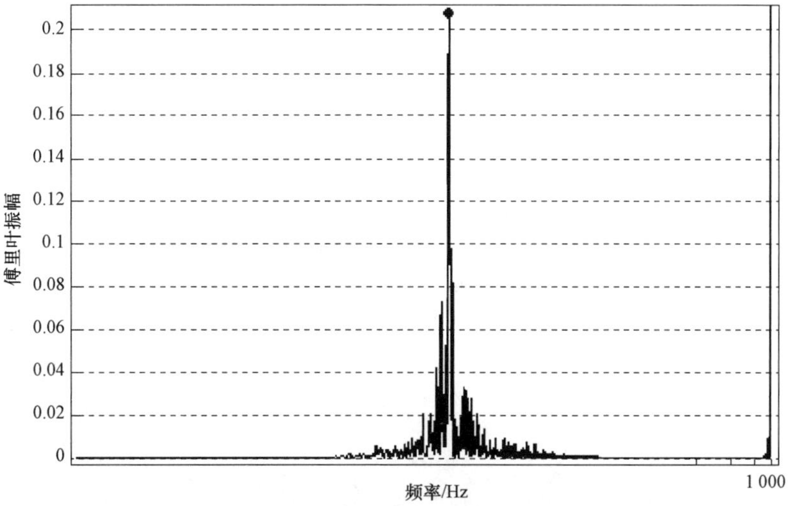

图 32　A_time_yy_2018 7.935（Hz），0.126（SEC）的频率加速度曲线

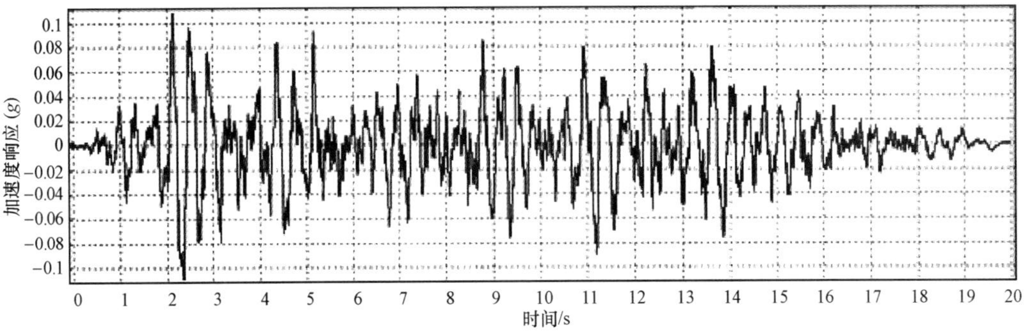

图 33　A_time_zz_2003 时程方法的加速度时程曲线

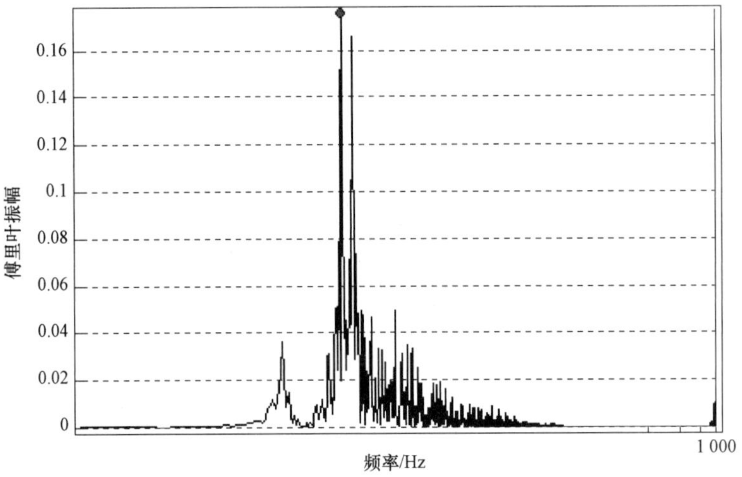

图 34　A_time_zz_2003 2.258（Hz），0.443（SEC）的频率加速度曲线

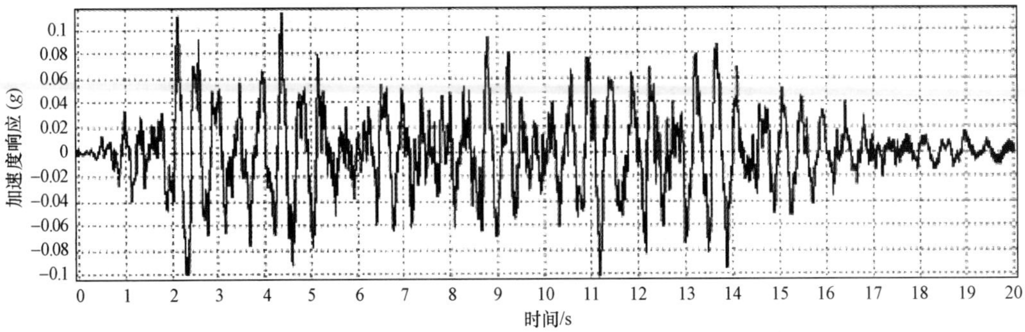

图 35　B_time_zz_2003 时程方法的加速度时程曲线

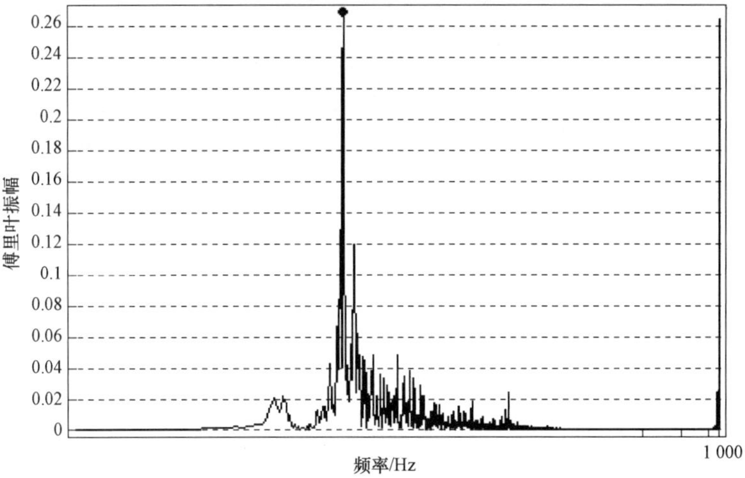

图 36　B_time_zz_2003 2.258（Hz），0.443（SEC）的频率加速度曲线

下列图的加速度响应单位 g=9.806 65 m/s^2，均没有考虑方向组合。按文献［3］3.3.2.3（2）要求，楼面反应谱频幅曲线峰值的拓宽，可在上述绘制的曲线基础进一步处理，本项目不再进行。

4.6　小结和讨论

4.6.1　特征值分析的分块 Lanczos 方法和缩减 Reduc 方法

（1）分块 Lanczos 方法和缩减 Reduc 方法特征值分析表明：两种分析方法的基本频率相近，分块 Lanczos 方法存在较多局部振型。

（2）分块 Lanczos 方法和缩减 Reduc 方法地震反应谱分析表明：两种分析方法的分析结果相近，互有大小。

（3）缩减 Reduc 方法特征值分析的主要目的为减少时间和劳力的花费，同时减少局部振型。当这些局部振型仅是给人于视觉，对结果影响不大时，可选用分块 Lanczos 方法进行特征值分析。同时计算机硬件技术发展，对于减少时间和劳力的花费，缩减 Reduc 方法特征值分析已没有明显优势。

4.6.2　模型 A 和 B

（1）基于地上结构部分的模型 A 和地下结构部分+地上结构部分的模型 B（忽略挡土墙的分隔缝和土的作用）分块 Lanczos 方法特征值分析表明：模型 B 的三个方向频率均小于模型 A，模型增加了地下结构部分以后整个结构变柔了。

（2）地震分析表明：模型 A 和 B 的加速度响应有较大差别，如节点 2 003 的每一类竖向加速度响应，模型 A 均小于模型 B。无疑，与模型 A 相比模型 B 与实际结构更接近。因此有条件应建立地下结构部分+地上结构部分的模型进行地震。

4.6.3　加速度响应

反应谱方法的模态组合加速度和时程方法的加速度峰值，互有大小。若干节点加速度响应与地震影响系数曲线最大值相比大于 1（见表 11），表明：汽轮机房楼层对地震有放大作用。

表 11　加速度响应最大值与输入加速度最大值的最大比值

项目	反应谱方法						时程方法的加速度峰值		
	模态组合			模态 + 方向组合					
	ACC_X	ACC_Y	ACC_Z	ACC_X	ACC_Y	ACC_Z	ACC_X	ACC_Y	ACC_Z
Ratio	1.031 8	1.624 0	0.654 5	1.435 5	1.662 2	0.746 6	1.207 3	1.574 4	0.964 0
Model	B1	B	B1	A1	B	B1	B	B	B
Level	27.8	20.8	20.8	27.8	20.8	20.8	27.8	27.8	27.8
Node	2023	2011	2001	2024	2011	2001	2023	2026	2023

4.6.4　加速度响应

时程曲线时频转换后的最大值均大于加速度峰值，并且均大于反应谱方法的周期加速度曲线的最大值和模态组合（方向组合）加速度，其中时程方法的 Fourier 时频转换尤为显著（见表 12）。

表 12　加速度响应最大值与对应周期

项目	A_xx_2023	A_yy_2018	A_zz_2003	B_zz_2003
加速度峰值	0.160 97	0.094 20	0.110 69	0.114 93
图号	5.5.3.1	5.5.3.3	5.5.3.5	5.5.3.7
最大值（Vibration）	0.250 54	0.101 97	0.197 52	0.181 00
周期/s	0.53	0.30	0.53	0.53
图号	5.5.2.1	5.5.2.2	5.5.2.3	5.5.2.4
最大值（Fourier）	0.305 00	0.208 00	0.178 00	0.269 00
周期/s	0.47	0.13	0.44	0.44
图号	5.5.3.2	5.5.3.4	5.5.3.6	5.5.3.8
最大值（Spectra）	0.096 90	0.056 70	0.057 50	0.082 10
周期/s	0.41	0.08	0.31	0.31
图号	5.5.1.5	5.5.1.6	5.5.1.7	5.5.1.8
模态组合	0.125 30	0.068 10	0.070 20	0.087 40
模态组合（方向组合）	0.196 00	0.068 40	0.077 50	0.096 70

4.6.5　楼面反应谱

楼面反应谱用于非结构构件抗震设计，如核电厂的管道等抗震设计，对于本题中的设备支座处或汽机基础设备连结点的抗震验算，仅需进行地震分析求取这些节点的加速度响应。

5　结论

综上所述，通过核电站楼面的加速度响应和反应谱分析研究，对其分析技术有了清晰的了解，适用于非结构构件（如核电厂的管道等）抗震设计，对其他类似项目也极具参考和借鉴意义。

参考文献

［1］中华人民共和国国家标准. GB 50011—2010 建筑抗震设计规范［S］. 北京：中国建筑工业出版社，2010.
［2］龚思礼. 建筑抗震设计手册（第二版）［M］. 北京：中国建筑工业出版社，2002.
［3］中华人民共和国国家标准. GB 50267—97　核电厂抗震设计规范［S］. 北京：中国计划出版社，1998.

氢气点火器维修可达性设计及优化研究

刘　佳，潘新新

（上海核工程研究设计院有限公司，上海　200233）

摘要： 为控制氢气风险而在安全壳内换料水箱（IRWST）中设置了 4 台氢气点火器，需要定期进行氢气点火器点火元件表面温度的测量监督试验等，传统检查方法需要先将 IRWST 排空，然后搭建很高的脚手架，造成单次检查或试验的工作量巨大，实施起来非常困难。本文对氢气点火器的位置进行了合理的优化并增设了用于检修的专用平台，另外提出利用协作机器人和热成像仪等专用工具的测温方案，更有利于测温试验的开展，即人员不进入 IRWST 内即可完成测温，专用平台仅在氢气点火器需要维修或更换时才使用。该设计方案对核电厂其他狭小空间内的设备检修、试验同样具有借鉴意义。

关键词： 氢气点火器；测温试验；专用平台；专用工具

Design and Optimization of Maintenance Accessibility of Hydrogen Igniter

LIU Jia，PAN Xinxin

（Shanghai Nuclear Engineering Research & Design Institute Co.，Ltd.，Shanghai 200233，China）

Abstract: In order to control hydrogen risks，four hydrogen igniters are installed in the In-containment Refueling Water Storage Tank（IRWST）. Regular monitoring tests of the element surface temperature of the hydrogen igniters are required. The traditional inspection method requires to empty IRWST and then build a very high scaffolding，resulting in a huge workload for a single inspection or test，which is very difficult to implement. In this paper，the position of the hydrogen igniters was reasonably optimized and a dedicated platform for maintenance was added. In addition，a temperature measurement program using special tools such as collaborative robots and thermal imagers was proposed，which is more conducive to the development of temperature measurement experiments. The temperature measurement can be completed without entering the IRWST. The dedicated platform is only used when the hydrogen igniter needs to be repaired or replaced. This design scheme also has reference significance for equipment maintenance and testing

---

作者简介： 刘　佳（1984—　），男，山东胶州人，硕士，工程师，现从事安全壳氢气控制系统的设计工作

in other narrow spaces of nuclear power plants.

Key words: Hydrogen Igniter; Temperature Measurement test; Dedicated Platform; Special Tools

氢气点火器是核电厂事故状态安全保障的关键设备之一，用于严重事故下消氢，防止安全壳内氢气浓度超过限制，以维持安全壳的完整性。

安全壳内换料水箱（IRWST）中设置了四台氢气点火器，以控制严重事故下水箱中的氢浓度低于限值，而氢气点火器根据布置要求需安装在水箱的顶部，按照现有的设计不搭建脚手架无法完成氢气点火器的测温及检修等相关工作。因此，采取相应的措施改善氢气点火器的可达性是非常有必要的。

本文针对水箱内点火器的不可达问题提出了以下设计优化措施，一是增设用于检修的专用平台，提供人员进入 IRWST 上方的通道，必要时人员可到达该平台进行设备的检修更换操作；二是增加协作机器人和热成像仪等专用工具，对于频度相对较高的点火器测温试验可考虑采用专用工具在水箱外完成，无需操作人员进入水箱内。以上两种方法相结合可大大缩短氢气点火器测温及检修工作所需的时间，提高电厂的经济性，保障人员的安全。

1　背景介绍

根据技术规格书的要求，每个换料大修期间都要完成氢气点火器点火元件的测温试验，以验证其性能满足要求。而 IRWST 内的氢气点火器安装在水箱顶部，水箱高度超过 9 m，常规的检修方法需要将水箱排空，然后搭建很高的脚手架。考虑到 IRWST 的水质要求很高（A 级），测温完成移除脚手架后还需对水箱内部进行清洁处理，水箱内的含硼水直接排掉不仅带来经济损失，而且再充水时还会增加制硼的成本，进入水箱内部开展测温的方案非常耗时费力。另外，从辐射防护的角度出发，该区域属于中等放射性区，人员长时间在此作业，也增加了人员的辐照剂量。因此，无论是考虑经济性还是人员防护，都需优化现有的测温方案。

2　优化方案

2.1　增设专用平台

增设专用平台除了考虑人员操作的便利性之外，还需避开已有的物项，如管道及其支架等。以 SG 墙排气通道（MY61）为例，采用方钢管搭设了钢平台（见图 1），水平方向的钢梁生根于 CA01 模块钢覆面上，竖直方向的钢梁生根于水箱顶部的 CA55 模块钢面板上。操作平台底部铺设格栅板，四周设置栏杆，栏杆高度为 1.1 m，格栅板的支撑钢梁同时作为栏杆的生根点。钢平台的钢梁、格栅板、栏杆均采用 ASTM A240（S32101）材料。

图 1　新增专用平台三维视图

2.2　增设专用工具

考虑到 IRWST 内为中等放射性区域，人员进入时需要穿着防护服，而进出口的空间相对狭小，人员操作不方便。为了降低人员辐照风险并减少人员进入水箱的频率，增加检修的便利性，考虑采用协作机器人加装热成像仪的测温方案（见图 2）。

图 2　协作机器人和热成像仪

3　可行性分析

新增氢气点火器专用平台时首先需考虑人员进出 IRWST 的通道，目前的四台氢气点火器分成两组考虑，一组靠近 IRWST 排气和溢流装置（MY78）的排气口，点火器的位置需微调，另外原设计中排气口宽度偏小只有约 430 mm，人员进出困难，需进行扩口处理，扩大至 600 mm，并在排气口正下方增加钢平台；另一组点火器也需调整至靠近 MY61 排气口附近，MY61 的现有尺寸为 900 mm×900 mm，可以满足人员进出的需要，并同样需要在排气口的下方增加钢平台。

氢气点火器移位后还需评估对安全分析的影响，具体采用的是安全分析和工程经验相结合的评价方法，主要判断依据为能否满足氢气点火器布置准则和氢气安全的要求。

3.1　布置设计可行性

结合氢气浓度分析以及工程经验等，氢气点火器通常有以下主要布置准则：

（1）在主要的氢气传播通道（包括主要的自然循环通道）布置足够数量的氢气点火器，以使氢气在氢释放点附近就能连续燃烧，从而防止氢气在安全壳内某一区域局部累积。

（2）在氢气可能释放、流过或积聚的主要区域或隔间内放置氢气点火器。

（3）氢气点火器的布置应尽量远离墙体和其他大表面，以使在隔间底部点火引起的火焰锋能无阻碍地传播到顶部。

（4）在事故期间富含氧气的空气可能进入包含可燃浓度氢气的惰性区域，应布置氢气点火器以控制氢气燃烧。

（5）对于潜在的氢气释放点，如 IRWST 鼓泡器上部，IRWST 通风口等，氢气点火器应尽可能靠近释放源。

（6）应考虑设置用于安装、维修和试验的措施。

（7）最好是在底部点燃氢气 – 空气混合物，从而在较低的氢气浓度时促使火焰向上传播。氢气点火器布置在每个子隔间内最可能是氢气释放点的附近或者上方。

其中，适用于 IRWST 内氢气点火器布置的准则主要有第 2、4、5、6 条。

严重事故下仅有少部分氢气通过鼓泡器进入 IRWST 隔间，一部分氢气通过管道排气口和安全壳侧排气口流出隔间，一部分氢气则可能从隔间的左侧流向右侧（见图 3）。新的氢气点火器位置如图 4 所示，由图可知，两个氢气点火器位于鼓泡器（潜在氢气源）的上方，且靠近管道排气口，能及时点燃流经的氢气。另外两个氢气点火器位于安全壳壳体内侧排气口的下方，可以及时点燃从左侧流向右侧的氢气。因此，新的氢气点火器布置方案满足布置准则。

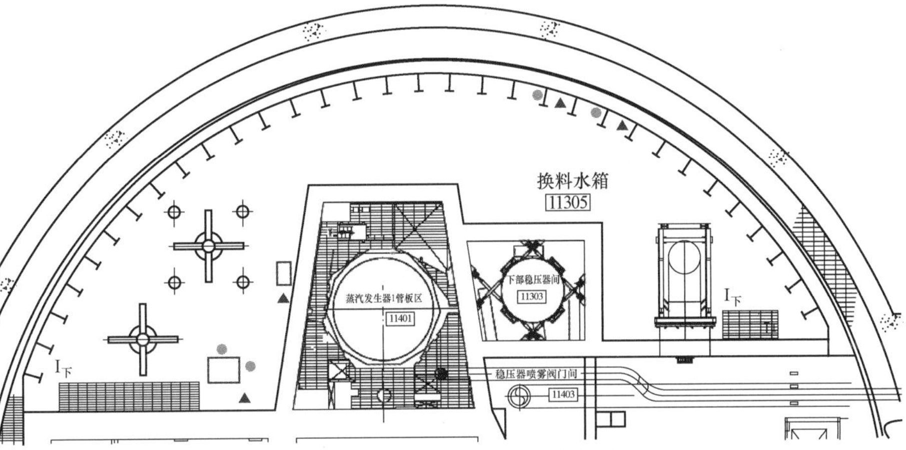

▲ 点火器原位置　　● 点火器新位置

图 3　氢气点火器移位示意

移位后 MY61 附近氢气点火器的三维布置情况见图 4（a）。从图中可知，氢气点火器的位置处于方形排气口底部，排气口的尺寸大约是 0.9 m×0.9 m，两台氢气点火器分别位于排气口的两条边，热成像仪到达与氢气点火器的点火元件在同一标高处即可开展测量，从排气口到达氢气点火器竖直距离约为 1.3 m。

移位后 MY78 附近氢气点火器的三维布置情况见图 4（b）。从图中可知，这两台氢气点火器挪动到了流道畅通的隔断内，且通道宽度扩大到 600 mm，便于人员进出。专用工具从起点（假设起点在排气口外部的维修平台上）到达氢气点火器同一标高也大约是 1.3 m，这是专用工具应能达到的有效作用距离。

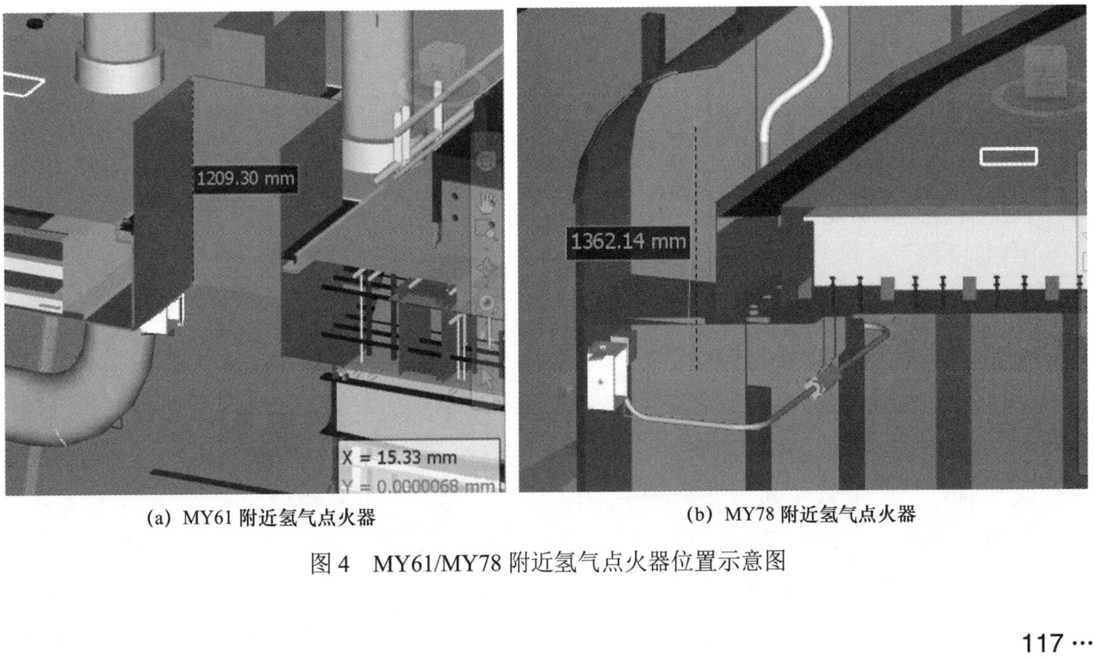

(a) MY61 附近氢气点火器　　(b) MY78 附近氢气点火器

图 4　MY61/MY78 附近氢气点火器位置示意图

综上可知，两组氢气点火器中，靠近 MY61 的一组只需协作机器人拐弯一次就可完成测温，靠近 MY78 的一组也仅需拐弯两次，而图 2 中的协作机器人有 6 个自由度，从作业距离来说，目前成熟的产品中就有 1.3 m 的可供选择。因此，利用协作机器人可以达到氢气点火器所在的位置。热成像仪只需靠近氢气点火器便可完成测温试验，因此±0.1 mm 的作业精度也满足其测温的要求。因此，从布置的角度判断，采用专用工具的方案进行测温是合理可行的。

3.2 安全分析可行性

事故分析表明，严重事故下 IRWST 隔间的主要氢气来源是事故初期通过 ADS 第 1～3 级阀门释放的氢气。当开启 ADS 第 4 级后，氢气主要通过 ADS 第 4 级阀门释放到环路隔间中。通过对安全分析中主导事故序列进行梳理，可知由于反应堆冷却剂系统（RCS）在产氢前一般已卸压，所以大部分氢气产生后就会释放到安全壳，而不会进入 IRWST。另外，IRWST 隔间的特征是隔间内水位较高，气空间高度低（约为 0.45 m），因此隔间内氢气分布会较为均匀（见图 5）。在这种隔间几何条件下，按照上述移位方案对氢气点火器位置进行调整，不会对现有分析方法造成影响，因此也不会影响已有安全分析的结论。

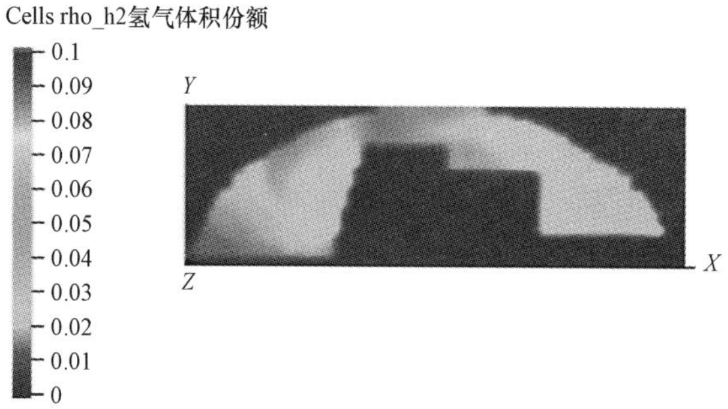

图 5　事故下 IRWST 隔间气空间氢气分布

3.3 结构设计可行性

根据 AISC N690－94 规范对荷载组合系数和应力容许值进行取值，并对钢结构构件进行验算。计算结果显示，其挠度比和应力比均满足规范要求。由此可知，图 1 所示的钢平台从结构分析的角度认为是合理可行的。

3.4 专用工具可行性

协作机器人小巧轻便，操作也更简单，对于安装的场地要求更低，更加强调与人的交互协作且更安全，无需隔离出安全操作空间。根据调研结果，目前协作机器人的技术已较为成熟，国内外厂家均可提供成熟的系列化产品。图 2 中的协作机器人有 6 个自由度，基本可到达以底座为球心的球体内任意一点，其作业精度为±0.1 mm，可承受的载荷为 5 kg，机器人的前端留有外接接口，可以方便连接热成像仪。而热成像仪可以将物体发出的不可见红外线能量转变成可见的热力图像，图像中的不同颜色代表不同温度，以此达到测温的目的，热成像仪相关产品也有成熟的应用。

目前无成熟产品实现所需的各项功能，根据功能分解，通过部件集成，形成专用工具设计方案（见图 6），主要分成三部分：一部分是测温工具，包括热成像仪、IED 灯和摄像机，后者在测量的过程中用于照明和实时传输测得的温度值及现场图像；另一部分是协作机器人，用于将测温工具从人员方便操作的平台送至水箱内氢气点火器所在位置；最后一部分是小车，用于固定协作机器人及其配套的控制柜等相关设备，小车的设计还能根据两处排气口的不同高度，方便地调整协作机器人在安装架上的位置，以完成四台氢气点火器的测温试验。

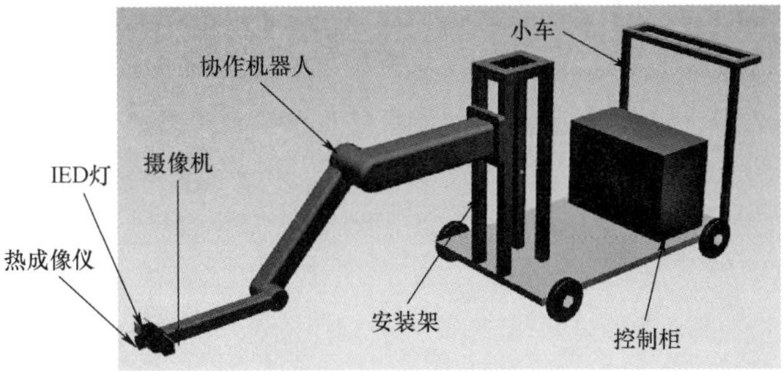

图6 专用工具示意图

4 结论

本文通过微调 IRWST 内氢气点火器的位置以及增加专用平台和专用工具的方式，优化了氢气点火器测温及检修的可达性，提高了电厂的经济性，降低了人员受照射的风险。对以上优化方案从布置、安全分析、结构等专业的角度进行了充分的评估，具有很高的可行性。同时，该方案对 AP 系列后续项目遇到的类似的狭小空间的人员可达性问题也具有参考价值。

参考文献

[1] 朱桂学. 圆柱罐体内氢气燃烧数值计算及试验研究［D］. 上海：上海交通大学，2013.

国产 AP1000 非能动氢复合器设备关键技术研究

刘　洁，潘新新

（上海核工程研究设计院有限公司，上海　200233）

摘　要：核电厂在发生事故后，有可能产生氢气并积聚在安全壳内，威胁安全壳的完整性，非能动氢复合器是主流的氢气消除设备。根据第三代核电厂 AP1000 的设计需求，开展了国产非能动氢复合器设备的关键技术研究，包括设备结构设计、催化剂选型等，并利用 CFD 分析开展了设备辅助设计，利用催化剂单项试验、设备整机性能试验验证了国产 AP1000 非能动氢复合器的设备性能，总体达到国际先进水平。为依托项目提供了有力支撑，对我国核电装备设计、研发、生产技术水平的提升也有积极的促进作用。

关键词：非能动氢复合器；催化剂；CFD

Research on Key Technology of Domestic AP1000 Passive Autocatalytic Re-combiner

LIU Jie, PAN Xinxin

（Shanghai Nuclear Engineering Research & Design Institute Co., Ltd., Shanghai 200233, China）

Abstract: After an accident occurs in a nuclear power plant, hydrogen may be generated and accumulated in the containment, threatening the integrity of the containment. Passive autocatalytic re-combiners are the mainstream hydrogen elimination equipment. According to the design requirements of the third-generation nuclear power plant AP1000, the research of domestic passive autocatalytic re-combiners was carried out, including structure design, catalyst selection. Equipment auxiliary design was carried out using CFD analysis. Catalyst test and prototype test have been completed. The overall performance of domestic AP1000 passive autocatalytic re-combiners has reached the international advanced level. It provides technical support for AP1000 project, and has improved the design, research, and production level of China's nuclear power equipment.

Key words: Passive Autocatalytic Re-combiner; Catalyst; CFD

作者简介：刘　洁（1988—　），男，江苏沛县人，硕士，工程师，现主要从事核电工艺系统设计工作

核电厂在发生事故后，有可能产生氢气并积聚在安全壳内，威胁安全壳的完整性及电厂安全。目前核电设计中较为主流的应对手段是采用非能动氢复合器设备消除氢气，从而降低氢气浓度，控制氢气风险，从而保证电厂安全。依托项目 AP1000 是目前最先进的第三代压水堆核电厂，使用了非能动氢复合器作为氢气控制系统的重要设备。实现非能动氢复合器设备的国产化，不仅能够提高我国核电装备的研发、设计水平，对于保障核电厂安全运行和人民生命财产安全也具有重要的社会意义。

1　技术原理及设备性能要求

压水堆核电厂在事故发生后，安全壳内产生大量的氢气，通常，空气中的氢分子和氧分子在常温下很难发生反应。但是氢、氧分子在铂或钯催化剂表面接触时，常温下就可以发生氢氧复合反应生成水，并放出热量，化学反应式如下：

$$H_2 + 1/2O_2 \xrightarrow{\text{催化剂}} H_2O + 241\ \text{kJ}$$

非能动氢复合器就采用了这种催化消氢原理，通过活性组分为铂、钯的催化剂，在常温条件下通过氢氧复合反应消除氢气，维护电厂安全。

图 1 展示了非能动氢复合器的消氢原理示意图，箭头指示了气体流动方向，氢复合器壳体在底部和顶部留有气流通道，催化剂放置在设备底部。氢氧复合反应的发生过程如下：

图 1　非能动氢复合器消氢原理示意图

（1）氢气和氧气从氢复合器底部入口到达催化剂表面。

（2）在催化剂作用下发生氢氧复合反应，反应放出的热量有利于氢、氧、水蒸气组成的混合气向上流动，使更多的氢气、氧气从底部入口进入氢复合器，且氢复合器的结构设计有利于形成烟囱效应，进一步提高混合气体流量，从而提高氢复合器的消氢能力。

（3）反应后的混合气体经过氢复合器顶部排出。

当安全壳内的氢气达到一定浓度范围时，氢复合器内的氢氧反应自动开始，无需外部提供动力以及人工操作，且催化剂在反应过程中不发生损耗，能够持续可靠的运行。

基于催化复合消氢的原理，课题组研发了新型小球型铂钯催化剂，并通过不锈钢丝网封装成板式催化单元，这种设计可以尽可能增大催化剂与气体的接触面积，有利于提高消氢效率。小球型催化剂和催化单元的照片如图 2 所示。

图 2　小球型催化剂及催化单元

根据依托项目设计经验，课题组提出了国产 AP1000 非能动氢复合器设备的主要技术要求（见表 1）。小球型催化剂消氢性能的验证、整机消氢能力的验证是国产 AP1000 非能动氢复合器设备研发过程中的两大关键技术。

表 1　主要技术要求

参数	设计要求
设备类型	非能动催化复合型
最大外壳尺寸/m	1×1×1
壳体设计寿命/a	60
催化剂备用寿命/a	≥3
催化剂工作寿命/周	≥2
整机消氢能力/（kg/h）	≥2.4（4%氢气浓度）

2　设备设计及 CFD 分析

设备结构设计及整机消氢能力设计是国产 AP1000 非能动氢复合器研制过程中的关键技术，在设备尺寸限定的前提下，整机消氢能力受到催化剂板的尺寸、数量、排布规律等多个参数的影响，课题组利用 CFD 分析技术模拟了氢复合器主要结构以及催化剂盒分布，并进行了消氢能力仿真计算，并根据计算结果不断优化结构设计及催化剂板的设计和布置，为氢复合器设备设计提供了有力指导。

图 3 为定型后的氢复合器结构示意图。氢复合器本体由下部方形箱体、中部收缩烟囱和上部导流罩组成。方形箱体装载催化剂盒，平行间隔排列，为消氢反应区域；收缩烟囱促进热气流上升；导流罩引导气流由氢复合器上部出口排出，并防止液滴或杂质沉降至催化剂盒内。

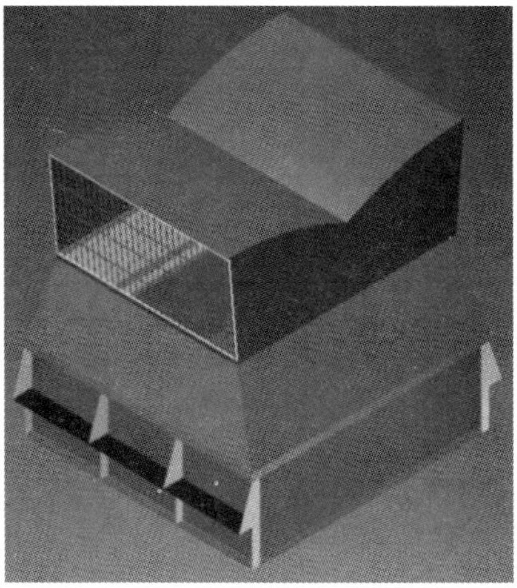

图 3　非能动氢复合器结构示意图

CFD 仿真分析中，氢复合器底部进口设为压力进口，压力值取环境压力，温度取环境温度；氢复合器顶部出口设为压力出口；计算初始状态，氢复合器内部充满混合气，氢复合器内部混合气各组分初始含量按不同工况条件设定，仿真密度变化以计算反应放热引起的上升气流浮力，采用 SIMPLE 算法进行迭代计算。图 4 给出了某工况条件下氢氧复合反应的仿真结果，分别是氢气组分分布图、设备内部温度分布图以及气体流动速度分布图。

课题组开展了大量的仿真分析工作，模拟了不同温度、压力、氢气体积分数等参数条件下的氢复合器的消氢能力，拟合得到了整机消氢能力公式，并与后续整机性能试验的结果进行了比对，结果表明氢复合器整机的消氢能力满足设计要求。

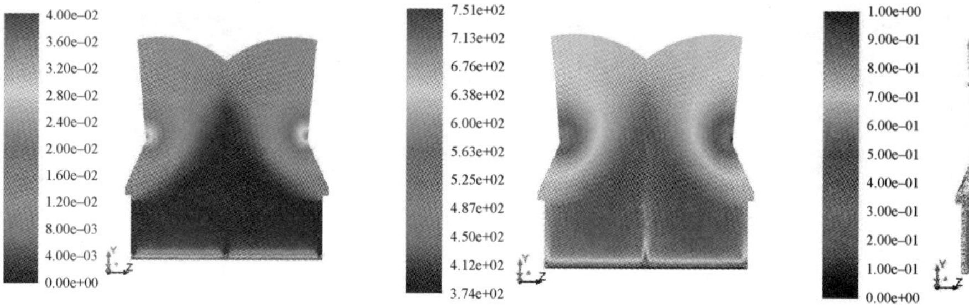

图4　由左至右：氢气摩尔分数分布、温度分布、速度矢量分布

3　催化剂单项试验及整机性能试验

非能动氢复合器设备的催化剂性能验证以及整机消氢能力的验证，是设备研发中关键技术，为此，课题组设计、建造了催化剂单项试验台架以及氢复合器整机综合性能试验台架。

催化剂单项性能试验台架包括空气源、氢气源、缓冲罐、反应器以及流量、温度、压力、湿度、pH、气体浓度调节系统，并通过数据采集系统实时采集预先设置好的温度、压力、湿度、氢气浓度、流量传感器信号，并在系统控制界面中直观显示，各单项试验均可在本台架上开展，台架照片及数据采集系统照片（见图5）。

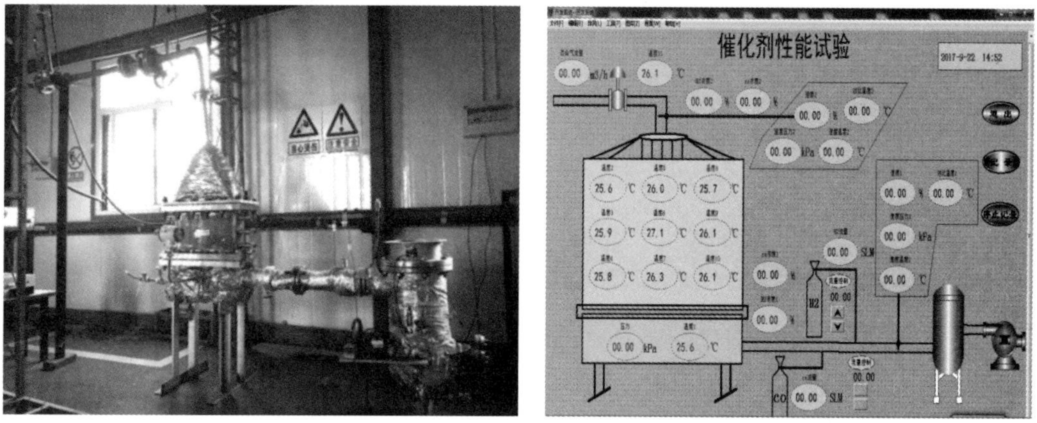

(a) 单项性能试验台架及数据采集系统

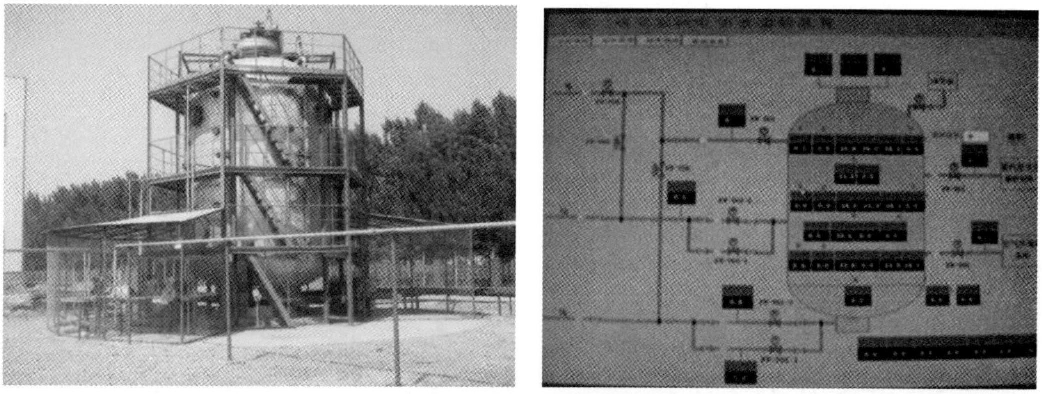

(b) 综合性能试验台架及数据采集系统

图5　试验台架示意图

氢复合器整机消氢能力强，在试验中氢气浓度难以控制，为了在试验中维持稳定的气体浓度，必须要有足够大的反应容器，为此，整机综合性能试验台架设计了一个容积达 60 m^3 的容器，可以保证混合气体中各组分的浓度达到试验要求，且能够容纳氢复合器整机开展消氢能力测定试验。另外，台架还包括氢气钢瓶汇流系统、氧气钢瓶汇流系统、氮气钢瓶汇流系统、蒸汽供给系统、压缩空气系统、导热油温控系统、数据采集及控制系统（见图 5）。

依托单项性能试验台架和综合性能试验台架，课题组开展了催化剂单项试验以及氢复合器整机性能试验，以验证催化剂的消氢性能以及设备整机的消氢能力满足设计要求。开展的相关试验如表 2 所示。

表 2　各项试验介绍

试验	目的	验收准则
抗辐照试验	研究正常运行和事故后辐射环境对催化剂消氢性能的影响	试验前后催化剂消氢性能不下降
温度、压力、氢浓度影响试验	研究温度、压力、氢浓度对催化剂消氢性能的影响	获得不同温度、压力、氢浓度对消氢性能的影响规律
介质 pH 影响试验	研究介质 pH 对催化剂消氢性能的影响	试验前后催化剂消氢性能不下降
工作寿命试验	验证催化剂的工作寿命	催化剂工作寿命满足设计要求
热老化试验	研究正常运行寿期内热老化对催化剂消氢性能的影响	试验前后催化剂消氢性能不下降
PAR 综合性能试验	获得整机消氢能力数据	整机消氢能力满足设计要求

各试验的汇总结果表明：

（1）各试验条件下催化剂的消氢效率均达到设计要求。

（2）提高压力或氢气浓度有利于提高催化剂的消氢效率，升高温度后消氢效率略有降低，但仍满足设计要求。

（3）辐照（正常运行+事故后）、介质 pH 变化、长期连续工作和热老化（正常运行）对催化剂的消氢性能基本不产生影响。

（4）在各试验条件下，氢复合器整机消氢能力均大于 CFD 拟合计算结果，且均满足技术要求。

综上，国产 AP1000 非能动氢复合器的各项性能参数均达到了设计要求。

4　与国外某型氢复合器技术参数对比

本节列出了国产 AP1000 非能动氢复合器与国外主流非能动氢复合器的主要参数对比情况，技术参数对比如表 3 所示。

表 3　与国外氢复合器的主要参数对比

型号	国产氢复合器	国外某氢复合器 1	国外某氢复合器 2
长×宽×高/mm	1 040×350×1 550	800×324×1 400	630×400×810
催化单元尺寸/mm	150×300	140×290	300×200
催化单元数量	80	75	30

续表

型号	国产氢复合器	国外某氢复合器 1	国外某氢复合器 2
催化单元间距/mm	10	10	20
催化剂活性组分	Pt、Pd	Pt、Pd	Pt
催化剂基体	金属网板	金属薄片	金属网
消氢效率/%	＞65	—	＞55
消氢能力/（kg/h）	＞2.4	＞2.4	＞0.83

注：消氢效率、消氢能力是 4%的氢气体积浓度条件下的数据。

通过对比可以看出：

（1）国产 AP1000 非能动氢复合器采用的以铂、钯作为活性组分的催化剂是当前国内外普遍使用的催化剂类型。

（2）设备尺寸、催化单元的排布与国外产品类似。

（3）国产非能动氢复合器在催化剂消氢效率和设备消氢能力两项重要性能参数上达到甚至优于国外同类产品的水平。

说明国产 AP1000 非能动氢复合器设备总体上达到了国际先进水平，这不仅填补了国内非能动氢复合器研制领域的空白，也能够为 AP1000 依托项目的氢气控制系统提供有力地支撑。

5　总结

本文简要介绍了国产 AP1000 非能动氢复合器设备的运行原理、性能参数、研制过程中的仿真分析和试验验证的相关内容，最终产品的各项性能指标均满足设计技术要求，达到了国际先进水平。

设备研制过程中掌握的关键技术有：

（1）采用板式催化剂盒封装形式、平行间隔排列方式，实现了小球型催化剂在非能动氢复合器中的成功应用。

（2）建设了催化剂单项性能试验台架、氢复合器整机综合试验台架，通过试验验证了国产 AP1000 非能动氢复合器的各单项性能和整机消氢能力。

国产 AP1000 非能动氢复合器设备的成功研制，填补了国内空白，对我国核电装备设计、研发、生产技术水平的提升也有积极的促进作用。

参考文献

［1］唐家鹏．FLUENT 14.0 超级学习手册［M］．北京：人民邮电出版社，2013．

三门核电厂负荷扰动运行瞬态分析研究

刘立欣

（上海核工程研究设计院有限公司，上海　200233）

摘要：本文应用 CENTS 程序进行三门核电厂负荷扰动运行瞬态分析，包括 10%阶跃负荷上升和 10%阶跃负荷下降运行瞬态，验证在该瞬态下核电厂的响应满足验收准则，电厂只依靠控制系统即可自动达到稳定运行状态。除此之外，通过对比程序计算结果与三门核电厂负荷扰动调试试验数据，得到程序模拟结果与试验数据符合情况并分析差异原因，对电厂自动控制系统的性能进行分析，对试验方案的合理性进行了评价，为三门核电厂后续改进和优化提供了必要支撑。

关键词：负荷扰动；运行瞬态；10%阶跃升/降负荷；控制系统

Load Swing Operational Transient Research For Sanmen Plant

LIU Lixin

（Shanghai Nuclear Engineering Research & Design Institute Co.，Ltd.，Shanghai 200233，China）

Abstract：In this paper，the CENTS program is applied to analyze the load swing operational transient research for Sanmen plant，including the 10% step load increase and 10% step load decrease，to verify that the response of the nuclear power plant meets the acceptance criteria during this transient，and the power plant can automatically reach the stable state only by the control system. In addition，by comparing the calculation results and the experiment data of load swing transient for Sanmen nuclear power plant，situation and the cause of differences were conformed. The performance of automatic control system is also analyzed，the reasonability of the experiment scheme is evaluated. Necessary support was provided to make improvement and optimization for Sanmen nuclear power plant.

Key words：Load Swing；Operational Transient；10% Step Load Increase/Decrease；Control System

---

作者简介：刘立欣（1987—　），女，辽宁盖州人，工程师，硕士研究生，现主要从事核反应堆热工水力与安全分析研究工作

1　概述

三门核电厂运行期间，如发生从热态零功率到热态额定功率大范围功率变化的运行瞬态（如负荷跟踪、负荷调节/频率控制等）和核电厂/电网扰动工况时（如甩负荷、丧失一台主给水泵等），核蒸汽供应系统（NSSS）的控制系统必须能够确保电厂不发生停堆。

本分析主要关注汽轮机在不同的初始功率水平和控制棒价值条件下发生负荷扰动运行瞬态，即 10%阶跃升负荷和 10%阶跃降负荷工况，三门核电厂的响应是否满足验收准则，分析还考虑在整个循环寿期中，寿期初（BOL）和寿期末（EOL）条件对控制系统的影响。此外，通过对比程序计算结果与三门核电厂负荷扰动调试试验数据，得到程序模拟结果与试验数据符合情况并分析差异原因，还对电厂自动控制系统的性能进行分析，提出了必要的调整建议，使自动控制系统能够更好的在瞬态下调节核电厂并恢复到稳定状态，为三门核电厂后续改进和优化提供了必要支撑。

2　分析方法

2.1　分析程序和方法

本分析采用 CENTS 程序进行分析，可用于模拟常规和非能动核电厂 NSSS 及其相关系统的瞬态响应程序。CENTS 程序包括完整的一回路、二回路主要设备及控制和保护系统的模型，它主要应用于非能动系列核电厂的运行瞬态分析和全核电厂范围的模拟机研究。

本文考虑负荷扰动运行瞬态，即 10%阶跃升负荷和 10%阶跃降负荷。10%阶跃升负荷/降负荷瞬态是控制系统性能分析的设计瞬态之一，在核电厂运行中，分析这些瞬态是必要的，原因如下：

在评价控制系统运行特性方面（如：反应堆功率超调、主蒸汽旁排能力和稳定时间等），这些瞬态是最佳选择；对于核电厂名义运行条件而言，阶跃负荷变化瞬态比线性负荷变化瞬态将会导致更大的偏移，因此，本类瞬态可以包络部分停堆整定值和其他电厂限值的裕量分析。

为覆盖核电厂运行期间所有可能出现的条件，需要对堆芯寿期、初始功率和不同的控制棒价值进行组合分析。在本分析中，首先进行 200 s 稳态计算，阶跃负荷变化瞬态从第 200 s 开始，每个工况总的计算时间为 1 200 s。

2.2　假设条件

本分析中主要考虑的假设条件如下：

（1）分析中 10%阶跃负荷变化通过改变汽轮机蒸汽流量使得反应堆功率变化约 10%来实现。

（2）计算中采用点堆中子动力学模型，因此，不能评价堆芯轴向功率偏移。即：假设轴向功率均匀分布（$\Delta I=0$）。

（3）控制棒微分价值假定为常数。灰棒（MA、MB、MC 和 MD）反应性引入大致变化范围为 1～2 pcm/步。在本分析中，分别用固定值 1 pcm/步和 2 pcm/步进行分析，其结果包络真实情况。

（4）燃料芯块和包壳间的气隙热导假定为 1 000 BTU/（h・ft^2・℉）（1 BTU=1 055.056 J，1 ft=0.304 8 m），寿期初（BOL）和寿期末（EOL）都取该值。实际上在寿期末，燃料棒气隙热导通常会很大。

2.3　验收准则

三门核电厂控制系统的可接受性由以下验收准则来判定：无手动干预；核电厂参数无发

散性振荡；不触发反应堆停堆；不触发专设安全设施（ESF）投入；不触发汽轮机停机；不发生汽轮机回调；不发生汽轮机暂停升负荷；不触发发电机停机（由“不触发汽轮机停机”满足）；不发生电网脱离；稳压器安全阀不应开启；不触发自动降压系统（ADS）；稳压器电加热器不应裸露；SG 安全阀不应开启；SG 大气释放阀不应开启；不触发蒸汽旁排；不发生高频率的控制棒移动；控制系统验收限值基于反应堆停堆和 ESF 启动整定值，考虑模型不确定性、瞬态初始条件以及控制和保护系统传感器序列的潜在区别。如裕量为正值，且没有可观察到的发散性振荡，则表明控制系统性能满足验收准则，瞬态计算结果可以接受。

3 分析/计算结果

分析结果表明：10%阶跃负荷增加工况，所有与反应堆停堆和 ESF 启动相关的整定值裕量都为正值。典型的寿期初电厂 10%阶跃负荷增加响应如图 1 至图 6 所示（从 90%到 100%额定负荷，灰棒价值为 1 pcm/步，BOL）。

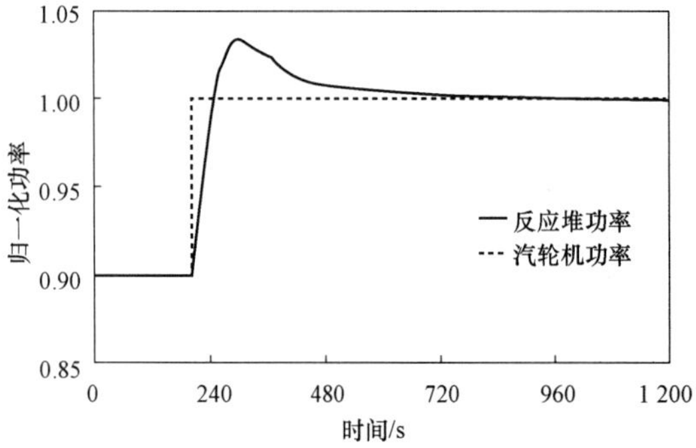

图 1　反应堆和汽轮机功率

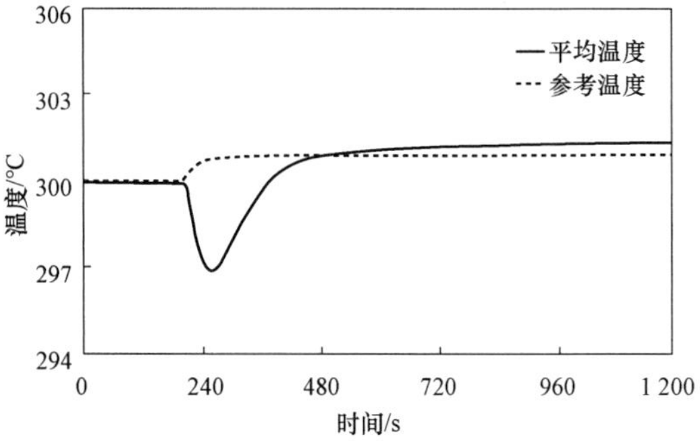

图 2　反应堆冷却剂平均温度和参考温度

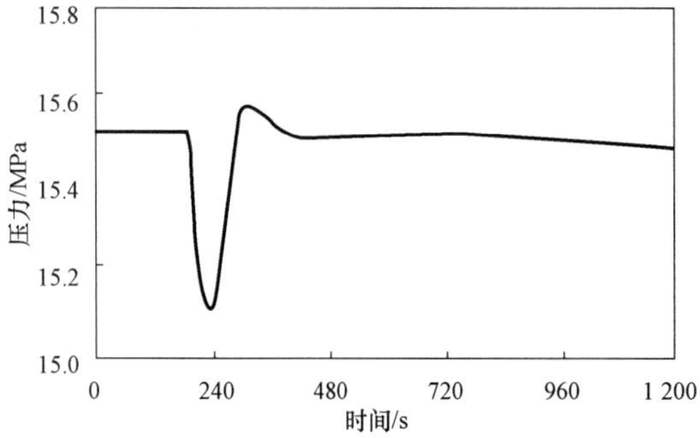

图 3　稳压器压力

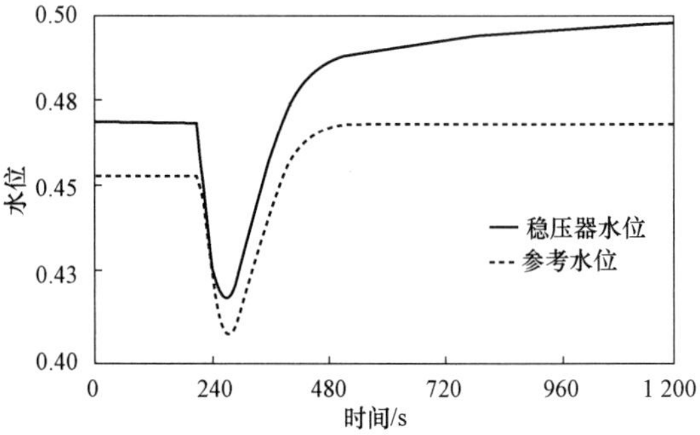

图 4　稳压器水位

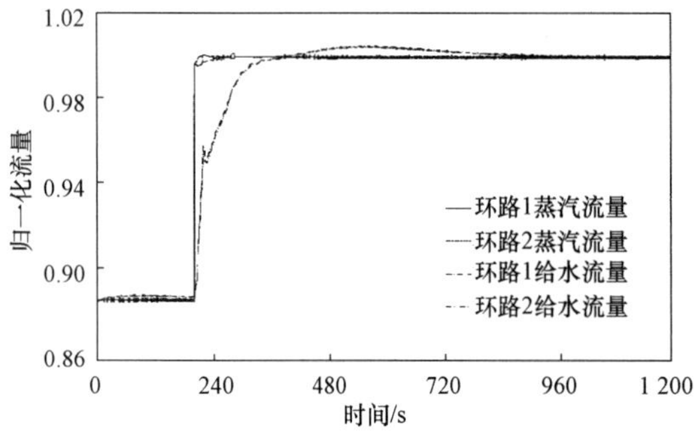

图 5　蒸汽和给水流量

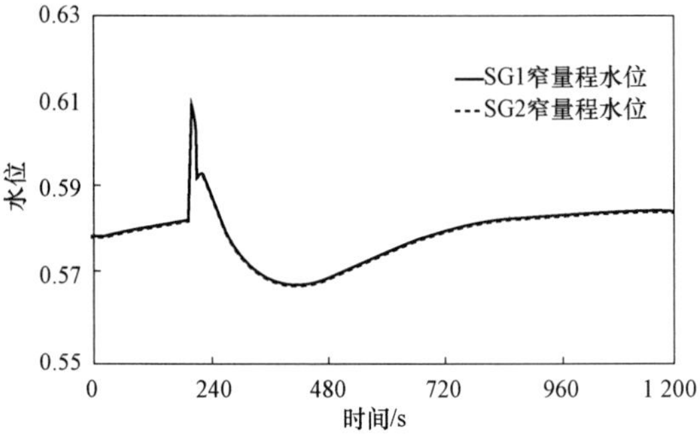

图 6　蒸汽发生器窄量程水位

分析结果表明：10%阶跃负荷减少工况，所有与反应堆停堆和ESF启动相关的整定值裕量都为正值。典型的寿期初核电厂10%阶跃负荷减少的响应如图7至图12所示（从100%到90%额定负荷，灰棒价值为1 pcm/步，BOL）。

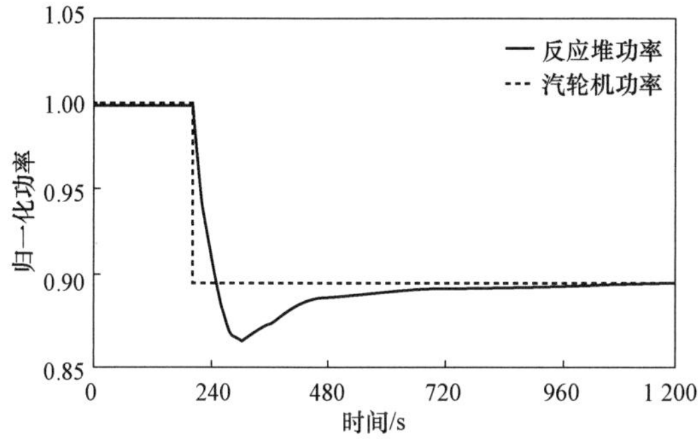

图7　反应堆和汽轮机功率

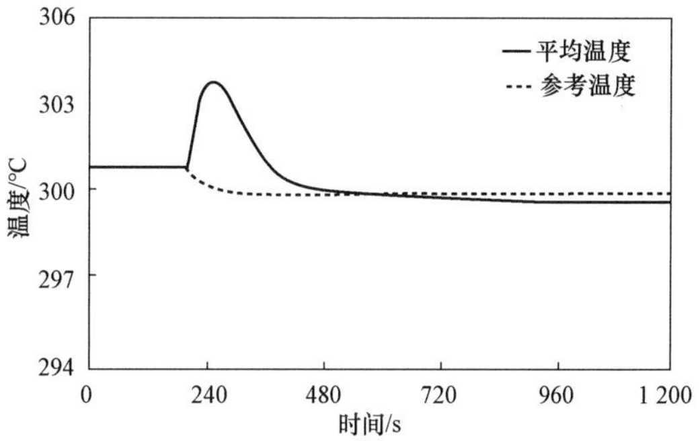

图8　反应堆冷却剂平均温度和参考温度

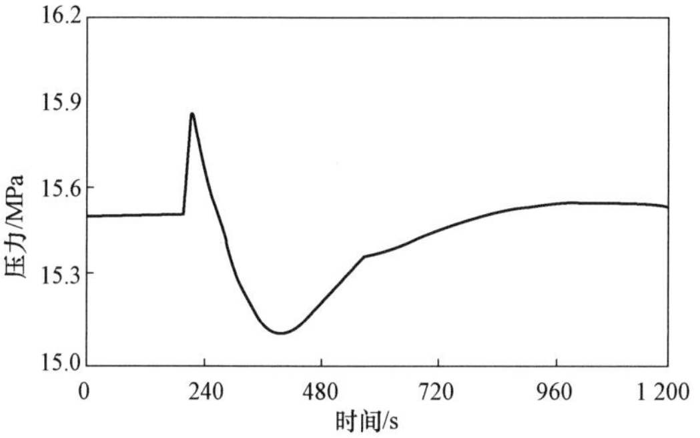

图9　稳压器压力

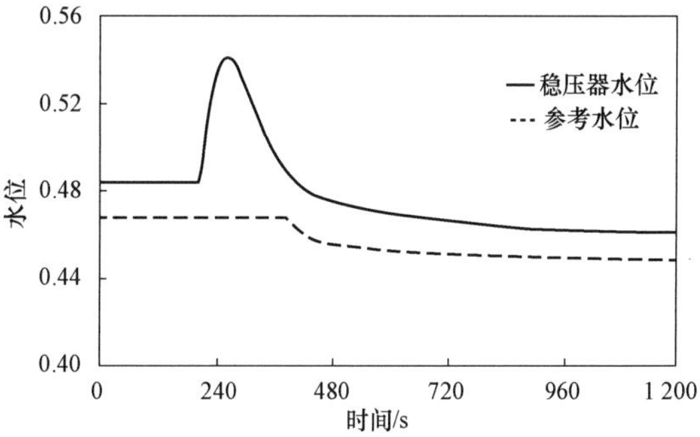

图10　稳压器水位

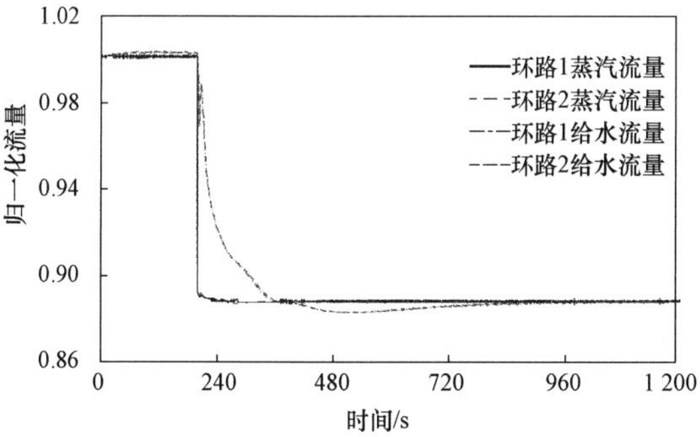

图11　蒸汽和给水流量

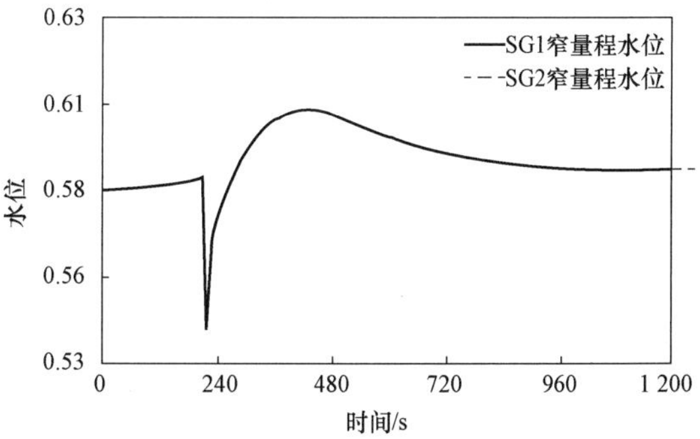

图12　蒸汽发生器窄量程水位

这两类瞬态中每个关键参数的最小裕量分别如表1和表2所示。计算结果表明：在10%阶跃升负荷/降负荷运行瞬态中，三门核电厂的自动控制系统能够协同控制核电厂运行，在不同的初始反应堆功率水平、控制棒价值和堆芯寿期条件下，都获得可接受的核电厂响应。核电厂系统关键参数都运行在其控制限值之内。

表 1　10%阶跃负荷增加瞬态最小裕量汇总

限值	最小裕量	单位	对应瞬态描述			
			初始功率/%	最终功率/%	寿期	棒价值
反应堆高功率停堆	13.3		90	100	BOL	低
稳压器高水位停堆	0.09		90	100	BOL	/
稳压器低水位停堆	0.09		15	25	BOL	低
稳压器低压力停堆	1.59	MPa	90	100	BOL	低
稳压器高压力停堆	0.94	MPa	15	25	BOL	高
SG 窄量程低水位停堆	0.17		15	25	/	高
SG 窄量程高水位停机	0.10		15	25	EOL	/
超温 ΔT 停堆	17.71	%	90	100	BOL	高
超功率 ΔT 停堆	8.49	%	90	100	BOL	高
稳压器低压力 S 信号	2.28	MPa	90	100	BOL	低
蒸汽管线低压力 S 信号	0.83	MPa	90	100	BOL	低
SG 宽量程低水位触发 PRHR	0.14		90	100	BOL	/
冷段低温 S 信号	9.82	℃	90	100	BOL	低

表 2　10%阶跃负荷降低瞬态最小裕量汇总

限值	最小裕量	单位	瞬态描述			
			初始功率/%	最终功率/%	寿期	棒价值
反应堆高功率停堆	0.03		100	90	/	/
稳压器高水位停堆	0.06		100	90	BOL	低
稳压器低水位停堆	0.14		25	15	BOL	低
稳压器低压力停堆	1.54	MPa	25	15	BOL	低
稳压器高压力停堆	0.70	MPa	100	90	BOL	低
SG 窄量程低水位停堆	0.22		25	15	/	/
SG 窄量程高水位停机	0.11		25	15	BOL	高
超温 ΔT 停堆	18.69	%	100	90	EOL	/
超功率 ΔT 停堆	11.86	%	100	90	EOL	/
稳压器低压力 S 信号	2.23	MPa	25	15	BOL	低
蒸汽管线低压力 S 信号	1.78	MPa	100	90	/	/
SG 宽量程低水位触发 PRHR	0.14		100	90	/	/
冷段低温 S 信号	14.14	℃	100	90	BOL	/

4　试验数据分析

4.1　试验数据与程序结果对比

如前所述对负荷扰动试验试验进行模拟，并与试验数据进行了比较，以 100%功率阶跃降

10%负荷试验工况为例，对比结果详见图 13 至图 20。分析结果说明如下。

（1）图 13 和图 14 表明，由于汽机负荷突然引入了−10%阶跃负荷变化，反应堆功率和汽轮机功率在初始时突然下降，后经棒控系统的调节作用逐渐稳定到 90%汽机负荷对应的功率水平。程序直接将 SG 出口蒸汽流量降低 10%负荷，而电厂试验中通过控制汽轮机功率来调节，所以与程序值稍有出入。从两张对比图上可看出，程序计算值与试验值的反应堆功率和汽轮机功率的变化趋势基本一致，匹配较好。

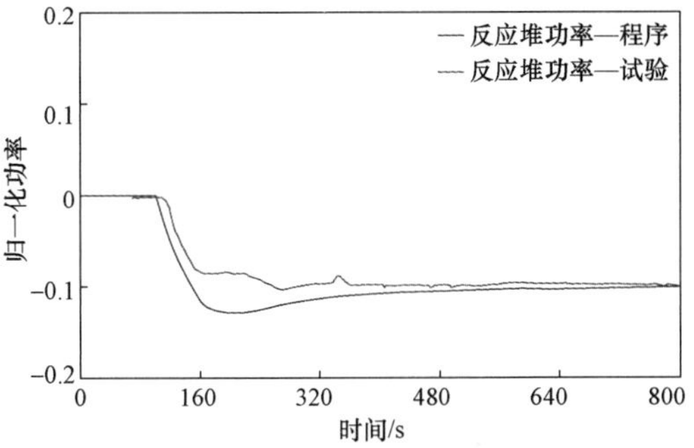

图 13　归一化功率变化幅度

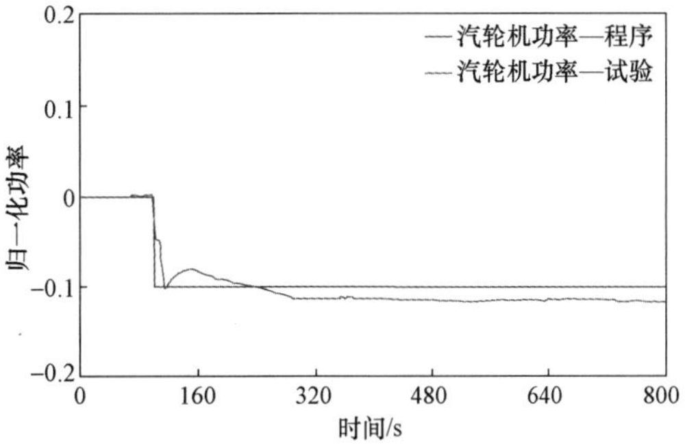

图 14　汽轮机功率变化幅度

（2）图 15 表明，由于汽轮机负荷突然下降，二次侧带热能力减小，导致一次侧 RCS 温度在初始时突然上升，后经棒控系统插棒调节使反应堆功率下降，RCS 温度下降，最终达到稳定。从图中可看出，程序计算值与试验值的 RCS 平均温度的变化趋势基本一致，试验值比程序计算值温度低约 0.5 ℃，这是由于程序中不同功率水平对应的 RCS 参考平均温度略高于试验中的 RCS 参考平均温度导致的。

（3）图 16 表明，由于汽轮机负荷突然下降，二次侧带热能力减小，导致一次侧 RCS 压力在初始时突然上升，后经棒控系统插棒调节使反应堆功率下降，RCS 压力下降，最终达到稳定。从图 16 中可看出，程序计算值与试验值的 RCS 压力的变化趋势基本一致，匹配较好。

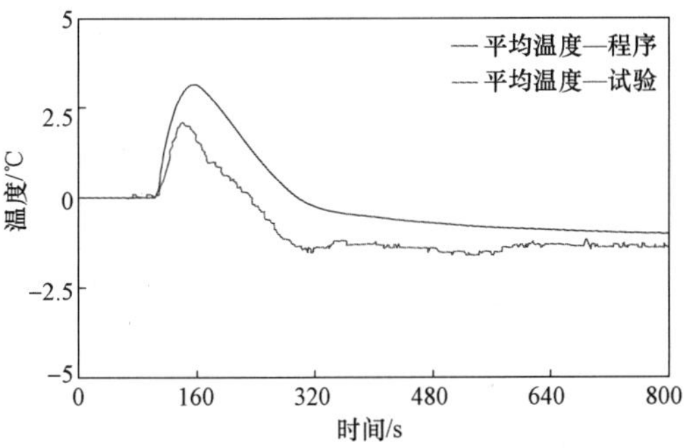

图 15　RCS 平均温度变化幅度

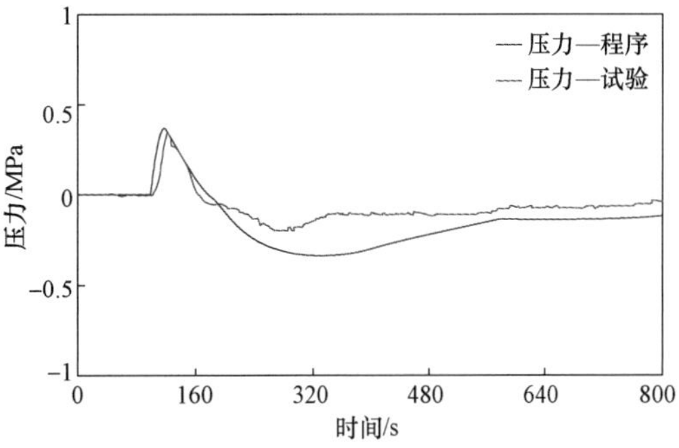

图 16　RCS 压力变化幅度

（4）图 17 表明，由于汽轮机负荷突然下降，二次侧带热能力减小，导致一次侧 RCS 稳压器水位在初始时突然上升（与图 15 和图 16 趋势类似），后经棒控系统插棒调节使反应堆功率下降，稳压器水位下降，最终达到稳定。从图 17 中可看出，程序计算值与试验值的稳压器水位的变化趋势基本一致，匹配良好。

（5）图 18 表明，由于汽轮机负荷突然下降，二次侧给水流量减小，通过给水控制系统调节，使给水流量最终稳定。从图 18 中可看出，程序计算值与试验值的给水流量的变化趋势基本一致，匹配良好。

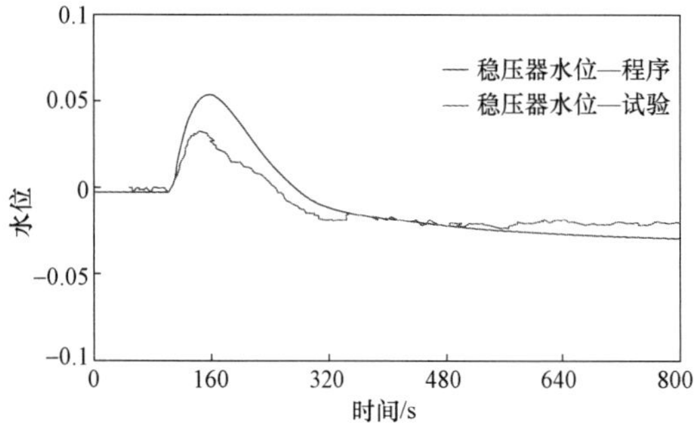

图 17　稳压器水位变化幅度

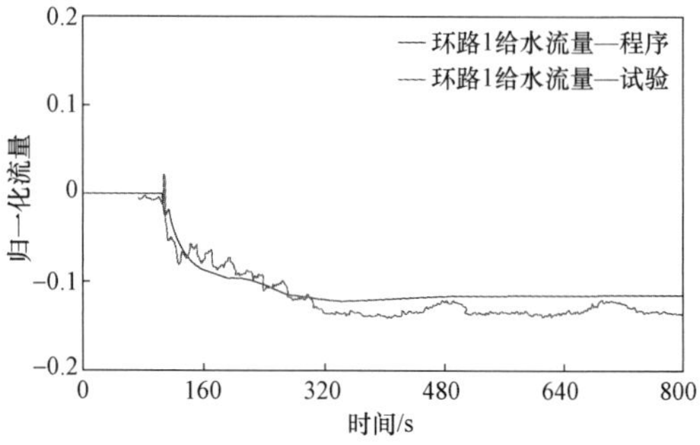

图 18　归一化 SG 给水流量变化幅度

（6）图 19 表明，由于汽轮机负荷突然下降，二次侧压力升高，空泡减少，导致 SG 液位下降，通过给水控制系统调节，使 SG 液位上升，最终达到稳定。从图 19 中可看出，程序计算值与试验值的 SG 液位的变化趋势基本一致，匹配良好。

（7）图 20 表明，由于汽轮机负荷突然下降，二次侧压力升高，通过给水控制系统调节，使压力下降逐渐趋于稳定。从图 20 中可看出，程序计算值与试验值的二次侧压力的变化趋势基本一致，匹配良好。

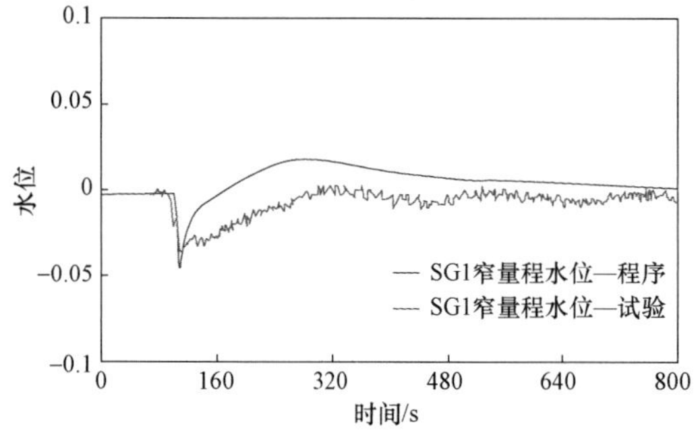

图 19　SG 窄量程水位变化幅度

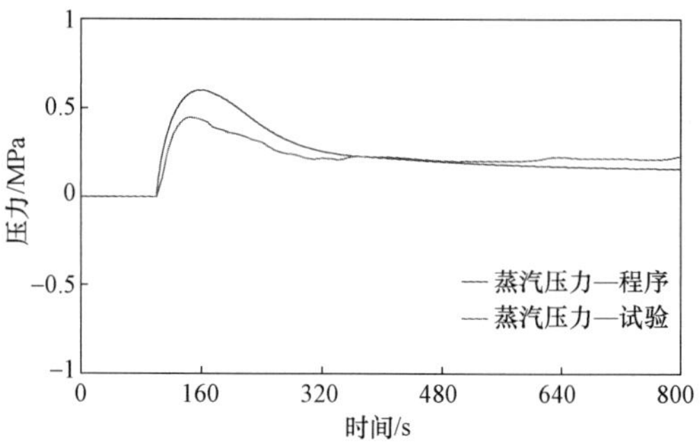

图 20　二次侧蒸汽压力变化幅度

4.2　控制系统分析

以 100%功率下的 10%阶跃负荷降低为例进行分析说明。瞬态开始时由于汽轮机负荷的快速变化使得 SG 窄量程液位出现收缩或膨胀，随后液位在控制系统的作用下震荡并逐渐趋于程序液位。瞬态开始时稳压器液位出现与负荷升降方向相反的收缩或膨胀，随后震荡趋于稳定。稳压器压力在 15 min 内返回并且稳定在程序值的一定范围内。瞬态过程中 C−7 信号未触发，旁排不动作，旁排阀均处于关闭状态，满足相关验收准则。

如图 21 至图 26 所示，RCS 平均温度在瞬态初期与负荷升降方向相反，RCS 平均温度超调量小于约 3 ℃。在瞬态结束后，由于 M 棒组的调节，RCS 平均温度即恢复至稳态时参考平均温度的±0.833 ℃范围内。由于反应堆功率变化，以及 M 棒组动作，轴向功率偏差与目标值的偏差超过了控制死区±1%，但由于 AO 棒的动作，修正后的 AFD 返回至目标 AFD 的±1%范围内。反应堆控制系统响应满足相关验收准则。瞬态变化过程中，超温 ΔT/超功率 ΔT

停堆裕量随着功率的升高而降低，且从图上看出次低选超温 ΔT 停堆裕量大于约 17%RTP，次低选超功率 ΔT 停堆裕量次低值大于约 8%RTP。

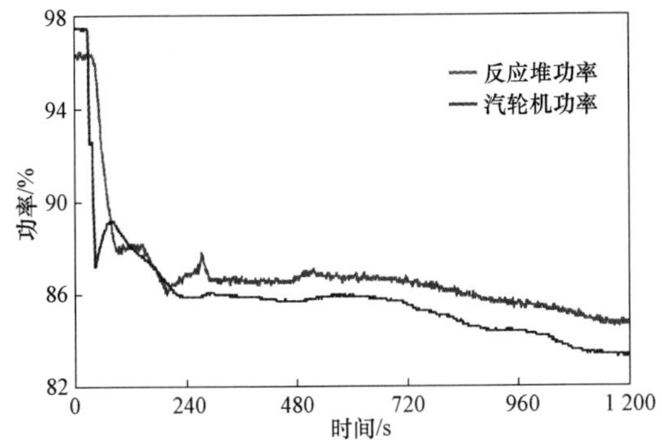

图 21　反应堆和汽轮机功率

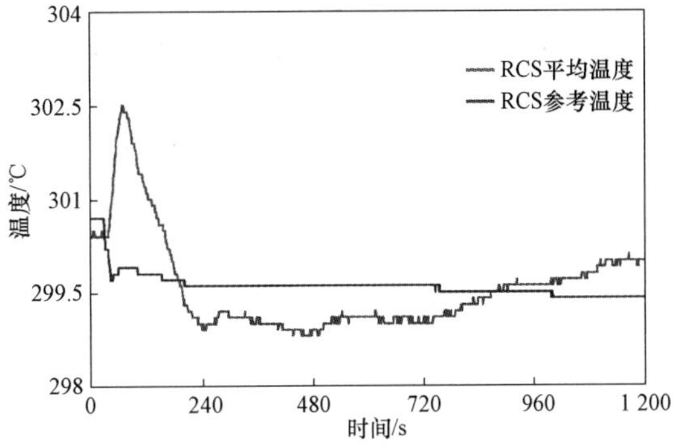

图 22　反应堆冷却剂平均温度和参考温度

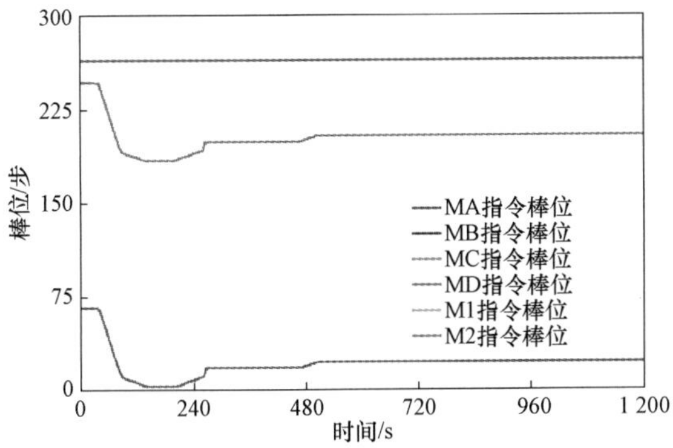

图 23　M 棒组步数

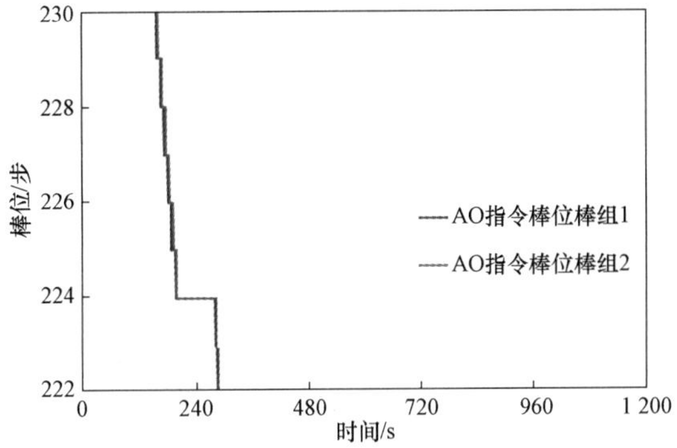

图 24　AO 棒组步数

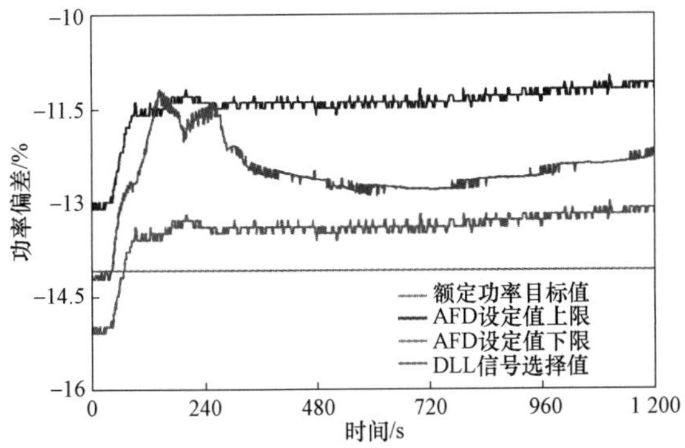

图 25　轴向功率偏差

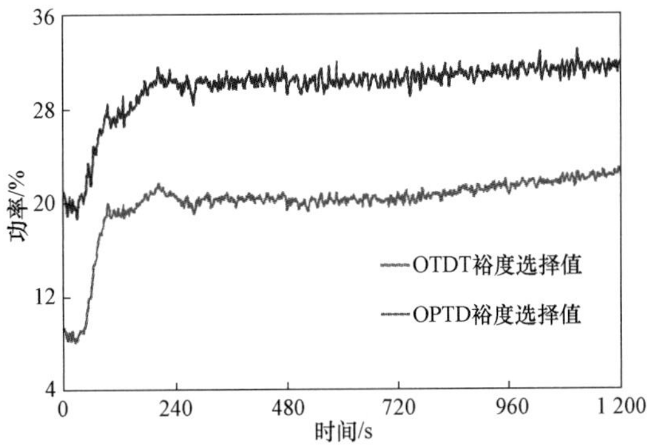

图 26　超温 ΔT/超功率 ΔT 停堆裕量

试验结果显示试验程序中给出的验收准则均可满足，表明程序中给出的验收准则基本合理。操纵员根据试验程序步骤，完成了 100%功率下的 10%阶跃负荷降低核电厂的瞬态响应试验，核电厂参数经过扰动后通过控制系统调节可自动恢复到稳定状态，试验过程基本顺利，且试验结果符合预期，表明试验方案合理。

5 结论及创新

（1）本文应用 CENTS 程序进行三门核电厂负荷扰动运行瞬态分析，包括 10%阶跃负荷上升和 10%阶跃负荷下降运行瞬态，结果显示在该瞬态下满足验收准则，电厂只依靠控制系统即可自动达到稳定运行状态，核电厂系统关键参数都运行在其控制限值之内。

（2）本文首次对比了 CENTS 程序计算结果与三门核电厂负荷扰动调试试验数据，得到程序模拟结果与试验数据符合情况并分析差异原因，主要参数计算结果与试验数据符合良好，说明程序模拟正确，试验过程合理。

（3）本文对核电厂自动控制系统的性能进行了分析，主要的控制系统可较好的对系统进行自动控制，对试验方案的合理性进行了评价，为三门核电厂后续改进和优化提供了必要支撑。

参考文献

[1] 王国栋．0%～100%额定功率升/降负荷瞬态分析［J］．科技传播，2012.
[2] 刘立欣，郑利民，周全福．AP1000 核电厂典型的运行瞬态分析［J］．核技术，2015.
[3] 刘浩，刘素娟．负荷扰动下电厂控制系统性能评价的理论研究［J］．机械工程与自动化，2009.

大容量机组发电机出口 TPY 级电流互感器暂态特性研究

陆建莺

（国核电力规划设计研究院有限公司，北京　100095）

摘要：基于保护用电流互感器的特点，分析了影响 TPY 类电流互感器的暂态特性、外形尺寸等参数特性问题，以某核电厂发电机出口保护用 TPY 级电流互感器参数选择为例，通过分析比较电流互感器制造厂家提供的数据和工程实际设计值的偏差，尤其对极限准确限值时间对系统短路后保护装置特性和故障判断的影响进行了理论研究，提出 TPY 类电流互感器在工程设计中进行参数选择时应注意：极限准确限值时间 t'_{al} 的选择应结合对保护装置的特性进行分析，它对电流互感器的结构、系统布置以及造价都有较大影响。

关键词：电流互感器；暂态面积系数；极限准确限值时间；误差限值

Transient Parameter Analysis on TPY Current Transformer for Generator

LU Jianying

（State Nuclear Electric Power Planning Design & Research Institute Co.，Ltd.，Beijing 100095，China）

Abstract：This thesis focuses on the parameter characteristics of TPY current transformer for generator，in reference to the transient character and the size. Meanwhile，by taking a practical use in a nuclear power plant as an example，a comparison is taken between the data supplied by the manufacturer and in practical use. In this thesis，a theoretical research is accomplished on how the critical timing limit setting influences the protection device and fault diagnosis. With the analysis，it is proposed that the selection critical timing limit t'_{al} should be taken in reference to the protection device，as well as it plays an important role on the size，erection and cost of the TPY current transformer.

Key words：Current Transformer；Transient Dimension Factor；Critical Timing Limit；Error Limit Value

---

作者简介：陆建莺（1972—　），女，山东济南人，硕士，高级工程师，现主要从事核电常规岛电气设计工作

随着电力电网建设的加强，在建和投运的大型发电机组越来越多，具有大容量电流互感器已普遍应用在超高压电网和大容量发电机变压器组的继电保护中。继电保护装置不仅能反映短路电流的大小，还应反映其相位和波形，甚至反映电流的突变率，判断故障类型，决定是否动作并及时切除故障。因此，电流互感器作为继电保护装置的数据采集元件，在一次系统短路后的暂态过程中能否真实的反映一次电流的变化过程，对继电保护和自动装置动作的准确性和可靠性具有极为重要的作用[1]。尤其是在大容量机组中要求具有较好的暂态误差特性，因此，对保护用电流互感器暂态特性的分析研究十分重要。

保护用电流互感器的基本要求是在规定的作用条件下其误差能限制在规定的范围内。由于保护用电流互感器是作为保护装置的电流输入的设备之一，为保护装置的故障判据数据来源，但由于电流互感器的结构是一个具有一次绕组和二次绕组绕在同一个磁路闭合铁心上的特殊变压器，因此当发生系统故障时会由于短路电流引起铁心中的剩磁导致饱和，导致励磁电流增大而造成电流互感器的误差超限，从而影响电流互感器特性。

在超高压电力系统中，由于一次系统时间常数较大，发生短路故障时，短路电流中非周期分量衰减速度较慢，短路后的过渡过程较长，为防止导致电力系统稳定性的破坏，需提高继电保护的动作速度，这就要求电流互感器具有良好的暂态响应特性，在短路后的暂态过程中仍能真实地反映一次短路电流。由于 TPY 类电流互感器具有较好的暂态误差性能，即在严重的暂态条件下不易饱和的特性，其剩磁不超过饱和磁通的 10%。因此被广泛应用于大容量发电机组和超高压系统的继电保护中。因此本文着重对 TPY 类电流互感器用在大容量机组发电机出口时的参数特性进行研究。

1 TPY 类电流互感器的暂态特性参数

1.1 TPY 类电流互感器的主要参数

对于 TPY 级电流互感器准确级绕组的电流互感器进行设备选择时，需要关注的参数主要有：额定一次电流 I_{pn}；额定二次电流 I_s；匝数比 K_n；额定短时热电流 I_{th}；额定二次输出容量；额定对称短路电流倍数 K_{ssc}；额定一次对称短路电流 I_{psc}。

1.2 影响 TPY 类电流互感器暂态特性的主要参数[6]

（1）一次时间常数 T_p：即短路电流非周期分量衰减时间常数，对电流互感器暂态过程有重要影响。国标规定一次时间常数标准值为 40 ms、60 ms、80 ms、100 ms、120 ms。一般应取发电机时间常数、变压器时间常数及发电机—变压器组时间常数中的最大值作为 T_p 值。

（2）二次时间常数 T_s：由于受暂态误差限制，一般在数百毫秒至一两秒。

（3）工作循环：即电流互感器在故障时的工作经历及有关时间。通常分单次通电循环（$C-t-0$）和双次通电循环（$C-t'-0-t_{fr}-C-t''-0$）两类。前者适用于一般故障过程，如发电机出口侧电流互感器和主变高压侧电流互感器。后者适用于有重合闸的过程，如线路出线侧电流互感器。

（4）暂态面积系数 K_{td}。

（5）误差限值 ε：在准确限值条件下最大峰值瞬时误差。

1.3 影响电流互感器外形尺寸的主要参数

对于 TPY 级电流互感器，其额定一次电流、额定二次负荷、绕组变比、准确精度、采用的标准和频率、额定连续热电流、布置相间距、差动保护设备要求等，都影响其铁芯的直径，最终影响整个电流互感器的外形尺寸。例如：额定二次负荷从 10 VA 增加到 30 VA，则在其他参数不变的条件下，其总重量将增大为原来的 3 倍。

2　核电厂发电机出口 TPY 类电流互感器暂态特性分析实例

对于大型核电和火电机组，当系统出现故障时，无论是主变高压侧、发电机出口侧、发电机中性点侧均会出现暂态过程，导致差动保护用的电流互感器出现暂态饱和。本文以国内某大型核电机组为例，仅对发电机出口侧保护用 TPY 级电流互感器的参数暂态特性选择进行分析和讨论。

2.1　电流互感器选择的基础数据

该大容量核电发电机组的发电机参数为：

额定容量：$P=1\ 550$ MW

视在容量：$S=1\ 722$ MVA

机端电压：$U_{gn}=27$ kV

次暂态电抗：$X_d''=0.235$

CT 一次电流：$I_p=45\ 000$ A

CT 二次电流：$I_s=5$ A

定子直流电阻：$R=0.001\ 39\ \Omega$

额定一次电流：$I_{gn}=36\ 827$ A

根据电力设计手册（一）中短路电流计算公式：

基准阻抗：

$$Z_b=\frac{U_{gn}^2}{S}=0.423\ 345\ \Omega$$

电阻标幺值：

$$R(pu-G)=\frac{R}{Z_b}=0.003\ 283$$

发电机一次时间常数：

$$T_p=\frac{L}{R}=\frac{X_d''}{\omega R(pu-G)}=0.227\ 965\ \text{s}$$

变压器参数：

额定容量：$S=1\ 725$ MVA

高压侧电压：$V_H=525$ kV

低压侧电压：$V_L=27$ kV

主分接阻抗：$U_k\%=0.18$

负载损耗（75 ℃）$P_{loss}=2\ 720$ kW

根据上面参数可计算：

电阻标幺值：

$$R(pu-T)=\frac{P_{loss}}{S}=0.001\ 577$$

变压器一次时间常数：

$$T_{\mathrm{p}}=\frac{L}{R}=\frac{U_{\mathrm{k}}}{\omega R(pu-T)}=0.363\ 506\ \mathrm{s}$$

发变组参数：

发电机与变压器容量值比：

$$K(G/T)=\frac{S(G)}{S(T)}=0.998\ 261$$

发变组总阻抗：

$$\sum X=X_{\mathrm{d}}''(pu-G)+K(G/T)U_{\mathrm{k}}\%=0.414\ 687$$

$$\sum R=R(pu-G)+K(G/T)R(pu-T)=0.004\ 857$$

发变组一次时间常数：

$$T_{\mathrm{p}}=\frac{\sum X}{\omega\sum R}=0.271\ 908\ \mathrm{s}$$

综上经计算后的一次时间常数，取最大值 $T_{\mathrm{p}}=400$ ms。

2.2 电流互感器参数的计算和初选

该机组发电机中性点侧的套管电流互感器根据用途不同，每相装设了 4 只，分别用于关口计量、故障录波、双套发电机差动保护。根据电流互感器厂家提供的单只电流互感器的数据，技术参数如表 1 所示。

表 1 单只电流互感器的参数、尺寸和重量

准确级	额定负荷/VA	重量/kg	高度/mm
0.5	100	130	120
0.2S	100	130	120
5P30	50	165	120
TPY	35	275	160

按以上参数经过初步计算估算，主机厂在进行电流互感器装配设计时，存在以下两个问题：

（1）如果考虑电流互感器安装间隙要求，电流互感器组合的高度过大，距离出线套管下端的哈佛金具太近，无法安装。

（2）电流互感器组合重量过重，其中中性点侧电流互感器组合已达 845 kg，可能导致出线罩承重部分和电流互感器固定螺杆变形，运行时电流互感器振动增大，电流互感器的安装拆卸困难。

然后，在确保变比和测量仪表要求的前期下，经重新计算电流互感器的二次额定容量，调整参数如表 2 所示。

表 2 单只电流互感器的参数、尺寸和重量

准确级	额定负荷/VA	重量/kg	高度/mm
0.5	30	120	128
0.2S	30	120	123

续表

准确级	额定负荷/VA	重量/kg	高度/mm
5P30	30	135	128
TPY	25	230	135

由此发现，对电流互感器整体尺寸和重量起关键作用的是TPY级电流互感器的参数。下面将仅针对TPY级电流互感器参数的确定进行讨论。

根据确定的二次负荷，对CT参数进行进一步计算如下。

（1）额定一次时间常数 T_p

常数为400 ms。

（2）额定短路电流倍数 K_{ssc}

即暂态下，额定一次短路电流与额定一次电流的比值。通过用ETAP软件计算的短路电流计算结果中，提取出发电机出口处的短路电流周期分量起始有效值为205.7 kA，带入公式，得保护校验系数

$$K_{pcf}=\frac{I_{psc}}{I_{pr}}=4.57$$

K_{ssc} 参数取决于保护校验系数 K_{pcf}，即 $K_{ssc}>K_{pcf}$，故初选 $K_{ssc}=4.8$。

（3）C－O工作循环以及极限准确限制时间 t'_{al}

对于发电机出口处，其规定的工作循环按单次故障切除，即单次通电循环 $C-t'-0$ 循环，其中 t' 为第一次电流通过时间，要求电流互感器在 t'_{al} 时间内应保证规定的准确度。初选 $t'=t'_{al}=100$ ms。

（4）额定二次时间常数 T_s

该值为励磁电感和漏电感之和与二次回路电阻的比值。根据DL/T 866—2014，发电机出口侧的电流互感器二次时间常数一般由电流互感器厂家提供，用于电流互感器的电动势校验。根据电流互感器厂家提供的数据，T_s 取1 s。

（5）暂态面积系数 K_{td}

根据制造厂提供的二次回路时间常数 $T_s=1$ s，电流互感器在 $C-t-0$ 循环的额定暂态面积系数为

$$K_{td}=\frac{\omega T_p T_s}{T_p-T_s}(e^{-\frac{t}{\tau_p}}-e^{-\frac{t}{\tau_s}})+1=27.376$$

因此，初选 $K_{td}=27.6$

2.3　极限准确限值时间 t'_{al} 的选择及等效二次感应电动势计算

要讨论对参数极限准确限值时间 t'_{al} 含义的理解，首先需了解一个线性有气隙铁芯的电流互感器是如何工作的。

对于安装在发电机出口侧的保护用TPY级电流互感器来讲，在单次通电循环 $C-t'-0$ 中，t' 是第一次故障电流持续时间，它所指的时间区间是从电流互感器检测到故障到控制系统完全停止发电机的这段时间，在这段时间里，发电机出口断路器断开停掉了发电机。而极限准确限值时间“t'_{al}”参数是要求电流互感器保持规定准确度的时间，也就是在这段时间里电流互感器需要呈现100%清晰准确的一次电流情况，也就是继电器的反应时间。

其工作原理为：当电流互感器检测到有异常电流流过，将该信息传递给保护柜内的继电

器，继电器需要一个清楚并且准确的信号，对收到的信息进行分析，判断是否需要启动报警或跳闸。当电流不断上升，继电器最终决定在某一时刻发出跳闸指令。在这个过程中，保护装置的继电器需要通过采集从电流互感器传来的清晰明确能正确反映故障水平的信号，才能做出正确的判断。这个判断时间即“t'_{al}”。当继电器发出信号要求从控制系统中断开发电机，GCB 经过机构本身的分闸动作时间后，故障切除。到此为止，从发现故障到完全断开 GCB 的这段时间是“t'”。因此，从理论上来讲，t'_{al} 是可以小于 t' 的[3]。

图 1 和图 2 为电流互感器厂家提供的电流互感器磁性曲线图，两图中在 $t'=100$ ms 的条件下，t'_{al} 取不同值的磁性曲线。

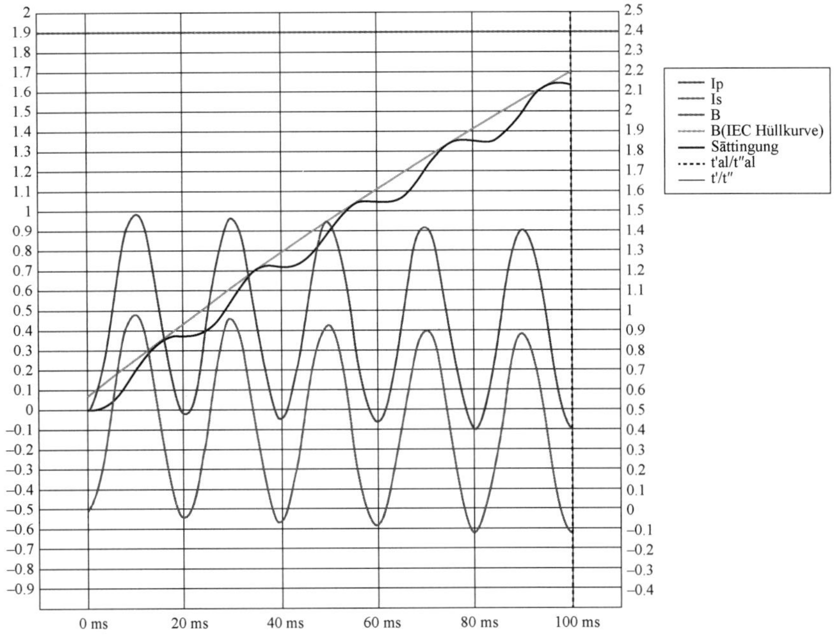

Kern/Core 1 Frequenz/Frequency: 50 Hz

Übersetzung/ratio	Klasse/Class
45 000/5.0	cl. TPY Rb =1.0 Ohm，Tp=400 ms，KSSC=4.8，Rct<=12 Ohm，t'=100 ms，t'al=100 ms，Ktd=27.8，Ts=1.37 s，etr<=10.0%

图 1　电流互感器磁性曲线图（$t'_{al}=100$ ms）

红色的线表示饱和极限值（1.9 T），蓝色的曲线“I_p”代表一次电流，绿色曲线“I_s”即二次电流曲线。对于图 2，在 60 ms 时褐色曲线仍然是在红线下面的。这就表示一直到 60 ms 电流互感器还是 100%正常工作的，而且可以非常准确显示一次电流。在 60～100 ms 这段区间，电流互感器将达到极限值，即电流互感器处于饱和状态，二次电流信号将不再 100%显示与一次电流一致。从图 2 中可以看出，二次电流一直跟随一次电流到大约 68 ms 左右的时候，当大于 68 ms 时两个信号不再一致。

从理论角度来看，希望电流互感器在 100 ms 时间内一直能正确反映电流，但实际情况是，当断开发电机的指令一旦下达，就不再需要一个清晰明确的电流跟踪，因为无论电流互感器处于何种状态，最终系统都会正常停机，因为跳闸指令已发出。所以，这两种电流互感器的区别是，为了让电流互感器一直正常工作到 100 ms 并提供清晰的信号一直到 100 ms，需要付出 255 kg 较大铁芯的代价，而将准确限值时间降为 60 ms 后，其铁心的重量会减小到 195 kg。

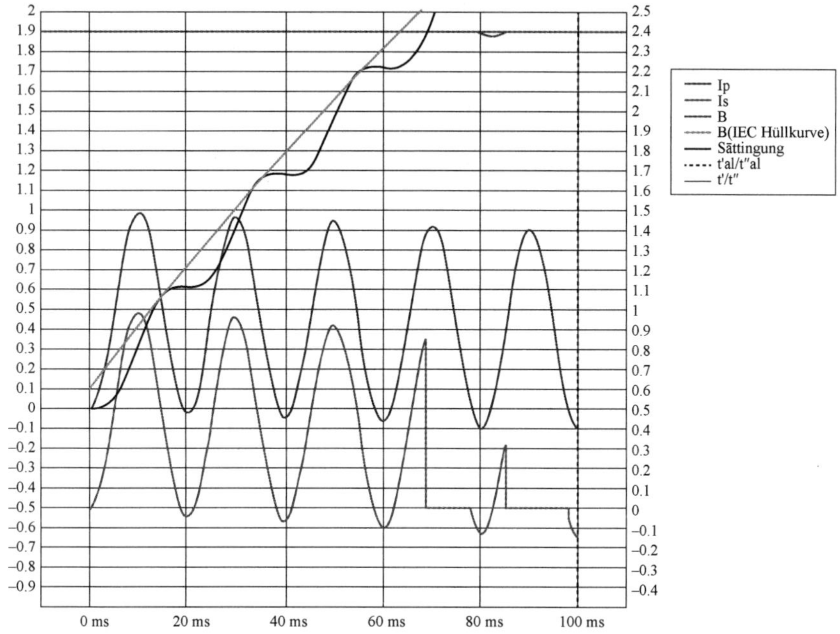

Kern/Core 1　Frequenz/Frequency: 50 Hz

Übersetzung/ratio	Klasse/Class
45 000/5.0	cl. TPY Rb =1.0 Ohm，Tp=400 ms，KSSC=4.8，Rct<=10 Ohm，t'=100 ms，t'al=60 ms，Ktd=17.9，Ts=0.89 s，etr<=10.0%

图 2　电流互感器磁性曲线图（$t'_{al}=60$ ms）

通过以上分析，进一步结合保护装置的特性，来验证 60 ms 是否能满足故障时的正确动作。本工程发变组接入 500 kV 双母线配电装置，主接线如图 3 所示。保护装置从发现故障到发出跳闸指令的时间为 20～25 ms，GCB 分闸时间约 50 ms，因此从故障出现到切除共需 70～75 ms。

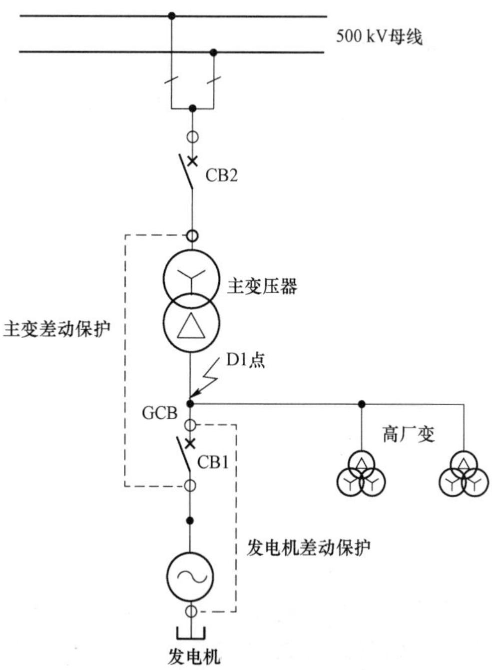

图 3　电气主接线示意图

如图 3 所示，若故障点发生在 D1 点，属于发电机差动保护区外，主变差动保护区内，则发电机差动保护不应动作。若电流互感器的极限准确限值 t'_{al} 时间为 60 ms，在故障发生的 60 ms 时间内，主变差动保护已经判断到故障并发出跳开关的指令，在这期间，发电机差动保护装置采集到的电流互感器参数能正确反映电流不动作，60 ms 之后，由于电流互感器的暂态特性，不能准确反映电流值，会出现电流差值，引起发电机保护动作。因此，从故障出现和分析来看，虽然最终的结果是切除了故障，但是造成了发电机保护误动。

若将 t'_{al} 时间改为 80 ms，则在 80 ms 的准确限

制在内，故障已被主变保护动作切除，不会引起发电机的再次动作。所以，最终 t'_{al} 值调整至 80 ms，重新计算暂态面积系数为

$$K'_{td}=\frac{\omega T_p T_s}{T_p-T_s}(e^{-\frac{t}{\tau_p}}-e^{-\frac{t}{\tau_s}})+1=22.85$$

2.4 电流互感器参数实际性能验算

根据规范《保护用电流互感器暂态特性技术要求》（GB 16847），在设计方提出初步选择参数后，还需校验电流互感器性能是否满足实际稳态误差电流倍数及规定的工作循环的要求[4,5]。

（1）额定等效二次极限电动势 E_{al}

$$E_{al}=K_{ssc}K_{td}(R_{ct}+R_b)/I_{sr}=289.09$$

式中：K_{td}——额定的暂态面积系数；

K_{ssc}——额定对称短电流倍数。

（2）保护要求的等效二次感应电动势 E'_{al}

$$E'_{al}=K'_{td}K_{pcf}(R_{ct}+R_b)/I_{sr}=229.73$$

式中：K'_{td}——实际要求的暂态面积系数；

K_{pcf}——保护校验系数。

经计算，$E_{al}\geqslant E'_{al}$，满足要求。

（3）暂态误差

校验实际应用情况下未饱和状态时的暂态误差应不超出 10%限值。

$$\varepsilon=\frac{K_{td}}{\omega T_s}\times 100\%=\times 7.28\%<10\%$$

经验证，该电流互感器参数满足保护要求。

3 TPY 类电流互感器参数选择的注意问题

（1）TPY 类电流互感器的二次负荷直接影响电流互感器本体的外形尺寸和重量。应尽量精确计算实际的二次负荷，考虑适当裕度，节省安装空间和成本。

（2）流过电流互感器的短路电流时间 t'直接影响暂态面积系数和电流互感器的体积。当发生区外故障时，综合考虑外部保护装置的动作时间（保护出口继电器的动作时间）、断路器分闸时间，在该时间段内只要电流互感器不饱和，即可满足保护装置准确动作切除故障，不会导致误动作。

（3）除了校验暂态误差不超出 10%限值外，还要进行二次感应电动势的校验，满足额定等效二次极限电动势 E_{al} 大于保护要求的等效二次感应电动势 E'_{al}。

4 结语

综上所述，具有暂态特性的 TPY 类电流互感器的参数暂态特性是一个比较复杂的问题，在高压电网和大容量发电机变压器组的继电保护中普遍遇到。电流互感器参数选择适当，不仅可以满足暂态特性的要求，还能在现场施工和建造中节省体积和造价。本文仅就工程实例提出了参数选择中遇到的问题及解决方法，供大家探讨。

参考文献

［1］刘增瑞，薛晚道．暂态保护用电流互感器工程计算方法的研［J］．高压电器，2007，43（6），423-426．

［2］徐鑫，刘珊，魏强，等．TPY 级电流互感器在班多水电站中的应用［J］．西北水电，2012（4）：63-66．

［3］易先举．大型发变组保护用电流互感器参数选择问题的探讨［J］．继电器，2002，30（12）：51-54．

［4］沙玉洲，袁国胜，安作平．TPY 级电流互感器参数选择与准确度验算［J］．华北电力技术，2002（10）：27-30．

［5］DL/T 866—2015．电流互感器和电压互感器选择及计算规程［S］．北京：中国计划出版社，2015．

［6］袁季修，盛和乐，吴聚业，等．保护用电流互感器应用指南［M］．北京：中国电力出版社，2004．

核电厂废气活性炭延迟衰变处理系统中的湿度控制

倪依雨，张明辉

（上海核工程研究设计院有限公司，上海　200233）

摘要：活性炭延迟衰变处理技术是采用活性炭选择性吸附的特点，对核电厂放射性惰性气体进行吸附延迟，衰变后排放。因该技术具有安全、稳定、高效等特点而广泛应用在包括VVER、CANDU、AP1000、EPR等各类堆型中。活性炭的吸附效果与活性炭物化特性及处理工况条件等多种因素有关，但处理工况中的湿度是最为敏感，而且湿度一般是决定活性炭更换与否最重要的原因。但包括在役及新建电厂在内，对于系统中控制哪些湿度参数、如何控制湿度方法各异、如何减少湿度对于活性炭的影响的公开研究资料和成果十分有限。因此，本文在收集大量国内外关于湿度与活性炭的相关数据后，针对性研究进气湿度、活性炭含湿量与活性炭吸附性能的关系，并结合运行电厂的特点，提出切实可行的湿度控制措施，并明确相关指标，为该类电厂提供一定的指导。该研究成果体现在AP1000依托项目，对原有西屋公司的设计进行了改造，加强系统监控后，延长了活性炭的使用寿命，并优化了系统运行。

关键词：活性炭延迟衰变处理；湿度监测；二次废物；活性炭含湿量

Humidity Control in the Delayed Treatment System of Waste Gas Activated Carbon in Nuclear Power Plant

NI Yiyu，ZHANG Minghui

（Shanghai Nuclear Engineering Research & Design Institute Co.，Ltd.，Shanghai 200233，China）

Abstract: Activated carbon delayed decay processing technology is characterized by selective adsorption of activated carbon，and adsorption and delay of radioactive inert gases in nuclear power plants. It is widely used in various types of nuclear power plants including VVER，CANDU，AP1000 and EPR because of its safety，stability and high efficiency. Activated carbon adsorption effect is influenced by its physical and chemical properties and processing conditions and other factors，but the humidity in the processing conditions is the most sensitive，and humidity is generally decided whether to replace activated carbon. But in service and the new plant，which

---

作者简介：倪依雨（1987—　），女，浙江温州人，工程师，学士，现主要从事工艺系统设计方面工作

humidity parameters should control, how to control the humidity, how to reduce the influence of humidity on activated carbon was of limited public research data and results. After collecting a large number of domestic and foreign about the air humidity, carbon moisture content as well as their relationship with activated carbon adsorption effect, this article combines the characteristics of nuclear power plant in service, and puts forward the feasible measures to control the humidity and clear indicators, to provide certain guidance for the power plant.

Key words: Delayed Treatment of Activated Carbon; Humidity Monitoring; Secondary Waste; Activated Carbon Contains Moisture Content

1 背景

我国核电厂对于含氢放射性废气的处理主要分为活性炭延迟衰变和加压储存衰变两类。活性炭延迟衰变处理技术较加压储存技术而言，因其安全性高、占地面积小、能动设备少、经济性高等优点，逐步成为现有电厂设计的首选。国内包括 CANDU、VVER、AP1000、EPR 等电厂均采用了该技术。

活性炭的吸附性能是评价该系统处理能力的关键。根据国内外对系统中吸附剂类型、吸附剂性质、吸附剂表面积及吸附对象的温度、压力、流量等方面的研究结果表明，湿度对活性炭的吸附性能影响最为明显，也是造成活性炭失效更换的最主要原因。虽然，国内外开展了较多湿度与活性炭吸附性能的研究试验，也获得了一定的吸附规律，但无论是从数据规律的梳理还是工程应用的分析，均未获得统一的湿度控制原则，导致系统运行中发生较多因湿度问题而降低系统处理能力的实例。

AP1000 依托项目电厂采用了非能动活性炭延迟技术，设置冷却器和气水分离器进行湿度控制，并通过温度仪表间接为湿度测量提供参考数值（见图 1）。该监测方法虽然能判断冷却器是否正常工作运行（通过温度判断除湿冷却功能是否正常），但由于未直接设置湿度仪表，较难提供具体湿度数值供运行人员参考，且当系统出现除湿效率偏离预期值时，由于无法及时监测，可能会造成活性炭的使用寿命的缩短。

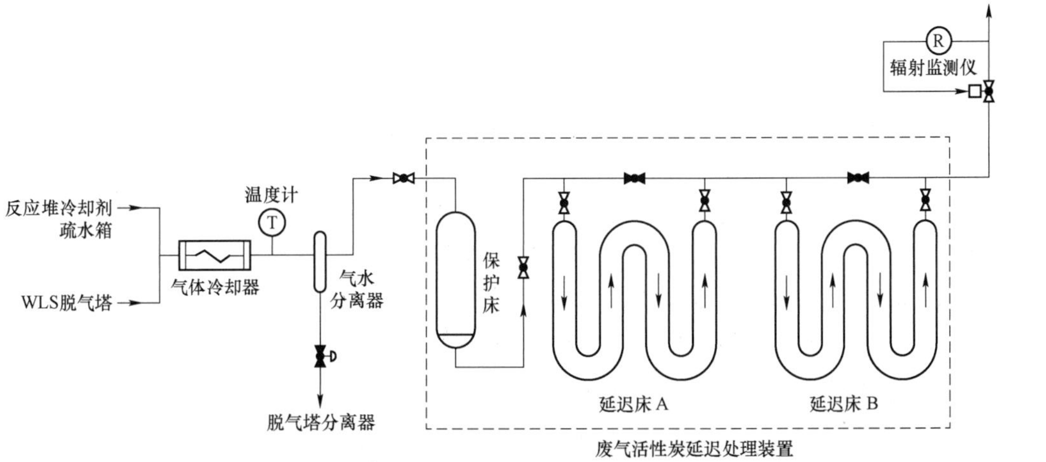

图 1 AP1000 废气系统流程简图（优化前）

因此，本文主要探讨在核电站废气活性炭延迟衰变处理系统设计中应控制哪些湿度参数、如何控制湿度、如何减少湿度对系统处理能力的影响的问题，从而尽可能延长活性炭的使用寿命，减少二次废物量。

2 活性炭与湿度的关系

2.1 机理分析

活性炭的吸附原理是通过活性炭中的微孔对气体中特定核素的选择性吸附，从而达到滞留衰变的效果。但由于活性炭对水蒸气的吸附能力强于惰性气体[1]，所以当气流湿度较高时，活性炭会优先吸附水蒸气，待处理达到一定时间后（一般为 16 h[2]），进气湿度与活性炭含湿量达到一个稳定状态。因此，活性炭含湿量越高，活性炭对惰性气体的处理能力越弱。

2.2 进气相对湿度与吸附系数

1975 年 Castellani[2]在测量进气相对湿度与氪吸附系数的关系试验中发现，在固定工况下，随着相对湿度的不断提高，吸附系数将会快速下降，且每增加 10%的相对湿度，吸附系数将会下降约 5%。

中国辐射防护研究院在 2007 年试验中[3]，在 40 ℃、0.02 MPa 的情况下开展对装有 4.51 kg 活性炭试验床的相对湿度与氪吸附系数的关系试验。试验结果显示，当进气相对湿度达到 30%以下时，进气湿度基本上每提高 10%的相对湿度，活性炭对氪的吸附系数下降约 4%。

上海核工程研究设计院在 2012 年在大型先进压水对核电站重大专项中开展的“核电厂废气活性炭延迟处理工艺开发及装置研制”课题试验中，在 25 ℃、0.02 MPa、相对湿度为 25.6%～51%开展相对湿度与活性炭对氪吸附系数试验。在相对湿度超过 30%～40%时，活性炭对氪的吸附系数会大幅度下降（见表 1）。

表 1　相对湿度（25.6%～51%）与活性炭对氪的吸附系数关系

相对湿度/%	吸附系数/（ml/g）
25.6	48.3
29.8	46.7
38.9	28.8
51	29.4

综合上述数据分析，当相对湿度不超过 30%时，吸附性能的下降趋势不明显，相对湿度提高 10%，吸附性能约下降 4%；当超过 30%，吸附系数将明显下降。

2.3 活性炭含湿量与吸附系数

1971 年 Foerster[2]开展了活性炭含湿量在 1%～35%范围内的吸附试验。根据实验数据表明，当活性炭含湿量在 5%以内时，每增加 1%的水含量，吸附系数大概下降 6%；但当含湿量在 5%～10%时，活性炭含湿量每增加 1%，吸附值下降约 1.5%。当活性炭含湿量达到 10%时，其吸附性能就下降了 50%，之后将快速下降。同样的结论也在 1960 年的 Ackely[2]的试验中经过了论证。他的数据显示，当活性炭的含湿量在 3%～6%时，其吸附能力的影响将变得不是特别明显。

1994 年中辐院[4]开展的活性炭含湿量与活性炭对氪的吸附系数研究中，分析了不同活性炭类型中，在 1.8%～33%炭含湿量条件下，活性炭对氪的吸附系数的变化（见图 2）。

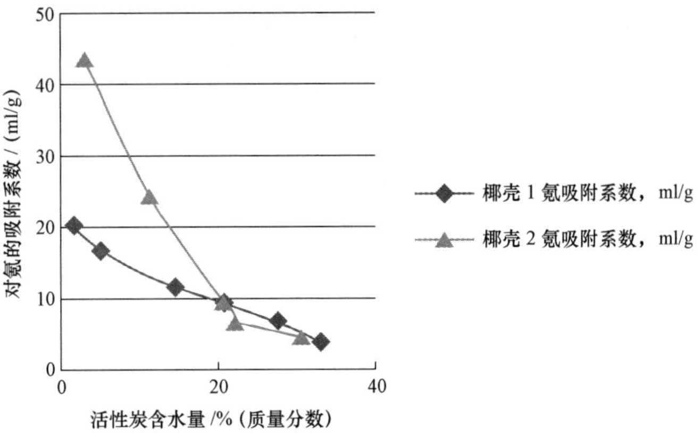

图 2　活性炭含湿量与活性炭对氪的吸附性能关系图

通过上述数据分析，当活性炭含湿量控制在 5%以下时，含湿量增加 1%，吸附性能将下降约 6%；当活性炭含湿量到达 10%时，活性炭的吸附性能就已经下降了 50%。另外，吸附性能越好的活性炭，活性炭含湿量的影响越大。

2.4　进气湿度与活性炭含湿量

1964 年 Romemberg[2]开展了在 0 ℃、25 ℃和 50 ℃下，不同进气湿度与活性炭含湿量的对应关系。试验数据显示，在不同温度下，进气湿度与活性炭含湿量的规律基本是相同的。当相对湿度低于 30%时，每增加 10%的相对湿度，含湿量增加约 1%；在相对湿度 30%～80%，相对湿度对活性炭含湿量的影响会加强；当相对湿度超过 80%后，相对湿度对活性炭含湿量的影响区域稳定。当相对湿度到达 100%后，活性炭的含湿量不会超过 40%（见图 3）。

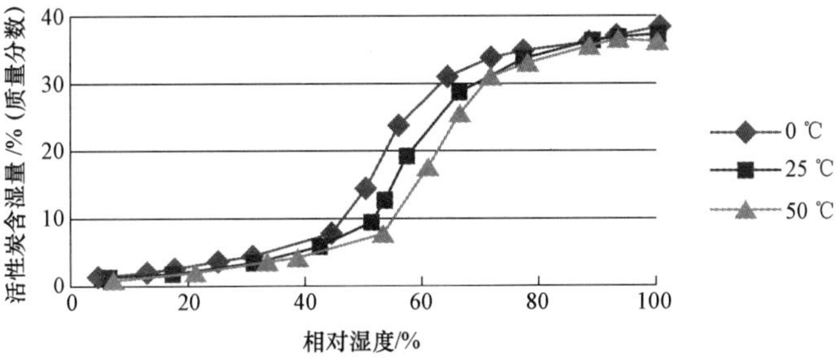

图 3　进气相对湿度与活性炭含湿量的关系

此外，中辐院在 1994 年[4]在 25 ℃，进气相对湿度集中在 30%～100%上开展进气湿度与活性炭含湿量的试验。其结果也显示当相对湿度超过 30%时，每增加 10%的相对湿度，炭含湿量约提高 3%～5%。而且，该规律不仅跟温度无直接关系，跟活性炭的类型无太多关联。

2.5　小结

综合 2.2 节至 2.4 节的数据，当相对湿度不超过 30%和活性炭含湿量不超过 5%时，每增加 10%相对湿度，活性炭含湿量就会增加 1%，活性炭的吸附性能就会下降约 4%～6%。当活性炭的相对湿度超过 30%后，相对湿度与活性炭吸附性能的影响不明显，但可通过活性炭含湿量的情况，分析对活性炭吸附性能的影响。

因此，电厂为保证活性炭的吸附效果，进气的相对湿度不宜超过 30%，且活性炭的含湿量不宜超过 5%，从而保证活性炭的吸附效果的下降值不超过 30%。若系统运行过程中，发现进气相对湿度意外增加时，不仅要及时降低进气湿度，而且要尽快取样分析活性炭含湿量，防止活性炭在失效下运行。

3 增强湿度控制的措施

从活性炭的吸附机理上分析，控制活性炭的含湿量是保证废气系统正常运行的关键因素。但由于进气的湿度与活性炭含湿量具有一定的关系，所以可以从进气湿度和活性炭含湿量控制两个方面共同控制，增强湿度控制的能力。

进气湿度的控制可以从增强系统自身除湿能力，如加强冷却、吸湿等，以及增强进气湿度监测手段两个方面；而活性炭含湿量的控制，可以从采购、储存、吹扫、运输等方面降低活性炭含湿量，以及系统增加固定频率的活性炭含湿量取样测量两个方面进行。

3.1 进气湿度的控制

一般废气处理系统的除湿设备包括两类：一类是冷却除湿，即将进气中的气态水冷凝成液态水后，通过分离、过滤等手段，将气液分离，从而达到除湿的效果；另一类是干燥除湿，即通过在气体进入活性炭床之前，设置如硅胶干燥器、沸石干燥器、保护床等设备，先进行气体水的吸附，降低湿度后，再进入活性炭床。

一般而言，冷却除湿和干燥除湿需要串联使用。若冷却除湿没有达到很好的效果，会给下游干燥除湿装置带来负担。如某电厂废气系统采用常温冷却水冷却，造成设置在滞留床前的沸石干燥器在 1 个月之内再生了 12 次，每台干燥器失效次数达到 4 次/月。这不仅影响了系统的正常运行状态，而且对二次废物的处理也带来了极大的负担。因此，系统在设计时需要同时考虑冷却和干燥除湿。

3.2 活性炭含湿量的控制

3.2.1 活性炭含湿量测量

如第 2 节所述，活性炭的含湿量是决定系统处理能力的关键指标，但在一般的活性炭延迟系统的设计中，只针对进气湿度设置监测手段，对活性炭含湿量控制措施及控制值却没有设置，这是不利于系统的长期稳定运行。

因此，建议废气系统应针对活性炭床设置合理的取样口和取样手段，在系统性能有下降趋势时，开展针对活性炭的取样，以检测其含湿量。但考虑到取样的困难及代表性问题，可以利用本文的分析规律，采用进气湿度理论推算到活性炭含湿量的方法判断活性炭含湿量情况。这样，一方面防止活性炭在长期未运行后失效，另一方面对于下一次运行的系统处理能力做出预估。

3.2.2 系统的定期吹扫

当活性炭长期运行后，活性炭的含湿量将达到一个稳定状态。为确保活性炭能始终处于系统设计的能力范围内，系统应采取定期吹扫的措施。由于水受热后会蒸发，并从活性炭中脱附，同时为防止活性炭的氧化，建议系统设置氮气吹扫管路，在系统可行时设置热氮气吹扫管路，能明显提高活性炭的吸附性能，降低活性炭的更换频率[2]。

本文开展的氮气吹扫的试验中显示，当采用热氮（约 70 ℃）后，活性炭的吸附性能会大幅度提升，甚至可以优于出厂前的效果。因此，建议电厂应增加定期热氮气吹扫的操作，且吹扫时间一般要超过活性炭本身的对于惰性气体的延迟时间（见表 2）。

表2　活性炭吹热氮气后的吸附系数

	氪吸附系数/（ml/g）
氮气吹扫前	32.75
氮气吹扫后	71.26

4　结论

如本文所述，对于采用活性炭延迟衰变处理技术的废气处理系统，应充分关注湿度的重要性，可以从进气湿度控制和活性炭含湿量控制两个方面着手。进气湿度的控制除了增强系统自身的除湿能力外，对进气湿度的监控尤为重要，避免长时间的进气高湿度造成活性炭的含湿量增加，导致活性炭吸附性能的持续下降，在常温下，一般进气的相对湿度不宜超过30%。由于活性炭的含湿量控制是控制湿度的最根本的要求，因此，建议系统在活性炭采购、储存等阶段就关注活性炭含湿量的问题，并在系统投运之后，根据系统运行情况按需取样。

但遇到包括可操作性、取样点设置、取样代表性等活性炭取样问题时，系统也可根据进气湿度的情况，理论推算活性炭含湿量，并控制在5%以下。此外，系统应采用定期氮气吹扫或更换等措施，保证活性炭的性能维持在系统可接受水平。

因此，通过本研究结论，在AP1000的系统流程上进行了优化（见图4），增加露点仪来监测湿度，保证有效监测系统的湿度变化，并经整定值控制在 5 ℃（常温下相对湿度约为30%），保证系统控制在处理的最佳水平。此外，也建议运行人员参照本论文结论，按需活性炭取样及吹扫操作，保证活性炭的含湿量在正常范围内。

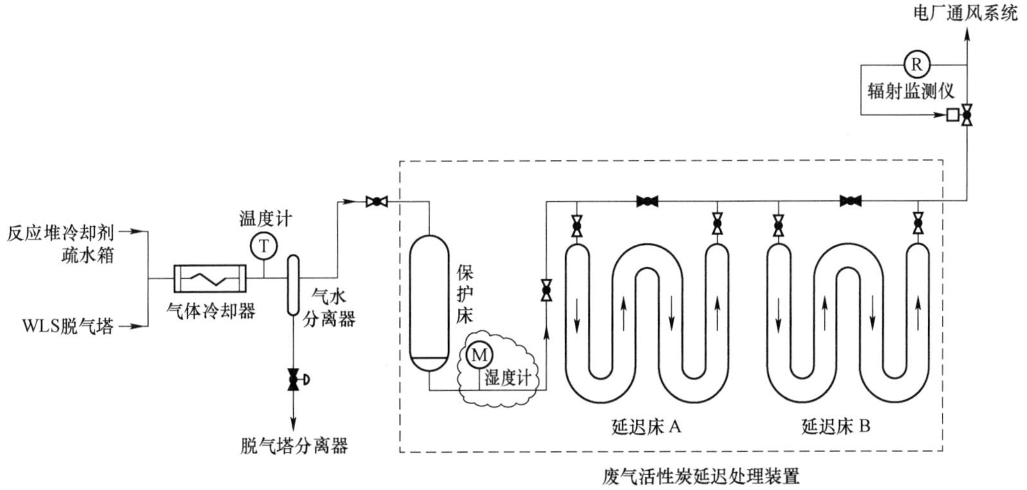

图4　AP1000废气系统流程简图（优化后）

参考文献

[1] 郑立军．活性炭吸附技术在秦山三期放射性惰性气体处理中的应用研究［D］．上海：上海交通大学机械与动力工程学院，2007；硕士学位论文．

[2] D. W. Underhill，D. W. Moeller，The Effects of Temperature，Moisture，Concentration，

Pressure and Mass Transfer on the Adsorption of Krypton and Xenon on Activated Carbon. NUREG-0687［R］. Washington D. C：U. S. Nuclear Regulatory Commission，1980.

［3］史英霞，郭亮天，等．工程条件下椰壳活性炭吸附放射性惰性气体性能研究［J］．辐射防护，2007，27（5）：303-307.

［4］郭亮天，张瑞宝，等．用于核电站放射性惰性气体处理的常温活性炭滞留研究［J］．辐射防护，1994，14（1）：15-24.

［5］张冰．俄供滞留床活性炭性能影响因素分析与研究［J］．电气工艺，2017，3（A）期：127-141.

AP1000 核电厂盾构隧道设计与施工关键环节

吴　隽，王振宇

（中国电力工程顾问集团华东电力设计院有限公司，上海　200063）

摘要：三门核电一期工程自流引水管采用内径为 6 200 mm 的盾构法隧道二根，为盾构法隧道在 AP1000 核电厂中的首次应用。隧道延伸入海，运行期内部充水，无论是外部地质条件还是内部受力情况，与一般地铁隧道均有所不同，除需要考虑外部土压外还需综合考虑水压对管片的影响，对防水防腐要求也更高，加之隧道尺寸逐渐增大，因此这就对隧道内力与变形的设计分析方法提出了更高的要求。本工程结构设计过程中，选定合理的计算工况，包括施工期工况、运行期工况及地震工况等。在确定好的各种荷载工况下，通过多种模型计算比较，分析盾构隧道标准段、特殊段及垂直立管的结构受力、强度、纵环向变形等。同时，由于该工程盾构法隧道穿越复杂地层，为配合施工工艺，设计方与施工单位结合工程实际选用了合理的地基处理方式，为今后类似工程提供设计借鉴。

关键词：盾构法隧道；计算工况；计算模型；地基处理

Design and Construction of Shield Tunnel in AP1000 Nuclear Power Plant

WU Jun，WANG Zhenyu

（East China Electric Power Design Institute Co.，Ltd. of China Power Engineering Consulting Group，Shanghai 200063，China）

Abstract: Two shield tunnels with inner diameter of 6 200 mm are used in the intake pipes of the first phase of Sanmen Nuclear Power Plant，which is the first application of shield tunnels in AP1000 Nuclear Power Plant. When the tunnel extends into the sea，the internal water filling during the operation period is different from the general Metro Tunnel in terms of external geological conditions and internal forces. Besides considering the external earth pressure，the influence of water pressure on the segments should be considered comprehensively. The requirements for waterproof and anticorrosion are also higher，and the size of the tunnel is gradually increasing. Therefore，this will affect the tunnel. The design and analysis methods of internal force and

---

作者简介：吴　隽（1981—　），女，上海人，高级工程师，硕士研究生，现主要从事水工结构工作

deformation of the tunnel put forward higher requirements. In the process of structural design of this project，reasonable calculation conditions are selected，including construction period，operation period and earthquake condition. Under various load conditions， the structural forces， strength， longitudinal and circumferential deformation of standard section， special section and vertical riser of shield tunnel are analyzed by comparing various models. At the same time， due to the shield tunnel crossing complex strata，in order to cooperate with the construction technology，the designer and the construction unit have chosen a reasonable foundation treatment method in combination with the actual project， providing design reference for similar projects in the future..

Key words： Shield Tunneling Method；Computational Working Condition；Computational Model；Foundation Treatment

盾构法隧道方案在大型火电厂循环水取排水工程中有过多次应用，均获得成功。盾构法隧道施工具有众多优势，如：在技术上能适应复杂的场地条件及软弱地基条件；在水域泥面下施工不受天气、水流和风浪的影响；可全天候施工；可一次性施工较长距离；施工技术成熟可靠；经济上投资较省等。

随着我国电力事业的蓬勃发展和能源结构的优化升级，建设更加节能减排的大型现代化核电厂成为又一个重要发展方向。为满足大型核电厂更大循环水量的要求，需要建设大直径取排水隧道。三门核电一期工程循环水自流引水管采用二根内径为 6 200 mm 的隧道，属于大直径盾构隧道方案应用在 AP1000 核电厂中取排水工程中的首例。

为满足三门核电一期工程 6 200 mm 盾构隧道设计需求，结合该工程的实际施工工况和建成后的运行工况，有必要对隧道标准段、特殊段及取水立管结构进行研究分析，评价整个标准段和特殊段的衬砌管片、取水立管及相互连接螺栓的受力、变形及稳定性，为设计提供有效数据和技术支持。

1　工程概况

本工程循环冷却水采用海水直流循环供水系统（一次循环冷却水系统），循环冷却水取自三门湾海水，循环水系统采用单元制直流供水系统，每台机组配置一根钢筋混凝土自流引水管，采用盾构法隧道施工工艺，取水头部采取垂直顶升法施工，垂直顶升立管的平面尺寸为目前国内最大。该取水隧道所穿越的土层特别复杂、立管及取水头所处位置的软土土性较差，且潮水流急，这为取水工程带来了一系列特殊问题，设计与施工中充分考虑这些因素，以保证取水隧道、立管及取水头在施工阶段和运行阶段的安全性。

1.1　厂址水文气象特征值

厂址附近水文气象特征值如表 1 所示（表 1 中高程为 85 年国家基准，下同）。

1.2　厂区地质及地震资料

1.2.1　地形地貌

场地地貌属海成地貌，循环水泵房与取水隧道衔接段基岩出露，现已被片石堆填。原海滩标高为−0.2～2.0 m，除近海岸地区为回填片石外，其余均为泥质海滩，近海岸区地面标高为 0.60～4.87 m。

1.2.2　地层岩性

自上而下分述如下。

① −1 回填片石（Q4ml）：呈松散至稍密状，具明显的大孔隙特征，均匀性较差，为新近厂区山体土石方开挖回填而成，块石含量大于 80%，最大粒径大于 500 mm，母岩成分以凝灰质砂岩、凝灰岩和安山玄武岩为主，石质坚硬，底部一般夹少量的淤泥质土。厚度 0.9～6.0 m，平均厚度 3.78 m，层底埋深 0.9～6.0 m，平均 3.78 m。

② −4 流泥（Q4m）：流动状，厚度 1.7～6.95 m，平均厚度 5.11 m，层底埋深 2.0～6.95 m，平均 5.24 m。

③ 淤泥（Q4m）：流塑，厚度 3.3～15.9 m，平均厚度 8.87 m，层底埋深 7.4～20.4 m，平均 14.1 m。

④ −1 黏土（Q4m）：该层土质不均，局部为淤泥质黏土，夹薄层粉砂，含有少量贝壳碎片，局部见有腐殖质，处于流塑至软塑状态。厚度 1.7～7.0 m，平均厚度 3.76 m，层底埋深 10.4～25.0 m，平均 17.93 m。

⑤ 粉砂（Q4m）：黏粒含量较高，夹薄层粉黏，并混有淤泥，处于稍密至中密状态。厚度 0.6～6.6 m，平均厚度 3.42 m，层底埋深 16.0～20.05 m，平均 17.65 m。

⑥ 黏土（Q3al+m）：局部为粉质黏土，夹薄层细砂，可塑。厚度 1.1～12.5 m，平均厚度 4.36 m，层底埋深 12.3～31.95 m，平均 18.64 m。

⑦ J 粉质黏土混碎石（Q3al+m）；碎石粒径 2～20 mm，大者达 100 mmm，含量约 30%。碎石成分主要为凝灰岩、凝灰质砂岩，处于可塑至硬塑状态。该层未揭穿。

⑧ 黏土（Q3al + m）：局部为粉质黏土，处于软塑至可塑状态。厚度 23.8～28.7 m，平均厚度 26.32 m，层底埋深 39.05～45.9 m，平均 43.61 m。

⑨ 圆砾（Q3al+pl）：粒径一般 5～20 mm，少量 20～40 mm，分选性一般，成分以凝灰岩为主，其间被少量中粗砂、黏性土充填，密实。厚度 5.2～9.7 m，平均厚度 7.92 m，层底埋深 49.7～55.2 m，平均 52.08 m。

⑩ J 粉质黏土（Q3al+pl）：可塑，厚度 1.1 m，层底埋深 46.5 m。

⑪ −1 粉质黏土（Q3al+pl）：可塑，厚度 4.2～7.8 m，平均厚度 5.89 m，层底埋深 54.3～61.2 m，平均 57.98 m。

⑫ 圆砾（Q3al+pl）：粒径一般 5～20 mm，少量 20～40 mm，成分以凝灰岩为主，其间被少量中粗砂、黏性土充填，密实。厚度 6.2～12.85 m，平均厚度 10.17 m，层底埋深 62.4～74.05 m，平均 68.14 m。

⑬ J 粉砂（Q3al+pl）：局部夹薄层粉质黏土，密实。厚度 6.9～16.7 m，平均厚度 11.66 m，层底埋深 72.6～86.4 m，平均 77.83 m。

⑭ 圆砾（Q3al+pl）：粒径一般 5～20 mm，少量 20～40 mm，密实。该层未揭穿。

⑮ J 黏土（Q3al+pl）：薄层状，偶夹粉土薄层，见姜石颗粒，粒径约 5 cm，可塑。厚度 1.7 m，层底埋深 78.2 m。

⑯ 粉质黏土混角砾（Q2dl+el）：含约 5%～20%的角砾，砾径 10～50 mm，处于可塑至硬塑状态。厚度 3.7～7.5 m，平均厚度 6.2 m，层底埋深 13.0～24.1 m，平均 20.37 m。

⑰ 凝灰质砂岩（J3c1−2−1）：呈薄层状或中厚层状，砂粒状结构，粒径大小不一，凝灰质和泥质胶结。该层未揭穿，最大揭露厚度 2.85 m。

⑱ 安山玄武岩（J3c1−1−2）：块状结构，局部具流动构造，顶部自碎成角砾状。该层未揭穿，最大揭露厚度 6.2 m。

1.3 抗震设防烈度

浙江省台州地区抗震设防烈度为 6 度，设计基本地震加速度值为 0.05g，设计地震分组为第一组。取水隧道抗震设防烈度为 6 度。

取水隧道场地类别为Ⅲ～Ⅳ类，取水隧道与循环水泵房衔接段为Ⅱ类，取水头部属Ⅳ类场地。

1.4 地下水

场地环境类型为Ⅱ类，海水对混凝土结构具中等腐蚀性，对钢筋混凝土结构中的钢筋在干湿交替状态下有强腐蚀性，对钢结构有中等腐蚀性。

表 1　厂址水文气象特征值

潮位资料	平均高潮位	平均低潮位	平均潮差	最高高潮位
	2.41 m	−1.86 m	4.25 m	4.10 m（1992−07）
	最低低潮位	最大潮差	最小潮差	平均涨潮历时
	−3.55 m（1993−02）	7.52 m	1.20 m	6 小时 19 分
	0.1%高潮位	0.5%高潮位	1%高潮位	2%高潮位
	5.41 m	5.07 m	4.94 m	4.76 m
	5%高潮位	97%低潮位	99%低潮位	99.9%低潮位
	4.59 m	−3.87 m	−3.99 m	−4.27 m
水温资料	年平均水温	最高水温	最低水温	日平均最高水温
	18.3 ℃	32.5 ℃（1994−07−17 9:00）	4.6 ℃（1993−01−02 8:00）	30.9 ℃（1993−08−23）
	日平均最低水温	7 天连续最高水温	15 天连续最高水温	
	5.0 ℃（1993−01−28）	30.2 ℃	29.9 ℃	
风向	主导风向	次主导风向		
	NW 出现频率 18.8%	SE 出现频率 15.4%		
降雨	年平均降雨量	最大年降水量	一日最大降水量	年平均蒸发量
	1 445.4 mm	2 498.0 mm	261.7 mm（1993−09−13）	2 498.0 mm
盐度	日最高盐度	日最低盐度	二年平均盐度	
	32.1‰（1992−08）	17.3‰（1992−06）	25.9‰	

注：上表中所列水温、降雨资料系统根据厂址海洋水文气象观察站 1992—1994 年实测资料统计；风向资料根据 1992 年 6 月—1994 年 5 月资料统计。

2 盾构隧道设计关键点

本工程循环水自流引水管采用两根内径为 6 200 mm 的隧道，取水管采用盾构法施工。隧道起点中心标高为−14.00 m，然后以向下的纵向坡度向前推进，至垂直顶升段转为平直段，终端隧道中心标高为−25.00 m。1 号机取水管线长约为 1 023 m，平面转弯半径约为 750 m，2 号机取水管线长约为 968 m，平面转弯半径约为 550 m。每根隧道端部设置 8 只取水头，取水头设置在−15.0 m 等深线附近，采用垂直顶升法施工工艺。垂直顶升管为矩形断面，内尺寸约为（2.0×2.0）m，垂直顶升管头部安装圆形进水格栅，取水头部的间距约为 8 575 mm（取水头中心间距7环，相邻两个开孔净距5环），进水格栅直径约为4.5 m，采用Q235B级钢。垂直顶升管四周海床面，采用抛石保护。

隧道衬砌分为标准段和特殊段两种类型，其中特殊段包括垂直顶升管段。标准段衬砌为预制钢筋混凝土管片，每环宽1 200 mm，每环由6块管片拼成（3块标准块、2块邻接块和1块封顶块）。特殊段衬砌每环宽约为1 225 mm，每环由钢管片和复合管片拼装而成。

2.1　取水隧道标准段

标准段衬砌为预制钢筋混凝土管片，每环宽1 200 mm，每环由6块管片拼成（3块标准块、2块邻接块和1块封顶块），环与环间采用错缝拼装，管片设计采用通用管片，错缝形式为每8环转一圈。这样标准段计算的时候，环向内力计算要根据封顶块位置不同计算8个方位，纵向建模要考虑错缝拼装的要求，最少考虑8环。

2.1.1　计算工况确定

施工工况：施工期内无水（盾构隧道内部无水，隧道外侧建议采用多年平均高潮位）。

运行工况：运行期设计高水位、运行期设计低水位。

地震工况：考虑地震荷载组合。

2.1.2　计算模型确定

三种计算模型如下所示：

地层结构法模型（三维数值计算实体模型）；

荷载结构计算模型确定法模型（等效刚度均质圆环模型）；

荷载结构法模型（梁–弹簧模型）。

在确定好的各种荷载工况下，分别以三种模型为基础，分析标准段隧道的结构受力、强度、变形及稳定性。

2.2　取水隧道特殊段及取水立管

特殊段衬砌每环宽约为1 225 mm，每环由钢管片和混凝土复合管片拼装而成，环与环间采用通缝拼装。钢筋混凝土垂直顶升立管为矩形断面，内尺寸约为（2.0×2.0）m，特殊段中管片及垂直顶升管段尺寸根据研究成果可有少量调整。垂直顶升管头部安装圆形进水格栅，取水头部的间距约为8 575 mm（相邻两个开口环之间的距离为5环闭口环，1 225×5=6 125 mm），进水格栅直径约为4.5 m，采用Q235B级钢。垂直顶升立管防冲保护必须在立管垂直顶升施工后，特殊段内部处理结束，进水格栅安装前进行，立管四周的海床面，采用抛石保护。

2.2.1　计算工况确定

施工工况：垂直顶升前、顶升入土到顶升结束、建成后施工期内无水，垂直立管外侧注浆及抛石加固处理（盾构隧道内部无水，隧道外侧建议采用多年平均高潮位）。

运行工况：设计高水位、运行期设计低水位、潮差和波浪影响。

地震工况：考虑地震荷载组合。

2.2.2　计算模型确定

两种计算模型如下所示：

地层结构法模型（三维数值计算实体模型）；

荷载结构法模型（梁–弹簧模型）。

在确定好的各种荷载工况下，分别以两种计算模型为基础，分析特殊段隧道及立管的结构受力、强度、变形及稳定性。

2.3 隧道纵向受力和变形计算

本工程 1 号取水隧道长度约为 1 023 m，2 号取水隧道长度约为 968 m，隧道从循泵房出发到取水头部，期间穿越地层变化较大，同时外部荷载状态不同，隧道纵向会产生一定的纵向沉降和变形。隧道纵向沉降和变形会影响隧道的纵向受力，进而影响管片接头环缝张开量和隧道防水。

2.3.1 计算工况确定

运行工况：采用设计常年平均高水位。

地震工况：考虑地震荷载组合。

2.3.2 计算模型确定

两种计算模型，如下所示。

隧道纵向梁弹簧模型建立；

三维数值模型建立。

在确定好的各种荷载工况下，分别以两种计算模型为基础，分析隧道纵向沉降和变形，建立变形曲率与螺栓变形的关系、变形曲率与管片内力的关系、变形曲率与管片环缝张开量的关系。

2.4 设计控制标准及要求

2.4.1 符合现行规程、规范及标准的裂缝控制要求小于 0.2 mm

2.4.2 符合现行规程、规范及标准的变形控制要求

（1）管片环之间的错动量限值（抗剪）；

（2）螺栓的极限应力限值（强度）；

（3）环内管片变形限值（强度）；

（4）隧道纵向变形量和变形曲率限值（刚度）；

（5）环纵缝的张开量限值（防水）；

（6）立管结构变形限值（刚度或使用要求）。

2.4.3 垂直顶升顶力控制要求

（1）根据土体破坏计算得到的千斤顶最大顶力；

（2）根据管片承载能力或变形限值计算得到的千斤顶顶力限值；

（3）根据千斤顶顶力限值估算顶推支架需作用管片区域。

3 盾构隧道施工关键点

本工程隧道主要在②淤泥层中穿越，局部在④粉砂层、⑤黏土层和⑥黏土层中穿越，关键出洞段在⑭安山玄武岩和⑪粉质黏土混角砾层中穿越。隧道穿越土层软硬变化复杂，盾构隧道出洞区域前 40 m 岩层段采取新奥法施工，其中泵房外墙和支护桩体围护间采用钢筋砼拱墙（城门拱），作为回填土的支护和止水结构、大管棚止浆、定位墙。40 m 岩石段全部爆破开挖完毕后，盾构进行顶进开挖。全段隧道初期支护采用加强结构参数，不再进行二次衬砌，待盾构拼装好后，利用盾构进行预制管片的拼装并通过管片向外喷砂并注浆，使管片与初期支护形成完整的结构整体。

新奥法施工前，先行对该段隧道上部淤泥软土进行加固，加固要求必须达到：旋喷桩底部加固至中风化或者盾构底部至少 3 m，确保地下水及海水不能通过各类地层接触面渗入隧道内，此处是确保隧道安全的重要保证。

3.1　加固范围

（1）沿盾构轴线方向加固长度为：新奥法隧道 40 m 端头再往前延伸 8 m；

（2）加固宽度为：隧道中心线向两侧 11 m；

（3）盾构上下加固深度为：加固区靠近洞口一半区域从 −2 m 加固至盾构隧道底部以下 5 m（软土层情况），加固区靠海一半区域从 +0.0 m 加固至盾构隧道底部以下 5 m（软土层情况），同时若在加固深度范围内遇到岩层，需加固至风化岩。

3.2　加固技术要求

本加固工程采用二重管高压旋喷桩加固土体施工，设计桩径为 800 mm，相邻桩搭接 200 mm，有效桩长自地面至风化岩层，若盾构底部再往下加固 3 m 未达到风化岩层，就考虑加固 3 m。

本加固工程采用二重管高压喷射注浆法施工，以保证旋喷注浆影响半径达到 400 mm。主要注浆材料为 PC.32.5 复合硅酸盐水泥。水泥用量为：水泥浆液水灰比为 0.8:1，水泥掺入量为约 500 kg/m^3。加固土体 28 天无侧限抗压强度不小于 1.0 MPa。

3.3　特殊区域处理

在高压旋喷桩施工过程中，根据施工中旋喷桩桩底标高情况分析，岩层标高在新奥法隧道设计长度终点处仍高于隧道底标。由于定位套管已埋设，倾角已无法改变，且受传统管棚本身工法限制，原新奥法方案中大管棚打设长度受限，根据经验和地质情况宜小于 45 m，最大不超过 50 m。实际探明的岩层与隧道交界的距离均大于原方案设计隧道长度和 50 m，原施工方案已无法满足本工程岩层段岩石清除施工，后根据补勘资料，针对新增岩层段岩石清除施工形成冲孔清障施工方案，将出洞段盾构轴线区域岩石全部清理，从而保证盾构机顺利安全出洞掘进施工。

4　结论

本工程盾构法隧道在 AP1000 核电中的成功应用将开拓该结构在 AP1000 核电厂取排水隧道领域新的应用。

（1）通过标准段、特殊段及立管的计算工况确定及计算模型选择给盾构法隧道设计提供了有效的参考依据；

（2）通过本工程盾构法隧道穿越复杂地形的地基处理给同类型工程提供工程借鉴。

参考文献

［1］刘建航，侯学渊．盾构法隧道［M］．北京：中国铁道出版社，1991：183－197．

［2］日本土木学会．隧道标准规范（盾构篇）及解说［M］．朱伟，译．北京：中国建筑工业出版社，2001：68－73．

［3］Working Group No.2，International Tunneling Association．Guidelines for the design of shield tunnel lining［J］．Tunneling and Underground Space Technology，2000，15（3）：303－331．

［4］朱合华，陶履彬．盾构隧道衬砌结构受力分析的梁－弹簧系统模型［J］．岩土力学，1998，19（2）：26－31．

［5］朱伟，黄正荣，梁精华．盾构衬砌管片的壳－弹簧设计模型的研究［J］．岩土工程学报，2006，27（12）：2154－2158．

［6］苏宗贤，何川．盾构隧道管片衬砌内力分析的壳－弹簧－接触模型及其应用［J］．工程力

学，2007，24（10）：131-136.
［7］张建刚，何川，杨征．大断面宽幅盾构管片三维内力分布分析［J］．岩土力学，2009，30（7）：2058-2062.
［8］张海波，殷宗泽，朱俊高，等．盾构法隧道衬砌施工阶段受力特性的三维有限元模拟［J］．岩土力学，2005，26（6）：990-994.
［9］陈俊生，莫海鸿，梁仲元．盾构隧道施工阶段管片局部开裂原因初探［J］．岩石力学与工程学报，2006，25（5）：906-910.
［10］刘建航，侯学渊．盾构法隧道［M］．北京：中国铁道出版社，1991.
［11］高大钊．软土地基与地下工程（第二版）［M］．北京：中国建筑工业出版社，2005.
［12］DL/T 5339—2006 火力发电厂水工设计规范［S］．2006.

三代非能动电厂 ADS 第 4 级爆破阀前隔离阀设计变更影响分析

徐磊磊，何建东，李肇华，仇永萍

（上海核工程研究设计院有限公司，上海　200233）

摘要：某三代非能动核电厂热试期间，巡检发现在反应堆冷却剂系统（RCS）一回路冷却剂温度和压力达到某个特定值时自动卸压系统（ADS）第四级 B/D 列管道振动剧烈。在采取调整螺栓、拉杆管夹等措施后仍无法消除振动。相关专业通过分析针对 ADS 第四级隔离阀确定了七种调整方案，概率安全评价（PSA）专业针对七种方案从安全性的角度给出了评价。

关键词：非能动核电厂；概率安全评价

Analysis of the Influence of Design Change of Isolation Valves in Front of the ADS 4th Stage Squib Valves in the Generation Ⅲ Passive Nuclear Power Plant

XU Leilei，HE Jiandong，LI Zhaohua，QIU Yongping

（Shanghai Nuclear Engineering Research & Design Institute Co.，Ltd.，Shanghai 200233，China）

Abstract: During the hot test of a generation Ⅲ passive nuclear power plant，when the temperature and pressure of the coolant in the reactor coolant system（RCS）loop reached a certain value，inspection found that the vibration of the 4th stage lines（B and D）of the Automatic Depressurization System（ADS）was very severe. The vibration cannot be eliminated by taking measures such as adjusting bolts and tie rod clamps. The relevant professional identified seven adjustment options for the isolation valves of the 4th stage lines（B and D）of ADS. The probabilistic safety assessment（PSA）gave an evaluation of the seven schemes from the perspective of safety.

Key words: Passive Nuclear Power Plant；Probabilistic Safety Assessment

自动卸压系统（ADS）如图 1 所示，由 4 个不同级别、依次开启的阀门组成。这些阀门的功能是以可控的方式降低反应堆冷却剂系统（RCS）的压力使得来于安注箱以及安全壳内置换料水箱（IRWST）的安注流量达到要求安注流量。它们和非能动堆芯冷却系统（PXS）

作者简介：徐磊磊（1982—　），男，河北人，高级工程师，硕士研究生，现主要从事核电厂 PSA 相关工作

一起主要用于缓解冷却剂丧失事故。

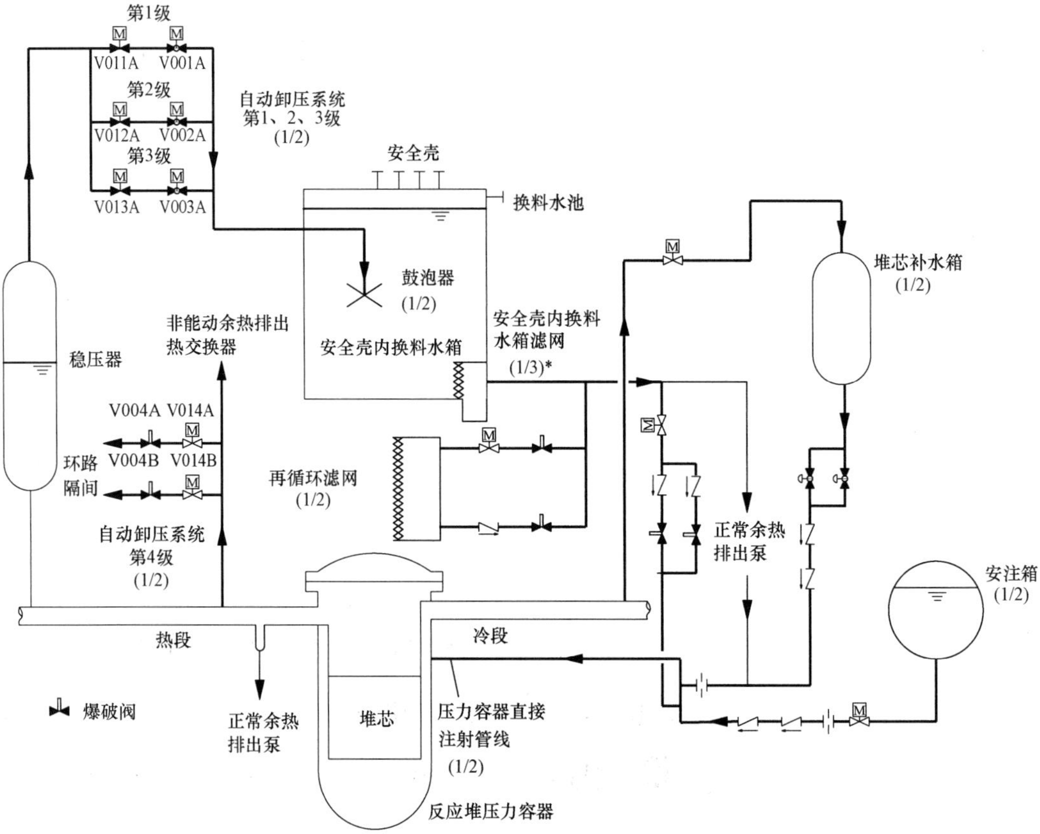

图 1　自动卸压系统简图（标注编号的为自动卸压系统设备）

某三代非能动核电厂热试期间，巡检发现在一回路冷却剂温度和压力达到某个特定值时 ADS 第四级 B/D 列管道振动剧烈。将支承螺栓拧紧后，当时有效果，降温重新升温后又出现振动。后续调整拉杆管夹的方向，没有效果；后续参与振动测量时发现振动频率与温度有关；通过改变支架东西两侧间隙并将阻尼器改为刚性支架，以改变管系刚度来减小振动，实施后效果不够明显。

1　自动卸压系统简介

ADS 是 RCS 的一个子系统。ADS 与 PXS 一起运行可缓解失水事故（LOCA）的后果。ADS 的安全有关功能是在小破口失水事故时使 RCS 自动卸压使 PXS 可以充分地冷却堆芯。

ADS 第 4 级阀门分成相同的两组，每组各包含两条管线。每组有一条连接到 RCS 的一个热段的入口集管。每组第 4 级阀门分别将流体排放到相关的 RCS 回路隔间上，其位置高于事故后水淹的最高位置。4 条第 4 级阀门管线上都串联有两台阀门：一台是位于上游的公称直径约为 DN350 的常开隔离阀（电动阀）；另一台是位于下游的公称直径约为 DN350 常关的爆破阀。

ADS 第 4 级阀门误开启将导致大破口失水事故（LLOCA），而在失水事故后果缓解中，如 ADS 第 4 级阀门未能在需要时开启，将严重影响事故的缓解进程。

2　原因分析

2.1　振动原因分析

通过对比不同温度下振动测量数据的频谱与理论计算的声振动频率对照，用 ANSYS 计算了 ADS4 分支管的声频率，初步推断是声振动引起的。用 CFD 方法模拟主回路与 ADS4 分支的三通处的流体压力脉动，验证了三通处流体激励。管道的频率分析发现 24 Hz 附近有固有频率（参与质量为 10%的总质量）。

爆破阀分支管线振动的原因是：在主回路三通流体产生压力脉动，压力脉动被爆破阀滞流分支锁定并放大，产生的压力波激发了管线结构振动。参考秦山某仪表管振动的处理经验，仪表管的振动与 ADS4 的振动现象类似。

2.2　数据分析

分析了修改后管线的振动测量数据并形成瀑布图。原有模型的分析文件计算显示，在 24 Hz 附近有较大参与质量的振型。把原有阻尼器改为拉杆后计算得到的管道固有频率有 20.43 Hz 和 35 Hz，从瀑布图可以看出隔离阀打开后，随温度变化声振动的频率从 26 Hz 逐渐降低到 24 Hz。随着激励频率距离管道固有频率越来越近，结构振幅明显增大。由振动幅值与频率推测，管道结构的固有频率需要避开激振频率±20%才能有效降低结构响应。

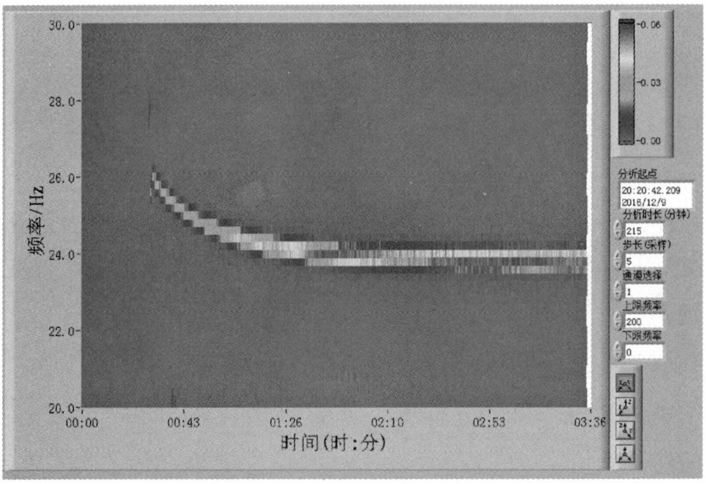

图 2　V004D EW 向瀑布图 20～30 Hz（瀑布图步长：5 s）

对该机组进行锤击试验。现场状态为常温常压，主回路半管流动，RCS－PH－11R0387 常温常压状态 *Y* 方向两边都是有间隙的，爆破阀上的两个阻尼器已经拆除。根据以上条件建立管道模型得到频率计算结果，与敲击试验结果对比如表 1 所示。

表 1　计算频率与敲击试验频率对比结果

阶次	计算频率/Hz	敲击频率/Hz
6	6.42	7
7	8	
8	9.33	
9	17.08	17

续表

阶次	计算频率/Hz	敲击频率/Hz
10	21.38	23
11	25.32	26
12	30	
13	33.05	33
14	41.95	39
15	51.76	47

对比发现，锤击结果与计算结果是比较符合的，说明模型的设置是合理的，能够比较准确地反映实际情况。

3 处理方案

根据上节的分析，给出了以下四个方面的修改方案。

（1）消除振源；

（2）调整声振动频率；

（3）调整隔离阀（更换阀体类型或改变状态）；

（4）调整支架，改变管线固有频率。

3.1 消除振源

由于振源在于三通处漩涡脱落引起的压力脉动，考虑在不影响管道强度的前提下，修改三通处的管道结构从而改变压力脉动的影响。

图 3 为 ADS4 管道三通处的剖面图，考虑增加圆角的半径来降低压力脉动的声压级。基于简化模型分别针对 9.5 mm、20 mm、30 mm 和 80 mm 的倒角半径进行计算，结果显示，将倒角半径增大至 80 mm 对压力脉动的频率和声压级没有降低。

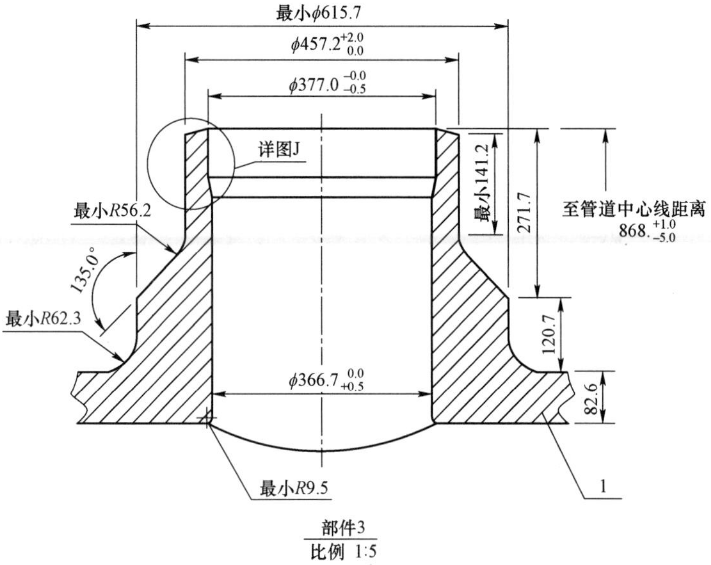

图 3　ADS4 管道三通处剖面图

针对此方案需进一步增大倒角半径进行计算分析。

3.2　调整斯托罗哈尔数

根据理论公式计算得到不同工况下的斯特罗哈数范围为 $0.3<S_t<0.45$，可增加或缩短管段长度来调整数值。若要消除声振动的影响，需要避开 $0.2<S_t<0.6$ 的范围。如若考虑 $S_t<0.2$ 则需要增加 18 m 低温管道，考虑布置的可操作性，初步建议方案下图，此方案暂为布置提供的可行方案，需要力学进一步计算确定其合理性。

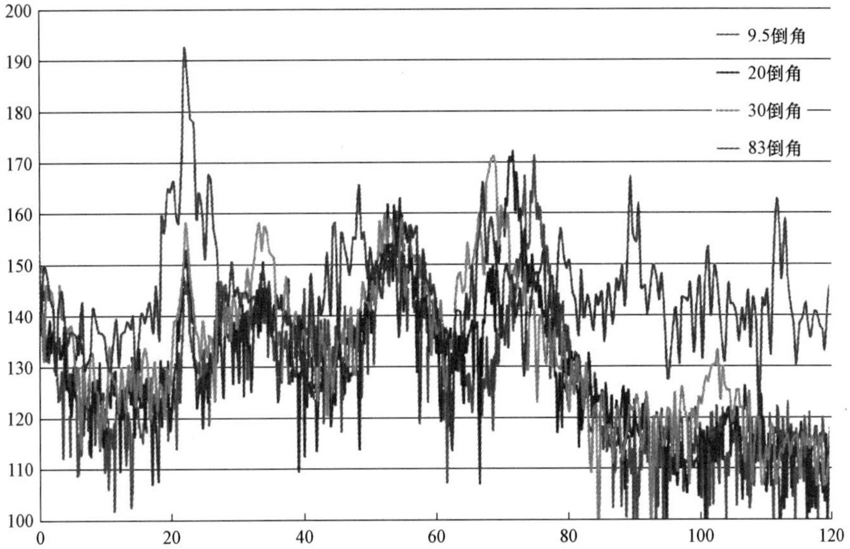

图 4　不同倒角半径下压力脉动的频率和后压级

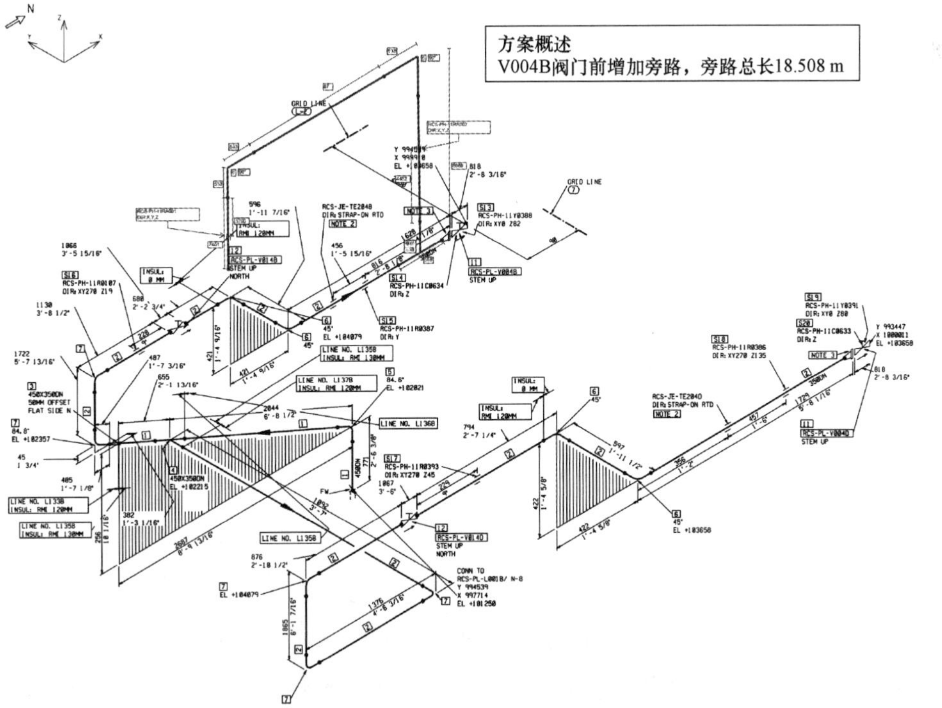

图 5　增加低温管道布置方案

3.3 隔离阀调整方案

根据运行经验，关闭该隔离阀可以有效降低管线振动，如将该阀门由常开阀门改为常关阀门则可消除热态运行期间的振动问题。需针对以下七种调整方案进行分析和评价（见表 2）。

表 2　ADS 第 4 级隔离阀调整方案

<table>
<tr><th>方案</th><th>对系统功能的影响</th><th>对现场的影响</th><th>其他潜在影响</th></tr>
<tr><td>一、采用 4 台常关电动阀</td><td rowspan="3">不影响维修隔离和事故后恢复功能</td><td rowspan="5">需要设置压力平衡旁路，需对 PMS 和 DAS 系统进行修改</td><td></td></tr>
<tr><td>二、仅环路 2 采用 2 台常关电动阀</td><td></td></tr>
<tr><td>三、仅环路 2 采用 1 台常关电动阀</td><td></td></tr>
<tr><td>四、采用 4 台常关、失效开的气动阀</td><td rowspan="2">影响维修隔离和事故后恢复功能</td><td>执行机构的研制、鉴定需要较长时间</td></tr>
<tr><td>五、仅环路 2 采用 2 台常关、失效开的气动阀</td><td>执行机构的研制、鉴定需要较长时间</td></tr>
<tr><td>六、在母管上设置隔离阀</td><td>不影响维修隔离和事故后恢复功能</td><td rowspan="2">需要大量的管道切割、焊接和支撑改造工作</td><td></td></tr>
<tr><td>七、取消隔离阀</td><td>影响维修隔离和事故后恢复功能</td><td></td></tr>
</table>

3.4 调整支架固有频率

调整支架的方案需要避开 17～27 Hz，至少要避开 17～24 Hz。经过试算，能够满足要求且评定能够通过的方案有以下三种。

方案一：将 11R0393、11R0107、11R0386，3 个拉杆改为阻尼器，V014B 阀门 0.75 ft（1 ft= 30.48 cm）后增加阻尼器。计算得到的第十一阶频率为 16.39 Hz，第十二阶频率为 27.08 Hz。

方案二：11R0107 和 11R0393 拉杆改为阻尼器，V014B 阀门 0.75 ft 后增加阻尼器，在管道竖直管段两个弯头位置增加质量各 250 kg。计算得到的第十一阶频率为 17.27 Hz，第十二阶频率为 27.05 Hz。

方案三：11R0393 拉杆改为阻尼器，V014B 阀门 0.75 ft 后增加拉杆，在管道竖直管段两个弯头位置增加质量各 250 kg。计算得到的第十阶频率为 16.83 Hz，第十一阶频率为 28.33 Hz。

4 定量评估

针对上一节给出的“隔离阀调整方案”进行定量评估。

4.1 方案

3.3 节给出了七个隔离阀调整方案，根据工艺系统专业反馈，方案六和方案七需要大量的现场改造工作且影响系统功能，因此不推荐。所以本节不需对这两个方案进行定量评估。以下对方案一至方案五进行了进一步的说明。

方案一：将 ADS 第 4 级爆破阀前隔离阀设为常关电动阀；

方案二：将 ADS 第 4 级爆破阀前隔离阀设为常关气动阀；

方案三：将非稳压器一侧的 ADS 第 4 级爆破阀前隔离阀（B 和 D 列）设为常关气动阀；

方案四：将非稳压器一侧的 ADS 第 4 级爆破阀前隔离阀（B 和 D 列）设为常关电动阀；

方案五：将非稳压器一侧的 ADS 第 4 级爆破阀前隔离阀两个中的一个（B 或 D 列）设

为常关电动阀。

4.2　建模方法及假设

4.2.1　建模方法

以该三代非能动核电厂设计最终安全分析报告（FSAR）相关 PSA 模型为基础，针对五个方案分析进行建模。

针对方案一、四、五，ADS 第 4 级爆破阀前隔离阀类型变更为常关电动阀，在 PSA 模型中需要考虑常关电动阀在需要时不能打开、丧失动力电源及丧失控制信号等失效模式。根据依托项目负荷文件，ADS 第 4 级爆破阀前电动隔离阀的动力电源分别为 IDSA－DK－1、IDSB－DK－1、IDSC－DK－1 和 IDSD－DK－1。

针对方案二、三，ADS 第 4 级爆破阀前隔离阀变更为常关气动阀，且气动阀设计为失电失气开，在 PSA 模型中可不考虑丧失气源造成的不能打开，仅需要考虑常关气动阀在需要时卡开，丧失控制信号等失效模式。

4.2.2　建模假设

综合上述描述，并结合 PSA 建模经验，本次定量化给出以下假设：

（1）假设方案一、四、五中常关电动阀以及方案二、三中常关气动阀的控制信号与爆破阀为一个信号，不需要重复模化。

（2）参考 ADS 第 2、3 级管线上的常关电动阀，保守假设方案一、四、五中常关电动阀也应该定期开展试验，所以需要考虑试验维修导致的不可用。

4.2.3　共因事件

本次分析中，除方案五仅需新增一个常关电动阀的失效模式外，其他四个方案均需增加 2 个或 4 个同类阀门，所以在分析中针对这四个方案分别考虑了共因失效，并根据 FSAR 设定了共因参数。

4.3　定量化

根据 4.2 节相关描述，对五个方案相关模型进行定量化，给出堆芯损伤频率（CDF）和大量放射性释放频率（LRF）并将定量化结果与基础模型进行比较。在表 3 中给出了定量化结果及 CDF 和 LRF 的变化比例。

表 3　定量化结果及影响比例

方案	模型	增加基本事件	是否考虑供电	是否考虑供气	是否考虑仪控	是否考虑维修	是否考虑共因	CDF 结果/（堆年）$^{-1}$	CDF 影响比例/%	LRF 结果/（堆年）$^{-1}$	LRF 影响比例/%
	基础模型（常开电动阀）	—	—	—	—	—	—	1.942×10^{-7}	—	1.737×10^{-8}	—
一	考虑常关电动阀	AD4MV14ACO AD4MV14BCO AD4MV14CCO AD4MV14DCO	是	—	否	AD4MV14ATM AD4MV14BTM AD4MV14CTM AD4MV14DTM	是	2.339×10^{-7}	+20.2	2.236×10^{-8}	+28.7
二	考虑常关气动阀（失电失气安全）	AD4AV014ACO AD4AV014BCO AD4AV014CCO AD4AV014DCO	否	否	否	否	是	2.295×10^{-7}	+18.2	1.955×10^{-8}	+12.6
三	非稳压器一侧考虑常关气动阀（失电失气安全）	AD4AV014BCO AD4AV014DCO	否	否	否	否	是	2.055×10^{-7}	+5.8	1.807×10^{-8}	+4.0

续表

方案	模型	增加基本事件	是否考虑供电	是否考虑供气	是否考虑仪控	是否考虑维修	是否考虑共因	CDF 结果/（堆年）$^{-1}$	CDF 影响比例/%	LRF 结果/（堆年）$^{-1}$	LRF 影响比例/%
四	非稳压器一侧考虑常关电动阀	AD4MV14BCO AD4MV14DCO	是	—	否	AD4MV14BTM AD4MV14DTM	是	2.141×10^{-7}	+10.2	1.991×10^{-8}	+14.6
五	非稳压器一侧考虑常关电动阀（B/D）	AD4MV14BCO/ AD4MV14DCO	是	—	否	AD4MV14BTM/ AD4MV14DTM	否	1.987×10^{-7}	+2.3	1.764×10^{-8}	+1.6

4.4 结论

由表 3 中定量化结果可知，前四种隔离阀调整方案对 CDF 的影响相对较大，但是影响后的 CDF 仍然在很小的量级。结合表 2 中各方案对现场影响和其他可能潜在影响，方案五（将环路 2 的 1 台 ADS 4 隔离阀调整为常关电动阀）对现场和设备功能影响最小，且对电厂安全影响较小，可行性最高。本节给出的定量化结果可以为调整方案的确定提供理论依据。

5 后续项目改进措施及落实情况

本文根据上游工艺专业需求对 AP1000 依托项目 ADS 第 4 级管道振动问题隔离阀调整方案进行 PSA 分析，鉴于后续项目具体采取何种改进方案需要考虑相关设备采购情况、设备鉴定、布置设计、安审要求等多个方面，具体采取何种改进方案由工艺专业最终确定。

在此案例中，通过 PSA 对初步给出的五个方案进行评估，得到对电厂风险影响的定量见解，为在确保核电厂安全的前提下确定更加合理的改进方案提供了技术支撑。由此可见，PSA 分析不仅仅是核电厂分析设计中发现薄弱环节、诊断故障、指导运行、制定维修策略、进行安全决策的重要工具，还能指导核电厂设计改进和设计变更。

超设计基准地震下燃料组件抗震能力评价方法研究

徐时吟，孙靖雅，周云清，朱丽兵

（上海核工程研究设计院有限公司，上海　200233）

摘要：基于超设计基准地震下燃料组件抗震能力的评价需求，在对通用设备易损度分析方法调研的基础上，结合反应堆燃料组件安全要求和抗震性能评价的特点，研究并建立了超设计基准地震下燃料组件抗震能力评价方法。以某核电厂 AP1000 燃料组件为对象，采用上述评价方法开展了燃料组件的高置信度低失效概率（HCLPF）值计算，对超设计基准地震下 AP1000 燃料组件的抗震能力进行评价。

关键词：抗震能力；易损性；高置信度低失效概率；燃料组件

Method for Seismic Capability Evaluation of Fuel Assembly under Beyond Design Basis Earthquake

XU Shiyin，SUN Jingya，ZHOU Yunqing，ZHU Libing

（Shanghai Nuclear Engineering Research & Design Institute Co.，Ltd.，
Shanghai 200233，China）

Abstract: Due to the requirement of evaluating the seismic capability of fuel assembly under beyond design basis earthquake，the analysis method is studied and established. It is based on the investigation of fragility analysis of general equipment，and combined with the characteristics of safety requirements and seismic performance evaluation of fuel assembly. Taking the AP1000 fuel assembly of a nuclear power plant for example，the high confidence and low failure probability (HCLPF) value of the fuel assembly is calculated，and its seismic capacity under the earthquake beyond the design basis is evaluated.

Key words: Seismic Capacity；Fragility；High Confidence of Low Probability of Failure；Fuel Assembly

地震是核电厂主要外部事件之一，对核电厂安全评价具有重要影响。由于地震的随机性，加上对于地震在认识上的局限性，核电厂厂址地区存在发生大于安全停堆地震（SSE）的可

作者简介：徐时吟（1986—　），男，上海人，博士，工程师，现主要从事燃料和相关组件力学相关的研究工作

能[1]。历史上曾经发生过多起超设计基准地震事故，如 2007 年日本新泄的柏崎市刈核电厂遭受了 6.8 级地震，2011 年 8 月美国弗吉尼亚的北安娜核电厂遭受了 5.8 级地震，而最知名的当属 2011 年的日本福岛核事故。这些超设计基准事故对世界核工业的发展都造成了深远的影响。

HAF 102—2016[2]中明确规定“设计必须适当考虑确定论安全分析和概率论安全分析的结果，保证已经适当考虑了事故的预防和事故后果的缓解”，其中的概率论安全分析主要针对的就是超设计基准地震。在参考文献［3］中采用高置信度低失效概率（HCLPF）值评价核电厂在超设计基准地震下的抗震能力，一般不低于 SL－2 的 1.5 倍。

针对超设计基准地震，通常采用地震概率安全评价（SPSA）以及地震裕度评价（SMA）方法开展核电厂地震安全评价，目前这两种方法都得到了较为广泛的应用[4]。其中 SPSA 方法通过开展电厂地震风险的定性和定量评价，可以得到电厂系统、部件和构筑物（SSC）的抗震能力，还可以得到电厂的堆芯损伤风险和对公众产生不利影响，发现电厂在地震灾害下的薄弱环节。构筑物/设备易损度是 SPSA 分析的重要输入之一，通过易损度分析确定给定地震动下构筑物/设备的条件失效概率。易损度分析中，针对影响易损度的各种参数，开展中值以及不确定性分析，最终复合后获得设备的易损度曲线，得到高置信度低失效概率（HCLPF）抗震能力[5]。值得注意的是，由于在地震危害性分析过程中存在很多不确定性，给 SPSA 的分析结果带来很大的不确定性。

燃料组件是核电厂的核心部件和第一道安全屏障，组件的寿命和可靠性是保证和提高核电厂安全性和经济性的关键，直接关系到反应堆的安全运行。燃料组件作为核安全相关部件，属于抗震Ⅰ类部件。根据《核电厂标准审查大纲》（NUREG—0800）SRP4.2[6]，需要确保地震工况下燃料组件的功能和结构完整性，发生地震事故时不得出现燃料棒破碎，并保证控制棒组件的可插入性。与此同时，还需要通过易损度分析对超设计基准地震下燃料组件的抗震能力作进一步评价。

针对燃料组件易损度分析所开展的研究工作在公开文献中并不多见。Manuel Pellissetti[7]等人分别采用 CDFM 方法和详细易损度方法针对反应堆停堆系统开展了研究工作，得到了其 HCLPF 值，由比较可知该系统的主要失效模式是燃料组件格架压塌。同时研究结果指出，通过 CDFM 方法计算得到的 HCLPF 值小于详细易损度方法的计算结果，CDFM 方法具有更大的保守性。在上述研究工作的基础上，Manuel Pellissetti[8]进一步对格架永久变形量以及最大碰撞载荷对燃料组件抗震能力的影响规律进行了研究，指出组件抗震能力的主要取决于其对于格架变形的承受能力。日本核能安全组织（JNES）[9]在 2002—2012 年期间针对一系列核安全级设备开展了相关的易损度试验，获得了实际设备的易损度数据，建立并完善了适用于核电厂地震概率风险评估（SPRA）的易损度数据库，其中一项重要工作就是对燃料组件在超设计基准地震下的控制棒可插入性进行评估。

本文对燃料组件易损度分析方法开展了研究工作，为依托项目燃料组件在超设计基准地震下的抗震能力评价提供支持。以某电厂 AP1000 燃料组件作为示例，采用详细易损度分析方法（FA）计算燃料组件的 HCLPF 值，对超设计基准地震下燃料组件的抗震性能进行评价。

1 燃料组件易损度分析方法

1.1 设备易损度概述

易损度是给定失效模式以及地面运动参数（通常采用峰值地面加速度 PGA 或者不同频率

下的谱加速度 S_a）下设备的条件失效概率。开展易损度分析的目的是在特定的失效模式下，通过地面运动参数对设备的抗震能力进行评价。

设备易损度是 SPSA 分析的重要输入，SPSA 模型将设备抗震能力看作具有某种概率分布的随机变量，分布形式以及设备的失效模式等都存在不确定性，根据设备抗震能力所对应的概率分布可以得到易损度曲线。考虑到不确定性，通过一组易损度曲线来表示设备易损度。不同的失效模式和概率分布参数对应于不同的易损性曲线，通过易损度曲线的主观权重值反映其置信度。易损度介于 0 和 1 之间，随着 PGA 的增大易损度趋近于 1。图 1 中分别给出了高置信度（95%）、中值置信度和低置信度（5%）下的易损度曲线，表现出了设备的抗震能力及相关的不确定性。其中，在 95%置信度的易损度曲线上 5%条件失效概率对应的易损度值被称为高置信度低概率失效（HCLPF）能力[10]。核电厂的构筑物、设备和部件的抗震能力通常用 HCLPF 来表示。

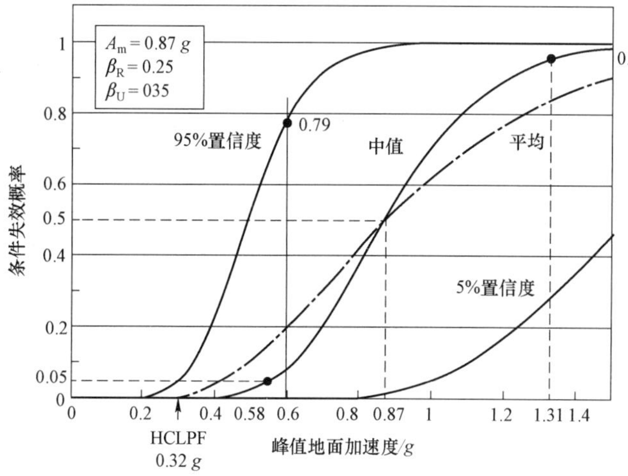

图 1 易损度曲线族示例

根据参考文献［11］，假定设备所能承受的地面运动加速度能力 A 服从双对数正态分布。在给定的失效模式下，设备易损性曲线可通过地面加速度抵抗能力中值和两个随机变量表示：

$$A = A_m e_R e_U \tag{1}$$

式中，A_m 为设备抗震能力的中值，e_R 和 e_U 分别为随机不确定度和认知不确定度，它们是服从中值为 1 的对数正态分布，它们的对数标准偏差分别为 β_R 和 β_U，通过上述参数可以确定设备的地震易损度。当地震产生的地面加速度运动 a 超过了设备抗震能力 A 时，认为设备在地震下失效。由公式（1）可以给出地面运动加速度 a 对应的设备条件失效概率 P，即设备的地震易损度：

$$P(a,Q) = \Phi\left\{\frac{\ln\left(\dfrac{a}{A_m}\right) + \beta_U \Phi^{-1}(Q)}{\beta_R}\right\} \tag{2}$$

式中：Φ——标准正态概率累积分布函数；

Q——条件失效概率小于 $P(a,Q)$ 的概率（即置信度），通过该值可得到 1 组易损性曲线。

1.2 设备的失效模式

设备易损度与其失效模式相对应，开展易损度分析首先要明确设备的失效模式。设备失效模式可以分为三类，分别为弹性功能性失效、脆性失效以及延展性失效。

（1）弹性功能性失效指设备丧失其设计功能，即设备在应力低于结构屈服强度时就丧失了其功能。针对失效模式为弹性功能性失效的设备，认为发生功能失效时的载荷对应于设备最大抗震能力。

（2）脆性失效指系统不能或只能吸收少量的非弹性能，发生脆性失效时结构的塑性区域极为有限。脆性模式失效下的结构强度可以通过材料极限强度计算得到。

（3）延展性失效指结构在失效时能通过非弹性形变吸收大量的能量。对于拉伸载荷，可采用材料的有效屈服强度计算设备在延展性失效模式下的结构强度。对于弯曲载荷，可将强度定义为极限载荷或者作用在铰链机构上的载荷。

开展易损度分析时应结合设备自身的特点，确定其主要失效模式，然后分别针对这些主要失效模式进行易损度分析，最终根据设备抗震能力最低的失效模式来确定设备的易损度曲线。

1.3 基于 FA 方法的易损度分析

根据参考文献［10］，采用 FA 方法开展设备易损度评价时，需要综合考虑结构反应、设备能力和设备反应等因素的影响。在特定失效模式下给出设备的中值抗震能力 A_m、随机性不确定性 β_R 和认知不确定性 β_U，并基于上述参数计算得到设备的 HCLPF 值。在分析过程中常见的方法主要有两种。一种是比例化方法，在标准设计的基础上开展易损度分析，释放每一步分析过程中的保守性，并将参考地面反应谱按比例放大。比例化方法工作量小，不用重新开展相关计算就能对设备易损度作出快速评价。除此之外，也可以采用特定厂址在参考 PGA 下的地震动作为输入，重新开展抗震计算，并基于计算结果进行易损度分析。这种方法的工作量较大，但得到的设备易损度结果精度更高。

根据计算得到的设备中值强度 A_m、随机不确定性 β_R 和认知不确定性 β_U，获得其易损度曲线。中值强度 A_m 可表示为：

$$A_m = F_m A_{RLE} \tag{3}$$

式中：F_m——综合考虑各影响因素后的中值裕量因子（或称安全因子）；

A_{RLE}——审查级地震对应的峰值地面加速度。

针对各个影响设备易损度的因素，存在相应的裕量因子 $(F_m)_i$、随机不确定性 $(\beta_R)_i$ 和认知不确定性 $(\beta_U)_i$，其中裕量因子 $(F_m)_i$ 是相对于审查级地震下设备实际反应而言的。根据式（3）可基于 $(F_m)_i$、$(\beta_R)_i$、$(\beta_U)_i$ 确定复合后的中值裕量因子 F_m、认知不确定性 β_U 和随机不确定性 β_R。

$$\begin{cases} F_m = \prod_{i=1}^{n} (F_m)_i \\ \beta_R = \sqrt{\sum_{i=1}^{n} (\beta_R)_i^2} \\ \beta_U = \sqrt{\sum_{i=1}^{n} (\beta_U)_i^2} \end{cases} \tag{4}$$

设备的安全因子包括结构反应因子、设备反应因子和设备能力因子，所有安全因子均都按照中值考虑，忽略上式中的下标 m，则有：

$$F_E = F_C F_{RE} F_{SR} \tag{5}$$

式中：F_E——设备的中值裕量因子；

F_C——设备能力因子；

F_{RE}——设备反应因子；

F_{SR}——构筑物反应因子。

设备能力因子 F_C 是使设备功能失效的地震加速度水平与设计基准地震加速度水平的比值，其与失效模式密切相关。F_C 可通过设备强度因子 F_S 和非弹性能吸收因子 F_μ 相乘获得，设备强度因子 F_S 可按下式计算：

$$F_S = \frac{S - P_N}{P_T - P_N} \tag{6}$$

式中：S——设备强度，取决于具体失效模式；

P_N——正常运行载荷引起的应力；

P_T——设备所受总载荷（即 A_{SSE} 下地震载荷加上正常运行载荷）引起的应力。

而构筑物反应因子 F_{SR} 和设备反应因子 F_{RE} 可以通过将表 2-1 中各因素对应的安全因子连乘后计算得到。

不确定性β_i（β_R 或β_μ）可以通过下式计算得到[5]：

$$\beta_i = \frac{1}{|\phi|}\ln\left(\frac{F_{\phi\sigma_i}}{\breve{F}}\right) \tag{7}$$

式中：$F_{\phi\sigma_i}$——第 i 个参数的放大因子在ϕ个标准偏差（σ）水平下的放大因子；

$\breve{F}$——第 i 个参数的中值放大因子；

ϕ——参数通常取 1，偏差方向选择抗震能力较低的一侧，即取 –1 倍标准偏差（$\phi = -1$）。

采用修正后的参数进行重新分析，计算中其他参数都取中值，得到放大因子 $F_{-1\sigma_i}$，将其代入式（7）获得β_i。

得到中值强度 A_m、随机不确定性β_R 和认知不确定性β_U 之后，可以根据下式绘制不同置信水平 Q 下的设备易损度曲线：

$$F(a \leqslant A) = \Phi\left(\frac{\ln\left(\dfrac{A}{A_m}\right) + \beta_U \Phi^{-1}(Q)}{\beta_R}\right) \tag{8}$$

式中：$F(a \leqslant A)$表示峰值地面加速度不超过 A 时的设备条件失效概率。

可以根据式（9）计算得到设备的高置信度低失效概率的抗震能力（HCLPF）值：

$$\text{HCLPF} = A_m \times \text{EXP}[-1.65 \times (\beta_R + \beta_U)] \tag{9}$$

1.4 燃料组件易损度分析方法

燃料组件易损度分析是在燃料组件抗震分析的基础上开展的。参照采用 FA 方法的设备易损度分析过程，燃料组件易损度分析需要综合考虑结构反应、反应堆设备系统反应、燃料组件反应以及燃料组件抗震能力的影响。根据参考文献［5］，结合燃料组件抗震分析的流程，明确了易损度分析中需要考虑的因素。

影响结构反应的因素包括地面运动、阻尼比、建模、模态组合、时程模拟、地基–结构相互作用以及非弹性结构反应，影响反应堆设备系统和燃料组件反应的因素包括鉴定方法、阻尼比、建模、模态组合和地震分量组合。影响燃料组件抗震能力的因素有强度因子和非弹性能吸收。采用 FA 方法对燃料组件进行详细易损度分析时，需要确定上述因素的中值裕量因子和对数标准偏差。

2 AP1000 燃料组件易损度分析示例

本章节以某核电厂 AP1000 燃料组件为对象，采用 FA 方法开展了燃料组件易损度计算，以此作为示例说明开展燃料组件易损度分析的具体计算流程。

燃料组件在安全停堆地震下需要满足两条准则：（1）不得因地震载荷发生燃料棒破碎；（2）必须保证控制棒的可插入性[6]。通过相关分析对地震载荷下的燃料棒包壳应力以及格架碰撞力进行校核。

通过强度分析对燃料棒包壳应力进行计算，包壳应力主要由地震作用下的组件变形以及正常运行工况载荷导致的。正常运行工况下的载荷为定值，包壳应力取决于地震作用下的组件最大变形量。由于一排燃料组件间隙有限，只要不出现格架压塌，组件最大变形量存在上限，因此燃料棒应力也存在上限。在最极限的情况下，对组件变形导致的燃料棒应力和正常运行工况下的燃料棒应力进行得加。得到的燃料棒应力小于其强度限值，也就是说即使发生超设计基准地震，只要不出现格架压塌，燃料棒就不会破碎，可以确保包壳的结构完整性。

格架压塌是燃料组件最主要的失效模式[7,8]，通过组件抗震分析对格架碰撞力进行计算。采用厂址的 FA 地震谱计算得到堆芯上下板和堆芯围筒的位移时程数据，以此作为输入开展水平方向的燃料组件抗震分析。图 2 和图 3 分别给出了用于燃料组件易损度分析的位移时程，同时在图中给出了标准设计所用的包络地震输入作为参考。

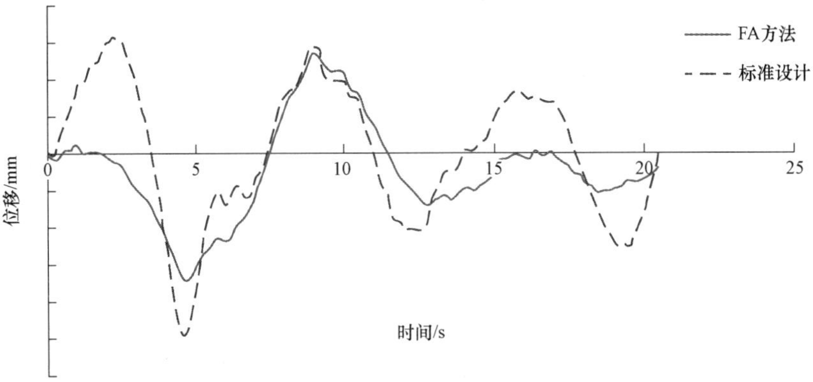

图 2　*X* 方向时程输入

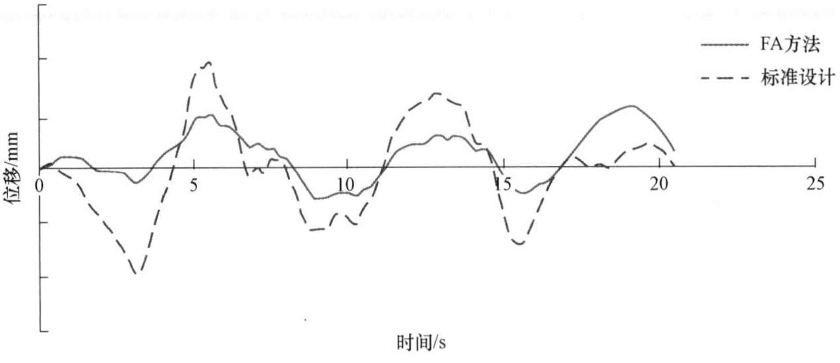

图 3　*Y* 方向时程输入

通过燃料组件抗震分析得到格架碰撞力，本文以采用 7 组燃料组件时的工况为例，说明 HCLPF 值的计算过程。表 2 中给出了格架碰撞力的计算结果，由结果可知此时最外侧组件与围筒之间的中间格架碰撞力最大，计算得到的燃料组件各格架位置的抗震裕量如表 3 所示。

表 2　7 个燃料组件工况下的格架碰撞计算结果

	围筒 – 组件之间中间格架最大碰撞力/kN	组件 – 组件之间中间格架最大碰撞力/kN	围筒 – 组件之间 IFM 格架最大碰撞力/kN	组件 – 组件之间 IFM 格架最大碰撞力/kN
X 方向	6.56	3.97	0.55	0.23
Y 方向	5.60	4.13	0.43	0.26

表 3　7 个燃料组件工况下的抗震裕量计算结果

	四周/MIG	内部/MIG	四周/IFM	内部/IFM
7X	3.54	8.19	12.22	42.10
7Y	4.20	7.61	15.27	36.99

根据燃料组件格架碰撞力及其限值，得到与强度因子相关的中值裕量因子。结合抗震分析过程中其余影响因素的中值裕量因子和不确定性，就可以计算得到燃料组件的抗震能力，即 HCLPF 值。采用 7 组燃料组件开展计算时，燃料组件的 HCLPF 值为 0.56*g*。

3　结论

本文针对燃料组件易损度分析方法开展了研究工作，为依托项目燃料组件在超设计基准地震下的抗震能力评价提供支持。以某电厂 AP1000 燃料组件作为示例，描述了采用详细易损度分析方法计算组件 HCLPF 值的具体过程。FA 方法能够考虑计算过程各个影响因素相关的裕量因子和不确定性，更深入地挖掘在燃料组件相关分析过程中的保守性，得到的燃料组件易损度结果更合理，更加符合实际情况。

参考文献

［1］蔡逢春，梁艳仙，叶献辉．蒸汽发生器非线性支承系统的抗震能力分析［J］．原子能科学技术，2015，49（7）：1260-1265．

［2］HAF102 核动力厂设计安全规定［S］．2016．

［3］环办核电函（2018）880 号关于征求核安全导则《核动力厂抗震设计与鉴定（征求意见稿）》意见的函［S］．2018．

［4］蔡逢春，叶献辉，刘文进．核电厂构筑物和设备高置信度低失效概率抗震能力值的计算方法［J］．核动力工程，2013，34（S1）．

［5］Methodology for Developing Seismic Fragilities［R］，EPRI TR-103959，Electric Power Research Institute，1994．

［6］U．S．Nuclear Regulatory Commission．NUREG 0800，Standard ReviewPlan，Section 4.2，Fuel System Design，Rev.3，2007．

［7］Pellissetti M，et al. Seismic Robustness of Reactor Trip via Control Rod Insertion at Increased Seismic Hazard Estimates［C］，In：Transactions，SMiRT-23，2015．

［8］PellissettiM，et al. Statistical analysis of impact forces and permanent deformations of fuel assembly spacer grids in the context of seismic fragility［C］. In：Transactions，SMiRT-24. 2017.
［9］Kennedy R，et al. Evaluation of JNES Equipment Fragility Tests for Use in Seismic Probabilistic Risk Assessments for U. S. Nuclear Power Plants［R］. NUREG/CR-7040，2011.
［10］付陟玮，等. 设备地震易损性分析方法研究［J］. 核科学与工程，2013，33（2）：213-218.
［11］王玉卿. 地震概率安全分析中地震易损度不确定性分布的研究[J]. 核科学与工程，2016，36（1）：109-115.

AP1000 机组常规岛电缆及构筑物的设计特点

徐晓晨，汪元姣

（中国电力工程顾问集团华东电力设计院有限公司，上海　200063）

摘要：AP1000 是西屋公司开发的一种双环路百万千瓦级的压水堆核电机组，作为新一代核电，常规岛布置厂房布置、电缆及构筑物要求均有别于常规核电工程。结合三门一期工程常规岛电缆设计情况，对 AP1000 机组常规岛电缆及构筑物设计特点进行介绍。并针对设计过程中出现的问题，提出优化及改进方案，为以后 AP1000 机组工程的电缆设计工作提供参考。

关键词：AP1000；常规岛；电缆；电缆构筑物

Design Features of Cable and Structure of Conventional Island in AP1000 Unit

XU Xiaochen，WANG Yuanjiao

（East China Electric Power Design Institute Co.，Ltd. of China Power Engineering Consulting Group，Shanghai 200063，China）

Abstract：AP1000 is a million-kilowatt-class double-loop PWR nuclear power unit developed by the Westinghouse. As a new generation of nuclear power，the plants layout of conventional is land and the requirements for cables and structures are different from the conventional nuclear power projects. Combined with the conventional island cable design in the first-stage project of the Sanmen Nuclear Power Plant，the CI（conventional island）cable and structure design features of the AP1000 unit is introduced. Besides，the optimization and improvement schemes are put forward for the problems in the design process in order to provide reference for the cable design of the AP1000 unit projects in the future.

Key words：AP1000；Conventional Island；Cable；Cable Structures

AP1000 是西屋公司开发的一种双环路百万千瓦级的压水堆核电机组，其主要特点有：采用非能动的安全系统，安全相关系统和部件大幅减少，60 年的设计寿命、数字化仪控室，易于建造（工厂制造和现场建造同步进行）等。

作者简介：徐晓晨（1986—　），男，上海人，工程师，学士，现主要从事发电厂电气设计工作

AP1000 主要安全系统，如余热排出系统、安注系统、安全壳冷却系统等，均采用非能动设计，系统简单，不依赖交流电源，无需能动设备即可长期保持核电站安全，非能动式冷却显著提高安全壳的可靠性。安全裕度大。针对严重事故的设计可将损坏的堆芯保持在压力容器内，避免放射性释放。

AP1000 作为新一代核电，常规岛厂房布置、电缆及构筑物要求均有别于其他堆型核电工程。本文结合三门核电一期工程常规岛电缆设计情况，对 AP1000 机组电缆及构筑物设计特点进行介绍、并针对设计过程中出现的问题，提出优化及改进方案，为以后 AP1000 机组工程的电缆设计工作提供参考。

1 电缆设计特点

1.1 电缆类型

AP1000 机组电缆，根据动力，控制和仪控电缆与核岛系统设备的相关性可以分成 A、B、C、D、N 和 S 几类，除非涉及核岛的电缆，常规岛的电缆原则上都为 N 型（非核安全级），电缆根据电压等级和应用场合的要求来分类。用字母代码来区分不同类型的电缆，如表 1 所示。

表 1 电缆类型表

类型代码	电缆额定电压	电缆类型及导体尺寸
W	15 kV、8 kV 动力电缆	l/C 120～500 mm^2
XB	600 V 动力电缆	3/C or 4/C 70～400 mm^2
XA	600 V 动力电缆	2/C、3/C、4/C 4～50 mm^2
Y	600 V 控制、仪控	1.5～25 mm^2
Z	600 V 仪控 300 V 热电偶光缆	≤1.5 mm^2

1.2 电缆选型

为适应国内电缆采购，电缆选型时，要求各种类型的电缆均应按相应的国家标准制造，各项性能均不应低于国家标准中所规定的指标，并能在本工程的环境条件下安全、可靠地运行，使用寿命还应不少于 60 年。电缆导体在环境温度为 40 ℃时，长期允许工作温度不应低于 90 ℃，短路时允许最高温度不应低于 250 ℃（短路时间不大于 5 s）。电缆还应满足低烟、无卤、阻燃要求。以三门核电一期工程为例，其电缆主要技术参数要求如下所示。

1.2.1 中压动力电缆

厂用电接线图中 10.5 kV 主母线向其负荷供电的电缆为中压电缆，导体的最小为截面 120 mm^2 的铜导体。

1.2.2 600 V 动力电缆

低压动力电缆：厂用电接线图中 400 V 母线向其负荷供电的电缆为低压动力电缆。

直流动力电缆：厂用电接线图中的 DC 220 V 母线向其负荷供电的电缆为低压动力电缆。

仪控的动力供给：向仪控设备供电的电缆，从仪控总配电盘的出线视为低压动力电缆。（仪控分配盘的出线视为控制电缆。）

其他动力供给：伴热，加热器（阀门），照明，以及其他动力电缆视为低压动力电缆。

主母线测量电路电缆：常规岛系统的金属外壳开关柜、动力中心、马达控制中心等的主母线测量电路电缆，根据其电压等级，被分类为中压动力电缆和低压动力电缆。

600 V 动力电缆可以是 1/C、2/C、3/C、4/C。多芯电缆需要有一根设备接地导体，且要有完整的护套，照明电路中最小的导体尺寸可以为 2.5 mm^2，安装在导管内。

1.2.3　控制电缆

仪控、通信控制电路的电缆：设备的控制电路和通信电路（包括光纤电缆的多元传输电路）电缆，比如常规岛系统数字控制单元、控制开关、继电器、限位开关、指示灯等的输入输出，都视为控制电缆。

另外，使用同轴导体的多元传输电路电线，出于干扰影响的考虑，视为仪控电缆。

仪控的动力供给：仪控分配盘的出线视为控制电缆。

控制电缆的尺寸一般不考虑载流量或者电压降。使用以下几个标准：

多导体及多组导体电缆用于相对电流较小以及需要间歇性操作来改变用电设备的运行状态的场合。低电流等级包括单相直流或者交流电流最高为 10 A。最小导体截面为 2.5 mm^2，除非电缆与 DCS 系统相连，可以使用 1.5 mm^2 的导体尺寸。CT 引线的最小导体截面为 6 mm^2。PT 引线最小应为 4 mm^2。在连接到 DCS 的时候需要用对绞屏蔽控制电缆。

1.2.4　仪控电缆

信号电路的仪控电线：如常规岛系统的测量信号电路，指示器，记录器，计算机输入，均属于仪控电缆。

对绞屏蔽电缆：一般用于低电压等级，50 V 以下的模拟或数字信号，传输低于 1 A 的信息。

仪控电缆选型时，需注意以下要求：

仪控电缆额定电压 600 V；通信电缆和热电偶导体额定电压 300 V。对角屏蔽控制线的最小导体截面为 1.5 mm^2，3 对及以上电缆的最小导体截面为 1.0 mm^2。热电偶电缆的导体应为实心导体，遵照 ANSI/ISA MC96.1 确定的误差限制。所有的控制电缆应充分屏蔽。需要金属屏蔽的时候，电缆屏蔽应为镀锡的铜排扰线。由镀锡铜排扰线构成的单独屏蔽应用于每条对绞或三绞线上，必要时需有总屏蔽。

1.2.5　光缆、同轴和三同轴电缆

光缆：用于通信系统和厂区控制系统。

同轴和三同轴电缆：为了达到特定的衰减，阻抗特性，比对绞电缆有更小的信号损失而特定设计的电缆结构。同轴电缆的最大长度应根据厂商以及现场电缆敷设确定。连接同轴电缆的设备厂商应详细提供电缆的型号和最大长度。

表 2　电缆选型表（芯线长期允许最高温度 90 ℃）

	型号	额定电压 U_0/U/kV	导体材料	绝缘材料	护套材料	屏蔽层
中压电力电缆	YJYJ	8.7/15	铜	交联聚乙烯	交联聚烯烃	铜带
低压电力电缆）	YJYJ	0.6/1	铜	交联聚乙烯	交联聚烯烃	低压电力电缆（阻燃）
控制电缆	KYJYJP2	0.6/1	铜	交联聚乙烯	交联聚烯烃	镀锡铜塑复合带

续表

	型号	额定电压 U_0/U/kV	导体材料	绝缘材料	护套材料	屏蔽层
计算机电缆	DJYJP2YJP2	0.6/1	铜	交联聚乙烯	交联聚烯烃	镀锡铜塑复合带（分屏+总屏）
热电偶补偿电缆	EX-GS-YJP2YJP2	0.3/0.5	镍铬—铜镍	交联聚乙烯	交联聚烯烃	镀锡铜塑复合带（分屏+总屏）

1.3 电缆编号

AP1000 机组有其独立的一套编码系统，电缆型号、电缆编号均有其唯一编码，以便于统一管理。

1.3.1 电缆型号编码

每种电缆型号均有其唯一编码，以电缆类型 N-WDZN-YJYJ-0.6/1.0 kV，2×70 为例，其电缆型号的编号为 C-6X2C-70M-NH。

C-：为了用来区别不同的电缆厂商。当工程情况要求需要有不同厂商的相同电缆时，应附加一个字母来区分。如核岛电缆为 N-，常规岛电缆为 C-。

-6：表示电缆的电压等级；8～8 kV，15～15 kV，6～600 V，3～300 V。

X：表示电缆敷设的等级；W，X，Y，Z。

2C：表示电缆的结构，比如 2C 为 2 芯电缆，3CG 为 3 芯接地，4TWPS 为 4 芯对绞屏蔽线。

-70M：表示导体尺寸，单位 mm^2，后缀 M 表示公制尺寸。

-NH：表示该电缆为耐火电缆，常规阻燃电缆可不加此后缀。

1.3.2 电缆编号

每根电缆有其唯一编号，以电缆 SM1-PGS-EW-MS04AXN 为例。

SM1：厂址代码，SM1 表示该电缆为三门工程一号机组电缆。

PGS：相关设备的系统编号。

EW：固定为 EW，表示本编号为电缆编号。

MS04：为目标设备编号。

A：为电缆被分配的字母，用以区分接至同一设备的电缆。交流电压及接地用 E，直流电源用 F，控制回路（有源的或至就地的 DO 指令）用 P，仪表回路（DI、AI、AO 及控制系统间的信号）用 Q（见表 3）。

表 3　电缆功能对照表

字母	电缆功能	字母	电缆功能
A	动力电缆	L	控制电缆 1-DCS
B	动力电缆	M	控制电缆 2-DCS
C	动力电缆	N	控制电缆 3-DCS
D	动力电缆	O	控制电缆 1-控制站
E	动力电缆	P	控制电缆 2-控制站
F	动力电缆	Q	控制电缆 3-控制站
G	马达加热器电缆		
H	马达热电偶		

X：为电压等级，电源回路为大截面电缆（≥70 mm²）用 XB，小截面电源回路电缆用 XA；控制回路用 Y（对应上一条 P），仪表回路用 Z（对应上一条中的 Q），需注意的是，依信号类型的不同：

至控制系统的 DI 信号电缆尾号为：Z。

至控制系统的 AI 信号电缆尾号为：Z。

控制系统发出的 DO 控制电缆尾号为：Y。

与保护接口的控制电缆尾号为：Y。

如表 4 所示。

表 4　电压等级对照表

字母	负载组
W	6.9 kV、10.5 kV 动力电缆
XA	400 V、220 V、125 V 动力电路电缆（50 mm² 或者更小）
XB	400 V、220 V、125 V 动力电路电缆（70 mm² 或者更大）
Y	220 V AC/DC 和 125 V DC 控制电路电缆
Z	仪控电路及光纤电缆

N：为电缆安全组别，常规岛电缆如无特别要求，原则上均为非核级 N。

2　电缆构筑物设计特点

2.1　电缆构筑物布置要求

电缆构筑物与电缆类型及敷设方式的关系（见表 5）。

表 5　电缆构筑物与电缆类型及敷设方式的关系

电缆通道电压等级	额定电压	电缆在桥架上的安装方式	电缆类型及导体尺寸
W	10.5 kV/11 kV	单层，电缆间距为 1/4 到 1 倍	1/C 120 mm² to 500 mm²（4/0 AWG－1 000 kcmil）①
W	6.9 kV	单层，电缆无间隔	
XB	480/460/400/380/230 /220/208/120 Vac，125 Vdc，220 Vdc，250 Vdc	单层（有间隔或者无间隔）	3/C or 4/C ≥70 mm²（2/0 AWG 或更大）
XA	480/460/400/380/230 /220/208/120 Vac，125 Vdc，220 Vdc，250 Vdc	充满度 40% 3 in（75 mm）高度	2/C，3/C or 4/C≤50 mm²（1/0 AWG 或更小）
Y	120/220 Vac，125 Vdc，220 Vdc，250 Vdc	充满度 40%	1.5－25 mm²（#16－#4 AWG）
Z	50 V and less	充满度 40%	≤1.5 mm²（#16 AWG）

注　1 kcmil＝0.507 mm²。

需要注意的是：

（1）10.5 kV、11 kV 桥架应在 6.9 kV 桥架上层。

（2）动力电缆桥架类型为梯架，仪表桥架类型为槽盒式，在需要对电缆进行保护的地方安装桥架需要安装盖板，盖板的材质与桥架相同，当动力电缆要求有盖板时，选择电缆导体截面，应计入电缆载流量影响。

（3）在以下几种情况下需要安装保护电缆的桥架盖板：

1）当桥架通过栅格或者类似有碎片，蒸汽，液体落下的区域时，应有槽盒式盖板，且延伸出区域的边缘 500 mm。

2）垂直穿越楼板的桥架，楼板往上至少 2 500 mm 长。

3）对于在室外安装的多层桥架，为了保护电缆防止太阳直晒，顶层桥架需安装槽盒式盖板。

4）桥架考虑到抗干扰因素，应加盖板。

（4）电缆桥架及附件在结构应进行热浸锌。在有酸雾，盐水等腐蚀性区域，电缆桥架需要采用适合于环境的合适材质。

（5）电缆通道的隔离（电缆桥架，导管等）：

电缆通道系统（桥架和导管等）对于动力/控制电缆在厂区安全运行上分为 6 组。每个组别通过颜色编码或者符号来进行区别。

属于各个组别内的电缆应敷设在隔离的通道上，并且与属于其他组别的电缆隔离。特别是 N 组别的通道应与安全相关的组别通道（组 A，B，C，D）隔离（见表 6）。

表 6　电缆组别表

组别	说明
A	安全相关电路－A
B	安全相关电路－B
C	安全相关电路－C
D	安全相关电路－D
N	非安全相关电路
S	1E 级电路

每组之间应留有足够的距离来防止由于电磁干扰产生的损害。如果各组之间不能保持足够的隔离距离，那么可以加入桥架盖板，导管，隔板来进行隔离（见图 1）。

2.2　电缆通道编号

与电缆一样，AP1000 机组电缆通道也有其唯一编码，以便于统一管理以及在图中根据电缆通道编号来规划电缆敷设路径，每一段电缆通道都有唯一编号。编号原则如下（以通道编号 SMG－1410－ER－NWT001 为例）：

SMG－：表示三门工程公用部分、SM1 表示 1 号机、SM2 表示 2 号机以此类推。

1410－：电缆构筑物所在区域，1410 表示网控楼±0.00 m 层区域、1420 表示网控楼＋4.50 m 层区域，每个单体及以内区域都有其区域编号。

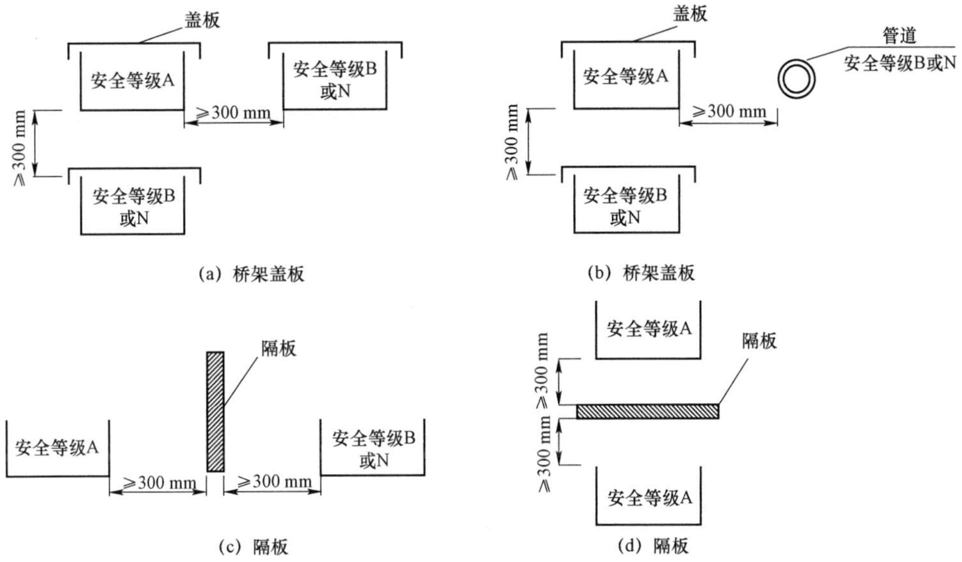

图1　电缆通道隔离示意

ER-：表示本编号为电缆通道编号。

N：表示安全等级，常规岛电缆通道均为非核级 N。

W：表示电缆通道电压等级，W—中压电缆；X—低压动力电缆；XY—低压动力电缆与非 PLS 系统控制电缆；Y—控制电缆；Z—仪控电缆。

T：电缆通道类型：T—桥架、支架，C—穿管

001：电缆通道段号。

3　电缆敷设优化改进

3.1　AP1000 工程常规岛汽轮机房概况

3.1.1　汽轮机房及设备布置

以三门核电一期工程为例，汽轮机房为负挖二层厂房，核岛位于汽轮机房北侧，核岛至汽轮机房电缆接口位于 T.A 排 T.0-T.1 轴线墙。西侧为披屋，与汽轮机房主要接口为±0.00 m 层 T.A 排，T.8-T.10 轴线间。

设备分布：电气中低压配电间，热控电子间布置在汽轮机房 T.A 排东侧披屋内。汽轮机房北侧主要为核岛 14 个系统相关设备布置区域，东侧为汽轮机房暖通通风机组及给水泵电动机等设备布置区域，南侧主要为凝结水精处理设备区域，中部为汽机本体（见图 2）。

3.1.2　电缆敷设

（1）由于有 14 个核岛系统设备布置在常规岛厂房内，有 1 200 根核岛相关电缆敷设在汽轮机房内。经统计，三门核电一期工程中常规岛汽轮机房电缆体量比其他类型核电工程多约 15%～20%。

（2）常规岛动力电缆根据要求，采用了核岛电缆标准，电缆平均外径为常规电缆的 1.1 倍。

（3）常规岛控制电缆根据西屋相关文件要求，不使用公共端，每个信号均采用对角屏蔽线。实现相同点数的信号传输，所需电缆通道约为常规设计的 2.6 倍。

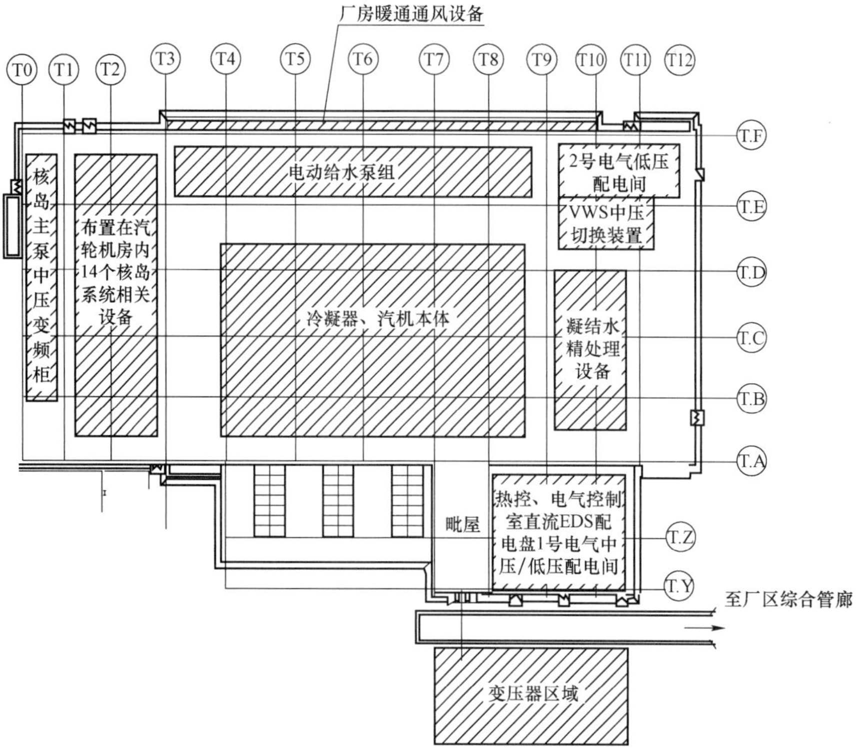

图 2　汽轮机房主要设备及负荷分布图

相关电缆数据对比如表 7 至表 9 所示。

表 7　汽轮机房内电缆数量对比（一台机）

	其他核电	三门核电一期工程 1 号机组
动力电缆	1 100	1 120
控制电缆	2 100	1 530
仪控电缆	1 220	2 280
核岛电缆	0	1 200
总计	4 420	6 130

表 8　同规格动力电缆外径比较

电缆规格	常规电缆（YJV）外径/mm	三门核电一期工程（YJYJ）外径/mm
4×6	14	17
4×16	18	21
3×70 +1×35	35	36.5

因 10 kV 配电装置、380 V 配电装置、电气电子室，热控电子室，暖通控制室均集中布置在披屋内，负荷和受控点则分布在汽轮机房（及核岛）各处。大量电缆由披屋内配电间及

电子室通过 T.A 排通道与汽轮机房及核岛相接。

汽轮机房为负挖二层厂房，负荷设备多集中在汽轮机房±0.00 m 层及−7.5 m 层，而配电间，电子室则布置在 8.5 m 层以上，上下行电缆通道主体也集中在此处。因此 T.A 接口处不但电缆体量大且交叉多，电缆走向分布如图 3 所示。

表 9　同功能控制电缆选型比较

信号点数	公用芯电缆规格	电缆外径/mm	对角屏蔽线规格	电缆外径/mm
2	4×1.5	13.1	2×2×1.5	17.9
8	10×1.0	18.08	2×（4×2×1.0）	2×19.2
12	14×1.0	19.83	2×（6×2×1.0）	2×22.8

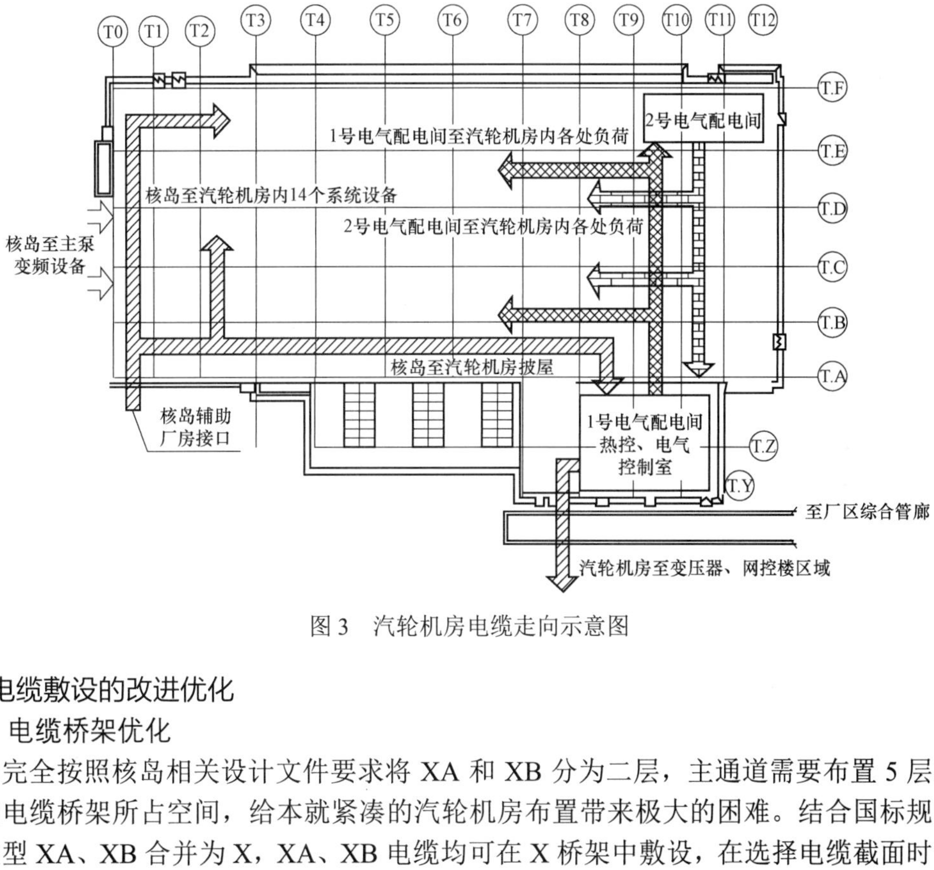

图 3　汽轮机房电缆走向示意图

3.2　电缆敷设的改进优化

3.2.1　电缆桥架优化

如完全按照核岛相关设计文件要求将 XA 和 XB 分为二层，主通道需要布置 5 层桥架，会增加电缆桥架所占空间，给本就紧凑的汽轮机房布置带来极大的困难。结合国标规定，将桥架类型 XA、XB 合并为 X，XA、XB 电缆均可在 X 桥架中敷设，在选择电缆截面时考虑电缆叠放敷设对电缆载流量的影响。

在汽轮机房电缆汇聚走向复杂的电缆主通道、上下层电缆桥架接口处，电缆数量大且空间受限没有采用电缆桥架的条件，采用钢制电缆竖井。电缆在竖井中敷设时按电缆类型分别敷设在不同竖井内，这样可以在满足电缆分隔敷设的前提下，适应汽轮机房内电缆的复杂走向，最大限度的利用汽轮机房内有限的空间。

3.2.2　增设电缆夹层

电气继保室及热控电子间布置在披屋二层，电缆采用下进线方式敷设，电缆数量多，桥架密集。而披屋一层为化学专业储罐，酸碱储存间区域，罐体及管道较高，后续工程可以考虑在披屋 8.5 m 层增加电缆夹层，夹层通过 T.A 排多个电缆竖井，与汽轮机房各层及各方向主通道连接。夹层内电缆桥架布置可以摆脱 0.0 m 层工艺专业布置掣肘，大大缓解了电缆集中从少数接口敷设造成的拥堵情况。

3.2.3 工艺设备布置优化

VWS 水冷机组切换柜布置，三门核电一期工程中，由于水冷冷水机组附近没有场地，VWS 切换柜（2×3 台）布置在汽轮机房 VWS 中压配电间内，实际位置离设备本体较远，按电缆通道计算，距离有 150 m，来回 6 回，约 900 m。占用大量电缆通道，造成桥架内电缆拥挤，后续工程可以考虑将切换柜移至 TA 排管道间，不但减少了电缆长度，也降低了桥架充满度。

汽轮机房 0.0 m 层及以上厂房采用自然通风，暖通设备大幅减少，部分暖通控制柜由披屋移至 T.F 轴线，更靠近暖通设备集中布置区域，减少了进出披屋的电缆。

3.3 优化改进后的电缆构筑物布置方案

3.3.1 汽轮机房 0.0 m 层及 8.5 m 层电缆构筑物布置

考虑到电缆类型及敷设方式的要求，电缆主通道原则上需要 W、X、Y、Z 四层电缆桥架。

（1）T.1 轴设 1 000 mm 宽桥架四层，用于敷设汽轮机房内由核岛供电及控制设备的电缆。

（2）T.9 轴设 1 200 mm 宽桥架五层为披屋至 T.F 排方向电缆主通道，考虑披屋到至汽轮机本体仪控电缆较多，因此设置二层 Z 电缆通道。

（3）T.10 轴设 800 mm 宽桥架三层供凝结水精处理设备电缆敷设。

（4）T.11 轴设 800 mm 宽桥架四层，分流披屋至 T.F 排及凝结水精处理系统电缆。缓解 T.9 轴电缆主通道需要敷设大量汽轮机本体电缆带来的拥堵情况。

（5）T.A 排，T.7 轴至 T.10 轴设 2 路 1 000 mm 宽桥架六层，由于汽轮机房配电装置、控制室均集中布置在电气披屋 8.5 m 层以上，负荷则分布在汽轮机房−7.5 m 及 0.0 m 层。因此电缆在 T.A 排披屋与汽轮机房交接处存在大量交叉情况。此处设置 2 路 1 000 mm 宽桥架六层的目的，是缓解由于电缆在三通、四通位置交叉敷设造成电缆堆叠溢出的情况。

（6）T.A 排，T.1 轴至 T.7 轴设 1 000 m 宽桥架五层，用于敷设汽轮机房 T.A 排负荷电缆，以及核岛至披屋电缆。考虑到汽轮机房内 EDS 配电装置由核岛供电，电源电缆参照三门核电一期工程，约为 17 根大截面电缆，因此设 2 层 X 电缆通道。

（7）T.F 排，设 800 mm 宽桥架四层。

（8）8.5 m 电缆夹层内设 800 mm 宽桥架四层，供 12.0 m 层热控及电气继保室电缆敷设。由于 Z 电缆体量非常大，因此夹层内设 2 层 Z 桥架，至核岛方向及汽轮机本体 T.B 排电缆，通过夹层内桥架经由 T.A 排、T.7’轴至 T.8 轴竖井进入汽轮机房（见图 4）。

3.3.2 汽轮机房−7.5 m 层电缆构筑物布置

（1）T.1，T.2 轴设 1 000 mm 宽桥架三层，用于敷设汽轮机房−7.5 m 层由核岛供电及控制设备的电缆。

（2）T.9 轴设 1 000 mm 宽桥架三层，用于敷设−7.5 m 层汽轮机本体电缆。

（3）T.11 轴及 T.F 排设 1 000 mm 宽桥架四层，为−7.5 m 层电缆主通道。

（4）T.A 排，由于无中压动力电缆经过，设 1 000 mm 宽桥架三层（见图 5）。

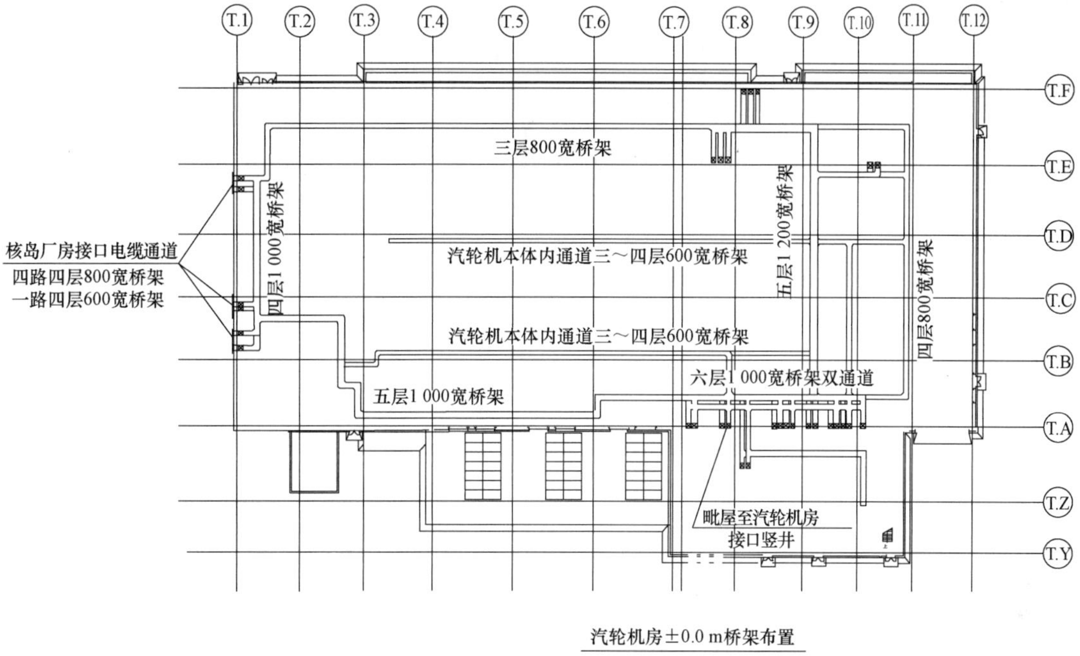

图4　汽轮机房 0.0 m 层及 8.5 m 层电缆夹层电缆构筑物布置

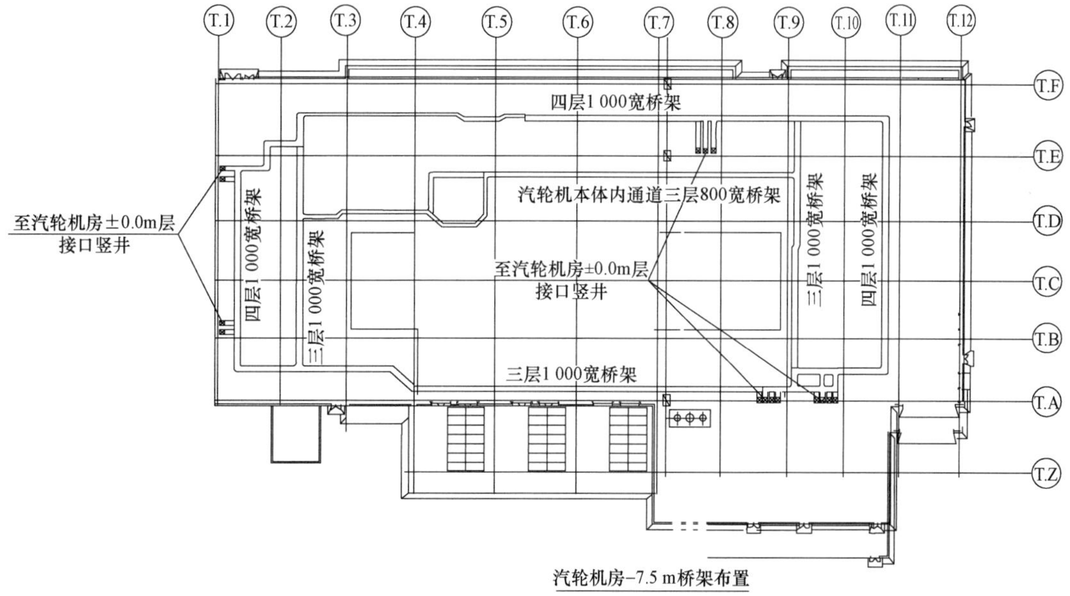

图5　汽轮机房－7.5 m 层电缆构筑物布置

4　结语

AP1000 机组作为新一代核电，常规岛厂房布置、电缆及构筑物与国内其他堆型核电工程相比，存在一定的差异。本文对电缆及构筑物设计特点进行了详细的介绍，并就三门核电一期工程设计过程中碰到的问题进行分析，提出了设计优化意见，可供后续同类电厂设计参考。

参考文献

[1] 中国电力企业联合会. GB 50217—2018. 电力工程电缆设计标准 [S]. 北京：中国计划出版社，2018.

AP1000 反应堆压力容器吊装运输工具设计

杨晨野，周尚臣

（一重集团大连工程技术有限公司，辽宁 大连 116600）

摘要：目前在 AP1000 堆型项目方兴未艾的时期，用于压力容器吊装运输的工具均按国外的设计资料制造，材料采用 ASTM 标准，导致采购周期长，制造成本高。为推进 AP1000 项目的制造国产化，催生后续项目，在对原有 AP1000 反应堆压力容器吊装运输工具技术消化吸收的基础上，进行国产化设计。国产化设计以密封、吊装、翻转和运输功能为出发点，采用国内设计标准，选用国标材料，使用有限元计算分析模拟工具的翻转和吊装使用工况，经反复迭代，最终设计出结构和选材较优的系列吊装运输工具，其安全性满足使用要求，材料便于采购。该工具已制造完毕，并通过载荷试验验证，可满足反应堆压力容器的吊装与运输的要求，即将应用于产品的发货和现场就位。

关键词：AP1000；压力容器吊装运输工具；国产化设计

Design of the Shipping and Hoisting Fixtures for AP1000 Reactor Pressure Vessel Manufacturing Process

YANG Chenye，ZHOU Shangchen

（CFHI DALIAN Engineer & Technical Co. Ltd.，Dalian of Liaoning Prov. 116600，China）

Abstract: Recently in a period of vigorous development of AP1000 type project，shipping and hoisting fixtures for RPV specify the ASTM materials to be used for fabrication. It leads to long purchasing cycle and high manufacturing costs. In order to decrease cost and increase efficiency and help later projects，Domestic design is applied to shipping and hoisting fixtures for RPV. The domestic design considers the seal，handling，turning and shipping function，and GB materials are used for fabrication. The turning and handling fixtures are computed by FEM. Through repeated iteration，the best structure is obtained. Having proved by loading test，the fixtures can meet the requirements of hoisting and shipping for RPV，and is about to use for practical application.

Key words: AP1000；Shipping and Hoisting Fixtures for RPV；Domestic Design

---

作者简介：杨晨野（1986—　），男，辽宁大连人，硕士，设计师，现从事核电装备设计工作

AP1000 作为三代核电技术的代表堆型，正在我国新兴核电站中广泛投入建设，凭借非能动设计的安全系统提高了反应堆的安全性和经济性。对于这种热门堆型，相关的配套设备也日趋通用化，需求也较大，基本每台机组都要配备一套专用工具用于核岛和常规岛设备的装配、运输、吊装和贮存等。中国一重承制的首台 AP1000 核电机组反应堆压力容器项目是三门 2 号机组，由于这也是国内首台自主制造的 AP1000RPV，对该堆型的制造是在摸索中进行，所以无论是产品 RPV 还是其配套设备，都谨慎的采用的 AP1000 开发者西屋公司的原设计图纸。制造时，除制造工艺略作改进外，材料标准以及尺寸等几乎完全照搬原设计。虽然对于首台套堆型来说，稳中求胜是正常的企业策略，但在执行中材料采购周期长和制造成本高的难题，也让一重的核电制造苦不堪言。在首台套制造成功后，一重的 AP1000RPV 合同如雨后春笋般增多，国产化制造迫在眉睫，尤其是 RPV 吊装运输工具这种大型设备首当其冲。本文在对原有设备技术消化吸收的基础上，以保证设备功能为前提，对 AP1000RPV 吊装运输工具进行国产化设计研究，采用国标材料，运用有限元分析计算设备强度，具有良好的安全性，也满足工具的使用要求。该设计减少了制造厂的工期和制造成本，也为类似工具的设计制造提供了参考。

1　功能及结构概述

AP1000 反应堆压力容器吊装运输工具分为两部分：运输托架和吊装翻转工具。

1.1　设备功能

运输托架是压力容器筒体组件在发货运输以及现场就位操作的载体，保证筒体组件放置平稳牢固，防止接管等筒体上的突起部分在运输和移动的过程中磕伤，同时也作为吊装翻转工具在翻转筒体时的翻转支点。

吊装翻转工具主要作为现场天车对筒体组件进行直立吊运及翻转操作的吊具。而筒体组件在运输和现场就位前，筒体内为防腐需要充入氮气，工具中的盖板组件对筒体有密封功能，使氩气泄漏量维持较低水平，同时也对主螺栓孔起保护作用。

1.2　结构概述

运输托架整体为雪橇形，如图 1 所示。主要由托架弯段、鞍座、托架直段、接管支承座

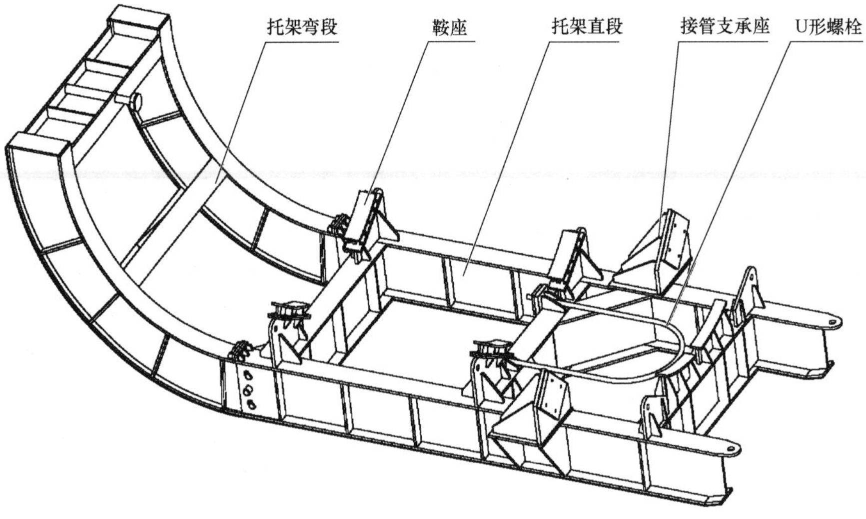

图 1　AP1000 反应堆压力容器运输托架结构示意图

以及U型螺栓组成。雪橇形设计是筒体类托架的最佳结构，因为其半包围的形式不仅可实现筒体直立和平卧两种姿态的支撑，也方便于将筒体放置在托架上，结构精简，节省材料；其弯段部分非常利于翻转时的过渡，使翻转过程更平稳。由于AP1000筒体组件重达280 t，在筒体组件水平吊运时，如果吊点设置在托架上，则对托架的强度提出过高的要求，按此设计出的托架必然吨位增大，造成不必要的浪费，所以将水平吊运的吊点设置在筒体自身，找准重心位置，使用钢丝绳捆绑筒体，筒体与托架固定一体，同样可完成水平吊运工作。

吊装翻转工具为两点起吊式吊梁结构，如图2所示。主要由连接杆、支撑梁、连接梁、吊具、盖板组件以及干燥箱组成。虽然两点起吊的设计在传统吊装习惯中并不是最佳选择，但由于该吊具需兼备翻转功能，通过吊梁上销轴旋转副结构，两点起吊可完美实现翻转动作。而筒体自身的重心较规则，即使增加了托架，因重量差距较大，其重心依然接近中心线靠下，将吊点设置在主螺栓孔（四个），其均布性使吊点的对称设计更容易，可平稳吊运。同时，现场天车的形式与吊具完美契合，非常适合两点起吊。盖板组件通过将橡胶垫压紧在筒体密封面完成密封功能，虽然由于螺栓间隙的原因不能实现绝对密封，但氮气的泄漏速度完全处于可以接受的水平，在发往现场以及就位前贮存的过程中只需通过盖板上的充氮孔补充一到两次氮气，以保持规定的微压。固定组件采用变径螺栓结构，将其余所有非吊点螺栓孔封闭，在保护主螺栓孔的同时，也用于紧固盖板。干燥箱中装有干燥剂，以降低筒体内的湿度，减少筒体内壁被腐蚀的概率。

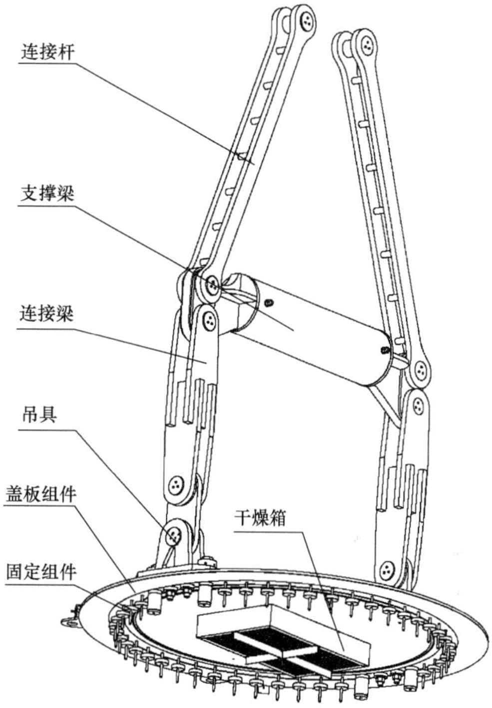

图2 AP1000反应堆压力容器吊装工具结构示意图

2 结构设计及材料选用

2.1 运输托架结构设计

运输托架的结构以焊接件为主，不同于西屋原设计时大量使用ASTM标准的超过国内规格尺寸上限得大尺寸H型钢，本设计使用高性能钢板拼焊取代难以采购的大尺寸H型钢，通过有限元模拟分析可以找到应力较高的区域，并将通过该区域的焊缝定义为主结构焊缝，所有主结构焊缝均采用全焊透焊缝形式，以保证其强度。

托架弯段与直段的连接采用销轴固定的装配结构。这样一方面降低了整体焊接结构的制造难度，也降低了焊接变形对托架尺寸公差的影响。

鞍座一共3个，副鞍座一个支撑筒体法兰下缩颈段；主鞍座共2个，支撑筒体大直径段中下部，采用螺栓装配结构。此设计不仅可降低焊后加工的难度，也可以通过对两个鞍座的配作加工，补偿托架焊接变形对筒体安装轴线水平度造成的误差，使三点支撑的结构受力更均匀。

运输托架所有与筒体接触的部位均黏结橡胶垫，以防止磕伤筒体。筒体处于托架上时，其轴向方向主要是通过接管支承座支撑，这是与筒体组件接管下端的平面设计相适应的。同时弯段尾部设置的螺栓可以通过调节对筒体组件进行辅助支撑。而筒体在平卧运输时，轴向的另一个约束是依靠 2 根 U 形螺栓，用其捆住筒体接管的根部，实现约束的同时也不会对接管施加过大力矩。最后再将筒体用三套钢丝绳捆绑在托架鞍座下面的耳孔上，将托架与筒体完全固定在一起，如图 3 所示。

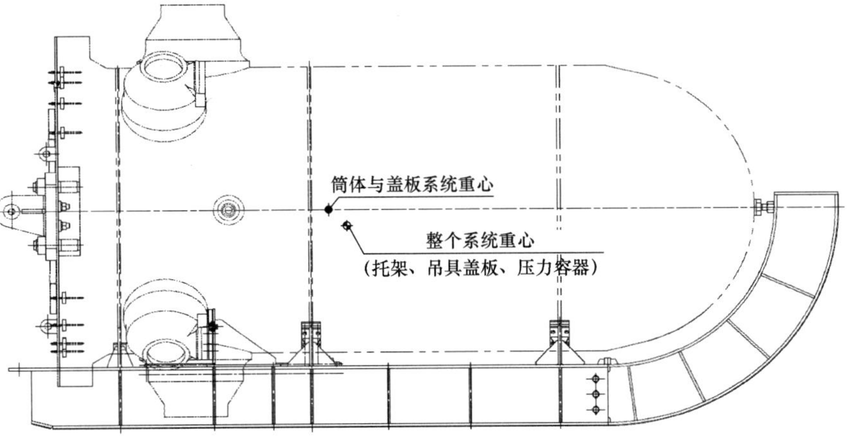

图 3　托架与筒体连接示意图

2.2　吊装翻转工具结构设计

吊装翻转工具需要将筒体上的吊耳串联至天车接口，必须以多活动关节的装配结构为主，但主要承载件为焊接结构。重型吊具的活动关节均为大间隙配合，采用高强度的销轴作为连接件。为实现翻转功能，通过连接梁的结构，将旋转副的方向由连接天车的连接杆到连接筒体的吊具旋转了 90°，所以吊梁整体结构需分成多段，且每一段均通过板厚保证强度。

为保持两条起吊链的稳定性，之前需增加支撑梁形成稳定结构，减少吊装中的晃动。为减轻设备重量，该支撑梁采用筒形件，并通过螺栓串接两边的吊梁，如图 4 所示。

为减少对主螺栓孔螺纹的载荷，两个吊具分别通过两个螺栓连接。为增加稳定性，两个螺栓相隔两个螺栓孔，并用连接在吊具上的尼龙塞保护两个闲置螺栓孔。

盖板组件在筒体平卧时安装，需将固定组件安装孔对准所有主螺栓孔，为方便对中，在盖板上部焊接两个搭板，搭板上设置调节螺栓用于对中调节，如图 5 所示。

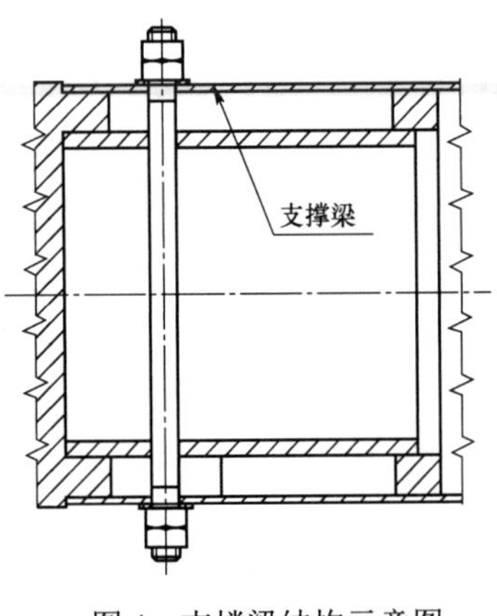

图 4　支撑梁结构示意图

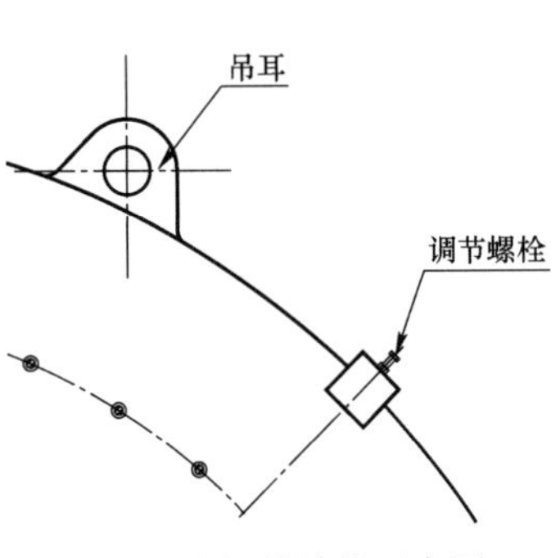

图 5　调节螺栓结构示意图

干燥箱焊接于在盖板内侧，箱体一面为铁丝网透气，在箱内放置足够的干燥剂后将其与盖板组件焊接在一起，中途不再添加干燥剂。

2.3　材料选用

吊装运输工具的主要承载钢板材料均采用 GB/T 1591 中的 Q345D，以适应低温环境的吊装工作；连接用销轴采用 GB/T 1591 中的 42CrMo 锻件，该材料锻件经过调质处理后可以达到非常高的强度；吊耳材料采用国产压力容器常用锻件 NB/T 47008—2010 中的 12Cr2Mo1；除此之外所有紧固件均采用国内标准件；所有材料包括焊材均为国产材料，方便采购，大大降低工期和成本。

3　分析计算

结构设计时所有板厚和销轴的直径均按照原设计结构，类比材料性能，参照拟定。最后通过有限元模拟计算校核其强度是否满足设计要求。

3.1　验收标准

引用文献［1］《吊具通用技术条件　梁式吊具》（QJ 2472.1—1993）中规定的一般吊具的安全系数，如表 1 所示。

表 1　一般吊具安全系数

整个吊具安全系数	吊具各部分安全系数			压杆稳定 N临/N压	挠度/mm
	一般件（含梁体）	重要件	关键件		
≥2	≥2	≥2.5	≥3	3.5	L/300

根据标准，本设备的吊具部分以安全系数≥2 作为有限元分析校核的验收标准。

筒体运输托架强度校核的验收准则没有行业标准，采用较保守的许用应力准则：

$$[\sigma]=\min[(1/2)\cdot\sigma_s,\ (1/3)\cdot\sigma_u]$$

应满足$\sigma\leqslant[\sigma]$。

3.2　分析方法

由于吊装工具有较多旋转副，所以以连接销轴作为边界，将其分为若干个部件分别进行载荷分析，并用 ANSYS 有限元模拟吊装和翻转过程的应力水平；其中支撑梁受轴向压缩，还需单独校核其稳定性。吊装工具的刚度无需分析，其弹性变形对吊具使用无影响。

而运输托架部件间无相对运动，将其视为整体进行载荷分析，并用 ANSYS 有限元模拟吊装和翻转过程中各个角度架体及鞍座的应力水平。其弹性变形也对产品及吊装运输工作无影响，刚度也无需分析。

3.3　分析结果

经有限元分析计算，吊装工具在起吊翻转中的最薄弱环节为吊耳，其在竖直起吊时的安全系数为 2.04，如图 6 所示，这里考虑了动载系数 1.1。

关于支撑梁的稳定性校核，引用参考文献［2］《薄壁圆筒的弹性稳定性计算》中的公式：

薄壁圆筒许用轴向压应力：

$$[\sigma]=\frac{\sigma_{\mathrm{H}}}{m}=0.06ES/R=193.01\ \mathrm{MPa}$$

式中：σ_{H}——薄壁圆筒轴向压缩临界应力；

m——轴向压缩稳定性安全系数；
E——弹性模量；
S——圆筒壁厚；
R——薄壁圆筒的中性面半径。

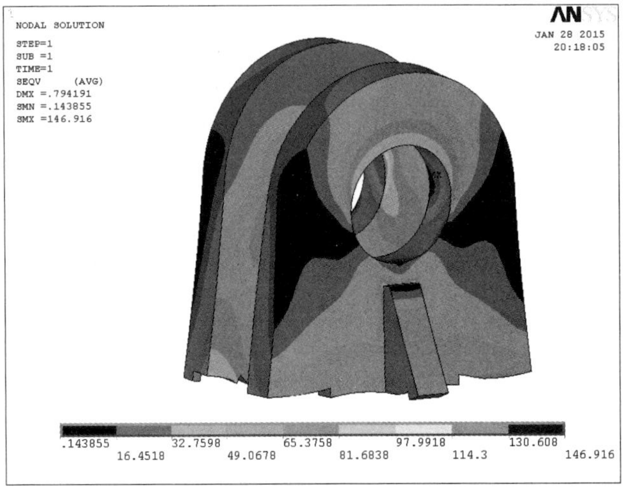

图 6　吊耳应力云图（竖直起吊时）

而且实际轴向压应力：

$$\sigma = \frac{F}{A} = 0.06ES / R = 26.4\ \text{MPa}$$

式中：F——实际工作压力；
A——圆筒截面积。

可见：$\sigma < [\sigma]$

所以支撑梁满足稳定条件。

吊装翻转工具均满足强度要求，且安全系数接近验收标准，属于较优化设计。

运输托架经有限元分析计算，最薄弱环节出现在翻转至 45° 时的托架弯段处，托架弯段除了销轴孔边缘应力较大且分布范围为很小的局部，结构其余位置最大的应力水平都满足结构强度要求，如图 7 所示。

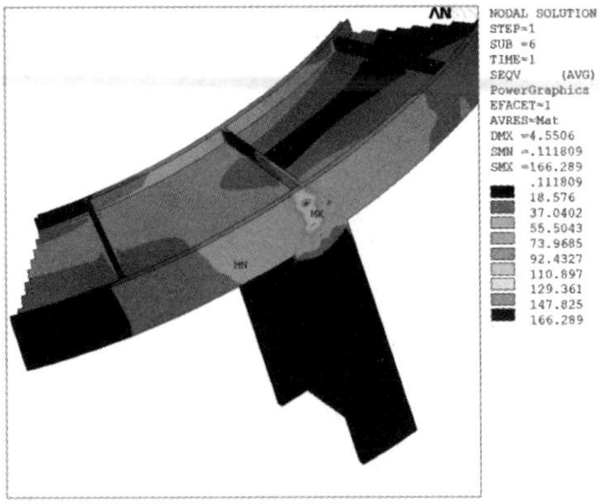

图 7　弯段应力云图（翻转至 45° 时）

所以运输托架的设计也满足结构的强度要求。

4　结论

本文介绍的 AP1000 反应堆压力容器吊装运输工具的国产化设计，结构合理，满足功能要求；选材国产化，经济易采购；通过有限元校核表现出较高的安全性；适合在国内 AP1000RPV 制造企业中推广借鉴，推动 AP1000 堆型及其配套工具的国产化的进程，有利于核电在中国的蓬勃发展。

致谢

感谢一重集团三门核电厂 2 号机组部分参与人员给予的建议以及经验传授。感谢中核集团对一重核电制造给予的大力支持。

参考文献

[1] 中华人民共和国航空航天工业部. QJ 2472.1 吊具通用技术条件　梁式吊具 [S]. 航空航天工业部第七〇八研究所，1993.

[2] 林榕端. 薄壁圆筒的弹性稳定性计算 [J]. 化工与通用机械，1994（2）：23-25.

核岛厂房大型卷帘门设计探讨

张生元

（上海核工程研究设计院有限公司，上海 200233）

摘要：国内卷帘门厂家对于尺寸较大、抵抗超强台风的大型卷帘门设计计算缺乏经验，不能提供完整的设计计算。本文简述了核岛厂房大型卷帘门的设计计算要点、卷帘门设计的荷载计算、计算简图、结构计算过程等，提出了卷帘门各节点的设计计算及构造要求，为后续项目核岛厂房大型卷帘门设计提供参考和借鉴。

关键词：卷帘门；抗风杆；风压荷载

Discussion of the Nuclear Power Plant Large Rolling Door Design

ZHANG Shengyuan

（Shanghai Nuclear Engineering Research & Design Institute Co.，Ltd.，Shanghai 200233，China）

Abstract：The size of rolling door fabricated by the domestic manufacturer is large，and lack the experience of the design and calculation of the lager rolling in the resistance to super typhoon，the complete calculation of the design cannot be provided. This paper sketches the key points of the design and calculation of large rolling door in nuclear island buildings，the load calculation，schematic diagram，calculation process of structure，etc for the rolling design，raises the calculation of the design and structure requirements of the rolling door details，and provide the design reference of the large rolling doors in nuclear island buildings for the follow-up projects.

Key words：Rolling Door；Anti Wind Lever；Wind Load

某核电厂核岛厂房采用的卷帘门门体尺寸较大，风压荷载也很大（要求风荷载以 64.8 m/s 风速产生的风压荷载值计算），国内卷帘门厂家在卷帘门设计计算方面缺乏经验，不能提供完整的设计计算书。为此对卷帘门厂家进行卷帘门设计计算指导，完成了卷帘门的设计工作。本文结合核岛厂房的卷帘门设计计算，总结出卷帘门计算要点，为后续项目提供参考和借鉴。

作者简介：张生元（1965— ），男，河南人，高级工程师，学士，现主要从事结构设计和设计管理工作

1 核岛厂房卷帘门尺寸

核岛厂房卷帘门洞口尺寸为（6.1×4.88）m，采用钢质防火卷帘，垂直启闭复合型帘片，帘面中间室内外均设置手动抗风杆（见图1）。

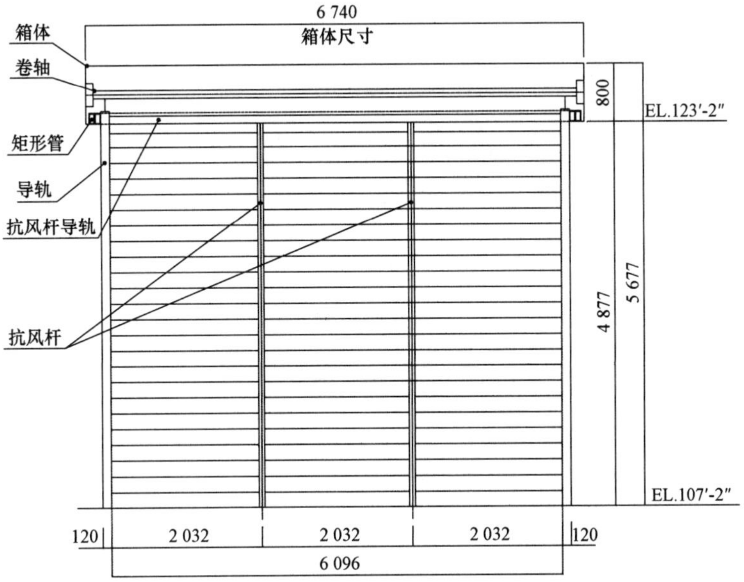

图1 卷帘门立面图

2 荷载计算

2.1 计算风压荷载值

依据卷帘门技术要求，卷帘门风荷载以64.8 m/s风速产生的风压荷载值计算；类别：C；重要性系数$I=1.0$。

风压计算按照《Minimum Dsign Loads for Building and Other Structure》“ASCE7－05”进行计算：

根据6.5.10条 $q_z=0.613K_zK_{z1}K_dV^2I$

上式中系数的确定：

根据6.5.4.4条：$K_d=1.0$

根据6.5.7.2条：$K_{z1}=1.0$

根据6.5.6.6条及Table 6－3

$Z=16'+7'=23'$（C类）

$$K_z=0.90+\frac{3}{5}\times(0.94-0.90)=0.924$$

$h=82'$（C类）

$$K_h=1.21+\frac{2}{10}\times(1.24-1.21)=1.216$$

所以：$q_z = 0.613 \times 0.924 \times 1.0 \times 1.0 \times 64.8^2 \times 1.0 \approx 2.38 \times 10^3\ \text{N/m}^2$

$q_h = 0.613 \times 1.216 \times 1.0 \times 1.0 \times 64.8^2 \times 1.0 = 3.13 \times 10^3\ \text{N/m}^2$

根据 6.5.11.1 条及图 6－5 封闭建筑中：$GC_{pi}^{+} = +0.18$

$$GC_{pi}^{-} = -0.18$$

根据 6.5.11.2 条及图 6－17：

$$A = 10\% \times 1\ 798.3\ \text{mm}$$

卷帘处于④区，风压面积为：20’ × 16’ = 320 ft²

则：

$$GC_{p}^{+} = +0.65$$

$$GC_{p}^{-} = -0.74$$

根据 6.5.12.4.2 条：

S_o：$GC_p{}^{+} = +0.65 GC_p^{-} = -0.74$

迎风面：$p = q_z \times GC_p^{+} - q_h \times GC_{pi}^{-} = 2.38 \times 10^3 \times 0.65 - 3.13 \times 10^3 \times (-0.18) \approx 2.11\ \text{kPa}$

背风面：$p = q_h \times GC_p^{-} - q_h \times GC_{pi}^{+} = 3.13 \times 10^3 \times (-0.74) - 3.13 \times 10^3 \times 0.18 \approx -2.89\ \text{kPa}$

2.2 计算地震产生横向压力

依据卷帘门技术要求，卷帘门按照地震结构类别Ⅲ类计算，按照“1997 UNIFORM BUILDING CODE”中第 1632.2 条

$$F_p = \frac{\alpha_p C_a I_p}{R_p}\left(1 + 3\frac{h_x}{h_r}\right) W_p$$

式中：h_x——卷帘高度，为 16’；

h_r——建筑高度，为 82’；

系数——$\alpha_p = 2.5$，$I_p = 1.0$，$R_p = 3.0$，$C_a = 0.154$；

W_p——帘片重量：750 kg × 9.8 N/kg = 7 350 N。

经计算得：$F_p \approx 1\ 737$ N

转换成压力 $F_p/S = 1\ 737/$（6.1 × 4.9）≈58 N/m²

2.3 卷帘门计算荷载取值

分析比较采用“风压荷载值”和“地震产生横向荷载”二者中的大者为计算荷载。卷帘门在风压荷载作用时，帘片产生的挠度（即最大弯曲变形量）应符合《防火卷帘》（GB 14102—2005）中表 8 的要求，同时卷帘门结构强度应满足要求。

所以，卷帘门计算荷载取值为：背风面的风压荷载标准值 2.89 kPa 和迎风面风压荷载标准值 2.11 kPa 为卷帘门计算荷载值。

3 卷帘门帘片计算

卷帘门的卷轴、导轨均固定于建筑结构上，经初步验算后，卷帘门须加设两道竖向抗风杆时，帘片变形方可满足要求。

3.1 帘片的截面惯性矩

帘片尺寸如图 2 所示。

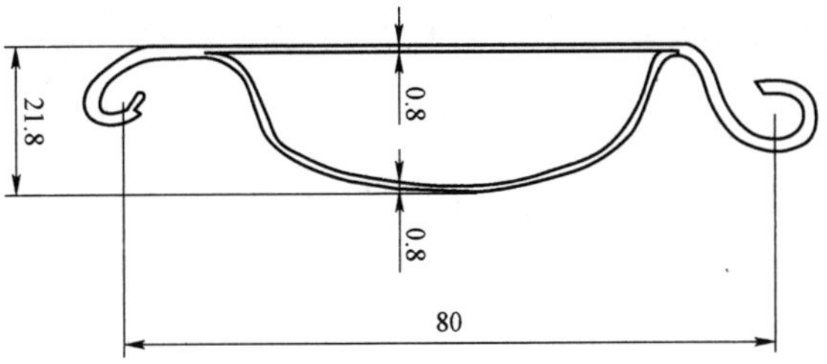

图 2　帘片截面尺寸图

帘片的惯性矩 $I_x = 1.02 \times 10^{-8}\ m^4$

3.2　计算帘片的均布荷载

单个帘片长度为 6.10 m，宽度为 0.080 m，均布风压为 2.89 kPa。则帘片所受线荷载为：$q = 2.89 \times 10^3 \times 0.08 \approx 231.2\ N/m$

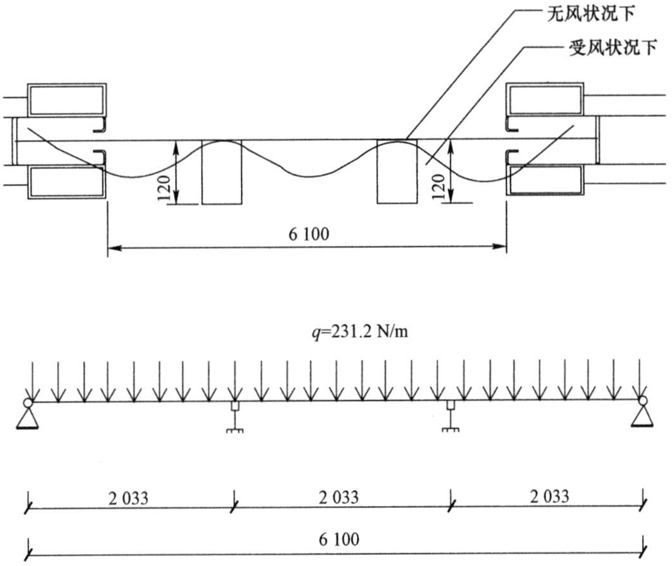

图 3　帘片计算简图

3.3　计算帘片的最大挠度

偏于安全考虑，挠度按简支梁进行计算：

根据 $f_{max} = \dfrac{5ql^4}{384EI}$ 计算得：

$$f_{max} = \frac{5 \times 231.2 \times 2.033^4}{384 \times 206 \times 10^9 \times 1.02 \times 10^{-8}} \approx 0.024\ 5\ m = 24.5\ mm$$

根据《防火卷帘》（GB 14102—2005）中表 8 的要求，洞口宽度为小于 2.5 m 的钢质防火卷帘，其帘片允许挠度值为 50 mm，所以本钢质防火卷帘的抗风压能力满足要求。

3.4　计算帘片的最大弯矩

帘片受力模型按 3 跨等跨连续梁计算，考虑跨中弯矩和支座弯矩，取两者的最大值进行计算。则有：

$$M_{中} = 0.08ql^2 = 0.08\times 231.2\times 2.033^2 = 76.45\ \text{N}\cdot\text{m}$$

$$M_{支} = -0.1ql^2 = -0.1\times 231.2\times 2.033^2 = -95.56\ \text{N}\cdot\text{m}$$

$$|M|_{max} = 95.56\ \text{N}\cdot\text{m}$$

3.5 计算帘片的抗弯截面模量

计算帘片抗弯截面模量：

$W=2I/H$，取 $H=21.8$ mm，$I_y=1.02\times 10^{-8}\ \text{m}^4$

计算得：$W=0.936\times 10^{-6}\ \text{m}^3$。

3.6 计算最大弯矩处的抗弯强度计算

$$\sigma_{max} = 1.4\times |M|_{max}/W = 1.4\times \frac{95.56}{0.936\times 10^{-6}} = 142.9\ \text{MPa}$$

帘片材质为镀锌钢板（Q235），屈服强度 $f_y=235$ MPa，强度设计值 $f=215$ MPa，$\sigma_{max}<f$，所以帘片强度满足要求。

4 卷帘门竖向抗风杆计算

卷帘门门洞较大，为了保证卷帘门帘片满足变形和强度的要求，需增设两道竖向抗风杆，每道抗风杆采用 1 根（140 × 80 × 10）mm 的镀锌矩形钢管。竖向抗风杆上部支撑在抗风横梁上，下部通过插销支撑在地面混凝土内，下部插销忽略计算。

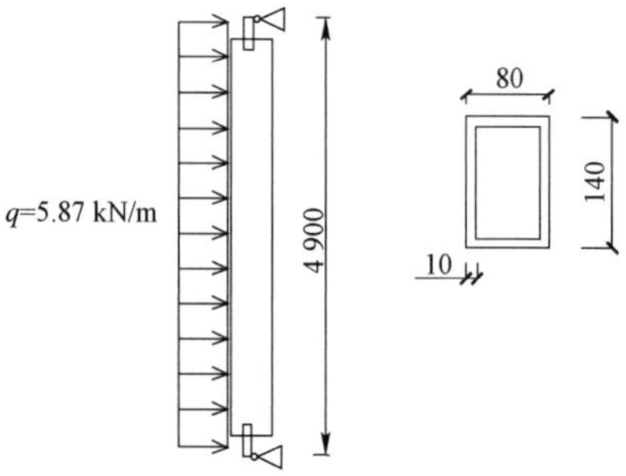

图 4 竖向抗风杆计算简图

4.1 竖向抗风杆强度计算

抗风杆截面惯性矩 $I_k=965.33\ \text{cm}^4$，

抗风杆截面抗弯模量 $W_k=137.9\ \text{cm}^3$。

抗风杆长度为 4 900 mm，与洞口两侧导轨共同承受帘面的压力，门体风压为：$q=2.89$ kPa。

抗风杆所受风荷载：

$$q_k = 2.89\times 2.03 = 5.87\ \text{kN/m}$$

抗风杆的最大弯矩：

$$M_k = \frac{q_k L^2}{8} = 5.87\times 10^3\times \frac{4.9^2}{8} = 17.62\ \text{kN}\cdot\text{m}$$

抗风杆最大变形处的抗弯强度：

$$\sigma_{max} = 1.4\times \frac{M_k}{W_k} = 1.4\times \frac{17.62\times 10^3}{137.9\times 10^{-6}} = 178.9\ \text{MPa}$$

抗风杆材质为镀锌钢板矩管（Q235），屈服强度 $f_y=235$ MPa，强度设计值 $f=215$ MPa，$\sigma_{max}<f$，抗风杆强度满足要求。

4.2 竖向抗风杆变形验算

$$f_{max} = \frac{5ql^4}{384EI} = \frac{5\times 5.87\times 10^3\times 4.9^4}{384\times 206\times 10^9\times 9.65\times 10^{-6}} = 0.022\ 1\ \text{m} = 22.1\ \text{mm}$$

$f_{max} < [f] = \frac{1}{200} = 24.5\ \text{mm}$，所以，抗风杆变形满足要求。

5　竖向抗风杆上部支撑节点计算

卷帘门外侧：支撑竖向抗风杆上部的导轨与门洞上方内侧墙体的固定角钢焊接连接（采用间隔焊）。考虑卷帘门外侧竖向抗风杆承受背风面风荷载，上部导轨将风荷载直接传递到墙体上，强度满足要求，忽略计算。

卷帘门内侧：支撑竖向抗风杆上部的导轨与水平抗风横梁焊接连接，抗风横梁（矩形钢管 160 × 150 × 10）两端做弯折后通过与墙体后置埋件焊接连接，形成结构受力体系，保证对竖向抗风杆的支撑，承受迎风面风荷载。卷帘门结构分别如图 5 至图 7 所示。

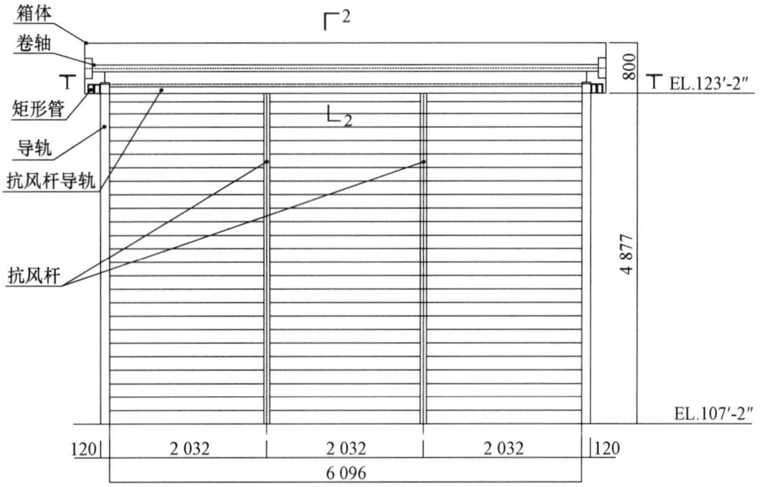

图 5　卷帘门立面图

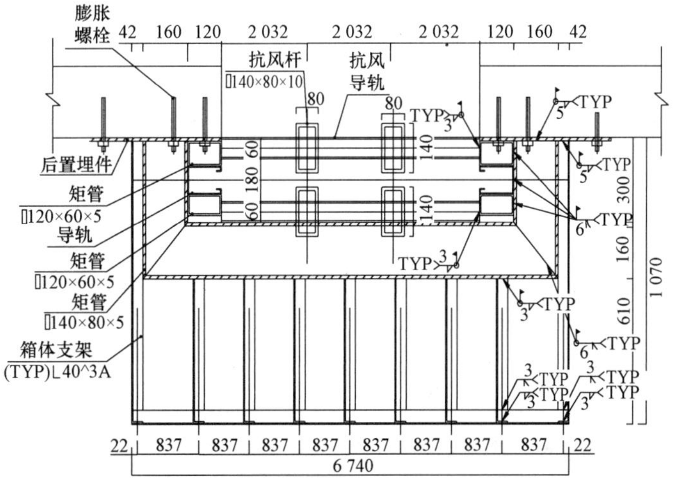

图 6　1-1 剖面图

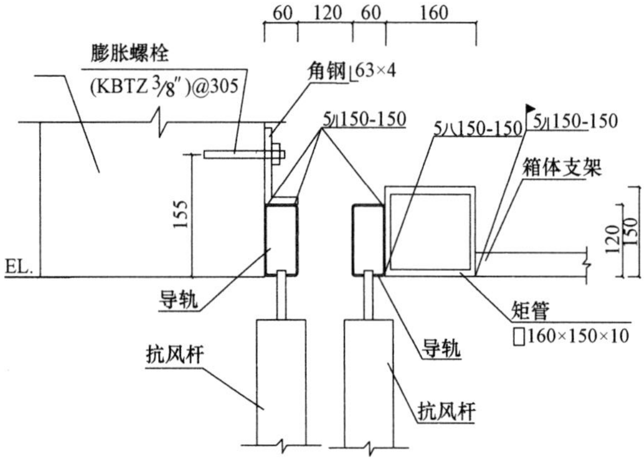

图 7　2–2 剖面图

5.1　基本系数

抗风横梁材料选择：160×150×10，$I_x=2\ 147.33\ \text{cm}^4$，$W_x=268.42\ \text{cm}^3$，单位重量 37.68 kg/m，A = 58 cm²。

竖向抗风杆上部导轨：120×30×3（C 型钢），$I_x=125.43\ \text{cm}^4$，$A=10.44\ \text{cm}^2$。

根据实际受力情况，抗风横梁与导轨焊接，形成组合截面共同承担作用力。计算组合截面惯性矩与截面（见图 8）抗弯系数为：

确定组合截面形心位置：

$$y_c=\frac{\sum_{i=1}^{n}A_i y_{ci}}{\sum_{i=1}^{n}A_i}=\frac{10.44\times3+58\times14}{10.44+58}=12.32\ \text{cm}$$

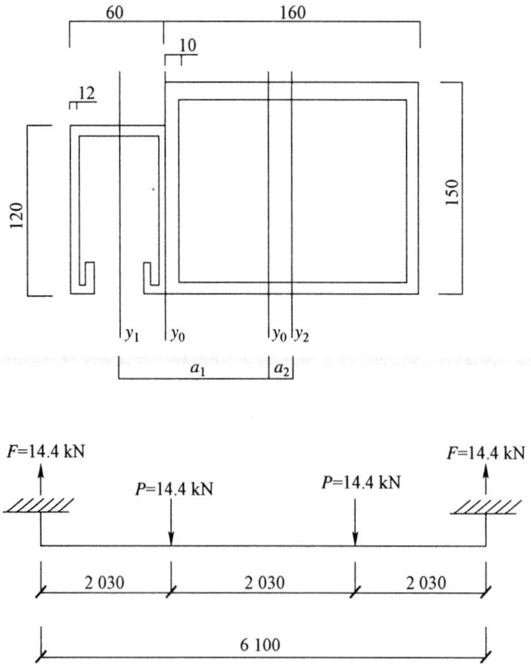

图 8　计算简图

截面惯性矩为：$I=I_1+a_1A_1^2+I_2+a_2A_2^2=125.43+10.44\times(12.32-3)^2+2\ 147.33+58\times(8-6.32)^2=3\ 343.3\ \text{cm}^4$

弯曲截面系数：$W=\dfrac{3\ 343.3}{12.32}=271.37\ \text{cm}^3$

5.2　抗风横梁计算

承载力计算：

抗风杆传递荷载：$P=14.4$ kN

跨中最大弯矩：$M_{\max}=14.4\times2.03=29.23\ \text{kN}\cdot\text{m}$

跨中截面抗弯强度验算：$\sigma=1.4\times\dfrac{M_{\max}}{W_y}=1.4\times\dfrac{29.23\times10^6}{271.37\times10^3}=150.8\ \text{MPa}<f=215\ \text{MPa}$

变形验算：

抗风横梁最大挠度为：$f_{\max}=\dfrac{Fal^2}{24EI}(3-4\alpha^2)=\dfrac{14.4\times10^3\times2.03\times6.1^2}{24\times206\times10^9\times3\ 343.3\times10^{-8}}\times\left(3-4\times\left(\dfrac{1}{3}\right)^2\right)$

$$=0.016\ 7\ \text{m}=16.7\ \text{mm}<\frac{1}{200}=30.5\ \text{mm}$$

其中，$a=2.03$ m，$\alpha=\dfrac{a}{1}=\dfrac{1}{3}$

所以，抗风横梁强度和变形均满足要求。

5.3　抗风横梁与墙体后置埋件连接计算

抗风横梁与后置埋件通过焊接连接，后置埋件与墙体通过 4 个 1/2” 的 KBTZ 膨胀螺栓连接。计算简图如图 8 所示。

5.3.1　抗风横梁与埋件连接焊缝强度计算

两端轴向力为：$F=14.4$ kN

连接最小焊缝长度为：$l_w=\dfrac{N}{1.22h_e f_f^w}=\dfrac{1.4\times14.4\times10^3}{1.22\times0.7\times5\times160}=29.51\ \text{mm}$

所以，焊缝沿矩管周边围焊，焊缝长度为 600 mm，完全满足强度要求。

5.3.2　连接埋件用的膨胀螺栓计算

基本信息：门洞两侧埋件尺寸取 350 mm × 350 mm，膨胀螺栓中心间距取 250 mm，边距取 50 mm。螺栓采用 4 个 1/2” 的 KBTZ 喜利得膨胀螺栓，螺栓抗拉力为 12.6 kN。

后置埋件螺栓按照轴心力作用下进行估算：

螺栓拉力为：$N_t^b=1.4\times\dfrac{N}{n}=1.4\times\dfrac{14.4}{4}=5.04\ \text{kN}<12.6\ \text{kN}$

因此。膨胀螺栓强度满足要求。

6　导轨节点连接计算

导轨安装通过角钢加固，采取角钢一端与矩管焊接连接，另一端与安装在混凝土墙的后置埋件焊接连接（后置埋件间距为 610 mm）。埋件用 6 个 3/8” 的 KBTZ 膨胀螺栓固定在混凝土墙上，其一端与导轨沿板边通长焊接，埋件放置间距为 610 mm。节点图及计算简图如图 9 和图 10 所示，详细计算从略。

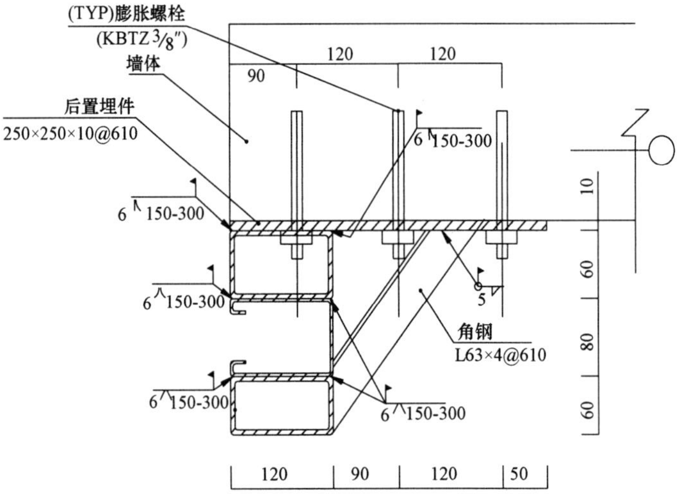

图 9　节点图

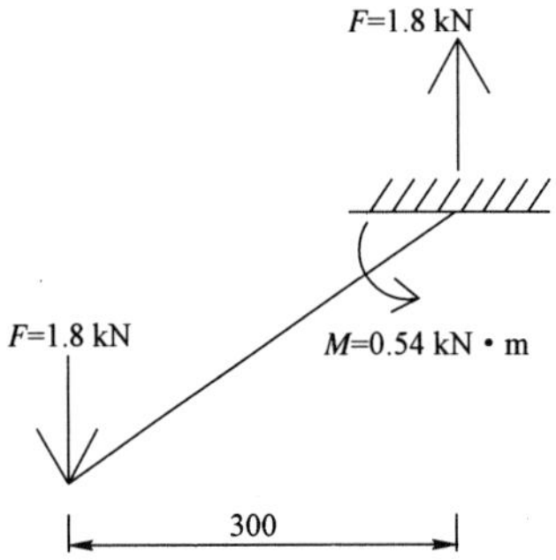

图 10　计算简图

7　结语

通过对卷帘门结构的荷载计算，卷帘门结构受力体系、卷帘门局部节点等分析计算，较为详细进行卷帘门整体设计计算，实现了卷帘门设计和国内生产制造，避免了承包商国外采购，节约了工程成本，同时为后续项目的卷帘门采购等积累了经验。

参考文献

[1] American Society of Civil Engineers. ASCE7-05 Minimum Dsign Loads for Buildings and Other Structures. American Society of Civil Engineers [S]，2005.

[2] 中华人民共和国国家标准. GB50017—2003 钢结构设计规范 [S]. 北京：中国计划出版社，2003.

[3] 中华人民共和国国家标准. GB 14102—2005 防火卷帘[S]. 北京：中国标准出版社，2005.

[4] 中华人民共和国国家标准. GB50010—2010 混凝土结构设计规范 [S]. 北京：中国建筑工业出版社，2010.

主设备支撑多螺栓连接结构非线性分析方法研究

邹建荣，周劭翀

（上海核工程研究设计院有限公司，上海　200233）

摘要：AP 系列稳压器环梁端板和蒸汽发生器上部横向支撑的拉板组件的螺栓数目较多，初始设计和分析时采用均匀承载的方法计算各螺栓的受力。设计复查时发现螺栓的受力是不均匀的且算出的结果应力比大于 1 不符合 ASME 规范的要求。本文在主设备支撑主要部件造好的情况下，通过非线性分析对螺栓载荷的计算方法进行研究，对部件设计改进的方式解决了螺栓应力不符合 ASME 规范的问题，同时研究了螺栓孔间隙对螺栓承载的影响，有很好的经济效益。

关键词：主设备支撑；螺栓载荷；设计改进；ASME 规范

Nonlinear Analysis Method Research of Multi-bolt Connection Structure of Primary Equipment Support

ZOU Jianrong，ZHOU Shaochong

（Shanghai Nuclear Engineering Research & Design Institute Co.，Ltd.，
Shanghai 200233，China）

Abstract：There are large numbers of bolts splice connection of ring girder and ubar of upper lateral support of steam generator of AP series，and the bolts load was calculated using the uniform method in the initial design and analysis. During the design review it was found that the bolts load was uneven and the ratio is greater than 1 does not meet the requirements of ASME Code. The calculation method was studied and the design improvements for parts was made using the nonlinear analysis method to meet the requirements of ASME Code in the case of master supports of main equipment supports have been made good. At the same time the influence of bolts load because of gap was studied. It had very good economic benefits.

Key words：Primary Equipment Support；Bolt Load；Design Improvement；ASME Code

---

作者简介：邹建荣（1986—　），男，福建人，工程师，硕士研究生，现主要从事管道力学工作

1 背景

反应堆冷却剂系统的主要设备包括蒸汽发生器、反应堆冷却剂泵、稳压器、反应堆冷却剂管道。AP 系列反应堆冷却剂系统的两条环路各配置一台蒸汽发生器，稳压器则通过波动管与环路 1 的热段主管道相连，AP 系类的主回路支撑系统设计大大简化了 RCS 环路的支撑系统。稳压器支撑由垂直支撑、下部横向支撑、上部横向支撑和环梁组成，蒸汽发生器的支撑由垂直支撑、下部横向支撑、上部横向支撑和中部支撑组成（见图 1）。

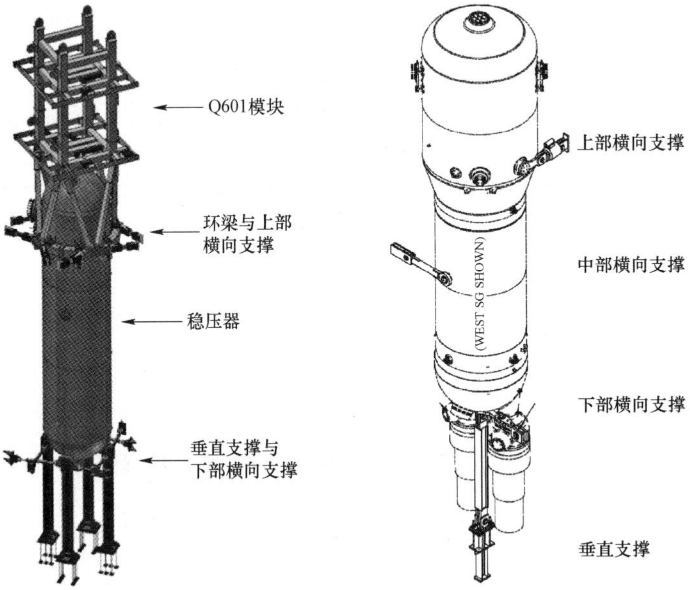

图 1　稳压器和蒸汽发生器支撑总图

AP 系列的稳压器环梁组件由两个半环形梁、垂直支撑和环梁端板组成，两个半环形梁是由两块端板通过 11 个螺栓连接而成，蒸汽发生器上部横向支撑主要由支座、阻尼器、销钉和拉板组成，拉板与蒸汽发生器凸台初始的设计是通过 16 个螺栓连接的。此两处螺栓均是为了保证支撑连接处能够承受反应堆冷却剂系统各工况产生的力和力矩，也是主设备支撑的重要组成部分，这些螺栓的评定方法是主设备支撑评定的支撑。稳压器的环梁组件和蒸汽发生器的上部横向支撑及螺纹的位置如图 2 所示。

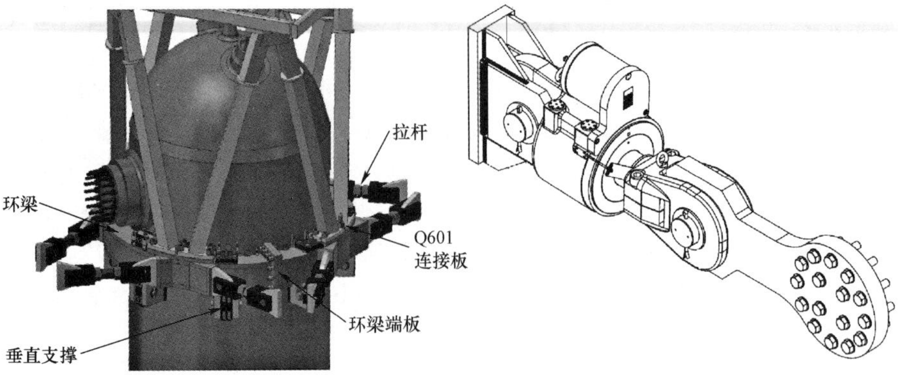

图 2　稳压器环梁组件和蒸汽发生器上部横向支撑

2　螺栓初始评定方法介绍

AP系列的主设备支撑螺栓在初始设计和评定时，根据ASME第Ⅲ卷NF规范的要求评定了螺栓的拉应力和剪应力，拉剪应力的计算主要采取经验公式的方法确定。环梁端板中的螺栓评定时考虑拉力由11个螺栓均匀承担，承受弯矩时，端板与螺栓组件一边受压一边受拉，受压的部分由接触的端板承担，受拉的部分由螺栓承担，计算时通过确定端板承受弯矩时的中性轴确定螺栓由于弯矩作用而产生的拉力，中性轴的计算模型如图3所示，组件中所受的剪力和扭矩也由11个螺栓均匀承担。蒸汽发生器上部横向支撑的16个螺栓采用均匀承载的方法计算，即拉板与蒸汽发生器凸台产生的力由16个螺栓均匀承担。通过计算得到稳压器环梁端板连接的11个螺栓的最大应力比为0.525，蒸汽发生器上部横向支撑16个螺栓的最大应力比为0.815，计算结果满足ASME规范的要求。

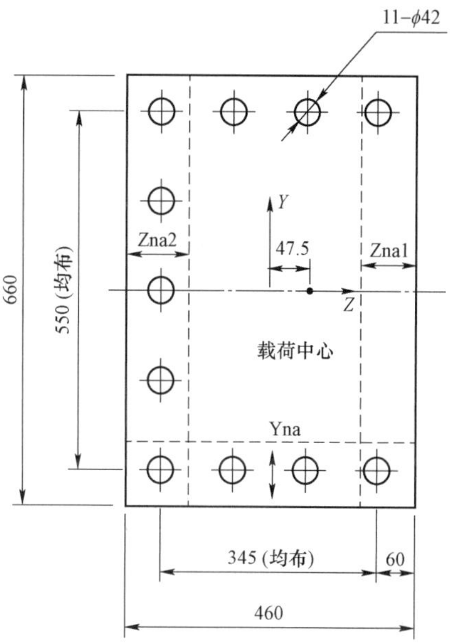

图3　稳压器环梁螺栓评定模型

3　螺栓载荷的有限元计算

主设备支撑设计过程中，经过充分的论证，认为稳压器环梁端板和蒸汽发生器上部横向支撑拉板处螺栓的承载是不均匀的，为了确定螺栓承载的不均匀性，本章节采用有限元的方法来计算各螺栓所承受的载荷。

3.1　稳压器环梁螺栓有限元计算

通过Ansys-Workbench软件建模计算环梁端板和螺栓在承受六向载荷时板和螺栓所承受的载荷，模型中包括两块端板和11个螺栓及配套的螺帽，其分析边界条件如图4所示，端

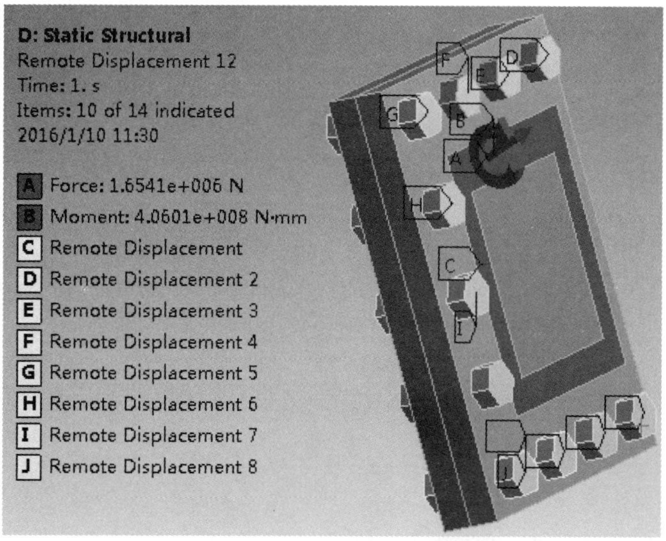

图4　环梁端板模型约束边界

板与半环形梁焊接处一侧施加 x，y 和 z 三向的远程约束，端板与半环形梁焊接处的另一侧施加六向载荷，为了保证模型收敛，在 11 个螺帽处施加了扭转的远程约束；接触边界条件如图 5 所示，其中两块端板之间设置为无摩擦接触，螺栓和端板间设置为无摩擦接触。

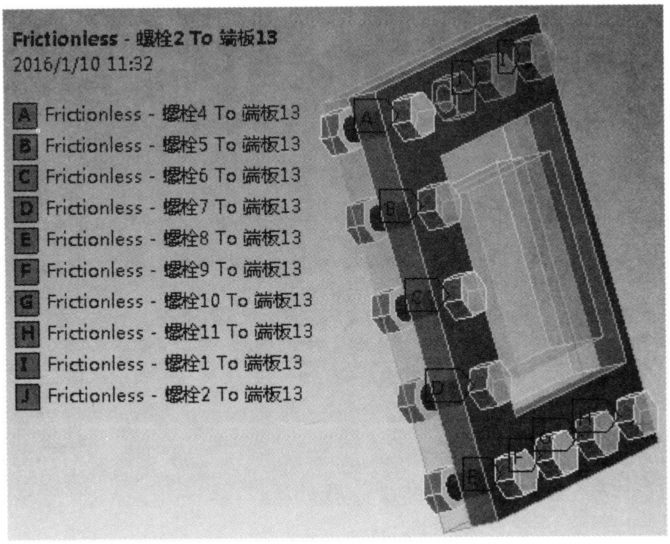

图 5　环梁端板模型接触边界

根据有限元分析的结果发现螺栓所受的拉力比经验公式计算得出的结果大。经评定，螺栓的最大剪应力比大于 1，计算结果不满足 ASME 规范的要求。

3.2　蒸汽发生器上部横向支撑螺栓有限元计算

通过 Ansys – Workbench 软件建模计算拉板在承受轴向载荷时板和螺栓所承受的载荷，模型中包括蒸汽发生器凸台、拉板和 16 个螺栓，其分析边界条件如图 6 所示，蒸汽发生器凸台处施加固定约束，拉板与销钉连接处施加拉力；接触边界条件如图 7 所示，其中拉板与 SG 凸台为无摩擦接触、螺纹与 SG 凸台为绑定接触、螺栓和拉板间为无摩擦接触。

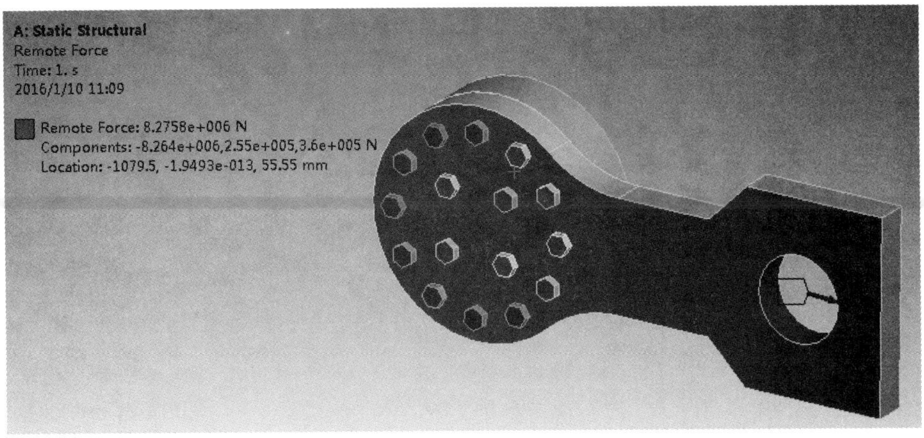

图 6　拉板模型接触边界

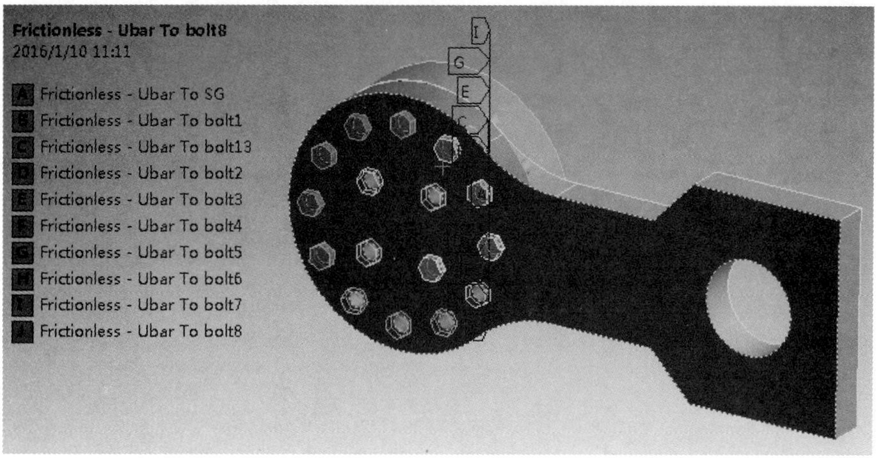

图 7　拉板模型接触边界

根据有限元分析的结果，这 16 个螺栓的承载是不均匀的，靠近载荷施加处的几个螺栓受力较大，远离载荷施加处的几个螺栓受力较小，而且不均匀性较大，螺栓所受的最大剪力约是最小剪力的 2 倍。经评定，螺栓的最大剪应力比大于 1，计算结果不满足 ASME 规范的要求。

4　计算方法优化及设计改进

经过复查，发现此两处螺栓均不满足 ASME 规范的要求，需要对计算的方法进行优化以便得到精确的计算结果或对原有的设计进行改进以便满足 ASME 规范的要求。

4.1　稳压器环梁螺栓计算方法优化

根据稳压器环梁的构成，环梁端板跟螺栓组件不是独立的受力体，在实际的装配中，环梁端板两边是跟半环形梁通过焊缝连接的，在计算时应该考虑半环形梁刚度对螺栓载荷分配的影响，现有的模型只是独立的考虑了环梁端板跟螺栓，导致了计算模型较柔，计算得出的螺栓载荷相对实际情况应该是偏大的。为了尽可能的计算出准确的结果，需要将半环形梁的刚度考虑进去，新模型在环梁端板两边各建 610 mm 长度的半环形梁模型（见图 8），模型中环梁端板和半环形梁设置为绑定连接，其他边界条件同图 4 和图 5。

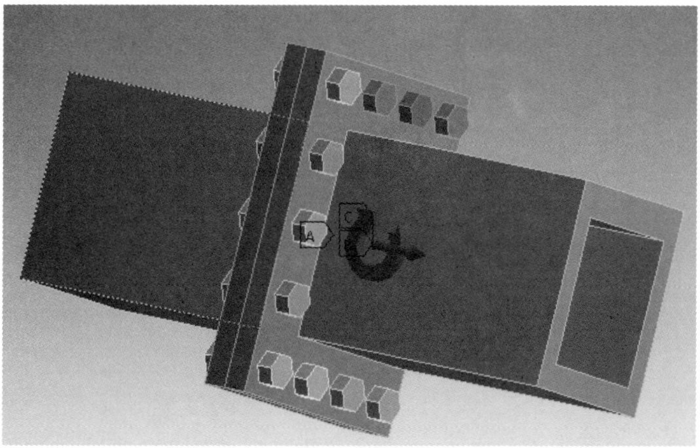

图 8　环梁端板优化模型

原模型跟优化过的模型的计算结果见图 9 和图 10。从图中可以看出如果不考虑半环形梁的刚度影响，端板和螺栓的变形更大，即螺栓被拉得更开，螺栓承受的载荷也更大，此模型中的端板在受力时是可以自由变形的，与实际情况是不符的。从图 10 中可以看出，增加了半环形梁的刚度后，半环形梁对端板有支撑作用，在受力时端板的变形是受半环形梁限制的而不是自由的，在同样的载荷下优化后的模型计算得出的螺栓载荷小于原模型的载荷。经评定，优化后的模型计算得出的螺栓最大应力比小于 1，计算结果满足 ASME 的要求。

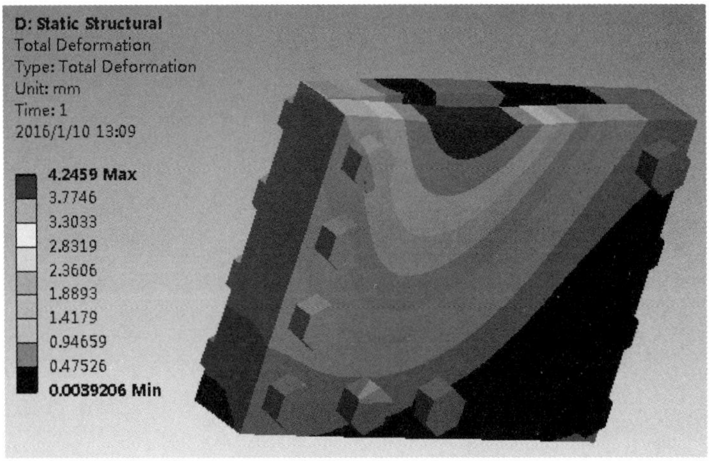

图 9　环梁端板模型的变形

图 10　环梁端板优化模型的变形

4.2　蒸汽发生器上部横向支撑螺栓设计优化

蒸汽发生器上部横向支撑拉板与蒸汽发生器凸台的连接方式简单，且受力形式简单，无法获得更加优化的算法，由于计算得到的螺栓应力比大于 1，需要对螺栓的设计进行优化。一般情况螺栓如果计算不通过需要增大螺栓尺寸，但与蒸汽发生器制造厂确认，蒸汽发生器凸台锻件已采购，锻件的外径已定，留取的外径和长度的余量都较小，无法采用增大螺栓尺寸的方式。同时考虑增加螺栓个数的方法，拟内圈螺栓增加至 6 个螺栓，但也因为空间跟尺寸问题计算结果仍然不通过。

为了确保在最少修改的情况下计算通过，同时考虑到螺纹的存在将减少计算时螺栓的最小直径，考虑将凸台的螺纹孔改成阶梯孔，螺栓的螺杆与直径 50 mm 的孔以及拉板上的螺栓孔之间采用间隙配合，依靠直径 50 mm 的螺杆部分承担剪切载荷，以此来减少螺纹处的剪力。同时外圈的 12 个螺栓孔位置旋转 15°，以避免靠近阻尼器的单个螺栓承载过大，内圈的螺栓数量也从 4 个改为 6 个。修改后的拉板如图 11 所示，修改前后的蒸汽发生器凸台与螺栓的连接方式如图 12 和图 13 所示。

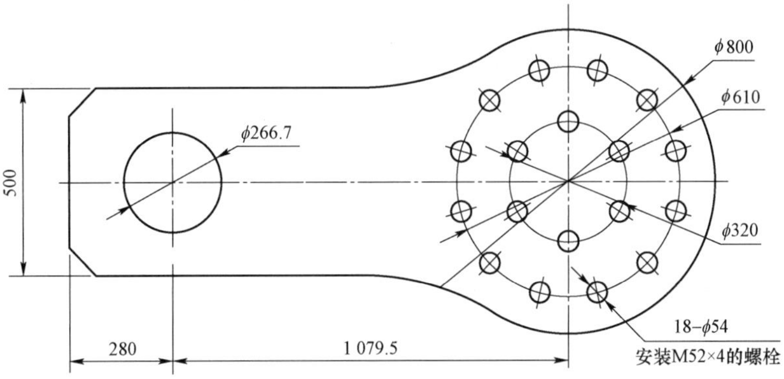

图 11　修改后的拉板模型

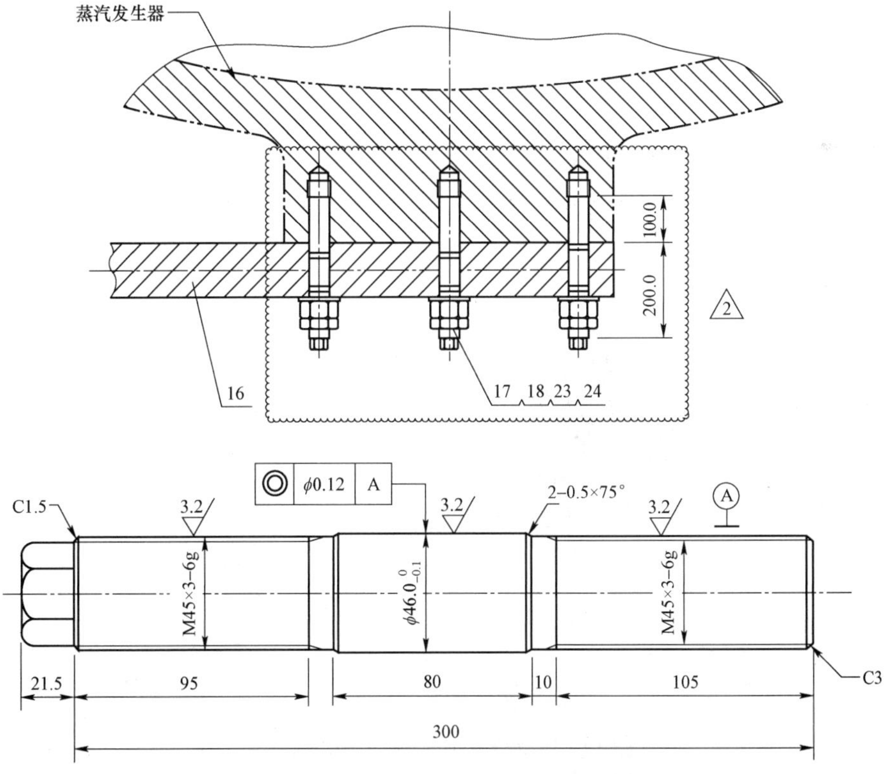

图 12　修改前的蒸汽发生器凸台与螺栓的连接方式

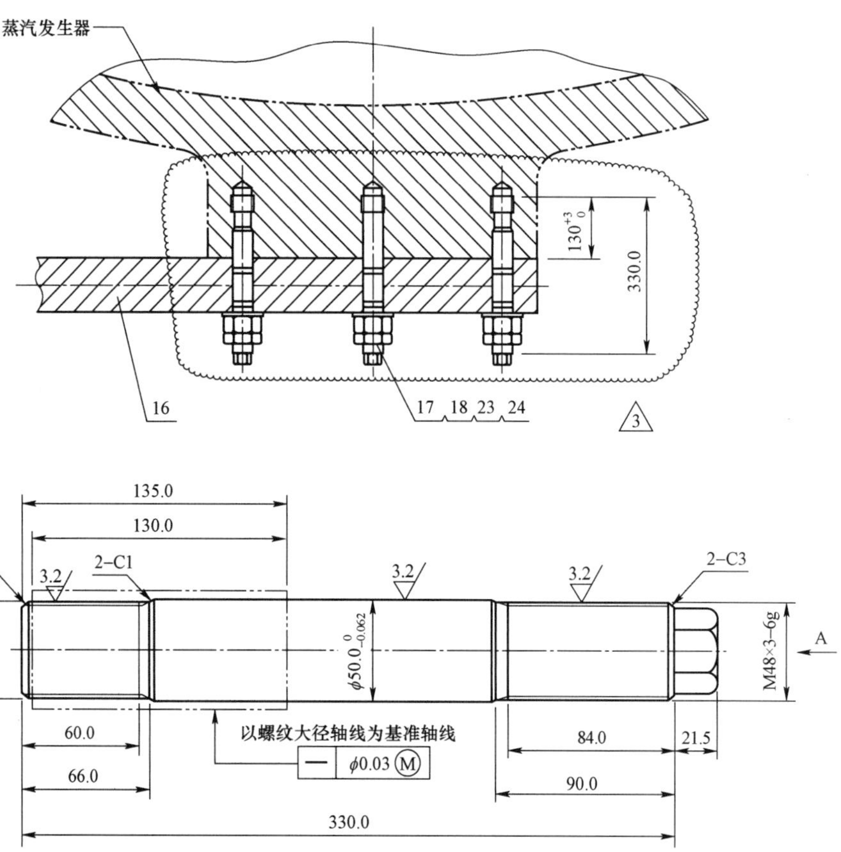

图 13　修改后的蒸汽发生器凸台与螺栓的连接方式

由于蒸汽发生器凸台的螺纹孔改为一半螺纹孔一半通孔的阶梯孔形式，凸台与螺栓的接触形式分为两种：螺栓与凸台螺纹连接部分设置为绑定接触，螺栓与凸台间隙配合部分设置为无摩擦接触（见图 14）。通过计算，螺杆和螺纹处均可满足 ASME 规范的要求。

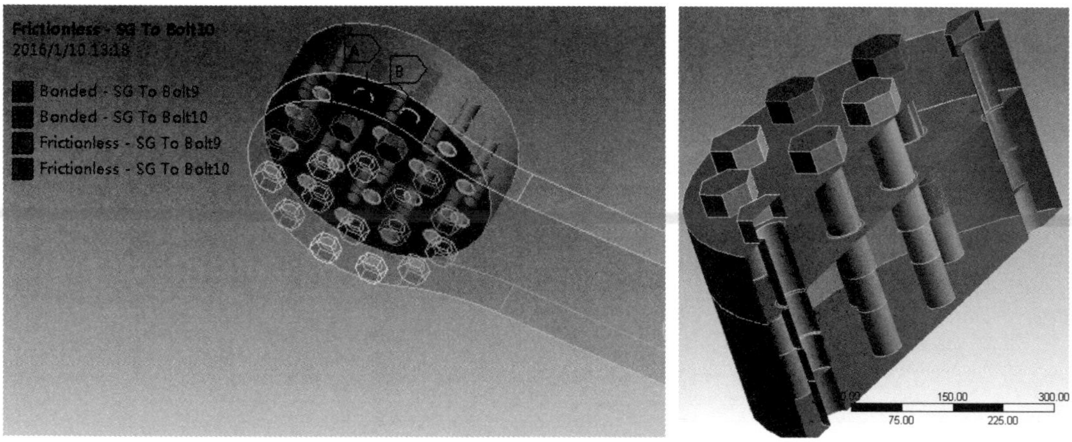

图 14　修改后的拉板模型的接触边界

由于上述连接方式对孔的尺寸公差和行位公差要求较高，提高了加工的难度。计算中考虑螺栓和孔之间的间隙为 0.12 mm，但根据设计图中的尺寸及公差，两者之间的间隙为 0.08～

0.224 mm，因此应该考虑不同的间隙量对螺栓载荷的影响。为了兼顾计算精度和效率，采用局部模型进行分析，局部模型如图 15 所示。同时考虑螺杆与蒸汽发生器凸台的间隙为 0.12 mm 和 0.5 mm，取整体计算时最大的螺栓处载荷为 683 kN，计算结果如表 1 所示。计算结果表明保守的考虑 0.5 mm 的间隙量后，承载仍满足设计要求，这可以降低制造要求，保证螺栓能够拧入蒸汽发生器凸台。

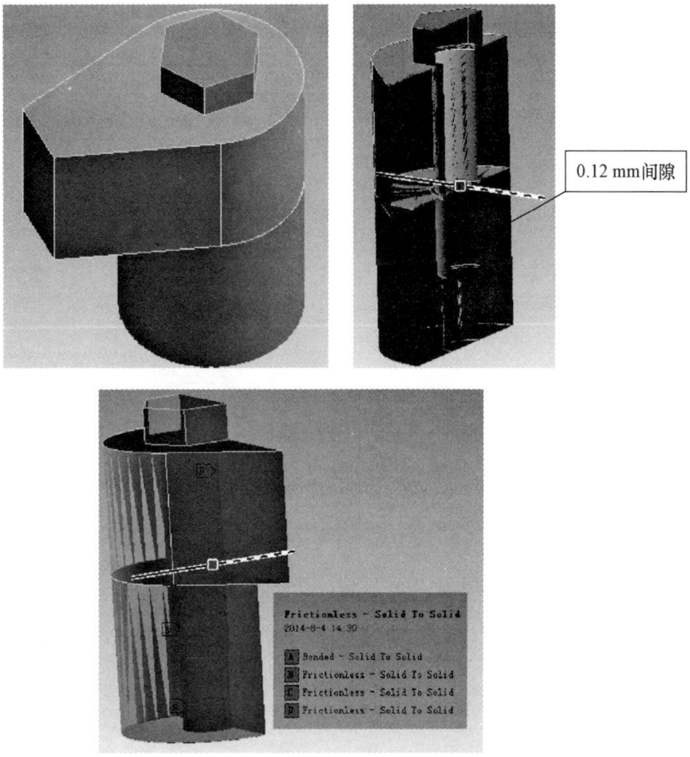

图 15　螺栓载荷计算的局部模型

表 1　不同间隙对螺栓载荷的影响

	0.12 mm 间隙下的载荷/kN（整体模型）	0.12 mm 间隙下的载荷/kN（局部模型）	0.50 mm 间隙下的载荷/kN（局部模型）
螺杆处最大剪力	683	725	706
螺纹处最大剪力	114	78	96

5　结论与展望

本文通过有限元方法对稳压器环梁和蒸汽发生器上部横向支撑中的螺栓进行计算，并根据计算结果对计算方法进行了优化和对初始设计进行了改进以满足 ASME 规范的要求，并研究了制造误差对计算结果的影响。本文的结果圆满地解决了稳压器环梁和蒸汽发生器凸台制造好无法进行大改的问题，确保了造好的部件不会报废，同时也保证了工期，有很大的经济效益。

本文的计算和研究可知，有限元方法能够细化地计算螺栓的受力，相对于经验公式能够得到更加合理的结果，在需要精确化求解多螺栓连接结构时可以参考本文，如在重要大型设备和关键阀门的法兰连接中，对法兰盘和螺栓等进行设计优化。

在后续的研究中对本文的计算方法进一步深入，还可以用于重要设备多螺栓连接结构的安装指导，通过计算结果精确确认各个螺栓安装顺序、每步安装扭矩的大小和最终预紧力的施加的确认，已达到多螺栓连接结构在保证连接功能的基础上载荷的承载和设计更加合理。

参考文献

[1] 孙汉虹，程东平，缪鸿兴，等. 第三代核电技术 AP1000 [M]. 北京：中国电力出版社，2010.

[2] 张应迁. ANSYS 有限元分析从入门到精通 [M]. 北京：人民邮电出版社，2010.

非能动安全壳冷却系统空气流道阻力试验替代方案探讨

黄镜宇，徐　进

（上海核工程研究设计院有限公司，上海　200233）

摘要：空气流道的阻力特性对 AP1000 核电厂非能动安全壳冷却系统（PCS）的空气冷却能力有重要影响，需开展试验验证空气流道阻力特性。但试验难度较大，需考虑合适的试验替代方案。本文基于比例试验和分析，介绍验证空气流道阻力特性的方法，探讨试验替代方案的可行性。结论表明：比例试验和分析的方法既模拟了空气流道缩比模型的阻力特性，也验证了分析方法，可以应用于原型空气流道阻力特性的分析。利用本方法替代空气流道阻力试验是可行的。

关键词：非能动安全壳冷却系统（PCS）；空气流道阻力特性；比例试验和分析

Discussion on Alternative Scheme for Air Path Resistance Test of Passive Containment Cooling System

HUANG Jingyu，XU Jin

（Shanghai Nuclear Engineering Research & Design Institute Co.，Ltd.，Shanghai 200233，China）

Abstract: The air path resistance characteristics have an important influence on the air cooling capacity of the AP1000 passive containment cooling system（PCS）. It is necessary to perform test to verify the air path resistance characteristics. However，the test is difficult and appropriate test alternatives need to be considered. Based on the scale model test and analysis，this paper introduces the method of verifying the flow resistance characteristics and discusses the feasibility of the alternative test. The conclusions show that this method not only simulates the scale model resistance，but also validates the analysis method，which can be applied to the analysis of the resistance characteristics of the prototype air path. Therefore，it is feasible to use this method

---

作者简介：黄镜宇（1986—　），男，上海人，工程师，硕士研究生，主要从事核电厂专设安全系统设计研究工作

instead of the air path resistance test.

Key words: Passive Containment Cooling System(PCS); Air Path Resistance Characteristics; Scale Model Testing and Analysis

非能动安全壳冷却系统（PCS）是 AP1000 核电厂的安全有关系统，它能利用非能动方式（如：重力、自然循环等）将热量从安全壳传递至环境，从而保证在任何假想设计基准事故后，安全壳压力和问题不超过其设计压力和温度，并在一段时间后降低安全壳压力。非能动安全壳冷却系统利用钢制安全壳壳体作为传热表面，事故后蒸汽在安全壳内表面冷凝并加热内表面，然后通过导热将热量传递至钢壳体。受热的钢壳外表面通过对流、辐射和物质传递（水蒸发）等传热机制，由水和空气冷却。热量以显热和水蒸气的形式通过自然循环的空气带出，来自环境的空气通过一个“常开”的空气流道进入，沿安全壳容器外壁上升，最终通过一个高位排气口返回环境大气中。非能动安全壳冷却系统示意图如图 1 所示。

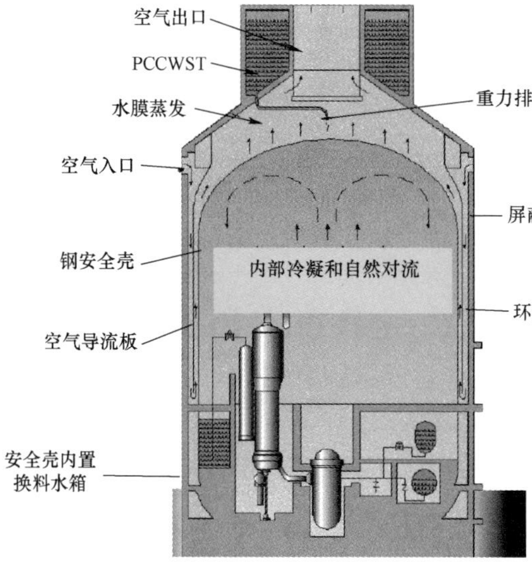

图 1　非能动安全壳冷却系统示意图

空气流道执行安全壳冷却的功能，其阻力特性对冷却性能有重要影响。西屋公司在 AP1000 核电厂的研发过程中，对空气流道阻力特性进行了专门的研究，为安全分析程序提供设计输入，以进行安全壳压力温度分析。此外根据 AP1000 设计控制文件（DCD）的要求，在预运行阶段应通过测量空气流道进出口间的风致驱动压头，验证空气流道阻力特性。然而，若开展此试验将引入大量不确定性，影响试验数据可用性，但可以采用比例试验和分析的方法替代试验。本文从比例试验和分析的角度介绍验证空气流道阻力特性的方法，探讨试验替代方案的可行性。

1　空气流道阻力特性试验

1.1　空气流道结构

空气流道是非能动安全壳冷却系统的组成部分，用来形成沿安全壳外表面向上的自然循环气流，增强安全壳外表面的水蒸发从而降低安全壳的压力。空气流道常开，不含能动部件，可确保其可用性。

空气流道包括百叶窗、空气入口、外环腔（下降段）、导向叶片、内环腔（上升段）、排气段等。空气通过百叶窗流过空气入口，向下旋转 90° 进入外环腔，弯曲的导向叶片使向下运动的气流旋转 180° 后向上进入内环腔。空气在内环腔向上流动到安全壳上方，然后从排气段排出。空气流道结构如图 2 所示。

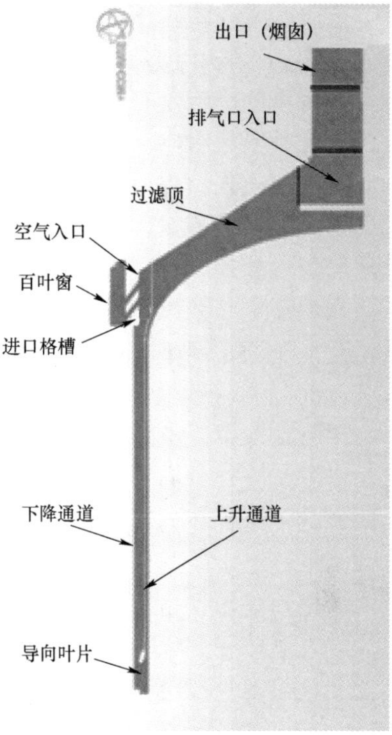

图 2　空气流道结构示意图

1.2　试验可行性分析

为了验证空气流道阻力特性，AP1000 设计控制文件（DCD）第 14.2.9.1.4 节要求，在调试期间通过测量从屏蔽厂房入口区域到出口区域（沿空气流道及一周设多个测点）的风致驱动压头，验证 PCS 空气流道的阻力，试验采用临时仪表。试验方法如下：

（1）采用 16 台变频风机在空气流道出口处进行排风，建立空气流动，在风机 100%、90%、80%、70%、60%这 5 个转速平台上分别开展试验。

（2）通过对采集到的压力数据进行计算，得出空气流道压降与流速的关系。

（3）计算空气流道的阻力系数。

试验的难点在于风机安装和仪表布置。针对这两点的可行性分析简述如下。

1.2.1　风机安装

如果现场开展空气流道阻力特性试验，那么为了满足试验测量要求，空气流道上升段的气流必须达到一定速度，仪表才能采集到流道内显著的压降变化。然而根据此要求得到的风机尺寸会很庞大，若要安装在 PCCWST 顶部需要设置较强的结构支撑，难度很大。

另外，根据规范 AMCA203 的要求，轴流排风机要测试风机入口的压力、流量等参数，需要在风机入口前安装至少 2 倍风管直径的直管段。以依托项目为例，空气流道出口直径为 9.75 m，这就意味着在临时安装的风机入口前还要搭建长度约 20 m 的直管段。

综上所述，为了支持现场试验的开展，试验风机需要安装在 PCCWST 顶部以上的位置，需要设置很强的结构支撑以克服风机运行时的震动，安装难度很大，基本上是不可行的。

1.2.2　仪表布置

仪表布置可行性主要与压差测量要求、温度、外界风和流道复杂性有关。

（1）压差测量

空气流道内气流流速较低，压降偏小。而压力仪表量程比较大，对低量程范围的测量读数的准确性会差一些，数据的可靠性较低。只有当流道内的空气流速和压差比较高时，测量数据的准确性才会更高一些。

为了测量流道内的压差，使用两台压力变送器测量两个平面的静压，然后将两个压力测量值相减得到两个平面压差。使用压力变送器时需要将参考端与外界大气压力连通，也容易受到外界大气压的扰动。

（2）温度影响

仪表一般在室温下标定。标定后的仪表在标定温度以外的环境中使用时，会给仪表测量引入一定的误差。但是，空气流道中的温度相比仪表标定温度的差距不会很大。温度对仪表测量精确度的影响是有限的。

（3）外界风影响

空气流道入口需设置皮托管测量入口压力。但由于此处位于室外，会受到外界风的影响，如果附近有持续阵风，那么仪表测量的读数中会叠加阵风带来的压力，读数会有持续波动，数据可用性较差。

（4）流道复杂性

皮托管通常用于在流场均匀的密闭风管中测量，而在本试验中，空气流道入口是一个开放区，此处流场不稳定、不均匀，会造成皮托管的测量不稳定。

空气流道中，整体空气的流向是从入口进入，先沿空气导流板下降到底部，绕过导流板后，沿安全壳外壁向上，直至顶部出口。但是空气流道是一个环腔，某些局部区域可能存在环向流动。这种环向流动会影响流场的均匀性，不利于皮拖管对动压的测量。

空气流道中的几何结构比较复杂，如空气导流板连接处突出的螺钉、筋板、工字钢，以及流道出口处的钢格栅等。在选择合适的仪表安装位置时，既要避开这些突出结构，还要寻找流场发展较好的地方。导流板与屏蔽墙之间、导流板与安全壳外壁之间的间距狭窄，仪表支架和仪表本身都会变成流场干扰件。综上，仪表布置是比较困难的。

1.2.3　分析结论

根据以上分析，综合考虑测量压差值偏低、空气流道入口流场不稳定、环腔环流、仪表布置困难、风机尺寸大且安装高度过高等因素的影响，空气流道阻力特性试验虽并非完全不能实施，但试验代价和实施难度都很大，可行性不高。

2　试验替代方案分析

空气流道阻力特性试验需要测量空气流道进出口的风致驱动压头，但是压力测量会引入大量不确定性，进而影响试验数据的可用性。因此，在预运行试验阶段考虑采用比例试验和分析的方法替代原型试验。

2.1　比例试验相似准则

比例试验应能够模拟实际空气流道阻力特性，为此空气流道缩比模型的设计必须满足阻力特性相似的准则。空气流道由百叶窗、空气入口、外环腔（下降段）、导向叶片、内环腔（上升段）、排气段等部分组成。为了确保缩比模型与原型的相似性，模型各部分的局部压降与总压降的比值应与原型保持一致，即：

$$\left(\frac{\Delta P_{\text{local}}}{\Delta P_{\text{total}}}\right)_R = 1 \tag{1}$$

式中：ΔP_{local}——局部压降，Pa；

ΔP_{total}——总压降，Pa；

R——下标，表示模型参数与原型参数的比值。

局部压降定义如下：

$$\Delta P_{\text{local}} = \left(f\frac{L}{D_{\text{h}}} + K \right) \frac{\rho v^2}{2} \quad (2)$$

式中：f——湍流阻力因子；

L——当量长度，m；

D_{h}——水力直径，其定义为 4 倍流通面积与湿周的比值，m；

K——局部形状阻力系数；

ρ——空气密度，kg/m^3；

v——局部空气流速，m/s。

为了确保模型和原型湍流阻力因子相等，建议在比例试验中采用与原型相似的材料建造试验台架，以保证两者雷诺数相等，即：

$$(Re)_R = \left(\frac{vD_{\text{h}}}{\nu} \right)_R = 1 \quad (3)$$

式中：Re——雷诺数；

ν——空气的运动黏度，m^2/s。

因为对于模型和原型，空气物性基本相同，亦即空气密度、动力粘度均相等，所以式（3）可以进一步简化为：

$$(vD_{\text{h}})_R = 1 \quad (4)$$

由式（4）可知，当空气物性保持不变时，空气流速与特征尺度成反比。

空气流道阻力特性比例试验的相似准则本质上是保证模型与原型阻力系数相等，即：

$$\left(f\frac{L}{D_{\text{h}}} + K \right)_R = 1 \quad (5)$$

根据式（2），得：

$$(\Delta P_{\text{local}})_R = \left(f\frac{L}{D_{\text{h}}} + K \right)_R \rho_R (v_R)^2 \quad (6)$$

因为空气物性不变，所以 $\rho_R = 1$ 。同时将式（5）代入式（6）中，得：

$$(\Delta P_{\text{local}})_R = (v_R)^2 \quad (7)$$

若模型的特征尺度为原型的 $1/n$，则试验空气流速应为原型的 n 倍，即 $v_R=n$。根据式（7）可知，模型局部压降为原型的 n^2 倍。

2.2　CFD 分析方法

计算流体动力学（Computational Fluid Dynamics，CFD）是一种数值分析与软件工程相结合的成熟技术。通常 CFD 分析技术可以通过理论、试验以及第三方软件等不同途径进行验证，从而确保分析方法的可行性。对于空气流道阻力特性试验而言，为了验证 CFD 分析技术的适用性，首先应将比例试验结果与相应的 CFD 模型计算结果进行比对，通过误差分析论证分析方法的适用性，然后在此基础上对原型空气流道进行三维建模计算，验证空气流道阻力特性。

应用 CFD 分析技术计算空气流道阻力特性的基本方法如下。

（1）几何建模

空气流道几何模型应包括空气流道的各个部件，其中百叶窗需包含滤网结构，进口格栅、排气段入口和排气段出口均应包含格栅结构。

（2）物理模型

对于类似管道流动的空气流道内的空气流动，在雷诺数大于 2 300 时可考虑湍流模型。通常来说湍流模型可分为三种：$k-\varepsilon$ 模型、$k-\omega$ 模型和雷诺应力模型（RSM）。这三种模型对空气流道内的空气流场的计算结果并无明显影响。从工程计算的精度和经济性的角度考虑，可采用 $k-\varepsilon$ 模型开展空气流道阻力特性的相关分析计算。

（3）网格设置

全局网格划分尺寸应能够捕捉湍流结构对流场的影响。百叶窗、通道结构及导向叶片分段的结构尺寸较小，且空气入口和导向叶片分段为整个模型中主要的漩涡发生区域，流动分离引起的压降比较大，需要对该部分网格进行加密操作。

（4）边界条件

根据空气流道内环腔（上升段）实际流速范围，先计算出通过百叶窗流入的空气流量，再根据空气进口面积换算成平均流速。入口流速设置为均匀流速。

排气段出口与大气环境相连，故出口设置 1 个大气压的压力出口。空气流道圆周侧面设置成周期性边界以减小计算量。其他壁面均设置为无滑移壁面，不考虑壁面粗糙度。

（5）结果处理

根据空气流道实际流速条件，计算各个流速工况下的空气流道阻力特性。在计算结果处理时，根据空气流道各个分段的位置布置压力监测点，监测点之间压力的差值即为对应分段的压降，同时对压降做无量纲化处理得出阻力系数 K。阻力系数 K 的计算公式如下：

$$K=\frac{\Delta P}{\rho v^2/2} \tag{8}$$

式中：K——阻力系数；

ΔP——压降，Pa；

ρ——空气密度，kg/m^3；

v——上升通道内平均空气流速，m/s。

2.3 依托项目案例

为了研究 AP1000 PCS 空气流道阻力特性，西屋公司在俄勒冈州立大学开展了 RAFT 试验。目的是测量空气流道阻力系数，为安全壳分析程序 WGOTHIC 提供设计输入。试验台架采用了 1/32 圆周安全壳的 1/6 缩比空气流道模型（即圆心角 11.25°），如图 3 所示。

我院基于 RAFT 试验结果，对 CFD 分析方法进行了验证。计算采用商用软件 STARCCM+，计算分析模型与试验模型保持完全一致。模型采用六面体网格划分，体网格数总计约 350 万。计算结果与试验结果的比对情况（见图 4）。

比对结果表明：CFD 计算结果与试验结果总体上吻合较好。因此，CFD 分析方法可以应用于原型空气流道的阻力特性分析。

AP1000 PCS 空气流道在周向上有周期性，因此实际模型的计算采取了整个圆周的 1/32 进行建模（即圆心角为 11.25°），以减小计算量。圆周侧面设置成周期性边界，入口空气流速设置为均匀流速。空气流道计算流场特性如图 5 所示。

图 3　AP1000 RAFT 试验台架

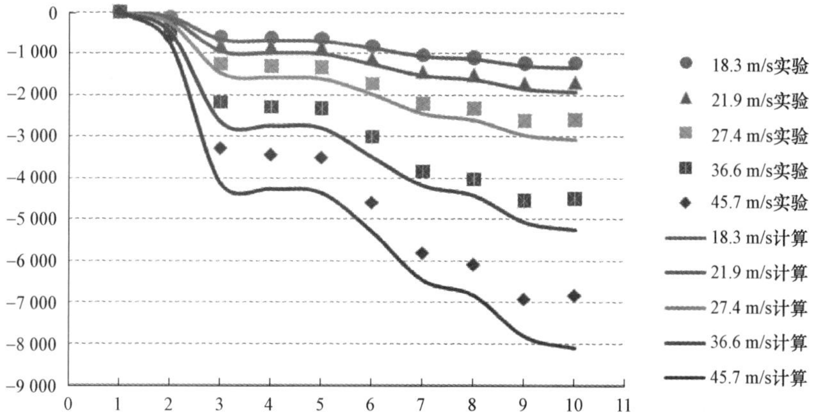

(a) 沿程压力损失（单位：Pa）

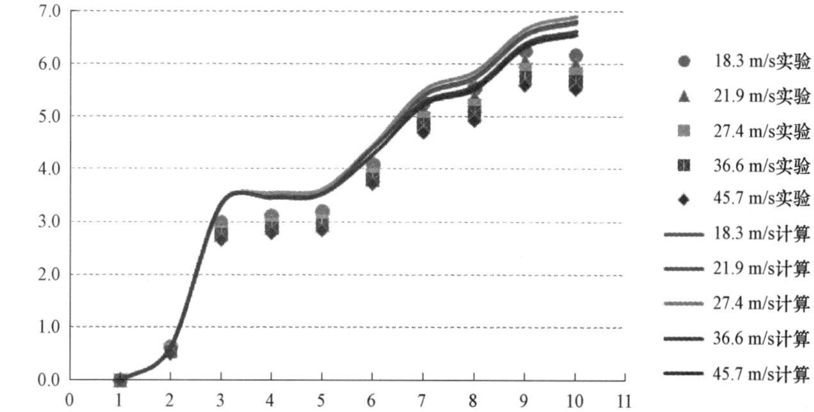

(b) 沿程均一化阻力系数

图 4　RAFT 试验值与 CFD 计算值对比

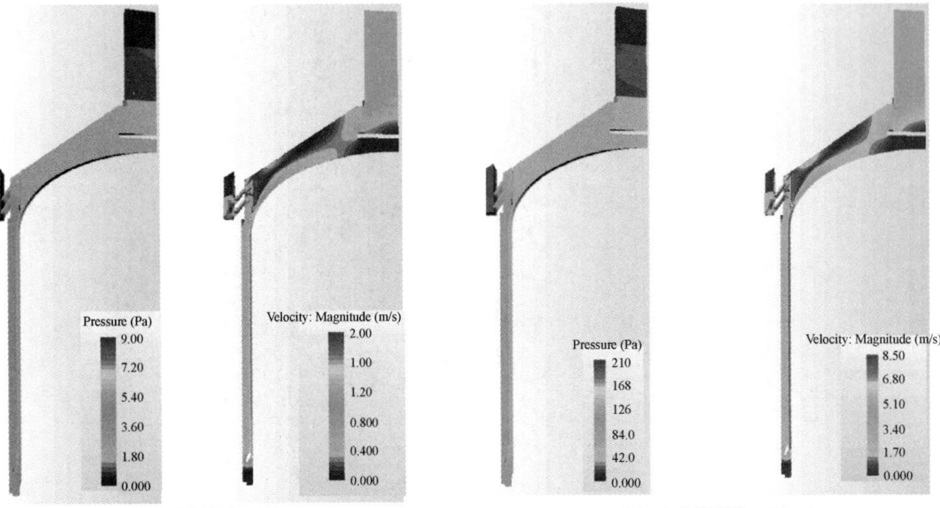

（a）上升段流速：1.5 m/s　　（b）上升段流速：7.5 m/s

图 5　空气流道计算流场特性

3　结束语

本文首先介绍了 AP1000 核电厂非能动安全壳冷却系统（PCS）空气流道的设计特点和阻力特性试验，然后针对试验可行性进行了分析，得出了风机安装难度大、仪表布置困难、数据不确定性大导致试验不可行的结论。在此基础上，对采用比例试验和分析的方法替代原型试验的方案进行了探讨，分别介绍了比例试验相似准则和 CFD 建模分析方法。最后结合依托项目中的具体实施情况，详细说明了比例试验和 CFD 分析方法的具体应用。结果表明：CFD 分析结果与比例试验结果吻合度较好，该方法替代 AP1000 空气流道阻力特性试验是可行的。

本文的主要结论如下：

（1）由于测量压差值偏低、空气流道入口流场不稳定、环腔环流、仪表布置困难、风机尺寸大且安装高度过高等因素影响，空气流道阻力特性试验代价高、实施难度大，因此试验可行性不高。

（2）空气流道阻力特性试验在经济性、工程可行性方面存在很大限制。工程商采用了比例试验和分析方法替代了原型试验。在依托项目中，西屋公司建造了 1/32 圆周安全壳的 1/6 缩比空气流道模型模拟了空气流道阻力特性，并根据试验结果验证了 CFD 分析方法。然后将经过验证的 CFD 分析方法应用于 AP1000 空气流道阻力特性分析中，以验证空气流道性能。

（3）依托项目实践经验表明，采用比例试验和分析替代空气流道阻力试验是可行的。经过验证的 CFD 方法完全可以应用于后续项目空气流道的设计、验证和优化中。

参考文献

［1］孙汉虹，等．第三代核电技术 AP1000［M］．北京：中国电力出版社，2010．

第 2 篇

设　备　篇

AP1000 空气导流板阳极氧化工艺难点及应对措施

白科财，丁严广，万小兰

（山东核电设备制造有限公司，山东 海阳 265118）

摘要：空气导流板位于三代核电 AP1000 非能动安全壳冷却系统的最外层。其设计要求，在事故状态下，通过导流空气的作用，推动空气的流动，传递安全壳内热量，因此空气导流板的导流侧面板需要具有优良的耐辐照、防腐性能。对空气导流板主体基材(镁铝合金，ASTM B209，5454-H32）表面进行阳极氧化的处理，恰好能使其满足以上的要求。本文通过对空气导流板阳极氧化生产中质量数据的整理、分析，并结合阳极氧化生产过程中出现的各类缺陷，依据其产生的原理，提出了相应的解决方案及改进措施，以供未来在类似的生产活动中加以参考。

关键词：阳极氧化；氧化缺陷；原因分析；解决方案

Quality Control Analysis and Optimization of the Anodic Oxidation of Air Baffle Panel

BAI Kecai，DING Yanguang，WAN Xiaolan

（Shandong Nuclear Power Equipment Manufacturing CO.，Ltd.，
Haiyang of Shandong Prov. 265118，China）

Abstract：The air baffle panel，located in the outermost layer of passive containment cooling system（PCCS）of the AP1000 third-generation plants. In the case of accidents，the air baffle panel can transfers the heat of PCCS by diverting air，so the panel of the air baffle panel must has excellent performance of the radiation resistance and corrosion resistance. The anodic oxidation of air baffle panel（magnalium，ASTM B209，5454-H32）just can meet these requirements. Based on the analysis of quality data，This paper presents solutions and improvement measures combined with various defects. For reference similar production activities in future.

Key words：Anodic Oxidation；Oxidation of Defects；Cause Analysis；Solution

中国核电正处于一个高速发展的时期。AP1000 作为三代核电，与其他核电堆型相比，具

作者简介：白科财（1987—　），男，辽宁大连人，助理工程师，学士，现主要从事核电现场质量保证的工作

有的最大设计特点是以非能动设计提高产品在事故状态下的安全性与经济性。空气导流板的空气导流作用是此非能动设计中的最重要一环。

空气导流板，通过连续的自然状态下空气循环，将安全壳内部的热量传递给大气层传热面，从而达到热量交换的目的。空气导流板不仅是非能动安全壳冷却系统体系中设置的最外一层，更承担了与大气层传热面进行热量交换的最后一环。实践证明，通过对铝材的阳极氧化，可以赋予铝面板更强的防腐蚀、耐辐照等特性。而故对空气导流板进行阳极氧化，可以显著增强其防腐蚀、热传导等能力。空气导流板阳极氧化质量的好坏，对安全壳冷却系统在事故状态下能否正常而有效的运行有着至关重要的影响。

因空气导流板导流侧面板的特点，使得空其氧化作业与其他氧化作业存在明显的不同：单次氧化作业面积超大（氧化面积可达 16 m^2）、膜厚要求高（不低于 20 μm）、预着色效果要求高（均一稳定的蓝黑色），国内产业确无相关经验，作业难度大。

本文通过对工艺过程的概述、质量问题的分类汇总、缺陷外观的描述、形成机理的分析，依据缺陷类型给出对应的解决方案和改进措施，以供未来在类似的生产活动中加以参考。

1 空气导流板的阳极氧化

1.1 空气导流板材料的确定

空气导流板导流侧面板部分制造采用 ASTM B209M 标准中的 5454－H32 铝合金，属 Al－Mg 系热处理不可强化合金。其添加的 Mg 即提高强度又不会使延展性过分降低，少量的 Mn 可使含镁相沉淀均匀，提高耐蚀性[1]（见表 1）。相比于 316L，5454－H32 铝合金具有质量轻、易成形、耐蚀性优良等优点，虽抗拉强度、伸长率表现略差[2]（见表 2），但空气导流板并非安全壳的主要受力构件，且整体组装后对安全壳的质量负荷较低，故在对空气导流板选材时，优先考虑使用 5454－H32 铝合金。

表 1　5454－H32 铝合金化学成分极限

—	Si	Te	Cu	Mn	Mg	Cr	Zn	Ti
5454－H32	0.25	0.40	0.10	0.50～1.0	2.4～3.0	0.05～0.20	0.25	0.2

注：除非用范围表示，此处极限为最大质量百分比。

表 2　5454－H32 铝合金与 316L 力学性能及密度比较

—	抗拉强度/MPa	屈服强度/MPa	断后伸长率/%	密度/（g/cm^3）
5454－H32（1.3～6.3 mm）	234～303	≥180	≥8	2.68
316L（≤8 mm）	≥490	≥180	≥40	7.98

1.2 氧化工艺

空气导流板主体部分的氧化，采用的是美国军事标准铝和铝合金的阳极氧化膜标准 ML－A－8625 中所规定的Ⅱ类氧化膜，即采用低压定流－硫酸阳极氧化法。低压定流氧化法，通过提高氧化电流密度，以缩短氧化时间，从而达到提高生产效率的目的；硫酸阳极氧化法，相较于草酸、铬酸阳极氧化法，不但有较高的经济性，且生成的阳极氧化膜具有良好的耐蚀耐磨性。采用此方法阳极氧化生成的阳极氧化膜，底层为极薄的壁垒膜，外层为较厚的多孔膜，其结构更有利于电解着色的电沉积。氧化板幅为双面氧化 2 m×4 m，阳极氧化膜膜厚可达 20 μm，膜重可达 900 mg/dm^2。

1.3　着色工艺

电解着色采用交流 Sn－Ni 混合盐电解着色法。相比于直流着色法，交流着色法由于施加有一定频率的外加交流电压，使位于氧化膜微孔中的离子在孔底与电极间来回振动，大幅降低了氢离子的迁移率，导致氢离子的放电概率的降低，因而更不容易产生爆膜现象（电解着色时，铝基体上会对迁移的氢原子进行还原，部分生成氢分子，氢分子产生的过快过多，会造成局部氢气压过高，导致氧化膜脱落的现象[1]，本文为描述地更加清晰且与其他氧化膜脱落现象以示区别，故对此现象统一称之为爆膜）。电解着色过程的本质是金属离子和氢离子的竞争放电[3]，通过抑制氢离子的放电，以保证金属离子在氧化膜微孔中的电沉积。使用 Sn－Ni 混合盐电解着色后的氧化膜具有均一稳定的蓝黑色，热辐射系数经测定可达 0.95 以上，更有利于空气导流板增强空气导流、传递内部热量的作用。

1.4　封孔工艺

封孔采用以乙酸镍为主要成分的中温封孔技术。与冷封孔技术相比，中温封孔具有质量稳定、封孔速度快、封孔效果好的优点；与沸水封孔、高温水蒸气封孔相比，具有经济性强、能耗比低、环境要求低、易于加工等优点。封孔后采用高温水浴数分钟，一方面可加强封孔效果，另一方面有利于氧化后板材的脱水、风干。

1.5　氧化工艺流程

空气导流板氧化作业工序如下。

预处理→除油→水洗→碱蚀→水洗→中和→纯水洗→阳极氧化→纯水洗→电解着色→纯水洗→封孔→纯水洗→高温水浴→风干→储存。

1.6　返工信息统计

在阳极氧化连续作业生产中，总返工率约为 6.83%，具体的返工批次及原因详如表 3 所示。

表 3　阳极氧化实际生产缺陷问题统计表

序号	问题分类		批次	占返工总批次的百分比/%
1	原料问题	原料问题	38	17.76
2	阳极氧化	粉化、击穿、烧蚀	52	24.30
3		膜厚不足	25	11.68
4	电解着色	爆膜	11	5.14
5		着色不均	12	5.61
6	过程转运及储存	储存失当	7	3.27
7		油污	11	5.14
8		酸碱锈迹残留	8	3.74
9		指纹腐蚀	3	1.40
10		过程碰划伤	16	7.48
11	操作不当	预处理不足	20	9.35
12		跳闸	2	0.93
13		过封孔	7	3.27
14		封孔不完全	2	0.93
15	返工总批次		214	100.00

1.7 返工缺陷的描述、原因分析及解决措施

1.7.1 原料板材

氧化原材料主要为 5454–H32，氧化后的板材产生的问题主要集中在两个方面：白线/白点、黑灰线条。

白线/白点表现为氧化后板材表面有线状或点状、定向分布（板材挤压、辊滚方向）或连续分布的白线、白点，用刀片刮除白色物质后露底（底层为没有氧化膜的母材基底），极少数的会有完整的氧化膜（见图 1）。

黑灰线条表现为氧化后板材表面有带状色差明显的黑灰线条，板材预处理时大多能看到类似的带状线条（见图 2）。

图 1 白线/白点

图 2 黑灰线条

前者多为母材制造阶段其他金属相及其化合物的富集（Mg、Mn、Zn 等）形成，后者多为板材卷压时有异物夹杂而形成。由于此类物质在酸洗、碱洗时无法像母材 Al 相一样均匀地减薄，从而导致氧化时板材表面的成分不连续，氧化后表面出现白线/白点及黑灰线条等缺陷。

故在对铝合金材料监造生产时，应多注意母材挤压过程，防止卷入异物；氧化作业前，应在碱洗、中和后再核实板材的表面状况，合格后再进行相关的氧化作业。

1.7.2 阳极氧化

阳极氧化是整个氧化作业中最重要的工序。阳极氧化类的返工批次占总返工批次的百分比也居于首位。对阳极氧化作业工序质量的控制应额外重视。阳极氧化过程缺陷可分为粉化、击穿/烧蚀、膜厚不足、膜厚不均等四类。

（1）粉化

表现为氧化后板材表面有白灰出现，用水、有机溶剂均不可擦除（与封孔灰相区别，如图 3 所示）。经统计，90%以上的粉化原因均为氧化作业时长超长、作业曾有中途断电、溶液温度过高（>24 ℃）。此外，实际生产中发现，氧化槽铝离子含量过高（>10 g/L）时，粉化现象也会明显增多。可通过增加系统散热功率、减少系统散热负载、均匀冷却系统等手段来减少粉化现象的出现，

图 3 粉化

例如增加冷却设备的功率、减少氧化作业频次（批次）、合理排布制冷水管喷出位置、稳定电流电压、调整槽液铝离子含量等。

（2）击穿、烧蚀

多发生于板材与吊挂具、夹具接触的位置。表现为板材表面灾难性的贯穿性伤、凸起或凹陷，多伴有局部粉化的现象。封孔后检查多见吊挂具与板材的接触面也有部分被氧化着色（可见截面处有黑色氧化膜的产生）。此种缺陷多由于氧化后吊挂具处理不当（如氧化后未碱蚀、吊挂具多次使用致使表面不平），使板材与吊挂具接触面接触不良，局部截面电通量过大并且温度过高，从而导致接触面附近的击穿或烧毁。可通过在每次氧化作业后对挂具进行碱蚀处理、车平挂具电接触面不平整的区域、替换挂具、增加局部冷却量等手段来进行控制（见图4）。

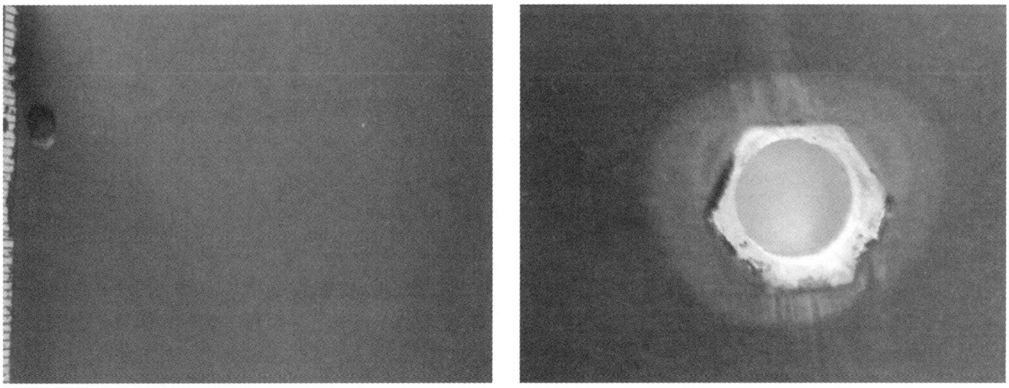

(a) 母材上的击穿、烧蚀图示　　(b) 击穿后吊挂点附近的粉化现象

图4　击穿、烧蚀

（3）膜厚不足

多由于电流参数调整有误、氧化作业电路短路或导电梁与吊挂具间电接触不良等原因所致。可通过加强操作工人对工艺参数的熟悉，定期维护保养槽液、设备、电路及吊挂具等手段来规避此类事件的发生。实际生产中，通过延长氧化作业的时间以增加预期膜厚的手段并不可取，随着氧化作业时间的增加，膜层厚度虽会增加，但由于氧化膜在酸中的溶解，会使形成的阳极氧化膜孔隙度增大。此种情况不但导致氧化膜疏松，还会增大粉化的概率，甚至会影响后续电解着色的着色效果。

（4）膜厚不均

多由于槽液各层温度分布不均、阴阳极面积比例不当等所致。可通过合理布置冷却液出水口、阴极板位置及面积等手段来避免膜厚不均的情况。

1.7.3　电解着色

电解着色阶段产生的主要缺陷为爆膜和着色不均两种。

（1）爆膜

表现为氧化后的板材表面有部分氧化膜的脱落，有时会间隔一段时间或于焊接后才脱落[此处应与母材分层、铝屑粘连板材所造成的氧化膜脱落相区别，如图5（a）所示]。此类现象多是由于电解着色的电压过高、时间过长、电流电压提升速度过快，氧化膜微孔的底部金属沉积物过少，致使氧化膜阻挡层与母材基底之间的氢离子还原速率过快，生成大量的氢气，造成氧化膜层与基材的分离[4]。可通过在电解着色作业开始时缓慢增加电压至预定值（1～3 min 内）、严格控制作业时间及作业电压的方式（着色电压不应大于 20 V）来避免爆膜现象的出现。经过观察发现，多数的爆膜现象会在产品氧化后数天甚至更长一段时间，或是焊接后才会表现出来，且往往氧化板材的边角更容易出现，故为了提前发现这种情况，可以对氧化后的板材边角区域采用如下的破坏性方法来进行检验：用刀片头抵住预检验区域按压，若有氧化膜呈片状爆裂脱落［而非点状按压的破坏痕迹，如图 5（b）所示］，则为爆膜，氧化后板材需整体返工。

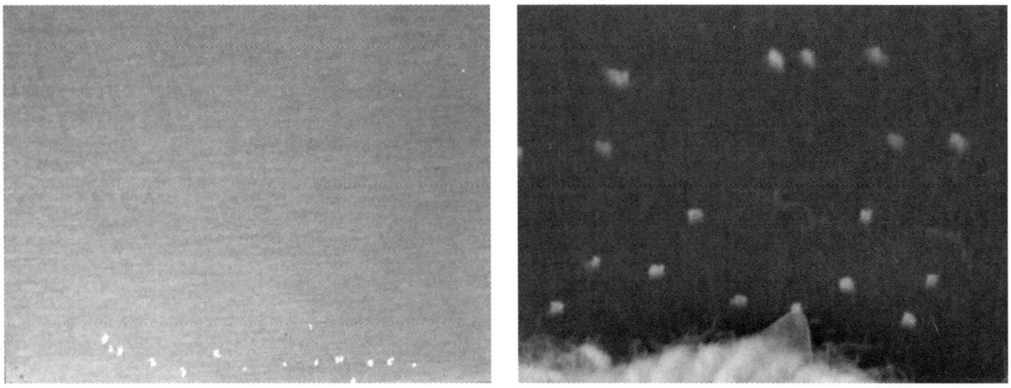

(a) 爆膜现象图示　　(b) 爆膜的刀片抵压法测试图示

图 5　爆膜

（2）着色不均

多表现为电解着色后板材表面出现带状或条状的深浅色带。此类现象多是由于氧化后水冲洗不彻底、槽液温度分层（温度的升高在同等条件下会导致着色速率的加快）、挂具导电接触不良等原因造成的。可采取延长冲洗时间、加强槽液搅拌、定期处理或更换吊挂具、打磨导电梁等措施以预防缺陷的发生。

1.7.4　起吊转运及储存

起吊转运及储存过程中产生的缺陷主要分为指纹腐蚀、过程碰划伤、酸碱锈迹残留、油污和储存失当。

指纹腐蚀主要是板材在氧化或着色后，施工人员未戴手套直接接触板材，汗液残留在氧化膜的表面造成污染或腐蚀，有时用热水或溶剂无法擦除；过程碰划伤板材在转槽过程表面造成过碰划伤，有时会导致碰伤部分区域无法氧化或着色；酸碱锈迹残留主要由于水冲洗不彻底或车间顶棚冷凝结露滴落，导致挂具或屋顶存在污染源滴落至板材上造成二次污染［见图 6（a）］；油污是由于吊车上防锈油滴落板材造成的污染［见图 6（b）］；储存失当主要由于作业后的板材未彻底风干即储存导致板材堆叠时水汽积累残留而出现水纹印［见图 6（c）］。此五类情况可通过严格控制车间的生产操作流程、增加车间循环通风、加强过程管控来达到提高合格率的目的。

(a) 酸碱锈迹残留现象图示

(b) 油迹现象图示

(c) 水纹印现象图示

图 6　过程污染图示

1.7.5　其他环节的操作不当

其他环节的操作不当，主要以预处理不足和氧化膜过封孔为主。预处理不足的主要问题在于铝屑粘附或铝基材的膜层分离未完全去除，导致氧化后的膜层脱落。氧化膜过封孔的问题主要集中于封孔时间超长，氧化膜表面形成以钙盐为主的封孔灰，有时用水或有机溶剂无法擦除，对产品质量造成影响。针对此种情况，应严格执行打磨吹扫步骤、工序作业时间，以避免其他不利影响。

2　结论

（1）原材料表面有害成分的富集，极易造成阳极氧化后氧化膜层的不连续，故改善原材料表面的质量状况，对阳极氧化作业的质量提高，将会有巨大的收益。

（2）氧化阶段和电解着色阶段发生的返工共占总返工数量的 65%，此两个阶段的质量控制，对整个阳极氧化膜的质量影响巨大。氧化槽液的温度、电解着色的电压，此两种条件在超过限定值时都会对阳极氧化膜膜层质量产生极其不利影响，故在生产中应重点关注并实时监测。

（3）纯水的水质不够高，或纯水清洗不够彻底，均会在阳极氧化、电解着色、中温封孔阶段对阳极氧化膜造成离子污染，影响氧化膜的结构、组成及表面状况，在实际生产作业时应注意，工序间的纯水冲洗应彻底，且冲洗时间不应低于 2 min。

（4）在实际生产中，我们应更多的关注于事前控制、定时分析。尤其应每日定时对槽液关键离子进行化验分析，维持槽液的稳定，以利于生产。

参考文献

［1］朱祖芳主编. 铝合金阳极氧化与表面处理技术［M］. 北京：化学工业出版社，2004.

［2］王斌. ASTM 材料 B209 在三代核电安全壳非能动冷却系统中的应用［J］. 材料热处理技术，2012：90-92.

［3］张海霞. 铝合金阳极氧化膜电解着色及功能膜应用［J］. 全面腐蚀控制，2006，20（5）：10-15.

［4］川合慧著，朱祖芳译. 铝阳极氧化膜电解着色及其功能膜的应用［M］. 北京：冶金工业出版社，2005.

放射性废树脂装填聚乙烯高完整性容器（HDPE-HIC）处理工艺在山东海阳核电厂中的应用

耿忠林，廖能斌，任　力，汪加伦，陈泉志，李　斌

（国家电投核安环保有限公司，重庆　401122）

摘要：HDPE-HIC 既作为废物处理容器又作为废物处置容器，在放射性废物最小化、放射性废物处理便捷性和放射性废物处理处置成本等各方面具有优势，HDPE-HIC 在美国等核技术发达国家广泛使用，具备良好的工程应用业绩，处置安全性满足标准要求，拥有被不断验证和改进的成熟配套设备，在放射性废物处理处置和最小化方面取得了良好的业绩。远达环保设计的山东海阳核电厂离堆废物处理设施，首次在国内采用交联高密度聚乙烯高完整性容器（HDPE-HIC）处理废树脂和一回路废滤芯。本文阐述了 HDPE-HIC 在山东海阳核电厂的应用情况，并对其基本性能特点和监管规定的符合性进行了分析，引述了国外应用经验，探讨了该处理处置工艺的推广价值与应用前景。

关键词：高完整性容器；废树脂；处理；处置；应用

Standardization of Advanced Nuclear Power Radioactive Waste Treatment Process

GENG Zhonglin，LIAO Nengbin，REN Li，WANG Jialun，CHEN Quanzhi，LI Bin

（SPIC Yuanda Safety Envitonmental-Protection Co.，Ltd.，Chongqing 401122，China）

Abstract: As a waste disposal container as well as a waste disposal container，container（HIC drum）has advantages in respect of ALARA，waste minimization，operability，system complexity and cost. In countries with nuclear technology highly developed，such as USA，HIC is widely used and has abundant project references，and has good engineering application performance. Disposal safety meets the standard requirements. With the mature supporting equipment which has been

---

作者简介：耿忠林（1981—　），男，河北临西人，学士，高级工程师，现主要从事核环保工程研发设计工作

continuously verified and improved, we have achieved good results in the treatment, disposal and minimization of radioactive waste. Likewise in China, since firstly used to treat spent resins and primary loop spent filter in Shandong Haiyang nuclear power station, its Site Waste Treatment Facilities Designed by SPI yuanda Company. This paper describes the application of HDPE-HIC in Haiyang Nuclear Power Plant, analyses its basic performance characteristics and compliance with regulatory regulations, quotes foreign application experience, and probes into the popularization value and application prospect of the treatment process.

Key words: High Integrity Container; Spent Resins; Waste Treatment; Disposal

山东海阳核电厂作为我国首批 AP1000 核电技术依托项目之一，其厂址废物处理设施（SRTF）放射性废物处理工艺中，针对放射性废树脂、废水过滤器芯均采用交联高密度聚乙烯高完整性容器（HDPE-HIC）装载处置的方式。

HDPE-HIC 处置技术源于美国，有着超过 30 年的运行使用经验。HDPE-HIC 是一种特殊设计制造的具有足够机械强度、密封性、化学稳定性（抵御暂存和处置场的外部腐蚀、内容物的内部腐蚀）、热稳定性、抗生物性能、耐辐照、防水设计和被动排气设计的容器，可用于装载未经固化或固定处理的放射性废物，保证其能够在 300 年以上的使用寿期内安全包容放射性物质。

HDPE-HIC 在我国尚属首次使用，其基本性能特点是否满足处置安全和国家相关审管要求，是否具有推广应用价值，本文进行了初步的分析探讨。

1 HDPE-HIC 性能标准及符合性分析

从 1981 年 7 月至今，总共超过 2.2 万个 HDPE-HIC 在美国等国家使用，未见容器失效的报告。HDPE-HIC 最初是由 Chem-Nuclear 公司开发并取证。在美国，HIC 除须满足美国相关法律法规以外，还应满足美国 NRC 发布的指导性文件《高整体容器导则》[1]和《废物体技术要求》[2]，同时需满足美国各州针对 HIC 制定的相应标准，如南卡罗来纳州健康和环境控制署（DHEC）的 HIC 标准[3]，最后需满足供货商自己制定并得到相关部门认可的 HIC 质量保证大纲。DHEC 的规定是 HDPE HIC 的主要性能标准。

1.1 主要性能指标

（1）HDPE-HIC 寿命设计目标至少是 300 年，在此期间 HIC 应保持其结构完整性。

（2）HDPE-HIC 设计要考虑废物本身和处置沟的腐蚀性和化学影响，拟采用的容器材料满足寿命设计目标的要求。

（3）HDPE-HIC 应有足够的机械强度，能承受填埋深 7.62 m、密度 1 922 kg/m^3 的覆盖物对容器的水平、垂直负荷，要能承受废物本身以及在整备、运输、搬运、处置场操作（如处理沟压实）的影响。机械设计强度应根据蠕变试验参数作保守推断。

（4）HDPE-HIC 设计要考虑处理、存放、运输和填埋产生的热负荷。

（5）HDPE-HIC 设计要考虑拟用的容器材料的辐射稳定性和废物的辐射降解产生的影响。辐射降解检测在受照累计剂量 10^8 rad（1 rad = 10^{-2} Gy）后材料的设计性能没有大的变化。

（6）HDPE-HIC 设计应考虑材料紫外线辐射的影响，通过检测确定受到预计的紫外线照射后材料的设计性能没有大的变化。

（7）HDPE–HIC 设计应考虑拟采用材料的生物降解性能、废物及处置媒介的生物降解。拟采用的材料做生物降解测试，应不能看见有细菌生长。

（8）HDPE–HIC 必须经过原型试验，以证明容器能经受废物准备、控制、运输和处理中可能出现的情况。

（9）HDPE–HIC 装填脱水后，自由液体的最大允许量应小于废物容积的 1%。

（10）HDPE–HIC 需设计为拱顶或顶部凸出型，以避免水在其顶部表面滞留，造成腐蚀或降解性化学物质作用。

（11）HDPE–HIC 外壳设计应保证密封性，同时可实现其内容物进行非破坏性检查。

1.2　综合评估

通过大量的数据资料收集和试验评价表明，在严格的材料性能要求，严格使用过程控制（限制废物中的化学品、限制装填剂量、限制受力、限制紫外线照射等），成熟的配套设备和处置场设计等适当的条件下，HDPE–HIC 能保证 300 年的使用安全。为此国内做了大量工作，要求外方提供了大量详实的试验数据和支持材料（具体证明材料非常多[4]，本文不再累述）。

2　HDPE–HIC 处理工艺的主要特点及优势

目前放射性废树脂的处理，在全世界还是一个难题，没有公认的理想处理方法，主流处理工艺技术有直接盛装 HIC+脱水工艺、热态压实（锥型干燥+超压+灌浆固定）工艺和水泥固化工艺，三种工艺各有优缺点，与传统水泥固化工艺相比，HDPE–HIC 处理工艺具有设备配置简单，操作方便，运行费用低，符合废物最小化和 ALARA 原则的优点[5]，详细对比如表 1 所示。

表 1　放射性废树脂主要处理工艺对比分析表

评价标准	直接盛装 HIC+脱水工艺	热态压实（锥型干燥+超压+灌浆固定）	水泥固化	意见
废物最小化	优	优	差	HIC 不增容，综合减容比 1；热压工艺综合减容比 1.41，如加二次外包装桶后，将低于 1；水泥固化工艺有较大增容
系统操作	简单	较复杂	较复杂	水泥固化主要设备有计量装置、搅拌装置、清洗装置、固化桶输送装置、取封盖装置。而 HIC 工艺所采用的主要设备为脱水头和脱水泵。与 HIC 相比，装载每个钢桶要多约六个主要步骤。另外，由于桶的年产量比 HIC 多得多，这导致钢桶的操作比 HIC 桶更复杂
ALARA 原则（工作人员受照剂量、对环境影响、对公众影响合理可行最可能低）	优	优	良	HIC 封取盖、装料、脱水、吊运、转运、去污等一整套屏蔽远程操作的专用工具和设备，同时设计具备密封填料头，工艺排气过滤、防满溢多重液位保护等专有措施，大大降低了对工作人员和环境的影响，符合 ALARA 原则。与 HIC 相比，钢桶装载和热态压实的操作步骤较多，需人员干预的工作较多，人员受照风险大
技术可靠性	优	优	差	常规桶内固化、桶外固化等操作自动化程度较低，灌浆过程复杂，管线堵塞加上需脱水、擦试/去污的桶数量多，工作量大，同时固化体的稳定性，核素的包容性等相对差

续表

评价标准	直接盛装 HIC +脱水工艺	热态压实（锥型干燥+超压+灌浆固定）	水泥固化	意见
费用	低	高	高	同样废物量情况下，热压和水泥固化总设备成本和运行成本均相对较高，由于总处置量大，处置成本相对也会升高
结构稳定性	优	优	优	结合国内中、低放工程屏障设计的处置场来看，HIC 桶工艺和钢桶工艺均适用，均可保持结构稳定性

3 HDPE－HIC 在海阳项目的使用情况

鉴于 HDPE－HIC 工艺在 ALARA（合理可行尽可能低）、废物最小化、可操作性、系统可靠性及成本等各方面具有优势，国家电投集团决定引进 AP1000 三代核电技术的基础上，在海阳核电 SRTF 项目中引进 HDPE－HIC 工艺技术。

3.1 海阳 HDPE－HIC 基本参数

山东海阳核电厂采用 HDPE－HIC 作为废树脂及废水过滤器芯的处理容器（包装容器），同时也作为最终的处置容器，选用型号为 PL8－120，本体材料为中等交联度聚乙烯，外形尺寸为ϕ1 568 mm×1 892 mm，总体积为 3.41 m^3，最大容积为 3.05 m^3，有效容积 2.86 m^3（树脂）、2.48 m^3（滤芯）。装载试验表明，平均可装 20 个滤芯（ϕ33 cm×55 cm），最大重量为 4 535 kg，按 AP1000 设计源项，每堆每年产生的 HIC 装填容器数量约 4 个（树脂）、0.3 个（滤芯）。

根据装填废物的类型不同，HDPE－HIC 设计内部结构也不一样，用于废树脂的底部安装了 8 只从中间向四周辐射状的过滤器（见图 1），用于废水过滤器芯的底部脱水支管上方安装了防冲击金属网垫板，防止装填滤芯时损坏脱水支管，在侧壁也安装了防冲击钢板（见图 2）。

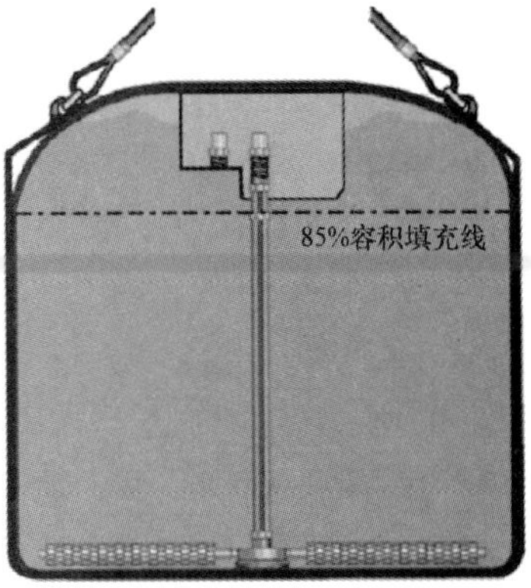

图 1　PL8－120FR 结构图

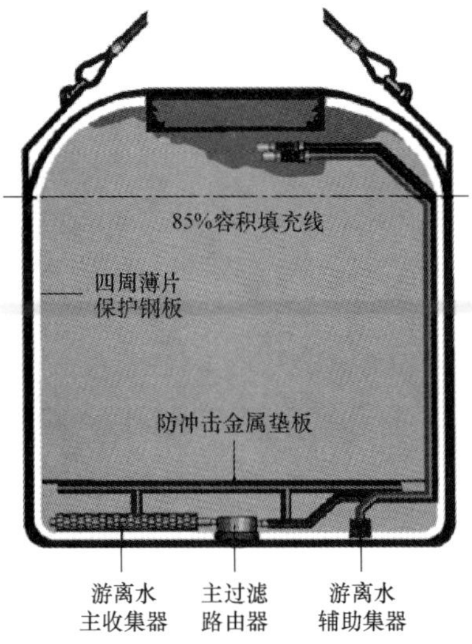

图 2　PL8－120FEXM 结构图

3.2　工艺描述

核岛废树脂贮存于树脂罐中，当存储一定数量后，由树脂泵转移至 HDPE−HIC 中，经装填、脱水、封盖、吊装、厂内运输等工艺流程后，暂存废树脂的 HIC 运至 SRTF 暂存库中暂存，详细流程框图如图 3 所示。

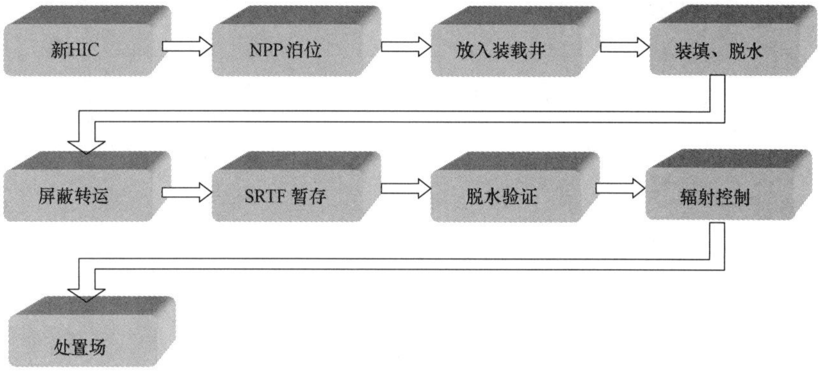

图 3　废树脂 HIC 操作步骤框图

核岛产生的废水过滤器芯，被屏蔽存放在核岛辅助厂房的滤芯存放格架内，可暂存 25 个滤芯，当达到一定数量后，由滤芯屏蔽转运罩转移至 HDPE−HIC 内，装填、脱水、封盖、吊装、厂内运输等工艺流程后，转移至 SRTF 暂存库中暂存，详细流程框图如图 4 所示。

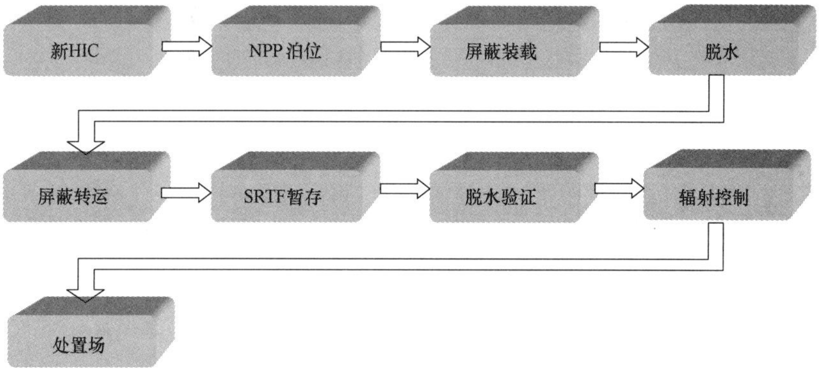

图 4　废滤芯 HIC 操作步骤框图

3.3　HDPE−HIC 的运输和暂存

HDPE−HIC 装填的主要废物为一回路废树脂和废水过滤器芯，表面剂量较高，采用将 HIC 装入屏蔽运输容器（CASK）进行转运。屏蔽运输容器的型号为 8−120B，其内壁衬 8.509 cm 厚的铅，铅层由厚度分别为 1.905 cm 和 3.810 cm 的内外部钢壳包裹。底部焊接件和盖子为总厚 16.51 cm（两层）的碳钢板组成。包含缓冲器（Impact Limiters）的整个货包的高为 3.353 m。

屏蔽运输容器安装在拖车上，可实现对 HDPE−HIC 在厂区内及暂存库与处置场之间的安全转运。拖车及 CASK 的设计满足《放射性物质安全运输规程》（GB 11806—2004）[10]的相关规定。

山东海阳核电厂 HIC 暂存库设计采用地上井式储存方式，共计 120 个井，采用混凝土套管形式，每井直径 ϕ1 754 mm，深 5.3 m，可叠放 2 个 HDPE−HIC。贮存井设置通风管路保持井内负压。暂存库设计保证贮存期间内废物包装的完好性和废物的可回取性；在辐射安全方面保证环境、工作人员、公众满足国家规定的限制，符合 ALARA 原则[6]。

暂存库内配有 12.5 t 数控吊车一台，可实现遥控远程准确定位和抓取废物桶，井盖及其他辅助设施，实现废物的安全可靠进库出库。

4 HDPE-HIC 的处置设想

依据《放射性废物分类》（HAD 401/04—2018）[9]关于放射性固体废物分类活度浓度指导值，山东海阳核电厂 HDPE-HIC 所装载废物属于低、中放废物，适于实施浅地表处置[8]。当 HIC 表面剂量超过 2 mSv/h 时采用屏蔽转运容器转运至处置场，放射性水平较高的废物可在处置单元中心进行处置，周围存放较低水平的放射性货包。

远达环保针对 HDPE-HIC 的安全处置，开展了一定的技术方案研究工作。依托“山东海阳低、中放废物处置场设计构想研究”课题，研究编制了“海阳核电 HDPE-HIC 处置方案”，提出了“圆形缩进井式结构处置”“方形井式结构处置”两种处置方案；发表了《聚乙烯高整体性容器（HIC）处置方案探讨》《国内 AP1000 核电低、中水平放射性废物处置浅析》[7]等多篇论文，并申请了处置技术专利 1 项。目前山东低、中放废物处置场正在进行厂址可行性研究，“十三五”期间将尽快实施工程建设，以满足山东海阳核电厂及周边地区低、中放射性废物的处置需求。

在美国，HDPE-HIC 主要采用两种处置方式：

（1）Barnwell 处置场采用地表浅沟渠处置，HDPE-HIC 外加混凝土外包装处置容器，堆放两层，无钢筋混凝土工程屏障；

（2）位于干燥的沙漠地区的 Clive 处置场，将 HDPE-HIC 放入没底没顶的圆柱形混凝土筒内，单层处置，空隙填细沙，无钢筋混凝土工程屏障。

5 结束语

将放射性废树脂和废水过滤器芯直接装入 HDPE-HIC，经脱水、封盖、转运、暂存，减少了固化/固定及其他繁琐的处理步骤，显著节约了废物处理成本，且工艺简单，设备量少，自动化程度高，具有一定的减容比，符合废物管理的最小化原则，特别适用于我国一址多堆的核电厂。

目前我国制定了 HDPE-HIC 的国家标准[11]，基本确定了 HDPE-HIC 本体的设计、制造、检验的安全质量要求，为实现 HDPE-HIC 国产化奠定了基础。

海阳、阳江核电项目为国内首次使用 HDPE-HIC 的核电项目，广东阳江核电厂也确定使用该处理处置方式。基于在我国使用的良好实践，随着核电的迅速发展，HDPE-HIC 在放射性废树脂和废水过滤芯的处理处置方面将有更加广泛的应用。

参考文献

［1］Guidelines for High Integrity Containers，美国核管理委员会制定发布.

［2］US NRC-Nuclear Material 1991.1 United State Nuclear Regulatory Commission Office of Nuclear Material Safety and Safeguards，Technical Position on Wasteform.

［3］美国南卡州 HIC 标准（State of South Carolina Criteria for High Integrity Containers）.

［4］Scott D. Poole edits，2013.07 Energy Solution Polyethylene High Integrity Container Special Topics Report.

[5] 裴勇，潘跃龙．高整体容器在我国放射性废物管理中的应用分析［J］．核动力工程，2012.06.

[6] 耿忠林，李斌，方祥洪．聚乙烯高整体性容器（HIC）暂存库在核电站中的应用研究［J］．核科学与技术，2015.06.

[7] 杨彬，任力，等．国内 AP1000 核电低、中水平放射性废物处置浅析［J］．世界核地质科学，2014.08.

[8] 国家标准 GB 9132—2018《低、中水平放射性废物的近地表处置规定》［S］.

[9] 国家标准 HAD 401/04—2018《放射性废物的分类》［S］.

[10] 国家标准 GB 11806—2004《放射性物质安全运输规程》［S］.

[11] 国家标准 GB 36900.3—2018 低中水平放射性废物高完整性容器—交联高密度聚乙烯容器［S］.

装卸料机坐标定位系统存在偏差问题浅析

黑　鹏，李子实

（山东核电有限公司，山东 海阳　265100）

摘要：装卸料机（设备编号 FH01）是 AP1000 核电厂装换料系统中的关键设备，由美国西屋电气公司设计，帕尔公司制造，其主要功能是在换料大修期间，将核燃料组件从反应堆的堆芯卸出，运送至辅助厂房，再将一批新的核燃料组件装入堆芯。在反应堆堆芯，核燃料组件的排列是紧密有序的，不论是装入还是卸出核燃料，都必须保证组件之间不发生剐蹭和碰撞，否则，就可能造成核燃料组件破损甚至核泄漏的严重后果，因此能否对核燃料组件的位置进行精准的定位，就显得尤为重要。在装卸料机和堆芯的设计、安装过程中，由于存在内外部的干扰因素，坐标定位系统的理论值、设计值、修正值和真实值之间都存在或大或小的偏差，这些偏差影响装卸料机操作人员对核燃料组件位置的判断。通过对上述偏差产生原因的分析与研究，并寻找可行的方法，尽可能将偏差造成的影响降低到最小，最大限度地保证装卸料机和核燃料组件的安全。本文主要采用结合现场实际案例的方式，介绍在海阳核电一期工程装卸料机试验及堆芯定位试验过程中，坐标定位系统偏差对试验结果造成的影响，并提供减少偏差的思路和方法。

关键词：装卸料机；坐标定位；编码器；偏差

Research on Bias of Location System in Refueling Machine

HEI Peng，LI Zishi

（Shandong Nuclear Power Company Ltd，Haiyang of Shandong Prov. 265100，China）

Abstract: Refueling machine（equipment number：FH01）is the key equipment of Fuel Handling and Refueling System in AP1000 nuclear power station. It's designed by Westinghouse，and produced by PAR. The refueling machine is used to transfer the spent fuel assemblies from the core to the auxiliary room，and put some new fuel assemblies into the core. In the core，the fuel assembly is very close to each other，and the fuel assembly may be damaged when transferred，so it's very important to make sure the core location is accurate to avoid the serious consequence. In

作者简介：黑　鹏（1989—　），男，山东莱州人，工程师，学士，现主要从事核岛仪控维修工作

the location system, there is some bias between theory location, designed location, corrected location and true location, and the operator may be affected by the bias and make a wrong judgment to the position of the fuel. It's necessary to study the cause of the bias and decrease it, to protect the fuel assembly. In this article, with some cases of the refueling machine test and the core location test in Haiyang nuclear power station, to analysis the cause of the bias, and provide some method to decrease it.

Key words: Refueling Machine; Location; Encoder; Bias

机组大修装换料期间，燃料操作人员在工作过程中，需要准确获取核燃料组件的位置信息，包括水平方向上和竖直方向上的位置信息。坐标定位系统就实现了该功能，在该系统中，每一个核燃料组件的空间位置信息由三个坐标值组成，其中有两个坐标值用来确定组件水平方向上的位置，另外一个坐标值代表组件竖直方向上的高度。

任何一个测量系统都存在偏差，装卸料机的坐标定位系统也不例外。当偏差较大时，操作人员就需要用更多的时间来调整组件的位置，增加了操作人员受到的辐射剂量，还有可能导致人员对组件位置做出错误的判断，设备和核燃料组件存在潜在损坏的风险。

因此，对装卸料机坐标定位系统偏差的产生原因进行研究，并找到减小偏差的方法，就能让燃料操作人员获得更准确的燃料组件位置信息，从而提高装换料的效率、减少人员受到的辐射，并且提升核燃料组件在运输过程中的安全系数。

1　坐标定位系统介绍

装卸料机的坐标定位系统主要由三部分组成：编码器、PLC 和人机界面。编码器根据装卸料机的位移变化，输出不同的电信号；PLC 接收编码器的电信号并进行数据处理，得到组件当前坐标值；燃料操作人员可以通过人机界面读取组件当前位置的坐标，也可以在人机界面输入目标位置，装卸料机就能自动运行至该位置。堆芯 157 个底座坐标的相对位置见图 1。

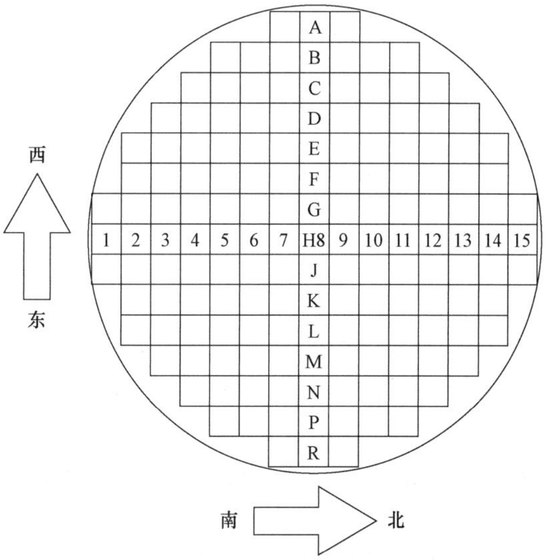

图1　堆芯坐标示意图

1.1 编码器

装卸料机上使用的编码器为 IVO 公司生产的型号为 GEMMH. R208P23 绝对值型编码器。绝对值型编码器的特点是每一个测量位置对应一个确定的数字码，因此它的测量长度是有限的，优点是在设备断电的情况下，编码器发生了移动，不会引起编码器的原点漂移。

在南北方向的大车桥架的轨道上安装了 4 个编码器，在东西方向的小车轨道上安装了 2 个编码器，在竖直方向的起升机构上安装了 2 个编码器。每两个编码器为一组，一主一备，互为冗余，当主编码器和备用编码器差值超过报警阈值时，产生对比错误报警。

1.2 数据处理

PLC 通过 Devicenet 总线连接的方式，获得编码器的数据，每一个编码器都有一个单独的拨码地址，供 PLC 判断数据的来源。在 CPU 中对这些数据进行处理，最终得到燃料组件的空间位置坐标。

在 PLC 的程序中，用户可以对编码器的参数进行修改，例如，用户可以在 PLC 中定义编码器的单圈转动距离。也可以定义坐标定位系统的原点，海阳核电 1 号机组装卸料机的坐标原点为反应堆堆芯 H8 的上限位，坐标为（15 000，15 000，0）。

1.3 人机界面

PLC 进行数据处理后得到的组件坐标信息，通过网线传输给装有 INTOUCH 软件的工控机，燃料操作人员可以通过人机界面读取组件当前位置的坐标，也可以在自动运行模式下，在人机界面输入组件目标位置的坐标，使装卸料机自动达到该位置。

人机界面与 PLC 之间只进行数据的传输，因此，在人机界面环节不会造成坐标定位的偏差。

2 装卸料机理论坐标与设计坐标的偏差

2.1 偏差产生原因

根据反应堆堆芯的设计，H8 为堆芯中心位置，水平坐标为（15 000，15 000）；若不考虑堆芯加工工艺造成的误差，每两组相邻燃料底座中心点的理论尺寸距离应为 8.466 英寸（215.036 4 mm），即堆芯每一个位置的理论坐标都是在相邻位置理论坐标的基础上加减 215.036 4 mm 得到。但是，编码器的读数精度只能达到 0.1 mm，因此，在设计坐标定位系统时，坐标精度也只能达到 0.1 mm。

可以看出，在装卸料机的坐标定位系统中的理论坐标与设计坐标存在一定的偏差，这部分偏差主要是由编码器精度造成的。

2.2 设计坐标的计算方法

在设计定位系统坐标时，规定每两个相邻燃料底座之间的设计坐标差值按 215 mm 和 215.1 mm 交替使用，尽可能减小理论坐标和设计坐标之间的偏差，交替规律如下：

南北方向（大车方向，Bridge）：8 为中心点，向北加，向南减，A 为 215 mm，B 为 215.1 mm，加减规律为 ABABAAB。

东西方向（小车方向，Trolley）：H 为中心点，向西加，向东减，A 为 215 mm，B 为 215.1 mm，加减规律为 ABAABAB。

以南北方向，底座 8 至底座 15 的坐标为例，计算的理论坐标与设计坐标的偏差值见表 1（为方便书写，底座 8 的坐标记为 0，实际应为 15 000），单位为 mm。

表 1 理论坐标与设计坐标偏差表

位置	8	9	10	11	12	13	14	15
理论坐标	0	215.036 4	430.072 8	645.109 2	860.145 6	1 075.182 0	1 290.218 4	1 505.254 8
设计坐标	0	215.000 0	430.100 0	645.100 0	860.200 0	1 075.200 0	1 290.200 0	1 505.300 0
偏差值	0	0.036 4	−0.027 2	0.009 2	−0.054 4	−0.018 0	0.018 4	−0.045 2

2.3 小结

从表 1 得到的偏差值可以看出，通过上述方法，可以将坐标定位系统中的理论坐标和设计坐标的偏差值控制在很小的范围内，由此可见，编码器的精度造成的偏差值基本可以忽略。

3 设计坐标与修正坐标的偏差

3.1 修正坐标

在装换料机轨道、大车桥架、套筒等的安装过程中，不可避免地会与设计值产生偏差，为了减小安装偏差对坐标造成的影响，需要对坐标进行修正。

在堆芯选取 D12、M12、M4 共三个位置作为基准点，分别手动下落模拟组件，并确保组件下管座的定位孔能够与对应位置堆芯围板的定位销完全对中，准确测量出这三个位置的坐标值，并将坐标值录入到坐标定位系统给定的计算表格中，就可以得到所有底座的修正坐标。

选取 D12、M12、M4 这三个位置坐标的原因是在南北方向上选取位置 4、12，东西方向上选取 M、D，通过两点法计算出选取点所在直线的斜率，并将其余点均摊在该直线上，来计算所有底座的修正坐标。

按照验收准则，堆芯正中间位置 H8 设计坐标和修正坐标的偏差应在±1 mm 以内，堆芯其他位置设计坐标与修正坐标的偏差应在±3 mm 以内。

在装卸料机的调试过程中发现，在南北方向上（也就是大车桥架），堆芯底座的设计坐标与修正坐标的偏差较小，符合验收标准，东西方向上（也就是小车）设计坐标与修正坐标之间存在较大的偏差。

3.2 偏差原因分析

经过分析，主要有两方面原因导致装卸料机小车坐标偏差大，小车东西向轴平行度和小车挠度的影响。

3.2.1 小车东西向轴平行度

图 2 中数据为试验过程中获得的，小车（东西方向）修正坐标减去设计坐标得到的差值，单位为 mm。分析图中数据发现以下规律：最南端（图 2 左侧）为正偏差，最北端为负偏差，而小车的坐标由东向西是增加的，可以得到结论，南端修正坐标向西偏移，北端坐标向东偏移。以第 4 列、第 8 列和第 12 列的偏差值为例说明。

$$M4-M8=4.2-2.3=1.9\ \text{mm}$$

$$M8-M12=2.3-0.4=1.9\ \text{mm}$$

$$D4-D8=-0.7+2.6=1.9\ \text{mm}$$

$$D8-D12=-2.6+4.5=1.9\ \text{mm}$$

由上述计算结果可以看出，第 4 列相对于中心第 8 列向西偏移了 1.9 mm，第 12 列对于中心第 8 列向东偏移了 1.9 mm，而最南端的第 1 列和最北端的第 15 列之间的偏差值更大。

解决思路：造成上述偏差的原因是小车的东西向轴与堆芯的东西向轴不平行，而堆芯围板和底座已经浇筑完成，底座之间的相对位置也已确定，无法再进行调整，所以默认堆芯的 A 到 R 为正东正西方向，1 到 15 为正南正北方向。

为了减小小车东西向轴平行度问题造成的偏差，调整大车桥架轨道，使其与堆芯的南北方向尽量保持一致，调整小车轨道，使其与堆芯的东西方向尽量保持一致。

																	小车设计坐标
A							−3.3	−4.3	−4.8								16 505.3
B					−3.1	−4.0	−3.4	−3.8	−4.3	−4.7	−3.8						16 290.2
C				−2.3	−1.8	−2.3	−2.8	−3.3	−3.8	−4.2	−4.7	−2.6					16 075.2
D			−0.2	−0.7	−1.2	−1.7	−2.1	−2.6	−3.1	−3.5	−4.0	−4.5	−2.2				15 860.1
E		0.8	0.3	−0.1	−0.6	−1.1	−1.5	−2.0	−2.5	−3.0	−3.5	−3.9	−4.4	−2.0			15 645.1
F		1.4	0.9	0.5	0	−0.5	−1.0	−1.5	−1.9	−2.4	−2.9	−3.3	−3.8	−1.5			15 430.1
G	2.5	2.1	1.6	1.1	0.6	0.2	−0.3	−0.8	−1.2	−1.7	−2.2	−2.7	−3.2	−3.6	−1.4		15 215.0
H	3.1	2.6	2.2	1.7	1.2	0.8	0.3	−0.2	−0.2	−1.2	−1.6	−2.1	−2.6	−3.0	−0.7		15 000.0
J	2.9	3.2	2.8	2.3	1.8	1.3	0.8	0.4	−0.1	−0.6	−1.0	−1.5	−2.0	−2.5	−1.6		14 785.0
K		3.9	3.4	2.9	2.5	2.0	1.5	1.1	0.6	0.1	−0.4	−0.9	−1.3	0.3			14 569.9
L		4.5	4.0	3.5	3.1	2.6	2.1	1.6	1.1	0.7	0.2	−0.3	−0.7	−1.2			14 354.9
M			4.7	4.2	3.7	3.2	2.8	2.3	1.8	1.4	0.9	0.4	−0.1				14 139.9
N				4.8	4.3	3.8	3.4	2.9	2.4	1.9	1.4	1.0					13 924.8
P					5.9	4.4	3.9	3.4	3.0	2.5	2.0						13 709.8
R							5.5	4.0	3.6								13 494.7
	1	2	3	4	5	6	7	8	9	10	11	12	13	14	15		

图 2　小车修正坐标与设计坐标的偏差

3.2.2　小车挠度

分析图 2 中的数据，还可以发现以下规律，在堆芯的东侧（图 2 下部）小车修正坐标普遍大于设计坐标，在堆芯的西侧（图 2 上部）小车修正坐标普遍小于设计坐标。

因为堆芯小车坐标从东向西是增加的，堆芯的宽度为 A 点小车坐标减去 R 点小车坐标，而经过修正计算得出的 A 点坐标偏小，R 点坐标偏大，因此修正后的堆芯宽度比设计的堆芯宽度窄。

分析造成这种现象的原因是小车挠度的影响。进行堆芯定位试验的过程中，装卸料机是在带载的情况下测量 D12、M12 和 M4 的位置坐标，此时，装卸料机的大车桥架（也就是小车的轨道）受到模拟组件（标准重量 792 kg）、内套筒（约 420 kg）和外套筒及电气机柜等（约 1 000 kg）向下的拉力，在东西方向上产生了形变，在测量 D12 坐标时，组件底部向西偏，小车坐标偏小，而在测量 M4、M12 坐标时，组件底部向东偏，小车坐标偏大。因此，得到的小车修正坐标西侧偏小，东侧偏大，通过修正坐标计算得到的堆芯宽度变窄。

解决思路：通过分析小车修正坐标偏差产生的原因，采取增大 PLC 中编码器设置的单圈转动距离的方法，补偿挠度造成的偏差，优化小车修正坐标。

首先计算修正与设计坐标堆芯宽度的偏差：

$$A7-R7=-3.3-5.5=-8.8\ \text{mm}$$

$$A8-R8=-4.3-4.0=-8.3\ \text{mm}$$

$$A9-R9=-4.8-3.6=-8.4\ \text{mm}$$

三组量程偏差的平均值为 −8.5 mm。

设计坐标东西方向的堆芯宽度：

L1=215×8+215.1×6=3 010.6 mm（参考上文中设计坐标的计算方法 ABAABAB）。

修正坐标东西方向的堆芯宽度：

$$L2=L1-8.5\ \text{mm}=3\ 002.1\ \text{mm}$$

在 PLC 中设置的编码器参数中，编码器转动一圈代表的距离为 304.8 mm，这个值并没有考虑小车挠度对编码器的影响。在修正后整个东西方向的量程上，编码器转动的圈数为：

$$R1=3\ 002.1/304.8=9.85\ \text{圈}$$

由于不论如何更改 PLC 中编码器的参数设置，小车编码器在整个堆芯东西方向上转动的总圈数是不变的。为了减小修正坐标与设计坐标的偏差，可以将编码器单圈转动距离设定值改为：

$$S=3\ 010.6/9.85=305.6\ \text{mm}$$

以上均为理论计算值，总体解决思路就是增大 PLC 中编码器单圈转动距离设定值。修改界面见图 3（图 3 中 3056 代表编码器单圈转动距离为 305.6 mm）。

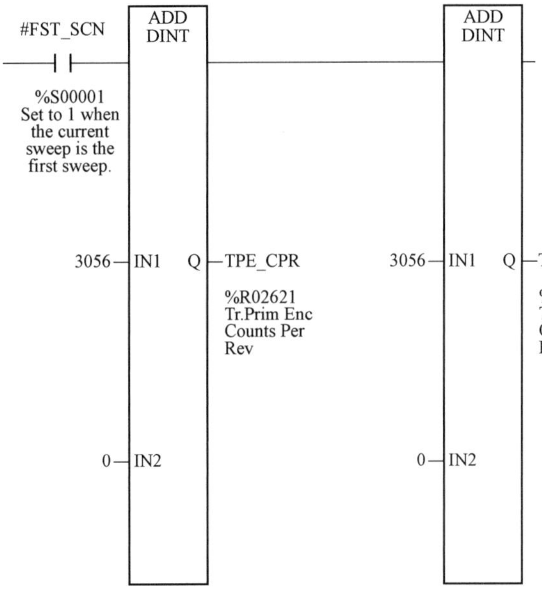

图 3　编码器参数设置

3.3　装卸料机修正坐标与真实坐标的偏差

通过测量 D12、M12、M4 的真实坐标计算得到所有位置的修正坐标后，还需要在堆芯的 157 个燃料底座都手动下落模拟组件，确保组件下管座的定位孔能够与定位销完全对中，得到每一个燃料组件的真实坐标。

对比发现，堆芯燃料底座的真实坐标与修正坐标偏差很小，符合验收标准。该偏差产生的主要原因是，在计算修正坐标时，默认每一个堆芯底座尺寸是相同的，而在加工安装过程中，底座与底座之间存在差异，这是造成真实坐标与修正坐标存在偏差的最主要原因。

4 竖直方向上的坐标偏差

在装卸料机的调试初期，燃料操作人员每一次执行将模拟组件从堆芯吊出的操作时，在人机界面都会出现“Hoist Motion Error”故障报警，起升机构 Hoist 动作停止，需要进行故障复位，才能重新执行起升机构提升动作。

4.1 故障分析

进入装卸料机人机界面的编辑软件 windowsmaker，找到“Hoist Motion Error”报警图标对应的 PLC 点信息为“%M02073”，再进入装卸料机 PLC 的编程软件 Proficy，在起升机构的控制语句中找到“%M02073”的触发条件，见图 4 逻辑画面，分析逻辑语句可以发现，当 PLC 中起升机构手柄动作的信号触发后，如果 1 s 后（对应逻辑块中的 10），起升机构编码器的坐标值没有发生变化，PLC 就会触发“Hoist Motion Error”故障报警。

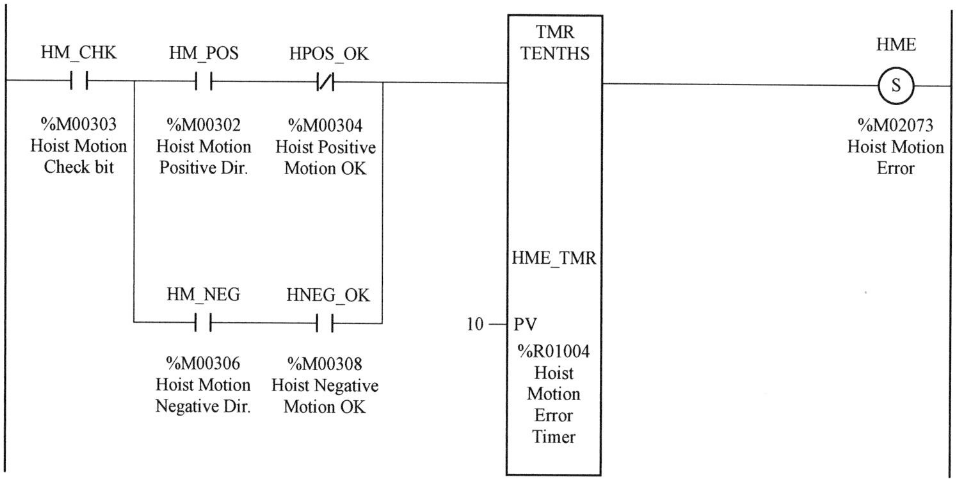

图 4　Hoist motion error 逻辑

4.2 与燃料抓取机比较

对比与装卸料机设计和功能类似的燃料抓取机（设备编号为 FH02），操作人员在执行类似工作，例如将模拟组件从乏燃料水池吊出的过程中，起升机构从未出现过“Hoist Motion Error”故障报警。

装卸料机的起升机构和燃料抓取机的起升机构使用相同的编码器、称重处理单元、伺服电机等，PLC 的型号及相关逻辑语句也完全相同，经过对比发现，两者起升机构的最大不同是，燃料抓取机的起升机构编码器安装方式为齿轮式，而装卸料机起升机构的编码器安装方式为卷筒拉线式，这两种安装方式的区别在于：

燃料抓取机起升机构的编码器采用的齿轮式安装方式，编码器的转轴通过齿轮直接与起升机构的伺服电机相连，电机一旦动作，编码器读数就开始发生变化。

装卸料机起升机构的编码器采用的卷筒拉线式安装方式，卷筒拉线的一端固定在下部的抓具上，当抓具位置发生变化时，拉线带动卷筒内部转轴转动，从而带动与转轴相连的编码器，编码器读数发生变化。

当操作人员使用装卸料机将模拟组件从堆芯吊出时，PLC 接收到提升组件的命令并控制伺服电机转动。在操作前，电机与抓具之间的钢丝绳为松弛状态，所以，在伺服电机转动的初期，钢丝绳由松弛状态变为张紧状态，抓具和组件的高度位置并没有发生改变，起升机构编码器的读数也未发生变化，从而触发了“Hoist Motion Error”故障报警。

4.3　解决方案

比较装卸料机和燃料抓取机的起升机构编码器的安装方式，可以看出，装卸料机采用的卷筒拉线式安装方式，能更准确地记录燃料组件的高度位置坐标，未引入偏差。而燃料抓取机采用的，通过齿轮直接将编码器连接到伺服电机上的安装方式，当吊钩在某一高度位置时，如果钢丝绳拉力不同或者钢丝绳的弹性系数发生了变化，编码器的读数可能发生变化，在竖直方向上引入了偏差。

解决方法：延长装卸料机起升机构“Hoist Motion Error”故障报警触发时间，将图 4 中比较计时器的设定值由 1 s 修改为 2 s 后，该报警再未出现，装卸料机起升机构运行正常。

5　结论

通过上述分析，发现在 AP1000 核电站装卸料机的坐标定位系统中，理论坐标、设计坐标、修正坐标和真实坐标之间不可避免地会存在偏差。其中有一部分偏差是设计过程中产生的，如编码器精度不足、小车挠度等，还有一部分偏差来自安装过程，如装卸料机的大小车轨道与堆芯水平坐标轴不匹配，堆芯围板的底座之间存在差异等。

在经历多个燃料循环之后，堆芯的底座可能会发生变形，需要对堆芯坐标重新进行修正。通过调试期的试验结果可以看出，在装卸料机的坐标定位系统中，理论值、设计值、修正值和实际值之间的偏差可以被控制在一定范围内，以满足验收标准。

在后续装换料操作中，如果出现坐标偏差增大的情况，可以使用类似方法对偏差增大的原因进行研究，并寻找方法减少偏差，提高坐标定位系统的准确性，提升装卸料机的安全性，保证核燃料组件的安全。

参考文献

［1］程晓莉，谢剑英，王林. 绝对式编码器在电机定位中的应用［J］. 控制工程，14（5）：548-554.

［2］程辉，郑竞友，钟继卫. 重载铁路连续刚构桥梁挠度监测分析［J］. 温州大学学报（自然科学版），37（3）：55-62.

［3］张大鹏. 大吨位桥门式起重机主梁挠度预测方法研究［D］. 西南交通大学，2017，4.

［4］樊耀耀. 桥式起重机定位控制研究［D］. 太原理工大学，2015.9.

AP1000辐照监督管操作工具创新设计及系列化推广应用

贾保军，刘永骏，徐道平，陈祖盼

（上海核工程研究设计院有限公司，上海　200233）

摘要：AP1000辐照监督管操作工具用于将辐照监督管从下部堆内构件中移出，并放入专用运输容器以移出反应堆厂房，工具须分别在两个标高执行操作。AP1000依托项目为纯手动设计，操作较为不便；另外工具要求长度很长，须分为两段存放，结构和拆装复杂。在后续CAP系列辐照监督管操作工具上进行了创新设计，采用独特的星形轮结构，抓具到位后自动完成抓取和释放功能，提高了可操作性；并且在吊运过程中自动形成机械自锁，确保操作对象不会因误操作等发生跌落事故，设备操作安全可靠；且工具长度大幅缩短，可整体存放，结构简单、经济性高、可维护性好。该新型抓取工具已用在我国多个核电厂抓取工具上，形成了系列化，并可广泛推广到类似操作设备上，具有良好的推广应用价值和经济效益。

关键词：CAP；辐照监督管；操作工具；创新设计

Innovation Design of AP1000 Irradiation Sample Handling Tool and Serialized Promotion and Application

Jia Baojun，Liu Yongjun，Xu Daoping，Chen Zupan

(Shanghai Nuclear Engineering Research & Design Institute Co., Ltd., Shanghai 200233, China)

Abstract: The Irradiation Sample Handling Tool（ISHT）is used to grab or release irradiation samples at two different elevations. The tool relies on purely manual operation in AP1000 pressurized water reactor, its length is very long, and it shall be two-stage storage, disconnected and reassembled. Operating the tool will take up a lot of time in the main line of nuclear plant overhaul. So we have designed a new kind of ISHT in CAP1000/CAP1400 which has a unique star wheel. The star wheel structure automatically completes the grasping and releasing function after the grip

---

作者简介：贾保军（1988—　），男，甘肃庆阳人，工程师，本科，从事专业：核电站机械设备、非标设备、起重运输设备、乏燃料储运等。

is in place，which improves the operability. In addition，a mechanical self-lock is formed in the lifting process to ensure that the operating object will not fall off due to misoperation，and the operation of the equipment is safe and reliable. Moreover，the length of the tool is greatly shortened and can be stored in one section. At the same time，the performance of all aspects of the tool has been greatly improved. This new grab tool has been used in many nuclear power plants in China and serialized. It has good application value and economic benefit.

Key words：AP1000；Irradiation Sample；Handing Tool；Innovation Design

1　引言

核电厂操抓取工具一般都需要通过抓头的张开和闭合来完成对操作对象的抓取与释放操作。该类设备具有种类多、数量大，结构特殊，应用范围广的特点。传统操作工具都需要额外动力（如气动、电动）或人力执行抓取和释放动作，其中大部分为人工操作。在 AP1000 机组中，除驱动杆装拆工具和辐照监督管安装工具分别为气动、液压操作外，其余均为手动操作。纯手动方式往往操作比较繁琐、人员工作量大，而且存在误操作造成跌落事故的风险；气动、电动虽是自动操作，但因需要额外动力源，使其结构及连接复杂。

AP1000 辐照监督管操作工具用于将辐照监督管从下部堆内构件中移出后放入专用运输容器以移出反应堆厂房，此时下部堆内构件仍安装在反应堆压力容器中，同时该工具还用于移出和安装堆内构件法兰端塞。工具操作位置位于堆芯的辐照监督管，而存放位置在换料水池边，两者之间的标高差约 5 m。

在 AP1000 依托项目中，辐照监督管操作工具属纯手动设计，操作较为不便；且须在两个标高操作，工具要求长度很长，须分为两段存放，拆装复杂，占用主线时间。在后续 CAP 系列核电厂中，工具开展了创新设计，采用独特的星形轮机构，抓具到位后自动完成抓取和释放功能，大幅提高了可操作性；且工具长度大为缩短，可方便整体存放；同时，也使经济性、可维修性等得到了长足提升。

新型抓具已经通过了样机研制和成果鉴定。目前该抓具已应用于田湾核电站换料大修的控制棒抓取中，解决了原先抓具的故障问题，通过电厂实际使用证明了其先进性和可操作性。同时，除了 CAP 系列核电厂辐照监督管操作工具设计外，也应用在秦山三厂乏燃料篮操作工具、恰希玛核电厂阻力塞操作工具，以及示范快堆辐照装置取放工具、乏燃料组件抓具、乏燃料组件运输桶抓具等核电厂一系列抓取工具设计上。

2　工艺要求

AP1000 辐照监督管操作工具用于将辐照监督管从下部堆内构件中移出后，放入专用运输容器以移出反应堆厂房，同时该工具还用于拆装堆内构件法兰端塞。AP1000 辐照监督管操作工具具有抓取载荷大（5.5 t），并须分别在两个标高对辐照监督管、法兰端塞两种对象执行操作的特点。由于工具对辐照监督管、法兰端塞的操作类似，本文着重以辐照监督管为例展开进一步阐述。

如图 1 所示，本设备在使用时，悬挂在环吊的副钩上，操作人员站在换料水池辅助操作平台上（标高为 111.709 m）进行操作，借助于环吊副钩的升降及桥架与小车的运行，完成辐照监督管组件和堆内构件法兰端塞的吊装和转运。抓取操作时，工具应首先取出堆内构件法兰端塞，然后穿过下部堆内构件法兰孔，沿下部堆内构件和压力容器之间的环腔下放，最后取出同一轴线下方的辐照监督管，这时法兰端塞、辐照监督管的顶面标高分别为 102.306 m 和 97.097 m。释放操作时，法兰端塞存放架暂定放置在钢覆面上，辐照监督管运输容器放置于换料水池燃料运输通道旁，这时法兰端塞、辐照监督管的顶面标高分别为 102.381 m 和 102.701 m。因此，工具应分别可以在 97 m 和 102 m 两个标高（高差 5 m）附近进行操作，才能分别完成对法兰端塞、辐照监督管的抓取和释放操作。

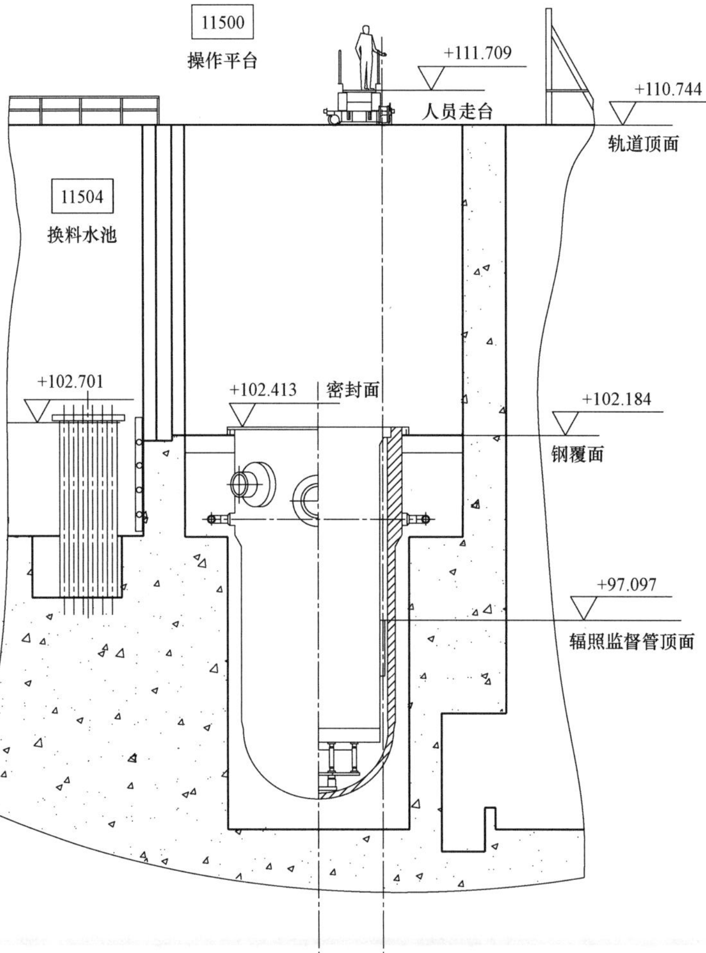

图 1　工艺布置图

工具对辐照监督管的一次详细操作过程为（对法兰端塞的操作相同且假定已被取出）：吊钩携带工具停在辐照监督管正上方→工具下落并穿过堆内构件法兰开孔→工具继续下落至头部插入到辐照监督管接头中→工具抓头张开与辐照监督管上管座对接→工具带动辐照监督管提升到位→环吊副钩携带两者移动到存储容器正上方→工具与辐照监督管下落直到后者放入存储容器→工具抓头闭合与辐照监督管脱开→工具提升→开始下一次操作。

3　原依托项目设计（AP1000）

3.1　结构设计

如图 2 所示，在原 AP1000 项目中，工具在设计上采用传统手动方式，结构上主要由 1 吊环、2 手柄、3 内杆、4 滑套、5 连接法兰、6 弹簧、7 外管、和 8 抓头等组成。人员分别通

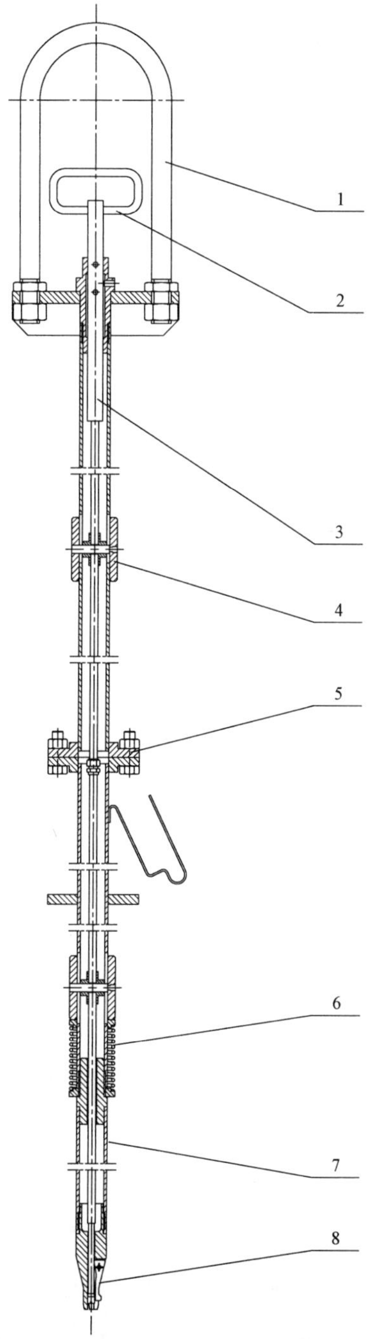

图 2　AP1000 依托项目工具设计

1—吊环；2—手柄；3—内杆；4—滑套；5—连接法兰 6—弹簧；7—外管；8—抓头

过 2 手柄和 4 滑套来控制 8 抓头的张开、闭合，从而完成对辐照监督管的抓取和释放操作。在抓取时，工具下放并由人辅助导向穿过堆内构件法兰孔，工具继续下放到位后，操作人员下压手柄使内杆下行、使抓头张开，从而完成对辐照监督管（上管座）的对接。此时柱塞头部压入内杆上的 V 形槽中，对内杆进行锁定，防止辐照监督管意外掉落。在释放时，操作人员向上推动滑套，将柱塞从 V 形槽中挤出，弹簧回弹使手柄及内管上行、抓头闭合，从而与辐照监督管脱开。

3.2 存在问题

原设计存在二大不足：

首先，工具长，需拆成二段存放，占用大修时间。由于工具抓取位置位于堆芯的辐照监督管，而存放位置在换料水池边，两者之间高差约 5 m 多，因此，工具要求长度很长（16 m），大于其存放的换料水池深度，存放时必须拆成两段，具体拆卸过程如下：人员在环吊的配合下，拧开外管连接法兰上四个螺栓及内杆上快速接头，将工具从中间断开，然后在上下两段内、外管之间插入插销防止内杆掉落；在下次使用时，须执行上述逆操作，将两段重新拼接起来。工具拆装复杂并占用大修时间，单次预计需要数小时，且每次大修都要重复。

其次，由于工具长，需要在不同标高操作。原设计采用纯手动操作方式，完成整个操作需要分别使用工具上的手柄及滑套，且人员需要在不同标高操作，操作过程较为繁琐。

4 创新设计（CAP 系列）

在 CAP 系列核电厂的辐照监督管操作工具设计中，采用一种基于星形轮装置的新型自动抓取结构，完成了工具的创新设计。新型抓具主要由星形轮机构、配属结构以及抓具专有结构三部分组合而成。

4.1 星形轮机构

如图 3 所示，星形轮是一个中间连接件，通过圆柱销装在芯轴的头部开槽上，可以仅靠芯轴的往复运动来驱动旋转，卡或不卡在芯轴与套筒之间，按顺序自动实现两者的连接与脱开。

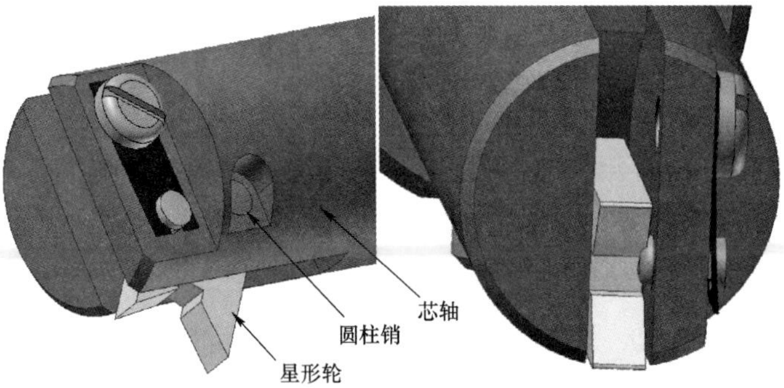

图 3　星形轮装置

4.2 配属结构

星形轮装置动作较为复杂，为了保证所有动作的准确、可靠，设计上还配备了一些专用结构，主要有：

- 钢珠：卡在内、外套筒之间起限位作用，在抓具吊运过程中形成机械自锁，防止意外掉落；

- 止动销：头部有 45° 台阶，对星形轮起防止逆转作用；
- 弹片：卡在止动销一端，为止动销提供回弹力；
- 顶针及弹簧：通过弹簧挤压，推顶星形轮旋转。

4.3　抓具专有结构

抓具本身还具有一些专有结构，与星形轮及其配属结构相结合，作为抓取和释放的执行机构，主要有：

- 抓头：可以围绕销轴张开或闭合，从而与操作对象对接或脱开；
- 端头：端头上有开槽和销孔，用以安放抓头；
- 外套筒：端头安装在其下部，为连接杆、内套筒的轴向往复运动起导向作用；
- 端盖：安装在外套筒顶部，当连接杆碰到端盖后，带动整个抓具提升。

4.4　抓具总体

将上述星形轮装置应用到抓取工具上，通过其与抓具的配合，形成了一种基于星形轮装置的新型抓取工具（见图 4）。

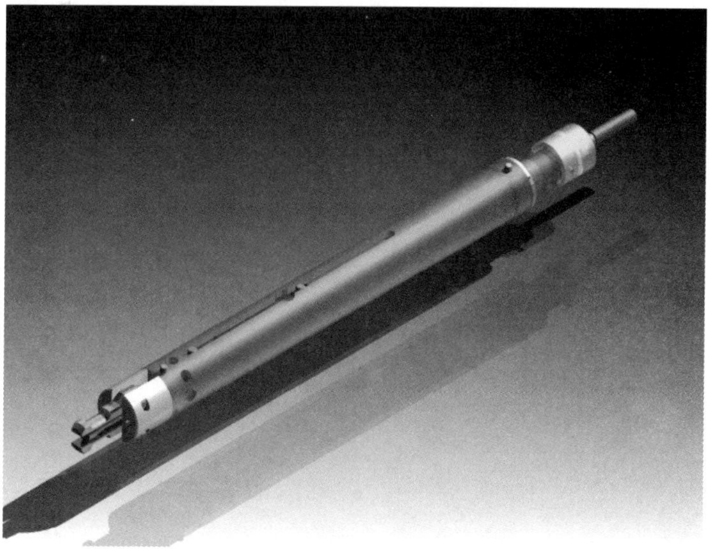

图 4　新型抓取工具

4.5　抓具工作原理

抓具的一次完整操作共有如下 7 个步骤：

（1）为初始状态，工具位于操作对象正上方，连接杆、内套筒及推杆处于最上端，星形轮卡在内套筒槽孔上端，抓头处于闭合状态，工具处于自锁状态；

（2）工具下降到抓取位置，连接杆、内套筒及推杆继续下降，抓头张开，星形轮对顶针及弹簧进行压缩，工具解锁；

（3）星形轮脱开槽孔约束，在弹簧及顶针作用下逆时针旋转，止动销弹出防止逆转，工具重新自锁；

（4）连接杆带动工具及操作对象提升，钢珠滑入到内、外套筒之间起限位作用；

（5）工具及操作对象下降到释放位置后，连接杆继续下降，星形轮对顶针及弹簧进行压缩，工具解锁；

（6）星形轮脱开槽孔约束，在弹簧及顶针作用下，发生逆时针正转，工具重新自锁；

（7）连接杆提升，钢珠滑入凹槽及内套筒开孔间，星形轮卡到内套筒的槽孔上端并带动内套筒、推杆进行提升，抓头闭合，回到初始状态。

4.6 新型工具特点

与原 AP1000 操作工具相比，新型工具从根本上解决了原先的问题，且使各方面性能得到了提升。本工具的优点概括如下：

（1）创新设计为自动操作抓具自动完成对操作对象的抓取和释放，大幅提高了可操作性，有效降低操作人员工作量和辐照剂量。

（2）由于工具长度缩短为 11 m，小于其存放的换料水池深度，在工具存放时无须从中间断开，可整体存放，节省大修时间。

（3）工具长度短、结构简单，都是机械装置，无需动力，基本很少需要维修，制造成本低。

（4）抓具依靠钢珠、止动销在吊运过程中形成机械自锁，确保操作对象不会因误操作等发生跌落事故，操作安全可靠。

（5）工具到位后自动抓取和释放，没有操作手柄，几乎不受标高限制，可以在很大范围的任意标高进行操作。

（6）极少焊接，制造工艺简单，易于加工制造及控制整体精度，承载能力较原先也有所提高。

5 新型抓具样机研制

如图 5 所示，在完成抓具样机的设计和制造后，先后对其进行了功能试验、偏心试验、载荷试验及水下模拟试验，各项试验均圆满完成。功能试验尤为重要，抓具样机先后共累计进行了 5 000 次模拟操作功能试验，试验中抓具所有动作均准确、可靠，无故障发生。在完成试验后，还对抓具进行了拆解检查，未发现任何异常痕迹。抓具样机试验结果十分理想，完成产品定型。

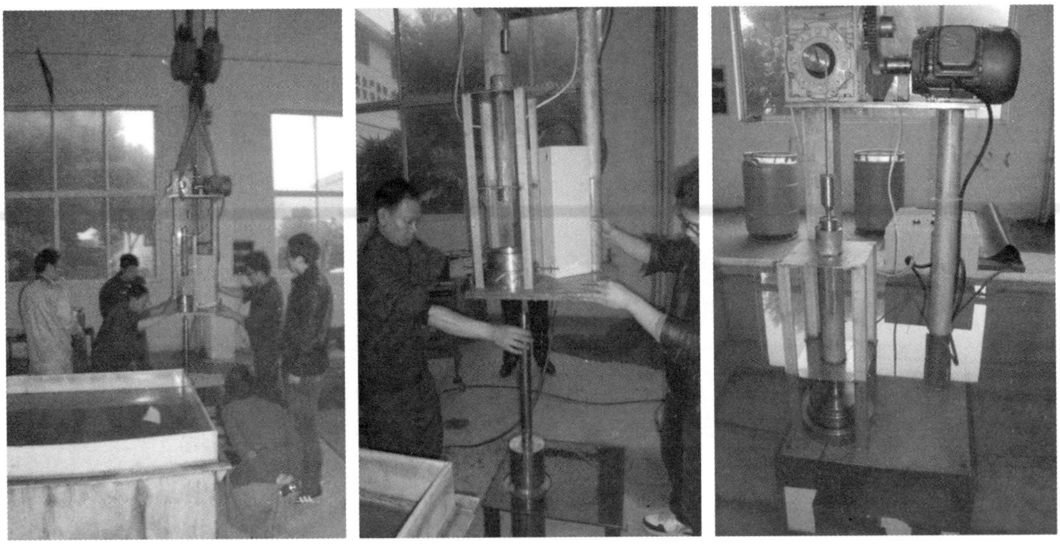

图 5 抓具样机试验

通过了核能行业协会组织的科技成果鉴定，鉴定认为抓具的设计属于国内首创，达到了国际先进水平。星形轮装置因具有操作简便、安全可靠、无需动力（气动、电动或液压）等优点，可广泛运用于核电站类似操作接口的抓具设计上，具有良好的推广价值和经济及社会效益。

6　新型抓具的系列化推广应用

通过对新型抓具进行适应性改进设计，将这种先进技术推广应用到核电厂操作设备或工具上，不但解决了传统操作工具存在的各种弊端，同是，提高了工具的可操作性、可靠性、经济性和可维修性。推广应用需要克服的难点或关键技术主要有：

（1）星形轮机构的适应性改进，以满足不同的抓取行程要求；

（2）推杆结构的适应性改进，以满足不同行程及内、外抓要求；

（3）抓头的适应性改进，以满足不同的抓取结构，以及内、外抓的要求；

（4）抓具接头的适应性改进，以便与不同的提升机构连接、配合；

（5）抓具整体及上述各部分结构的有机组合设计。

6.1　田湾核电厂控制棒抓取工具

田湾核电厂的控制棒抓具是装换料机的一个重要部件，须自动完成对控制棒组件的抓取、提升、下降和脱开功能，其对控制棒的操作是大修关键路径上的工作项目。原有抓具在使用时，先后出现了对控制棒组件抓取、脱开困难等故障，这使装换料时间延长，影响了大修进度，造成了很大的经济损失。

如图6所示，新型抓具通过在堆上实际使用，抓具在连续多次大修中均顺利完成对控制棒的一次性操作，中途无故障发生，未发生装换料时间意外延长事件，并且缩短了换料大修时间，提高了电厂经济效益。抓具的首次成功应用，证明了新型抓具的先进性、可靠性和经济性。大修后还对实物进行了检查，相关部位未出现任何变形。抓具性能可靠、稳定，达到预期性能要求，可以在后续大修中继续长期使用。

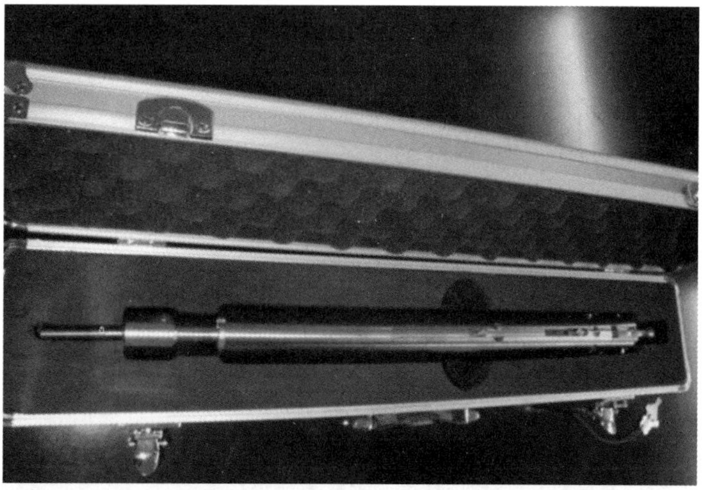

图6　抓具实物产品

6.2　秦山三厂乏燃料篮操作工具

乏燃料篮操作工具在乏贮水池使用，原来为气动工具，其具有抓取燃料篮和篮盖两个功能。抓取篮盖时由四组气缸分别驱动抓头，抓取燃料篮时由气缸推动顶头将钢珠压入燃料篮连接柄。由于使用多台气缸分别操作，工具动作不一致，经过多年运行出现的故障较多，可靠性不高。

鉴于这些情况，需对工具进行相应改进，重新设计加工制作。如图 7 所示，新工具采用星形轮机构来实现燃料篮的自动抓取，采用连杆机构来抓取篮盖，新设计实现了一个工具两种功能，操作安全、可靠、简便。

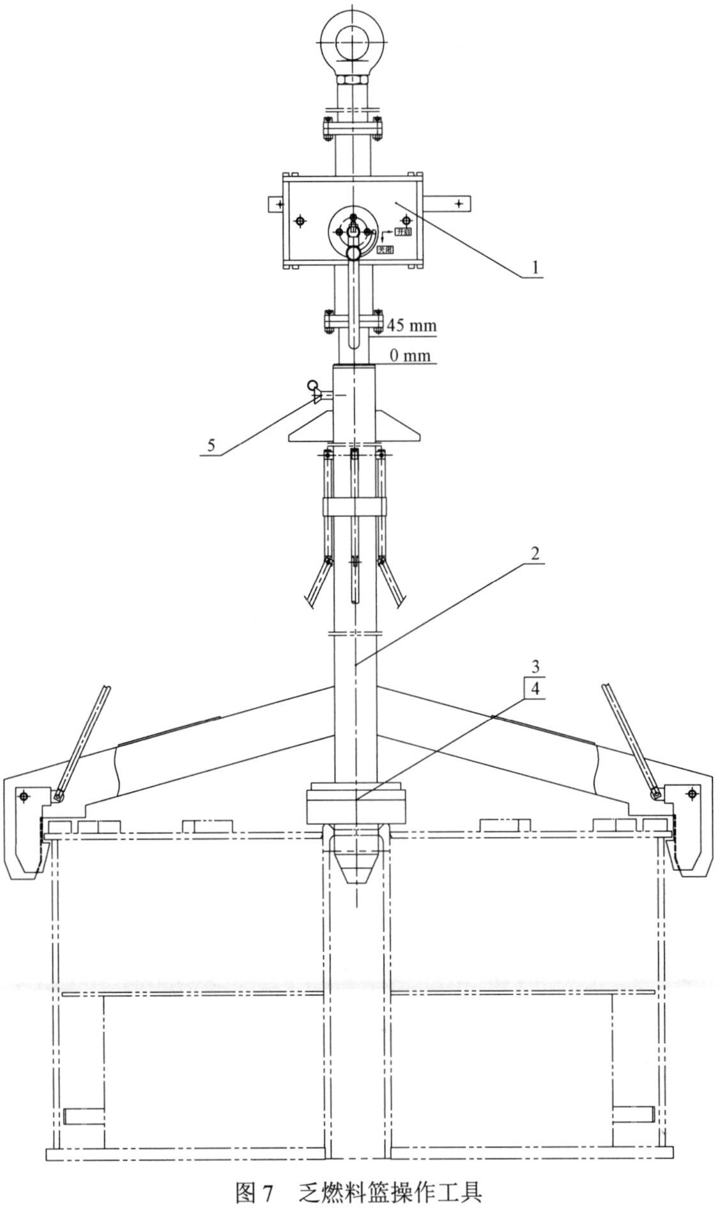

图 7　乏燃料篮操作工具

1—操作机构；2—抓取机构；3—星形轮机构；4—端头；5—快速插销

6.3　恰西玛阻力塞操作工具

恰西玛核电厂的可燃毒物组件和阻力塞组件原先使用同一个操作工具。使用时，工具吊挂在燃料抓取机的吊钩上，操作人员在抓取机的操作平台上对其进行操作，对燃料组件中的可燃毒物组件抽拔或对阻力塞组件进行更换。

由于可燃毒物很长，在抽拔过程中需要对棒束进行导向，该操作工具配有导向梳，而阻力塞长度则很短，抽拔时无需导向，因此用同样的工具操作显得较为繁琐。核电厂需要为阻力塞组件开发一种专用工具来简化操作，这同样可以通过对本文所述新型抓具的适应性改进设计来达到，如图 8 所示。

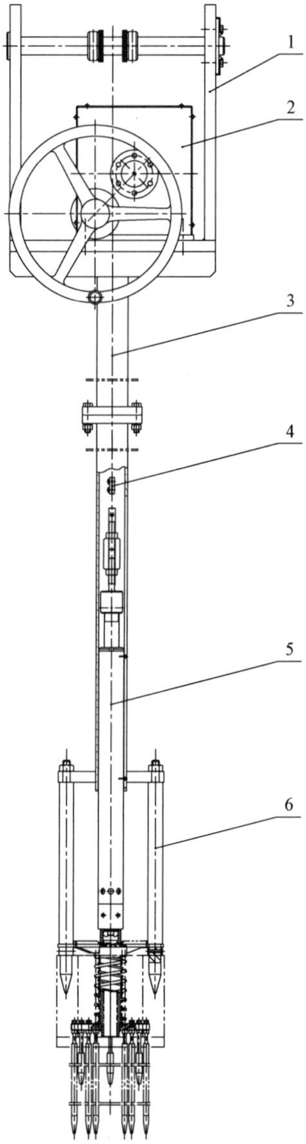

图 8　阻力塞操作工具结构图

1—上座架；2—手摇提升机构；3—连接管；4—钢丝绳；5—星形轮机构；6—下座架

6.4　示范快堆辐照装置取放工具

如图 9 所示，该工具用于 CFR600 快堆物理实验中进行活化法测量的辐照装置的取放。在辐照实验前，利用辐照装置取放工具将试验大厅内的辐照装置放入转换桶内的试验组件中；

待辐照实验结束后，从转换桶内的试验组件中取出辐照装置，并转移至拆卸平台。其中抓具为重力式自动抓具，将抓具向下放置到不锈钢实验组件上，再向上提起抓具就能自动将辐照装置抓起；同样，只要把抓住辐照装置的抓具向下放置到平台支撑上，再向上提起抓具就能自动释放辐照装置。

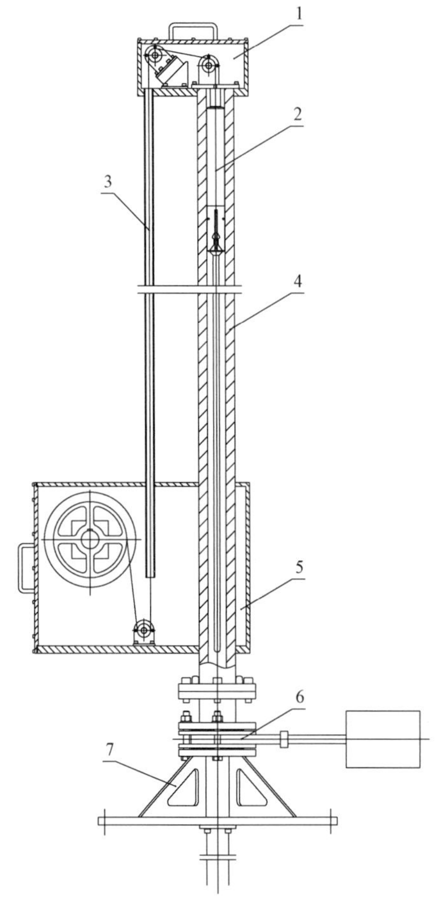

图 9　辐照装置取放工具结构图

1—上箱体；2—自动抓头；3—钢丝绳；4—筒仓管；5—下箱体；6—电动刀闸阀；7—支承座

6.5　示范快堆乏燃料组件水下抓具

如图 10 所示，该抓具用于 600 MW 示范快堆乏燃料贮存水池大厅内转运乏燃料组件、破损组件密封罐和薄壁筒。操作人员站在贮存水池大厅地面或水池操作机人行走台上进行操作，将乏燃料组件或薄壁筒放入乏燃料贮存格架中；将破损组件密封罐从乏燃料组件倾斜运输机转运到屏蔽室倾斜运输机的料仓内。

新型抓具原型机为内抓，该工具通过抓头形状的改变，该合拢时为抓取，解决了内、外抓转换的问题。

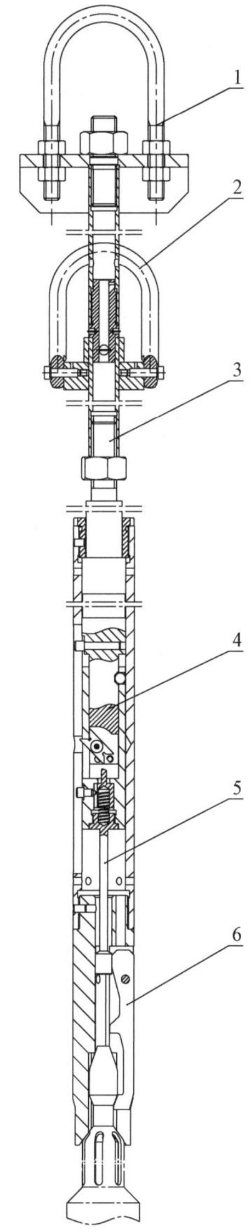

图 10 乏燃料组件水下抓具结构图

1—上部吊环；2—下部吊环；3—连接杆；4—行星轮机构；5—顶杆；6—抓爪

6.6 示范快堆乏燃料组件运输桶水下抓具

如图 11 所示，该抓具用于 600 MW 示范快堆乏燃料贮存水池大厅和转运水池大厅之间进行乏燃料组件运输桶的吊装和转运操作。由于运输桶若干贮存工位操作人员不可达，所以该抓具设计成重力式，采用了本文所述的基于星形轮装置的新型自动抓取结构。

该工具操作的乏燃料组件运输桶头部外形尺寸很大，而新型抓具原型机头部尺寸较小，该工具将抓具头结构尺寸进行了大幅扩大和加强，解决了适配性问题。

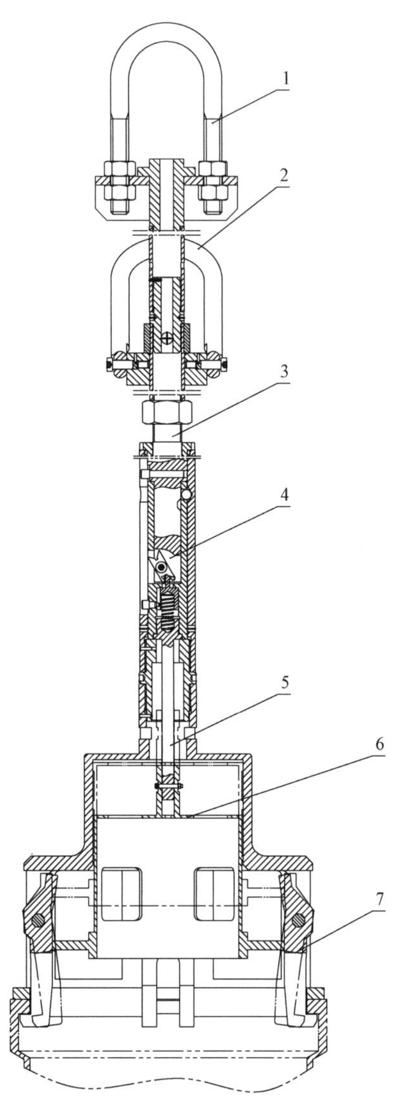

图 11　乏燃料组件运输桶水下抓具结构图

1—上部吊环；2—下部吊环；3—连接杆；4—行星轮机构；5—推杆；6—锁紧套筒；7—抓爪

7　结论及展望

辐照监督管操作工具的国产化创新设计，从根本上解决了原设计上存在的操作不便和分段存放问题。创新设计为自动操作，工具在落到位后，能够自动完成抓取和释放，大幅提高了可操作性，同时使经济性、可维护性等各方面也得到了提升。工具应用在 CAP 系列后续核电厂中，能有效降低操作人员工作量和辐照剂量，节省大修时间，带来一定的经济效益。

相比传统操作工具，本次基于星形轮的核电厂新型抓取工具，具有以下优点：

（1）开发的星形轮装置，能够仅依靠芯轴的往复运动，按顺序自动实现轴、套的间歇连接与脱开。

（2）将星形轮应用到抓取工具上，能达到无需动力或人力进行操作，抓具自动完成对操作对象的抓取和释放功能，极大地提高了可操作性。

（3）抓具在吊运过程中自动形成机械自锁，确保操作对象不会因误操作等发生跌落事故，操作安全可靠。

（4）抓具结构简单，都是机械装置，无需额外动力（如电力、液压、气压等）或手动操作装置，很少需要维修，经济性高、可维护性好。

新型抓具在国内尚属首创，可广泛运用于核电站机械操作设备上，具有良好的推广应用前景；新型抓具已在核电厂操作工具上得到了一系列成功应用，取得了良好的综合效益。

参考文献

[1] 成大先. 机械设计手册第 3 卷 第 5 版［M］. 北京：化学工业出版社，2008.
[2] 机械手册编委会. 机械设计手册第 2 卷 第 3 版［M］. 北京：机械工业出版社，2004.
[3] 刘劲松. 工程材料与热加工实践［M］. 北京：清华大学出版社，2011.

AP1000 非核级负荷中心接地故障保护问题研究

李　烨

（上海核工程研究设计院有限公司，上海　200233）

摘要：本文结合 AP1000 核电厂非核级低压负荷中心馈线断路器接地故障保护功能发生误跳闸的实际案例，讨论电机负荷启动瞬间存在包含多种频率的暂态谐波分量，对接地故障保护的可靠性具有影响，以及存在的问题和解决方案。同时该文利用举例、对比分析的方法对启动阶段提高整定值方案的可靠性进行了试验验证，并选取了满足实践要求的整定值，从而重新认识该保护功能的可靠性及应用，对现场整改方案提供了重要依据，对后续 AP1000 项目也具有指导和借鉴意义。

关键词：接地故障保护；谐波分量；误动作；可靠性

Research on Ground Fault Protection Issue of AP1000 Non-1E Load Center

LI Ye

(Shanghai Nuclear Engineering Research & Design Institute Co., Ltd., Shanghai 200233, China)

Abstract: This paper combines with actual case study in a nuclear power plant to discuss that at the moment of motor starts, multiple frequency transient components have an impact on the reliability of the grounding fault protection, as well as the solution and the existing problems. At the same time, the paper uses the example and comparative analysis method to verify the reliability of the setting method in the starting stage, and selects the setting value that meets the practical requirements, so as to re-recognize the reliability and application of the protection function, and rectify the site. The program provides an important basis and has guidance and reference for the follow-up AP1000 project.

Key words: Grounding Fault Protection; Harmonic Component; False Tripping; Reliability

位于 AP1000 核电厂核岛的低压负荷中心（Load Center，LC）为下游电机控制中心（Motor Control Center，MCC）及功率在 75～185 kW 之间的电动机类负载提供电源、控制和保护。

作者简介：李　烨（1988—　），女，天津人，现主要从事核电厂电气设备采购技术支持及小管道设计工作

低压负荷中心各回路通过 Emax 型断路器自带的电子脱扣器（PR121/PP122 型号）实现接地故障保护。该脱扣器内部通过罗格斯基线圈测量每相的相电流并计算出其矢量和从而得出接地故障电流。浙江三门 1、2 号机组多次发生 Emax 断路器接地故障保护误动作导致跳闸的事件，且均发生在低压负荷中心断路器为下游负载供电启动的瞬间跳闸，经检查，下游负荷（泵、充电器等设备）实际并未发生接地故障。该误跳闸事件导致了该段线路上的供电中断，影响核电厂的设备运行及系统调试。

本文通过对 AP1000 浙江三门 1 号机组非核级低压负荷中心馈线断路器接地故障保护功能发生误跳闸的实际案例进行分析研究与试验验证，来分析其可能原因、提出解决方案和验证方案的可靠性，最终重新认识该保护功能的可靠性及应用，对后续 AP1000 此类设备的采购、设计提供重要指标。

1　Emax 断路器接地故障保护原理

Emax 断路器 PR 数字式脱扣器单元采用罗格斯基线圈来测量电流。罗格斯基线圈为空气芯线圈，不像传统的铁芯电流互感器那样存在磁滞饱和效应。接地故障保护电流是通过罗格斯基线圈测量的相电流算数求和后得到的。

（1）如果系统配置为 3P+N，由 4 个罗格斯基线圈分别采集三相负载电流和 N 线电流；如果系统配置为 3P，由 3 个罗格斯基线圈分别采集三相负载电流，罗格斯基线圈将采集的信号传递给保护脱扣器 PR122 的微处理器 K51。

（2）由保护脱扣器 PR122 的微处理器根据信号进行矢量和的计算：$I_G=I_A+I_B+I_C+I_N$ 即 $I_G=I_T+I_N$，对于 3P 的系统，没有 N 线时：$I_G=I_T$ 其中　I_G：接地故障保护电流；I_A、I_B、I_C：A 相、B 相、C 相电流；I_N：N 相电流；I_T：三相不平衡电流。

（3）如果线路中没有接地故障发生，三相电流平衡，则三相电流矢量和应当为零，$I_N=0$，$I_G=0$；如果三相电流不平衡，中性线上就会存在电流 I_N，并且中性线电流 I_N 的方向与三相不平衡电流 I_T 的方向相反，I_G 实质上就是 I_T 与 I_N 的矢量和，矢量和为零或小于 I_G 门限值，则脱扣器不动作，反之 G 保护动作。

2　负荷中心接地故障保护误动作问题案例分析

案例一：在 AP1000 核电三门 1 号机组调试阶段，闭合 EK21 断路器正常启动余热排出泵时，低压负荷中心相对应回路的接地故障保护发生跳闸。但经现场排查，该跳闸现象属于误动作。经查阅相关技术文件，该余排泵及上下游断路器保护参数如表 1 所示。

表 1　余热排出泵及保护值参数

名称	参数
余热排出泵	额定功率 201 kW 额定电流 378 A
余热排出泵 馈线断路器	额定电流 I_n=630 A 接地故障保护整定值 $0.2I_n$=126 A；t=0.1 s
上游断路器 保护单元	额定电流 3 200 A 保护整定值 $0.2I_n$=640 A；t=0.4 s

现场试验时，同时采用接地故障保护单元（PR121）的数据记录功能记录在电机启动时间的电流波形和 Fluke345 万用表采集到启动至跳闸期间完整电流波形。对比发现：发现 10 Hz 以下谐波的分量超过了 50 Hz 基波的 20%，且接地故障保护单元记录数值偏大，比 Fluke 表测量最大电流有效值偏大（约几倍）。

案例二：当正常启动水冷泵时，接地故障电流（I_g）短时间超过了 G 保护的阈值（126 A），且由于超过保护阈值的时间到达跳闸延时设定值（200 ms），因此 G 保护跳闸。但经排查，该跳闸现象属于误动作。

表 2　水冷泵及保护值参数

名称	参数
水冷泵	额定功率 155 kW 额定电流 264 A
馈线断路器	接地故障保护整定值 $0.2I_N=126$ A；$t=0.2$ s

现场试验时，采用前述同样方法记录完整电流波形，对比发现：通过 Fluke 采集到的完整电流波形中可以看出，Fluke 通过穿心传感器采集到的三相电流和 I_g 小于 G 保护的整定阈值，但断路器的接地故障保护单元记录数值偏大（约几倍）。通过电流频率分析（见图 1 和图 2），可以注意到 10 Hz 以下谐波的分量超过了 50 Hz 基波的 20%，且此启动过程存在明显的直流暂态分量。

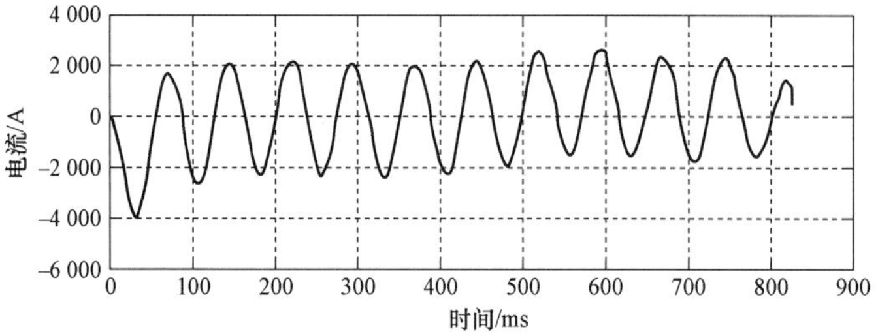

图 1　记录数据来自 Fluke 435（电机负载 VWS－MP－01A　B 相电流）

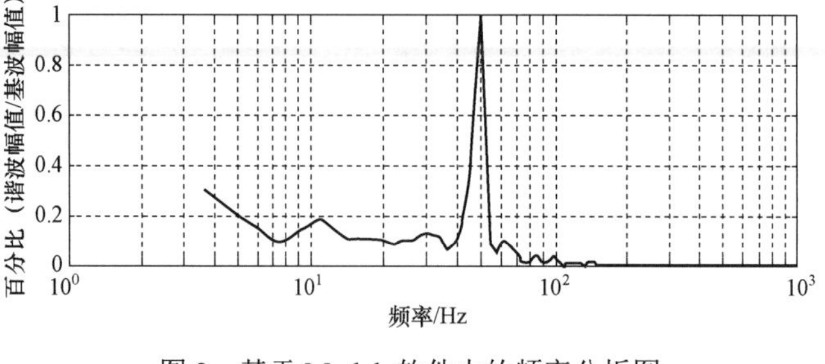

图 2　基于 Matlab 软件中的频率分析图

对比分析：

（1）Emax 断路器的脱扣单元（PR121 或者 PR122）正常的工作频率范围为（50/60）Hz

±10%。

（2）电流谐波分量主要出现在低频，低于脱扣器可正常工作的范围 50 Hz－10% Hz（见图 2）。

（3）当电机启动时，相应的电流谐波分量幅度高于 10%（见图 2）。

（4）所有G保护误动作事件均发生在下游电机启动瞬间，且此段时间谐波分量大于10%，甚至 20%。

（5）断路器脱扣器每次跳闸，均是接地故障电流达到了设定值，且持续时间超过了设定时间，由此可以认为 PR121 执行 G 保护脱扣动作是可靠的，每次均成功跳闸，只是三相矢量和后的电流值偏大，超过了实际接地故障电流值。

原因分析：电流平衡型接地故障保护较为敏感，对下游功率较大的负荷启动瞬间的谐波影响较大。结合以上案例和试验数据，从以下几个角度来分析接地故障保护误动作原因。

（1）启动瞬间大电流导致智能断路器采集的三相电流值数值较实际偏大。

（2）低频谐波分量大给接地电流的测量和计算带来了进一步的偏差，容易放大电流信号误差。

（3）设备固有误差：采用三个独立的罗格斯基线圈分别测量每相相电流，再经过内部逻辑算术求和的方法受制于这些独立设备的累积误差。

（4）质量和工艺：产品生产质量和工艺、内部计算逻辑存在不足，也可能导致接地故障保护的可靠性降低。

3　解决方案

G 保护的设定不仅需要在接地故障发生时能够迅速动作，还要保证在电动机启动的暂态阶段绝不发生误动作，针对上述案例中负荷中心的断路器接地故障保护功能发生误动作，主要有以下两种解决方案。

方案一：提高接地故障保护的整定值，同时考虑增加保护动作的延长时间。其中一种是永久提高整定值，即整个启动和运行全周期均提高了整定值，优点是可有效躲过启动过程的高电流，缺点是将保护阈值放大，存在潜在风险。

方案二：是仅提高启动阶段的整定值，待启动阶段结束，恢复到原整定值。Emax 断路器的脱扣单元 PR122 具有启动保护功能，能够避免电机类、变压器及充电器类负荷在启动瞬间的高谐波电流导致的脱扣问题。在启动阶段，启动功能允许接地故障保护功能（即 G 保护）在更高的脱扣门限下运行。

结合表 1 中的数据，计算提高启动阶段的整定值方案能够满足上下游开关的保护配合裕度：

当 $t>1$ s 时，

$$I=640-126=514\ \text{A}$$

$$t=0.4-(0.1+0.06)=0.24\ \text{s}$$

当 $t\leqslant 1$ s 时，

$$I\geqslant 640-504=136\ \text{A}$$

$$t=0.4-(0.1+0.06)=0.24\ \text{s}$$

注：0.06 s 为下游断路器的分闸时间，I_n 为断路器额定电流。

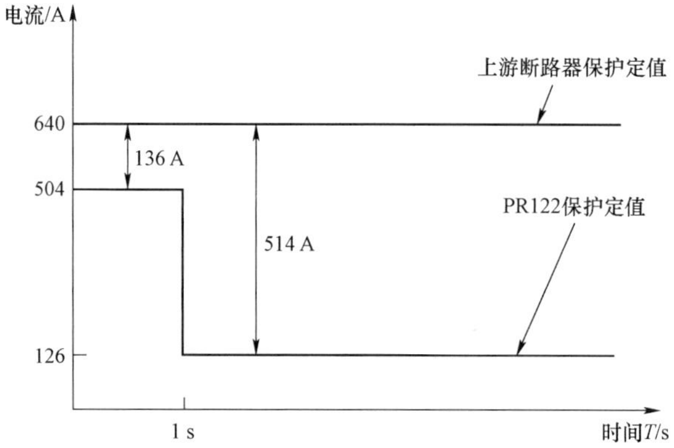

图 3　整定方案计算说明

经上述计算，可证明这种整定方案能够确保与上级断路器之间在过电流和延时方面的选择配合上是满足要求的。

方案三：采用外置零序 CT 和继电器的方式，实现接地保护故障保护功能。让 A\B\C 三相导线一起穿过一个外置零序 CT，利用此 CT 检测三相电流的矢量和，即 $I_O=I_A+I_B+I_C$。当线路上所接的三相负载完全平衡时（没有接地故障，也不考虑线路、电器设备等的泄漏电流），根据三相电流矢量相加 $I_O=0$，即没有零序电流产生。当线路上所接的三相负载不平衡时，在 N 线上就会有零序电流流过，即 $I_O=I_N$，此时的零序电流就是三相不平衡电流。

此种方案需要充分考虑到低压柜的实际内部空间、CT 的安装位置以及电缆是否能够排布、电缆弯曲半径是否满足要求等问题，这些因素都会影响到零序保护能否正确动作。

4　对方案二启动阶段提高整定值方案试验验证

选取三门 1 号机组负载开式循环冷却水泵（电机额定功率为 160 kW，均为 3P 电机负载，同类型的泵现场多次发生误跳闸）作为研究对象，EK21 负荷中心馈线断路器额定值为 630 A，脱扣单元型号 PR122。

4.1　验证试验一

试验对象：开式循环冷却水泵

参数设置：G 保护未开启启动保护功能，接地保护整定值 $I=0.2I_n$，$t=0.1$ s

试验结果：G 保护动作跳闸

试验分析：用断路器记录的脱扣历史数据（见表 3）与通过 Fluke 电能质量分析仪记录的数据（见图 4）进行对比，来验证 Emax 断路器 G 保护脱扣记录数据的准确性。表 3 为断路器合闸到因 G 保护跳闸，Emax 脱扣器 PR122 记录的时间和数据。

表 3　Emax 脱扣器记录数据

G 保护脱扣器跳闸记录	
A 相电 2 099 A	跳闸时间 11:39:46.585
B 相电 2 160 A	G 保护跳闸值 362 A
C 相电 2 133 A	整定值 $0.2I_n=126$ A

续表

Emax 脱扣器记录属性	
CB Open	11:39:46.625
G Tripped	11:39:46.585
G Timing ON	11:39:46.510
L Timing ON	11:39:46.495
CB Closed	11:39:46.480

可以得到从合闸到跳闸的时长为 145 ms，跳闸时的故障电流为 362 A。

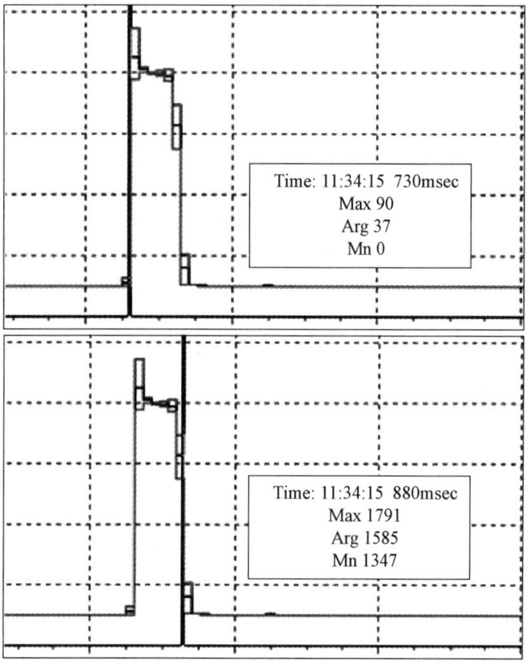

图 4　Fluke435－Ⅱ 记录启动到跳闸的电流有效值

由图 5 可知，Fluke435－Ⅱ 记录的跳闸前瞬间 A、B、C 三相相电流：I_1=2 133 A，I_2=2 120 A，I_3=2 088 A。从 Fluke 电能质量分析仪记录的启动电流波形也可以得到跳闸的时间为大约 150 ms（见图 4），而且故障跳闸时的三相电流值与 PR122 记录的数值 I_1=2 099 A，I_2=2 160 A，I_3=2 113 A 也很接近。Emax 断路器的 I_G 采用标准的矢量和计算，但目前没有找到可以测量三相电流后，自动计算得出三相电流矢量和的仪器，所以通过验证三相电流的准确性，来推导 I_G 值的准确性。

4.2　验证试验二

试验对象：开式循环冷却水泵

参数设置：G 保护开启启动保护功能，启动阶段 $I=0.6I_n$，$t=0.1$ s。接地保护整定值 $I=0.2I_n$，$t=0.3$ s

试验结果：G 保护未动作，启动成功

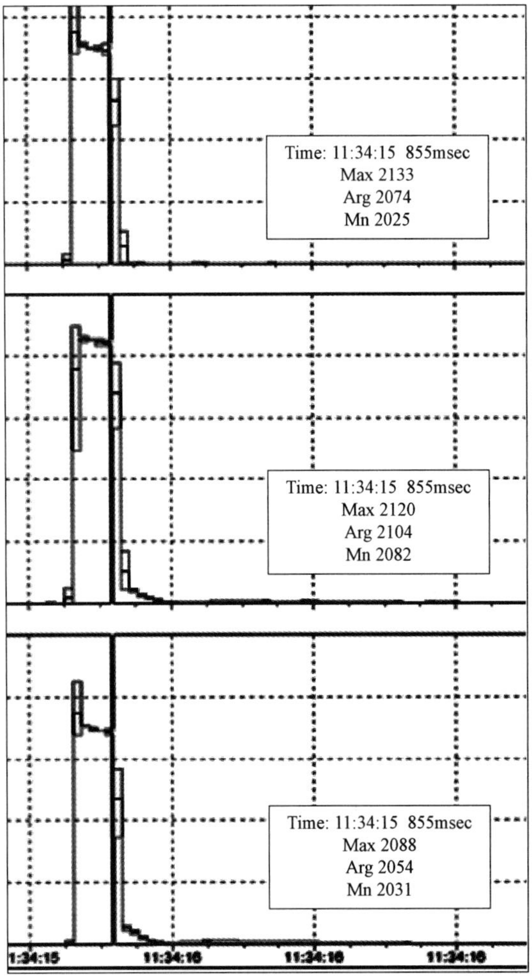

图 5 Fluke435－Ⅱ记录的跳闸前 A、B、C 瞬间相电流有效值

试验分析：Emax 断路器没有跳闸，获得了整个电机启动过程的电流曲线，对此试验进行分析。Start－up threshold 设定为 0.60 I_n，Start－up time 设定为 0.1 s，由于大于带载电机启动 0.1 s 时的幅值（$0.60I_n > 0.58I_n$），所以避开了不平衡电流的超限幅值。Trip time t4 设定为 0.3 s，脱扣总时间 $t_{总}=t_4$+tstart－up=（0.3+0.1）s=0.4 s＞0.3 s（脱扣临界值），也避开了不平衡电流的超限时长。因此此方案是可行的。

4.3 试验数据分析

结合验证试验一、案例一、案例二的 G 保护定值和试验结果记录如表 4 所示。

表 4 试验一、案例一、案例二的 G 保护定值和试验结果汇总

记录参数名称	试验一	案例一	案例二
I_g脱扣时间/s	0.1	0.2	0.3
I_g脱扣电流/A	362	203	139
整定值/A	126	126	126

由此可粗略标绘出电机启动时三相不平衡电流的波形，见图 6。

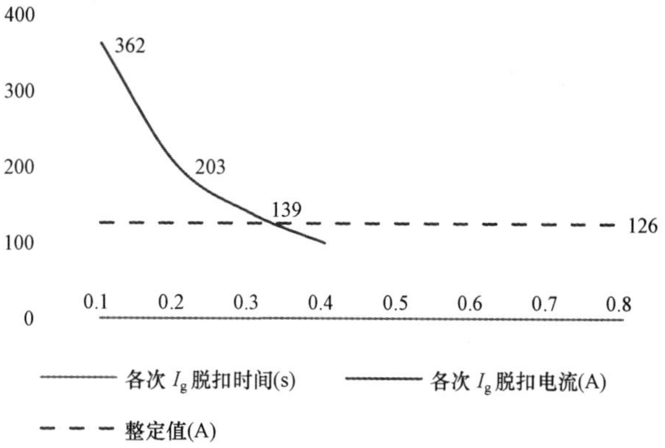

图 6　各次 I_g 脱口电流示意图

由上述分析数据得知，带载电机启动时不平衡电流的幅值为：在 0.1 s 时不平衡电流达到 362 A，达到保护脱扣器额定电流 630 A 的 57.46%；在 0.2 s 时达到 203 A，达到保护脱扣器额定电流 630 A 的 32.22%；在 0.3 s 时达到 139 A，达到保护脱扣器额定电流 630 A 的 22.06%；以上不平衡电流值均超过保护脱扣器设定的门限值，所以均导致保护脱扣器动作。由 I_g 电流趋势图可以看出不平衡电流值只有在电机启动 0.4 s 以后，才可能低于保护脱扣器的门限值，使得保护脱扣器不会动作。所以第 2 次验证试验中设定的总脱扣时间为 0.4 s，而且在前 0.1 s 内的 G 保护门限值为 $0.6I_n$=（0.6×630）A=378 A，在脱扣延长的时间内（0.1 s+0.3 s）I_g 值没有持续超过门限值，电机顺利启动，未出现断路器脱扣的情况，因此可证明此整改方案是可行的。

5　总结

本文结合 AP1000 核电厂低压负荷中心接地故障保护误跳闸的实际案例，对接地故障保护误动作的原因进行了分析并列出了两种整改方案，并对方案一中的启动阶段提高整定值进行了现场试验验证，并验证了此方案的可靠性。浙江三门和山东海阳共四台机组均已按照上述两种方案进行了现场整改，整改完毕后一直运行良好。对后续项目接地故障保护选型设计提供参考，后续设计也可从抑制下游负荷启动瞬间谐波分量、减少不平衡电流角度进行考虑研究。

另外，本文通过现场实测数据和波形分析，验证了谐波对矢量和型接地故障保护的可靠性具有一定的影响，而现有国家标准 GB 14048.2—2008 中没有明确的验证方法能够对断路器自带的接地故障保护功能进行验证。因此，目前智能化低压断路器的接地故障保护期待一种权威的验证方法，能够在设计和制造阶段对其可靠性进行充分验证。

参考文献

［1］琚纪红，卜浩民．智能型塑壳断路器中接地故障保护功能设计［J］．低压电器，2011，19.
［2］倪仕杰．试论低压断路器接地故障保护可靠性［C］．//中国电工技术学会低压电器专业委员会第十四届学术年会论文集.2008：283-285.
［3］GB 14048.2－2008，低压开关设备和控制设备 第 2 部分：断路器［S］.

一回路取样系统的工艺分析及设备设计

林振宇[1]，孟赵一[1]，冯艳凤[2]

（1. 一重集团大连工程技术有限公司，辽宁 大连 116600；
2. 深圳中广核工程设计有限公司，上海 200241）

摘要：一回路取样系统主要用于收集反应堆冷却剂系统、相关辅助系统及安全壳大气中具有代表性的流体样品，供化学分析和放化分析。分析了取样系统的工艺流程、控制、设计要点等，并进行了仿真模拟。结果表明：正常工况时，液体取样时 GSP 内压降较小；溶解气体取样时，采用一次减压—加热—二次减压的操作方式既可避免水的闪蒸又可快速得到代表性样品；安全壳大气的取样管路和返回管路的压力降均可满足喷射器的设计要求。事故工况时，液体吸入管路的节点压力超出喷射器设计要求；进行安全壳大气返回管路优化时需同时考虑气体、液体的压力降。采用三维设计软件，对取样装置进行优化设计。将气体取样系统和液体取样系统整合到一个模块内，极大地减小了占地面积。改进了取样瓶及阀门操作形式，既减小了辐射剂量又方便操作。对装置内的阀门、仪表、管路等进行合理布置，留出足够的空间，方便工作人员检修维护。

关键词：取样系统；液体样品；气体样品；压力降；三维设计

Process Analysis and Equipment Design of Primary Sampling System

LIN Zhenyu[1]，MENG Zhaoyi[1]，FENG Yanfeng[2]

（1. CFHI Dalian Engineering &Technology Co.，Ltd.，Dalian of Liaoning Prov. 116600，China；
2. China Nuclear Power Design Co.，Ltd.，Shanghai 200241，China）

Abstract：The primary sampling system（PSS）is mainly used to collect representative fluid samples from the reactor coolant system，related support systems and containment atmosphere for chemical and radio-chemical analysis. This paper analyses the process，control and design points of the PSS combining with simulation. The results show that the pressure drop of GSP is small in normal conditions. When the dissolved gas is sampled，the operation method of a decompression-

---

基金项目：一重集团科研新产品开发课题 KY18GJ1001

作者简介：林振宇（1983— ），男，河北邢台人，高级工程师，硕士研究生，现主要从事水处理技术工作

heating-secondary decompression can not only avoid the flash of water but also obtain representative samples quickly. The pressure drop of the sampling line and the return line of the containment atmosphere can meet the design requirements of the injector. In the accident conditions, the actual suction pressure is lower than the design pressure of the injector. The pressure drop of gas and liquid should be considered when optimizing the atmosphere return line of the containment vessel. The GSP is designed and optimized using 3d software in this paper. The gas sampling system and liquid sampling system are integrated into one module，which greatly reduces the land area. The sample bottle and the operation of valve are improved，which not only reduces the radiation dose but also make the operation more facilitate. Reasonable arrangement of valve，instrument，pipeline，etc.in the PSS，leaves operators enough space for maintenance.

Key words: Sampling System; Liquid Sample; Gas Sample; Pressure Drop; Three-dimensional Design

一回路取样系统（Primary Sampling System，PSS）属于核辅助系统，该系统用于收集来自反应堆冷却剂系统及其辅助系统、安全壳大气中具有代表性的液体样品、气体样品，供电厂运行人员分析（化学分析、放射化学分析）使用。分析结果用于监测或评估机组系统性能、探测放射性泄漏、监测流体的化学成分等，因此取样装置对一回路的运行状态起着重要的监测作用，能够使操作员根据一回路的状态进行运行参数调整以保证核电厂的安全运行[1]。取样装置主要供由国外的供应商提供，其售价远远高于国产化装置。目前，国内 AP1000 项目的取样装置均采用国产化装置，但根据现场运行经验反馈，有必要对一回路取样装置的工艺流程进一步分析并对取样装置进行优化设计。本文针对正常工况、事故工况时共计八种类型样品的取样工艺流程进行分析，并采用 FLOWMASTER 进行工艺仿真模拟进一步分析管路压降、压力波、管路填充时间等参数，为取样系统的优化设计提供有效的数据支持，同时利用三维设计软件对取样系统进行优化布置，使系统的操作、维护更加安全、方便。

1　取样系统简介

一回路取样系统针对位于安全壳内的 RCS 热段、RCS 稳压器液空间、PXS 安注箱、PXS 堆芯补水箱、CVS 混床下游、WLS 安全壳地坑共计 11 个液体取样点以及安全壳大气进行取样[2]。主要由手动取样盘（GSP）、取样调节装置（SCR）、喷射器供水装置（EWSS）等组成。正常工况时，取样样品包括：全压液体样品、降压液体样品、溶解气体样品、安全壳大气样品；事故工况下，取样样品包括：稀释的脱气液体样品、脱气液体样品、稀释的溶解气体样品、稀释的安全壳大气样品。

2　取样系统工艺分析

2.1　正常工况液体取样工艺

正常工况液体取样包含两种样品：全压液体样品、降压液体样品。

全压液体取样时，将取样瓶安装在面板上，打开相应阀门后进行取样，之后关闭相应阀门、拆下取样瓶并冲洗管路。降压液体取样工艺与全压相似，仅是液体经过减压阀降压后进入取样瓶。

主管路上配有气动阀与温度计、液位、压力等连锁，以保护操作人员及设备的安全。

分别与取样调节装置中冷却器后样品温度计联锁，防止液体样品温度过高损坏 GSP 内设备；与 GSP 内的疏水罐液位进行联锁，防止液位过高造成放射性液体溢流。与减压阀后压力检测仪表连锁，当液体降至设计压力后再进行取样，防止减压阀损坏造成取样瓶超压。

采用 FLOWMASTER 进行正常工况下 GSP 面板内液体仿真模拟，管段 2、管段 3、管段 4，分别模拟水平管段、竖直管段以及取样瓶，见图 1。

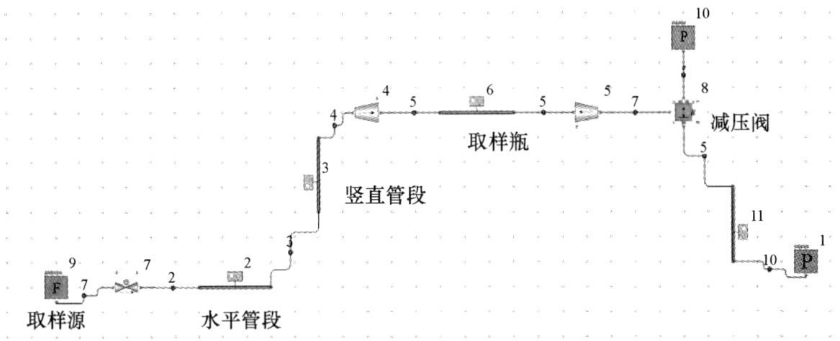

图 1　正常工况液体取样仿真模拟流程图

经过模拟计算可得到各节点的压力分布，如图 2 所示，阀门及取样瓶两侧的压降极小，压降主要发生在取样管路上，压降为 0.451 bar。与取样源压力相比，系统总的压降较小，正常工况进行液体取样分析时可以忽略压降影响。

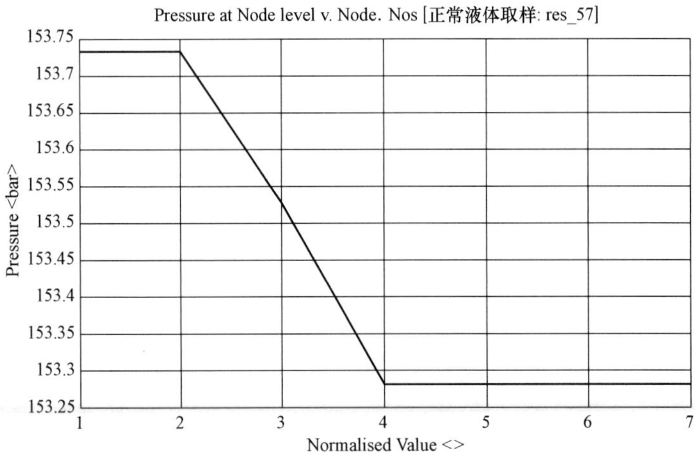

图 2　正常工况液体管路各节点压力

流速的剧烈变化会引起管道内一系列急剧的压力交替升降的水力冲击。本文进行阀门关闭时管内压力波的瞬态分析，如图 3 所示，阀门关闭时间设定为 1 s。

0～1 s 内为阀门的关闭过程，随着阀门的关闭，节点 2 处压力陡增，由 2 bar 增至 190.8 bar。关闭后，节点处压力出现多次波动并逐渐向 154 bar 处收敛，如图 4 所示。随之阀门关闭操作时间的增加，管道最大压力呈逐渐降低的趋势，如图 5 所示。压力波的峰值均高于进口压力，因此进行管道压力等级设计时应充分考虑操作过程对管道压力的影响。

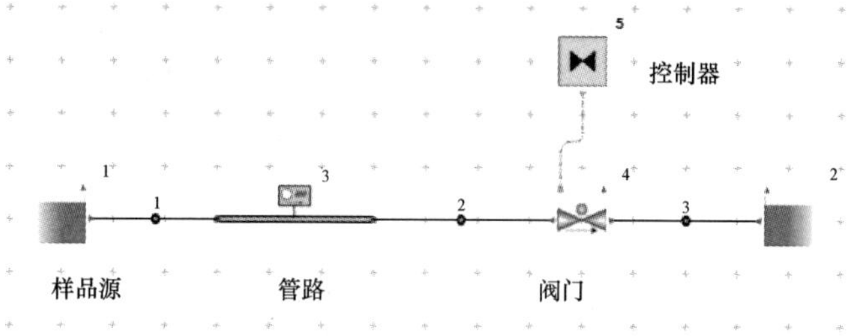

图 3　阀门关闭瞬态仿真模型

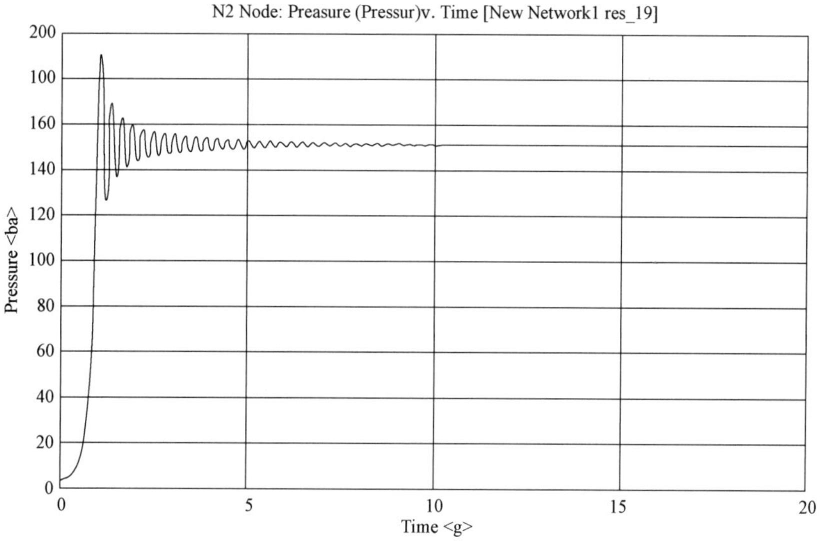

图 4　节点 2 处压力随时间变化

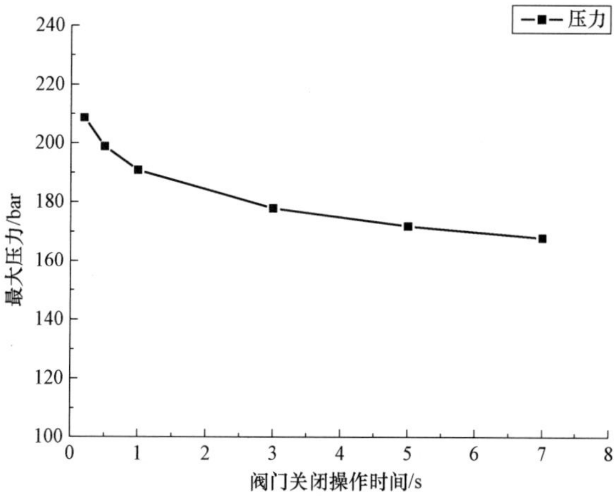

图 5　关闭时间波峰压力的影响

2.2　正常工况气体取样工艺

正常工况气体取样包含两种样品：溶解气体样品、安全壳大气样品。

溶解气体样品用于在正常操作模式或发生小故障时进行现场分析。安装好取样瓶后将样品注入线瓶，通过喷射器对管路及样瓶抽真空。之后打开线瓶出口阀门对液体样品进行一次减压脱气。启动电加热带加热瓶内液体，后打开取样瓶出口阀门进行二次减压脱气并完成气体取样。

与液体取样管线相比，管路增加很少，此处的液体压力降可忽略。溶解气体取样时要求样品中不能含有大量水蒸气，因此本文重点分析了操作过程是否会引起水的闪蒸。

气体在水中的溶解度随压力的降低、温度的升高而降低，因此溶解气体的脱气取样过程采用降压、升温的方法来脱出溶解气体。操作过程中，首先采用脱气罐进行一次降压脱气，然后将线瓶升温进一步脱气，之后采用取样瓶进行二次降压脱气并采集样品。若先降压后升温，升温过程脱出的气体仅能依靠扩散进入取样瓶，因扩散过程达到稳定需要很长时间，若稳定时间不够，则因存在浓度梯度，造成样品代表性差；若先升温后降压，操作压力小于饱和压力则会造成水蒸气闪蒸不能满足实验室取样要求。因此采用一次降压—升温—二次降压进行溶解气体脱除取样的操作顺序，既能保证水不发生闪蒸又能保证样品具有代表性。

安全壳大气取样时将取样瓶连接好后通过喷射器对取样瓶及管道抽真空，之后利用循环喷射器促使安全壳大气流动，流量达标后进行取样。

安全壳大气取样由气体喷射器提供驱动力，因此取样吸入管路、样品返回管路的压力降能否满足喷射器接口压力要求是能否完成取样的关键。

针对安全壳大气的取样吸入管路、样品返回管路分别进行了仿真模拟，如图 6、图 7 所示。取样管路在 GSP 面板前管路长度占总长度的 91%，但其管径较大，该管段压降缓慢，由 1 bar 降到 0.999 bar。GSP 面板内管段长度短但管径小，该管段压降迅速，由 0.999 bar 降到 0.946 bar，如图 8 所示。样品经安全壳大气取样管路后压力降至 0.946 bar，大于喷射器吸入口设计压力，因此安全壳大气的吸入管段能满足喷射器的设计要求。

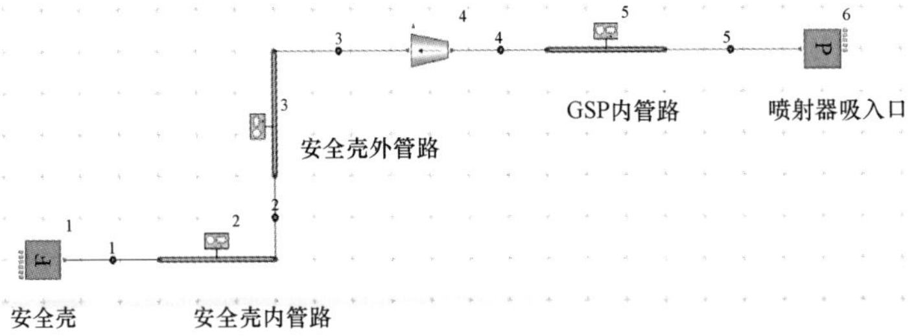

图 6　安全壳大气取样吸入管路仿真模型

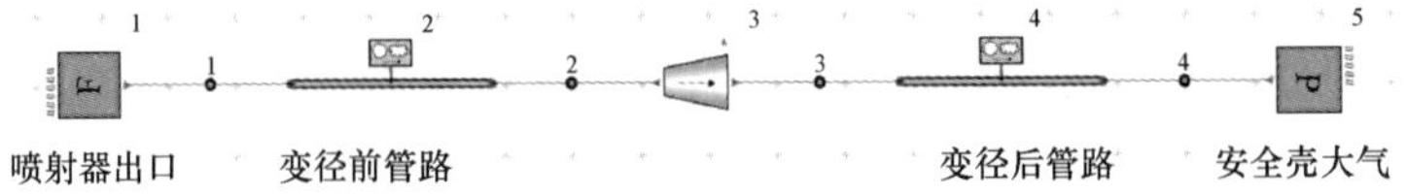

图 7　安全壳大气样品返回管路仿真模型

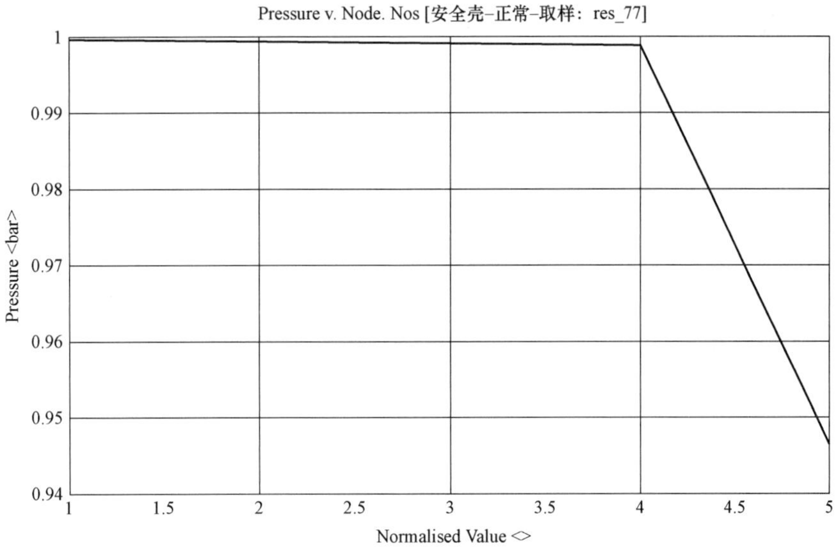

图 8　安全壳吸入管路各节点处压力

2.3　事故工况液体取样工艺

事故工况下液体取样包含两种样品：稀释的脱气液体样品、脱气液体样品。

稀释的脱气液体样品取样时，利用供水泵向喷射器提供高压除盐水抽吸液体样品至线瓶，利用阀芯定量取样再利用除盐水定量稀释，稀释后的样品通过注射式取样组件取样。样品要求稀释 1 000 倍，即除盐水稀释瓶加上管路容积时阀芯体积的 999 倍，要求设计时严格计算管路体积以满足稀释比例要求。要求阀芯孔径要小，避免跨端口流动出现稀释倍数低，不满足稀释要求。脱气液体样品采集是在完成溶解气体脱气后进行。将取样瓶装入屏蔽小车，屏蔽小车推入 GSP 取样盘后，利用喷射器抽吸引液后利用注射式取样装置将液体样品注入取样瓶。

事故工况时，需要采用喷射器抽吸液体至 GSP 面板进行取样，为确定系统所需的抽吸时间进行了管路内液体填充过程的仿真模拟，如图 9 所示。

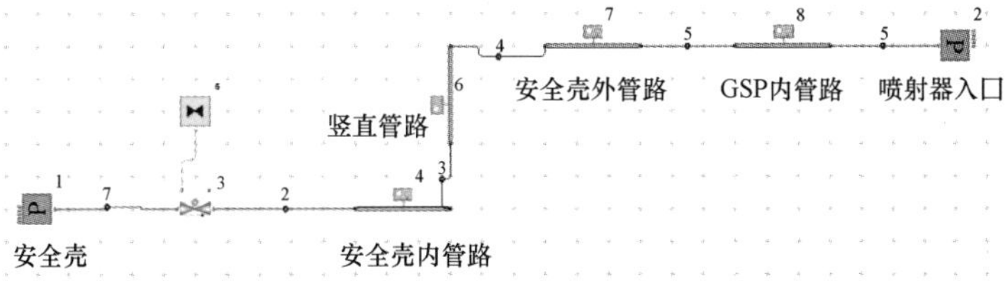

图 9　事故工况时管路内液体填充过程仿真模型

经模拟仿真，可确定各管段的液体填充时间，如图 10 所示。安全壳内水平管段 5.4 s 即可填满；竖直管段需要 1.8 s 才能完成填充；安全壳外水平管段约为 69.5 s，GSP 内管线段，只需 0.9 s 即可填充满。

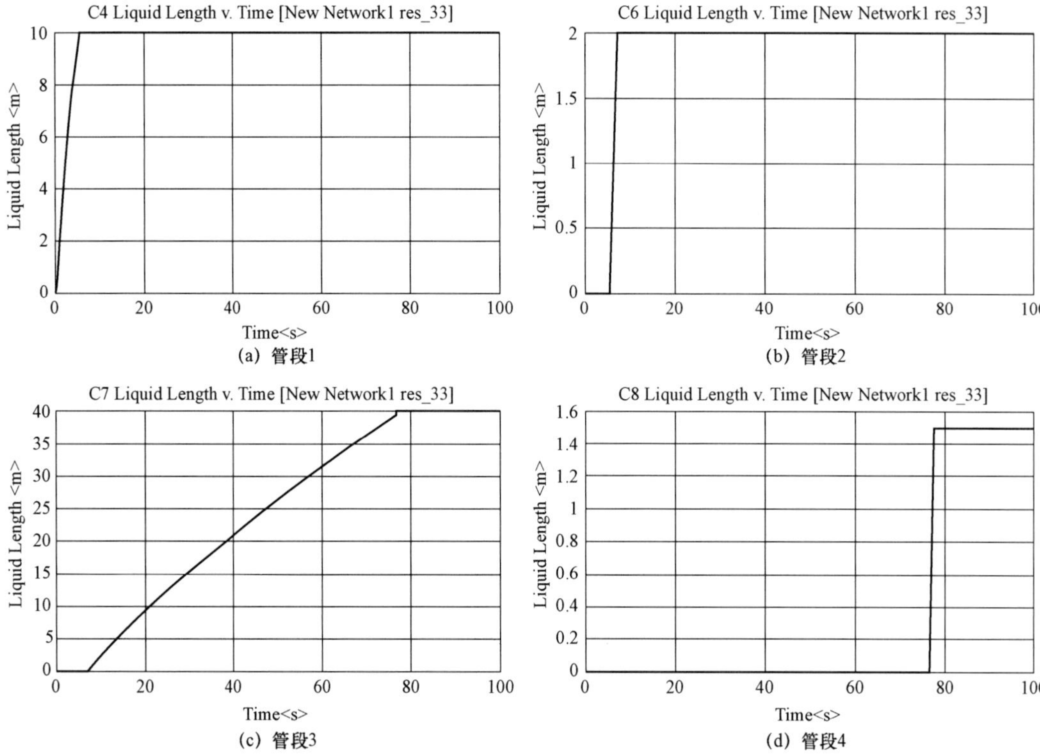

图 10　事故工况时管路内液体填充时间

事故工况通过液体喷射器提供驱动力，取样工艺的关键是液体样品的吸入、排出管路的压降能否满足喷射器要求，因此进行了吸入、排放管路的仿真模拟见图 11、图 12。吸入管路的压力损失主要发生在安全壳外管路、GSP 管路内，管路压降为 0.599 bar，但考虑管路静压差后喷射器入口的压力为–0.795 bar，如图 13 所示，超出了喷射器吸入管路的要求。排出管路的压力损失主要发生在变径前管路，管径小管道长，喷射器出口的压力为 2.398 bar，如图 14 所示，满足喷射器出口的设计要求。

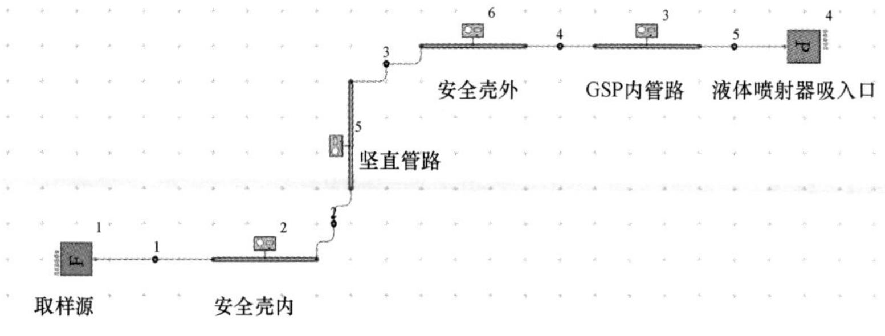

图 11　事故工况时吸入管路仿真模型

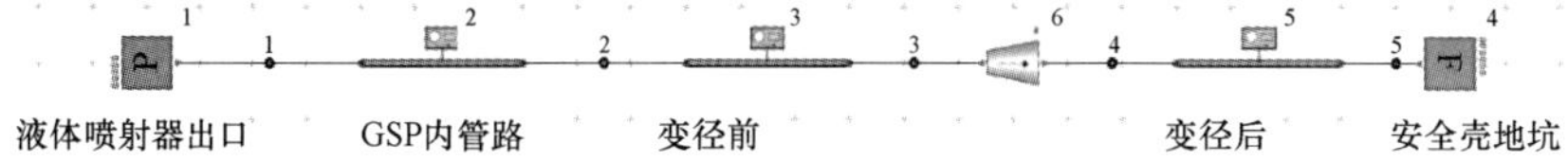

图 12　事故工况时排放管路仿真模型

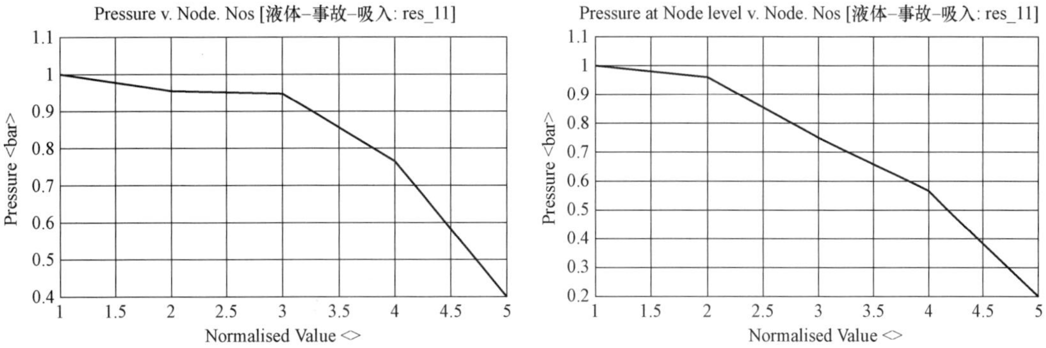

(a) 管路压降　　(b) 节点压力A

图 13　事故工况时吸入管路压降

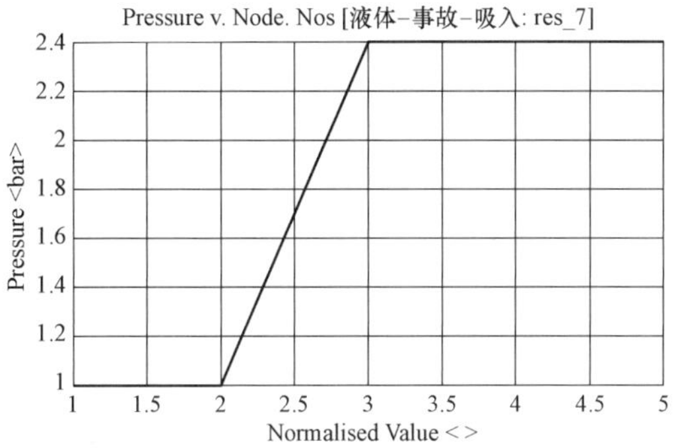

图 14　事故工况时排出管路压降

2.4　事故工况气体取样工艺

事故工况气体取样包含两种样品：稀释的溶解气体样品、稀释的安全壳大气样品。

稀释的溶解气体取样过程是在取得溶解气体样品后，将气体通过阀芯定量量取，再用氮气定量稀释后取样。

稀释的安全壳大气取样时将取样瓶与取样管线相连，抽真空、促使安全壳大气流动、等待流量稳定等操作与安全壳大气取样相同。之后阀芯定量量取、通入定量氮气混合后取样。

与正常工况类似，事故工况能否取得样品液取决于取样管路、样品返回管路的压降能否满足要求。事故工况取样时与正常工况所用管路相同，操作温度不同。由于事故工况时，取样管路升温，气体粘度增大导致压力降有所上升，由 0.054 bar 升至 0.064 bar。同样返回管路也由于温度的升压力降略有增大。事故工况样品吸入管路、样品返回管路的压力降均能满足喷射器的设计压力要求。

2.5　取样装置三维设计

第二代核电技术的取样装置采用的是手套箱式结构，液体取样和气体取样分别在不同的手套箱内且无事故后取样的功能。本取样装置将液体取样装置和气体取样装置整合到一个模块内，设备的占地面积大为减少。取样面板设计成一个封闭结构，面板的前壁使得操作人员

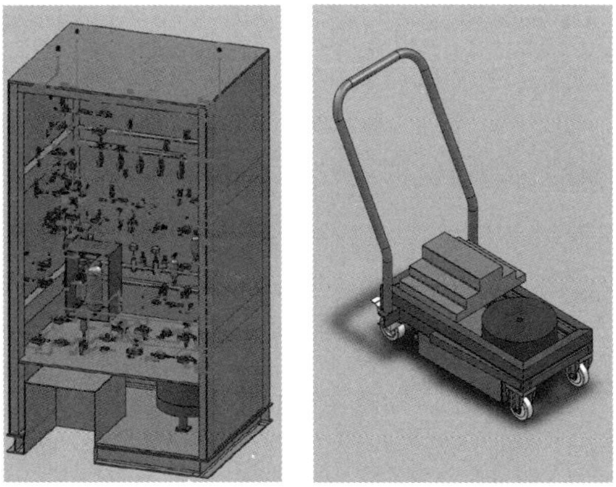

图 15　手动取样盘及取样小车三维视图

和放射性样品之间形成放射性屏障，在前壁之后分成两个腔室，上腔室是密闭法兰连接，气体泄漏通过法兰排出，下腔室是泄漏流的收集箱。增设了大气放射性监测装置可对安全壳大气监测，可判断冷却剂是否存在泄漏，为系统安全运行提供了更加可靠的保障。增设了喷射器，在事故后或者系统无压力的情况下，可以抽吸样品进行检验。

设备进行三维设计时将阀门、仪表等组件尽可能放置在前面板和两侧面板处，将管线进行优化留出足够的空间方便工作人员操作。阀门手柄安装在屏蔽面板上而不给阀门设置延长杆，操作人员手持特制的操作杆进行阀门操作，既保证了操作人员的安全距离又不易发生阀门延长杆脱落现象。同时将取样小车内的取样瓶设计成两个端口，在实验室内工作人员可通过自动阀门等控制取样量，减小了单端口时操作人员抽吸样品的时间，工作人员更加安全。

3　结论

本文针对八种类型样品的取样工艺流程、设计要点等进行了分析，采用 FLOWMASTER 进行了工艺仿真模拟，并利用三维软件进行了优化设计，得到如下结论。

（1）正常工况液体取样：GSP 面板内管路压降较小，为 0.451 bar；阀门关闭会引起压力波，关闭时间为 1 s 时，压力波峰值较取样源高 36.8 bar；设计时需考虑压力波的影响，避免出现超压。

（2）正常工况气体取样：溶解气体取样时采用一次减压—加热脱气—二次减压的操作方式即可避免水的闪蒸又可快速得到代表性气体样品；安全壳大气的取样吸入管路、返回管路的压降均可满足气体喷射器的接口压力要求。

（3）事故工况液体：利用喷射器进行取样时，管路的填充时间为 77.5 s，液体喷射器排出管路压降满足喷射器设计要求，吸入管路节点处压力超出喷射器要求，需将管路进一步优化。

（4）事故工况气体取样：安全壳大气的吸入、返回管路的压力损失在正常、事故工况时均可满足气体喷射器要求，返回管路在事故工况时也作为液体排出用，进行管路优化时需同时考虑气体压降和液体压降。

（5）将取样装置的管路布置进行优化，留出足够的空间方便工作人员操作。同时取样瓶、阀门进行优化设计，可明显减小工作人员所受的辐射剂量，更加安全。

参考文献

[1] 孙汉虹，程平东，缪鸿兴，等.第三代核电技术 AP1000［M］. 北京：中国电力出版社，2006：313-315.

[2] 陶殷勇. 三门核电一回路取样系统特点分析［J］. 中国高新技术企业，2015，23（338）：140-142.

AP1000 核电主管道弯制技术研究

刘晓宁，张　莹，张　波

（渤海造船厂集团有限公司，辽宁　葫芦岛　125004）

摘要：美国西屋电气公司 AP1000 技术是我国引进的第三代核电技术，由于其设计寿命提高到 60 年，其主管道制造采用整体锻造技术。接管嘴要求与主管一体锻造而成，制造难度大。国内制造厂家缺乏相关的关键技术和制造经验，给设备的国产化带来了巨大困难。渤海造船厂集团有限公司立足于专项工程数十年的生产经验，通过企业技术攻关，历经数年试验探索，先后进行了 26 次弯制试验，耗费管件 23 根，终于突破了 AP1000 主管道弯制技术壁垒，掌握了主管道减薄量、椭圆度和管嘴偏移量控制等关键核心技术。成功制造出满足西屋电气公司技术规范的 AP1000 核电主管道，实现了 AP1000 核电主管道国产化。渤船集团已于 2012 年 5 月完成了三门核电 1 号机组主管道的供货任务，这套主管道设备现已应用于世界首堆 AP1000 技术核电厂。本文阐述了 AP1000 核电主管道的技术要求和特点，介绍了 AP1000 主管道弯制的主要技术思路。

关键词：AP1000；主管道；弯制技术

The Research on Bending Technology of AP1000 Reactor Coolant Pipe

LIU Xiaoning，ZHANG Ying，ZHANG Bo

（Bohai Shipyard Group Corporation Ltd.，Huludao of Liaoning Prov. 125004，China）

Abstract：The third generation nuclear power technique AP1000 developed by Westinghouse Electric Company LLC.that the design lifetime is increased to 60 years，the coolant pipe is integrally forged. The Nozzles shall be integrally forged with the Pipe. The Chinese corporations lack of key technology and manufacturing experience，so the equipment location is very difficulty. BoHai Shipyard Group Corporation，Ltd.base on decades of production experience，through technology innovation and 26 times bending experiment，consumed 23 pipes. Finally mastered the key technology of thickness reduction，ovality and nozzle offsets. The successfully manufactured reactor coolant pipes meets all the requirements of specification of Westinghouse Electric Company

---

作者简介：刘晓宁（1981—　），男，辽宁抚顺人，高级工程师，学士，现主要从事民用核电主管道设备制造工作

LLC. BoHai Shipyard Group Corporation，Ltd.had deliveried the Sammen unit#1 reactor coolant pipes in may 2012. This test expatiates the AP1000 technology and features，introduced the AP1000 bending techniques.

Key words：AP1000；Coolant Pipe；Bending Technology

AP1000 是美国西屋电气公司开发的新一代核电技术，采用先进的非能动设计理念，在安全性和使用寿命上均有较大的提高[1]。核电主管道是核岛内七大关键设备之一，被称为核电厂的“主动脉”。主要功能是输送含有放射性物质的压力水和保持压力边界的完整性，防止放射性物质外泄，它在高温、高压的工况下要运行 60 年。核岛设备中的主管道是唯一从国内采购的核岛主设备，主管道技术要求高，而且外形较为特殊，无任何经验可以借鉴，所以制造难度非常大。美国西屋公司委托意大利 IBF 公司进行研制，但一直对该产品进行封锁。

1　主要技术要求

1.1　弯曲部位椭圆度

主管道弯曲部分的截面（垂直于弯管中心线）椭圆度应不超过 4%。

1.2　弯曲部位最大和最小壁厚

主管道弯曲部位的最大和最小壁厚应满足表 1 要求。

表 1　弯曲处壁厚要求

	设计尺寸	允许尺寸	
尺寸名称	内径/mm	弯腹部壁厚（最大/最小）/mm	弯背部最小壁厚/mm
冷段	558.8	79/63.5	61.5
热段	787.4	99/81	77.5

1.3　管嘴偏移量

控制管嘴在弯制过程中的便宜量，使管坯粗加工预留最少的加工量而保证满足成品尺寸要求。

2　研制过程

2.1　管件横截面形状畸变（即减小椭圆度）的有效途径

在圆形管件的横截面上存在着外径不等的现象，即存在着不一定互相垂直的最大外径和最小外径，则同一横截面上的最大外径与最小外径之差与公称外径之比即为该横截面上的椭圆度［见公式（1)]。

$$椭圆度=\frac{D_{\max}-D_{\min}}{D_{公称}}\times 100\% \qquad (1)$$

对于主管道热段，弯曲半径仅为 1.5D，椭圆度要求≤4%，难度较大。管件弯曲变形的实质在于管壁外侧（拉伸侧）伸长减薄和管壁内侧（压缩侧）缩短增厚。因此，在管件弯曲变形时，会因变形程度的不同（通常弯制中心变形最为剧烈）在横截面上发生形状的畸变现象(见图 1)。管件在弯矩作用下弯曲变形时，拉伸侧受切向拉应力，压缩侧受切向压应力（见图 2)。由于拉伸侧与压缩侧管壁上切向应力在法向的合力的作用，使弯曲变形的圆管横截面在法向上受压产生畸变，即法向直径（短轴）减小，横向直径（长轴）增大，而成为近似椭圆形。变形程度越大，畸变现象越严重[2]。

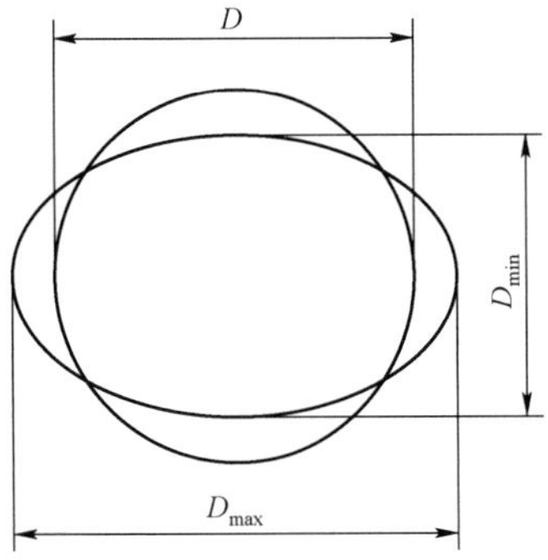

图 1 断面畸形

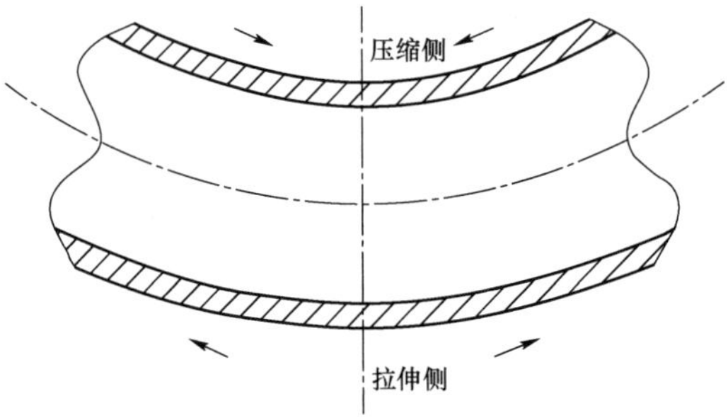

图 2 受力图

2.1.1 管件内部途径

利用芯件在管件弯曲区域支撑横截面，防止横截面产生畸变。管件弯曲变形时，芯件处于弯曲变形区域（连接两直线之间的区域），随着弯制时弯曲变形区的变化，芯件可在弯曲变形区域的变化而改变位置，以达到横截面始终得到有效支持的目标。也可以在管件内充填颗粒状介质（砂、盐等）、流体介质（水、油）、弹性介质（橡胶）或低熔点合金等来代替芯件的作用，以防止横截面形状畸变。这些充填物质，都可在弯曲变形之后取出，不影响产品的使用性能。填充物的选取与管件的内径、外径、成型角度和应用领域有关系，应根据管件的实际情况适当选取填充物。

2.1.2 在管件外部途径

在弯曲变形区域用模具型腔表面从管件外部限制横截面形状的畸变。即按照管件的横截面形状设计、制造与之相吻合的模具型腔，以阻碍横截面的歪扭来限制横截面的畸变。

2.2 弯曲部位管壁减薄和增厚量控制

管材在外力矩 M 作用下弯曲时，弯曲部位变形状态如图 3 所示。在弯曲部位中性层的外侧由于受到拉应力的作用发生壁厚减薄，弯曲中性层内侧由于受到压力而发生壁厚增厚[3]。

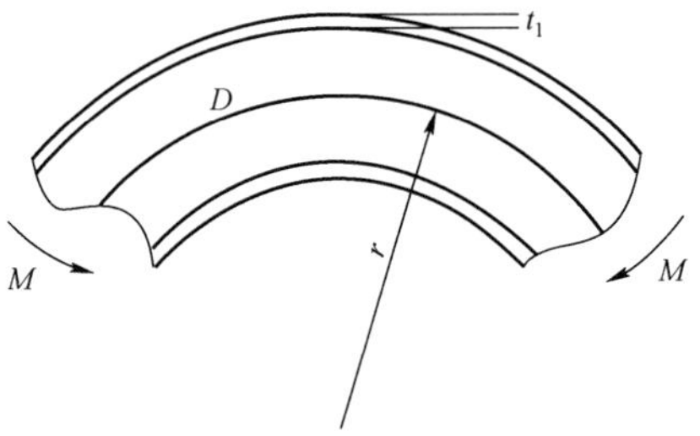

图 3 管材弯曲时的变形图

通常情况下，减薄率如公式（2）所示：

$$减薄率=\frac{T_{公称}-T_{减薄}}{T_{公称}}\times100\% \tag{2}$$

通常情况下，增厚率如公式（3）所示：

$$增厚率=\frac{T_{增厚}-T_{公称}}{T_{公称}}\times100\% \tag{3}$$

（1）通过调整模具型腔的支点距离来降低拉伸侧产生变形部位的拉应力数值和加大参与变形的范围。

（2）粗加工阶段，预留管件拉伸侧壁厚的厚度，用于抵消拉伸变形时壁厚减薄。

（3）增设管件端部限位，控制管件的伸长量。

（4）通过调节模具型腔的空隙适量增加管件的增厚空间。

（5）一旦压缩侧壁厚超厚或起皱可以通过打磨的方式来处理，满足相关技术要求。

2.3　管嘴偏移量控制

主管道热段 L001A 的一体化管嘴分别为 90° 管嘴和 45° 管嘴。管道弯制成型后，两管嘴分列在弯曲区域的两端。管件成型时，金属流动的状态如图 4 所示，管道压缩侧受到弯曲时的挤压而堆积增厚，由于压缩侧的增厚量需要控制在一定范围内，这就造成了压缩侧的增厚不充分，从而导致了两管嘴沿轴向收缩不够充分，导致了两管嘴之间轴向间距增大。压缩侧的增厚量与拉伸侧的减薄量不一致，导致管嘴的轴线发生偏转，从而使管嘴发生倾斜偏移。

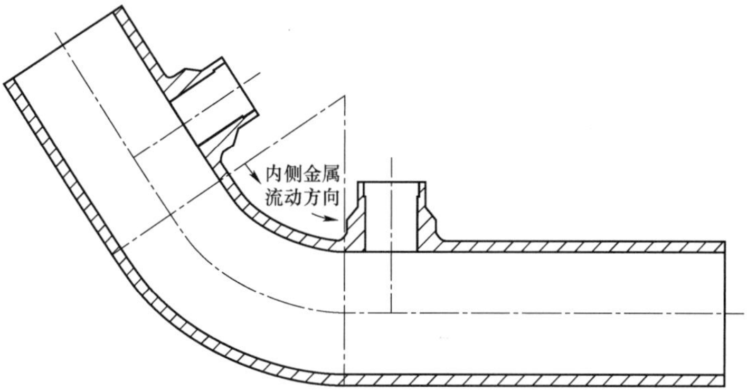

图 4　金属流动状态

（1）直管粗加工阶段，通过机械加工手段缩短两管嘴的轴向间距，预留一定量嘴向外偏移的空间。

（2）适当增加管嘴径向和高度方向的加工余量，利用“偏心”加工原理可以“吃掉”弯制成型过程中管嘴产生的偏移、倾斜现象。

（3）直管粗加工阶段，预先将管嘴开孔，这样在管道弯制成型过程中，可以更好地促进压缩侧金属的流动性而减少管嘴的整体偏移。

（4）优化模具型腔，通过对外模具型腔尺寸的合理布局控制管件的增厚部位。

3　工艺试验过程

根据 AP1000 核电主管道弯制成型特点，通过不断调整模具及芯件结构形式及外形尺寸、弯制参数、预留不同加工余量等参数进行了一系列弯制试验，最终成功弯制出满足技术要求的主管道。

3.1　热弯试验

3.1.1　ϕ335 mm 不锈钢管道填充砂芯热弯制

带有小尺寸直管段的弯制试验，以验证热弯制，管件内砂芯和外模具型腔对管件椭圆度、减薄增厚率等的控制效果和直管段惯性滞留情况（反弯），如图 5 所示。

根据试验结果分析：ϕ335 mm 不锈钢管填充砂芯热弯制如图 5 所示，该管成型后的特点为弯曲段外侧有明显压痕，管件外形畸变严重，反弯效果明显，多处椭圆度指标超过 4%，椭圆度最大值达到 11%，通过椭圆度修正也无法满足椭圆度指标要求。减薄率超差。

分析上述成型特点的原因为：外模具设置不合理，压制力分配不均匀，弯制时的温度过高。

3.1.2　ϕ690 mm 碳钢管填充砂芯热弯制

模拟 AP1000 主管道热段结构（带有一体化管嘴的异型管坯）弯制试验。以验证热弯制时，改进后的模具型腔对管件椭圆度、减薄增厚率、直管段反弯的控制效果并探索一体化管嘴对管件弯曲变形的影响，如图 6 所示。

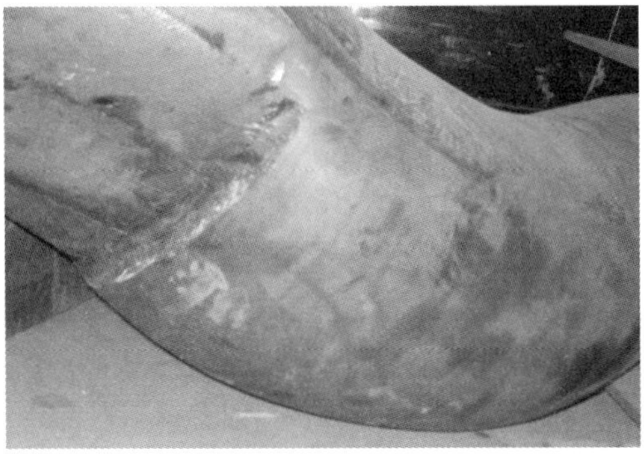

图 5　ϕ335 mm 不锈钢管道热弯（废品）

图 6　ϕ690 mm 碳钢管道热弯（废品）

根据试验结果进行分析：ϕ690 mm 碳钢管填充砂芯热弯如图 6 所示，经过首次热弯制技术经验的积累，对弯制模具型腔进行了优化设计，从此次热弯制后管件外形上看，反弯和压痕基本消除，但多处椭圆度指标超过 4%，椭圆度最大值达到 9%，管嘴与主管相贯处出现凹坑（也是影响椭圆度超标的主要原因）。本次试验管件外形较第一次弯制试验有很大改善，椭圆度可通过二次矫形来满足技术要求但管嘴与主管相贯处的凹坑很难修正。

3.1.3　ϕ960 mm 碳钢管填充砂芯热弯制

模拟 AP1000 主管道热段 L001A 1:1 模拟件（带有一体化管嘴的异型管坯）的热弯试验，以验证管件椭圆度、减薄率和管嘴偏移量的最终实际效果，如图 7 所示。

图 7　ϕ960 mm 碳钢管道热弯（废品）

根据试验结果进行分析：经过前期热弯制技术经验的积累，对弯制模具进行了优化设计，从此次热弯制后管件外形上看，反弯和压痕基本消除，但多处椭圆度指标超过 4%，椭圆度最大值达到 18%，管嘴与主管相贯处出现凹坑（也是影响椭圆度超标的主要原因）。本次试验管件外形有很大改观，椭圆度可进行二次矫形来满足技术要求，但管嘴与主管相贯处出现的凹坑很难矫形。

通过以上一系列管件的热弯试验，证实了热弯可以解决管件的减薄率超差的问题，通过改变管件自身材料刚性，来增大管件参与变形的范围，有效地缓解了管件局部的减薄量和增厚量。但是，弯曲区域的椭圆度很难得到有效控制。这主要是因为热弯制时，管件的内腔不适合装入钢芯作为填充物，所以选择砂芯作为各试验管件的内部支撑。但由于其刚性小，随着试验管件的管径和壁厚不断地增大，弯制所需的成型力也随之增大。加热后管件的刚性减小，砂芯作为内部支撑强度有限，管件的径向刚性没有轴向刚性大，而导致了管件出现了椭圆度超差、压痕和反弯等现象。这些缺陷通过模具的优化很难得到改善，所以后期的试验需转变思维方式，逐步将试验重心转向冷弯制试验。

3.2　冷弯试验

3.2.1　ϕ335 mm 不锈钢管内置钢质胎芯冷弯制

带有小尺寸直管段的弯制试验，以验证冷弯制时，管件内钢芯和外模型腔对管件椭圆度、壁厚增厚减薄率、管嘴便宜的实际控制效果和直线段反弯现象的控制效果，如图 8 所示。

图 8　ϕ335 mm 不锈钢管道冷弯（合格品）

根据试验结果进行分析：ϕ335 mm 不锈钢管内填钢芯冷弯制，利用已有模具型腔和芯件进行首次冷弯制试验，从测量的数据上看，该试验件的椭圆度基本合格，可通过椭圆度修正来满足相关技术要求。管件减薄率合格，弯曲区域表面过渡光顺，达到预期试验的目的。该试验件的成型特点说明了管件内腔装配刚性较大的芯件对椭圆度的控制有着显著的效果，但直线段反弯现象的说明外模具型腔的设计需要进一步优化，并且需要在后续的试验中解决此问题。

3.2.2　ϕ690 mm 不锈钢管内置钢质胎芯冷弯制

模拟 AP1000 主管道热段 L001A 结构（带有一体化管嘴的异型管坯）弯制试验，以验证冷弯制时，改进模具型腔后对管件椭圆度、增厚减薄率和直线段反弯的实际控制效果并摸索管嘴对管件最终成型的影响，如图 9 所示。

根据试验结果进行分析：ϕ690 mm 不锈钢管内填钢芯冷弯制如图 9 所示。从试验件的外观和测量数据来看，该管件椭圆度合格，虽然直段加长，但没有反弯现象出现，管嘴和主管相贯处没有明显凹陷，弯曲区域压缩侧光顺无褶皱，但管嘴偏移量较大。管件减薄率虽然合格，但已处于临界值状态。该试验件的成型特点证实，虽然管件外形尺寸加大，但管件内腔装配刚性较大的芯件对椭圆度的控制仍有着显著的效果。

图 9　ϕ690 mm 不锈钢管冷弯（合格品）

3.2.3　ϕ960 mm 不锈钢管内置钢质胎芯冷弯制

AP1000 主管道热段 L001A 1:1 模拟件（带有一体化管嘴的异型管坯）的冷弯试验，以验证管件椭圆度、减薄率和管嘴偏移量的最终实际效果。

为了克服冷弯制试验出现的管嘴偏移量大的现象，同时确保管道弯制成型后管嘴加工余量分布相对均匀，满足后续精加工要求。采用有限元数值模拟分析方法，在 ABAQUS 软件平台上，对直管管道开展了弯曲全过程的数值模拟分析，给出弯曲过程的应力、应变等传统方法无法获得的力学信息，为优化直管管道形状尺寸、减小后续加工余量、提高成品率提供理论依据。

采用 ABAQUS 软件，边界条件为：（1）摩擦系数为 0.1；（2）上模匀速下降；（3）各实体温度均为 20 ℃。在此计算过程中不需要计算模具变形，因此将上模简化为薄壳，变形过程中可按选定的转动中心转动。选择各向同性六面体单元，管道厚度方向 3 层单元。

根据内部芯件不同，选择三种方案进行模拟分析计算。

方案一：采用鼓形芯件。应变分布如图 10 所示，应力分布如图 11 所示。

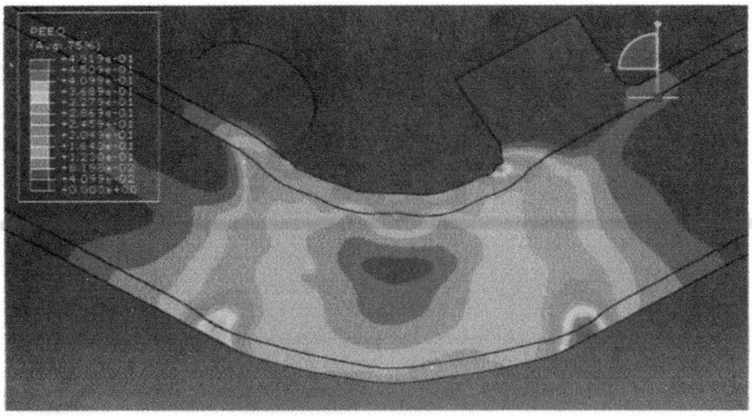

图 10　应变图（方案一）

从图中可以看出，压缩侧最大等效应变达 0.49。压缩侧最大厚度 97.5 mm，增厚不严重，但管嘴与主管相贯处附近产生褶皱起，拉伸侧最小厚度 61.5 mm，出现局部严重减薄。

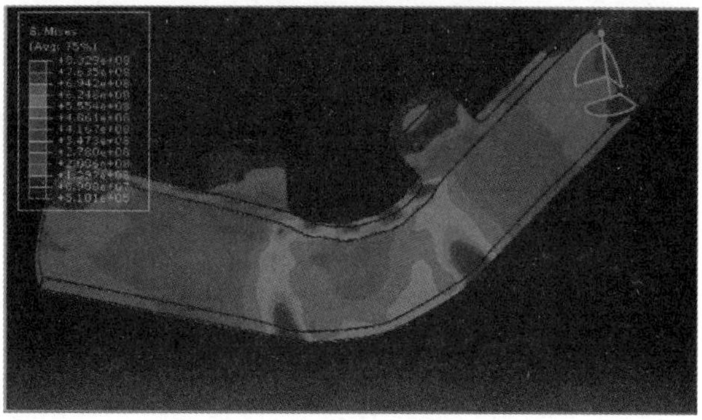

图 11　应力图（方案二）

从图中可以看出，弯曲角度达到设计要求值，但压缩侧出现局部塌陷。压缩侧和拉伸侧多处应力集中，最大等效应力达 833 MPa。压缩侧和拉伸侧多处应力分布不均，存在局部拉应力区，易造成局部减薄。因此方案一不满足设计要求。

方案二：采用曲面芯件。应变分布如图 12 所示，应力分布如图 13 所示。

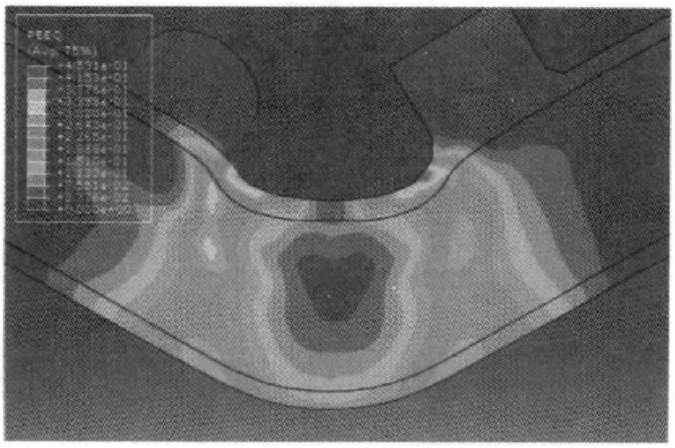

图 12　应变图（方案二）

从图中可以看出，压缩侧最大等效应变达 0.45。压缩侧最大厚度为 108 mm，且管嘴根部形成台阶。拉伸侧最小厚度为 73.2 mm。

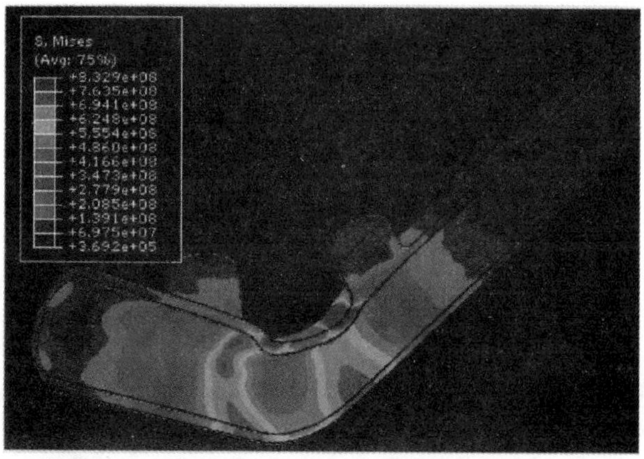

图 13　应力图（方案二）

从图中可以看出，弯曲角度达到设计要求值，但压缩侧出现局部塌陷。压缩侧和拉伸侧多处应力集中，最大等效应力达 833 MPa。最大主应力分布不均，存在局部拉应力区，易造成局部减薄。因此方案二的外形和壁厚均不满足设计要求。

方案三：采用组合芯件。应变分布如图 14 所示，应力分布如图 15 所示。

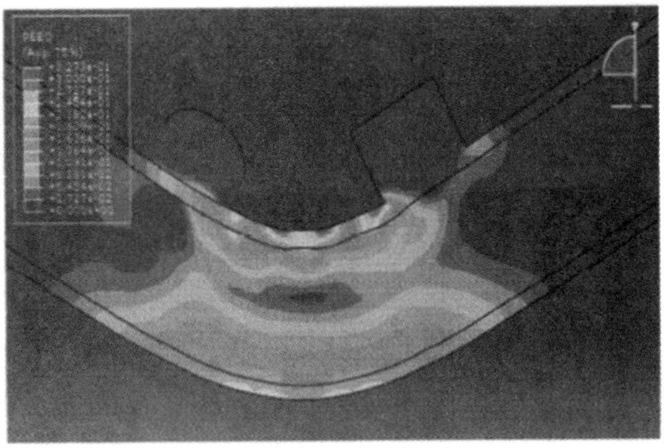

图 14　应变图（方案三）

从图中可以看出，压缩侧和拉伸侧变形均匀。压缩侧最大等效应变为 0.327。压缩侧最大厚度为 103 mm。拉伸侧最小厚度为 76.2 mm。

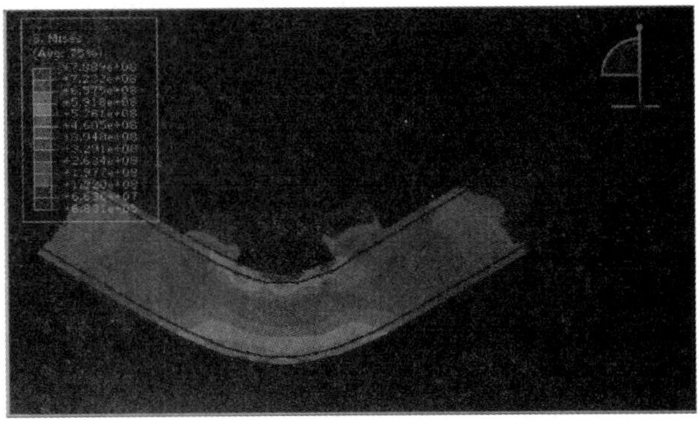

图 15　应力图（方案三）

从图中可以看出，弯曲角度达到设计要求。最大等效应力仍出现在压缩侧，达 789 MPa。因此方案三的外形和壁厚均满足设计要求，所以选择方案三作为最佳弯制方案。

根据试验结果进行分析：ϕ960 mm 不锈钢管内填钢芯冷弯制如图 16 所示。根据前一阶段的弯制试验积累的技术经验，管件直径和壁厚的增大，压缩侧的增厚也会增大，且管嘴位于压缩侧增厚区域内，这会增大管嘴在弯曲变形时出现较大偏移量的风险，所以在本次试验前优化了内部芯件结构，以增加刚性。根据有限元仿真模拟结果，调整支撑距离，调节控制其对管嘴中心间距的影响。处于压缩侧的模具设置增厚腔，以调整增厚的区域，管嘴在粗加工时，优化其外形尺寸和内控尺寸，以保证其在成型后有足够的加工余量。由于管径增大必然会导致管件成型所需要的压力增大，同时也会增加管子在成型时出现反弯和外形畸变的风险。所以在本次试验前优化了内部芯件的机构，以增加刚性；调整外部模具型腔支撑距离以降低弯曲区域拉伸侧所受到的拉伸力；管件端部设置限位装置，控制其延伸量。从试验件的外观和测量数据来看，该管件椭圆度合格、减薄率合格、直管段没有反弯现象出现，弯曲区域压缩侧光顺无褶皱。该管件的各项技术指标均合格。

图 16　ϕ960 mm 不锈钢管冷弯（合格品）

根据上述一系列冷弯的试验结果，可以证实：AP1000 主管道热段 L001A 适宜在冷弯制条件下弯制成型。在热弯制条件下，很难解决椭圆度超差的问题，而且同时出现的其他缺陷，诸如：压痕，反弯，管嘴根部凹陷等缺陷很难修正。而采用专用模具内置钢制胎芯可以很好的解决这些问题。

4　结论

通过以上一系列不同工艺参数下的热弯、冷弯试验，得出以下结论。

（1）热弯时，使用刚性较大的芯件容易产生镶嵌，关键成型后芯件很难取出，且在加热条件下芯件中的化学元素（例如 C、N 等）对奥氏体不锈钢管件产生不良影响。由于管件无法使用刚性较大的芯件，所以无法提高管件的径向强度，从而导致管件椭圆度超差。

（2）使用砂芯弯制时，由于砂芯本身刚性小，且管件加热后，管件自身刚性降低，导致径向刚性小于轴向刚性，从而产生压痕和凹陷，导致椭圆度超差。

（3）主管道外径大，壁厚大，导致弯曲成型需要的作用力增大，热弯制时管件与模具型腔接触的部位容易产生压痕和反弯。

（4）冷弯时，在管件内腔使用具有自主知识产权的内支撑芯件，不仅提高了管件的径向强度，使管件在弯曲成型过程中，可以有效保证椭圆度并防止产生局部的畸变现象，而且该芯件可以方便装卸，重复使用。

（5）在控制减薄率和增厚率方面，虽然冷弯工艺没有热弯工艺效果那么明显，但可以通过外部模具型腔的优化设置来实现对 AP1000 主管道热段 L001A 模拟件减薄率和增厚率的控制。

（6）热弯时，管件内腔使用砂芯作为填充物，其优点在于砂芯方便安装和拆卸，且对管件没有化学元素方面的污染。但砂芯本身也存在着刚性小，径向抗弯能力差的缺点。所以管件加热后，自身强度降低，金属流动性增强，压缩侧在弯制成型过程中，金属迅速挤压增厚，而靠近管嘴根部的区域阻碍了金属流动的方向从而造成金属流动不畅并发生凹陷。

（7）冷弯时可以通过内部的刚性支撑芯件、外部模具型腔的优化布置和管件的自身处理来实现对主管道管嘴偏移量的控制。

5　结束语

渤船集团历经数年试验探索，先后进行了 26 次试验，耗费管件 23 根，终于突破了 AP1000 核电主管道弯制技术壁垒，掌握了 AP1000 核电主管道制造核心技术。并于 2010 年 5 月通过了 AP1000 核电主管道热段试制件联合质量评审，掌握了 AP1000 核电主管道减薄量、增厚量、椭圆度和管嘴偏移量控制等核心关键技术。主管道是 AP1000 自主化依托项目中唯一没有引进国外技术的核岛关键设备。热段管、冷段管和波动管的研制成功是我国加快推进三代核电自主化发展实现的又一重大突破，对于推动我国 AP1000 设备国产化、提升我国装备制造业的核心能力都具有深远影响。

参考文献

［1］Roberts G A，Mehl R F. The mechanism and the rate of formation of austenite from ferrite-cementite aggregates［J］. Transaetions of the American Society for Metals 1943，31：613-650.
［2］王同海．管材塑性加工技术［M］. 北京：机械工业出版社，1997.
［3］王鹏. AP1000 主管道冷弯壁厚减薄［J］. 工程科学学报，2016，8（38）：1160-1167.

AP1000 蒸汽发生器锥形筒体锻件成形工艺研究

刘 颖[1]，吴 朋[2]，李家驹[1]

（1. 天津重型装备研究有限公司，天津 300457；2. 上海电机学院机械学院，上海 201306）

摘要：用核能替代储备量日益减少的煤和石油，是世界各国发展新能源的重要方向。锥形筒体锻件是百万千瓦核电厂蒸汽发生器设备中的重要部件，也是锻造难度最大的锻件之一。本文利用三维有限元数值模拟软件对 AP1000 核电机组蒸汽发生器锥形筒体锻件成形工艺进行了数值模拟。分析结果表明，成形工艺及辅具和毛坯设计可以满足成形质量要求。

关键词：锥形筒体；数值模拟

Study on Forming Process of Conical Cylinder Forging of AP1000 Evaporator

LIU Ying[1]，WU Peng[2]，LI Jiaju[1]

（1. Tianjin Heavy Equipment Research Co.，Ltd.，Tianjin 300457，China；
2. Machinery Institute of Shanghai DianJi University，Shanghai 201306，China）

Abstract：It is an important direction of new energy development in the world to replace coal and oil with nuclear energy. The conical cylinder forging is an important part of the evaporator in a million kilowatt nuclear power plant，and it is also one of the most difficult forgings. In this paper，three-dimensional finite element numerical simulation software is used to simulate the forming process of the conical cylinder forging of the evaporator of the AP1000 nuclear power unit. The analysis results show that the forming process，auxiliary tools and blank design can meet the requirements of forming quality.

Key words：Conical Cylinder；Numerical Simulation

1 主要研究内容

蒸汽发生器锥形筒体锻件由于结构较为复杂因此成形难度较大，世界上只有少数厂家能够生产。AP1000 蒸汽发生器锥形筒体因是首次设计生产，所以在世界上尚无制造先例。我

作者简介：刘 颖（1968— ），女，辽宁沈阳人，硕士，现主要从事大型锻件研发工作

国作为目前唯一引进 AP1000 核电技术的国家，必须自主开发其大型锻件的制造技术，而锥形筒体亦是其中成形难度较大的锻件之一，主要研究内容如下。

（1）AP1000 锥形筒体成形工艺路线。

（2）阶梯坯料的形状设计。

（3）三阶梯坯料成形的数值模拟。

（4）结论。

2 AP1000 蒸汽发生器锥形筒体锻造工艺路线

2.1 锥形筒体零件图和粗加工图

图 1 为 AP1000 蒸汽发生器锥形筒体零件图。该锥形筒体有以下几个特点[1]。

（1）两端为直段。

（2）大端外径较大。

（3）中间为锥段。

（4）筒体壁较薄。

根据锥形筒体零件的上述特点，制定了如图 2 所示的粗加工图。

2.2 锥形筒体锻件图

依据粗加工图，制定了图 3 所示的锻件图。

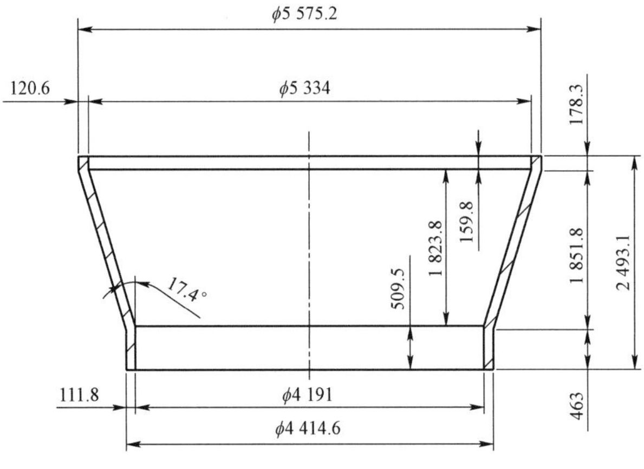

图 1　零件图

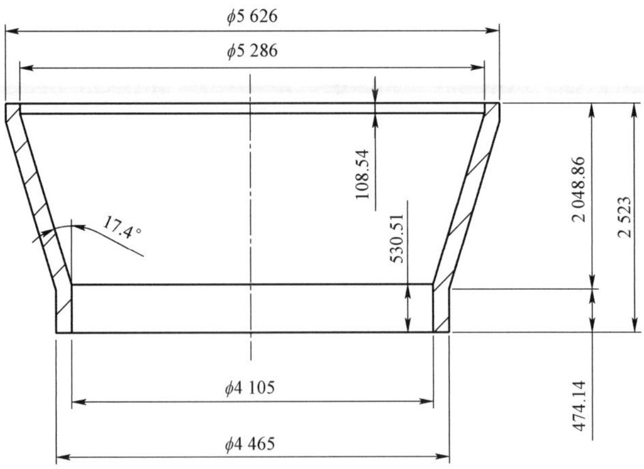

图 2　粗加工图

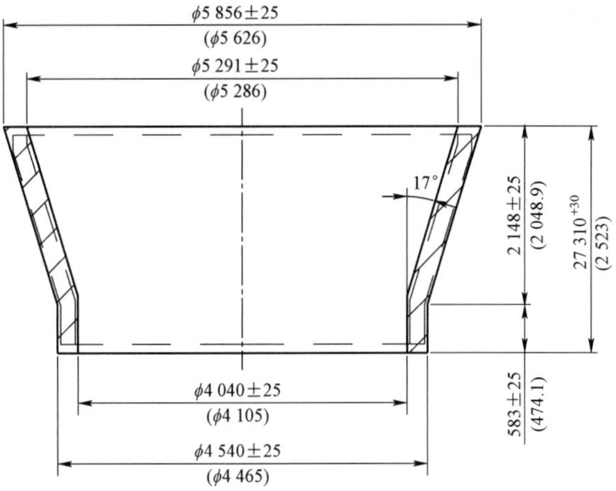

图 3　锻件图

2.3　锥形筒体成形工艺路线

根据锥形筒体锻件形状特点，确定其成形工艺路线为：气割下料→镦粗及冲孔→预扩孔→芯棒拔长出阶梯坯料→扩孔→锻小端直边出成品。

各工步变形如下。

（1）气割下料

如图 4 所示。

（2）镦粗

如图 5 所示。

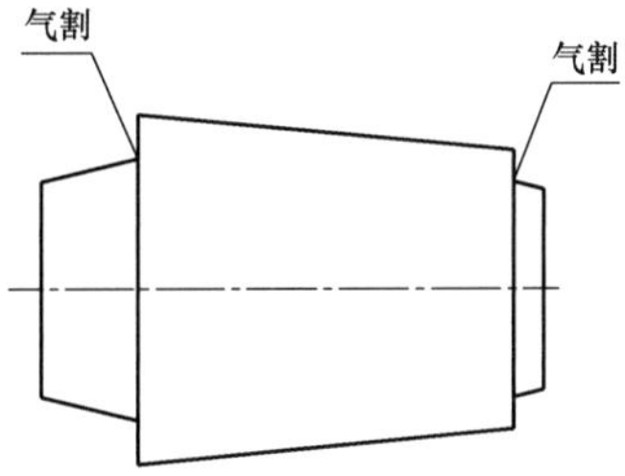

图 4　气割下料

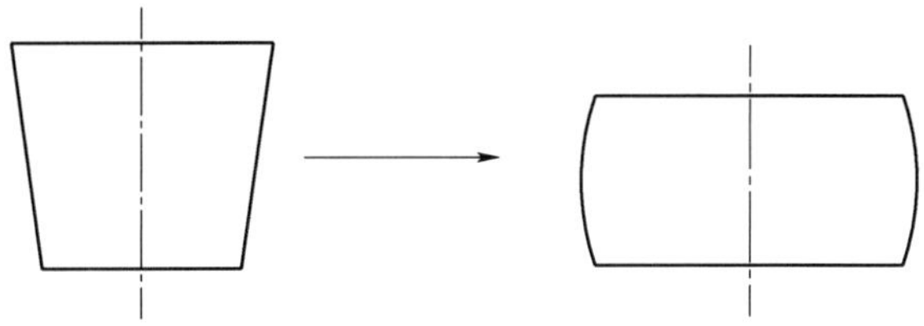

图 5　镦粗

（3）冲孔

如图 6 所示。

（4）预扩孔

如图 7 所示。

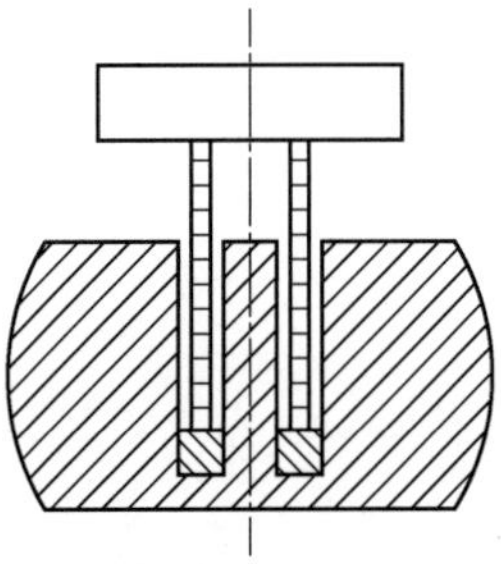

图 6　冲孔

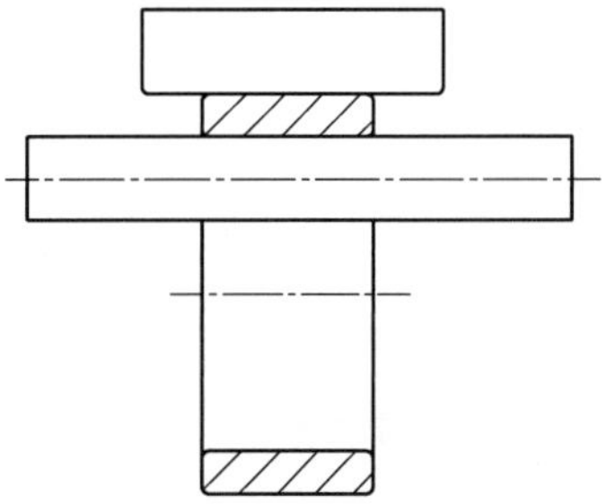

图 7　预扩孔

（5）芯棒拔长出阶梯坯料

如图 8 所示。

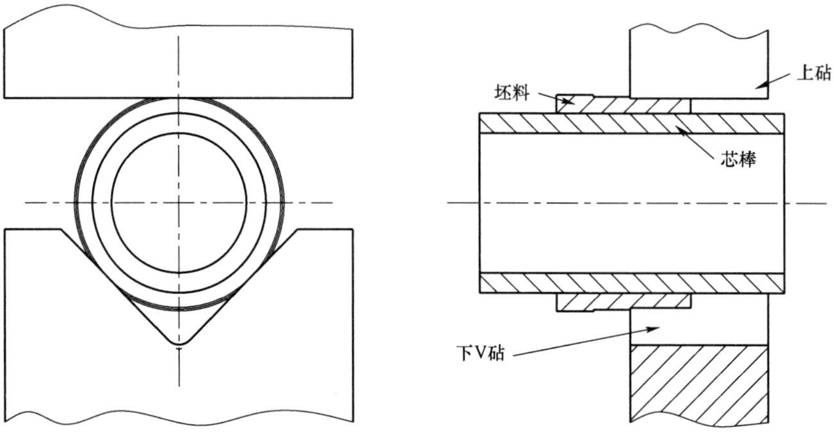

图 8 芯棒拔长出阶梯坯料

（6）预扩锥孔

如图 9 所示。

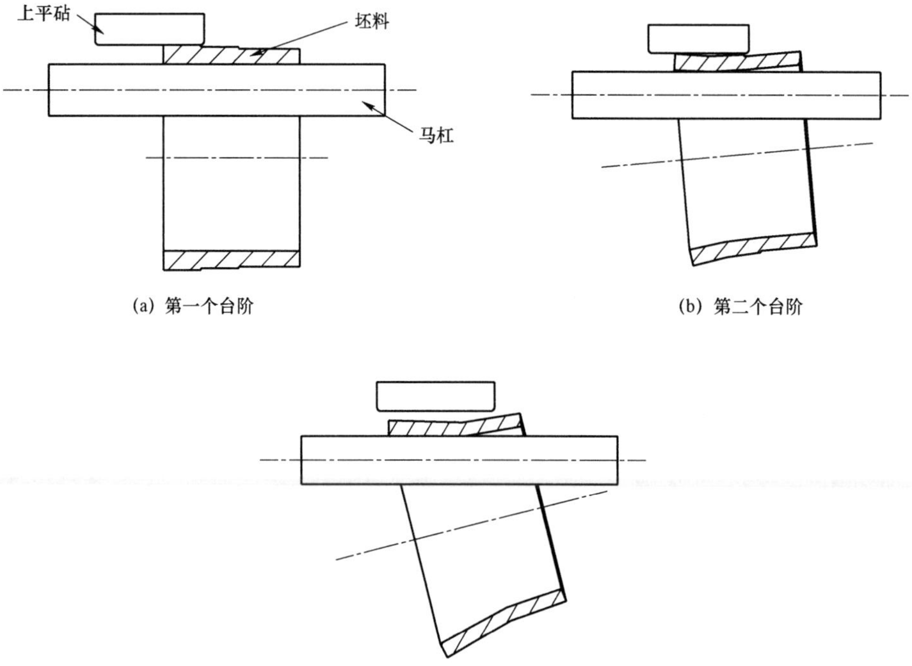

(a) 第一个台阶

(b) 第二个台阶

(c) 第三个台阶

图 9 预扩锥孔

（7）专用辅具锻小端直边

如图 10 所示。

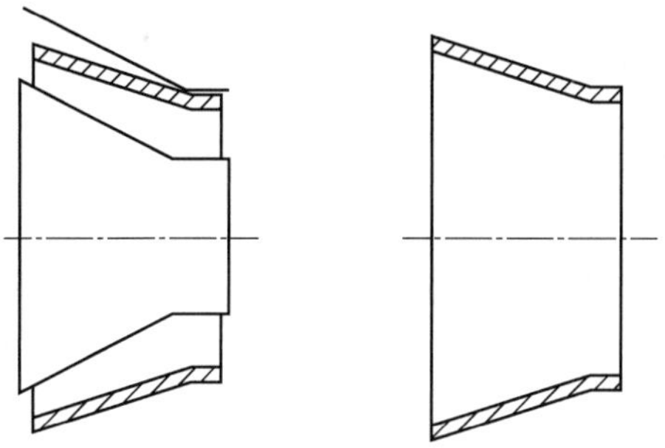

图 10　小端收口

3　阶梯坯料的形状设计

为了能在自由锻水压机上锻制出接近成品形状和尺寸的锥形筒体，首先必须锻制出形状和尺寸满足一定条件件的坯料，然后经扩孔锻出工件。

3.1　坯料设计原理

假设工件外圆小端半径为 R_1，外圆大端半径为 R_2，高度为 H，壁厚为 a，设高度为 h 的截面与坯料外母线的交点为 $A(x, y)$，与成形工件外母线的交点为 $B(X,Y)$（见图 11），工件外母线的方程为：

$$Y = \frac{H(X - R_2)}{R_1 - R_2} \tag{1}$$

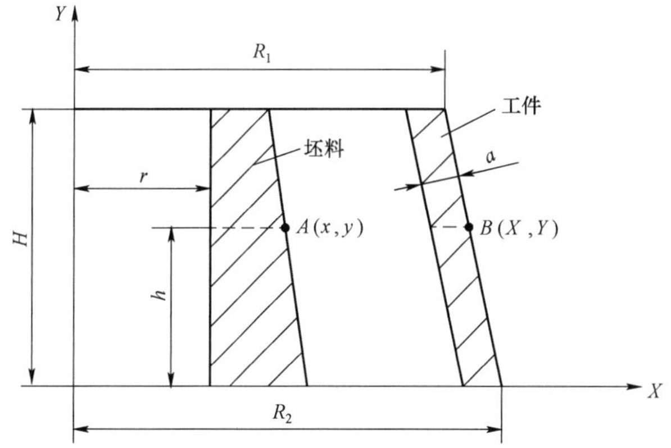

图 11　外形结构分析图

考虑筒形锻件扩孔时的展宽量很小，扩孔前后的高度变化可忽略不计，于是可得出工件在某一高度 h 处的圆周截面积 S_B。

$$S_B = \pi\left\{X^2 - \left[X - \frac{a}{\sin\left(\arctan\dfrac{H}{R_2 - R_1}\right)}\right]^2\right\} \tag{2}$$

由工件外母线的直线方程知：

$$X = [Y(R_1 - R_2)/H] + R_2 \tag{3}$$

因此有：

$$S_B=\pi\left\{\frac{2a\left[R_2+Y\left(R_1-R_2\right)/H\right]}{\sin\left(\arctan\dfrac{H}{R_2-R_1}\right)}-\frac{a^2}{\sin^2\left(\arctan\dfrac{H}{R_2-R_1}\right)}\right\} \tag{4}$$

而坯料在同一高度 h 处的圆周截面积为：

$$S_A=\pi(x^2-r^2) \tag{5}$$

忽略扩孔前后的高度变化，即：

$$Y=y \tag{6}$$

则扩孔前后等高处的圆周截面积相同，即：

$$S_A=S_B \tag{7}$$

从而可得出坯料的外母线方程为：

$$y=C_1x^2+C_0 \tag{8}$$

其中，$C_1=\dfrac{H\sin\left(\arctan\dfrac{H}{R_2-R_1}\right)}{2a(R_1-R_2)}$

$$C_0=\frac{a^2H-Hr^2\sin^2\left(\arctan\dfrac{H}{R_2-R_1}\right)-2aHR_2\sin\left(\arctan\dfrac{H}{R_2-R_1}\right)}{2a\left(R_2-R_1\right)\sin\left(\arctan\dfrac{H}{R_2-R_1}\right)}$$

很显然，坯料的外轮廓应是由一段抛物线绕 Y 轴旋转一周而形成的回转体。要锻制外母线为抛物线的回转体是极难实现的，甚至是完全不可能的。但任何曲线均可由无限多的台阶去逼近，简化后，可以用有限个台阶近似该抛物线，当然，台阶的数量应满足工艺可行的原则。由上述可知，锻制锥形筒体的坯料应是由多个内圆直径相同、外圆直径不同且由大到小顺次排列的圆筒组合而成，如图 12 所示。阶梯坯料的台阶数量和尺寸原则上应根据抛物线的参数决定。

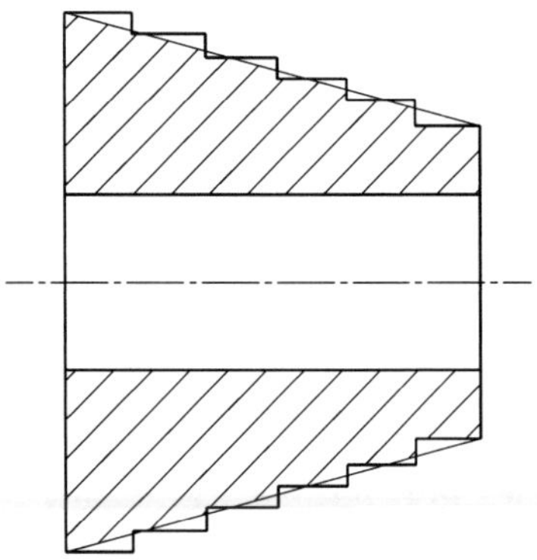

图 12　抛物线轮廓的简化

在阶梯坯料马杠扩孔中，坯料内表面的全长始终与马杠接触。初期，先是坯料外轮廓的大径部分与扩孔平砧接触，使这部分金属沿圆周方向强烈延伸，此时坯料的其他部分并未同砧子接触，但由于各部分间必须满足变形协调关系，其他部分也会在圆周方向产生不同程度的变形并初呈锥形。当大端扩到一定程度时，扩孔平砧将顺次与坯料其他部分接触，随着扩孔的继续，坯料与砧子的接触范围逐渐加大，坯料亦不断逼近目标锥形。其后，坯料内外表面同马杠与砧子的接触长度继续增加，锥度逐渐形成，并随壁厚的不断减薄而逐渐增大。当马杠、砧子同坯料在整个坯料长度上相接触时，锻件可达到成品尺寸和形状，从而锻制出锥形筒体。

3.2　阶梯坯料

通过以上分析，根据体积不变原理，将坯料设计成三阶梯坯料。

4　三阶梯坯料成形的数值模拟

4.1　扩第一个阶梯段

（1）三维实体造型

坯料、马杠和上砧的三维实体模型如图 13 所示，其具体形状和尺寸如图 14 至图 16 所示。

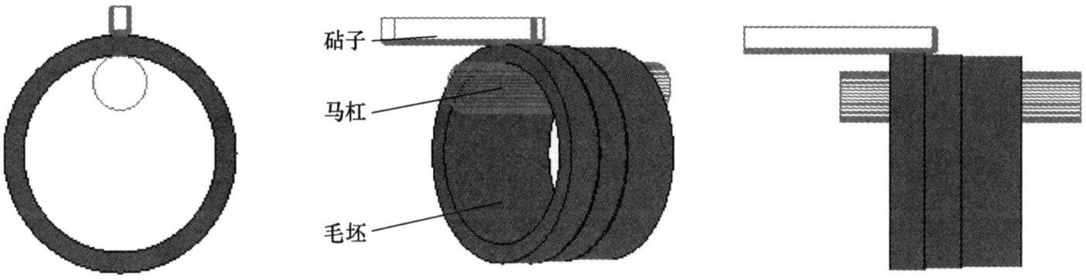

图 13　扩第一个阶梯三维实体模型

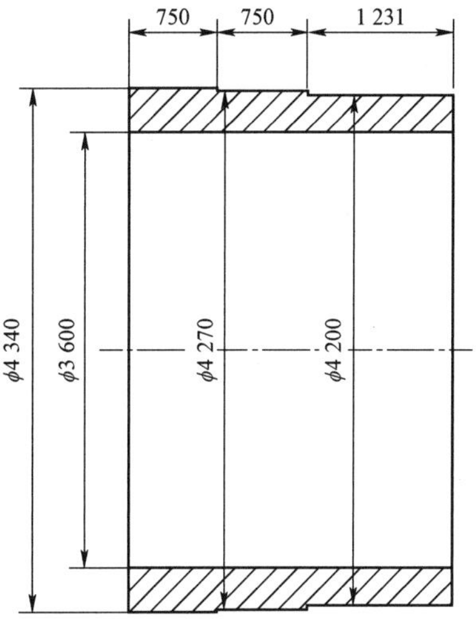

图 14　毛坯图

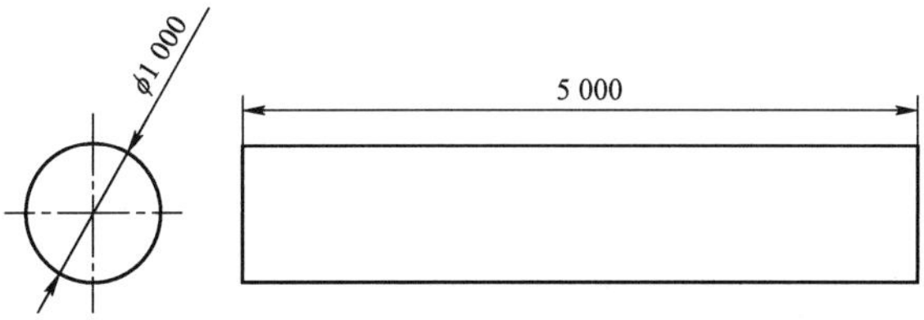

图 15　马杠图

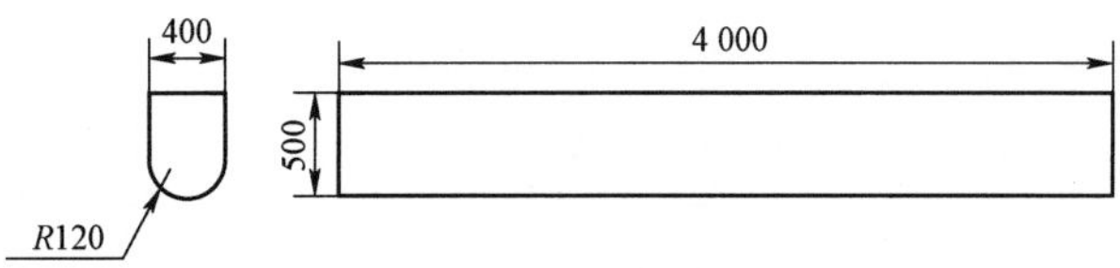

图 16　扩孔砧子图

（2）数值模拟计算结果

第一阶梯扩完后的工件如图 17 所示。此时第一个台阶大端外径尺寸为 4 531 mm，内径尺寸为 3 855 mm；第二个台阶大端外径为 4 376 mm，内径为 3 706 mm；第三个台阶大端外径为 4 200 mm，内径为 3 600 mm；小端外径为 4 200 mm，内径为 3 600 mm；高度为 2 760 mm；大端锥度为 5.7°。

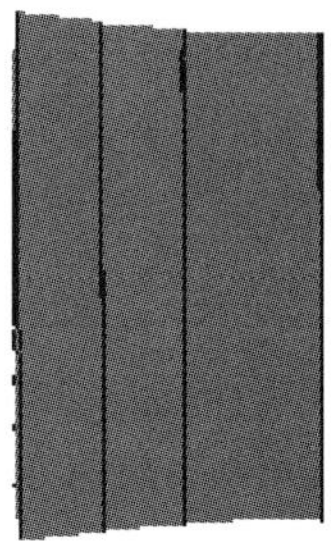

图 17　扩完第一个阶梯后坯料图

4.2　扩第二个阶梯段

（1）三维实体造型

此步模拟是在扩完第一个阶梯后，接着扩第二个阶梯。辅具不变（见图 15、图 16）。三维实体模型如图 18 所示。

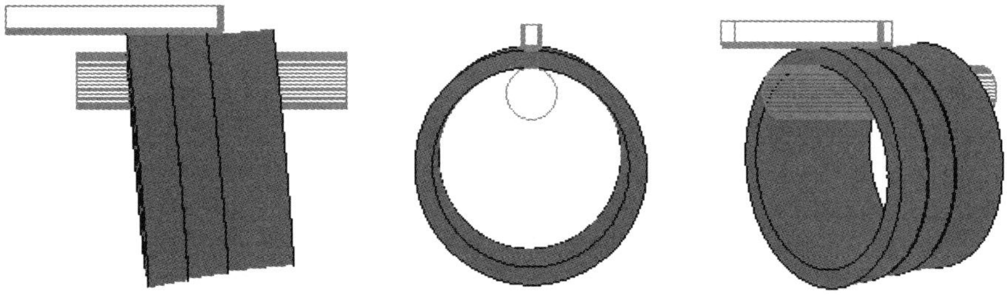

图 18　扩第二个阶梯的三维模型

（2）数值模拟计算结果

扩孔砧对第二阶梯压完一圈后，第一和第二阶梯同时压下变形，变形后的工件如图 19 所示。此时大端外径为 5 020 mm，内径为 4 418 mm；小端外径为 4 065 mm，内径为 3 465 mm；高为 2 784 mm；大端锥度为 11.4°，小端锥度为 3.5°。

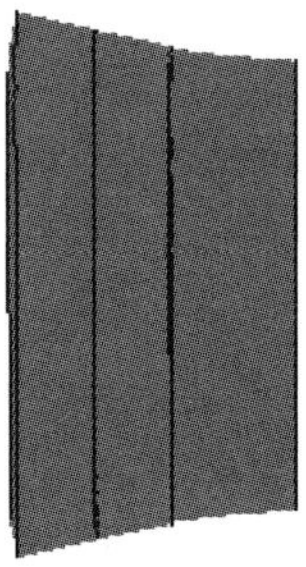

图 19　扩完第二个阶梯后的坯料图

4.3　扩第三个阶梯段

（1）三维实体造型

此步模拟是在扩完第二个阶梯后，接着扩第三个阶梯。辅具不变（见图 15，图 16）。三维实体模型如图 20 所示。

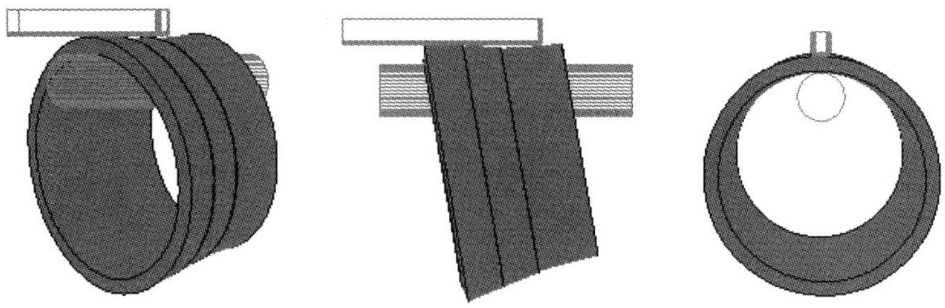

图 20　扩第三个阶梯的三维模型

（2）数值模拟计算结果

扩孔砧对第三阶梯压完一周后，三个阶梯同时压下变形，变形后的工件如图 21 所示。此时大端外径尺寸为 5 412 mm，内径尺寸为 4 856 mm；小端外径为 4 108 mm，内径为 3 508 mm；高为 2 799 mm；大端锥度为 14°，小端锥度为 9.8°。

图 21　扩完第三个台阶后的成形图

4.4　扩小端

（1）三维实体造型

提取扩第三阶梯结束时的坯料尺寸，重新建三维实体模型并用专用辅具——直壁砧将小端锻成直边。直壁砧下模如图 22 所示，上砧如图 23 所示。三维实体模型如图 24 所示。

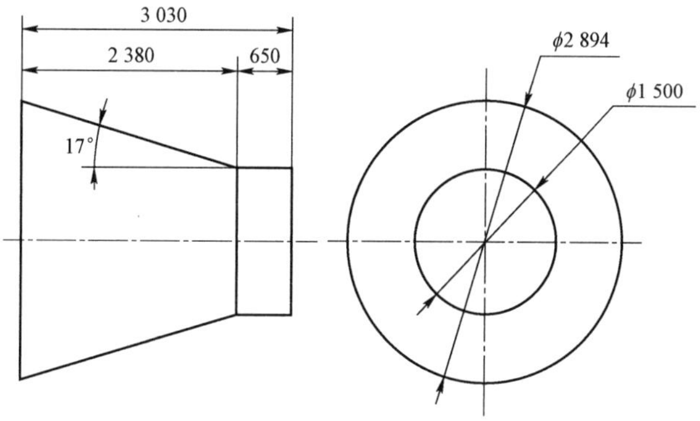

图 22　下模图

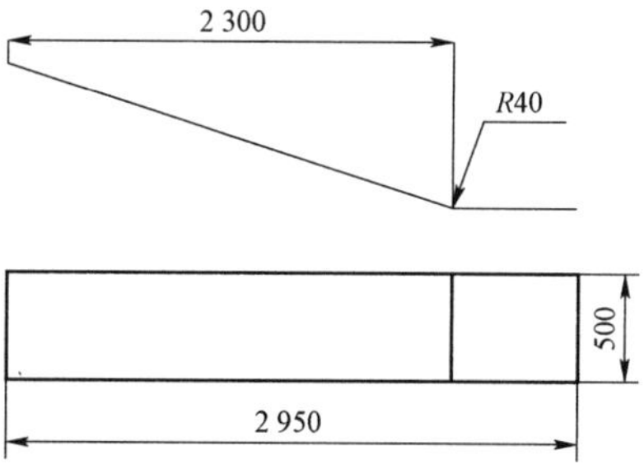

图 23　上砧图

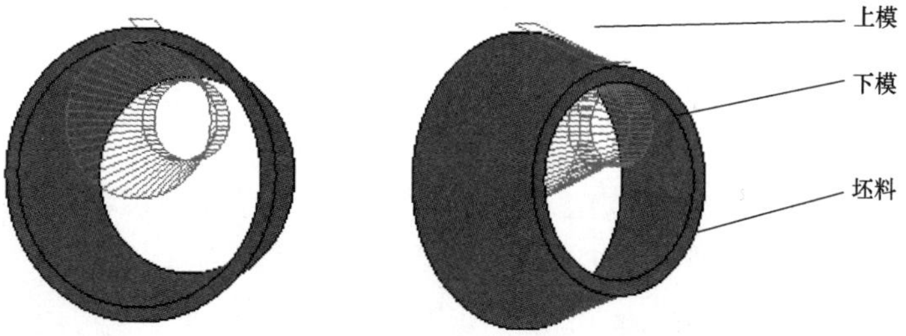

图 24　扩小端的三维模型图

（2）数值模拟计算结果

毛坯最后成形如图 25 所示。此时大端外径为 5 879 mm，内径为 5 269 mm；小端外径为 4 566 mm，内径为 4 020 mm；高为 2 825 mm；小端直边高度为 600 mm；大端锥度为 16.9°，小端锥度 1°。

图 25　毛坯最后成型图

4.5　毛坯最后成形尺寸与锻件图尺寸比较

表 1 为锻件扩完每个阶梯后的尺寸。表 2 为最后成形尺寸与锻件图尺寸相比较的结果。成形工件与锻件图关系如图 26 所示。

表 1　扩每个阶梯后的工件尺寸

	D_1/mm	D_2/mm	D_3/mm	D_4/mm	H/mm
扩第一阶梯后	4 531	3 855	4 200	3 600	2 760
扩第二阶梯后	5 020	4 418	4 065	3 465	2 784
扩第三阶梯后	5 412	4 856	4 108	3 508	2 799
扩小端后	5 879	5 269	4 566	4 020	2 825

表 2　成形工件与锻件图尺寸对比情况

	D_1/mm	D_2/mm	D_3/mm	D_4/mm	H/mm
锻件图	5 856±25	5 291±25	4 540±25	4 040±25	$2\,731^{+30}_{-0}$
三阶梯毛坯计算结果	5 879	5 269	4 566	4 020	2 825

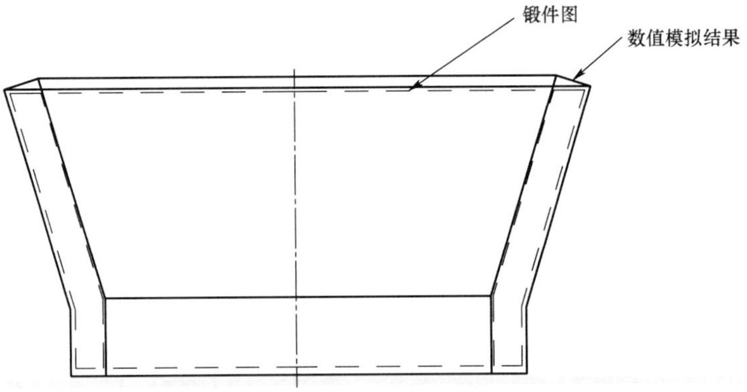

图 26　成形工件与锻件图关系

表 1 和表 2 中，D_1 为工件大端外径，D_2 为工件大端内径，D_3 为工件小端外径，D_4 为工件小端内径，H 为工件高度。

由表 1 可见，随着扩孔的继续，工件大端外径和内径尺寸均显著增加。工件小端的尺寸在扩完第一个台阶后有所减小，但随着扩孔的继续，小端的内外径也显著增加。工件总的高度是不断增大的。

由表 2 可见，最后成形工件 D_1、D_2、D_3、D_4 均满足锻件图要求，工件最后成形的高度超过锻件图高度的最大加工余量。可见此方案满足终成形要求。

5 结论

本课题利用限元分析软件，对 AP1000 核电机组蒸汽发生器锥形筒体的成形工艺进行了数值模拟研究。得出以下结果：

（1）确定了可满足终成形尺寸要求的三阶梯毛坯。毛坯尺寸为：D=3 600；d_1=4 340；d_2=4 270；d_3=4 200；h_1=750；h_2=750；h_3=1 231。

（2）设计了专用的成形辅具。其中，扩孔砧的结构及尺寸如图 16 所示；马杠直径 d_0=1 000；直壁砧下模的结构及尺寸如图 22 所示；直壁砧上模的结构及尺寸如图 23 所示。

（3）计算机模拟结果表明，本成形方案能够满足零件图纸加工要求。

参考文献

[1] 王宝忠. 超大型核电锻件绿色制造技术 [M]. 北京：机械工业出版社. 2017，1（1）：296.

三门 1、2 号机组首次装料期间装换料系统设备运行状态及优化方案

刘永骏，朱雪锋

（上海核工程研究设计院有限公司，上海　200233）

摘要： 三门 1、2 号机组分别于 2018 年 4 月 29 日和 7 月 8 日完成首次装料，作为 AP1000 核电厂首批机组，其装料情况对后续机组有重要的借鉴意义。文章介绍了整个装料过程，包括堆芯装载顺序、现场操作情况和装换料系统设备运行状态。通过对装料过程中设备问题的分析提出了缩短装料耗时的优化方案，并就“一键换料”的探索方向进行了思考。

关键词： AP1000；三门核电；首次装料；装换料系统

The Operation and Optimization of Fuel Handing System Equipments during Initial Fuel Loading for Sanmen Unit 1 & 2

LIU Yongjun，ZHU Xuefeng

(Shanghai Nuclear Engineering Research & Design Institute Co., Ltd., Shanghai 200233, China)

Abstract: Initial fuel loading for Sanmen Unit 1 and 2 were completed on April 29，2018 and July 8，2018. As the first units of AP1000 nuclear power plant，the loading condition was an important reference for the following units. The whole loading process was introduced，including core loading sequence，the field operation and the running condition of Fuel Handling System. Through the analysis of equipment problems during fuel loading，the method of shortening loading time was put forward. And the direction of One-Key Refueling was explored.

Key words: AP1000；Sanmen Unclear Power；Initial Fuel Loading；Fuel Handling System

---

作者简介： 刘永骏（1983—　），男，江苏靖江人，高级工程师，工学硕士，现主要从事装换料工艺及非标设备设计工作

1　首次装料概述

三代非能动核电厂 AP1000 首堆三门 1 号机组于 2018 年 4 月 25 日获得国家核安全局颁发的“首次装料批准书”，当晚 19:46 开始装料。4 月 29 日 13:37 最后一根燃料组件就位，同日 18:36 燃料管理人员核查证实燃料装载准确无误，宣告首堆装料圆满结束。

三门 2 号机组首次装料从 7 月 5 日 15:52 开始，7 月 8 日 8:43 最后一根燃料组件就位，中午 11:47 完成堆芯核查。

装料是将燃料组件按照预先确定的初始堆芯装载图，装入压力容器中的指定位置和方位，并记录所有装料步骤和最终堆芯装载图[1]。AP1000 首次装料采用干式装料，既当燃料组件在转运系统与堆芯之间移动时未淹没在水下。燃料转运通道水位仅高于轨道位置，换料水池其余区域是干的，反应堆压力容器水位大约在出口管嘴中间。首先在堆芯南部放置第一组燃料组件并作为基准，后续的燃料组件以紧凑装载的方式插入堆芯，在燃料装载过程中由四个永久安装的源量程探测器和三个临时堆芯探测器监测堆芯状态，在完成前一组燃料组件装载步骤的探测器计数后方可继续向堆芯中装入下一组。

2　装料顺序与现场情况

2.1　堆芯装载顺序

（1）首次堆芯装载的所有燃料组件及相关组件按规定位置贮存在乏燃料水池中，相关组件包括：控制棒、可燃毒物棒、阻力塞棒、初级中子源棒，并通过实物盘存确认乏池中各贮存位置的燃料组件及相关组件序列号并记录。

（2）两个初级中子源为次临界监督提供足够的中子通量，第一个初级中子源装载在第 1 组燃料组件中，第二个初级中子源装载在第 2 组燃料组件中。四个源量程探测器永久安装在压力容器外东南西北四个象限位，其计数率在主控室远程显示。三个临时堆芯探测器分别安装在堆芯 D–3、L–14 和 L–2 的位置，其计数率在安全壳厂房就地显示。第 1 组燃料组件装载时依次将其放置在这七个位置，对每个探测器进行响应检查，在此过程中燃料组件始终在装卸料机上不脱扣，最终就位在堆芯南侧 G–1 位置。

（3）在燃料厂房，将每组燃料组件移至倾翻篮后，由操作人员与燃料人员分别对组件 ID、控制棒组件类型、其他相关组件 ID 以及方位进行核实，确保其与初始堆芯设计信息一致。在安全壳厂房，每组燃料组件就位后，需两人独立验证就位于正确的堆芯位置，并从每个源量程探测器和临时堆芯探测器获得稳定计数后，装卸料机方能脱扣。

（4）依据既定的堆芯装载顺序（见图 1），继续第 2–157 组燃料组件的装载。第 2 组燃料组件就位在堆芯北侧 G–15 位置。第 7 组组件就位后带初级中子源的第 1 组组件需从堆芯 G–1 位置移至 H–3 位置，第 15 组组件就位后另一带初级中子源的第 2 组组件需从堆芯 G–15 位置移至 H–13 位置。最后三组第 155、156、157 组燃料组件在装载前，需先移除 D–3、L–14 和 L–2 的位置的临时堆芯探测器。

（5）最后一组燃料组件装载完成后，通过两人独立的堆芯核查验证堆芯装载图和组件位置，包括燃料组件 ID 号、相关组件类型、燃料组件方位角，以及是否每组燃料组件正确就位。确保所有已装入堆芯的燃料组件的位置和方位与初始堆芯装载图一致。

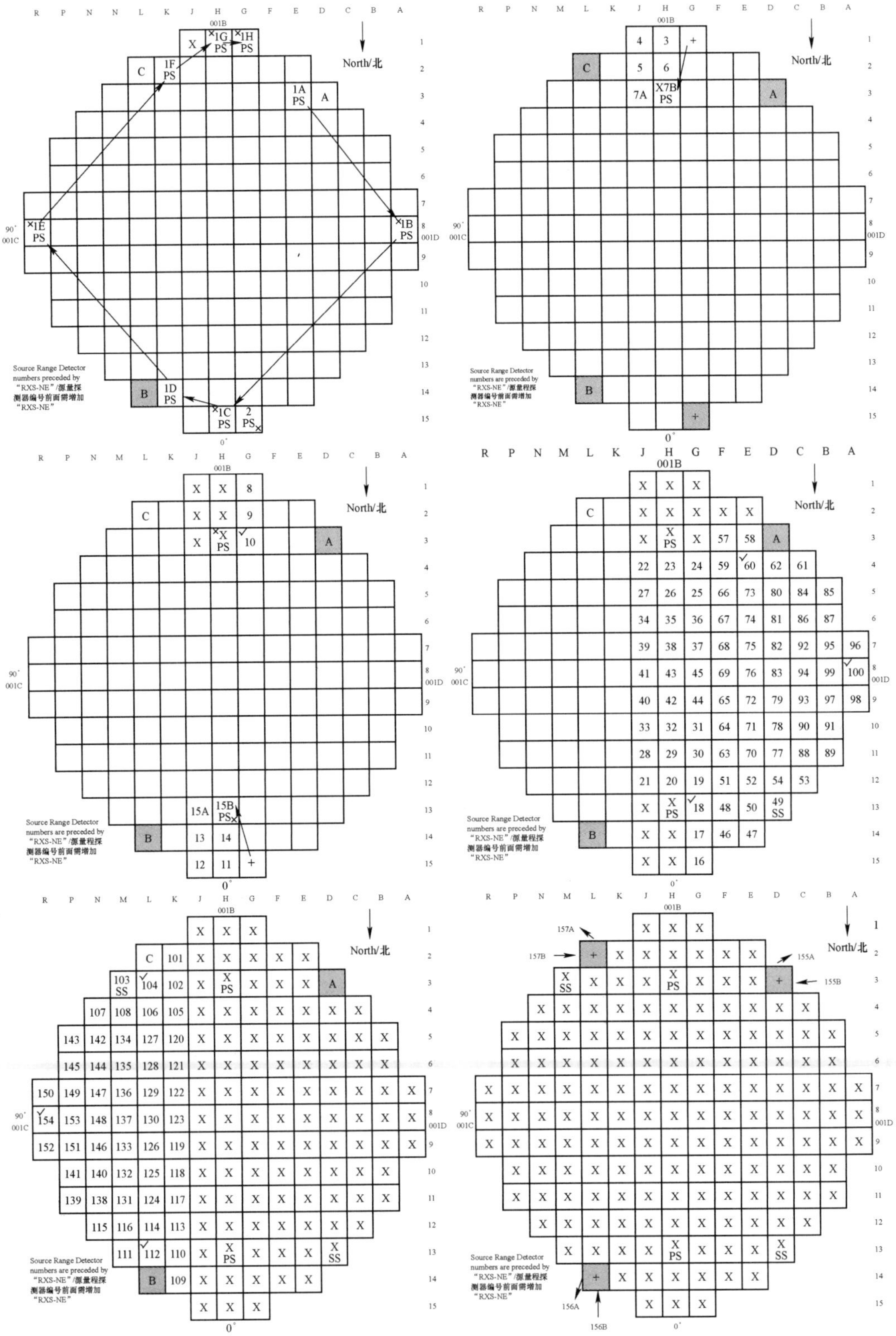
North/北
001B
001C
001D
90°
0°
Source Range Detector numbers preceded by "RXS-NE"/源量程探测器编号前面需增加"RXS-NE"
Source Range Detector numbers are preceded by "RXS-NE"/源量程探测器编号前面需增加"RXS-NE"
157A
157B
155A
155B
156A
156B

图 1　堆芯装料顺序

2.2 燃料厂房操作情况

装料时燃料厂房乏池间控制在 20 人左右（见图 2），分为装换料设备操作人员和燃料人员两组。FH02 燃料抓取机上有三个工作人员，一人 A 负责操作 FH02，一人 B 负责核对燃料在乏池中的位置，一人 C 负责扶住长柄工具。转运仓靠近倾翻机构一侧墙壁上有倾翻控制台，一人 D 戴安全带在此负责操作倾翻机。在倾翻机处临时安装一水下摄像头，显示器安放在转运仓岸边，有两个人 E、F 负责监视和记录。操作流程如下。

（1）FH02 开至乏池上方。

（2）确认需转运组件在乏池内的格架位置，并记录。

（3）长柄工具手动挂钩燃料组件。

（4）待转运小车空载从安全壳厂房回到燃料厂房，燃料篮倾翻竖直后执行下一步，否则 FH02 上的操作人员可到岸边等待。

（5）提升燃料组件出乏池格架，并通过 MY06 乏池水闸门位置移动至燃料篮上方。

（6）将燃料组件插入燃料篮，插入时组件下管座常与燃料篮口上的导向斜面接触。

（7）组件吊装到位后，长柄工具手动脱钩。

（8）通过水下摄像头核实组件 ID、控制棒组件类型、其他相关组件 ID、方向角，截屏留档并记录。

（9）操作人员 D 根据安全壳厂房内 K 的指令，将燃料篮倾翻水平并将转运小车送入安全壳厂房，并记录时间，若无指令则等待。

（10）FH02 重复进行步骤（1）、步骤（2）、步骤（3）。

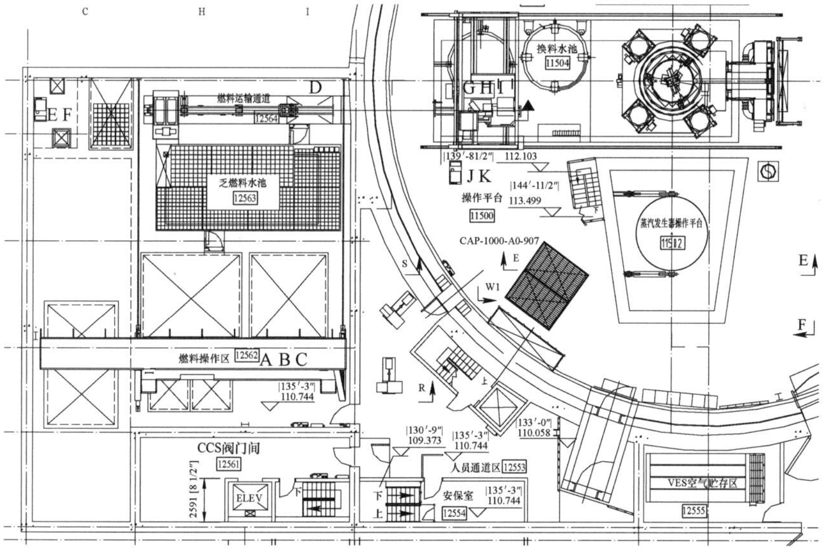

图 2 燃料厂房与安全壳厂房

2.3 安全壳厂房操作情况

装料时安全壳厂房控制在 30 人左右（见图 2），同样分为操作人员和燃料人员两组。FH01 装卸料机上有三个工作人员，一人 G 负责操作 FH01，另两人 H、I 负责独立核对燃料在堆芯内就位时的位置。靠近燃料运输通道一侧换料池岸边，设置倾翻控制台，一人 J 负责操作。在倾翻机处临时安装一水下摄像头，显示器安放在控制台边，一人 K 负责监视倾翻情况，K

为 FH05 燃料运输系统负责人，燃料厂房 D，安全壳厂房 J 都根据其指令进行操作。操作流程如下。

（1）根据 K 的指令，燃料厂房内 D 将装有组件的转运小车送入安全壳厂房。

（2）安全壳厂房内 J 操作燃料篮倾翻机构，转运小车到位后燃料篮自动倾翻竖直，当自动功能失效后使用手动操作。

（3）FH01 到达倾翻位置，将组件提出燃料篮，若 FH01 在完成上一组组件装卸后，下一组组件仍未通过小车转运至换料池，FH01 在倾翻位置等待，操作人员可到岸边休息。

（4）燃料篮翻水平，小车空车返回燃料厂房，小车返回前安全壳厂房 K 会电话通知燃料厂房。若 K 判断本组装料风险较大，会要求燃料篮空车等待以作为燃料组件的安全存放位置。一般认为带中子源的组件和组件密集的装料位置风险较大。

（5）FH01 携燃料自动移动到已标定的堆芯位置，并将燃料下降就位。FH01 采用贴边法就位，当靠近周边组件或堆内构件围板时 FH01 移动缓慢，此时操作人员需仔细观察，并在组件侧面发生可能的碰撞之前紧急停止 FH01。

（6）两位燃料人员在 FH01 上通过望远镜独立核对堆芯位置并记录。

（7）探测器获得稳定的计数率后，FH01 脱钩燃料就位，并记录时间。

（8）FH01 回到倾翻位置，操作下一组燃料。

安全壳厂房换料池北侧岸上座有多名燃料人员，其中一个是装换料 SRO（高级操纵员），是装料工作的总指挥，一人负责监控三个临时堆芯探测器数据并反馈主控室人员，其余人员进行数据记录等工作。在主控室也有燃料人员，其中一人负责监控四个源量程探测器数据并反馈安全壳厂房人员，其余人员进行硼浓度监测、温度监测、水位监测、辐射监测、数据记录等。主控室内有显示装料进度的堆芯图，安全壳厂房内也有显示进度的沙盘，值长与操纵员并不直接参与装料工作。

所有 157 根燃料组件装载完毕后，需要进行堆芯装载核查，核查由两名燃料人员独立进行，两人记录的堆芯布置图应相同，并与装载计划布置图相同。现场核查时采用水下摄像头用于观察堆芯情况，每个组件核查都保存了图像。堆芯装载核查是核安全局的见证点，华东站两名工程师一对一监督了整个过程。

3 装换料系统设备运行状态

3.1 1 号机组装料时 FHS 设备状态

3.1.1 第 58 根组件倾翻机故障

故障现象：在转运第 58 根组件时燃料厂房一侧发现倾翻机无法倾翻。燃料篮垂直状态接收好组件后，倾翻机将燃料篮从垂直位置 90° 倾翻至水平位置 0° 时只倾翻了 10°，既燃料篮处于 80° 位置无法倾翻至水平，但可以倾翻至垂直。操作人员将燃料组件吊装回乏池后，对设备故障进行排查和处理。

现场处理：操作人员初步判断为倾翻液压系统（见图 3），三位四通的电磁换向阀故障，但更换电磁换向阀阀体后，问题仍存在。后将电磁阀体上的电磁线圈互换后，故障排除。自动操作模式下，空载和带载模拟组件倾翻动作操作正常。延误装料时间约 14 h。

原因分析：此次故障是电磁换向阀的电磁线圈引起的，将同型号的电磁线圈互换后故障排除，因此各线圈本身是完好的，但阀体与电磁线圈可能接触不良，或电磁线圈与控制线路的连接存在故障，因此重新接线后故障排除。在后续操作过程中，增加了对线圈的散热，该电磁阀没有再出现过问题。

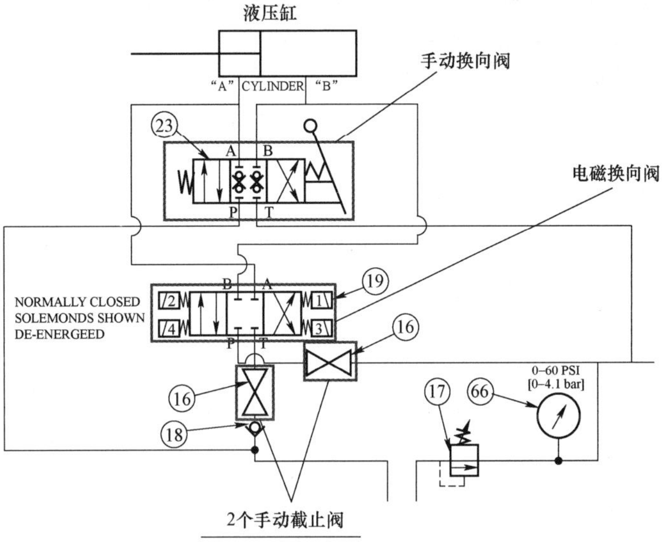

图 3　倾翻机液压系统

3.1.2　第 34、38、61 根组件超载报警

故障现象：第 34、38、61 根组件在转运时都发生了 FH05 燃料运输设备的超载报警。载有燃料的运输小车运行至安全壳厂房倾翻位置时（见图 4），钢丝绳拉力未超载，但在开始倾翻时发生钢丝绳拉力超载并报警。

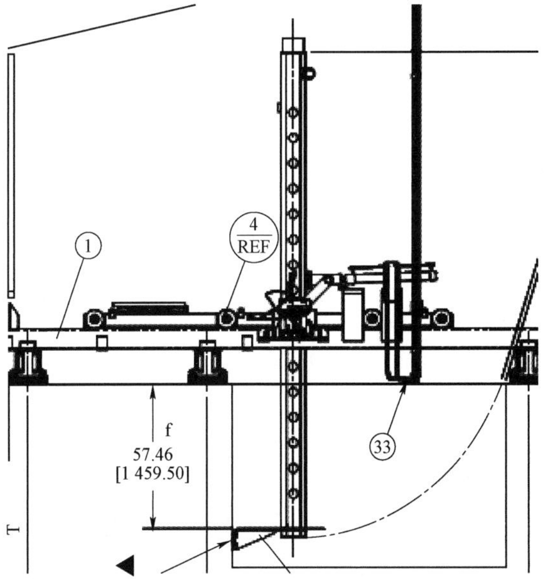

图 4　倾翻机

现场处理：操作人员手动执行安全壳厂房一侧燃料篮倾翻至水平，运输小车撤回燃料厂房后再次执行本组燃料的转运。

原因分析：运输小车的水平运行由连接着称重传感器的钢丝绳实现。小车运行到终端位置并撞到碟簧止挡后，称重传感器将监测钢丝绳上的拉力增加并达到设定值，系统由此信号判断小车正常到位并制动。小车运行至安全壳厂房，燃料篮倾翻垂直时使小车向前滑移，因此钢丝绳拉力增大，并最终导致称重传感器超载报警。

3.1.3 第 112 根组件运输故障

故障现象：第 112 根组件在安全壳厂房倾翻时又发生 FH05 超载报警。组件自动撤回燃料厂房，撤回时运输小车驱动电机超载停运，燃料篮停在闸阀位置，伸出闸阀约 1 米，其余在运输管道内。

维修人员下到转运井后发现燃料篮上的挡块搁置于小车防跳装置的滑块上，燃料篮未完全水平并保持翘起，燃料篮头部的手动拉环在运行至燃料厂房时撞上了液压缸的倾翻架（见图 5）。

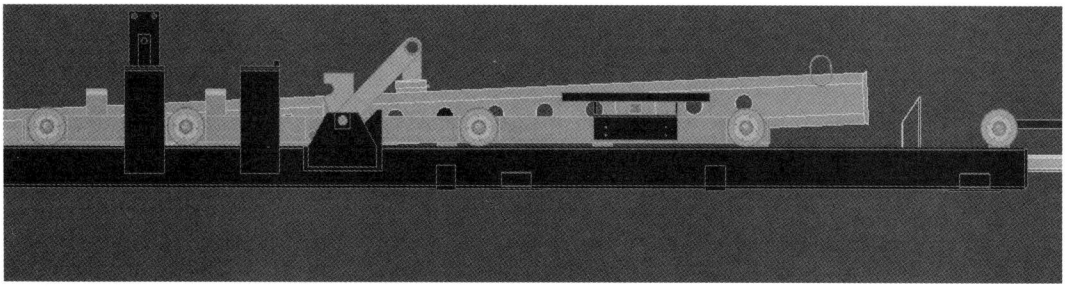

图 5　燃料篮

现场处理：维修人员在不排水情况下到燃料厂房运输通道内将小车移出。将该燃料组件吊出并进行目视检查，检查无问题后将其回吊至乏池原位。设备对到位称重信号修改、倾翻动作开始/终止时间延迟后，进行了多次空载、带载模拟组件试运行无异常，故障排除。延误装料约 16 h。

原因分析：运输小车从安全壳厂房返回时，水平联锁接近开关未正确给出燃料篮未水平。本次故障时，倾翻架实际由水平状态动作了一定角度（离水平位置约 2.5°），但由于角度较小，水下接近开关并未给出正确判断，仍给出倾翻架处于水平状态的信号，因此允许小车运行。

为了解决倾翻过程中容易触发过载报警的问题，将运输小车的钢丝绳拉力设定值从 68 kg 改为 50 kg，在超载报警限值不变的条件下，增加了触发超载报警的裕量。通过增加动作之间的间隔时间，减少因原动作信号引起的误动作，倾翻方向转换时间从 2 s 改为 4 s，小车到位后至倾翻的时间由 1 s 改为 4 s。

3.2 2 号机组装料时 FHS 设备状态

相比三门 1 号机组首次装料，FHS 设备可靠性大为提高，装料耗时也大为缩短，1 号机组的经验反馈起到了关键作用。2 号机组装料前，燃料运输设备 FH05 增设了对换向电磁阀的冷却风扇、增加了 FH05 的超载报警裕量和动作之间的间隔时间。操作人员并就 FH05 在安全壳厂房一侧倾翻时超载报警的问题制定了处理预案，既在确定燃料篮手动放水平后运输小车才能退回燃料厂房。调整后，2 号机组装料时 FH05 仅在第 40 根组件超载报警一次。

（1）第 1 根组件，FH01 装卸料机在堆芯 A08 位置（第二个探测器响应测量位置）无法下降，判断为控制系统逻辑问题。将第 1 根组件吊至倾翻篮暂存（此时倾翻篮在安全壳厂房内处于竖直状态），重启 FH01，并重置了载荷和步序，模拟了前三步操作后故障解除。暂停装料约 4 h。

（2）第 36 根组件，发现 FH01 装卸料机轨道上有一颗螺栓，第 36 根组件返回乏池格架，经排查螺栓来源于 FH01 轨道轮上部件。对装卸料机和燃料抓取机做排查未发现相似风险，暂停装料约 4 h。

（3）第 88、95 根组件，分别维修 FH01 左右两侧轴承窜轴问题。窜轴是由于装卸料机在轨道上运行振动引起的，暂停装料约 1 h。

4　装料耗时优化方案及一键换料

4.1　装料耗时及优化方案

三门 1 号机组装料耗时 89 h 31 min，堆芯核查约 5 h。三门 2 号机组装料耗时 64 h 51 min，堆芯核查约 3 h，两台机组耗时对比如图 6 所示。由于首堆经验反馈和装换料设备可靠性的提高，2 号机组装料耗时大为缩短。同时堆芯核查时间也减少，2 号机组采用了长柄工具架设水下摄像头的方法，避免了 1 号机组悬挂水下摄像头在 FH01 运行时晃动失焦的问题。如能进一步采用类似田湾核电一张高清堆芯全景照片的方法，核查时间能再大幅度缩短。从单根燃料组件装料耗时来看，最短时间约为 12～15 min，达到了装卸料系统设备设计的要求。

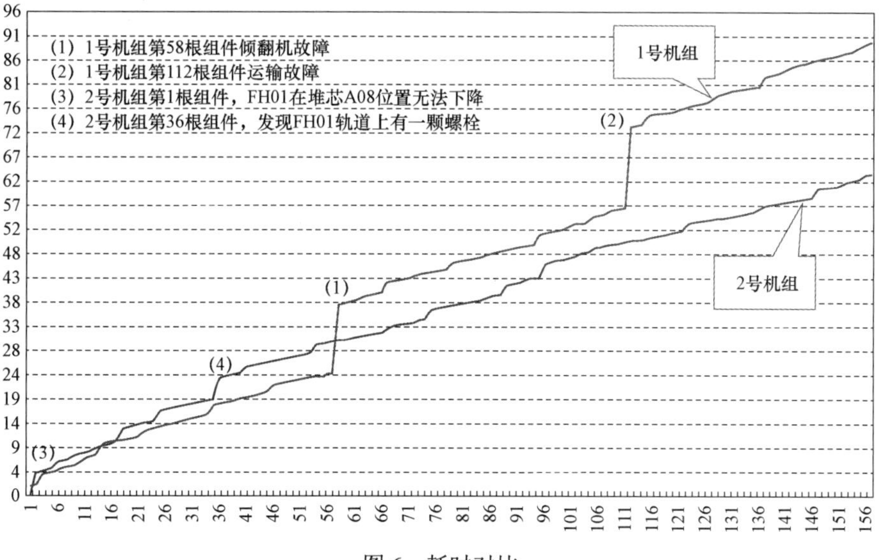

图 6　耗时对比

为缩短装料时间，追求效益最大化，有以下优化建议。

（1）加强设备日常维护，使用前应充分试验。装换料系统设备[2]，尤其是 FH01 装卸料机、FH02 燃料抓取机、FH05 燃料运输设备关系到主线时间，要精心维护，对于电气系统、液压系统等易损件更要定期检查，保证设备处于最佳状态。装料前应进行充分模拟试验，不但要进行正常操作的试验，也要进行异常工况下的操作试验，比如手动操作。2 号机组装料时 FH01 螺栓掉落和轴承窜轴，都属于日常维护不足，装第 1 根组件时就发生 FH01 控制系统逻辑问题说明使用前没有进行模拟试验。

（2）备品备件准备足够，故障处理要有预案。对于设备上的易损部件，应准备足够的备件，装料时一旦发生故障能够及时更换，缩短维修时间。1 号机组装料时倾翻机电磁换向阀故障，由于没有备件，维修人员将 2 号机组的部件拆卸下来进行替换，耽误了时间。对于可能的故障要有处理预案，避免由于处理不谨慎造成故障扩大，如果一开始就对 FH05 超载报警有预案，就能避免翘起的燃料篮与倾翻架碰撞的事故。

（3）优化工艺并行操作，人员休息机器不停。一是可以在安全壳厂房换料水池内增设燃料组件临时存放位，避免燃料篮空车等待，使燃料厂房和安全壳厂房内装卸料设备同时操作提高效率。还可以修改装卸料机空载时的联锁，使起升动作和大小车行走能同时运行，节约了等待勾爪起升到顶后再动作的时间。另外三门两台机组首次装料时人员工作安排采用翻三班（早班 8:00～17:00、中班 17:00～1:00、晚班 1:00～8:00），每班 8 h 一班且中间休息用餐，换班和休息时设备暂停工作。如采取翻四班，每班 6 h 一班，中间不休息的排班方法，可在保证人员休息的前提下提高设备利用率。

截至 2018 年年底，AP1000 依托项目三门、海阳 4 台机组都已完成首次装料并宣布商运，首次装料如图 7 所示。随着运行经验的累积、装换料设备维护和操作水平的提高、以及工艺的改进，有望最终实现 48 h 装料的目标。

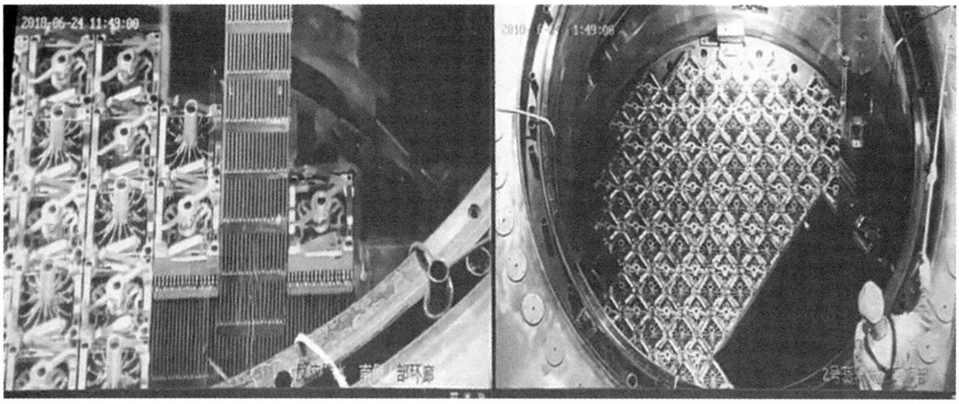

图 7　首次装料

4.2　一键换料的思考

“一键换料”作为装换料系统发展的目标，仅通过对现有设备的优化是很难实现的，需要从工艺规划、机电自动化、燃料物理等多方面进行创新性改进，并引入自动识别、自动避障、在线监测等新功能。可以从以下几方面进行探索。

（1）燃料抓取机自动化改造。现有燃料抓取机采用长柄工具手动对燃料组件进行抓取和转运，并通过更换不同的长柄工具实现对控制棒、中子源、可燃毒物或阻力塞的配插。要实现一键换料燃料抓取机至少要实现对燃料组件操作的自动化，具有类似装卸料机的功能。

（2）装卸料机新增压力感应。由于燃料组件在堆内采用密集排列，组件格架在堆芯区域插拔过程中易发生钩挂，现采用的方式为人员远距离观察，一旦发现燃料之间接触就暂停装卸料机动作。可新增高灵敏度的压力传感器，实现燃料接触时装卸料机的自动急停，甚至是自动避障。

（3）引入机器视觉和图像识别。在整个装料过程中对燃料组件需要多次进行人工确认，包括燃料插入倾翻篮后确认组件和配插件编码、组件方位角，燃料堆芯就位后确认位置准确性，装料完毕后的堆芯核查。通过自动识别替代操作人员的确认、判断工作，极大地提高效率和工作的连续性。

（4）装换料系统各设备串联。整个换料过程需要 FHS 系统中燃料抓取机、燃料运输设备、装卸料机联合动作，通过串联控制系统实现设备间状态信号的传递和在线监测，达到各设备并行协调动作的目的。

（5）与电厂燃料管理系统联通。换料的过程不但是一个物料搬运过程也是一个燃料物理过程，通过将堆芯物理专业算出的组件换料位置和顺序直接传送到装换料系统，实现装换料操作流程信息的自动化。

参考文献

[1] 顾军. AP1000 核电厂系统与设备 [M]. 北京：原子能出版社，2010.

反应堆压力容器筒体金属保温层通风流道设计改进

毛　飞，陈　禹

（上海核工程研究设计院有限公司，上海　200233）

摘要：反应堆压力容器筒体金属保温层（MN20）位于反应堆压力容器的外侧，主要用于保温、辐射屏蔽、建立冷却通风流道等。依托项目调试期间，由于金属保温块的搭接接口、金属保温块同屏蔽组件的接口、金属保温块同支架的接口难免存在漏风缝隙，部分执行堆腔冷却功能的通风旁通至金属保温层内侧，带出了大量的堆芯热量，造成了以下后果：1. 减少了正常工况下执行堆腔冷却功能的冷却通风流量；2. 所带出来的热量导致反应堆压力容器接管区域的房间温度过高，超过了设计限值；3. 过高的环境温度影响了土建模块的结构安全性。依托项目通过持续改造 MN20 的部分结构以及新增冷却通风等措施解决了房间温度过高的问题。基于依托项目调试期间的经验反馈，本文改进了 MN20 的结构设计，优化了各部件间的接口。通过封堵漏风间隙、增加漏风通道流阻等手段可有效降低旁通风量，减少不必要的散热损失。

关键词　漏风缝隙；旁通风量

中图分类号　TL353.9　　**文献标志码**：A　　**文章编号**：

Design improvement of RV Metallic Reflective Insulation

MAO Fei，CHEN Yu

（Shanghai Nuclear Engineering Research and Design Institute Co.，Ltd，Shanghai 200233，China）

Abstract: MN20 is located on the outside of the reactor pressure vessel，which is mainly used for heat preservation，radiation shielding，establishment of cooling and ventilation channels，and so on.During testing of the supported projects，because the air leakage cracks are difficult to avoid among the interface of metallic reflective insulation panels，supports，shielding components.A lot of the ventilation，which performs the cooling function for the reactor cavity，entered the inner side of the metal insulation layer and bringing out a large amount of core heat.That result in the following consequences：1）The cooling ventilation is reduced under normal working conditions，which is used to cool the reactor cavity.2）The heat caused the room temperature around the RV too high，

作者简介：毛　飞（1986—），男，上海人，硕士，高级工程师，主要从事核电站保温层设计、堆本体工艺布置等工作

which exceeded the design limit.3）High ambient temperature affects the structural safety of the civil engineering module.The problem of excessively high room temperature was solved through continuous renovation of part of MN20 structure and additional cooling ventilation during the construction of the supported projects.Base on the experience feedback of the supported projects, the structure design of MN20 is improved and the interface between components is optimized.By plugging the air leakage gap and increasing the flow resistance of the air leakage channel, the bypass ventilation can be effectively reduced and the unnecessary heat loss can be reduced.

Keywords：Air Leakage Cracks；Bypass Ventilation

1　经验描述

反应堆压力容器筒体金属保温层（MN20）位于反应堆压力容器的外侧，主要用于保温、辐射屏蔽、建立冷却通风 VCS 流道、在 IVR 事故下（熔融物堆内滞留）为反应堆压力容器外部冷却提供流道等。VCS 冷却通风流道位于 MN20 同 CA04 模块间，是 VCS 冷却通风系统的一部分，用于冷却反应堆压力容器支座和 CA04 模块，参见图 1。

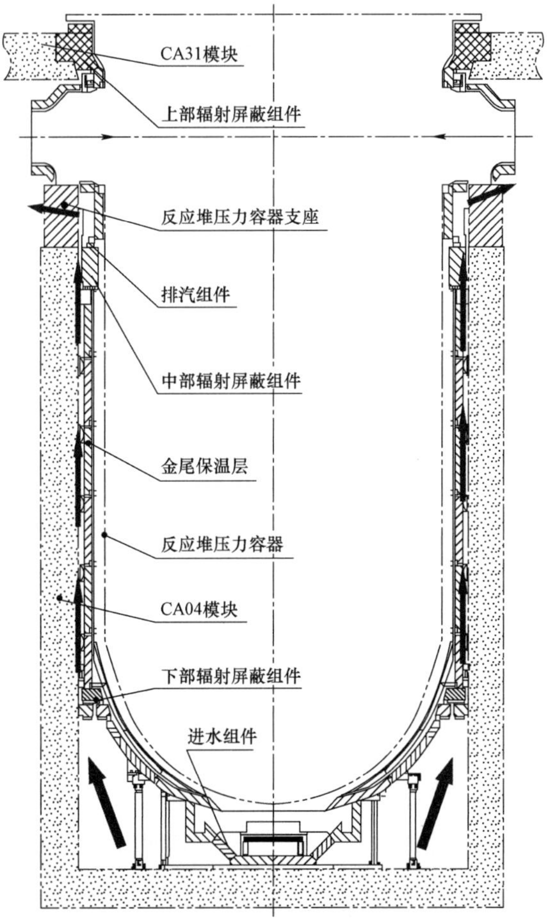

图 1　VCS 冷却通风流道

依托项目热试期间，由于 MN20 金属保温层结构缝隙处较多，部分执行堆腔冷却功能的 VCS 通风量经过 MN20 金属保温层的结构缝隙旁通至金属保温层内侧，经反应堆压力容器外壁加热后排出至 11205 房间。VCS 的旁通风量产生了两个负面影响：

1）旁通风量自身不能实现原本的冷却功能，导致反应堆压力容器支座得不到足够的冷却，并且造成 CA04 土建模块温度超限；

2）旁通风量被反应堆压力容器外表面加热后，将大量热量带入 11205 房间，不仅降低了反应堆的发电效率，而且导致 CA01、CA31 土建模块温度超限。

热试期间，11205 房间温度高达 75 ℃，土建模块部分区域温度超过了 93 ℃，均高于限值要求。问题出现后，依托项目通过持续改造 MN20 的部分结构减少了冷却旁通风量，同时引入新的通风冷却管线增加了冷却风量，解决了房间温度过高的问题。

2 原因分析

依托项目 MN20 金属保温层在设计中，未充分考虑金属保温块对 VCS 冷却通风的密封效果，主要原因如下：

1）很多金属保温块结构设计不规则，异形小保温块较多，MN20 金属保温块的搭接接口缝隙较多；

2）金属保温层支架设计不合理，贯穿孔洞多，且未进行有效封堵；

3）中部辐射屏蔽组件的底板采用 25.4 mm 厚的镂空格栅板设计，此处加大了 VCS 冷却通风的旁通风量；

4）旁通风道中未设置挡风板，以增加流通阻力。

3 设计改进

基于依托项目的经验教训，后续项目主要从以下方面进行了设计改进：

1）优化保温块的设计、优化保温层支架结构，减少金属保温块的搭接缝隙、减少贯穿孔洞；

2）对不可避免的贯穿孔洞、漏风缝隙进行封堵，尽量避免漏风；

3）在 VCS 旁通风道上设置若干限流片，增加旁通风道的流阻，减少漏风。

3.1 进水门组件改进

依托项目调试期间，出现了进水门卡涩的现象，主要原因在于进水门同底座的预留间隙过小，热态工况下进水门热胀后同底座结构发生卡涩。

后续设计根据进水门的热胀量，增加了进水门同底座的热胀间隙，同时在进水门底部增加了挡风板，以避免漏风，参见图 2。

3.2 底封头导流板支架贯穿孔洞封堵

依托项目现场拍摄的底封头导流板支架贯穿孔洞见图 3（改进前），该孔洞共有 16 处，孔洞的大小约（120×380）mm。后续设计在该贯穿孔洞处增加密封板以减少漏风，参见图 3（改进后）。

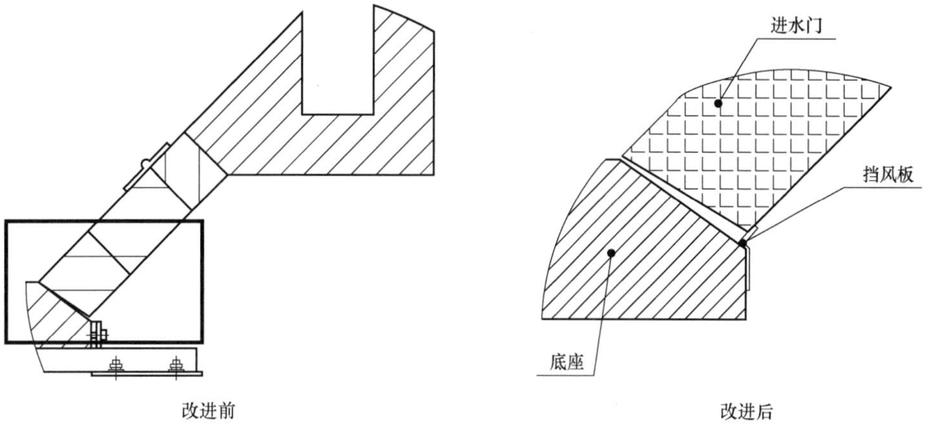

图 2　进水门改进

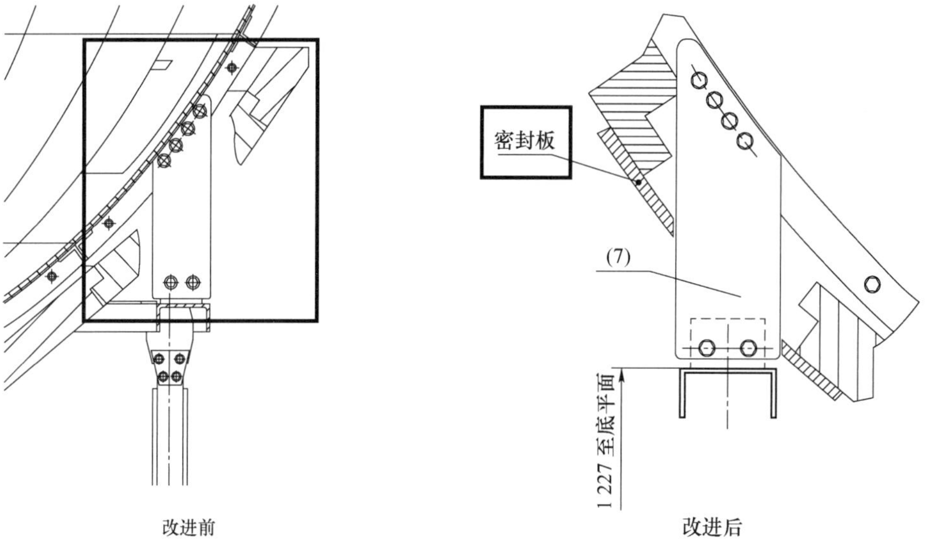

图 3　底封头导流围板贯穿孔洞封堵

3.3　下部辐射屏蔽组件缝隙封堵

下部辐射屏蔽组件同筒身段金属保温层、底封头金属保温层间以及下部辐射屏蔽组件上下层之间，均存在漏风缝隙，缝隙高度达 50～70 mm。后续设计在上、中、下三处设计有不同形式的挡风板，参见图 4。

3.4　筒身段金属保温层优化设计

依托项目筒身段金属保温层共设有 7 组，每组筒身段金属保温层由上中下三层构成，其中上下两层保温块形状复杂，制造复杂，保温效果差，接缝较多。同时，上下组筒身段金属保温层间留有 3.2 mm 间隙。

后续设计优化了筒身段保温块与筒身段保温层支架的接口，以及筒身段金属保温层的结构。筒身段金属保温层共设有 6 组，每组保温层由一层保温块构成，大大减少了漏缝长度。

同时，上下组筒身段金属保温层设有挡风板。参见图 5。

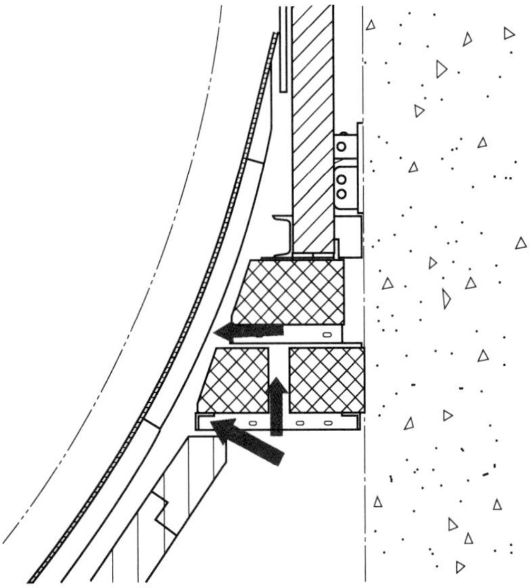

改进前

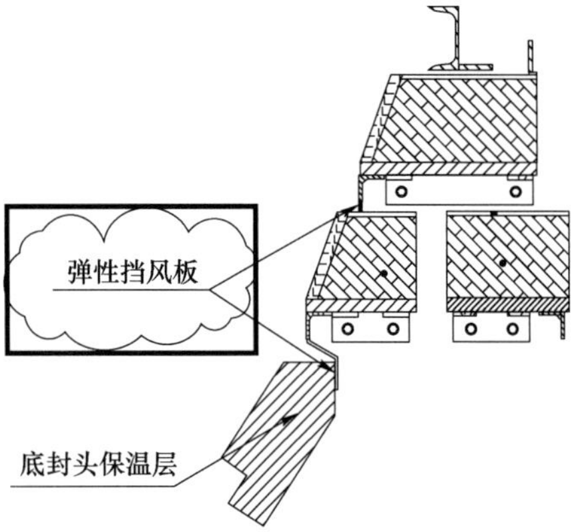

改进后

图 4　下部辐射屏蔽组件缝隙封堵

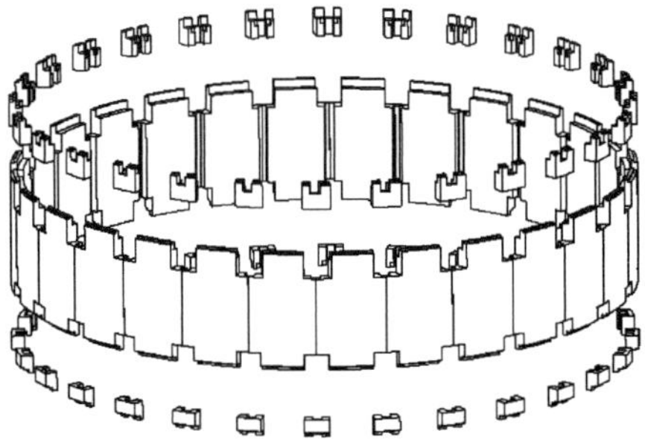

改进前

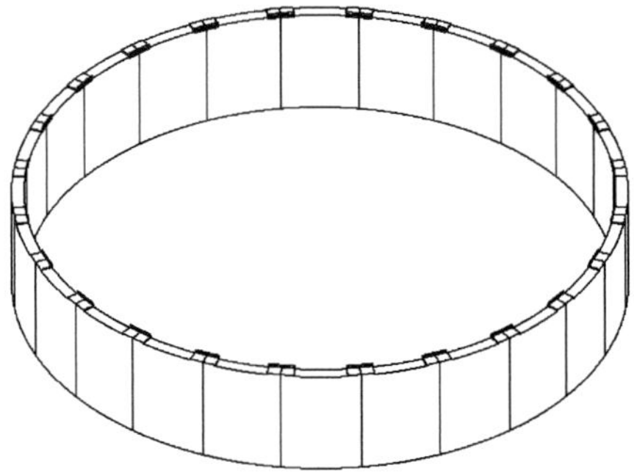

改进后

图 5　筒身段金属保温层优化设计

3.5　筒身段金属保温层支架优化设计

依托项目筒身段金属保温层支架的横向支撑件需贯穿对应的筒身段金属保温层，不仅加大了保温层支架、保温块制造加工难度，贯穿孔洞在 VCS 运行工况下还会产生旁通风量。

后续设计取消了横向支撑件，对应的筒身段保温层取消了贯穿孔洞，既减小了制造加工难度，还避免了孔洞漏风，参见图 6。

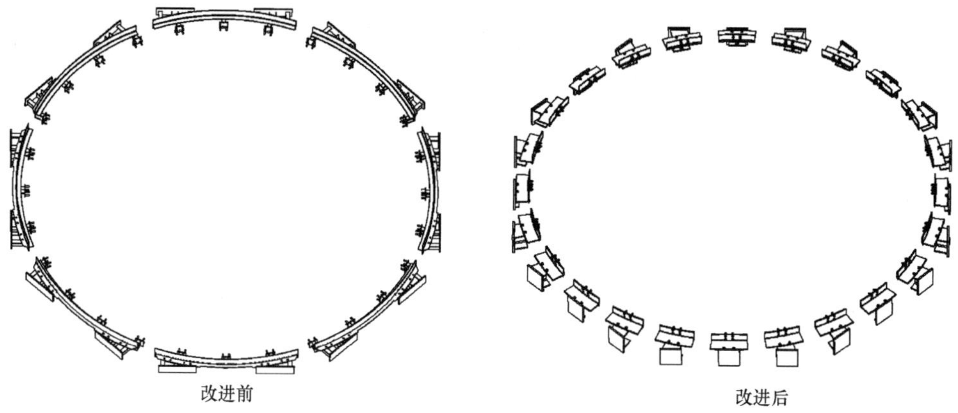

图 6　筒身段金属保温层支架优化设计

3.6　接管段金属保温层优化设计

后续设计在接管段保温层顶部和底部均增加了限流片，以增加旁通风道的流阻，减小旁通风量，参见图 7。

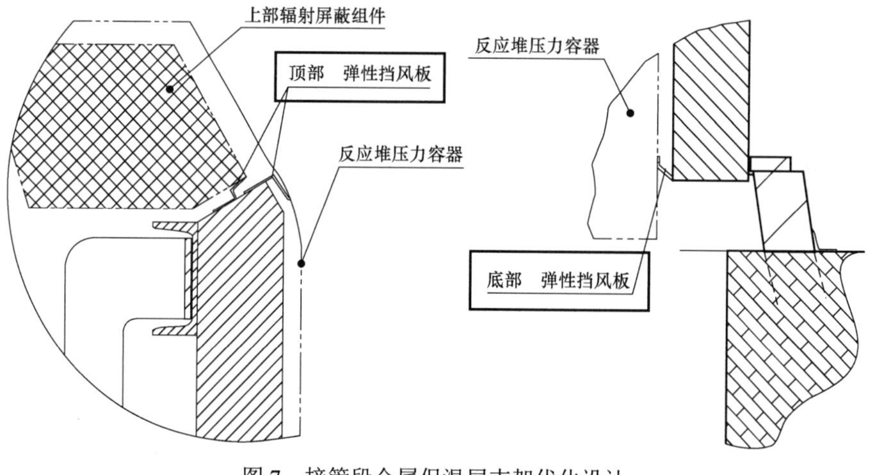

图 7　接管段金属保温层支架优化设计

3.7　管嘴金属保温层优化设计

后续设计在进口接管保温层、出口接管保温层、安注接管保温层内侧设置了弹性挡风板，同反应堆压力容器对应接管搭接，以增加旁通风道的流阻，减小旁通风量，参见图 8。

3.8　排汽门优化设计

依托项目调试期间，排汽组件出现了卡死和漏风的情况。后续设计修改排汽组件同接管段保温层的接口，避免了卡死的情况，而且密封效果更好，参见图 9。

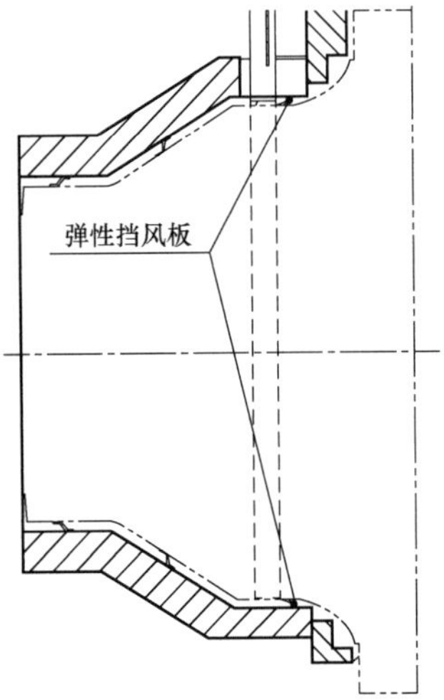

图 8　管嘴金属保温层支架优化设计

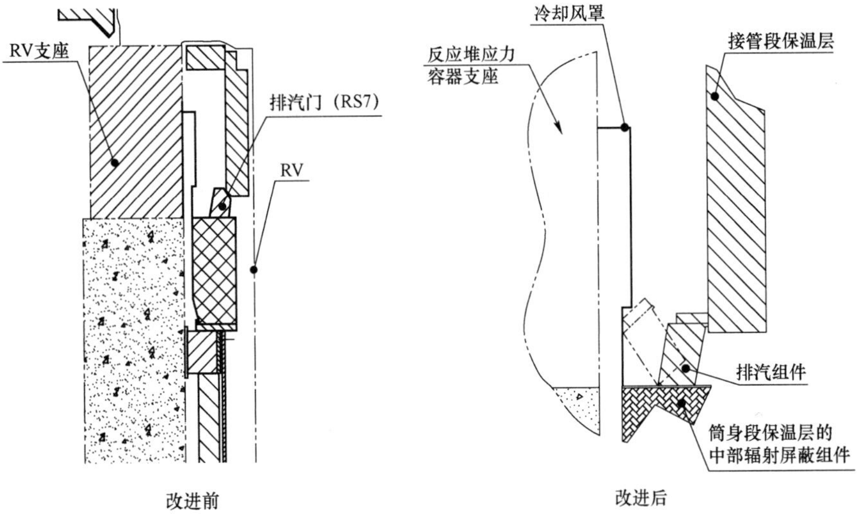

图 9　排汽门改进

3.9　中部屏蔽组件底部格栅板优化设计

依托项目中部屏蔽底部采用厚 25.4 mm 的格栅板，VCS 冷却通风在此旁通至 MN20 内侧。后续设计取消了格栅板，优化了该支撑板的厚度。

4　结论

本文基于依托项目现场的经验反馈，针对 MN20 金属保温层结构进行了设计改进，减少了漏风缝隙，增加了旁通通道的流阻。主要的改进内容如下：

1）进水门组件：优化了进水门的结构设计，增加了挡风板结构。

2）底封头导流板支架贯穿孔：封堵孔洞。

3）下部辐射屏蔽组件缝隙：新增三层挡风板结构。

4）筒身段金属保温层：优化保温块结构和设计接口，减少漏风间隙，新增挡风结构。
5）筒身段金属保温层支架：优化结构设计，避免贯穿件。
6）接管段金属保温层：新增限流片，增加旁通风道的流阻。
7）管嘴金属保温层：新增限流片，增加旁通风道的流阻。
8）排汽门：优化搭接结构，减少漏风。
9）中部屏蔽组件底部格栅板：取消。

核反应堆一回路松动部件报警算法研究

孟剑林，边鹏飞，张　翟

（上海核工程研究设计院有限公司，上海　200233）

摘要： 松动部件监测系统（Loose Parts Monitoring system，LPMS）的目的是尽早探测出一回路系统中的松动部件，并通过早期监测与诊断使维修更有目的性，减少检修人员辐射剂量，降低核电厂经济损失。长期以来，松动部件监测系统由国外厂家供货，为实现该系统的自主化，进行了松动部件监测系统的国产化研制工作。其中，如何降低松动部件报警监测系统的漏报率和误报率，是松动部件监测系统研制中的关键环节。本文提出了一种可有效识别松动部件跌落响应信号的松动部件报警算法。首先，将最小熵解卷积算法用于信号预处理，进一步利用支持向量机对数据样本训练学习，得到稳定的支持向量机识别模型。开展钢球跌落试验数据验证工作，研究结果表明最小熵解卷积算法在降噪效果方面具有很好的效果，训练得到的支持向量机识别模型可准确识别钢球跌落响应，具有极低的漏报率和误报率，因此具有很好的可靠性和稳定性。

关键词： 核反应堆；松动部件；支持向量机；报警算法

Research on Loose Parts Monitoring System in Nuclear Reactor Primary Circuit

MENG Jianlin，BIAN Pengfei，ZHANG Zhai

(Shanghai Nuclear Engineering Research & Design Institute Co., Ltd., Shanghai 200233, China)

Abstract: The purpose of the loose parts monitoring system (LPMS) is to detect the loose parts in the primary system as early as possible, and make the maintenance more purposeful through monitoring and diagnosis, reduce the radiation dose of maintenance personnel, and reduce the economic loss of the nuclear power plant. For a long time, the LPMS has been supplied by foreign manufacturers. In order to the autonomy of the system, the localization of the LPMS has been developed. Among them, how to reduce the false negative rate and false positive rate of the system is a key of the LPMS. This paper proposed a loose parts alarm algorithm that can effectively identify

---

作者简介： 孟剑林（1996—　），男，安徽淮南人，工程师，硕士，现主要从事反应堆结构力学工作

the response signal of the loose part in a low SNR environment. First，the minimum entropy deconvolution (MED) algorithm is used for signal preprocessing，and the support vector machine (SVM) is used to train data samples to obtain a stable SVM model. The verification results of the drop test data of the steel ball show that the MED algorithm has a good effect on the noise reduction effect. The trained SVM model can accurately identify the drop response of the steel ball，and has a very low false negative rate and false positive rate，so it has good reliability and stability.

Key words：Nuclear Reactor；Loose Parts；Support Vector Machine；Alarm Algorithm

松动部件主要包括松动和脱落部件，存在于核反应堆一回路冷却系统中，由于高温、高压以及急速的水流冲击导致的零件松动脱落。松动部件的存在会带来主系统结构的性能下降或故障、与其他部件的碰撞、阻塞流道、干扰控制棒运作、增加放射性碎片等诸多危害。因此，研制快速准确的松动部件报警监测系统具有重要的研究意义。

对于处于运行状态的机械设备，存在着许多的背景噪声和未知激励源，这不可避免地使得采集信号受到污染。为了解决采集信号受污染的问题，最小熵解卷积思想由 Wiggins 于 1978 年提出，应用于脉冲响应信号的提取[1]。1997 年，Nandi A 等研究最小熵解卷积算法（Minimum Entropy Deconvolution，MED）的函数簇，应用于结构的无损检测。2000 年，Lee J–Y 与 Nandi A 将此方法应用于悬臂梁的冲击响应幅值恢复，并首次讨论了噪声对算法的影响[2]。最小熵解卷积算法借助信号的高阶统计量来提取有用信息，而由于高阶统计量对噪声不敏感，通过卷积迭代，获取期望得到的时域原始信号[3]。对于系统及系统输入未知，仅通过响应输出求解系统输入，称为盲解卷积问题，而最小熵解卷积算法有助于消除传输路径的模糊效应，达到强背景噪声下准确恢复时域特征的目的[4]。近几年，学者对于最小熵解卷积进行了许多理论分析和实验研究，主要应用于旋转机械振动降噪及轴承故障诊断方面[5–10]。研究结果表明，该方法在滤除高频噪声，提取低频周期分量（<200 Hz）具有良好的效果。与旋转机械振动信号不同，冲击响应信号响应时间短，频率成分更复杂，并随着传播路径的距离不同，存在明显频散效应。

本文首先将最小熵解卷积方法应用于松动部件跌落响应的信号降噪，并根据提取出的信号特征量，结合支持向量机，提出一种新型松动部件报警算法。仿真实验数据验证了算法的可靠性和稳定性。

1　基于最小熵解卷积的冲击响应降噪

1.1　最小熵解卷积的基本原理与迭代算法

最小熵解卷积法（MED）的基本思想是寻找到一个反滤波器来抵消传播路径的影响，使得滤波后的信号接近于原始信号，其基本原理如图 1 所示。冲击响应信号 a_i 经过系统卷积器 H，并混入环境噪声 n_i，得到测量信号 y_i。经过反滤波器后，输出信号 z_i 期望尽可能接近原始输入信号 a_i，也就达到了抵消系统卷积滤波的影响，这个过程称为最小熵解卷积。

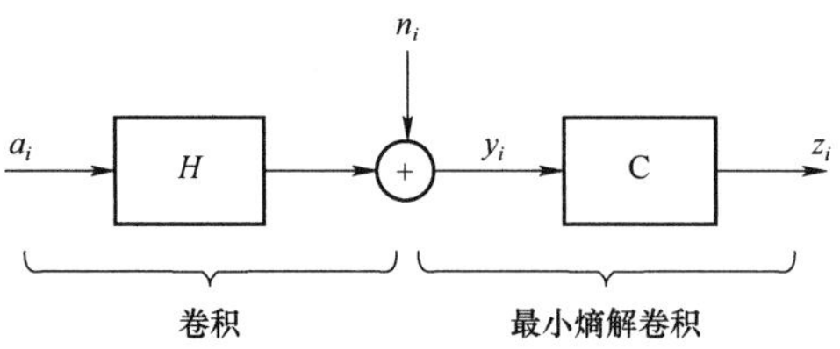

图 1　最小熵解卷积

对于有限冲击响应模型，最小熵解卷积系统的输入输出关系可以表示为：

$$z_i = \sum_{l=1}^{L} c_i y_{i-l} = \boldsymbol{c}^{\mathrm{T}} \cdot \boldsymbol{Y}_i \tag{1}$$

式中：L——反滤波器 C 的长度。

为了估计反滤波器 C 的系数，这里采用基于高阶统计量的峰度函数进行求解。峰度函数定义为信号的标准化四阶矩，其表达式为：

$$O_{\mathrm{k}}\left(c(l)\right) = \sum_{j=1}^{N} z^4(j) \Big/ \left[\sum_{j=1}^{N} z^2(j)\right]^2 \tag{2}$$

令峰度函数 O_{k} 对滤波器 C 的系数取驻值，即 $\partial O_{\mathrm{k}}\left(c(l)\right) / \partial c(l) = 0$，得到：

$$\frac{\sum_{j=1}^{N} z^2(j)}{\sum_{j=1}^{N} z^4(j)} \sum_{j=1}^{N} z^3(j) y(j-l) = \sum_{p=1}^{L} c(p) \sum_{j=1}^{N} y(j-l) y(j-p) \tag{3}$$

写成矩阵形式为：

$$\boldsymbol{b}_4^{yz} = \boldsymbol{R}_{yy} \boldsymbol{c} \tag{4}$$

式中：$\boldsymbol{b}_4^{yz}$——观测信号 $y(i)$ 和恢复信号 $z(i)$ 有关的高阶统计量；

$\boldsymbol{R}_{yy}$——观测信号的自相关矩阵；

$\boldsymbol{c}$——滤波器 C 的参数向量。

为了避免矩阵等式直接求解带来的病态问题，采用迭代计算的方法进行求解。MED 迭代求解步骤如图 2 所示。

1.2　MED 降噪仿真

下面基于实际钢球模拟跌落数据，检验 MED 算法的信号恢复效果。图 3 为其中一组典型的钢球跌落响应波形，可以观察到跌落冲击响应信号存在明显的幅值突变，并伴随着逐渐衰减过程。当跌落响应比较大时，很容易通过时域波形观察到。

为了模拟冲击响应信号的低信噪比环境，选取一典型冲击响应信号［见图 4（a)］与一噪声信号［见图 4（b)］，保持噪声水平不变，等幅压缩冲击响应信号的幅值，按照信噪比 $SNR=-15$ dB 叠加生成仿真信号［见图 4（c)］。从时域信号上来看，噪声信号已严重干扰了冲击响应信号的幅值特征，冲击响应大部分淹没在噪声信号当中，难以直接辨识。

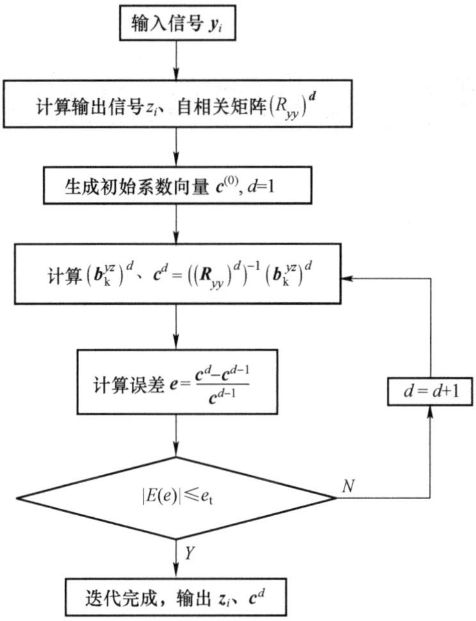

图 2　MED 迭代求解流程图

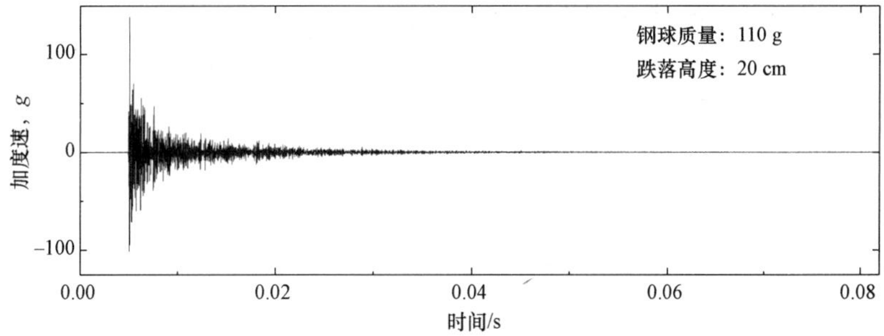

图 3　冲击响应信号时域波形

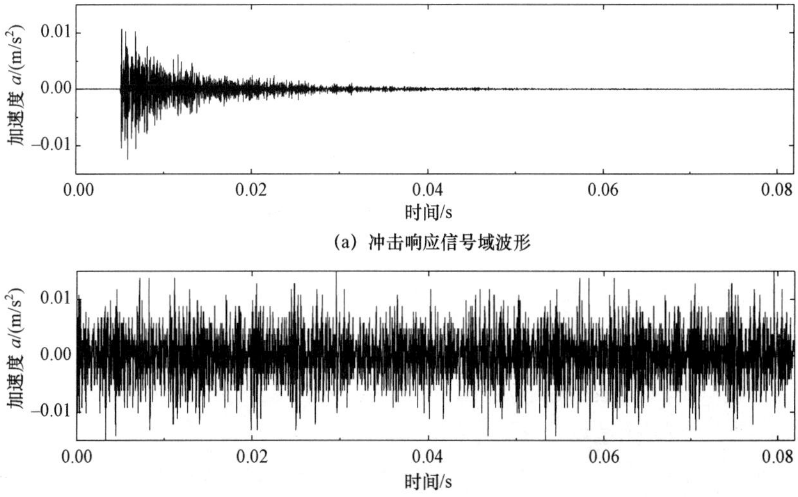

(a) 冲击响应信号域波形

(b) 噪声信号时域波形

图 4　冲击响应信号和背景噪声信号（$SNR=-15$ dB）时域波形

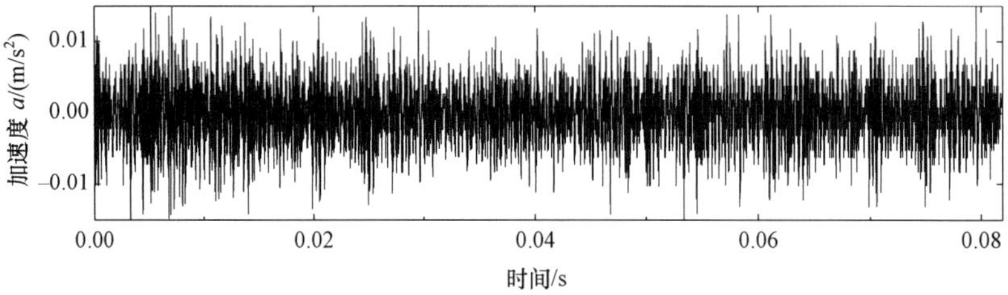

(c) 冲击响应信号（SNR=−15 dB时域波形）

图 4　冲击响应信号和背景噪声信号（SNR=−15 dB）时域波形（续）

以信噪比为−15 dB 的钢球跌落冲击响应数据为例，按照前述的迭代流程经 MED 算法求解，观察降噪效果。图 5 给出了 MED 处理前后的冲击响应及短时均方根双纵轴图，原始冲击响应信号在强背景噪声的干扰之下，冲击峰值几乎难以辨识，而在经过 MED 迭代处理之后，噪声水平得到了有效抑制，表现在短时均方根曲线上，可以看出对应冲击时刻位置处存在明显的能量上升与衰减阶段，并且在非冲击时刻，噪声能量趋于稳定。

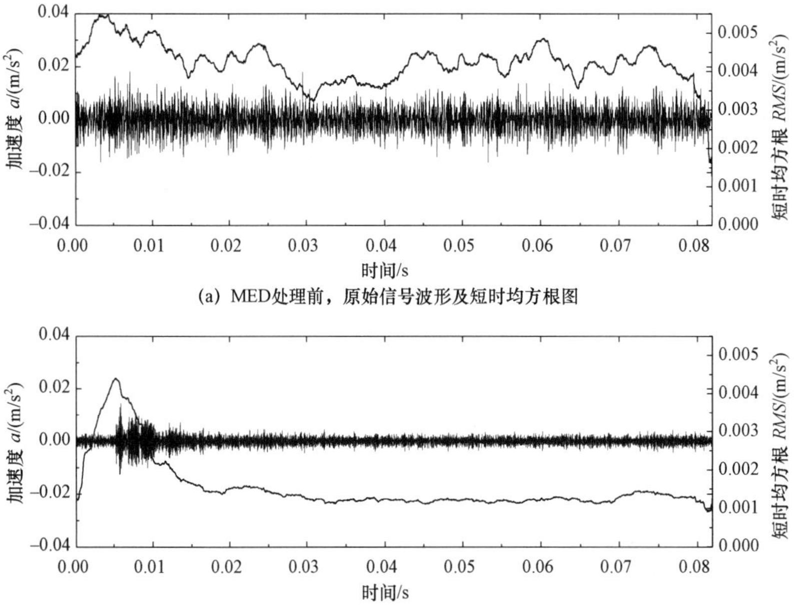

(a) MED处理前，原始信号波形及短时均方根图

(b) MED处理后，信号波形及其短时均方根图

图 5　冲击响应信号（SNR=−15 dB）经 MED 处理前后时域波形及短时均方根图

2　松动部件报警识别方法

2.1　报警识别方法基本原理

报警系统的基本作用是能够准确监测到冲击事件，发出报警指令。评价松动部件监测报警系统性能的主要两个指标是误报率和漏报率。

在实际的核电站 LPMS 系统监测采集信号中，存在着不同于本底噪声的电磁脉冲干扰信号[11]，电磁脉冲干扰表现在时域波形上为一孤立的奇异点，具有短时能量集中的特性，因此容易导致报警系统的误报警。并且电磁脉冲干扰可能导致质量估计出现严重偏差。因此，报警算法应当考虑电磁脉冲信号的辨识。

为了同时降低系统的误报率和漏报率，这里提出了 MED 算法和支持向量机相结合的松动部件报警方法，其中 MED 算法用以提取被噪声淹没的冲击响应信号，并提高信号的信噪比；支持向量机可以通过对有限样本数据进行学习，使支持向量机模型具有了识别信号的能力，从而实现对松动件跌落冲击响应信号、脉冲干扰信号以及噪声信号的有效辨识。将 MED 算法和支持向量机分别作为信号预处理和信号决策算法，以期提高对弱冲击事件的检测能力，降低漏报率，并提高对干扰信号的辨识能力，降低误报率。

引入支持向量机（Supporter Vector Machine，SVM）是为了解决多种信号的准确辨识。基于统计学习理论发展起来的一种新型模式识别方法，SVM 核心思想是建立一个最优超平面作为决策曲面，使得两类数据之间的隔离边缘最大化[12,13]，在解决两类数据的分类问题方面，识别速度快，具有良好的分类效果和鲁棒性。支持向量机辨识过程由三部分组成：数据库建立、支持向量机模型生成及信号辨识。根据辨识要求，数据库中应包含三种类别信号：冲击响应信号、噪声信号、脉冲干扰信号，其中冲击响应信号采用钢球跌落实验数据，噪声信号与脉冲干扰信号均采用核电站实堆背景信号的噪声信号与脉冲干扰信号。利用支持向量机内部提供的训练算法得到具有辨识能力的支持向量机模型。图 6 给出了松动部件报警识别方法具体流程。

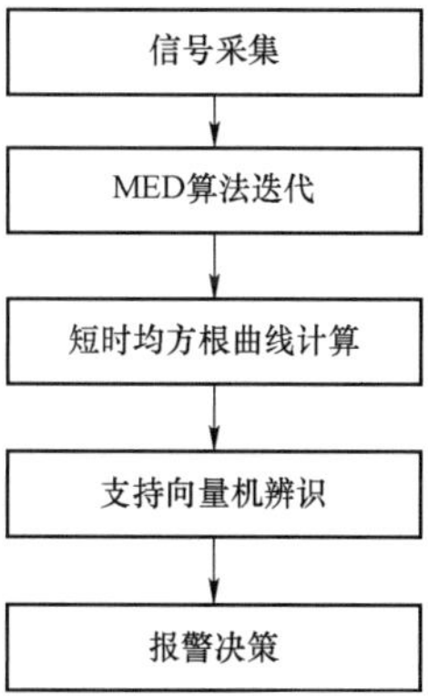

图 6 松动部件报警识别方法流程

2.2 基于多组钢球跌落实验数据的报警

通过将多组钢球跌落实验数据，与核电站实堆背景噪声进行叠加，生成一定信噪比的冲击响应信号，然后按照前述识别方案对不同信噪比冲击响应信号、噪声信号与脉冲干扰信号进行辨识，辨识结果如表 1 和表 2 所示。从表 1 和表 2 的数据中可以看出，经过 MED 算法预处理处理之后的漏报率显著降低，辨识的最低信噪比可达到 −14 dB，漏报率极低，同时也降低了噪声误报率和脉冲干扰误报率。

表 1 漏报率识别结果统计

SNR/dB	0	−5	−10	−12	−13	−14	−15
漏报率/%	0	0	0	0	0	0	8

表 2 误报率识别结果统计

信号类型	误报率/%
噪声	0
脉冲干扰	0

松动监测系统的灵敏度要求能够探测到反应堆压力边界内表面质量在 110 g 至 1 360 g 的金属松脱零件，因此实验中采用的钢球质量分别为 110 g、227 g、373 g、877 g 以及 1 400 g。利用支持向量机对各组钢球质量的实验数据分别进行辨识，以观察钢球质量对支持向量机辨识能力的影响。辨识结果如表 3 所示，可以看出对于不同钢球质量的冲击响应信号，报警方法仍具有较好的识别能力。

表 3　不同钢球质量下，支持向量机识别结果统计

SNR/dB		5	0	−5	−10	−12	−13	−14	−15
漏报率/%	110 g	0	0	0	0	0	0	0	8
	227 g	0	0	0	0	0	4	10	18
	373 g	0	0	0	0	0	0	2	16
	877 g	0	0	0	0	0	0	0	6
	1 400 g	0	0	0	0	0	0	8	20
噪声误报率和脉冲干扰误报率/%＝0									

3　结论

本文针对核反应堆一回路松动部件报警算法，以降低误报率、漏报率为目标，开展了理论与仿真分析研究。主要结论包括：

（1）将一种基于高阶统计量的 MED 算法应用于松动部件冲击响应信号降噪。实验仿真结果表明，MED 算法能够很好地提取出淹没于噪声信号中的冲击响应信号，对信噪比低至－15 dB 的冲击响应信号仍具有良好的降噪效果，可有效抑制非平稳噪声的能量波动，显著提高了信号的信噪比。

（2）结合 MED 算法和支持向量机的辨识分类算法，提出了一种适用于低信噪比环境下的核反应堆松动部件报警方法。基于钢球跌落实验的报警结果表明，在信噪比降低至－14 dB 时，仍具有极低的漏报率，并且噪声误报率及脉冲干扰误报率为零。

参考文献

[1] Wiggins R A. Minimum entropy deconvolution[J]. Geoexploration，1978，16（1-2）：21-35.

[2] Lee J-Y，Nandi A. Extraction of impacting signals using blind deconvolution [J]. Journal of Sound and Vibration，2000，232（5）：945-962.

[3] Endo H，Randall R. Enhancement of autoregressive model based gear tooth fault detection technique by the use of minimum entropy deconvolution filter [J]. Mechanical Systems and Signal Processing，2007，21（2）：906-919.

[4] Randall R B，Antoni J. Rolling element bearing diagnostics—A tutorial [J]. Mechanical systems and signal processing，2011，25（2）：485-520.

[5] Barszcz T，Sawalhi N. Fault detection enhancement in rolling element bearings using the minimum entropy deconvolution [J]. Archives of acoustics，2012，37（2）：131-141.

[6] Wang D，Peter W T. A new blind fault component separation algorithm for a single-channel mechanical signal mixture[J]. Journal of Sound and Vibration，2012，331（22）：4956-4970.

[7] Jiang R，Chen J，Dong G，et al. The weak fault diagnosis and condition monitoring of rolling element bearing using minimum entropy deconvolution and envelop spectrum[J]. Proceedings of the Institution of Mechanical Engineers，Part C：Journal of Mechanical Engineering Science，2013，227（5）：1116-1129.

[8] Osman S，Wang W. An enhanced Hilbert–Huang transform technique for bearing condition

monitoring [J]. Measurement Science and Technology，2013，24（8）：085004.
[9] Sui W，Osman S，Wang W. An adaptive envelope spectrum technique for bearing fault detection [J]. Measurement Science and Technology，2014，25（9）：095004.
[10] He D，Wang X，Li S，et al. Identification of multiple faults in rotating machinery based on minimum entropy deconvolution combined with spectral kurtosis [J]. Mechanical Systems and Signal Processing，2016，81：235-249.
[11] Por G，Kiss J，Sorosanszky I，et al. Development of a false alarm free，advanced loose parts monitoring system（ALPS）[J]. Progress in Nuclear Energy，2003，43（1-4）：243-251.
[12] Joachims T. Making large-scale SVM learning practical [R]. Technical Report，SFB 475：Komplexitätsreduktion in Multivariaten Datenstrukturen，Universität Dortmund，1998.
[13] 丁世飞，齐丙娟，谭红艳.支持向量机理论与算法研究综述 [J]. 电子科技大学学报，2011，40（1）：2-10.

反应堆压力容器出厂水压试验应变测量与分析

唐伟华，陶宏新，史志龙，刘润发，沈　睿，朱宇平，郎雪琴

（上海核工程研究设计院有限公司，上海　200233）

摘要：反应堆压力容器在出厂前必须进行水压试验，水压试验时制造厂应对其承制的反应堆压力容器进行应变和变形测量，不仅是为了检查容器焊缝、密封与整体性能，同时也是为了获取反应堆压力容器出厂水压试验下重要部位的应力和变形数据，从而掌握其强度和密封性能。本文根据反应堆压力容器出厂水压试验中采集的各测点应变和变形的测试结果，并与有限元分析结果进行对比分析，总结试验及应变测量方法，为后续项目的反应堆压力容器水压试验及其应变测量起到很好示范作用。

关键词：反应堆压力容器；水压试验；应变与变形测量

Strain Measurement and Analysis of Shop Hydrostatic Test of Reactor Pressure Vessel

TANG Weihua，TAO Hongxin，SHI Zhilong，LIU Runfa，SHEN Rui，ZHU Yuping，LANG Xueqin

(Shanghai Nuclear Engineering Research & Design Institute Co.，Ltd.，Shanghai 200233，China)

Abstract: The hydrostatic test for Reactor pressure vessel（RPV）shall be dealt before the delivery. During the hydrostatic test，the manufacturer shall measure the strain and deformation of RPV，as it is not only to check the weld，seal and overall performance of the vessel，but also to obtain the stress and deformation data of important parts under the shop hydrostatic test for RPV，so as to grasp the strength and sealing performance. According to the test results of strain and deformation of each measuring point collected in the shop hydrostatic test of the RPV，and compared with the finite element analysis results，the test and strain measurement methods are summarized，and the hydrostatic test and its strain measurement serve as a good example for next RPV projects.

Key words：RPV；Hydrostatic Test；Strain Measurement and Analysis

---

作者简介：唐伟华（1985—　），男，上海人，学士，高级工程师，现主要从事反应堆压力容器及其附件设计工作

1　引言

反应堆压力容器是压水堆核电厂一回路反应堆冷却系统中的一个重要设备，是承压密封边界，主要用于容纳反应堆堆芯，支承和定位堆内构件以及密封高温、高压的一回路冷却剂，通过与堆内构件和导流围板配合引导冷却剂流向，并维持堆芯区周围冷却剂容量，同时亦起着一定的辐射屏蔽作用，如图 1 所示。

图 1　反应堆压力容器三维示意图

依据 ASME B&PVC 第Ⅲ卷 NB－6000 的相关规定：所有承压部件、附件和完工的系统应进行压力试验。优先选用的方法应是用水作为试验介质的水压试验[1]。

因此反应堆压力容器在出厂前必须进行水压试验。该水压试验不仅是为了检查容器焊缝、密封与整体性能，同时也是为了获取反应堆压力容器出厂水压试验下重要部位的应力和变形的实证，从而掌握其强度和密封性能，并与同类产品相对比。要求在水压试验期间安排应变测量，与稳压检漏、水温监测同步进行。测试的目的则由测点布置予以体现。

本文通过对依托项目反应堆压力容器出厂水压试验的应变测量结果进行分析，说明测点布置的理论依据，并展现载荷实测数据并分析说明，着重讨论对密封性能有关的反应堆压力容器法兰转动角度问题。

2　测试的内容

2.1　测试要求

水压试验的最低试验温度为最高 RT_{NDT}+33 ℃，其中最高 RT_{NDT} 为所有承压边界材料 RT_{NDT} 的最大值，由于容器不同部位其 RT_{NDT}，设计计算包络值 RT_{NDT} 取－12.2 ℃[2]，而实际水压试验温度通常为室温 25 ℃，满足此要求。

反应堆压力容器水压试验用水应满足《核蒸汽供应系统和相关系统设备用水及清洁要求》中规定的 A 级水要求。A 级水质要求详见表 1[3]。

表 1　各等级水的水质要求[3]

水质分级	A	A1	B	C
氯离子/ppm	≤0.15	≤0.30	≤1.0	≤25
氟离子/ppm	≤0.15	≤0.15	≤0.15	≤2.0
硫酸根离子/ppm	≤0.15	≤0.30	≤1.0	≤1.0
电导率/（μS/cm）	≤2.0	≤5.0	≤20	≤400
硅/ppm	≤0.05	≤0.05	≤0.05	/
总固体/ppm	≤0.5	/	/	/
pH[1]	6.0～8.0	6.0～8.0	6.0～8.0	5.0～10.0
透明度	目视无混浊物、无油及无沉淀			

备注：
1. 贮存在水箱内的水可能吸收 CO_2，此时的 pH 的下限可以降到 5.5

进行水压试验注水时，反应堆压力容器筒体和顶盖内的空气应被完全排出。

为避免水压试验用水进入两 O 形环之间区域，在前 6 个主螺栓施加预载完成前，注水水位不应超过反应堆压力容器筒体法兰密封面下 150 mm[4]。

2.2　应变测试

反应堆压力容器水压试验的应变测试分为三个阶段：

（1）预紧过程；

（2）加压过程；

（3）降压过程。

应变与变形测试零点选在主螺栓预紧开始前，在全部主螺栓预紧结束后采集一次数据；水压试验过程中测试数据采集按照反应堆压力容器水压试验升降压曲线（见图 2）进行（根据 ASME NB-6223 水压试验压力保持时间要求，进行检漏以前，水压试验压力至少应保持 10 min）

在升压过程的 0 MPa、5 MPa、10 MPa、15 MPa、20 MPa、21.41 MPa 在保压点稳定后采集数据；

降压过程的 20 MPa、17.13 MPa、15 MPa、10 MPa、5 MPa、0 MPa 在保压点稳定后采集数据。

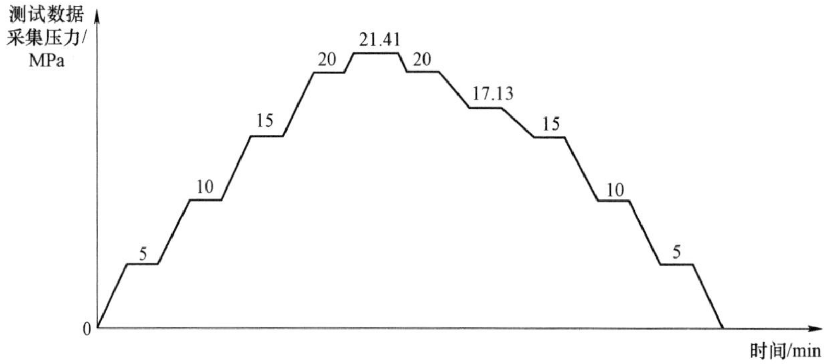

图 2　反应堆压力容器水压试验升降压曲线

注：保压时间应保证完成应变和变形测试。

每个过程都要求采集足够多的数据样本。每个过程的测试内容包括：

（1）应变测量：

1）顶盖法兰外壁圆弧过渡区应变及分布的测量；

2）进、出口接管和安注接管内壁角隅区应变及分布的测量；

3）接管段和筒身膜区内、外壁应变的测量。

（2）顶盖法兰与筒体法兰外壁转动角度测量。

（3）主螺栓预紧载荷、载荷增量及均匀度的测量。

待完全降压后，测量 O 形环高度方向的形变测量和 O 形环的上下面压痕宽度。

3　测点的布置

依托项目反应堆压力容器出厂水压试验应变测试共设置 30 个测点，测点布置如图 3 所示。对应测点位置于表 2 中展示。除要求的 30 个测点，可适当于对应位置镜像空余处设置备用的测点，以保证应变测试数据的有效获取。

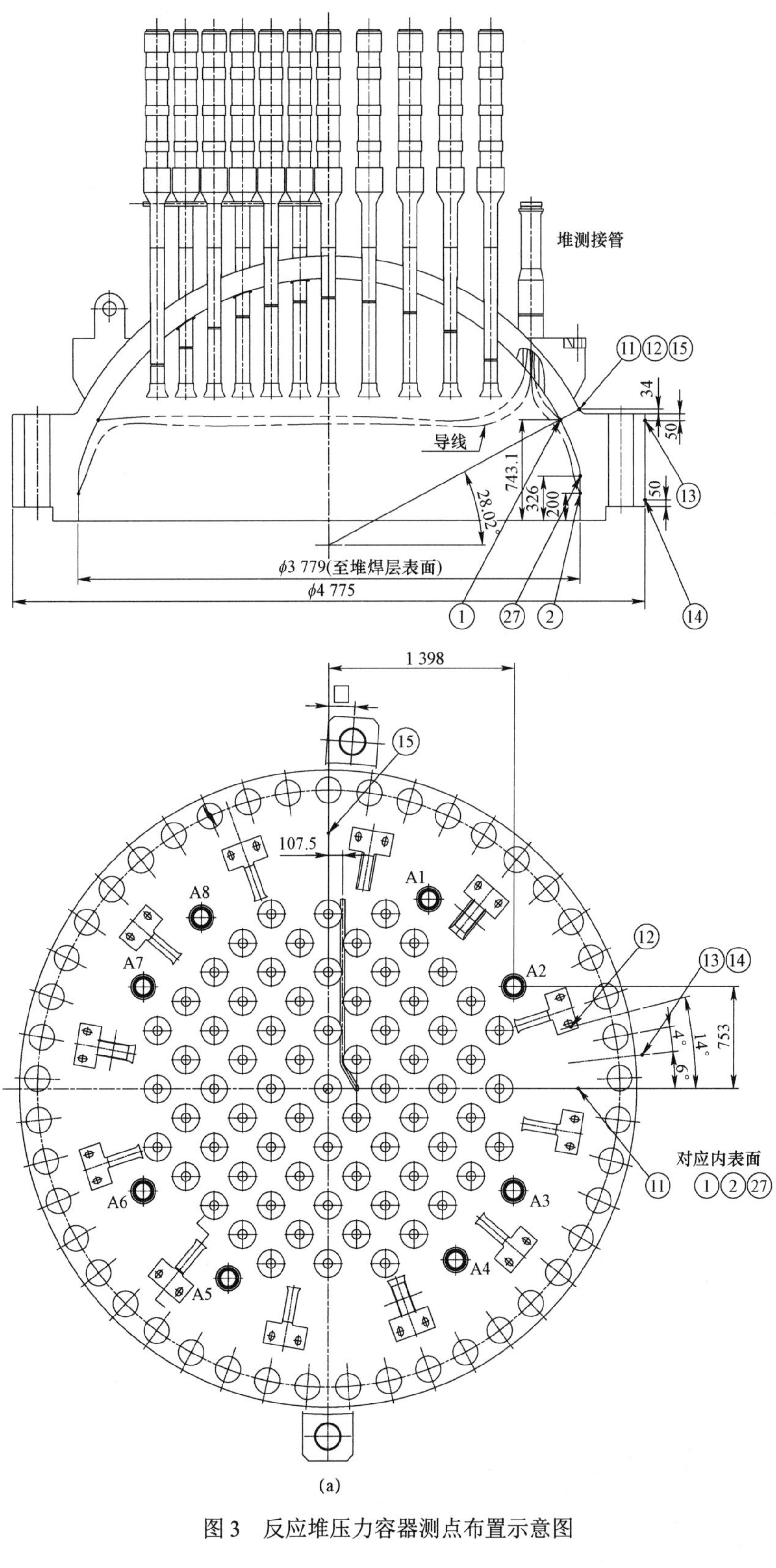

图 3　反应堆压力容器测点布置示意图

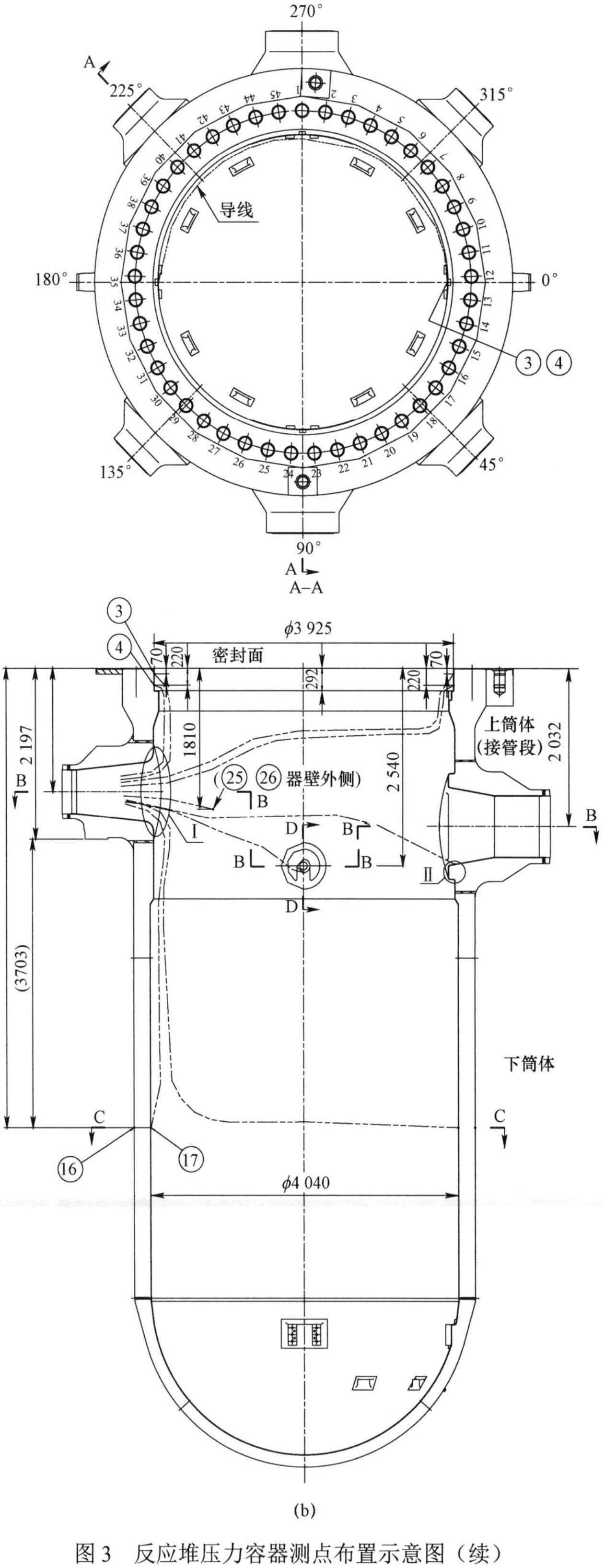

(b)

图 3　反应堆压力容器测点布置示意图（续）

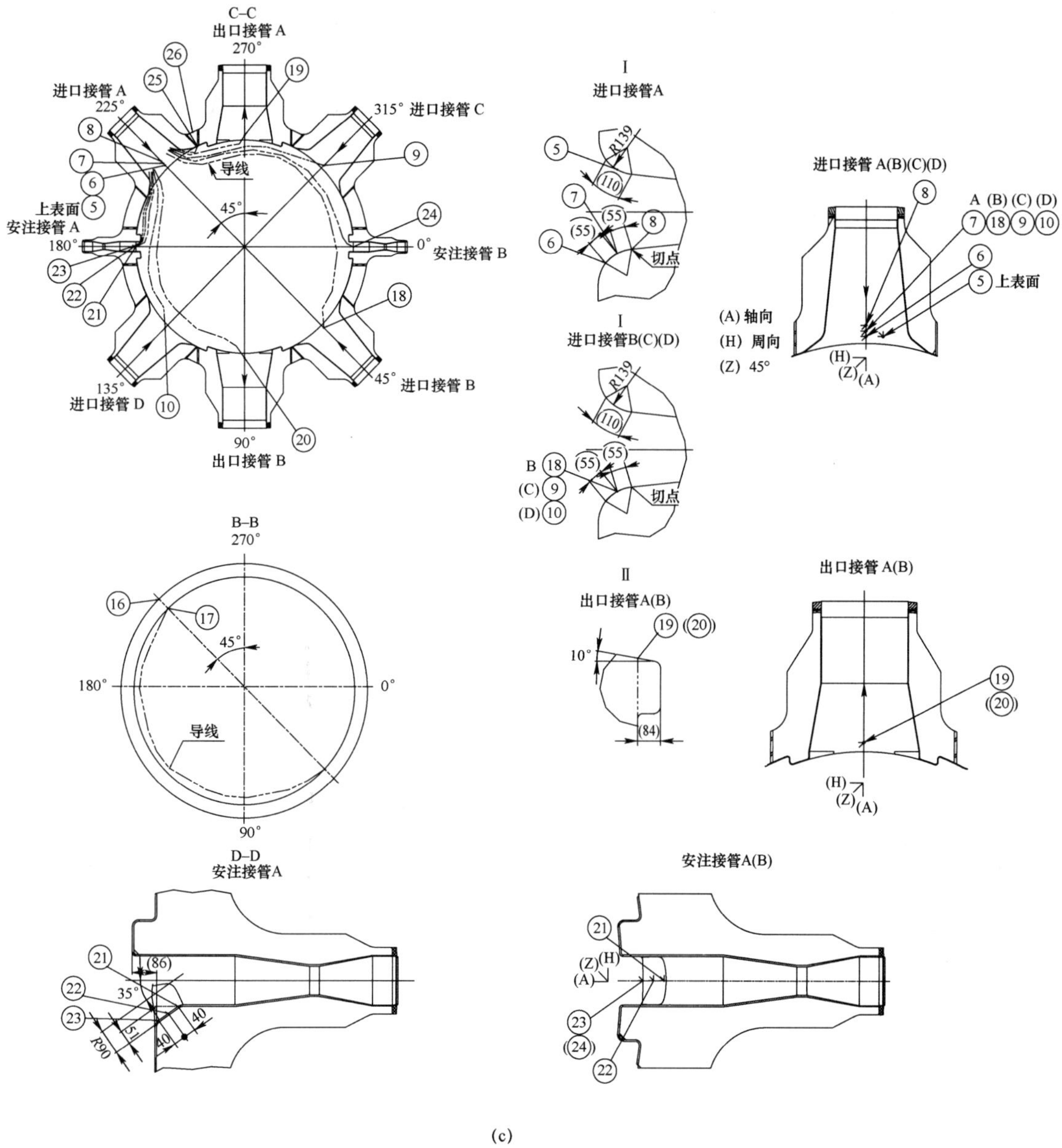

(c)

图 3　反应堆压力容器测点布置示意图（续）

表 2　测点布置一览表[5]

部件	内壁	外壁	种类	备注
接管	进口管“A” ⑤ ⑥ ⑦ ⑧		应变丛	上极点 下极点
	进口管“B” ⑱			下极点
	进口管“C” ⑨			下极点

续表

部件	内壁	外壁	种类	备注
接管	进口管“D”⑩		应变丛	下极点
	出口管“A”⑲			下极点
	出口管“B”⑳			下极点
	安注管“A”㉑㉒㉓			下极点
	安注管“B”㉔			下极点
接管段	接管段 ㉕	㉖	双向片	
筒身	筒身 ⑰	⑯	双向片	
	筒体法兰③④		双向片	
顶盖法兰	① ② ㉗	⑪ ⑫ ⑮	双向片	
		⑬ ⑭	双向片	
主螺栓	1 号、16 号、31 号螺栓	光杆 ㉘㉙㉚	单向（或双向）片	消弯接法

其中主螺栓采用二轴向片对贴于光杆中部，尽可能取种植于筒体法兰螺栓孔后的外侧、内侧径向位置。并选用可消除弯曲载荷影响的测试方法。

4 测试的方法

反应堆压力容器进行出厂水压试验时，压力容器外部可选用普通应变片，而内部处于高压水环境，需选用适用于该环境的应变片，且于内部做好防水密封处理。为保护内壁堆焊层不受到损伤，通常先用满足清洁物项要求的胶泥、黏胶和压敏胶带实现应变片的固定和密封：用黏胶将应变片固定于相应测点上，使用胶泥均匀覆盖应变片并采用压敏胶带封闭边缘，应变片引线使用压敏胶带固定于堆焊有不锈钢堆焊层的容器壁上。

测试采用了数据采集器 TDS−303、TDS−530 自动记录应变测试的数据，测试仪器都经过检定，并在检定有效期内。

4.1 内外壁应变测试

内外壁应变测试选用二片半桥自补偿接线方式，工作片与补偿片相同温度，产生相同的温度应变，由此消除测试过程中温度的影响。

外壁应力测试：选用二片半桥自补偿的接线方式，则工作片应变（ε_w）与补偿片应变（ε_e）之差即为仪器示数（ε_m）。因为工作片与补偿片温度应变相同，所以仪器示数（ε_m）等同于测点受到预紧载荷与水压共同作用下的应变（ε_{wp}）。因为固定在外壁上的电阻应变片都是直角形，可采用以下公式（直角电阻应变计的计算公式）计算出测点的两个应力：

$$\sigma_1 = \frac{E}{1-\mu^2}\left(\varepsilon_{wp1} + \mu\varepsilon_{wp2}\right)$$

$$\sigma_2 = \frac{E}{1-\mu^2}\left(\varepsilon_{\mathrm{wp2}} + \mu\varepsilon_{\mathrm{wp1}}\right)$$

内壁应力测试：选用二片半桥自补偿的接线方式，只能消除压力与温度效应的影响，仪器示数（ε_{m}）包含水压产生应变，需用以下公式修正仪器示数（ε_{m}）得到 $\varepsilon_{\mathrm{wp}}$：

$$\varepsilon_{\mathrm{wp}} = \varepsilon_{\mathrm{m}} - \frac{1-2\mu}{E}P$$

$\varepsilon_{\mathrm{wp}}$ 代入上述直角电阻应变计的计算公式，便可计算出相应两个主应力。

对应三向电阻应变计的计算公式如下：

$$\sigma_1 = \frac{E}{2}\left[\frac{\varepsilon_{\mathrm{wp1}}+\varepsilon_{\mathrm{wp3}}}{1-\mu} + \frac{1}{1+\mu}\sqrt{2\left(\varepsilon_{\mathrm{wp1}}-\varepsilon_{\mathrm{wp2}}\right)^2 + 2\left(\varepsilon_{\mathrm{wp2}}-\varepsilon_{\mathrm{wp3}}\right)^2}\right]$$

$$\sigma_2 = \frac{E}{2}\left[\frac{\varepsilon_{\mathrm{wp1}}+\varepsilon_{\mathrm{wp3}}}{1-\mu} - \frac{1}{1+\mu}\sqrt{2\left(\varepsilon_{\mathrm{wp1}}-\varepsilon_{\mathrm{wp2}}\right)^2 + 2\left(\varepsilon_{\mathrm{wp2}}-\varepsilon_{\mathrm{wp3}}\right)^2}\right]$$

式中：E——测点处对应材料的弹性模量；

μ——测点处对应材料的泊松比；

角标 1——对应周向；

角标 2——对应 45° 方向；

角标 3——对应轴向。

反应堆压力容器的材料为 SA-508 Gr3 Cl.1，内壁堆焊不锈钢，ASME 第Ⅱ卷 D 篇材料性能中查得弹性模量 E 分别为 192 GPa、195 GPa；泊松比可在 ASME 第Ⅱ卷 D 篇材料性能中查得，一般常见钢取 0.3[2]。

4.2 法兰转角测试

在反应堆压力容器顶盖法兰外壁和筒体法兰内壁的同一剖面沿周向固定 2 个电阻应变片（见图 4），测量相应位置的应变值。

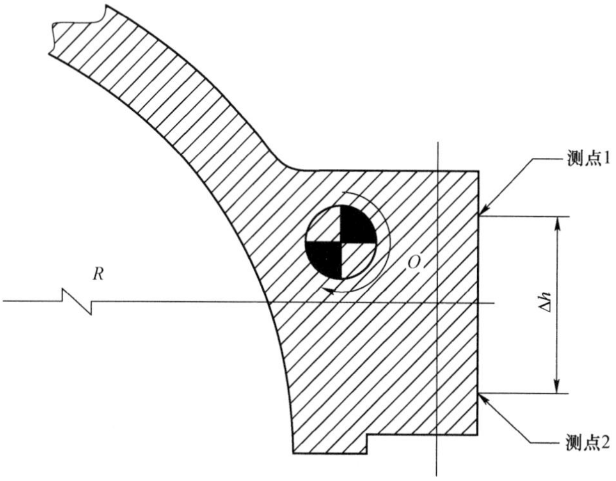

图 4 反应堆压力容器转角计算示意图

采用以下公式计算出水压试验不同阶段的转角值：

$$\theta = \mathrm{arctg}\left(\frac{r \times \Delta\varepsilon}{\Delta h}\right)$$

式中：r——相应测点所在位置的极坐标半径值；

$\Delta\varepsilon$——2 个测点的应变差；

Δh——2 个测点间距。

4.3　主螺栓预紧载荷测试

选取 3 根均匀分布的主螺栓，如图 5 所示，选取 1 号、16 号、31 号主螺栓进行预紧载荷测试，对应测点编号 28、29、30。

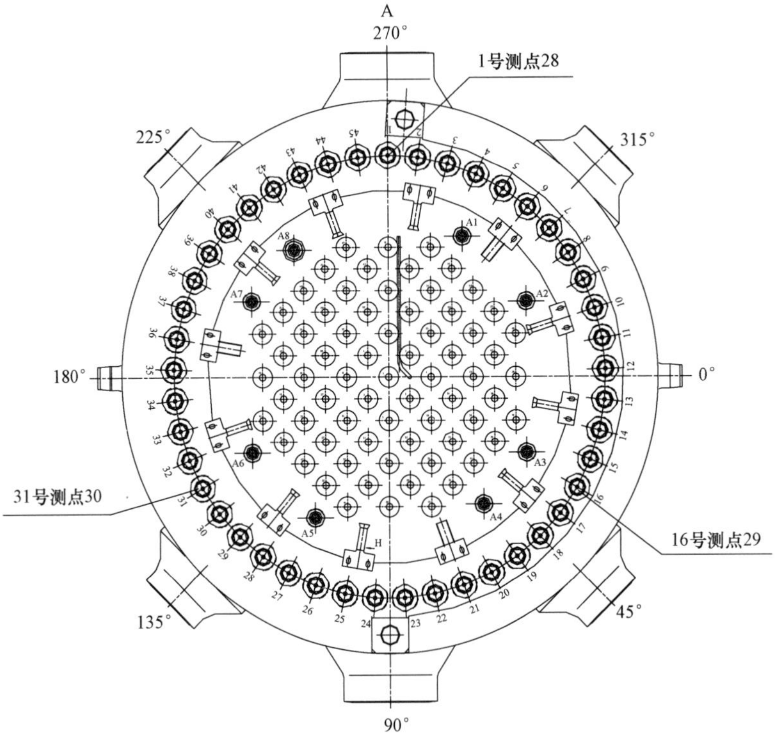

图 5　布置测点主螺栓方位示意图

将一对直角电阻应变计沿主螺栓轴线固定于主螺栓光杆中部对称位置，采用全桥接线方式将应变计接入测试仪器，仪器示数（ε_m）代入下述公式计算主螺栓预紧载荷 W：

$$W=\frac{\varepsilon_m}{2(1+\mu)}EA$$

式中：E——主螺栓对应材料的弹性模量；

μ——主螺栓对应材料的泊松比；

A——主螺栓光杆有效截面积。

主螺栓材料为 SA-540 B23 Cl.3，ASME 第Ⅱ卷 D 篇材料性能中查得其弹性模量为 192 GPa，泊松比可在 ASME 第Ⅱ卷 D 篇材料性能中查得，一般常见钢取 0.3[2]。

主螺栓的有效截面积：$A_b=N\frac{\pi}{4}(d_{o.stud}^2-d_{hole}^2)$（见图 6）

$$=\frac{\pi}{4}\left(169.7^2-28.6^2\right)=21\,975.5\ \text{mm}^2$$

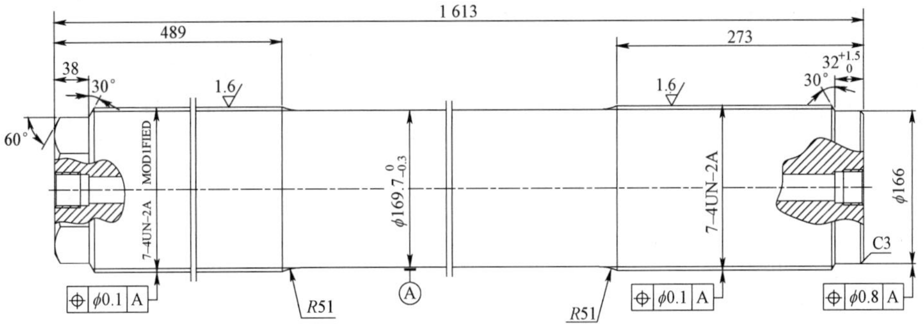

图 6　主螺栓示意图

5　测试结果及分析说明

5.1　反应堆压力容器应变测试

制造厂对其自主承制的首台依托项目反应堆压力容器进行水压试验后，有效获取了测试结果[7]，含备用测点的相关数据。本文选取了反应堆压力容器主体结构具有代表性的顶盖测点（1，2）和筒体测点（3，4，16，17）的相关应变测量数据及计算获得对应测点应力情况。

表 3 中，*X* 表示周向，*Y* 表示轴向或径向，*Z* 表示 45° 方向。应变及变形采集阶段自主螺栓预紧（*PL*）至水压试验结束水压降至 0 MPa，对应测点应力如表 4 所示。

表 3　测点应变测量数据表

		PL	5	10	15	20	21.41	20	17.2	17.13	15	10	5	0
1	*X*	968	828	652	480	336	285	332	411	399	456	592	735	873
	Y	1 112	989	867	826	784	776	815	881	882	935	1 053	1 176	1 299
2	*X*	197	208	216	251	288	300	298	293	291	288	280	272	266
	Y	169	136	103	88	75	72	84	105	106	123	164	198	229
3	*X*	483	403	320	202	60	33	51	82	88	127	199	276	360
	Y	1 012	903	774	628	548	526	545	570	564	587	648	757	871
4	*X*	252	175	94	1	155	194	163	117	121	80	3	89	163
	Y	968	828	652	480	336	285	332	411	399	456	592	735	873
16	*X*	4	211	422	643	858	919	860	744	744	655	447	237	34
	Y	26	30	105	185	261	281	261	219	220	189	111	34	39
17	*X*	10	217	416	647	857	919	866	739	740	645	443	229	23
	Y	22	39	83	141	184	199	192	174	177	168	127	93	70

表 4　测点应力表

MPa		*PL*	5	10	15	20	21.41	20	17.2	17.13	15	10	5	0
1	σ_1	2.59	17.75	38.03	56.23	75.54	80.86	74.61	63.02	62.97	53.39	33.33	12.78	7.35
	σ_2	218.66	189.06	159.67	146.72	133.27	130.27	139.6	155.66	155.87	168.85	197.39	227.05	256.59
2	σ_1	32.01	36.22	39.79	48.05	56.61	59.32	58.21	55.96	55.48	53.87	49.84	46.21	43.17
	σ_2	24.48	16.87	9.44	4.27	0.59	1.91	0.74	5.47	5.79	9.56	18.68	26.33	33.22

续表

MPa		*PL*	5	10	15	20	21.41	20	17.2	17.13	15	10	5	0
3	σ_1	159.88	136.75	111.84	78.56	43.97	37.01	41.9	49.88	50.8	60.36	79.06	101.57	125.83
	σ_2	241.52	213.91	181.9	144.3	119.28	113.09	118.14	125.19	124.26	131.35	148.36	175.8	204.69
4	σ_1	108.54	84.27	57.09	27.19	13.58	24.74	15.5	1.27	2.8	9.12	33.16	60.78	84.3
	σ_2	219.04	185.04	143.21	101.43	62.19	49.18	60.89	80.22	77.45	91.84	124.99	160.47	193.87
16	σ_1	0.7	50.57	103.95	159.95	214.31	229.64	214.77	185.38	185.44	162.97	110.09	56.82	5.41
	σ_2	5.76	20.07	50.53	82.77	113.71	122.13	113.84	96.91	97.15	84.44	53.48	22.61	6.89
17	σ_1	3.36	48.1	92.68	144.83	191.68	205.64	194.04	166.16	166.54	145.95	100.9	53.72	8.85
	σ_2	5.22	20.63	41.29	66.74	87.81	94.52	90.02	78.96	79.66	72.33	52.13	32.73	16.11

由表可见，反应堆压力容器顶盖在升压过程中，周向应力 σ_1 随着压力提升而增加，于最大水压试验压力值下达到峰值 80.86 MPa，而轴向应力 σ_2 随着压力提升而减少；降压过程中，周向应力 σ_1 随着压力下降而减少；而轴向应力 σ_2 随着压力下降而增加，最终达到峰值 256.59 MPa。如图 7 所示。

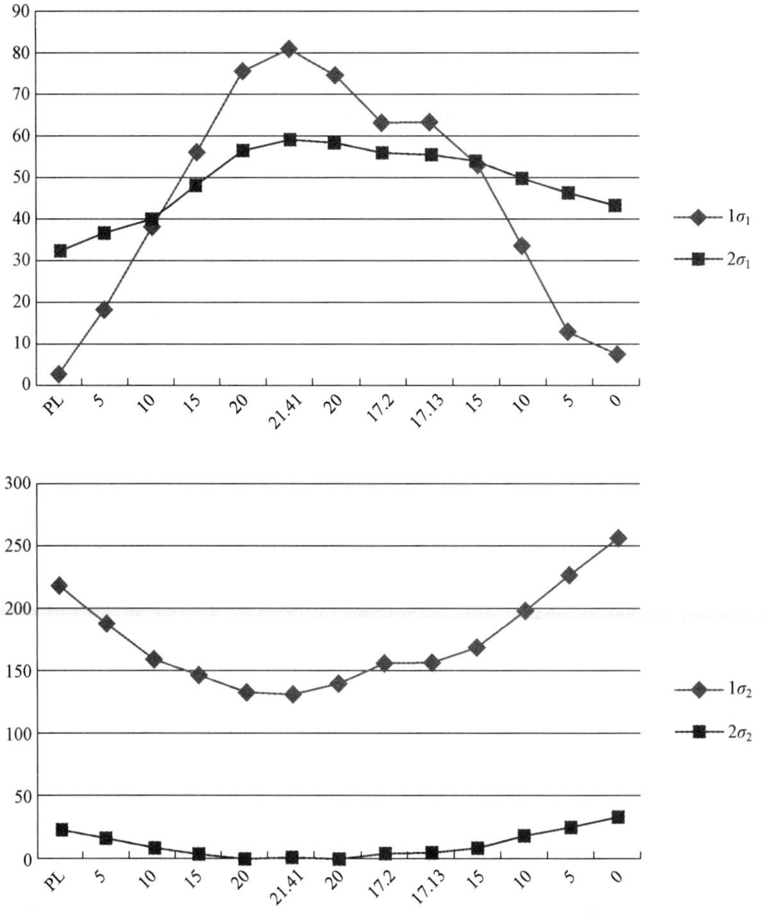

图 7　反应堆压力容器顶盖（测点 1、测点 2）应力变化曲线

反应堆压力容器筒体法兰测点（3，4）和筒身段测点（16，17）应力曲线如图8所示。

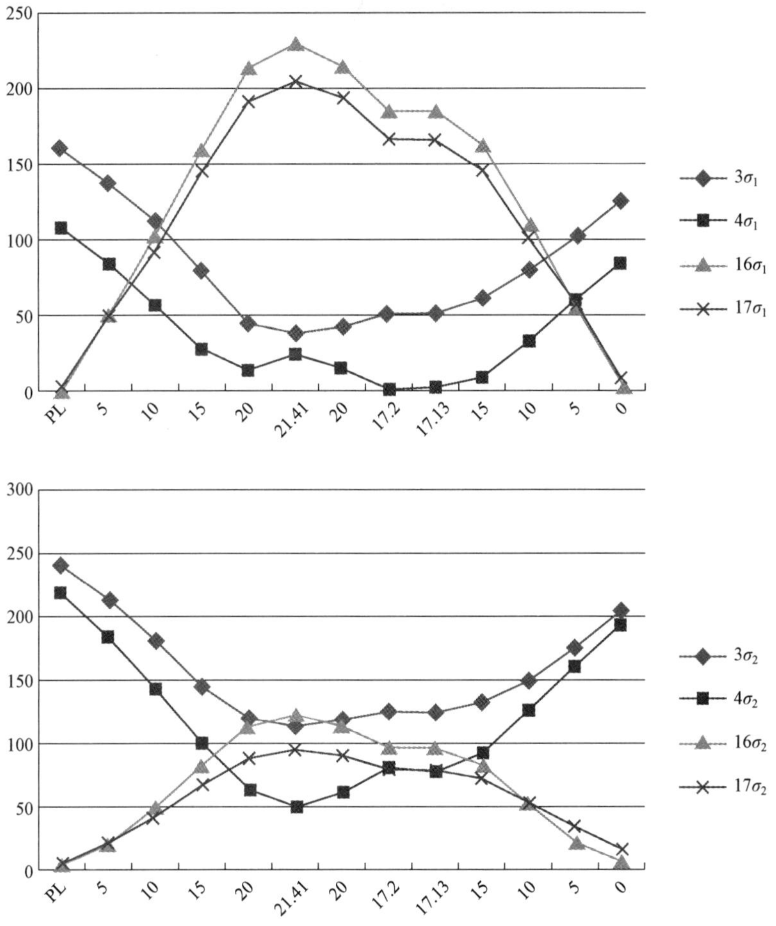

图8　反应堆压力容器筒体（测点3、测点4、测点16、测点17）应力变化曲线

反应堆压力容器筒体筒身段（测点16，测点17）在升压过程中，周向应力 σ_1 随与着压力提升而增加，于最大水压试验压力值下达到峰值 229.64 MPa，降压过程中，周向应力 σ_1 随着压力下降而减少，轴向应力 σ_2 与周向应力变化趋势相同，于最大水压试验压力值下达到峰值 122.13 MPa。

反应堆压力容器筒体法兰（测点3，4）在升压过程中，周向应力 σ_1 随与着压力提升而减少，降压过程中，周向应力 σ_1 随着压力下降而增加，轴向应力 σ_2 与周向应力变化趋势相同。

5.2　法兰转角测试

反应堆压力容器法兰在预紧和充压状态下均会转动，所以法兰转角是反映密封效果的重要因素。通过对反应堆压力容器建模分别选取顶盖法兰和筒体法兰母线上的上下节点来计算顶盖法兰和筒体法兰的转动（法兰节点位置如图9所示）。

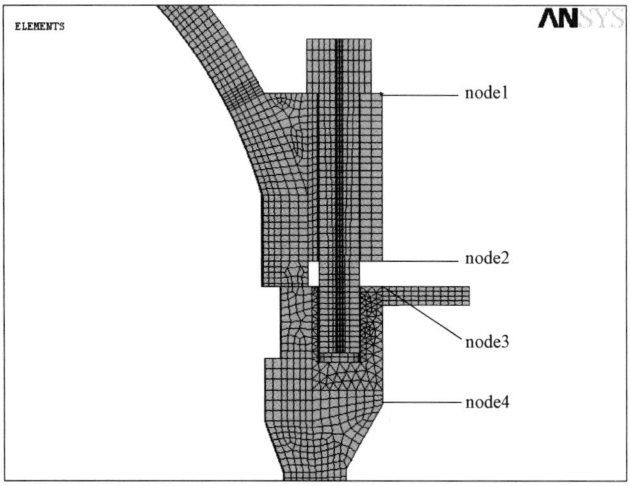

图 9　法兰转动评定节点位置[8]

进行 ANSYS 分析计算，得到的预紧和充压完成状态下的法兰转角如表 5 所示。

表 5　水压试验工况压力容器法兰转角[8]　　　分

	顶盖法兰		筒体法兰	
温度/℃	预紧	充压	预紧	充压
25	−9.102 3	−10.714 9	+6.397 5	+7.462 5

注：正值表示逆时针旋转，负值表示顺时针旋转。

上下法兰转角趋势如图 10 所示。

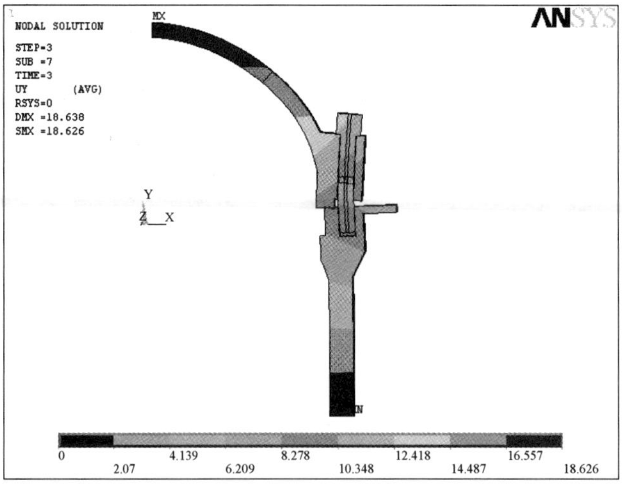

图 10　法兰转动结果[8]

本次法兰转角测试所获取的数据如表 6 所示[7]。

表 6　反应堆压力容器法兰转角

水压/MPa	0	5	10	15	20	21.41	20	17.2	17.13	15	10	5	0
顶盖法兰转角/分	−8.26	−7.86	−7.25	−6.84	−6.47	−6.40	−6.52	−6.63	−6.65	−6.98	−7.46	−7.93	−8.32
筒体法兰转角/分	6.37	6.70	7.14	7.69	8.15	8.18	8.15	7.66	7.63	7.47	7.08	6.59	6.29

注：正值表示逆时针旋转，负值表示顺时针旋转。

比较测点测试结果与有限元建模分析的理论值发现，分析结果与实测结果转角方向趋势相同，顶盖法兰预紧、筒体法兰预紧及筒体法兰充压理论值与实测值误差小于 10%，有较好符合性，而顶盖法兰充压的测点测试结果与理论值误差超过 40%（见表 7），对于该测点需在下一台同型号机组反应堆压力容器测试中予以补测采集相应数据进行计算校准。

表 7　反应堆压力容器法兰转角理论值与实测值对比

		理论	实测	相对误差/%
顶盖法兰	预紧	−9.102 3	−8.26	9.25
	充压	−10.714 9	−6.40	40.27
筒体法兰	预紧	+6.397 5	+6.37	0.43
	充压	+7.462 5	+8.18	9.61

5.3　主螺栓预紧

主螺栓 1 号、16 号、31 号对应测点 28、29、30 所获取的数据如表 8 所示；升压过程中主螺栓应变与预紧载荷如表 9 所示；降压过程中主螺栓应变与预紧载荷如表 10 所示[7]。

表 8　主螺栓预紧阶段的应变与预紧载荷表（共 5 级预紧）

测点（螺栓编号）	1 级预紧		2 级预紧		3 级预紧		4 级预紧		5 级预紧	
	με	kN	με	kN	με	kN	με	kN	με	kN
28（1 号）	1 285	2 580	2 738	5 498	3 423	6 873	3 967	7 965	4 187	8 318
29（16 号）	1 211	2 431	2 266	4 550	3 468	6 963	3 988	8 007	4 217	8 469
30（31 号）	1 315	2 640	1 993	4 002	3 491	7 009	3 987	8 005	4 163	8 362

表 9　升压过程中主螺栓应变与预紧载荷

	MPa	0	5	10	15	20	21.41
28	με	4 187	4 260	4 326	4 393	4 449	4 465
	kN	8 407	8 553	8 686	8 820	8 933	8 965
29	με	4 217	4 301	4 377	4 446	4 509	4 527
	kN	8 467	8 636	8 788	8 927	9 053	9 089
30	με	4 161	4 242	4 317	4 388	4 455	4 474
	kN	8 354	8 517	8 668	8 810	8 983	8 983

表 10　降压过程中主螺栓应变与预紧载荷

	MPa	20	17.2	17.13	15	10	5	0
28	με	4 440	4 398	4 395	4 362	4 290	4 215	4 144
	kN	8 915	8 830	8 824	8 758	8 613	8 463	8 320
29	με	4 498	4 448	4 446	4 409	4 325	4 240	4 156
	kN	9 031	8 931	8 927	8 852	8 684	8 513	8 344
30	με	4 443	4 393	4 391	4 354	4 273	4 189	4 109
	kN	8 921	8 820	8 816	8 742	8 579	8 411	8 250

将上述两表转换为升降压连贯过程的曲线图如图 11 所示，主螺栓应变与预紧载荷在升降压过程中，趋势基本相同，无异常数据，置信度较高。编号 1 号、16 号、31 号主螺栓应力测试结果在各个保压平台所获取的数值存在微小差异，主要受两方面因素影响：

（1）依托项目反应堆压力容器主螺栓采用单体螺栓拉伸机进行分级预紧，最大预紧力存在一定差异，如采用整体螺栓拉伸机，则其数值差异可以进一步缩小。

（2）应变测试系统所客观存在的误差。

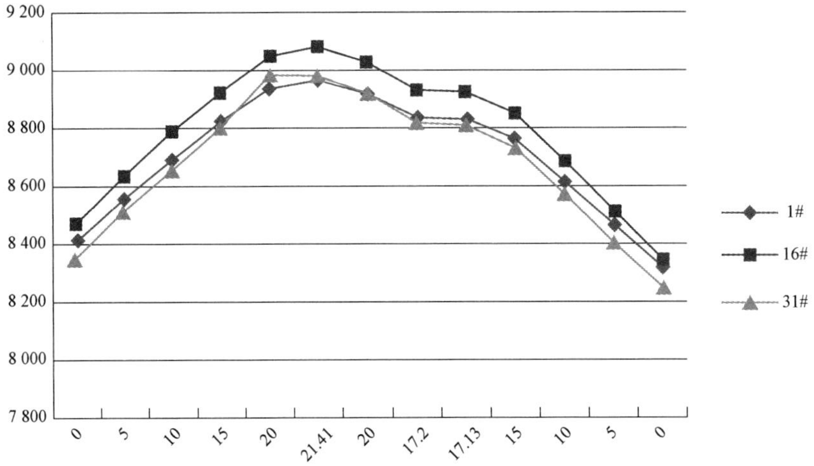

图 11　主螺栓（1 号、16 号、31 号）升降压应力曲线图

5.4　O 形环尺寸检查

根据测试要求，待完全降压后，测量 O 形环高度方向的形变测量和 O 形环的上下面压痕宽度。如表 11 所示[7]。

表 11　O 形环形变测量及上下面压痕宽度

	内环形变/mm	内环压痕/mm	外环形变/mm	外环压痕/mm
0°	11.11	3.5	10.86	3.1
45°	11		10.88	
90°	11.07		10.95	
135°	11.11		10.86	
180°	11.09		10.89	

续表

	内环形变/mm	内环压痕/mm	外环形变/mm	外环压痕/mm
225°	11.09	3.3	10.91	3.5
270°	11.09		10.94	
315°	11.09		10.85	

由表 11 可见，内 O 形环回弹情况优于外 O 形环，该结果与反应堆压力容器顶盖与筒体法兰转角趋势是相符的，O 形环在水压试验后存在一定回弹裕量，满足反应堆压力容器密封设计要求。

综上所述，此次反应堆压力容器水压试验测试结果满足 ASME 规范 NB6000 水压试验应变测试要求。所获取的值除个别测点有明显偏差，绝大多数实测值与计算分析用理论值匹配良好，相对误差在 10%以内。对于实测值与计算理论值相对误差较大的测点，需予以关注和记录，建议在下一台同型号机组反应堆压力容器出厂水压试验时补做该处应力应变测试，以顶盖法兰转角测试为例，预紧状态下转角理论值与实测值相对误差小于 10%，而充压后相对误差超过 40%，建议改进和优化应变片固定和密封方式，减少因固定和密封不妥对测试数据的影响。

反应堆压力容器顶盖法兰与筒体法兰应力峰值均小于所用材料许用的承压应力值，且具有一定安全裕量，反应堆压力容器制造满足设计要求。经过水压试验考量亦证实反应堆压力容器满足 ASME 规范要求。

参考文献

［1］ASME B&PV Code Sec. Ⅲ NB 分卷［R］. 2004.
［2］ASME B&PV Code Sec. Ⅱ，D 篇　材料性能［R］. 2004.

超出压力温度（*P*–*T*）运行限制事件评估

陶宏新，贺寅彪，曹　明，刘　畅

（上海核工程研究设计院有限公司，上海　200233）

摘要：核电厂运行时可能会发生超出最终安全评价报告（FSAR）中压力温度（*P*–*T*）限值的事件，违反运行限制条件的后果是可能会引起反应堆冷却剂压力边界的脆性破坏，也许会导致无法隔离的泄漏或失水事故。因此不仅需要在短时间内使运行恢复到限值以内，还需要作出评价。本文对于引起超出限值的运行事件按照ASME规范第Ⅺ卷进行评价，使用两种方法确定设备恢复使用时反应堆压力容器带区具有足够的完整性，保证反应堆冷却剂系统可继续运行。

关键词：反应堆压力容器；压力温度限值；运行限制条件

Evaluation of Operation Limit Events Beyond Pressure and Temperature（*P*–*T*）

TAO Hongxin，HE Yinbiao，CAO Ming，LIU Chang

(Shanghai Nuclear Engineering Research & Design Institute Co., Ltd., Shanghai 200233, China)

Abstract: During the operation of nuclear power plant, the pressure and temperature（*P*–*T*）limit in the final safety assessment report（FSAR）may be exceeded. The consequence of violating the operation limit condition is that the brittle failure of reactor coolant pressure boundary may be caused, and the leakage or loss of water accident that cannot be isolated may be caused. Therefore, it is not only necessary to restore the operation to the limit value in a short time, but also necessary to make an evaluation. In this paper, two methods are used to determine the integrity of the reactor pressure vessel zone when the equipment is restored to use, so as to ensure that the reactor coolant system can continue to operate.

Key words: RPV; Pressure Temperature Limit; Operation Limit; Strain Measurement and Analysis

---

作者简介：陶宏新（1983—　），男，江苏苏州人，硕士，高级工程师，现从事反应堆压力容器力学分析工作

最终安全分析报告（FSAR）中规定了反应堆冷却剂系统压力和温度（$P-T$）限值，压力和温度曲线规定了正常运行的允许范围。可监测压力和温度指示以确定运行是否处于允许范围以内时，这些曲线通常用作升温或降温操作期间的运行指导。

核电厂运行时可能会发生超出 FSAR 中压力温度（$P-T$）运行限制的事件，违反运行限制条件的后果是可能会引起反应堆冷却剂压力边界的脆性破坏，也许会导致无法隔离的泄漏或失水事故。因此不仅需要在短时间内使运行恢复到限值以内，还需要作出评价，以确定反应堆冷却剂系统是否可继续运行。

1　分析方法

2018 年 10 月国内某机组起主给水泵 A 由于增压泵入口滤网压差高触发开关量保护导致主给水泵 A 跳闸，后续 PRHR 投入了降温。监测到的 RCS 压力和冷管段温度曲线见图 1 和图 2。按照温度最恶劣点的数据进行包络，得到计算用包络曲线（*BL*）如表 1 所示。

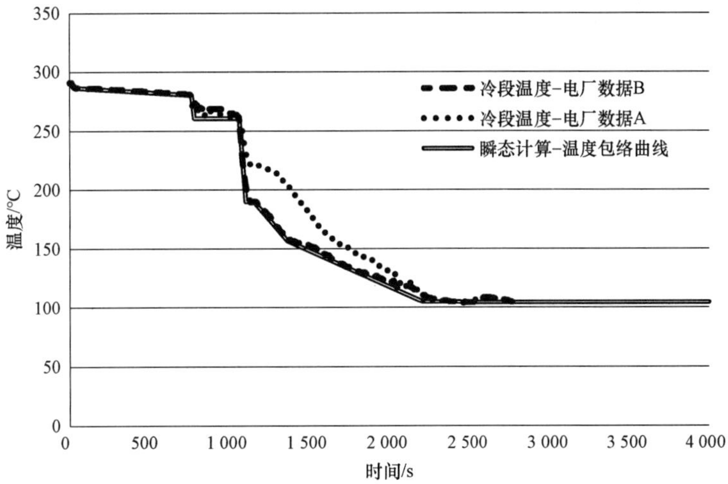

图 1　冷管段温度曲线及其包络曲线

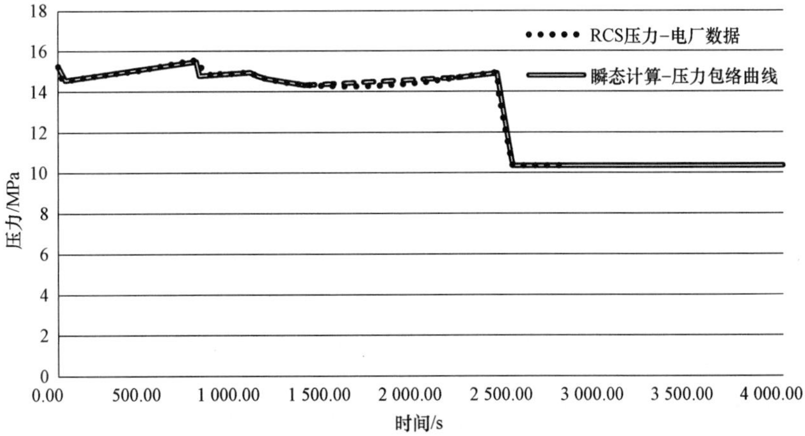

图 2　RCS 压力曲线及其包络曲线

表 1 反应堆压力容器带区计算用包络曲线

载荷步	时间/s	温度/℃	压力/MPa
1	0	291.18	15.25
2	40	286.58	14.56
3	763	280.26	15.56
4	780	260.75	14.77
5	1 060	260.75	14.94
6	1 100	190.00	14.77
7	1 150	190.00	14.63
8	1 360	156.67	14.32
9	2 200	105.00	14.69
10	2 413	105.00	14.90
11	2 500	104.46	10.34
12	4 000	104.46	10.34

从图 1 中可以看出，本次事件是降温过程。但 FSAR 中的降温限制曲线的适用范围是“最大降温速率为 56 ℃/h”，而图 1 中的温度瞬态在不到一小时（2 760 s）中降温超过 178 ℃/h，因此远远超出了 FSAR 中规定的温度速率。对于超出 $P-T$ 限制的情况，按照 ASME XI 附录 E（未曾预期运行事件的评定）对反应堆压力容器带区结构完整性进行评估。

2 未曾预期运行事件的评定

ASME XI 附录 E（未曾预期运行事件的评定）中对于超限工况效应的工程评定提供了反应堆容器筒区结构完整性的验收准则和导则。若评定满足 E－1200 或 E－1300 准则，可保证设备恢复使用时反应堆容器带区具有足够的结构完整性。

2.1 E－1200 验收准则

如果在整个事件中，下列适用准则得到满足，则可保证反应堆容器带区具有足够的结构完整性：

（1）对于等温压力瞬态（即 $\Delta T_c/\Delta t<10$ ℉/h）（5.5 ℃/h），最大压力不超过表 E－1 中 T_c-RT_{NDT} 对应的允许值。

（2）对于承压热瞬态（即 $\Delta T_c/\Delta t\geqslant 10$ ℉/h）（5.5 ℃/h），最大压力不得超过设计压力，T_c-RT_{NDT} 不小于 55 ℉（31 ℃）。

如果上述适用准则未能符合一致，则其结构完整性可通过满足 E－1300 规定的准则来保证。

其中：

1）T_c 为反应堆冷却剂总体温度，$\Delta T_c/\Delta t$ 为任一小时期间的温度 T_c 的最大变化。

2）RT_{NDT} 为按照 R.G 1.99 Rev.2 确定的反应堆容器内表面焊缝或母材的最高修整的参考温度。

由图 1 和图 2 显示，本次事件属于温度速率大于 5.5 ℃/h 的承压热瞬态，保证反应堆容器带区具有足够的结构完整性需要满足两个要求：

1）最大压力不得超过设计压力；

2）$T_c - RT_{NDT}$ 不小于 55 ℉（31 ℃）。

从图 2 RCS 压力曲线及其包络曲线中可以看到，整个瞬态的最高压力为 15.56 MPa，小于设计压力 17.13 MPa，满足要求 1。

从图 1 冷管段温度曲线及其包络曲线中可以看到，整个瞬态的最低温度为 103.9 ℃。

RT_{NDT} 需考虑辐照的影响，RT_{NDT} 计算按照 Regulatory Guide 1.99，Rev.2 的方法，计算反应堆筒体带区焊缝和锻件的 RT_{NDT}（ART）：

$$ART = \text{Initial } RT_{NDT} + \Delta RT_{NDT} + \text{Margin（℉）} \tag{1}$$

式中：Initial RT_{NDT}——反应堆筒体材料在役前或未辐照条件下的基准温度；

Margin——附加的裕度，主要考虑 $RT_{NDT(U)}$、铜、镍含量和计算方法的不确定性，Margin 由下面方程计算得到；

$$\text{Margin} = 2\sqrt{\sigma_i^2 + \sigma_\Delta^2} \text{（℉）} \tag{2}$$

σ_i——$RT_{NDT(U)}$ 的标准偏差。

如果 $RT_{NDT(U)}$ 为测量值，则 σ_U 由试验方法精度来确定；如果 $RT_{NDT(U)}$ 测量值不适用，则 σ_U 由该类材料的用平均值得到；对于焊缝，如果 $RT_{NDT(U)}$ 为通用值，则 σ_U 为 17 ℉，本文母材也保守地按照焊缝取值为 17 ℉。

σ_Δ——ΔRT_{NDT} 的标准偏差，σ_Δ值不应超过ΔRT_{NDT} 的一半。

当不使用辐照监督管数据时，母材的 σ_Δ值为 17 ℉，焊缝的 σ_Δ值为 28 ℉。当使用可信的辐照监督管数据时，母材的 σ_Δ值为 8.5 ℉，焊缝的 σ_Δ值为 14 ℉。

ΔRT_{NDT}——是由于辐照引起转变温度的升高（在母材内表面）平均值，由下面方程计算得到：

$$\Delta RT_{NDT} = CF \times FF \tag{3}$$

$$\text{影响因子 } FF = f^{(0.28-0.10\log f)} \tag{4}$$

$$f = f_{surf} \cdot e^{-0.24(x)}$$

式中：f——沿壁厚方向的中子注量，单位为 10^{19} n/cm^2（E＞1 MeV）；

CF（℉）——化学系数，是铜和镍含量的函数。

当不使用辐照监督管数据时，CF 的数值从 Regulatory Guide 1.99，Rev.2 中查到。

当使用可信的辐照监督管数据时：

$$CF = \frac{\sum_{i=1}^{n}\left[A_i \times f_i^{(0.28-0.10\log f_i)}\right]}{\sum_{i=1}^{n}\left[f_i^{(0.56-0.20\log f_i)}\right]} \tag{5}$$

式中：CF（℉）——化学系数，是铜和镍含量的函数；

n——辐照监督点数；

A_i——ΔRT_{NDT} 的测量值；

f_i——每个辐照监督点的中子注量。

表 2 列出了 AP1000 反应堆压力容器带区材料制造的化学元素限值，通过 RG1.99 第 2 版 1.1 节的方法可以得到基于这些化学元素的化学系数。表 2 中所列出的化学元素含量数据是允许的最大值，因此用其来确定带区材料辐照脆化的影响是保守的。

表 2 反应堆压力容器带区材料最大元素含量及化学系数

反应堆压力容器带区材料	元素最大重量百分比含量/%					CF(1)/℃
	Cu	Ni	P	V	S	
带区锻件	0.06	0.85	0.01	0.05	0.01	20.56
带区环向焊缝	0.06	0.85	0.01	0.05	0.01	45.56

注：（1）化学系数（CFs）是基于制造最大允许的 Cu 和 Ni 重量百分比。这些化学系数由 RG1.99 第 2 版 1.1 节确定。注意这里使用英制单位计算。

表 3 列出了反应堆压力容器材料的机械性能，用来计算 ART。

表 3 反应堆压力容器材料的通用力学性能

反应堆压力容器材料	初始 RT_{NDT}(1)	初始 *USE*(2)
带区锻件	−23.3 ℃	＞102 J
带区环向焊缝	−28.9 ℃	＞102 J
反应堆压力容器顶盖	−12.2 ℃	N/A
反应堆压力容器法兰	−12.2 ℃	N/A

注：（1）这些初始 RT_{NDT} 的通用值是 *ART* 计算的基础。这些通用值也用于 RT_{PTS} 计算。

（2）反应器压力容器预估受到中子注量超过 1×10^{19} n/cm^2（$E>1.0$ MeV）的区域，其未辐照时材料的上平台能量至少超过 102 J。

考虑到机组才投入运行，带区受到的快中子注量不会很高，若使用寿期末注量则太保守，而辐照监督大纲中抽取计划的首根辐照监督管按照受中子辐照注量为 5×10^{18} n/cm^2 设计，因此本次事件适当保守取快中子注量为 5×10^{18} n/cm^2 进行计算。

表 4 给出了反应堆压力容器带区材料的最大中子注量估算值，在 1/4 T 位置（从内表面往外四分之一壁厚）和 3/4 T 位置（从外表面往里四分之一壁厚）处的中子注量计算值。

表 4 反应器压力容器最大估算中子注量 n/cm^2

反应堆压力容器材料	表面注量(1)	1/4 T 注量(2)	3/4 T 注量(3)
带区锻件	0.50×10^{19}	0.41×10^{19}	0.09×10^{19}
环向焊缝	0.15×10^{19}	0.09×10^{19}	0.04×10^{19}

注：（1）表面注量值代表反应器压力容器带区各个材料在堆焊层/母材内表面最大估算中子注量（$E>1.0$ MeV）。

（2）1/4 T 注量值表示基于壁厚为 213.5 mm 的容器的内表面往外四分之一厚度位置处的衰减中子注量值（$E>1.0$ MeV），计算方法见 RG1.99 第 2 版中的公式 3。

（3）3/4 T 注量值表示基于壁厚为 213.5 mm 的容器的外表面往里四分之一厚度位置处的衰减中子注量值（$E>1.0$ MeV），计算方法见 RG1.99 第 2 版中的公式 3。

表 5 列出了反应堆压力容器带区材料 1/4 T 位置、3/4 T 位置和内表面的 ART 计算值。

表 5　调整参考温度计算

1/4 壁厚处 *ART* 计算						
反应堆压力容器材料	*CF*/℃	1/4T FF	初始 RT_{NDT}/℃	ΔRT_{NDT}/℃	Margin/℃	*ART*/℃
带区锻件	20.56	0.75	−23.3	15.5	26.7	18.9
环向焊缝	45.56	0.40	−28.9	18.3	36.4	25.8
3/4 壁厚处 *ART* 计算						
反应堆压力容器材料	*CF*/℃	3/4T FF	初始 RT_{NDT}/℃	ΔRT_{NDT}/℃	Margin/℃	*ART*/℃
带区锻件	20.56	0.39	−23.3	8.1	26.7	11.5
环向焊缝	45.56	0.24	−28.9	11.0	36.4	18.5
内表面 *ART* 计算						
反应堆压力容器材料	*CF*/℃	3/4T FF	初始 RT_{NDT}/℃	ΔRT_{NDT}/℃	Margin/℃	*ART*/℃
带区锻件	20.56	0.81	−23.3	16.6	26.7	20.0
环向焊缝	45.56	0.50	−28.9	22.9	36.4	30.4

按照 R.G 1.99 Rev.2 确定的反应堆容器内表面焊缝或母材的最高修整的参考温度（*ART*）最大值为 30.4 ℃，代入要求 2 中计算，得到：

$T_c - RT_{NDT} = 103.9 - 30.4 = 73.5$ ℃ > 31 ℃　满足 2.1.1 节中要求 2。

根据 ASME Ⅺ附录 E（未曾预期运行事件的评定）中提供的反应堆容器筒区结构完整性的验收准则进行评定，结果满足 E−1200（b）的验收准则。评定结果表明恢复使用时带区具有足够的结构完整性。

2.2　E−1300 通过分析进行评定

虽然满足 E−1200 的验收准则就可以保证设备恢复使用时筒区具有足够的结构完整性，但为了更准确地计算整个事件中反应堆容器带区具备的结构完整性，采用 ASME Ⅺ附录 E 中 E−1300 规定的评估准则进行验证。

E−1300 验收准则描述如下：如果采用表 6 作为输入，通过分析表明在整个事件中下列准则得到满足，则可以保证反应堆容器筒区具有足够的结构完整性：

$$1.4(K_{Im} + K_{It}) + K_{Ir} \leqslant K_{Ic} \tag{6}$$

式中：K_{Im}——膜应力引起的应力强度因子；

K_{It}——热应力引起的应力强度因子；

K_{Ir}——残余应力引起的应力强度因子；

K_{Ic}——按 ASME Ⅺ附录 A−9000 确定的断裂韧性。

表 6　电厂和事件特定线弹性断裂力学分析的评定输入数据

变量	值
压力	事件压力时程
温度	事件温度时程

续表

变量	值
换热系数	事件/电厂特定流量/mixing 条件
裂纹类型	半椭圆表面缺陷
最小起裂	0.0＜a≤1.0 in.（25 mm）
裂纹尺寸	(1)
裂纹取向	纵向
K_{Ic}/K_{I} 位置	表面和最深处
堆焊层影响	在热分析、应力分析和断裂分析中考虑堆焊层(2)
韧性转变	K_{Ic} 按 A－9000 确定
上平台韧性	（编制中）
注量	瞬态期间的注量
曲线迁移	按 R.G 1.99 Rev.2
残余应力	按制造工艺适当分布，或线性分布，对于内表面＋10 ksi（＋69 MPa）和外表面－10 ksi（－69 MPa）

注：（1）a＝母材中裂纹最大深度

（2）在等温压力瞬态［$\Delta T_c/\Delta t$＜10 ℉/h（5.5 ℃/h）］评定中不需考虑由于母材和堆焊层热膨胀系数的差异引起的应力。

（1）分析方法

1）结构分析方法

反应堆压力容器筒体及下封头区域均为轴对称回转结构，本文根据 AP1000 反应堆压力容器图纸，利用 ANSYS 软件建立反应堆压力容器筒体及下封头的轴对称有限元模型，在有限元模型上施加上温度场、压力载荷、边界条件等参数进行应力分析和断裂分析。

2）热分析方法

对事件瞬态进行热分析计算，得出每一时刻的温度场结果，然后将热分析计算结果作为热载荷施加到结构模型来进行热应力分析计算。

3）断裂分析方法

反应堆压力容器选用 SA508 Gr.3 Cl.1 材料，该材料具有强度高的特点，但韧性相对较差。为此，ASME B&PVC 中对反应堆压力边界上的这种材料提出断裂评价要求。断裂力学评价依据线弹性断裂力学原理。首先，在每个需研究的部位上，假定有一足够大的假想缺陷，在该部位，计算每一特定载荷产生的 I 型应力强度因子 K_I，而后将 K_I 值的总和与参考值 K_{IC} 相比较，K_{IC} 是由所使用的材料和温度可以保证的 K_I 最高临界值。

在评价限值方面，压力容器材料（SA－508 Gr.3Cl.1）断裂韧性可由 ASME B&PVC Ⅺ附录 A－9000 给出。该曲线根据 SA－533B，SA－508Ⅲ等核容器用钢种的动态断裂韧性 K_{Id} 和止裂断裂韧性 K_{Ia} 的下限给出。K_{IC} 的近似解析式如下：

英制单位：$$K_{IC}=33.2+20.734\exp\left[0.02\left(T-RT_{NDT}\right)\right]，\text{ksi} \tag{7}$$

公制单位：$$K_{IC}=36.5+22.783\exp\left[0.036\left(T-RT_{NDT}\right)\right]，\text{MPa} \tag{8}$$

（2）验收准则

根据 ASME B&PVC 第Ⅺ卷附录 E 对压力容器带区进行结构完整性评定，验收准则如公式（6）所示。

（3）计算模型

采用二维轴对称有限元模型进行分析，如图 3 所示。热分析和结构分析采用不同的单元类型，热分析使用 PLANE55 单元，结构分析使用 PLANE42 单元。根据 ASME B&PVC 第Ⅺ卷附录 E 中表 E-2 的规定，承压降温瞬态在热分析、应力分析和断裂分析中需考虑堆焊层的影响，计算由于母材和堆焊层热膨胀系数的差异引起的应力。有限元模型如图 3 所示，母材内表面和堆焊层外表面之间节点重合并一一对应用耦合单元连接。

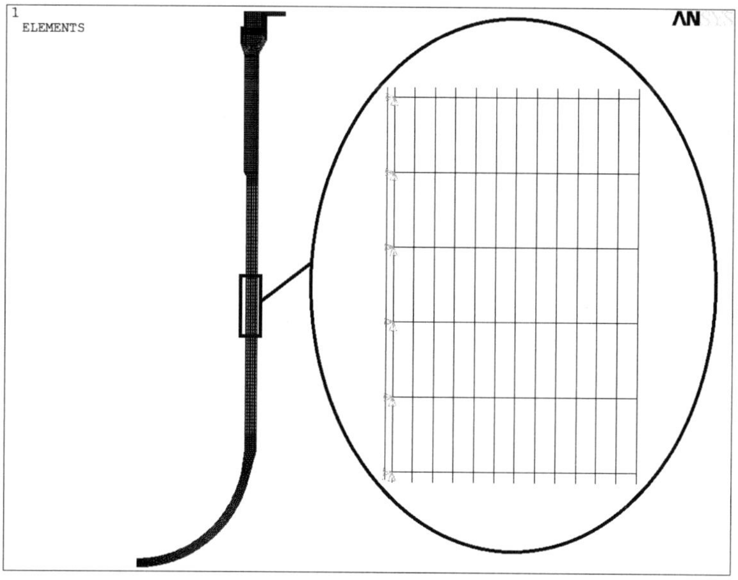

图 3 堆焊层母材节点耦合有限元模型

（4）计算结果

本次事件适当保守取快中子注量为 5×10^{18} n/cm^2 进行计算。取用带区 1/4 壁厚、3/4 壁厚和内表面寿期末 RT_{NDT} 最大值，根据表 5 得到堆芯区母材和焊缝金属的寿期末 RT_{NDT} 分别为 20.0 ℃和 30.4 ℃。在压力容器带区假定五种不同深度的缺陷分别进行断裂力学分析，断裂力学评定参数如表 7 所示，表面缺陷示意图如图 4 所示。

表 7 断裂力学评定路径参数

序号	壁厚 t/mm	缺陷深度 a/mm	缺陷长度 $2c$/mm	a/t	a/c	RT_{NDT}/℃
1	213.5	25	150	0.12	1/3	30.4
2	213.5	18	108	0.08	1/3	30.4
3	213.5	12	72	0.06	1/3	30.4
4	213.5	9	54	0.04	1/3	30.4
5	213.5	6	36	0.03	1/3	30.4

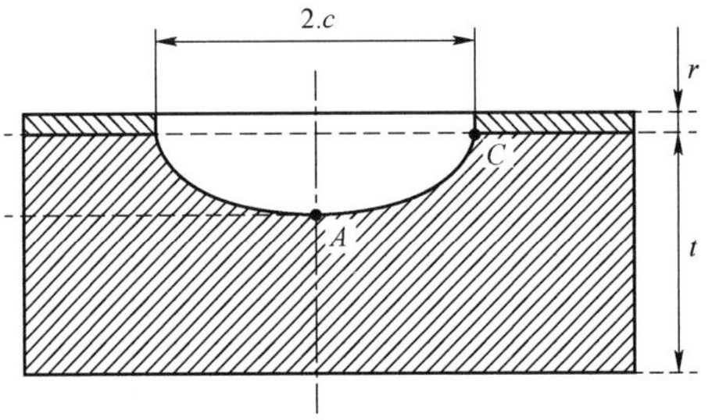

图 4　表面缺陷示意图

由于辐照影响，本文计算带区的上平台值取为 200 $MPa\sqrt{m}$。反应堆压力容器带区应力强度因子在事件各时刻的值如表 8 至表 12 所示。带区表面缺陷的应力强度因子结果如图 5 所示。

表 8　反应堆压力容器带区各时刻应力强度因子（缺陷深度 a= 25 mm）

时间步	时间/s	温度/℃	K_{IC}/ $MPa\sqrt{m}$	A 点		C 点	
				K_I/ $MPa\sqrt{m}$	K_I/K_{IC}	K_I/ $MPa\sqrt{m}$	K_I/K_{IC}
1	1	291.18	200	47.16	0.24	25.71	0.13
2	40	290.39	200	44.50	0.22	25.03	0.13
3	763	284.04	200	47.92	0.24	30.22	0.15
4	780	282.37	200	46.77	0.23	34.87	0.17
5	1 060	272.87	200	44.52	0.22	34.69	0.17
6	1 100	259.47	200	48.38	0.24	58.15	0.29
7	1 150	247.32	200	43.29	0.22	55.65	0.28
8	1 360	214.38	200	38.45	0.19	70.14	0.35
9	2 200	153.95	200	36.46	0.18	87.11	0.44
10	2 413	146.28	200	37.46	0.19	86.27	0.43
11	2 500	143.65	200	18.31	0.09	71.28	0.36
12	4 000	126.72	200	24.37	0.12	55.61	0.28

表 9　反应堆压力容器带区各时刻应力强度因子（缺陷深度 a= 18 mm）

时间步	时间/s	温度/℃	K_{IC}/ $MPa\sqrt{m}$	A 点		C 点	
				K_I/ $MPa\sqrt{m}$	K_I/K_{IC}	K_I/ $MPa\sqrt{m}$	K_I/K_{IC}
1	1	291.18	200	36.51	0.18	17.87	0.09
2	40	290.07	200	34.46	0.17	17.29	0.09
3	763	283.49	200	37.1	0.19	21.28	0.11
4	780	280.77	200	37.58	0.19	25.91	0.13
5	1 060	271.15	200	34.91	0.17	24.79	0.12

续表

时间步	时间/s	温度/℃	K_{IC}/ MPa$\sqrt{m}$	A点		C点	
				K_I/ MPa$\sqrt{m}$	K_I/K_{IC}	K_I/ MPa$\sqrt{m}$	K_I/K_{IC}
6	1 100	252.94	200	42.17	0.21	45.17	0.23
7	1 150	240.17	200	36.77	0.18	41.33	0.21
8	1 360	206.41	200	32.38	0.16	52.4	0.26
9	2 200	146.76	200	30.61	0.15	67.13	0.34
10	2 413	140.12	200	31.2	0.16	66.92	0.33
11	2 500	137.79	200	14.6	0.07	54.2	0.27
12	4 000	123.36	200	19.71	0.10	42.92	0.21

表10　反应堆压力容器带区各时刻应力强度因子（缺陷深度 a=12 mm）

时间步	时间/s	温度/℃	K_{IC}/ MPa$\sqrt{m}$	A点		C点	
				K_I/ MPa$\sqrt{m}$	K_I/K_{IC}	K_I/ MPa$\sqrt{m}$	K_I/K_{IC}
1	1	291.18	200	26.08	0.13	10.73	0.05
2	40	289.66	200	24.51	0.12	10.28	0.05
3	763	282.91	200	26.75	0.13	13.28	0.07
4	780	278.71	200	28.14	0.14	17.73	0.09
5	1 060	269.31	200	25.23	0.13	15.68	0.08
6	1 100	244.96	200	34.12	0.17	33.53	0.17
7	1 150	232.09	200	28.49	0.14	28.49	0.14
8	1 360	197.88	200	25.21	0.13	35.92	0.18
9	2 200	139.34	200	24.41	0.12	47.72	0.24
10	2 413	133.85	200	24.86	0.12	47.93	0.24
11	2 500	131.85	200	10.81	0.05	37.45	0.19
12	4 000	119.96	200	15.08	0.08	30.41	0.15

表11　反应堆压力容器带区各时刻应力强度因子（缺陷深度 a=9 mm）

时间步	时间/s	温度/℃	K_{IC}/ MPa$\sqrt{m}$	A点		C点	
				K_I/ MPa$\sqrt{m}$	K_I/K_{IC}	K_I/ MPa$\sqrt{m}$	K_I/K_{IC}
1	1	291.18	200	19.97	0.10	6.75	0.03
2	40	289.43	200	18.7	0.09	6.43	0.03
3	763	282.6	200	20.69	0.10	8.84	0.04
4	780	277.53	200	22.67	0.11	13.3	0.07
5	1 060	268.34	200	19.57	0.10	10.68	0.05

续表

时间步	时间/s	温度/℃	K_{IC}/ MPa$\sqrt{m}$	A 点		C 点	
				K_I/ MPa$\sqrt{m}$	K_I/K_{IC}	K_I/ MPa$\sqrt{m}$	K_I/K_{IC}
6	1 100	240.5	200	29.65	0.15	27.61	0.14
7	1 150	227.76	200	23.84	0.12	21.93	0.11
8	1 360	193.45	200	21.15	0.11	27.05	0.14
9	2 200	135.55	200	20.77	0.10	36.63	0.18
10	2 413	130.69	200	21.09	0.11	36.93	0.18
11	2 500	128.85	200	8.54	0.04	27.75	0.14
12	4 000	118.25	200	12.3	0.06	23.09	0.12

表 12　反应堆压力容器带区各时刻应力强度因子（缺陷深度 a=6 mm）

时间步	时间/s	温度/℃	K_{IC}/ MPa$\sqrt{m}$	A 点		C 点	
				K_I/ MPa$\sqrt{m}$	K_I/K_{IC}	K_I/ MPa$\sqrt{m}$	K_I/K_{IC}
1	1	291.18	200	13.04	0.07	2.48	0.01
2	40	289.17	200	12.12	0.06	2.31	0.01
3	763	282.29	200	13.79	0.07	4.03	0.02
4	780	276.25	200	16.44	0.08	8.48	0.04
5	1 060	267.35	200	13.11	0.07	5.27	0.03
6	1 100	235.69	200	24.42	0.12	21.12	0.11
7	1 150	223.2	200	18.38	0.09	14.91	0.07
8	1 360	188.88	200	16.24	0.08	17.47	0.09
9	2 200	131.71	200	16.23	0.08	24.07	0.12
10	2 413	127.49	200	16.42	0.08	24.34	0.12
11	2 500	125.82	200	5.69	0.03	16.7	0.08
12	4 000	116.53	200	8.93	0.04	14.65	0.07

3　结论

计算得到在缺陷深度为 25 mm，瞬态时间为 2 200 s 时表面点 C 点应力强度因子 K_I 最大，计算值为 87 MPa$\sqrt{m}$，小于 K_{IC} 限值 200 MPa$\sqrt{m}$，表明带区能够满足 ASME 附录 E（未曾预期运行事件的评定）中 E-1300 的验收准则，可保证设备恢复使用时带区具有足够的结构完整性。

本文对超出 FSAR 中 $P-T$ 运行限制的非预期瞬态使用 ASMEⅪ附录 E 进行安全评价，分析结果表明整个事件均满足 E1200 和 E1300 准则，可以保证反应堆容器筒区具有足够的结构完整性。

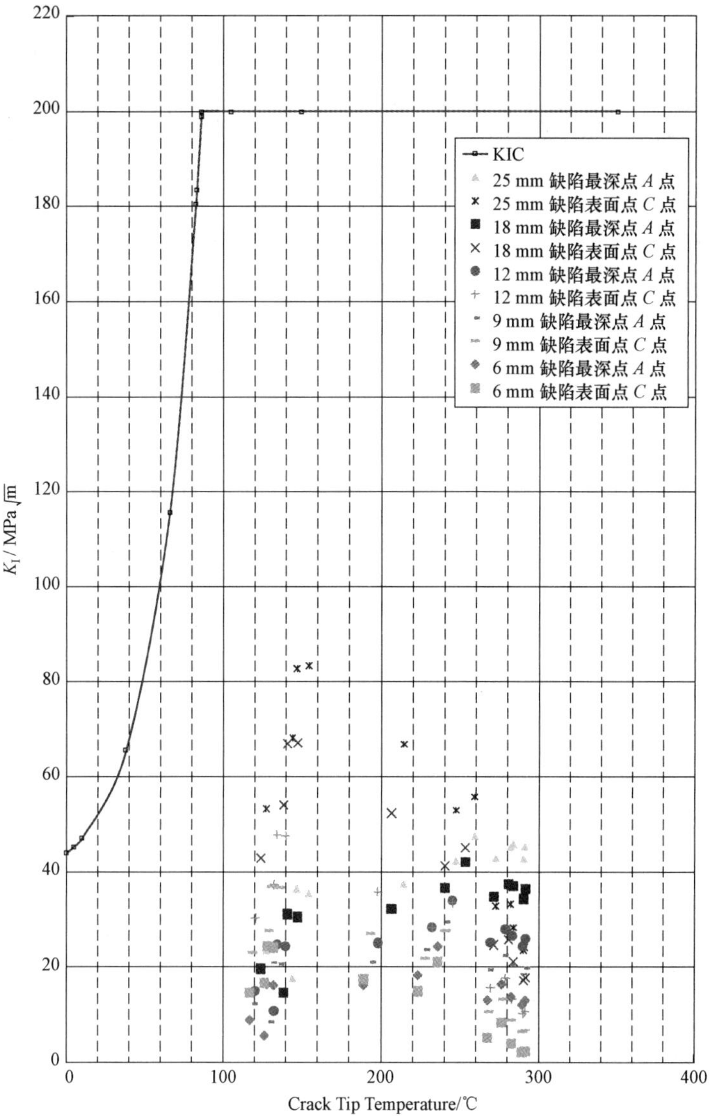

图 5　带区表面缺陷应力强度因子

参考文献

[1] ASME B&PV Code Sec.Ⅲ附录 E Evaluation Of Unanticipated Operating Events [R]. 1998 版 2000 补遗.

[2] NBT 20104—2012 压水堆核电厂未能紧急停堆的预期瞬态分析要求 [R].

[3] Pressurized Thermal Shock in Nuclear Power Plants: Good Practices for Assessment, Deterministic Evaluation for the Integrity of Reactor Pressure Vessel, IAEA-TECDOC-1627.

中低放废液絮凝吸附技术及装置国产化研制

王四芳，代洪静，王昕彤，李风风

（一重集团大连工程技术有限公司新产品研发中心，辽宁 大连 106600）

摘要： 中低放废液絮凝吸附技术及装置主要用于处理核动力厂放射性废液。为了成功研制中低放废液絮凝吸附技术及装置国产化，研发工作分三部分展开，分别为原理试验、工程样机设计和样机鉴定试验。原理试验开展了包括模拟原水配制、絮凝剂配方研究、活性炭筛选、不同因素影响评价等相关试验。工程样机采用 1:1 模块化设计，最大流量达 17 m^3/h，充分考虑了原水特性，通过对废液水质的在线监测，可实现碱液与絮凝剂的自动精确投加。样机鉴定试验对模拟核电厂中低放废液进行处理，结合絮凝剂和活性炭过滤器的技术特点，实现了 Fe、Co、Mn、Ag 等核素综合去污因子大于 100。絮凝装置能连续自动化运行，性能稳定。该技术通过了中国核能行业协会科学技术成果鉴定，可用于核电厂中低放废液的处理，有效去除水体中胶体态和部分胶体态核素，提高下游离子交换树脂的使用效率和使用寿命，最终实现更低的废液排放指标，满足新国标和业主的要求，市场应用前景可观。

关键词： 中低放；絮凝；吸附；胶体态

Flocculation and Adsorption Technology and Device Localization for Treating Low and Intermediate Level Radioactive Liquid Waste

WANG Sifang，DAI Hongjing，WANG Xintong，LI Fengfeng

（CFHI Dalian Engineering & Technology Co.，Ltd.，
Dalian of Liaoning Prov. 106600，China）

Abstract： The flocculation and adsorption technology is applied in treating low and intermediate level of radioactive liquid waste in nuclear power plants. The research and development work was carried out in three parts，including principle tests，engineering prototype design and prototype tests. The principle tests include simulation of raw water，flocculants formula design，activated carbon selection，the influence of several factors and other related tests. The

基金项目： 一重集团科研新产品开发课题 KY17GJ001

作者简介： 王四芳（1984— ），女，山东莘县人，高级工程师，博士，现主要从事废液、废物处理环保装备研发工作

engineering prototype was modular designed with uniform scale of the commercial device. The maximum flow rate is 17 m^3/h. The characteristics of the raw water was monitored online, and the alkali liquor and flocculants were automatically added. Prototype tests of the simulate raw water have shown that decontamination factor of Fe, Co, Mn, Ag is greater than 100 by the technology of flocculation and adsorption. The engineering prototype can run stable automatically and continuously. The technology if identified as a scientific and technological achievement by China Nuclear Energy Association. The device can remove particulate and colloidal phases effectively, and can be applied to treat the low and intermediate level radioactive liquid waste in nuclear power plants treatment. It can raise the efficiency and service life of the ion exchange resin located downstream, and achieve a lower radioactive effluent, which meets the requirements of the new national standard and the potential user. The market prospect of the technology and device is considerable.

Key words: Low and Intermediate Level Radioactive Liquid Waste; Flocculation; Adsorption; Colloidal Phases

随着《核动力厂环境辐射防护规定》（GB 6249—2011）对核电厂放射性液体流出物提出更严苛的排放要求，核电领域对放射性水处理的工作也更加重视。我国部分核电厂的核岛放射性液体废物处理系统（核废液处理系统）出水较难满足现有要求，尤其是内陆 AP1000 核电厂，由于其核废液处理系统设计能力是将废液的放射性处理至 1 000 Bq/L，而规范要求的数值是 100 Bq/L[1]。对核岛放射性液体废物处理系统（WLS）增加一定预处理措施是大势所趋[2]。

核岛放射性液体废物处理系统较难处理对象主要是以胶体、颗粒形态存在的腐蚀产物[3]（根据电厂运行经验反馈，腐蚀产物占据了大部分的源项份额）。无论是在役或在建的核电站原有的核放射性废液处理广泛使用的处理方式是离子交换工艺[4]，可有效去除废液中以离子形态存在的放射性物质，对以胶体形态存在的腐蚀产物去除效果较差。因此已经不能满足新的排放标准的要求，所以需开发一种新工艺，强化对腐蚀产物的去除效果，这对于我国自主化三代核电的开发有着重要的意义。

絮凝装置作用原理是带负电的胶体颗粒和带正电的絮凝剂之间的化学作用和物理作用。带正电的絮凝剂能中和胶体颗粒表面的负电荷，随着表面电荷被中和，胶体颗粒互相逐渐靠近，颗粒有效半径减小，最终失去稳定性而互相发生碰撞，互相碰撞的颗粒通过氢键和范德华力结合在一起，形成较大的体积，称为絮体[5,6]。胶体悬浮液经过电中和脱稳后，絮凝剂的聚合物特性进一步增强了絮体的形成。它们的长分子链在两个颗粒的表面之间架桥，并使单独的较小絮体互相结合，形成较大的、容易被去除的大絮体。最终水体通过下游的深床过滤器截留和吸附作用去除絮体，实现水体中胶体核素的去除。

核电厂放射性废液中的胶体主要是由铁、钴、锰、银和铬等核素氧化产物与腐蚀产物附着抱团形成，胶体颗粒大小主要在 50～500 nm 范围内[7]。三门核电厂在核废液处理系统已经引进了国外的絮凝+过滤技术[8]。李俊雄等[2]在对 AP1000 放射性核废液处理系统改进研究中，将絮凝+深床过滤加到了离子交换前端，更有效地去除腐蚀产物，使出水满足标准要求。上海核工程研究设计院刘杰安等[9]也提出采用絮凝+吸附处理方法，去除核电废液中的胶体物质，平均去污因子能达到 50 以上。但目前国内絮凝吸附装置主要停留在试验和小试阶段，没有国产化产品工程化应用案例。

本文旨在成功研制中低放废液絮凝吸附技术及装置国产化工程化装置，通过原理试验、工程样机设计和样机鉴定试验三部分工作开展相关研究，开发连续自动化运行，性能稳定的絮凝装置，可用于核电厂中低放废液的处理，有效去除水体中胶体态和部分胶体态核素，提高下游离子交换树脂的使用效率和使用寿命，最终实现更低的中低放废液排放指标，满足新国标和业主的要求。

1　研究方法及内容

1.1　主要试验仪器及设备

除常规小型实验仪器外，整个研发过程还需用到较多大型专门的检测设备，对模拟水样及出水进行定性或定量分析，主要仪器设备如表 1 所示。

表 1　主要仪器设备表

序号	名称	型号规格	主要性能指标	供货厂家
1	原子吸收分光光度计（AAS）	森谱 AA6100	检测限为 10^{-9} g/g	上海森谱科技有限公司
2	电感耦合等离子体质谱仪（ICP－MS）	Nex ION 300D	检出限 9Be	美国 PerkinElmer 公司
3	纳米粒度及 Zeta 电位分析仪	Nanozs90	粒径范围 2 nm～3 μm	英国马尔文仪器有限公司
4	pH 计	PHS－3C	0.01 级	上海精科仪器有限公司
5	分析天平	ME204E	可读性：0.1 mg 重复性：0.1 mg	深圳市盛美仪器有限公司
6	六联同步变速搅拌机	JJ－6A	转速：0～2 500 r/min	金坛市白塔新宝仪器厂
7	磁力搅拌器	Colorsquid white	转速：0～2 500 r/min	艾卡（广州）仪器设备有限公司
8	浊度仪	WZB－175	0.01NTU，0.1NTU，1NTU	上海仪电科学仪器股份有限公司
9	扫描电子显微镜（SEM）	NOVA NanoSEM 450	30 kV 极限分辨率 1 nm	美国 FEI 公司
10	高速离心机（11 000 r/min）	TG16－WS	最高转速 16 000 r/min	长沙高新技术产业开发区湘仪离心机仪器有限公司
11	恒温水浴槽	HH－6	温度：室温约 100 ℃ 功率：1 500 W	常州市精达仪器制造有限公司
12	超纯水机	RO lab	截留率＞99%	上海和泰仪器有限公司

1.2　去污因子评价方法

采用 ICP－MS 或 AAS 检测模拟水样及出水中不同元素的浓度，计算去污因子，去污因子表达式见公式（1）：

$$DF=\frac{\text{原水中离子浓度}}{\text{处理后离子浓度}}\times 100\% \tag{1}$$

1.3　原理试验内容

1.3.1　原水配制

采用加碱法配置胶体溶液。称取一定质量的 $AgNO_3$、$Fe(NO_3)_3\cdot 9H_2O$、$Co(NO_3)_2\cdot 6H_2O$ 和 $MnSO_4\cdot H_2O$，模拟核电厂废液中典型的腐蚀产物元素 Fe、Co、Mn、Ag，按照实际废水

的浓度比例配制各核素浓度在 10^{-7} g/g、10^{-8} g/g、10^{-9} g/g 数量级的模拟胶体水样。

1.3.2　絮凝剂筛选

以厂家推荐的加药量（通常 10～20 ppm）进行絮凝剂加药，投药过程中以 300 r/min 快速搅拌 15 s，停止搅拌后立即经活性炭过滤，出水留样测试。对比絮凝剂处理效果，筛选出合适的絮凝剂。研究的絮凝剂类型包括 PAC、PAM、PAAS、重金属捕集剂、复合絮凝剂等 17 种絮凝剂配方，考虑不同分子量、不同厂家产等因素进行单一、复配或改性等试验。采用综合去污因子进行絮凝效果评价。

1.3.3　最佳加药量试验

通过絮凝剂筛选出的五种目标絮凝剂的加药量试验以减半法摸索，结合去污因子及出水粒度测试判断加药效果。

1.3.4　最佳加药量试验

两种目标絮凝剂在其最佳加药量情况下，在一定的 pH 范围内进行不同 pH 影响试验。

1.3.5　原水污染物浓度影响试验

由于源项中各离子质量浓度为 1×10^{-14}～10^{-15} g/g，是通过检测到的活度换算而来的，而同位素模拟水样需检测质量浓度，该浓度范围现今科学仪器不可达（ICP–MS 可检测目标元素的浓度为 10^{-11}～10^{-12} g/g），由于要求经过处理后元素浓度降低至少两个数量级，因此，模拟水样浓度采用 1×10^{-7} g/g、1×10^{-8} g/g、1×10^{-9} g/g 几种浓度级别。

1.3.6　原水硼酸浓度影响试验

按照 AP1000 中低放废液水质水平，废液中硼酸浓度较高，质量浓度 0～2 700 μg/g，因此在此浓度范围内检验硼酸含量的影响。

1.3.7　其他干扰离子影响试验

模拟水样中加入 Sr、Cr 等中低放废水中常见核素的同位素作为干扰离子，考察原水中其他离子浓度对处理效果的影响，研究其他离子存在下的去污情况。

1.3.8　活性炭筛选试验

分别对 17 种活性炭进行絮凝吸附试验，考察其絮凝吸附的去污因子。对比处理效果，筛选出合适的活性炭。

1.4　样机设计

絮凝装置样机设计流量为 17 m^3/h。试验时，原水配置所需超纯水采用反渗透（RO）装置产水，测试时间不少于 1 个月。

放射性核素与其非放的同位素具有相似的化学性质，因此，样机设计进水采用非放的同位素来配制原水，进行同位素原水处理。一方面，非放同位素元素方便获取，可以大大缩短研发进度，降低研发成本；另一方面，非放原水的鉴定试验对安全要求和废物处理的要求大大降低，在同样可以满足样机验证的条件下，试验操作性更强。

为了在样机上验证原水进水不同浓度数量级的去污因子，样机设计满足进水各元素浓度在 10^{-7}～10^{-9} g/g 数量级的要求，便于试验研究原水浓度数量级的变化对处理效果的影响规律。

絮凝装置所包含设备均为现行工业体系下能生产制造的通用设备，布置合理，便于安装。系统接口便于连接，所需物料便于添加，絮凝加药装置包络尺寸为 1 200 mm×1 200 mm×2 200 mm（设计流量为 17 m^3/h）。絮凝装置相关设备布置在一个模块内，模块结构合理，便于清洁和维修检查，无特殊凸凹形状。力学性能符合要求，外形美观。

1.5 样机鉴定试验

试验采用自主研发的工程样机，配合试验室的表征手段，对样机进行工艺验证试验，包括 9 m^3/h 和 17 m^3/h 流量下絮凝吸附工艺验证试验，并探索了调节 pH 及是否延长停留时间的试验。试验分别对三种活性炭、两种絮凝剂配方进行了 Fe、Co、Mn、Ag 各核素浓度在 10^{-7} g/g、10^{-8} g/g 数量级的不同硼酸浓度模拟原水条件下展开试验。除了工艺验证及参数探索试验外，进行了连续运行稳定性试验及活性炭寿命验证试验。每次开展试验均需做如下基础试验。

（1）系统清洗和本底测量试验。

（2）原水模拟试验。

（3）活性炭对原水的截留试验。

（4）流动电流仪设定值确认试验。

2 结果与讨论

2.1 原理试验

采用加碱法模拟中低放废水水样，检测配制的模拟水样均有丁达尔效应，不同数量级模拟水样，随着胶体浓度的降低，丁达尔现象逐渐减弱，效果如图 1 所示。

(a) 10^{-7} g/g

(b) 10^{-8} g/g

(c) 10^{-9} g/g

(d) 10^{-10} g/g

图 1　模拟水样的丁达尔效应

不同模拟水样的粒径及 ζ 电位情况如表 2 所示。

表 2　模拟水样的粒径及 ζ 电位

序号	a	b	c	d
浓度数量级/（g/g）	10^{-6}	10^{-7}	10^{-8}	10^{-9}
平均粒径/nm	298±43	275±20	295±40	220±30
ζ 电位/mV	−10.3	−4.97	−14.9	−5.79
浊度/NTU	0.21	0.24	0.19	0.16
电导率/（μS/cm）	34.5	40.2	66.3	33.4

由表 2 可见，不同浓度的胶体粒径均在 300 nm 左右，ζ 电位为负值，胶体溶液相对稳定，粒径和电位均与实际水样相近。模拟水样由于用超纯水配制，除胶体离子外无其他影响浊度的杂质，因此浊度较低。

采用以上原水配制方法开展试验，最终确定了两种最佳絮凝剂及其最佳加药量和三种最佳活性炭。经过以上试验及表征得出主要结论如下：

（1）11 号、17 号絮凝剂各元素综合去污因子最高，且满足 DF＞100。

（2）在 pH=4～10 范围内，11 号、17 号絮凝剂均满足各元素综合去污因子大于 100。

（3）各核素质量浓度在 10^{-7} g/g、10^{-8} g/g、10^{-9} g/g 数量级的原水絮凝过滤出水，均满足各元素综合去污因子大于 100。

（4）硼酸浓度在 0～2 700 μg/g 范围内，两种絮凝剂均满足各元素综合去污因子大于 100。在硼酸浓度为 0 和 2 700 μg/g 时，综合去污因子相对较低。

（5）引入各 1 ppm 的 Sr、Cr 离子，原水絮凝工艺仍可满足 Fe、Co、Mn、Ag 四种元素综合去污因子大于 100。

（6）14、15、17 号活性炭出水中 Fe 元素干扰小，并且可满足各元素综合去污因子最高，且满足大于 100。

2.2　样机设计

为验证工艺，样机鉴定试验是必不可少的过程，为达到国际先进水平，本项目首次设计了最大处理量 17 m^3/h 的工程样机。考虑核电站空间限制，工程样机采用模块化设计，由混合过滤模块和加药模块两个模块组成。另外，为辅助进行样机鉴定试验，增加了原水箱模块以及缓冲罐。絮凝装置样机充分考虑了核电厂的自动化操作需求，配备在线 pH 计和专门检测胶体含量的在线流动电流仪，以及可 0～100%连续调节的计量泵，可通过对废液水质的在线监测，实现碱液与絮凝剂的自动精确投加，使放射性胶体核素易于凝聚。凝聚后的胶团或颗粒通过下游的活性炭过滤器去除。

絮凝装置工艺流程图如图 2 所示。原水在水箱中配制，经过进水泵提升至一定压力，泵后设置压力表和流量计，进水泵出口设回流旁路，用于调节系统的处理流量。在管道上设置碱液加药系统，碱液由碱液箱通过计量泵 A 定量加入管道混合器 A 中，充分混合，管道混合器 A 出口设置 pH 计，联动控制计量泵 A 的加药量至合适的 pH 范围。化学絮凝剂由化学絮凝剂箱通过计量泵 B 加入管道混合器 B 中，充分混合，管道混合器 B 出口设置流动电流仪，联动控制计量泵 B 的加药量。原水经混合絮凝后直接进入活性炭过滤器，过滤器出水进入排水槽。为了考察反应时间的影响，在管道混合器 B 出口设计缓冲罐旁路再进入活性炭过滤器，在活性炭过滤器前后各设一个取样点，对过滤前后的水样进行取样检测。

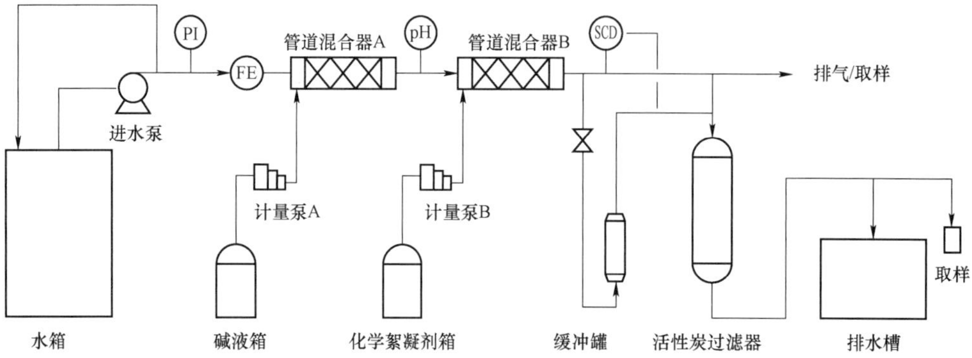

图 2 絮凝装置样机流程图

碱液及化学絮凝剂的投加控制亦可采用手动方式，或根据触摸控制系统输出的控制信号，进行随动控制，自动投加。

絮凝装置样机分三个撬：原水撬、加药撬、混合过滤撬。絮凝装置现场布置如图 3 所示。

图 3 絮凝装置现场布置照片

2.3 样机鉴定试验

2.3.1 去污效果

经过试验探索，装置可连续稳定运行，最终确定了三种工艺参数能使絮凝装置对中低放射性废液的综合去污因子大于 100，分别为：

（1）11 号絮凝剂配合 14 号活性炭，调节 pH 为 9；

（2）11 号絮凝剂配合 15 号活性炭，无需调节 pH；

（3）17 号絮凝剂配合 15 号活性炭，无需调节 pH。

2.3.2 寿命评估

在最终确定的三种工艺方案的工艺参数下，在流量为 9 m^3/h、核素质量浓度在 10^{-7} g/g、硼酸质量浓度在 0 下，运行絮凝装置进行试验，每小时取样测试进出水各核素质量浓度，计算去污因子，直至去污因子不能满足验收准则，考察絮凝装置中活性炭的寿命，通过污染物浓度核算实际核电厂废液处理中由于活性炭饱和导致的活性炭更换周期。

原水浓度为 10^{-7} g/g 数量级下开展样机活性炭寿命试验，结果显示，14 号炭床体积比为 380，15 号炭床体积比为 260。活性炭寿命数据如表 3 所示。

表3 活性炭寿命数据

项目	活性炭		单位
	14号	15号	
活性炭体积	1.37	1.31	m^3
处理水体积	520	340	m^3
床体积比	380	260	—
压差	18～100（200）	30～80（205）	kPa
年废炭量	0.45	0.59	m^3

由表3可见，14号和15号活性炭试验的样机活性炭装量分别为1.37 m^3和1.31 m^3，试验以各核素质量浓度10^{-7} g/g数量级原水运行，总胶体态核素含量约2.4 ppm，有效床体积比分别为380和260。以工艺废水腐蚀产物（1.17×10^{-12} g/g）和悬浮固体（≤2×40% μg/g）总量计（假设机械过滤器过滤效率为60%），约0.8 ppm，以此折算，则有效床体积分别可达1 140和780，每年工艺废水处理量约1 000 m^3，则1 m^3活性炭的寿命可达0.78～1.14年，相应每年的废物量约0.88 m^3至1.28 m^3。

3 结论

本研究在经过全面的原理试验的基础上，首次建立了最大流量达17 m^3/h的絮凝吸附装置样机，样机的鉴定试验模拟核电厂中低放废液进行处理，结合絮凝剂和活性炭过滤器的技术特点，实现了Fe、Co、Mn、Ag等核素综合去污因子大于100。絮凝装置能连续自动化运行，性能稳定。本絮凝吸附装置主要工艺技术指标与国内外同类技术产品比较如表4所示。

表4 絮凝吸附装置主要工艺技术指标与国内外同类技术产品比较

主要技术指标	某CPR1000 在役核电厂进口装置	某研究机构小试装置	本装置
工艺流程	活性炭过滤器+絮凝+ 活性炭过滤器	絮凝+活性炭过滤器	絮凝+活性炭过滤器
流量/（m^3/h）	6.8～8	1	9～17
原水	中低放工艺废水	非放模拟废水 （10^{-6}数量级）	非放模拟废水 （10^{-7}、10^{-8}数量级）
去污因子	1～100 （与放射性胶体含量有关）	＞50 （非放，Fe、Co、Mn、Ag去污因子）	＞100 （非放，Fe、Co、Mn、Ag去污因子）
模块化	是	是	是
混合器	有（200 mm旋片法兰式）	有（管道式）	有（管道式）
二次废物量	约1.75 m^3/a	/	0.88～1.28 m^3/a

由表4可知，与国内外同类装置对比，本装置规模与实际运行规模相当，仅需一级活性炭过滤器，Fe、Co、Mn、Ag去污因子大于100，具有流程短、去污因子高、絮凝效果好、二次废物量小等特点。

该技术于2018年9月9日通过了中国核能行业协会科学技术成果鉴定，可用于核电厂中低放废液的处理，有效去除水体中胶体态和部分胶体态核素，提高下游离子交换树脂的使用效率和使用寿命，最终实现更低的中低放废液排放指标，满足新国标和业主的要求，市场应用前景可观。

参考文献

[1] 国家环境保护部. GB 6249-2011 核动力厂环境辐射相关规定［S］. 北京：中国环境科学出版社，2012.

[2] 李俊雄，顾健，王晓伟，等. 内陆 AP1000 核电厂放射性废液处理系统设计改进［J］. 电力建设，2014.

[3] 柳丹，刘杰安，王鑫，等. 核电厂模拟废液化学絮凝处理技术研究［J］. 原子能科学技术，2014，48（05）：781-785.

[4] 刘佩，刘昱，梁博. AP1000 核电厂放射性废液处理系统浅析［J］. 中国科学技术进展报告.2013.3：235-239.

[5] 胡澄清. 絮凝剂处理污水的现状及对策研究［J］. 科技与企业，2016（10）：213.

[6] 韦广平. 絮凝法处理再生纸综合废水的胶体化学原理［J］. 西南造纸，2001（04）：23-25.

[7] 李志福，孙大卫. 内陆 AP1000 核电项目低放废液排放的主要污染物［J］. 原子能科学技术.2012.46（增刊）：137-141.

[8] 靳海睿. 三门核电厂放射性废物处理工艺［J］. 核辐射防护通讯. 2015.35（2）：1-6.

[9] 刘杰安，陈斌，王鑫，等. 一种核电厂废液的絮凝吸附处理方法及絮凝剂：中国，CN102915783 A［P］. 2013-02-06.

IRWST 水箱 CA03 模块焊缝泄漏处理及经验反馈

王　伟，王忠旭，聂　炯，马中利，朱德强

（山东核电设备制造有限公司，山东 海阳　265100）

摘要：AP1000 核电厂三门 1 号机组安全壳内置换料水贮存箱（IRWST）注水试验发现其 CA03 模块焊缝存在泄漏问题；针对出现泄漏的焊缝进行泄漏检测和渗透检测，发现车间预制焊缝与现场拼接焊缝交界处出现裂纹；结合现场焊缝结构形式特点对缺陷焊缝进行返修，并按检测标准进行渗透检测和泄漏检测合格。为确保 IRWST 水箱能安全可靠的运行，上游设计方针对其他依托化核电机组的 IRWST 水箱中 CA03 此部位焊缝结构发起设计变更，将角焊缝变更为全熔透焊缝加角焊缝形式以提高此处焊缝强度，从而确保该类焊缝各项检测合格。同时就后续核电项目车间制造阶段此类焊缝进行变更处理，就依托化核电现场此类焊缝的返修及检测经验运用在后续核电项目车间制造过程中，提高后续项目 CA03 模块焊接质量以此确保各项无损检测合格，在提高生产进度的同时降低生产难度和生产成本。

关键词：IRWST；泄漏；焊缝；检测

Weld Leakage Treatment and Experience Feedback of IRWST Water Tank CA03 Module

WANG Wei，WANG Zhongxu，NIE Jiong，MA Zhongli，ZHU Deqiang

（shandong nuclear power equipment manufacturing Co.，Ltd，
Haiyang of Shandong Prov. 265100，China）

Abstract: The leakage of weld seam of CA03 module was found in the water injection test of IRWST in the containment of AP1000 nuclear power plant's Sanmen No.1 unit. According to the leakage detection and penetration detection of the weld seam，cracks were found at the junction between the workshop prefabricated weld and the spot splicing weld. It is characterized by repairing the defective weld seam，and passing the penetration and leakage detection according to the detection standard. In order to ensure the safe and reliable operation of IRWST water tank，the upstream design guideline initiates design changes to the weld structure of CA03 in other IRWST water tank relying on chemical nuclear power unit. The fillet weld is changed into full penetration

---

作者简介：王　伟（1985—　），男，四川资中县人，无损检查工程师，学士，现主要从事核设备无损检测工作

weld and fillet weld to improve the weld strength，so as to ensure that all kinds of welds are qualified. At the same time，this kind of weld is altered in the manufacturing stage of the following nuclear power project workshop. Relying on the experience of repairing and testing this kind of weld in the chemical nuclear power field，the welding quality of CA03 module is improved in the manufacturing process of the following nuclear power project workshop，so as to ensure that all non-destructive testing is qualified，and the production schedule is improved at the same time. Reduce the difficulty and cost of production..

Key words： IRWST；Leak；Weld；Detection

安全壳内置换料水箱（IRWST）是 AP1000 六大专设安全核设施之一的非能动堆芯冷却系统的一个重要组件，除提供换料期间所需的换料用水外，还作为事故工况下专设安全系统的水源以便事故后长期持续得来冷却堆芯安全壳，对 AP1000 核电的安全运行起着非常重要的作用[1]。针对调试阶段安全壳内置换料水箱存在泄漏得问题进行原因分析，上游设计方针对所有依托化核电机组的 IRWST 水箱中底面 CA03 模块水湿焊缝结构发起设计变更，将角焊缝变更为全熔透焊缝加角焊缝形式以提高此处焊缝强度，从而确保该类焊缝各项检测合格。根据依托化核电现场此类焊缝存在的问题和解决方法运用到后续核电项目车间制造中，将核电现场各项无损检测经验反馈在车间制造的方案中，以此在确保 CA03 此类焊缝的焊接质量的同时降低生产及无损检测上的难度。

1 依托化核电机组 IRWST 泄漏

1.1 泄漏及问题分析

SM1 号机组调试阶段对 IRWST 系统水箱注水试验时发现水池泄漏，就此开始对水池内焊缝进行泄漏检查。检查发现在水箱内 CA03－09～14 号子模块所有焊缝进行了 LT/PT 检测，发现 5 个子模块共计 8 条车间预制焊缝与现场拼接焊缝交界处出现裂纹（见图 1）。

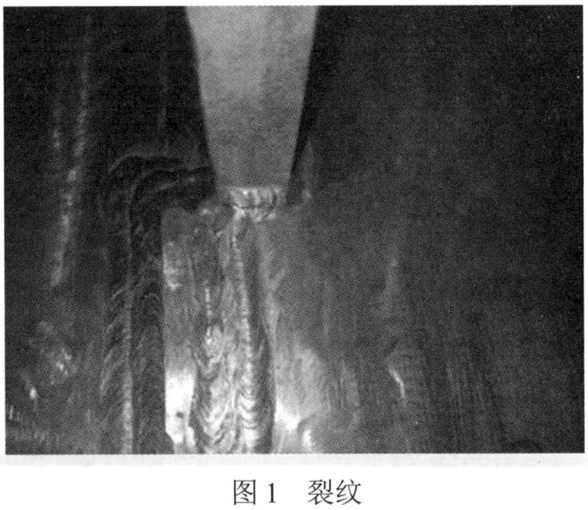

图 1 裂纹

裂纹延展到整条车间预制角焊缝。为全面排查 IRWST 系统疑似漏水缺陷，组织 NDE 检测人员对 IRWST 水池（包含结构模块 CA01/02/03）所有焊缝进行 PT 检测，经过检测，除早期发现的 8 条裂纹焊缝外，在 CA03－01～08，15～17 子模块与现场焊缝交界处又发现 4 条裂纹，裂纹同样延展到整个角焊缝。

开裂部位位于现场焊缝与车间预制焊缝交界处，裂纹起源于现场焊缝收弧处（收弧处搭接在车间预制角焊缝端部，收弧处焊缝内凹），并沿着车间预制焊缝长度方向上延展。原因分析如下：

（1）焊缝开裂处位于多条焊缝交汇处，此类焊缝处在水箱底面焊缝合拢区，焊接收缩大应力集中易产生裂纹等；

（2）CA03 现场安装就位时进行过纠偏而产生变形；

（3）现场焊缝收弧处理不恰当形成明显弧坑；

（4）模块预制设计文件中此类焊缝为双面角焊缝，而角焊缝强度相对全熔透坡口焊缝强度较低。

1.2　泄漏焊缝返修及检测

SM1 号机组 CA03 立柱与现场焊缝交汇处 12 处裂纹处理措施：

（1）根据焊缝布置图和不符合项报告对缺陷进行定位，采用打磨或机械加工方法清除缺陷，去除缺陷后采用打磨机修理刨槽，打磨后刨槽与原焊缝圆滑过渡。

（2）对打磨区域进行 100%PT，以确定缺陷完全去除。若有缺陷存在，可再次打磨，直至打磨区域 100%PT 检测合格为止。

（3）PT 检测合格后，对焊缝进行补焊，焊接采用多层多道焊，焊缝编号在原焊缝后加 R1，间隙大于 2 mm 焊缝（见图 2），焊脚应按照间隙大小增加，焊后进行 100%VT+100%PT 检测。

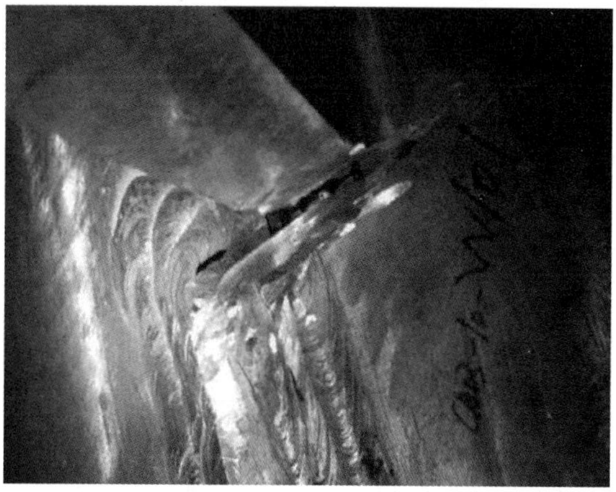

图 2　间隙超过 2 mm

（4）返修过程应形成以下记录：返修施焊记录、挖除区域尺寸及位置图，返修措施中要求的 NDE 检测报告。

（5）焊缝返修过程中严格按照流转卡返修步骤执行。

1.3　返修处理的经验反馈

根据 SM1#机组返修处理及检测过程中发现的问题总结以下经验反馈。

（1）从设计角度考虑，对于焊接应力集中部位，应考虑采用全熔透焊缝代替角焊缝或适当增大焊脚尺寸。

（2）对于组对间隙超过 2 mm 的角焊缝，角焊缝尺寸应按照间隙值而增加。

（3）现场焊接时，对修磨后的部位应进行补焊，焊缝尺寸满足最小设计要求。

（4）现场模块拼装时，尽量避免强力组对。

（5）提高焊工焊接技能，焊缝应饱满圆滑过度，避免形成较大的弧坑。同时增强焊工责任心，修磨后焊缝应进行补焊。

1.4　依托化项目其他机组 CA03 模块

对于其他 CA03 模块立柱焊缝与现场焊缝交汇部位的此类焊缝，避免此部位出现新裂纹，设计方在针对依托化三门和海阳核电机组此部位焊缝结构发起设计变更，将角焊缝变更为全熔透焊缝+角焊缝形式以提高焊缝强度；全面排查 SM1 号、SM2 号、HY1 号、HY2 号机组所有此类未处理的焊缝，并根据设计方变更要求，返修处理所有此类焊缝并按照检测标准验收合格，避免焊缝出现再次开裂。

2 后续项目 CA03 模块此类焊缝

依根据依托化三门和海阳核电机组 IRWST 系统水箱中 CA03 模块底面焊缝开裂问题，通过依托化核电现场返修及检测的经验反馈，上游设计方对后续项目 SN1 号 CA03 底面角焊缝变更为带垫板全熔透焊缝，并增加了无损检测要求。而变更技术文件下发时，部分 CA03 模块已经预制焊接完成，因此分为两类变更处理：一类按照技术变更文件预制组装焊接；另一类为原预制焊接完成的焊缝通过返修处理达到技术变更要求，按照技术及标准要求对已经组装焊接得此类焊缝拆除，并对母材焊接区打磨且 PT 检测合格后按照变更技术文件进行组装。

2.1 组装焊接问题描述及原因分析

根据上游技术变更要求，CA03 底面角焊缝变更为带垫板全熔透焊缝。生产车间根据变更专项会议的方案采取将变更焊缝坡口开在 IRWST 系统水箱外部，而垫板在水箱内（见图 3），技术要求对每条焊缝无损检测为打底 100%PT、最终 100%PT、20%UT（长度小于 200 mm 的焊缝 100%检测）以及安装后 100%LT。方案前期实施过程中的无损检测发现以下几个问题。

（1）打底检测中焊缝交接倒角处均出现如同如（见图 3）的缺陷，在第一批打底（100%检测）检测的 7 个子模块中有 5 个子模块存在贯穿性缺陷。其主要原因是受（见图 4）中筋板结构使焊接空间小，造成焊工焊接及打磨操作困难，从而无法保证焊接质量引起缺陷。

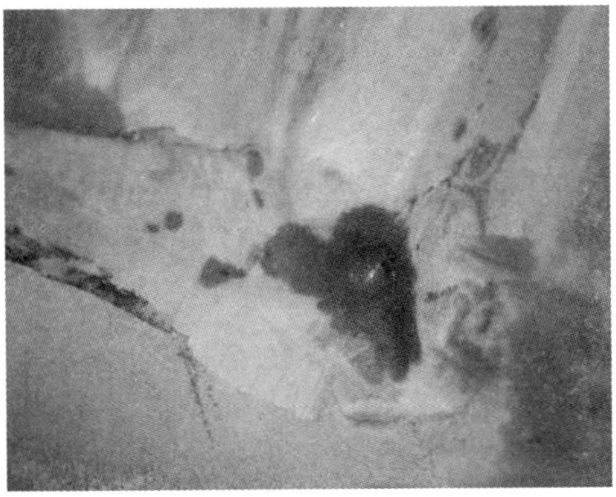

图 3 贯穿孔

图 4 筋板位置

（2）焊后 UT 时端角焊缝（焊缝长度小于 200 mm100%UT 检测）受焊角影响（焊缝倒角交接处，焊角未磨平），UT 检测区域部分不可达，使得 UT 检测不能 100%。

（3）结构模块 CA03 现场安装完成后所有水湿面焊缝（水箱内部）需要进行 100%LT 检测，目前方案实施后垫板为水湿面焊缝，而根据 LT 检测标准要求焊缝为可视且必须露出金属光泽（无损检测人员根据完成依托化项目三门一期、海阳一期现场此类焊缝泄漏检测的经验）在焊缝 PT 打底检测时发现此问题后，立即反馈技术中心；技术中心根据此问题做出解决方案为“安装就位后对垫板位置进行密封焊处理，然后对密封焊（两条焊缝）进行 LT 检测”。因此 LT 检测由原来的一条焊缝的检测，变成两条焊缝（原底面熔透焊缝变成垫板两侧半熔透角焊缝）的检测且 LT 检测难度增加，同时增加垫板两侧两条焊缝焊接量。

2.2　提出解决方案

无损检测人员根据完成依托化项目三门一期、海阳一期现场此类焊缝的无损检测检测的经验，针对 SN1 号 CA03 变更方案后检测过程中出现的问题及后期现场安装后可能存在检测问题，结合该焊缝结构特点、焊接工艺因素提出以下解决方案。

（1）该类焊缝打底时，焊接倒角交接处改变焊接工艺方法，如在焊缝倒角处采用氩弧焊接打底，保证该处焊接质量，同时减少打磨量；

（2）UT 检测时将端角处焊缝表面磨平，增加探头移动扫查距离[2]，以保证 UT100%检测的覆盖有效性（见图 5）；

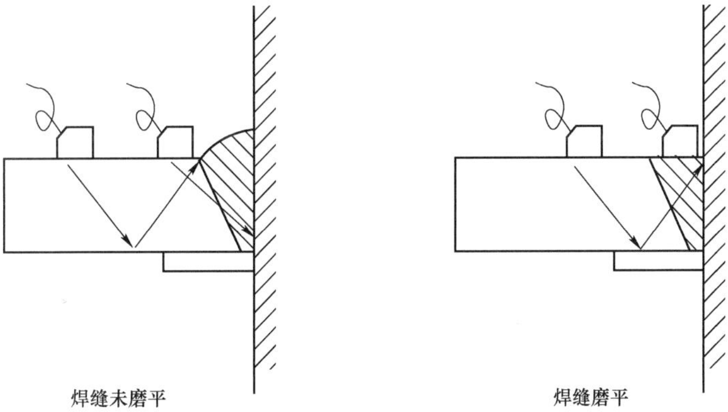

图 5　UT 检查示意图

（3）该类全熔透焊缝采取 K 型全熔透或垫板置于 IRWST 系统水箱外侧的 V 型全熔透焊缝；减少后续核电现场焊接量及无损检测量。

2.3　方案的实施

将上述解决方案提交到生产及技术协调会上，经过相关负责人讨论后修改后采纳并应用到该机组其他子模块其后续其他项目上的 CA03 模块。修改后的方案为：

（1）该类焊缝打底时，焊接倒角交接处采用氩弧焊接打底+盖面，氩弧焊成型好、缺陷少保证该处焊接质量，同时减少打磨量；

（2）UT 检测时将端角处焊缝表面磨平，增加探头移动扫查距离，以保证 UT100%检测；

（3）该类全熔透焊缝采取垫板置于 IRWST 系统水箱外侧的 V 型全熔透焊缝。

2.4　方案实施的效果

按照此方案实施生产及检测后，达到了预期效果：

（1）保证了端角处焊缝无损检测的有效性（端角处焊缝长度小于 200 mm 需 100%UT 检测）；

（2）提高倒角处焊缝的无损检测一次合格率，减少焊缝返修带来的工作量及工期的延后；

（3）垫板置于 IRWST 系统水箱外侧后，减少垫板两侧的两条焊缝焊接量及检测量（焊缝总长度减少 2/3，PT 检测总长度减少 2/3，LT 检测总长度减少 1/2，且 LT 检测难度降低，相应的控制生产及检测成本）。

3　总结

分析依托化核电机组在制造及安装中焊缝存在的问题，结合设计、制造、安装等各方面原因提出解决方案。并通过返修处理及各项无损检测经验的积累运用到其他核电机组，同时为后续核电项目设备的制造及安装提供质量上的可行保障；同时以核电现场安装阶段出现的问题、解决方案及检测经验反馈到车间制造阶段。核电产品的无损检测应多注重车间、现场检测经验的积累，尤其特殊区域的技术变更尤为重要。生产、技术、检测之间应做到及时沟通反馈，从而避免产品出现检测不可达、检测条件不满足、检测难度的增加、生产及检测工作量的增加等情况的发生。

参考文献

[1] 林诚格，郁祖盛，等. 非能动安全先进核电厂 AP1000 [M]. 北京：原子能出版社，2008.
[2] 强天鹏，等. 超声检测 [M]. 北京：中国劳动社会保障出版社，2008.

AP1000 反应堆压力容器制造工艺流程研究

闫迎辉，丛高伟，于　跃，赫玲波

（一重集团大连工程技术有限公司，辽宁 大连　116600）

摘要：核电作为我国重要的一项战略发展行业，近年来得到了迅猛发展。压水堆技术也由二代（如 M310）技术发展为安全性更好的三代核电技术，如 AP1000，CAP1400 等。反应堆压力容器作为主要的核安全一级设备，其产品质量对于反应堆系统的安全起到至关重要的作用，而制定合理科学的制造工艺流程，是保证产品质量的一项关键因素。二代核电压力容器的制造工艺比较成熟，而三代核电压力容器由于结构与二代核电压力容器有很大的区别，所以其制造流程与二代核电压力容器制造流程有很大的差别。本文在借鉴了二代反应堆压力容器制造工艺的基础上，充分考虑制造过程中可能的焊接变形、加工时机、无损检测时机等因素，对 AP1000 反应堆压力容器制造工艺流程进行了研究，最终制定出适合 AP1000 反应堆压力容器制造的工艺流程，从而保证了反应堆压力容器的制造能够满足设计的各项指标要求，为类似的产品制造过程提供参考。

关键词：制造工艺流程；反应堆压力容器；焊接技术；无损检测

The Study of AP1000 Reactor Pressure Vessel Manufacturing Process

YAN Yinghui，CONG Gaowei，YU Yue，HE Lingbo

（CFHI DALIAN Engineer & Technical Co.，Ltd.，Dalian of Liaoning Prov.116600，China）

Abstract: As a strategic development industry，unclear power developed fast in recent years. The nuclear power plant developed from second generation（e.g.M310）to the third generation，such as AP1000，CAP1400，which has better security. As one of the most important equipment，the quality of Reactor Pressure Vessel（RPV）can affect the security of the plant directly. And the scientifical and logical manufacturing process is the security to the quality of the RPV. The RPV's manufacturing process of the second generation plant is mature，but the RPV's construction has great difference between the third generation and the

作者简介：闫迎辉（1977—　），男，河北临城人，工程师，博士研究生，现主要从事核电一回路设备设计及应力分析工作

second one, which make the manufacturing process has great difference. In this paper, AP1000 reactor pressure vessel's manufacturing process is studied based on the second generation RPV's study, and considering the welding deformation, machine time and Non-destructive test opportunity. Finally the AP1000 RPV manufacturing process flow are confirmed, which can provide the quality insurance of RPV manufacture, and also gives a reference to the similar productions.

Key words: Manufacturing Process; RPV; Welding; Non-destructive Testing

随着社会经济的发展，我国日益增长的能源需求与环境污染之间的矛盾越来越突出。核能作为一项清洁能源，越来越受到重视，十八大以来，国家将其列入战略性发展行业。然而，核电的安全性是限制该行业得以迅猛发展的根本原因之一，其中，一回路设备，尤其是反应堆压力容器（RPV）的质量，对于整个核电厂的安全运营起到至关重要的作用。除了严格按照规范进行设计制造外，制造工艺流程的科学合理也是保障 RPV 质量的一个根本办法。目前我国核电二代技术的 RPV 制备技术及流程已经十分成熟，而具有非能动的 AP1000 三代核电 RPV 与二代系统的 RPV 相比，无论是结构细节还是总体轮廓，都有很大的区别。本文在借鉴了二代反应堆压力容器制造工艺的基础上，充分考虑了制造过程中可能的焊接变形、加工时机、无损检测时机等因素，对 AP1000 反应堆压力容器制造工艺流程进行了研究，最终制定出适合 AP1000 压力容器制造的工艺流程，从而保证了压力容器的制造能够满足设计的各项指标要求，为类似的产品制造过程提供参考。

1 AP1000 反应堆压力容器结构描述

AP1000 反应堆压力容器由筒体组件、顶盖组件以及密封组件几部分组成，其主体材料为 SA−508 Gr.3 Cl.1，重约 384 t。其中，筒体组件约 280 t，顶盖组件 66.5 t。

反应堆压力容器是核电一回路安全 1 级部件，且为整个核电运行系统中唯一不可更换部件，其主要设计参数如表 1 所示。从表 1 中可以看出，RPV 在寿期内要承受高压及高温的作用，同时也要承受运行过程中压力及温度的波动影响，这就要求压力容器具有足够的承载能力，RPV 主体结构由锻件拼焊而成，根据力学原理，在同样的内压作用下，环向主应力为纵向主应力的 1/2，故压力容器在制备过程中，避免使用纵向焊缝，主要由环向焊缝来制备。根据容器部件的不同结构形式及目前的锻件制造能力，AP1000 分为顶盖、接管段、筒体、过渡段、下封头以及进出口接管、安注接管几部分。除此之外，由于压力容器要承受来自堆芯的辐射且其工作环境为高温高湿，故应对其内表面堆焊不锈钢，以防止冷却剂介质对主体材料的腐蚀，降低放射性迁移和沉积。压力容器的主体结构如图 1 所示。

表 1 AP1000 压力容器主要设计参数

设计压力/MPa	正常运行压力/MPa	设计温度/℃	正常运行入口温度/℃	正常运行出口温度/℃	设计寿命/a
17.24	16.16	343	279.4	322.3	60

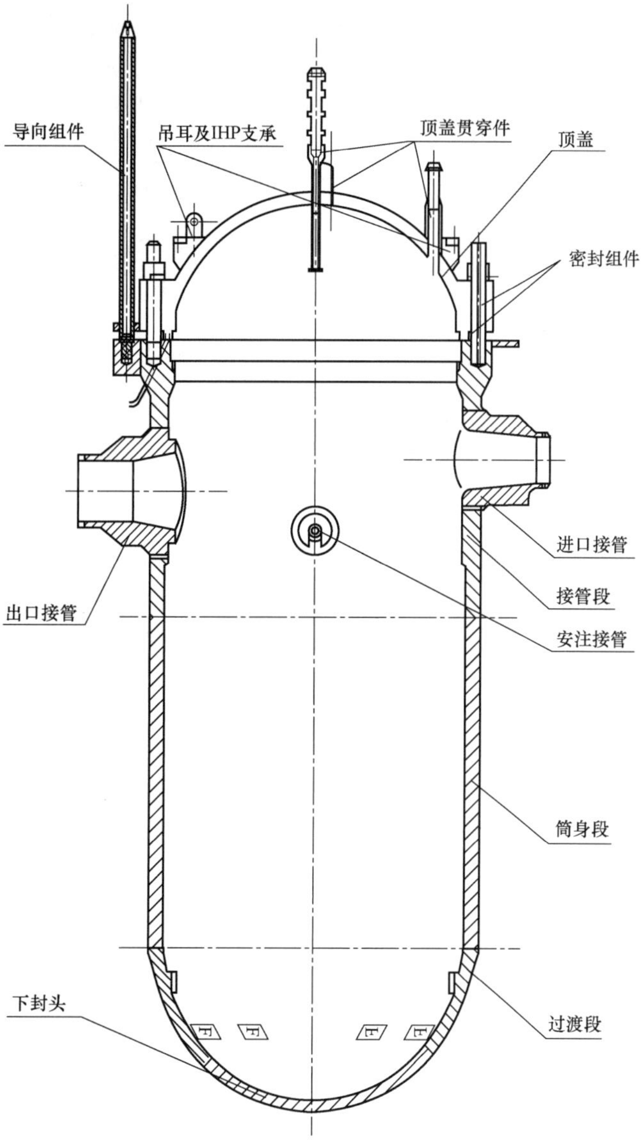

图1　AP1000反应堆压力容器结构示意图

2　反应堆压力容器顶盖组件制造工艺流程

AP1000压力容器顶盖区域包含2个导向栓支架、9个IHP支撑耳、3个IHP吊耳、8个Quickloc仪表接管、69个CRDM承压壳组件及1个放气管等众多组件，同时要为密封组件提供装配通道，故AP1000压力容器顶盖组件的制备过程工艺流程是一个包含焊接、热处理、无损探伤、加工的综合过程。

2.1　顶盖与导向栓支架之间的装配及不锈钢堆焊

经检验合格的顶盖锻件，其内表面以及顶盖弧形外表面一般已加工至要求尺寸，在顶盖法兰上下平面以及外端面均保留一定的加工余量，这一方面是由于法兰外端面与导向栓支架进行焊接，焊接过程可能会造成焊接变形，保留一定的加工余量，待二者拼焊之后，通过整体加工，实现其平面度的要求；另一方面则是由于在顶盖内部及法兰下平面有大量的不锈钢堆焊过程，容易造成整体变形，故保留一定的加工余量，待堆焊完成后再进行加工，有助于消除焊接变形；同时，法兰上平面及外端面的加工余量，有助于消除在运输过程中可能存在的磕碰影响。

导向栓支架厚度为 101.6 mm，为了保证焊接质量，同时降低焊接变形，在导向栓支架开有 K 型坡口，经过对坡口进行表面探伤，利用导向栓支架厚度为 101.6 mm，为了保证焊接质量，同时降低焊接变形，在导向栓支架开有 K 型坡口，经过对坡口进行表面探伤，利用焊条手工焊（SMAW）方法，实现导向栓与顶盖的焊接。其中，为了保证实现完全焊透，避免未熔合区的存在，在焊接过程中，需要对清根位置进行磁粉及目视检测。

如前所述，为了防止冷却剂及中子对容器主体材料的腐蚀以及降低放射性迁移和沉积，在容器内部堆焊多层不锈钢，即堆焊 309L 过渡层和 308L 耐腐蚀层。目前采用带极电渣堆焊法对主体结构进行不锈钢堆焊，该方法效率高、堆焊层美观稳定且整体质量好[1]。为了更好地实现堆焊，对待堆焊表面以及键槽进行机加工，同时为了保证 O 型环紧固螺钉位置的不锈钢厚度，对螺钉窝也进行相应的加工。对加工面进行磁粉检测后，进行不锈钢堆焊，利用渗透检测对堆焊层表面缺陷进行检测，同时采用超声检测对堆焊层及不锈钢与母材之间的熔合区进行体检侧，以避免气孔、加渣及裂纹的存在。无损检测结束后，对密封面、主螺栓孔、导向栓孔以及键槽进行预加工，同时对其加工面进行尺寸检查及表面缺陷探伤。顶盖与导向栓支架的装配过程中，由于具有 SMAW 以及整体不锈钢堆焊过程，故为了降低焊接热应力，应在每一步的焊接工艺完成后，及时进行中间热处理，与此同时，作为产品质量保证可追踪措施的焊接见证件，也应该与产品一道进行中间热处理[2]。

2.2 顶盖与 IHP 支撑耳以及 IHP 吊耳之间的装配

完成不锈钢堆焊后，进行顶盖附属组件的装配。IHP 支撑耳以及 IHP 吊耳的厚度为 111.5 mm，故采用与导向栓支架相同的焊接坡口形式以及焊接方法，对其进行焊接。与导向栓支架装配过程不同的是，由于 IHP 吊耳及 IHP 支撑耳与顶盖的焊缝无法进行体积无损检测，故为了保证焊缝质量，采用焊接过程中逐层表面无损检测的方法，即对首层、最终表面、清根区域以及每焊 12.7 mm 厚进行磁粉检测。与此同时，为了防止焊接变形对 IHP 支撑耳及 IHP 吊耳凸台的影响，相关部件的凸台区域均保留一定的加工量，在完成顶盖最终热处理后，才进行凸台的最终加工。

2.3 顶盖 Quickloc 堆焊管座的堆焊以及 CRDM 承压壳和放气管与压力容器顶盖的装配

在 AP1000 顶盖上圆形穹顶区域均布有 8 个 Quickloc 仪表接管，其材质为不锈钢结构，为了便于 Quickloc 仪表接管与顶盖的良好装配，且便于对焊缝的加工及探伤，在顶盖上先行堆焊低合金钢（P3 材料）管座，随后堆焊镍基隔离层，从而实现低合金钢与不锈钢的完美组合。P3 材料的堆焊为低合金钢的堆焊，故堆焊后应进行相应的中间热处理。通过加工堆焊管座内壁，以及相应位置顶盖开孔，对其进行尺寸检查及内表面磁粉探伤，以用于后续的不锈钢层堆焊。目前通过机械 TIG（钨极氩弧焊）的方法，完成对内表面的不锈钢堆焊。由于该部分堆焊管座完全为低合金钢堆焊而成，故为了保证其质量，体积无损探伤同时使用射线检测（RT）和超声波检测（UT）。最后，通过对堆焊管座进行粗加工、堆焊镍基隔离层、加工焊接坡口，完成对整个堆测接管管座的制备过程。需要指出的是，在每一步的粗加工、堆焊及坡口加工过程后，都应进行相应的表面和体积检测，同时用于焊接（包括堆焊）过程对母材以及堆焊管座都会产生一定的影响，故在完成相应的焊接工作后，应及时进行中间热处理。

顶盖上部除了IHP支撑耳、IHP吊耳以及Quickloc接管外，还布置有69个CRDM承压壳组件及1个放气管。为了降低堆测接管管座堆焊过程对顶盖的变形影响，在完成堆测接管管座工作后，再对顶盖进行加工，完成CRDM管孔、放气管孔的加工，同时对CRDM、放气管与顶盖的J型焊接坡口进行加工。顶盖与CRDM承压壳以及放气管主要通过J型焊缝进行结合，由于放气管与CRDM承压壳组件材质均为不锈钢，为了实现不锈钢与顶盖低合金钢的完美焊接，应对其J型坡口进行处理，即在J型坡口处先行堆焊一层镍基隔离层，为后续J型焊缝焊接做出充分准备。

由于不锈钢与镍基隔离层的焊接无需进行焊后热处理，所以在顶盖进行CRDM以及放气管装配之前，应对顶盖进行最终热处理，同时对顶盖上平面各部位、IHP支撑耳凸台、IHP吊耳凸台、密封槽、主螺栓孔、导向栓孔、CRDM管孔、放气管孔、堆焊管座焊接坡口以及内外比等进行最终加工。

堆测管座与堆测接管的焊接在最终机加工完成后进行，其焊缝为单U型坡口，为了保证焊接质量及装配同轴度，在堆测接管底部，留有一段延长段，其内径能够实现与堆测管座外径的完美配合，在焊接结束后，将其突出部分进行加工。同时通过目视、渗透、超声、射线等检测，保证其焊接质量。

J型坡口的焊接主要通过手工氩弧焊或手工电弧焊，目前已经有专用J型坡口焊接机器人，可以大幅地提高焊接接头质量，降低人力劳动强度，提高焊接效率。为了保证J型焊缝的焊接质量，在首层、每焊一半焊缝厚度或6.3 mm中的较小值以及最终表面，均进行渗透检测，同时对整体焊缝进行目视、超声、渗透以及尺寸检查。

CRDM承压壳除了通过J型焊缝与顶盖进行装配外，还通过冷装的方式，实现与顶盖的完美配合，即将CRDM承压壳放置在-196 ℃的液氮中进行充分冷却，利用其热胀冷缩的特性，与顶盖进行装配，从而实现与顶盖的过盈配合。这一方面可以实现CRDM承压壳与容器顶盖的紧密结合，增加其轴向承载能力；另一方面，可以实现高的CRDM承压壳定位精度，为反应堆的控制提供保障，从而提高整个反应堆系统的安全特性。为了防止CRDM承压壳装配过程中可能存在的与放气管的干涉现象，在装配CRDM承压壳时，先行将放气管放置到位，再进行CRDM承压壳的冷装和焊接工作。

3　反应堆压力容器筒体组件制造工艺流程

反应堆压力容器筒体组件主要由几大件组成：接管段、进口接管、出口接管、筒身段、过渡段、下封头以及安注接管。主体锻件焊缝均为全焊透结构，坡口形式为U型坡口，采用窄间隙埋弧自动焊，多层焊道，背面清根封根焊，这种焊接形式焊接效率较高，同时能降低融敷金属的用量。

3.1　下封头与过渡段以及筒身段的制造工艺流程

受当时锻件制造能力的制约，压力容器组件筒体以下部分，分为下封头和过渡段，分别进行锻造，再进行组焊。通过工艺改进，下封头与过渡段目前已经实现了整体锻造，且能够满足材料性能的要求。与二代核电压力容器下封头相比，AP1000压力容器下封头不再设置中子测量管管座，故无需进行相应贯穿件的开孔及焊接，加工量明显减少，降低了中子测量管与下封头配合位置的贯穿风险，对整体质量有了很大的提升。

经检验合格的过渡段、下封头及筒身段锻件，分别进行不锈钢堆焊。为了降低堆焊过程对下封头的影响，下封头锻件高度采用最大高度，待不锈钢堆焊结束后，再将多余部分切除，切除部分材料可留作存档材料。堆焊后的各个锻件，按照规范的要求进行中间热处理，同时进行渗透和超声无损检测。下封头和筒身段锻件在无损检测合格后，进行环焊缝坡口加工，以备与过渡段进行焊接。在锻件进行中间热处理时，相应的母材见证件、焊接见证件、辐照监督材料等均应一并进行热处理。

在 AP1000 反应堆压力容器过渡段，设置有导流围板支承和堆芯支承块。其中导流围板支承为镍基堆焊结构，堆芯支承块区域也堆焊镍基隔离层，以方便与堆芯支承块的焊接。由于导流围板支承堆焊厚度较大，为了保证堆焊层的质量，在首层及每堆焊 12.7 mm 后，在相应中间热处理后进行渗透检测，整体堆焊结束后，进行超声检测。完成上述工作后，对过渡段下坡口进行加工，以用于与下封头的焊接。

下封头与过渡段通过装配检查，利用窄间隙埋弧自动焊的方式进行焊接，同时通过背面清根封根焊，完成两大锻件的焊接。为了避免封根区域存在裂纹缺陷，在清根后，及时对清根区域进行表面磁粉检测。由于在焊缝区存在一定范围的不锈钢堆焊层空白区，故应按照不锈钢堆焊工艺，对其进行不锈钢堆焊，同样，锻件与母材见证件、焊接见证件以及过渡段辐照监督材料等在堆焊结束后一并进行中间热处理。组焊完成并经过中间热处理后的两锻件主体焊缝，按照规范的要求，及时进行射线、超声、磁粉及渗透检测，以保证主体焊缝的质量。

堆芯支承块与过渡段的焊接形式，与顶盖 IHP 支撑耳和顶盖之间焊接形式一致，同时为了保证镍基隔离层与堆芯支承块（镍基材质）的焊接质量，对其焊接首层、每隔 12.7 mm 厚、清根区域以及最终表面均进行渗透检测。振动监测垫块通过定位，利用角焊缝的焊接形式，将其与过渡段进行组合。完成堆芯支承块以及振动监测块的焊接后，应进行中间热处理，同时加工过渡段上部焊接坡口，用于与筒身段的焊接。

过渡段与筒身段的焊接以及后期的筒身段与接管段的焊接与过渡段与下封头的焊接方式完全一致。在此不予赘述。

3.2 接管段区域的制造工艺流程

接管段区域包含有 4 个进口接管、2 个出口接管、2 个安注接管、2 个导向螺栓支撑块、2 个检漏管以及共由 8 块密封板拼焊而成的 2 个密封板焊接件等，此部分是反应堆压力容器焊接工作最集中的区域。各个部件的组焊顺序，对于设备的质量，尤其是焊接变形，会产生十分重要的影响。

接管段的制造流程首先是与密封环板的组合。密封板由于导向螺栓支撑块的布置，其环形结构分割为 2 个半圆环。由于其内环半径达到 2 887 mm，为了减少不必要的浪费，将其由 4 块环板通过双 U 型坡口拼焊而成。密封板通过拼焊成 2 个半圆环的形式，再与接管段进行焊接，一方面 4 块环板之间的焊接要比 4 块环板分别与接管段焊接更为快捷，且质量也容易控制；另一方面，可以通过校平降低环板焊接过程产生的过量焊接变形。对校平后的密封环板进行焊接坡口加工，用于与接管段的焊接。对密封环板与接管段进行安装检查，并对相关坡口进行表面探伤，利用埋弧自动焊对上坡口实施焊接，下部坡口清根后利用焊条手工焊的方法进行施焊。为了保证焊接质量，密封环板拼焊过程以及密封环板与接管段的组焊过程中，均采取与 IHP 支撑耳焊接时一样的无损检测方式，即焊接过程中多次进行磁粉检测。同样，相关的焊接过程结束后，伴随中间热处理及热处理后的磁粉检测。

密封环板与接管段实现组焊后，对密封环板下表面以及与导向栓支承块相焊坡口进行加工，与此同时，对导向栓支承块坡口进行加工，坡口探伤合格后，将导向栓支承块与接管段进行组合，其组焊过程及其探伤、热处理与密封环板组焊过程相同。

完成密封环以及导向栓支承块的焊接，对接管段上表面、导向栓支承块下端面、密封环板及导向栓支承块侧端面进行加工，磁粉及尺寸检查合格后，对接管段内壁、支承台肩、密封面以及密封环板侧端部进行堆焊（其中接管段内壁接管区域不予堆焊）。经中间热处理以及渗透和超声检测合格后，对支承台肩、上平面以及内壁进行预加工，对键槽、检漏管堆焊坡口、主螺栓上部光孔以及导向栓上部光孔进行机加工，对主螺栓孔、导向栓孔进行预加工，其中机加工为了便于对相关位置进行镍基及不锈钢堆焊，而预加工部位则由于后续的焊接等工艺，可能对其位置产生影响，故保留一定的后续加工裕量。对上述机加工部位进行镍基以及不锈钢堆焊，经中间热处理，堆焊层无损探伤合格后，对相关部位进行机加工，同时超声、渗透及尺寸检查合格，即接管段上部区域的焊接工作初步完成。

完成接管段与密封环板以及导向栓支承块的焊接及相关加工，与接管的焊接成为最为重要的一项工作。由于在几个接管中，出口接管相比较其他接管，其管径较大，焊接过程更容易引起变形，所以，为了更大程度的降低焊接变形量，在接管段焊接过程中，将出口接管与接管段的焊接排在进口接管、安注接管之后进行。同时为了降低焊接变形，采用对称接管同时焊接的焊接工艺。

对接管段两个对称的进口接管位置进行机加工，接管口材料用于上筒体监督材料以及UT标定试块材料，同时加工接管坡口，以用于与进口接管的焊接。

进口接管在与接管段组焊之前，进行与筒身段等类似的不锈钢堆焊、中间热处理以及无损探伤，同时对接管的端部进行加工，通过堆焊隔离层以用于后续与安全端的焊接。对进口接管进行接管坡口加工，同时对坡口进行相关的无损检测，至此完成接管组焊前的准备工作。

通过将两个对称的进口接管与接管段进行装配检查，利用与过渡段与下封头焊接相同的工艺流程过程，完成两个进口接管与接管段的焊接。需要说明的是，在中间热处理过程中，相关的存档材料、监督材料一并进行中间热处理。其他几个接管的装配过程与此相同，在此不予赘述。

完成几个接管的装配，对检漏管孔环形坡口进行加工，以用于检漏管的焊接。由于检漏管、接管安全端等焊接为不锈钢与镍基的焊接，无需进行焊后热处理，故该部分与接管段的组焊放置在最终热处理之后进行。采用窄间隙埋弧自动焊，多层焊道，背面清根封根焊，实现接管段与下筒体的组焊，其过程与接管的焊接相同，最后进行最终热处理。

完成最终热处理后的筒体组件，经探伤合格，进行诸如检漏管、接管安全端等相关不锈钢件的焊接工作。与低合金钢组焊过程不同的是，坡口检测采用渗透检测，且无需进行相关的焊后热处理。检漏管焊接工作量小，采用手工焊的方式，而接管安全端则采用自动焊的方式进行。其中，为了方便和安全，检漏管部分先行进行曲形，与检漏管端头组焊合格后，并单独进行水压试验，再进行与筒体的组焊。由于部分部件在与筒体组焊过程中，考虑到焊接对部件的变形影响，故都会保留一定的加工余量，筒体组件整体装配结束后，对诸如此部分的加工余量进行最终的机加工，以达到设计的要求，其主要位置有密封槽、主螺栓孔、堆芯支承台肩及内壁、导向栓螺孔、键槽、安注接管以及出口接管内伸配合面、环板外围面等，同时对用于密封的接管安全端进行坡口加工，以用于后续的水压试验。

4 组装及水压试验

加工完成后的筒体组件以及顶盖组件，通过与密封组件（主螺栓密封组件、O型环密封组件）进行装配，制定特定的工装工艺，完成对整体的水压试验，以观察其整体密封性，验证整体结构强度。除此之外，水压试验有助于局部应力重新分布，改善设备的受力状态。

水压试验后，对筒体组件、顶盖组件进行整体无损探伤，同时机加各个对外接口的焊缝坡口，如放气管、接管安全端等，以方便在核电厂现场组焊。除此之外，由于行程套管组件一般在压力容器制造厂进行组装，故顶盖组件水压试验后，组装形成套管组件，随后再次进行水压试验，以验证形成套管的结构强度。

水压试验成功后的筒体组件和顶盖组件，经装配铭牌、清理、密封等，包装发运至用户。至此整个压力容器制备过程完全结束。

5 结论

本文对 AP1000 反应堆压力容器的制备过程进行了简要的描述，对其制备过程中的焊接及焊后热处理、无损探伤以及装配过程进行了介绍。压力容器的制备过程证明，合理的焊接工艺选择、正确的无损检测方法及检测时机以及合理的装配过程，有助于保证产品的质量，提高产品的制造效率。

致谢

本文在写作过程中，得到了诸多同事的帮助，尤其是一重集团核电石化公司焊接技术部、无损检测以及加工技术部装配工艺部门等相关专业人员的无私帮助，同时本部门刘振凤同志也提供了丰富的参考资料，在此向他们一并表示感谢。

参考文献

［1］张超．反应堆压力容器焊接技术［J］．一重技术，2019，1：65-68.

［2］American Society of Mechanical Engineers（ASME）Boiler and Pressure Vessel Code［S］Section Ⅲ，Division 1，subsection NB，2018 Edition.

RNS 泵接管预堆边 600 焊接材料应力腐蚀分析

张效宁，张俊宝

（上海核工程研究设计院有限公司，上海　200233）

摘要：RNS 泵接管预堆边采用的是 600 焊接材料，据核电厂的运行经验，对于使用 600 焊接材料的核设备，需进行一回路应力腐蚀开裂（PWSCC）的性能评估。运行案例和研究结果表明：在 250 ℃以下 600 焊接材料不会发生一回路应力腐蚀开裂，而 RNS 泵正常运行时各项温度波动范围均远低于出现 PWSCC 的临界温度 300 ℃。600 焊接材料用于 RNS 泵接管预堆边，在设备正常运行期间不会发生一回路应力腐蚀开裂。

关键词：应力腐蚀开裂；一回路；镍基合金焊材；开裂敏感性

The Analysis of Stress Corrosion Cracking Behavior of 600 Series Welding Materials in RNS Pump Pipe Pre-reactor

ZHANG Xiaoning，ZHANG Junbao

（Shanghai Nuclear Engineering Research & Design Institute Co.，Ltd.，Shanghai 200233，China）

Abstract: The welding materials of RNS pump pipe pre-reactor is 600 series，according to the operation experience of nuclear power plant（NPP），the performance evaluation of primary water stress corrosion cracking（PWSCC）is required for nuclear equipment using 600 series welding materials. The results of operation and researches show that PWSCC is not occur under the temperature of 250 ℃ in 600 series welding materials. The temperature fluctuation on range of RNS pump in normal operation is far below the critical 300 ℃ of PWSCC. PWSCC will not occur during the normal operation of the equipment when 600 series welding materials are used for RNS pump pipe pre-reactor.

Key words: Stress Corrosion Cracking；Primary Water；Nickel-based Welding Materials；Sensitivity of Cracking

---

作者简介：张效宁（1978—　），男，博士，高级工程师，现主要从事核电材料焊接及其相变领域等的相关研究

1　研究背景

KSB 为三门和海阳依托项目制造了 8 台 RNS 泵，泵壳的材料为 ASME SA-487M CA6NM A 类铸造马氏体不锈钢，为了免除规范要求的现场焊后热处理，RNS 泵接管预堆边采用的焊接材料为 600 焊接材料 182 镍基合金焊材（ERNiCr-3），焊接方法为钨极气体保护焊。KSB 按照 ASME 第Ⅸ卷要求完成了预堆边的焊接工艺评定，焊接接头的拉伸性能和弯曲性能均满足 ASME 规范的要求。

参照核电厂以往的运行经验[1,2]，对于核设备使用 600 焊接材料 82 和 182 镍基合金焊材（ENiCrFe-3、ERNiCr-3）的部位，如反应堆压力容器顶盖贯穿件 J 坡口的焊缝，贯穿件和管座的对接焊缝，发生过一回路应力腐蚀开裂问题（primary water stress corrosion cracking，PWSCC）。

按制造合同要求，RNS 泵的制造应满足《AP1000 补充制造和检验要求》（APP-GW-VLR-010 Rev.0）[3]，此技术条件第 3.9 章节规定镍基合金焊材应满足 SFA 5.11 和 SFA 5.19 的要求。2010 年 11 月，西屋公司对 APP-GW-VLR-010 Rev.0 进行升版[4]，增加了对使用 600 焊接材料 82 和 182 镍基合金焊材（ENiCrFe-3、ERNiCr-3）的使用限制要求：对于压力边界以及与冷却剂接触的温度超过 204 ℃的部位禁止使用；当与冷却剂接触的温度不超过 204 ℃的部位使用 600 焊接材料 82 和 182 镍基合金焊材（ENiCrFe-3、ERNiCr-3）时，应进行工程评估。

根据西屋公司升版后技术条件 APP-GW-VLR-010 Rev.1 的要求以及核电厂运行的实际经验，对于 RNS 泵接管预堆边使用 600 焊接材料（ERNiCr-3）的部位，应进行一回路应力腐蚀开裂（PWSCC）的工程评估。

2　应力腐蚀开裂（SCC）定义及机理

敏感金属或合金在一定的拉应力和一定的腐蚀介质共同作用下产生的特殊断裂方式称为应力腐蚀开裂（stress corrosion cracking，SCC），与常规拉伸或冲击产生的破坏方式不同，应力腐蚀开裂（SCC）是晶间裂纹在材料内部已近乎脆性断裂的方式萌生和扩展，一般在接近材料屈服强度的情况下发生应力腐蚀，几乎没有塑性变形，如图 1 所示，应力腐蚀开裂（SCC）同时具备三个条件才能发生：拉应力、腐蚀介质环境和敏感金属或合金。缺少其中任一要素，或者其中任一要素的数值降低到门槛值以下，均不会发生应力腐蚀开裂。

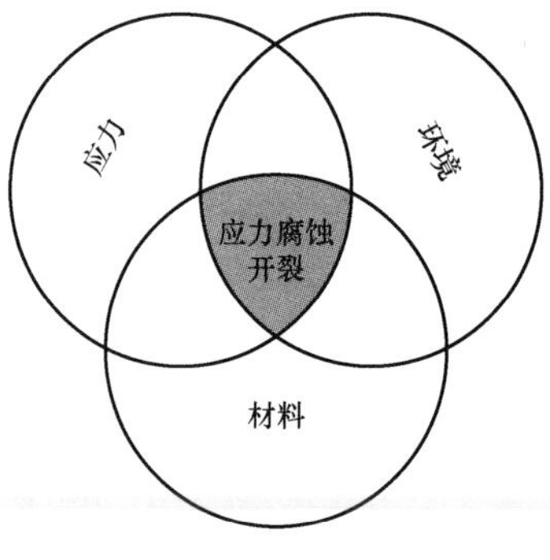

图 1　产生应力腐蚀开裂的三大因素示意图

3　一回路应力腐蚀开裂（PWSCC）三要素

一回路应力腐蚀开裂（PWSCC）也同样取决于：拉应力、腐蚀环境和应力腐蚀敏感材料三要素，以下分别从这三要素对 RNS 泵接管预堆边一回路应力腐蚀开裂（PWSCC）进行分析。

（1）拉应力

设备的设计规范（如 ASME 规范）明确规定了材料的许用应力，在许用应力的设计和计算时主要考虑内压、热膨胀系数、死载荷和地震等情况，没有考虑设备制造过程中产生的残余应力。残余应力常常高于设备运行过程中产生的应力，当设备运行产生的应力和残余应力相互叠加，高于设备的屈服强度时，会导致设备产生一回路应力腐蚀开裂（PWSCC）。

根据已有的资料和核电厂以往的运行经验，因为焊接产生的残余应力一般都低于材料的屈服强度，所以对 RNS 泵接管预堆边焊接接头而言，由于焊接产生的残余应力而导致应力腐蚀开裂的可能性很小。

（2）运行环境

1）Li 浓度和 pH

已有试验资料表明：当 Li 的浓度在正常范围内，其浓度的变化对应力腐蚀裂纹扩展速度的影响不大。当 pH 的范围从酸性向碱性的变化过程中，当 pH 越接近中性时，裂纹的扩展速率越低，而且当 pH 处于 6～8 的范围内，裂纹的扩展速率变化不大。

RNS 泵工作介质为反应堆冷却剂、除盐水、硼酸溶液和磷酸三钠溶液的混合物，运行期间 pH 的范围为 6.9～7.4。可以认为在 RNS 泵运行期间，pH 对应力腐蚀裂纹扩展速率的影响不大。

2）温度

温度对于裂纹扩展速率的影响符合阿伦尼乌斯方程（Arrhenius Equation），由于 600 焊接材料 82 和 182 镍基合金焊材（ENiCrFe-3、ERNiCr-3）的开裂属于热激活过程，所以一回路应力腐蚀开裂（PWSCC）主要取决于温度。

RNS 泵接管焊接接头所接触的介质为一回路冷却剂，大部分时间 RNS 泵不运行，其温度为泵房环境温度（约 10.0～54.4 ℃），RNS 泵正常运行的介质温度最高是 176.7 ℃，而 RNS 泵启动时瞬态最高温度也不超过 204 ℃，其各项温度波动范围均远低于出现一回路应力腐蚀开裂（PWSCC）的临界温度。根据核电厂总结的运行经验，镍基合金焊材一回路应力腐蚀开裂（PWSCC）的临界温度通常在 300 ℃左右，在低于 250 ℃的环境下，从没有发现过一回路应力腐蚀开裂（PWSCC）。

（3）敏感材料

1）RNS 泵接管母材

RNS 泵壳的材料为 ASME SA-487M CA6NM A 类承压铸造马氏体不锈钢，其化学成分和力学性能要求分别如表 1 和表 2 所示。与 ASME 第Ⅸ卷 A 篇中的 F6NM 相同，CA6NM 是一种热强化的铁-络-钼合金，这种材料通常在正火加回火状态使用，基本上为马氏体组织，包含有明显数量的残留奥氏体。CA6NM 合金中加入 Ni 和 Cr 元素可提高其抗含氯离子（Cl^-）水的侵蚀能力，马氏体加残留奥氏体组织具有优异的强度、延展性、硬度和韧性。

表 1　CA6NM A 类承压铸造马氏体不锈钢化学成分要求　　%（质量分数）

类别	C	Mn	P	S	Si	Ni	Cr
CA6NM A 类	≤0.06	≤1.00	≤0.04	≤0.03	≤1.00	3.5～4.5	11.5～14.0
类别	Mo	Cu	W	V	参与元素的总量		
CA6NM A 类	0.4～1.0	≤0.50	≤0.10	≤0.05	≤0.05		

表 2　CA6NM A 类承压铸造马氏体不锈钢力学性能要求

抗拉强度 R_m/MPa	规定强度 $R_{p0.2}$/MPa	断后伸长率 A/%	断面收缩率 Z/%
760～930	≥515	≥15	≥35

2）RNS 泵接管焊接材料 ERNiCr－3

RNS 泵接管预堆边采用的焊接材料为 ERNiCr－3（600 焊接材料），其化学成分和力学性能要求分别如表 3 和表 4 所示。

表 3　ERNiCr－3 未稀释焊缝熔敷金属化学成分要求　　　　%（质量分数）

元素	C	Mn	Fe	P	S	Si	Cu
范围/%	≤0.10	2.5～3.5	≤3.0	≤0.03	≤0.015	≤0.50	≤0.50
元素	Ni	Ti	Cr	Cb（Nb）＋Ta		其他元素	
范围/%	余量	≤0.75	18.0～22.0	2.0～3.0		≤0.50	

表 4　ERNiCr－3 熔敷金属力学性能要求

抗拉强度 R_m/MPa	断后伸长率 A/%
≥550	≥30

根据 PWR 核电厂的运行经验，在运行温度接近于 300 ℃的部位，如在反应堆压力容器出口接管安全端的 600 焊缝，反应堆压力容器的顶盖和底封头贯穿件的 600 焊缝出现应力腐蚀开裂现象。为解决焊缝的应力腐蚀开裂问题，研究开发了 690 系列 152/52/52M 焊接材料。690 系列 152/52/52M 焊接材料与 600 系列 82/182 焊接材料的力学性能相近，但是其含铬（Cr）量约 30%，当镍铬铁合金的铬含量大于 30%时，具有良好的抗应力腐蚀开裂能力。

通过 STF（strain-to-fracture）试验结果表明：690 系列 152/52/52M 焊接材料容易产生焊接热裂纹和高温失塑裂纹等焊接缺陷。图 2 是 600 系列 82/182 焊接材料与 690 系列 52/52M 焊接材料抗高温失塑裂纹性能的对比，结果表明：600 系列 82/182 焊接材料抗高温失塑裂纹明显优于 690 系列 52/52M 焊接材料。

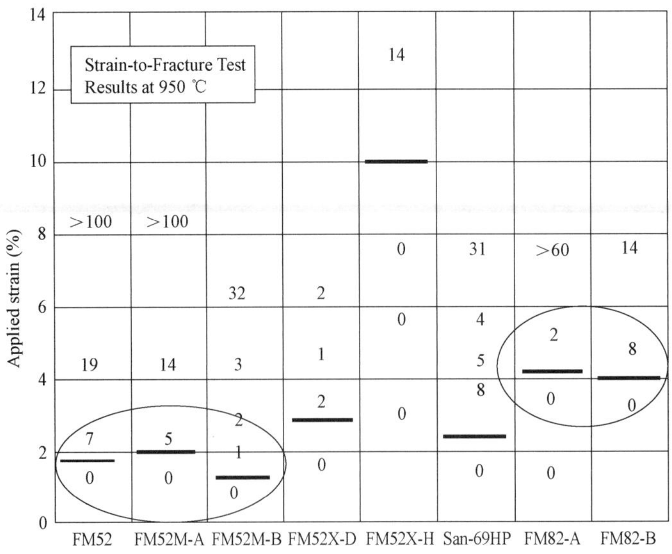

图 2　600 系列 82/182 焊材与 690 系列 52/52M 焊材抗高温失塑裂纹性能对比

制造厂使用经验也表明：虽然600系列和690系列焊接材料都具有优异的抗腐蚀性能和力学性能，但是690系列152/52/52M焊材的抗应力腐蚀能力优于600系列82/182焊材，600系列82/182焊材的综合焊接性能却优于690系列152/52/52M焊材。

4　RNS泵接管一回路应力腐蚀开裂（PWSCC）原因分析与讨论

（1）RNS泵接管母材及焊材

RNS泵壳的材料为ASME SA-487M CA6NM A类承压铸造马氏体不锈钢，焊接的主要困难是冷裂纹和脆化现象，此外还有晶粒粗化的倾向。焊接过程中当冷却速度较慢时，近焊缝区就会出现粗大的铁素体和碳化物组织，影响焊接接头的韧塑性。当焊接速度过快时，由于产生粗大的马氏体组织，韧塑性也要下降。为了避免焊缝金属产生马氏体组织，应当选择使焊缝产生奥氏体组织的镍基合金焊材，这不但可以防止冷裂纹的产生、降低焊接接头内应力，而且可以使室温的韧塑性和高温抗蠕变能力有所提高。

根据对母材CA6NM A类承压铸造马氏体不锈钢焊接性的评估，采用600系列182镍基合金焊材（ERNiCr-3）做为预堆边隔离层进行焊接是合适的，主要优点如下。

1）同奥氏体不锈钢一样，具有良好的机械性能；

2）ERNiCr-3焊材的综合焊接性能良好，可用于低合金钢和不锈钢焊接；

3）不需要现场焊后热处理；

4）在高温水环境中具有良好的抗高温腐蚀能力；

5）ENiCrFe-3焊材的热膨胀系数介于碳钢/低合金钢和奥氏体不锈钢之间，焊接接头的残余应力较小，可以作为碳钢/低合金钢和奥氏体不锈钢之间的过渡材料。

根据美国焊接协会的统计，600合金及焊接材料已在美国市场广泛应用。600材料是一种用于高温和腐蚀环境中的工程材料，这种合金具有优异的机械性能，在高强度和可加工性方面性能优异。高含Ni量使得600材料具有良好的抗有机物/无机物腐蚀性能和抗含氯离子（Cl^-）水应力腐蚀的性能。对于限制使用600合金的情况，主要是鉴于600合金在压水堆一回路应力腐蚀开裂问题，但该问题多发生在远高于RNS泵的设计温度范围之外。

（2）600焊材对应力腐蚀开裂的敏感性

1）金相组织

在焊接材料使用前，一般采用晶间腐蚀试验评估其抗腐蚀性能。大量试验表明：600系列焊接材料（82/182）熔敷金属为奥氏体组织，具有优良的抗应力腐蚀性能。

2）铬的含量

对镍铬铁焊缝金属的实验表明：随着含铬含量的提高，抗一回路应力腐蚀的能力也相应提高，ERNiCr-3焊接材料的铬含量为18.0%～22.0%，RNS泵接管材料CA6NM的铬含量为11.5%～14.0%，就铬含量而言，ERNiCr-3焊接材料的抗应力腐蚀性能优于RNS泵接管材料。

3）其他化学元素和焊接缺陷

如硼、硫、磷、铌等元素，与碳元素结合导致材料微观组织的变化，或者产生如热裂纹等焊接缺陷，会提高材料一回路应力腐蚀的敏感性。

1973年以来，KSB制造了近130台类似RNS的余排泵，掌握了ERNiCr-3焊接的关键技术[5]。RNS泵接管预堆边使用ERNiCr-3焊接材料，由经过考核的焊工采用评定合格的焊接工艺规程焊接完成焊接，KSB能够完全保证产品的焊接质量，发生焊接缺陷而导致一回路应力腐蚀开裂的可能性较小。

（3）600 焊材运行经验介绍

20 世纪 90 年代前，国际上建造压水堆核电厂通常采用含 Cr15%左右的 600 系列镍基合金焊接材料（82/182），600 合金及 600 系列焊接材料（82/182）具有抵抗氯离子（Cl⁻）水应力腐蚀的能力，常用作如 SG 传热管等核电站主要部件的材料[6]。但如图 3 所示，600 合金及 600 系列焊接材料在高温环境中也会发生应力腐蚀开裂。

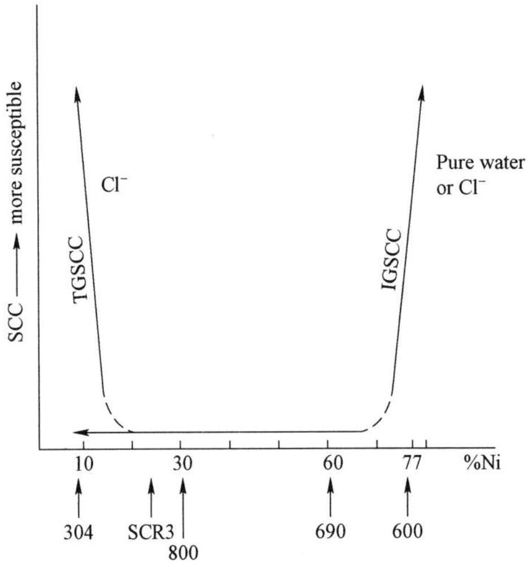

图 3　Ni 含量对于不同合金材料裂纹行为影响示意图

在核电厂中出现 600 焊接材料（82/182）的一回路应力腐蚀开裂现象，多出现在预堆边和 J 型坡口焊缝。2000 年 10 月在美国 V.C.Summer 核电站，目视检测发现反应堆压力容器出口接管和安全端对接的 82/182 焊缝出现裂缝，失效分析表明裂纹起源于 600 焊材（82/182）焊缝，终止于出口接管和安全端母材，通过对已发生应力腐蚀的案例分析，其一般发生的温度为 300 ℃左右。法国核电站的运行经验表明，一般在冷却剂出口温度以上才发生应力腐蚀开裂。600 焊接材料（82/182）的一回路应力腐蚀开裂取决于服役温度，在低于 250 ℃的环境下，没有出现过一回路应力腐蚀开裂现象[7]。

应力腐蚀取决于运行环境和服役温度，而温度对于裂纹扩展速率的影响符合阿伦尼乌斯方程（Arrhenius Equation）和激活能描述，核电厂运行经验和研究均表明：一回路应力腐蚀（PWSCC）敏感性通常在温度高于 250 ℃以上出现，不会在临界温度以下萌生或扩展。

5　结论

（1）RNS 泵接管预堆边使用 ERNiCr-3 焊接材料，由经过考核的焊工采用评定合格的焊接工艺规程焊接完成焊接，能够完全保证产品的焊接质量，发生焊接缺陷而导致一回路应力腐蚀开裂的可能性极小。

（2）600 焊接材料（82/182）的一回路应力腐蚀开裂（PWSCC）取决于环境和服役温度，在约 300 ℃的高温环境中运行（远高于 RNS 泵的设计温度），有应力腐蚀产生。运行经验和研究均表明：温度低于 250 ℃的环境下不会发生 PWSCC。

（3）RNS 泵正常运行的各项温度波动范围均远低于出现 PWSCC 的临界温度 300 ℃，600 焊接材料用于 RNS 泵接管预堆边，在 RNS 泵运行期间发生 PWSCC 的可能性较低。

参考文献

［1］余燕等译. 镍基合金焊接冶金和焊接性［M］. 上海：上海科学技术文献出版社.

［2］APP-MP08-Z0-001 R.7 Design Specification for Normal Residual Heat Removal Pump［R］.

［3］APP-GW-VLR-010 R.0 AP1000 Supplemental Fabrication and Inspection Requirements［R］.

［4］APP-GW-VLR-010 R.1 AP1000 Supplemental Fabrication and Inspection Requirements［R］.

［5］NUREG-1823-U.S. Plant Experience With Alloy 600 Cracking and Boric Acid Corrosion of Light-Water Reactor Pressure Vessel Materials［R］.

［6］Companion Guide To the ASME Boiler & Pressure Vessel Code Chapter 44 PWR Reactor Vessel Alloy 600 Issue［R］.

［7］SM1-MP08-GNR-5006 R.0 MP08 Nozzle Buttering Material Deviation［R］.

AP1000 新燃料运输容器适应性改造

张振雨，沈光耀，贺小明，李传毅，沈勇坚

（上海核工程研究设计院有限公司，上海　200233）

摘要：AP1000 新燃料运输容器用于运输 AP1000 核电厂未受辐照的核燃料组件。该类容器受核安全监管要求，需要耐受 9 m 跌落，穿刺试验、800 ℃火烧试验等极限试验工况，还要具备良好的运输使用性能。该容器设计过程中经历了结构设计、热工分析、临界计算、屏蔽计算、仿真计算的多次迭代，并通过试验验证，最终取得了国家核安全局颁发的设计许可证。容器使用过程针对设计输入变化、使用需求提高及制造工艺问题进行了一系列的适应性设计改造。改造后的容器满足使用需求，已成功用于国内首炉 AP1000 换料组件运输。本文首先介绍容器研发取证的过程，接下来详细介绍容器适应性改造的原因、过程及经验反馈和改进的建议，期望提高后续国产燃料运输容器的质量，也为随后的新型自主知识产权新燃料运输容器的设计和制造提供参考。

关键词：AP1000；振动；燃料运输容器；国产化

Adaptive Transformantion of AP1000 New Fuel Transport Container

ZHANG Zhenyu，SHEN Guangyao，HE Xiaoming，
LI Chuanyi，SHEN Yongjian

(Shanghai Nuclear Engineering Research & Design Institute，Co.，Ltd. Shanghai 200233，China)

Abstract: The AP1000 new fuel transport container is used for transport non-irradiated fuel of AP1000 plant. For nuclear safety regulatory requirements，the container needs to meet the requirements of 9 m drop test/puncture test/800 ℃ fire test. Besides there are other usage requirements to be meet. During research and design process，we do a lot of work in structural design/thermal analysis/critical calculation/shielding calculation/simulation calculation and get the design license of NNSA. During the use of the container we meet new requirements and do some adaptive transformation. After that，the container is used for AP1000 new fuel successfully.

作者简介：张振雨（1987—　），男，上海人，硕士，工程师，现主要从事放射性物品运输设备研发及核电厂非标设备设计工作

1　背景

1.1　新燃料运输容器研发过程简介

AP1000 国产化新燃料运输容器用于运输未经辐照的新燃料组件，适用于 AP1000 依托项目核电站和 CAP1000/1400 系列核电站新燃料组件的运输。该型号运输容器具有在正常运输和操作过程中保护新燃料组件避免受到振动和冲击而造成损坏、防止污物污染、保持燃料组件次临界状态、可供燃料组件垂直装卸等功能。上海核工程研究设计院有限公司将该容器命名为 STC-NF1A 型新燃料运输容器。

根据放射性物品安全运输规程（GB 11806）要求，该容器属于 A 型货包，需要耐受 9 米跌落，穿刺试验、800 ℃火烧试验等极限试验工况，还有具备良好的运输使用性能。容器研发过程经历了结构、力学、热工、临界、屏蔽等多专业数次次迭代。在结构设计、计算分析、仿真建模、材料研发、制造工艺等方面取得了多项关键技术，容器样机顺利通过取证试验。2017 年 12 月，该型号容器成功取得国家核安全局颁发的设计和制造许可证，这也意味着，国内首次全范围设计验证的新燃料运输容器研发成功。容器外观见图 1，取证试验见图 2。

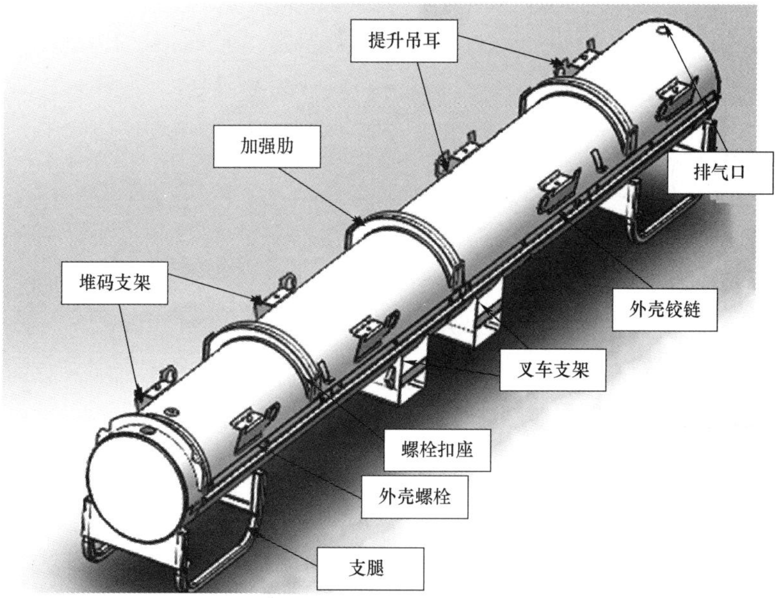

图 1　AP1000 新燃料运输容器外观示意图

图 2　取证试验现场

1.2 适应性改造问题的产生

容器研发成功后，燃料生产方定制了若干台运输容器，用于三门和海阳核电厂的新燃料运输工作。首批容器制造完成后，进行道路运输试验和首次模拟运输试验时，发现了一些使用相关的问题。问题发现后，各方通力合作对 STC–NF1A 型新燃料运输容器进行了一系列的适应性改造工作。

本文详细分析了一些有代表性的改造内容，如实记录改造过程并进行经验反馈，给出后续制造建议。期望通过经验反馈的形式提高国产燃料运输容器的质量，也为后续新型完全自主化知识产权的新燃料运输容器的设计和制造提供参考。由于篇幅所限，改造相应的安全性分析未在本文中体现。

2 设计输入变化导致的适应性改造

鉴于国内燃料运输实际情况，国产化新燃料运输容器使用过程中存在一定的设计输入变化，这里重点选择两项进行分析。

2.1 厂内道路情况变化导致加速度计跳表

STC–NF1A 新燃料运输容器在使用方厂内进行道路运输试验时，发现极限道路情况下，运输容器内壳加速度计偶尔出现跳表的现象。实际运输过程中如果加速度计跳表，代表燃料组件承受了额外的颠簸振动，需要对组件进行检查，在一定程度上影响组件安全运输。

容器设计时参照了同类型容器在行业内通用的道路及运输条件。

（1）选用带有空气悬挂的运输车辆进行组件运输；

（2）容器运输时，选择《公路工程技术标准》（JTG B01—2017）中规定的高速公路、一级公路和二级公路；

（3）如遇复杂道路情况，建议运输车辆保持 50 km/h 以上的速度通过凹坑路面；

（4）如遇减速带等路况时，建议运输车辆保持 15 km/h 以下。

鉴于国内燃料组件运输车辆及道路运输实际情况，可能存在无空气悬挂的运输车辆的情况。此外，组件从容器使用方运输到业主放的过程中，可能存在路况较差的路段，需要使容器具备更强的坑颠簸能力，以便在恶劣路况下具有更大的设计余量。参考进口容器的实际运输情况，设计院出具技术意见处理书，制造厂在容器内外壳之间加装了夹板式的包装附件。经道路运输试验和模拟运输试验验证，安装包装附件后，STC–NF1A 新燃料运输容器具有更强的抗颠簸能力，可以满足实际路况的燃料运输要求。

2.2 装卸载吊钩拉力变化导致的下部门板卡涩

容器前期设计、制造厂出厂试验及使用方模拟运输装载过程中，按照容器装卸操作规程，模拟燃料组件的吊钩拉力均保持 800 kg 左右。经容器出厂试验及现场装载过程验证，容器具有正常的启闭功能。首次道路运输试验时，业主厂房内装拆操作时，发现了内壳底部卡槽干涉，组件拆装困难等问题。

经分析，模拟组件在业主厂房内装拆时按照业主操作规程，吊钩拉力不得超过 220 kg，与制造厂及使用单位的操作规程中 800 kg 的期吊力相比，有额外的约 580 kg 的力作用在内壳底板上。经计算，此悬臂梁结构受力变形量大致为 2.4 mm，此变形量造成了容器内壳门无法关好，容器侧门板下方槽与底板卡槽存在少量干涉。针对此问题，设计院出具了技术意见处理书，由制造厂针对干涉部分进行打磨处理，确保侧门板槽与底板插板下表面间隙 5 mm，如图 3 所示。制造厂与使用方也修改了试验及操作程序，按照 220 kg 的吊钩拉力进行装拆操作。

打磨过后，制造厂及使用方重新对所有容器逐一进行装拆试验，未在发生内壳底板干涉或无法关闭现象。第二次模拟运输试验时，业主按照操作规程现场验证，容器开合正常。

2.3　其他问题

除以上两点较具代表性的改造外，内壳组件压板位置增加点焊固定和加速度计采购方式不同也引发了两处适应性改造。

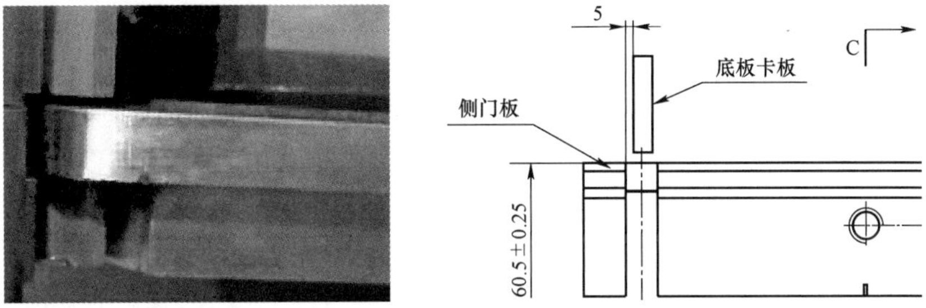

图3　卡涩位置及调整间隙示意图

3　额外需求导致的适应性改造

国产化新燃料运输容器首次模拟运输试验期间，业主从防异物、适应业主的容器翻转机和方便观测等角度提出了一些额外的设计需求。这里重点选择三项进行详细描述。

3.1　外壳要求加速度计及支架的额外设计

按照容器初始设计，每台STC-NF1A新燃料运输容器内壳均安装了4个加速度计（2个轴向4 g，2个径向6 g），用于监测运输过程中燃料组件的加速度。容器首次进行模拟运输试验时，业主提出在容器外壳上额外增加加速度计及夹具，用于监控吊装过程及运输过程中的振动，此要求非容器设计必须。

为满足业主的需求，设计院设计了外壳加速度计夹具和安装说明，出具技术意见处理书。制造厂加工了夹具并现场进行安装。加速度计安装夹具如图4所示，安装于运输容器中部加

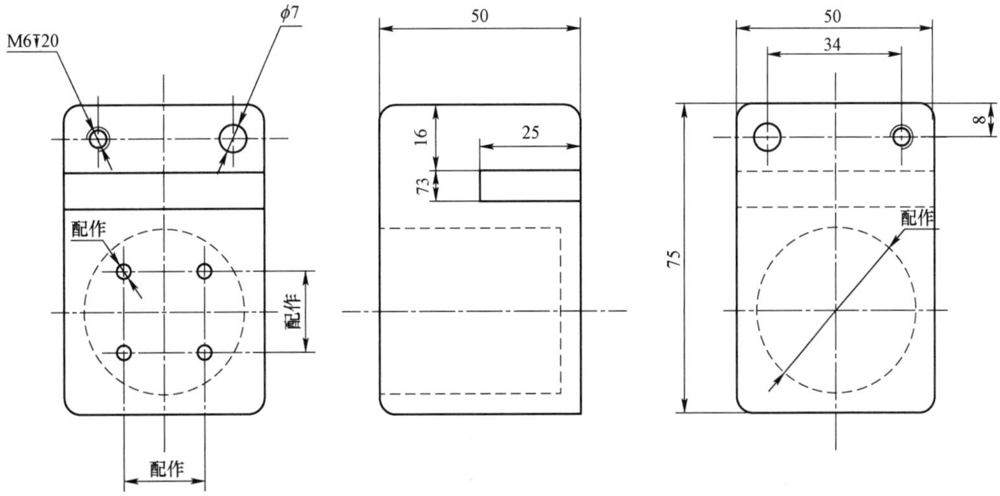

图4　加速度计安装支架示意图

强筋处。额外设计可监测运输及装卸过程中可能产生的操作问题，并监控车辆的在运输过程中是否存在过量的颠簸振动情况。

3.2　防异物要求造成的热熔堵头重新研发

热熔堵头安装在外壳排气孔处，用于在正常运输情况下隔绝外壳内减震材料。在火烧事故中，堵头发生熔化，发挥排气作用，具体如图 5 所示。按照容器初始设计，此堵头为半透明状态固体。容器在首次模拟运输试验过程中，业主提出此堵头较长，容易掉落成为异物，且掉落后不易发现。此问题在容器前期设计输入时未做要求

问题发生后设计院联合国内大学重新进行堵头研发，并重新设计堵头配合尺寸。新研制的堵头为黄色，堵头长度进行了合理设计改进，满足业主防异物的需求。容器正式使用前，已更换全部热熔堵头。

图 5　热熔堵头示意图

3.3　业主容器翻转机不同导致的部分问题

STC-NF1A 新燃料运输容器进行首次模拟运输试验时，业主提出了容器底部不平、翻转不便和耳轴间隙不同的问题。

经分析，容器在制造厂及使用方现场均采用了自动翻转设备进行操作，容器翻转平稳可靠。业主现场使用的为简易的机械翻转架进行翻转操作，容器端部和容器腿部需要同时利用。翻转设备不同造成了三个问题：第一，由于容器端部焊有一块 2 mm 不锈钢铭牌，造成了底部高低不平。此外容器端部存在一定的加工变形，导致端部有一定的弧度，也加剧了不平衡度。针对这种问题，业主加工了 2 mm 不锈钢板，进行平衡性适配。第二次模拟运输试验结果表明，增加垫片的方式可以有效解决容器底部不平的问题。

问题二，业主现场容器翻转设备使用耳轴作为转轴，耳轴与国产容器适配后，端部有约 2 mm 的间隙，经设计院评估，次间隙不影响容器使用，没有安全隐患，现场不做处理。

问题三，由于机械式翻转机存在吊车竖直与水平的同步操作，容易因误操作拉扯燃料运输容器，存在一定的安全隐患，国内类似翻转架曾出现过吊装过程中剧烈抖动的案例。此外机械式翻转机的支撑杆较细，也容易加重误操作的后果。建议业主有条件时将手动式翻转机更换为自动倾翻式，参见图 6。

现场适应性改造过后进行了装载试验，多次模拟运输后发现该问题得以解决，证明该改造方案可行。

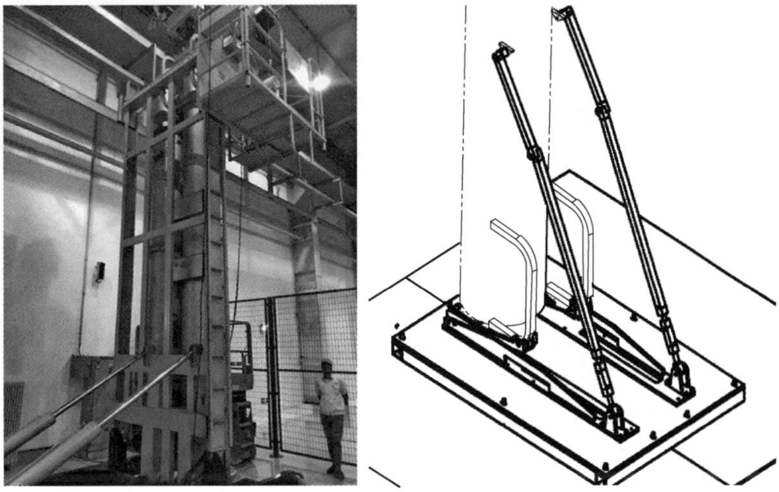

图 6　容器翻转设备示意图

3.4　其他问题

除以上三点较具代表性的改造外，从防异物角度去除厂家贴牌，增加雨淋验证试验等两处适应性改造，均已满足使用要求。

4　设计差异导致的适应性改造

国产化新燃料运输容器图纸与西屋技术转让设计基本保持一致，另有一些适应国内实际情况的设计改进。容器首次模拟运输试验期间，使用方要求对国内外容器设计差异部分做系统性分析。下面选取两例具有代表性的改造，进行详细分析。

4.1　顶部翻盖铰链轴与孔配合尺寸设计不同

容器做首次模拟运输期间，发现内壳顶部插销插入困难，对容器装卸组件造成了一定的影响。经分析，插销插入困难有两个原因，一是容器内壳顶部翻盖的铰链孔与插销配合尺寸与国外容器略有不同；二是制造公差超设计要求（此部分制造问题在 5.1 节进行描述）铰链孔位置见图 7。

国产化：插销直径 4.5 mm，孔直径 4.8 mm

进口容器：插销直径 4.4 mm，孔直径 5.2 mm

经对比可知，国产容器设计间隙更小，有利于减少运输过程中内壳的晃动，但是在制造精度不高的情况下，容易造成顶部插销插入困难。针对以上情况，并考虑实际加工精度，设计院出具技术意见处理书将翻盖铰链孔扩孔至 7 mm。扩孔过后进行了多次试验，插销可以顺畅插入，试验结果符合要求。

翻盖扩孔数据仅适用于本批次适应性改造，鉴于铰链直线度与同心度确实是制造难点，后续容器制造时，设计院修改设计图纸，保留插销直径为 4.5 mm 的设计，将孔的间隙扩大到 5.5 mm。

4.2　外壳铰链板宽度设计不同

国产化容器外壳铰链板宽度与进口容器有所不同。国产化铰链板宽度为 51 mm，进口容器铰链板宽度为 57.5 mm，见图 8。宽度不同可能造成外壳铰链螺栓安装的困难，增加容器外壳开关盖时间。鉴于以上分析，考虑到铰链板已加工成型，对铰链板连接孔进行扩孔也可以达到同样的目的。设计院出具技术意见处理书，对现有的铰链螺栓孔进行扩孔，扩孔过后进行多次试验，无其他问题。

图 7　铰链孔示意图

图 8　外壳铰链板示意图

4.3　其他问题

除上述两点外，国产容器相比进口容器还有以下不同：增设密封条、带防松螺母的额外设计、外壳增加整圈焊缝、外壳顶部吊耳采用碳钢发黑防锈等改进设计，以上设计更有利于燃料安全运输，故未做修改。

另有内壳闩锁内增设了放松动的弹簧柱销，用于止动。考虑到业主防异物的需求，在适应性改造中进行了去除。

5　制造问题导致的适应性改造

由于新燃料运输容器首次在国内制造，部分加工制造工艺与国外存在一定的差异，产生了一定的问题，这里选举三个有代表性的问题进行分析。

5.1　内壳铰链同心度加工误差造成内壳上部插销卡涩

容器在工厂内及使用方现场试验期间，偶尔出现顶部翻盖合盖后，插销插入卡涩的情况，首次模拟运输试验期间，业主现场也发现了同样的问题，翻盖如图 9 所示。从制造角度看，一是铰链轴与孔的配合不同，国产容器的配合间隙更小一些（具体见文 4.2 节）；二是容器制造过程中、翻盖及侧板各自的同心度误差较大，两排孔对齐后，累计误差造成插销插入困难；三是翻盖孔设计此外由于侧板平面度加工误差，组件装载后容器有胀开的趋势，通过 L 形板传递到翻盖上，使翻盖有打开的趋势，也加剧了插销插入的困难。

图 9　内壳翻盖示意图

鉴于以上分析，采用两个步骤解决此制造问题。一方面对翻盖右侧铰链孔进行扩孔。另一方面，对 L 形板与侧盖接触位置进行打磨，消除侧盖变形对顶盖的影响，便于 L 形插销的安装。现场适应性改造过后进行了装载试验，多次模拟运输后发现该问题得以解决，证明该改造方案可行。

5.2　内壳 L 形板角度超公差导致内壳上盖关闭受阻

容器制造过程中，曾出现过部分容器内壳安装后出现了 L 形翻盖组件与左右侧门板存在一定的高度差，导致容器无法合拢到位，造成上板与左右门板角碰的问题。此问题也引发了内壳上盖关闭受阻和插销插入困难的问题，干涉位置见图 10。经分析，此问题是由于 L 形板加工角度、内壳板垂直度、铰链同心度不符合设计要求造成的综合影响、设计院考虑到实际零件加工安装误差，为防止装卸擦碰，同意针对覆板进行局部修磨，使翻盖组件能够顺畅合拢。

图 10　内壳关闭受阻位置示意图

容器交付使用后，部分容器重复出现此类问题。鉴于容器已整体移交使用，现场不具备拆解校形的条件，设计院针对现场情况，通过技术意见处理书出具了改造意见，制造厂编制了返修工艺方案并进行修复处理，确保组件装载合盖顺畅。

5.3　内壳顶杆内六角加工偏差造成拧紧不便

容器厂内总装和使用方现场模拟装载过程中，均发现容器顶杆内六角螺栓尺寸不统一的问题。大部分用 M6 内六角螺栓比较方便拧紧，小部分用 1/4 英寸（1 英寸 = 2.54 cm）内六角拧紧方便，首次模拟运输试验期间，业主现场也发现了同样的问题。经分析，容器设计图纸给出的尺寸为 1/4 英寸，制造厂外协加工零件时，未做好外加工件的质量控制工作，造成了大部分内六角的加工尺寸变小，导致 1/4 英寸内六角扳手无法插入，碰巧使用 M6 公制内六角可以操作，此问题属于系统性问题。经各方确认，已加工完成的容器进行标记，制造厂编制清单说明容器号与扳手型号的匹配关系并提交此问题的根本原因分析报告。后续容器制造期间，加强此零件验收的质量控制，避免类似问题产生。

5.4　多台容器外壳合盖间隙超公差造成密封困难并降低操作效率

容器在使用方现场开合及业主厂房内开合过程中，发现部分容器外壳开合费力，此问题虽不会造成组件无法装载，但会增加业主操作时间。

经分析三个原因造成了此问题：一是容器前期建造期间，有多份 NCR 中有容器合盖间隙超差的描述。经过矫形后，仍有部分容器外壳合盖间隙超公差。经设计院评估，超公差不影响容器正常使用，但会造成密封困难和操作费力；二是外壳铰链板宽度设计略有不同，国产化设计宽度为 51 mm，进口容器设计宽度为 57.5 mm，此宽度对铰链螺栓孔的位置有一定影响；三是铰链加工直线度偏差也加重了此问题。

为避免上述问造成橡胶条压紧力不足而降低容器的防雨性能，设计院增设了一道密封圈进行新燃料运输容器上下外壳的密封，可以满足密封要求，但会造成更多的人力操作。为方便现场拆装，制造厂已将密封垫更换为扁形橡胶密封垫，方便现场拆装。此外，对铰链孔扩孔，方便拆装，此方案经模运输试验验证，满足使用方及业主的需求。

根据前期 NCR 评估，容器加工后的合盖间隙超公差为系统性问题，后续制造厂优化制造工艺，在后续制造过程中降低合盖间隙，满足设计要求。

5.5 其他问题

此外，在制造方面，容器还存在制造期间 NCR 较多、内壳闩锁松紧不一、清洁度较差和出厂试验控制等问题，制造厂针对问题清单一一进行了整改，整改过后的容器符合各方要求。

6 结论与建议

本文详细回顾了 STC－NF1A 型新燃料运输容器适应性改造的整个过程，产生了如下四个结论。

（1）设计差异造成了三项适应性改造，影响因素为顶部翻盖插销插入困难、闩锁弹簧柱销容易成为异物、外壳翻盖操作费力几个方面。具体涉及翻盖插销孔配合间隙、闩锁锁紧定位设计和外壳铰链尺寸。另有若干设计差异因不影响使用或有正向影响故未做改动。此部分设计在设计初期考虑不周全，后期明确要求后进行了一系列改造，改造后符合要求，经实际燃料运输工作验证，相关问题改造后在运输过程中质量稳定。

（2）设计输入变化造成了四类适应性改造，影响因素为道路及车辆运输条件更恶劣、吊钩吊力由 800 kg 变更为 220 kg、压板组件位置要求固定和加速度计采购型号不同。具体涉及内壳加速度计跳表、内壳下部门板卡涩、压板组件位置焊接和加速度计安装位置螺钉有异物风险等不同等问题。此部分问题在设计初期没有输入，后期明确输入后进行了一系列的改造，改造后符合要求。经实际燃料运输工作验证，相关问题改造后在运输过程中质量稳定。

（3）业主额外需求造成了五类适应性改造，具体为外壳要求额外增加加速度计、防异物要求重新研发热熔堵头、增加雨淋试验验证、防异物要求撕除厂家贴牌、业主翻转机不同造成的部分问题。此部分是为了满足业主要求而进行了额外的适应性改造，改造过后满足业主使用需求。经实际燃料运输工作验证，相关问题改造后在运输过程中质量稳定。

（4）国内外制造工艺及质量控制差异造成了八类适应性改造，具体为整体制造工艺方面、内壳 L 形板角度方面、内壳铰链同心度方面、外购件质量控制方面、内壳闩锁拧紧方面和外壳盖间隙及形位公差方面、清洁度和出厂试验相关。涉及容器外壳开关盖、内壳顶部翻盖合盖、内壳插销插入、内六角扳手使用等问题。此部分通过适应性改造已全部满足使用要求，并在模拟道路运输试验及实际运输过中进行了检验。在后续容器制造过程中，建议改进制造工艺并加强质量控制，进一步提升容器产品质量，满足后续使用方运输要求。

容器改造过程中，业主方、容器使用方、设计院及制造厂均投入了大量的人力物力，改造后的容器进行第二次模拟运输试验，基本满足使用需求，遗留问题经后期改造已全部解决。目前 STC－NF1A 型新燃料运输容器已成功用于国内首炉 AP1000 换料组件运输，运输过程稳定可靠。AP1000 新燃料运输容器的适应性改造过程也为后续批次国产化运输容器的制造和自主化知识产权运输容器的研发积累了丰富的经验。

参考文献

［1］中华人民共和国国家标准. GB 11806—2019 放射性物品安全运输规程［S］.
［2］刘新华. 放射性物品安全运输概论［M］. 北京：科学出版社，2015.
［3］张正松. 核燃料组件运输容器隔振系统的振动分析［M］. 北京：机械工业出版社，1991.
［4］杨萍，吴捷. 复杂系统故障诊断综述［J］. 测控技术，1998，17（2）.

第3篇

建　造　篇

AP1000 核电工程风管漏风量检测技术

陈宝元

（上海核工程研究设计院有限公司三门项目部，浙江 三门 317109）

摘要：风管漏风量的大小对核电厂 HVAC 系统尤其是关键区域 HVAC 系统功能的实现有重要影响。本文首先对比分析三代核电 AP1000 在风管漏风量检测要求方面与国内二代及二代加核电堆型间的异同，然后介绍风管漏风量检测技术在三代核电 AP1000 工程上的应用。通过对风管漏风量检测试验实例数据的验证分析，结果表明，使用风管漏风测试仪进行恒压法定量检测风管漏风量的技术能够满足 AP1000 设计规范的要求。风管漏风量检测技术能有效地检验 HVAC 系统风管预制和安装的严密性，为日后核电厂在运行期间 HVAC 系统众多重要功能的实现提供有力保障。

关键词：AP1000；HVAC 系统；漏风量；风管漏风测试仪

Testing Technology for Ductwork in AP1000 Nuclear Plant

CHEN Baoyuan

（China Shanghai Nuclear Engineering Research & Design Institute Co.，Ltd. Sanmen Project，Sanmen of Zhejiang Prov. 317109，China）

Abstract: Air leakage quantities play an important role in the function realization in HVAC system，especially in the key areas in the Nuclear Plant. The requirements of leakage testing for ductwork between AP1000 and the second generation and the improved second generation Nuclear Plant has been compared and analyzed. And the leakage testing technology being used in AP1000 project is also introduced in the article. Based on the analysis of the leakage testing data，it is shown that leakage testing technology with constant pressure method by using the Duct Air Leakage Tester matches the AP1000 Specification well. And it is effective for leakage testing in the process of duct prefabrication and installation by using this leakage testing technology，the leakage testing technology will guarantee the success of the essential realization of HVAC system function during the operation of the AP1000 Nuclear Plant.

作者简介：陈宝元（1983—　），男，江苏新沂人，高级工程师，学士学位，现主要从事核电工程施工管理工作

Key words: AP1000；HVAC System；Air Leakage Quantities；Duct Air Leakage Tester

风管漏风量是指单位面积（或针对一定面积）的风管在一定时间内泄漏的风量容积，它是验证风管系统预制和安装严密性的一个重要指标。因此，在核电工程 HVAC 系统施工过程中，保证风管漏风量在设计要求范围内十分必要。相比于国内二代及二代加核电堆型，第三代核电 AP1000 堆型在风管漏风量方面提出了特殊的要求。AP1000 设计规范根据 HVAC 系统设备等级的不同，将 HVAC 系统分为两个泄漏等级，制定出不同等级风管及壳体的泄漏率限值，并规定了漏风量检测的具体要求。

风管漏风量检测是在风管安装阶段进行的风管严密性检测，国内二代及二代加核电堆型在风管安装阶段的严密性检测是根据《通风与空调工程施工质量验收规范》（GB 50243—2002）中相关规定执行的。

本文通过比较 AP1000 设计规范与 GB 50243—2002 在风管漏风量方面的不同要求，分析 AP1000 核电堆型相比于二代及二代加核电堆型在风管漏风量检测方面的特殊要求。同时，介绍国内较为先进的风管漏风测试仪在 AP1000 核电工程上的应用实例，以验证风管漏风量检测技术在 AP1000 工程实际应用中的准确度和可行性。

1　AP1000 和二代及二代加核电堆型漏风量设计要求介绍与分析

1.1　AP1000 设计规范适用范围

规范适用于空气净化、空气冷却和通风系统，每个系统的压力边界应包括但不限于以下各项。

（1）风管；

（2）风机壳体；

（3）风阀框架和阀体；

（4）冷盘管和热盘管壳体；

（5）用于减少放射性污染物的部件的安装框架；

（6）连接到风管上的仪表或其他部件；

（7）空气净化（空气过滤）装置外壳；

（8）空气处理机组壳体。

1.2　漏风量要求

1.2.1　压力等级

AP1000 设计规范将风管系统的工作压力划分为四个等级，比二代及二代加核电堆型和 GB 50243—2002 规定的风管系统均多出一个压力等级范围，具体压力等级规定见表 1。

表 1　压力等级规定　Pa

AP1000 核电	U	V	W	X
	$0\leqslant U\leqslant 500$	$500<V\leqslant 1\ 500$	$1\ 500<W\leqslant 2\ 500$	$X>2\ 500$
二代及二代加核电	LP	MP	HP	N/A
	$0\leqslant P\leqslant 630$	$630<P\leqslant 1\ 600$	$1\ 600<P\leqslant 2\ 500$	
GB 50243—2002	低压	中压	高压	N/A
	$0\leqslant P\leqslant 500$	$500<P\leqslant 1\ 500$	$P>1\ 500$	

注：压力等级规定同样适用于负压的风管系统。

1.2.2 泄漏等级

二代及二代加核电堆型对风管系统的泄漏等级没有相关设计说明及要求，但将GB 50243列为暖通施工的设计适用文件。而GB 50243—2002则根据风管系统不同的压力等级，将风管系统允许的漏风量要求分三组进行说明，并分别对矩形风管和圆形风管对应的最大允许漏风量进行了相应的规定，具体见表2。

表2 GB 50243—2002关于允许漏风量规定

压力	漏风量	
	矩形风管	圆形风管
低压	$Q \leqslant 0.1056P^{0.65}$	$Q \leqslant 0.1056P^{0.65}/2$
中压	$Q \leqslant 0.0352P^{0.65}$	$Q \leqslant 0.0352P^{0.65}/2$
高压	$Q \leqslant 0.0117P^{0.65}$	N/A

注：① Q为工作压力下，允许的最大漏风量〔$m^3/(h\cdot m^2)$〕；

② 压力等级规定同样适用于负压的风管系统。

AP1000设计规范将HVAC系统的泄漏等级划分为泄漏Ⅰ级和泄漏Ⅱ级，根据不同的泄漏等级，确定系统容许泄漏率（占系统额定流量的百分比）数值。HVAC系统的泄漏等级与系统的设备等级（D设备等级，根据设计规定分别参照L或R等级要求）存在一定的内在联系，见表3。从表中可以看出，泄漏Ⅰ级的风管系统均为R设备等级，该部分风管系统主要为空气净化系统，要求空气洁净，无放射性污染；泄漏Ⅱ级的风管系统为L设备等级或R设备等级，该部分风管系统主要用于一般要求的加热、通风和空调系统。

表3 AP1000设计规范关于泄漏等级规定

泄漏等级	设备等级	最大容许泄漏率P（占系统额定流量的百分比）		
		风管	外壳	合计
Ⅰ	R	0.50	0.10	0.60
Ⅱ	L/R	5.00	1.00	6.00

1.2.3 漏风量检测要求及分析

二代及二代加核电堆型在风管安装阶段进行的风管严密性检测遵照GB 50243—2002规定要求。GB 50243—2002对风管漏风量检测要求是在漏光法检测的基础上提出的。规定指出：低压风管系统漏光检测不合格后，按照5%的抽检率进行漏风量检测。若合格，则不需要进行漏风量检测；中压风管系统漏光检测合格后，按照20%的抽检率进行漏风量检测；高压风管系统不做漏光检测，应全数进行漏风量检测。

AP1000设计规范对处于正压和负压的风管系统均要求做正压检测。试验时，可以整个系统做检测，当系统不具备整体检测条件时，也可以分段进行检测，实际施工中多分段进行漏风量检测。规范要求对L设备等级的风管系统进行定性试验，对R设备等级的风管系统进行定量试验。

定性试验的试验压力为压力等级范围的上限，见表1。对于X压力等级的风管系统，由设计给定试验压力值。定性试验的验证方法采取泡沫检漏法或音响检漏法，其优点是不需要进行详细数据的计算，只要找出漏点的位置并进行密封处理即可。其不足之处主要有两点：一是对泡沫溶液质量要求高，溶液涂抹要求均匀且容易产生气泡，微小气泡不容易观察。若采用音响检漏法，则需要一个比较安静的环境，实际施工中很难达到；二是无论采取上述哪一种检漏方法，都需要有足够的操作及检查空间。

定量试验方法有两种，一是压力衰减法，二是恒压法。压力衰减法的试验压力要求为压力等级范围上限的 1.25 倍。恒压法试验压力为压力等级范围上限，对于 X 压力等级的风管系统，同样由设计给定试验压力值。定量试验只需将实际泄漏量与设计允许泄漏量比较，若在允许的泄漏量范围内，则合格。反之，则需要按照定性试验中查找漏点的方法进行查漏处理。AP1000 设计规范允许用定量试验代替定性试验，实际施工中的分段定量试验验收标准见公式（1）：

$$L_s=\frac{a}{A}\times\frac{P\times Q}{100} \tag{1}$$

式中：L_s——管段的允许泄漏量，L/s；

P——允许泄漏百分比；

Q——系统的额定流量，L/s；

a——分段管段的表面积，m^2；

A——完整风管系统的总面积，m^2。

公式（1）是针对面积为 a 的风管试验段，计算的最大允许泄漏量。为了进一步与国标中最大允许漏风量计算公式进行比较分析，将 L_s 转换为单位面积单位时间最大允许漏风量并统一单位，见公式（2）：

$$Q_{AP1000}=3.6\times\frac{L_s}{a}=\frac{3.6}{A}\times\frac{P\times Q}{100} \tag{2}$$

式中：Q_{AP1000}——根据 AP1000 设计规范计算的风管系统最大允许漏风量，$m^3/(h\cdot m^2)$。

将国标中最大允许漏风量计算公式（见表 2）表述如下：

$$Q_{GB}=K_i\cdot P^{0.65} \tag{3}$$

式中：Q_{GB}——根据国标计算的风管系统最大允许漏风量，$m^3/(h\cdot m^2)$；

K_i——各个压力等级的特定系数；

P——工作压力，Pa。

比较公式（2）和公式（3）可知：AP1000 设计规范对风管系统最大允许漏风量的计算取决于系统的额定流量和额定面积，与工作压力无关，而国标对风管系统最大允许漏风量的计算取决于系统工作压力。

2　风管漏风检测装置介绍

AP1000 核电工程采用 Q90 型风管漏风测试仪进行恒压法定量检测风管漏风量，该装置由专用风机、高速电机、变频调速系统、进口流量管、进口流量计、杯型压力计及与被测风管连接的挠性软管组成，其结构示意图见图 1。该装置具有结构紧凑、小巧、灵活、检测迅速、精度高等优点。

测试仪的基本原理：在理想状态下向一个密闭容器注入气体，保持容器内压力恒定，此时注入气体的流量与密闭容器的泄漏流量相等。实施风管漏风量检测时，主要分三个步骤：

第一步，按照公式（1）计算出试验管段允许的泄漏量，根据泄漏量选择合适型号的进口流量管，按照图1所示连接测试仪与被测管段，检查连接处是否严密；第二步，启动测试仪，转动调速按钮，观察杯型压力计示值，将风管压力调至所要求的试验压力，维持恒定的送风压力及温度至少10分钟，然后在连续5分钟周期内每隔一分钟记录一次进口流量计读数，并根据所记录的流量值，计算出流量的平均值即为试验管段实际泄漏量；最后，将实际泄漏量与设计允许泄漏量进行比较以确定试验管段严密性是否合格。

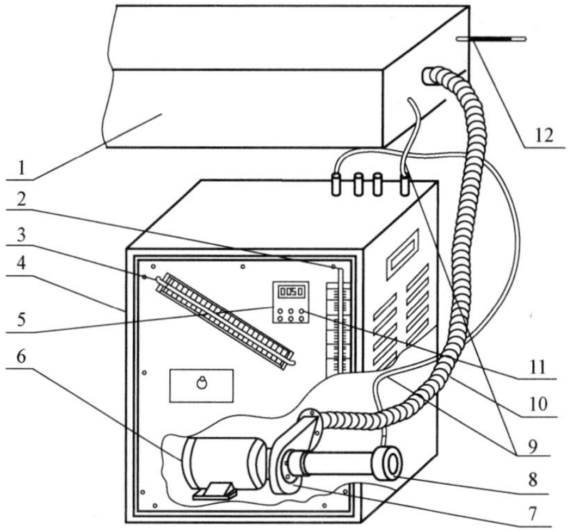

图1 Q90型风管漏风测试仪结构示意图

1—被测风管；2—杯型压力计；3—进口流量计；4—测试仪箱体；5—操作窗口；6—高速电机；7—风机；8—进口流量管；9—橡胶软管；10—送风软管；11—变频器；12—温度计

进口流量管有A、B、C、D四种类型，每种类型有各自的泄漏量检测范围。同时，进口流量计针对不同类型的进口流量管具有相对应的刻度板。各类型进口流量管直径大小、泄漏量检测范围和进口流量值与进口压力的函数关系见表4。

试验时，进口流量计在刻度板上的读数值即为表中Q值，它是根据表中的函数关系确定的。

表4 进口流量管相关参数

类型	直径/mm	泄漏量检测范围	进口流量值与进口压力函数关系
A	68.4	30～132 L/s	$Q=4.28P^{0.5}$
B	51.5	20～80 L/s	$Q=2.43P^{0.5}$
C	37.1	10～42 L/s	$Q=1.26P^{0.5}$
D	23.1	3～16 L/s	$Q=0.488P^{0.5}$

注：① Q为进口流量管流量，L/s；

② P为进口流量管负压值，Pa。

3 应用漏风量检测技术工程实例

工程实例以主控室/控制支持室的VBS系统送风管线漏风量检测进行介绍分析，该试验管线为XGD等级，设计给定的试验压力值为2 150 Pa，遵照R类风管施工要求。试验管线包含风管、电动平衡阀、防火阀、流量计、分流器和消音器，未包含空调机组壳体，故允许泄漏百分比应为0.5%，试验参数见表5。

表5 试验管段参数

试验压力	泄漏等级	试验管段面积（a）	完整系统面积（A）含壳体	系统额定流量（Q）
2 150 Pa	I	185.1 m^2	546.8 m^2	8 308.4 L/s

根据所示参数，按照公式（1）计算出该试验管段设计最大允许泄漏量L_s为14.06 L/s。

按此数值，测试仪的进口流量管应选择 C 类型。试验压力和温度恒定后，记录一个试验周期的 5 组数据见表 6。

表 6　测试仪试验记录数据

组别	杯型压力计示数/Pa	流量计示数/（L/s）	变频器显示的频率/Hz
1	2 160	12	120.5
2	2 160	12	120.5
3	2 150	11.5	120.5
4	2 150	11.5	120.5
5	2 150	11.5	120.5
平均值	2 154	11.7	N/A

从表 6 中可以得知该试验管段的实际泄漏量为 11.7 L/s，小于 14.06 L/s，说明风管漏风量检测合格，风管系统的严密性满足设计要求。

为了进一步检验风管漏风测试仪的准确度，试验中同时采用了电子压差仪分别对杯型压力计和流量计进行验证。第一步，将连接风管的橡胶软管接至电子压差仪上，记录 5 组风管内部压力值；第二步，将连接进口流量管的橡胶软管接至电子压差仪上，记录 5 组进口流量管压力值。记录数据见表 7，表中泄漏量是根据表 4 中 C 型进口流量管对应的函数关系计算得出。

表 7　电子压差仪验证记录数据

组别	风管内部压力值/Pa	进口流量管压力值/Pa	泄漏量/（L/s）
1	2 150	−90	11.95
2	2 150	−90	11.95
3	2 150	−90	11.95
4	2 150	−90	11.95
5	2 150	−90	11.95
平均值	2 150	−90	11.95

风管漏风测试仪检测漏风量与电子压差仪检测漏风量的对比可知：漏风测试仪和电子压差仪检测的漏风量均小于最大允许漏风量 L_s，该试验段漏风量检测结果合格。因在试验中是同时采用漏风测试仪和电子压差仪进行测试的，分析检测结果，可以得出：风管漏风测试仪检测的风管内部压力仅与电子压差仪检测的压力值相差 4 Pa，表明漏风测试仪相比电子压差仪的准确度达到 99.8%；风管漏风测试仪检测的风管漏风量仅与电子压差仪检测的漏风量相差 0.25 L/s，准确度达 98%。考虑到风管漏风测试仪读数的误差，可以认为风管漏风测试仪的检测结果是比较准确的，检测方法是可行的。

按照国标最大允许漏风量计算公式（3）计算该试验段的 $Q_{GB}=0.011\,7\times 2\,150^{0.65}=1.72\ m^3/$（h • m²）。按照公式（2）将 L_s 转化为 $Q_{AP1000}=3.6\times\dfrac{14.06}{185.1}=0.27\ m^3/$（h • m²）。同理，将风管漏风测试仪检测漏风量 11.7 L/s 和电子压差仪检测漏风量 11.95 L/s 分别进行转化得 $Q_{漏风测试仪检测}=$

0.228 m³/（h • m²）、$Q_{电子压差仪检测}$=0.232 m³/（h • m²）。为了更为直观的进行对比，现将国标最大允许漏风量、AP1000 最大允许漏风量、漏风测试仪检测的漏风量和电子压差仪检测的漏风量做成柱形图，见图 2。

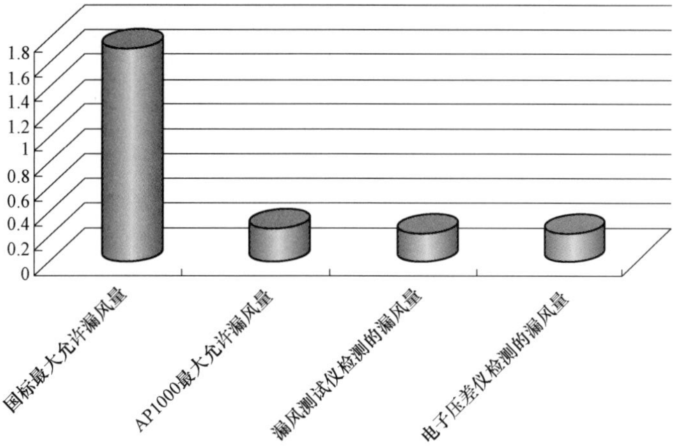

图 2　漏风量对比图

从图 2 可以看出：国标最大允许漏风量是远大于 AP1000 最大允许漏风量的。之所以出现这样的现象，是由于该试验段属主控室和控制支持室的送风系统，为关键区域的 HVAC 系统，严密性要求较为严格。而国标最大允许漏风量则是根据系统压力计算所得，未对不同通风区域进行不同要求，此点也是与 AP1000 在漏风量要求方面的一个区别之处；从图 2 也可以看出：漏风测试仪检测的漏风量与电子压差仪检测的漏风量几乎相等，且均小于 AP1000 最大允许漏风量。故，使用风管漏风测试仪检测 AP1000 核电工程风管系统漏风量是可行的。

4　结束语

综上所述，使用风管漏风测试仪进行恒压法定量检测风管漏风量的技术简单实用，能够满足 AP1000 设计规范对风管漏风量检测要求，建议在后续的核电工程 HVAC 系统施工中推广使用。AP1000 核电工程漏风量检测技术的应用能够有效地检验风管系统的严密性，为日后核电厂在运行期间 HVAC 系统众多重要功能的实现提供有力保障。

参考文献

［1］Fabrication and Installation of Nonsafety-Related Ductwork and Accessories. CPP-MD04-Z0-001，Rev.0，2012.1.
［2］孙昌基，等（译）．核电厂空气和气体处理 ASME AG-1［S］. 上海：上海科学技术文献出版社，2007.9.
［3］张耀良，等. 通风与空调工程施工质量验收规范［S］. 北京：中国计划出版社，2002-4-1.
［4］苑晓东，等. 暖通施工说明. 北京：核工业第二研究设计院，2006.8.
［5］Q90 型风管漏风测试仪使用说明书［S］. 北京：煜丰华源.
［6］HVAC Air Duct Leakage Test Manual［S］. SMACNA，the1st Edition，1985.

AP1000 非能动余热排出热交换器设计及验证

程应社，庄亚平，王　震

（山东核电有限公司，山东　海阳　264000）

摘要：AP1000 非能动余热排出系统中使用了具有创新性的非能动余热排出热交换器。设计阶段根据功能要求计算了 PRHR HX 的换热能力。结构设计中充分考虑了性能要求和流致振动产生的载荷。通过备用温度的测量，证明了 PRHR HX 布置是合理的，各部分的温差和位差能驱动其产生自然循环。开展了 PRHR HX 的强制对流换热试验和自然循环试验，试验换热量均满足计算的验收准则，表明计算程序中选择的相关参数是合适的，程序计算的结果是足够保守的。

关键词：AP1000；非能动余热排出系统；非能动余热排出热交换器

The Design and Verification of AP1000 Passive Residual Heat Removal Heat Exchanger

CHENG Yingshe，ZHUANG Yaping，WANG Zhen

（Shandong Nuclear Power Company LTD.，Haiyang of Shandong Prov. 264000，China）

Abstract: AP1000 passive residual heat removal system uses the innovative passive residual heat removal heat exchanger. Calculate the PRHR HX heat removal capacity based on functional requirements during design phase. Functional requirements and flow-induced vibration loads are fully taken into account in the structural design. Through standby temperature measurement，prove that PRHR HX layout is reasonable，and temperature and altitude difference can drive the natural circulation. Tests are carried out with forced flow and natural circulation flow，calculated test acceptance criteria are met，indicates that the parameters selected in program are appropriate，and the results program calculated are conservative enough.

Key words: AP1000；Passive Residual Heat Removal System；Passive Residual Heat Removal Heat Exchanger

作者简介：程应社（1981—　），男，山东郓城人，高级工程师，硕士，现主要从事核电厂核岛设计管理工作

AP1000 核电技术的一个重要特征是采用了非能动安全系统，即安全系统的设计采用重力、自然循环等自然力和蓄能驱动流体流动，在异常或事故工况下，带走堆芯余热和安全壳的热量，不需要泵、风机或柴油机等能动部件；可以在没有交流电源、设冷水、厂用水以及 HVAC（供暖、通风与空调）等安全支持系统的条件下，保持电厂的安全[1]。

其中一个重要的非能动系统是非能动余热排出系统，该系统由 1 台非能动热排出热交换器（简称 PRHR HX）以及相关的阀门、管道和仪表组成，如图 1 所示。

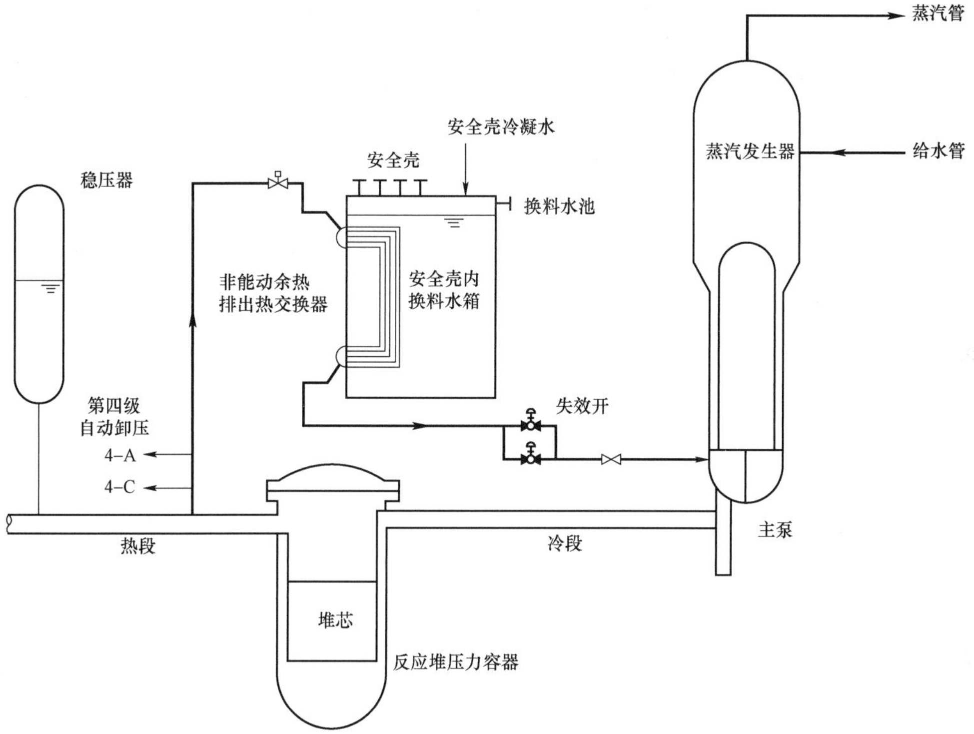

图 1 非能动余热排出系统

在正常运行工况下，该系统出口隔离阀是关闭的，热交换器内冷却剂的温度与 IRWST 水温相同。当出口管线上隔离阀开启后，由于 PRHR HX 和反应堆压力容器之间存在位差和温差而产生自然循环驱动压头，其方向与反应堆冷却泵产生的强制循环方向相同。在反应堆冷却剂泵运行时，PRHR HX 以强制循环加自然循环方式把堆芯余热传递到 IRWST（安全壳内换料水箱），而反应堆冷却剂泵停止后，PRHR HX 以自然循环方式冷却堆芯，此时整个循环过程中不需外部提供动力，可以不用受制于外部因素。

1 PRHR HX 的功能设计

1.1 基本功能要求

PRHR HX 应能实现如下主要功能。

（1）在预期 RCS 加热瞬态期间（如丧失主给水，主给水管道断裂或丧失厂外电源），PRHR HX 应能通过自然循环的方式带走足够多的热量，以冷却反应堆冷却剂系统；

（2）在过度冷却事件，如蒸汽发生器主蒸汽管线破裂或 PRHR HX 误开启时，PRHR HX 不能带走太多的热量以防止堆芯损坏或 ADS 启动；

（3）蒸汽发生器传热管破裂事件期间，PRHR HX 必须能够带走堆芯衰变热并将 RCS 的温度降到小于 SG 二次侧的温度，以防止 SG 满溢或 ADS 启动；

（4）非 LOCA 事件期间，PRHR HX 应能够冷却堆芯，维持一、二次侧的压力不超过设计压力的 110%，确保不会超最小 DNBR 的限值；

（5）PRHR HX 与非能动安全壳冷却系统一起，能为堆芯提供长期的冷却；

（6）PRHR HX 必须带走足够多的热量以缓解 ATWS（未能紧急停堆瞬态）后果；

（7）为了支持安全停堆，无论是否有交流电源和主泵运行，PRHR HX 应能保证在 36 h 内，将 RCS 的温度降至 215.6 ℃。这样能够降低 RCS 的压力，使 RCS 系统相关设备及相连管道的应力水平降低，降低继发 LOCA 的概率。这些时间后，PRHR HX 应具有至少 14 天带走堆芯衰变热的能力；

（8）PRHR HX 应能够在 72 h 内将 RCS 冷却到 204.4 ℃以便 RNS 能够投入运行；

（9）部分工况下，PXS 运行会将蒸汽排放到安全壳，从而导致安全壳压力和温度升高。PRHR HX 和 IRWST 至少在 1 h 内能防止大量蒸汽释放到安全壳。

为了满足上述功能要求，在各种工况下 PRHR HX 的导热能力需满足表 1 的要求。

表 1　PRHR HX 的导热能力

功能			设计要求	计算能力
瞬态①②	主泵不运行	最小	46.9 MW	61.4 MW
ATWS③	主泵运行	最小	④	253.4 MW
主蒸汽管线断裂⑤	主泵不运行	最大	87.9 MW	83.3 MW
RCS 冷却	主泵运行或不运行	最大	36 h	33.6 h
蒸汽释放到安全壳的时间	主泵运行或不运行	最小	1 h	1.72 h
持续带走衰变热	通过返回槽	最小	＞14 d	20 d

注：① RCS 温度 297.2 ℃，IRWST 初始温度 48.9 ℃，PRHR HX 最大堵管率，自然循环；

② RCS 加热瞬态，如丧失主给水，主给水管道断裂或丧失厂外电源；

③ RCS 温度 343.3 ℃，IRWST 初始温度 29.4 ℃，PRHR HX 无堵管；

④ PRHR HX 配合其他热源，保证 RCS 压力小于 22.1 MPa；

⑤ RCS 温度 291.7 ℃，IRWST 初始温度 10 ℃，PRHR HX 无堵管，自然循环。

1.2　性能分析计算

针对 AP600/AP1000 核电技术，国外做了大量的设计验证试验。主要有西屋公司做的著名的三管试验以及美国核管理委员会和其他机构共同合作下进行的四次整体试验。这四次整体试验分别为美国俄勒冈州立大学的 APEX−600 系列试验、意大利皮亚琴察进行 SPES−2 系列试验、在日本进行的 ROSA/AP600 系列试验以及后来在美国俄勒冈州立大学的 APEX−1000 的系列试验。其中，与 IRWST 和 PRHR HX 直接相关的研究主要有西屋公司的三管试验和 APEX−600 系列试验中模拟全厂断电事故试验。

西屋公司的三管试验采用了等高度比例的 3 根直换热管，并非 C 形换热管。这 3 根换热管保持了与原型换热管相同的直径尺寸和厚度尺寸。水箱模拟件采用了与原型内置换料水箱相同高度的圆柱形水箱，并在水箱中设置了导流板。试验中西屋公司验证了管间间距对上升羽流的影响。基于此试验，西屋公司开发了关于非能动余热排出热交换器设计方法和相关的计算关联式，并提出了基于弱核池沸腾模式的经验公式。

俄勒冈州立大学进行了 APEX-600 试验，它是非能堆芯冷却系统综合试验装置，1/4 长度比例、1/2 时间比例、低压、低温的热工试验台架。其中在模拟全厂断电事故试验结果中较为详细的分析了 C 形换热器的传热机理和内置换料水箱热分层现象，验证了 PRHR HX 的计算程序[2-4]。

在 AP1000 PRHR HX 设计过程中，根据 PRHR HX 的设计尺寸和形式（包括传热管的尺寸、形状、材料属性，PRHR HX 各部件的尺寸和流体阻力，PRHR HX 在 IRWST 中的安装位置等），通过传热公式和相关软件计算了其导热能力，如表 1 中所示，计算结果表明 PRHR HX 满足设计要求。

为了验证分析计算中所用的有关公式和系数是否合适并具有一定的保守性，AP1000 设计要求 PRHR HX 在热试阶段进行强制换热试验和自然循环换热试验，并要求首堆在装料后进行自然循环试验。

2　PRHR HX 的结构设计

2.1　结构及支承设计

PRHR HX 由入口和出口封头及与其相连的 C 形立式传热管束组成，如图 2 所示[5]。

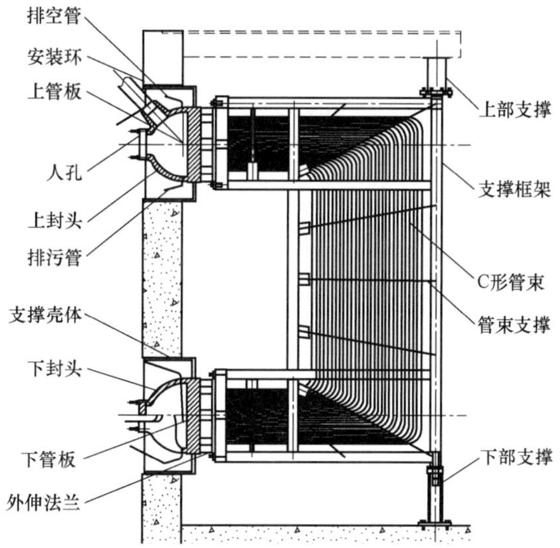

图 2　PRHR HX 结构图

PRHR HX 入口管与上封头相连，上封头及其管板通过一个外伸法兰与 CA02 模块焊接。换热器管束由一个固定在 IRWST 上的框架所支撑，框架与 IRWST 的底板和天花板连接固定，传热管的顶部低于 IRWST 水面约 0.8 m。PRHR HX 的出口管与置于上封头垂直下方靠近 IRWST 底部的出口封头相连。

PRHR HX 设计的关键是保证其换热功能的同时保证在设计基准事故工况下可运行，以实现预期的安全功能。根据其结构特征，传热管及其固定的设计是 PRHR HX 的重要因素和典型特征。

PRHR HX 的 689 根传热管呈正方形布置，分为 27 行 27 列，总长度约为 8 304.3 m。传热管呈 C 型，由两个水平段和一个竖直段构成。PRHR HX 运行时 C 形管外上水平段核态沸腾传热（包括初始阶段的过冷沸腾和后阶段的饱和沸腾两种）；C 形管管外竖直段和下水平段的大空间对流换热。核态沸腾是 PRHR HX 主要排出热量的方式，虽然可能只会在 C 型换热器的上水平段产生，但其换热量为总换热量的一半以上，最低也能达到 55%以上，所以 PRHR HX 水平段和竖直段的长度设计对其换热性能具有重要的意义[2–4]。

PRHR HX 布置在 IRWST 水箱内，电厂正常运行工况下，PRHR HX 不动作，IRWST 内的水基本上是静止的。当 PRHR HX 运行时，IRWST 内的水被 C 形换热管加热并上升到水箱的上表面，积聚在水箱上表面的热水沿着圆弧形壁面流动。由于 C 形换热器布置的不对称性和 IRWST 结构的复杂性，PRHR HX 两侧附近及水箱左侧区域较易形成漩涡并具有相对较大的速度，流致振动引起的传热管大幅振动，对传热管造成冲击。另外，由于 PRHR HX 是抗震 I 类设备，在发生设计基准地震后，要保证其可运行。故需要对传热管进行良好的固定，PRHR HX 传热管初始设计的支撑为 9 组，与支撑框架通过焊接连接，如图 3 所示。

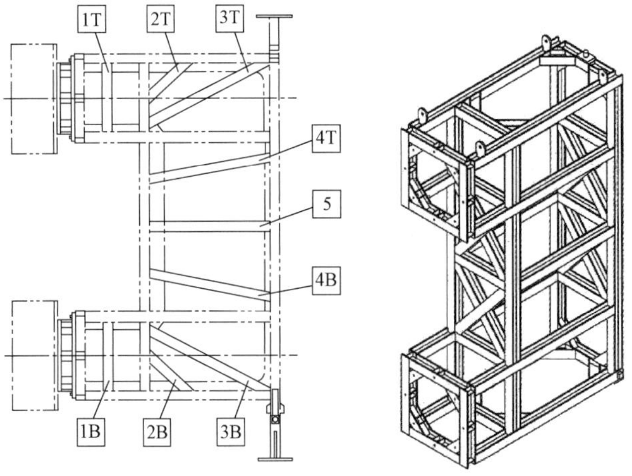

(a) 支承总体结构图

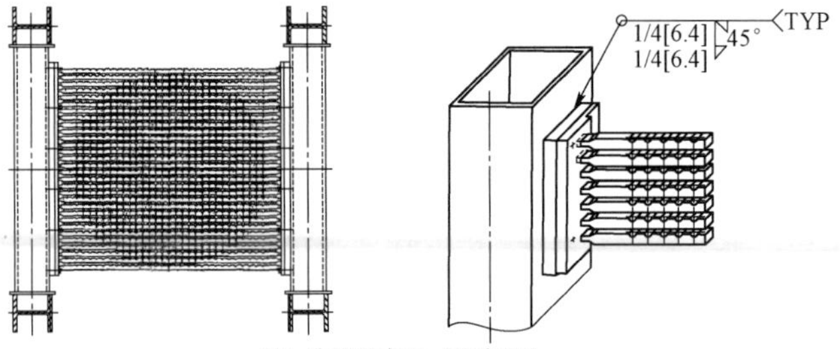

(b) 典型的支承（1T和1B）

图 3　传热管支承图

在初始设计阶段未能充分评估流致振动对传热管的影响，后经分析，认为流致振动特别是流体弹性不稳定导致的大幅振动，对传热管产生严重的影响，使得传热管无法在整个 60 年设计寿命内，满足磨损和疲劳的要求，可能导致传热管破裂。因此，设计增加了 20 组传热管支撑，共计 600 根支撑条，如图 4 所示。

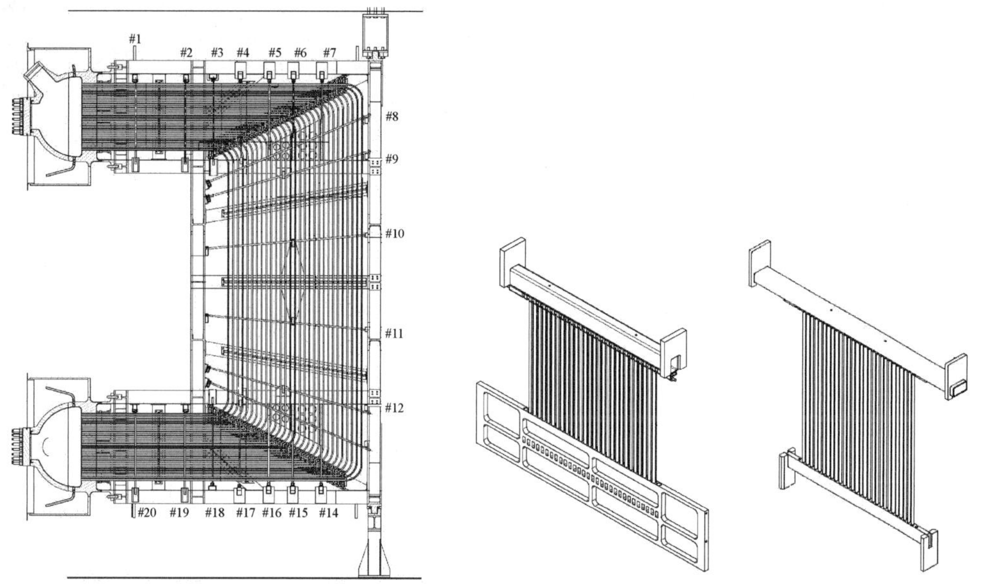

(a) 辅助支承总体结构图　　(b) 典型的辅助支承

图 4　传热管辅助支承图

增加辅助支撑后，重新进行了传热管的流致振动分析，分析结果显示传热管计算的最大稳定比率为 0.35（第 1 排第 15 列传热管），满足流体弹性不稳定性验收要求的稳定比率 0.75。同时，按 ASME NF 的要求评估了辅助支撑的受力，结果满足规范要求。另外，评估了辅助支撑对传热管性能的影响，分析结果显示增加的辅助支撑未改变传热管的传热机理，对其传热效果的影响是可以忽略的。

2.2　结构完整性分析

PRHR HX 为安全 1 级，抗震 I 类设备，承压边界须满足 ASME 第Ⅲ卷 NB 篇进行的要求，支承件须满足 ASME 第Ⅲ卷 NF 篇的要求。

严格按照规范进行了 PRHR HX 的尺寸计算和传热管、管板、封头及管嘴、传热管支撑、传热管与管板焊缝、支撑框架等进行了各类工况下的力学评价，并进行了整体模态分析、流致振动分析、断裂分析等。

分析结果显示，PRHR HX 的设计完全满足 ASME 第Ⅲ卷 NB 和 NF 篇的相关要求。

3　试验验证

AP1000 在调试阶段和装料后试运行阶段进行了 PRHR HX 的工程试验，通过对比分析计算结果和试验结果，验证了性能计算和安全分析中使用的模型是合适和保守的。

3.1　PRHR HX 备用温度

（1）试验描述

在 RCS 的热态功能试验期间，验证热交换器进口和出口管线上几个位置处的水温。PRHR HX 的阀门处于其正常位置，即入口电动阀开启，出口气动阀关闭。所有的主泵都在运行，一回路温度超过 288 ℃。

（2）试验结果及验收准则

AP1000 依托项目第 2 台机组 PRHR HX 备用温度的试验结果及验收准则如表 2 所示。

表 2　PRHR HX 备用温度的验收准则及试验结果

试验项目	验收准则	试验结果
入口高点温度 PXS-JE-TE－064	高于 204 ℃	231.6 ℃
入口水温，测点约低于高点 0.9 m，PXS-JE-TE063	低于 254 ℃ 低于 PRHR HX 入口高点温度	38.4 ℃
管束内的水温，通过 IRWST 表面温度仪表和下部温度仪表获取	低于 43 ℃ 低于 RCS 冷段温度，冷段 1A 测得温度 292.5 ℃，冷段 1B 测得温度 292.8 ℃	IRWST 表面 39.1 ℃，底部 29.7 ℃
返回管线低点水 RCS-JE-TE161	低于 104 ℃ 低于 RCS 冷段温度，冷段 1A 测得温度 292.5 ℃，冷段 1B 测得温度 292.8 ℃	46.3 ℃

（3）试验结果分析

从试验结果可以看出从 RCS 热段一直到高点的入口管线是热的，水温接近热段温度。管束内的水温和 IRWST 的水温一样。从而能够利用冷热流体间的浮升力提供自然循环的驱动压头。

3.2　PRHR HX 强制对流换热能力试验

（1）试验描述

四个反应堆冷却剂泵都运行时，启动 PRHR HX，验证其运行和换热能力。本试验反应堆冷却剂系统的初始温度≥176.7 ℃，测量热交换器流量和进出口温度确定热交换器的传热量，直至反应堆冷却剂系统冷却到≤121 ℃。

本试验基准系统在役试验，在役阶段每 10 年执行一次该试验。

（2）验收准则

入口温度 121 ℃、IRWST 温度为 27 ℃，且设计基准数量管束堵塞时计算得出的热量传输为 24.8 MW。

（3）试验结果及处理

试验过程中测量 PRHR HX 的流量、进出口温度及压力、IRWST 内水的温度和反应堆冷却剂的温度等，试验过程中仪表工作正常、控制逻辑响应及主要参数变化符合预期。

将 PRHR HX 作为一个热力系统，根据热力学第一定律，可得：

$$\dot{Q}+\dot{W}=\dot{m}\Delta\left(H+\frac{v^2}{2}+gz\right) \tag{1}$$

式中：$\dot{Q}$——系统的换热量；

$\dot{W}$——系统做功；

$\dot{m}$——质量流量；

H——流体的焓；

v——流体流速；

g——为重力加速度；

z——标高变化。

对于 PRHR HX 子系统，没有系统做功，动能和势能的变化也可以忽略，故式（1）可简化为：

$$\dot{Q} = \dot{m}(H_{in} - H_{out}) \tag{2}$$

式中：H_{in} ——PRHR HX 进口焓值；

H_{out} ——PRHR HX 出口焓值。

可根据进出口的温度和压力值通过查表获取进出口焓值。公式中的质量流量通过安装在出口管线上的均速皮托管流量测量元件（PXS-FE049A/B）测量得到，考虑测量仪表的误差，得到流量的最大值、最小值和平均值。考虑测量仪表的误差和系统误差，得到换热量的最大值、最小值和平均值。

根据 AP1000 依托项目第 2 台机组的试验数据，按照上述方法计算得到最小换热量为 29.88 MW，最大换热量为 32.32 MW。

试验结果满足验收准则要求，证明 PRHR HX 具有足够的换热能力，能够满足功能要求。

（4）试验结果与模拟分析结果对比

本试验中初始的验收准则是通过 LOFTRAN 软件计算得到。为了更加保守的评估 PRHR HX 的换热性能，将 LOFTRAN 计算的输入条件，根据实际试验时测量的数据进行适应的修改，然后计算换热量。模拟计算结果与试验结果对比如图 5 所示。

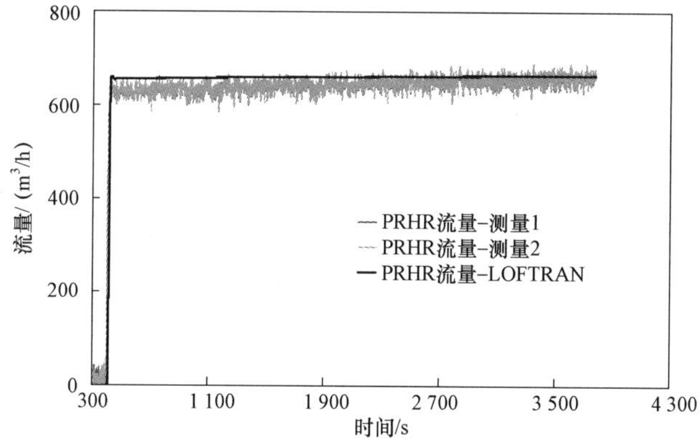

（a）PRHR HX强制循环流量对比

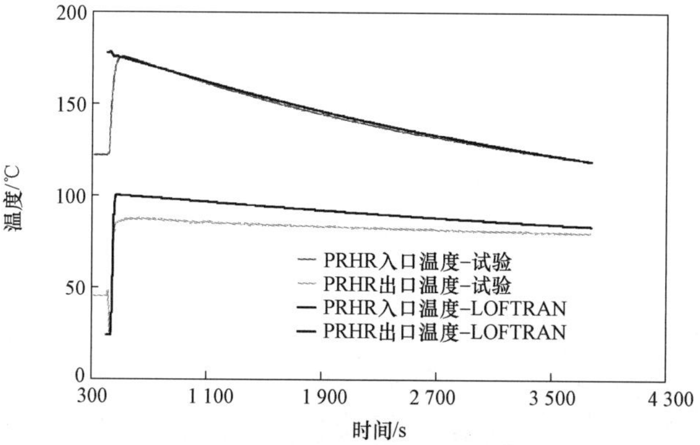

（b）PRHR HX强制循环温度对比

图 5　强制循环模拟结果与试验结果对比图

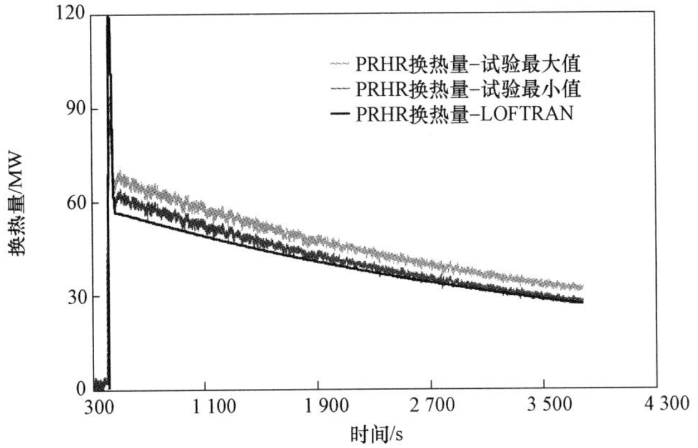

(c) PRHR HX强制循环换热量对比

图 5　强制循环模拟结果与试验结果对比图（续）

LOFTRAN 计算结果的趋势与试验结果的趋势一致，表明计算程序使用的公式是合适的。程序计算的 PRHR 换热量始终低于试验测量值，表明计算程序中选择相关参数是合适的，程序计算的结果是足够保守的，即相关分析中使用的计算结果是保守的。

3.3　PRHR HX 自然循环换热能力试验

（1）试验描述

试验的目的是验证 PRHR HX 的换热能力。试验的初始状态，一回路热腿温度≥271 ℃，主泵停止运行，IRWST 内部温度为常温。试验持续冷却热腿温度至 215 ℃。

（2）验收准则

热腿温度 271 ℃、IRWST 温度 27 ℃时，PRHR HX 设计基准堵管率情况下计算换热量大于 52.17 MW；热腿温度 215 ℃、IRWST 温度 27 ℃时，PRHR HX 设计基准堵管率情况下计算换热量大于 32.53 MW。

（3）试验结果及处理

采用与 PRHR HX 强制对流换热试验数据处理一样的方法评估 AP1000 依托项目第 2 台机组的试验数据，得到 271 ℃时，最小的换热量为 60.78 MW；215 ℃时，最小的换热量为 39.15 MW。

试验结果满足验收准则要求，证明 PRHR HX 在温差和位差的驱动下能够形成自然循环，而且具有足够的冷却能力。

（4）试验结果分析

同样将 LOFTRAN 计算的输入条件，根据实际试验时测量的数据进行适应的修改，然后计算换热量。自然循环工况下 PRHR HX 换热能力模拟计算结果与试验结果对比如图 6 所示。

LOFTRAN 计算结果的趋势与试验结果的趋势一致，表明计算程序使用的公式是合适的。试验最小换热量均大于计算的验收准则，表明计算程序中选择相关参数是合适的，程序计算的结果是足够保守的，即相关分析中使用最小换热量时，分析结果是保守的。

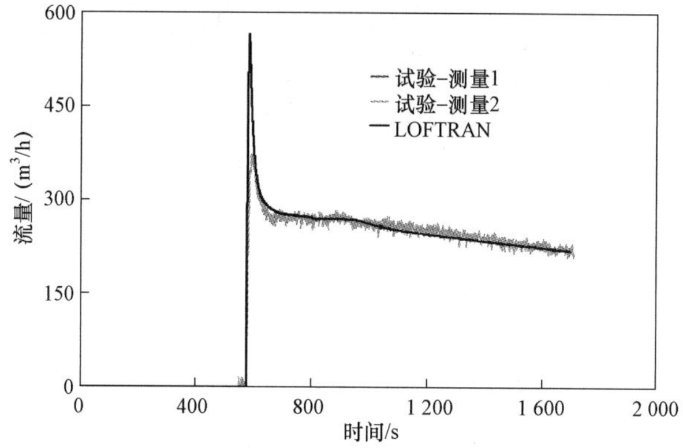

(a) PRHR HX自然循环流量对比

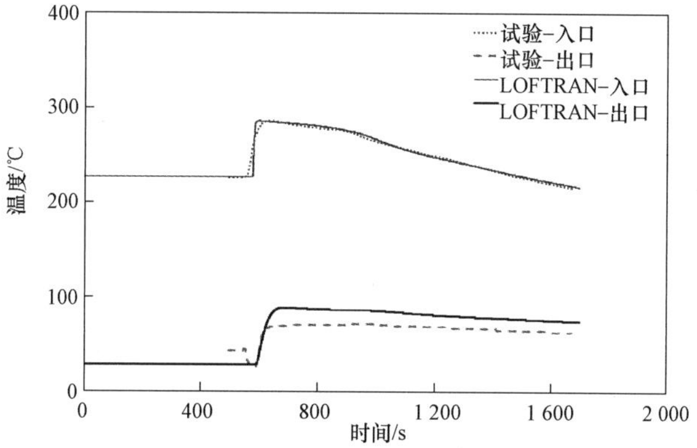

(b) PRHR HX自然循环温度对比

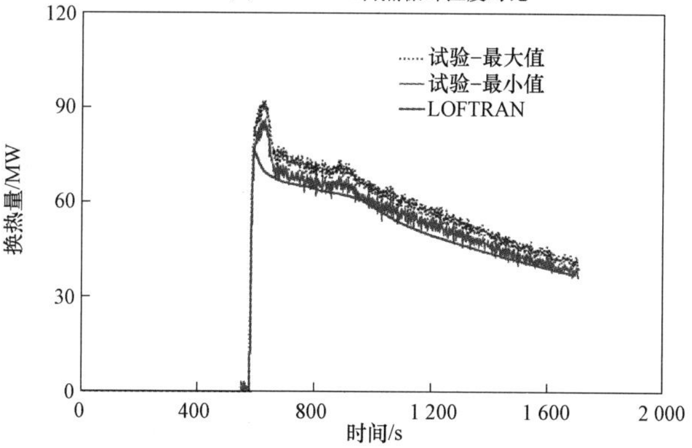

(c) PRHR HX自然循环换热量对比

图6　自然循环模拟结果与试验结果对比图

4　结论

PRHR HX 首次在核电厂安全系统中使用，通过以下分析和试验验证了其可靠性和成熟性：

（1）结构设计充分考虑了性能要求和流致振动产生的载荷；

（2）通过 LOFTRAN 软件计算的换热能力满足设计功能要求，使用的计算公式来自原型试验并经过了模型试验验证；

（3）通过备用温度的测量，证明了 PRHR HX 布置是合理的，各部分的温差和位差能驱动其产生自然循环；

（4）开展了 PRHR HX 的强制对流换热试验和自然循环试验，试验结果表明软件计算结果的趋势与试验结果的趋势一致，计算程序使用的公式是合适的。试验换热量均满足计算的验收准则，表明计算程序中选择相关参数是合适的，程序计算的结果是足够保守的。

参考文献

［1］西屋电气公司. 西屋公司的 AP1000 先进非能动型核电厂［J］. 现代电力，2014，7（1）：55-65.

［2］周响. 非能动余热排出热交换器传热机理研究及实验验证［D］. 上海：华东理工大学，2015.

［3］王争. 先进压水堆非能动余热排出热交换器传热性能研究与计算［D］. 上海：华东理工大学，2011.

［4］夏会宁. AP1000 核电厂非能动余热排出热交换器数值模拟及其设计优化［D］. 上海：华北电力大学，2014.

［5］王磊. AP1000 非能动余热排出热交换器关键制造工艺分析［J］. 压力容器，2012，29（8）：44-48.

AP1000 核岛 CA20 模块混凝土浇筑技术研究

段　锟，林海燕，樊　烛，熊　杰

（中国核工业第二二建设有限公司，湖北 武汉　430050）

摘要：通过对 AP1000 核电中结构模块 CA20 混凝土浇筑的特点、难点分析，从混凝土浇筑技术的主要研究问题、研究方法及可行性论证、模拟试验、工程实体等方面进行了详细研究，采用理论分析和试验模拟的方式对提出的方法进行验证，针对过程中出现的问题进行分析、改进、总结，最终形成一个完整的 CA20 结构自密实混凝土浇筑方法，混凝土连续浇筑且钢板墙的侧压力满足设计要求的小于 50 kPa 的要求，减少混凝土浇筑时间，也能指导其他 CA 结构模块墙体自密实混凝土的施工，并且能在后续 CA 模块的混凝土浇筑中进行推广和应用。

关键词：AP1000；CA20；模块；混凝土浇筑技术

Research on Concrete Pouring Technology of AP1000 Nuclear Island CA20 Module

DUAN Kun，LIN Haiyan，FAN Zhu，XIONG Jie

（China Nuclear Industry 22nd Construction Co.，Ltd.，Wuhan of Hubei Prov. 430050，China）

Abstract：Structure in this article through to the AP1000 nuclear power module CA20 characteristics and difficulties of concrete analysis，from the concrete pouring technology of the main research questions，research methods and feasibility，simulation test and engineering entity was studied in detail，with the method of theoretical analysis and experimental simulation to verify this method，in view of the problems in the process of analysis，improvement，summarized，finally formed a complete CA20 method of self-compacting concrete pouring concrete continuous casting and steel wall of the lateral pressure meet the requirements of the design requirements of less than 50 kPa，reduce the concrete pouring time，It can also guide the construction of self-compacting concrete for the wall of other CA structure modules，and can be popularized and applied in the subsequent concrete pouring of CA modules.

基金项目：AP1000 核岛建造技术研究（2010ZX06001－021）

作者简介：段　锟（1985—　），男，湖北武汉，高级工程师，研究生，现主要从事土建施工管理工作

Key words: AP1000；CA20；Modules；Concrete Pouring Technology

模块化是 AP1000 核电的特点，AP1000 核电主要有结构模块、楼板模块、钢结构模块、楼梯模块。其中结构模块是在钢板墙中浇筑混凝土的一种结构形式。通常此结构墙体宽度是 762 mm，不需支设模板，内部钢筋很少，有大量的锚固钉和分隔板，一般结构模块采用在场外预制、拼装，经过大型运输车的运输，在现场整体吊装，再浇筑混凝土。由于空间狭小，如果采用常规混凝土浇筑方法，在混凝土下料、振捣、养护、施工缝处理都存在很大的难度，而且由于钢板墙的自身刚度，混凝土一次浇筑的侧压力不能超过设计允许值，按照设计的要求换算成的混凝土一次浇筑高度是 2.1 m，如果按照这个高度进行分层浇筑，混凝土浇筑的时间将增加很多，影响总体工期。因此，如何在结构模块中研发出一种新型的混凝土浇筑技术，是迫切摆在核工业建设者面前的一道难题。

本文通过对 CA20 结构模块的特点进行分析，研究出一种新型的混凝土浇筑方法，通过理论分析和模拟试验的验证，取得了良好的效果，获得了一系列重要的试验数据，最终在实体混凝土浇筑上成功运用了该种施工方法，结果证明了该施工方法满足施工质量要求，而且能有效提升工作效率，确保工程质量，缩短施工工期。

1　工程概况

AP1000 核电辅助厂房 CA20 模块底标高 EL.66′6″，与 8 个预留在底板上的预埋钢板连接，顶部标高为 EL.135′3″，长×宽×高=20 498 mm×13 412 mm×20 955 mm，整体重量约 801.45 t。模块墙上满焊直径 19 mm，长度 152 mm，间距 254 mm 的锚固钉，焊接有角钢和槽钢。模块钢板厚度为 12.7 mm，墙体厚度最小为 457 mm，最大为 1 524 mm，其中大部分墙体厚度为 762 mm；楼板厚度最小为 457 mm，最大为 978 mm，其中大部分楼板厚度为 610 mm。模块内部有管道贯穿件 112 个，104 个电气贯穿件，CA20 模块由 77 个子模块拼装成 4 个较大的子模块，然后组装成整体，经过运输，最终整体吊装到核岛现场。模块墙体采用自密实混凝土浇筑，楼板子模块以普通混凝土为主。模块示意图见图 1。

图 1　CA20 模块三维示意图

1.1　主要工程量

主要工程量见表1。

表1　主要工程量表

序号	材料	工程量
1	混凝土	2 006.9 m^3
2	钢筋	98.5 t

1.2　施工难点

1.2.1　变形控制难

模块墙的变形监测及控制方法，没有相关经验可循，混凝土浇筑控制不好，墙体容易产生变形。

1.2.2　离析控制难

CA20 模块墙体高度最高为 20.955 m，从如此高处往模块内浇筑混凝土，需要采取特别措施保证混凝土能够顺利到达底部并且不产生离析。

1.2.3　混凝土密实度控制难

SC 结构形式复杂、空间狭小。墙体截面尺寸较小，通常宽度为 762 mm，墙体上分布很多门洞口，墙体内每隔一定的间距，设计有钢板隔板，混凝土只能通过钢隔板上的长圆孔进行流动，混凝土容易在门洞口下方形成空鼓。

1.2.4　混凝土浇筑速度受限

模块墙体承载混凝土的侧压力受限。设计要求 SC 结构的墙体钢板抗侧压能力不超过 50 kPa，未初凝混凝土高度不大于 2 134 mm，自密实混凝土的初凝时间又长，极大地限制了混凝土的浇筑速度。

1.2.5　混凝土施工缝处理难

模块墙体内施工缝处理困难。SC 模块墙体可供操作的净空间约为 430 mm，SC 结构浇筑完成后，对于墙体内混凝土的泌水和水泥浆的清除、水平施工缝的处理以及是否出现空鼓等质量问题的检查相当困难。

2　研究主要问题

针对 CA20 的结构特点，以及施工中可能出现的难点，需要提前进行分析研究，选择合适的浇筑工艺，确保在正式的施工中顺利实施。

2.1　钢板墙变形及监测问题

CA20 钢板墙属于重要结构模块构件，其变形监测与控制是重点控制问题，如何通过理论分析确定变形大小，以及过程中的监测及控制都是需要重点研究分析的问题。

2.2　混凝土侧压力问题

根据设计要求，CA20 模块钢板墙抗侧压能力最大值为 50 kPa，根据混凝土配合比报告，自密实混凝土的密度为 2 364 kg/m^3，按照美国标准 ACI237 R－07，自密实混凝土的侧压力 F 按照下式计算：

$$h=F/\rho g \tag{1}$$

式中：ρ——自密实混凝土的密度，kg/m^3；

g——重力加速度，m/s^2；

h——未初凝自密实混凝土高度，m；

F——自密实混凝土侧压力值，Pa。

则允许的未初凝自密实混凝土高度为：

$$h=F/\rho g=50\times 103/(2\ 364\times 9.8)=2.1\ \text{m}$$

CA20 模块墙体钢板能够承受的未初凝混凝土的高度最大值为 2.1 m。而 CA20 的高度达到 20.955 m，按照常规的墙体分层高度浇筑，一般超过 2.1 m，混凝土的侧压力将超过设计规定的允许高度值，墙体将产生变形。

2.3 混凝土流动度问题

自密实混凝土从近 20 m 的高空经过泵管输送，再经过 1.8 m 的自由高度后，混凝土是否存在离析情况，混凝土的流动度是否满足 10 m 流动度要求。

2.4 混凝土密实问题

自密实混凝土浇筑到 CA20 钢板墙体中，不需要振捣，模板也不需要拆除，混凝土浇筑是否密实，是否有孔洞，混凝土能否穿过模块内锚固钉、洞口等物项填充模块墙体，混凝土浇筑后无法观察到，存在质量隐患风险。

2.5 混凝土施工缝处理问题

由于 CA20 模块墙体高度达到近 20 m，且模块内管道等安装物项较多，而钢板墙内空间狭小，净空间 430 mm，施工缝处理是一个难题。

3 研究方法及可行性论证

3.1 选取合适的混凝土浇筑方法

根据 CA20 的结构特点进行分析研究，主要有两种施工方法，一个是“整体分层间隙式浇筑”，一个是“螺旋上升整体连续浇筑”。

3.1.1 整体分层间隙式浇筑

按模块墙体一次允许浇筑高度是 2.1 m 进行分层，整个 CA20 墙体高度方向分 10 次浇筑，同时需要处理 9 次施工缝，从 CA20 底部到顶部施工完成时间较长。

3.1.2 螺旋上升整体连续浇筑

基于浇筑高度限制及混凝土侧压力的时间变化关系，利用下部初凝混凝土对钢板墙的侧压力可以忽略不计，首先一次浇筑 1.8 m 高（0.3 m×6 次），第一层开始浇筑的时间点定义为 t，假设混凝土初凝时间为 15 h（实际应根据每次浇筑的同条件试块的初凝时间进行确定）：

t+14.5 h 开始浇筑第 7 层（层厚为 300 mm），此时未初凝的混凝土为 1～7 层，总高度未超过 2.1 m；

t+15 h 开始浇筑第 8～12 层（每层为 300 mm），此时未初凝的混凝土为 7～12 层，总厚度为 1.8 m；

t+29.5 h 开始浇筑第 13 层（层厚为 300 mm），此时未初凝的混凝土为 7～13 层，总高度未超过 2.1 m；

t+30 h 开始浇筑第 14～18 层（每层为 300 mm），此时未初凝的混凝土为 13～18 层，总厚度为 1.8 m；

循序渐进，直至混凝土浇筑到预定标高。在混凝土浇筑的全过程，未初凝混凝土的高度始终未超过 2.1 m。

3.1.3　对比分析

“整体分层间歇式浇筑”及“螺旋上升整体连续浇筑”的自密实混凝土浇筑工艺是可行的，前者比较适用于土建与安装穿插施工，先施工一层安装物项，再浇筑一层混凝土，每次混凝土施工时间比较集中且持续时间较短。后者比较适用于土建与安装分开施工，先集中进行安装物项的施工，然后再集中进行混凝土的浇筑，混凝土一次性浇筑持续时间较长。

从经济性方面分析，整体分层间歇式浇筑加上养护时间，从底部到顶部一共需要花费 150 天，而螺旋上升整体连续浇筑，经计算从底部到顶部一共需要 3.4 天，从施工缝处理次数，前者是 9 次，后者理论上 2 次可以，明显前者时间花费长，施工缝处理次数多，要安排 10 次混凝土浇筑，后者花费时间短，施工缝处理次数少，而且能够连续布料，便于浇筑安排，经济性方面，后者明显优于前者。

从技术和经济性对比方面考虑，混凝土浇筑采用“螺旋上升整体连续浇筑”的施工方法要优于“整体分层间歇式浇筑”的施工方法。以下主要介绍螺旋上升整体连续浇筑的应用研究。

3.1.4　变形数值模拟

（1）计算模型建立条件

利用有限元软件 HyperMesh 中的 RADIOSS 对 CA20 模块中截取的尺寸为 3 048 mm×762 mm×2 100 mm 的墙体进行了数值仿真分析。其中，角钢尺寸：76.2 mm×101 mm×12.7 mm，槽钢尺寸：330 mm×152 mm×13 mm。角钢之间水平间距为 762 mm；槽钢之间水平间距为 762 mm，竖向距离为 1 219 mm。所有的钢板采用 Q235 钢，弹性模量为 E=210 GPa，泊松比为μ=0.3。网格划分时，钢板采用 2D 面单元，单元尺寸为 100 mm×100 mm，角钢、槽钢采用 1D 梁单元，单元尺寸为 100 mm。钢板底部设置固定端约束，荷载采用液压荷载（参考相关文献后确定），即三角形荷载。模型建立图及荷载约束分别见图 2。图 3。

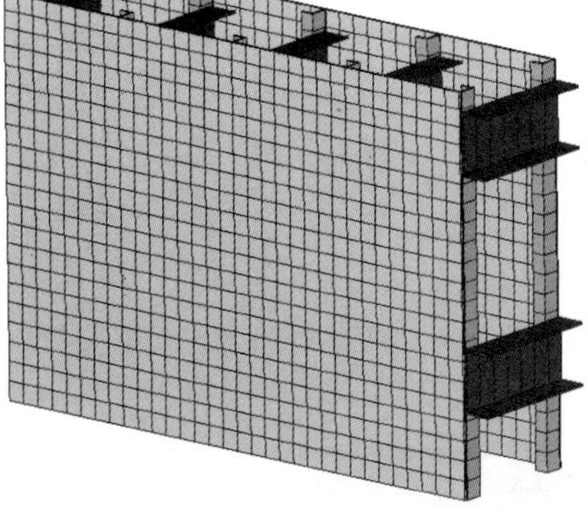

图 2　模型建立图

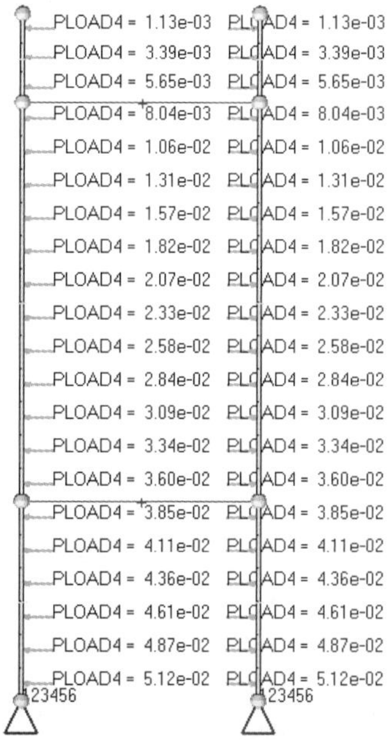

图 3　荷载约束图

说明：根据建筑施工模板安全技术规程（JGJ162—2008）4.1.1 条，混凝土侧压力计算是按照 $F = 0.22\gamma_c t_0 \beta_1 \beta_2 V_{1/2}$ 和 $F = \gamma_c H$ 取两者小值进行计算，这个计算模型只限于浇筑速度低于 6 m/h 的普通混凝土及轻骨料混凝土。根据自密实混凝土应用技术规程（CECS203—2006）7.2.3 条，自密实混凝土的侧压力是按液压考虑，因此荷载按照三角形计算简图取值。

（2）计算分析与结论

根据图 4、图 5 位移云图显示，最大位移为 1.926 mm，根据设计图纸及 ACI117－90，结

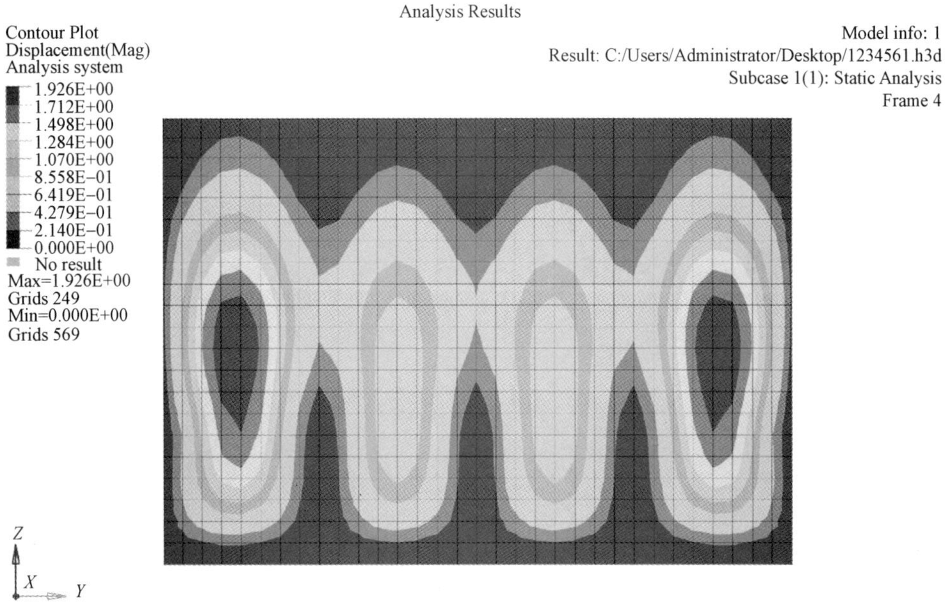

图 4　单侧位移云图

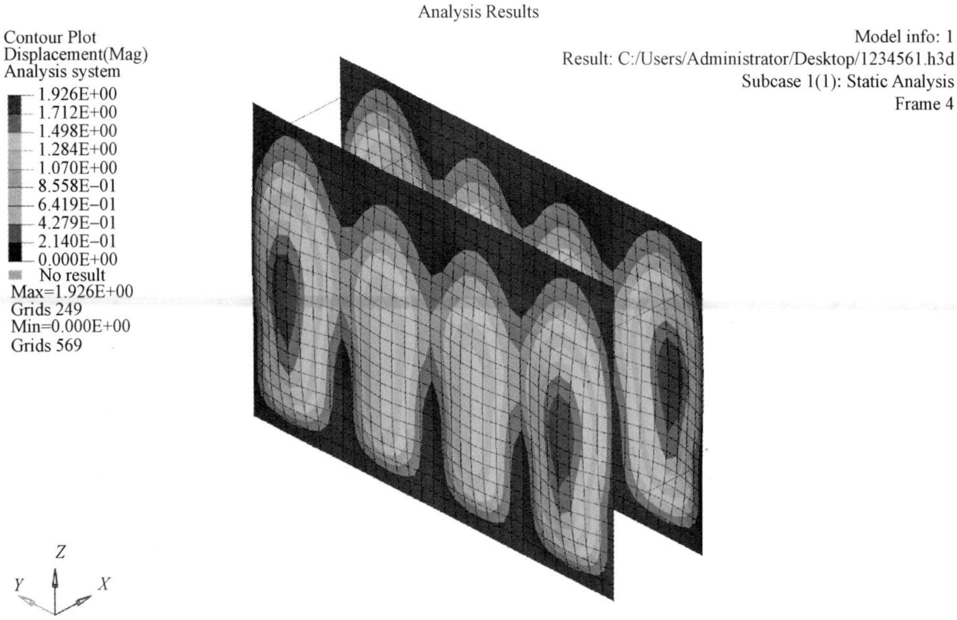

图 5　双侧位移云图

构的最大允许位移是 6 mm，因此最大位移满足设计及规范要求，螺旋上升整体连续浇筑方法是可行的。

3.2　模拟试验验证

理论分析可行以后，需要对浇筑方法进行模拟试验验证，证明方法是真正可以实施的，同时也能为后续正式工程施工积累试验数据，提供技术指导。

3.2.1　试验过程

（1）侧压力与密实试验

根据 CA20 典型子模块 CA20－03 的设计结构，按 1:1 的比例加工制作试验件，试验件尺寸为 4 m×4 m×4 m。在模块上设置 8 个观测点监测钢板变形，其中 2 个点分别由百分表和千分表进行监测，另外 6 个点贴反光片，使用全站仪进行监测。在模拟 CA 钢结构子模块中人为制造空鼓或气泡区域，在混凝土浇筑过程中以及混凝土浇筑完毕后，采用超声波法分别进行检测，对比检测结果和设计空鼓位置，并在超声波显示存在空鼓区位置进行钻芯取样检查。侧压与密实试验见图 6、图 7。

图 6　模拟试验件

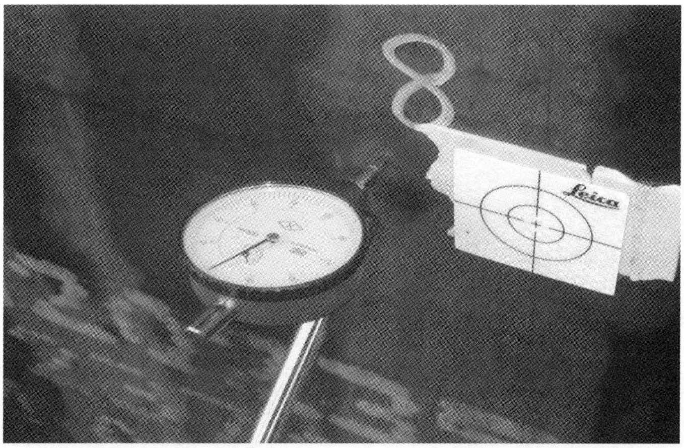

图 7　百分表对混凝土浇筑过程中的钢板变形监测

（2）流动度试验

设计一套 19.2 m 总长的竖直泵管，泵管模拟 CA20 结构模块内混凝土的泵送方式，在高度和泵管组装方式上完全模拟了 CA20 结构模块第一层自密实混凝土的浇筑情况，能够反映出自密实混凝土经高处由竖直泵管输送后的混凝土离析情况（见图 8）。在泵管下方，设置有 10 m×0.762 m×0.5 m 的长方体模拟墙体，模拟墙体内间隔 4 m 设置 0.2 m 高的木挡板。可以观察自密实混凝土在模拟墙体内的流动性情况，可以验证自密实混凝土经高处输送下后，能否在存在障碍物的情况下达到设计流动度的要求。

图 8　CA20 自密实混凝土流动度试验

（3）施工缝处理试验

试验件为矩形，尺寸为 3 m 长，2 m 高，0.762 m 宽的墙体模板。为模拟 CA20 墙体内部施工条件，采用直径 14 的钢筋代替模块墙体上的锚固钉。本次试验的主要目的是确定 SC 结构模块内部处理施工缝的方法。

3.3　模拟试验分析

3.3.1　试验结果

（1）在试验浇筑高度范围内，自密实混凝土的浇筑引起的侧压力造成的 SC 结构钢板变形值可控，试验实测最大变形值在 2.2 mm 以内，满足设计要求的 6 mm。

（2）试验证明超声波方法检查混凝土缺陷不具有可行性和可靠性，在有空鼓区的位置没有检测出缺陷，而没有空鼓区的位置测出有缺陷（见图 9）。通过钻芯取样证明，没有设置空鼓区的自密实混凝土密实，质量良好。

（3）自密实混凝土，在经过竖直高度为 19.8 m 的泵管输送，并自由下落 1.8 m 后，与地面冲击，不会发生离析现象，并且流动性能良好，在遇到阻碍物的情况下，能够流动 10 m 范围，并且在流动范围内基本保持同一高度（见图 10）。

图 9　超声波法检测混凝土缺陷

图 10　自密实混凝土没有离析，流动性良好

（4）通过几种施工缝处理工具的试验，最终确定采用钢筋杵的处理方式效果最好。

3.3.2　试验结论

通过多次的模拟试验，取得了大量的试验数据，同时也验证了自密实混凝土在采用螺旋上升整体连续浇筑的施工工艺，能保证混凝土的侧压力满足设计要求，钢板变形在允许范围之内。混凝土的流动度满足要求，混凝土的质量可以得到保证。同时通过钻芯取样，证明了自密实混凝土在钢板墙中进行浇筑是可以保证密实。对于施工缝处理，也确定了施工缝的处理工具和施工方法。这几个关键的问题解决后，为后期正式工程实施奠定了坚实的基础。

3.4　工程实体验证

下述以 2 号核岛 CA20 的自密实混凝土施工第二层采用“螺旋上升整体连续浇筑”情况为例，进行说明。

3.4.1　布料点设置

（1）CA20 在墙体内一共布置 8 个固定的布料泵管，泵管出料口布置高度按照自密实混凝土自由下落高度 1.8 m 考虑。

（2）EL.82′ 6″ 以下墙体 3 轴/J1～J2 和 CA20_37 分别考虑设置一个溜槽以保证其砼骨料不离析。

（3）在墙体每个布料点内架设垂直方向泵管（其内/外径为 125 mm/134 mm），每个布料点的泵管顶端准备一个漏斗，布料点及泵管架设如图 11 所示。

图 11　CA20 布料点布置三维图

说明：布料点实际位置可根据门洞位置、管道位置、插筋位置等进行适当调整，泵管中心位置应和门洞、管道的位置保持至少 500 mm。

3.4.2　混凝土浇筑

（1）布料原则：对于模块墙体，由 1 台泵车进行浇筑，8 个布料点仅在拆除顶部泵管的时候需要垂直提升，不需要水平移动。

（2）根据浇筑进度和每一层的厚度，逐节将泵管的上部分拆除，并将泵管提升到合适高度并重新安装漏斗，每次拆除提升后均要保证自密实混凝土的自由下落高度不能大于 1.8 m，以防产生骨料离析。泵管架设见图 12。

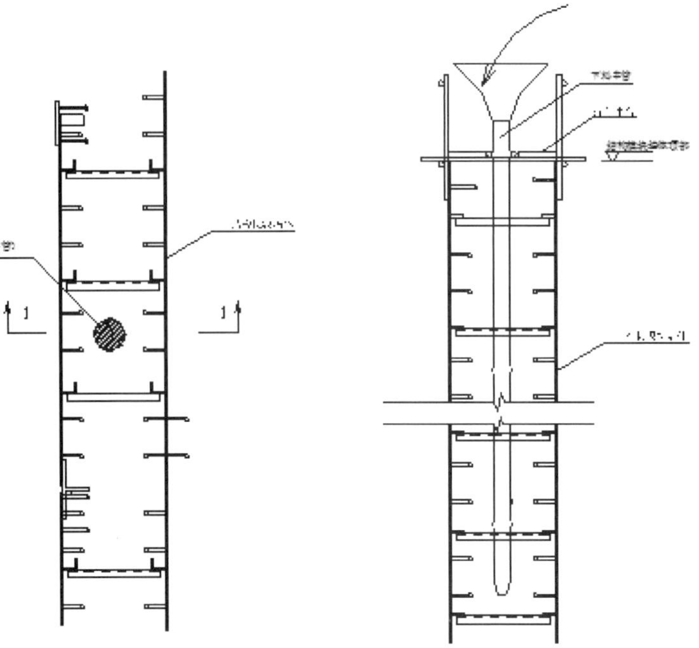

图 12　CA20 墙体内泵管架设图

（3）每一层墙体分为多次下料，一次布料高度 300 mm，且两次布料间隔不宜过长，应在混凝土的初凝时间内覆盖下层混凝土。

（4）模块顶部的覆盖在浇筑混凝土时应临时揭开，并应在下料完毕后及时恢复覆盖。

（5）浇筑方法

布料的原理：首先分层一次性将墙体浇筑到 1.8 m 高度（一共 6 层，每层厚度为 300 mm，第一层开始浇筑的时间点定义为 t，为便于描述，初凝时间按 15 h 计（实际值应根据每次浇筑的同条件试块的初凝时间进行判断和修正，具体方法见下“初凝时间的动态确定”）；

t+14.5 h 开始浇筑第 7 层（层厚为 300 mm），此时未初凝的混凝土为 1～7 层，总厚度略低于 2.1 m；

t+15 h 开始浇筑第 8～12 层（每层为 300 mm），此时未初凝的混凝土为 7～12 层，总厚度为 1.8 m；

t+29.5 h 开始浇筑第 13 层（层厚为 300 mm），此时未初凝的混凝土为 7～13 层，总厚度略低于 2.1 m；

t+30 h 开始浇筑第 14～18 层（每层为 300 mm），此时未初凝的混凝土为 13～18 层，总厚度为 1.8 m。

依次往复，直至浇筑到预定标高。在浇筑的全阶段，未凝固混凝土高度始终低于 2.1 m（见图 13、图 14）。

初凝时间的动态确定：上述为施工原理，而实际浇筑过程应以自密实混凝土的实际初凝时间为准。因此，t 时刻开始浇筑，在第 1 小层、第 5 小层做一组试块后，然后每隔 6 小层做一组试块。这些试块都可以作为确定自密实混凝土的初凝时间的依据，后续间隔时间均以试块的初凝时间为准。

图 13　CA20 混凝土浇筑三维图

图 14　CA20 混凝土浇筑完成三维图

浇筑过程中的排班：浇筑过程中应按照每 12 h 浇筑一次的方式合理排班。即应适当加大小层（300 mm）之间的浇筑间隔时间，以保证每浇筑 6 小层（1.8 m）结束之后，至下一次的 6 小层浇筑时，其间隔时间不能大于自密实混凝土的初凝时间。如果根据试块得出的自密实混凝土初凝时间小于 12 h，则应相应缩短下一次开始浇筑的起始时间。

搅拌站应提供自密实混凝土的初凝时间。假定其初凝时间为 15 h，并采用 1 台泵车（效率假定为 75 m^3/h）浇筑的情况下，根据我方理论推算，采用连续浇筑时八个布料点的信息如表 2 所示。

表 2　下料执行表

项目＼点号	1	2	3	4	5	6	7	8
下料厚度 δ= 0.3 m	0.3	0.3	0.3	0.3	0.3	0.3	0.3	0.3
每点控制面积/m^2	12.7	11.43	18.19	7.17	7.81	8.67	4.85	9.11
每点布料量/m^3	3.6	3.43	5.46	2.15	2.34	2.6	1.46	2.73
每点布料所需时间/min	3	2.9	4.6	1.8	2.0	2.1	1.2	2.3

注：1. 每点布料量：任意一个布料点在该点布料完成每小段（30 cm）的混凝土量；每点布料所需时间：任意一个布料点布完每小段（30 cm）所耗时间。

3.4.3　浇筑过程监控

（1）浇筑过程中监控主要采用百分表为主进行监测为主，线坠法监测为辅。浇筑之前，需在模块上的合适位置选点，在地面画出基准线，使用线坠进行测量和记录，浇筑过程中及完成后分别对这些点进行复核，以监测变形的情况。浇筑前的测量时间不宜过早，以免无法反映浇筑时的测点位置状况。

（2）根据浇筑高度来布置测点位置，即在拟浇筑的墙体沿高度布置即可。

（3）所监测的墙体最少设置 1 列测点，沿墙体长度方向均匀分布，沿高度方向上每隔 1.8 m 设置一个测点，在墙体上标记出测点位置，以便于复测。

（4）如遇到阻挡等难以测量的因素，测点的位置可作适当调整。

（5）在实际浇筑时监测，由自密实混凝土的浇筑引起的侧压力造成的 SC 结构钢板变形值最大为 2.2 mm，满足要求的钢板变形不能大于 6 mm 的要求。实际变形比数值模拟超过 0.274 mm，理论与实际相差不大，实际浇筑时，由于不可模拟的因素，超过理论分析也是正常的。

3.4.4　施工缝处理

（1）施工缝应选择合适的时机进行处理，根据实验数据，可在混凝土浇筑完毕后 8 h 后开始检查混凝土的凝固情况，约在浇筑完毕后的 13 h 左右可以开始施工缝的处理，宜在 1.5 h 内处理完毕，并应保证在混凝土终凝前处理完毕。

（2）进行施工缝处理时，施工缝表面的浮浆和积水应采用海绵等工具将其吸出，并搜集到预先准备好的空容器中，并将容器运出模块外进行清空处理。

（3）如果施工缝区域表面可见显著的粗骨料，则应先采用海绵或其他工具将粗骨料上所附的浮浆清除，然后用扫帚在表面将表面的水泥浆扫除（操作过程中不得扰动粗骨料），并将扫除的渣收集到一起后运出模块墙体，并要保证扫除过程中尽量不要扰动粗骨料。

（4）施工缝区域表面无水泥浆，则采用试验验证的特制的钢筋杵工具进行按压，按压深度不应小于 6 mm，且压痕应平行于墙体的长度方向。

3.4.5　自密实混凝土检试验

（1）检验按照 76.5 m^3 进行一次的频率，在入泵口处进行入模温度、含气量、密度、扩展度的检试验，其试验结果应满以下要求。

扩展度：（610±50）mm；

密度：≥2 250 kg/m^3；

含气量：5.0±1.5%；

根据墙体厚度，入模温度 T：为 10 ℃$<T\leqslant$26 ℃。

（2）试验按照 76.5 m^3 进行一次的频率在入泵口处进行标准试块取样，试块为标准圆柱体试块，尺寸为（直径）150 mm×（高）300 mm。

（3）单次浇筑量不足 76.5 m^3 的，也按照以上要求进行一次检试验。

3.4.6　养护

对于最终的自密实混凝土外露表面，应在自密实混凝土抹压和压光后，表面洒水，并覆盖一层塑料薄膜。如果气温较低（即连续 3 天平均气温低于 4.4 ℃），待自密实混凝土终凝后，可视情况覆盖一至数层麻袋进行养护，养护时间至少为 14 天。

3.4.7　质量保证措施

（1）防止空鼓措施

对于可能不易充满自密实混凝土的门洞或豁口部位，下料时要保证只从一个方向下料，严防双向下料。

（2）防止漏浆措施

1）墙体上所有预留孔洞、楼板插筋与墙体之间的缝隙、埋件缝隙等均应在混凝土浇筑前封堵好。对于部分套筒与钢板连接完成后即可焊接封堵，其他用海绵条封堵再用胶布密封，或采用焊接封堵方式。

2）模块墙体的钢板和底板顶部之间可能存在着一定的空隙，为防止自密实混凝土从根部处渗漏，应对底部进行检查后进行封堵。

（3）自密实混凝土侧压力

1）自密实混凝土浇筑时墙体的侧压力不能超过 50 kPa，通过控制自密实混凝土的一次浇筑高度和下料顺序（每层分为多次下料）来控制。因此自密实混凝土浇筑时，必须由专人对下料进行监控。

2）混凝土侧压力控制：侧压力的控制主要通过控制每个点的下料时间来监控，因此对于浇筑时每小段的浇筑量应严格控制和记录。在严格控制下料时间的同时，主要通过采用红外测距仪来控制下料厚度（另外采取悬吊法确定浇筑高度进行辅助）。为了保证浇筑的均衡性，每段墙体的浇筑高度/速度应尽量保持一致。为了确保每小段（30 cm）浇筑时不至于使未凝混凝土高度超过侧压力换算允许高度，应从第 8 小段起，每开始浇筑一层前，应经过各方的确认签字后方可继续浇筑。

4　结论

通过理论分析、试验模拟、实体验证三个阶段的过程，证明了在 AP1000 核电 CA20 模块中一次连续浇筑自密实混凝土是可行的。从混凝土的侧压力问题、密实度问题、流动度问题以及施工缝处理等关键点的处理上，都有良好的试验数据以及实体验证作为证明。从最终的现场实体工程质量效果看，能满足设计要求和规范要求，后续 AP1000 核电 CA 模块施工可以借鉴参考。

5　后续研究方向

本文是依托三门 AP1000 核电项目的 CA20 模块施工，通过理论分析、现场模拟试验，研究出了 CA20 模块自密实混凝土的施工技术和检测方法，解决了模块混凝土浇筑的施工技术问题。同时存在一些问题，后续需要进一步开展研究：

（1）核电厂钢板混凝土结构的相关规范和标准尚不成熟，国内对于钢板混凝土浇筑的位移允许偏差缺少相关标准；

（2）AP1000 核电钢板墙中混凝土浇筑高度有限制，后续需要研究是否可以提高钢板的侧压力值，增加一次浇筑高度；

（3）钢板混凝土的质量目前检测方法采用超声波检测，辅助以敲击法，存在一定的局限，需要进一步研究出合适的方法。

（4）后续 AP1000 位于北方寒冷地区的项目，冬期施工不可避免，需要进一步研究结构模块在冬期施工的技术。

致谢

论文编写过程中，得到了相关领导和同事的大力支持，提供了相关资料，帮助检查论文质量，在此表示真诚的感谢。

参考文献

[1] 中国建筑标准设计研究院，清华大学. CECS 203：2006，自密实混凝土应用技术规程［S］. 北京：中国计划出版社，2006.
[2] 中国工程院土木水利与建筑工程学部. CCES 02—2004，自密实混凝土设计与施工指南［S］. 北京：中国建设出版社，2005.
[3] 中南大学，福州大学. CCES 01—2004，混凝土结构耐久性设计与施工指南［S］. 北京：中国建设出版社，2005.

TCCS 在 AP1000 核电厂汽轮机本体安装中的应用

樊向松，王　配，杨青云，张丁旺

（上海核工程研究设计院有限公司海阳 SPMO，山东 海阳　265100）

摘要：采用 TCCS 工艺系统测量和调整汽轮机通流间隙是一种全新的工艺，是在工厂内全实缸无转子状态下对通流部分间隙进行测量和控制，间隙调整时考虑了转子垂弧、不同支承方式时的热膨胀差以及油膜使转子产生位移等因素的影响，采用激光跟踪仪，重复精度小于 0.005 mm，相比常规的汽轮机通流部分间隙测量，实际所得结果数据更精确。在现场汽轮机安装工作中不需要对汽轮机通流部分间隙进行任何的调整，仅进行测量，测量结果为大修提供参考。本文通过 TCCS 在 AP1000 汽轮机安装中的应用研究，对其提高汽轮机的安装精度、降低现场设备就位后反复吊装的安全风险、减少现场安装工作量、缩短安装工期等特点进行分析，并对加强过程控制环节控制、完善汽轮机通流间隙测量工艺进行了论述。TCCS 系统适用于变形量较大的半速机低压缸，且改变了汽轮机通流间隙控制的理念，为各种汽轮机间隙测量与调整提供了一种新的技术。

关键词：AP1000 核电厂；汽轮机；通流间隙；蒸汽室

Application of TCCS in AP1000 Power Plant Steam Turbine Installation

FAN Xiangsong，WANG Pei，YANG Qingyun，ZHANG Dingwang

（Shanghai Nuclear Engineering Research & Design Institute Co.，Ltd. Haiyang SPMO，Haiyang of Shandong Prov. 265100，China）

Abstract：TCCS process flow clearance system measurement and adjustment of the steam turbine is a kind of new technology，is in the factory all the solid cylinder rotor condition to measurement and control of clearance on flow passage，clearance adjustment considering the different rotor vertical arc，supporting scheme in the difference of thermal expansion and the oil film make rotor displacement，and so on factors，using laser tracker，repeat precision less than 0.005 mm，compared with the conventional steam turbine clearance measurement on flow passage，the

---

作者简介：樊向松（1967—　），男，河南平顶山人，本科，高级工程师，担任国家核电工程有限公司机务资深工程师，现主要从事电厂汽轮机安装和管理工作

actual results more accurate data. In the field steam turbine installation work, there is no need to make any adjustment to the clearance of steam turbine flow passage, only the measurement, the measurement results provide a reference for overhaul. In this article, through TCCS in application of AP1000 steam turbine installation, the installation precision of the steam turbine, to reduce the field devices in place after repeated lifting installed security risk, reduce the workload, shorten time limit for a project characteristics is analyzed, and to strengthen the process control link control, improve the turbine flow measuring clearance process are discussed. TCCS system is suitable for low-pressure cylinder of half-speed machine with large deformation, and changes the concept of turbine clearance control, providing a new technology for the measurement and adjustment of various turbine clearance.

Key words: AP1000 Nuclear Power Plant; Steam Turbine; Flow Clearance; Steam Chamber

核电汽轮发电机一般采用半速机[1]，具有主蒸汽为不饱和蒸汽，压力低、同功率等级下蒸汽流量大等特点，由此决定了核电汽轮机的体积较大，对应的通流能力和排汽面积远远大于常规火电全速汽轮机，汽缸、转子等部件尺寸更长，级数也有所增多。以 AP1000 核电汽轮机为例，汽轮机设计了一个高压缸和三个低压缸，每个缸均正、反向各 10 级共 20 级；高压缸尺寸（下半）为 7 210 mm×3 770 mm×2 010 mm，低压外缸尺寸（下半）为 9 120 mm×12 680 mm×3 900 mm；低压缸末级叶片长达 1 375 mm（即 54 英寸），直径为 5 550 mm。

大型核电汽轮机在施工现场进行汽缸通流间隙测量调整时，主要存在以下几个问题：一是现场的工作量非常大；二是因为汽缸尺寸大、刚性较差，现场测量数据不稳定且测量误差大、无法准确反映装配状态下转动和静止部分之间的汽缸通流部分真实间隙情况，同时反复调整增加了设备吊装次数、加大设备磨损的风险，特别是定位销和销槽的损伤，影响安装精度；三是低压缸尺寸大，级数多但级间轴向距离小，人工测量困难；四是汽缸自重及刚度的影响引起变形量较大，在半实缸状态，汽缸断面左右侧向内收缩总量达 5.2～6.0 mm，转子不能安全就位，无法进行测量工作，需采取措施消除变形，同时要确保在全实缸状态下和半实缸时尺寸一致，因为落转子在半缸状态下测得的，与全实缸状态的真实间隙相比较，仍存在一定的偏差。

哈尔滨汽轮机厂在 AP1000 汽轮机制造过程中，引进日本三菱技术，首次在国内汽轮机厂使用了一种先进、精确的工厂内通流间隙控制测量方法——TCCS 系统测量法，有效地解决了现场测量的误差，提高了安装精度，同时汽封块全部在车床上采用机械加工，提高了加工精度，消除了加工误差，整圈汽封间隙重复精度小于 0.005 mm。

本文详细介绍了工厂内低压缸 TCCS 测量的原理、实质以及 TCCS 完成后在施工现场的通流间隙控制情况，并在此基础上分析了 TCCS 测量系统的优缺点，进而揭示 TCCS 对后续汽轮机制造、安装的影响。

1 工厂内 TCCS 通流间隙控制

1.1 TCCS 通流间隙控制原理

汽轮机间隙控制系统（Turbine Clearance Control System，TCCS）用于全实缸无转子状态下对汽轮机通流间隙的测量，主要靠激光和靶球的专用工装对汽轮机转子和静子汽封之间的径向间隙进行测量计算（见图 1）。该测量系统主要由带航空摄像头的激光跟踪仪、导轨、测量靶球、靶球固定工装、计算机等组成。其中激光跟踪仪和靶球是主要测量设备；导轨是将激光跟踪仪测头固定到制定位置的装置，其精度不对测量结果产生任何影响；靶球固定工装是将靶球固定到汽封齿上的装置；计算机是系统进行数据采集及分析的设备。

图 1　TCCS 测量系统

工厂内 TCCS 测量工作是在全实缸无转子状态下进行的。因为没有外缸，是在操作台上进行的。程序是提前组合好靶球固定工装，并用竹楔塞紧汽封齿背弧。在半实缸状态下，安装 TCCS 测量导轨及其支架，同时将各测量靶球用工装紧密固定在被测汽封齿上，然后依次吊入进汽导流环、蒸汽室、隔板套、各级隔板上半，把紧中分面螺栓，消除中分面间隙；合上低压内缸上半，把紧中分面螺栓，消除中分面间隙。

为保证工厂内测量精度和现场安装测量，工厂内预先在低压内缸两端外圆侧（高压缸在内轴封端部内径侧）精密加工 1 个基准圆，每次测量时先用 12 点法校准基准圆，建立坐标系。TCCS 测量时，先将激光跟踪仪及其移动小车固定在导轨上。小车在导轨上行驶，将激光跟踪仪送至各被测部位（隔板之间）。利用航空相机对测量靶球进行自动捕捉，实现对基准点、测量基准圆（柱）、被测点的采点。小车每移动到一个新的位置，可对多个固定位置的测量靶球进行测量。利用这些不动点及不同位置测量的点拟合一个坐标系，再通过计算机将所有测量点转化到相同坐标系下，可计算出汽缸中心线及各测量点至中心线的距离。在计算机程序中输入转子各外圆的直径及转子相对于汽缸的偏置距离、转子挠度等数据后，便可得到本次 TCCS 测量的通流间隙值，由此计算出各悬挂销底部垫片、上半压板、径向销及汽封齿的调整加工量。如不合格，则重新按照上述开展工作，直至通流间隙数据满足设计要求。在此期间，如果大面积超差，则在修复后对全部测点进行 TCCS 复测，直至合格；如超差点少且超差点量小，则局部 TCCS 复测，直至合格。也可在末级隔板内径表面上、下、左、右位置固定 4 个靶球工装作为基准拟合坐标系进行测量，方法同于上述步骤。

比较特殊的地方是 TCCS 测量对环境的要求较高，为了防止人为操作失误和操纵行车时的振动等影响，所有的 TCCS 测量工作要求在晚上寂静的环境中不受任何干扰的进行。

1.2　采用 TCCS 测量系统控制通流间隙的主要原因

在汽轮机制作厂内和施工现场进行径向通流间隙测量时，均采用塞尺测量左右间隙、压铅丝测量上下间隙的方法，这是在汽缸和内部套上半打开（半实缸状态）的情况下进行的，但核电机组如图 2 所示，汽缸由于受自重影响而引起变形，导致转子与静止部分的间隙发生一定的变化。半实缸状态测量得到的径向通流间隙数据与全实缸状态下的径向通流间隙相比较，呈现出左、右、上间隙均变小和下部间隙变大的特点。由于常规汽轮机的汽缸重量、体积和尺寸相对较小，刚性则相对较大，因此这种变化并不明显，汽轮机组装时在半实缸状态下采用压铅丝测量的间隙，与实际状况相差不算很大。

然而，AP1000 核电汽轮机汽缸的重量、体积和尺寸非常大，由于汽缸受自重影响而引起变形，转子与静止部分的间隙将会发生较大的变化，因此在半实缸状态下采用压铅丝测量的间隙与全实缸状态的真实间隙存在很大差距，用传统方法已经无法进行现场的测量与调整，甚至无法进行合缸。

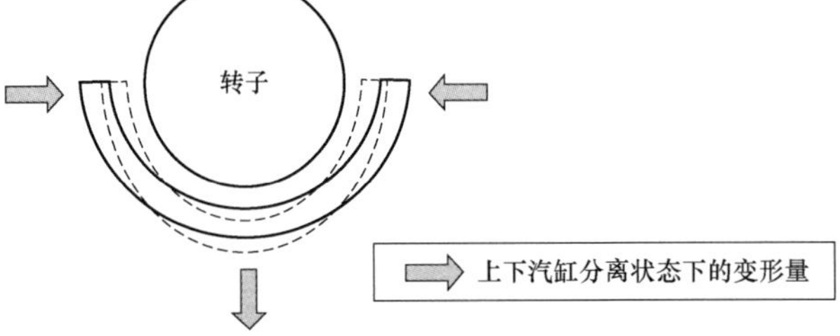

图 2　不同测量状态下径向通流间隙的变形量示意图
（实线为全实缸状态；虚线为半实缸状态）

在工厂内采用 TCCS 测量系统控制通流间隙，一方面可以准确反映汽缸的真实间隙，另一方面通过采用精准的测量系统和计算机应用软件，可有效提高汽轮机通流间隙控制的精确度，并有效控制厂内汽缸总装质量，提高机组运行的经济性，减少现场的工作量和测量调整偏差。

1.3　TCCS 测量系统通流间隙控制的实质

在常规汽轮机安装时，在全实缸转子对轮找中心合格后，可依次进行汽缸根据转子找中心、隔板套根据转子找中心、通流间隙测量、调整等工作，然后即可进行汽轮机试扣缸、扣缸。按照设计标准在现场完成通流间隙测量后，比较厂家提交的总装报告数据；如合格，则进行下一步的试扣缸、扣缸工作；如不合格，则需要进行通流间隙调整工作，合格后才能进行试扣缸、扣缸工作。如果调整量较小，可修刮汽封齿或背弧；当调整量较大时，应计算并配置悬挂销垫片和定位销，重新进行隔板（套）找中心工作。现场的测量调整工作均采用手工或修磨机修整，处理结果是整圈汽封的各个弧度不均匀，最终再采用贴胶布，检查整圈的汽封间均匀性，再修整合格，经济性因而受到影响。

从 TCCS 测量原理与常规汽轮机安装工序分析对比，总结出 TCCS 实质上是一种在工厂内采用更加先进、更加精密的定位测量系统进行汽轮机内部套找中心和通流间隙测量调整工作的工艺。

2　TCCS 合格后施工现场通流间隙控制

2.1　通流间隙现场测量

（1）在轴系中心调整完毕合格后，高、低压缸内缸中心根据厂家设计要求，整体移动内缸调整合格。标准 LP－1 内缸：调端偏左（0.26±0.05）mm、偏上（0.33±0.05）mm　电端偏左（0.26±0.05）mm、偏上（0.33±0.05）mm。

LP–2 内缸：调端偏左（0.26±0.05）mm、偏上（0.28±0.05）mm　电端偏左（0.26±0.05）mm、偏上（0.30±0.05）mm。

LP–3 内缸：调端偏左（0.26±0.05）mm、偏上（0.29±0.05）mm　电端偏左（0.26±0.05）mm、偏上（0.25±0.05）mm。

HP 缸：调端左偏差（0±0.05）mm、偏下（0.15±0.05）mm　电端右偏差（0±0.05）mm、偏下（0.15±0.05）mm。

（2）工厂内完成全部安装工作后，汽轮机内部套在施工现场无需进行任何调整工作，仅需测量工作。

（3）现场安装时，根据厂家安装程序要求，在半实缸状态下压铅丝测量通流间隙；为了不让动静叶接触，采用特殊拉伸工具（在低压缸共 6 处左右对称 3 处采用千斤顶或拉杆）和隔板固定工具、百分表监测，控制内缸和各隔板上半部从全实缸到半实缸的变形，或在低压内缸底部汽端和励端预先设计的调整内缸中心的位置前后 2 处用千斤顶支撑即可，原则是让汽缸恢复到原始状态，如果在现场要取得汽缸通流真实数据，则需要用工厂内全套工器具进行测量，区别是工厂内是在操作台上进行，不需要油缸和千斤顶组件。

（4）在通流间隙测量前，根据设备厂家提供的悬挂销垫片、汽封齿高数据对现场的悬挂销垫片、汽封齿高等数据进行测量和核对。

（5）施工单位在设备厂家工代的指导下，在建设、监理等单位专业人员共同见证下通过压铅丝测量通流部分间隙，测量数据经相关单位各方共同签字确认。

（6）高压缸在现场仅需要在内轴封处，用内径千分尺测量同一断面处上下左右偏差值即可确定汽缸的中心是否满足设计要求（在工厂内需在内轴封洼窝内径处固定 4 个，共计 8 个靶球工装，拟合汽缸中心，作为基准圆测量调整汽缸中心）。

2.2 现场通流间隙数据的意义

根据设备厂家安装程序要求，不允许现场对悬挂销垫片厚度进行任何调整，工厂内 TCCS 测量结果反映的是汽缸的真实间隙，只要工厂内 TCCS 数据满足设计间隙要求，现场测量只是全实缸的模拟状态。只需按照厂家要求的状态测量、整理数据，此数值是参考值，仅供检修时参照，不能据此进行通流间隙调整，如调整将破坏全实缸的状态。

由于 AP1000 核电大型汽轮机缸体在半实缸状态下的变形过大，在自然状态下许多地方的间隙消失且可能会压坏汽封片，因而在自然状态下无法测量有参考价值的安装间隙。为了使现场安装测量工作尽可能模拟全实缸状态，设备厂家在工厂内测量了低压下缸从半实缸到全实缸的全面变形数据，并根据此数据计算出在现场安装需要调整的量。因此，在现场压铅丝测量时，测量的数据仅是表象，参考数值不是全实缸的真实间须，现场测量的间隙数据仅作为参考依据供今后机组大修时参照。检修时，仅将低压缸 6 处的油压千斤顶和拉杆组件调整至与机组安装时相同或将底部千斤顶支撑好保证内缸在合缸状态时即可。

3 TCCS 控制通流间隙的优缺点分析

3.1 采用 TCCS 测量技术的优点

（1）设计理念先进。

TCCS 测量方法，是一种在转子与汽缸分离状态下测量通流间隙的方法[2]。在工厂内不需要转子参与组装，大大节省工厂内的劳动强度和工作量，只需要将转子的参数提供给组装部门。它避免了汽轮机各部套在安装过程中所产生的挠度及原始测量方案对测量结果精度的影响，通过新设计工装配合高精度航空测量仪形成一套测量系统，提高通流间隙值的精确度。

（2）测量形成的通流间隙数据最接近真实间隙值。

TCCS 测量是在全实缸状态下进行的，应用的测量手段更先进，测量的数据更精确，且采用激光跟踪仪，重复精度小于 0.005 mm；而常规方法中，总装报告内通流数据是落转子在半缸状态下测得的，与全实缸状态的真实间隙相比较，仍存在一定的偏差。

（3）可有效减少工厂总装的工作量和现场的汽缸、转子吊装次数及由此造成的转子碰撞风险。

厂内采用 TCCS 测量方法，不需要转子参与测量工作（转子必须在车间参与反复测量、处理验证通流间隙），只需要将转子每个部位的实际尺寸数据和挠度预先测量完毕，整理好资料送与车间（即缸体与转子不见面），与常规方法总装相比，减少现场安装时的内部件吊装、拆卸次数，避免吊装过程中转子与隔板之间可能存在的碰撞。减少工厂内总装时落转子工作，测量调整处理时间缩短，形成的总装记录比常规有所简化。

（4）可有效降低设备厂家的经济成本。

如上述的总装成本（总装工作量减少）及运输成本（转子不必从国外运往制造厂参与总装，直接发往现场）。

（5）可有效加快供货进度。

TCCS 测量方法如成熟运用，转子与缸体可分开交付、相互不受影响，对供货进度具有明显的优势。

（6）大幅节省现场安装工期。

AP1000 汽轮机 3 个低压缸，每个缸正、反各 10 级，其中第 2～7 级隔板汽封圈为 20 组，第 1～6 级围带汽封圈各为 20 组，第 8～10 级隔板 16 组，第 7～8 级围带 24 组，第 9 级围带 32 组，共计 732 组。在工厂内 TCCS 数据测量合格、安装符合要求的情况下，现场通流间隙只测量、不调整，可大大减少现场内部套找中心、悬挂销垫片和定位销配置、通流间隙调整、汽封块修刮处理的工作时间。相比采用常规做法的同类机组，工期可提前至少 3 个月。

（7）汽轮机安装质量更易于控制。

在上游制造厂内 TCCS 合格的基础上，现场只需在轴系找中心合格的基础上按要求在全实缸状态下做好内缸相对转子的定位工作，全实缸状态下实际测量的通流间隙即合格。

（8）现场安装的安全风险可大大降低。

在常规做法的情况下，在汽轮机内部套找中心、悬挂销垫片和定位销配置、通流间隙调整、汽封块修刮处理的过程中涉及到的吊装作业和缸上作业较多。如工厂内采用 TCCS 测量，现场安装时此部分工作大大减少，施工现场安全文明施工形象在一定程度上也将有所提升。

（9）有效降低了施工单位的安装经济成本。

3.2 采用 TCCS 测量技术的缺点及存在的问题

（1）与常规方法相比，现场无法通过有效的手段判断最终的通流间隙状况。

采用常规方法安装时，通过现场测量形成的通流间隙数据与厂家提供的总装报告中的相关数据直接对比分析，能直接判定每个部位是否合格，并确定调整处理量，在现场能有效控制通流间隙质量，直观上能确保汽轮机的安装质量、运行安全，对状态便于分析、控制。

采用 TCCS 测量技术时，由于现场施工条件所限，现场无法采用制造厂内的 TCCS 测量方法验证。同时，因为现场测量状态为过程记录与工厂内最终测量状态并不一致，所以即使厂家提供厂内 TCCS 数据，现场也无法进行直接对比、分析和判断，所有运行安全和经济、质量全部依赖工厂内的组装工艺质量，对工厂制造提出了更高要求。另外，由于 AP1000 核电机组汽封间隙设计值的范围很大（最小 0.30 mm，最大 4.70 mm），用常规贴胶布法验证汽缸通流间隙实施起来比较困难。要形成一种有效验证施工现场通流间隙状况与工厂内通流间隙状况一致的方法，还需要设计和制造单位不断探索。建议可进一步与设计和制造单位探讨采用辅助工艺（如按照上汽西门子百万机组高中压缸整体发运到现场，现场采用在盘车可用状态下碰缸试验验证通流间隙）验证的可行性和必要性。

（2）TCCS 是一种全新的通流间隙控制工艺。

国内设备厂家还未形成一套非常成熟的制造工艺和管理经验。如果工厂内 TCCS 过程质量控制不理想、设备采用该技术带病出厂，将会给施工现场安装的质量、安全、进度带来诸多隐患。

4　总结

TCCS 是一种比较先进的通流间隙控制方法，通过工厂内通流间隙的精准化、精细化控制和管理，能有效保证现场安装汽缸内通流部分间隙配合尺寸，减少现场测量、调整的人工偏差，不仅有利于设备厂家设备制造时质量、进度、安全和成本的控制，而且也有利于现场安装质量、进度、安全和成本的控制，保证机组运行时能达到比较理想的安全运行状况和经济性。经调研采用 AP1000 技术的三门核电和海阳核电机组的运行情况，运行效果均安全、良好，其中海阳的 2 台机组性能试验均达到 1 264 MW 出力（设计出力 1 253 MW），轴系最大轴振 0.28 mm，大修时汽封位置均没有磨损痕迹。鉴于目前现场的技术、工艺状况无法在安装阶段验证机组运行时缸内真实情况，可采用辅助工艺从侧面验证，有条件的可在盘车可用状态下采用碰缸试验进行验证。

核电机组的大功率、大参数、大型化是必然的发展趋势，在设备厂家 TCCS 测量工艺技术和管理经验逐渐成熟后，此工艺将对今后汽轮机的制造、安装产生革命化的影响。

致谢

AP1000 核电是先进的三代核电技术，三门和海阳核电属首堆建设，常规岛汽轮机由哈动—三菱重工联合设计，无成熟的运行机组、在建项目较少，安装尚无成熟的经验可以借鉴，TCCS 工艺更是国内首次，期间理论性的分析论文都有发表，但都限于理论。此论文早已完成，但限于没有最后实际运行和检修实践验证，缺乏说服力，故一直没有发表。目前首批建设的三门和海阳核电都已发电，运行效果良好，且采用 TCCS 工艺的田湾核电已完成大修，效果很好，才将论文发出。论文的完成和最终成功验证，要感谢参与 TCCS 工艺施工的建设单位、设计单位、施工单位、制造单位、管理单位等各方领导对此工艺顺利完成的支持，感谢各方专业人员在工作中严肃、认真操作、管控保证了此工艺的完善推广。在此论文完成之际，我要向所有关心和帮助过我的领导、同事表示深深的感谢！

参考文献

［1］王文凯，孙永戈. 汽轮机总装时转子与汽缸分离状态下测量通流间隙的方法［J］. 机械工程师，2011（10）.

［2］崔宏博. 全–半转速核电汽轮机的比较［J］. 东方电气评论，2006.

有限空间电缆敷设优化模型研究

侯　庆，付贵龙

（上海核工程研究设计院有限公司，浙江 三门　317100）

摘要：介绍了某先进核电工程电缆路径布置特点，分析了有限空间电缆布置的问题，提出了电缆敷设优化数学模型，不但解决了该核电厂电缆敷设的难题，并且为后续该类型电厂规模化建造提供了良好的借鉴。

关键词：电缆敷设；有限空间；数学模型

Research on Optimization Model of Cable Laying in Limited Space

HOU Qing，FU Guilong

（Shanghai Nuclear Engineering Research & Design Institute Co.，Ltd.
Sanmen of Zhejiang Prov. 317100，China）

Abstract：This paper introduces the cable routing characteristics of an advanced nuclear power project，analyzes the problems of cable routing in limited space，and puts forward a mathematical model for cable routing optimization，which not only solves the problem of cable routing in this nuclear power plant，but also provides a good reference for the subsequent large-scale construction of this type of power plant.

Key words：Cable Laying；Limited Space；Optimization Model

1　电缆布局特点及问题的提出

1.1　电缆布局

某世界上目前技术最先进的核电厂，设计采用非能动理念，有关系统得到简化，空间布局上也进行了大幅度的优化。

1.2　存在的问题

该核电厂为了优化空间，设备布局相当紧凑、电缆入口与电缆路径相对位置及走向五花

作者简介：侯　庆（1973—　），男，四川绵阳人，工程师，现主要从事核电工程施工管理工作

八门，设备内空间也相对大幅度缩小，与常规核电厂迥然不同，这就给电缆敷设带来了相当大的难度，尤其是电缆终端为了满足电缆最小弯曲半径要求，必须提前做好精确计算电缆弧度和走向，事先放样等大量工作。

2　解决问题的策略

2.1　确定目标

为了获得较高的电缆敷设工艺质量，满足电缆最小弯曲半径的基本要求，确保核电机组长时间稳定运行期间电缆绝缘水平。

2.2　制定策略

项目 EPC 方组织施工管理人员，成立了专项组，潜心研究出优化的数学模型，然后导入 CAD 和 revit 等软件建立模型，优化布局，并实现信息化，以此指导现场实践。

3　模型建立原则

3.1　满足最小弯曲半径原则

电缆弯曲时，电缆上任何一处的弯曲半径必须不小于设计给定的最小弯曲半径。这是设计和现场敷设时必须遵守的不二原则。

3.2　基本走向原则

电缆基本走向横平竖直。

3.3　反向导出原则

建立模型后可导出数据，利用函数和软件关联模型，实现模型的数据化。

3.4　优先顺序原则

模型建立遵照以上优先顺序。

4　模型示例

下面以电缆走向与电缆进线方向垂直为例进行论述。

4.1　建立直角坐标系

以进线电缆与盘柜戈兰平面的交点为圆心，以水平方向为 X 轴，以垂直方向为 Y 轴，如图 1 所示。

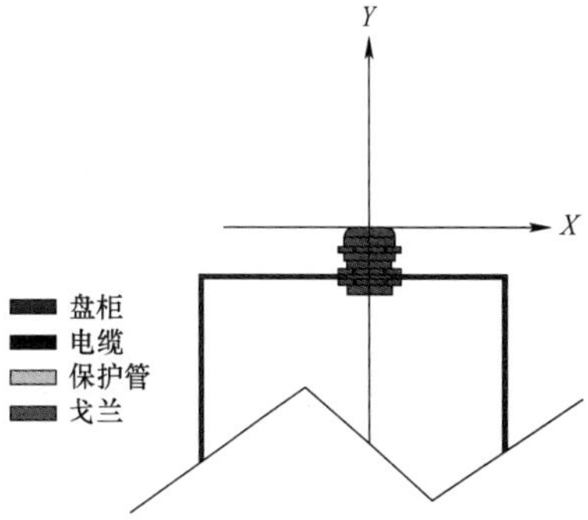

图 1　平面直角坐标系

4.2　数学模型建立和初步分析

取假定电缆路径来自左方的一种情况建立模型。设电缆通道终点（保护管管口或桥架端部）坐标为（x，y），电缆弯曲处圆弧半径为 R，最小弯曲半径为 r，建立模型如图 2 所示，根据模型做初步分析。

因电缆布置要求横平竖直，所以电缆弯曲的圆弧必然同时与电缆通道（或延长线）电缆进线方向相切，此时，$X<-R$，电缆通道终点到设备进线点的水平距离$|X|>R$，$Y>R$，电缆通道到设备进线点的垂直距离$|y|>R$，则电缆通道终点到设备进线点的距离有以下方程式：

$$\begin{cases}|X|=-X=X_1+R,(0\leqslant X_1<+\infty)\\|Y|=Y=Y_1+R,(0\leqslant Y_1<+\infty)\end{cases}$$

由以上方程式可知，距离$|X|$，$|Y|$分别是 X_1 和 Y_1 的增函数，当 $X_1=0$ 时，$|X|$最小，$Y_1=0$ 时，$|Y|$最小，如图 3 所示。

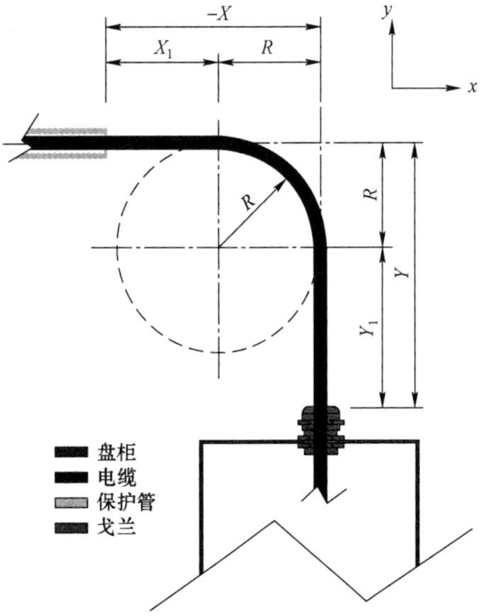

图 2　电缆基本走向

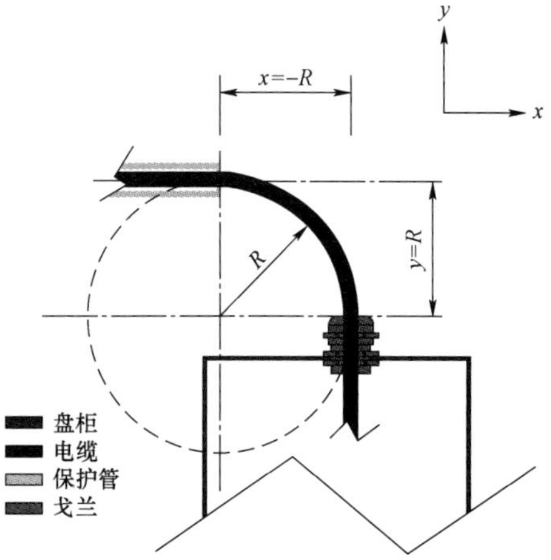

图 3　（$x=-R$，$Y=R$）

方程式变为：

$$\begin{cases}|X|_{\text{Min}}=R\\|Y|_{\text{Min}}=R\end{cases}$$

而为了满足电缆最小弯曲半径的技术要求，R 值必须满足 $r\leqslant R\leqslant+\infty$。因此，可求得$|X|$和$|Y|$最小值就是 r，即：

$$\begin{cases}|X|_{\text{Min}}=(-X)_{\text{Min}}=(X_1+R)_{\text{Min}}=r(-\infty<X\leqslant-R,R\geqslant r)\\|Y|_{\text{Min}}=Y_{\text{Min}}=(Y_1+R)_{\text{Min}}=r(y\geqslant R,R\geqslant r)\end{cases}$$

使电缆通道向 X 正向伸展，端点（X，Y）在第二象限和第一象限，分别如图 4 和图 5 所示，此时，因受电缆最小弯曲半径的限制，同时与电缆通道（或延长线）电缆进线方向相切的圆不存在，但实际敷设电缆时可以做两段圆弧，其中一个圆弧与电缆通道方向相切，另一端圆弧与电缆进线方向相切，两个圆弧也相切。设圆弧半径分别为 R_1 和 R_2（$r\leqslant R_1\leqslant+\infty$，$r\leqslant R_2\leqslant+\infty$），两个圆弧圆心与 X 轴正向夹角为ϕ。

由两个图示都可列出公式：

$$\begin{cases}\cos(\pi-\phi)=\dfrac{R_2-x}{R_1+R_2}\\\tan(\pi-\phi)=\dfrac{y-R_1}{R_2-X}\end{cases}$$

推导出：

$$y=R_1+(X-R_2)\tan\cos^{-1}\frac{x-R_2}{R_1+R_2}$$

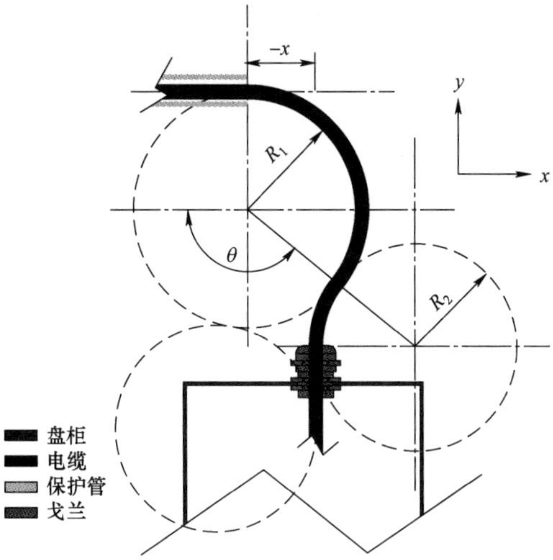

图 4　（$-r<x<0$）

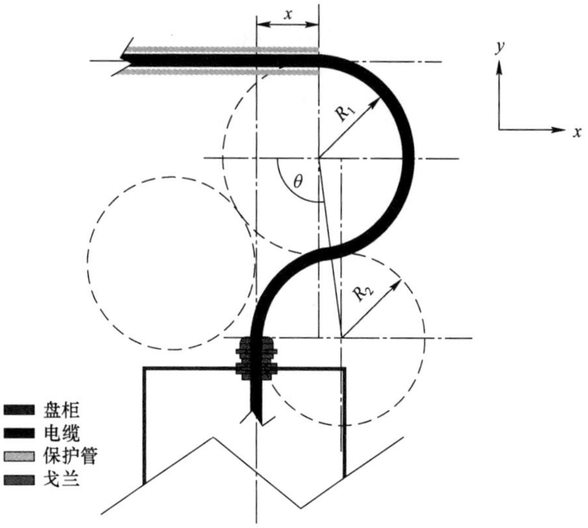

图 5　（$0<x$，x 在第一象限）

因余弦函数定义域 $-1\leqslant\cos\phi\leqslant1$，即 $-1\leqslant\cos\phi=\dfrac{x-R_2}{R_1+R_2}\leqslant1$，因此 x 的定义域是 $-R_1\leqslant X\leqslant R_1+2R_2$；

而正切函数 $\mathrm{tg}\dfrac{\pi}{2}$ 不存在，即 $\phi\neq\dfrac{\pi}{2}$，$\cos\phi=\dfrac{x-R_2}{R_1+R_2}\neq0$，$x\neq R_2$，但 $x=R_2$ 真实存在，做为一种特殊情况进行推导，另 $y=R_1+y_1=R_1+(X-R_2)\tan\cos-1\dfrac{x-R_2}{R_1+R_2}$，

即：$y_1=(X-R_2)\tan\cos-1\dfrac{x-R_2}{R_1+R_2}$，则 $x\to R_2$ 时，y_1 的极限公式为：

$$\lim_{x\to R_2}y_1=\lim_{x\to R_2}(X-R_2)\tan\cos^{-1}\frac{x-R_2}{R_1+R_2}=\lim_{x\to R_2}(X-R_2)\frac{\sin\cos^{-1}\dfrac{x-R_2}{R_1+R_2}}{\cos\cos^{-1}\dfrac{x-R_2}{R_1+R_2}}$$

$$=\lim_{x\to R_2}(X-R_2)\frac{\sin\cos^{-1}\dfrac{x-R_2}{R_1+R_2}}{\dfrac{x-R_2}{R_1+R_2}}=\lim_{x\to R_2}(X-R_2)\frac{\sqrt{1-\left(\dfrac{x-R_2}{R_1+R_2}\right)^2}}{\dfrac{x-R_2}{R_1+R_2}}$$

根据洛必达法则，对分子和分母分别求导，得：

$$\lim_{x\to R_2}y_1=\left(\frac{\sqrt{1-\left(\dfrac{x-R_2}{R_1+R_2}\right)^2}}{\dfrac{x-R_2}{R_1+R_2}}\right)'=\frac{\dfrac{1}{2}}{\dfrac{1}{R_1+R_2}\sqrt{1-\left(\dfrac{x-R_2}{R_1+R_2}\right)^2}}$$

把 $x=R_2$ 代入上式得，$\lim_{x\to R_2} y_1=\dfrac{R_1+R_2}{2}$，即 $x=R_2$ 时，$y=R_1+y_1=R_1+\dfrac{R_1+R_2}{2}$

4.3 数学模型的深化及分析

以上只是针对电缆路径来自左方第一、第二象限的情况建立模型进行的初步分析，同理对于电缆来自右方、上方、下方等不同的方向和终点位于不同象限进行同样的分析，都会得出相同的结论，可以列出同类的公式。因此，所建立的数学模型是实用的。

4.4 模型的参变

利用 CAD 绘制上述建立的数学模型，导入到 Revit 2019 软件，绘制族，把族设置成可参变，使模型曲线随着输入的的参数的变化而变化，这样建立一个模型可多化情况。

4.5 模型的信息化及应用

在软件里可以查询各项参数，如完全半径，弧段长度等各项参数，可以导出数据，可以打印模型，指导施工。

5 应用实例

PMS 系统 JW 箱内的电缆已经端接，但经测量弯曲半径不足。经现场勘查和分析，现场实际情况如下所示。

（1）箱内空间特别狭小，电缆调整空间有限。

（2）电缆种类较多，根数较多，平均每个箱内有 1 根多芯电缆，4 根三同轴电缆，1 根光纤；而每种电缆弯曲半径要求又各自不同。

（3）电缆从不同的方向进入箱内，设备上端节点方向也不一致。电缆很容易交叉，进一步缩小了箱内空间，且电缆的盘绕方向很难确定。

（4）电缆终端头都已经制作好，由于端接头从美国进口，没有如此多的备件可替换，电缆长度不能再进行调整。

（5）端接工人端接前多次调整没有达到最小半径要求。

针对如此复杂的问题，专项组决定采用模型解决问题，实际执行时对照模型整改，步骤如下。

（1）调整放大器位置：先仔细观察整个箱内空间，综合考虑放大器与各根电缆的相对位置，然后确定放大器向左或者向右调整；综合考虑各种电缆的弯曲半径要求，确定放大器调整的位移参数；临时固定放大器，在进行整理电缆时有可能进行微调；在全部电缆整理完成后，固定放大器并打力矩。放大器位置确定的原则是放大器上电缆端接点离箱体上电缆进线点越远越好，综合考虑各根电缆情况后确定放大器调整的位移方向和距离。

（2）确定电缆盘绕方向：电缆的盘绕方向首先要保证电缆进线点的弯曲半径满足要求，即以电缆的起弧点与导管内壁的交点作导管长轴方向的垂线，在此垂线上测量的电缆弯曲半径要满足文件的要求。

（3）电缆盘绕路径的确定：根据电缆进线点到放大器电缆端接点的位置，观察电缆走过的路径是否有放大器支架等障碍；实际整理电缆时选择绕过这些障碍的路径，电缆路径可以做成圆，也可以做成椭圆；放大器可以在电缆圈内也可以在电缆圈外。

（4）电缆终端路径的确定：首先制作好的接头与放大器插接后，电缆的起弧点与接头根部有一定的距离（至少 30 mm），以避免接头或放大器受到额外应力，以此为原则，确定能满足电缆弯曲半径的终端盘绕方向，该方向可以与整根电缆的盘绕方向一致，也可以相反。

（5）电缆的整理：按以上步骤，所有电缆都插接在放大器上后开始统一整理电缆，按照各电缆进线孔距离盘门的深度不同确定电缆分层顺序，以电缆不互相交叉和较力为宜。首先选定一个或两个合适的正式固定点，保证箱内各根电缆（或者绝大多数电缆）都能在此固定半径都能满足文件要求，调整各根电缆圈使其有合适的大小。

（6）电缆的固定：首先把各根电缆（或者绝大多数电缆）正式固定在以上一个或者两个固定点上，然后分别每根固定电缆其他各处。此问题的整改成功又一次验证了所建立模型的实用性。

通过有限空间数学模型，还解决了 EPA 电气贯穿件电缆外部进线、IDS 盘柜电缆进线路径复杂，ECS 系统柜内空间狭小等多个问题。

6　结语

通过建立数学模型，利用 CAD 和 Revit 软件实现信息化，解决了大量的有限空间内电缆敷设弯曲半径小的难题，同时可为同类核电机组规模化发展起到借鉴作用。

基于 RCA 技术的虹吸井深基坑支护质量案例分析及风险防范

胡　峰，谢春华

（上海核工程研究设计院有限公司，上海　200233）

摘要：某核电项目虹吸井深基坑工程开挖过程中，在基坑南侧的支护结构交界处出现较大渗水，基坑防渗墙存在倾覆的风险。针对这一现象，运用 RCA 分析方法从技术、管理、组织、人员等不同角度分析风险发生的直接原因，进而层层分析找出风险发生的根本原因。根据分析结果，并结合现场地质、水文以及项目管理情况，主要采取两方面措施：（1）技术措施：土体卸载以减小挡土墙侧压力、加大放坡、形成封闭止水结构等；（2）管理措施：优化现有的管理程序，梳理管理程序中的漏洞，并进行经验反馈工作。在开挖过程中通过对危险区域进行变形监测，结果反映基坑变形在可控范围内，未发生较大渗水以及倾覆现象。通过对项目管理程序进行修改，管理、技术人员安全意识得到进一步提高。

关键词：根本原因分析；基坑支护倾覆

Case Analysis and Risk Prevention of Siphon Well Deep Foundation Pit Support Based on RCA Methodology

HU Feng，XIE ChunHua

(Shanghai Nuclear Engineering Research & Design Institute Co., Ltd., Shanghai 200233, China)

Abstract: In the process of siphon well foundation pit excavation in a nuclear plant，large-scale water seepage was identified at the support structural juncture of the south side of the pit，which might lead to the collapse of the water-proof wall. To solve this problem，RCA analytical methodology was adopted to probe into the direct cause from such perspectives as constructional technique，management，staffing and organization and eventually found the root cause for potential risks. Based on the analysis and site geological and hydrological conditions as well as the site management，two major measures were adopted：1）technically：unloading the soil so as to reduce

---

作作者简介：胡　峰（1990—　），男，江苏建湖人，工程师，工学硕士，现主要从事核电项目土建设计管理工作

the wall side pressure, expanding the slope, and forming an enclosure sealing structure. 2) managerially: optimizing the management procedures, identifying the managerial loopholes and drawing lessons and experience from it. Besides, during the excavation, the areas with great risks of deformation monitored showed that the deformation was under control and neither large-scale water seepage nor wall collapse occurred. And the optimization of the management procedure greatly enhanced the staff's safety awareness and their managerial efficiency.

Key words: Root Cause Analysis; The Foundation Support Collapse

根本原因分析技术（Root Cause Analysis，RCA），在世界航天、军工、核电等众多研究领域得到广泛的应用[1]，它是一种流程分析方法学，通过运用一整套系统化、逻辑化、客观化的分析方法，如故障树分析法、鱼骨图、五问法（5Whys）等[2]，找出问题的根本原因并提出纠正和预防的措施，是一种重要的风险管理工具。从长远角度分析，RCA 的运用有助于系统地改善生产运营中的缺陷，防止同类故障重复发生，从而降低生产、维护成本[3]。

本文中涉及的虹吸井基坑深度近 20 m，地质水文条件复杂，对安全风险管控工作方面是一个严峻的挑战。基坑开挖过程中发现防渗墙东西两侧不能将箱涵与砌石墙连接形成封闭。根据现场测量结果，经与设计方沟通在防渗墙东侧增加 4 根旋喷桩，西侧增加 13 根直径为 600 mm 的旋喷桩，使旋喷桩与箱涵以及砌石墙之间形成封闭，增加后使得开挖工作得以继续，但随着虹吸井基坑开挖深度的加深现场又发现防渗墙出现裂缝、混凝土墙以及与两侧连接区域出现较大渗水现象，防渗墙以及新增旋喷桩有倾覆风险。因此，运用 RCA 技术分析案例并找出基坑开挖风险的根本原因，并在此基础上针对风险问题提供有效的防治措施，对降低施工风险、减少安全隐患有直接的作用，供后续施工管理参考借鉴，避免类似问题的发生。

1　案例背景介绍与现状调查

1.1　背景介绍

某项目 3 号虹吸井基坑南侧区域支护结构由相邻排水箱涵基坑（已回填）已建的支护结构提供（见图 1），包括外侧高压旋喷桩、内侧一排支护桩，其中，旋喷桩底标高为−14 m，顶标高为+2 m，桩径为 1.0 m；支护桩底标高为−22 m，顶标高为+2 m，桩径为 1.0 m。基坑设计底标高为−8.1 m，地面标高为 11.7 m，地下水位高度为+1.5 m。

排水箱涵基坑回填后，为了进行虹吸井及与排水箱涵的连接段区域施工，需要挖除箱涵出水口处的支护结构，在箱涵顶部设置混凝土墙防渗墙并与两侧连接形成封闭的支护结构（见图 2）。防渗墙挡水结构位于已建箱涵上，顶标高为+3 m，底标高为−1.3 m。砌石墙挡水结构位于已建箱涵支护桩顶梁上，与防渗墙相接，顶标高为+3 m，底标高为+2 m。

虹吸井基坑在开挖过程中发现防渗墙东西两侧不能将箱涵与砌石墙连接形成封闭。由于坑壁未见旋喷桩加固过的迹象，出于对止水结构完整性考虑，根据现场测量结果，根据现场测量结果，经与设计方确认在防渗墙东侧增加 4 根旋喷桩，西侧增加 13 根直径为 600 mm 的旋喷桩使旋喷桩与箱涵以及砌石墙之间形成封闭。

在基坑开挖至−5 m 时，发现防渗墙出现裂缝，混凝土墙以及与两侧连接区域出现较大渗水现象，防渗墙以及新增旋喷桩有倾覆风险，现场立即此问题展开了详细的调查。

1.2　现状调查

调查结果发现在虹吸井开挖过程中存在有施工交接不充分、旋喷桩设计不合理、施工人员未按照旋喷桩设计深度施工等四方面的问题。

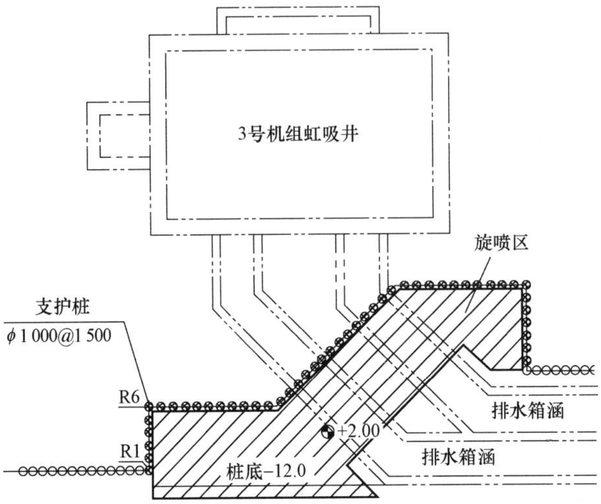

图 1　虹吸井开挖前南侧支护结构示意图

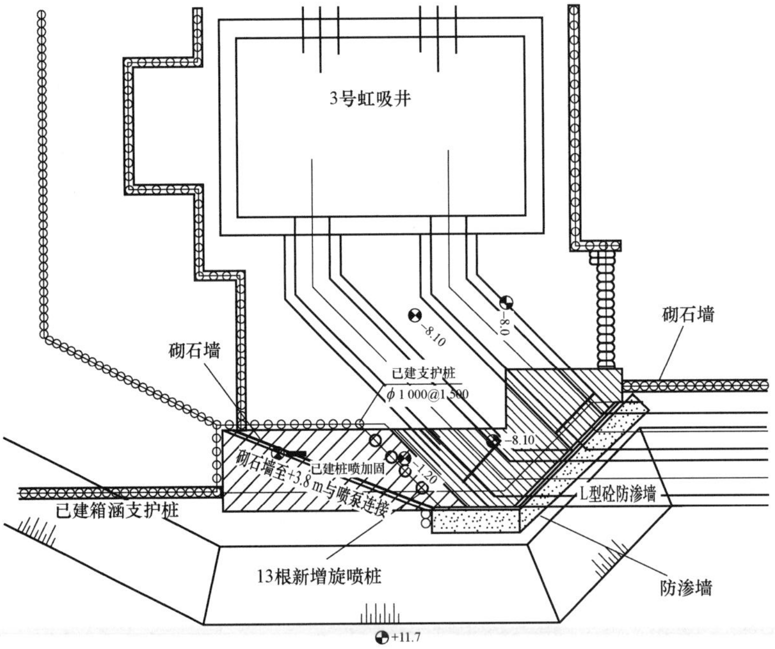

图 2　虹吸井开挖后南侧支护结构示意图

(1) 基坑开挖与支护施工分属不同单位，两家单位施工交接工作不充分。并且两个基坑开挖时间跨度大，施工单位在开挖施工时未对开挖边界以及旋喷区域充分考虑。

(2) 新增 13 根旋喷桩桩长设置存在不合理性：设计桩顶-1.3 m，与箱涵顶标高相同；桩底设计标高-8.1 m，与基坑设计底标高相同（见图 3）。如按照此设计标高开挖基坑，新增 13 根旋喷桩存在倾覆风险；

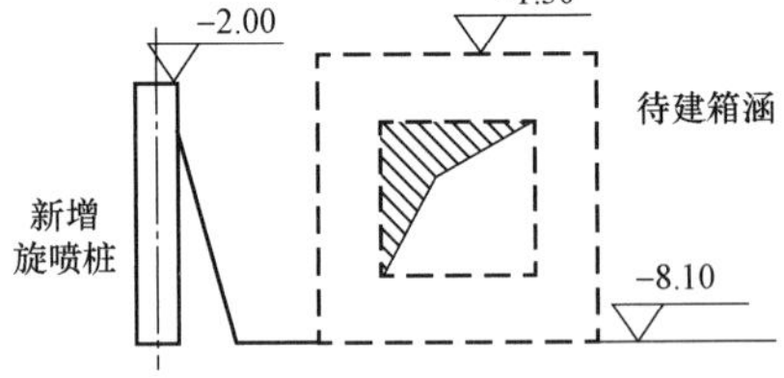

图 3　新增旋喷桩标高示意图

（3）施工人员未按照旋喷桩设计深度施工。13 根旋喷桩设计底标高为 −8 m，但实际旋喷桩施工时底部触及到原有加固区无法再深入，因此施工并未达设计标高，部分桩属于断桩，支护效果大大减弱。现场调查旋喷桩桩底标高如表 1 所示。

表 1　旋喷桩桩底标高统计表

桩号	1	2	3	4	5	6	7	8	9	10	11	12	13
高程/m	−6	−8	−8	−8.2	−8.3	−8	−4.3	−4.3	−4.5	−4.3	−8	−4	−6

（4）监测点覆盖不全。调查发现靠近已建箱涵，事件临近区域未布置沉降变形监测点，也无水文监测点。

2　运用 RCA 技术分析虹吸井基坑开挖风险根本原因

首先调查与本问题相关的施工活动，勘察现场状况，收集相关支持文件、照片等素材，并把相关施工活动按时间排列，罗列出现此问题可能的原因，利用鱼骨图建立因果链，确定问题的直接原因，然后再对各种直接原因综合分析，深层挖掘事件发生的根本原因及促成因素，为采取进一步防治措施提供依据。

2.1　直接原因分析

根据收集的相关材料及现场调查分析，分别从人、机、料、法、环各方面进行原因分析，并用鱼骨图进行展示（见图 4）。

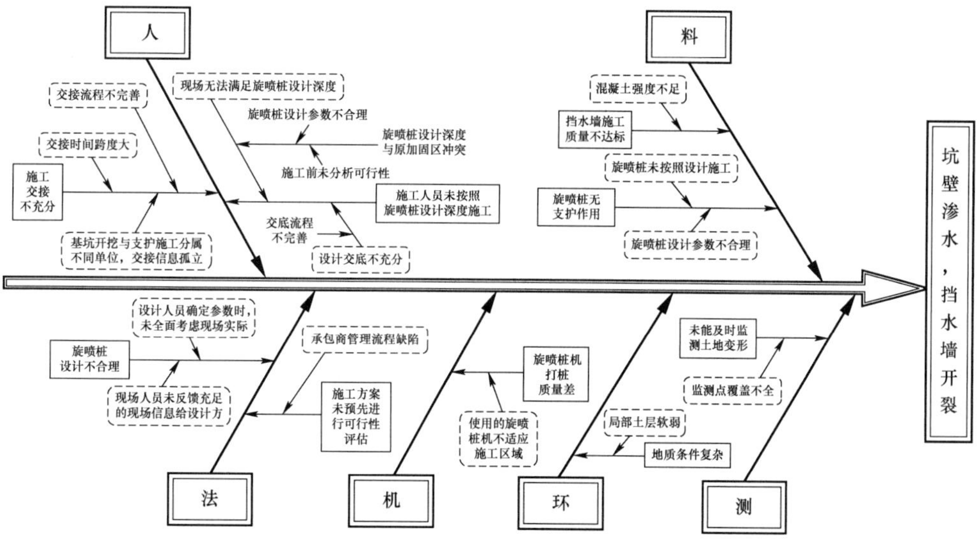

图 4　鱼骨图分析法

根据鱼骨图汇总结果，可以将此次事件发生的直接原因归纳以下几个方面：现场管理程序执行存在不足；支护结构设计不合理；基坑监测方案不完善；施工质量存在缺陷等。

2.2　根本原因确定

对鱼骨图中总结的直接原因进行整理分析，以确认事件发生的根本原因：

（1）施工交接不充分。基坑开挖与支护施工分属不同单位，加之两个基坑开挖时间跨度大，缺少有效的机制监管两家单位工作交接质量，导致两家单位在工作交接上不充分，开挖施工时未对开挖边界以及旋喷区域充分考虑，导致箱涵两侧部分支护结构无法形成封闭结构，对支护结构防渗及挡土作用产生了不利影响。因此，对于分包单位之间进行交接的程序机制不够完善，需进一步加强。

（2）旋喷桩设计不合理。新增 13 根旋喷桩目的在于将基坑南侧支护重新形成封闭结构，但设计桩顶为 -1.3 m，与箱涵顶标高相同；桩底设计标高为 -8.1 m，与基坑设计底标高相同（见图 3）。设计方未充分了解现场实际确定设计参数，现场发现问题也未能及时反馈，如按照此设计标高开挖基坑，新增 13 根旋喷桩存在倾覆风险，对基坑开挖安全产生不利影响。

（3）挡土墙混凝土强度不足。预留混凝土试块试验抗压强度达到设计强度，开挖前挡水墙混凝土表面外观完好。裂缝出现在 13 根旋喷桩上部新浇筑宽度为 30 cm 矩形截面素混凝土挡水墙上，分析 30 cm 宽挡水墙斜裂缝形态，考虑此墙为素混凝土墙，认为其由不均匀沉降产生可能性较大。30 cm 宽挡水墙两端分别与 L 型挡水墙和砌石墙相连（见图 5），其基底为新施工的旋喷桩，沉降刚开始，后者基底分别为箱涵和原有旋喷桩，沉降已基本完成。因此，可以认为混凝土墙裂缝并非由于强度不足造成的。

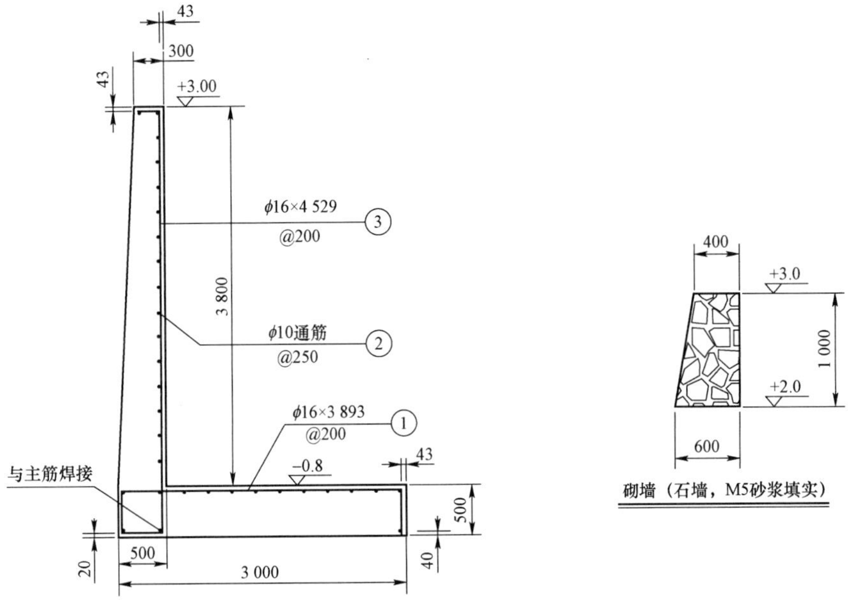

图 5　L 型混凝土防渗墙（左）、砌石墙（右）

（4）施工前未对旋喷桩施工可行性进行分析。由于原有加固区的存在，旋喷桩无法达到设计深度，但施工方事先未对在原有加固区新增旋喷桩的施工可行性进行评估，对施工中发现的部分桩体无法达到设计深度的问题未及时上报与反馈，导致 13 根旋喷桩在实际施工时未达设计标高，部分桩属于断桩，支护效果大大减弱。

（5）对施工方缺少监管，监测点覆盖不全。由于靠近已建箱涵，事件临近区域未布置沉降变形监测点，也无水文监测点。事前无法及时发现问题、对进一步扩大的风险进行有效控制，事后评估没有数据作为支撑，难以进一步作出准确的评估，只能通过推测保守决策。

通过以上对各个直接原因的分析，可以总结出支护结构渗水及裂缝产生的根本原因。

（1）现场与设计方间沟通不充分，沟通机制不完善。设计方确定参数时未全面考虑现场情况，新增旋喷桩的设置仅考虑到形成封闭支护结构，但未考虑已建加固区的影响，实际上现场施工无法达到设计深度，易形成断桩。

（2）现场监管不到位，管理程序存在漏洞。第一，基坑开挖前未充分评估已建加固区范围，对加固区超挖，进而导致支护结构无法封闭；第二，旋喷桩施工过程中发现多个桩体无法达到设计深度，却没有按照程序发起澄清，对施工风险把控存在漏洞；第三，存在安全风险处没有设置监测点，无法对安全进行实时监控，对施工安全的监测措施存在不足。

3　对策及后续风险管控

针对 RCA 分析结果，现场积极沟通协调相关单位，制定了相应的对策措施，包括以下几个方面：

3.1　技术方案对策

（1）修改支护方案

基于对现场实地的勘察，防渗墙区域有进一步放坡的空间，可以通过对挡土墙主动侧放坡处理，进行卸载以减小挡土墙侧压力。这是一种常用的基坑边坡形式，方法简便，同时也较为经济。因此现场适宜采用这种处理方式。具体方案如下：在已有的边坡基础上，将回填土开挖至−3 m 高程，留出 2 m 平台后以 1:1 坡比放坡至+2 m，北侧垂直挖除，南侧自然坡比，东侧留出施工面后自然坡比放坡，待衔接段箱涵施工完成后立即进行回填，并恢复止水墙完整性。平剖面示意分别如图 6、图 7 所示。

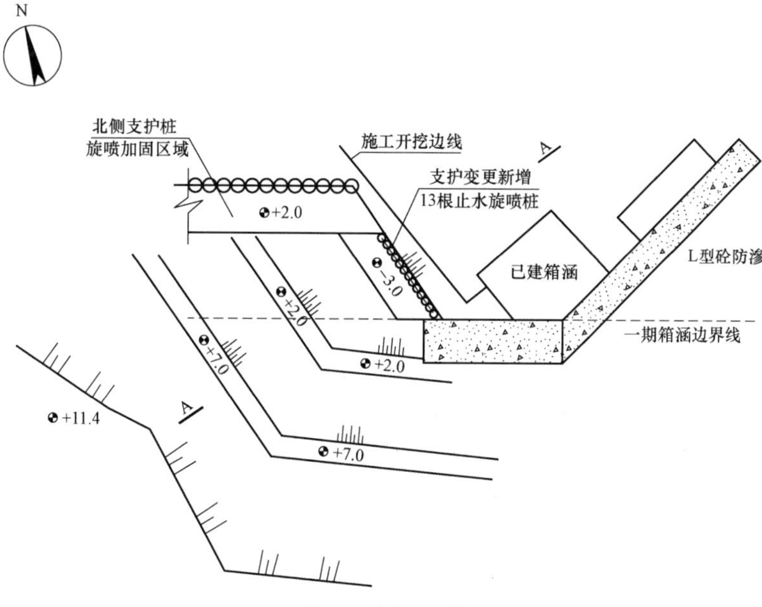

图 6　放坡平面图

（2）结合现场实际情况，各方综合评估基坑开挖至约−5 m 处的安全状态，采取初步放坡措施，观察并确认无倾覆风险。但在放坡过程中仍存在渗流可能，对此施工方加强了降水措施，并密切关注坑外水位。配合现场测量结果，为设计制定新方案提供基本资料。

3.2　程序体系风险管控

（1）梳理项目管理程序，查找程序漏洞。对不同施工单位的交接程序存在的不足之处，通过组织相关方的会议讨论，对存在管理漏洞的程序进行升版与完善。

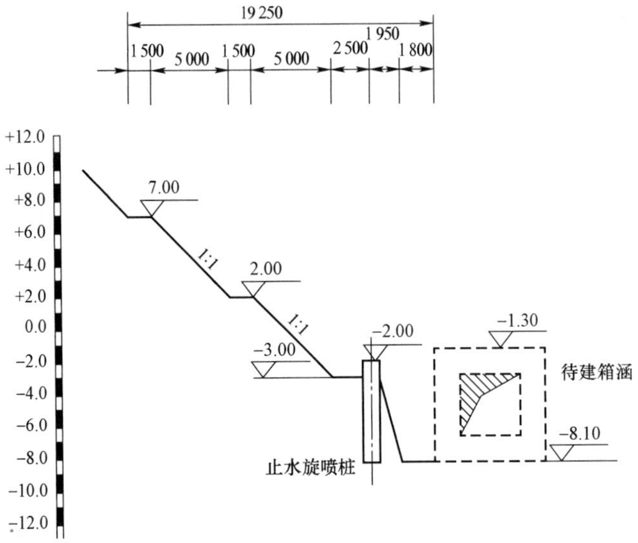

图 7　放坡剖面图

（2）对承包商图纸会审程序、施工方案编制程序进行讨论修改。重新制定图纸会审计划，加强图纸交底质量，争取在施工前发现设计问题，完善设计与现场沟通机制；将安全风险评估责任分配到各个业务部门，对施工安全监管进一步加强。

（3）形成经验反馈，在公司各个项目间进行共享，为其他项目及后续工程管理提供借鉴。

4　结论

本文利用根本原因分析法，对核电项目厂区虹吸井基坑发生的混凝土防渗墙裂缝和渗水现象进行了分析，分别从基坑支护结构合理性、项目管理程序等方面对该现象进行了层层分析，最终找出了其发生的根本原因，并采取了合理的应对措施。支护方案修改后，在开挖至设计标高过程中，防渗墙变形监测结果反映土体变形处于可控范围，且未发现倾覆和较大渗水现场，基坑开挖工作顺利按期完成；通过修改现有的项目管理程序，各方管理、技术人员安全意识提高，施工准备工作更加全面，施工质量得到进一步提高，对于后续类似项目的风险管控、安全管理有一定的借鉴作用，有助于避免类似事件的发生。

建议对于深基坑开挖等类似高风险作业在施工前要对相关的工序严格把关，将安全责任落实到全员，不仅对施工单位如此，还应对设计单位提出更高的安全评估要求，真正实现工程安全的全方位把控。

参考文献

［1］徐炜辰. 根本原因分析的研究—常用根本原因分析工具和方法的比较［J］. 项目管理技术，2015，（5）：61-64.
［2］刘卫东. 地铁运营安全事件根本原因分析法及应用［J］. 城市轨道交通研究，2012，（12）：24-27.
［3］杨立飞，陈宇，王从令. 基于 RCA 技术的风电场变桨电机故障原因分析［J］. 设备管理与维修，2015，（1）：32-35.

三门核电 2 号机组次级加密控制网精度优化分析

李春红

（中国核工业第二二建设有限公司，湖北 武汉 430050）

摘要： 为满足三门核电 2 号机组核岛基坑周围及以下主要建（构）筑物的施工定位和放线、微网测设及变形监测等活动要求，在核岛基坑周围增加布设了多个控制点，组成平面和高程控制网。次级加密控制网最大的优势在于控制点点位布设在主要施工区域周围，可以作为基准点直接应用，这对提高建筑物及构筑物的精度有着非常重要的作用。本论文通过对三门核电一期工程 2 号机组基坑周围次级加密控制网进行优化设计、外业数据采集、平差计算等内容进行详细叙述。着重阐述了在保证次级加密控制网精度的前提下，如何对控制网进行优化，且通过实例验证表明经过优化后的控制网，点位精度不仅能够满足技术规范要求而且还能够有效地提高测网速度，起到了降本增效的作用。

关键词： 次级加密；控制网精度；优化设计

Precision Optimization Annlysis of Secondary encryption Control Network of Sanmen Nuclear Power Unit 2#

LI Chunhong

（China Nuchear Industry 22ND Construction Co.，Ltd.，
Wuhan of Hubei Prov. 430050，China）

Abstract: In order to meet the requirements of construction positioning and release, micro-grid survey and deformation monitoring around the foundation pit of the nuclear island of Sanmen nuclear power plant and the following main structures, a number of control points have been set up around the foundation pit of the nuclear island to form a plane and elevation control network. The biggest advantage of the secondary encryption control network is that the control points are located around the main construction area and can be used as reference points directly, which plays a very important role in improving the accuracy of buildings and structures. In this

---

作者简介： 李春红（1980— ），女，辽宁葫芦岛人，学士，高级工程师，现从事核电工程测量工作

paper, the optimization design, field data acquisition and adjustment calculation of the secondary encryption control network around the foundation pit of No.2 unit of Sanmen Nuclear Power Phase I Project are described in detail. This paper focuses on how to optimize the control network on the premise of ensuring the accuracy of the secondary encryption control network, and an example shows that the point position accuracy of the optimized control network can not only meet the requirements of the technical specification, but also effectively improve the speed of the network, and play the role of reducing cost and increasing efficiency.

Key words: Secondary Encryption; Control Network Accuracy; Optimal Design

浙江三门一期核电工程是世界上首批建造的第三代先进压水堆的 AP1000 核电厂。采用美国西屋公司设计的 AP1000 堆型，是我国作为实现第三代核电自主化的依托项目。AP1000 堆型模块化的新颖设计理念与以往核电工程相比，存在极大的差异。因此，建造过程中毫无经验可循。特别是核岛工程，建造质量要求极高，而厂区次级控制网点是均匀地分布在整个厂区，距离核岛主体工程施工区域较远，需要转站方可进行测量定位。为确保核电建造质量，提高测量工作效率，在核岛基坑周围布设一系列能够长期保存、便于应用的次级加密控制点满足 AP1000 核电工程的施工需要。

1　控制网的优化设计

1.1　控制网模拟法优化

控制网模拟优化是根据仪器确定观测值精度，进一步模拟观测值。计算网的各种质量指标如精度、可靠性、灵敏度。精度应包括点位精度、相邻点位精度、任意两点间的相对精度、最弱点和最弱边精度、边长和方位角精度。可靠性包括每个观测值的多余观测分量（内部可靠性）和某一观测值的粗差界限值对平差坐标的影响（外部可靠性）。灵敏度包括灵敏度椭圆、在给定变形向量下的灵敏度指标以及观测值的灵敏度影响系数。将计算出的各质量指标与设计要求的指标比较，使之既满足设计要求，又不会有过多的富余。通过改变观测值的精度或改变观测方案（增加或减少观测值）或局部改变网形（增加或减少网点）等方法重新作上述设计计算，直到获取一个较好的结果。

1.2　控制网的优化设计策略

先固定观测值的精度，对选取的网点，观测所有可能的边和方向，计算网的质量的指标，若质量偏低，则必须提高观测值的精度。在某一组先验精度下，若网的质量指标偏高了，这时可按观测值的内部可靠性指标 *ri*，删减观测值。*ri* 太大，说明该观测值显得多余，应删去；若 *ri* 很小，则该观测值的精度不宜增加。这种根据 *ri* 大小来删除观测值的方法称为从“密”到“疏”，从“肥”到“瘦”的优化策略。

用模拟法可获得一个相对较优且切实可行的方案，可进一步用模拟观测值作网的平差计算，同时可模拟观测值粗差并计算对结果的影响。对于一个精度、可靠性以及灵敏度要求极高的监测网或精密控制网，做上述优化设计和精细计算是十分必要的。对于有较大的质量富余，建网费用偏高。网优化设计后费用很少，所带来的效益较大。

1.3　2 号机组核岛基坑周围次级加密控制网优化设计

优化前：在场区内选择两个首级控制点作为已知点，2 号核岛基坑周围布有 4 个加密控制墩，根据以往的布网原则，算出这 4 个控制点与已知控制点之间的夹角及距离，输入到平差软件中，进行精度估算。

控制网网形（见图1）及估算结果（见表1）如下。

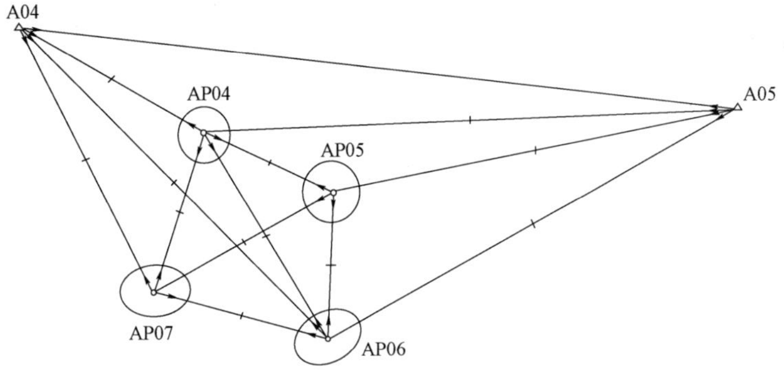

图1　2号核岛基坑次级加密控制网图形

表1　平面网平差结果

平差坐标及其精度					
Name	*X*/m		*Y*/m		
M_X/cm	M_Y/cm	M_P/cm	*E*/cm	*F*/cm	*T*/dms
A04	3 220 761.816 0		513 365.920 4		
A05	3 220 733.655 8		513 575.125 4		
AP04	3 220 725.106 9		513 419.793 2		
0.050	0.041	0.065	0.051	0.04	9.544 9
AP05	3 220 704.615 8		513 457.847 1		
0.058	0.045	0.073	0.058	0.045	174.532 7
AP06	3 220 654.292 3		513 456.189 9		
0.051	0.051	0.072	0.055	0.046	42.485 8
AP07	3 220 670.382 3		513 405.186 3		
0.051	0.055	0.075	0.055	0.051	74.571 4
M_X均值：0.05　M_Y均值：0.05　M_P均值：0.07					
先验单位权中误差：3.54 后验单位权中误差：0.08 多余观测值总数：24 平均多余观测值数：0.632 *PVV*1＝0.167　*PVV*2＝0.167					

方向最小多余观测分量：0.52（AP05→A05）

方向最大多余观测分量：0.76（AP06→A04）

方向平均多余观测分量：0.66

方向多余观测数总和：17.14

从上述结果可以看出，最大点位误差 M_X（cm）为 0.58 mm，M_Y（cm）为 0.55 mm，M_P（cm）为 0.75 mm，满足四等控制网 2 mm 限差的要求。

优化后：一般情况下，控制网宜布设近似等边三角形，其三角形的内角不应小于 30°，如果受现场条件的限制，个别角度可以放宽，但不应小于 25°。本控制网优化采用的是模拟法优化，取消部分待测点之间的方向观测值或者距离观测值。如：取消了 AP04—AP06；AP05—A04；AP07—AP05 等控制点之间的方向和距离以及 AP05、A05 两个测站点。优化后的成果表 2 所示。

表 2　平面网平差结果

平差坐标及其精度				
Name	X/m	Y/m	M_X/cm	M_Y/cm
M_P/cm	E/cm	F/cm	T/dms	
A04	3 220 761.816 0	513 365.920 4		
A05	3 220 733.655 8	513 575.125 4		
AP04	3 220 725.106 9	513 419.793 2	0.058	0.052
	0.078	0.061	0.049	27.373 3
AP06	3 220 654.292 3	513 456.189 9	0.067	0.073
	0.099	0.081	0.057	52.105 9
AP07	3 220 670.382 3	513 405.186 3	0.057	0.073
	0.093	0.075	0.054	70.263 6
AP05	3 220 704.615 8	513 457.847 1	0.089	0.085
	0.123	0.091	0.083	28.412 0

M_x 均值：0.07　M_y 均值：0.07　M_p 均值：0.10

先验单位权中误差：3.54
后验单位权中误差：0.10
多余观测值总数：13
平均多余观测值数：0.520
$PVV1$=0.134　$PVV2$=0.134

从上述结果可以看出，优化后最大点位误差 M_X（cm）为 0.89 mm，M_Y（cm）为 0.85 mm，M_P（cm）为 1.23 mm，依然满足四等控制网点位误差小于 2 mm 的技术指标要求。

优化后的好处：经过优化后的控制网，既能满足现场的精度要求还能减少外业的工作量，减少费用。

2　控制网的外业数据采集

2.1　观测前的准备工作

首先对已经由国家标准单位检测的全站仪 TC2003 进行常规“三轴误差”检查。其次对使用中的棱镜及基座的光学对点器、水准气泡进行检查、校正。控制网的技术要求按《工程测量规范》中的四等技术要求进行测量控制。在观测前，首先将仪器放置工作环境中约 15 min，然后将所测量的温度、湿度、气压、加常数、乘常数等输入全站仪 TC2003，由全站仪自行改正。

2.2　观测方法

2.2.1　水平角观测

为了减小对中误差和目标偏心误差，加密控制网均采用强制对中或三联脚架法观测。水平角的观测采用精密观测法，在每个网点设站，正倒镜观测与其关联的方向，以消除同一方向调焦引起的误差，观测顺序：正、倒、倒、正、正、倒……。每测回的度盘配置依据公式：

$$\sigma = 180° / m\,(j-1) + i(j-1) + \omega / m(j-1/2),$$

式中：σ——度盘和测微器位置变换值（°，′，″）；

m——测回数；

j——测回序号；

i——度盘最小间隔分划值（光学经纬仪的 1″级为 4′，2″级为 10′）；

ω——测微度盘分格数（值）（光学经纬仪的 1″级为 60 格；，2″级为 600 格）。

外业观测成果须满足四等边角水平控制网测量技术要求，测角中误差不超过 2.5″，半测回归零差不超过 6″，一测回内 2C 互差不超过 9″，同一方向各测回互差不超过 6″，否则，重测。

当水平角观测误差超限时，应在原来度盘位置上重测，应符合下列规定：

1）一测回内 2C 互差或同一方向值各测回较差超限时，应重测超限方向，并联测零方向。

2）下半测回归零差或零方向的 2C 互差超限时，应重测该测回。

3）若一测回中重测方向数超过总方向数的 1/3 时，应重测该测回。当重测得测回数超过总测回数的 1/3 时，应重测该站。

2.2.2　距离观测

水平距离的测量取决于观测的平均值。测距时，均在大气稳定和成像清晰的有利条件下进行。

根据测距仪器的标称精度公式：

$$m_D = a + b \times D$$

式中：m_D——测距中误差，mm；

a——标称精度中的固定误差，mm；

b——标称精度中的比例误差系数，mm/km；

D——测距长度，km。

3　控制网的平差计算

3.1　数据处理软件包

采用科傻《地面测量工程控制测量数据处理通用软件包》的平差程序将次级加密控制网的外业数据进行平差。三角形闭合差及微网点点位误差均在规范要求以内，即表明外业数据采集准确。

3.2　数据计算

对于水平角观测的测角中误差，应按菲列罗公式计算：

$$m_\beta = \sqrt{\frac{[ww]}{3n}}$$

式中：m_β——测角中误差，（″）；

w——三角形闭合差，（″）；

n——三角形的个数。

测距中误差，应按如下公式计算：

$$m_{Di}=\mu\sqrt{\frac{1}{p_i}}$$

式中：m_{Di}——第 i 边的实际测距中误差；

P_i——第 i 边距离测量的先验权；

μ——单位权中误差。

3.3　2 号核岛基坑周围次级加密控制点点位示意图及成果表

2 号核岛基坑周围次级加密控制点点位示意图及成果表见图 3、表 3。

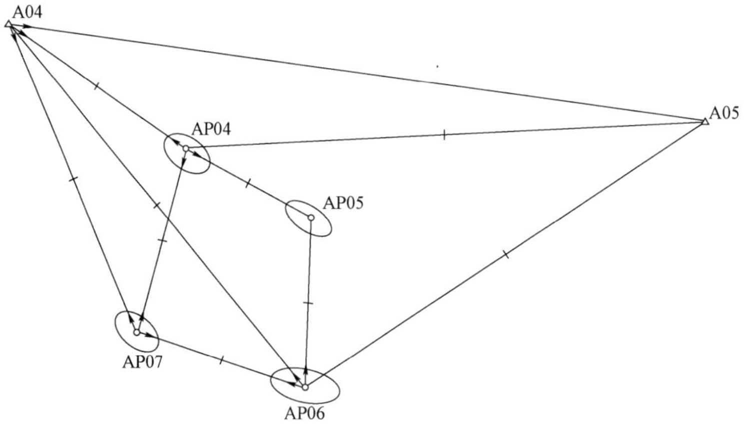

图 3　2 号核岛基坑周围次级加密控制点点位示意图

平面控制网平差成果表

网型：边角网

总点数：6　　已知点数：2

观测值总数：23　　方向观测值数：14　　边长观测值数：9

条件总数：0　　方位角条件数：0　　边长条件数：0

多余观测值总数：11

先验单位权中误差：0.30　　后验单位权中误差：0.49

方向观测先验精度：0.30　　边长观测先验精度（A，B）：1.00，1.0

表 3　坐标平差值及其精度成果表

点名	点名	坐标/m		点位误差/cm		
		X	Y	M_X	M_Y	M_P
A04	A04	3 220 761.816 0	513 365.920 4			
A05	A05	3 220 733.655 4	513 575.125 8			
AP04	AP04	3 220 725.106 8	513 419.792 7	0.012	0.020	0.024

续表

点名	点名	坐标/m		点位误差/cm		
		X	Y	M_X	M_Y	M_P
AP06	AP06	3 220 654.291 4	513 456.192 2	0.018	0.043	0.047
AP07	AP07	3 220 670.382 5	513 405.181 3	0.022	0.023	0.032
AP05	AP05	3 220 704.614 1	513 457.842 9	0.020	0.034	0.040

通过上述平差结果不难看出：AP06点位中误差最大，为0.47 mm，很好地满足了规范2 mm的技术指标要求，同时减少多余观测值，提高工作效率。

4 平差软件

从模拟法优化设计的整个过程来看，其实是一种试算法。随着科技的发展，平差软件除了具有一些基本的功能外，在成果输出的多样性、直观性、可视化以及人机交互界面设计方面都有更高的要求。基于地面控制与施工测量工程内外业数据处理一体化自动化系统（简称科傻系统）是近年来的一项科技研究开发实践。

本控制网测量的数据采用的就是“现代测量控制网数据处理通用软件包”（称科傻二）。科傻二除具有任意网形、任意规模的地面平面、高程控制网的平差功能外，还包含近似坐标计算，稀疏矩阵压缩存贮，网点优化排序，闭合差自动计算，概算，粗差定值计算和改正，方差分量估计，贯通误差影响值估算，工程控制网模拟法优化设计，控制网数据管理，网图显绘，成果报表输出等功能。

5 结论

（1）微型控制网的精度主要取决于控制网图形的选取。精度的影响除了观测仪器本身以外，控制网方案的设计也能影响精度，其中图形强度的影响尤为重要。在作控制网精度估算时，很容易将控制网中的联测点、微网点与已知控制点形成正多边形，使实测后的点位精度很难达到估算时的点位精度。

（2）模拟法控制网的优化既能满足精度要求，又能减少工作强度。

（3）采用强制对中或三联脚架法，能够很好地控制对中误差和目标偏心误差对观测结果造成的影响。

（4）在进行外业数据采集时，严格遵守技术规范要求，特别注意每测回之间的互差、半测回归零差及往返距离的偏差均应在要求范围以内。

参考文献

[1] 王家贵，王继读，刘立忱，等. 测绘学基础［M］. 北京：教育科学出版社，2000.

[2] 张正禄，黄全义，等. 从“科傻”系统到全能型全站仪［J］. 东北测绘，1998（1）：5-7.

[3] 中华人民共和国住房和建设部. GB 50026—2007 工程测量规范［S］. 北京：中国计划出版社，2007.

PXS 设备安装关键技术研究与应用

李东祚

（上海核工程研究设计院有限公司，上海　200233）

摘要：在非能动压水堆核电厂中，非能动堆芯冷却系统需实现特殊的系统功能，其主要设备应满足特定的布置和安装需求。根据设计需求及 AP1000 工程经验，对非能动堆芯冷却系统设备安装关键技术进行了国产化研究和改进优化，针对设备安装精度高、设备支撑载荷大和设备热胀吸收难等问题，提出了堆芯补水箱安装组件、非能动余热排出热交换器支撑组件、安注箱锚固安装的特殊部件及其设计技术，如非标埋件、滑动垫板、导向块的零件设计和工厂预加工、预组装等工序调整。同时提出以上关键技术在工程实际应用中的具体安装要求。通过非能动堆芯冷却系统设备安装技术的国产化和再创新，提高国内核电厂设计的技术水平。

关键词：非能动；安装；关键技术

Research and Application of PXS Equipment Installation Main Techniques

LI Dongzuo

(Shanghai Nuclear Engineering Research & Design Institute Co., Ltd., Shanghai 200233, China)

Abstract: In Passive PWR nuclear power plant, the Passive Core Cooling System supplies special functions, and its main equipments should meet specific layout and installation requirements. According to the AP1000 engineering experience, the PXS equipment installation Main Technologies are researched and improved. For high precision of installation, high loading of equipment supports and the adsorption of thermal expansion are difficult, special components and design techniques for installation of the CMT supports, PRHR HX supports and ACC anchoring are presented. Additionally, the specific installation order and requirements of the above design techniques in plant practical application are proposed. This research shall improve the domestic nuclear power plant design capability.

Key words: Passive; Installation; Main Techniques

作者简介：李东祚（1990—　），男，工程师，学士，现从事核电厂工艺系统与布置专业工作

1　背景

非能动堆芯冷却系统（PXS）作为压水堆核电厂重要安全系统，其主要设备包括堆芯补水箱（CMT）、安注箱（ACC）、安全壳内换料水箱（IRWST）、非能动余热排出热交换器（PRHR HX）等。上述设备及其相关管道和阀门等主要执行下述安全相关功能。

（1）在反应堆冷却剂系统（RCS）正常补给和硼化不可用或不足的事故时，为RCS提供应急补给和硼化功能。

（2）在发生各种破口尺寸的反应堆冷却剂丧失事故，直至并包括RCS最大反应堆冷却剂管道双端断裂时，为RCS提供安全注射。

（3）在正常热量排出路径丧失时，为RCS提供应急堆芯热量排出功能以进入并维持安全停堆状态。

相比传统能动核电厂安注系统，PXS引入了非能动设备，如堆芯补水箱、蓄压安注箱、非能动余热排出热交换器等。这些设备在结构和布置设计中，需满足特殊的要求以保证系统功能。

（1）非能动余热排出热交换器布置在高于冷却剂环路的标高处，利用进出口管线的密度差提供驱动，将热量传递给安全壳内换料水箱。非能动余热排出热交换器是C型传热管式热交换器，进出口封头安装在安全壳内换料水箱墙面上，其依靠框架结构的上、下部支撑与换料水箱相连。

（2）堆芯补水箱布置在高于冷却剂环路的标高处，利用进出口管线的密度差提供驱动。堆芯补水箱是立式圆柱水箱，其下部设有8个支撑腿。

（3）安注箱依靠箱内的压缩氮气提供驱动力。安注箱是球形水箱，下部设有三组支撑。

（4）PRHR HX及CMT在运行时为高温状态（设计温度343℃），其支撑设计应能保证满足结构强度和吸收设备热胀位移的能力。

本文根据上述每个设备的功能和布置要求，对依托项目安装方案进行消化吸收，根据工程经反馈，优化并提出满足结构强度、安装精度、设备位移等要求的设备安装关键技术，并给出类似设备的推荐安装顺序和要求，以完善国产化非能动核电站设备安装的设计和施工能力。

2　PXS设备安装关键技术

2.1　堆芯补水箱安装技术

2.1.1　依托项目CMT安装方案及工程经验

CMT通过8个支撑腿及其对应的安装组件安装，安装组件包括预埋板、调整垫板、滑动垫板、承剪块、补强板及紧固件等，如图1所示。具体的安装方案如下。

（1）预埋板通过焊接于下部结构梁连接；

（2）预埋板带有内螺纹孔，通过螺柱等紧固件连接设备底板等部件；

（3）设备底板与预埋板间设置调整垫板和滑动垫板，滑动垫板为特殊设计的表面为石墨材质的减摩板，可保证热膨胀要求；

（4）四周配置承剪块约束设备底板沿设备径向移动，承剪块与预埋板焊接。

依托项目CMT实际安装过程中，存在以下施工问题和设计缺陷。

（1）预埋板与结构梁焊接完成后，在现场完成预埋板螺纹孔加工，施工空间小、难度大、精度难以保证；

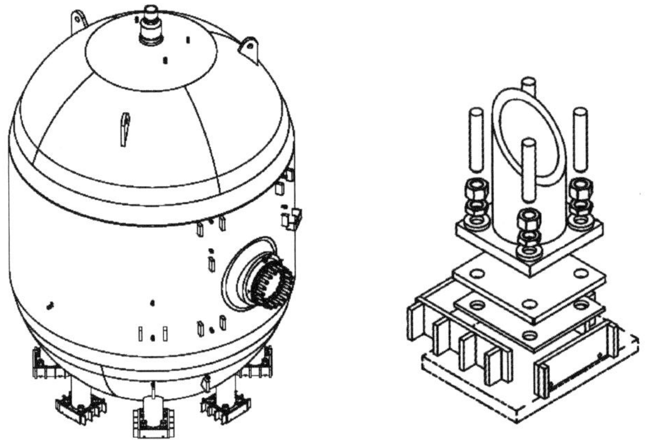

图 1　堆芯补水箱安装方案示意图

（2）受限于现场空间，承剪块与补强板的焊接及焊后热处理难以实现，且周围混凝土无法承受热处理高温；

（3）预埋板内螺纹与螺柱的啮合长度不受限于预埋板厚度，承载能力不足。

2.1.2　国产化 CMT 安装组件设计

针对现场安装出现的问题，国产化项目中，对堆芯补水箱安装组件进行了改进设计，如图 2 所示。堆芯补水箱安装组件随设备供货，根据制造完工的设备支撑底板实际尺寸和位置进行工厂制造和组装，并完成焊后热处理。8 块底板安装组件之间用型钢临时焊接定位，安装组件的相对位置与设备实际尺寸一致。该设计具有以下优点。

（1）预埋板和滑动垫板的开孔定位与对应的设备底板一致，避免现场开孔空间小难度大的困难和偏差大的风险；

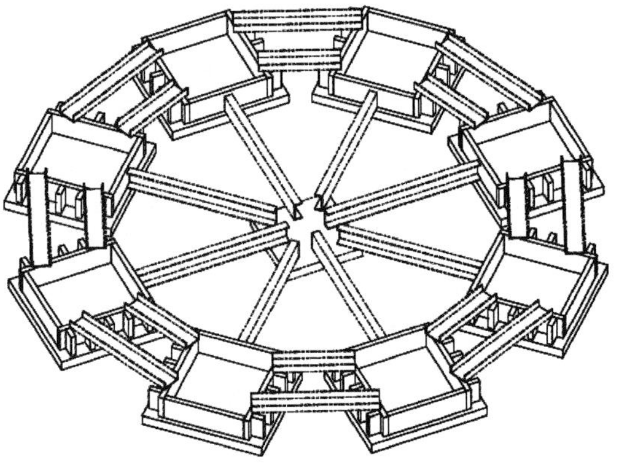

图 2　堆芯补水箱安装组件

（2）8 块底板的安装组件整体安装，避免了单个定位安装的偏差累积；

（3）承剪块和补强板与预埋板的焊后热处理在工厂整体进行，保证了焊后热处理质量，避免了现场的高难度施工和对附近混凝土的影响。

2.1.3　国产化 CMT 安装紧固件设计

与依托项目相比，国产化 CMT 安装用螺柱与预埋板之间增加一个非标螺母作为中间连接件。改进前后的紧固件结构型式见图 3。堆芯补水箱的紧固件设计有以下特点。

（1）作为中间连接件的非标螺母，增加了螺柱与预埋板之间的螺纹啮合面积以减少应力集中、达到强度要求；

（2）安装时薄螺母在下、厚螺母在上，保证事故时主要载荷由厚螺母承受；

（3）薄螺母与垫圈之间保留 0.05～1.00 mm 的间隙，保证 CMT 底板在热胀滑动时不受螺柱压力产生的摩擦力；

（4）设备底板开孔与螺柱外径之间有足够大的间隙保证热胀位移，但导致标准尺寸的垫圈与底板接触面积过小，无法满足承载要求。因此设计外径和厚度更大的非标垫圈。

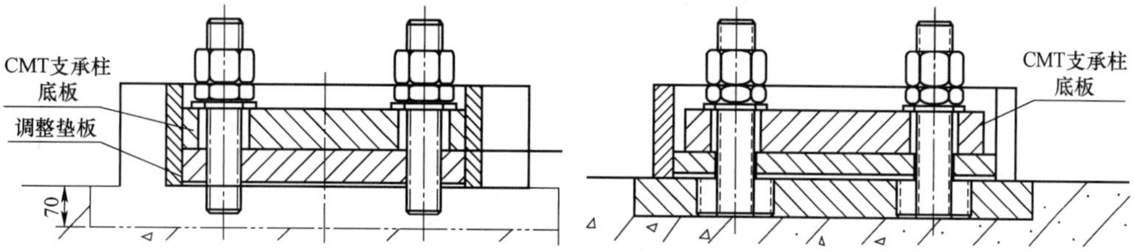

图3　堆芯补水箱紧固件安装对比

2.2　非能动余热排出热交换器（PRHR HX）安装技术

2.2.1　依托项目 PRHR HX 安装方案及工程经验

PRHR HX 通过上封头和下封头与 IRWST 构筑物外侧钢覆面焊接；支撑传热管框架结构通过下部支撑组件与 IRWST 底板连接。PRHR HX 下部支撑组件包括调整垫板、垂直壁、滑块、水平导向块等，如图 4 所示。

如图 4 所示。具体的安装方案描述如下。

（1）预埋板作为 PRWST 底板的一部分，通过螺纹孔连接设备底板等部件；

（2）下部支撑与设备框架之间通过滑块与导向块配合连接；

（3）上、下封头与结构墙通过环板连接，设置两道环焊缝供现场调整。

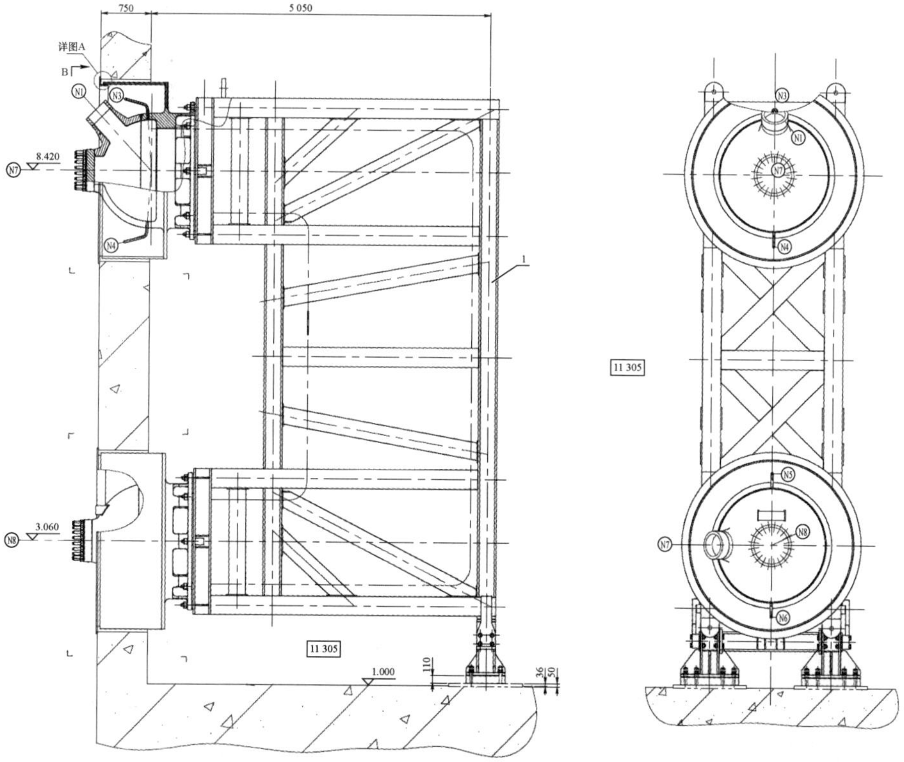

图4　PRHR HX 安装方案示意图

依托项目 PRHR HX 实际安装过程中，存在以下施工问题及设计不足。

（1）预埋板开孔后承载能力不足；

（2）设备底板开孔未考虑热胀位移，且螺母完全紧固，下部支撑组件热膨胀产生的载荷无法释放。

2.2.2　PRHR HX 封头安装环设计

PRHR HX 上下封头与 IRWST 构筑物外侧的钢覆面通过安装环组件焊接，如图 5 所示。

PRHR HX 封头安装环设置两道现场焊缝，可根据结构墙钢覆面的实际垂直度、设备封头的实际制造偏差进行调整，保证设备安装的可行性和精确度。

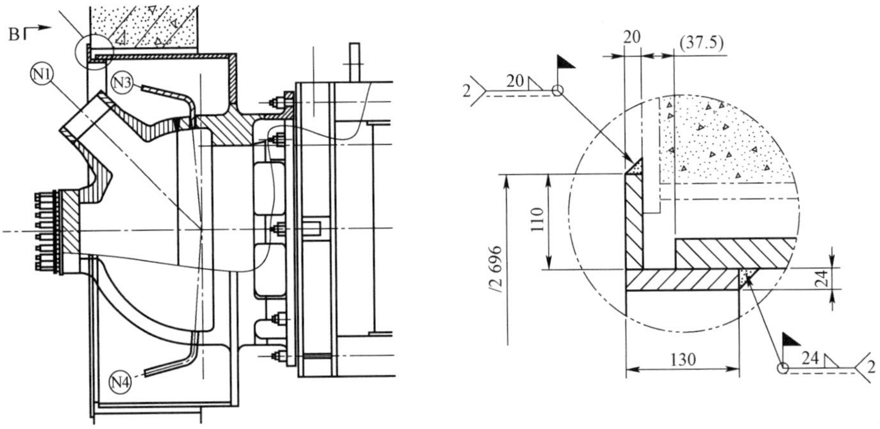

图 5　PRHR HX 封头安装环组件

2.2.3　国产化 PRHR HX 下部支撑组件设计

国产化设计中，在 PRHR HX 下部支撑组件增加埋件与紧固件的中间连接板，并将设备底板的开孔类型改为椭圆孔，改进前后的下部支撑组件见图 6。优化后的设计方案具有以下特点。

（1）设备框架通过支撑滑块置于下部支撑组件的水平导向块中，设备传热管方向的热胀位移可通过支撑滑块在导向块中的滑动来吸收。

（2）垂直换热管方向，即下部支撑横梁方向，由设备底板上的椭圆孔吸收热胀位移。此设计与堆芯补水箱相似，因设备位于水池中，不设置石墨材质的滑动垫板。

（3）下部支撑紧固件与堆芯补水箱设计相似：连接板的内螺纹在设备制造厂加工，与设备底板实际定位一致；螺母的位置为薄螺母在厚螺母之下，且薄螺母与垫圈之间保留 0.05～1.00 mm 的间隙，保证设备底板在热胀滑动时不受螺柱压力产生的摩擦力。

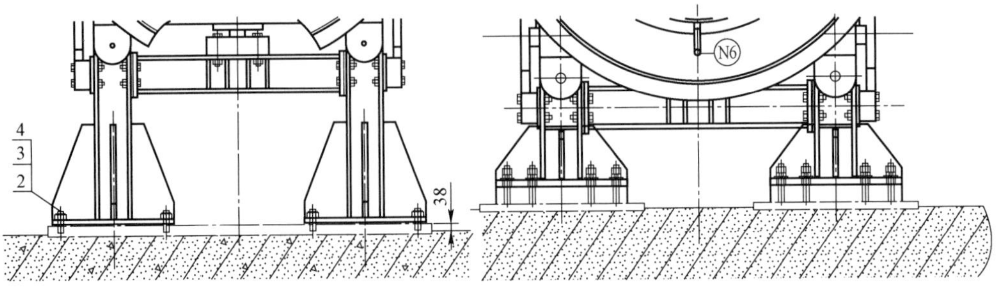

图 6　PRHR HX 下部支撑组件改进对比

2.3　安注箱（PRHR HX）安装技术

安注箱采用传统的预埋锚栓型式安装，为提高承载能力选用Ⅱ类预埋锚栓。安注箱安装详见图7。单个安注箱安装用预埋锚栓共3组24个，所有锚栓于一次浇灌时安装就位，为保证设备安装时能最大限度接受预埋锚栓的施工偏差，设备底板的开孔尺寸较大。此设计导致紧固件与开孔的尺寸关系不满足ASME-BPVC－Ⅲ－1－NF－4721的要求，因此在每个设备底板开孔上焊接一块非标垫板，以确保设备剪力载荷能完全传递至紧固件。详见图8。

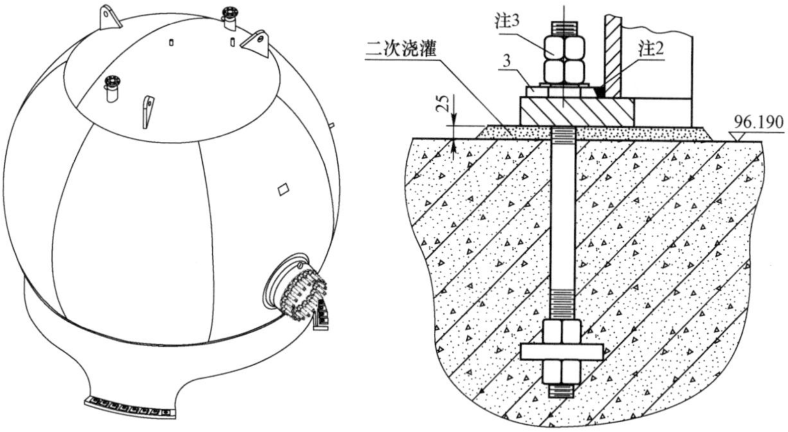

图7　安注箱安装示意图

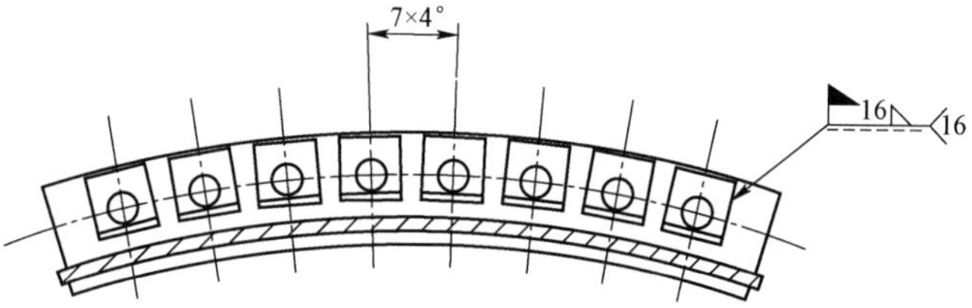

图8　安注箱垫板安装示意图

3　工程应用及要求

3.1　一般安装顺序

3.1.1　预安装组件安装

堆芯补水箱预安装组件吊装就位并点焊固定，调整组件标高、水平度、平面度满足要求后与结构钢梁焊接，拆除临时定位件后浇筑混凝土。

3.1.2　设备就位

部分安装空间受限的零件应在设备就位前安装，如CMT非标螺母及螺柱。

PRHR HX下部支撑连接板的定位应根据设备就位后的实际位置确定。PRHR HX上、下封头安装环组件最后安装以避免下部支撑安装偏差带来的残留应力。

3.1.3　紧固件安装

安装和紧固每个螺柱对应的垫圈和螺母。

安注箱非标垫板与设备底板的焊接。

3.2 安装要求

3.2.1 焊接要求

（1）预埋板或连接板焊接过程应控制其变形，焊接完成后应保证螺柱/螺母顺利安装；

（2）焊接完成后预埋板或连接板平面度应不大于 0.2 mm，必要时可对预埋件表面打磨以保证设备底板下表面与滑动垫板或调整垫板应充分接触。

3.2.2 定位要求

（1）螺柱外径与设备底板开孔边缘的间距应满足热胀要求，沿设备热胀方向，螺柱与开孔的间距应满足正偏差要求；

（2）堆芯补水箱承剪块与底板之间的间隙应满足要求，沿设备热胀方向，该间距应满足正偏差要求。垂直热胀方向，应保证设备底板不会卡涩。

3.2.3 紧固件安装要求

（1）安装螺母时，薄螺母在下，厚螺母在上；

（2）为消除堆芯补水箱底板、滑动垫板、调整垫板和预埋件的空隙，所有薄螺母应拧紧，拧紧力矩为 705～786 N·m。空隙消除后，所有薄螺母应旋松，并保证薄螺母和垫圈之间存在 0.05～1.00 mm 的间隙；

（3）厚螺母安装时，应保证薄螺母与垫圈的间隙满足 5.5.2 节的要求；

（4）薄螺母和厚螺母拧紧和旋松过程应采用对称顺序。

4 总结

本文结合非能动堆芯冷却系统的主要功能，通过分析其重要设备的设计理念和布置要求，在消化吸收 AP1000 设计思路和工程经验的基础上，提出了 PXS 设备安装的关键技术点，详见表 1。这些关键技术解决了 PXS 设备安装精度高、设备支撑载荷大、设备热胀吸收难、现场施工空间受限且工序复杂等实际问题。针对 PXS 设备安装及其关键技术的工程应用，本文提出了一般安装顺序，并对安装中应遵守的主要技术要求进行了说明。

表 1 PXS 设备安装关键技术清单

关键技术	主要内容	优点
CMT 安装组件	零件随设备加工制造 各部件工厂组装 石墨滑动垫板	零件开孔与设备底板匹配精确 避免现场安装偏差和现场热处理 降低摩擦系数，设备热胀自由
CMT 紧固件	非标螺母 螺母与垫圈之间预留间隙 非标垫圈	增加受力面积，减少应力集中 消除紧固件正压力，降低摩擦力 增加紧固件与设备底板接触面积
PRHR HX 下部支撑组件	零件随设备加工制造 水平导向块与滑块 螺母与垫圈之间预留间隙	零件开孔与设备底板匹配精确 降低摩擦系数，设备热胀自由 消除紧固件正压力，降低摩擦力
PRHR HX 安装环组件	两条现场焊缝	根据结构墙和设备封头的实际偏差调整，保证精度，降低应力残留
安注箱非标垫板	非标垫板与设备底板焊接	确保设备剪力载荷能完全传递至预埋锚栓，避免设备底板现场扩孔

对 PXS 设备安装关键技术的研究，为国产化非能动压水堆核电站中主要设备的安装提供了更多技术储备和设计选择，提高了国内核电站设备安装技术水平。同时本文提供的关键技术也为其他工程设计中的设备安装提供了参考思路。

参考文献

[1] 林诚格，郁祖盛. 非能动安全先进核电厂 AP1000 [M]. 北京：原子能出版社，2008：136-189.
[2] ASME BPVC-Ⅲ-1-NF，核设施部件建造规则第 1 册 NF 分卷–支承件 [S]. 2004.
[3] NB/T 20264，非能动堆芯冷却系统设计要求 [S]. 2014.

AP1000 首堆核岛倒送电系统施工及移交管理

李先跃

（上海核工程研究设计院有限公司建造中心，上海 200233）

摘要：倒送电是发电厂建造过程中重要里程碑节点，倒送电节点的完成是分系统调试开始的标志，意味着电厂的建造已由施工阶段进入调试阶段，AP1000 机组也不例外。三门依托项目核岛倒送电系统作为 AP1000 首堆机组首批移交调试的系统，是在引进世界上先进的三代核电技术和核电工程管理理念的背景下完成的，其意义和重要性不同一般，从施工到移交过程的组织管理经历了一个不断调整和创新的过程，我们在不断学习外方先进管理理念、发挥自身优势以及综合以往核电管理经验的基础上，通过不断探究、持续创新形成的一系列移交管理措施、方法和思路，在设计、采购滞后和不完善、参与方众多需要不断磨合的特殊情况下较有力地推进了工程进度，使得倒送电系统能够顺利移交，这些管理措施为三门一期工程其他系统的移交及后续 AP/CAP 系列工程建设的顺利进行奠定了坚实的基础。

关键词：核岛倒送电；施工移交；管理创新

Innovation in Construction and Turnover Management of Initial Energization Systems in First AP1000 Reactor Nuclear Island

LI Xianyue

（Shanghai Nuclear Engineering Research & Design Institute Co.，Ltd.，
Shanghai 200233，China）

Abstract: Initial energization is an important milestone in the process of power plant construction. Completion of the initial energization milestone marks the beginning of sub-system commissioning，which means that the construction of a power plant has entered the commissioning stage from the construction stage，and the first AP1000 units are no exception. Turnover of the initial energization systems of the first Sanmen AP1000 reactor is of exceptional significance and importance because they are the first systems that have been turned over the commissioning organization and was accomplished in the backdrop of introducing the world's advanced

作者简介：李先跃（1971— ），男，安徽明光人，高级工程师，学士，现主要从事核电建造技术管理工作

Generation Ⅲ nuclear power technology and nuclear power engineering management philosophy. The organization and management of the transition from construction to commissioning has seen constant adjustments and innovation. As a result of continuous learning of the advanced management concepts, exploiting our own advantages and previous nuclear power project management experience and creating a series of turnover management measures, methods and ideas through continuous exploration and innovation, we effectively drove the progress of the project and successfully accomplished the turnover of the initial energization systems despite of the late and incomplete design and procurement and complicated interface between many participants. These innovative management measures have laid a solid foundation for the handover of other systems of Sanmen Phase I project and the smooth construction of subsequent AP/CAP projects.

Key words: Nuclear Island Initial Energization; Construction and Turnover; Management Innovation

在电厂没有投运前，需要从电网倒送电源进厂以满足分系统及整组调试阶段的用电需求。三门核电 1 号机组倒送电的主要流程为：220 kV 电网线路→220 kV GIS→220 kV 电缆→辅助变→10 kV 共箱母线→10 kV 中压母线→400 V 低压母线，以及相关的直流和 UPS 系统；其中较大部分的工作在常规岛，核岛部分包括部分 10 kV 共箱母线、两段 10 kV 中压母线、8 段 400 V 低压母线，以及相关的直流和 UPS 系统。

由于核岛设计、采购、施工的特殊性和管理的复杂性，特别是作为 AP1000 首堆机组首批移交调试的系统，遇到了一系列错综复杂的问题，作为总包管理方的 SPMO 不断探索管理方法，以期有效地解决相关问题，推进工程进展，下面就结合倒送电施工及移交的过程谈谈我们所采取的一些管理措施。

1　倒送电系统介绍

1.1　实体范围及移交包划分

三门核电站 1 号机组核岛部分倒送电工作内容可以概括为：8 个房间、10 个移交包、5 大专业、3 项控制。

8 个房间：设备全部位于 40 厂房的 8 个房间，分别是 1 层（100’）的 40307、40308、40309、40310 四个房间、2 层（117’）的 40410、40411、40413、40414 四个房间；8 个房间的位置如图 1、图 2 所示。

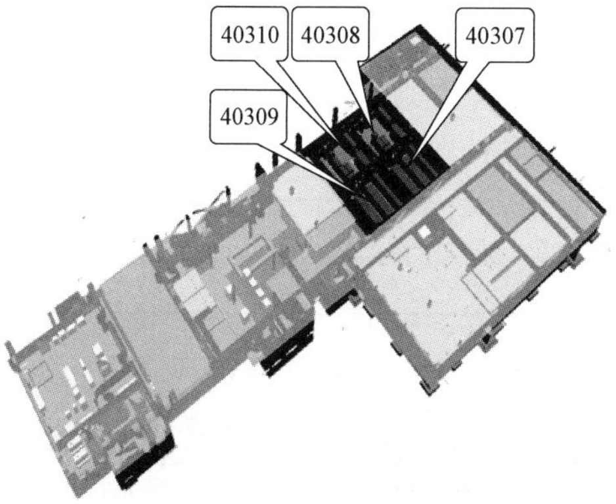

图 1　蓄电池房间和蓄电池充电器房间

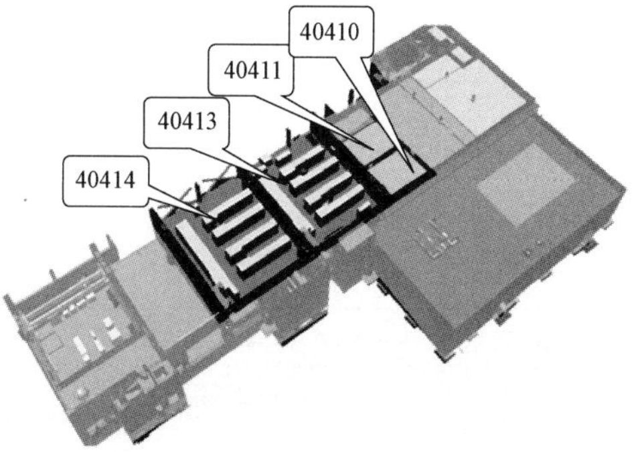

图 2　计算机房间和电气开关柜房间

10 个移交包：ECS－01、ECS－03、ECS－09、ECS－25、EDS－01、EDS－02、EDS－10、EDS－11、EDS－12、PLS－01（为了便于施工，ECS－04 包来自高厂变的核岛部分的共箱母线安装工作与 ECS－01 包同步进行）。

5 大专业：涉及土建、电气、仪控、管道、通风 5 个专业的工作。

3 项控制：这些仪控、电气设备比较精密，技术规格书中对其安装环境的温度、湿度、清洁度都有一定要求，故安装及调试过程中要做好这三项控制。

1.2 主要系统及 10 个移交包内容

核岛倒送电范围示意图见图 3，核岛 2 段 10.5 kV 开关柜和 8 段 400 V 开关柜布置图见图 4，10 个移交包内容见表 1。

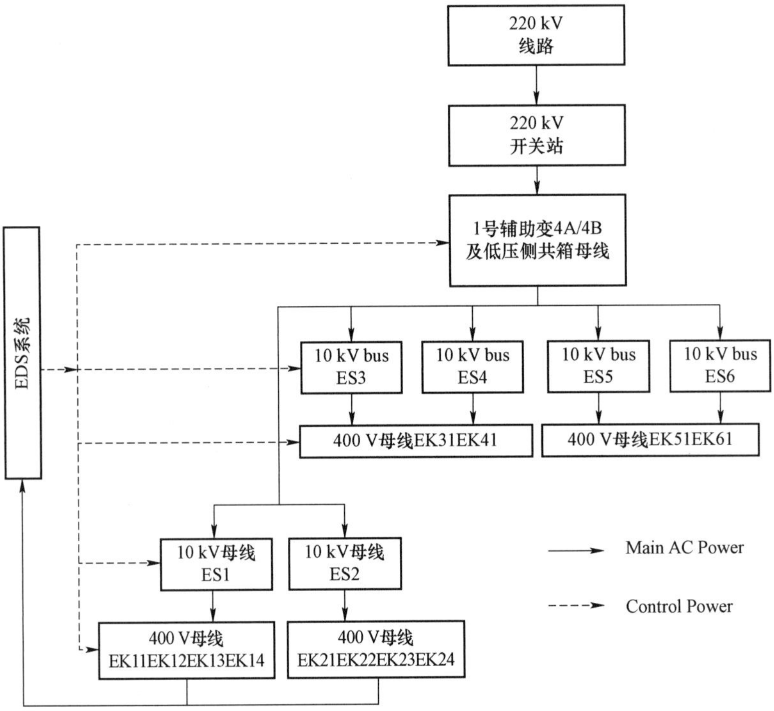

图 3 核岛倒送电范围示意图

表 1 十个移交包主要设备

TOP NO. 移交包编号	Main Equipment Description 主要设备
PLS－01	Plant Control System（Startup Controls Initial Batch）System（Startup Batch） 核岛厂用控制系统（倒送电部分 10 个 PLS 盘柜及相关电缆）
ECS－01	NI 范围共箱母线－1（辅助变到中压进线开关部分）
ECS－03	NI 范围 10.5 kV 负荷中心 ECS－ES－1，2
ECS－09	NI 范围 400 V 负荷中心 ECS－EK－11，12，14，21，22，24
ECS－25	NI 范围 400 V 负荷中心 ECS－EK－13，23
EDS－01	Annex Bldg EDS1 Batt Chgr，Inverter，Volt Reg Tx Dist Pnls 电池充电机、整流器、调压器、及附属厂房配电盘 EDS1－DC－1，EDS1－DB－1，EDS1－DF－1，EDS1－DT－1，EDS1－DU－1，EDS1－DS－11，EDS1－DS－1，EDS1－EA－1，EDS1－EA－2，EDS1－EA－14，EDS1－DD－111

续表

TOP NO. 移交包编号	Main Equipment Description 主要设备
EDS－02	UPS AC Dist. Panel EDS1－EA－11，EDS2－EA－11 UPS 交流配电盘
EDS－10	Annex Bldg EDS2 Batt Chgr，Inverter，Volt Reg Tx Dist Pnls EDS2 电池充电机、整流器、调压器、及附属厂房配电盘 EDS2－DC－1，EDS2－DB－1，EDS2－DF－1，EDS2－DT－1，EDS2－DU－1，EDS2－DD－111，EDS2－DS－11，EDS2－DS－1，EDS2－EA－1，EDS2－EA－2，EDS2－EA－14
EDS－11	Annex Bldg EDS3 Batt Chgr，Inverter，Volt Reg Tx and Annex Bldg Dist Pnls；EDS3 电池充电机、整流器、调压器、及附属厂房配电盘 EDS3－DC－1，EDS3－DB－1，EDS3－DF－1，EDS3－DT－1，EDS3－DU－1，EDSS－DC－1，EDS3－DS－11，EDS3－DS－1，EDS3－EA－1，EDS3－EA－11，EDS3－EA－2，EDS4－EA－1，EDS4－EA－2，EDS4－EA－11
EDS－12	Annex Bldg EDS4 Batt Chgr，Inverter，Volt Reg Tx and Annex Bldg Dist Pnls； EDS4 电池充电机、整流器、调压器、及附属厂房配电盘 EDS4－DC－1，EDS4－DB－1，EDS4－DF－1，EDS4－DU－1，EDS4－DT－1，EDS4－DS－1，EDS4－DS－11

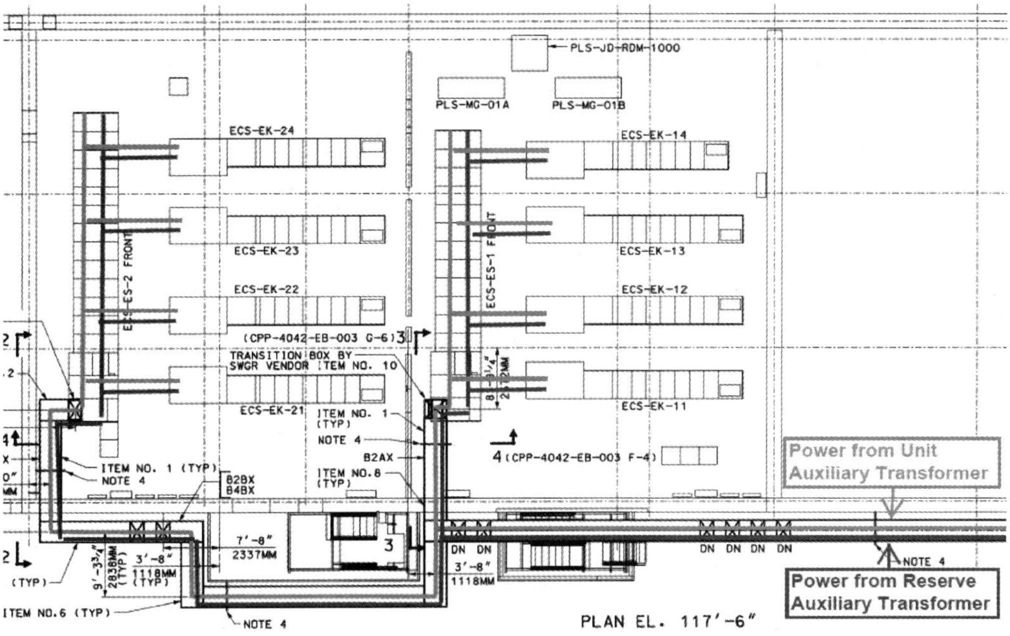

图 4　核岛 2 段 10.5 kV 开关柜和 8 段 400 V 开关柜布置图

1.3　倒送电系统移交的先决条件及采用的临时设施

1.3.1　先决条件

（1）附属厂房 1&2 区土建结构施工完成，屋面止水，二层（135’）以下各相关房间初装修结束。

（2）与倒送电直接相关的一层（100’）40307、40308、40309、40310 四个房间以及二层（117’）40410、40411、40413、40414 四个房间完成以下施工内容：

1）建筑装修完成，门窗齐全，房间封闭；

2）室内的各种工艺管道、阀门、保温安装结束，移交后不再有动火作业；

3）房间内通风管道、风阀、防火阀安装、保温完成；

4）室内照明、通讯和火灾报警元件、电线电缆安装结束；

5）室内桥架全部施工结束；

6）EDS、ECS、PLS 系统各包相关设备安装完成，电缆敷设\端接结束，电缆临时封堵结束；

7）房间内其他不属于 10 个移交包的设备如到货尽量安装完成，移交时遗留尾项越少越好。

1.3.2 临时设施

临时电源：采用施工电源，引接到位，具备使用条件，为盘柜内加热器、照明及空调、除湿机等提供电源；

临时通风：安装阶段采用临时通风机，安装向调试移交阶段采用除湿机、空调，每个房间配备 1 台空调、1 台除湿机；

临时通讯：采用对讲机、手机等无线通讯设备；

临时消防：在各房间放置临时消防器材（灭火器等）；

临时照明：安装前期采用临时照明灯具，安装后期及向调试移交阶段采用已安装好的永久灯具、临时电源；

专人值班制度：安装向调试移交阶段施工单位安排有专人值班，控制进出人员数量，做好设备清洁等维护工作；根据房间分布情况及就近设置原则，40307～40310 四个房间设 1～2 人，40410、40411 两个房间设 1～2 人，40413、40414 两个房间设 1～2 人。

2 主要工作量

2.1 土建及大宗材料

土建施工及管道、通风、电气、仪控等专业大宗材料的安装是电气设备安装和电缆敷设，乃至移交的前提和保证，量大而费工时，能否顺利开展和完成是施工和移交能否实现的关键，我们投入很大的管理时间和精力，也摸索并采用了很多管理手段。

2.2 十个移交包电气设备

十个移交包共有电气设备 192 台（套），蓄电池 4 组，共箱母线（核岛部分）约 300 m。

2.3 十个移交包电缆

涉及的电缆 482 根，其中普通电缆 462 根，光缆 20 根。

3 移交存在的问题分析

三门 1 号岛倒送电系统工作自 2011 年年初启动以来，SPMO 即成立倒送电专项小组，全面梳理涉及的各专业相关工作量并正式排定专项计划进行跟踪，截至 2012 年年底全面移交给调试，前后经历了近 22 个月；实际上，按前面所列的工作量，如无制约因数，按正常施工节奏，3～4 个月的建筑工期，包括装饰、装修；1～2 个月的安装工期应能满足。

之所以经历了这么长时间，其原因错综复杂，这里罗列一些主要的影响因素供参考。

3.1 设计问题

此工程设计由美国西屋公司负责，具体由美国石伟公司设计，设计进度严重滞后且不说，已出来的图纸也频繁修改。

（1）桥架的路径、电缆的信息等直到移交前 2 天还在修改，ECS-25 包中编号为 SM1-ECS-EW-EK13BAXN，SM1-ECS-EW-EK13BBXN，SM1-ECS-EW-EK13BCXN

的3根电缆在此包移交前还发了编号为CPP－4042－GEF－100069的设计变更文件进行路径修改，最后只能列为尾项，移交后再处理。

（2）电缆设计与国内工程设计方式也不同，采用SCM软件。通过一个SCM软件来发布电缆清单，没有我们国内所习惯的经审批签字的电缆清册，一个系统有多少根电缆、长度是多少，电缆起点、终点、型号等信息都在SCM软件中体现，不仅设计进度缓慢，倒送电所需的400多根电缆就设计了近一年；而且数量经常变化，如前一天在SCM系统里查还是478根，今天可能就是460根，直到移交前一周还在添加电缆数量（如ECS－03及ECS－09的2个开关测试箱的各1根电缆直到2012年11月15日加进去的，移交包是2012年11月23日签字移交的）。

（3）房间内大宗材料错综复杂。AP1000是WEC在AP600机组的基础上设计出来的，房间是AP600的房间而设备是AP1000的设备，数量和体积全变多、变大了而房间却没扩大，所以就显得非常拥挤。以倒送电几个房间为例，所有的通风管、电缆桥架、各类导管、照明灯具、火警探头、通讯元件等全部安装于房间上部及四周墙面上，因各专业设计、到货进度不一致而导致交错施工，相互制约，安装位置十分狭小，一定程度上也拖延了工期。

3.2 采购问题

（1）设备、元件、电缆由JPMO供货，到货严重延迟

ECS中、低压盘柜由厦门ABB公司提供，2011年5月底到现场；EDS设备由美国进口，分别由4个厂家供货，陆续到2012年年初才到齐，特别是DV（蓄电池监视器）迟迟未到现场，2013年5月才陆续到货，后来作为尾项在倒送电后才安装。普通电缆由国内厂家提供，2011年6月到现场，光缆由WEC提供，2012年6月到一批货。总体来说，设备供货不及时也是倒送电工期延迟的一大原因。

（2）桥架、导管等大宗材料由CNF采购，也有所延迟

电缆桥架、导管，以及通风管道、普通管道及支架等由CNF自行采购；其中电缆桥架、导管的采购是几经周折，从2010年11月就开始陆续供货，但由于对设计的不了解及设计的变更，几次退货返厂处理，最后到2011年5月底才基本供齐，施工过程中还是频繁修改，同样也耽搁了工期。

3.3 施工问题

（1）施工承包商能力不足

在项目前期倒送电施工期间，施工承包商综合能力不足，主要表现在对上游依赖性太强、土建和安装的协调力不足，施工的积极主动性不够、执行力较差，导致施工效率低下，较明显的例子就是经常可以发现很多已具备条件的工作面没什么人干活、工作量出不来。例如：承包商在桥架施工期间，40413、40414房间的桥架工作量在一段时间内每天体现在计划上的实际完成量只有10 m左右，虽然有部分受设计、采购制约，但具备施工条件的工作执行力还远远不够。

在后期的工期延误分析中，通过对历年季度会、月度会、对承包商的往来信函梳理，承包商在以下方面均出现过施工组织问题：人力资源不足、技术准备不充分、施工经验不足、工机具短缺、乙供材料问题、商务责任纠纷、工作响应不及时、质保意识、组织机构不健全、分包商管理问题。其中，人力资源不足、技术准备不足等问题较为突出。特别是人力资源不足问题，SPMO共计41次致函承包商，要求其优化人力配置、加强人力动员。

承包商施工组织不足还表现在作为施工总承包单位没有很好发挥其总承包的作用，在施

工组织安排方面没有协调好与其土建分包单位之间的关系，经常存在相互之间的商务纠葛与责任推卸。其次，对上游过多的商务诉求也经常造成主观上的施工组织不力。

当然随着工程的进展，通过各方不断的磨合，CNF 的综合施工管理能力有所提升，特别是在重大吊装作业、主设备安装等方面组织有序，没有出现较大的安全、质量方面的问题。

（2）EPC 总包方管理经验欠缺

除施工承包商方面问题外，作为首堆项目的 EPC 总承包单位，JPMO&SPMO 在施工组织方面也存在明显不足之处，主要表现在：工程经验不足，包括技术能力和项目管理经验；对承包商的管理缺乏有效手段；设计及物项采购监管不到位；沟通不顺畅；项目管理接口太复杂，管理链条太长等。

4 施工移交过程管理措施

针对以上过程中所遇到的错综复杂的问题，三门 SPMO 在倒送电节点确定伊始，在公司及业主各方领导指导下，基于以往国类核电工程管理经验和三门依托项目的特殊管理模式，积极寻求管理创新，并根据倒送电施工及移交的不同阶段及时调整管理模式和手段，并不断创新，形成了一系列有效的管理方式。

4.1 确定节点目标、提前策划

2010 年 6 月，业主首次将倒送电节点提上议事日程，SPMO 随即将核岛施工重点投入到倒送电施工前的准备中，大力推动核岛所涉及的 40 厂房的土建结构施工，并于 2011 年年初成立倒送电专项小组，全面梳理相关工作。

4.2 排定专项计划，定期滚动

随着机构的确定，相关活动随即展开，首先是编制了倒送电专项计划，每周进行盘点；同时梳理出一个制约因数清单，标注责任人，逐条落实，以保证计划的顺利执行。

4.3 组织每周例会，协调相关问题

每周召开倒送电周例会，协调解决来自设计、采购、施工的相关问题，会上不能解决的问题形成行动项，责任到人，逐层向上提交，直到解决为止。

4.4 借助上游和业主力量，推进设计、采购进程

利用各种协调会协调解决“设计不能固化，图纸升版和 EDCR 频繁发布”“上游采购延误，甲供设备监造不过关”等问题。在每周四晚 8 点西屋公司组织的 ON-SHORE～OFF-SHORE 设计协调会上借助外方力量催促 WEC 解决设计问题；通过月度公司高层协调会督促 JPMO 解决供货问题，公司主要也领导经常亲临现场主持会议协调解决相关问题；同时借助业主每月召开的倒送电工程例会，寻求帮助，解决相关接口问题。

4.5 成立倒送电青年突击队，落实相关具体问题

同时发挥青年人的活力和干劲，将 SPMO 施工部、项控部、设计部、质量部相关专业的年轻工程师集中起来成立倒送电青年突击队，加强沟通、明确任务，让他们深入现场，监督安全、质量、进度的同时现场解决执行过程中所遇到的问题，或者将现场暂时不能解决的问题清晰地记录下来，带给相关层面去解决。

4.6 调整内部管理责任小组，突出阶段性任务

随着施工移交的阶段性任务不同，在 SPMO 内部及时转换管理责任小组。土建施工阶段由 40 厂房小组负责主导，其他专业配合；进入安装期间由专项小组牵头组织设备和大宗材料的安装，协调电气、仪控、管道、通风各专业的安装，土建配合；进入移交阶段，则由完工

组主导，按移交包梳理所存在的问题，一一消除，直至移交。

4.7　与各方及时协调沟通，明确移交任务

2011 年 3 月，联合调试队发布 1 版倒送电计划，但紧接着不断升版，6 月份升为 2 版、2012 年 1 月又升为 3 版，送电范围和方式一变再变，移交包范围和数量也跟着变；SPMO 利用各种机会与调试保持紧密联系，第一时间将信息传递给施工承包商，及时调整施工计划，明确施工范围，并本着最大范围地完成与倒送电相关的系统和房间，最终没有因为范围的不断调整而影响现场的施工节奏和工序。

4.8　采用联合审查机制，达到全面移交

为了促进系统和房间早日移交，在施工后期 SPMO 完工组定期组织相关专业以会议形式逐个梳理、盘点制约各移交包和房间移交的尾项和存在的问题；并请业主调试队提前介入，以现场实体联检和文件审查相结合的形式及早发现问题、指出问题，以期给出足够的时间去解决它，同时提前审阅移交包资料，例如作为移交包中最重要和量最多的建造实验报告要求施工单位先提交过来给相关方审核；对最终形成的移交包文件采用联合审查的方式进行，由 SPMO 施工部完工组牵头组织各审核方进行集中审核、充分讨论后形成一致的意见反馈给施工单位进行修改，这样大大提高了审核效率，节约了时间。

5　主要管理创新点

（1）在施工阶段，在以往核电“区域施工管理”模式的基础上成立“倒送电专项小组”，将设计、采购、施工各方及土建、管道、通风、电仪各专业人员纳入小组进行专项管理，及时通报和解决所涉及的各类问题，一定程度提高了管理效率。

（2）在设计、采购严重滞后和变更频繁的情况下，通过吸取外方先进的管理模式，建立一系列设计、采购、施工问题清单和关键问题清单，根据重要程度发给相关单位或利用高层会议进行督促，发挥了各管理层级的推动作用。

（3）进入移交阶段，改区域管理模式为移交包管理模式，按移交包建立设计、采购和施工问题清单放在 S 盘（共享盘）中，由各专业组专业工程师跟踪施工状态，并由完工组牵头定期召开会议集中盘点各包状态，协调、解决相关问题。

（4）现场实体工作和移交包文件准备好以后，及时提交相关方审查，由于参与审查方众多，起初程序规定的逐步审查流程效率太低，而且往往下一个审查方的意见与上一个审查方意见相冲突，造成反复审查，费时、费力；由此经过各方讨论确定了“联合审查机制”，由 SPMO 施工部牵头组织各审核各方进行集中审核，充分讨论后形成一致的意见反馈编制单位，这样大大提高了效率，节约了审核时间。

（5）在移交过程中，对于系统在调试发布的每个移交包的移交范围指导书中已明确范围和相关要求，但对于房间的移交标准因为参与各方因中外文化的背景不同、以及对执行国内外标准理解差异等原因起初争论不休，很难达成共识，SPMO 决定组织参与各方制定房间移交标准，经过一段时间的反复讨论、沟通，在满足相关标准、技术规范书的前提下综合各方意见最终形成了一个统一的《房间移交标准》，为后续系统和房间的顺利移交奠定了坚实的基础。

（6）移交尾项管理，由于设计和采购原因，系统和房间移交时还有一些工作不能完成，但不影响调试工作的开展，在与业主方充分讨论后将这些工作作为尾项列入移交包文件，并本着满足调试需要、服从调试管理的原则确定优先处理等级。同时借助 2 个计算机系统进行

管理，一个是业主自行开发的 SPMS 系统采用电子工单（W.O）形式对尾项消除的流程进行管理；一个是引进国外工程常采用的 WINPCS 系统作为尾项状态跟踪平台。对于移交后的系统和房间建立尾项跟踪表，按调试要求及时消除尾项并定期盘点。这些措施的采用即保证了系统的顺利移交，也满足了调试的需求。

（7）SPMO 根据各阶段的侧重点不同，及时转换管理责任小组，由前期的区域负责转换到专项管理小组再到完工组牵头，重点突出、分工明确，有效地解决了各阶段设计、采购、施工、移交等问题，高效而有序。

6 结束语

综上，三门 1 号岛倒送电系统作为 AP1000 首堆机组首批移交调试的系统，是在引进世界上先进的三代核电技术和核电工程管理理念的背景下完成的，从施工到移交过程的组织管理经历了一个不断调整、完善和创新的过程，我们在不断学习外方严谨管理思路、发挥自身优势、综合国内工程施工管理经验的基础上，通过不断探究、持续创新，如成立专项组、实行清单式管理、移交包联合审查机制、充分利用软件进行管理等管理措施的采用，在设计、采购滞后和不完善、参与方众多需要不断磨合的特殊情况下较有力地推进了工程进度，使得倒送电系统能够顺利移交，这些管理措施为三门一期工程其他系统的移交奠定了坚实的基础，同时也为后续 AP/CAP 系列机组建造积累了宝贵经验。

AP1000 核电管道系统金属反射式保温工程的安装与质量管理

陆炳应

（上海核工程研究设计院有限公司建造中心，上海　200233）

摘要：本文主要探讨和介绍 AP1000 某核电机组管道金属反射式保温安装工程，包括核岛各个系统管道（主管道除外）金属反射式保温的安装，从“人机料法环”的角度阐述质量管理要求，整体分析和归纳现场安装类别、安装要求、安装条件、安装流程、现场修改，进一步描述安装过程中出现的典型问题、解决方法并加以分析，并适当选典型案例进行经验反馈，从而提炼出质量管理的重难点和应对措施，为同类型核岛工程项目管道系统金属反射式保温安装提供参考和借鉴。

关键词：金属反射式保温；管道；安装；质量管理

AP1000 Nuclear Power Plant Metal Reflective Insulation Pipeline System Project Installation and Quality Management

LU Bingying

（Shanghai Nuclear Engineering Research & Design Institute Co.，Ltd.，
Construction Center Shanghai 200233，China）

Abstract：This paper mainly introduces AP1000 metal reflective thermal insulation of a nuclear power unit pipeline project，including nuclear system pipe except（main）metal reflective thermal insulation installation，from the perspective of “ring” man-machine material method in this paper，the quality management requirements，overall analysis and induction installation type，installation requirements，installation conditions，the installation process，the scene changes，to further describe the typical problems in the installation process，the solution，and appropriately select typical cases for experience feedback，thus producing heavy difficulties and countermeasures of quality management，for the same type nuclear metal reflective thermal insulation pipeline

---

作者简介：陆炳应（1982—　），男，安徽铜陵人，学士，高级工程师，现主要从事核电建造质量管理工作

system installation project reference and reference.

Key words：Metal Reflective Thermal Insulation；Pipe；Installation；Quality Management

AP1000 安全壳内主设备及安全壳内主回路管道采用金属反射式保温（简称 MRI）。AP1000 机组设计在基准事故状态下，金属保温不产生碎片，因而不会对安全壳内的地坑泵运行产生有害影响。AP1000 金属反射式保温使用范围包括：1 台反应堆压力容器、2 台蒸汽发生器、1 台稳压器、主管道、波动管及管道系统。管道金属保温指的是系统管道金属反射式保温。MRI 属于抗震Ⅱ类，核安全等级为 D 级。

管道 MRI 金属保温中同时发生热辐射、热对流和热传导三种基本传热方式。通过利用金属箔间的反射作用，将来自管道外壁的辐射热经多次反射，以减少辐射传热；利用被不锈钢箔形成的空腔可减少保温层内空气的对流，从而减少对流传热；此外，在结构设计上尽可能延长热的传递路线以增加金属传导的热阻，达到缓慢向外传热的目的。由于金属反射式保温盒全部采用不锈钢材料，其耐辐射、耐腐蚀、机械强度等特性都优于非金属保温结构。

典型管道 MRI 金属保温结构包括：面板，覆板、保温盒、搭扣、支撑环。系统管道通过预先焊接的锯齿形钢带提供支撑。竖向管道保温每间隔一定距离还要额外安装支撑环。保温盒的结构形式如图 1 所示。

金属保温盒是由光洁度很高的 304 不锈钢箔材和镜面不锈钢板材预制加工成的盒式保温结构。其中镜面不锈钢板厚 1 mm，用于制造保温盒的外壁及内壁；0.07 mm 的不锈钢箔材以一定形状排列固定于保温盒内部，为热量的传播提供热障，防止热量进一步流失，具有耐高温、无碎片、使用寿命长等特点。现场所有 MRI 保温块为可拆卸设计，通过端部的不锈钢搭扣相互连接。

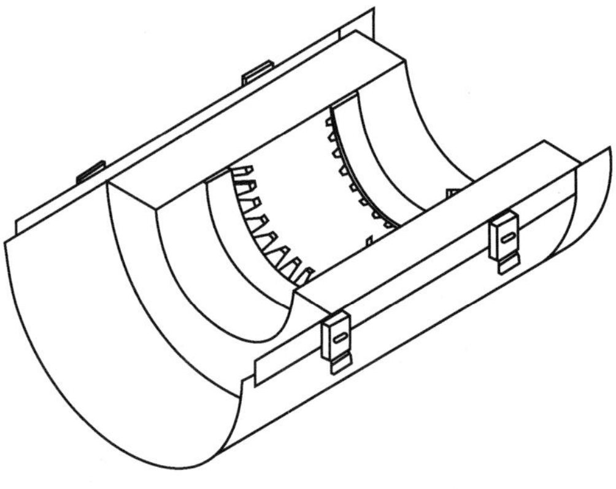

图 1　典型管道 MRI 示意

1　金属保温工程的质量管理

与常规保温施工相比，MRI 金属保温施工增加保温支撑环安装、施工消耗性材料有害元素控制的管理要求，强化了过程质量记录及验证、成品保护的管理。金属保温施工必须加强“人、机、料、法、环”质量管理。

1.1　人员管理

从质量控制角度而言，在《检查与试验计划》（以下简称 ITP）开始时，通过文件了解施工人员是否具备专业资格，是否参加了技术交底。在 ITP 执行过程中，询问施工人员对图纸的熟悉程度，对从事的工作（工序）的要点是否领会，对相应的技术及质量指标是否知晓，在施工的时候，是否严格按照图纸、规格书及程序文件进行施工，而非全部根据经验。

具体保温施工涉及的特殊工艺人员包括电焊工、测量人员，这些人员必须具有相应的资格。对于所有参与保温施工的管理人员、作业人员尽可能具备以往的核电保温施工经验，这些经验有助于其理解管道金属保温施工相关的管理要求，从而达到保温施工全过程质量可控的目标。

1.2　施工机具管理

实际施工中，必须根据工机具及测量与试验设备的类型、特性的稳定性、要求的精度、预期的用途及其他条件来确定标定方法与频度。当发现工机具及测量与试验设备越出标定时间或标定不合格时，必须评价先前使用该设备进行的检查与试验结果的有效性和被检物项的可接受性。对于越出标定的设备应贴上标签或隔离，保证不被误用，直至重新标定合格。在整个“机”的控制中，必须保持设备的标定记录以确定设备的标定状态。

1.3　施工材料管理

合格的材料设备、有效的材料追溯管理也是施工质量的重要因素。所以要求建立控制措施以确保仅使用或安装正确并经过验收的物项及其可追溯性的标识控制措施。包括制造过程中的检查与监造（监造仅适用于安全重要物项或合同规定的其他物项），出厂验收检查，入库接收检查与施工班组领料的检查等过程。在整个过程中，应保证物项适用合适的标识，保证其不被误用和可追溯性。

金属保温施工材料在施工开始前还需要进行外观检查、标识核对、数量清点，包括钢支撑环、保温盒、连接螺栓、防咬死润滑油。管道MRI金属保温制造时，所有保温盒分别编号且规定安装部位。

1.4　施工方法

施工过程中所需遵循的规章制度。它包括：技术规格书，程序、方案，图纸，检验检查标准，各种操作规程等。

尤其要重视对管道MRI金属保温施工均需编制专项施工方案及ITP。专项施工方案包含现场材料存放、二次转运（含吊装）、支撑环安装顺序、保温盒安装顺序。ITP规定保温安装全过程关键质量控制点的验证要求。

1.5　施工环境

任何一种施工，都对现场施工环境有具体的要求，有的高，有的相对较低。而管道MRI金属保温块存在较高的撞损、污染风险，要求管道MRI安装期间，需要建立清洁区进行施工人员、施工材料出入控制。施工开始前，需要对施工区域材料现场存储条件、转运通道进行检查确认；整个施工期间，需要进行常态化的文明施工管理，主要包括施工安全措施落实、工完料尽场地清。

2　金属保温的现场安装分析

2.1　安装分类

管道MRI金属保温安装分为三类：

第一类：没有成品，需要现场测量后，厂家设计批准后，在现场车间制作后安装；针对少量位置复杂或设计变更的情况。

第二类：成品不合适，需要现场测量，厂家设计批准后，在现场车间修改过后安装；针对安装不匹配或设计变更的情况。

第三类：成品合适可直接安装。

2.2　管道MRI金属保温安装流程

管道表面清洁→保温托架放线→保温托架安装→金属保温板安装→保温板修改→保温板复装→最终检查

2.3　管道MRI金属保温安装一般要求

（1）竖直管道上的金属保温板安装，一般从下至上安装。对于水平管道上的金属保温板安装可以从任意一端开始安装。

（2）对照图纸安装相应的金属保温块，先装支架等固定位置或端头位置。

（3）确定第一块需要安装的金属反射式保温板；然后根据保温板布置图找到相应的安装位置将保温板固定在管道上，保温板之间的锁扣扣好；再按照同样的方案第二块金属反射式保温板；最后调节好金属反射式保温板之间的间隙。

2.4 安装条件

保温盒设计制造前，需验证所有相关安装偏差文件、设计变更文件。同时，对现场进行必要的扫描和测量也是必要的。需要重点考虑的安装条件包括：

（1）电仪导管对保温的干涉。

（2）管道及管道支撑对保温干涉。

（3）土建钢结构对保温的干涉。

（4）保温接口段的选择与设计。

（5）特殊部位及热损失较大部位保温要求。

2.5 管道 MRI 金属保温现场修改

2.5.1 现场修改施工发起

MRI 安装时，对不能安装的保温块。应根据 MRI 形状、干涉物情况，绘制简易的干涉尺寸草图。

AP1000 机组中常见的干涉物为电仪导管、管道支架、土建钢结构。MRI 安装期间，大多数干涉问题的解决是通过局部修改保温板实现的，以下为保温板修改前，需考虑的因素。

（1）电仪导管类干涉问题的处置：分析管道运行温度、最高出现温度，如果这些温度对导管内导线及信号有老化加速、信号传递失真存在影响，应对电仪导管进行修改。这类问题通常需要咨询业主运行部门的意见。

（2）管道支架干涉问题的处置：分析支架端部局部切除后，管道受力是否满足安全运行要求。这类问题通常需要原设计单位的书面批准。

（3）土建钢结构干涉问题的处置：分析土建钢结构局部切除后，是否存在受力的重新分布及人员安全防护问题。这类问题除非涉及承重结构，一般优先切除土建钢结构。

2.5.2 修改施工实施

根据干涉尺寸草图，考虑 MRI 安装空间条件，在 MRI 实体上划出切割线。切割区域不应小于干涉尺寸，应预留 12.5 mm 可调间隙，多数情况下切割从单个保温块的端部开始，如图 2 所示。

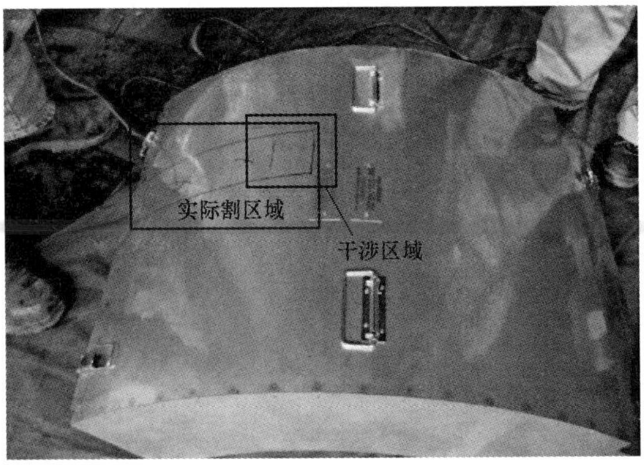

图 2　MRI 实体划线示意

保温板切割时，根据需要对内部箔片进行修剪，允许的箔片修改量是每切割 25 mm 的厚度，可裁剪 3 层内部箔片。保温板切割完成后，应将 1.2 mm 的不锈钢薄板裁剪为适当尺寸，用厂家提供的成品直角架垫在面板下部，然后用焊接或铆接的方法进行固定（焊点要求见焊接要求；相邻两个铆接点的间距以 30 mm 为宜）。

2.5.3 金属保温修改施工的要点与难点

保温板现场修改的基本原则是允许切割，不宜增补，即涉及保温板加长、弯头内侧配合、管嘴切割及不同厂家保温接口的修改及划线，应由专人确认批准后才能允许现场切割。施工难点和要点有以下几个。

（1）加长的保温板，现场无论焊接、铆接，连接强度无法保证，需由工厂重新制造。

（2）弯头处的保温板，内侧切割时，易于出现受力不均衡的情况，见图3，需确认现场修补后保温板固定良好，不存在单边受力情况。

（3）管嘴处保温板切割，存在切割区域过大导致热损，需进行过程控制。

图3　弯头处MRI保温示意

（4）不同厂家保温接口的处置，涉及保温处置的最优选择，需综合考虑修改材料、修改的便利性、复杂性等多重因素。

2.6　MRI金属保温的缺陷消除

缺陷修补：MRI的缺陷类型为破损和变形。

箔片的破损宜采用电阻焊机修补、面板破损时常采用铆钉连接。举例如下：

（1）箔片破损修补示例1：箔片线型开裂，如图4所示。

1）裁剪1整块开裂区域的箔片，四周留如图5所示的冗余量。

2）将修补材料冗余区域卷边并压实，用锉刀打磨锐利的边角。

3）用TIG焊机对修补材料的边缘进行焊接。

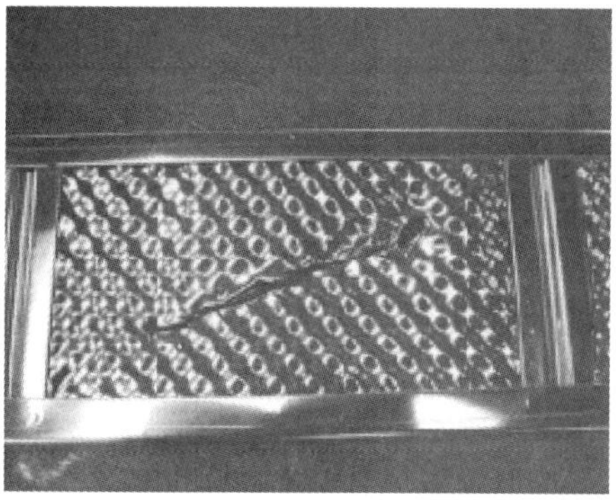

图4　全穿透开裂示意

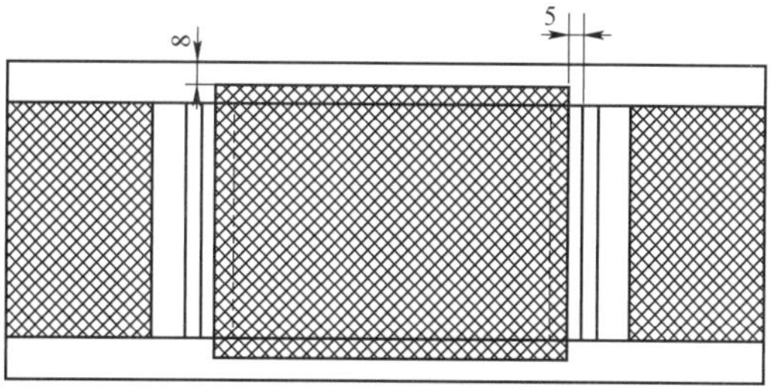

图5　全穿透开裂修补下料尺寸

（2）箔片破损修补示例2：箔片点状破损，如图6所示。

1）裁剪1小块的箔片，四周超出破损区域≥15 mm。

2）将修补材料冗余区域卷边并压实，用锉刀打磨锐利的边角。

3）用TIG焊机对修补材料的边缘进行焊接。

（3）面板破损修补示例1：面板破损。

1）裁剪1小块形状规则的不锈钢薄板，四周超出破损区域≥15 mm。

2）打磨机打磨锐利的边角。

3）电钻沿薄板每隔30 mm钻孔。

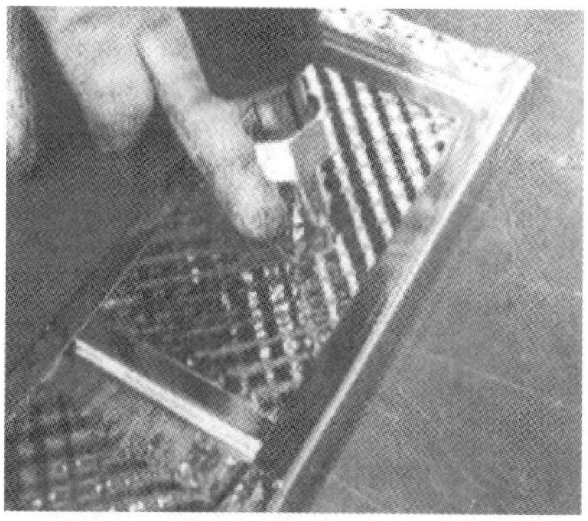

图6　点状破损保温块修补示意

4）在钻孔内打入铆钉固定。

（4）面板破损修补示例 2：面板边角变形。

1）用钳子向变形相反方向弯折。

2）变形区一面垫平或弧面的硬板，另一面用非金属榔头敲击修复。

2.7 金属保温修改焊接

保温板焊接方法包括电阻焊、氩弧焊。焊接拉拔测试要求焊接点达到相应接合力为合格，见图 7。

将不锈钢薄板裁成两个小的窄条。测试焊点接合强度满足表 1 要求时为合格，否则，不应采用焊接方法进行 MRI 保温板的连接修复。

2.8 MRI 金属保温现场修改的分类

根据成品保温板切割长度、厚度比例、面积将 MRI 现场切割修改分为小修改和大修改两种类型。对小修改，由现场自行根据确定的干涉尺寸进行修改；对大修改，需由保温板设计单位批准后，按原设计意见实施修改。

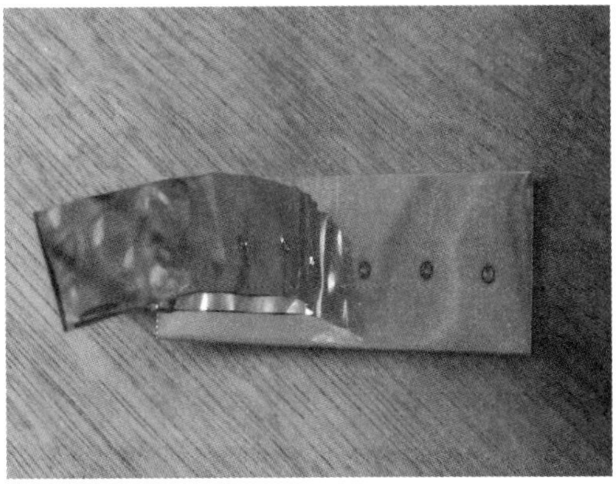

图 7 焊接样品拉拔测试

表 1 焊点接合强度要求

序号	厚度/mm	结合强度/kN	最小焊接间距/mm
1	1.59	≥7.56	≥22.1
2	1.27	≥6.45	≥19.1
3	0.953	≥3.56	≥14.2
4	0.794	≥3.02	≥12.7
5	0.635	≥2.22	≥11.2
6	0.478	≥1.42	≥7.9

3 质量控制要点与难点

3.1 清洁检查

保温安装前需要对保温材料、待保温区域外表面进行清洁度检查及脏污处置，保温材料应清洁无污染，表面锈点、污渍需溶剂擦拭或打磨；待保温区域用软布擦去油污、浮锈、灰尘。保温部件安装时，应再次对部件进行清洁后才允许安装。例如：对于管道有油污、油脂的部分进行脱脂处理；对于管道有灰尘、脏物的，用干净的棉布进行全面清理。

（1）示例

现场质量控制人员检查时发现不锈钢管段表面有较多安装阶段留下的有色污染物、浮锈没有清除，支架夹缝内部有明显的杂物没有清理（见图 8 和图 9）。

（2）处理措施

1）采用人工砂纸对不锈钢表面的油漆和锈蚀进行打磨，打磨后的不锈钢表面明显附着的锈蚀基本能清除，残留色泽较为浅色的一层处理膜，基本符合 B 清洁度的要求。

图8　不锈钢管表面锈迹

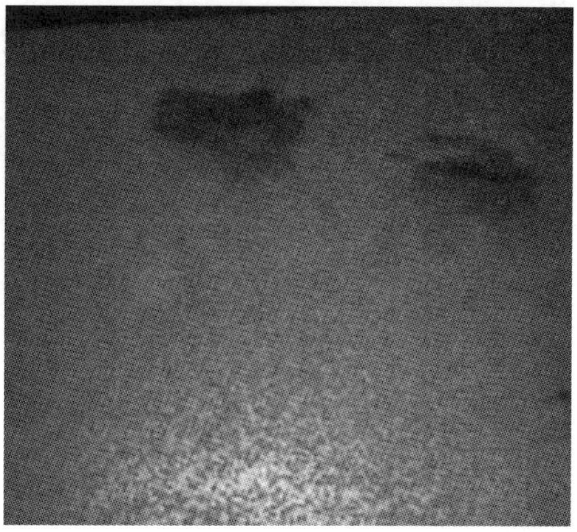

图9　不锈钢表面被铁锈污染

2）对于残留的胶布、不锈钢标记用丙酮进行擦洗。

（3）原因分析

污染物主要为附着牢固的锈蚀层，焊渣，油漆，残留的胶布黏性物质，这些物质都是对核级不锈钢造成危害，根据现场调查该些物质来源于管道安装过程中的放线定位，房间油漆施工时候油漆的滴落，胶布可能来源于系统移交阶段调试人员做试验留下，同时长期缺少对不锈钢管道的成品保护也是造成管道污染的原因。

（4）经验反馈

1）加强核级不锈钢管道的成品保护，安装完成后应立即采用防护布进行包裹，并制造围栏，禁止无关人员的踩踏。

2）加强不锈钢管道安装完成后周围施工的管理，避免其他专业施工造成不锈钢管道的表面污染。

3）在管道安装阶段把核级不锈钢管道的清洁度作为验收要求，对于施工时在管道表面做出的记号标记等要及时采用丙酮擦去。

3.2　有害元素控制

对施工中所用的消耗性溶剂类产品，如清洗剂、润滑油、记号笔卤素含量、重金属元素含量、低熔点金属含量应在规定范围内。必要时需要进行元素含量的第三方测试。

3.3　检查金属保温层的厚度及重量符合设计要求。

3.4　保温托架一般由4个90°带法兰的轧制钢段组成，通过1/2″螺栓可将4个轧制钢段固定在管道上。

3.5　保证位于墙体贯穿件处的金属反射式保温板安装厚度最佳化，4.6应使用直径为1/8″的抽心铆钉和绑带连接通过墙体贯穿件安装的竖直（一个保温板段到另一个保温板段）面板。

3.6　管道偏差带来的保温托架安装偏差是允许的，只要保温托架构件连接的间隙以及与管道连接的间隙不大于±1/8″；金属保温盒与金属保温盒之间的缝隙不大于3.2 mm。

3.7　金属反射保温盒检查

检查金属反射保温盒的安装不影响阀门等的开启和关闭。

（1）示例

质量控制人员检查时发现较多处保温块间隙超过规格书3.2 mm间隙要求，具体现场情况如下图：

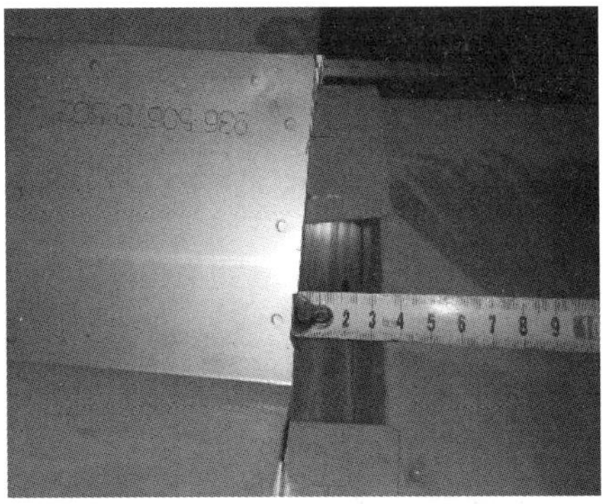

图 10　保温块轴向间隙检查

图 11　保温块径向间隙检查

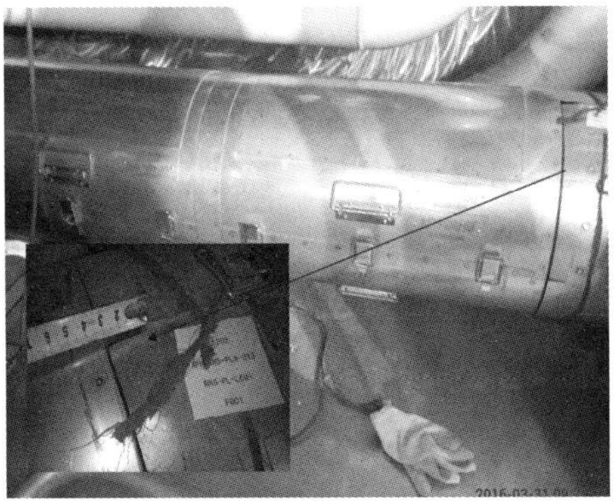

图 12　保温块轴向间隙超差

（2）处理措施

对于间隙超差的问题，要求设计、采购与厂家协调，发出文件，询问解决方案。

（3）原因分析

1）个别保温块安装现场空间受限，没有及时安装，同时缺少管理，导致相邻的保温块之间没有形成闭环。

2）保温块的预制尺寸过短，造成个别位置间隙超差。

（4）经验反馈

管线保温应该考虑现场的测量和安装偏差，设计考虑个别保温块用于调整间隙，以便现场能灵活根据具体管线长度调整保温板与板之间的间隙。

3.8　在役焊缝的拆卸不影响周边保温。

3.9　控制难点

管道 MRI 金属保温安装 ITP 主要步骤是：管道清洁度检查、保温块安装、最终外观检查。这三个步骤的质量控制要点难点如表 2 所示。

表 2　MRI 安装质量控制

工序	质量控制要点	质量控制难点
管道清洁度检查	1. 碳钢管道表面符合清洁度 C 级要求； 2. 不锈钢管道表面符合清洁度 B 级要求； 3. 管道表面无油漆、油脂、附着不牢的浮锈、杂物等	1. 清洁度检查的判断，有些不可达的区域，清洁度应该尽可能清理； 2. 不锈钢管道表面的标记应该采用丙酮清除，禁止打磨去除

续表

工序	质量控制要点	质量控制难点
保温块安装	1. 直立管道的保温托架安装符合图纸要求； 2. 保温块内壁表面保持光洁度、粗糙度要求，Ra＜0.05 μm； 3. 防甩支架的保温安装形式符合图纸要求； 4. 保温块外壳距离管道、电缆、支架的间距符合图纸要求，大于 150 mm	1. 保温块安装后的成品保护也是检查的难点，需要有持续性； 2. 保温块修改部位的间隙检查存在较多的变更，需要仔细检查
最终外观检查	1. 保温层外观光洁，无物理损伤； 2. 保温块的锁扣上锁，搭接盖板密封不变形； 3. 保温块的标识容易被观察，在役焊缝的保温块容易拆卸	1. 保温块的锁扣和提手不得损坏，在外观检查时候要主要检查这些容易损坏的部件； 2. 最终保温块表面不要存在破损的表面

4　总结和建议

截至目前，1 号机组管道 MRI 金属保温已全部安装完毕。整个安装过程中发现建造现场安装条件多变，保温制造及安装工期又非常有限，试图理想条件下开展金属保温的设计和制造几乎不可能，所以金属保温设计制造及安装的时机非常重要，建议系统管道保温应在现场所有管道支吊架安装完成后，根据现场扫描和测量数据后尽快开始保温设计制造。另外现场安装时间最好放在冷试前 3 个月。

（1）金属保温设计制造前，应预先要求所有电仪导管、土建钢平台需满足“保温厚度+50 mm”的间隙要求。对不能满足的位置应建立清单，使其列为保温板设计输入条件。

（2）金属保温设计应 MRI 保温设计需充分考虑焊缝检查和在役检查的要求，即焊缝两侧 500 mm 范围内的钢梁、保温层应设计为方便拆携，单一 MRI 保温板中心应尽可能位于其所覆盖焊缝位置，保温板外部应设焊缝标牌。

参考文献

［1］林诚格，郁祖盛，等. 非能动安全先进核电厂 AP1000［M］. 北京：原子能出版社，2008.

AP1000钢制安全壳涂层失效的原因分析及改进措施

欧林方，郭永飞，冀建龙，尹清斌

（上海核工程研究设计院有限公司，上海　200223）

摘要：本文简要介绍了AP1000核电厂的钢制安全壳涂层设计要求及施工工艺，研究了涂层的老化、涂层的起泡和脱落的失效机理，进一步分析了涂层失效产生的原因。根据分析，主要由于开顶法施工、大宗材料密集、设计变更、施工环境等客观原因的影响因素及涂层施工逻辑、未及时修补破损涂层、涂层施工质量、成品保护不足、施工管理经验不足等主观原因的影响因素造成涂层污染。提出了相应的改进措施：改进涂装工艺流程、及时修补破损涂层、加强质量控制、合理安排施工工期、做好成品保护、加强施工管理等。以及分析了无机富锌底漆分别在车间制造阶段、现场组装区域阶段或核岛区域阶段涂装的三种工艺方法的优点与区别，对改善后续钢制安全壳涂层施工质量和减少返工提供帮助。

关键词：AP1000；钢制安全壳；涂层失效；改进措施

Causes Analysis and Improvement Measures for Coating Failure of AP1000 Containment Vessel

OU Linfang，GUO Yongfei，JI Jianlong，YIN Qingbin

(Shanghai Nuclear Engineering Research & Design Institute Co., Ltd., Shanghai 200233, China)

Abstract: This paper briefly introduces the design requirements and construction process of steel containment vessel coating for AP1000 nuclear power plant，studies the failure mechanism of coating aging，coating blistering and shedding，and further analyzes the causes of coating failure, and analyzes the causes of coating failure. According to the analysis，coating contamination is mainly caused by the influencing factors of objective reasons and the influencing factors of subjective reasons，the influencing factors of objective reasons include open top construction，large amount of material intensive，design change，and construction environment，and the influencing factors of subjective reasons include coating construction logic，timely repair of damaged coating，coating construction quality，insufficient product protection，and insufficient construction management experience. The corresponding improvement measures are proposed：improving the coating process，

作者简介：欧林方（1989—　），男，河南永城人，硕士，现主要从事核电厂防腐油漆施工管理工作

repairing damaged coating in time，strengthening the quality control，rationally arranging the construction period，strengthening the finished product protection，and strengthening the construction management. The advantages and differences of the three process methods of inorganic zinc-rich primer coating Painting in the workshop manufacturing stage，field assembly area stage or nuclear island area stage are analyzed，which can help to improve the quality of subsequent steel containment vessel coating construction and reduce rework.

Key words：AP1000；Steel Containment Vessel；Coating Failure；Improvement Measures

钢制安全壳容器（Containment Vessel，CV）是 AP1000 核电站反应堆厂房的内层屏蔽结构，是安全壳容器式反应堆厂房的一道重要安全屏障，非能动安全系统中的重要设备之一，核电厂纵深防御原则的最后一道安全屏障[1]，防止放射性物质向外扩散。为了满足 CV 的功能需求，CV 内壁标高 EL 102′，混凝土预埋最低标高为 EL 103′，底封头内表面最低标高 EL 66′。以上的区域均需涂装无机富锌底漆（IOZ），标高 EL107′−2″～EL142′−3″的区域还需在底漆上涂覆高固体组分环氧面漆（SPHSE）[2]。CV 外壁的涂装区域为 EI.99′（混凝土预埋标高为 EI.100′）标高以上，所用的涂料为 IOZ 涂层（无面漆）。AP1000 采用了“开顶法”施工的方式，结构模块经历了工厂预制、现场拼装和核岛就位三个阶段，由于施工时间较长，交叉施工时模块保护不善，对成品涂层造成了严重的破坏。

本文结合 AP1000 核电站的施工特点，研究了防护涂层的施工过程，分析涂层破坏的原因，改进施工逻辑和成品保护措施等，降低了成本，缩短了施工周期，为后续项目提供参考。

1　钢制安全壳涂层设计要求及施工工艺

1.1　涂层设计要求

按照美国 RG1.54[3]《关于核电厂用Ⅰ、Ⅱ、Ⅲ服役级涂层》设计要求，CV 内表面涂层为 CSL Ⅰ级涂层[4,5]，CV 外表面涂层为 CSLⅢ级涂层，均为安全相关涂层[6-8]。涂层区域及涂层种类如表 1 所示。

表 1　AP1000 钢制安全壳涂装区域及涂层类型

表面	区域	底漆	面漆	涂层等级
内表面	EL102′以上	IOZ		CSL Ⅰ
	EL107′−2″～EL142′−3″区间	IOZ	SPHSE	
外表面	EI.99′以上	IOZ		CSLⅢ

依托项目 1 号、2 号机组的 CV 内外表面用无机富锌涂层为 Carboline 公司的 Cabozinc 11HSN，内表面用环氧面漆为该公司的 Carboguard 890 N。IOZ 底漆配比：A:B:C=11.32:36.55:1（重量比），IOZ 底漆涂层干膜厚度为 2～6 mils（50～150 μm）。SPHSE 面漆配比：A:B:C=1.36:1.63（重量比），SPHSE 面漆涂层干膜厚度为 4～8 mils（100～200 μm）。

1.2　涂层施工工艺

1.2.1　表面处理

（1）预处理：基层处理前应对金属表面进行外观检查，如有油污、污垢、焊瘤、焊渣等外来物，要使用稀释剂、铲刀、电动工具清理干净。

（2）基层处理：喷砂除锈。

表面处理均应满足 SSPC－SP 10 NACE No.2 Near White Blast Cleaning 的要求：喷砂材料应选用钢砂，d 为 0.7～1.2 mm，不得使用石英砂和钢丸；清除表面的铁锈、焊渣、毛刺及飞溅物等，露出金属光泽，表面清洁度达到近出白金属喷砂清理等级；经基层处理后，金属表面应无可见的油、脂、灰尘、污垢、氧化皮、锈蚀、涂层、氧化物、腐蚀产物和其他杂质。

（3）清洁：喷砂处理后，应使用刷子、干燥洁净的压缩空气或真空吸尘器将表面的磨料和粉尘清理干净。

（4）经表面处理后，表面粗糙度为 37～63 μm，并应在 4 h 内完成油漆涂装。

IOZ 涂层应尽可能在车间内施涂，然后现场进行修补，并在安装后辅助装配区对焊接区域再进行施涂；车间内涂层应在喷砂处理后 4 h 内施工。

1.2.2 涂装环境

表面温度高于露点温度 3 ℃且满足施工指导书的要求，方可施工。对于无机锌涂层，环境温度为 5～38 ℃，且相对湿度在 40%～85%时方可施工。对于环氧涂层，环境温度为 10～38 ℃，且相对湿度≤80%时方可施工。

1.2.3 CV 施工工艺流程

在 CV 的建造中，CV 各部件在工厂预制完成后，除距离边缘 50 mm 范围外，全部按照设计文件的要求喷涂相应的无机富锌和环氧面漆，待后续完成相应的焊接、热处理工作后，再进行相应涂层的修补。CV 的施工工艺流程如图 1 所示[2]。

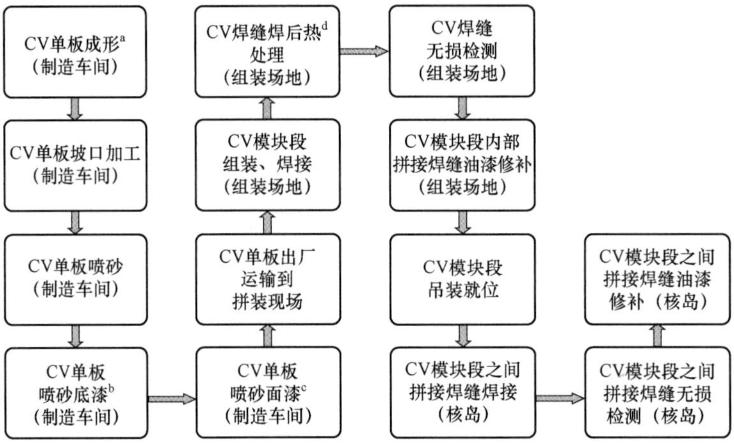

图 1　AP1000 CV 施工工艺

注：a：封头瓣片压制成形；筒体板卷制成形；

b：内表面 EL102′以上和外表面 EI.99′以上的区域，且单板边缘预留 50 mm；

c：内表面 EL107′－2″～EL142′－3″区间，且单板边缘预留 50 mm；

d：仅限于壁厚大于 44.5 mm 的第一层筒体板的拼接焊接；在焊后热处理前进行相应的焊缝无损检测。

2 涂层失效机理

涂层的失效机理可以从下面两个方向分析：涂层的老化，涂层的起泡和脱落。

2.1 涂层老化

涂层老化现象主要是指涂层失光褪色、粉化、机械强度下降。在户外条件下紫外线、温度、氧、离子、污染物和干湿交替都是导致涂层老化的环境因素[9]。图 2 是引起涂层老化的各种因素示意图。

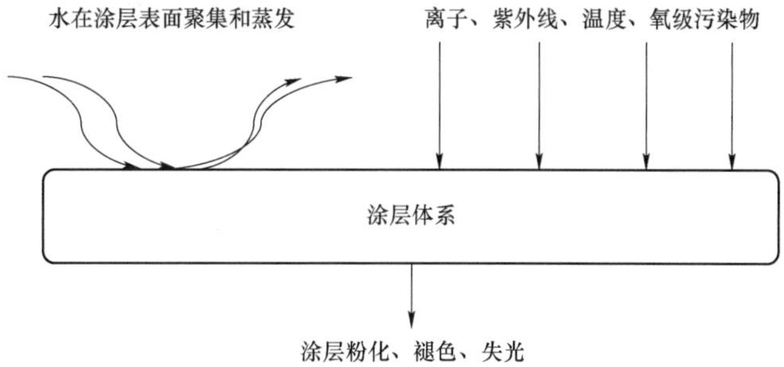

图2　引起涂层老化因素图

紫外线和氧气导致涂层中高分子链断裂，在光—氧降解的作用下 C—H、C—O、C—C 发生断裂或重组，高分子链通过光降解，产生许多亲水基团，亲水基团溶解在涂层表面的水中，发生水降解反应，光降解和水降解促使涂层失效[10-12]。

2.2　涂层起泡和脱落

导致的涂层失效机制是：水、氧气和腐蚀性离子通过涂层中存在的宏观以及微观缺陷发生扩散，在涂层/金属集体两者的界面逐渐累积形成连续水相，涂层湿附着力持续降低，由于界面上水的累积形成侧向压力，侧向压力促进涂层与基体剥离，当侧向压力小于湿附着力提供的侧向发展的阻力时水在原位积累，涂层局部起泡；若侧向压力大于湿附着力，水相会侧向发展直到涂层脱落[13,14]。

涂层失效主要由于涂层长期暴露于室外环境及涂层的局部破坏未得到及时修补而造成涂层起泡和脱落。

3　CV 涂层失效原因分析

AP1000 核电机组采用模块化建设模式的开顶法施工，直接影响到防护涂层的使用寿命。图 3 是 AP1000 CV 涂层失效的照片。根据分析，主要由于开顶法施工、大宗材料密集、设计变更、施工环境等客观原因的影响因素及涂层施工逻辑、未及时修补破损涂层、涂层施工质量、成品保护不足、施工管理经验不足等主观原因的影响因素造成涂层污染。

(a) CV外壁涂层失效图片　　(b) CV内壁涂层失效图片

图3　AP1000 CV 涂层失效照片

3.1　客观原因的影响

3.1.1　开顶法施工的影响

AP1000 核电厂具有开顶化施工的特点，CV 从车间预制到最终核岛封顶形成室内储存环境，从出厂到拼装场地到吊装就位，有大部分涂层需要在空气中暴露 2～3 年。长期暴露于室外环境、高温高湿天气引起的结构表面结露、雨水影响等方面造成的涂层污染，环氧面漆经长期紫外线照射，表面出现粉化、失光、变色等缺陷[15,16]。虽采取了防护措施，但效果有限，依旧未能彻底避免涂层污染发生。

3.1.2　大宗材料密集的影响

因施工空间狭小，物项密集、多工种多阶段在同一区域施工，无法避免涂层污染。

3.1.3　设计变更的影响

大量设计变更带来计划外物项装拆、后置埋件增加、钻孔、灌浆、打磨、切割、焊接等作业，在已完成涂层的部位执行变更时，造成涂层污染。

3.1.4　施工环境的影响

施工高峰期各作业面的焊接、动火、钻孔、打磨产生的烟（粉）尘无法完全消散，水压试验、脚手架搭拆等均对油漆表观有不同程度污染。

3.2　主观原因的影响

3.2.1　涂层施工逻辑的影响

预制车间已涂漆，现场安装后由于焊接、交叉施工的影响，加之施工期间恶劣环境的影响，经长时间后导致大部分油漆破损、发黄及其他污染，最终将现场钢结构油漆重新进行了翻新。应该预留最后一道面漆，移交前涂装。

3.2.2　未及时修补破损涂层的影响

焊接施工后未及时补漆，污染破损后未及时清理修补等。由于露天施工环境造成未涂漆焊缝锈蚀形成氧化铁和锈迹，造成核岛 CV 安全壳内外壁油漆出现严重污染。CV 焊接 NDE 完成后，应立即实施焊缝补漆（建议 2 周内），否则应采取有效措施防止锈水污染。

3.2.3　涂层施工质量的影响

在根据设计文件选择好涂层之后，涂层施工质量的好坏对涂层的表现起决定性作用。容易引发无机富锌底漆+环氧面漆的涂层体系质量问题的原因可分为施工过程的前、中、后 3 个阶段[17]。

涂层施工前，金属基体表面准备工作没有做好，容易导致涂层与金属基体间的结合力较低。

涂层施工过程中的单道涂层过厚、施工温度过低等因素也容易引发涂层质量问题。典型问题：（1）表面粗糙度和清洁度不满足技术要求：导致油漆附着力不足，进而导致油漆剥落。（2）环境温湿度和基材温度需满足要求，且要求基材温度高于露点温度 3 ℃以上：影响漆膜附着力，造成涂层缺陷。（3）油漆未按比例进行调配：导致漆膜质量达不到设计要求，出现皲裂、裂纹、漆膜厚度不达标等现象。（4）喷涂距离不符合要求漆膜厚度超标或存在表面气雾。

涂层施工后的养护不当也是影响涂层质量的一个重要因素。

3.2.4　成品保护不足的影响

钢结构组装时长期暴露于室外环境、高温高湿天气引起的结构表面结露、成品保护不足。

施工过程中成品保护不足造成的 CV 内壁涂层污染。包括已完工油漆表面随意涂画、放线、标记；焊接、切割等动火作业时未采取有效的飞溅物隔离措施，烧伤/烫伤/熏黑油漆表面；脚手架搭设、材料倒运过程中未采取有效保护，造成磕碰、划伤油漆表面；在墙面随意开孔后未及时修复；人员踩踏、触摸痕迹等。

屏蔽墙施工及钢穹顶施工时，对 CV 外壁保护不到位。安全壳外壁涂层遭受大面积混凝土污染，影响涂层性能。

3.2.5　施工管理经验不足的影响

各承包商、分包商单位工作协调和接口组织不力，施工前没有对交叉施工造成油漆的污染的情况进行监督交底；检查手段不足，检查范围过小，管理程序执行不力，油漆施工工器具不够先进，导致油漆施工迟迟没有快速开展；技术人员和检查人员经验不足，没有在方案中注明 CV 外侧油漆的重要性，忽视了成品保护对 CV 外侧油漆的作用；对首次超大型结构的开顶法施工工艺缺乏施工经验，经验反馈机制没有实行。

4　钢制安全壳涂层防护与改进措施

4.1　改进涂装工艺流程

AP1000 钢制安全壳油漆选用的是无机富锌底漆+环氧面漆的涂层体系，可将最后一道环氧面漆在最后阶段涂装。无机富锌底漆涂装可以在车间制造阶段、现场组装区域阶段或核岛区域阶段。

4.1.1　无机富锌底漆涂装在车间制造阶段

施工工艺流程如下所示。

（1）车间制造阶段：钢制安全壳制造——喷砂除锈、涂装无机富锌底漆。

（2）现场组装区域阶段：组装、焊接、热处理——焊缝无损检测，修补预留焊接接口及热影响区的无机富锌底漆。

（3）核岛区域阶段：运输、吊装——依次就位（环焊缝对接焊、无损检测）——焊接及热影响区无机富锌底漆涂装，其他区域无机富锌底漆修补——涂装环氧面漆。

在车间制造阶段完成无机富锌底漆的涂装，并保持环氧面漆在最后阶段涂装，可以满足防护要求，保证油漆的施工质量，减少现场油漆施工，并减少最终外观色差问题。

4.1.2　无机富锌底漆涂装在现场组装区域阶段

施工工艺流程如下所示。

（1）车间制造阶段：钢制安全壳制造——喷砂除锈、涂装临时防锈漆。

（2）现场组装区域阶段：组装、焊接、热处理——焊缝无损检测——喷砂除去临时防锈漆——涂装无机富锌底漆，修补预留焊接接口及热影响区的临时防锈漆。

（3）核岛区域阶段：运输、吊装——依次就位（环焊缝对接焊、无损检测）——焊接及热影响区底漆涂装，其他区域底漆修补——涂装环氧面漆。

此工艺增加了临时防锈漆，在现场组装区域涂装无机富锌底漆，并保持环氧面漆在最后阶段涂装，可以满足防护要求，保证油漆的施工质量，可减少最终外观色差问题。

4.1.3　无机富锌底漆涂装在核岛区域阶段

施工工艺流程如下所示。

（1）车间制造阶段：钢制安全壳制造——喷砂除锈、涂装临时防锈漆。

（2）现场组装区域阶段：组装、焊接、热处理——焊缝无损检测，修补预留焊接接口及热影响区的临时防锈漆。

（3）核岛区域阶段：运输、吊装——依次就位（环焊缝对接焊、无损检测）——喷砂除去临时防锈漆——涂装无机富锌底漆——涂装环氧面漆。

在核岛区域完成无机富锌底漆的涂装，并保持环氧面漆在最后阶段涂装，可以满足防护要求，保证油漆的施工质量，并消除最终外观色差问题。

4.1.4 三种涂装工艺比较

共同优点：

（1）可以更好地保证最终油漆质量；

（2）可以有效地减小油漆色差，提高视觉感官效果；

（3）CV 内壁 EL 107′−2″至 EL 142′−3″区域面漆整体翻新 1 368 m^2，采用预留面漆的施工逻辑，节约了 1 368 m^2 面漆的成本，加快了施工进度。

不同点：

（1）无机富锌底漆涂装在车间制造阶段，可以有效地减少施工现场油漆施工及其引起的核电厂建造周期拖延，减少临时防锈漆材料费用，增加成品保护和无机富锌底漆成本；

（2）无机富锌底漆涂装在现场组装区域阶段，可以有效地减少核岛油漆施工及其引起的核电厂建造周期拖延，降低成品保护和无机富锌底漆成本，增加临时防锈漆材料费用，增加现场组装施工时间；

（3）无机富锌底漆涂装在核岛区域阶段，降低成品保护和无机富锌底漆成本，完全消除最终外观色差问题，增加临时防锈漆材料费用，增加核岛施工时间。

三种改进的涂装工艺流程可根据现场具体情况制定具体措施实施。

4.2 及时修补破损涂层

在 AP1000 核电厂施工过程中，焊接后的焊缝需要进行相关的检测而暂时不允许进行油漆修补，同时也存在一些实验要求破坏涂层。在这种情况下，破损油漆涂层区域呈现逐渐扩大化的趋势，并且受“开顶法”施工影响，雨水冲刷该区域的铁锈将污染下部完好涂层表面，导致涂层表面破损。

CV 筒体每环吊装前对纵焊缝完成补漆，并对每环筒体内外侧油漆进行全面的检查和消缺，实施有效的保护措施后再进行吊装就位作业，吊装就位完成后利用每环焊缝的平台及时对环焊缝进行油漆修补，避免雨水腐蚀产生锈水污染 CV 表面油漆；施工对 CV 筒体油漆造成的损伤及时恢复和防护，防止造成锈迹污染。

4.3 加强质量控制

在施工过程中应严格按照产品技术说明书进行施工，在不符合规定标准的环境条件下，不得施工。保证施工质量是避免防护涂层失效的关键因素之一，对涂装前、涂装中和涂装后控制环节应严格把关。涂装前，应确保将要进行施工的涂料符合设计要求，做好涂料的进场验收，杜绝不合格涂层产品流入施工阶段，并制定好严格的施工程序，在涂层施工前做好表面清理工作；涂装中，要严格遵照涂层厂商的说明书进行施制好单道涂层厚度及施工温度，根据 ASTM D4752—2010 做好耐丁酮擦拭测试，根据 ASTM D4541—2009 做好附着力测试；涂装后，要做好涂层的养护工作，养护工作完成之前严禁执行后续操作。

4.4 合理安排施工工期

由于核电站建设周期较长，采用的“开顶法”施工导致涂层暴露在室外环境、高温高湿天气中较长时间，造成了严重破坏。设计、施工中，应综合考虑各专业施工进度，尽可能平行施工，减少间歇期，使得施工环节紧凑，有效减少 CV 钢结构露天放置的时间。钢制安全壳在车间制造完成，紧接着现场组装区域组装、焊接、热处理、焊缝无损检测，核岛区域运输、吊装就位，缩短每个施工阶段之间的时间[18]。

4.5　做好成品保护

（1）由于设计变更、工程延期导致CV在现场组装区域暴露时间延长，底封头内表面5B、4B板区域可刷涂临时防锈漆，防止底封头内部积水导致锈蚀，底封头贯穿件套管端部采用镀锌铁皮或三防布包裹；

（2）搭设脚手架时对CV外侧面油漆采取隔离保护措施；

（3）临时工件焊接保护和切除保护措施（防止铁锈污染）以及在设备安装、打磨、焊接等作业时，防止铁屑、焊烟采取必要的隔离保护措施；

（4）屏蔽墙混凝土浇筑时，增加屏蔽墙内模板高度，其增加高度范围至少能覆盖浇筑过程中溅射影响区，同时，在混凝土屏蔽墙内侧与钢制安全壳筒体之间搭设的脚手架上使用三防布进行遮挡，进一步降低混凝土浇筑过程中溅射到筒体外壁的可能性。

4.6　加强施工管理

（1）总承包商完善CV筒体施工单位接口和组织关系，采取定期会议制度，反馈和检讨质量问题项，不定期就实际施工情况进行程序方案的升版，杜绝交叉施工造成CV油漆损伤和污染，明确CV油漆损伤和污染责任制；各施工单位修订相应成品保护程序，加强对CV筒体油漆成品保护的措施，提交总承包商审核批准，总承包商修订成品保护管理程序，明确CV油漆成品保护接口和管理责任制；

（2）识别CV油漆物项的污染因素，提高CV油漆成品保护的重要性，对CV油漆制定周密专项检查计划，对CV油漆进行周期性动态的检查，考虑采用无人机等远程遥控设备进行超高结构体的监督检查；

（3）加强CV施工的经验反馈机制的执行，确保经验反馈能有效传递和执行，避免同样的问题再次发生。

5　结论

由于AP1000的开顶法施工及交叉施工的影响，其常常出现失光、褪色、泛黄、脱落、开裂甚至脱落等失效现象。本文研究了涂层的老化、涂层的起泡和脱落的失效机理，进一步分析了造成涂层污染的开顶法施工、大宗材料密集、设计变更、施工环境等客观原因的影响因素及涂层施工逻辑、未及时修补破损涂层、涂层施工质量、成品保护不足、施工管理经验不足等主观原因的影响因素，提出了相应的改进措施：

（1）改进涂装工艺流程，预留一道环氧面漆在最后阶段涂装，无机富锌底漆在车间制造阶段、现场组装区域阶段或核岛区域阶段三种改进的涂装工艺流程可根据现场具体情况制定具体措施实施；

（2）及时修补破损涂层，防止涂层进一步破坏，导致涂层起泡和脱落；

（3）加强质量控制，在施工过程中应严格按照产品技术说明书进行施工，在不符合规定标准的环境条件下，不得施工；

（4）合理安排施工周期，尽可能平行施工，减少间歇期，使得施工环节紧凑，有效减少CV钢结构露天放置的时间；

（5）做好成品保护，防止施工前及施工过程中，由于客观原因及主观原因影响造成的涂层失效，现场安装好后，应及时采取适当防护措施，避免CV涂层表面直接暴露于恶劣环境中；

（6）加强施工管理，完善CV筒体施工单位接口和组织关系，加强CV施工的经验反馈机制的执行，避免 CV 油漆污染。

致谢

感觉国核工程有限公司的领导同事的大力帮助。

参考文献

[1] 朱继洲. 压水堆核电厂的运行［M］. 北京：原子能出版社，2000：111-112.

[2] 王国彪，晏桂珍，王洋，等. AP1000 核电站钢制安全壳涂层工艺改进［J］. 电镀与精饰，2015，37（12）：18-22.

[3] US. NRC. RG 1.54，Service level I，Ⅱ and Ⅲ protective coatings applied to nuclear power plants［R］. Washington：US NRC，2000.

[4] 张耀. 核电专用涂层应用分析［J］. 电镀与涂饰，2008（07）：57-60.

[5] 张耀，张忠伟，黄祖兵. 核电站适用涂层特点分析［J］. 上海涂料，2007（04）：41-43.

[6] 熊壮. AP1000 核电站钢制安全壳保护性涂层探讨［J］. 中国涂料，2012，27（05）：58-62.

[7] 谭功理，王晰. AP1000 核电站钢制安全壳防护涂层的设计［J］. 电镀与涂饰，2012，31（09）：66-70.

[8] 林金平，黄娜. AP1000 核电站钢制安全壳涂装质量控制［J］. 电镀与精饰，2013，35（11）：20-23.

[9] L. F. E Jacques. Accelerated and outdoor/natural exposure testing of coatings［J］. Progress in Polymer Science，2000，25（9）.

[10] 白思洁. 海洋大气环境下两种典型复合涂层体系失效过程中物理化学性质及 EIS 参数的演变［D］. 北京化工大学，2018.

[11] 潘莹，张三平，周建龙，等. 大气环境中有机涂层的老化机理及影响因素［J］. 涂料工业，2010，40（04）：68-72.

[12] 王跃波，钟宏伟，朱红专. 金属涂层失效机制及其对策［J］. 四川建材，2011，37（01）：30-31.

[13] 刘斌，李瑛，林海潮，等. 防腐蚀涂层失效行为研究进展［J］. 腐蚀科学与防护技术，2001（05）：305-307.

[14] 张金涛，胡吉明，张鉴清. 有机涂层的现代研究方法［J］. 材料科学与工程学报，2003（05）：763-768.

[15] 李炳颖，林金平，朱瑞峰. AP1000 核电站施工期间防护涂层失效的原因及对策［J］. 电镀与涂饰，2015，34（06）：331-334.

[16] 梁现伟，胡赢. AP1000 核电站 CA01 结构模块的环氧涂层缺陷［J］. 腐蚀与防护，2017，38（07）：496-498+565.

[17] 朱瑞峰，黄忠平，吴崇志. 非能动核电站辐射区域钢结构在建造期间的涂层失效分析及改进措施［J］. 涂料工业，2016，46（11）：58-62.

[18] 魏小宝，张琰. AP1000 施工现场典型腐蚀问题探讨与预防［J］. 全面腐蚀控制，2014，28（01）：44-48.

AP1000 漏油检测电缆施工难点分析

潘苏成

（上海核工程研究设计院有限公司，上海　200233）

摘要：漏油检测电缆在 AP1000 核电厂中的使用是国内核电工程的首次使用。本文根据三门 AP1000 项目漏油检测电缆的施工，分析了 AP1000 漏油电缆设计要求、施工问题，总结了漏油电缆施工要点及改进建议。

关键词：电缆；漏油检测；施工难点

Analysis of AP1000 Diesel Fuel Oil Leak Detection Cable Construction

PAN Sucheng

(Shanghai Nuclear Engineering Research & Design Institute Co., Ltd., Shanghai 200233, China)

Abstract: The oil leak detection cable used in AP1000 nuclear power plant is the first time to apply this kind of cable into nuclear power construction in China. According to the construction of the oil leak detection cable in Sanmen AP1000 project, this paper analyzed the design requirements for AP1000 oil leak detection cable and looked into some problems during its construction, some key points of oil leak detection cable construction were presented and suggestions were generated for further improvement.

Key words: Cable; Oil Leak Detection; Construction Difficulty

1　AP1000 漏油检测电缆简介

AP1000 的柴油机厂房，布置有 2 台非 1E 级的备用柴油发电机，作为备用电源，在电站同时失去主发电机和厂外电源时，为 1E 级直流和不间断电源系统提供交流电源，在反应堆冷却剂装量减少工况（冷停堆和换料），为支持反应堆堆芯余热排出所需负荷提供交流电源。

备用柴油机发电系统主要包括燃油系统（Diesel Fuel Oil System，简称 DOS 系统）和厂

作者简介：潘苏成（1969—　），男，江苏扬州人，本科，高级工程师，现主要从事电仪施工管理工作

区备用电源系统（Onsite Standby Power System，简称 ZOS 系统）。

在柴油机厂房和油泵房之间埋设有燃油管路。根据西屋设计规格书要求，为防止地埋燃油管道泄漏，确保燃油系统的输送安全，设计院在地埋燃油管路设计了漏油检测系统。该系统采用美国 Raychem 公司的 TraceTek 漏油检测系统。

漏油检测系统由检测主机、报警模块、导引线、跳接线、漏油检测电缆（TT5000）等组成，其中检测主机、报警模块、导引线等主要设备均布置在防水防尘的控制箱内，见图 1。

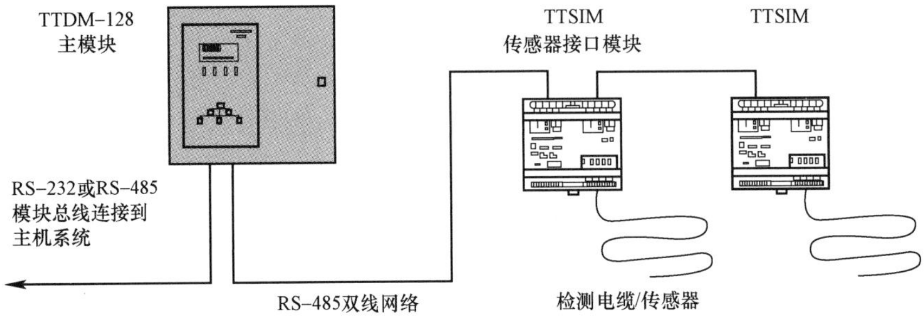

图 1　漏油检测系统示意图

漏油检测系统保障燃油在管道中的可靠传送，漏油检测电缆作为该系统的重要组成部分，该电缆施工质量直接决定着泄漏检测系统能否准确测量、正常投用。

漏油检测电缆（TT5000）缆芯由 4 根不同类型导线组成，图 2 就是漏油检测电缆的结构图，其中 2 根由导电聚合物加工而成，其单位长度电阻被精密加工并为定值。在无油泄漏时，其中 2 根导线间电流为正常。当感应线被泄漏油浸泡，吸油材料会膨胀，编织层让吸油材质膨胀后往内挤压，则 2 根导电聚合物之间被短接，并使所测电流值发生变化。因为线缆电阻与长度有关，检测主机根据欧姆定律，计算得出发生故障泄漏点的位置，把具体哪个报警模块和准确的报警位置显示在液晶面板上。该检测电缆遇水不起反应，遇油或受挤压后会发出报警信号。

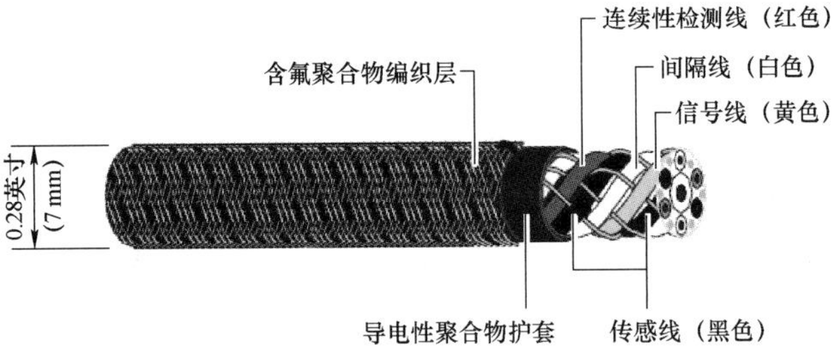

图 2　漏油检测电缆的剖视图

三门核电 1 号岛柴油机漏油检测系统的施工经历了重重困难，从 2014 年 5 月制造厂工程师首次到场指导施工，直到 2014 年 11 月漏油检测电缆最终敷设端接完毕，检测系统正常投用，历时半年之久，各方耗费大量时间，使用多种方法，最终该系统顺利投用。2 号岛施工中，各方吸取了 1 号岛的经验教训，对施工工艺进行优化，既缩短了工期，而且提高了安装质量。

2　漏油检测电缆施工

2.1　燃油管道

在柴油发电机厂房和油泵房之间埋设了 4 根 DOS 系统燃油管，管道布置见图 3。

油管道设计有保护套管，材质为纤维缠绕增强热固性树脂压力管。油管道每隔一段或靠近弯头处设计了管道支架，支架下方留有空间用于漏油电缆的敷设。DOS 系统油管道剖视图见图 4。

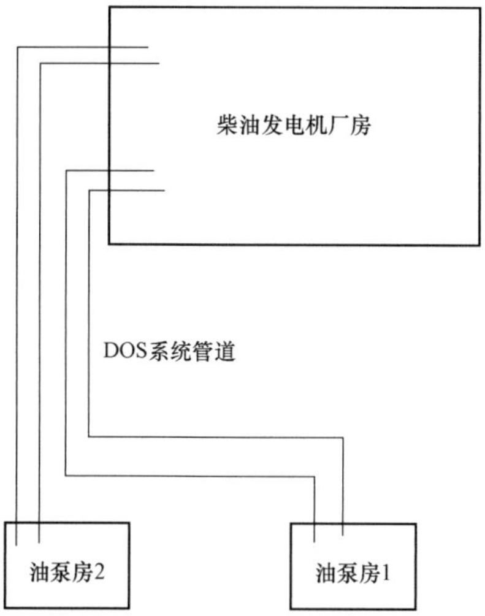

图 3　DOS 系统管道布置图

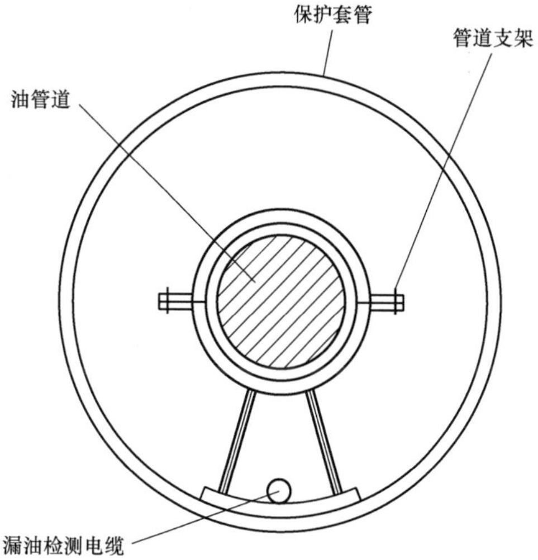

图 4　DOS 系统油管道剖面图

在距油管道弯头 1.5～2.2 m 处设计有手孔井，方便施工人员敷设漏油检测电缆。手孔井盖板高度与周围地坪齐平，手孔井详图见图 5。

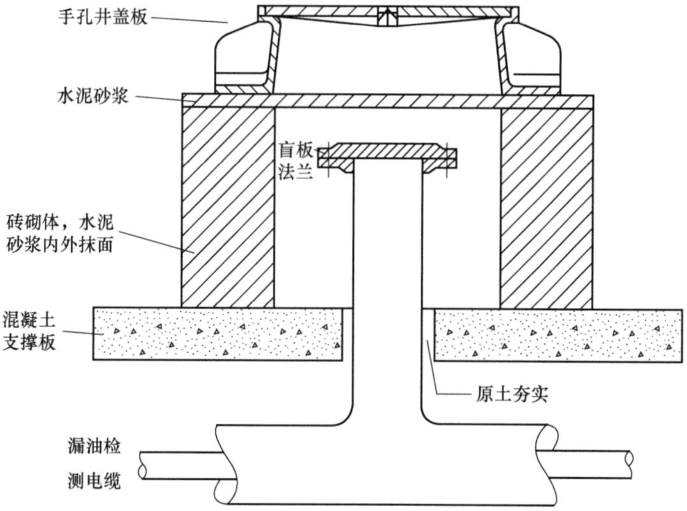

图 5　漏油检测电缆手孔井示意图

2.2　漏油检测电缆的敷设的设计要求

制造厂在设计文件中对漏油检测电缆的施工顺序做了规定。

预先敷设引导线（尼龙绳）在油管支架中穿过，抽动引导线，确保引导线在保护套管内来去自如，不被卡住，引导线长度需大于油管长度，方便牵引检测电缆。

管道施工完成，土建回填后，开始检测电缆敷设。用引导线牵引敷设。整根电缆敷设在保护套管内，末端（油泵房侧）接头端用不锈钢扎带固定在油管上，另一端（柴油发电机厂房侧）的检测电缆通过金属接头与跳接线相连。

2.3 漏油检测电缆施工难点及应对措施

2.3.1 保护套管内油渍

现场承包商按照制造厂设计文件要求，敷设并端接漏油检测电缆后，制造厂工程师到现场上电调试。调试过程中，制造厂工程师发现有一根漏油检测电缆一直处于报警状态。因当时油管道内并未注油，制造厂工程师要求承包商抽出电缆检查，在电缆表面竟发现有油污。承包商人员用引导线把洁净的棉纱拉进保护套管内擦拭，发现保护套管内有不少油。

承包商安排人力对该根保护套管内部进行清洗，最初采用引导线拽棉布条进保护套管内除油，由于保护套管内有管道支架，棉布条不能彻底清洁套管内所有部位，效果不佳。承包商改用除油剂注入保护套管内，油污溶解排出后，再使用除盐水冲洗，然后用风机向保护套管内吹风，使套管内干净、干燥。最后检查套管内清洁度，施工人员把洁净棉布条拽入套管，棉布条表面不再有油污，证明套管内油污已被除尽。

漏油检测电缆一旦沾油后，不可复原，必须更换新电缆。后来该段检测电缆全部更换，重新敷设新电缆穿入埋管。

由于保护套管口径小、弯头多，加上管道支架的阻挡，清理工作难度极大，共耗时半个月，花费了大量人力。

2.3.2 保护套管内积水

设计的手孔井盖板顶层高度与周围碎石层高度一致，但盖板与手孔井边缘并不密封。三门地区雨水较多，雨水沿着缝隙淹没了手孔井，因手孔井内盲法兰未设计密封垫，雨水从盲法兰间隙进入保护套管，漏油检测电缆浸泡在水中。

承包商在所有手孔井盲法兰处增加了密封垫。这段进水的保护套管，承包商重新安排冲洗、清理、干燥，其中的漏油检测电缆晾干后，经检查并未受到污染，继续使用，重新穿入保护套管内。

从图 5 可看出，在垂直段保护套管与混凝土支撑底板之间有一圈 25 mm 宽的夯实原土，这部分原土有少量吸水作用。由于管道施工在前，土建承包商直接用混凝土把保护管周围抹实，未留出这圈原土。为弥补这个缺陷，土建承包商在每个手孔井的支撑底板对角位置各钻了两个ϕ20 mm 的圆孔，井内积水可以通过圆孔被原土层吸收。经实际验证，该措施应对暴雨效果不佳。

2.3.3 保护套管剖开穿电缆

制造厂工程师在现场调试过程中，发现一根泄漏电缆多次发出报警，根据主模块显示的故障点，承包商抽出这段电缆检查，并未发现油渍，但电缆表面有受挤压痕迹。制造厂工程师判断电缆穿过油管支架时受到挤压导致报警。

处理了受挤压部位的漏油检测电缆，重新穿入保护套管，但在距柴油机厂房最近的弯头处遇到了困难，引导线被卡在管道支架中间，施工人员用力过猛，引导线被拉断。施工人员尝试从厂房内向外穿引导线，也试图从外面的手孔井向厂房方向穿引导线，引导线始终无法带着检测电缆穿过此处弯头。因手孔井距该弯头还有 1.5 m，施工人员无法伸手触及弯头。

各方商议后决定在该弯头上方开挖，挖出保护套管，将保护套管弯头处剖开，穿好电缆，再黏合恢复保护套管、回填。最终执行此方案，解决了电缆穿线这个难题。

3 总结与思考

3.1 导致施工困难的关键问题

AP1000 核电首次把漏油检测电缆从金融、通讯行业引入核电工程，总结漏油检测电缆的施工，下列两点是导致施工困难的关键问题。

3.1.1 设计接口问题

设计院未按照制造厂提资技术要求出图。制造厂技术文件已明确指出手孔井必须在管道弯头处，但设计院把手井位置定在离弯头 1.5～2.2 m 处，给弯头处的电缆敷设带来困难。

手孔井设计不合理，井口低易进水，底部的混凝土支撑板，积水排不出，保护管盲法兰处密封不严。

3.1.2 施工问题

由于首次施工漏油检测电缆，承包商经验不足，对管道清洁度等设计要求未引起重视。电仪专业未提前把管道清洁度要求通知管道专业。电仪专业未参加油管道安装、回填前的验收，施工前未规划好施工的各个环节。

承包商施工经验不足，在遇到漏油检测电缆被卡的情况，施工人员强行拉拽，导致电缆损坏。

3.2 建议

对于漏油检测电缆的施工，有下列几点改进建议：

（1）为便于漏油检测电缆的维护检修，建议把地埋方式改为管沟形式，油管及其保护套管铺设在管沟内的管道支架上，管沟上方铺设活动盖板。

（2）增加手孔井的数量，在管道弯头处必须设置手孔井。合理考虑手孔井的深度，既要满足人胳膊长度，也要考虑埋管深度。手孔井出口高度应超过地坪高度，且手孔井盲法兰应有密封设计，确保雨水不进入手孔井。

（3）在手孔井内部底层的混凝土支撑板上增加排水管，可以及时将雨水引至附近排水井内。

（4）增大保护套管的管径，大空间有利于电缆敷设。

（5）保护套管内的油管支架采用钢板加工制作，建议改为圆钢材料，避免钢板棱角损伤电缆。

（6）用管沟取代保护套管。把漏油检测电缆直接贴附在油管道底部外壁，采用消防系统感温电缆的布置方式，方便施工和后续维修更换。

（7）在漏油检测电缆施工过程中，电仪专业和管道专业要密切配合。电仪专业从管道安装之初就要介入，与管道专业共同检查保护套管内的清洁度。在 2 号岛施工时，承包商在漏油检测电缆敷设前，管道专业用压缩空气对保护套管进行吹扫，再用内窥镜检查套管内部清洁度，保证了漏油检测电缆的敷设环境满足设计要求。

立式拼装法和翻转平台在CA大型结构模块组装中的应用

谭远红，朱　猛

（上海核工程研究设计院有限公司，上海　200233）

摘要：AP1000核电厂作为最先进的第三代核电技术，其显著的特点之一是在设计和建造过程中广泛采用了模块化技术，但模块化也带来了模块焊接、吊装变形和翻转安全等大量风险，因此如何有效控制模块变形，提高模块吊装翻转作业的本质安全，特别是控制核岛CA大型结构模块在拼装过程中存在的质量与安全风险，成为推动模块建造技术发展需要解决的关键问题。本文以CA20结构模块为例，通过借鉴依托项目模块化施工经验，创新性地引入翻转平台这一专用设备，以立式组装法代替卧式组装法，实现了对CA大型结构模块变形和翻转风险的有效控制。通过在陆丰核电项目的实践应用表明，采用立式组装法和翻转平台不仅能大幅度减少模块焊接、吊装变形，提高模块拼装质量，而且能显著提升模块化施工的过程安全控制，并可以节约施工成本，具有良好的经济和社会效益，可以为后续项目大型结构模块施工提供参考和借鉴，并为实现AP1000模块施工技术的精细化管理奠定基础。

关键词：AP1000；翻转平台；大型结构模块；CA20

Application of Vertical Assembling and Upending Platform in CA Large Structural Module Assembly

TAN Yuanhong，ZHU Meng

(Shanghai Nuclear Engineering Research & Design Institute Co., Ltd., Shanghai 200233, China)

Abstract: AP1000 nuclear power plant is the most advanced third generation nuclear power technique and the modular technology being widely used in design and construction process is one of its outstanding features. However，a lot of risk such as module welding，lifting deformation and upending safety is produced by modular technology utilization. Therefore，how to control module deformation effectively，improve essential safety of module lifting and upending has become the key problems that need to be resolved to promote the development of modular construction technology especially control the quality and safety risk during assembly of nuclear island CA large

---

作者简介：谭远红（1971—　），男，陕西汉中人，本科，高级工程师，现主要从事核电施工项目管理工作

structural module. This article makes an example of CA20, by referring to the modular construction experience of supported project, introducing the specific equipment upending platform innovatively, replacing the horizontally assembling method by vertically assembling method, the risk control of deformation and upending of CA large structural module is achieved. It's demonstrated in Lufeng nuclear power project practice that vertical assembling and upending platform can not only reduce the deformation of module welding and lifting obviously, improve the module assembling quality, but also save the construction cost as well as good economic and social benefit. So it can give feedback to subsequent project's large structural modules and lay the foundation of delicacy management of AP1000 module construction technology.

Key words: AP1000; Upending Platform; Large Structural Module; CA20

AP1000 核电厂作为最先进的第三代核电技术，其显著的特点之一是在设计和建造过程中广泛采用了模块化技术，但模块化也带来了模块焊接变形、吊装变形和翻转安全等大量风险，因此如何有效控制模块变形，提高模块吊装翻转作业的本质安全，成为阻碍模块建造技术发展需要解决的关键问题，特别是要解决核岛 CA 大型结构模块在拼装过程中存在的质量与安全风险尤为重要。

以 AP1000 依托项目核电厂为例（“依托项目”是指浙江三门和山东海阳项目，依托项目也是全球 AP1000 核电前 4 台机组的建造地）：CA20、CA01 是模块施工中最为重要、最为关键的两个大型墙体结构模块，其每个结构模块均由若干个组件组成，每个组件又由几个甚至十几个子模块拼装而成。具有外观尺寸大、整体质量重、内部结构复杂、整体拼装尺寸要求高等特点。根据依托项目的实际实施经验，每个子模块到场后，在子模块平躺的情况下将各个子模块拼接成一个个组件，然后将各组件翻转后进行组件间焊接，最终形成完整的结构模块。这样做可以做到组件间平行施工，对工期有利，但是也带来以下安全、质量问题。

（1）工序多，累计变形导致整体质量难控制。由于每个结构模块的最终形成必须要经历工厂制造、运输、现场子模块拼接、组件翻转和最终焊接等过程，现场的拼接工序较多，每一工序产生的变形对于后续工序不可逆，因此随着误差的不断累积，越到后续工序，结构模块的变形控制越是困难。

（2）组件翻转重量大，双起重机抬吊翻转作业风险大。采用将子模块在平卧的方式下焊接成组件，然后翻转组装的方式施工必然由于组件过重，翻转重量大而不得不采用双起重机抬吊，双机作业对司机操作技术和现场指挥的要求很高，人为因素和偶然因素偏多，不利于安全控制。

（3）翻转重量大，吊耳焊接和吊装产生的变形较大，对结构模块高精度制造要求的实现不利。

所以在模块的现场拼装施工中，如何最大程度地减少模块的变形、达到高精度制造要求、降低吊装翻转作业的安全风险是实现 AP1000 核电站模块结构化应用从设计图转变为现场施工的关键技术。借鉴 AP1000 依托项目 CA20、CA01 模块的施工经验，为能更好地控制模块的拼装质量、降低吊装翻转作业的风险、减少使用大吨位吊车对作业场地面积以及成本等考虑，陆丰项目对 CA20、CA01 施工工艺进行了改进与优化，拼装上用立式拼装法替代了卧式拼装法，吊装翻转上用翻转平台加一台 180 t 吊车替代了两台大型吊车（400 t 与 320 t）的双机抬吊法。通过施工工艺的改变，陆丰核电在 CA20、CA01 模块施工中解决下述问题。

（1）消除因焊接翻转吊耳导致模块表面产生的变形。

（2）消除因翻转吊装导致模块自身结构弯曲产生的变形。

（3）消除因两台吊车联动进行抬吊翻转作业产生的安全风险。

（4）减少使用一台吊车，节约成本，并缩小拼装场地面积。

（5）解决不可逆的过程变形导致后续质量无法控制问题，大大提高了结构模块的拼装精度。

1 翻转平台的应用可有效控制模块吊装过程中的变形

1.1 模块现场吊装过程中的变形原因分析

以 AP1000 依托项目 CA20 模块为例：CA20 模块外观尺寸为 20.5 m × 14.2 m × 20.7 m（长 × 宽 × 高），结构重约为 765 t，由 32 个墙体模块、47 个楼板模块组成，墙体子模块之间的连接主要采用背部加垫板全熔透对接焊，部分采用塞焊和角焊缝焊接。AP1000 依托项目将 CA20 模块分成了 4 个子组件（分别为 SA01、SA02、SA03、SA04），每个子组件均由 8 个墙体子模块加上数量不等的楼板子模块（SA01 有 21 个楼板模块，SA02 有 19 个楼板模块、SA03 有 4 个楼板模块、SA04 有 3 个楼板模块）组成。每模块子组件内墙体的子模块间拼装均采用卧式拼装，即将 8 个墙体子模块水平放置在组装平台上，进行依次组对焊接成 1 个模块子组件（SA01）。当一个组件拼装完成后，由一台 400 t 履带吊车主吊、一台 320 t 履带吊车溜尾配合完成模块组合件翻转竖立作业（见图 1）；当模块组合件竖立后，撤掉溜尾吊机，通过 400 t 履带吊机旋转吊臂就位总装平台上。按上述方式依次完成 SA02、SA03、SA04 组件的拼装与翻转吊装，在总装平台上将这 4 个模块子组件进行拼装组对焊接，最终形成完整的 CA20 模块。下边以 CA20 单模块采用双机翻转为例进行模块变形计算分析。

按照双抬吊方式，主吊索具及溜尾吊索具布置图如图 1 所示。

模块在起吊竖立过程中，可见其视为两端受力的钢梁结构。结构受力影响最大发生于起吊初始阶段，所以仅需对起吊开始时的结构受力进行验算。子模块翻转时，L 型、T 型子模块有一部分纵向墙体，相较于 I 型子模块结构更稳固，故选取 I 型子模块 CA20－04 为例，校核使用双机抬吊翻转时对子模块结构的影响。

CA20－04 子模块重量 20.1 t，长 20 727 mm、宽 3 048 mm、高 762 mm，可以等效为箱型截面简支梁或 H 型钢梁，即将该子模块等效为 4 个规格为 H762 × 400 × 10 × 14 的 H 型钢并排排列，型钢间钢板连接。吊点位于子模块角钢、槽钢桁架上，即相当于等效的 H 型钢两端腹板平面上。

根据《钢结构设计规范》（GB 50017—2003）第 4 章受弯构件计算，对此等效模型进行校核。（附件中引用公式、系数皆选自《钢结构设计规范》GB 50017—2003）。

H762 × 400 × 10 × 14 材质 Q235B

由表 3.4.1－1 可知其抗弯强度设计值：$f = 215\ \text{N/mm}^2$；抗剪强度：$f_v = 125\ \text{N/mm}^2$

单根 H 型钢梁所承受重力：$F = 20.1 \times 10/4 = 50.25\ \text{kN}$

重力产生的均布载荷：$P = F/20.727 = 2.42\ \text{kN/m}$

梁两端所受拉力：$F_1 = F_2 = \dfrac{P \times L}{2} = F/2 = 25.125\ \text{kN}$

受力分析如图 2 所示。

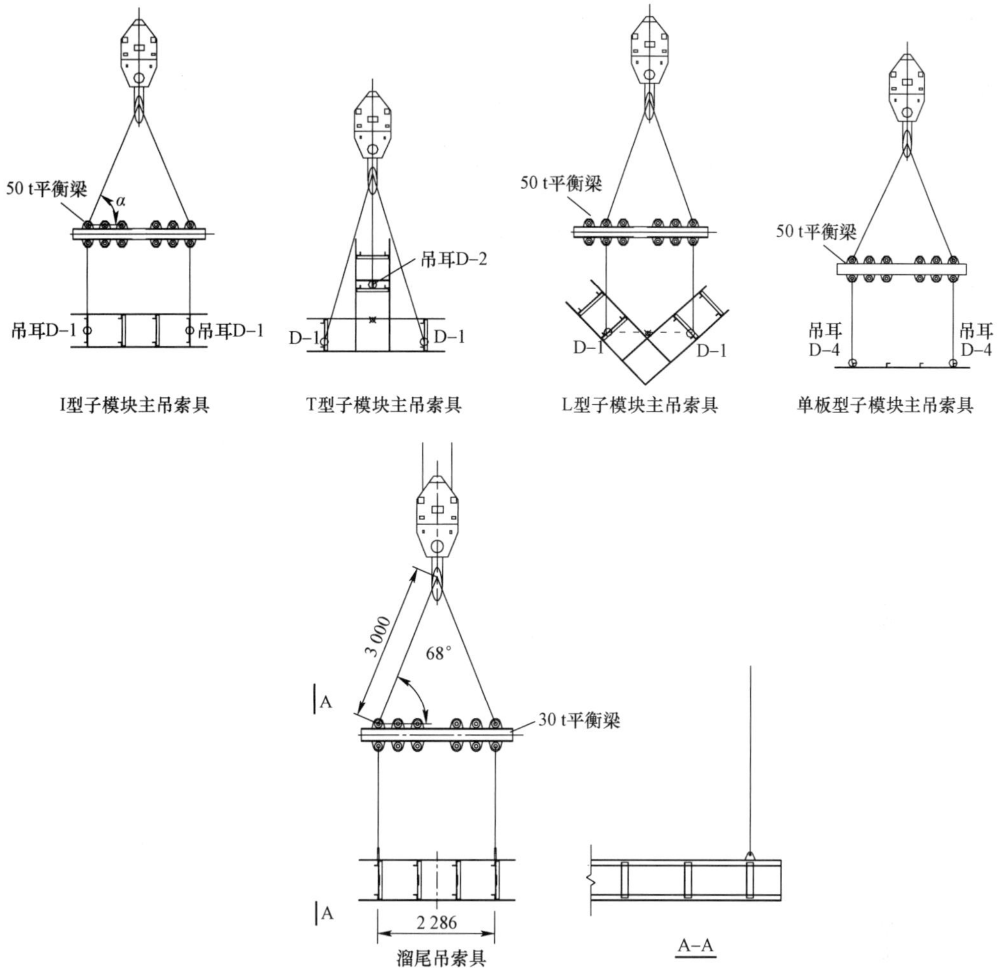

图 1　主吊索具及溜尾吊索具布置

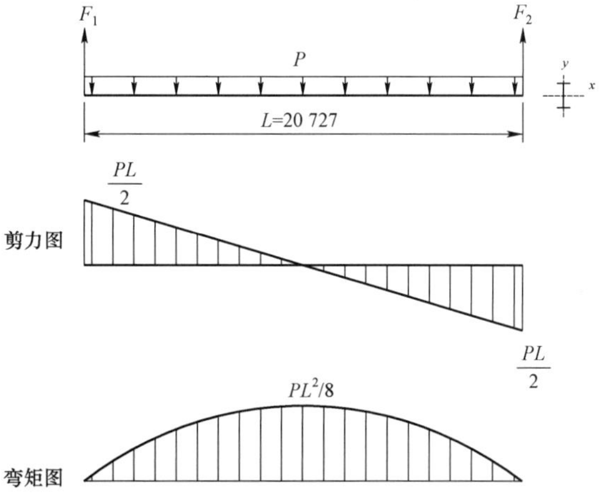

图 2　受力分析

（1）抗弯强度验算

根据抗弯强度验算公式：

$$\frac{M_x}{\gamma_x \times W_{nx}} + \frac{M_y}{\gamma_y \times W_{ny}} \leqslant f$$

式中：M_x、M_y ——同一截面处绕 x 轴和 y 轴的弯矩；

W_{nx}、W_{ny} ——对 x 轴和 y 轴的净截面模量；$W_{nx} = 4.98\ m^3$、$W_{ny} = 0.75\ m^3$；

γ_x、γ_y ——截面塑性发展系数；梁截面为 H 型钢按表 5.2.1 取 $\gamma_x = 1.05$、$\gamma_y = 1.2$。

由受力分析可知仅存在绕 x 轴弯矩，且最大弯矩在中间位置，故选取中间位置进行抗弯强度验算。

（2）挠度校核

由前重力产生的均布载荷：$P = 2.42\ kN/m$

梁两端所受拉力：$F_1 = F_2 = \dfrac{P \times L}{2} = 25.125\ kN$

弹性模量：$E = 206 \times 10^3\ N/mm^2$

惯性矩：$I = 1.89 \times 10^9\ mm^4$

梁的最大挠度发生在中间位置，则最大挠度：

$$y_{max} = \frac{5PL^4}{384EI} = 14.93\ mm$$

通过计算可知，使用双机抬吊单子模块变形已较大，且除上述翻转变形外，还有吊耳焊接变形，因此平整度控制难度很大，为保证模块质量控制，施工过程中必须增加防变形工装。

而按照依托项目的平卧组装法施工，由于墙体子模块通过卧式拼装形成的 4 子组件其外观尺寸大（每个子组件均约 20.5 m×3.5 m×20.7 m），重量重（SA01、SA02、SA03、SA04 分别为 153 t、179 t、161 t、151 t），因此必须焊接更大的吊耳板，用更大的吊车进行吊装，因此其主要变形应主要包括以下几点。

（1）由于子组件重量重，双机抬吊进行模块的吊装翻转作业需要在模块的两端焊接吊耳板。吊耳板为了能承载较大的负重，吊耳板要足够的厚度及接触面积。板厚需要较大的焊接电流，接触面积大，焊缝长，焊接电流大、焊接熔敷量大，必然导致吊耳区域存在更大的变形。

（2）由于子组件长度大、重量重，使用双机台吊进行翻转吊装时，易造成模块自身结构弯曲产生不可恢复的变形。

1.2 引入翻转平台，提高拼装质量

AP1000 依托项目在 CA20 模块拼装上均采用卧式拼装，卧式拼装不仅在焊接巨大的翻转吊耳后导致模块变形，也因翻转吊装导致模块自身结构弯曲产生的变形，使模块的拼装变形质量很难控制。在借鉴我国 AP1000 依托项目 CA20 施工经验的基础上，美国在随后国内建造的两个 AP1000 项目 VC Summer 和 Vogtle 项目上对 CA20 模块拼装均采用了立式拼装，实践证明立式拼装可以在一定程度上提高模块的整体组装精度。

鉴于设计文件中将陆丰项目 CA20 拼装公差值从依托项目 CA20 模块 DP 点间公差±9.5 mm，最大外观尺寸公差不能超过±19.5 mm，提高到模块 DP 点间公差±9.5 mm，最大外观尺寸不能超过±9.5 mm，对施工整体质量提出了更高的要求。综合国内外项目对 CA20 模块施工经验反馈的分析，为了进一步提高模块整体质量，陆丰项目在 CA20 组装时采用立式拼装的工

艺基础上，设计并使用了翻转平台，即与依托项目比，一次成型减少了中间先拼装成子组件，再经过双机台吊翻转竖立组对的环节，具有明显的模块施工质量控制优势。具体优势表现为：

（1）无需焊接子组件吊耳板。

（2）无需进行双机台吊子组件翻转。

（3）翻转平台大幅提升子模块翻转的效率，消除翻转变形。

（4）分步消除子组件之间的匹配性差，易导致拼装尺寸超差的问题：当两个子组件进行组对时，形状已经成型，由于各自均存在标准范围内的偏差，会出现误差叠加，会造成子组件之间的累积公差超出设计文件的范围，并很难调整。而立式拼装，在组对每个子模块时，可分别控制组对公差，最终保证模块整体的几何公差。

（5）立式拼装的应用去除了双机抬吊翻转吊装子组件的工序（见图3），通过引入翻转平台这一新型设备（见图4），加上一台吊车来完成翻转，确保翻转过程更加安全、可靠。

图3 双机翻转

图4 翻转平台

2 翻转平台简介

2.1 结构及功能

翻转平台主要是由挂车底盘、直角平台、压杆机构、三角支架、举升油缸、液压系统、电气系统等几大部分组成[1]（见图 5）。子模块与翻转平台的固定采用柔性捆绑，配备栓紧带和释放松开机构，确保子模块的固定和分离。采用二级液压缸推动平台翻转，从 0° 翻转至 89°（翻转角度小于 90° 避免发生倾倒）需要 25 min。

图 5　翻转平台结构

2.2　主要用途和适用范围

（1）主要用途

翻转设备主要用于大型子模块的翻转，即由水平状态翻转至竖直状态（最大角度 89°）。

（2）适用范围

1）允许的工件最大重量为 40 t；

2）允许的工件的长度尺寸≤23.5 m，宽度尺寸≤3.8 m，高度尺寸≤3.8 m。

2.3　翻转平台工作条件

（1）环境要求

1）使用温度：−20～+60 ℃；

2）无腐蚀性介质；无强磁场；

3）翻转作业建议在风力≤5 级条件下进行。

（2）工作条件

1）地面必须平坦，水平度不应超过±2°（车宽 3 m 左右方向的高度差小于 20 mm），若高度差过大，则尾部液压支腿调节强度与风险将大大增加；

2）支撑腿正下方地面每平米承载能力不低于 50 t，支腿下方应垫厚钢板；

3）电源电压 380 V，50 Hz。

2.4　翻转平台技术参数

翻转机最大工作载荷：40 t；

翻转工件最大长度：23.5 m；

翻转工件最大宽度：3.8 m；

翻转工件最大高度：3.8 m；

设备电机驱动功率：37 kW；

翻转最大角度：约 89°；

设备外形尺寸：24.7 m×4.7 m×6.1 m；

设备自重：约 80 000 kg。

2.5　翻转平台主要子系统

翻转平台主要功能系统有底盘行走系统、上装平台系统和翻转举升系统。

（1）底盘行走系统

主要是由牵引销、机械支腿、车架、悬挂系统、制动系统组成（见图 6）。

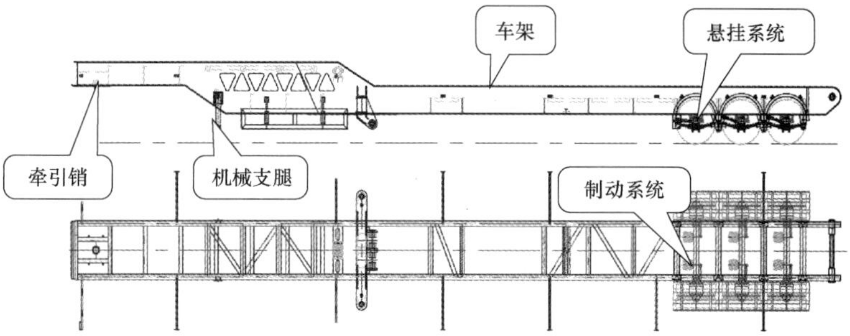

图 6　底盘行走系统

（2）上装平台系统

主要是由直角平台、三角支架和压杆机构组成（见图 7）。

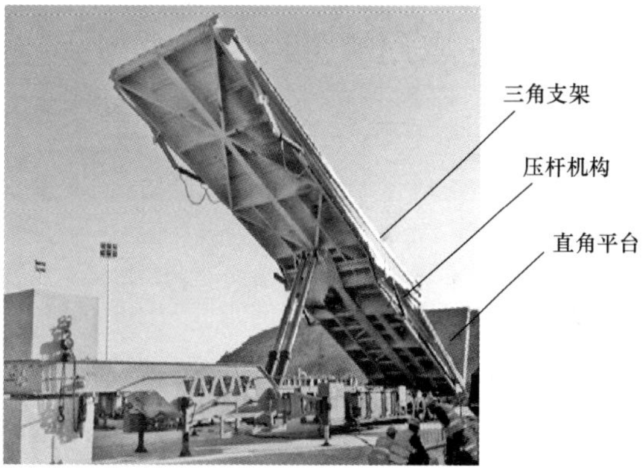

图 7　上装平台系统

1）直角平台

工件的直接承载体，用于承载工件并同工件一同翻转，整体成 L 型结构，它是由五个部分通过螺栓连接组合而成，每个部分有型钢和钢板焊接而成，尾部设有与挂车底盘连接的铰接孔，中间部分设有与举升油缸连接的同步轴。

2）三角支架

翻转设备在进行举升作业时，为减小直角平台悬臂端的挠度，要通过三角架油缸的顶升将三角支架升起，起升到位，在前端插入安全销，这样就形成了前后两个闭合的三角形，以此来稳固直角平台悬臂端。

3）压杆机构

压杆机构用于工件的柔性压紧，即将子模块通过栓紧带系在直角平台上，它是有多个连杆相互连接成平行四边型结构，并通过销轴安装到直角平台左右两侧，当工件随同直角平台翻转到位后，要通过压杆机构的推杆油缸推动平行四边形连杆使之释放工件，然后通过起重机将工件吊离翻转设备（第二种选择：将子模块通过栓紧带系在直角平台边梁吊耳上，由人工一一解开释放）。

（3）翻转举升系统

位于底盘行走系统上方，包括举升副车架、Ⅰ阶段举升油缸、Ⅱ阶段举升油缸、前液压支腿、后液压支腿、钢丝绳保险机构，液压控制系统（见图 8）。

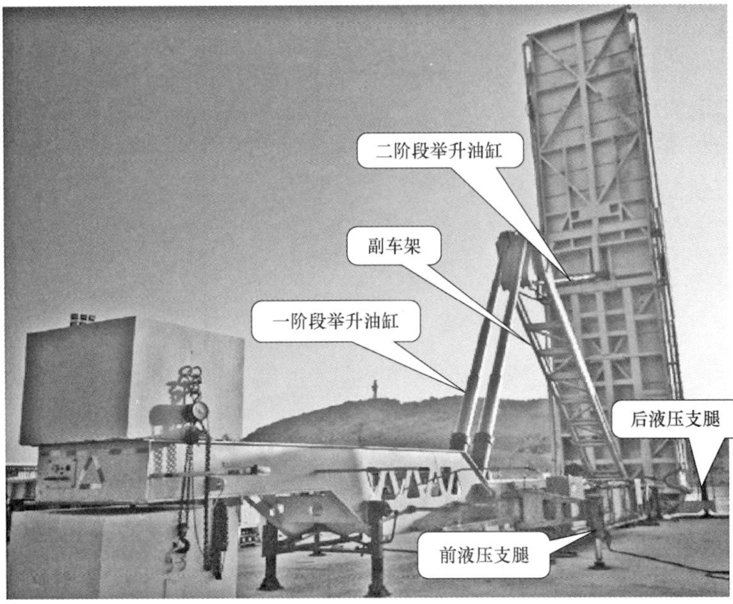

图 8　翻转举升系统

3　新工艺应用使模块拼装质量大幅提高

3.1　立式拼装法更容易控制模块的拼装精度，提高整体拼装质量

卧式拼装法由于拼装过程中各组件相互独立，因此各组件的正负偏差出现是随机的，无法根据前边组件已经累计产生的偏差进行适应性调整。立式拼装法可在新的子模块焊接前，根据已经焊接的子模块相对于基准点已产生的偏差进行适应性调整，可有效规避卧式拼装过程中各子模块焊接成组件时已产生的不可逆变形导致整体尺寸超差的风险[2]。通过从设计要求与实际施工中的表现（见表 1），可以看出立式拼装的能大大降低不符合项出现的概率，提升整体拼装质量。

表 1　设计施工要求

条　　目	依托项目（一台机组）	陆丰项目（一台机组）
拼装形式	卧式拼装	立式拼装
设计要求：DP 点间公差	±9.5	±9.5
设计要求：最大外观尺寸公差	±19.5	±9.5
施工过程：焊接吊耳导致的模块变形最大数值	32 mm	0 mm
施工过程：焊接吊耳导致的模块变形产生的 NCR	12 份	不适用
施工过程：DP 点间公差最大值	−8.6～+9 mm	0～+6 mm
施工过程：最大外观尺寸公差值	+13.8 mm	+6 mm
施工过程：DP 点间超差产生的 NCR	5 份	0 份
施工过程：切除吊耳损伤模块母材产生的 NCR	2 份	不适用

3.2　立式拼装更有利于自动焊接技术的使用，为焊接质量提供了强有力的保障

自动焊是保证焊接质量、减少焊接变形、提高施工效率的重要手段。

（1）自动焊在CA20不同拼装形式的适用范围

CA20共有53条双边带坡口对接熔透焊缝，采用立式拼装时，53条焊缝全部可以使用自动焊。采用卧式拼装时，只有33条焊缝可以使用自动焊。原因是：卧式拼装时模块平铺在组装平台的枕木上，接触枕木的模块焊缝（模块墙体外侧焊缝）受到组装平台与焊缝垂直方向钢结构的影响无法使用自动焊。

（2）自动焊在陆丰项目CA20模块的施工中应用表现

1）焊接质量高：陆丰项目目前对CA20模块焊缝抽检一次合格率为100%；

2）施工效率高：陆丰项目采用的全自动二氧化碳气体焊比传统手工电弧焊效率提高3倍；

3）焊接变形小：由于焊接热输入小，焊后变形就小。在有效的反变形措施下，陆丰项目CA20模块在焊缝区域板的变形不超过2 mm。

3.3　翻转平台能有效控制减少模块变形，为高品质的模块质量提供了先决条件

翻转平台长约21 m，与CA20子模块长度基本一致，翻转平台翻转作业时，通过吊车将子模块平放在翻转平台上（见图9），用绑扎带将其固定在翻转平台上，翻转平台液压顶升机构将子模块在不受外力的作用下翻转至 89°，随后通过吊车将子模块在近乎垂直的状态下与翻转平台分离吊装至组装平台。在整个翻转过程，平台均匀承担了子模块的重量，没有导致子模块变形的外力，消除了因翻转导致的子模块变形。在整个吊装过程，由于子模块重量较轻（相对比子组件重量的来言），吊点在子模块顶端内部钢结构中，垂直的吊装使子模块没有产生任何挠度的变化，消除了因吊装导致的子模块变形。

图9　翻转过程

陆丰项目使用翻转平台将CA20子模块翻转吊装就位后经测量检查，子模块的几何尺寸没有变化，也没有出现局部变形的情况。实践运用表明，使用翻转平台可以有效地控制子模块的变形，便于后续拼装精度的控制，为确保高品质的模块质量提供了保障。

4 翻转平台可有效提高过程安全性

陆丰项目使用的翻转平台施工方法，相比依托项目采用的双机抬吊的施工方法，减少了安全风险（见表 2），从而达到了本质安全的目的。

表 2 安全风险对比

安全风险隐患	依托项目（双机抬吊翻转）	陆丰项目（翻转平台＋单吊车）
子组件重量大，两台吊车同时联动操作，协调难度大，存在侧向牵引受力，吊车存在侧翻风险	是双机抬吊的主要安全风险隐患	不适用
主吊耳切割拆除，存在高空作业，有高空坠落风险，切割打磨时造成的人身伤害风险	子组件重量大，故主吊耳外观尺寸大、重量重，切除量多，切除时仍需吊车配合属于高危作业施工	吊耳重量小，外观尺寸小，切除量小，切除时不需要吊车配合，存在高空作业
溜尾吊耳切割拆除，存在切割打磨时造成的人身伤害风险	存在此风险	没有溜尾吊耳，不存在此风险
子组件重量大，吊装时需安装防变形工装，切除时存在切割打磨造成的人身伤害，高空作业时人员、工具、切除的工作有高空坠落的风险	存在此风险	不适用

由上表对比可知，在使用双机抬吊翻转吊装时，需一辆溜尾吊车及一套溜尾吊索具进行配合，翻转吊装工序复杂、安全风险较大，且使用双机抬吊时，对两台吊车协同作业要求较高，翻转吊装过程中容易出现子模块不平稳、重心偏移吊车受力不均匀等情况，同时要求主吊车及溜尾吊车负载不能超过额定载荷的 80%，吊装过程中的风险较难控制。翻转平台作业时，首先通过电子显示屏调整好前支腿的纵向偏差角度，待子模块翻转至 45° 后再调整后液压支腿的纵向偏差角度，整个翻转过程可通过人工观察指挥及手动调节使翻转平台保持平衡，翻转过程状态平稳（见图 9、图 10）。翻转平台在翻转过程中所配合使用的吊车主要作用为防止意外情况发生，本身不受力，协同作业要求简单，所以在施工环境满足相关需求的情况下，使用翻转平台安全系数高于双机抬吊翻转的安全系数。

图 10 翻转过程

5　翻转平台可操作性强，更具实用性

根据陆丰核电目前进场子模块布置图，使用翻转平台级及使用双机台吊翻转吊装时吊车站位分别如图 11 所示。

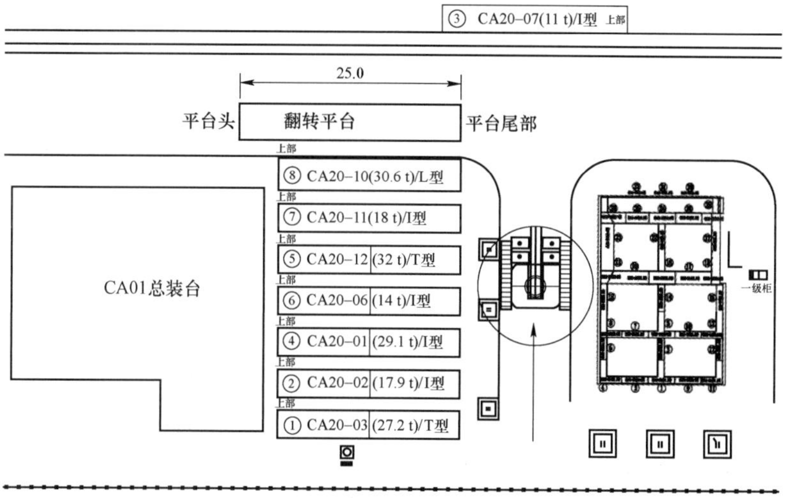

图 11　吊车站位

（1）使用翻转平台可以减小拼装的场地面积，提高场地利用率

使用翻转平台翻转吊装作业时，翻转平台固定一个站位即可满足 CA20 模块第一个房间 8 个子模块的翻转吊装作业，子模块翻转吊装后，空出场地可重复利用至后续进场子模块卸车堆放，增加了拼装场地的利用率，为现场作业履带吊提供了充足的站位调整空间。而使用双机抬吊进行翻转作业时，溜尾吊车站位对场地要求较大，且需根据子模块重量、位置及吊车工况随时调整吊车位置，不利于现场施工。

（2）使用翻转平台降低了操作难度

双机抬吊协同作业要求较高，所以需要两名经验丰富的吊装作业人员，同时需要一名指挥人员，以便完成双机协同作业；翻转平台翻转作业时，首先通过电子显示屏调整好前支腿的纵向偏差角度，待子模块翻转至 45° 后再调整后液压支腿的纵向偏差角度，整个翻转过程可通过人工观察指挥及手动调节使翻转平台保持平衡。吊装作业也只需要将子模块吊起放下，具备基本吊装作业经验即可。所以翻转平台整个翻转、脱钩过程只需根据操作规程电子控制，操作步骤简单，对人员资质、技能要求较低，实用性较高。

6　使用翻转平台进行立式拼装更节约成本

使用翻转平台比使用双机抬吊的施工方法更具有经济优势，通过表 3 进行成本分析，台班取费按每吨 100 元，月租按 0.3 系数，费用含司机工资，租赁时间为 16 个月（完成 2 台机组 CA20 与 CA01 的拼装）。

表 3　施工成本对比

项目	施工机械	来源	租赁台班费/元	按月租费用/元	租赁月数	总费用/元
依托项目	400 t 履带式起重机	租赁	40 000	40 000 × 30 × 0.3 = 360 000	16	5 760 000
	320 t 履带式起重机	租赁	32 000	32 000 × 30 × 0.3 = 288 000	16	4 608 000
					合计	10 368 000
陆丰项目	180 t 履带式起重机	租赁	18 000	18 000 × 30 × 0.3 = 162 000	16	2 592 000
	40 液压翻转平台	自购	/	/		2 300 000
					合计	4 892 000

通过对比机械费用的使用，可以清楚看到，陆丰项目 CA 大型结构模块在大型机械费用的支出约 490 万元，依托项目约 1 000 万元。采用翻转平台的施工模式将使大型机械费用降低约 50%，具有明显的经济优势。

7　结论

综上所述，引入翻转平台，采用立式拼装法进行大型 CA 结构模块施工具有如下优势。

（1）能够更好控制子模块外形尺寸偏差、确保后续组装满足设计精度要求，减小子模块翻转时对模块结构的损伤和变形的可能，降低了质量风险；

（2）翻转平台运行平稳，操作简单，能极大提高翻转吊装安全性，解决了“双机抬吊”翻转操作难和协作风险高的问题；

（3）实用性好，操作更简单，场地需求更小；

（4）与传统双机抬吊相比，总施工效率上提高，有利于进度控制；

（5）翻转平台使用简单，不仅可以大大减少人工校正费，还减少了焊接翻转吊耳的工时费、减少一台吊车的租赁费等，从本文分析可以看出，其节约的大型机械成本超过 50%，因此大大降低了施工作业成本，具有明显的经济优势；

（6）解决了各组件组装过程中不可逆的过程变形导致后续质量无法控制问题，大大提高了结构模块的整体拼装精度。

通过在陆丰核电项目在 CA20 模块施工中的实践应用表明，采用立式组装法，引入翻转平台不仅能大幅度减少焊接、吊装变形，提高模块拼装质量，而且能显著提升模块化施工的过程安全控制，并可以节约施工成本。因此，选择翻转平台作为 CA 大型结构模块翻转吊装主要设备进行 CA 结构模块立式拼装施工，不仅仅是施工上的一次改进，更是在追求结构模块精细化施工道路上的一次创新和突破，可以为后续项目大型结构模块施工提供参考和借鉴，并为实现 AP1000 模块施工技术的精细化管理奠定基础。

参考文献

［1］GB 50017—2003.《钢结构设计规范》［S］.

AP1000 核电压合管超声波测长技术研究及应用

王　飞[1]，张永合[2]

（1. 国核湛江核电有限公司，广东 湛江　524001；2. 山东核电有限公司，山东 烟台　265116）

摘要：本技术研究旨在解决 AP1000 依托项目的工程实际技术难题——压缩空气和仪用空气系统（CAS）压合管测长检查制约项目进展，需研发替代原射线胶片法测长的新技术。本文对压合管超声波测长技术可行性及技术难点进行研究分析，从工艺原理、工艺参数、工艺验证、工艺要点、技术特点等方面分析介绍压合管超声波测长技术。压合管超声波测长技术已在 AP1000 依托项目得到良好应用。压合管超声波测长技术具有工效高、误差小、可靠性高、环境友好、重现性好、费用低等显著优点，可替代射线胶片测长技术推广应用于压合管的施工质量检查。压合管超声波测长技术的研究及应用，对超声波应用于薄壁奥氏体材料的工件检测、不可见构件的测量或检测具有借鉴意义。

关键词：核电；压合管；超声波；测长技术

Research and Application of Ultrasonic Measuring Technique for Compression Fittings of AP1000 Nuclear Power Plants

WANG Fei[1]，ZHANG Yonghe[2]

（1. State Nuclear Zhanjiang Nuclear power Company. Zhanjiang of Guangdong Prov. 524001, China；2. ShanDong Nuclear power Company，Yantai of Shandong Prov. 265116，China）

Abstract: This technical research aims to develop a new technique to replace the original Radiographic examination technique for length measurement of compression fittings of AP1000 self-reliance project Compression Air System，due to the fact that the original technique seriously restricts the project progress. This paper studies and analyzes the technical feasibility and technical difficulties of ultrasonic length measurement of compression fittings，and introduces the ultrasonic length measurement technique from the aspects of technological principle，technological parameters，technological verification，technological key points and technical characteristics. Now，the ultrasonic measuring technique of compression fittings has been well applied in AP1000

作者简介：王　飞（1973—　），男，江苏泗阳人，高级工程师，现主要从事焊接、无损检测技术管理工作

self-reliance project. The ultrasonic length measuring technique of compression fittings has the obvious advantages of high efficiency, small error, high reliability, friendly environment, good reproducibility and low cost, which can be used in the quality inspection of compressed tube instead of Radiographic examination technique. The research and application of the ultrasonic measuring technology of compression fittings have model significance for the inspection of the workpieces of thin-wall austenitic materials and the measurement or inspection of the invisible components.

Key words: AP1000 Nuclear Power; Compression Fittings; Ultrasonic; Length Measurement

AP1000 核电压合管超声波测长技术的研究及应用，旨在解决 AP1000 核电自主化依托项目建造中的工程实际技术问题——试运行的核电压缩空气和仪用空气系统（CAS）因压合管插入长度不足导致脱口，需对已安装的压合口进行插入长度检查，现有射线胶片照相测长技术（简称 RT）无法满足项目进度需求，需研究替代 RT 的新技术。

压合口插入部分不可见，无法采用直接测长的方式进行测量，工程中常用射线胶片照相法进行间接测量，但射线胶片照相法存在辐射防护、效率低等固有不足。

超声波是一种频率大于 20 000 Hz 的机械波，其具有方向性好，穿透能力强，能量集中等特点，在工业领域主要应用于测速、清洗、焊接、检测等。超声波检测技术在理论上可借鉴应用于压合管测长，但通常超声波检测相关标准对奥氏体不锈钢材料厚度限制为 4 mm 以上，没有可借鉴的超声波应用于奥氏体薄壁压合管测长的工程实例。

1 技术背景

1.1 AP1000 核电 CAS 系统简介

压缩空气和仪用空气系统（CAS）除了安全壳隔离功能外，不执行安全相关功能。CAS 为电站多种设备、工具和仪表的操作和控制提供动力。在存在或可能存在空气污染时，提供完全隔离的个人呼吸空气系统可供员工使用。仪用压缩空气主要是为气动阀门提供气源，以维持电站的正常运行、启动和停堆。部分系统、设备调试时需要 CAS 提供气源，如气动阀调试。

AP1000 核电 CAS 系统包含 4 台空压机、4 台干燥器、3 台罐及 3 000 余米管道、360 余台阀门。CAS 系统使用维特利（Victaulic）压合管工艺管线长度约 1 800 m，主要分布在 20、40、50、60 厂房和 12 厂房 3、4、5、6 区，单台机组约 3 000 个压合口。

压合管及管件为薄壁、小直径、奥氏体不锈钢材料，由美国维特利公司生产提供。压合工艺是通过专用压合工具使管件产生塑性变形实现锁合（见图 1），接口可承受 3.45 MPa 压力。

相比焊接的安装工艺，压合工艺具有安装便捷、工效高、无需动火等优点，但是，如果压合口插入长度不足，压合的管件不能产生有效的“锁合”塑性变形，在轴向拉力作用下就会“脱口”，已安装的管线管口返修也比较困难，返修口的管接头、阀门大都无法再用，且返修 1 个压合口，往往需要返工多个压合口。

维特利压合管有应用于燃气管线的工程业绩，国内核电站上是首次应用。

1.2 问题提出

某核电项目 CAS 调试期间，压合管发生“脱口”，经分析脱口的根本原因是压合管的插入长度不足，需对已安装的压合口进行插入长度检查。初期方案采用常用的射线胶片法测长技术进行检查，检查效率非常低，且存在部分压合口因检测空间受限无法进行 RT 检查的问题，同时因辐射防护问题，在安装高峰期进行大面积 RT 检查也会影响到其他工程进度。某核电项目评估，如采用 RT 对已安装的约 3 000 个压合口进行检查，即使不考虑脚手架搭设影响，绝对工期也需要 150 天，且约有 300 个压合口因检测空间受限 RT 无法排查。

压合管检查工作严重影响项目的安装及调试进度，亟待研发一种检查效率高且不影响其他安装工作的检查技术代替射线胶片测长技术。

图1　压合管压合后剖面图

2　技术研究

2.1　技术可行性分析

压合管的压合是非原子结合，其为固–固界面，压合塑性变型产生曲面的曲率半径数倍于常用的超声波波长，超声波可在已压合的管子表面传输，运用超声波进行压合管测长理论上可行，但存在以下技术难点。

（1）压合管的材质为 304 L、316 L 奥氏体不锈钢，奥氏体不锈钢晶粒粗大，超声波传播衰减大，信燥比低，不利于超声波技术的应用。

（2）压合管是薄壁小径管（最小为ϕ33.4 mm×1.65 mm），管径小，曲率半径小，超声波探头耦合效果差，易产生杂波。

（3）超声波在薄壁材料中易产生多种波型，鉴别验证产生单一有效波型困难。

（4）由于压合管在压合过程中产生塑性变形，超声波需沿压合塑性变形的曲面传播，波速会产生变化。

（5）变径管、大小头的检查，超声波传播需经过变截面（见图 2），波速会产生变化。

（6）测量误差应满足设计要求，检测结果便于重复验证，检测过程须确保可控，以满足核电施工质保要求。

图2　变径管、大小头

2.2　工艺原理

超声波是频率大于 20 000 Hz 的机械波，在同一介质中的传播速度相同，根据传播时介质质点的振动方向相对于波的传播方向的不同，超声波分为纵波、横波、板波、表面波等。表面波又称瑞利波，只能在固体物质表面传播，不能在液体、气体介质中传播，表面波传输时随着传播深度的增加超声波能量急剧下降，超声波传播到声阻抗不同的两种介质（如压合管管端与空气）分界面时会发生反射。

超声表面波测长技术原理（见图 3），超声检测仪器产生高频脉冲电信号通过换能器（探头）压电晶片逆压电效应将电信号转变为超声纵波，纵波传播至压合管与探头界面，在入射角大于或等于第二临界角情况下，纵波转换为表面波传播，表面波沿被检压合管表面传播至压合管端部时发生反射，反射的表面波原路返回，在压合管与探头界面转换为纵波，压电晶片压电效应将纵波变为电信号，检测仪器将收到的信号转化处理为可视波形图，采用试块对系统扫描速度进行调校，使波形时基坐标与超声波的传播声程形成线性关系，数字仪器可显示表面波在被检工件传播距离并存储波形图，从而实现压合管插入长度的测量。

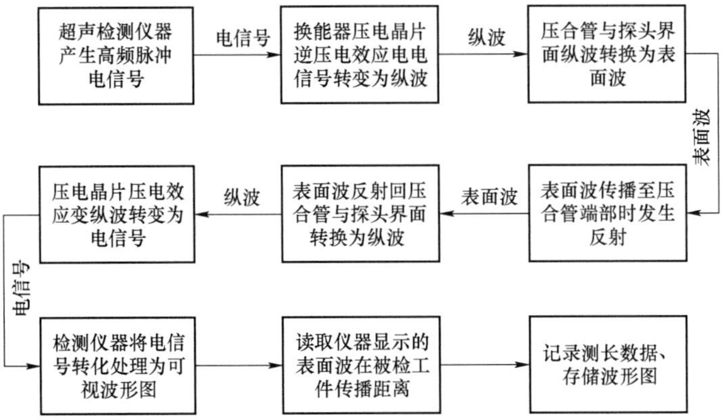

图 3　超声表面波测长技术原理图

2.3　工艺选择

2.3.1　换能器（探头）

探头选择主要考虑以下因素：横波、纵波探头不适于此薄壁工件测长；压合管材质为奥氏体不锈钢，其晶粒粗大，超声波传播衰减大，频率低，指向性差、分辨力低；压合管最小壁厚为 1.65 mm，当工件厚度小于 2 倍波长时，表面波衰减显著增加；压合管是小径管，为了保证耦合效果，宜选用小晶片探头；探头不产生影响测长的兰姆波、横波。

基于以上技术分析并经多次试验比较，最终确定选择 5 MHz（8×12）mm　62°、5 MHz（6×8）mm　62°两种规格的表面波探头。

2.3.2　试块

试块主要用于调校检测系统扫描速度。为了减少测量误差，试块选用被检工件同规格、同材质的压合管管件。

2.3.3　仪器设备

仪器要求可存储波形图、数字显示、操作简单、水平线性误差不大于±1%，选择汉威 HS610e 数字式超声波检测仪。

2.3.4　耦合剂

压合管材质为奥氏体不锈钢，耦合剂应控制氯、氟离子浓度不大于 100×10^{-6}，选择奥氏体不锈钢专用超声波检测耦合剂。

2.3.5　系统调校

表面波检测调校有别于常用的纵波、横波检测的调校。笔者通过多次试验，总结出一套简单、可靠的调校方法，经在试块上验证按此方法调校，60 mm 长度范围内测量偏差不大于 0.5 mm。

2.4　误差分析

曲面结构误差：采用同规格直管试块进行系统调校，实际压合管测长，表面波需垂直于压合塑性变形曲面传播，波速会变化（凸面波速变慢、凹面波速变快），但是压合变形通常会同时产生凸面和凹面，且曲面长度很小，因此曲面波速变化对测长结果的影响极小。

仪器设备误差：仪器水平线性≤1%，压合管测长范围≤60 mm，绝对误差≤0.6 mm。

实验误差：经试验及实际检查验证，在压合管测量长度 60 mm 范围，直管试件测长误差≤0.5 mm，压合试件测长误差≤1.0 mm。

2.5　工艺验证（与 RT 对比）

按 2.3 工艺参数，在实际压合管上进行工艺验证，验证表明，重复测量偏差不大于 0.2 mm，可直接读取压合管插入长度值，且可存储检测波形图（见图 4），此工艺操作简单可靠；检查效率非常高，检查 1 个口只需要几秒钟。

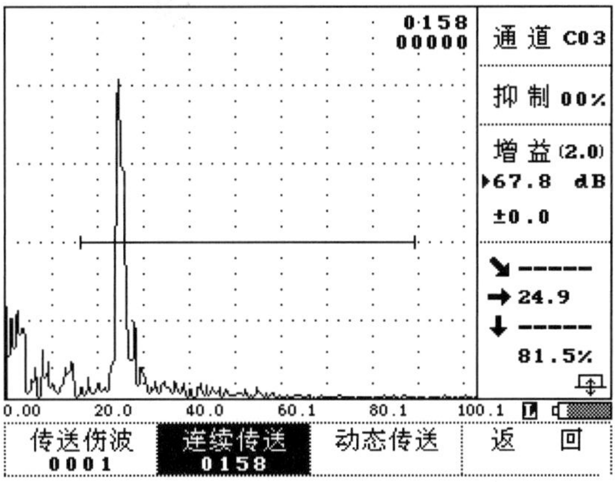

图 4　UT 波形图

为了进行超声波测长法（UT）代替射线胶片法（RT）的可行性分析，选取现场已 RT 检查的 6 个压合口，采用 UT 工艺进行了对比检查（见表 1）。

表 1　UT 与 RT 测长数据对比表　　mm

编号	RT 测量值	UT 测量值	RT-UT 偏差	备注
试件 1	27.0	26.4	0.6	
试件 2	26.5	26.2	0.3	
试件 3	26.5	26.0	0.5	
试件 4	25.4	24.9	0.5	
试件 5	18.5	18.7	0.2	试件为不合格口
试件 6	23.1	22.4	0.7	

由于 RT 存在影像“畸变、失真、放大”等固有不足（见图 5），RT 测长数值通常会大于实际值，测量误差较大。

从对比检查数据看，RT 测长值均大于 UT 测长数值，两种方法测量数据最大相差 0.7 mm，在压合管的实际测量长度 60 mm 范围内，UT 测长误差不大于 1.0 mm（经试验及实际检查验证）。设计文件规定压合口实际插入长度不得小于工艺要求值 3 mm，此超声波测长工艺可满足压合管测长检查要求。

2.6　工艺要点

为保证保测长数据的准确、可靠，确定超声波测长技术的工艺要点如下。

（1）每个口周向测 4 次（每隔 90° 测 1 次），以最小值为准。

（2）为了减少测量累积误差，在可能情况下，探头前沿应紧靠压合口管件进行测量，仪器显示数值即为插入长度值。

（3）测试时应擦除探头多余耦合剂，以避免影响表面波传播。

（4）每个检测班次后进行检测系统扫描速度校验，如 60 mm 测长范围内偏差大于 ±0.5 mm，对此班次所测管口进行重新测量。

（5）每个压合口检查均记录波形图以备监督复查，不合格口返修前须再次 UT 复查。

（6）注意有效的端面反射波与其他异常波的辨别。

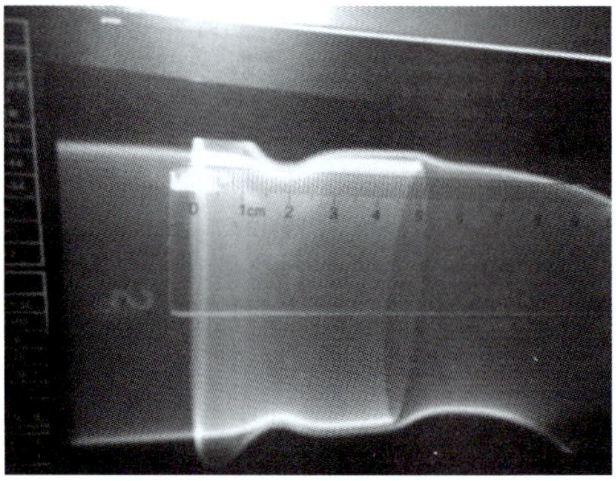

图 5　RT 底片畸变照片

（7）部分变径管由于靠近压合管的直管段非常短，探头无法放置，需将探头放置在斜面上进行检查，由于表面波通过变截面处衰减较大，检测时可适当提高增益 3～6 dB。插入长度为仪器读出的值与探头的前沿和压合口之间的长度之差。

2.7　技术特点

超声波测长技术与射线胶片测长技术相比，具有以下特点。

（1）工效高

UT 检查工序简单，1 个压合口约 10 秒；RT 工序繁多，平均每个口检查需要 20 分钟。

（2）测长误差小

UT 检测仪器水平线性误差不大于 1%，误差不大于 0.5 mm（压合口测长范围内）；RT 底片影像是三维物体的二维投影，影像会产生扩大、畸变现象，导致影像“失真”，因此会产生较大测长误差。

（3）可靠性高

UT 操作非常简单，仪器可直接显示压合口插入长度数值，对操作人员技能要求不高，每个班前、班后进行系统校验并记录，可保证检测可靠性；RT 测量结果影响因素较多，且准确控制难度较大，如焦距控制、透照角度的控制等。

（4）环境友好

UT 对环境无影响，不影响其他工程施工，探头可达管口表面即可满足检查空间要求；RT 存在辐射防护问题，且对检测的空间要求高（射线源与管口要保持较大距离）。

（5）重现性好

采用汉威 HS610 e 数字式超声波探伤仪，检测波形可存储备查，重复检查验证非常方便；RT 重复检查操作复杂，且检测结果重现性较差。

3　应用情况

压合管超声波测长技术已在 AP1000 两个核电项目的 CAS 压合管测长排查中实施应用，及时解决了工程实际技术难题，经济效益、社会效益显著。

A 核电项目 1 号机组排查压合口共 2 872 个，发现不合格口 68 个，2 号机组需排查压合口 159 个，发现不合格口 8 个，返修解体证实超声表面波测长数据准确可靠（见图 6）。通过应用超声波测长技术，提高了压合管排查工效 10 余倍，减少压合管排查工期约 4 个月；减少约

300 个压合口返工（返工 1 个压合口，平均需新增加 6 个压合口数量），节约材料、施工费用约 400 万元。

B 核电项目之前采用射线胶片测长进行排查，约有 1 200 道口排查困难，根据 A 核电项目反馈，采用超声波测长技术代替射线胶片测长进行剩余压合管的排查，同样取得良好效益。

采用超声波压合管测长技术进行检查后，4 台机组的 CAS 已运行 4 年，未发生压合管“脱口”。

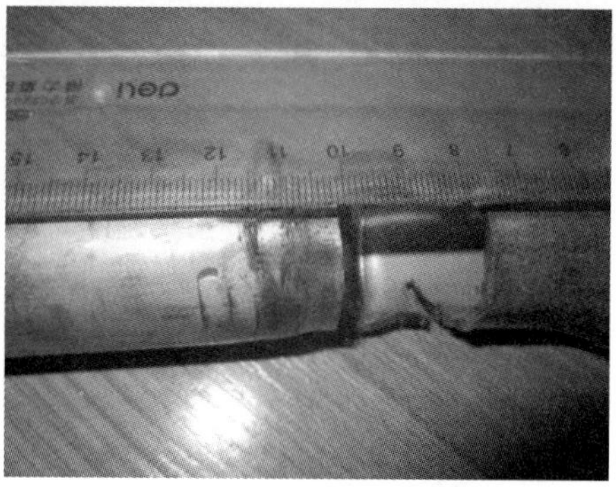

图 6　不合格口返修解体照片

4　总结

针对核电工程现场压合口测长的实际困难，通过解决探头选择、仪器选择、试块选择、曲面传播、波型鉴别、系统调校、误差分析、重现性评估、变径管压合口检查、工艺验证、可靠性分析等技术问题，将超声波技术巧妙地应用于压合管测长，首创超声波压合管测长技术，并成功应用于 AP1000 核电依托项目 CAS 压合管测长排查，及时解决了工程实际技术难题，经济效益、社会效益显著。

压合管超声波测长技术具有工效高、误差小、可靠性高、环境友好、重现性好、费用低等显著优点，可替代射线胶片测长技术推广应用于压合管的施工质量检查。

压合管超声波测长技术的研究及应用，对超声波应用于薄壁、奥氏体材料的工件检测及不可见构件的测量或检测具有借鉴意义。

参考文献

[1] 刘应和，卢盛华. 超声波检测实用技术［M］. 辽宁大学出版社有限公司，2017.
[2] 张常树. 在役轧辊表面波检测裂纹深度的判定［J］. 无损检测，2011（11）.
[3] 王子昆. 曲面曲率对 Rayleigh 波传播特性的影响［J］. 力学学报，2002（11）.

AP1000 主管道测量建模

王慧超

（上海核工程研究设计院有限公司，山东 海阳 265116）

摘要：主管道是 AP1000 核电最重要的设备之一。AP1000 主管道的设计与以往核电厂主管道的设计相比取消了过渡段，主管道由制造厂在厂家制造，预留加工余量。在施工现场进行坡口加工、组对、焊接。本文研究的是采用激光跟踪仪对主管道安装相关的主设备（反应堆压力容器、蒸汽发生器、6 根主管道等）进行数据采集，进行单体 3D 建模，利用电脑进行模拟组对，确定每根主管道的加工数据。在主管道坡口加工时，对坡口加工的主管道主要尺寸数据进行测量监测。在主管道反应堆压力容器端焊接后，用激光跟踪仪对主管道重新进行数据采集，根据主管道的安装情况，二次调整建模模型，确定主管道 SG 端的坡口加工尺寸。目前，要保证主管道与反应堆压力容器和蒸汽发生器的顺利对接，必须使用激光跟踪仪进行数据采集、采用 3D 建模技术进行模拟组对、控制坡口精度。

关键词：主管道；激光测量；3D 建模

The Modeling and Surveying for AP1000 Mine Pipe

WANG Huichao

（Shanghai Nuclear Engineering Research & Design Institute Co.，Ltd. Haiyang Project，Haiyang of Shandong Prov. 265116，China）

Abstract： The main pipeline is one of the most important equipment for AP1000 nuclear power. The design of AP1000 main pipeline eliminates the transition section compared with the previous design of nuclear power plant main pipeline. The main pipeline is manufactured by the manufacturer in the factory，with reserved processing allowance. In the construction site groove processing，group，welding. In this paper，the laser tracker is used to collect data of main equipment（reactor pressure vessel，steam generator，6 main pipelines，etc.）installed in the main pipeline，carry out single 3D modeling，and use computer to conduct simulation group to determine the processing data of each main pipeline. During the processing of main pipeline groove，the main size data of main pipeline processed by groove are measured and monitored. After the welding of the reactor pressure vessel end of the main pipeline，the data acquisition of the main pipeline was

作者简介：王慧超（1981— ），男，河北秦皇岛人，高级工程师，工学学士，现主要从事核电测量施工技术工作

carried out again with the laser tracker，and the modeling model was adjusted twice according to the installation of the main pipeline to determine the processing size of the groove of the SG end of the main pipeline. At present，to ensure the smooth connection between the main pipeline and the reactor pressure vessel and the steam generator，it is necessary to use laser tracker to collect data，use 3D modeling technology to simulate group matching and control the groove precision.

Key words：Main Pipe；Laser Measurement；3D Modeling

反应堆冷却剂系统主管道（Reactor Coolant Loop Piping）与反应堆压力容器（RV）、蒸汽发生器（SG）和反应堆冷却剂泵（RCP）形成封闭式循环回路，为反应堆冷却剂提供了流动通道和压力边界，是压水堆核电站最关键的核安全 1 级设备，管内介质为带有放射性的含硼水。反应堆冷却剂系统主要功能是使冷却剂循环流动，将反应堆系统中堆芯核裂变放出的热能转化为高温饱和蒸汽，同时冷却堆芯，防止燃料烧毁或毁坏。所产生的高温饱和蒸汽，经二回路系统输送到汽轮机转化为电能。反应堆冷却剂系统由环路 A、环路 B 两个环路构成，每个环路包括 1 个热段管段和 2 个冷段管段。热段长 4.95 m，重量约为 9.2 t，冷段长 6.36 m，重量约为 6.8 t。A 环热段有 16 个接管嘴，B 环热段有 17 个接管嘴，每根冷段各有 6 个接管嘴，现场到货管道端口为平口，需要现场加工坡口。主管道安装要求组对间隙 0～2 mm，内壁错边量不超过 0.8 mm，如图 1 所示。

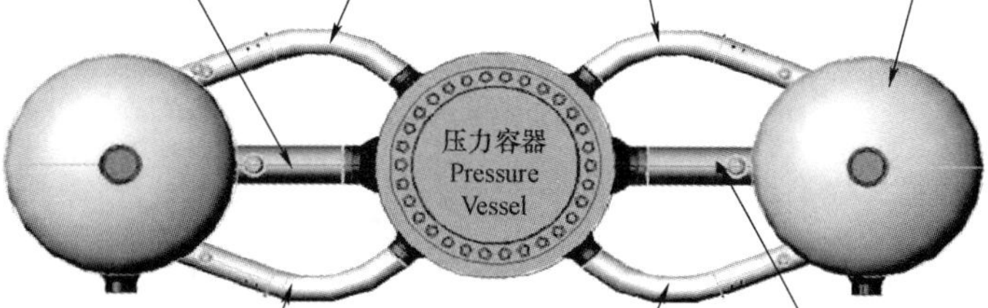

图 1　AP1000 主回路设备和主管道布置图

1　AP1000 主管道激光建模

1.1　主管道建模介绍

要保证主管道与 RV、SG 顺利进行对接，采用激光测量 3D 建模、数控坡口机、窄间隙自动焊等先进工艺实现。通过激光测量采集数据和 3D 建模，确定主管道 RV 侧、SG 侧实际切割线的位置，以及在主管道 RV 侧焊接过程中，利用激光跟踪仪对 SG 侧进行变形监测，依据变形数据调整主管道焊接起弧点位置，最终实现主管道组对安装成功。主管道安装激光建模具有工作时间跨度大，工艺复杂，测量精度要求高等特点。要保证主管道一次性组对成功，必须在工作开始前做好充分准备，工作中严格做好质量控制。

主管道 3D 建模包括，六根主管道（四根冷段、两根热段）测量数据采集及 3D 建模，RV 测量数据采集及 3D 建模，两台 SG 数据采集及 3D 建模，SG 垂直支撑数据采集及 3D 建模，三维模型首次模拟组对（计算主管道切割量，编制主管道加工预案），主管道 RV 侧坡口加工测量及模型调整、SG 端变形监测点的建立及主管道 RV 侧焊接过程中 SG 端的监测，主管道 RV 侧焊接 50%后模型调整，主管道 SG 侧坡口加工测量及加工完成后 SG 侧坡口复测。

1.2 AP1000 主管道测量人员及测量仪器准备

主管道测量需要测量工程师 1 人，技术员 2 人，辅助工数量根据施工具体情况配备。测量工程师及技术员需要熟练掌握激光跟踪仪及配套软件的使用（见表 1）。

表 1 测量建模仪器列表

名称	制造厂商	型号	数量	备注
激光跟踪仪	API	T3－40	1	绝对测距精度 ADM：15 μm（10 m 之内）；1.5×10^{-6}（10 m 之外）
SA 软件	New River Kinematics	/	1	空间测量分析软件（用于测量数据处理、建模）

激光跟踪仪使用时需连接交流电源使用，使用前需对激光跟踪仪、控制器电缆、网络电缆、环境传感器、电源电缆进行连接，连接完成后启动激光跟踪仪进行预热，约 30～45 min。激光跟踪仪属精密设备，使用时须保证工作环境稳定。激光跟踪仪工作环境需满足如下要求：电压，（100～220 V）±10%；海拔高度，522～836 mmHg；温度，－10～40 ℃；湿度，0～95%无冷凝。激光跟踪仪预热完成后，进行启动检查。预热完成后进行角度/精度确认，评估激光跟踪仪测量精度，通过后可开始测量，不通过需要进行补偿，补偿完成，角度/精度确认结果通过后可开始测量工作。

1.3 主管道本体数据采集及 3D 建模

1.3.1 主管道建模前提条件

将主管道放置在专用的管道测量平台（V 型支架）上，平台离地高大约 1 m，管道周围 3 m 空间内无障碍物。在主管道本体及附近区域布设测量控制点（用热熔胶固定），布设的测量控制点在空间均匀分布，且测量控制点位置不与管道管嘴及管道吊装位置冲突，使其分布能满足主管道测量数据采集，满足每次仪器设站至少测到 4 个测量控制点。

1.3.2 主管道数据采集

主管道数据采集时利用多个测站来采集，如图 2 所示，每根管道需要进行四站的测量。

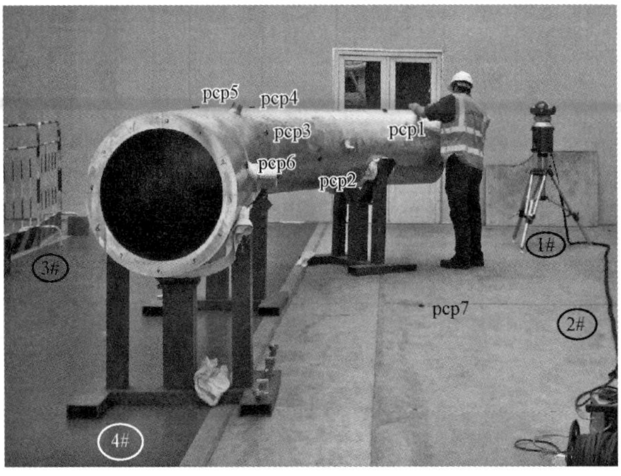

图 2 激光跟踪仪架设布置示意图

架设激光跟踪仪并预热，测量已布设的测量控制点，如 1 个测站不能测量完成所有控制点，选取其他位置，继续架设激光跟踪仪（转站），每一次选取仪器架设位置时，保证至少能测量到 4 个已知测量控制点。单根主管道的控制点至少需要两个测站方能完成所有测量控制点的测量。

测量控制点测量完成后，依据已建立的测量控制点坐标对激光跟踪仪进行设站，对主管道待测特征点进行数据采集如图 2。测量前标记出主管道待测特征点如图 3 所示。主管道待测特征点包括管道两端端面，管道两端直管段内、外管壁和支管嘴位置。主管道 RV 端、SG 端管口内外径分别均匀分布 12 个测量点；直管段部分内、外管壁沿向内开始，测量 3～5 个点环，每个点环上 12 个点。支管嘴位置测量 4～6 个点。

每完成一个测站的数据测量时复查至少 2 个测量控制点。如偏差较大，须重新为仪器定位，重测当前测站。为了测量待测点需要在其他位置架设激光跟踪仪，如不能满足后视 4 个以上的测量控制点，则根据需要增加新的测量控制点，用激光跟踪仪完成测量控制点的补测后继续测量待测点。

图 3　测量特征点位置示意图

1.3.3　主管道建模

利用主管道两端测量的特征点构造圆柱体，确定管道两端直管段的中心线，并分别建立坐标系。冷段管道坐标系建立，以 SG 端直管段内壁圆柱体中心线与该端面的交点为坐标原点，+*Y* 方向沿 SG 端圆柱体中心线方向指向管内，+*X* 方向指向 RV 端直管段端面内径中心点；热段管道坐标系的建立，以 RV 端直管段内壁圆柱体中心线与该端面的交点为坐标原点，+*Y* 方向沿 RV 端圆柱体中心线方向指向管内，+*X* 方向指向 SG 端直管段端面内径中心点。

1.4　反应堆压力容器及 SG 垂直支撑数据采集及建立 3D 模型

1.4.1　反应堆压力容器及 SG 垂直支撑建模前提条件

反应堆压力容器及 SG 垂直支撑安装完成，SG 垂直支撑安装到冷态位置。压力容器及蒸汽发生器房间搭设满足施工要求的脚手架及施工平台。施工区具备良好的照明及电源。

1.4.2　反应堆压力容器数据采集

在反应堆压力容器本体及 RV 房间墙面上布设测量控制点。控制点的布设原则为覆盖所有待测点的空间范围，控制点不与其他物项发生冲突，每次仪器设站至少能观测到已布置的 4 个测量控制点。控制点稳定后，架设激光跟踪仪，待仪器达到测量状态后，通过多次设站测量所有测量控制点，获取测量控制点坐标。

利用已有测量控制点对激光跟踪仪定位，测量所有可见的反应堆压力容器法兰面内圆周及螺栓孔。法兰面内圆周至少测量均匀分布的 12 个点，每个螺栓孔至少测量均匀分布的 4 个点，法兰内圆周至少测量 12 个螺栓孔，如图 4 所示。完成法兰面的数据采集之后，测量检查两个测量控制点的坐标，以确保测量过程无误。

测量 RV 热段、冷段管嘴位置，在管嘴上分别测量 12 个点，DVI 管嘴位置测量 8 个点。测量 RV 管嘴需要 4 个测站，RV 法兰及螺栓孔需要 1 个测站。

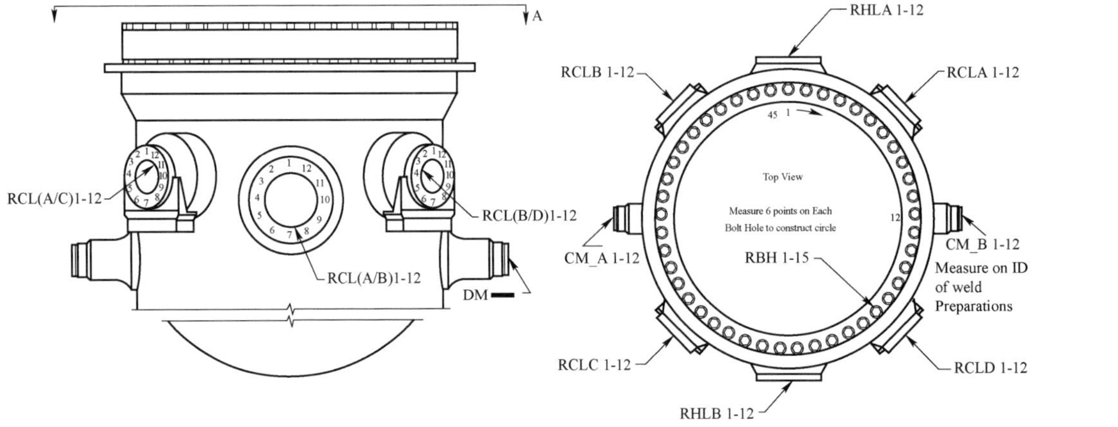

图 4　反应堆压力容器测量点位示意图

1.4.3　SG 垂直支撑测量

测量前，先将反应堆压力容器房间的测量控制点通过主管道孔洞传递到 SG 房间，每个环路至少建立 8 个以上测量控制点以满足该环路的测量建模工作。测量控制点布设确保不与其他物项冲突。用激光跟踪仪测量 SG 垂直支撑上 14 个螺栓孔及垂直支撑外圆周，每个螺栓孔测量均匀分布的 6 个点，垂直支撑外圆周测量均匀分布的 12 个点，如图 5 所示。

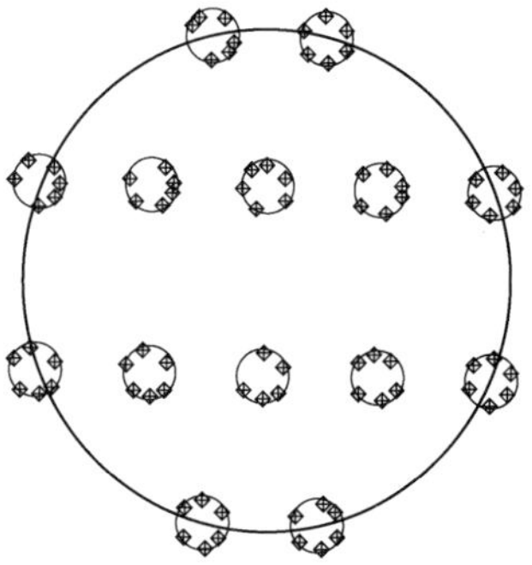

图 5　SG 垂直支撑数据采集示意图

1.4.4　反应堆压力容器及 SG 垂直支撑建模

以 RV 法兰内圆中心为坐标原点，建立 RV 坐标系。坐标原点位于法兰面圆中心，+*Z* 方向垂直于大地水平面向上，+*X* 指向法兰第一个螺栓孔中心。用 DVI 管口上测得的点为每个 DVI 管口构造端面圆，并构造圆中心点。

用每个冷段、热段管嘴上测得的点拟合生成圆，并构造圆中心点及法向线针对反应堆压力容器的每个管嘴建立独立的管嘴坐标系，坐标原点位于管口端面圆心，+*Z* 沿端面圆中心方向指向管内，+*X* 指向测量的端面圆的第一个点。

利用 SG 垂直支撑圆周上拟合生成的圆，建立 SG 垂直支撑坐标系，坐标系原点位于上底座圆心，+*Z* 矢量平行于大地水准坐标系 *Z* 矢量方向，+*Y* 矢量指向压力容器热段管嘴。

1.5　蒸汽发生器（SG）测量数据采集及建模

1.5.1　蒸汽发生器测量先决条件

海阳依托项目由于供货及进度原因，蒸汽发生器测量在厂家的制造车间进行，需要厂家确认 SG 外壳尺寸不在发生变化。SG 水平摆放，热段管口方向朝下，与水平面约成 45° 夹角，SG 周围 5 m 范围内无影响测量工作的物项，视线无遮挡。

1.5.2　蒸汽发生器数据采集

在蒸汽发生器本体及周围安装测量控制点，测量控制点能覆盖所有待测点的空间范围，测量控制点不与其他装置发生冲突，满足每次仪器设站至少能观测到已布置的 4 个测量控制点。

SG 需采集水室封头进口接管、泵壳排除管嘴、水室封头支撑凸台的圆周及螺栓孔、SG 筒体部分、减震支撑座（上部横向支撑连接凸台）、耳轴（中部横向支撑连接凸台）、主蒸汽管嘴、主给水管嘴、二次侧人孔（吊耳）位置。架设激光跟踪仪，仪器预热完成后，利用已建立的测量控制点进行设站定位。蒸汽发生器至少需要四站进行测量，重新设站时要保证测量到4个以上的已知测量控制点。测量螺栓孔及凸台时，每个螺栓孔测量6个点，凸台圆周测量12个点。测量所有可见的热段和冷段管口内径坡口上的测量点，每个管口测量均匀分布的12个点。在蒸汽发生器筒体116英尺6英寸～137英尺6英寸（1英尺=0.304 8 m　1英寸=0.025 4 m）标高范围内标记测量点，测量蒸汽发生器的5个点环并进行拟合出圆柱体，构造出蒸汽发生器的中心轴线。测量蒸汽发生器中部横向支撑连接凸台，每个圆周均匀分布8个点。

在测量过程中，每完成一个测站的数据采集，抽查2个测量控制点坐标。要求与初始理论值进行对比，如偏差过大，则重新进行仪器定位，重测当前测站的所有测量内容。

1.5.3　蒸汽发生器建模

建立蒸汽发生器坐标系，利用蒸汽发生器垂直支撑连接凸台螺栓孔上所测得的点为每个螺栓孔构造圆，利用螺栓孔圆心拟合生成凸台圆面。以构造的SG垂直支撑凸台中心为原点，+*X*矢量指向热段管口中心。用蒸汽发生器圆周上侧得的5个点环构造圆柱，构造圆柱中心线为Z轴，+*Z*矢量沿连接凸台法线方向向上。

用每个管口内径上测量的点拟合端面圆，构造圆中心及法向点。创建每个热段和冷段管口端面坐标系，坐标原点位于端面圆心，+*Z*矢量沿构造端面圆圆法线指向管内，+*X*矢量指向1号点。根据主泵管口测量点拟合圆，构造中心点，以确定主泵管口位置。用横向支撑连接点上测得的点拟合圆，确定圆中心及法线方向。

1.6　主管道整体3D建模

利用已经保存好的RV–SG测量文件，将SG垂直支撑坐标系设置为当前坐标系，将对应的蒸汽发生器模型引入。将SG垂直支撑凸台螺栓孔中心点和垂直支撑上的螺栓孔中心点创建对应关系，将SG上的螺栓孔通过转换大致对齐垂直支撑的螺栓孔。

将反应堆压力容器热段管口坐标系设置成这个回路当前的坐标系，分别为这个回路插入相对应的主管道热段、冷段。调整主管道的安装位置，沿坐标系的*Z*方向（管道中心线方向）移动调整左右错边量，沿*Z*轴旋转调整上下错边量，获取最佳的组对状态，保证两端管中心对齐，错边量要求在允许范围内，管道整体水平度满足设计要求。根据最佳组对及主管道组对间隙要求，以及主管道焊接收缩量计算出主管道RV端的切割量，初步算出主管道SG端切割量。在主管道上标记出RV端最终切割线和粗切割线位置。

2　主管道安装测量

2.1　RV侧坡口机加工测量

在加工主管道反应堆压力容器侧坡口之前，确认主管道上的切割线标记已经标记。利用切断机直接切割到管道的粗略切割线。主管道切断后，在管道上安装Omega 9B坡口机，在坡口机上安装坡口机调整测量专用工装（见图6），粗调整卡盘与管道的最终车削面平行。

将激光跟踪仪正确安装，该位置能够测量主管道的控制点及管道端面、坡口机调整工具。打开已经完成的最佳组对文件。利用主管道上的控制点为测量仪器定位。将压力容器管口坐标系设置为当前坐标系，根据计算机显示器上测量软件的监视窗口的显示数值，转动坡口机并测量调整测量工具上的靶球0°、90°、180°和270°位置，通过计算分析、调整坡口机卡盘，使其平行于*X*–*Y*平面，中心为当前坐标系的原点。调整步骤：首先调整*Z*轴位置，然后

调整 $X-Y$ 平面，使坡口机在 0°、90°、180° 和 270° 位置满足加工要求。最终控制在±0.15 mm 范围内，在端面车削过程中，尤其是剩最后 1 mm 余量时需要不断测量计算端面 Z 值的变化。直至完成到最终切割线端面的车削。冷段进行内镗时需要注意，考虑到管道壁厚，则应当调整坡口机的前进方向，即 Z 轴应调整成管道的中心线方向，在已建立好的模型中，需要对模型进行转换，原点仍为 RV 管口的中心点。

图 6　主管道坡口机测量专用工装

2.2　主管道 RV 侧组对调整测量

2.2.1　主管道 RV 侧加工完成后模型修改

主管道反应堆压力容器侧机加工完成后，需要对加工完成的坡口重新测量并更新模型，重新确定主管道 SG 端切割量。确定 SG 端最终切割线位置。

2.2.2　主管道焊接变形监测点的安装

依据主管道 SG 端最终切割线位置，在主管道 SG 端安装焊接监测工具（见图 7），将 X、Y、Z 方向的偏差均调整到 0.1 mm 以内，以便在主管道 RV 侧焊接时配合百分表实时监测主管道焊接过程的变形量。

图 7　主管道焊接监测点专用工装

2.2.3　主管道引入核岛后组对安装调整测量

在 SG 热段冷段管口坐标系下调整管道 SG 端监测点的位置，同时，需要定位主管道上一个至两个控制点的位置。全部调整到位后，进行定位焊。

压力容器侧管嘴与热段管嘴组对时，应保证管段水平段有一定坡度，直管段轴线靠近蒸汽发生器一端的标高略高于靠近压力容器一端的标高，在 0～7 mm 范围内，即管段由蒸汽发生器坡向压力容器。

压力容器侧与管嘴与冷段管组对时，应保证主泵出口管嘴中心标高等于或略高于反应堆压力容器进口中心 0～7 mm，且主管道冷段弯管中间的高度必须比反应堆接管处高 0～5 mm。

2.3　主管道 RV 侧焊接的变形监测

将 SG 热段冷段管口坐标系下，利用在主管道管口内已经安装的焊接监测工具对主管道焊接时进行监测。在焊接过程中，每完成一层焊接，反馈变形监测数据，指导调整焊接顺序。

2.4　主管道 SG 侧坡口加工测量

2.4.1　主管道 RV 侧焊接 50%后主管道模型调整

主管道 RV 侧焊接 50%后，需要对主管道 SG 端重新进行测量，同时，对 SG 本体的三个接管嘴及垂直支撑连接凸台进行复测，如数据变化较大，须对 SG 整体进行重新测量。利用最新数据对模型进行调整，确定主管道 SG 侧的最终切割线。

2.4.2　主管道 SG 侧坡口加工测量

主管道蒸汽发生器侧坡口加工测量与 RV 侧坡口加工测量相似，不同点是在主管道 SG 侧坡口端面加工时将蒸汽发生器管口坐标系设置为管道加工坐标系。内镗时将管道坐标系设置为管道内镗坐标系。

2.5　主管道SG侧坡口加工完成后主管道建模验证及SG就位后测量

主管道蒸汽发生器侧坡口加工完成后，对主管道进行最终位置测量，判断坡口加工的成果好坏。利用蒸汽发生器临时支撑对SG模型进行调整，SG临时支撑具有支撑蒸发器上下移动的功能，最大移动行程大于130 mm；具有支撑蒸汽发生器两个水平方向独立移动功能，最大移动行程大于152.4 mm；三个方向最小步进量小于0.8 mm（实现管口组对错边量小于0.8 mm的要求）；具有支撑蒸汽发生器绕垂直中心旋转功能，最大旋转角度为±1.0°，调整精确度可达0.02°；具有支撑蒸汽发生器±0.1°的垂直调节功能，倾斜角度调整精确度可达0.01°，以满足管道的组对。将蒸汽发生器吊装引入，蒸汽发生器与主管道组对后，测量蒸汽发生器底部凸台的位置及标高，同时测量中部支撑的位置及标高。满足设计要求则主管道组对成功。

3　总结

通过海阳依托项目AP1000主管道成功安装，证明了采用激光测量与3D建模、数控坡口机精加工、窄间隙自动焊接、激光跟踪仪测量焊接收缩变形技术完全满足AP1000三代核电的安装技术要求，对于后续CAP1000/CAP1400等三代核电技术的推广具有极其重要的意义。同时，主管道安装的成功也表明激光测量数据采集与3D建模技术的成熟可靠。在AP1000施工过程中，该技术可应用于提前检测主管道、波动管的制造能否满足现场安装要求。堆内构件、主蒸汽管道等复杂物项的模拟组对安装。

参考文献

[1] 林诚格，郁祖盛，欧阳予. 非能动安全先进核电厂AP1000［M］. 北京：原子能出版社，2008.

[2] 孙长库，何明霞，王鹏. 激光测量技术［M］. 天津：天津大学出版社，2008.

[3] 杨俊志，尹建忠，吴星亮. 地面激光扫描仪的测量原理及其检定［M］. 北京：测绘出版社，2012.

一体化顶盖拼装技术

王江涛，李瑞波，苗明华

（上海核工程研究设计院有限公司，山东 海阳 265116）

摘要：一体化顶盖结构复杂并具有重要的核安全功能，为了提高一体化顶盖建造质量和效率，对一体化顶盖建造进行研究和经验总结。对比国内二代核电压力容器顶盖进行一体化顶盖建造特点分析；确定一体化顶盖拼装逻辑；将一体化顶盖按功能结构进行拆分，从施工逻辑、拼装要点一一进行研究总结；对一体化顶盖拼装厂房建立以及一体化顶盖包装也作重点分析。核电厂的设计理念决定了一体化顶盖模块化建造特点，一体化顶盖整体拼装质量和完成度是体现模块化建造优势的重要条件，进行一体化顶盖拼装技术研究总结对于后续同类型项目建造具有重要的借鉴和指导意义。

关键词：建造特点；施工逻辑；拼装要点

IHP Installation Technical

WANG Jiangtao，LI Ruibo，MIAO Minghua

（Shanghai Nuclear Engineering Research & Design Institute Co.，Ltd.，
Haiyang of Shandong Prov. 265116，China）

Abstract: The structure of the Integrated Head Package（IHP）is complex and has important nuclear safety functions. In order to improve the quality and efficiency of the construction of the IHP，the research and experience of the IHP construction are carried out. Analysis on the Construction characteristics of IHP compared with the Reactor Vessel Head of second generation Nuclear Power built in China; Establishing the fabrication logic of the IHP; Split the IHP according to the functional structure，and summarize the research from the construction logic and fabrication key points; The establishment of IHP Fabrication plant and packaging of IHP are also analyzed. The design concept of nuclear power plant determines the characteristics of modular construction of IHP. The quality and completion of the whole assembly of the IHP are the important conditions to reflect the advantages of modularization construction. The research and conclusion of IHP installation technology have important reference and guiding significance to the subsequent construction of the same type of project.

作者简介：王江涛（1983—　），男，河北人，工程师，学士，现主要从事 AP1000 核电主设备安装管理工作

Key words：Construction Characteristics；Construction Logic；Fabrication Key Points

本文所述一体化顶盖，简称 IHP，是指组装在反应堆压力容器顶盖（简称 RVCH）上的设备和结构的整体。包括压力容器顶盖吊具，屏蔽罩，堆顶排气管，顶盖中心金属保温，控制棒驱动机构导向承口，控制棒驱动机构线圈组件，数字棒位指示器，控制棒驱动机构冷却风机，工作平台，径向悬臂吊，电缆支架、电缆桥架以及一些电气电缆等。一体化顶盖结构复杂，通过分析一体化顶盖建造特点、施工逻辑和拼装要点来对一体化顶盖建造经验进行总结，以便后续同类型项目能够有所借鉴和指导。

1　一体化顶盖建造特点

相对于二代压力容器顶盖，由于设备以及厂房结构等不同，一体化顶盖建造具有以下特点。

（1）核电安全壳为开顶法施工，没有专设大件运输吊车及轨道，设备闸门尺寸也不足以支持压力容器顶盖通过，一体化顶盖必须在安全壳顶封头吊装就位之前就为到厂房内的存放架上。

（2）安全壳厂房未设置一体化顶盖单独存放房间，安全壳厂房难以保证一体化顶盖拼装清洁环境，一体化顶盖一般需要在安全壳厂房外部完成拼装。

（3）一体化顶盖在安全壳厂房外部完成拼装，便于工作区建立及控制，减少了一体化顶盖在安全壳厂房内组装的环吊等资源需求，避开主设备施工关键路径；但增加了拼装厂房建立的投入。

（4）核电安全壳采用开顶法施工，控制棒驱动机构耐压壳可在制造厂内安装到压力容器顶盖上后供货到现场，而不需要在压力容器顶盖引入安全壳厂房后安装。

（5）二代核电的控制棒驱动机构冷却风机并未安装在压力容器顶盖上，每次开关压力容器顶盖需要将顶盖风管与风机风管组对连接；一体化顶盖的控制棒驱动机构冷却风机是一体化顶盖的组成部分，无需此操作。

（6）一体化顶盖上部的控制棒驱动机构冷却风机增大了一体化顶盖外径，整体螺栓拉伸机难以从一体化顶盖顶部通过抵达压力容器顶盖法兰位置，所以未采用二代核电常采用的压力容器顶盖主螺栓整体拉伸方式，而是在中屏蔽罩上设置了 3 台径向悬臂吊用于压力容器顶盖主螺栓吊装植入，使用单体螺栓拉伸机进行主螺栓拉伸。

（7）一体化顶盖的控制棒驱动机构抗震支撑固定在屏蔽罩上，无需与换料水池进行连接固定。

（8）一体化顶盖集成了更多的仪表电缆：除了控制棒驱动机构电缆、控制棒棒位指示器电缆、震动传感器电缆外位于压力容器顶盖上外，堆芯仪表电缆、控制棒冷却风机电缆、径向悬臂吊电缆、氢气点火器电缆、温度传感器电缆等电缆也敷设在一体化顶盖上。

（9）AP1000 的一体化顶盖将控制棒驱动机构抗震支撑、冷却风机、电气仪器、压力容器顶盖吊具等集成到一起，实现整体吊装，可节约装换料期间顶盖开关的时间，减少辐射。

2　一体化顶盖拼装逻辑

一体化顶盖拼装推荐流程如图 1 所示。其中有些步骤可根据人力情况以及供货情况安排并行施工或工序调整。例如，CRDM 导向承口安装与后续工作可并行施工，顶盖中心保温在下屏蔽罩内的顶盖排气管安装后的任何阶段均可施工，CRDM 线圈组件安装也可调整到 DRPI 安装的前一步执行等。

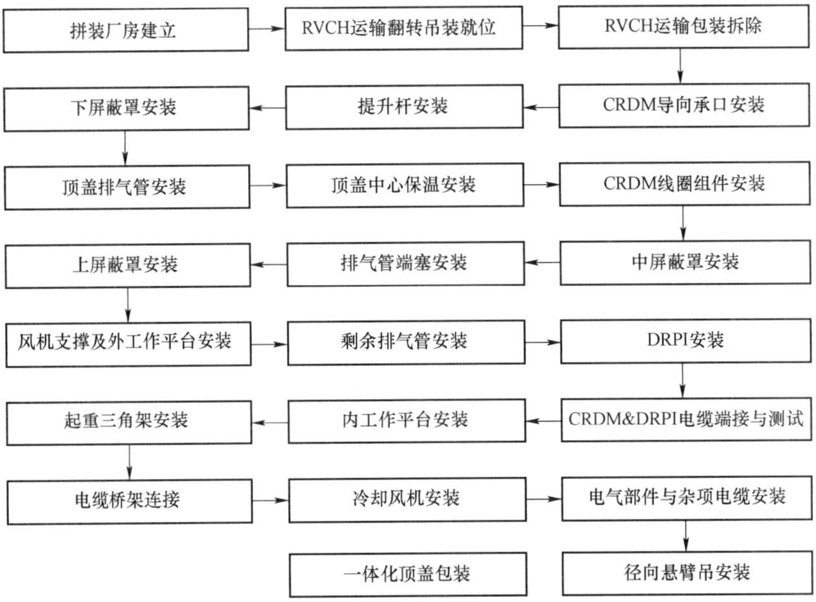

图 1　一体化顶盖拼装流程

3　一体化顶盖拼装要点

3.1　一体化顶盖拼装厂房建立

AP1000 依托项目临时拼装厂房采用了移动厂房，如图 2 所示。移动厂房主要由钢支架、高强度帆布、轨道等组成；移动厂房分为固定部分（大厂房）和可移动部分（小厂房），小厂房可以在钢轨上滑动自由进出大厂房，当进行吊装作业时可打开小厂房，所有吊装使用汽车吊。

图 2　一体化顶盖拼装厂房外观

移动厂房结构简单，组装方便。但由于一体化顶盖拼装施工涉及的吊装工作较多，吊装时需打开厂房，工作容易受风雨天气影响，施工进度难以有效控制。为此建议在移动厂房设计以及一体化顶盖物项存放布置时，考虑允许吊车进入移动厂房内部（无需打开移动厂房）进行吊装操作。或者在配有吊车的固定厂房中进行一体化顶盖拼装。

一体化顶盖拼装厂房设计建造主要考虑以下要素。

（1）空间：拼装厂房及周边场地空间能满足压力容器顶盖运输翻转时的吊车站位、高度能够满足一体化顶盖部件吊装拼装，且具有一定的空间进行部件及工机具临时存放。

（2）地基：能够承载 IHP 拼装支撑钢平台及其上部一体化顶盖的全部重量压力，能够承载一体化顶盖及相关部件吊装运输的压力。

（3）结构：具有一定强度，具备抵抗台风暴雨等恶劣天气的能力，防止一体化顶盖受到风雨污染侵蚀。具有一定的密闭性，保证一体化顶盖拼装具有清洁的环境。

（4）方位：注意考虑运输通道是否顺畅。对于移动式厂房朝向注意尽量考虑减少风阻，减少大风对厂房可能造成的破坏。

3.2　控制棒驱动机构（CRDM）导向承口安装

CRDM 导向承口位于压力容器顶盖底部，可与一体化顶盖其他设备安装并行施工。为便于安装焊接，建议 CRDM 导向承口安装遵循从中心到外围按顺序安装的原则（见图 3）。

图 3　CRDM 导向承口安装焊接

安装要点为以下几点。

（1）安装焊接前检查部件外观、清洁度。

（2）安装时手动将部件紧固到拧紧状态，再使用力矩扳手紧固到规定力矩，力矩扳手需配合专用工具使用。

（3）注意延伸管与 CRDM 贯穿管之间、延伸管与导向漏斗之间，两种焊接采用的焊丝和焊接要求不一致。根据各自焊接流转卡制定的焊接工艺要求和焊丝进行焊接。

（4）焊接使用 GTAW 工艺，焊接中工件始终妥善接地，不允许起弧。

（5）导向承口安装完成后及时使用聚乙烯塑料等进行封堵，防止粉尘等进入耐压壳内部。一体化顶盖移交安装前注意及时拆除。

3.3　一体化顶盖吊具（提升杆与三角吊具）安装

一体化顶盖吊具（见图 4）组装主要施工逻辑为以下几点。

（1）压力容顶盖包装拆除后，通过右旋 U 型夹将提升杆与压力容器顶盖吊耳连接；左旋 U 型夹暂不安装，在提升杆上部安装一个弹型导向罩，用于屏蔽罩安装时进行导向和对螺纹进行保护。

（2）下屏蔽罩安装就位后，安装提升杆下部夹具。

（3）上屏蔽罩安装就位后，安装提升杆上部夹具。

（4）上屏蔽罩内工作平台安装完成后，拆除提升杆弹型导向罩，安装左旋 U 型夹；之后，安装三角吊具。

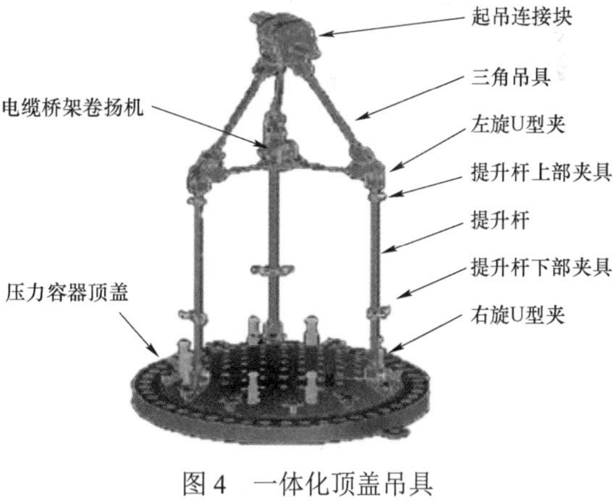

图 4　一体化顶盖吊具

（5）起吊连接块在一体化顶盖吊装时安装，一体化顶盖吊装后拆除。

一体化顶盖吊具施工要点为以下几点。

（1）必须测量保证提升杆与 U 型夹最小有效螺纹啮合长度，从而保证吊具具有足够的承载力，保证吊装安全。

（2）进行一体化顶盖吊装水平度调整后，也要保证和验证提升杆螺纹啮合长度是否满足要求，建议一体化顶盖水平度调整时尽量将提升杆调短，即螺纹啮合长度调长；也就是针对水平度低点位的提升杆进行调整。

（3）由于一体化顶盖电缆桥架的作用，一体化顶盖重心未在压力容器顶盖中心轴线位置，为此一体化顶盖吊装水平时，一体化顶盖吊具三个提升杆的组装长度是不一致的。为达到一体化顶盖吊装时水平度直接测量合格，可提前通过计算、试验以及经验积累等方式确认三个提升杆组装时推荐长度。

（4）提升杆安装时，U 型夹尽量与压力容器顶盖吊耳左右间隙均匀。

（5）提升杆安装后，注意紧固锁紧螺母；提升杆与锁紧螺母尺寸较大，需准备对应尺寸的开口扳手。

（6）提升杆安装后，下屏蔽罩吊装就位需穿过提升杆，提升杆需处于自然垂直状态，可使用一套专用工具支撑在右旋 U 型夹与压力容器顶盖吊耳之间保证提升杆自然垂直，同时借助绳索固定和微调提升杆位置。

3.4 屏蔽罩安装

屏蔽罩组件主要施工逻辑为以下几点。

（1）顶盖吊具提升杆安装后，吊装就位安装下部屏蔽罩。

（2）下部屏蔽罩内的排气管安装焊接完成后，可安装中部屏蔽罩和上部屏蔽罩。

屏蔽罩组件施工要点为以下几点。

（1）上、中、下屏蔽罩吊装需使用一套带有平衡梁的专用吊具进行吊装（见图 6），吊装前检查吊具是否完好，吊环是否安装紧固牢固。吊装尽可能保证水平，有利于后续就位对中。

（2）为便于屏蔽罩吊装就位时法兰螺栓孔进行对中，建议使用三到四个专用导向销进行导向。

（3）屏蔽罩吊装就位时注意检查就位方位正确。

（4）下屏蔽罩吊装就位前确认提升杆处于垂直状态，提升杆顶部螺纹处安装了弹型导向罩，吊装入提升杆前调整好对中，吊入提升杆后做好观察，防止与提升杆产生碰撞刮伤。

（5）下屏蔽罩与压力容器顶盖支撑之间使用肩头螺钉连接固定，螺钉头与压力容器顶盖支撑之间要保证一定的间隙，此间隙用于消除一体化顶盖热态工况下的热膨胀应力，如图 5 所示。

（6）螺钉头与压力容器顶盖支撑之间的间隙通过测量加工垫圈厚度来调整。间隙验证前确认肩头螺钉螺母已紧固，间隙验证位置为垫圈与压力容器顶盖支撑之间，间隙测量最大值和最小值，应同时满足间隙要求，若无法同时满足，一般要求最小间隙值在设计要求范围内。

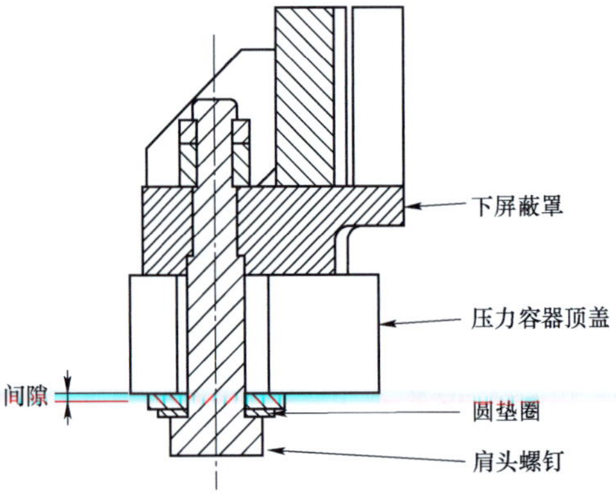

图 5　下屏蔽罩肩头螺钉垫圈安装间隙

（7）上屏蔽罩安装需根据现场实测值以及理论值，计算确认抗震支撑块的标高位置，若需要调整，在上屏蔽罩吊装就位到中屏蔽罩上之前，调整加工抗震支架底部垫板厚度。

（8）若上屏蔽罩吊装就位前 DRPI 已安装，则在上屏蔽罩吊装前通过旋转抗震支撑块螺纹，将抗震支撑块调整到最短位置，防止吊装过程中与 DRPI 顶板产生干涉碰撞。

（9）上屏蔽罩若是到货时 DRPI 和 CRDM 电缆及悬缆绳已安装，上屏蔽罩吊装前需将电缆和悬缆绳拆除，并临时固定好，待上屏蔽罩和 DRPI 吊装就位后再恢复安装。

（10）上屏蔽罩吊装就位时，电缆桥架处于起升状态，通过电缆桥架拉杆来固定电缆桥架（见图6）。

（11）上屏蔽罩由于电缆桥架造成的重心偏移，在高空进行上屏蔽罩吊装组对可能存在较大的困难，可以在地面将上中屏蔽罩组装成一个整体后，再与下屏蔽罩组对安装。

（12）上屏蔽罩就位后，使用专用工具套入CRDM 耐压壳，调整抗震支撑块与专用工具之间的间隙，用于保证 DRPI 安装后抗震支撑与 DRPI 顶板之间间隙满足的设计要求；若 DRPI 已就位，直接测量 DRPI 顶板与抗震支撑块的间隙，但测量时同样需要使用专用工具束缚 CRDM 耐压壳。

图6　上屏蔽罩吊装

3.5　压力容器顶盖排气管安装

顶盖排气管安装固定在屏蔽罩组件上（见图7），主要的施工逻辑为以下几点。

（1）下屏蔽罩安装后，进行下屏蔽罩内部的排气管和排气管支架安装焊接，并进行补漆。

（2）中屏蔽罩就位安装后，进行排气管端塞的安装。

（3）上屏蔽罩就位后，进行剩余排气管和排气管支架的安装焊接及补漆。

（4）一体化顶盖就位到压力容器上后，进行一体化顶盖排气管与接口排气管的连接。

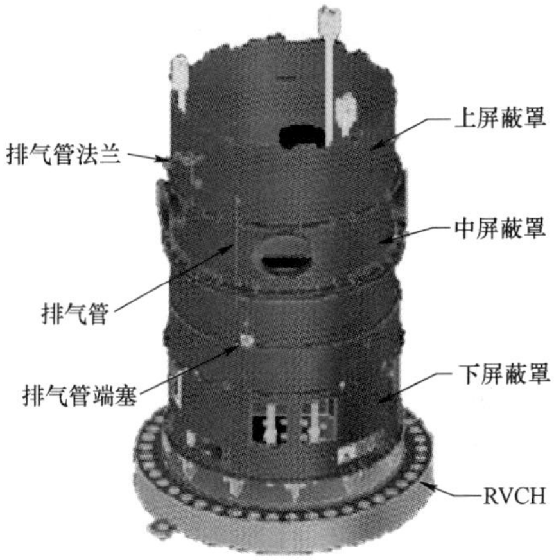

图7　压力容器顶盖排气管位置示意图

顶盖排气管主要的施工要点为以下几点。

（1）顶盖排气管与接口排气管（位于 CA01 模块区域）由于在不同的场地进行安装，排气管对接时很容易因累积误差造成排气管法兰中心错位，因此顶盖排气管和接口排气管各自安装时均应尽量按照理论位置进行定位安装，建议通过全站仪或激光跟踪仪对排气管接口法兰中心进行精确测量定位。

（2）顶盖排气管在临时拼装厂房进行安装，无法按照现场坐标进行定位，建议将排气管坐标转化为相对于压力容器顶盖的中心轴线的坐标进行定位测量。

（3）排气管组对焊接时，避免熔融物进入排气管内部，防止排气管局部内径减小，否则可能导致一体化顶盖安装到压力容器上后进行调试期间流道试验不合格。

（4）排气管由多处弯管组成，内部难以清洁检查，安装焊接期间注意清洁检查和防异物控制。

（5）排气管支架焊接，需对屏蔽罩对应位置进行打磨，注意环境清洁度控制。

（6）排气管是一回路压力边界，应控制排气管的焊接质量，并按要求对承插焊缝进行目视检测和液体渗透检测，对对接焊缝还需进行射线照相检验。

（7）部分排气管组对焊接好后，再整体组对焊接，否则部分位置空间狭小难以操作。

（8）与压力容器顶盖排气管组对焊接的第一段排气管焊接前应留有一定的组对间隙，用于消除焊接应力。

（9）排气管安装时注意排气管与周围电缆的距离是否符合设计要求（若相关电缆已敷设），防止电缆受到高温影响，若不符合，通知电气工程师对电缆进行调整。

（10）中屏蔽罩位置的排气管堵塞安装注意与排气管周边间隙均匀。

3.6 顶盖中心保温安装

顶盖中心保温在下屏蔽罩内部的排气管安装焊接完成之后直至一体化顶盖拼装完成的任一阶段进行安装均可。

顶盖中心保温主要施工要点为以下几点。

（1）保温支架安装定位需保证与压力容器顶盖中心轴线同心，以防止后续保温块安装时与 CDRM 耐压壳产生错位干涉。

（2）保温块之间需控制最大安装间隙，以免间隙过大造成热量损失。

（3）保温块安装时注意不要碰撞损伤控制棒驱动机构耐压壳，保温块与耐压壳接口如图 8 所示。

图 8　顶盖中心保温安装

3.7 控制棒驱动机构磁轭线圈组件（CRDM 线圈组件）安装

CRDM 线圈组件外观结构如图 9 所示，CRDM 线圈组件在下屏蔽罩排气管安装焊接后即可开始安装，中、上屏蔽罩安装后亦可进行安装。

CRDM 线圈组件施工要点为以下几点。

（1）CRDM 线圈组件为电气部件，安装存储期间注意防潮，以免造成电阻绝缘不合格；

（2）建议 CRDM 线圈组件安装前开箱验收时进行电气测试（极性、电阻、绝缘测试），以免安装后发现电气测试不合格，还需拆除；

（3）CRDM 线圈电阻随温度不同而有所变化，应根据现场实测温度进行等效电阻换算以判断实测电阻值是否符合要求；

（4）若线圈组件绝缘测试不合格，可观察线圈组件是否受潮，可在通风干燥的区域放置一段时间后再进行测量；

（5）线圈组件吊装就位到 CRDM 耐压壳上之前，注意检查线圈组件内环是否清洁，有无凸起毛刺，若有及时去除；

（6）线圈组件需使用一个专用吊具进行翻转吊装，线圈吊装就位后，从吊具顶部操作断开与线圈组件的连接，专用吊具同时具有吊装导向作用；

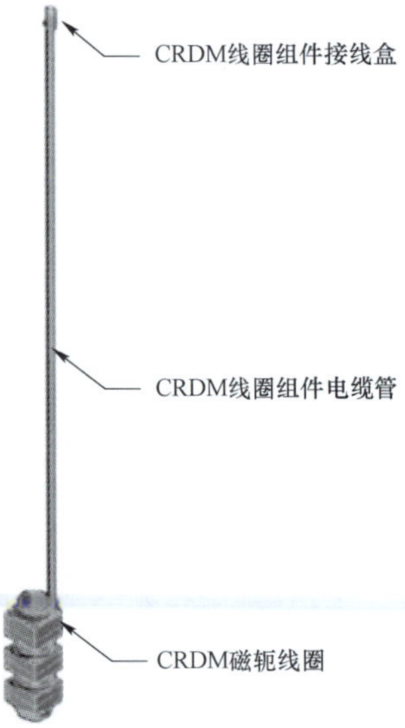

图 9　控制棒驱动机构线圈组件

（7）线圈组件连接专用吊具前，检查确认线圈组件上的吊环紧固牢固；

（8）吊装进入 CRDM 耐压壳的过程中通过测力计观察载荷变化，判断是否存在卡塞，若出现问题及时停止；

（9）线圈组件安装后以及后续与电缆桥架电缆连接后进行电气测试，确认电阻与绝缘合格。

3.8　数字棒位指示器（DRPI）安装

DRPI 在 CRDM 线圈组件安装后可进行安装，内部工作平台安装前安装完。DRPI 安装与上屏蔽罩抗震支撑存在接口关系，请参见屏蔽罩安装章节。

DRPI 施工要点为以下几点。

（1）DRPI 为电气部件，安装存储期间注意防潮，以免造成电阻绝缘不合格；

（2）建议 DRPI 安装前开箱验收时进行电阻和绝缘测试，以免安装后发现电气测试不合格还需拆除；

（3）DRPI 物项验收时注意检查铜线的焊点是否饱满，是否存在松动脱落，是否生有铜绿；若存在上述问题，一般需根据规范重新对铜线进行焊接，铜绿使用除盐水进行清洁去除，某机组多个 DRPI 存在电阻测试不合格的问题，对焊点进行了返修，返修状态如图 10 所示；

（4）DRPI 通过顶部的两个吊耳进行翻转吊装，吊装前注意检查吊耳是否紧固牢固；

（5）DRPI 吊装前注意检查管内是否清洁，是否存在凸起毛刺，防止就位时刮伤 CRDM 耐压壳；

（6）DRPI 吊装就位过程中，注意观察测力计读书，重量变化超过±25%时及时停止吊装，观察排除问题后再进行吊装就位。吊装就位前注意 DRPI 的方位要正确。

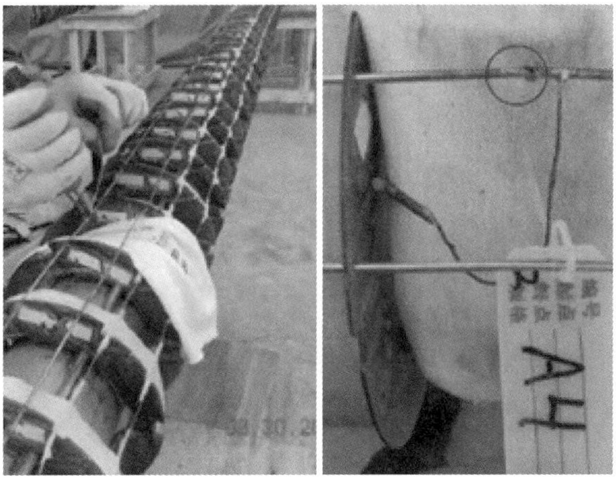

图 10　数字棒位指示器返修

3.9　冷却风机安装

风机安装示意图如图 11 所示，风机在上屏蔽罩安装就位后进行安装。风管和风机支撑也可分别提前安装在中屏蔽罩和上屏蔽罩上。

风机安装要点为以下几点。

（1）严格按厂家说明进行风机存储，关注温湿度控制、轴承润滑、定期盘车等要求。

（2）风机安装前检查绝缘电阻，如绝缘电阻不满足要求，则应对风机进行干燥后重新进行测量，注意干燥温度不要超过 90 ℃。

（3）风机安装前需降低并锁定电缆桥架，至少降低 45°，以防止风机吊装就位时与电缆桥架进行干涉。可在起重三角架安装后通过电动绞车操作降低电缆桥架，也可以通过吊车等降低电缆桥架。

（4）风机具有特定的安装方位，安装时注意检查安装方位正确。

（5）风管延伸段吊装就位前，临时拆除每个风机支撑上的 4 个端板，以免与风管延伸段下法兰产生干涉，风管延伸段上法兰将要就位时再恢复端板。风管延伸段吊装就位过程中，注意观察 RTD 是否与风机支撑干涉（RTD 可提前拆除，吊装后复装）。

（6）注意缓冲器功能结构及安装调整方法，松开两侧锁紧螺母，通过旋转弹簧上部的螺母压缩弹簧，直到平衡风机重量后拆除两侧临时垫板，再重新紧固两侧锁紧螺母。

（7）抗震拉杆两端螺纹要完全啮合，抗震拉杆安装后应处于松弛状态，不要拉紧。

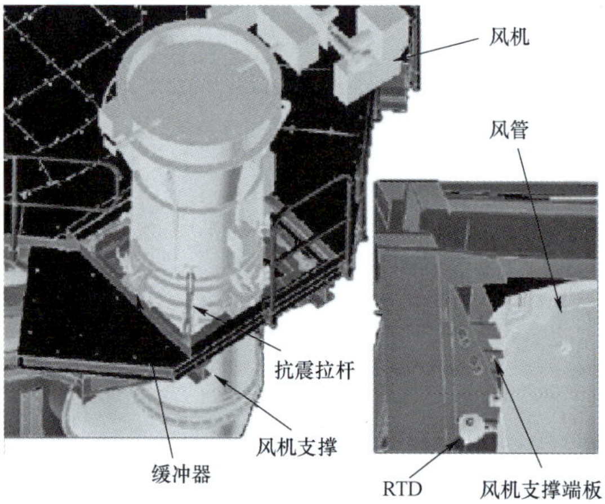

图 11　CRDM 冷却风机

3.10　径向悬臂吊安装

径向旋臂吊安装示意图如图 12 所示，径向旋臂吊在中屏蔽罩安装后即可进行安装，但一般在 IHP 其他组件安装后，开始拆除脚手架时进行安装。径向旋臂吊安装一般步骤为：滑触线安装，电动小车安装，吊机安装，机械结构调整，电气连接与检查，不带载功能试验，载荷试验。

径向悬臂吊施工要点为以下几点。

（1）安装前确认悬臂吊组件部件结构完整，状态良好；安装前确认吊车轨道平整，状态良好。

（2）径向悬臂吊分布梁需保证水平度，在径向和切向方向进行测量，水平度测量时，吊机要位于辊压梁下方略靠外侧的位置。切向方向的水平度通过调整电动小车下面分布梁的螺栓来调整，调整时需保证电动小车与分布梁的垂直间隙。径向方向的水平度通过调整平衡轮支架与分布梁之间的垫片厚度来调整，调整后，还需保证两个平衡轮上缘平行，与轨道槽贴合，同时检查确认平衡轮与轨道的接触区域长度不小于设计值。

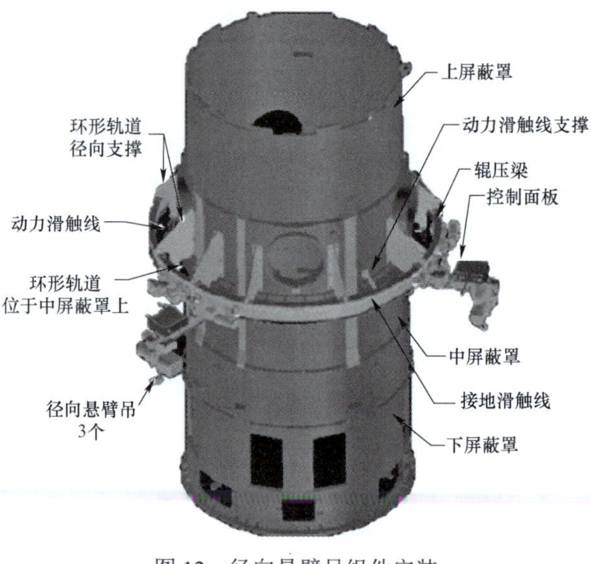

图 12　径向悬臂吊组件安装

（3）吊机小车安装时要确认吊机小车车轮与轨道间隙均匀，轨道边缘到轮子接触区中心的距离不小于设计值，吊机小车安装后确认轨道止挡块安装。

（4）电动小车安装时要确认驱动轮与轨道间隙均匀，导向轮与轨道间隙均匀，且接近理论值。

（5）径向悬臂吊部件安装完成后，检查紧固件是否已完全紧固，上述水平度和间隙调整是否同时满足。上述水平度和间隙调整验证对径向悬臂吊性能有重要影响，若是调整不合格，将可能导致径向悬臂吊吊装螺栓拉伸机时发生啃轨等问题。

（6）径向悬臂吊组装完成后，进行电气测试与不带载运行试验，确认径向悬臂吊运行良好，吊装运行范围符合设计要求，最后按照 120° 角度均匀布置三个径向悬臂吊，悬臂吊布置角度需考虑 IHP 现场吊装存放时不与周边建筑物干涉。

3.11　一体化顶盖包装

一体化顶盖包装需考虑便于一体化顶盖运输吊装以及在核岛内长周期存储维护。

IHP 整体包装采用一体式软包装，材料具有防尘、防水、防火、耐风化和一定的抗拉强度等特性，包装效果如图 13 所示。

包装顶部留有可封闭的开孔，用于后续 IHP 吊装时连接吊钩；包装底部不封闭，但需留出一定长度，能保证 IHP 就位到存放架上后，连同存放架一起包裹防护，并与地面之间进行密封。

为防止出现电气电缆受潮而导致绝缘不合格等问题，对一体化顶盖存储湿度进行控制。在 IHP 的电气控制箱、电缆桥架等重要部分放置足够数量的干燥剂，使用聚乙烯塑料布对下部屏蔽罩与 RVCH 之间的缝隙进行密封；在 RVCH 的底部，每个 CRDM 导向承口上悬挂的两包干燥剂，使用聚乙烯塑料在 RVCH 底部进行密封；记录干燥剂放置位置、数量和日期，以免后续拆除时遗漏。另外，推荐在 IHP 包装上部和下部便于观察的位置，增设透明窗，内置温湿度表，便于定期维护检查。若是条件允许的话，也可以不使用干燥剂，而是在 IHP 就位到核岛内存放架上后采取向包装内通暖风除湿等措施。

图 13　一体化顶盖包装

4　结论

一体化顶盖在核岛外完成整体拼装再运输到核岛，避免了在核岛内拼装导致的场地、吊车等资源占用，减轻核岛关键路径的施工负担，体现模块化建造的优势。

一体化顶盖结构复杂紧凑、吊装安装工程量大，合适的拼装厂房、严密而弹性的施工逻辑、施工要点的贯彻执行是保证施工进度和施工质量的重要因素。

总结依托项目一体化顶盖拼装要点及经验，为后续项目一体化顶盖拼装提供借鉴和支持，促进一体化顶盖拼装质量和进度，落实一体化顶盖模块化建造的优势。

参考文献

［1］ASME，Boiler and Pressure Vessel Code-1998 Edition through 2000 Addenda，Section Ⅲ：Rules for Construction of Nuclear Power Plant Components.

［2］ASME，NQA-1-1994：Quality Assurance Requirements for Nuclear Facility Application.

AP1000 机械模块现场安装所用标准的研究

魏小宝

（上海核工程研究设计院有限公司，上海　200233）

摘要：基于机械模块现场安装流程中涉及的吊装就位、模块上现场调节管段的安装、接地线安装、工艺系统冲洗/水压临时措施的执行、仪表的安装、临时支撑的拆除、油漆以及成品保护等环节对 AP1000 机械模块现场安装所用的标准、规范进行了梳理，机械模块现场安装所参考的标准、规范主要是国际/国外标准，国内标准极少，在成品保护环节无针对性的标准，为后续 CAP1000/CAP1400 项目建设中引用国际标准和对标国内标准提供借鉴。

关键词：AP1000；机械模块；现场安装；标准

Research on Site Installation Standards for AP1000 Mechanical Modules

WEI Xiaobao

（Shanghai Nuclear Engineering Research & Design Institute Co., Ltd., Shanghai 200233，China）

Abstract: Based on the elements which are involved in the site installation process of mechanical modules, including lifting in place, installation of site regulating pipe section on modules, ground lead installation, implementation of process system flush & temporary measures for hydrostatic test, instrument installation, removal of temporary support, painting and finished products protection, this paper presents the standards and norms that used for AP1000 mechanical modules site installation. With very little domestic standards, the site installation of mechanical modules mainly refers to international or foreign standards and norms. Besides, there is no specific standard for finished products protection. In the construction of follow-up projects, adaptability research of existed domestic standards on AP1000 nuclear power plants shall be reinforced.

Key words: AP1000; Mechanical Module; Site Installation; Standard

机械模块是 AP1000 模块化技术应用的一个典型代表，是在完成电厂布置设计的三维模

作者简介：魏小宝（1980—　），男，河南开封人，高级工程师，学士，现主要从事核岛机械设备安装管理工作

型基础上，按照设计方的模块分割原则和控制要求，对模块进行定义，即定义模块的功能、规模、接口以及编码等，以便作为一个整体，实施工厂化装配、方便现场安装，缩短现场安装工期。机械模块包括的物项有钢结构、泵、阀门、管道、仪表、压力容器、换热器、电缆桥架以及必要的紧固件、法兰垫片、支架、保温层等。机械模块在工厂内组装后，需进行相关的测试，如管道的压力试验、风管的泄漏率试验等。因此，机械模块现场安装流程虽然简单、工作内容也较少，但所运用的标准、规范较多，所以，引用合适的规范和对规范正确的解读具有相当大的难度。本文将基于机械模块现场安装流程对所涉及的安全技术标准、规范进行梳理和阐述，不考虑模块内物项在工厂内安装所涉及的标准，同时，也不考虑法律法规的应用。

1　机械模块现场安装流程

按照目前的设计，机械模块在现场的工作主要有机械模块吊装就位、模块上现场调节管段的加工、接地线安装、工艺系统冲洗/水压临时措施的执行、仪表安装、临时支撑拆除、油漆以及成品保护等，现场安装流程图如图 1 所示。

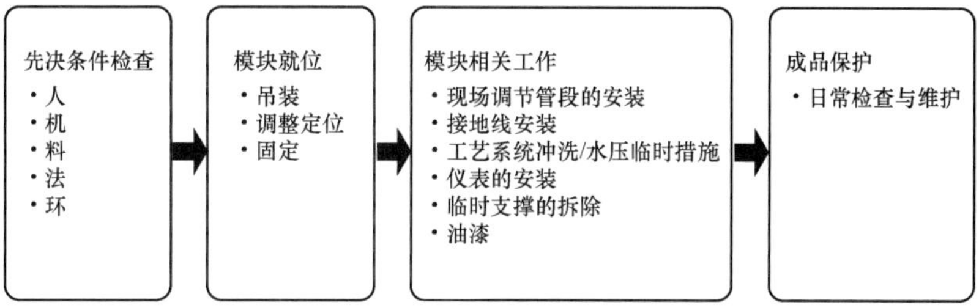

图 1　机械模块现场安装流程图

此流程是机械模块现场安装的一般流程，未考虑机械模块安装后设计变更的执行以及保温层损坏后的更换或修补等非常规性工作。本文将基于该流程图中所述的内容对机械模块现场安装过程所用的标准进行梳理。通过梳理、分析，AP1000 机械模块现场安装所用标准约为 49 个，其中国际/国外标准 42 个，国家/行业标准 7 个。

2　机械模块安装过程中标准应用

2.1　先决条件检查

对人、机、料、法、环五要素进行检查、确认是安装工作必要的前提条件。如对人员资质的检验，应遵照 ASME NQA—1—1994[1]第Ⅰ篇要求 2 质量保证大纲、ASME NQA—1—1994[1]第Ⅱ篇引言的要求，对参建人员进行培训和教育，从事无损检查、试验和监查人员等质量验证方面的具体资格要求在要求 2 质量保证大纲的 301 到 304 节有具体规定。施工机具可参照 NQA—1—1994 第Ⅰ篇要求 12 测量和试验设备的控制、13 装卸、贮存与运输、第Ⅱ篇分篇 2.15 核电厂物项的起重、吊装和运输的质量保证要求。同时，应根据 GB 6067.1—2010 起重机械安全规程[2]第一部分总则、JGJ 276—2012 建筑施工起重吊装安全技术规范[3]、JGJ 33—2012 建筑机械使用安全技术规范[4]对吊装用机具进行检查，以确认其状态符合安全技术规范。量具的使用和标定应符合中华人民共和国计量法及其实施细则要求。材料的检查，包括整体的机械模块和部分现场安装的散件，要遵循相应的技术规格书、图纸、ANSI

Y14.5M—1982[5]、ANSI B46.1[6]、AWS D1.1—2000[7]、AWS D1.6—1999[8]、AISC S335—1989[9]、ANSI/AISC N690—1994[10]以及 NQA—1—1994[1]第Ⅰ篇要求 7 所购物项与服务的控制的要求，如物项的外形尺寸、表面光洁度、焊缝质量与形式、标识、油漆颜色、清洁度等。对于“法”的确认，要依据相关图纸、作业指南和 NQA—1—1994[1]第Ⅰ篇要求 2 与要求 5 细则、程序和图纸、要求 5 文件控制，对施工方案、作业指导书、流转卡等进行编审批和控制。最后就是现场施工环境，如房间温湿度、清洁度等应符合相应的技术规格书、图纸及 NQA—1—1994[1]第Ⅱ篇分篇 2.1 核电厂流体系统及其部件清洁的质量保证要求。此外，在 NQA—1—1994[1]第Ⅱ篇分篇 2.8 核电厂的机械设备和系统的安装、检验和试验的质量保证要求中对人、机、料、法、环五要素也有相关要求。

2.2 模块就位

机械模块就位安装一般分为三个过程：吊装→调整定位→固定。机械模块的吊装就位工作和房间的施工交叉进行，房间封顶前，房间内的机械模块均应吊装进房间。

吊装作业前，依据 GB 6067.1—2010[2]、JGJ 276—2012[3]、JGJ 33—2012[4]对吊装用机具（包括吊机、吊带、卸扣等）再次进行检查、确认，合格后方可进行吊装作业。机械模块吊装作业期间，起重吊运指挥信号应与 GB 5082—1985 起重吊运指挥信号[11]的规定相符。

一般情况下，机械模块吊装就位前，需要依据 GB 50026—2007 工程测量规范[12]对模块就位位置进行测量放线，为吊装就位提供参考。机械模块的调整定位以模块现场安装图纸上的基准点（DP：Datum Point）为基准进行调整，调整后满足图纸规定公差即可，如不满足公差要求则需开启不符合项报告并报设计方批准。

机械模块在房间内的固定类型有螺栓连接、焊接、混凝土浇灌三种，就位于钢结构牛腿上、楼板上和混凝土中。模块螺栓固定类型又可划为三种基本形式。第一种是模块就位于房间楼板上、调整定位后，安装模块的地脚螺栓、螺母，依据 ACI 349—06[13]在地脚螺栓孔内浇灌混凝土，混凝土养护期满后，参照使用 ASTM A325 或者 A490 螺栓结构联接规范[14]对螺栓进行紧固；第二种是模块就位于牛腿上，在模块调整定位后，安装、紧固牛腿与模块的连接螺栓；第三种是模块通过螺栓、基板固定在设计位置上，该固定形式是基板依据 AWS D1.1—2000[7]焊接于房间指定埋件上，而后用螺栓将模块与基板相连。采用焊接固定类型的模块均是模块直接就位于钢结构楼板上，在模块调整定位后，依据设计图纸和 AWS D1.1—2000[7]将模块焊接在钢质楼板上。将模块浇灌在混凝土中的固定类型适用于几个带储水箱的机械模块，如 KB10、KB13、KQ10 等，这些模块位于厂房某一区域的低点。模块定位后，参照标准 ACI 349—06[13]用混凝土将模块浇灌、固定。混凝土养生期满后，根据设计图纸的要求需要参照 ASTM E515—2011[15]从模块上的水箱内侧对埋于混凝土内的水箱焊缝进行真空盒泄漏检验，以检验水箱焊缝是否有漏焊或裂纹等缺陷。

2.3 现场模块内的工作

模块化的施工是为了减少现场的安装量、缩短现场建安工期。但是，由于现场工作的需要，模块内还有一些工作需要在现场进行，如模块内管道调节段的施工、仪表的校验与安装、模块接地线的安装、工艺系统冲洗和试压临时措施的实施、临时支架的拆除等。

2.3.1 模块内管道调节段的施工

模块内管道调节段的存在是为了模块就位后，便于现场管道与模块内管道连接而预留的管段。

调节管段应符合 ASME Ⅱ[16]或 ASME Ⅲ[17]及 ASME B31.1[18]的要求，管道上安装的管台与 ASME B16.11[19]的要求一致。调节管段一般在模块制造厂已经完成了管道的煨弯，现场仅需根据设计图纸的要求和现场实际状态进行测量放线、坡口加工，坡口形式、角度、内镗孔深度等应满足 ASME Ⅲ[19]或 ASME B31.1[18]的要求。现场预制的管道应与设计图纸及 PFI ES—3[20]、PFI ES—24[21]等规范要求保持一致。管道坡口加工完后，应依据图纸和规范 ASTM E165[22]要求的对坡口进行液体渗透检查，以检查坡口处是否有缺陷。

在焊口组对前，需要对管道内进行清洁，管道的清洁度等级在 AP1000 用于核供应设备和相关系统的清洁和清洁要求中有具体的要求。执行清洁工作时，可依据 ASTM A—380[23]、ASME NQA—1[1]、ASME Ⅲ[17]等标准进行，采用的方法有擦拭、冲洗等。管道焊口的组对焊接是管道安装的一个重要环节，如管道错边量、焊口间隙、是否有弯折等相关数据应与 ASME B31.1[18]、ASME Ⅲ[17]、ASME IX[24]及相关图纸和规范保持一致。

管道焊接时所执行的工艺应严格按照 ASME B31.1[18]、ASME Ⅲ[17]、ASME IX[24]等规范的要求执行，如预热、层间温度控制、焊后热处理要求等；管道支架的焊接应遵照 AWS D1.1—2000[7]、ASME Ⅲ[17]、ASME IX[24]的要求执行。

管道焊接完成后，可依据规范 ASME V[25]、ASTM E165[22]、ASTM E213[26]、HAF601[27]及相关技术文件的要求，对管道焊口的成形质量进行 VT（Visual Testing）、PT（Penetrant Testing）、RT（Radiographic Testing）、UT（Ultrasonic Testing）等检查，确定管道焊口无夹渣、未熔合、裂纹等缺陷。

管道的压力试验可以按照管道的设计压力等级，参照 ASME B31.1[18]、ASME Ⅲ[17]等规范要求对管道焊口进行水压试验或气压试验。

2.3.2　接地线的安装

根据 NFPA—70—1999[28]NEC（National Electrical Code）规定钢结构应接地。按照设计要求，每个模块应有 2 个独立的接地点。因此，所有的机械模块应根据此要求，按照 IEEE 665—1995（R2001）[29]对模块进行接地。

2.3.3　工艺系统冲洗/水压临时措施的实施

在机械模块内执行的工艺系统冲洗/水压临时措施主要包括换热器与泵的跨接、安全阀的拆除、膨胀节的拆除、仪控元件的拆除、正式阀门用临时阀门代替以及盲板法兰的安装、排水与排气软管的安装等。

其中，换热器与泵的跨接、膨胀节的拆除等措施的执行一般采用临时管段。如用临时管段跨接换热器与泵、采用临时管段在膨胀节处直接接通，在采用临时管线时使用与管道相同规格、材质的法兰、弯头和管段组合焊接代替设备，然后使用两片密封垫片及螺栓将上下游管道连接起来，过程中管道的焊接、预制、法兰选型、垫片选择及螺栓紧固应参照 ASME B31.1[18]或 ASME Ⅲ[17]、ASME B18.21.1[30]、ASME B16.11[19]、ASME B16.5[31]、ASME B16.36[32]、ASME B16.20—1998[33]及 ASME B16.20a—2000[34]等规范要求。安全阀拆除后往往是采用防异物控制（FME：Foreign Material Exclusion）措施封堵或用盲板法兰封堵，所采用标准规范与法兰垫片安装基本一致。依据设计要求及 NQA—1—1994[1]、ASME B31.1[18]、ASME Ⅲ[17]等文件要求，过程中应避免使用含氟的临时垫片和生料带。

仪控元件包括文丘里管、流量孔板、流量计等。如文丘里管等较长、较大仪控元件移除后，一般是采用与管道相同规格、材质的管段代替，采用焊接形式将上下游管道连接起来。施工过程中需依据 ASME B31.1[18]或 ASME Ⅲ[17]、AWS 等规范。如是流量孔板等设备连接长度小于 5 mm 的情况，则直接在法兰间加与法兰匹配的垫片，然后依据 ASME B31.1[18]或

ASME Ⅲ[17]使用螺栓将两片法兰连接起来。

部分正式阀门用临时阀门代替，是将法兰连接阀门拆除后用临时阀门、密封垫、螺栓将上下游管道连通；或焊接连接阀门拆除后用临时阀门采用焊接方式将上下游管道连通两种形式。阀门与管道连接过程中，除了遵守管道安装的相关标准规范外，还需参考 ASME B16.34[35]等关于阀门的规范。

排水与排气软管的安装在机械模块内较多，一般是使用相同规格、材质的法兰、软管接头、管箍、软管等将冲洗水引至排放地漏处。实施过程中参考有关管道安装的标准、规范即可。避免用铁丝绑扎软管于正式管道上，以防止漏水。

2.3.4 仪表的安装

在机械模块出厂时，模块上的仪表及仪表管线应安装完毕。为了发现仪表产品质量问题和运输、贮存中产生的损坏和缺陷，GB 50093—2013 自动化仪表工程及质量验收规范[36]规定，仪表在安装和使用前需进行检验、校准和试验。仪表在校准安装时，需遵守 IEEE Standard 1023—2004[37]及 IEC 61513[38]的要求，考虑仪表是否便于调试和运行操作等人因因素和对核电站仪表安装的通用要求；如果是 1E 级仪表，在不违反 IEEE Standard 1023—2004[37]及 IEC 61513[38]的要求同时，需遵守 IEEE Std 336—2005[39]、ANSI/ISA—S67.02—1980[40]、ANSI/ISA-67.01.01—2002[41]等规范的要求。

2.3.5 临时支撑的割除

机械模块上的临时支撑是模块上管道安装后，为了保证运输过程中管道或设备固定可靠而安装的，一般在临时支架上涂上有别于现场正式产品颜色的油漆。在现场管道与模块中管道或设备正式安装后，可以移除临时支撑，临时支撑割除后，需根据 AWS D1.1—2000[7]中的表 6.1 或 AWS D1.6—1999[8]中的 6.28.1 节进行 VT 检查。

2.3.6 油漆

模块的补漆主要是指修补模块在施工过程中被损坏的油漆层。根据模块需要涂漆面积大小、不同的作业环境，可以选择对模块进行溶剂清理、手工清理、机械清理、大规模喷砂清理、近喷砂除锈级清理，可参照的标准有 SSPC SP 1[42]、SSPC SP 2[43]、SSPC SP 3[44]、SSPC SP 6[45]、SSPC SP 10[46]等。喷砂处理过的钢结构，可以对照 SSPC Vis 1[47]钢结构表面干喷砂处理指导和照片参考进行质量检查。喷涂油漆时，需执行 SSPC PA 1[48]钢结构车间底漆、现场涂装和维护标准，油漆干燥后，依据 SSPC PA 2[49]进行漆膜厚度测量，以确认油漆厚度是否符合设计要求。

2.4 成品保护

成品保护是现场安装活动的一个重要组成部分，目的是使产品，包括已施工或待施工的设备及构筑物，处于一个良好状态。成品保护主要工作形式是日常检查与维护，主要包括防腐、防尘、防撞、防潮、防火、防污染等，实施时可以参照 NQA—1 及泵、阀门、换热器、仪控元件等产品运行维护手册，并形成相关记录。如个别泵所属电机、阀门所属电机在现场安装后，需要通电加热，以保持电机干燥；换热器应尽可能推后接入系统时间，以维持其内部氮气环境，防止锈蚀。

3 小结

综上所述，通过对机械模块现场安装流程中各环节的分析，可以清晰地看出，目前 AP1000 所设计的机械模块现场安装所用标准约为 49 个。其中有 42 个是国际/国外标准，占绝对多数、其中以美标居多均为质保或技术标准；所用国家标准、行业标准为 7 个，相对较少。究其原因主要是设计方在进行 AP1000 设计时为了保持标准之间的相互衔接和一致性，所参考的标准、规范主要是国际/国外标准，其中以美标居多，几乎不考虑国内标准。

同时，通过上文的梳理也可以看出，在安全操作技术规程等方面采用国标较多，这种情况与目前现场的施工管理活动直接相关，与设计本身关系不密切。在成品保护方面，主要参考的技术文件是 NQA—1—1994 及各设备供应商的技术手册，没有较为具体的参考标准可直接选用。

4　建议

基于目前在 AP1000 依托项目的建设实践，施工过程中所用的国标较少。在后续项目的建设中，应加强对依托项目的经验反馈，加强对已有国标在 AP1000 核电站建设过程中适用性的研究，为后续项目的建设提供更多的支持性标准，同时要兼顾标准在国外 AP1000 工程项目的适用性研究。对没有标准直接覆盖的工作内容，应加强标准的研究和制定，如研究和制定成品保护的企业标准、国家标准等。相信，随着我们对 AP1000 技术的消化、再吸收，会有越来越多的国标标准在后续 AP1000 项目中被采用。

参考文献

[1] ASME NQA—1—1994Quality Assurance Requirements for Nuclear Facility Applications [S].

[2] GB 6067.1—2010，起重机械安全规程第一部分总则 [S].

[3] JGJ 276—2012，建筑施工起重吊装安全技术规范 [S].

[4] JGJ 33—2012，建筑机械使用安全技术规范 [S].

[5] ANSI Y14.5M—1982，Dimensioning and Tolerancing [S].

[6] ANSI B46.1，Surface Texture（Surface Roughness，Waviness，and Lay）[S].

[7] AWS D1.1—2000，Structural Welding Code Steel [S].

[8] AWS D1.6—1999，Structural Welding Code Stainless Steel [S].

[9] AISC S335—1989，Specification for Structural Steel Buildings Allowable Stress Design and Plastic Design [S].

[10] ANSI/AISC N690—1994，Specification for Safety-Related Steel Structures for Nuclear Facilities [S].

[11] GB 5082—1985，起重吊运指挥信号 [S].

[12] GB 50026—2007，工程测量规范 [S].

[13] ACI 349-06，Code Requirements for Nuclear Safety-Related Concrete Structures and Commentary [S].

[14] AISC Specification for Structural Joints Using ASTM A325 or A490 Bolts [S].

[15] ASTM E515—2011，Standard Practice for Leaks Using Bubble Emission Techniques [S].

[16] ASME Ⅱ，ASME Boiler and Pressure Vessel Code，Section Ⅱ，Metal Specifications，1998 Edition including Addenda through 2000（Class 1，2，3 Piping and Components）[S].

[17] ASME Ⅲ，ASME Boiler and Pressure Vessel Code，Section Ⅲ，Rules for Construction of Nuclear Power Plant Components，1998 Edition including Addenda through 2000（See ASME Code Case N-782）[S].

[18] [ASME B31.1，Power Piping，ASME Code for Pressure Piping，1989 edition and 1989 Addenda [S].
[19] ASME B16.11，Forged Fittings，Socket-Welding and Threaded [S].
[20] PFI ES-3，Fabricating Tolerances [S].
[21] PFI ES-24，Pipe Bending Methods，Tolerances，Process and Material Requirements [S].
[22] ASTM E165，Standard Test Method for Liquid Penetrant Examination [S].
[23] ASTM A-380，Standard Practice for Cleaning，Descaling，and Passivation of Stainless Steel Parts，Equipment and Systems [S].
[24] ASME IX，ASME Boiler and Pressure Vessel Code，Section IX，Welding and Brazing Qualifications，1998 Edition including Addenda through 2000 [S].
[25] ASME V，ASME Boiler and Pressure Vessel Code，Section V, "Non-destructive Examination," 1998 Edition including Addenda through 2000 [S].
[26] ASTM E213，Standard Practice for Ultrasonic Examination of Metal Pipe and Tubing [S].
[27] HAF601—2007，民用核安全设备设计制造安装和无损检验监督管理规定 [S].
[28] NFPA-70，1999 National Electrical Code（NEC）.
[29] IEEE 665—1995（R2001），Guide for Generating Station Grounding. [S].
[30] ASME B18.21.1，Lock washers [S].
[31] ASME B16.5，Steel Pipe，Flanges and Flange Fittings [S].
[32] ASME B16.36，Orifice Flanges [S].
[33] ASME B16.20—1998，Metallic Gaskets for Pipe Flanges Ring-Joint，Spiral-Wound，and Jacketed [S].
[34] ASME B16.20a—2000，Addenda to ASME B16.20—1998 Metallic Gaskets for Pipe Flanges Ring-Joint，Spiral-Wound，and Jacketed，ASME B16.20—1998 [S].
[35] ASME B16.34，Valves-Flanged and Buttwelding End [S].
[36] GB 50093—2013，自动化仪表工程机质量验收规范 [S].
[37] IEEE Standard 1023—2004，IEEE Recommended Practice for the Application of Human Factors Engineering to Systems，Equipment，and Facilities of Nuclear Power Generating Stations and Other Nuclear Facilities [S].
[38] IEC 61513，Nuclear Power Plants-Instrumentation and Control for Systems Important to Safety-General Requirements for System [S].
[39] IEEE Std 336—2005，IEEE Guide for Installation，Inspection and Testing for Class 1E Power，Instrumentation，and Control Equipment at Nuclear Facilities [S].
[40] ANSI/ISA—S67.02—1980，Nuclear Safety-Related Instrument-Sensing Line Piping and Tubing Standard for Use in Nuclear Power Plants [S].
[41] ANSI/ISA—67.01.01—2002，Transducer and Transmitter Installation for Nuclear Safety Applications [S].
[42] SSPC SP 1，Solvent Cleaning-incl. editorial revisions Nov.1，2004 [S].
[43] SSPC SP 2，Hand Tool Cleaning [S].
[44] SSPC SP 3，Power Tool Cleaning-Editorial Revisions November 1 [S].
[45] SSPC SP 6，Commercial Blast Cleaning-NACE No.3—2000；Editorial Revisions November

1，2004［S］.
［46］SSPC SP 10，Near-White Metal Blast Cleaning［S］.
［47］SSPC Vis 1，Visual Standard for Abrasive Blast Cleaned Steel（Standard Reference Photographs）［S］.
［48］SSPC PA 1，Shop，field，and Maintenance Painting of Steel，incl. editorial revisions of Nov.1，2004［S］.
［49］SSPC PA 2，Measurement of Dry Coating Thickness with Magnetic Gages［S］.

浅析 AP1000 液位计的选型和安装

温声耀

（上海核工程研究设计院有限公司，山东 海阳 265116）

摘要：AP1000 核电厂的设计具有开创性的技术特点，是国际上主流的第三代压水堆型。液位测量是核电厂自动控制系统中的重要组成部分。研究液位计的选型及安装对于核电厂的设计和施工有很强的实用价值。本文在介绍 AP1000 核电厂采用的液位测量仪表工作原理的基础上，重点阐述了其采用的雷达液位计和超声波液位计在选型和过程安装中应该注意的问题。分析了两者液位计的优缺点以及 AP1000 在这两者液位计选型上的经验反馈。结合液位计的工作原理，分析了液位计的安装经验反馈。为后续 AP1000 项目液位测量仪表特别是雷达液位计和超声波液位计的设计和安装提供技术参考。

关键词：AP1000；液位测量；超声波液位计；雷达液位计

A Brief Analysis AP1000 Liquid Level Instrument and Experience Feedback

WEN Shengyao

（Shanghai Nuclear Engineering Research & Design Institute Co.，Ltd.，
Haiyang of Shandong Prov. 265116，China）

Abstract: AP1000 nuclear power plant is the mainstream third generation pressurized water reactor，which has creative and distinctive design characteristics. Liquid level measurement is a key point of automatic control system in nuclear power station. This paper first introduce the operating principle of AP1000 nuclear power plant liquid level measurement，and then emphasis analysis what point should be pay attention to about choosing between ultrasonic level and radar Level and installation experience feedback. And by analyzing the operating principle of ultrasonic level，conclude several feedbacks from liquid level installation. This paper could offer some good suggest for the designer to liquid level measurement especially ultrasonic level radar Level design in follow-up AP1000 nuclear power plant.

Key words: AP1000 Project；Liquid Level Measurement；Ultrasonic Level；Radar Level

---

作者简介：温声耀（1982— ），男，山东海阳人，工程师，学士，现从事核电站设计工作

液位测量是核电厂自动控制系统中的重要组成部分。AP1000核电厂用于液位测量的仪表有四种：差压液位计、雷达液位计、超声波液位计、浮子液位计。不同的液位计有各自的优缺点，针对不同的测量环境、测量介质以及经济上的考虑，应选择合适的液位计。超声波液位计基于其工作原理，在安装过程中需要特别注意不能使其探头部不能收到挤压。在AP1000核电厂的建造过程中，有过液位计选型不当以及安装不当的案例。这边文章结合案例分析和工作原理分析来给后续的核电站建设提供经验反馈。

1 液位测量原理

液位计所测的工艺介质有着复杂多变的特点，熟悉了解所要测量的工艺介质特点对于液位计的选型是很重要的前提工作。

1.1 液位测量的工艺特点

（1）通常情况下，液面是一个规则的表面。但当物料流进、流出时会有波动，或者在生产过程中出现沸腾、起泡等现象时也会发生明显波动。

（2）大型容器中常会出现液体各处温度、密度或黏度等物理量不均匀的现象。

（3）容器中常会有高温、高压，或液体黏度很大、或含有大量杂志悬浮物等。

1.2 四种液位计的特点介绍

1.2.1 差压式液位计测量原理

差压液位计计属于接触式的过程测量仪表，主要用于密闭有压容器的液位测量，通过测量由被测液体的液位高度而产生的静压力来测定液体液位（同样是$P=\rho gH$原理）。将压力变送器中的扩散硅等压敏检测元件和变换信号用的电子装置集成封装。当把液位变送器的传感器投入液体介质中时，传感器把液位的静压转换为电压信号，电压信号经过放大后转换成4～20 mA标准信号输出。液面下取压口中心高度的静压与其液位高度成正比：

$$P=\rho gH$$

式中：ρ——液体密度；g——重力加速度；H——液体高度；P——液面相对取压口产生的势能压力（变送器输入压力）。如图1所示。

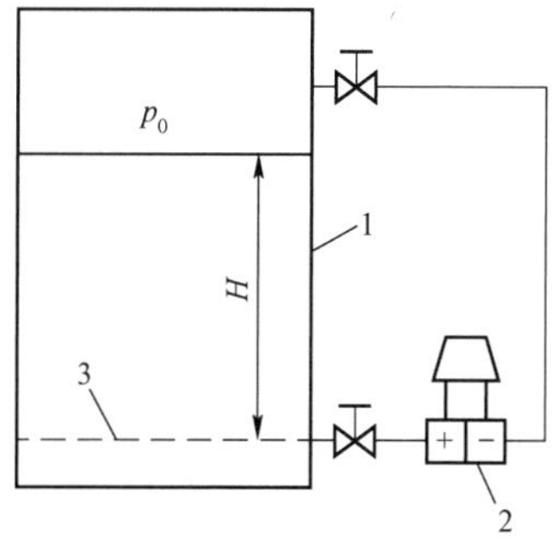

图1 差压液位计

1—容器；2—差压传感器；3—液位零面

1.2.2 磁浮子液位计测量原理

磁浮子液位计适用于高温高压、强酸强碱等运行环境，具有结构简单、可靠耐用的特点。其变送器包括传感器和变送器两部分。仪表传感器部分由干簧链组件、测量管、磁浮子等部件组成。干簧链组件包含一系列串联的精密电阻和与每个电阻相连的磁力驱动的常开干簧管，将电阻和干簧管组装在密封管内即称为干簧链组件，再将其固定于测量管外部。浮子置于测量管内，它随液位的变化上下移动。测量管垂直安装，干簧链组件内的每个电阻值对应于一定的液位高度，当浮子移动到相应的高度时，磁浮子所产生的磁力通过测量管管壁驱动管壁外对应的干簧管接通。对应于水位深度的总电阻值通过液面高度对应的干黄管开关的闭合作用被引出，并作为变送器的输入信号，再经仪表变送器转换成规范的电流信号输出。以二线制4～20 mA或三线制4～20 mA输出液位测量信号。该仪表属于液位开关式的步式测量，经转换后变为连续输出信号。如图2所示。

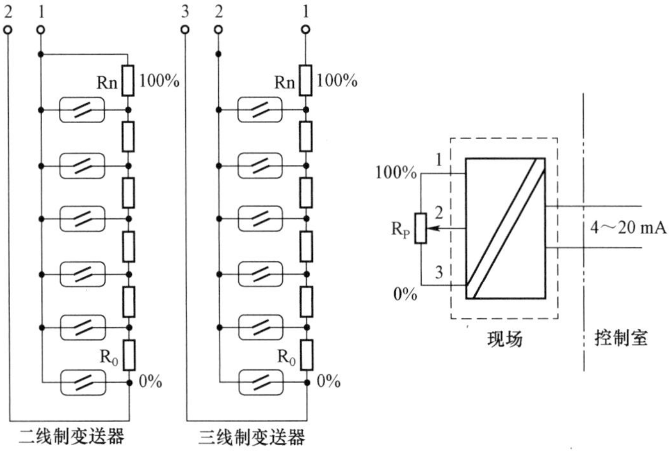

图 2　磁浮子液位计

1.2.3　超声波液位测量原理

超声波液位计是利用超声波在液面处反射原理进行液位高度检测，即应用回波测距原理工作的，可以做到非接触测量。如图 3 所示，当超声波探头向液面发射超声波脉冲时，经过一定时间后，探头接收到从液面反射回来的回声脉冲。只需知道声速和容器高度，即可计算得出容器中的液位高度。

$$H=L-C\times\Delta t/2$$

式中：C——超声波在空气中传播速度；Δt——超声脉冲来回传播时间；H——被测物位；L——超声波传感器辐射面至零位（罐底）的距离。

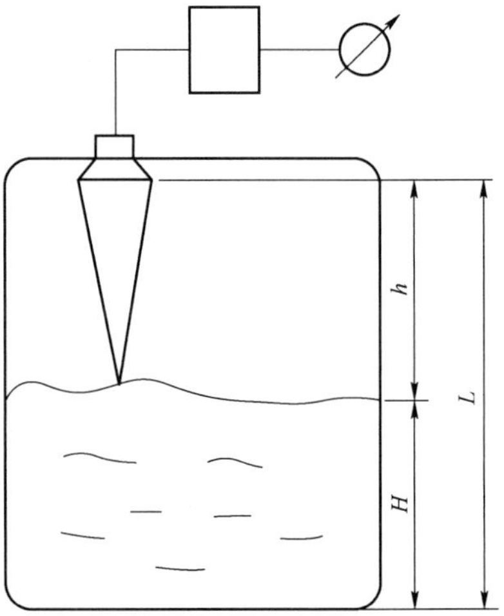

图 3　超声波液位计

不同的超声波频率适用于不同量程的超声波液位计。一般规律是量程越小，超声波频率越高；量程越大，超声波频率越低。这是因为超声波的能量在发射和返回经过的介质中会被大大地衰减，低频长波的能量相对较大，能传播更长的空间。但超声波能量太强，被测液面会产生大量空化气泡，导致能量消耗，反而会降低返回波的能量，影响测量精度，所以应根据测量范围的大小选择合适的发射频率和能量。

1.2.4　雷达液位计测量原理

雷达液位计也属于非接触式过程测量仪表，结构上分为两类：天线式和导波式。天线式是用天线来发射与接收微波，微波在自由空间传播，在被测液面上反射；导波式是以金属导波体插入被测物料，微波沿金属导波体传播，在被测液面上反射。AP1000 采用的雷达液位计均属于导波式雷达液位计。导波式雷达液位计是接触式测量方式，仪表传感部分是一个金属导波体（杆式或柔性缆式），安装时从测量罐的顶部伸入，直达罐底。导波式雷达液位计采用微波的时域反射技术，测量时微波脉冲沿着导波体向下传播，在碰到液面时，由于被测液体介电常数与空气不同，就会产生反射，回波被接收。根据微波脉冲的行程时间可以测出液位。导波式雷达液位计的探头（导波体）在结构上可以分为三种类型：同轴式、单杆式（金属杆或柔性金属缆）和缆式（金属杆或柔性金属缆），如图4所示。

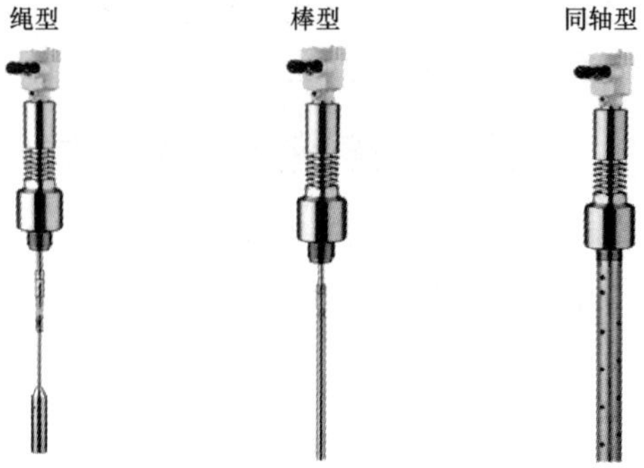

图4　导波式雷达液位计

2　液位计的选型及经验反馈

超声波液位计和雷达液位计均属于非接触式过程测量仪表，但有各自的优缺点。

2.1　超声波液位计的优缺点

超声波架构下的液位计，便于安装及维修。但是超声波带有不断更替的特性，各时段的声波储存、曲线解析，耗时偏长，因此，不适宜安设在液位变更速率偏快的环境。此外，超声波液位计不适宜高温高压、蒸汽弥散的雾状空间、夹带着粉尘的空间。

泡沫是声波反射不充分的表面，会吸收一部分或是全部的声波脉冲能量，减少或是完全消除回波信号。因此，在被测液体存在泡沫的场合，不能使用。

2.2　雷达液位计的优缺点

雷达液位计和超声波液位计都是利用回波测距原理的仪表。但雷达液位计利用电磁波作为能量波，由于电磁波传播不依赖介质，所以雷达液位计受到环境特有的干扰偏小，这是其主要优势。可以适应高温高压、蒸汽弥散的雾状空间、夹带着粉尘的空间，可以使用在工况变化较大的场合。

电磁波以光速传播，使得雷达液位计测量更灵敏，刷新速度更快。此外，雷达液位计的精度一般要高于超声波。

2.3　选型不当的经验反馈

AP1000核电厂在调试阶段，发现安装在反应堆冷却剂疏水箱（RCDT）和脱气塔分离器上的超声波液位计WLS—JE—LT002，WLS—JE—LT021发生多次液位跳变，偶发的突然跳变导致连锁的阀门误动作。

原因分析：稳压器向放射性废液系统向RCDT排气时，由相关压力测量仪表显示得知RCDT压力瞬间上涨至2.36 MPa，说明虽然管线较长，但用时较短，可以认为排气过程是绝热过程。查询水和蒸汽性质表，221 ℃（冷却剂工作温度），2.36 MPa对应的比熵6.27 kJ/（kg • ℃），比焓2 801 kJ/kg，取RCDT背压0.1～0.14 MPa，假设排气过程可逆，且排气过程稳定，查询水和蒸汽性质表，根据等熵过程计算得出，排向RCDT介质对应的温度在99～109 ℃，介质处于湿蒸汽区，即RCDT此时含有蒸汽，容易在探头表面产生凝结水，导致WLS—JE—LT002超声波液位计测量不准确和跳变。将超声波液位计更换为雷达式液位计，补充热态功能测试期间，相同工况下，执行排气操作，液位计显示正常，无波动。

执行脱气塔真空泵启动命令时，真空泵启动，排气瞬间造成了脱气塔分离器上部气相密度骤增影响了波的传播速度，同时排气的初始阶段液位出现剧烈跳动，是由于排气瞬间，分离器气体密度不均匀，超声波出现折射失波现象。更换为雷达液位计后，在真空泵启动过程和正常脱气过程均未出现波动。

除了冷凝水、蒸汽以及空气压力影响外，如果液位波动大，罐内结构复杂，也会对超声波液位计的正常运行造成影响。

AP1000后续项目在设计上已根据此经验反馈将CCS—JE—LT130A/B、CCS—JE—LT131A/B、

PXS—JE—LT052/055、WLS—JE—LT002/021、PCS—JE—LT037、CVS—JE—LT109 由超声波液位计更换为雷达液位计。

3 液位计的安装及经验反馈

AP1000 核电厂在调试阶段发现 WLS—LT320 仪表无法正确显示废液罐液位，厂家人员到场后在拆卸仪表过程中发现一次元件需要用力才能从接口法兰短管取出。如图 5 所示。取出后发现该一次元件在安装过程中受挤压而损坏。经测量废液罐的法兰口和短管内侧直径 52.4 mm，小于该一次元件的根部直径 52.78 mm。根据超声波液位计震动发波工作原理，如果短管尺寸过于接近甚至小于一次元件内径，即便一次元件没有损坏，也会因为被短管箍紧，无法发出超声波或超声波很弱，从而影响测量。通过排除，WLS－JE－LE111A/B，WLS－JE－lE200A/B 也有类似问题。

通过液位计的规格书查询可知，仪表 WLS—JE—LE111A/B、WLS—JE—LE200A/B、WLS－JE－LE320 需要与 2 寸 ASME B16.5 150 级法兰连接。

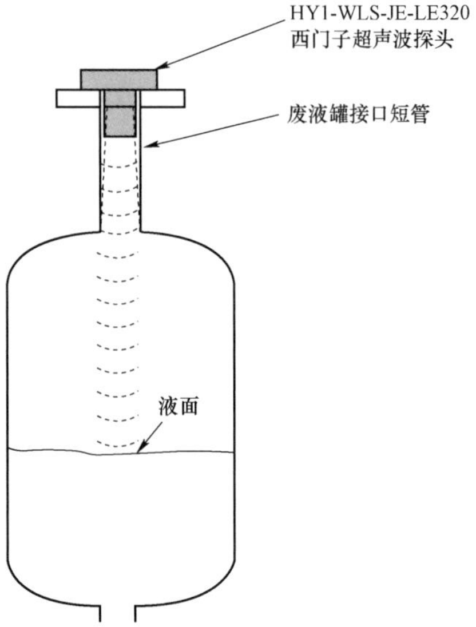

图 5　现场安装示意图

根据 ASME B16.5 CL150 能与仪表连接的法兰仅有 Socket Weld 和 Weld Neck 两种类型法兰。现场 MT3L 和 MT3N 罐体上法兰为 SW 型。如图 6 所示。

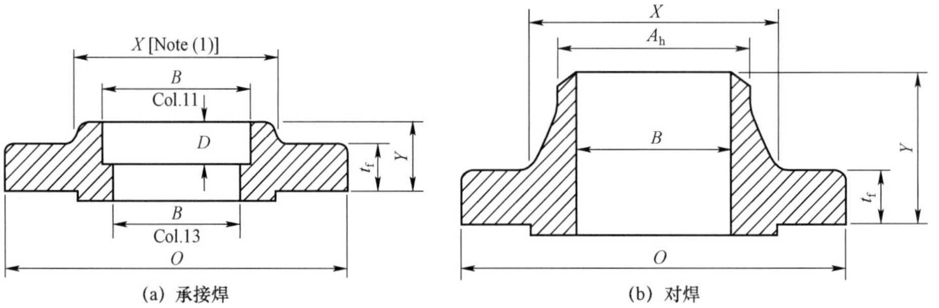

图 6　仪表法兰连接方式

此两种 2 寸法兰内侧直径均为 52.5 mm，而仪表探头实测的结果为，一次元件根部直径为 52.2～52.7 mm，与法兰内径接近，这造成安装时仪表被挤压在法兰内。

现场通过将 WLS 废液罐接口法兰及连接管内壁打磨 1 mm，使得仪表 WLS－LE320 正常插入接口法兰。但这种方法不是根本的解决方案，后续项目中设计根据此经验反馈对液位计的尺寸和罐体上的接口法兰直径在设计文件进行了统一。

4 结语

本文阐述了超声波液位计和雷达液位的工作原理分析和各自的优缺点分析。通过分析两个选型失败案例论述了核电站在这两者液位计选型上应该注意的地方；通过分析一个液位计安装方面的案例，结合其工作原理，论述了在安装过程中应该注意的问题，并讨论了如果在设计源头上消除此类问题措施。为后续 AP1000 项目在关于雷达液位计和超声波液位计的设计及施工提供有益的参考。

参考文献

［1］《工业自动化仪表与系统手册》编辑委员会. 工业自动化仪表与系统手册［M］. 北京：中国电力出版社，2008.
［2］廖圣勇. 核电站中液位仪表的选型［J］. 仪器仪表用户，2009（3）：123-125.
［3］HG 20615-97. 钢制管法兰型式、参数［S］.

AP1000 核岛工艺系统部件焊接工艺评定审查的要求与实践

吴崇志，苗明华，周清利，付深庆，李明凯

（上海核工程研究设计院有限公司，上海 200233）

摘要：在 AP1000 依托项目的工程建设过程中，现场项目管理机构（SPMO）在施工前组织对承包商的焊接工艺评定报告（PQR）和焊接工艺规程（WPS）进行审查，使其满足 HAF003 和 ASME NQA－1 关于工艺过程控制的相关要求，以确保合格的焊接工艺应用于实体部件。对于核岛工艺系统部件，其焊接工艺评定以 ASME 规范为基础结合 AP1000 的设计要求而开展。在对 PQR 和 WPS 进行审查时，为便于核对各项参数是否符合要求，采用了审查清单的形式。审查清单以 ASME BPVC IX 中各类焊接方法对应的焊接变素为基础，根据变素类型对 PQR 和 WPS 审查项目进行细化，确保了审查内容的完整性和审查标准的一致性，有效缩短了审查时间、提高了审查效率。

关键词：AP1000；核岛；工艺系统；焊接工艺评定；审查

Requirements and Practice for the Review of Process System Component Welding Procedure Qualification During the Construction of AP1000 Nuclear Island

WU Chongzhi，MIAO Minghua，ZHOU Qingli，FU Shenqing，LI Mingkai

（Shanghai Nuclear Engineering Research & Design Institute Co.，Ltd.，
Shanghai 200233，China）

Abstract：During the construction of the AP1000 Self-reliance Project，SPMO（Site Project Management Organization）review PQR（Procedure Qualification Record）and WPS（Welding Procedure Specification）submitted by contractor prior to construction to ensure the right welding process will be used on site，which meet the requirements of HAF003 and ASME NQA－1 regarding process engineering control. For process system components in nuclear island，the welding procedure qualification is based on the ASME standard combined with the design

---

作者简介：吴崇志（1979— ），男，山东烟台人，高级工程师，工程硕士，现主要从事焊接技术管理和技术标准管理工作

requirements of AP1000. Checklist is adopted to facilitate the review of PQR and WPS. For different welding methods，checklists are prepared in accordance with the welding variables in ASME BPVC IX. The review items are refined based on the type of welding variable to ensure the integrity of review content and the consistency of review standard which shorten the review time and improve the review efficiency.

Key words: AP1000；Nuclear Island；Process System；Welding Procedure Qualification；Review

AP1000 先进非能动压水堆核电厂是我国首次引进的按美国规范建造的第三代核电项目，其建造过程的质量保证需同时符合我国核安全法规 HAF 003[1]和美国 ASME NQA－1[2]的要求。

根据 HAF003 的第 8 节“工艺过程控制”和 NQA－1 的要求 9“特殊过程的控制”，需对建造过程中所使用的影响质量的工艺过程予以控制，当所达到的质量取决于所使用的工艺过程且不能通过对成品的检验来验证时，还必须根据有关的规范、标准、技术规格书、准则的要求或其他特殊要求，制定措施并形成文件以保证相关工艺由合格的人员、按照认可的程序等来完成。建造过程中的焊接作业即属于此类工艺，因为焊后的无损检测虽能检验焊缝是否存在物理缺陷，却不能检验焊缝的金相组织和力学性能状况，所以在施工前需要预先进行焊接工艺评定并编制工艺评定文件，在施工中需按照焊接工艺评定严格执行，以确保在工程实体上使用的焊接工艺符合标准、规范和设计要求。

在 AP1000 依托项目的工程实践中，为了对焊接工艺进行有效控制并符合 HAF003 和 NQA－1 的上述质保要求，SPMO 在施工前组织开展了对承包商焊接工艺评定的审查工作。

1　评定依据

AP1000 项目的核岛由美国西屋公司设计，工艺系统部件的设计基础为 ASME 规范，相应的焊接工艺评定工作均以 ASME 规范为基础结合 AP1000 的设计要求而开展。

焊接工艺评定涉及主要技术文件有：焊接工艺指导书、PQR 和 WPS。焊接工艺指导书是开展焊接工艺评定的指导方案，一般应包括母材、焊材、工艺参数、试验项目和合格标准等；PQR 是对焊接工艺评定过程及试验结果的记录；WPS 是根据特定的 PQR 编制，包括母材、焊材和工艺参数等，作为焊工现场施焊操作的工艺指导。

执行 ASME 规范的部件，其焊接工艺评定以 ASME BPVC IX[3]为基础，结合部件所执行的 ASME 产品卷册[4,5]的具体要求，以及 AP1000 的设计要求而开展，如表 1 所示。对于焊接工艺评定，AP1000 的设计要求可以高于 ASME 规范；ASME 规范各卷册之间，当 ASME 产品卷册的评定要求异于 ASME BPVC IX 时，应以产品卷册的要求为准[6-8]。

表 1　ASME 部件焊接工艺评定开展的依据

核 1 级部件	核 2 级部件	核 3 级部件	MC 级部件（钢制安全壳）	其他核级部件	核级支撑件	非核级动力管道组件
ASME BPVC IX + ASME BPVC Ⅲ－NB + 设计要求	ASME BPVC IX + ASME BPVC Ⅲ－NC + 设计要求	ASME BPVC IX + ASME BPVC Ⅲ－ND + 设计要求	ASME BPVC IX + ASME BPVC Ⅲ－NE + 设计要求	……	ASME BPVC IX + ASME BPVC Ⅲ－NF + 设计要求	ASME BPVC IX + ASME B31.1 + 设计要求

施工承包商进行焊接工艺评定的技术准备和实施步骤如表2所示。

（1）根据图纸梳理统计工程实体中所涉及焊接部件等级，焊接接头的材质、规格、形式，焊缝类型及焊接位置等；

（2）通读相应部件所执行的技术规格书，了解焊接工艺和焊接工艺评定的特殊要求；

（3）对照图纸和技术规格书所指向的标准规范，了解焊接工艺和焊接工艺评定的要求；

（4）根据以上步骤（1）至步骤（3）的信息，以及现场施工方案，编制指导焊接工艺评定的焊接工艺指导书；

（5）根据焊接工艺评定试验过程及结果，编制PQR；

（6）根据PQR、施工方案和图纸，编制WPS指导现场施工。

表2　焊接工艺评定的技术准备和实施步骤

序号	项目	包含内容
1	图纸	焊接部件等级，焊接接头的材质、规格、形式，焊缝类型及焊接位置等
2	技术规格书	焊接工艺和焊接工艺评定的特殊要求
3	标准规范	焊接工艺和焊接工艺评定的要求
4	焊接工艺指导书	母材、焊材、工艺参数、试验项目和合格标准等
5	PQR	评定过程和试验结果
6	WPS	母材、焊材和工艺参数等

2　审查要点

SPMO通过施工前对PQR和WPS的审查，以及施工过程中对WPS的检查，实现对焊接工艺过程的控制。为便于PQR和WPS的审查，一般要求承包商在PQR中标明其所执行的标准规范和技术规格书，在WPS中标明其适用的系统部件范围。

SPMO在组织对焊接工艺评定进行审查时，其关注的侧重点与承包商对工艺评定的内部核查有所区别。对于PQR和WPS的审查，SPMO主要关注以下三个方面。

（1）对于PQR，审查其与技术规格书和标准规范的符合性；

（2）对于WPS，审查其与技术规格书和标准规范的符合性；

（3）对于WPS，根据技术规格书和标准规范，审查其是否处于PQR的覆盖范围。

以核二级LBB（leak before break）管道的焊接工艺评定为例：PQR和WPS除了应满足ASME BPVC Ⅲ-NC+ASME BPVC IX的要求，还应满足相应的LBB技术规格书的要求，例如需采用GTAW工艺。

再以采用GTAW工艺的管道部件为例：首先，需要按照ASME BPVC IX的QW-256审查WPS是否处于PQR的覆盖范围，比如10 mm<T<19 mm（T为壁厚）的坡口焊缝PQR，对应的WPS壁厚应介于5 mm至$2T$之间；其次，核对技术规格书，查看在评定覆盖规则方面是否有其他的特殊要求，例如海水冷却系统范围内的超奥氏体不锈钢要求以UNS号而非P-No.为重要变素，而用于堆内构件的奥氏体不锈钢焊接工艺评定母材的含碳量应不低于部件的含碳量等。

3　审查内容

审查核岛工艺系统的PQR和WPS时，为便于核对各项参数是否符合要求，SPMO采用了审查清单（Checklist）形式。

除了少数依据技术规格书的特殊要求外，审查清单中的主要审查规则依据 ASME BPVC IX 进行。以下就执行 ASME BPVC IX 的 SMAW 工艺方法为例，对 PQR 和 WPS 审查清单的内容进行说明。表 3 展示的是以 ASME BPVC IX 为基础的 PQR 通用内容审查清单，其中对审查项目中的“记录”进行了详细描述；表 4 展示的是以 ASME BPVC IX QW－253 为基础的焊接变素审查清单中的“填充金属”部分，适用于 PQR 和 WPS 的审查。

表 3　PQR 通用内容审查清单

序号	审查项目		审查标准	适用的评定项目类型
1	制造商或承包商责任	……	……	所有类型的评定试验
2	质量控制体系	……	……	所有类型的评定试验
3	记录	核对以下报告的完整性，相关信息的正确性和逻辑性：（1）母材材质书；（2）焊材材质书；（3）各类检测试验报告	对于（1）和（2）：材质应匹配；报告日期早于评定日期。 对于（3）：各类检测报告的编号、材质、规格，应与 PQR 中的相应内容一致；检测报告之间、检测报告与 PQR 之间的日期具有逻辑性；检测报告内容完善	所有类型的评定试验
4	力学性能	……	……	坡口焊缝的工艺评定试验
5	缺口韧性试验	……	……	需要验证冲击韧性的坡口焊缝工艺评定试验
6	角焊缝试验	……	……	角焊缝工艺评定试验
7	其他试验和检测	……	……	技术规格书中有特殊要求的评定试验

表 4　以 QW－253 为基础的焊接变素审查清单部分内容

<table>
<tr><th colspan="2">节号</th><th>变素简述</th><th>变素类型</th><th>PQR 审查项目</th><th colspan="2">WPS 审查项目</th></tr>
<tr><td rowspan="5">QW－404
填充金属</td><td>.4</td><td>ϕF－No.</td><td>重要变素</td><td>列明焊材的 F－No.</td><td colspan="2">（1）WPS 中焊材与 PQR 中焊材的 F－No.应一致；
（2）考虑 WPS 中母材和填充金属的适配性</td></tr>
<tr><td>.5</td><td>ϕA－No.</td><td>重要变素</td><td>列明焊材的 A－No.</td><td colspan="2">（1）WPS 中焊材与 PQR 中焊材的 A－No.应一致；
（2）当 PQR 中焊材为 A－No.1，WPS 中焊材可以为 A－No.2；
（3）当 PQR 中焊材为 A－No.2，WPS 中焊材可以为 A－No.1</td></tr>
<tr><td>.6</td><td>ϕ直径</td><td>非重要变素</td><td>应注明焊条公称直径</td><td colspan="2">应注明焊条公称直径</td></tr>
<tr><td rowspan="2">.7</td><td rowspan="2">ϕ直径＞6 mm</td><td rowspan="2">附加重要变素</td><td rowspan="2">注明焊条公称直径（设定焊条公称直径为 D）</td><td>（1）当被评定的 WPS 需经高于上转变温度的焊后热处理，或当奥氏体材料焊后经固溶化处理；</td><td>评定的焊条公称直径不受限制</td></tr>
<tr><td>（2）不属于以上（1）描述的两种情况下</td><td>评定的焊条公称直径应≤D+6 mm</td></tr>
</table>

在表 4 所示的焊接变素审查清单中，根据变素类型的不同，对 PQR 和 WPS 中相关参数的要求有所区别：对于非重要变素项目，PQR 和 WPS 中均需要进行记录；对于重要变素和

附加重要变素项目，PQR 中需要进行记录，而 WPS 的相关参数需要依据规则根据 PQR 的相应数据确定范围。

4 结语

在 AP1000 依托项目的工程建设过程中，SPMO 工程师掌握了 ASME 规范关于焊接工艺评定的相关要求，并在核岛工艺系统部件焊接工艺评定审查的实践中不断总结和提炼，推动了工艺评定审查工作的规范化和标准化，确保了审查内容的完整性和审查标准的一致性，有效缩短了审查时间、提高了审查效率。在依托项目经验的基础上对工艺评定审查清单的进一步细化，将为高效开展 CAP1000 和 CAP1400 项目的焊接工艺评定审查奠定基础。

参考文献

［1］HAF003-1991 核电厂质量保证安全规定［S］. 1991.

［2］ASME NQA-1 Quality Assurance Requirements for Nuclear Facility Applications［S］. 1994.

［3］ASME Boiler and Pressure Vessel Code，Section IX，Welding and Brazing Quanlifications［S］. 1998.

［4］ASME Boiler and Pressure Vessel Code，Section Ⅲ，Division 1，Rules for Construction of Nuclear Power Plant Components［S］. 1998.

［5］ASME B31.1 Power Piping［S］. 1998.

［6］吴崇志，孙豪明，付深庆，等. AP1000 核岛焊接与无损检测人员资质管理［J］. 焊接技术，2014，43（8）：55-58.

［7］雷翔栋，吴崇志，朱瑞峰，等. ASME IX 升版对核电焊接工艺评定的影响［J］. 电焊机，2014，44（8）：171-173.

［8］吴崇志，付深庆，张增魁，等. 基于 ASME 规范的焊接工艺评定管理［J］. 焊接技术，2015，44（10）：76-78.

AP1000 核电项目施工管理可适应性组织机构的探讨

吴　健

（上海核工程研究设计院有限公司，上海　200233）

摘要： 在国内三代核电项目的建造管理过程中，采用 AP 机组的核电项目，因 AP/CAP 系列三代核电型号先进的设计特点，也具有目前已建、在建核电项目的建造特点，如模块化、开顶法、平行施工等，这些在施工方面的变化对项目现场施工管理提出了不同的要求。基于在三门项目实施过程中，随着项目进展在不同阶段的重点施工活动及中方和外方合作模式的变化等不同条件，分析 SPMO 施工管理部组织机构所产生的变化，在结合了管理幅度和最新的管理理念情况下，探讨在后续同类项目中可能的施工管理部部门的组织方式，为后续项目的执行提供参考。

关键词： 核电；施工管理；组织机构

Adaptable Organization of Construction Management in AP1000 Nuclear Power Project

WU Jian

（Shanghai Nuclear Engineering Research & Design Institute Co.，Ltd.，Shanghai 200233，China）

Abstract: During the process of building generation 3rd nuclear power plant projects in China，recently，the AP serials NPP projects，because of its advanced design concept，bring the new challenges for construction which is different with the other built or building NPP projects，such as modularization-construction，open-top construction，parallel construction，etc. During the whole duration of the construction of AP1000 Sanmen project，the site project management organization has to adopt proper way to fit each situation of project.

Key words: Nuclear Power Plant；Construction Management；Organization

当前国内基于"引消吸"的 AP1000 核电依托项目，即三门和海阳项目的四台机组，在克服设计、设备和施工等方面诸多困难之后，均已在 2018 年至 2019 年投入正式的商业运行。而对于后续 AP/CAP 机组的建设，和其他堆型的核电机组一样，也面临着新能源发电的有力

作者简介： 吴　健（1976—　），江苏扬州人，工程硕士，高级工程师，主要从事核电项目的施工管理工作

竞争。核电在国内能源结构调整、供给侧改革的要求下，必须同时满足高标准的安全性和经济性才能进一步在市场竞争中继续得到发展。

对于核电机组的安全性，是核电项目的生命线，安全性要求在三代技术理念的引领下，从设计之初就进行着持续的优化和改进，同时在实施中的各个环节中，通过严格和完整的质量保证体系、质量控制体系和监督体系，全过程全范围覆盖，保证了电站的建造质量满足法律法规和设计文件的要求。

而对于核电项目在安全性基础上如何实现经济性是具有挑战的问题，也是基于目前能源供给和消费阶段的现实的要求，需要在设计、采购、建造、调试等各环节上进行研究提高效率的方法。除了批量化建造外，还必须在核电项目建造的每个环节的管理效率上进行提升。其中在总包方的现场施工管理就是其中管理成本较大的一块。根据依托项目的组织机构，在高峰期，仅施工管理部的人员占整个项目的人员比重约为30%达到 108 人，这其中包含了中外合作和该机型首堆建设的客观因素，但也为后续改进提供了空间。

通过在依托项目的建设中的有益探索和实践，值得我们进行总结和思考，其中在建造环节的经验反馈是为后续项目提升施工管理效率提供了基础和依据。结合后续项目的特点和条件，为后续项目能够既满足安全性同时也要满足经济性的要求，在施工管理实施中，根据项目所处阶段的需要，采用适应性和针对性的人员组织方式，能够更有效地整合管理资源，更好地完成施工管理的任务。

1 依托项目实施经验

在依托项目中（以三门项目为例），在项目启动阶段到机组正式投入商运，整个周期历时比较长，EPC 总包方的进入现场是从三门厂址的场平工作完成（五通一平完成）后进场，直到整个建造、调试过程时间跨越超过 10 年。在整个周期中，现场项目管理部（简称 SPMO）负责现场项目管理四大控制方面的日常管理，其中担负主要施工管理的组织，协调、监督的是 SPMO 的施工管理部。施工管理部门负责全过程管理，职责多任务重，典型组织机构设置部门经理和副经理，下设土建专业板块、安装专业板块、完工板块和施工支持板块（焊接、起重、测量、总平、文明施工等）。总的设置原则是基于项目实施大纲对于部门职责的描述和定位，采取专业工程师管理对应专业的施工活动。

通过对依托项目的回顾，我们可以发现在专业化管理的基础上，实际工作中，在不同的阶段，这个组织机构是针对着项目进展的需要而不断在进行调整，以适应不同情况下对现场施工活动管理的需求，具体如下。

1.1 第一阶段，从项目部入场开始到负挖结束

这个阶段是从项目部进驻现场开始到负挖结束。负挖结束的标志是基坑完成验收，即核安全局的验槽通过。这个阶段的主要现场工作是对现场负挖的施工管理，和部分开工的临建的施工管理，如施工临建区和 CA，CV 拼装场地的施工，重点是爆破和开挖进度，没有多区域和多专业的情况。在此阶段 SPMO 整体的人员是比较少的，相应的施工管理部的人员也在 10 人以下，因此基本是以小组形式开展工作，外方经理和中方经理作为小组的牵头人员，配置了相应的土建、爆破、测量、计划等人员开展具体管理和监督工作。其组织机构（见图 1）。

1.2 第二阶段，从基坑完成验收到 FCD

这个阶段从基坑验槽完成验收到 FCD 实施，标志是 FCD 浇筑活动结束，该阶段的现场施工管理重点分为两条主线：一是围绕项目 FCD 这个重要里程碑节点开展现场施工，二是同

步开始大型结构模块和 CV 的拼装施工，因此相应的在组织机构上就形成了两个大的区域，一个是核岛（包括五大厂房），一个是模块拼装区域和 CV 拼装区域。同时结合现场施工用电、用水、临建的施工，配置了部分安装专业工程师到场对配合进行的安装施工进行管理。

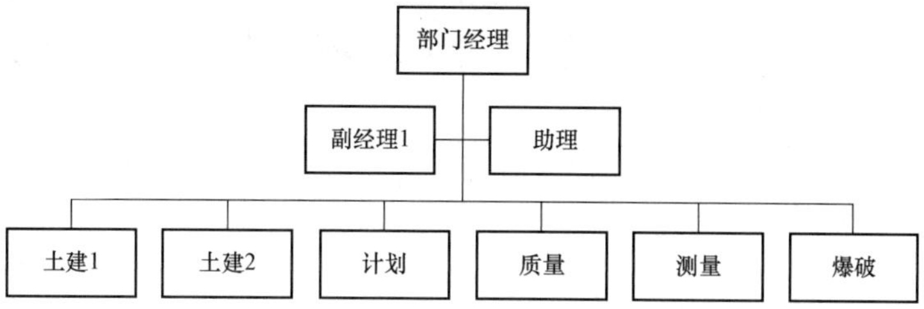

部门经理	部门副经理	区域经理	专业经理	专业工程师
1	1	0	0	8

图 1　第一阶段组织机构示意图

本阶段部门和三个大区域的管理仍以外方为主，围绕三个大区域的区域经理为主开展工作，各区域配置土建、焊接和安装专业工程师进行具体管理工作。其组织机构见图 2。

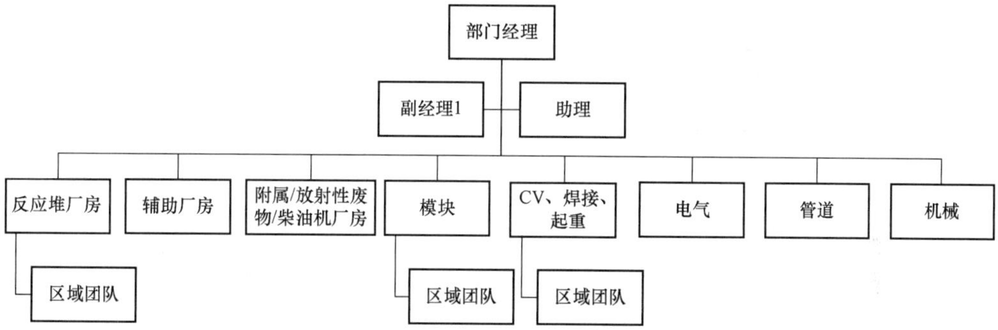

部门经理	部门副经理	区域经理	专业经理	专业工程师
1	1	3	0	20

图 2　第二阶段组织机构示意图

1.3　第三阶段，从 FCD 到厂房主体结构完成

除了持续进行的 CA 和 CV 拼装活动外，在核岛现场从 FCD 浇筑后一直到五个厂房封顶，都是以土建施工为主的结构施工期。在本阶段中的施工管理的重点有：一是三个厂房土建结构施工；二是与土建工作同步开展的安装专业施工，包括预埋和提前引入的设备等；三是模块拼装和 CV 拼装工作。因此在这个阶段，分为 5 个区域，反应堆厂房、辅助厂房、附属厂房、结构模块拼装、CV 模块拼装；安装专业的电气、管道、机械等工程师归入各个厂房，由厂房的区域经理负责指挥和安排日常工作。专业经理到岗，但仅负责进行牵头进行专业技术准备工作，还未牵头进行专业施工的管理工作。

本阶段仍是以外方为主，担任部门经理，各区域经理和专业经理的正职岗位，而中方担任相应的副职岗位，中外方合作同时逐步开始由向中方管理逐步过渡，形成相互衔接和补充的工作机制。其组织机构见图 3。

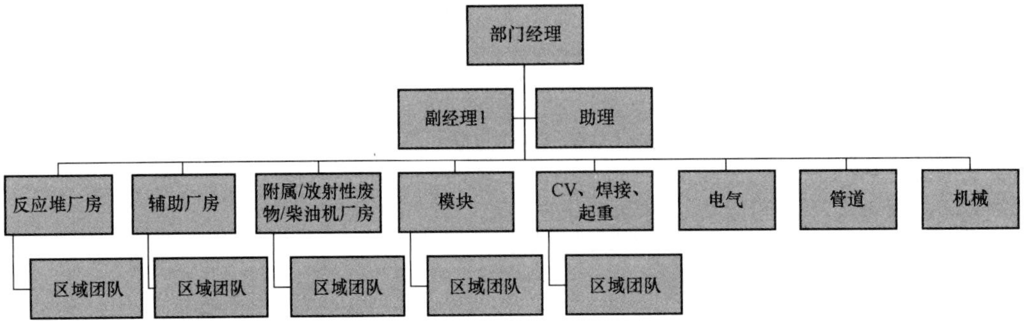

部门经理	部门副经理	区域经理	专业经理	专业工程师
1	1	0	0	8

图 3　第三阶段组织机构示意图

1.4　第四阶段，大宗材料安装到系统移交

在这个阶段，施工管理的重点是随着各厂房结构封顶完成（土建施工完成），安装各专业从前期配合土建完成工作，主要以预埋、提前引入和复核等施工活动，转向以厂房、区域和标高，开始逐步展开工作面，其中重点是管道、电气、通风的大宗材料施工，以及主设备和辅助设备的安装，各厂房的土建专业施工转为配合安装进行施工，为安装活动创造施工条件，形成安装工作面。

在这个阶段外方逐步退出，转而开始以中方为主开展工作，其中的各安装专业的板块是本阶段施工管理的主体，以大宗材料的安装计划为牵引，推动大宗材料的安装进展，并支持系统移交。各厂房以土建专业的收尾施工为主，开展和进行房间移交前的准备工作。

本阶段组织机构见图 4。

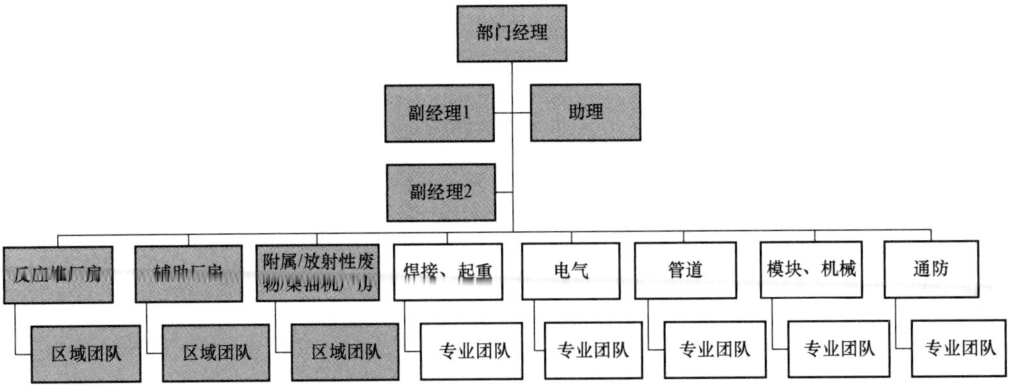

部门经理	部门副经理	区域经理	专业经理	专业工程师
1	1	3	5	80

图 4　第四阶段组织机构示意图

1.5　第五阶段，从系统移交到系统移交完成

本阶段是从系统移交开始，因部分系统移交时间比较早，因此这个阶段会与第四阶段会

形成一定的交叉，在此阶段，施工管理重点就是移交和尾项施工，一是安装专业的系统移交工作；二是各厂房的房间移交工作。系统和房间移交完成是标志着建安施工阶段完成，进入调试阶段，在这个阶段，除了原有正常的厂房板块和各专业板块外，为面对在系统移交当中暴露出的设计、采购供货、质量、协调等大量的现场问题，并推动系统移交工作，因此设立了临时性的系统移交经理和系统移交小组。需说明的是，这个系统移交小组是一个跨组织和跨部门的临时小组，由系统移交经理牵头负责，带领针对具体某个系统的小组，组员来于现场设计部、采购中心、施工管理部、QAQC 部、也包括上下游的管理人员，共同推动系统移交的设计、采购、施工和接口问题的解决。以按计划完成系统移交为目标开展工作，完成移交后小组解散。

本阶段完全以中方为主，发挥出中方主导下，强化与上下游的协调，以计划为龙头统一目标开展工作，同时也继续强化与上游设计方的沟通协调，加快设计问题的处理。专项小组的机制较好的强化了跨部门的接口，更为有效的处理跨部门的问题，有力支撑了移交计划的执行。这个阶段的组织机构图见图 5。

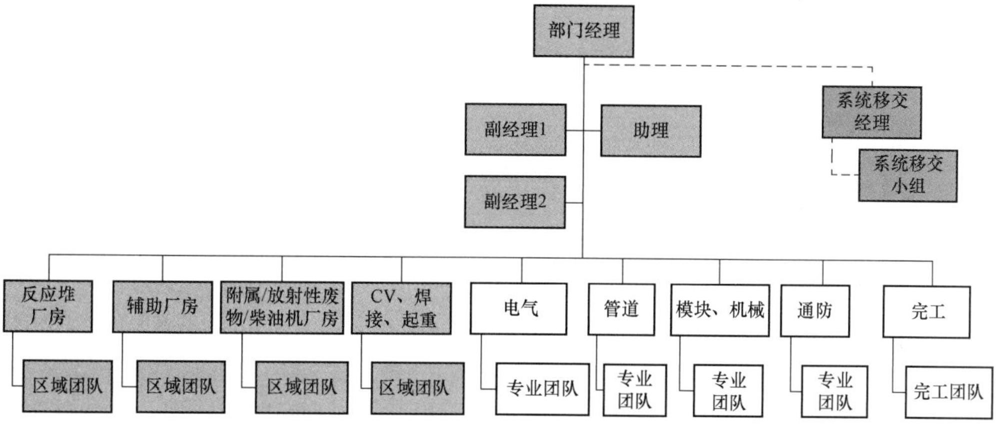

部门经理	部门副经理	区域经理	专业经理	专业工程师	系统移交经理
1	2	3	5	50	50

图 5　第五阶段组织机构示意图

2　对依托项目实施经验的分析

通过对依托项目的回顾，我们可以看出在 AP1000 依托项目 SPMO 的施工管理部，在项目执行的各个阶段中，组织机构存在突出的演化过程，这是与其他机型的核电项目有明显的差异性。而这个变化的过程，是与 AP 系列机型的特点带来的施工特点息息相关的。

2.1　差异性分析

通过对比其他核电项目和 AP1000 项目的建造过程，可以明显发现其施工计划，或者说与计划相对应的施工资源投入，有明显的区别，其中主要的不同在于，对于其他二代+项目，有明显的大的施工阶段划分，先土建、后安装、再调试，三个阶段有其主要的工作内容，主辅鲜明，三个阶段存在一定的交叉。而 AP1000 项目中，一是作为模块化施工，大型结构模块和 CV 拼装需在 FCD 之前提前开始，才能保证随后续厂房结构施工节奏实现到点安装目标，二是因厂房布置紧凑土建和安装施工深度交叉，在标高上或平面上交叉或并行前进。

这个区别表现在现场人力资源投入上就是，其他核电项目中这几个阶段的人力资源投入上有着明显的独立高峰期，也就是前期的土建结构施工高峰、安装高峰和调试，高峰的指标参数为现场的实际施工人员数量，或者每月人工时等。两个高峰随着核电项目采用反应堆的类型的不同略有区别，通常有着几个月的时间间隔。而 AP1000 项目因其固有的特点，这两个高峰点的时间间隔被明显缩短，更为深入的交叉在一起了，在现场会有更多的工作同时在开展，有更多的工作人员在一线进行施工活动。

因此两类项目对比如图 6 所示。

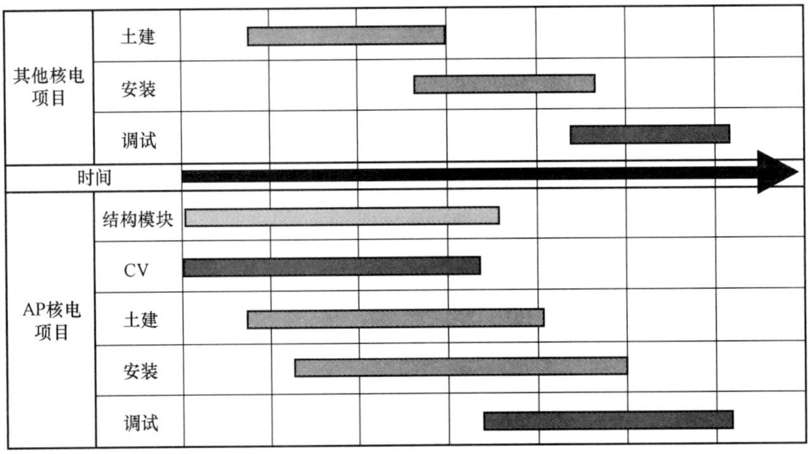

图 6　核电项目进度示意图

这就对项目管理活动提出了更高的要求和挑战，其具体要求为以下几点。

（1）管理活动必须覆盖所有的建造活动工作面，确保各项监督职能能够发挥效果，确保安全，确保质量。

（2）管理活动必须保证各项建造活动，在满足项目安全、质量、进度、费用等指标要求下，都可以顺利开展。同步管理和协调好各项活动之间的接口问题，做到各专业计划和总体计划都可控。

（3）在各专业上能够支持各个工种同步但有序地开展施工活动，及时解决施工中遇到的设计、设备等方面的问题。

相较于其他核电项目，以模块化为建造特点的 AP 核电机组，各专业的平行施工更为显著；同时各区域的施工活动存在比较明显的专业特点，需要专业的人管专业的事情，如 CA，CV 区域主要是焊接专业为主，而厂房主要以土建结构施工专业为主等，这个特点就要求各个区域是不能采用标准化的人员架构组成的，需要设置针对性的人员实施具体工作。但同时在区域中也会阶段性地需要配置部分其他专业人员进行支撑，如 CA 区域需要起重吊装人员支持，各厂房需要管道、电气等专业人员的支持等。

2.2　必要性分析

是否需要特别考虑一个组织架构的形式来适应现场的施工管理，核电工程是一个超级复杂的项目，在总体上必须保证安全和保证质量，同时也具备建设项目通用包括的进度、费用、风险等控制要素，再加上中外合作、项目整体架构复杂、参与方众多，各专业覆盖、专业技术要求、质保要求高等等特点，就决定了对于核电项目的现场建造过程采取有效的管理。同时核电项目也有其商业属性，考虑成本，特别是其中的管理成本，因此合适恰当的管理组织是必要的，也是一个走向成熟的 AE 公司的必然选择。

因此，综上描述，结合项目的阶段性采取适应性的组织机构，不必在整个现场项目管理的生命周期采用同一个组织机构的形式，而应该采取可适应性的组织机构。

3　对后续 AP 项目的现场施工管理部门的组织架构的初步探讨

通过对依托项目的建造过程的回顾和分析，对于设置合适的组织机构，正所谓形式是为内容服务，不同的组织形式应基于以下宏观方面的因素考虑出发。

（1）与 AP1000 核电项目的建造特点相适应；

（2）与项目管理的体系和资源配置相适应；

（3）与项目中的中外合作方式相适应，并根据中外方在项目中承担的不同责任的相互演化而相应的进行调整；

（4）基于依托项目完成之后形成的组织过程资产积累对后续项目的影响。

同时也需要具体考虑与项目的：

（1）每个阶段的施工管理重点；

（2）不同阶段工作量大小；

（3）对专业的具体要求。

因此，考虑到核电项目的特点、AP 机型的特点等多方面因素，作为现场施工管理的部门的组织架构在整个依托项目的实施周期中应该采取可适应性的组织架构，不同阶段采用不同的组织形式（不同时期，存在不同的组织形式）来更好地完成项目现场的建造管理的需求。同时也需要注意与项目的一些具体的特有的要求相结合。

3.1　对于组织架构的基本选择

3.1.1　根据时间划分阶段

核电项目的特点是专业众多，专业的要求高，总周期长，因此在特定时间中，会同步展开多专业多区域的施工活动，这就要求管理人员能够覆盖所辖的施工活动，避免出现盲区，造成安全、质量和进度方面的问题。

结合项目特点，并行施工、土建安装深度交叉，就是说各个专业施工同步展开，因此需要采取对应的相对独立的团队进行管理。结合专业特点，大型结构模块和 CV 拼装工作提前开始，专业的要求是机械、焊接等，而项目 FCD 通常是以土建专业为主的工作。

因此根据时间线并考虑每个阶段的重点专业内容，把项目划分为五个阶段，入场到负挖完成，FCD 之前，FCD～CVTH 就位，CVTH 就位至系统移交，冷试（系统移交完成）。

3.1.2　组织架构的形式选择

根据《项目管理知识体系指南》（PMBOK®指南）第 5 版 2.1.3 组织机构章节的内容，PMI 认为“组织结构的类型包括职能型、项目型及位于这两者之间的各种矩阵型结构”。

同时在采取不同的组织机构时，会对项目管理中项目经理的职责权限、资源、预算的职责等几个方面都会产生变化，进而对项目管理的活动产生影响。

其中对于区域化明显的阶段，以各厂房和区域相对独立的工作阶段为标志，显然强矩阵化的方式更为适应管理要求，各个区域有明显的各自相对独立的进度目标、施工活动内容和质量控制的重点等，由区域经理来作为一个小项目经理更为强化该区域的计划执行、资源配置、跟踪和监督等职能得到落实，组织结构对项目的影响如表 1 所示。

表 1　组织结构对项目的影响

组织结构	职能型	矩阵型			项目型
		弱矩阵	平衡矩阵	强矩阵	
项目经理的职权	很少或没有	小	小到中	中到大	大到几乎全权
可用的资源	很少或没有	少	小到中	中到多	多到几乎全部
项目预算控制者	职能经理	职能经理	混合	项目经理	项目经理
项目经理的角色	兼职	兼职	全职	全职	全职
项目管理行政人员	兼职	兼职	兼职	全职	全职

其中对于专业化明显的阶段，显然职能化的方式更为适应管理要求，如在安装施工高峰的大宗材料施工阶段，专业经理统筹在各个厂房和区域的本专业施工计划、施工资源配置、对现场的管控、问题协调和处理，这样使得不同单位间管理资源充分对接，保证管理体系的高效运行，并统筹协调各厂房和区域的计划满足整体计划的需求。

而除了上述两种比较典型的组织形式外，对负挖验收前的阶段，其工作内容是管理现场临建、负挖等工作，工作内容相对单一，配置的人员数量也较少，因此采用一个小分队的方式是适宜的，可以使内部相互的协调简单，决策链条少。

而对于在项目安装高峰之后的系统移交阶段，是相对另一个极端，其现场建造施工的工作量仍然很大，而系统移交时跨专业、跨部门、跨单位的协调量大，问题分类多，状态变化频繁，因此之前的区域和专业团队在运作时显得效率不高，决策处置的链条较长，不利于快速反应。因此作为更为灵活机动的方式，采用符合 C 型管理原理的专项小组，来处理紧急需快速行动和决策的事项，由一个系统移交经理牵头，组织相关人员的小组 6～10 人，跨部门，跨单位，人员包括施工、EPC 总包、设计、业主、设备制造方等，形成攻坚小组，能够在短时间内使管理资源集中到重点工作中，确保节点目标的实现。

3.2　对后续 AP 项目的现场施工管理部门的组织架构的建议

根据洛克希德的管理幅度理论，根据管理幅度考虑因素来确定点值后，核电项目施工管理部的洛克希德指数是 37，每个人能有效管理的下级人数是 4～6 人，因此按此设定组织架构，使每个岗位的直接下级在此范围之内，对于具体的可适应性的组织机构，如表 2 所示。

表 2　对应不同项目阶段建议的组织结构

阶段	工作内容	组织结构	备注
1. 负挖验槽前	临建，场平，负挖，	小组的形式	
2. FCD 前施工准备	FCD 准备及 CA，CV	核岛区域、CA 区域、CV 区域	
3. FCD～CVTH 就位	结构施工为主，安装配合	3 个厂房区域、CACV 区域	
4. CVTH 就位至大宗材料安装完成	安装各专业大宗材料施工，主设备施工	机械、通防、管道、电气、仪控、3 个厂房及支持专业	与第 4 阶段有交叉
5. 系统移交至冷试	系统移交	常设的组织结构，如机械、通防、管道、电气、仪控、3 个厂房及支持专业，完工； 短期的组织：系统移交经理及小组	

4　结论

对于后续国内 AP/CAP 机组的建设，与其他核电一样存在保证安全性和提高经济性的双重要求，因此在核电项目强化现场建造管理的前提下，为发挥管理的有效性，可以根据不同阶段的工作重点、专业特点和工程量等因素及时调整组织机构，能充分发挥组织形式在管理中的作用，保证管理效能的最大化。

参考文献

[1]（美）项目管理协会. 项目管理知识体系指南（第 4 版）[M]. 北京：电子工业出版社，2009.

AP1000 堆芯仪表组件安装技术研究及经验反馈

谢春华，李伟彪，胡　峰

（上海核工程研究设计院有限公司，上海　200233）

摘要：AP1000 堆芯仪表组件是确保反应堆安全运行的重要监测设备，其在安装技术、设计理念与国内其他堆型如 M310、CRP1000 等有很大差异。由于缺乏可供参考的实践经验，新的设计给安装带来挑战。结合现场实际条件，在充分研究 AP1000 堆芯仪表安装技术的基础上，结合堆芯仪表组件安装实践与经验反馈在组件保护、安装流程优化、防止快速锁紧接头密封失效等方面提出相关优化措施与建议，如：设置缓冲及保护装置以解决组件易弯折损坏的问题；根据组件吊点特点研发专用吊具，避免组件端部损伤与降低组件坠落风险；在安装、设计阶段需考虑组件快速锁紧接头在二次使用时产生的挤压变形，避免接头密封失效泄漏问题。优化措施在实践中取得了良好的效果，使安装效率、质量得到提升并对后续 AP1000 以及 CAP 系列核电堆芯仪表的安装提供参考。

关键词：堆芯仪表组件；专用安装吊具；仪表组件翻转

Research and Experience Feedback on AP1000 In-core Instrument Thimble Assembly Installation Technique

XIE Chunhua，LI Weibiao，HU Feng

（Shanghai Nuclear Engineering Research & Design Institute Co., Ltd., Shanghai 200233, China）

Abstract: The AP1000 In-core Instrument Thimble Assembly（IITA）is an important detector to ensure the safe operation of the reactor. Its installation technique and design concept are quite different from other domestic reactor models such as M310 and CRP1000. Due to the lack of previous constructional experience，new designs pose challenges to installation. Based on on-site actual conditions，the in-depth research into the installation technique and the practical installation of the in-core instrument as well as the experience feedback for IITA protection，optimization of installation procedures，and failure in preventing against quick-lock joint sealing，measures and suggestions were proposed such as adopting buffering and protection device to tackle with the potential bending and damage，developing special tools according to IITA lifting assembly features

作者简介：谢春华（1993—　），女，河南南阳人，助理工程师，工学学士，现主要从事现场仪控设计管理工作

so as to avoid incurring damage to the flexible hermetic hose assembly and reduce the risk of IITA crashing to the ground. Apart from that, during installation and designing, the possible deformation due to excessive compression of the quick-lock joint after reuse should be taken into consideration so as to avoid the possible risk of sealing failure. All the measures adopted achieved great success in the practical installation, which not only enhances the installation efficiency and promotes the installation quality but also is of great referential value for the future AP1000 and CAP series ITTA installation.

Key words: IITA; Special Installation Spreader; IITA Overturn

AP1000 堆芯仪表组件（In-core Instrument Thimble Assembly，IITA）是堆芯仪表系统（In-core Instrument System，IIS）中的关键设备，共有 42 支，在监测反应堆运行状态方面发挥重要作用。IIS 的堆芯中子通量传输给数据显示和处理系统（DDS）的应用服务器，结合电厂控制系统（PLS）提供的相关数据分析生成堆芯 3-D 功率分布，在线功率分布监测系统（OPDMS）对特定的限值裕量进行连续监视，操纵员评估堆芯实际工况，并在低裕量和超限值时提醒操纵员，为操纵员的相关操作提供依据[1]。堆芯仪表安装工作是在首次装料后，启动试验前开展，对后续调试工作顺利地开展有重要影响。

同时，三门核电 AP1000 堆芯仪表组件安装工作在全球是首次。新的设计理念和技术提高了压力容器的整体安全性，但也对 IITA 的安装工作提出了更高的要求，基于堆芯仪表组件的设计特点和其重要性，对堆芯仪表安装技术、安装难点进行研究。

1　AP1000 堆芯仪表组件特点与其他堆型差异对比

1.1　仪表组件结构特点

不同于国内大多数堆型如 M310、VVER 将热电偶与中子探测器独立的设计[2,3]，AP1000 堆芯仪表组件采用了一体化设计。每支组件套管内包括 7 个钒自给能热中子探测器和 1 个 K 型热电偶（见图 1）。钒自给能探测器用于测量堆芯中子注量率，为了满足反应堆堆芯功率分布测量的需要，其中一个探测器的长度对应整个反应堆堆芯高度，其余 6 个探测器的长度以最长探测器长度的 1/7 递减，热电偶用来测量堆芯出口温度[1]。而 M310 堆型，其堆芯仪表的

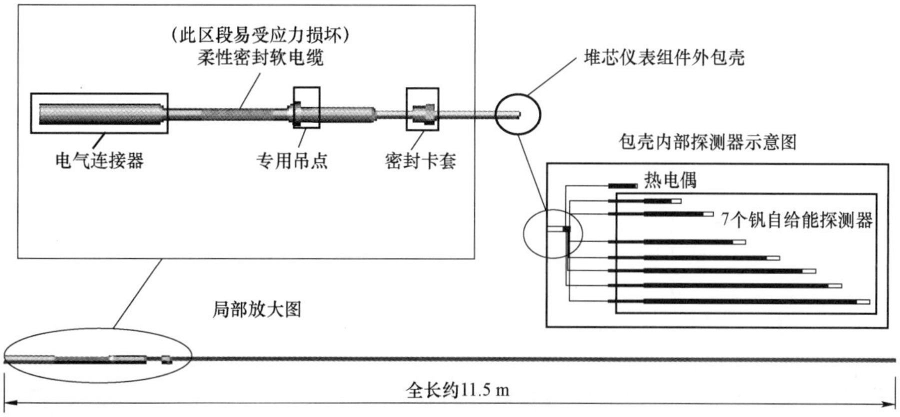

图 1　IITA 组件结构示意图

40 支 K 型热电偶需要通过安装在上部堆内构件的 4 个热电偶柱插入到燃料出口处；5 个微型裂变室中子探测器，每个探测器对应 10 个通道，共有 50 个中子探测器指套管。需要测量的时候由驱动和选择系统，控制 5 个插入驱动装置分别轮换插入[3]。通过对比可以发现 AP1000 这样的设计简化了安装工序、精简了仪表数量，但也对仪表组件的保护和安装质量的控制提出了更高的要求。

1.2　仪表组件安装方式

AP1000 堆型的 IITA 采用“自上而下”穿过反应堆压力容器顶盖插入堆芯，需要依次通过快速锁紧柱、仪表格板组件（Instrumentation Grid Assembly，IGA）上的 IITA 导向套管（导向套管路径为曲线）。而国内常见的堆型如 M310、CPR1000 则采用微型裂变室中子探测器“自下而上”插入反应堆。AP1000 这样的设计使得所有需要深入堆芯的仪表通过反应堆压力容器顶盖上的开孔实现，从而提高了压力容器的完整性、提高了整体安全性[4-5]。但 AP1000 这样的设计同时赋予了 IITA 另一大特征：组件细且长，每支组件长度约 11.5 m（见图 1），因此组件极易在运输、翻转过程中因自身重力产生变形、弯折，对仪表内部造成不可测损伤（见图 2）。

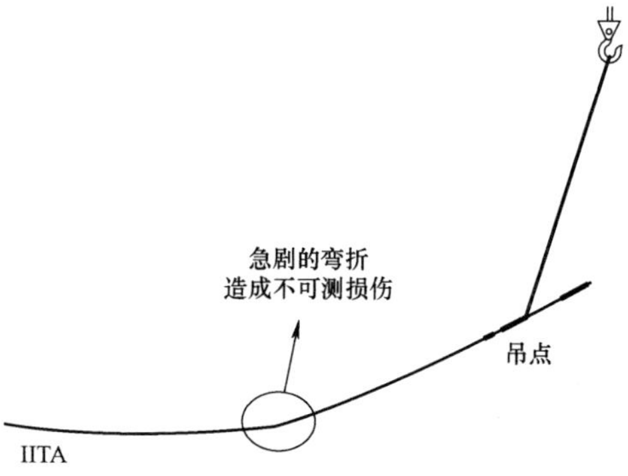

图 2　IITA 吊运弯折示意图

2　堆芯仪表组件安装难点及解决方案

AP1000 堆芯仪表组件整个安装过程需要人员站在不同平台配合完成（见图 3），安装区域防坠落、防异物等相关管控严格，因此对安装管理提出了更高要求。为了避免过长的组件在插入弯曲的仪表导向套管的过程中发生卡涩，设计要求每支堆芯仪表组件需要涂抹 2 遍润滑剂，每遍涂抹后需静置 2 小时，在工单窗口紧的条件下，合理安排工序、优化安装流程显得尤为重要。

由于堆芯仪表组件是采用自上而下插入堆芯的安装方式，因此仪表组件的安装需要借助厂房内的环吊，先将仪表缓慢翻转为竖直再吊运至对应插入位置，借助环吊、牵引装置（见图 4）

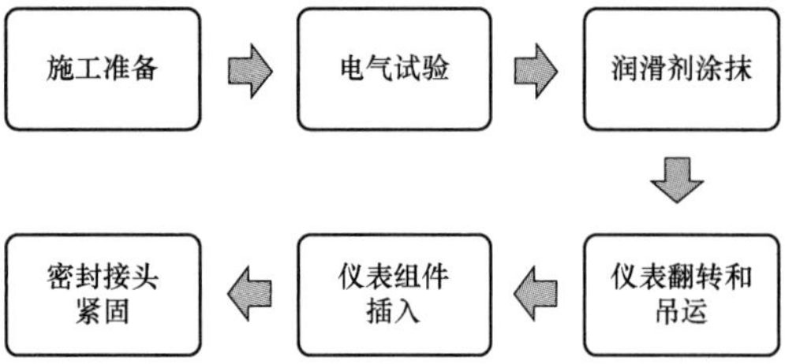

图 3　IITA 安装流程示意图

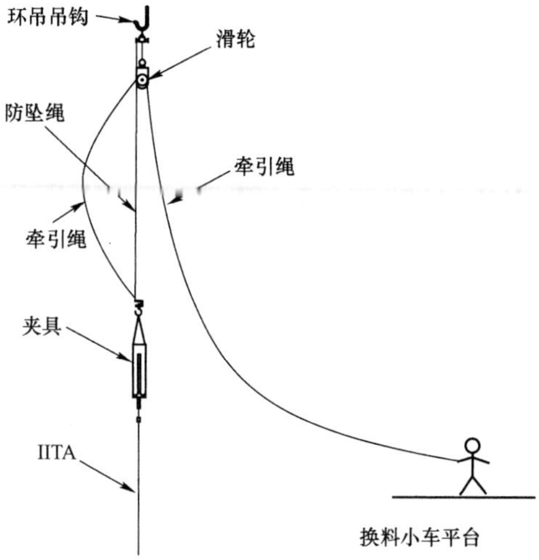

图 4　IITA 吊运牵引装置升降控制示意图

控制堆芯仪表组件下插行程、安装人员根据插入情况选用不同的专用工具将缓慢插入组件直到完成快速密封接头锁紧工作。下面针对流程中的安装难点及解决方案逐一分析。

难点1：组件翻转易损伤

AP1000堆芯仪表组件的固定式测量、一体式结构的设计理念使得组件长度过长，翻转过程中组件会产生弯折，损伤仪表。

为了解决此问题，现场结合厂房区域特点制定了不同的翻转方案。在厂房仪表引入口处的翻转现场通过模拟试验和论证，制作了简易保护工具（见图5）。将IITA穿入翻转保护工具中，并填塞缓冲层。用绳子将IITA与翻转保护工具的固定环固定，避免IITA在翻转过程中在保护管中滑落，造成组件端部损伤。通过翻转工具外的吊点来辅助IITA翻转。

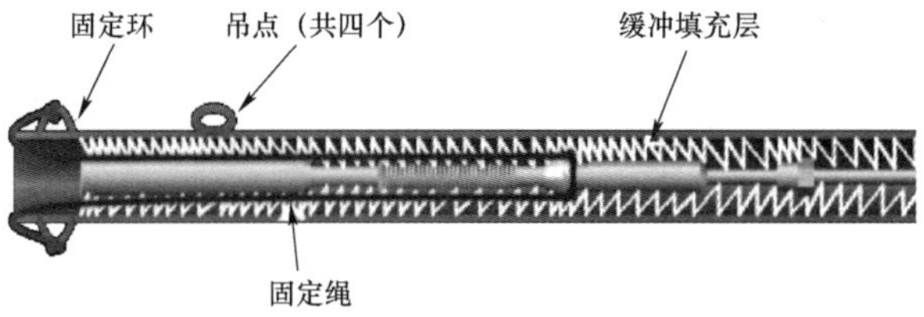

图5　IITA翻转保护工具结构示意图

在安装区域由于受到场地等相关因素的限制，采用楼梯式脚手架人工翻转方案。依照设计建议，组件每2 m需设置一个支撑点以达到控制变形的目的，在人工运送翻转过程中，安装人员以2 m为间隔托起组件，借助楼梯式脚手架和环吊配合来控制翻转倾角，两个翻转方案在实践中取得良好效果。

难点2：组件吊点面积小，固定困难

组件设置的专用吊点（见图1）上部是柔性密封软电缆和电气连接件。这区段较为脆弱，若意外承受应力易发生断裂而损伤组件。同时吊点面积小，绳扣绑系方式难以牢靠固定，易在吊运过程中发生脱扣，吊绳也极易在吊运中缠绕组件的电气连接件，使脆弱区段承受应力，存在严重的安全、质量隐患。

为了在安装插入过程中更稳固的吊运IITA，现场通过反复的模拟实验根据吊点的特点制作了夹紧式专用吊具（见图6）。两片夹片通过锁紧螺母将IITA吊点凸台牢牢固定卡死，确保了吊运过程的稳固，夹片上部的撑板将吊绳撑开，避免了吊绳缠绕，有效保护了组件电气连接段。吊具的使用有效消除了组件在吊运过程中的安全、质量隐患，提升了吊运效率。

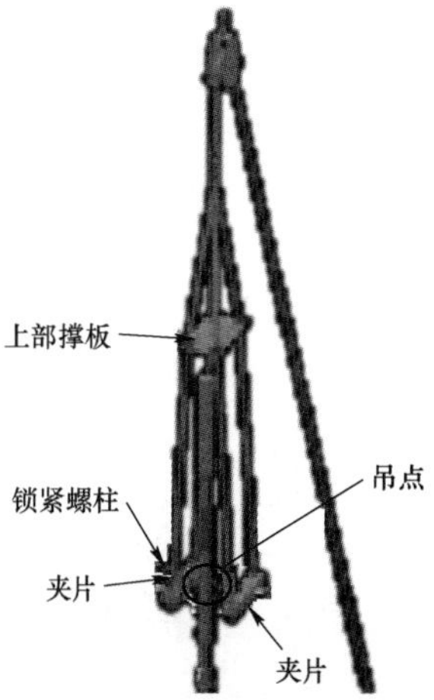

图6　IITA吊具示意图

难点3：安装流程、工序优化

整个安装流程工序衔接需要人员站在不同平台配合才能完成；每支组件润滑剂静置时间需要耗费大量时间、并且需确保每支组件的静置时间不超过规定时间，为了确保整个流程衔接时间最优，现场通过模拟训练、绘制人员站位、分工矩阵图；利用甘特图优化各个衔接流程，利用每支组件的静置等待时间安排人员休息与安装工作，通过并行开展工作达到了精简人员配置、缩短安装工期的目的，如图7所示。

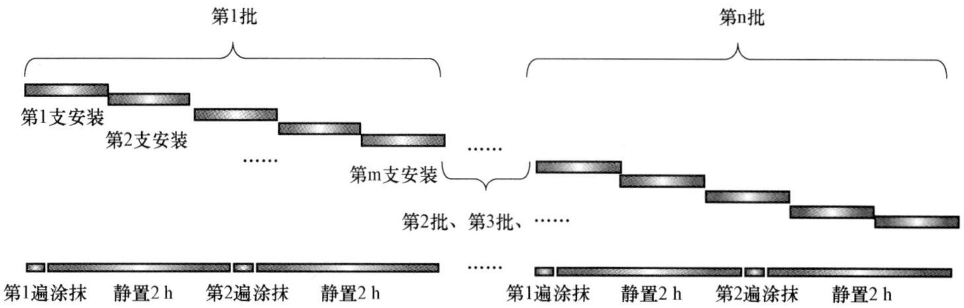

图 7　IITA 安装计划甘特图

3　经验反馈

3.1　组件快速密封接头紧固后间隙规检查不合格

在堆芯仪表组件安装过程中发现某支组件的快速密封接头按设计要求额外添加拧紧圈数之后，仍然无法通过间隙规检查。检查插入位置对应的密封面平整无异常，检查仪表组件快速密封接头的前、后卡套，发现后卡套可以转动并且可上下活动。检查待安装的其他堆芯仪表组件，发现部分组件也存在类似前、后卡套间隙不同的现象。针对出现问题的仪表组件，在同设计确认后在原先基础上再次增大了紧固圈数使问题得到解决。因此，在前期开箱检查时，管理人员应注意检查堆芯仪表组件的前后卡套间隙与松动情况，一旦发现组件卡套间隙异常应及时向厂家或者设计反馈，以便提前对产品进行处理，方便设计修改相关参数。

3.2　组件快速密封接头密封出现失效泄漏

机组在升压实验过程中发现堆芯仪表组件的快速密封接头出现泄漏，泄漏表现为滴水并伴有明显的硼结晶。经检查确认原因为组件快速密封接头紧固不足。经与设计确认后，系统降压至常压后清洁并增加紧固力，升压至 NOP 平台检查组件密封情况未再发生泄漏。

通过调查发现组件快速密封接头与卡套之间在冷、热试期间发生了挤压变形，但设计手册等相关文件中未考虑密封接头第二次使用时的特殊性，使得规定的紧固圈数不能满足实际密封要求。因此，现场在施工阶段应当关注对第二次使用的快速密封接头的检查，并将情况提前反馈设计方供设计参数的修改。

4　结论

本文着重研究了 AP1000 堆芯仪表组件特点及安装难点，并结合现场实践总结梳理了 AP1000 堆芯仪表组件的相关问题处理方案和经验反馈，为后续 A1000 以及 CAP 系列核电项目堆芯仪表组件安装提供参考，主要有以下几个方面。

（1）AP1000 堆芯仪表组件固定式测量、一体化设计提高安全性、精简设备数量的同时，给仪表保护、安装带来新的挑战，现场安装应结合厂房条件适当研发相应的专用工具如翻转保护工具、专用吊具等方式提高仪表组件安装的效率和质量；

（2）针对施工风险高、安装流程多、对人员间协作配合要求高的施工活动，在施工准备阶段建议在充分理解设计文件的基础上，结合现场实际运用矩阵图、甘特图等工具优化分工与工期；

（3）安装过程中应充分重视对堆芯仪表组件快速密封接头检查，同时在设计中应考虑对于二次使用的接头紧固参数的设置或者说明。

参考文献

［1］林诚格，郁祖盛，等. 非能动安全先进压水堆核电技术［M］. 北京：原子能出版社. 2010：176-181.

［2］黄美良，金思奇，秦戈. AP1000 与 ERP 堆芯中子注量率测量系统的差异性比较和分析［J］. 核电子学与探测技术. 2012，2：161-164.

［3］张世栋，周粲，邓天. AP1000 与 CPR1000 堆芯核测仪表差异分析［J］. 原子能科学技术. 2014（S2）：984-988.

［4］王瑞. AP1000 核电厂核测仪表系统及其特点分析［J］. 科技风，2015（14）：115-116.

［5］王瑞. AP1000 核电厂核测仪表系统介绍［C］. 第一届中国（国际）核电仪控技术大会论文集. 中国核学会. 北京：中国仪器仪表学会，2012：33-39.

AP1000核岛超大屏蔽门非常规吊装安装施工技术

徐丰年

（中国核工业第二二建设有限公司，湖北 武汉　430050）

摘要：根据 AP1000 设计，在核岛厂房内部设置有五樘超大屏蔽门，相应门体重量重、尺寸大，而受限于现场环境情况，存在大型吊装设备不可达，门洞周边施工空间狭小，门体安装精度要求高等一系列施工难点。经充分考虑现场实际情况，吊点选择、支撑结构设计、材料选型及计算验证，设计专门的工装体系采用非常规方式进行门体的吊装安装。为满足门体安装的精度要求，采取了一系列的控制措施，形成了成熟的施工工艺，保证了工程质量。

关键词：AP1000 核岛；超大屏蔽门；工装支撑体系；吊装

Non-conventional Lifting Technology of Oversize Shield Door AP1000 NI

XU Fengnian

（China Nuclear Industry 22ND Construction Co.，Ltd.，
Wuhan of Hubei Prov. 430050，China）

Abstract：According to AP1000 design，there are five oversize shied doors in NI，whose size and weight of door are large. Due to the limited site environment，heavy lifting equipment can not reach. Construction space around door opening is small，and door body installation precision is high，so it is difficult to install them. Considering site actual condition，via lifting point consideration，support structure design，material selection and calculation，special system to use non conventional lifting method to install the door body were designed. A series of control measures were taken to meet door installation precision requirement，in order to form mature construction process and ensure construction quality.

Key words：AP1000 Nuclear Island；Oversized Shield Door；Support System；Lifting

三门一期核电工程是世界上首个开工建造的 AP1000 项目，采用美国西屋公司设计的 AP1000 堆型，是我国作为实现第三代核电自主化的依托项目。与以往核电工程相比，该堆型的设计融入了模块化、开顶法施工、建安深度交叉等先进的工程设计理念，并采用了大量的

作者简介：徐丰年（1987—　），男，湖北武汉人，学士，高级工程师，现从事土建施工管理工作

新材料和新工艺。

超大安全屏蔽门是 AP1000 特有的门体类型，相应设计门体需满足防弹、防爆、防火、抗震等一系列性能要求，门体尺寸大，重量重，而相应门体都设置在厂房内部，设计并无相应吊装设备考虑。吊装方式考虑及精度控制是保证门体安装质量及安全性的关键环节。三门现场经充分考虑现场情况，因地制宜，创新性采用非常规吊装安装的施工方式，成功完成了所有超大屏蔽门的安装工作，保证了安装精度，因此结合三门现场门体安装的成功经验，选取其中一樘代表性门体的吊装安装，对门体吊装的工装形式设计、非常规吊装工艺及安装要点等予以介绍说明、为类似超重结构的吊装安装提供参考。

1　工程概况

根据 AP1000 设计，在核岛辅助厂房共设置有五樘超大屏蔽门，分别位于设备闸门或燃料厂房外侧通道所对应的墙体上部，门洞周边设置有门体安装用预埋件。其中超大屏蔽门 12556–AD-D01 位于核岛厂房群的中心，设置于两个厂房交接的墙体上部，为双扇平开门，门体两侧分别为辅助厂房及附属厂房，朝向附属厂房侧开启，其中附属厂房结构已封顶。设计门洞尺寸为 4 876 mm（宽）×5 791 mm（高），门体安装于门洞中部，门框与墙体中间的预埋件焊接进行固定，单扇门板尺寸达 2 384 mm（宽）×5 711 mm（高）×256 mm（厚），单扇门板重 18 359 kg，现场主要施工环境情况见图 1。

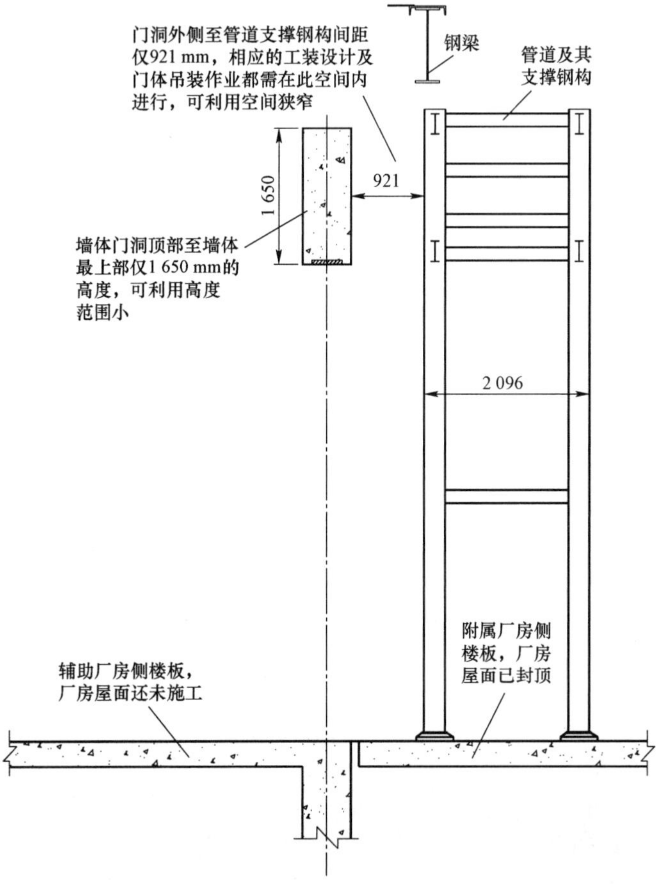

图 1　现场门体安装环境情况

2 工程施工重难点

安装完成门体的精度控制要求较高，对门体安装过程控制要求严格，存在如下重点及难点。

（1）门体设置于辅助厂房的中心位置，两侧分别为反应堆厂房及附属厂房，为整个核岛的中心位置，无法简单的采用机械设备完成门体的吊装安装工作，而相应门洞位置并无相应的吊装设计考虑，需按照现场条件设计工装完成门体的吊装工装。

（2）门体安装于门洞中部，相应门体铰链的设计形式决定门体必须保持就位开启 35°以上才能进行铰链的安装固定，而门体的开启方向为附属厂房，厂房屋面已经施工完成，吊装设备无法达到相应附属厂房侧的房间内，相应门体的铰链安装需满足的开启就位情况见图 2。

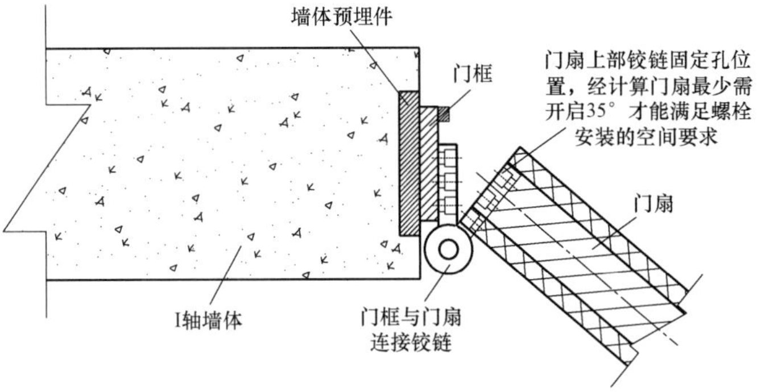

图 2 门框及门扇铰链连接节点图

（3）门体位于辅助厂房与附属厂房的交接处，按照设计文件的规定，相应厂房楼板的承载力分别为：辅助厂房 3 906 kg/m^2，附属厂房 1 220 kg/m^2，而单扇门板重量达 18 359 kg，相应附属厂房侧楼板完全无法承受门体重量，对辅助厂房侧亦需采取一定的措施才能承受门体重量。

（4）门朝向附属厂房方向开启，为实现门体的吊装安装，选择在 I 轴外墙的附属厂房侧设置工装吊装支架，而门洞外侧约 900 mm 位置有管道及管道支架，相应的工装设计及门体吊装作业都需在此空间内进行，可利用空间狭窄。

（5）门洞顶部至墙体最上部仅 1 650 mm 的高度，在此高度范围内需考虑工装至墙体顶部的最少边距（200 mm）、设计吊耳的高度、卸扣的高度、选用手拉葫芦最少可缩短的最小长度（1 000 mm）、钢丝绳的长度等因素，要在此高度范围内设计相应的工装并采用手拉葫芦实现门体的吊装悬空难度大。

（6）安装铰链的同心度需控制在 0.5 mm 内，上门框的水平度控制要求为±3 mm，竖门框的垂直度控制要求为±3 mm，门扇安装的水平度及垂直度控制要求都为±3 mm，而门框及门扇的尺寸大，难以控制。

（7）根据厂家门体设计图纸的规定，门框与墙体预埋件采用角焊缝进行连接，焊缝高度达 20 mm，同时考虑门框的尺寸信息及与预埋件间的缝隙，焊接工程量大，焊接应力大，容易导致焊接完成后的变形超差，焊接应力变形控制难度大。

（8）门框与门扇通过三个铰链进行连接，门扇与门框间设置有 4 mm 的缝隙，而门扇重量重达 18 t 以上，在门体安装完成后，在门体自重的影响下，门体存在轻微的下坠情况，将导致门框与门扇间缝隙及门扇与地面间缝隙尺寸的变化，可能导致偏差超过相关要求。

3　非常规吊装工装设计

3.1　设计思路

门体朝向附属厂房侧开启，门扇需打开一定角度才能进行铰链的安装固定，而门体仅能通过吊车吊装至辅助厂房房间的相应门洞边，故需在门洞的附属厂房侧墙体上部设置工装，与吊车配合进行门体的最终吊装就位及安装。

工装设计考虑在门洞上部的墙体上部设置后置埋件，在埋件上部焊接相应的吊装钢梁及吊耳进行门的吊装，相应吊耳的设置位置需与打开一定角度后门扇上部吊耳位置进行对应，满足门体吊装悬空后角度及距离的相应需求。

3.2　设计选型

按照门体的设计及现场实际情况，经受力计算复核，对门体吊装工装悬挂的后置埋件选用 30 mm 厚的 Q345B 钢板，采用相应数量 M20 的 HILTI HDA-P 重型锚栓进行固定，相应的工装情况及定位见图 3。

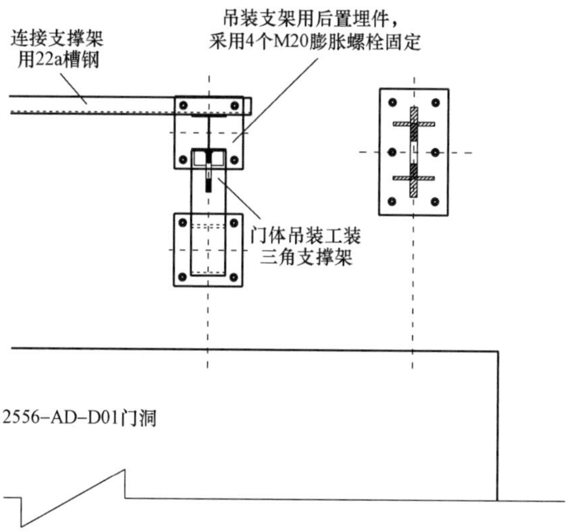

图 3　门吊装工装设计位置示意图

经计算，吊装中间部位选用尺寸为 200 mm×200 mm×8 mm×12 mm 的 H 型钢，与已施工完成的后置埋件进行焊接固定，吊装钢梁支架间通过 22a 的槽钢进行连接，在横向钢梁下部焊接吊装吊耳，两端吊点直接采用设计吊耳与后置埋件进行焊接固定，具体工装的设计尺寸及吊点设置位置严格按照吊装模拟情况确定。

3.3　工装结构验算

按照工装的结构设计及材料选型情况，考虑门体及相关吊索具的重量，取 1.2 的荷载分项系数及 1.2 的吊装动载系数对工装各部位的受力情况进行复核。主要包括：后置埋件锚栓的抗拉及抗剪复核，吊耳内侧孔边的拉应力及轴孔处的挤压应力复核，各部位焊缝的正应力、剪应力及叠加折算应力验算及三角支撑架的支撑钢梁弯矩应力及连接钢梁稳定性验算。

4 非常规吊装安装施工

（1）采用履带起重机进行门体的初始吊装就位，选择合适的起重机站位点，将门扇用平板运输车运送至现场门起始吊装位，悬空放置于枕木上部，卸掉门扇上部钢架，采用 2 根 ϕ48 mm×4 m 的钢丝绳和 25 T 卸扣穿在门单边的 2 个吊耳内，再用起重机将门扇慢慢地吊起（门扇重约 18.4 t），吊到门扇悬空时再将门扇下部慢慢放至于地面枕木上，吊车不能完全放松使门扇垂直放置，拧掉下部钢架的螺栓，然后再将门扇吊起卸掉下部钢架。

（2）将门扇通过辅助厂房屋面吊运至门洞边，在门洞区域楼面上垫设钢板，在楼板钢板上放置滑轮车，将门起吊并将门的端部放置于滑轮车上部，控制吊钩及门体的受力状态，使门缓慢朝门洞位置倾倒，在门倾倒至合适角度后将连接工装的两个 20 T 手拉葫芦分别连接至附属厂房侧的两个门体吊耳，门体吊装示意及现场吊装情况见图 4。

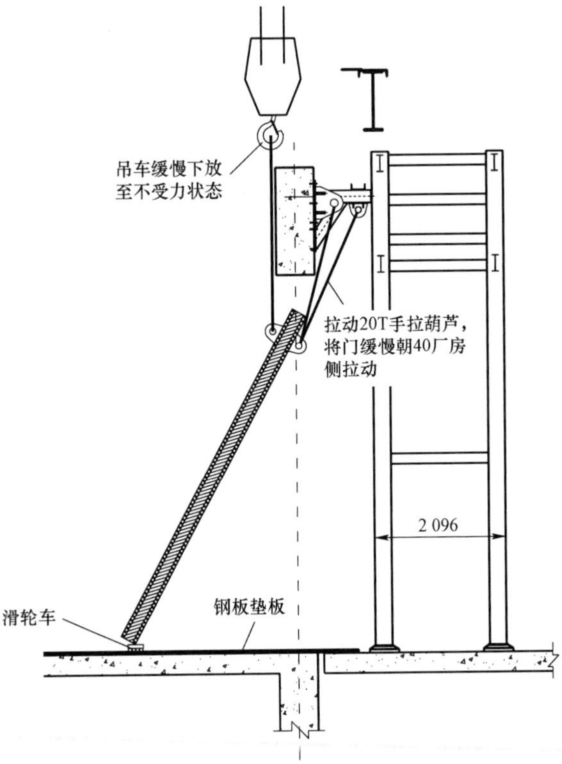

图 4　屏蔽门现场吊装图

（3）拉动两个手拉葫芦至门体基本垂直的状态，缓慢下降吊车吊钩至钢丝绳不受力状态，取下吊车钢丝绳，然后缓慢的将与三角支撑架连接的手拉葫芦进行放松，在放松的过程中时刻注意门体状态，至手拉葫芦放松至完全不受力后，取下并连接至门体上部另一侧对称位置的吊耳，相应吊装情况示意图及现场情况见图 5。

（4）拉动两个手拉葫芦，将门体完全起吊至悬空状态，取下底部的滑轮车，根据吊点的位置设计情况，在门体完全起吊后，两个手拉葫芦应为垂直受力情况，同时门体为一定角度的斜向状态。

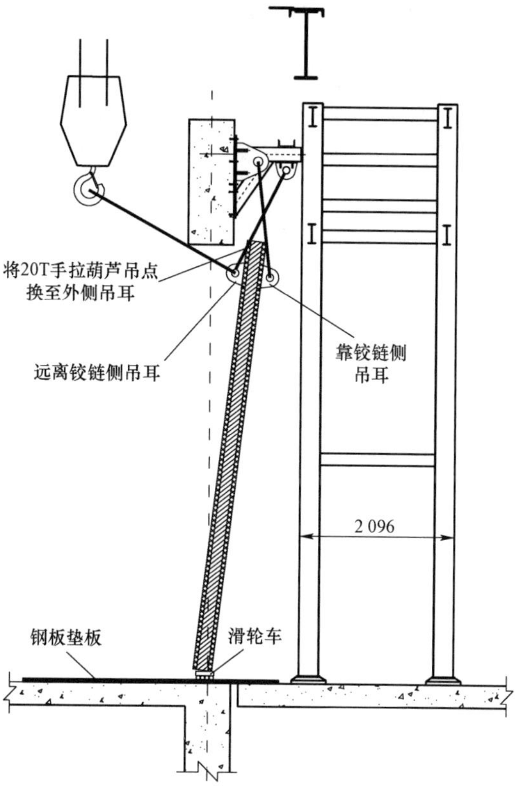

图5　屏蔽门现场门体吊装情况图

（5）在门吊装处于完全垂直状态时，将门扇铰链拨至门扇位置，在门体底部往上 300 mm 位置的侧边设置有螺栓孔，拧入 M30 的螺栓，使用千斤顶或手拉葫芦对门体进行微调，反复调整门扇使铰链螺栓孔和门框铰链螺栓孔基本对准，铰链调整安装顺序从最下部到最上部，最后进行中部铰链的固定，逐个用螺栓将铰链和门框拧上，将所有螺栓拧上后，再逐一将螺栓拧紧，螺栓拧紧后取下手拉葫芦及相应吊索具。

5　门体安装施工要点

5.1　门框安装定位控制

超大屏蔽门的门洞尺寸大，且预埋有门体安装的埋件，在土建施工后，相应门洞的尺寸与设计存在一定的偏差。故需要求厂家考虑现场情况，量取实际的门洞尺寸信息，按实际尺寸进行门体的设计及制造。

在门框安装时，严格控制门框的位置，确保上门框与地面的间距，左右竖框之间的距离满足厂家设计图的要求，并对待安装门体的尺寸进行测量核实，在进行竖框位置调整时，其上部向外侧倾斜 2～3 mm，以抵消后续门体安装完成后的自重下坠，在门框位置调整确认后，采用脚手管进行支撑定位，并采用角钢与门框及预埋件进行焊接，对门框进行固定。

5.2　门框焊接变形控制

选用焊接经验丰富，水平高的焊工执行焊接作业，采用两名焊工对称分段进行焊接，控制焊接速度，确保层间温度不大于 149 ℃，以防止预埋件与混凝土墙接缝处开裂，并尽最大可能控制焊接变形。

5.3 工装设计考虑

熟悉厂家门体结构及特点，考虑门体安装步骤及吊装位置，考虑相应吊装状态，核实推算相关的位置尺寸信息，在相应的位置设计满足要求的工装，对工装的形式及材料选用进行严格的受力计算复核，充分考虑足够的安全系数。

在进行工装设计时，需对现场情况进行勘察，熟悉设计及现场情况，根据不同的现场及空间情况，选择合适的工装及吊装形式，如考虑墙体高度不够，直接采用手拉葫芦与门扇的两个吊耳连接进行起吊，取消过渡的钢丝绳。

5.4 门体非常规吊装

充分考虑吊装的各种情况，选用合适的吊装设备及吊索具，确保吊索具检验合格满足使用需求。做好门体安装的技术交底，相应参与人员充分明确吊装各步骤，吊装前对各过程进行充分的梳理，充分重视吊装的安全工作。

在铰链安装完成后应第一时间进行铰链同心度的核实，确保满足 0.5 mm 的同心度要求，如出现同心度偏差，可对门框铰链位置门框进行打磨或在铰链下部垫垫板，进行同心度的调整，确保同心度满足要求。

6 总结及建议

根据三门现场超大屏蔽门的非常规吊装安装情况，就施工过程的注意事项及施工重点予以总结，并对后续项目或类型工艺的施工建议如下。

（1）在进行门洞内部预埋件施工时，更加严格的控制器偏差要求，对埋件的位置，垂直度及水平度进行控制，减少后续门框安装的困难。

（2）厂家进行门体设计及制造前，应考虑现场情况，量取门洞相关的尺寸信息，与土建偏差较大，将影响后续门体安装的部分，与厂家做好沟通，确定处理方案，由现场处理或厂家门体设计时考虑。

（3）重视进场门体的验收工作，尤其对门体的尺寸、平整度、垂直度及涂层外观等进行检查，清点门体各零部件材料，做好领用记录。

（4）熟悉厂家门体结构及特点，考虑门体安装步骤及吊装位置，考虑相应吊装状态，核实推算相关的位置尺寸信息，在相应的位置设计满足要求的工装，对工装的形式及材料选用进行严格的受力计算复核，充分考虑足够的安全系数。

（5）在进行工作设计时，需对现场情况进行勘察，熟悉设计及现场情况，根据不同的现场及空间情况，选择合适的工装及吊装形式，如考虑墙体高度不够，直接采用手拉葫芦与门扇的两个吊耳连接进行起吊，取消过渡的钢丝绳。

（6）充分考虑吊装的各种情况，选用合适的吊装设备及吊索具，确保吊索具检验合格满足使用需求。

（7）在门框安装时，严格控制门框的位置，确保上门框与地面的间距，左右竖框之间的距离满足厂家设计图的要求，并对待安装门体的尺寸进行测量核实，在进行竖框位置调整时，其上部向外侧倾斜 2～3 mm，以抵消后续门体安装完成后的自重下坠，在门框位置调整确认后，采用必要的方法进行门框固定。

（8）对调整完成的门框与预埋件的缝隙填充相应厚度的钢板，满足焊接要求，并对焊接过程严格控制，选用焊接经验丰富，水平高的焊工执行焊接作业，对此焊接并控制层间温度，尽量控制门框的焊接变形。

（9）做好门体安装的技术交底，相应参与人员充分明确吊装各步骤，吊装前对各过程进行充分的梳理，充分重视吊装的安全工作。

（10）在铰链安装完成后应第一时间进行铰链同心度的核实，确保满足 0.5 mm 的同心度要求，如出现同心度偏差，可对门框铰链位置门框进行打磨或在铰链下部垫垫板，进行同心度的调整，确保同心度满足要求。

7　结论

三门核电辅助厂房超大屏蔽门都设置于厂房内部，相应尺寸及重量大，空间受限无法采用大型吊装设备，安装困难。我方充分考虑门体形式及现场情况，针对不同的门体，因地制宜，设计不同形式的工装形式，通过人力使用简易的器材机具即实现了门体的吊装安装工作，并通过对安装过程的严格控制，确保最终门体的安装质量满足严格的偏差要求，保证了门体的安装质量。

参考文献

[1] 建筑施工手册编写组. 建筑施工手册（第四版）[M]. 北京：中国建筑工业出版社，2015.
[2] 厂家门体设计图纸：SM1-AD03-V2-103 [Z].
[3] 厂家门体安装、调试、操作和维护手册：SM1-AD03-V8-100 [Z].
[4] 中国建筑科学研究院. 建筑装饰装修工程质量验收规范：GB 50210—2018 [Z]. 北京：中国建筑工业出版社，2018.
[5] Structural welding code-steel: AWS D1.1/D1.1 M [Z]. 2002.
[6] 钢结构设计规范：GB 50017—2017 [S]. 北京：中国计划出版社，2017.
[7] 张质文. 起重机设计手册 [M]. 北京：中国铁道出版社，1997.

AP1000 核岛 CV 底部灌浆施工技术

许俊敏

（中国核工业第二二建设有限公司，湖北 武汉　430050）

摘要：AP1000 先进压水堆机型的核反应堆厂房采用 CV 钢制安全壳体作为屏蔽墙内侧的一道防护屏障，钢制安全壳由 CVBH、CV 环、CVTH 及相关构配件组成。其中 CVBH 是一个类似碗状的钢结构，坐落于反应堆外部基础之上。CVBH 直径 19.812 m，高 11.48 m，其底部与反应堆基础 A 层之间的灌浆层均为圆弧曲面，间隙为 90 mm 左右，灌浆层的面积约 306 m^2，高差 1.93 m。本文主要论述 CVBH 与核岛基础间隙的灌浆施工方法，分别在结构特点、方案设计及试验、工艺原理、施工重难点、质量安全保证等方面进行论述，为同类结构的灌浆施工提供较好的借鉴和指导。

关键词：AP1000 核岛；CVBH；灌浆

Construction Technology of CV Bottom Grouting for AP1000 Nuclear Island

XU Junmin

（China Nuclear Industry 22ND Construction Co.，Ltd.，
Wuhan of Hubei Prov. 430050，China）

Abstract: AP1000 advanced PWR nuclear reactor plant uses CV steel containment shell as a protective barrier inside the shielding wall. The steel containment shell consists of CVBH，CV ring and CVTH and related components. CVBH is a bowl-shaped steel structure，which is located on the outside of the reactor. CVBH has a diameter of 19.812 m and a height of 11.48 m. The grouting layer between the bottom and the A layer of the reactor foundation is an arc surface with a clearance of about 90 mm. The grouting layer has an area of 306 m^2 and a height difference of 1.93 m. This paper mainly discusses the grouting construction method of the gap between CVBH and nuclear island foundation，and discusses the structural characteristics，scheme design and test，technological principle，construction difficulties and quality and safety assurance，which provides a good reference and guidance for the grouting construction

---

作者简介：许俊敏（1986—　），男，江西上饶人，学士，高级工程师，现从事项目管理工作

of similar structures.

Key words：AP1000 Nuclear Island；CVBH；Grouting

1　综述

1.1　工程概况

反应堆基础压力灌浆范围为基础 A 层与 CVBH 之间约 90 mm 空隙，呈碗状，灌浆面积约为 306 m^2，总量约为 30.6 m^3。该处灌浆基层砼为圆柱体强度 4 000 PSI（立方体抗压强度 C35）。反应堆外部基础、CVBH 钢壳及其位置关系见图 1 至图 3。

图 1　CVBH 下部的反应堆基础 A 层

图 2　吊装中的 CVBH

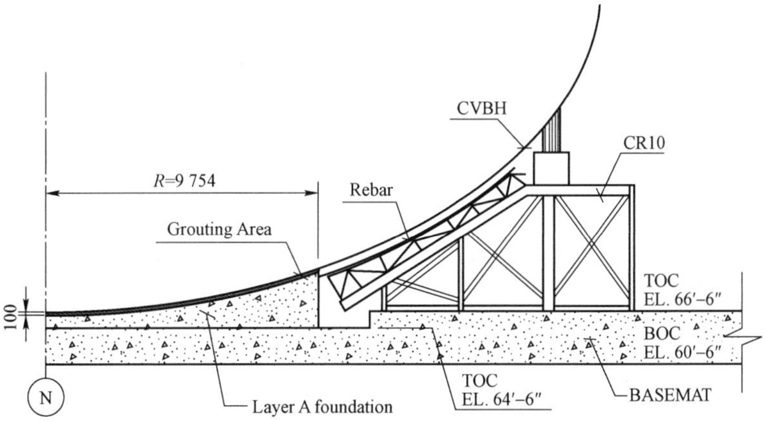

图 3　灌浆层剖面示意图

1.2　材料性能简述

CVBH 与反应堆基础之间的间隙，采用灌浆料进行填充。所选用的产品为西卡公司的“SikaGrout 214”。该产品是一种具有高流动性、微膨胀、不离析、不泌水的高性能水泥基灌浆料，该属硅酸盐系无机灌注材料，不老化，对 CVBH 及钢筋无锈蚀。灌注后，其 1 天强度大于 20 MPa，3 天强度大于 40 MPa，28 天抗压强度大于 60 MPa。产品性能如图 4 所示。

上海市建筑科学研究院检测站

检验报告

检验类别：送样　　　　报告编号：QJ09—0106

委托单编号：Q09-0112　　　　共1页 第1页

委托单位名称	西卡（中国）建筑材料有限公司	邮编	215121
委托单位地址	苏州市工业园区泾东路28号	电话	0512-62732661
样品名称	SikaGrout 214	样品编号	Q09-0112-2
型号规格及等级	Ⅱ类	商标	SikaGrout
工程名称	----	样品状态	无异常
生产厂家	西卡（中国）建筑材料有限公司	样品数量	100kg
送样日期	2009.4.2　检验日期　2009.4.7～2009.5.6	报告日期	2009.5.6

检验项目，单位		检验依据	性能指标	检验结果	单项判定
最大集料粒径，mm		GB/T50448-2008	≤4.75	≤4.75	合格
流动度，mm	初始值		≥340	342	合格
	30min		≥310	339	合格
竖向膨胀率，%	3h		0.1～3.5	0.19	合格
	24h与3h膨胀值之差		0.02～0.5	0.22	合格
抗折强度，MPa	1d		----	6.0	----
	3d		----	11.8	----
	28d		----	15.3	----
抗压强度，MPa	1d		≥20.0	26.9	合格
	3d		≥40.0	66.5	合格
	28d		≥60.0	110.4	合格
对钢筋有无锈蚀作用			无	无锈蚀	合格
泌水率，%			0	0	合格
钢筋粘结强度，MPa	圆钢	YB/T9261-1998	≥6	12	合格
	螺纹钢		≥13	23	合格
（以下空白）					
检验结论	本样品以上所检项目（除未作单项判定检验项目外）判定为合格。				
说明	1、本检验结果仅对来样负责；未经本检验机构同意，不得部分复制本报告。 2、以上检验结果委托单位如有异议，请在报告收到之日起十五日内提出。 3、用水量：15%。 4、搅拌方式按GB/T50448-2008附录A进行，快速搅拌时间延长至180s。 5、试验方法：GB/T 17671-1999，GB8076-1997，GB/T50080-2002。 6、本报告未作单项判定检验项目仅提供实测数据。				

检验单位（盖章）：　　批准：　　审核：　　编制：

地址：宛平南路75号

邮编：200032；电话：64390809

图4　灌浆料检测报告

2　施工重难点分析

根据结构、施工方法及材料的特点，施工过程中主要有以下重难点。

2.1　排水及排气等问题

此类问题主要有：施工区域内润湿用水的排出、空气的排出以及防止水从外部进入。

2.1.1　润湿用水的排出

为保证基础A层混凝土与灌浆层能良好接触，灌浆前，需对基层表面进行充分湿润。要求在灌浆施工前，向灌浆区域注水并浸泡24 h，使A层表面能够充分湿润。而在灌浆时，要求基面无积水。

2.1.2　防止外部水进入

施工时，灌浆区域外边的搅拌用水、施工用水及雨水等不得流入灌浆区。

2.1.3　空气的排出

灌浆过程中，需确保将区域内的空气挤出，避免在结构中形成气包，对施工质量造成影响。

2.2　灌浆管的定位问题

采用压力灌浆，灌浆管可能会在施工过程中发生移位。

2.3　如何确定浆液高度

受现场空间狭窄的制约，难以采用常规的方法获知液面位置情况。而施工过程中须依靠此数据来掌握进度，控制施工。

另外，确保液面不从上沿口的较低处溢出及灌浆设备的选择和布置也是施工过程中的难点。

3　施工方案设计

3.1　基层处理

灌浆基层为反应堆基础 A 层混凝土上表面，该处水平施工缝采取机械凿毛处理，凿毛深度 10 mm 左右为宜。此外应在灌浆软管所在位置分别凿出约为 40 mm 深的预留槽，一方面便于灌浆软管的固定，另一方面可防止因 CVBH 变形过大，对软管造成挤压，而造成软管抽出困难。所有基层处理工作均需在 CVBH 吊装之前完成。

为防止在灌浆的收尾阶段灌浆料流出，应在 A 层的凿毛工作完成后（CVBH 吊装前），用水泥砂浆在其外边缘进行找平。找平时，应在布置灌浆管及抽水管的位置处留出相应的缺口，各处缺口可在灌浆完成、管道抽出后再进行封堵。水泥砂浆的砌筑高度一般为 3 cm 左右。找平层的设置，能有效解决 2.4 节的问题。灌浆料凝固之后，凿除找平层。

3.2　施工前期准备

3.2.1　灌浆管及吸水软管埋设

在 CVBH 吊装之前，在 A 层混凝土基础表面均匀布置四根内径 38 mm 的灌浆软管、四根尺寸相同的预备灌浆软管和四根外径为 40 mm 吸水软管。管道布置深度及位置要严格按照管道分布图的位置尺寸布置，不得随意更改。

灌浆管采用膨胀螺栓和 20 号绑扎丝进行固定，待灌注一定量后，再将灌浆管向外抽动。灌浆管的具体固定措施如图 5 和图 6 所示。

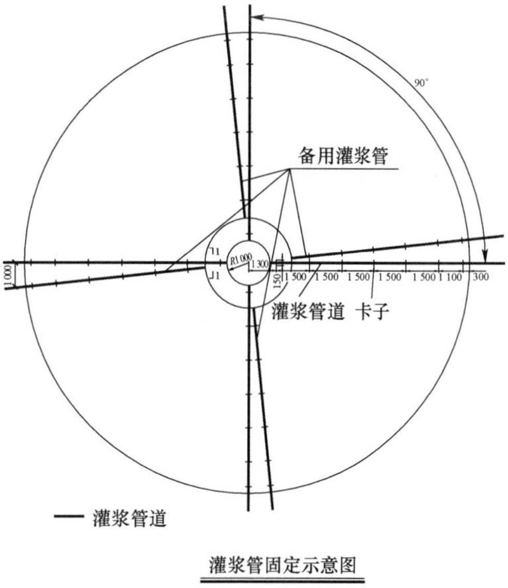

图 5　灌浆管的布置及固定

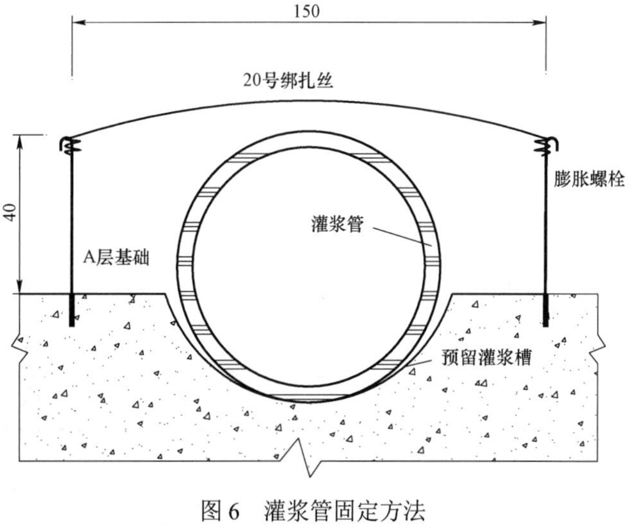

图 6　灌浆管固定方法

灌浆时将管道固定，待灌注一定量后，将管道向外抽到预定位置，将其再次固定，以确保灌浆能保持稳定。同时确保灌浆管在使用过程中不会左右大幅度摆动，使用完后又可顺利抽出。吸水软管可利用钢筋卡子进行固定。

两根吸水软管的终端临时固定在基础 A 层中心集水坑（在浇筑 A 层时设置，尺寸为 100×100×100）内，两根放置在灌浆半径中心处，根据现场实际情况用于辅助性吸水。要求 4 根管在吸水过程中保持稳定牢固，在基层湿润用水全部抽干后能顺利抽出。灌浆管及吸水软管的平面布置如图 7 所示。

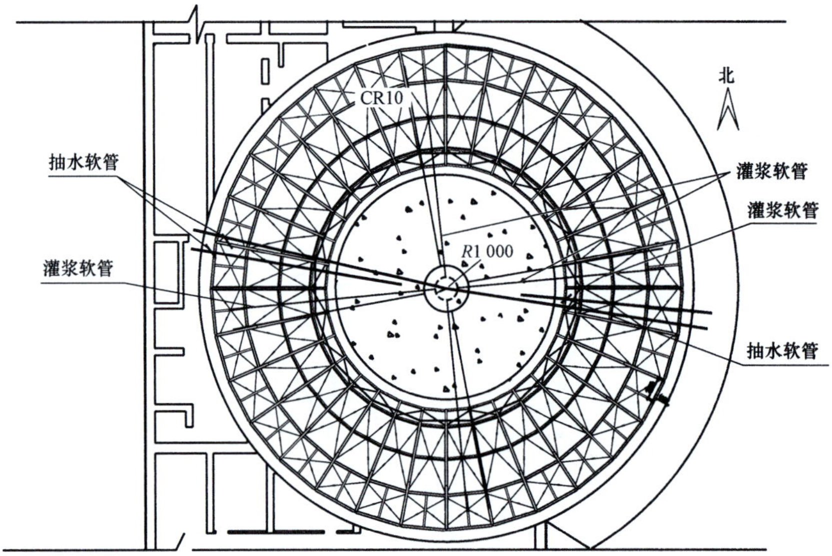

图 7　灌浆管及吸水管布置图

3.2.2　灌浆区域保护

在 CVBH 安装就位后，在其底部靠近临时支撑短柱处粘贴一圈塑料防雨布，以防止雨水及杂物进入灌浆区域。同时根据现场施工情况，使用土工布和塑料布对灌浆区域边缘进行封堵，以防止杂物和雨水等进入灌浆区域，如图 8 所示。

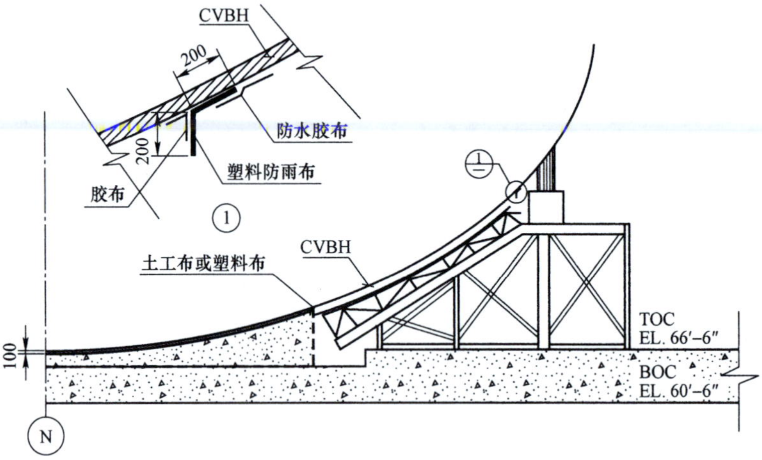

图 8　灌浆管及吸水管布置图

3.2.3　基层处理

为保证 A 层混凝土基础与灌浆层能良好接触，灌浆前，需对基层表面进行充分湿润。要求在灌浆施工前，向灌浆区域注水并浸泡 24 h，使 A 层表面能够充分湿润。湿润用水通过预留在灌浆区域的吸水软管利用真空吸水泵和工业吸尘器抽出。

吸水时先使用真空吸水泵将灌浆区域内较多湿润用积水抽出，再使用吸尘器将集水坑内表面积水吸出，最后用压缩气体通过吸水管送至集水坑内，将最后残留的积水吹干，以满足灌浆施工前基层表面无明水的要求。吸水结束后及时将吸水管抽出。

3.3　灌浆顺序及施工机具布置

3.3.1　施工总体顺序

反应堆基础 A 层表面施工缝处理→灌浆管及吸水软管埋设→混凝土表面在水中浸泡 24 h→灌浆前施工准备→灌浆料搅拌→压力灌浆→灌浆料浆体养护→拆模→施工缝处理。

3.3.2　灌浆泵的布置

灌浆设备应尽可能靠近灌浆区域，以减小因输送距离过长而导致的灌浆料流动性的损失，所有灌浆设备上方均应做好防雨措施。灌浆设备布置如图 9、图 10 所示，但可根据以上布置原则和现场情况进行适应性调整。

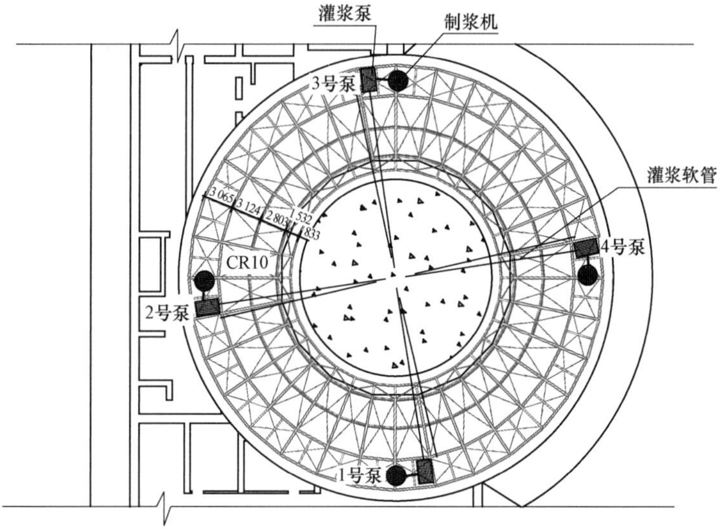

图 9　灌浆设备布置示意图一

在每台灌浆泵及搅拌机底部操作平台上满铺一层防雨布或帆布，用于防止灌浆过程中产生的灌浆料或粉尘等污染反应堆基础及 CR10 支架区域，另需在每台灌浆泵附近设置一废物桶，用于将溢出的灌浆料等垃圾及时进行清理、集中，以保持施工现场清洁。

3.4　灌浆料的制备

在使用搅拌设备前要先清洁机器：加入适量的清水，开动设备，让水循环搅拌几分钟，以起到润湿和清洁作用。设备清洁完毕后，必须排空设备和管道内剩余的积水。确保第一次搅拌出的材料水粉比正确。

制备灌浆料时，必须严格按照“SikaGrout 214”灌浆料的配合比进行计量。灌浆过程严禁随意加水，因为任何微小的变化都可能影响灌浆料的性能变化，增加裂缝控制难度。搅拌后的灌浆料初始流动度应大于 290 mm。

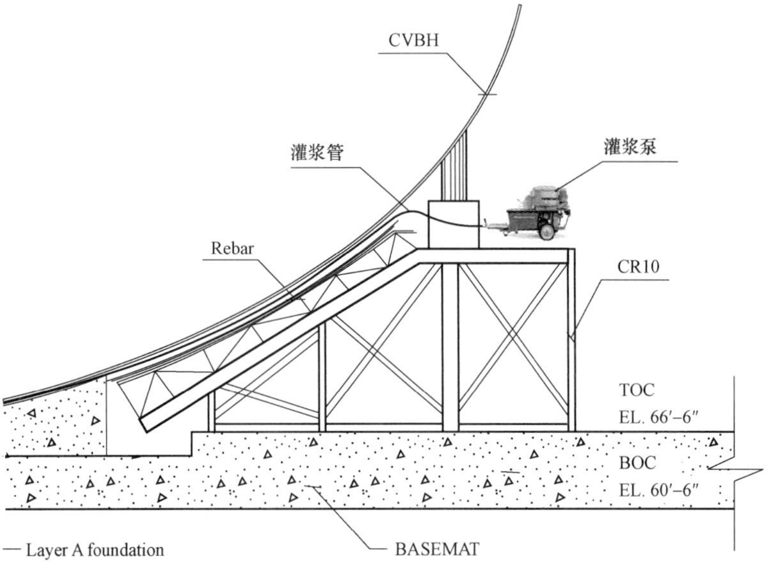

图 10　灌浆设备布置示意图二

灌浆料采用四台专用搅拌机在现场搅拌制备。先将计量好的 49 L 水加入制浆设备内。开动设备，再将准备好的 15 包（25 kg/包）灌浆料逐步加入，整个加料过程控制在 5 min 左右。搅拌 3 min 后再加入 7 L 的水，再继续搅拌 2 min。停 1～2 min，然后再搅拌 2 min 即可。整个过程用时 13 min 左右。

搅拌过程应严格按照技术交底内容执行，并由专业灌浆技术人员进行指导。

制备灌浆料时应注意以下几点：

灌浆料的入模温度不得超过 28 ℃，若气温过高，可考虑采用凉水拌制。

提前备齐相应的计量/测试工具，并准备好备用工具。

预先计算好材料用量和符合标准用水量，确保现场有充足的材料，以达到搅拌和灌浆的连续性。

搅拌地点应尽量靠近灌浆施工地点，以尽可能减少输送距离。

搅拌时，注意不得将搅拌机内的水溅出，以免影响材料的水、料配比。

搅拌要均匀，不得有块状、干粉等现象出现，并应派专人值班监视喂料情况，当发现有大块物料时，应立即拣出打散后放回搅拌机继续搅拌，以不影响到灌浆料水灰比。

每一次灌浆料搅拌完成后，都要等搅拌机内所有灌浆料全部送至储浆罐后，再开始进行下一次灌浆料的搅拌。

3.5　灌浆施工

3.5.1　灌浆准备

灌浆采用灌注压力＞0.7 MPa 的灌浆泵，通过预埋灌浆软管进行，灌注压力控制在 0.5 MPa 左右。灌浆前，应先将灌浆区域内用于浸泡的水抽取干净，再开动灌浆泵，用拌制好的灌浆料湿润整个灌浆管道，然后再开始泵送灌浆料。灌浆料必须保证连续供应，以确保连续灌浆，如发生意外不能连续供料，应及时放慢泵送速度，以保证连续泵送。灌浆完成后，用水立即对工具和设备进行清洗。

在灌浆过程中，储浆罐内的灌浆料不得低于 5 cm，以防止吸入空气，使气体进入灌浆层中，影响灌浆质量。

3.5.2 灌浆管控制

灌浆开始时，将搅拌完成的灌浆料先通过 1 号、2 号、3 号灌浆泵依次将灌浆料输送到灌浆区域底部中心位置，当浇筑到一定部位后（根据理论计算以及现场实际情况确定时间）

再由四台灌浆泵共同从底部开始逐步向上灌浆。每台灌浆泵的速度应严格控制，随着灌浆时间的推移，需要缓慢向外移动灌浆导管及预备灌浆管。

灌浆管移动的速度可以通过理论计算采取保守数值确定，即灌入一定数量的灌浆料后，相应抽出一定长度的灌浆软管，要求软管管头始终位于灌浆液面以下至少 200 mm。同时在灌浆过程中做好灌浆位置的测量工作，并及时对理论计算值与实际观测值的差距进行对比分析，及时调整理论计算值和灌浆速度。

3.5.3 灌浆液位监测

灌浆过程中，只要能监测到液面位置，确保灌浆管埋入液面 200 mm 以上，即可解决排出空气和灌浆管抽出时机的问题。

施工时，采用液位探测器（将导线绑扎在$\phi 8$ 钢筋上，其原理为遇水产生闭合回路，测试仪器报警见图 11、图 12）进行监测，方法如下：

在 CVBH 吊装之前，将液面探测仪布置在基础 A 层基面，位置选择在两根灌浆管中间，液面测试线分别安装了距边缘 1 m、2.5 m、4 m、5.5 m、7 m、8.5 m 六根测试线，1 m 测试线安装在灌浆管正中间，其余测试线按顺时针布置。

在 6 根测试线的端头用塑料牌标记，当 8.5 m 液面测试仪报警之后证明已经达到距灌浆液面边 8.5 m 的位置，即灌浆料已将灌浆管盖住，待 7 m 液面测试仪报警后，证明液面已经到灌浆液面边缘 7 m 位置，以后操作如此类推。

图 11 灌浆液面探测仪布置图

图 12 灌浆液面探测报警器

此外，每隔 30 min 沿灌浆区域外周围，均匀插入 4 根绑有探头的测量钢筋尺。当灌浆料碰到探头时，探测仪的指示灯会闪光，从而确定灌浆位置。

施工时，派专业技术人员监测灌浆料定位仪的变化，及时做好统计与汇总，并将数据报给计量人员。

灌浆过程中应及时对灌入量进行计算，找出实际灌入量和理论灌入量的差距，并根据两者之差，及时调整灌浆泵的灌浆速度。

3.5.4 灌浆进度控制

每台泵一小时灌浆量：1.0 m^3；

实际施工中，按 0.8 m^3/h 来计算；

4 台泵一小时灌浆量：$0.8 \times 4 = 3.2$ m^3；

灌浆总时间：$30.6/3.2 = 9.6$ h。

考虑到中间的间歇时间，灌浆施工总时间按 11 h 进行策划。

灌浆过程中，灌注管外抽长度控制可列表控制，作为施工指导。在灌浆过程中严禁振捣，必要时可用竹板条进行拉动导流，禁止采用震动的方式使灌浆料流动，以防浆体离析和泌水。当灌浆料已填满灌浆区域时，逐步抽出灌浆管。待完全抽出时，关闭灌浆泵，结束灌浆工作。

3.6 取样及检测

水泥基灌浆材料的验收以实验室检验为标准，检验项目应包括流动度、竖向膨胀率、抗压强度、泌水率、初凝时间等。依据《水泥基灌浆材料施工技术规程》（YB/T 9261—98）和《水泥基灌浆材料应用技术规范》（GB/T 50448—2008）中的有关规定进行检验。

流动度、竖向膨胀率、泌水率、初凝时间可根据灌浆料的出厂质保资料（合格证、检验报告等）来检查。

对于同一批次的灌浆料，每 50 t 的频率做一组标准养护抗压强度试块，标准试块尺寸为 40 mm×40 mm×160 mm，每组三块。本次施工共需制作四组试块。取样时，进行流动度和入模温度的检测。

3.7 施工缝处理及养护

3.7.1 施工缝处理

待灌浆料终凝后，凿除水泥砂浆找平层。然后对灌浆层表面进行凿毛处理。凿毛深度以 10 mm 左右为宜，完成后及时清理现场。

3.7.2 养护

养护时间以 3～6 天为宜，保湿养护。施工缝处理完成后，在侧面洒水并覆盖一层塑料薄膜。

灌浆料上表面为 CVBH，施工过程及养护阶段可根据现场气温情况，采用在 CVBH 内表面洒水或覆盖湿润的麻袋等措施，以降低灌浆料施工基层温度，并在灌浆料养护期间控制其降温梯度。若养护期间温度过高，麻袋上的水分蒸发过快，则应增加洒水的频率，以保持其表面的湿润。

4 总结

本文通过对结构特点和周边环境进行研究，有针对性地对灌浆设备、灌浆管、吸水管进行合理布置，并采用了液位监控措施，有效地解决了一系列施工重难点问题。确保 CV 底部灌浆施工能够在安全和保证质量的前提下，高效有序地完成，为后续的 AP1000 核岛工程以及类似的工程结构灌浆施工提供了重要的第一手资料，具有极高的参考价值。

参考文献

[1] 建筑施工手册编写组. 建筑施工手册（第四版）[M]. 北京：中国建筑工业出版社，2003.
[2] 吴晓红. 解析二次灌浆在设备安装中出现的若干问题 [J]. 工业建筑，2010，40（S1）：949-951.
[3] 崔淑红. 浅谈基础灌浆施工技术在水利工程中的运用 [J]. 科学技术创新，2019（17）：119-120.

CAP 系列核电工程起重设备布置解析

张　帆，张　衍

（上海核工程研究设计院有限公司，上海　201103）

摘要：CAP 系列核电厂是先进的第三代非能动压水堆核电机组，其模块化施工、开顶法吊装、土建安装平行施工等建造技术都对现场总平面布置提出了新的要求，塔吊群的选型和布置是核电厂建造技术及施工总平面规划的重要体现，其合理选型、优化布局、顺畅运行与否，将直接关系到后期工程建造阶段的施工安全、质量、进度和成本，目前，CAP 系列核电厂塔吊群布置研究尚处于空白，本文从 CAP 系列核电厂厂房布局出发，根据 AP1000 依托项目、CAP1400 示范项目中塔吊群规划布置的经验总结和良好实践，从塔吊的布置原则、选型和规划设计出发，提出适宜 CAP 核电厂厂房布局和建造特点的塔吊群规划布置方案，从而为后续 CAP 系列核电厂施工总平面布置和塔吊群规划设计提供借鉴和参考。

关键词：CAP1000；CAP1400；核电厂；塔吊；总平面布置

CAP Nuclear Power Plant Tower Cranes Planning Analysis

ZHANG Fan，ZHANG Yan

（Shanghai Nuclear Engineering Research & Design Institute Co., Ltd., Shanghai 201103, China）

Abstract: CAP Power Plant is the 3rd generation advanced passive PWR nuclear power unit，which is characterized as Modular construction，Open-top hoisting，Civil and Installation parallel construction. These new characters put forward the new demand for the site construction layout planning. The tower cranes planning is one of these new issues，whose proper selection，optimized layout and smooth operation are directly related to the construction safety，quality，schedule and costs. The tower cranes planning research is still in the blank stage at the moment. In the article the lessons and experience from the AP1000 self-reliance project in Sanmen and Haiyang as well as the CAP1400 demonstration project in Shidaowan will be discussed. The authors summarize the principle，selection and planning of the tower cranes and suggest an appropriate layout plan suits to the CAP Power Plant and construction features. The aim of this article is to provide an example for

作者简介：张　帆（1981—　），男，上海人，高级工程师，硕士，现主要从事核电厂前期准备、总平面规划工作

the following CAP project site construction preparation and layout planning.

Key words: CAP1000; CAP1400; Nuclear Power Plant; Tower Crane; Layout Planning

CAP 系列核电厂是我国在西屋公司 AP1000 核电机组基础上自行设计开发的第三代非能动压水堆核电机组，分别有 CAP1000 和 CAP1400 两个堆型，其模块化施工、开顶法吊装、土建安装平行施工等建造技术都对现场总平面布置提出了新的要求，目前核电领域对于三代核电施工总平面规划研究还不够充分，而塔吊群的布置是其中重要的一环，其合理选型、优化布局以及运行管理的顺畅与否，将直接关系到后期工程建造阶段的施工安全、质量、进度和成本。本文结合近年来在 CAP 系列核电工程施工总平面规划中的实践总结，初步探讨 CAP 核电工程全厂塔吊群的规划布置。

1　CAP 核电站厂房布置

CAP 核电厂设计采用单堆布置，核岛主要包括：反应堆厂房、辅助厂房、附属厂房、放射性废物厂房和柴油发电机厂房，由于采用模块化和开顶法吊装的施工工艺，在核岛区域还布置有大型履带吊车的吊装场地。常规岛主要包括：汽轮机厂房、主变压器区域以及 BOP 设施等。

以 CAP1000 为例，反应堆厂房由钢制安全壳和屏蔽厂房组成。安全壳为全封闭的椭圆形钢结构容器，直径约 39.6 m，高约 65.6 m。屏蔽厂房为钢板混凝土结构，外径约 44.2 m，厚约 0.9 m，屏蔽厂房穹顶为钢筋混凝土结构（以钢穹顶作为底模），顶标高为 69.7 m。辅助厂房为钢筋混凝土结构，顶标高为 24.6 m。附属厂房、放射性废物厂房及柴油发电机厂房是一般钢结构与混凝土混合结构，其顶标高分别为 25.4 m，8.5 m 和 6.5 m。汽轮机厂房为纵向布置，长度为 120.5 m，主厂房跨度为 42.0 m，顶标高为 42.0 m。

CAP 系列核岛各厂房屋顶标高见表 1。

表 1　CAP 核电厂各子项屋顶标高

序号	子项名称	CAP1000/m	CAP1400/m
1	屏蔽厂房	69.7	75.5
2	辅助厂房	24.6	35.3
3	附属厂房	25.4	28.6
4	放射性废物厂房	8.5	11.9
5	柴油发电机厂房	6.5	10.8
6	汽轮机厂房	42.0	42.3

2　塔吊群布置原则

塔机布置的高度要错落有致，相互覆盖，在塔吊的覆盖范围内，最大限度地减少死角（或盲区）。在满足原材料、半成品、施工机具等吊装需求的前提下，需充分考虑塔吊群的适用性，提高塔吊的利用率，互为补充，做到一机多用。

塔吊布置需考虑与运输通道及大型履带式起重机行走、作业空间的相互关系，避免相互影响，做到提前规划，统筹布局，本质安全。

塔吊布置需充分考虑土建与安装之间的工作面及进度的相互逻辑关系，对进度调整有较大的适应性。

根据所采用的施工机具，决定塔吊的最小起重量。塔吊应能满足混凝土布料机、大型模板、小型模块等的吊装需求，混凝土料斗的容量应与吊机起重量相匹配。

避免两台或多台塔吊在工作时相互碰撞，各塔吊之间必须保证有最小的水平及竖向距离。

塔吊的布置不得影响基坑的开挖和回填，以及地下建筑（构）物的施工。

3 塔吊的选型

CAP 核电厂采用模块化施工，大型构件较多，大吨位构件的垂直运输采用大型履带吊车或其他移动吊车完成，塔吊主要为钢筋安装、混凝土浇筑、钢结构安装、装饰装修、屋面等分项工程施工及周转材料、现场施工机具二次倒运服务，其工程量相对以往的二代核电站少。

经理论计算、分析并结合以往核电站的施工经验得出：

核岛最高峰期共需设 3 台塔吊，为保证屏蔽厂房的施工，设置 1 号和 2 号塔吊相互覆盖，核岛外围布置 3 号塔吊。考虑到现场大吊车的运行安全，3 号塔吊未能完全覆盖核废料厂房，可通过汽车吊或移动式履带吊进行辅助吊装。

常规岛高峰期共需设 3 台塔吊，在主厂房 T.A 与 T.F 轴外侧各布置一台塔吊，覆盖汽轮机主厂房与第一跨，并在 T.A 轴外再布置一台塔吊，覆盖主厂房及周边材料堆场，根据常规岛厂房结构与循环水管线的具体位置，可将塔吊布置在基础底板或周边基岩上，尽量一次布置到位，避免二次迁移。

塔吊按能吊起原材料、半成品、施工机具、大型组合模板及混凝土布料机等设计，起重量应能满足的最小起重量：

混凝土料斗	Q=4.6 t
混凝土布料机	Q=5.0 t
大型模板	Q=4.0 t
钢筋网片及挑架	Q=4.0 t

4 塔吊的规划布置

CAP 机组大量采用结构模块，各厂房施工工种多，工序交接、穿插频繁，施工周期长，需要配备足够数量的塔吊才能确保在规定的工期内完成所有的工作。同时，还需结合不同的施工进度和施工阶段，在分析工程进度与厂房结构形象进度之后，对塔吊群的布置进行动态调整，将塔吊群分阶段投入使用或拆卸退场，在满足工程进度和施工工艺需要的前提下，节省投资，安全高效。

鉴于每个厂址的厂址条件、子项布置、总平面设计均有独特性，以下塔吊型号、规格、布置位置仅为示例，以供参考。

4.1 核岛

1 号塔吊为固定式塔吊，型号为 TC7052，臂长为 70 m，起重量为 5.2～25 t。1 号塔吊布置于 1 号机组屏蔽厂房一侧，最高高度为 79.6 m（吊钩离地坪面高度），初装高度为 37.3 m。主要负责安全壳厂房、屏蔽厂房、附属厂房和辅助厂房的土建、钢结构、安装及装饰工程的材料、工机具水平和垂直运输，还负责小型模块的吊装任务。

2 号塔吊为固定式塔吊，型号为 TC7052，臂长为 60 m，起重量为 6.5～25 t。2 号塔吊布置于1号机组附属厂房一侧，最高高度为61.1 m（吊钩离地坪面高度），初装高度为25.4 m。主要负责安全壳厂房、屏蔽厂房、辅助厂房、附属厂房土建施工、钢结构安装及装饰工程的材料、机具等的水平与垂直运输。

3号塔吊为固定式塔吊，型号为TC7052，臂长为50 m，起重量为8.7～25 t。3号塔吊布置于1号机组放射性废物库的一侧，安装高度为36.17 m。主要负责1号机组的放射性废物库、附属厂房土建施工以及辅助厂房部分土建施工的各种材料、工器具的水平垂直运输。

4.2　常规岛

4号塔吊为固定式塔吊，型号为TC7135，臂长为70 m，起重量为3.5～16 t。4号塔吊用于常规岛主厂房、辅助跨施工过程中材料的垂直运输。

5号、6号塔吊为固定式塔吊，型号为H3/36B，臂长为60 m，起重量为3.8～19.4 t。5号塔吊布置于常规岛海水池区域，6号塔吊布置于常规岛汽轮机A排外，用于常规岛主厂房及周边材料堆场的垂直运输。

5　塔吊群的分阶段布置

5.1　核岛

第一阶段，核岛处于基坑负挖移交后的底板施工期，此阶段塔吊服务对象主要为底板钢筋绑扎和混凝土浇筑准备工作，因此，在底板施工之前安装就位1号、2号塔吊。

第二阶段，核岛逐步进入土建高峰期，此阶段塔吊群服务对象主要是反应堆厂房、辅助厂房±0.00 m以下的混凝土结构施工、附属厂房及放射性废物厂房的基础施工，因此，放射性废物厂房开工前安装3号塔吊。

第三阶段，核岛处于土建高峰期（见图1），此阶段塔吊群服务对象主要是核岛及相邻厂房±0.00 m 至屋面主体结构施工，附属厂房及放射性废物厂房各配备一台塔吊，塔吊随现场施工进展逐步顶升。

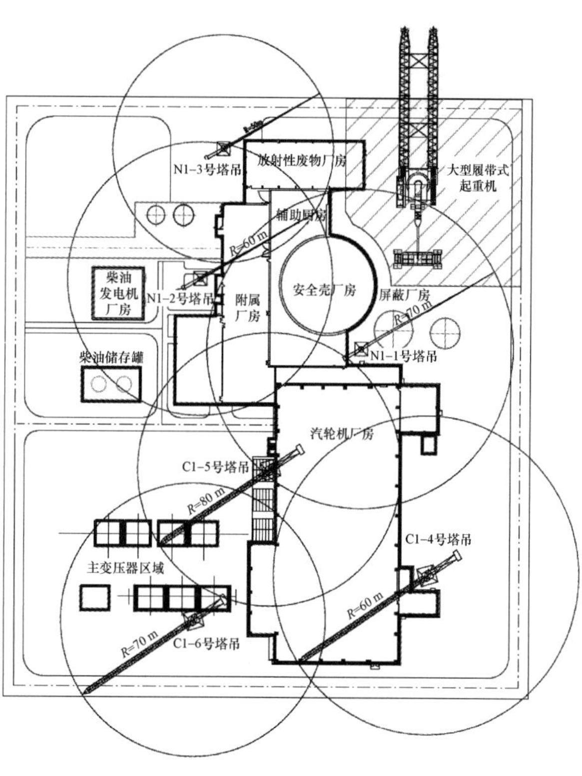

图1　CAP1000主厂房塔吊群布置示意图（高峰期）

第四阶段，核岛进入土建收尾期，塔吊随子项的完工开始陆续拆除退场，附属厂房完工后，拆除3号塔吊，屏蔽厂房筒体施工完后，拆除2号塔吊，穹顶施工完后，拆除1号塔吊，至此，核岛塔吊全部拆除退场。

5.2　常规岛

第一阶段，常规岛处于地下设施施工阶段，此阶段规划两台塔吊，4号塔吊布置在循环水排水管线施工平台，5号塔吊布置在第一跨平台区域，用于垫层、第一跨和海水池的施工，待海水池施工完毕，再进行移位。

第二阶段，常规岛处于主厂房主体结构出零米前的施工阶段，主要包括汽机底板、地下室、汽轮机基础等，4 号塔吊待循环水管线施工完毕后移位至最终位置，5 号塔吊待海水池底板施工完毕后移位，另外，在 T.A 外外侧增加 6 号塔吊，三台塔吊相互配合，以满足常规岛高峰期的垂直吊装需求。

第三阶段，常规岛进入主厂房出零米后的施工阶段，现场塔吊随土建高峰期结束及 BOP 各子项开工陆续拆除退场，塔吊群服务区域及安拆时间见表 2。

表 2　塔吊群服务区域及安拆时间表

编号	半径/m	服务区域	安装时间	拆除时间
1	70	核岛	核岛底板施工前	屏蔽厂房穹顶完工
2	60	核岛	核岛底板施工前	辅助厂房土建结构完工
3	50	核岛	放射性废物厂房开工前	附属厂房土建结构完工
4	70	常规岛	常规岛地下设施施工前	BOP 设施施工前
5	60	常规岛	汽轮机主厂房出零米前	汽轮机主厂房完工
6	60	常规岛	汽轮机主厂房出零米后	主变压器区域施工前

6　结论

本文结合笔者近年来在 CAP 系列核电项目施工总平面规划布置中的经验总结，以塔吊群规划布置为切入点，通过归纳和总结建造阶段塔吊群布置方法以及分阶段实施方案，目的在于为施工总平面的优化布置提供一些思路，为我国后续 CAP 系列核电厂的总平面布置提供借鉴和参考。

参考文献

[1] 建筑施工手册编写组. 建筑施工手册［M］. 第 4 版. 北京：中国建筑工业出版社，2003.
[2] 刘佩衡. 塔式起重机使用手册［M］. 北京：中国机械工业出版社，2003.

AP1000反应堆冷却剂泵安装技术

张培敬

（上海核工程研究设计院有限公司，山东 海阳 265116）

摘要：AP1000反应堆冷却剂泵（RCP，简称主泵）为变频驱动的立式、单级、离心式屏蔽电机泵，属核1级承压设备，一回路承压边界，在核电厂正常运行期间为反应堆冷却剂系统（RCS）提供源动力，实现核反应堆芯与蒸汽发生器之间的热量传输。AP1000堆型在世界范围内首次应用，主泵的现场安装技术没有经验可以直接借鉴，需要建立一套完整的安装工艺。AP1000主泵安装过程复杂，安装技术要求高，安装空间狭小，其安装质量的好坏直接影响一回路的运行性能。本文通过对主泵的施工准备、引入和安装过程进行研究分析，形成了主泵的安装逻辑和流程，明确了安装技术参数要求，同时进行了主泵安装过程中的重难点分析并提出对应解决措施，为后续AP/CAP项目及其他类型核电机组主泵的安装提供借鉴。

关键词：反应堆冷却剂泵（主泵）；安装；施工逻辑；技术参数

AP1000 Reactor Coolant Pump Installation Technology

ZHANG Peijing

（Shanghai Nuclear Engineering Research & Design Institute Co.，Ltd. Haiyang Project，Haiyang of Shandong Prov. 265116，China）

Abstract: AP1000 reactor coolant pump is a vertical，single stage，centrifugal pump with an integral canned motor which provide reactor coolant system（RCS）driving force for carrying out the heat transfer between reactor core and steam generator during normal steady state operation. AP1000 RCP is ASME code Class 1 component and acts as primary loop pressure boundary. The operation performance of primary loop is directly influenced by the installation quality. Meanwhile，AP1000 RCP installation contains the characteristic of complicated process，high technical requirements and narrow installation space. The main content in this thesis is establishing the logic and procedure of RCP installation，explicating RCP installation technical paremeters and proposing corresponding solutions for the key and difficult points during RCP installation by

---

作者简介：张培敬（1992—　），男，山东嘉祥人，工程师，工学硕士，现主要从事AP1000主设备安装管理工作

analyzing the construction preparation，RCP lifted into containment and RCP installation process. In addition，this thesis can be used as reference for subsequent RCPs installation.

Key words: Reactor Coolant Pump（RCP）; Installation; Construction Logic; Technical Paremeters

AP1000 主泵主要由水力部件和电机部件两部分构成，是连接蒸汽发生器与主管道冷段的重要设备，其作用是循环冷却剂，将核反应堆产生的热量从堆芯输送到蒸汽发生器，从而冷却堆芯。其主要部件有主泵可拆卸组件、抽取式接合器、泵壳、外部热交换器、飞轮、轴承、主螺栓、密封环及各类传感器和检测器等，如图 1 所示。

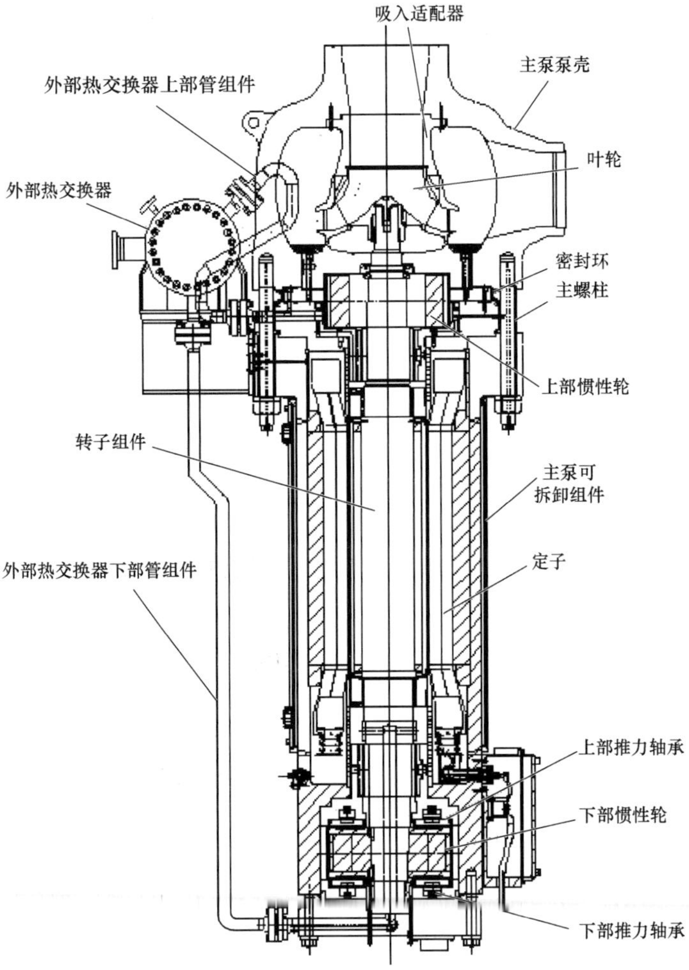

图 1　主泵结构图

AP1000 单台机组有四台主泵，分别位于安全壳厂房 CA01 模块的 11201 房间和 11202 房间，即两个蒸汽发生器腔室，如图 2 所示。每台蒸汽发生器有两台主泵，通过主螺栓将主泵可拆卸组件与位于蒸汽发生器尾部的泵壳连接，再将密封环与泵壳焊接起来，与压力容器、主管道和蒸汽发生器等构成一回路压力边界，为核 1 级设备，质保 1 级，一回路承压边界，C 级清洁度要求，室内存储，储存温度在 5 ℃至 60 ℃范围内。

本文根据 AP1000 主泵的技术规范，结合海阳现场主泵安装经验，对 AP1000 主泵的施工准备、引入和安装过程进行研究分析，形成了主泵的安装逻辑和流程，明确了安装技术参数要求，同时也为后续 AP1000 主泵的安装提供借鉴。

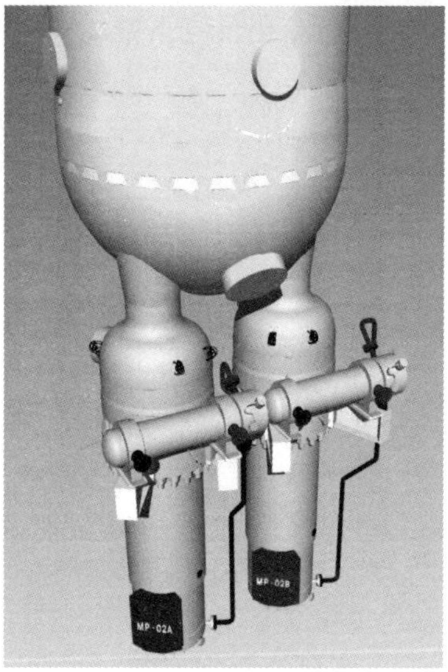

图 2　主泵安装位置图

1　施工准备

主泵在安装前，需要完成如图 3 所示的主要安装工作，主要包括 SG 永久支撑安装完成、SG 临时支撑拆除完成、环吊可用、SG 腔室 EL 80'地面临时楼板铺设完成、主泵小车组装完成并置于设计位置、抽取式接合器安装完成、设备闸门处临时桥架安装完成、附属厂房南侧混凝土坡道施工完成可用、RCP 模拟试验完成、同步液压升降系统及小车试运行完成。此外，在 SG 吊装之前和 SG/RCL 组对完成之后须对 RCP 进行两次通规试验，以确保 RCP 能够在 CVTH 就位后顺利引入 SG 腔室。

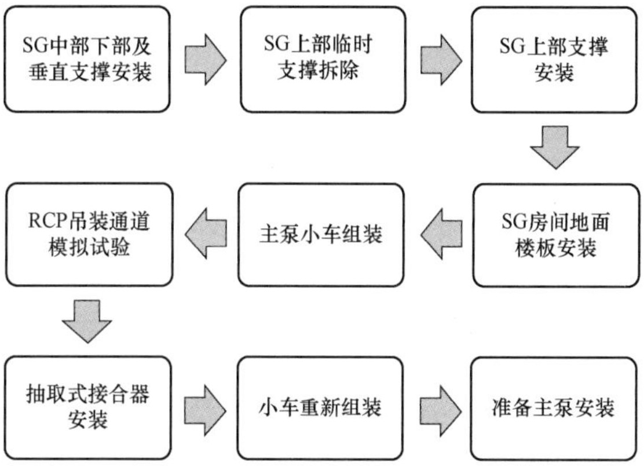

图 3　主泵安装前准备工作

1.1　临时楼板安装

为了确保主泵落在主泵小车之后，能够在 SG 腔室底部地面顺利行走，防止混凝土对主泵的损伤，在 SG 腔室底部地面铺设 16 块 1” 厚的主泵临时楼板，楼板外围与 CA01 墙体之间设置 40 个调节器，如图 4 所示。相邻临时楼板错边量不大于 1/4”，如有超差的，在标高较低的楼板上安装旋转提升拉环，提升楼板后地面加塞合适尺寸垫铁塞实。

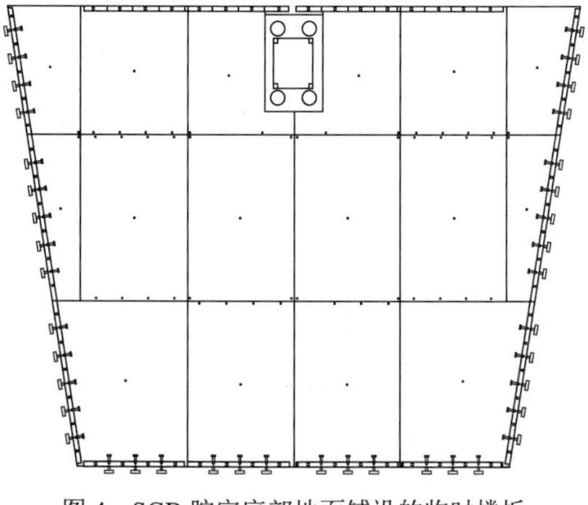

图 4　SGB 腔室底部地面铺设的临时楼板

临时楼板安装完成后，根据测量主泵小车尺寸、SG 垂直支撑位置和泵壳位置，在临时楼板上提前喷涂出主泵小车的行走路线，以便主泵小车与腔室物项避免干涉和主泵小车按照规定路线行走至泵壳下方，如图 5 所示。

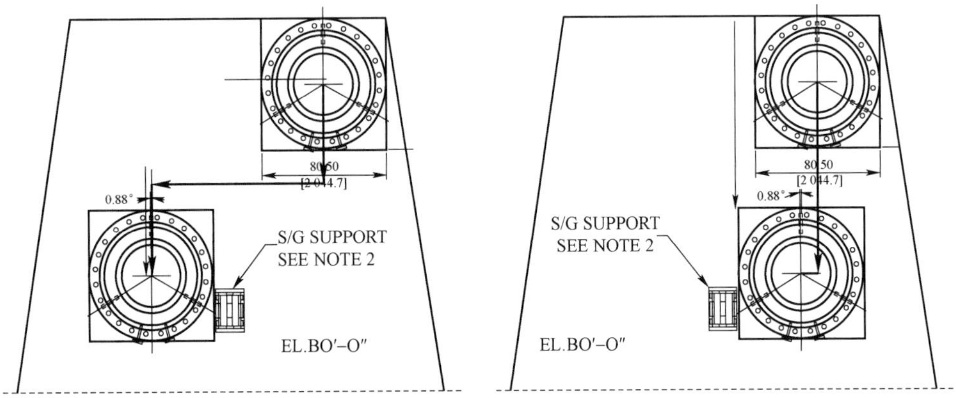

图 5　SGA 腔室 01A/01B 主泵行走路线图

1.2　主泵小车的安装

主泵安装过程中的主要安装工具为主泵小车，具体为利用主泵小车来实现抽取式接合器的安装、主泵的接收、行走、顶升、主螺栓的加热拉伸，以及换热器的安装等工作，如图 6 所示。

图 6　主泵小车

由于主泵可拆卸组件的电气接线盒与主泵小车干涉，主泵无法直接放置到主泵小车上，通过打开主泵小车的两个可调节下部支撑柱和 1 个加强背板来完成，通过打开一定的角度（约 15°）来提供足够的间隙，便于主泵进入主泵小车，待电气接线盒通过主泵小车中环后再关闭主泵小车，其施工流程如图 7 所示。

当主泵已经安装在主泵小车时，小车需要移动到泵壳正下方安装位置。通过倒链或滑轮系统拉动小车，小车下面有 6 个 Hilman 滚轮，每个滚轮由弹簧负载的螺旋环锁在 45° 的间隔处来控制小车的方向。小车通过被临时提升并放置在井支架上来调整滚轮方向。

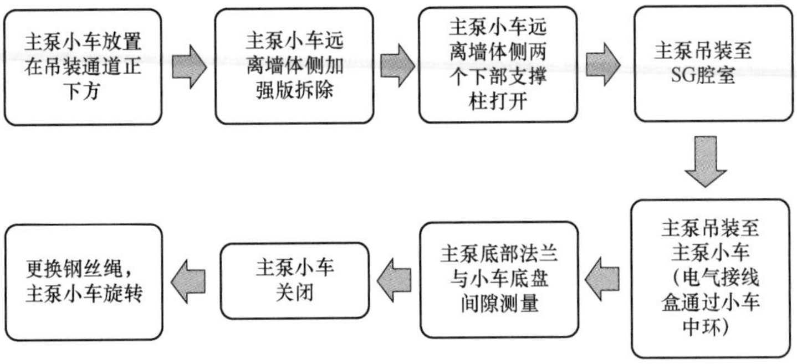

图 7　主泵吊装至主泵小车

当主泵小车被调整到泵壳下方安装位置，上面和下面的立柱稳定器需要移除。稳定器移除后，主泵小车能被横向和旋转方向进行调整，此时环止推器和加强背板的滚轮起支撑小车作用。

主泵的垂直度调整是通过操作安装在上环组件上的四个螺旋千斤顶来实现的。每个螺旋千斤顶具有 30 t 的承载能力，42.5 英寸（1 英寸=0.025 4 m）的行程。四个螺旋千斤顶能够被同时操作，或单个千斤顶被操作用于对齐主泵。每个螺旋千斤顶配有一个伺服电机、行星齿轮箱、联轴器和配有测力螺栓的提升销组件。

主泵的横向和旋转调整通过操作两个横向的调整千斤顶和两个对角线千斤顶完成。两个横向的千斤顶安装于加强背板前端的支架上，这两个螺旋千斤顶具有 5 t 的承载能力，8 英寸的行程，用于推动焊接在中环上的推板组件。两个对角线千斤顶安装在中环的 U 型支架和上部支撑柱的支架之间。

1.3　抽取式结合器的安装

在进行抽取式接合器安装时，需要采用如图 8 所示的安装工装，将该工装安装在主泵小车上，通过该工装来顶升抽取式接合器，确保其与主泵泵壳的结合面进行对中找平。

在进行抽取式接合器安装前，清洁抽取式接合器、锁紧杯和螺钉，尤其是螺纹孔和与泵壳接合的部位，使其达到 NQA－1—1994 C 级清洁度要求。将 12 个锁紧杯装入抽取式接合器埋头孔中，并用锁紧杯冲击錾紧固。

在抽取式接合器上对称安装两个旋转吊环，吊环安装前用 Neolube.2 润滑，吊环拧紧力矩为 135.58 Nm。用 2 t 的吊带将抽取式接合器吊装到安装小车上。将安装小车移动到泵壳正下方，用 Neolube.2 润滑三个导向销，并将导向销按 120° 间隔装入泵壳抽取式接合器螺纹孔里，并拧紧至贴紧状态，如图 9 所示。

操作安装小车的千斤顶使抽取式接合器工具的测量平台与泵壳的不平行度≤1.52 mm。操作抽取式接合器工具将抽取式接合器提升至泵壳接合面，确保其埋头孔与泵壳螺纹孔对齐，在抽取式接合器螺钉上涂抹 Neolube.2 润滑剂，以十字交叉模式安装 9 个螺钉，并拧紧至贴紧状态。然后拆除 3 个导向销，安装剩余 3 个螺钉，并将 12 个螺钉拧紧至（102±6）Nm，再用卷边工具将锁紧杯弯，折并贴紧螺钉凹槽，螺钉安装完成后检查泵壳内有无异物。

图 8　抽取式接合器安装工装

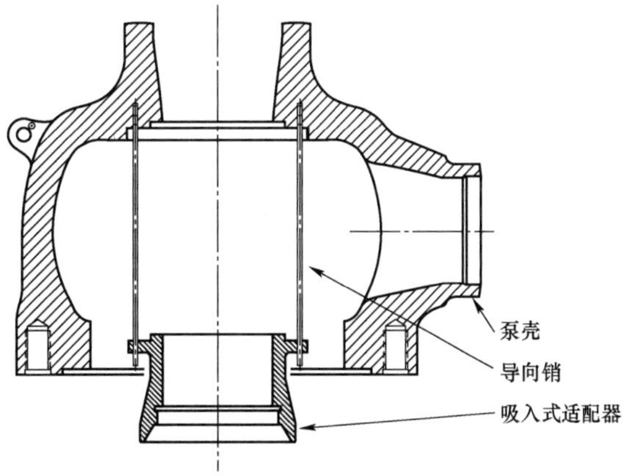

图 9　抽取式接合器安装使用的导向销

2　反应堆冷却剂泵的引入

主泵引入时，其施工流程如图 10 所示。

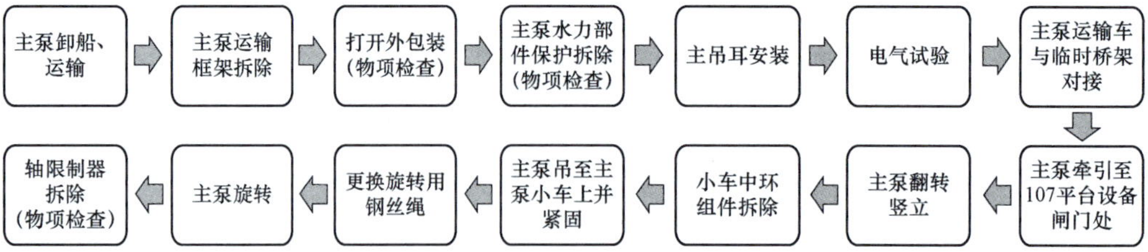

图 10　主泵的引入施工流程图

当主泵从附属厂房南侧混凝土坡道进入设备闸门，引入 107 平台后，需要将水平运输状态的主泵，通过运输工装进行翻转竖立，其牵引示意图及引入 SG 腔室，如图 11 和图 12 所示。

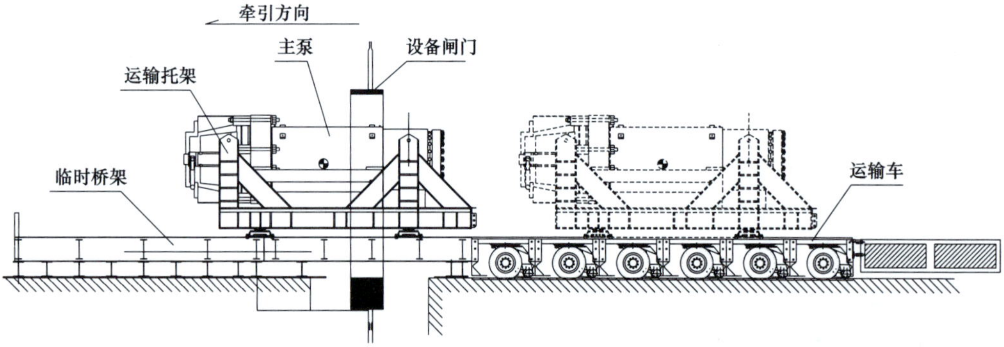

图 11　主泵牵引至 11 厂房示意图

图 12　主泵引入 SG 腔室

3　反应堆冷却剂泵的安装

主泵的安装施工流程，如图 13 所示。

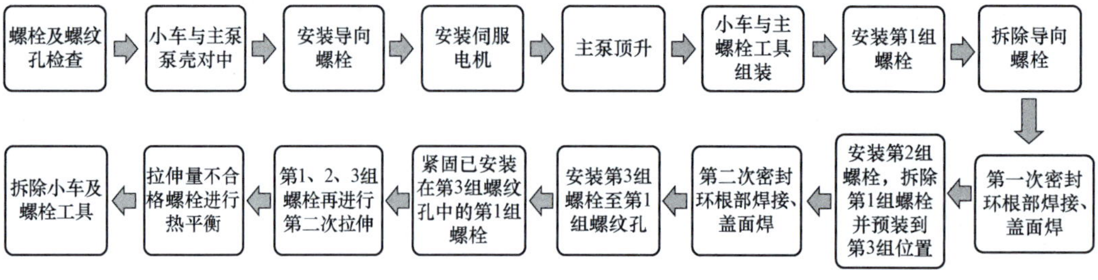

图 13　主泵的安装施工流程图

在进行主泵安装时，需确保的技术参数有：主泵法兰与泵壳的不平行度小于 1.52 mm；主泵就位后螺栓拉伸前，密封环与泵壳间隙小于 2.92 mm，主泵法兰面与泵壳间隙为（319.86±2.23）mm；主泵螺栓安装后伸出长度为（1 041.4±2.54）mm；主泵螺栓螺母拧紧力矩为（644±34）Nm；主泵螺栓初次拉伸后密封环焊接前，密封环与泵壳间隙小于 1.65 mm；螺柱加热器孔螺钉安装力矩为（40±7）Nm；24 颗螺栓的平均拉伸量在 1.45 mm 和 1.55 mm 之间，单颗螺栓的拉伸量为 1.38 mm 和 1.62 mm 之间；密封焊接的焊角高度为 10.67 mm。

在海阳主泵的安装过程中，积累了很多良好的实践经验，可为后续工作提供参考，具体如下所示。

（1）01A/02A 主泵落入主泵小车时，主泵小车有一伺服电机与主泵上吊装块干涉，需将干涉伺服电机旋转 15° 避免干涉；主泵顶升时，先顶升约 200 mm，再将已旋转 15° 的伺服电机旋回安装好，进行后续顶升。

（2）每个 SG 腔室内设置一个参考螺栓，在加热拉伸前后，都对参考螺栓进行测量，将两次测量获得的偏差值纳入螺栓拉伸量计算中，以消除环境温度、人为操作失误、测量尺损坏等因素对测量带来的误差。

（3）第 1 组 8 颗螺栓拆除时，直接安装至第 3 组螺纹孔处，以缩减螺栓倒运时间，避免螺栓倒运、吊装中的磕碰风险。

（4）根据主泵安装工序，在安装主螺栓的过程中，需要穿插密封环的焊接。设计文件中推荐的密封环焊接是打底焊和盖面焊分开进行，需要多次拆装主螺栓，耗时较长。通过研读设计文件，跟设计方西屋沟通后，将密封环的打底焊和盖面焊一次完成，减少了主螺栓的拆装次数，从而缩短主螺栓安装时间。

4　反应堆冷却剂泵热交换器的安装

每台主泵包含有一个单独的外部热交换器，其设计用于排除主泵运转所产生的热量并且将轴承水维持在设计温度。并通过上部管道组件和下部管道组件来循环主泵轴承水和部件冷却水。热交换器有两个支撑，每个支撑通过螺栓和键与主泵法兰连接起来。

反应堆冷却剂泵热交换器的安装施工流程，如图 14 所示。

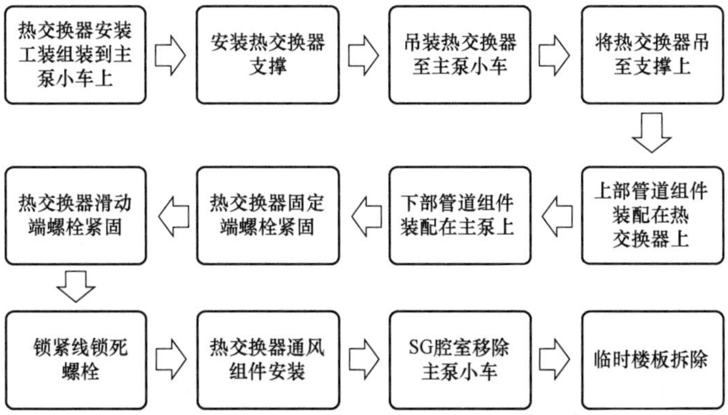

图 14　主泵外置热交换器的安装施工流程图

5　主泵安装重难点分析及应对措施

5.1　主泵顶升

5.1.1　问题描述

AP1000 主泵为倒立式主泵，主泵在下，泵壳在上，安装时需要将下部主泵逐步顶升就位。在顶升阶段后期，主泵水力部件进入泵壳后，不仅难以观察空间关系，而且还要满足泵壳热屏与主泵热屏间隙 6.35～6.99 mm，泵壳法兰面和主泵法兰面平行度≤1.52 mm，主泵与泵壳对应螺栓孔旋转角度≤0.5° 的设计要求，顶升难度极大。

5.1.2　应对措施

运用 3D 激光测量技术，对主泵泵壳、抽取式接合器、主泵本体进行 3D 激光测量，根据测量数据构造主泵泵壳模型、抽取式接合器模型和主泵本体模型。在主泵顶升期间，将主泵本体模型插入到安装好的抽取式接合器及主泵泵壳模型中，通过将主泵本体外部测量点测量数据转化成内部数据的间接测量法，保证主泵顶升满足设计要求。

5.2　主螺栓加热拉伸

5.2.1　问题描述

AP1000 主泵通过 24 颗主螺栓将主泵可拆卸组件与泵壳连接，在主螺栓的安装过程中，受 C 型密封环焊接空间制约，需要与 C 型密封环焊接交替进行，步骤繁多。同时，主螺栓的安装采用加热拉伸预紧法，拉伸量难以控制。主螺栓的加热、拉伸、冷却、拆除和焊接工作耗时多，需要采取有效措施控制主螺栓的拉伸次数以减少安装时长。

5.2.2　应对措施

（1）设计文件中推荐的密封环焊接是打底焊和盖面焊分开进行，需要多次拆装主螺栓，耗时较长。通过研读设计文件，跟设计方沟通后，将密封环的打底焊和盖面焊一次完成。

（2）根据设计文件，螺母每旋转 4° 将获得 0.001″的拉伸量。在实际测量中发现有偏差，现场根据多次拉伸数据，摸索出了改进主螺栓加热补偿量的计算方法，有效地减少了主螺栓热平衡次数，减少主泵主螺栓安装工时。

5.3　主泵吊装、安装空间狭小

5.3.1　问题描述

AP1000 机组 SG 腔室设计的较为紧凑，再加上 CA01 模块变形的影响，SG 腔室的主泵吊装通道狭窄，主泵经过 SG 吊装通道时最小间隙不足 20 mm，对吊装要求较高。主泵在 SG 腔室内的安装活动是依靠主泵小车实现的，主泵小车具备支撑主泵、带载行走、提升、转动等功能，由于 SG 腔室空间狭小的影响，干涉较多，主泵小车的很多功能受到影响。

5.3.2　应对措施

（1）制造主泵模拟件（外形尺寸与正式主泵完全一致），进行主泵运输吊装模拟试验，提前判断出运输吊装期间的干涉物项，并进行拆除。

（2）在 SG 腔室内进行主泵小车的主螺栓安装模拟、伺服电机系统模拟、液压千斤顶系统模拟、主泵小车腔室内牵引模拟，提出了 2A 先于 2B 安装，1B 先于 1A 安装的安装顺序、对主螺栓安装工具与 SG 垂直支撑干涉部分进行修改、提出由于主泵小车中环与主泵电气接线盒干涉而导致顶升行程不够，采取主泵小车底部加钢支墩的解决方法等。

5.4　主泵安装清洁度控制

5.4.1　问题描述

主泵顶升前，主泵泵壳、抽取式接合器及主泵水力部件都是裸露在 SG 腔室中的，SG 腔室中如有灰尘等异物很容易掉落在外表面，随之通过转子与热屏之间的间隙进入主泵内部。此外，AP1000 机组主泵为屏蔽式电机主泵，电机与水力部件共用一个轴的一体式设计，现场不可拆卸，如有异物进入主泵内部，极易对定子保护膜造成永久性损伤。

5.4.2　应对措施

（1）对两个 SG 腔室进行深度清洁，建立主泵安装清洁区，严格控制人员进出。

（2）主泵安装前，对主泵相连通的相关管道、设备进行提前安装并冲洗干净。

（3）抽取式接合器安装前，进行泵壳、主管道清洁；抽取式接合器安装完成后，泵壳进行包裹防护。

（4）主泵顶升前，泵壳、主管道、抽取式接合器再次清洁，并组织验收合格后进行主泵顶升工作。

5.5　主泵安装与大宗材料安装冲突

5.5.1　问题描述

SG 腔室大宗材料安装物项较多、工作量较大，且大宗材料安装后会影响主泵在 SG 腔室内的吊装、安装工作。由于主泵到货滞后，SG 腔室大宗材料安装也随之推迟，影响系统冲洗等后续施工活动。

5.5.2　应对措施

采取大宗材料“先安装，后拆除，再恢复”施工逻辑，即在主泵到货前，进行大宗材料的安装工作；主泵到货临近，对影响主泵安装、已提前安装的大宗材料物项进行拆除，并列好编号分类存放好；主泵安装结束后，开始对分类存放好的大宗材料物项进行恢复。采取此种策略，能够最大限度地消除主泵到货滞后带来的工期影响，加快 SG 腔室的施工进度。

5.5.3　后续项目建议

从设计角度，对 SG 腔室内的，尤其是主泵吊装通道的大宗材料进行结构优化，保障主泵安装过程及后续运行阶段如需更换主泵，尽可能的少拆除或不拆除干涉大宗材料物项。

6　结论

AP1000 主泵是一回路承压边界中唯一的能动部件，其安装质量的好坏直接影响着一回路的运行性能。主泵安装过程复杂，安装技术要求高，安装空间狭小，在安装过程中，应严控质量，严格按照技术规格书的要求来进行相关施工作业。本文结合 AP1000 海阳依托项目的主泵安装实践，对 AP1000 机组主泵的施工准备、引入和安装过程进行研究分析，形成了主泵的安装逻辑和流程，明确了安装技术参数要求，并总结了相关安装经验反馈。此外，本文分析了主泵安装过程中的重难点并提出了对应解决措施，如主泵顶升的 3D 测量建模技术应用、改进主螺栓加热补偿量的计算方法、主泵安装的清洁度控制等，在后续 AP/CAP 项目及其他类型核电机组主泵的安装中可进行参考性应用。

致谢

感谢上海核工程研究设计院有限公司的郑东宏、王勇、褚争、王江涛提供的指导和帮助。

参考文献

[1] 林诚格，郁祖盛，等. 非能动安全先进压水堆核电技术 [M]. 北京：原子能出版社，2010.
[2] 郑东宏，王志强，刘宝勇，等. ASME B&PVC 在核级承压容器建造中的应用 [J]. 压力容器，2013，30（7）：39-46.
[3] 左学兵，陈晶晶，张金东，等. AP1000 反应堆冷却剂系统主要设备安装技术 [J]. 压力容器，2013，30（11）：62-69.

AP1000依托项目工程建设经验论文集

（下册）

上海核工程研究设计院有限公司　组织编写

中国原子能出版社

图书在版编目（CIP）数据

AP1000 依托项目工程建设经验论文集 / 上海核工程研究设计院有限公司组织编写. —北京：中国原子能出版社，2021.9

ISBN 978-7-5221-1630-3

Ⅰ. ①A… Ⅱ. ①上… Ⅲ. ①核电厂–工程项目管理–经验–中国–文集 Ⅳ. ①TM623-53

中国版本图书馆 CIP 数据核字（2021）第 204361 号

AP1000 依托项目工程建设经验论文集（下册）

出版发行	中国原子能出版社（北京市海淀区阜成路 43 号 100048）
责任编辑	胡晓彤
装帧设计	武 涵 侯怡璇
责任校对	宋 巍
责任印制	赵 明
印 刷	河北文盛印刷有限公司
经 销	全国新华书店
开 本	787 mm×1092 mm 1/16
印 张	61.5
字 数	1532 千字
版 次	2021 年 9 月第 1 版 2021 年 9 月第 1 次印刷
书 号	ISBN 978-7-5221-1630-3 定 价 **260.00 元**

网址：**http://www.aep.com.cn** **E-mail：atomep123@126.com**

发行电话：**010-68452845**

目　录

上　册

第1篇　设　计　篇

第2篇　设　备　篇

第3篇　建　造　篇

下 册

第4篇 运 维 篇

第5篇 管 理 篇

第4篇

运　维　篇

AP1000 机组调试试验程序体系优化研究

陈进东，徐春雷，马中杰

（上海核工程研究设计院有限公司，上海　200233）

摘要： 核电厂调试试验程序规定了每项试验的具体实施方法，是具体指导每项试验的工作执行文件，是核电厂调试最重要的文件之一，因此，高质量的试验程序对核电厂调试高效、规范的实施意义重大。本文全面剖析了 AP1000 依托项目上试验程序体系存在的问题，如试验程序单份篇幅大，执行周期长，需要跨阶段多次执行，可执行性较差等问题，对转阶段审评、试验报告发布、试验高效执行等带来很大困难。为解决以上问题本文从试验程序体系和试验程序拆分两个方面给出了优化建议，试验程序体系主要从试验程序的完整性、正确性、必要性和可读性及试验程序分类的合理性进行优化；试验程序拆分主要根据调试试验程序执行阶段、试验类别、执行专业、执行周期长短等因素进行拆分、优化。这些试验程序的优化分析对后续 AP/CAP 系列机组试验文件的策划和编制具有一定指导意义。

关键词： 核电厂；调试；试验程序；AP1000

AP1000 Nuclear Power Plant Commissioning Test Procedure System Optimization Research

CHEN Jindong，XU Chunlei，MA Zhongjie

（Shanghai Nuclear Engineering Research & Design Institute Co., Ltd.，Shanghai 200233，China）

Abstract: The commissioning test procedure of nuclear power plant specifies the specific implementation method of each test. It’s the execution document to guide each test，and it’ s one of the most important documents for the commissioning. Therefore，high-quality test procedure is of great significance for efficient and standardized implementation of commissioning. This text comprehensively analyses the problems existing in the test procedure system of AP1000 relying project，such as the large length，the long execution period，the multi-stage execution，the poor excitability and so on，which bring great difficulties to phase-to-phase review，test report releasing，and test efficient execution. In order to solve the above problems，this text gives optimization suggestions from two aspects：test procedure system optimization and test procedure split. The test

---

作者简介： 陈进东（1987—　），男，山东潍坊人，高级工程师，学士，现主要从事核电调试技术和质量管理工作

procedure system optimization include: the integrity of test procedure, the correctness of test procedure, the necessity of test procedure, the readability of test procedure and the rationality of test procedure classification. The test procedure split mainly according to its execution stage, test category, execution specialty and execution period. The optimum analysis will guide the planning and draft of test procedure for subsequent AP/CAP units.

Key words: Nuclear Plant; Commissioning; Test Procedure; AP1000

为提升我国核电管理和技术水平，加快核电建设步伐，满足能源发展需求，缓解资源压力，国家决定全面引进 AP1000 核电技术并开工建设浙江三门和山东海阳两个自主化依托项目 4 台核电机组。截至 2018 年年底，国内建设的首批 4 台 AP1000 机组已全部商运，完成了该技术核电项目的引进、消化和吸收，进入再创新的关键阶段。

本文主要对调试试验程序体系进行分析研究，在依托项目实践的基础上，遵守法规和监管的要求并充分考虑后续项目的使用需求，提出一整套 AP1000 机组调试试验程序的优化方法，对后续 AP/CAP 系列核电机组调试试验程序的编制和执行有一定借鉴意义。

1 概述

按照 HAD103/02 的要求，核电厂的整个调试工作必须遵循经过审批的书面文件，而这就要求核电厂调试期间必须建立完整的调试技术文件体系并发布相应的调试技术文件，这是保障核电机组安全有序开展调试工作的基础。依托项目核岛部分使用的调试试验程序主要是在美国西屋电气公司发布的设计文件基础上进行编制的，并在试验执行完成、结果满足要求后发布试验报告和总结报告。但因依托项目为世界上首批工程，调试阶段虽有比较完善的技术体系，但经过 4 台机组的实践，仍发现调试技术体系，特别是试验程序存在一些问题，在此进行梳理总结和研究分析，并提出优化方案。

2 依托项目试验程序优化的必要性分析

2.1 调试技术文件优化的必要性

依托项目调试技术体系文件是参照西屋电气公司搭建的调试技术体系形成的，部分试验项目在实施过程中已经进行了多次调整，增加或取消了部分分试验项目，另外，依托项目在实施过程中部分试验程序存在试验程序单份篇幅大，执行周期长，需要跨阶段多次执行，可执行性较差等问题，对转阶段审评、试验报告发布、试验高效执行等带来很大困难，这些在一定程度上也制约了调试进度。因此有必要对技术体系文件结构进行调整和更新，对整个 AP/CAP 技术体系框架进行重新搭建，形成试验项目独立、便于审评和验收、实施高效的技术体系文件。

2.2 依托项目试验程序存在的问题

2.2.1 试验程序体系规划有待完善。依托项目调试试验程序分为通用设备试验、专用设备试验、系统冲洗试验、预运行试验、启动试验和性能试验六类，并对每类文件进行了定义，但在试验实施过程中，又增加了部分试验项目，增加的试验项目有些并没有按照原规划进行归类。同时还存在初期规划的试验程序未使用的情况，特别是通用试验程序。

2.2.2 试验程序可读性和准确性有待提高。依托项目核岛部分试验程序为英文版，翻译成中文作为参考，部分文字拗口，描述不够准确。后续项目试验程序按照中文程序执行，因此后续项目中，要充分吸收依托项目的工程实践，进一步提升试验程序描述的可读性和准确性。

2.2.3　部分调试试验程序阶段划分不明确。机组调试大纲中规定了各个试验项目的执行阶段，但在试验执行前还是对某些试验程序的执行阶段进行了调整，特别是启动试验阶段。

2.2.4　部分试验程序验收准则与机组调试大纲不一致。在内外部监查中，数次发现部分试验项目及验收准则与机组调试大纲中相应部分的描述不一致，依托项目为此开展了多次试验程序和机组调试大纲对比排查。

2.2.5　部分试验程序篇幅过大。依托项目实施过程中部分试验程序存在篇幅过大、执行周期长、先决条件需要多次重复确认等问题。由于试验执行时间跨度大，带来调试报告长时间不能发布正式版、一份试验需发布多份中间试验报告，这些都在一定程序上增加了调试报告文件编制工作量。

2.2.6　影响调试总体进度。启动试验程序跨多个阶段执行，调试报告编制不及时，影响阶段性调试总结报告编制，制约了转阶段评审，影响了调试总体进度。

2.2.7　核岛、常规岛试验程序的分类标准和格式不一致。依托项目核岛和常规岛设计供方不同，试验程序上游文件的分类标准和格式也不尽一致，导致试验程序在本地化过程中也存在差异，也影响了试验项目的执行和归档方式。为统一文件管理，客观上要求统一核岛、常规岛试验程序的分类标准和格式。

3　试验程序体系优化

依托项目试验程序分为通用设备试验程序、系统冲洗程序、专用设备试验程序、试验程序（包括预运行试验程序、启动试验程序和性能试验程序）和试验顺序程序。首先要保证试验程序体系的完整性、正确性和必要性，其次还应对每类试验程序进行准确定义和归类。

3.1　保证试验程序体系的完整性

机组调试大纲中应列出机组必须执行的所有试验项目。但由于依托项目的特殊性，执行过程中部分新增试验通过临时运行指令（TOI）等方式执行，这些试验应评估后补充到试验程序体系中，保证试验项目完整，并进行正确的归类。

3.2　保证试验程序内容的正确性

依托项目上核岛程序由西屋协助编制，试验前进行本地化，按照英文描述执行，而后续项目均为国内设计方进行设计，试验程序执行语言也为中文，这就要求必须纠正依托项目程序中中文与英文描述含义不一致的问题；同时，依托项目试验程序执行过程中进行了一些变更，产生了许多经验反馈和良好实践，这些都应得到落实。

3.3　提高试验程序内容的可读性

试验程序翻译过程中还存在中文描述的拗口、含义不清晰、表达不准确和步骤冗长等问题，在编制中文试验程序时均应得到纠正。

3.4　保证试验程序的必要性

依托项目实践表明，原规划的试验程序体系存在部分试验项目重复和执行意义不大的情况，在后续项目上应评估这些试验项目是否需要继续保留或删除重复的试验项目。

3.5　保证各类试验程序定义清晰、试验项目合理

3.5.1　通用设备试验程序，指用于完成批量的同种类别单体设备试验的试验程序。AP1000依托项目规划很多单调程序，但经过调试实践，发现很多单体设备试验程序并未使用，说明程序编制针对性不强，对此类程序应考虑剔除。同时还发现缺少部分单设备试验程序，还应

补充新增的项目，如“加热器的初次投运”。此外，SRTF 中的单体试验程序基本能够被通用设备试验程序覆盖，SRTF 系统不必单独规划试验程序，预运行试验程序也存在同类情况。

3.5.2 专用设备试验程序，有特殊功能的少量复杂设备，其试验不适用通用设备试验程序，特地为其编制了专用设备试验程序。专用设备试验程序仍属于单体设备试验程序。因此依托项目上该类别中的部分预运行试验项目应重新归类。同时，该定义也未规定仅适用核岛范围，符合条件的常规岛部分设备的试验也可以归入其中。

3.5.3 系统冲洗吹扫程序，一般在建安方完成管段吹扫冲洗和压力试验后，调试队将根据系统冲洗程序对系统进行全面和严格的吹扫或冲洗。依托项目中有少量冲洗程序归入了预运行试验程序，为了明确工作阶段和工作分工，应对这些项目的分类进行调整。如“凝结水、给水、加热器疏水系统冲洗试验程序”。

3.5.4 预运行试验程序、启动试验程序和性能试验程序是调试试验的重心，也是核安全监督的重点，试验程序的质量对调试品质的影响巨大，其优化方向主要是梳理预运行试验的内容，剔除与单体试验重复的部分、调整试验篇幅和执行逻辑，比如对跨阶段长周期试验项目进行拆分、无逻辑关系的串行试验调整为并行试验等，具体优化方式见第 4 章。

3.5.5 试验顺序程序是调试大纲中各试验的连接程序，规定了各调试阶段需要执行的试验程序和它们的执行顺序。因为前面的预运行、启动和性能试验程序进行了优化，因此试验顺序程序也必须同步进行调整，保持其一致性。

4 试验程序拆分、优化方向

根据调试试验程序执行阶段、试验类别、执行专业、执行周期长短等因素进行拆分、优化，以期达到程序正确完整、规范统一、易于辨识、方便高效和能够及时开启和关闭的目标，主要优化思路如下所示。

4.1 通用设备试验程序优化

通用设备试验程序适用于全厂，常规岛部分不再单独编制单设备试验程序。单体试验采用试验矩阵的形式进行控制，系统预运行试验程序内不再包含单设备试验内容，执行章节内移除对单体试验结果的确认和调用步骤，如果需要，可在预运行试验程序先决条件中加入对单体试验结果的确认。

4.2 系统预运行试验程序优化

系统预运行试验程序按照试验类型进行拆分，避免单份试验程序篇幅过大或执行周期过长，单份试验程序可及时开启或关闭；同时，将无前后逻辑关系的项目进行拆分，可并行执行，提高执行效率。将编码规则内加入试验子类别辨识规则，方便快速识别试验程序类别。

4.2.1 工艺系统预运行试验分为逻辑试验（包括 PMS 和 DAS 的逻辑和连锁试验内容）、泵的性能试验、流道试验/风量平衡/水利平衡（原则上无逻辑关系的流道试验/风量平衡/水利平衡考虑进行拆分，有逻辑关系的不拆分）和系统功能/设备性能验证试验、综合性试验（对于简单系统可以一个程序包含各类试验）、特殊试验（不能归为前面分类的项目，如氢气系统置换充氢试验、核岛非放射性通风系统示踪气体内漏试验等）。

4.2.2 电气系统预运行试验原则上分为传动试验（包括信号传动、保护逻辑验证等）、投运试验（包括上电前检查、上电投运和必要的带负荷验证）和功能性验证试验。

4.2.3 由于仪控系统比较特殊，每个系统的预运行试验数量很少，并且无法严格划分成几个特定类别的试验项目，因此仪控系统预运行试验不按照试验类型进行分类，但对冷态和热态试验项目进行区分。

4.3　热试试验程序优化

热试试验程序按升温、NOT/NOP、降温平台拆分。

4.4　启动试验程序优化

启动试验阶段试验程序按照功率平台进行拆分，原则上程序不允许跨阶段（仅采集数据的试验程序可不按照阶段进行拆分）。

4.5　专项优化

（1）主泵首次启动试验使用预运行试验程序；中压电机驱动的大容量泵组（如循泵、主给水泵、凝泵、凝升泵等）由于设备和配套系统相对复杂，其电机的空载和泵的首次带载试验宜使用专用设备试验程序，按照其设备和系统特殊要求编制；其他常规泵组电机的空载试验和泵的首次带载试验原则上调用通用设备试验程序执行；泵的性能试验执行相应的预运行试验程序。

（2）通风、消防、压空等系统的预运行试验项目可按区域/厂房/功能进行拆分。

（3）电气系统的试验可按照电压等级或区域进行拆分。

5　结束语

需要特别说明的是，调试试验程序是根据设计控制文件（DCD）或安全分析报告（SAR）、系统规范书文件（SSD）等设计文件编制的，因此以上优化思路同时反馈至设计方采纳，由设计方按相应的原则出版的设计文件，保证调试技术文件上下游的连贯性和一致性。

目前，我国正处于 AP1000 系列机组首批建设完成，后续项目筹划、准备的阶段，正是进行回顾总结和优化创新的关键时期，要抓住后续项目调试准备的机会，提前对调试技术体系特别是试验程序进行优化分析，发挥自主建设的优势，积极进行技术革新，从而提高试验程序和调试成果的质量、提升调试资源的利用率，提高调试效率，能在一定程度上缩短调试工期、降低机组造价，其意义是十分重大的。

参考文献

[1] 邱凤翔，刘加合，马中杰. AP1000 核电厂调试技术文件体系建设 [J]. 中国科技纵横，2015.
[2] 国核核安全局. HAD103/02，核电厂调试程序 [S]. 1987.
[3] 核工业标准. NB/T 25007—2011，核电厂调试文件体系编制要求 [S]. 2011.

PXS 滤网碎片源项踏勘工作的改进思考

陈　旭

（上海核工程研究设计院有限公司，上海　200233）

摘要：为防止失水事故后非能动堆芯冷却系统滤网被碎片堵塞，需要识别、定位和表征安全壳内保温、涂料和外来物质，以验证碎片量和碎片类型满足设计要求。结合依托项目碎片源项踏勘工作的经验，对踏勘工作的整个流程进行了复盘和思考，针对踏勘时间、踏勘区域、取样流程、取样方法和计算分析提出改进措施。

关键词：碎片源；PXS 滤网；踏勘

Approach Research of PXS Sump Screen Performance Walk-down

CHEN Xu

（Shanghai Nuclear Engineering Research & Design Institute Co., Ltd.，Shanghai 200233，China）

Abstract：In order to prevent debris blockage of Passive heat exchange System（PXS）sump screen after Loss Of Coolant Accident（LOCA），it is needed to identify，locate and characterize foreign materials，insulations and coatings inside containment for verifying debris quantities and materials. Combining with walk-down and sampling practice，it is needed to optimize walk-down timing，walk-down area，sampling process，sampling method，calculation and analysis.

Key words：Debris Sources；PXS Sump Screen；Walk-down

新建核电厂在首次装料前，需要通过踏勘取样的方法，分析装料前安全壳内的各种碎片量对非能动堆芯冷却系统再循环滤网的影响，以验证滤网设计裕量，保证反应堆的安全运行。本文详细介绍了踏勘取样的整个流程，结合电厂的实际踏勘工作，提出了相关的优化改进措施。

1　背景和目的

核电厂在丧失冷却剂事故（LOCA）后，采用非能动自然循环的方法提供长期冷却。当内置换料水箱（IRWST）的液位降到低液位整定值时，安全壳再循环管线开启，安全壳内的

作者简介：陈　旭（1990—　），男，江苏扬中人，硕士研究生，现从事工艺系统与工艺布置方面工作

水流经 PXS 滤网，流向反应堆以持续冷却堆芯。

为防止长期水源上游的滤网堵塞，设计时采取一些措施以确保 LOCA 事故后的碎片量较小，并根据电厂设计情况确定了滤网的碎片量和碎片类型。为确保电厂建造后的实际情况与设计一致，根据 NEI02－01 和核安全局安全审评要求，电厂操作人员需要识别、定位和表征安全壳内外来物质、保温和涂料。因此确定 PXS 滤网碎片源项的踏勘方法就显得尤为重要。

由于国内没有现成的踏勘经验可以借鉴，且 AP1000 电厂也从没有进行过踏勘取样工作，因此必须结合电厂自身的特点，从踏勘时间、踏勘区域、取样点位、取样方法、计量方法、判定方法等详细考虑，设计出一套与三代压水堆相匹配的碎片源项踏勘方法，实践表明，该方法达到了取样踏勘的目的，有效验证了 PXS 滤网设计的合理性和正确性。结合两个电站的踏勘取样经验，对于整个踏勘取样流程有许多值得改进的地方，可以为后续机组的首次踏勘工作或者运行电站的周期性踏勘工作提供优化指导。

2　踏勘方法

整个安全壳内 PXS 滤网碎片源项的踏勘可分为如下几个步骤，包括踏勘时间的确定、取样点的选取、取样称重、碎片量计算（见图 1）。

图 1　踏勘流程

2.1　踏勘时间的优化

在 NEI02－01 中，对于踏勘时间的描述为“换料停堆后，安全壳清洁完成，电站重启之前进行”。这句话很明显指导的是在役电站，并不适合新建电厂。

针对新建电厂，踏勘的时间首先需要确保踏勘操作的便利，方便踏勘人员进行工作；其次，需要保证踏勘结果的准确，在踏勘实施前后，不能有施工操作；最后，踏勘时的电厂状态最好能够与运行时的电厂状态类似或者一致。根据研究和比对，确定 AP1000 的踏勘时间为首次装料之前、热试结束之后，并且安全壳内的一切试验、维修和整改已经结束，安全壳内核清洁工作完成之后开展现场踏勘工作。

针对在役电厂，由于运行时灰尘的累积，一定会和首次装料之前的结果不同，那么在役电厂的踏勘时间确定在停堆之后，大修之前进行。一方面，此时间点能够确保堆内潜在碎片都是在运行过程中累积的，不会被大修施工干扰；另一方面，这个时间点尚未进行核清洁，不会人为减少壳内的潜在碎片量，从而计算出的碎片值比较具有参考价值。对于在役电厂的踏勘工作，原则上是一个或者几个大修之后进行一次，通过数据比对，能够算出 PXS 滤网的裕量，进而判断是否需要增加核清洁的次数或者修改核清洁的操作要求。

由于碎片源项报告作为装料的前置条件的一部分，但是热试结束到装料的时间较短，造成现场取样时间无法按照设计的要求进行，即在热式结束后进行一次取样。经过与运行、安装等单位的协调，最终处理方法变成了清洁验收一块区域，即对该区域进行取样。这样做的好处是缩短了碎片源取样的时间，无需等到清洁全部结束再进行，不对影响装料的时间节点。但是也会造成一个问题，因为清洁后的区域无法做到完全密封，造成取样结果的有效性比较难以保证，因为人员的流动或者设备的进出，易造成清洁完成的区域被再次污染的可能，所以取样结果的有效性与工程进度是个矛盾的问题。解决此问题需要清洁流程进行优化，目前的清洁流程是施工完成一个区域，即对该区域进行清洁，易造成已清洁区域由于其他因素的影响被二次污染造成返工。实际上合理的清洁顺序应该从上至下进行，即从反应堆厂房顶部的环吊开始，逐层向下进行清洁。清洁流程的优化可以实现取样也能够逐层进行，也不会造成已取样区域结果的有效性被颠覆。

2.2 潜在碎片踏勘方法的优化

对于潜在碎片的踏勘方法，NEI02－01只提到“需进行定量评估”，但是并未给出具体的指导原则或者计算方法，经过研究，确定了如下的踏勘方法：

（1）确定踏勘区域；

（2）确定取样原则；

（3）确定计算方法；

（4）结果处理方法。

2.2.1 踏勘区域的优化

对于踏勘区域，NEI02－01 规定的区域包括设备表面、地面凹槽、电缆桥架、墙壁壁架和隔板。

结合压水堆核电厂的实际情况，发现NEI02－01规定的区域过于有限，实际上，在壳内的能够积聚潜在碎片的表面都应该确定为踏勘区域，比如：管道、支吊架、仪表和钢格栅等。但是，有些设备可达性比较差，不方便取样操作，所以综合各种情况之后，保守地确定现场踏勘需要对整个安全壳内的所有暴露于外界的可达区域进行踏勘，但对于一些封闭空间，则不进行踏勘。

现场踏勘经验表明，开放区域的踏勘进行非常充分，由于这些区域可达性高，无论是房间覆盖率，或者楼层覆盖率，最终取样范围都能满足踏勘文件设定的目标。但是封闭空间在有条件的情况下也应该进行取样，特别是IRWST内部，其表面积很大，另外其内部设置有滤网，对该区域的取样缺失会造化不确定项的存在，且后续由于其内部充水，没有条件再进行取样验证。由于IRWST清洁时间会早于反应堆厂房的清洁，所以对于此类物项，建议将踏勘取样时间提前，与它们的清洁时间衔接，以便及时完成取样操作，提高首次装料前的踏勘覆盖率。

2.2.2 取样原则的优化

由于需要取样的区域包含的物项不仅外形千差万别，而且尺寸也相差悬殊，很难用一个统一的标准来确定取样原则。

踏勘文件规定：由于踏勘工作开始前，安全壳已经完成了核清洁，并且核清洁之后壳内环境受控，对于踏勘取样可以近似认为取样时安全壳内各区域的积灰程度是相同的。

此假设也就意味着，不论在房间的哪个角落，潜在碎片积聚的概率是相同的。但根据两个电厂的踏勘反馈，实际上同一个房间的不同点位，其取样结果相差很大，因此，取样原则可以进行优化，同一个房间的取样点位，应该选取一些角落位置，或者选取可达性稍微差一点的位置，即选取那些可能存在清洁不充分的位置，以提高取样结果的保守性。

2.2.3 踏勘取样方法

（1）管道取样方法

安全壳内的管道可以分为两类：水平管道和竖直管道。一般情况下，水平管道的上表面潜在碎片积聚量会比下表面大，但是分上下表面取样操作会比较复杂，对于后续计算也会带来很多的不确定性。考虑到踏勘操作的可实施性，管道取样方法确定为：在可达性较好的位置选取一段管道，按规定面积擦拭管道的上下表面，进行取样。这个方法的优点在于取样时可以很方便操作，并且按照100%的表面积来计算的话，对于结果的裕量能够很好地管控。

（2）支吊架取样方法

大部分支吊架都是型钢焊接而成，对于支吊架的取样，方法确定为：在可达性较好的位置选取一大小适中的支吊架，取样时擦拭型钢的四个表面或者擦拭整个支吊架。该方法对于尺寸差别不大的支吊架可以归为一类，减少了取样数量；对于某些尺寸较大的支架，可以按照表面积进行单独取样操作。

（3）阀门取样方法

安全壳内阀门的数量非常多，而且尺寸差别也很大。阀门的外表面并非像管道或者支吊架一样比较规则，大部分阀门外表面都是不规则的，计算表面积有很大的困难。经过研究，最终确认阀门取样方法如下：同一房间内，对于尺寸接近的阀门，选用尺寸较大的阀门（通径较大、带驱动头）作为典型阀门，擦拭整个阀门外表面；同一房间内，若表面积较大的阀门数量较少，则对少数阀门单独取样。取样时擦拭阀门的外表面。

（4）电缆桥架及其支吊架取样方法

电缆桥架及其支吊架外形比较规则，取样原则与管道及管道支吊架相同。

（5）电气设备（机柜、接线箱、灯具）取样方法

对于电气设备而言，针对每类设备选取典型样例进行取样。通常情况，取样时擦拭设备上表面。对于接线箱设备，由于箱体不密封，箱内下表面积灰可能性较高，还需打开箱体，对箱内的下表面进行取样。

（6）电缆配管取样方法

电缆配管的外形都是比较规则的，取样时按规定的长度擦拭配管上下表面进行取样。

（7）建筑类物项取样方法

在同一房间（包括电梯轿厢）内外的墙面、地面、顶面各选取一处按规定面积进行擦拭取样。

（8）结构类物项设备取样方法

针对模块墙部分，在同一房间内每面墙各取一处按规定面积进行擦拭取样；钢平台部分，每部分钢平台区域各取一处规定投影面积进行擦拭取样，擦拭面应包含规定投影面积内所有部位，包括钢格栅、面板、钢构件等；安全壳部分，每个划定区域内表面各取一处按规定面积进行擦拭取样。

（9）工艺设备取样方法

由于工艺设备的外形都不相同，且有不规则的表面，经过研究，对于每一类型的设备，单独取样（见表1）。

表1 不同物项的取样原则

物项类型	取样原则	碎片量单位
管道	外表面积	g/mm^2
大型支吊架	外表面积	g/mm^2
中小型支吊架	单个	g/个
大型阀门	外表面积	g/mm^2

续表

物项类型	取样原则	碎片量单位
中小型阀门	单个	g/个
桥架	表面积	g/mm^2
桥架支架	单个	g/个
电气设备（机柜、接线箱等）	表面积	g/mm^2
电缆配管	单位长度	g/mm
仪表、通信设备	单个	g/个
仪表配管	单位长度	g/mm
建筑类物项	表面积	g/mm^2
结构类物项	表面积	g/mm^2
工艺设备	表面积	g/mm^2
机械模块	表面积	g/mm^2

表 1 是针对不同物项的取样方法，大致可以分为三类，第一类是按照表面积进行取样，比如：管道、大型支吊架、桥架、电气设备、建筑类物项、结构类物项；第二类是单个物项整体取样，比如：中小型支吊架、阀门、工艺设备；第三类是按照长度进行取样：比如：电缆配管。从中可以看出，取样的工作量非常大，结合两个电厂的踏勘结果，位于同一个房间内的物项，其取样结果差别不大，建议同一房间内的不同设备，如果其取样方法相同，比如都是按表面积进行取样，则从这些物项中选取一两个进行取样即可，而不需要对每个物项都进行取样操作，可以大幅节约取样时间，以及后续的称重和计算时间。

2.2.4 计算方法的优化

结合 2.2.3 节的取样原则，潜在碎片的计算方法大概有三种：表面积统计法、数量统计法、以及相邻点位替代法。

表面积统计法适用于像管道、支吊架、建筑类物项等的计算，它们都是按照一定的面积来取样，进而得到单位面积的潜在碎片量，在计算出总的表面积之后，即可求得每一类物项的潜在碎片量。

数量统计法适用于像阀门、仪表、电缆配管等物项的计算，它们都是按照单个设备或者单位长度来取样，在计算出总的个数或者总长度之后，即可求得该类物项的潜在碎片量。

相邻点位替代法适用于可达性比较差的设备等物项，它们取样困难，可以使用相邻设备或者建筑等物项的取样结果，进而求得该设备的潜在碎片量。此方法也适用于同一房间内取样原则相同的物项，用于计算它们的潜在碎片量。

2.2.5 样品称重的优化

由于单位碎片量非常小，基本是 mg 级别，现场取样采用无纺布进行取样，此种取样布的优点是不产生额外碎片，但其对于湿度较敏感，因此取样和称重时，对于环境湿度的要求就比较苛刻。建议在每次称重之前都需要对无纺布进行加热烘干操作，以减小湿度对于取样结果的影响。在依托项目取样过程中，就出现了取样前的重量大于取样后的重量的情况，其原因就是由于取样前环境较为潮湿，无纺布吸附了空气中的水分，使得无纺布实际重量超过其理论质量。因此，为了减小空气湿度对于取样结果的影响，有必要在称重前加入烘干操作。

2.2.6 结果处理方法的优化

在计算出各类物项的潜在碎片量之后，将所有物项的潜在碎片量相加，即可求得安全壳内潜在碎片的总量。对于计算的总量如何判断其合理性，就需要给出具体的判定准则。经过研究，结果判定准则如下：

若安全壳内潜在碎片总量小于限值要求，则安全壳内现场踏勘工作结束。若安全壳内的潜在碎片总量超过限值，则应重新进行安全壳内的核清洁工作，清洁工作结束后进行重新取样，并重新复核安全壳内的潜在碎片量。若二次复核的结果仍然超过限值，则应进行潜在碎片特性分析。

潜在碎片特性分析工作的主要目的是获得纤维和颗粒的混合比，进而确定潜在纤维碎片量和潜在颗粒碎片量是否满足要求。潜在碎片特性分析的方法有很多，可以采取较为简单的一种方法，即对取样样品进行干燥、称重和漂洗，利用密度差的原理，人工将纤维分离出来，从而得到纤维和颗粒的质量比，进而计算出潜在纤维碎片量和潜在颗粒碎片量。

2.3　临时外来物质现场踏勘方法

对于临时外来物质，NEI02－01 中列举如下：临时外来物质包括但不限于胶带、设备标签、施工和维护产生的碎片、临时脚手架、梯子、工具箱等。导则中列出的物项，都会出现在安全壳内，但是如果将所有临时外来物质都纳入潜在碎片之中，数值会过大，并且会导致计算结果与设计值相差悬殊，很显然是不合理的。

对于 AP1000 核电厂，在踏勘之前，要求对临时的外来物质进行一次检查工作，对发现的临时外来物质进行记录并通知相关部门进行清除。对于一些数量较多、类型一致的临时外来物质，可以采取列为整改项的措施。比如，对于不干胶贴纸标签，可以统一更换为金属材料的标牌，统一记录为整改项。那么在正式踏勘过程中，发现的不干胶贴纸都不记录为临时外来物质，而是列入整改项当中。

此方法的优点在于一方面能够减少壳内临时外来物质的数量，避免正式踏勘出现过多的临时外来物质，同时也不会对潜在碎片总量产生较大的影响。

3　总结

PXS 滤网碎片源项踏勘报告是首堆装料前审核的必要材料之一，对于保证核电厂发电时间节点至关重要。本文对 PXS 滤网碎片源项踏勘方法进行了研究，提出了切实可行的方法，结合两个电厂的踏勘反馈，提出了对于踏勘时间、踏勘区域、取样原则、计算方法等方面的改进建议，改进之后的踏勘流程能够更好地与工程建设相结合，压缩整个踏勘取样时间，提高计算结果的精确性，从而更为精准的反映 PXS 滤网的设计裕量和安全裕量。本文不仅能够指导 AP1000 系列核电站的安全壳踏勘工作，而且对于 CAP1400 及其他堆型核电厂的安全壳踏勘都具有指导意义。

参考文献

［1］NEI 02-01，Condition Assessment Guidelines：Debris Sources Inside PWR Containments，Rev.1.

［2］NEI 04-07，Pressurized Water Reactor Sump Performance Evaluation Methodology，Volume 1，Rev.0.

［3］NEI 04-07，Pressurized Water Reactor Sump Performance Evaluation Methodology SE，Volume 2，Rev.0.

AP1000 核电厂钢制安全壳的目视检验

陈 勇，钱征宇

（国核电站运行服务技术有限公司，上海 200233）

摘要：役前和在役检查期间需要对 AP1000 核电厂钢制安全壳及其整体附件进行目视检验，以发现不允许的表面缺陷并及时处理。由于钢制安全壳结构的特殊性，需开发专用的目视检验装置进行检验。本文主要介绍了对钢制安全壳外表面不可达区域进行目视检验所采用的设备和具体的检验技术，对后续 AP1000 机组钢制安全壳的目视检验具有一定的指导意义。

关键词：钢制安全壳；目视检验；视频检查系统

Introduction to visual inspection of the steel containment vessel of AP1000 nuclear power station

CHEN Yong，QIAN Zhengyu

（State Nuclear Power Service Company，Shanghai 200233，China）

Abstract：before and during the check in service need to steel containment of AP1000 nuclear power station and its overall accessories for visual inspection，found to not allow surface defects and handle in time.Due to the particularity of steel containment structure，it is necessary to develop a dedicated test visual equipment.This paper introduces the visual inspection for inaccessible areas using the equipment and the specific inspection technology，visual inspection of subsequent AP1000 steel containment vessel crew has a certain guiding significance.

Key words：Steel Containment Vessel；Visual Inspectionvideo；Inspection System

1 AP1000 核电厂钢制安全壳简介

钢制安全壳（CV）是 AP1000 核岛关键设备，作为反应堆厂房的内屏蔽结构，是防止放射性物质外溢的第三道屏障。钢制安全壳用 SA738 GRADE B 材料制成。设计标准为 ASME 第三卷 NE 分卷，属 MC 级设备，设计压力 0.41 MPa，设计寿命 60 年。

作者简介：陈 勇（1982— ），男，上海人，高级工程师，现主要从事核电厂在役检查工作

钢制安全壳由圆柱形的筒体和椭球形的上、下封头以及安装在其上的贯穿件、设备闸门、人员闸门以及环吊梁组成。安全壳筒体用 47.6 mm 和 44.5 mm 两种规格的钢板做成，上下封头用 41.3 mm 的钢板压制组装成半个椭球面。钢制安全壳的最大直径约为 39.7 m，高度约为 65.6 m，体积约 70 000 m^3，重量约 3 600 t。筒体共分三环 11 层，低环（第一环）高度 15.5 m，有 4 层；中环（第二环）高度 15.5 m，有 4 层；高环（第三环）高度 11.6 m，有 3 层。每层由 12 块圆弧板拼焊而成，单块圆弧板规格为：3.8 m×10.4 m（宽×长），约 15 t。上下封头各由 64 块球壳板拼焊而成，单块板最大尺寸约：3.9 m×9.6 m（宽×长）。在整个混凝土屏蔽墙与安全壳之间安装有一整圈空气导流板，空气导流板主要安装在钢制安全壳两个柱形环段和顶封头三个环段上，钢制安全壳之间约有 12 in（304.8 mm）的距离，安全壳和导流板之间通过 U 型支架进行连接，具体结构如图 1 所示。

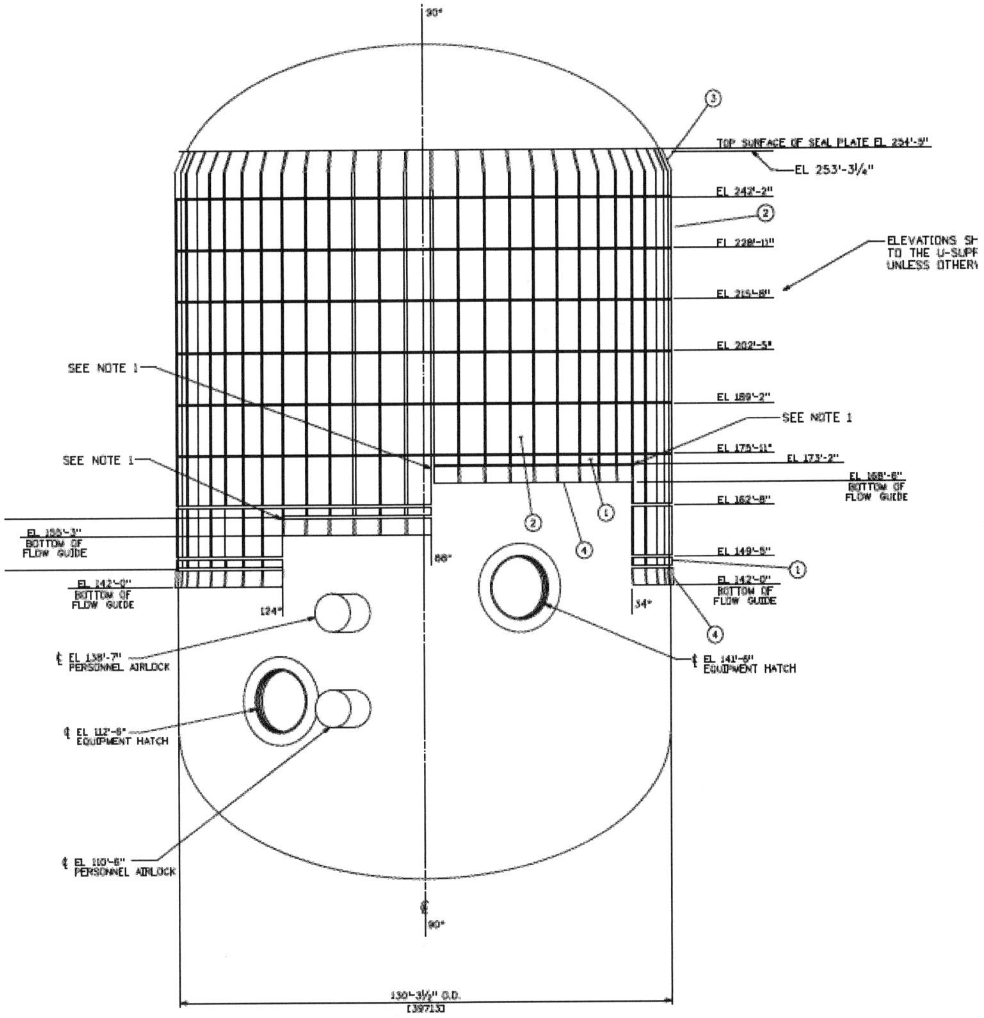

图 1　钢制安全壳示意图

2　安全壳目视检验区域及检验技术

作为承压边界的一部分，AP1000 钢制安全壳及其附件的在役检查必须满足 ASME 第 XI

卷 IWE 分卷的要求，同时重点检验存在潜在降质的区域（如安全壳表面涂层剥落、分层或者开裂的区域，以及埋入混凝土的区域）。检验范围包括 MC 级部件、零件和附件所有可接近的内外表面。

为了评定 AP1000 钢制安全壳的全面结构状况，应对内外表面实施全面目视检验，以识别降质和损坏的区域。检验范围包括[1]：

（1）安全壳的内外表面；

（2）防潮屏障；

（3）机械贯穿件；

（4）电气贯穿件；

（5）设备闸门螺栓；

（6）人员闸门应急空气补给管法兰连接螺栓；

（7）燃料运输通道法兰螺栓；

（8）环吊大梁本体及其与 CV 筒体连接焊缝；

（9）内、外加强筋及其与 CV 筒体连接焊缝；

（10）空气导流板支撑及其与 CV 筒体连接焊缝；

（11）备用贯穿件的盲板法兰螺栓；

（12）围堰。

役前和在役检查阶段，底封头座于混凝土内，封头内表面也浇灌混凝土，并形成换料水池和主设备的腔室；安全壳内外表面均已覆盖保护性涂层，以提高壳体的抗腐蚀性能，所以目视检验部位为上封头及筒体表面（包括 MC 级部件、零件和附件所有可接近的内表面和外表面）。

安全壳及其整体附件的目视检查方法为直接目视检验和远距离目视检验两种方法。首先对安全壳表面（E－A）执行 VT－3 检查，当存在超过验收标准的缺陷或对显示存在疑问时，需对增强检验的安全壳表面（E－C）执行 VT－1 检查，从而全面评价安全壳的表面状况。

安全壳的内外表面及其整体附件可达处使用直接目视检验方法，检查的最大直线距离、最低照明度、分辨率等需满足 ASME 标准要求，具体要求如表 1 所示。对于被导流板覆盖的钢制安全壳外表面、人员不可达的安全壳内表面等受检区域，可采用远距离的目视检验方法(间接目视)。远距离目视检验可使用如望远镜、内窥镜、照相机、摄像头系统等器具。当执行远距离目视检验时，如果在选定的距离和照明度下目视检验的分辨率可以和直接目视检验相当，那么检查最大的直线距离和最低照明度可以降低。

表 1　目视检验分辨率要求[2]

目视检测	最低照度 fc（lux）①	直接检测的 最大距离/ft（mm）	规程验证最大的 小写字母高度/in（mm）
VT－1	50（550）	2（600）	0.044（1.1）
VT－2	15（165）	6（1 800）	0.158（4）
VT－3	50（550）	4（1 200）	0.105（2.7）

注：（1）规定字母的分辨率能用照度测量代替以证明照度足够。

3　技术方案

在役检查阶段，对于钢制安全壳目视检验的难点在于如何对在役检查期间被导流板所覆盖的外表面区域实施有效的检验，具体体现在以下几点

（1）可达性

前面提到，钢制安全壳的直径将近 40 m，高度约 65 m。其中，外表面导流板覆盖区域为筒体中环、高环及上封头部分区域，整个检查高度约 33 m，检查间隙只有 304 mm，类似于一个完全没有外部照明的夹层结构。从可达的角度进行考虑，需要设计一套爬行装置到达夹层内部空间。爬行装置应满足如下要求：

1）具有一定吸附力，可吸附在安全壳壁上，同时，吸附力不可过高，造成移动困难；

2）通过性强，具有方向和速度调节功能，爬行过程稳定性好，不会造成图像观察不清晰；

3）具有防碰撞和倾翻功能，提供环境和检测照明；

4）有较强的负重能力，需背负多个摄像头及信号集成、传输设备，同时自重不能太大；

5）对检测面不造成损伤，引入的爬行装置与安全壳表面的接触部位不应对涂层造成损害。

6）对尺寸有一定要求。

（2）摄像头选型

根据标准和检查大纲的要求，钢制安全壳导流板覆盖区域的检查内容为表面涂层的完整性、连接附件（U 型支承）的结构状况。所以检测过程中我们应关注涂层的完整性，是否存在涂层脱落、龟裂或鼓泡，涂层缺失部位的表面状况（腐蚀或锈迹），安全壳壳体连接焊缝、U 型支承与安全壳连接焊缝是否存在开裂或变形。

因此，选用检查摄像头，不仅要考虑其分辨率需满足表 1 的要求，同时要求摄像头需有较强的颜色分辨能力，以识别涂层的损坏或劣化。

我们知道，在一定的观察距离下，摄像头的镜头尺寸越大，其观察范围（视场）也越高，但是现场检查条件下，空间范围有限，必须对检查装置的尺寸进行限制，所以需综合考虑摄像头的性能和尺寸。

针对这种情况，需开发一套安全壳外表面目视专用的检验设备。

3.1　检验系统构成及特点

整个系统由视频小车、摄像头、牵引装置、图像采集与分析设备组成，通过小车运载视频摄像头对安全壳外表面导流板覆盖的夹层区域进行间接目视检查。

根据 U 型支承的分布，整个夹层共分成 60 个检查间隔，每个间隔的宽度为 1 600 mm，采用 4 个摄像头对这块区域进行检查，每个摄像头在满足分辨率要求的前提下，其观察视场宽度为 500 mm，相邻摄像头之间有约 20 mm 的叠加观察区域，保证被检区域可以全部被检查；另外每个 U 型支承的宽度为 460 mm，在视频小车两侧各加装一个摄像头，用以检查 U 型支承所覆盖的区域；由于 U 型支承板的阻挡，需要从 U 型支承的两侧完成对整个 U 型支承所覆盖区域的检查。

特点：视频小车装配了带磁性的滑轮，即可吸附在钢制安全壳的表面，又可在牵引装置的带动下上下滚动；系统配置 6 个摄像头，中间 4 个摄像头用于观察 2 个 U 型支承之间的安全壳表面状况，可以同步调整观察角度，并且至少有一定程度的重复检查区域。两边各一个摄像头可独立调整观察视角，专门用于观察单个 U 型支承所覆盖的区域，这样的配置可一次检查一个间隔。

安全方面：为了防止牵引绳和安全壳封头表面干涉而产生摩擦，在封头段的牵引绳部分用尼龙套管进行保护；同时，除了牵引用的绳索外，车体上还配置了一根安全绳，防止由于牵引绳断裂造成车体坠落；车体两侧各安装了一个滑轮组件，防止由于车体运动路线偏离造成与U 型支承碰撞的情况发生。

3.2 系统性能

视频小车（见图 2）自带强吸力的磁性滑轮，通过牵引装置在受检间隔内上下运动，其具体性能如下：

（1）小车吸附在安全壳表面，可通过调整滑轮内的磁钢来调节其吸力；

（2）可安装 6 个视频摄像头，一次检查可覆盖一个受检间隔；

（3）安装有防撞滑轮；

（4）摄像头具有同步调整和独立调整角度的功能；

（5）小车牵引装置可手动与自动两种方式对绳索进行牵引；

（6）牵引绳、安全绳都连接在视频小车专用接头上；

（7）摄像头、照明电源、路由器等通过一个集线盒安装在车体上，结构紧凑，不易散落；

（8）小车装载摄像头后的整体高度约为 250 mm，低于安全壳与导流板夹层的间距；

（9）承载能力最大可达 100 kg；

（10）视频摄像头；

（11）摄像头携带可自动调节焦距的镜头，摄像头像素达到 400 万；

（12）单个摄像头的光圈为 6 mm，观察视角最大可到 135°；

（13）摄像头的分辨率为 1 920×1 080（录像分辨率）；

（14）采用摄像头专配软件系统，可以实现抓取图像、录像、单通道观察及多通道观察各种功能；

（15）摄像头尺寸较小，便于安装。

图 2　视频小车示意图

3.3 检验实施

为了顺利实施钢制安全壳外表面目视检查，整个检验（检验系统示意图见图 3）应按照如下步骤进行：

（1）牵引装置安装并固定在安全壳顶部，利用装置自带的磁性吸盘吸附在安全壳表面，同时再用绳索绑扎固定，确保其不会滑动、松脱。

（2）将吊绳连接牵引装置，并通过导管放到底部加强筋平台（操作平台），导管绕过配水围堰并用夹具固定。

（3）将安全绳固定在顶部，同样放到底部。

（4）将摄像头与视频小车进行装配，连接吊绳及安全绳。

（5）将视频小车系统放置在安全壳表面，收紧吊绳，使其处于受力状态。

（6）调整小车的位置，使其处于检查间隔的中心位置，在小车行进方向的下部连接一根牵引绳，牵引绳绕过定滑轮引出，用于控制小车上下保持直线运动，同时在回收小车的时候可以施加拉力。

（7）调整中间 4 个摄像头的角度、焦距，使其观察视场、视角、分辨率能满足检测面的要求。

（8）调整两侧 2 个摄像头、LED 灯的角度，使其各自能够清晰观察到 U 型支承覆盖区域的表面状况。

（9）分辨率测试：以一个检查间隔为测试对象（中间区域 1 600 mm、2 个 U 型支承各 460 mm，检查区域共 2 520 mm），其中一端为起点，分别在 0、950、1 350、1 750、2 520 共 5 个位置放置分辨率试片；以摄像头的安装板（1 400 mm 长度，用于安装摄像头）一端为起始点，分别在 0、125、525、925、1 300、1 400 共 6 个位置放置摄像头，调整摄像头的角度和焦距，使对应的摄像头能够清晰观察到 jaeger 字母卡上的 J4 小写字母，同时相邻摄像头又有重叠检查区域。

（10）缺陷定位原则：由于每一块导流板对应了一个检查间隔，所以在定位时，需要以导流板的位置进行定位；以圆周方向为 X 轴，以 0° 位置作为零点，顺时针计数，那么 X 的坐标为 1、2、3……60；以高度方向为 Y 轴，以 0° 位置作为零点，由下往上计数，那么 Y 的坐标为 1、2、3……10。

（11）开始检验，同步观察分析及记录视频。当发现缺陷或存在疑问时，可调整视频小车的位置或者调整摄像头的焦距，对显示位置进行分析、判别。

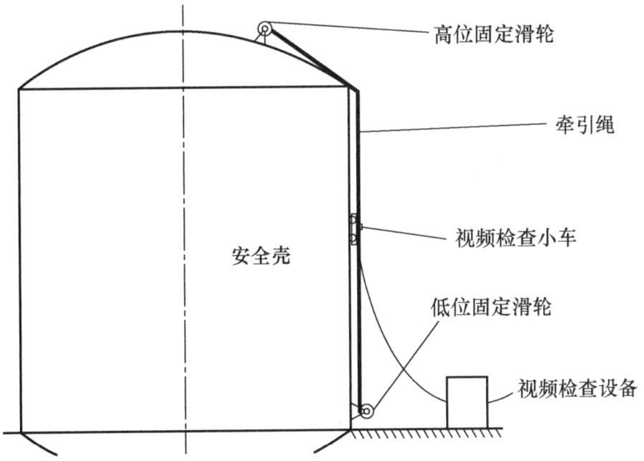

图 3　检验系统示意图

4　其余部位的目视检验

安全壳内表面由于部分区域（如穹顶）人员无法接近，故采取远距离间接目视方法对其进行检查：利用高倍望远镜配合强光灯进行观察，长焦数码相机对缺陷进行记录，同时，可通过缺陷所处的安全壳钢板的连接焊缝对缺陷进行定位。此方法的特点是：对于较远距离的观察对象，只要能保证检查时的灵敏度和肉眼直接目视相当，那么对观察距离和光照条件都可适当放宽。

5 典型缺陷

检验过程中发现的典型缺陷包括锈迹、表面涂层缺失、焊缝开裂等（见图4）。

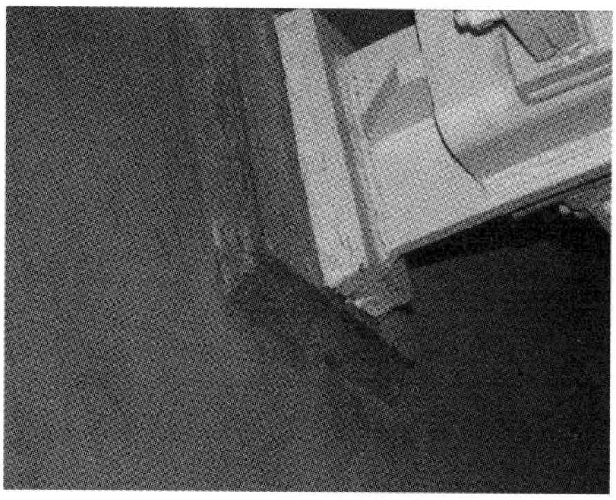

安全壳附件－焊缝锈迹

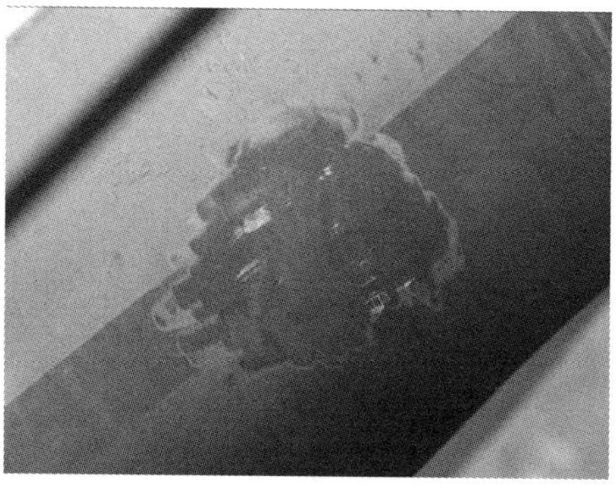

安全壳外表面－涂层缺失

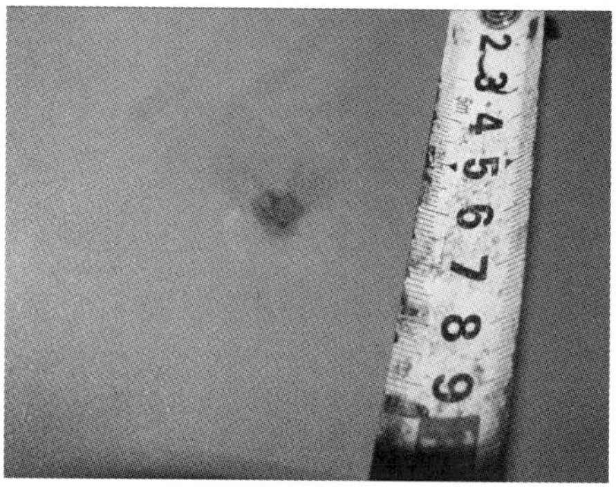

燃料运输通道贯穿件－内表面锈迹

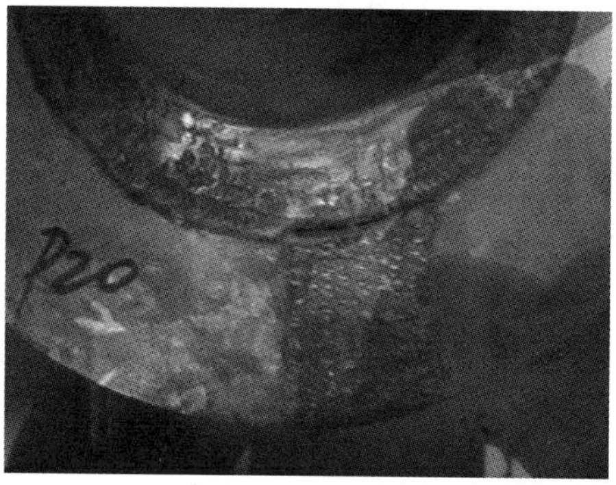

机械贯穿件—焊缝开裂

图4 典型缺陷

6 后续改进措施

从现场试验效果来看，视频检查系统存在一定问题：

（1）安全壳筒体焊缝存在一定余高，通过此位置时会造成车体抖动，使图像不稳定。

（2）前进过程没有单独导向，仅依靠检查摄像头进行导向。

（3）对特定缺陷（如腐蚀深度、涂层脱落面积的测量），目前只能依靠试验时人工制作的缺陷的图像采用对比方式进行测量，精确度不高。

后续需做如下改进：

（1）车体改造：特别是吸附用的磁性滑轮，增加橡胶接触面，设计成磁性可调节方式。

（2）增加单独的导向用观察摄像头。

（3）改变驱动方式，牵引式改为电机驱动式，以得到更好的方向控制功能。

7　总结

检验人员需针对钢制安全壳不同的检测环境、不同的检测对象，因地制宜地制定目视检验方案以及编制详细的检测清单。只有这样，才能使检测更符合工作实际、更大地提高检测质量。

对于首次运用在外表面目视检验的视频小车，通过现场的运用，证明了检验灵敏度及检验范围满足检验要求。

参考文献

[1] 海阳核电厂一期工程安全壳在役检查大纲　SDNG－GN－ISH－002－1［S］.
[2] 核动力装置设备在役检查规则 ASME BPVC 第 XI 卷［S］. 1998 版.

AP1000 核电机组主给水前置泵振动超标治理实践

程学庆，施佳赟

（上海核工程研究设计院有限公司，上海　200233）

摘要：AP1000 核电项目某核电 1、2 号机组主给水泵组采用日本三菱重工制造的定速泵组。调试期间主给水泵组前置泵存在驱动端轴承振动偏高的共性问题，且振动值随着运行时间的增加而缓慢爬升。现场采取了一系列处理措施，如重新找中；紧固出入口管道支吊架；重新调整管道的平行度和同心度；解体检查调整轴瓦接触面等，但这些措施均没有效降低振动。最终，通过详细分析振动频谱图，并结合现场安装条件，应用振动频谱分析、固有频率测试、现场设备特性考察等方法，制定了轴承箱改造方案，有效地解决了振动超标问题，同时改善了泵体和轴承箱刚度。本次振动治理实践经验反馈可推广到同类转机振动问题的分析和处理中。

关键词：主给水前置泵；振动治理；轴承箱改造；频谱分析

AP1000 Nuclear Power Project Main Feed Water Booster Pump High Vibration Control Practice

CHENG Xueqing，SHI Jiayun

(Shanghai Nuclear Engineering Research & Design Institute Co., Ltd.，Shanghai 200233，China)

Abstract: AP1000 nuclear power project units 1& 2，use the main water booster pump manufactured by Mitsubishi Heavy Industries. During commissioning，all pumps have the common problems of high vibration on the shaft end bearings，and the vibration value increased slowly with the increase of running time. We have taken a series of measures，such as re-alignment of the coupling，fasten inlet and outlet pipe support，readjust the parallelism and concentricity of the pipe，disassembly inspection，adjust the bearing interface，but these measures are not effective for reducing vibration. Finally，through detail analysis of the vibration spectrum and on-site installation conditions，and applied the methods of vibration spectrum analysis，natural frequency test and field equipment investigation，we developed a modification scheme of bearing box，and effectively solve the problem of vibration exceed the standard，at the same time，the stiffness of pump body and

作者简介：程学庆（1988—　），男，安徽怀宁人，学士，工程师，现主要从事核电厂调试工作

bearing case is improved. In this case, the practical feedback of vibration control can be extended to the analysis and treatment of similar vibration problems.

Key words: Main Feed Water Booster Pump; Vibration Control; Bearing Box Modification; Spectrum Analysis

1　概述

主给水系统是核电厂二回路重要组成部分。AP1000 核电厂主给水系统流程图如图 1 所示，该系统起始于除氧器水箱，三列升压泵/主给水泵组通过三根独立的管道将水箱中的水输送至一根母管，通向 6 号和 7 号高压加热器，从 7 号加热器出口汇总至主给水母管后分为两路，通过给水控制阀分别向两台 SG 供水。调试期间，主给水系统主要在正常运行工况和小流量工况条件下运行，正常运行工况时，出给水泵出口母管的水去往 6 号和 7 号高压加热器；小流量工况时，主给水泵出口母管的水通过小流量调节阀去往除氧水箱[1]。

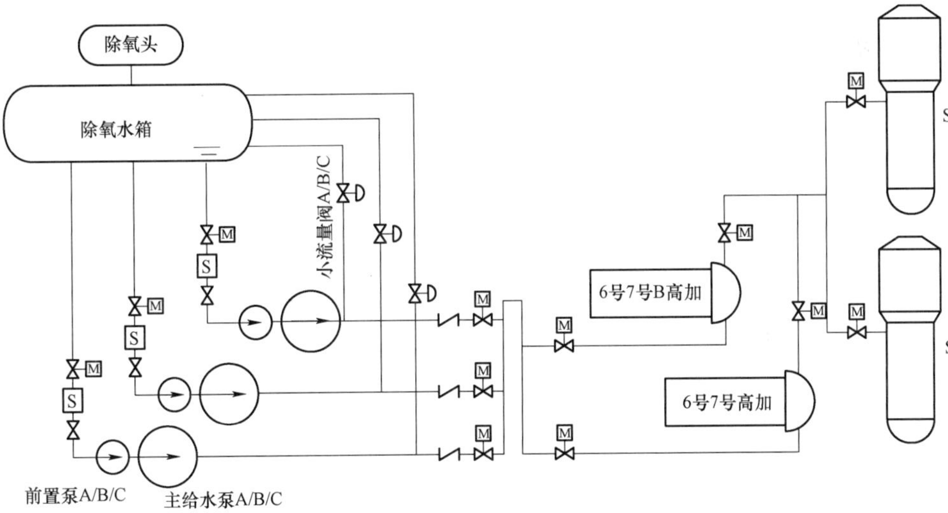

图 1　AP1000 主给水系统流程图

主给水泵组采用日本三菱重工制造的定速泵组（见图 2），其中前置泵（FWBP）转速 1 480 r/min，主给水泵（FWP）转速 4 660 r/min，两者通过增速齿轮箱（Step-up Gear）连接，齿轮箱增速比为 3.155:1，主给水泵组主要在两种工况下运行，即正常流量 2 300 m^3/h，小流量 1 100 m^3/h，主给水泵和前置泵运行振动限值分别为 0.1 $mm^{p\text{-}p}$（位移值）和 9.9 mm/s（速度值），振动超过此限值即需要停泵检修。

调试期间，发现 1 号机组 3 台主给水泵组前置泵均存在驱动端轴承振动偏高的共性问题。AP1000 核电另一个依托项目的同类型主给水前置泵也出现了同样的问题，两个项目上的主给水前置泵都表现为在小流量工况下（1 100 m^3/h）驱动端轴承垂直方向振动值超过验收标准 9.9 mm/s，其中三门 1 号机组主给水前置泵 A 的驱动端轴承振动甚至达到 13.2 mm/s，且振动值随着运行时间的增加而缓慢爬升（见图 3）。

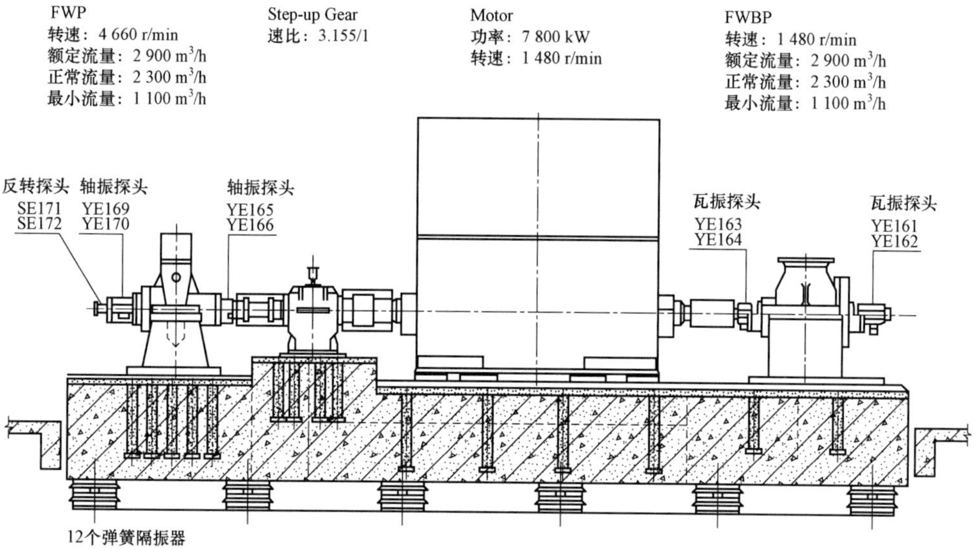

图 2　主给水前置泵和主给水泵组图

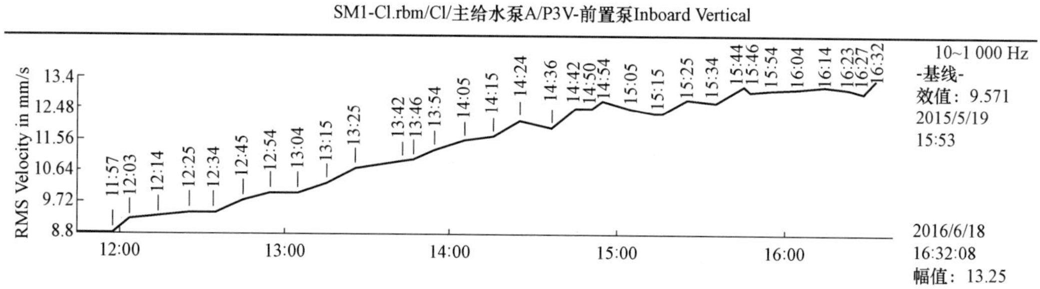

图 3　主给水前置泵振动值曲线图

2　振动治理过程

2.1　振动诱发因素分析

因振动机理的复杂性和原因的多重性，振动根本原因的分析和查找较为复杂。面对众多可能诱发振动的因素，可以从设计、安装、运行三个方面逐一排除、查找原因。根据下述思路，制定了对应的检查措施，从易到难逐一开展检查工作，具体如表 1 所示。

表 1　振动诱发因素分析表

优先级	振动诱发因素	检查项目	对应检查措施	检查结果
1	运行工况	运行参数	检查小流量运行参数是否满足系统设计要求	合格
2	泵体安装原因	地脚螺栓、定位销、联轴器保护罩	检查地脚螺栓、定位销、联轴器保护罩等紧固程度及力矩值是否满足要求	合格
3	基座安装原因	泵组基础	检查泵体弹簧基础运行状况，是否与泵体产生共振	见 2.2 节
4	对中不合格	对中数据	拆联轴器，校验对中数据	见 2.3 节
5	外部应力干涉	外部应力来源	检查进出口管道法兰对口情况，检查支吊架安装情况、测量小流量运行时进出口管道的应力、振动情况等	见 2.4 节
6	设备本体原因	设备解体	对主给水前置泵进行解体，检查内部流道构造、轴瓦受力分布是否均匀等	见 2.5 节

发现振动→检查设备运行工况与设计工况是否一致（流量/压力/温度等）→基础是否牢靠→支撑刚度→对中情况→外来应力（管道干涉等）→本体缺陷（轴承/叶轮/转子不平衡等）→振动频谱分析→确定方案→试验验证效果→优化方案→再试验。

2.2　弹簧基础安装运行状况分析

AP1000 依托项目的主给水前置泵均由日本三菱重工设计。不同之处是，主给水前置泵基座是由不同设计院院设计成固定基础型式和弹簧基础型式。每台泵弹簧基础包含两种型号的弹簧，SPV2570.8 和 SPV2570.8.8，两种型号弹簧分别为 8 个，共 16 各，两种弹簧尺寸一致，承载力不同，弹簧形式如图 4 所示。

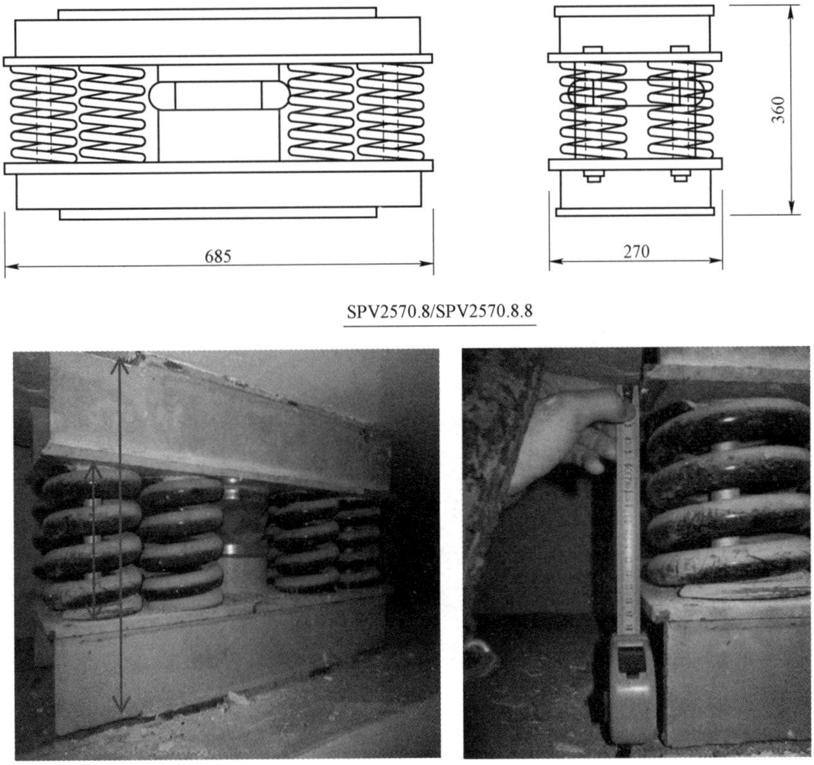

图 4　主给水泵前置弹簧基础的弹簧

为分析弹簧基础对主给水前置泵运行振动的影响，在泵运行时安排专人实时测量弹簧的压缩数据，试验数据表明：各个位置的弹簧压缩量一致，运行中弹簧基础的状态平稳良好。此外，通过锤击试验测量的弹簧基础固有频率为 3 Hz 左右，而主给水前置泵的固有频率为 25 Hz，两者相距很大，不会产生共振。

2.3　主给水前置泵对中情况校核

经验表明，旋转机械的对中偏心会造成附加的弯矩，而在转动一周的过程中，这个弯矩的方向也随之发生周期性变化，对于联轴器连接的两部分系统来说，任何一部分受到的都是一个周期性激励，这个周期性激励会造成系统和设备的振动[2]。

因此，重新校核了主给水前置泵的对中情况，包括外圆和开口，各数值均在合格范围内，故排除了对中偏差造成振动超标的可能。

2.4 主给水前置泵进出口管道支吊架调整

为检查进口管道是否对前置泵产生外来应力，先后解开前置泵的出口、入口法兰，检查了法兰对口情况，并测量了对口数据。从数据记录看，入口、出口法兰都有一定程度的错口，且出口法兰错口明显、最大错口处甚至达到了 23 mm。具体如图 5 至图 6 所示。

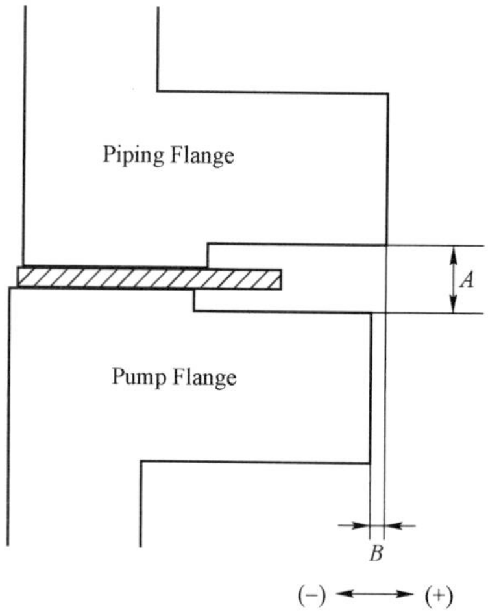

图 5 主给水前置泵进出口错口图（示意）

发现问题后，按照设计图纸重新调整了进出口管道的支吊架，消除了进出口管道的错口。然后重新启动主给水前置泵，但其小流量工况下运行振动值依然超过 9.9 mm/s。

2.5 主给水前置泵解体检查

随后，在供货商现场工代的参与下，调试工程师组织维修人力对主给水前置泵进行了解体，检查了如下几个方面：测量了轴串动量（见图 7），数据均合格；调整了轴瓦接触面（见图 8），调整后比调整前接触面更为均匀；对转轴键槽处、叶轮外缘面做了渗透检查（见图 9），均合格。随后，回装主给水前置泵，再次进行小流量带载试验，振动依然超过 9.9 mm/s。

图 6 主给水前置泵出口法兰错口图（现场）

图 7 测量转轴串动量，数据合格

图 8 调整轴瓦接触面，左侧为调整前，右侧为调整后

图 9　转轴 PT 检查

2.6　轴承箱改造方案

在历经对主给水前置泵弹簧基础安装、运行情况检查；对中情况复核；进出口管道支吊架调整；主给水前置泵解体等各项检查和优化调整后，振动问题依然没有效解决。对此，调试人员进一步深入对振动的频谱进行分析研究，并提出对应治理方案。

主给水前置泵转速为 1 480 r/min，对应频率是 25 Hz，叶片个数为 5 个，而通过对现场采集的振动频谱图进一步分析得知：振动的频率成分主要是 125 Hz（见图 10），即 5*X* 分量（5×25 Hz$=125$ Hz）。就振动性质而言，属于流道突变导致介质压力脉动而产生的激振（流体激振力与流体参数、流道、叶片型式及数量等有关），而泵体和轴承座刚度不足以承受该激振力而导致振动超标。因此，我们从这两个方面的因素着手，初步制定了对前置泵进行改造的两个方案：

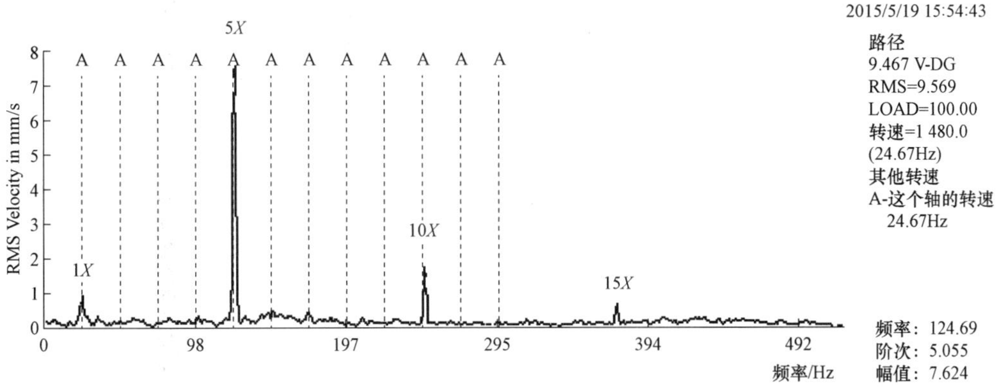

图 10　主给水前置泵振动频谱图

（1）从流体作用力角度降低压力脉动：尝试改变叶轮与隔舌间隙，或者从设计上改变叶片个数和叶片型式。

（2）提高轴承座刚度，对轴承箱加装支撑件：从结构上看，主给水前置泵轴承座下半端面通过螺栓连接在泵体上，而上半端面弯曲处于脱开状态，这种结构容易导致轴承箱垂直刚度降低。因此，理论上，通过对轴承箱加装支撑可以有效提高轴承箱刚度，从而降低振动。

因叶片调整和流道设计变更工作复杂程度高，耗时久，需要做一系列工厂论证试验，现场不具备改造和验证条件。因此选择较为实际的第二个方案，即对轴承箱进行改造。

基于对振动频谱图详细分析，同时考虑现场设备安装布置情况，对轴承箱制定了以下改造方案：

通过考察主给水前置泵现场安装结构，轴承箱下半端面通过螺栓连接在泵体上，而上半端面弯曲处于脱开状态，这个结构容易导致垂直刚度偏低，基于此，我们在主给水前置泵驱动的轴承箱上半端面加装横向连接件，使轴承座与泵体尽可能连为一体，提高泵体自身刚度，降低振动速度。

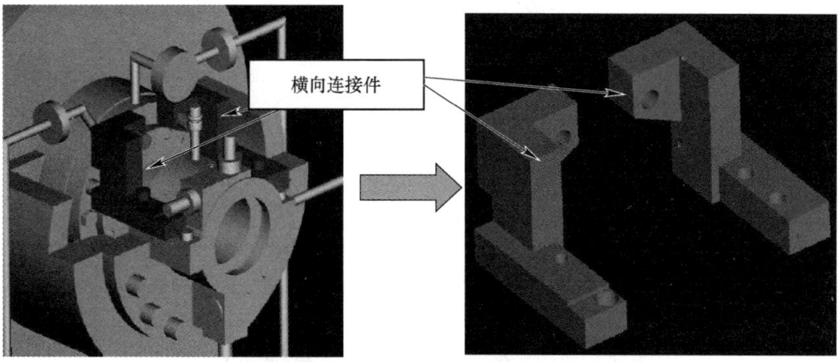

图 11　主给水前置泵轴承箱上部横向连接件

同时，在驱动端轴承箱下半部加装立式支撑柱，并将支撑柱与轴承箱下半部接触部位设计成圆弧型式，以实现支撑件与轴承箱面接触，增大接触面积，提升实际支撑效果；并且，将下部支撑柱设计成两半部分的组合件，中间通过带内螺纹的可调锁紧套筒连接，实现了支撑柱高度可调。在泵运转过程中，通过缓慢调节支撑柱高度，改变支撑力和轴系提升量，寻找振动最低点，实现效果最优。

轴承箱改造后重新执行带载试验，主给水前置泵振动值从改造前的最大 13.2 mm/s 降低到最大只有 8.1 mm/s，并且趋于平稳，没有再出现振动爬升现象。振动超标问题得以彻底解决。

通过锤击试验测试改造前后泵体的刚度变化情况，可以明显看出，改造后的刚度有明显提升，从理论上验证了改造效果，刚度变化如图 14 所示。

通过对改造前后的振动频谱图进行对比分析，改造后的给水前置泵在固有频率处（125 Hz）的振动迁移量较改造前有明显降低，振动迁移量变化如图 15 所示。

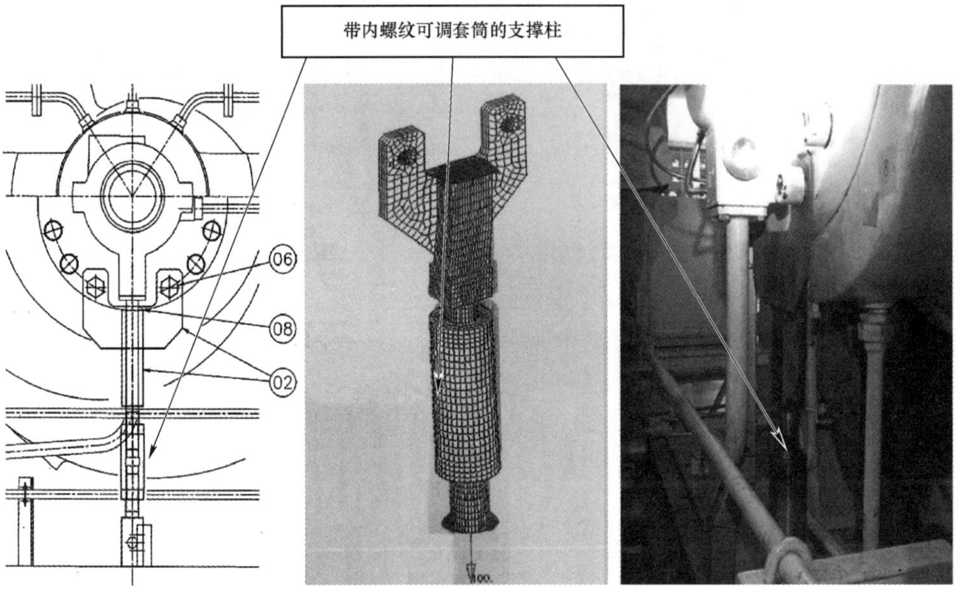

图 12　轴承箱下部立式支撑柱

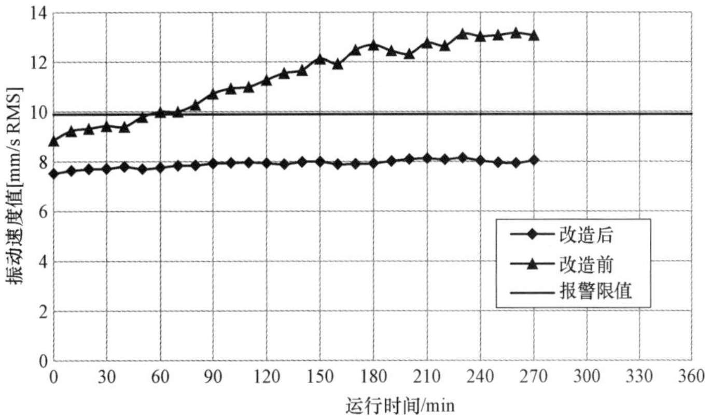

图 13　轴承箱改造后的泵运行振动数据

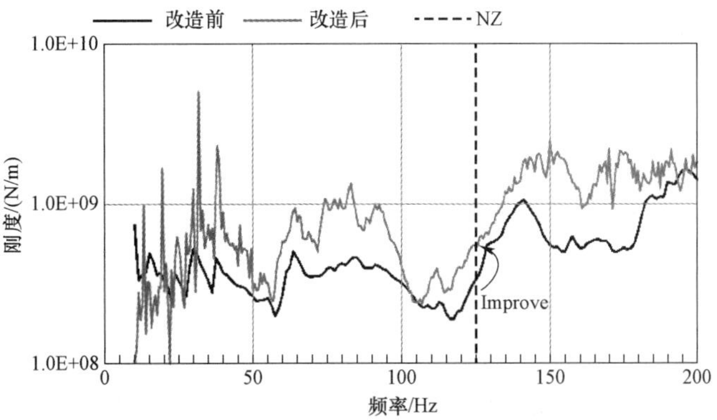

图 14　轴承箱改造前后的刚度变化情况

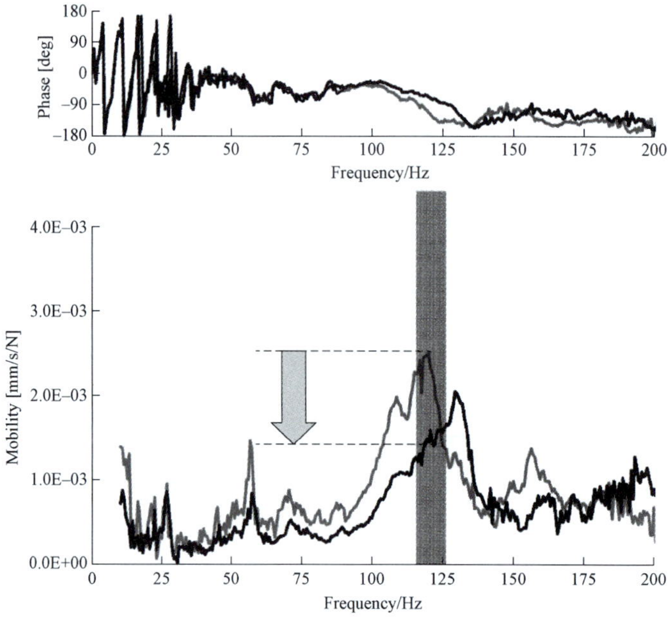

图 15　轴承箱改造前后的振动迁移量对比情况

3　总结

在治理主给水前置泵振动超标问题过程中，采取了一系列处理措施，如泵轴重新找中；紧固出入口管道支吊架；调整管道的平行度和同心度；解体检查和调整轴瓦接触面等，但这些措施均没有效降低振动。最终，通过详细分析振动频谱图，并结合现场安装条件，制定了轴承箱改造方案，有效地解决了振动超标问题，同时改善了泵体和轴承箱刚度。为主给水泵组和主给水系统的稳定安全运行提供了保障。

单台前置泵造价数百万元，若不采取改造措施而直接更改叶轮重新设计生产、安装，考虑造价、安装成本、人力成本等，会花费更多。而在本文中提出的轴承箱改造方案中，单台泵轴承箱改造材料成本加上安装、人力成本，总体费用不过数万元，经济效益十分显著。同时，主给水系统向蒸汽发生器二次侧提供冷源带走一回路衰变热，主给水泵组和主给水系统的安全可靠运行将对整个核电厂的运行提供保障，具有巨大的潜在经济效益。

无论是火电厂还是核电厂，转机设备振动超标都属于高发事件，而设备振动诊断及治理是一项综合的专业技术，正确掌握并应用好该项技术解决现场振动问题除要求具有包括振动监测专业分析、转子动力学、振动故障机理和诊断等专业知识外，还要求熟悉设备的工作原理、机构特性和运行特性等。本次改造案例中，应用了固有频率测试、振动频谱分析、现场设备特性考察等方法，最终制定了轴承箱改造方案，该方案简单实用，可推广到同类振动问题的分析和处理中。

参考文献

[1] 程学庆，等. AP1000 核电站额定功率运行时单台主给水泵跳闸瞬态分析 [J]. 中国电力，2015，26（4）：66-70.

[2] 张学延，张卫军，葛祥，等. 电厂旋转机械设备振动问题处理案例分析 [J]. 中国电力，2015，48（8）：110-115.

AP1000 核电厂热膨胀试验技术

褚　凯，李　扬，李国健，冯利法

（国核电站运行服务技术有限公司，上海　200233）

摘要：AP1000 核电厂核岛热膨胀试验基于 ASME OM－S/G－2000 第 7 篇编制了完整详细的试验技术规格书和试验程序，试验获取的大量数据验证了 AP1000 核岛高能系统热膨胀满足相关规范的要求。试验在国内首次采取了一些新的测试技术、设备和方案，对后续同类型试验具有一定的参考价值，对国内相关行业标准增补或修订有一定的借鉴意义。

关键词：AP1000；热膨胀试验；ASME OM

AP1000 Nuclear Power Plant Thermal Expansion Test Technology

CHU Kai，LI Yang，LI Guojian，FENG Lifa

（State Nuclear Power Plant Service Company，Shanghai 200233，China）

Abstract：AP1000 thermal expansion test specification and procedures were developed based on ASME OM part7. AP1000 high energy system design and configuration on thermal expansion were verified through the test data and inspection，which satisfied the applicable standards and codes. Advanced technologies，equipment and experience acquired from the test can be referred by other peers，and used to develop or modify domestic trade stands.

Key words：AP1000；Thermal Expansion Test；ASME OM

1　引言

AP1000 是我国从美国西屋公司引进的第三代压水堆，该堆型引入了非能动安全系统理念，系统设计发生了革新的变化，全新的系统配置需要在调试阶段进行充分验证，以证明结构、系统、部件满足设计要求。西屋公司根据美国核管会 RG 1.68《水冷核电厂初始试验项目》、ASME OM S/G－2000[6]第 7 篇《核电厂管道系统热膨胀试验》，以及对应 AP1000 最终安全分析报告及设计控制文件编制了《热膨胀试验技术规格书》和试验程序。通过装料前热

作者简介：褚　凯（1985—　），男，山东人，工程师，硕士研究生，现主要从事核电厂设备管理与工艺系统试验工作

态试验和启动试验期间收集的大量管道热位移、支吊架行程和温度数据，验证了高能管道及设备的热膨胀满足设计要求。

我国核安全导则《核电厂调试程序》（HAD 103/02）[1]附录 I《调试试验的详细项目》A 阶段明确要求对反应堆冷却剂系统、功率转换系统进行热膨胀和阻尼试验。文献［2］指出国内指导核电厂热膨胀试验的标准有《核电厂调试阶段管道验证要求》（GB/T 28550—2012）[3]和《核电厂调试阶段管道支吊架验证要求》（GB/T 28549—2012）[4]，以及在《核电厂汽水管道与支吊架维修调整导则》（DL/T 982—2005）[5]中也有部分内容涉及。笔者研究国内相关标准发现，这些标准多侧重于电厂支吊架的定性和行程检查，以及辅助较少的三向指示器测量，与 ASME OM－S/G－2000 第 7 篇[6]覆盖内容存在一定差异。

本文结合笔者在 AP1000 首堆热膨胀试验的实践和对 ASME OM－S/G－2000[6]第 7 篇的理解，介绍 AP1000 核电厂热膨胀试验技术、实施过程、典型案例，以及跟国内核电厂热膨胀试验相关标准的差异性。

2 AP1000 热膨胀试验技术与实践

AP1000 核电厂热膨胀试验程序结合具体高能系统设计，依据 ASME OM－S/G－2000 第 7 篇[6]要求编制，同时参考美国 Vogtle 和 Comanche Peak 核电厂的经验。与国内现有标准和通行做法在试验对象、试验设备及方法、试验平台、验收准则、主设备支撑测量、异常处理方向等方面存在一定差异。下面介绍该试验的关键技术和实践反馈，为后续同类试验项目提供技术和经验支持。

2.1 试验对象和筛选原则

热膨胀试验主要为了验证管线或设备在加热和冷却过程中的热位移在允许限制以内，包括弹簧吊、阻尼器、恒力吊、防甩限位器的指示位置/间隙在设计允许范围内，管道和设备的热位移不会受到除设计需要以外的阻碍，监测的系统管线包含：

（1）ASME 规范第Ⅲ篇，1/2/3 级管线。

（2）抗震 I 级结构中的高能管线。

（3）系统的高能部分，这部分的失效可能减弱抗震 I 级设施功能到一个不可接受的安全水平。

（4）核岛安全壳外的抗震 I 级中能管线。

针对以上系统管线筛选测点的原则如下：

（1）温度：最高运行温度大于等于 121 ℃（250 ℉）。

（2）位移：位移超过 6.35 mm（0.25 英寸），或者小于该位移值也可以引起可观应力的位置。

（3）核岛内所有阻尼器、弹簧支吊架、恒力支吊架和防甩限位器。

符合上述筛选原则的 AP1000 系统包含反应堆冷却剂系统、蒸汽发生器系统、余热排出系统、化学与容积控制系统和非能动余热排出系统，总计约两百个管道热位移测点和一百个支吊架的检查。目前相关国内标准中主要关注反应堆冷却剂系统的监测，没有给出可以量化的试验对象筛选指导原则。

2.2 试验设备和检查方法

在 ASME OM－S/G－2000 第 7 篇[6]和国标中均要求使用直尺、塞尺等检查管道支吊架行程及功能完整性。对于管道位移测量，国标只推荐了就地三向位移指示器，典型测量方案如

图 1 所示，而在 ASME OM－S/G－2000 第 7 篇[6]推荐了多向指示器，拉线位移传感器，线性可变差动变压器（LVDT）、电涡流位移传感器等。

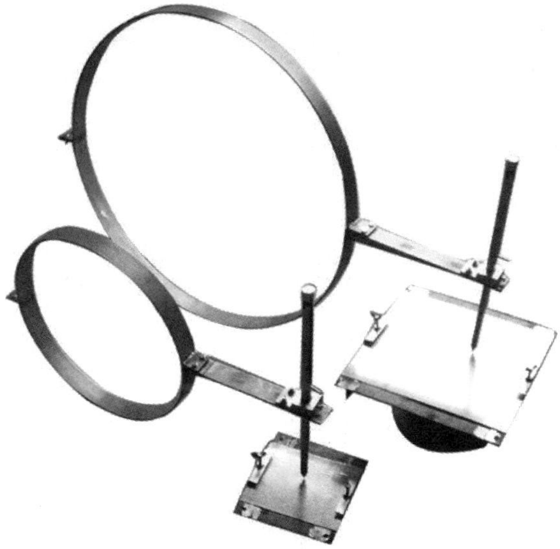

图 1　三向位移指示器

AP1000 热膨胀试验具有测点多，测量环境恶劣（高温、高处作业）等特点，同时要求实时监测位移数据，位移数据要与系统响应时间同步，使用就地位移指示器难以满足这些要求。经过筛选，最终使用了拉线式位移传感器（见图 2），其优点是精度高、稳定、易安装，避免多向指示器的零点固定难点、LVDT 易损及需要额外交流电源、电涡流传感器量程小的缺点。将其连接到数据采集服务器上，可以实现实时读取和存储数据，导出的数据便于与验收值进行比较，分析位移趋势，及时发现偏差。

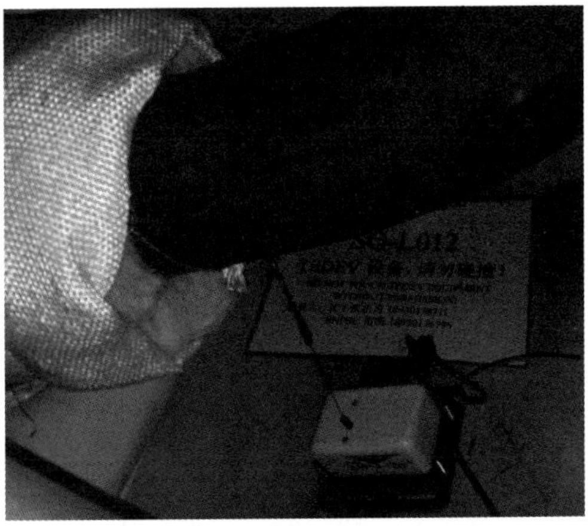

图 2　拉线式位移传感器

AP1000 热膨胀试验采用了行业领先的测试和数据处理技术辅助试验的进行，数据采集系统主要有采集子站、网络通信和上位机组成，可同时采集静态位移和温度传感器数据。采集系统架构如图 3 所示。

2.3　试验平台和时机

根据 ASME OM－S/G－2000 第 7 篇[6]要求和压水堆核电厂运行特点，AP1000 热膨胀试验平台分为环境温度平台→121 ℃加热平台→177 ℃加热平台→232 ℃加热平台→292 ℃热备用平台→232 ℃降温平台→177 ℃降温平台→121 ℃降温平台→冷却后环境温度平台（热试），以及功率阶段的各个功率平台（启动试验）。在每个平台稳定 10 h 后读取管道热位移值、检查支吊架及读数、检查主设备支撑及位移、检查高能系统管道与周围构筑物及设备的干涉情况。

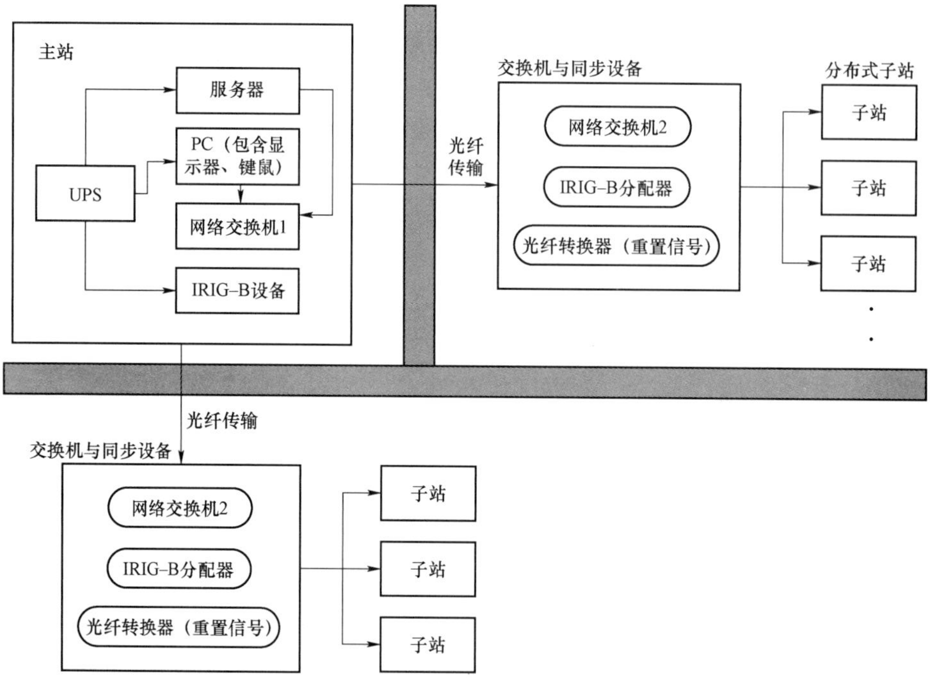

图 3　数据采集系统架构图

在 GB/T 28550—2012[3]、GB/T 28549—2012[4]和 DL/T 982—2005[5]中没有明确试验温度平台，但是要求在温度和压力稳定 120 h 以上方可测量，此稳定时间要求对调试进度是非常大的挑战，通过 AP1000 热膨胀试验的实践，分别在一回路温度稳定后 4 h、6 h、10 h 采集测点数据，管道热位移约 6 h 后稳定，主设备支撑热位移约 10 h 后达到稳定。

热膨胀的基准水平是环境温度平台，在该平台上传感器读数归零，支吊架读数、主设备支撑位置作为基准。升温前的环境温度平台为动排气后的水实体状态，降温到环境温度平台一般通过正常余热排出系统冷却一回路到 60 ℃以下，继续依靠自然空冷冷却，经过约 60 h 降至环境温度。根据 AP1000 热膨胀试验实践，当系统温度低于 50 ℃时，此时热膨胀监测点剩余位移在 3 mm 以下，满足验收条件（见表 1）。

表 1　AP1000 热膨胀试验验收准则

管道热膨胀位移预测最大值	某温度平台验收准则
≥2.5 英寸（63.5 mm）	预测值＋10%预测最大值
≤2.5 英寸（63.5 mm）	预测值±0.25 英寸（6.35 mm）
注：测点重新返回到环境温度时，剩余位移值应在±0.25 英寸（6.35 mm）以内。	

AP1000 首次设计了非能动堆芯余热排出系统，该系统在电厂正常升降温平台并不投运，管道内的流体是静滞的，因此在 AP1000 热膨胀试验中增加了若干非能动系统瞬态试验后的热位移数据采集，以验证设计温度下管道热膨胀响应。

2.4　验收准则

ASME OM－S/G－2000 第 7 篇[6]和国标对热膨胀试验验收准则的描述都是定性概述的：

（1）除支吊架位置外，管道正常热位移不受约束。

（2）弹簧支吊架、恒力支吊架及阻尼器的行程在设计范围内，防甩支架间隙符合设计要求。

（3）管道热膨胀位移在预测限值内，同时考虑位移限值需保证不超过所使用标准的许用应力或者设备、接管的允许受力。

AP1000 热膨胀试验在以上基础上，美国其他核电厂热膨胀位移验收准则制定方法（见表 2），结合管道计算分析，制定了较为保守直观的热膨胀位移验收准则（见表 1），某温度平台的位移验收准则为该平台下的预测值和允许偏差之和。位移数据趋势和验收分析示例见图 4。某温度平台下的管线预测位移基于设计位移的高低值、设计温度，通过线性插值法计算。

表 2　美国相关核电厂热膨胀位移验收准则

电厂	预测位移≥1 英寸	预测位移≤1 英寸
Comanche Peak Unit 1	±25%预测位移	±0.25 英寸
Vogtle Unit 2	±25%预测位移	±0.25 英寸
Watts Bar Unit 2	±0.25 英寸或 10%预测位移取大值	±0.25 英寸或 10%预测位移取大值

注：1 英寸 = 2.54 cm。

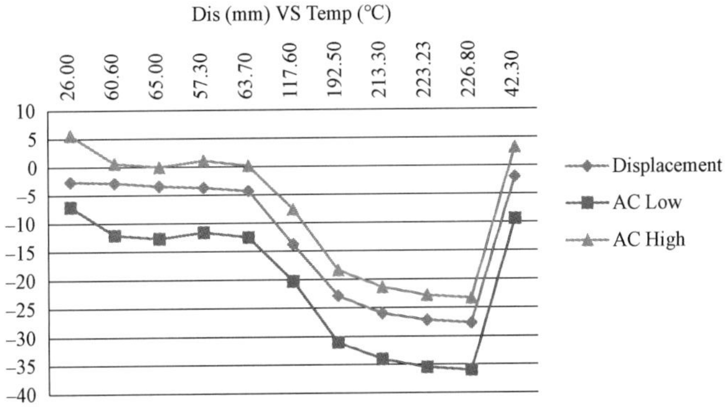

图 4　某热位移测点数据趋势及验收分析

2.5　主设备支撑测量

国标 GB/T 28549—2012[4]中仅规定了 M310 堆型主设备支撑需要检查的项目，且以定性检查或支撑本身的检查为主。AP1000 主设备支撑测量不仅反映支撑本身的情况，也能验证这些支撑可以允许主管道和主设备的热膨胀不受干涉，在各种运行模式下热膨胀在验收限值内，降温后恢复到可接受的位置。测量包括反应堆压力容器支撑、蒸汽发生器支腿、蒸汽发生器下部侧向支撑、蒸汽发生器中部侧向支撑、蒸汽发生器顶部侧向支撑、稳压器支腿和稳压器上部支撑。主设备布置如图 5 所示。

AP1000 主设备支撑测量通过测得某点摆动差值利用相似三角形原理换算监测点的位移情况。以 AP1000 蒸汽发生器支腿处东西方向位移测量为例进行说明，蒸汽发生器支腿位移测量示意图如图 6 所示，在冷态工况下，蒸汽发生器支腿向反应堆压力容器方向倾斜，随着温度升高主管道热膨胀对蒸汽发生器的推力作用，支腿慢慢直立，到达热备用工况时支腿趋于直立，此时支腿与铅垂线基本平行。蒸汽发生器底部东西方向的位移公式：

$$\Delta EW=(x_2-x_1)\frac{y_{ptp}}{y_{pb}}$$

式中：y_{pb}——蒸汽发生器支腿上选定两点的距离；

x_1 和 x_2——支腿两点到铅垂线的距离；

y_{ptp}——蒸汽发生器支腿轴销中心距离。测得结果如表 3 所示。

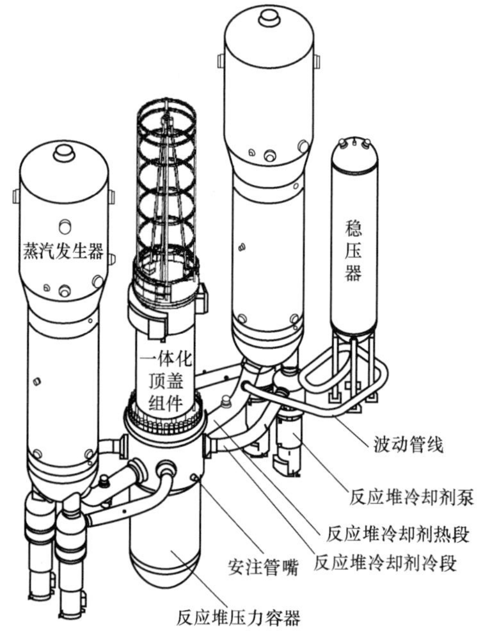

图 5　AP1000 主设备分布图

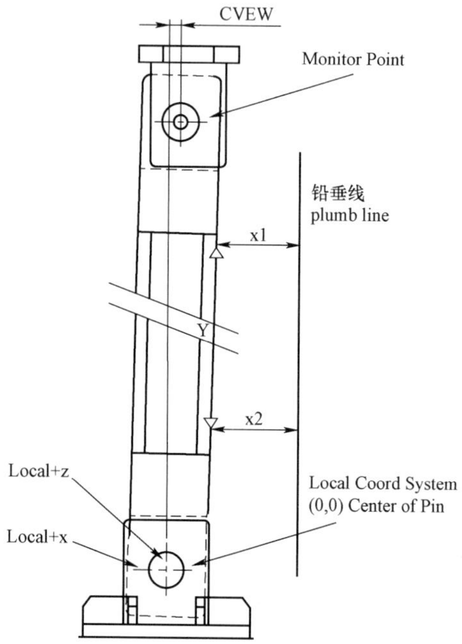

图 6　蒸汽发生器支腿热位移测量示意图

表 3　蒸汽发生器支腿测量结果

设计冷态 ΔEW/ ±1.52 mm	测量	升温前冷态测量数值/mm	计算冷态偏移/mm	设计热态偏移/ ±1.52 mm	热备用测量数值/mm	计算热备用偏移/mm	降温后冷态测量数值/mm	计算降温后冷态偏移/mm
41.91	x_1	90	42.14	0	—	0	92	40.13
	x_2	100.5			—		102	
y_{ptp} = 6 019.8 mm				y_{pb} = 1 500 mm				
热备用状态下使用水平尺确认支腿处于竖直状态								

2.6　热膨胀数据异常处理

目前国内相关标准中未明确提出热膨胀异常数据处理方向，ASME OM－S/G－2000 第 7 篇[6]推荐的处理方向主要有进行设计计算输入和实际测点参数进行比较，包括测点温度、位置方向、管道干涉、支吊架未解锁等，同时应用计算机管道模型进行管道承载应力分析是否超限。主要的纠正措施有：消除管道和支架、构筑物、保温等之间的干涉，纠正支吊架制造缺陷、行程不足、选型错误、冷态设定错误、支吊架载荷校验错误等，调整管道布置避免热膨胀干涉、更改热膨胀方向或通过增加膨胀缓冲装置（如膨胀节）来增加管道柔性，调整运行规程，如避免高温流体注入某些管路系统等。异常处理流程图如图 7 所示。

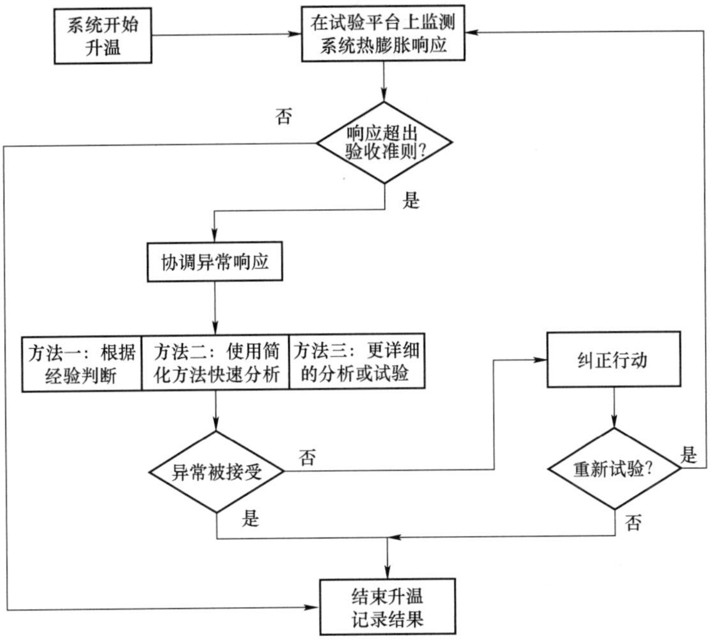

图 7　热膨胀数据异常处理流程

2.7　试验异常案例

核电厂管道布置紧凑，走向复杂，核安全相关管线均有抗震要求，支吊架密布，尤其是使用了大量阻尼器防止管道过量振动。如图 8 绿色所示为 AP1000 稳压器喷淋管线，管线穿过两道贯穿件，分布有 22 个支吊架，以及若干阀门。热膨胀试验在该管线上布置了 16 个位移测点以及支吊架检查。在试验过程发现测点 RC－S016 和 RC－L030 的热位移值较预测值偏低（见表 4），不满足验收准则，而该管线上其他位移测点和支吊架读数均在预期范围内。在热试期间多次巡检并未发现有阻碍管道热膨胀的结构，且阻尼器也未锁死。随后检查分析模型，发现未考虑管道与刚性门架的摩擦以及阻尼器的静态拖曳力。

表 4　RC－S016 和 RC－L030 热位移数据

温度	121 ℃		177 ℃		232 ℃		292 ℃	
	实测/mm	预测/mm	实测/mm	预测/mm	实测/mm	预测/mm	实测/mm	预测/mm
RC－S016（阻尼器）	1	13	5	20	4	27	6	37
RC－L030（E－W）	1	14	2	21	3	29	4	38

随后在现场冷态情况下进行管道柔性试验，以验证管道有足够的柔度可以接受热膨胀且不会导致破坏。设计预测在 RC－L030 附近施加 200 lbs（1 lb＝453.59 g）的静态载荷，可以引起 0.5 英寸的位移。通过实施该试验，结果符合预期，去掉该载荷后管线恢复到原来位置。在计算模型中增加阻尼器静态反力是 Level A/B 工况可承受载荷的 10%，预期 RC－L030 热位移为 2 mm，与实测十分接近，从而说明该异常主要是由于阻尼器静态拖曳力导致。

3 试验总结与启示

我国在引进三代核电技术的同时引入了新的核电技术标准，这些标准对核电厂调试提出了更高更全面的要求，推动了国内核电调试技术、设备的发展。AP1000 首堆热膨胀试验已圆满完成，验证了新的系统设计和布置符合设计预期和满足相关规范的要求，所获取的大量热膨胀数据可作为后续在役运行设备监督、维修改造的基准，也为国内外同类堆型设计、施工、调试提供数据参考，总结和启示如下所示。

（1）从国内外行业标准来看，热膨胀试验是调试必须进行的试验项目。试验前必须编制技术规范书，明确试验范围和试验对象、试验流程、试验设备、试验平台和时机、验收准则等要求。

（2）调试期间编制详细的试验程序，包含具体的测量参数、检查对象，使用的设备和工具，试验平台上的数据要求和验收准则。该程序可以总览核安全相关系统设备、管道在升降温期间的热膨胀响应，验证系统布置设计、力学计算假设及方法的合理性，验证设备、管道、支撑安装是否符合设计要求，特别是新型机组或新设计的高能系统。

（3）目前国内尚缺乏核电厂高能系统热膨胀试验系统性的标准。国内现行标准试验对象、检查范围较窄，主要针对支吊架和主设备支撑，不能完全代表高能系统热膨胀情况，没有明确验收准则要求，在实施中难以把握验收的尺度。

（4）AP1000 热膨胀试验采用了新的测试技术和设备，在我国三代核电进发期，适时应用这些技术和设备可提高行业热膨胀试验的能力和水平。

（5）AP1000 首堆热膨胀试验含约两百个位移测点，是目前国内其他机组的 6 倍左右，这些测点数据在升降温过程中多数满足验收准则，呈线性变化趋势。精简监测点是提高后续机组调试效率和经济性的可行办法。

4 结语

AP1000 机组通过完整详细的热膨胀试验验证了创新性系统设计、布置的合理性，该试验引入了更成熟的美国核电标准体系，对国内现有相关标准的增补或修订具有一定借鉴意义。在热膨胀试验准备和实施过程中，拔高了国内行业对该试验的认识，积累了先进的试验技术和试验设备，对后续机组同类似试验具有较高的参考意义。

参考文献

［1］HAD103/02 核电厂调试程序［S］. 1987.

［2］柯磊磊，陈军，曹聪敏，等. 中国压水堆核电厂调试阶段的标准应用及方向研究［J］. 核科学与工程，2015，35（4）：594-601.

［3］国家标准化管理委员会. GB/T 28550—2012 核电厂调试阶段管道验证要求［S］. 北京：中国标准出版社，2012.

［4］国家标准化管理委员会. GB/T 28549—2012 核电厂调试阶段核岛管道与主设备支吊装置验证要求［S］. 北京：中国标准出版社，2012.

［5］国家发展和改革委员会. DL/T 982—2005 核电厂汽水管道与支吊架维修调整导则［S］.

［6］ASME OM-S/G-2000 Part7，Requirements for Thermal ExpansionTesting of Nuclear Power Plant Piping Systems［S］.

某主泵样机试验流量偏差分析

杜　沫，刘玉宛

（上海核工程研究设计院有限公司，上海　200233）

摘要：某主泵样机在厂家试验过程中，出现流量偏差。试验人员通过查看历史数据发现文丘里流量计的差压数据在回路升温过程中出现偏差。通过理论计算，得到了回路从 53 ℃（6 MPa）升温至 270 ℃（15.5 MPa）过程中，差压的理论下降值约为 21.5%。通过与试验数据作对比，判断出差压测量的偏差极有可能来自于仪表管内残存气体。试验停止后，重新对仪表进行排气操作，发现仍有大量气体排出，从而印证了如上观点。主泵样机再次试验前，增加了仪表的动态排气过程，并长时间充分排气。最终试验数据合格，流量测量结果可信度较高。

关键词：主泵；流量；仪表；差压；偏差

Flow Deviation Analysis of Some Main Pump Prototype Test

DU Mo，LIU Yuwan

（Shanghai Nuclear Engineering Research & Design Institute Co., Ltd.，Shanghai 200233，China）

Abstract：During the factory test process of some main pump prototype，the flow deviation occurred，the tester found that the differential pressure data of the venturi flowmeter was deviated during the loop heating process by viewing the historical data. Through theoretical calculation，the theoretical drop of differential pressure is about 21.5%during the process of loop temperature rising from 53 ℃（6 MPa）to 270 ℃（15.5 MPa），by comparing with the test data，it is judged that the deviation of the differential pressure measurement is likely to come from the residual gas in the instrument tube. After the test was stopped，the exhaust operation of the instrument was carried out again，and it was found that there was still a large amount of gas discharged，thus confirming the above viewpoint. Before the main pump prototype is tested again，the dynamic exhaust process of the instrument is added，and the exhaust gas is fully exhausted for a long time，the final test data is qualified，and the reliability of flow measurement results is high.

Key words：Main Pump；Flow；Instrument；Differential Pressure；Deviation

---

作者简介：杜　沫（1988—　），男，学士，工程师，现主要从事仪控调试工作

主泵的流量和扬程是其水力性能的重要指标[1]。对于一台设计流量超过 20 000 m^3/h 的主泵而言，需要复杂的试验台架来模拟电厂一回路的各种实际工况，从而对其进行试验[2]。试验过程中，主回路将经历从常温低压到高温高压的各个平台，各种热工测量仪表的工作介质的温度和压力也都会发生大幅度的变化。此时仪表测量的稳定性和精确性就显得尤为重要[3]。精确的试验数据是验证主泵性能是否满足设计要求的重要前提，也是主泵制造过程中后期修整叶轮的重要依据[4]。

本文将根据某主泵在厂家试验过程中出现的流量偏差进行分析和总结，为后续此类试验提供参考和借鉴。

1　系统简介

主泵试验台架主回路系统为闭环回路，由主泵提供循环动力。加热系统、冷却系统和压力控制系统通过辅助循环系统并联在主回路系统上，对其进行温度和压力控制，如图 1 所示。系统的设计压力为 17.3 MPa，设计温度为 350 ℃。

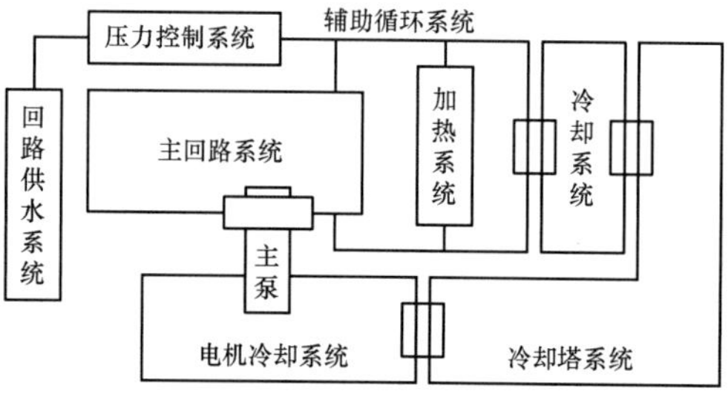

图 1　主泵试验台架系统示意图

2　主泵流量测量

2.1　测量原理

主泵流量测量元件采用经典文丘里流量计[5]，由于主泵流量较大，常规的文丘里流量计产品尺寸无法满足要求。因此，主管道在此处分为两条支路，每条支路各安装一个文丘里流量计来测量流量，两条支路流量之和为主回路的总流量，即主泵流量。每个文丘里流量计取差压后并联两个差压变送器，利用差压计算流量的时候选择其中一个变送器，另外一个作为备用。主泵流量测量原理图如图 2 所示。

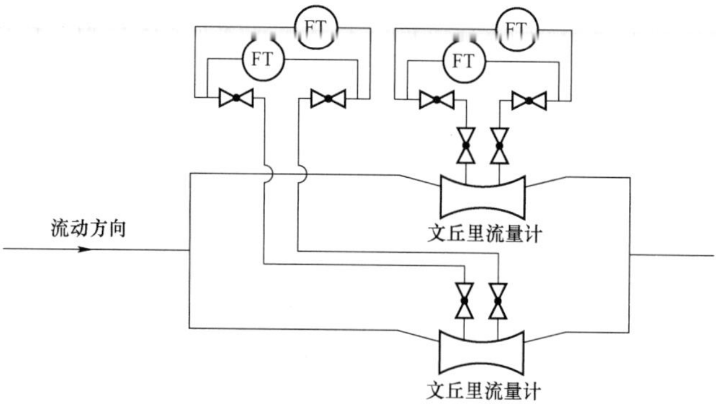

图 2　主泵流量测量原理图

2.2　测量过程与偏差

主泵启动之前，回路首先进行静态排气，然后启动辅助循环泵对回路进行动态排气，并对所有的压力/差压仪表进行排气操作，回路升压至 2 MPa 后再多次点动主泵，对主泵本体和回路进行排气。排气完成之后按照程序进行主泵的启动及各项性能试验。

在回路达到设计工况（291 ℃，15.5 MPa）下，通过调整主回路调节阀将主泵扬程调至设计扬程，发现主泵流量明显低于设计值。根据主泵流量与扬程的关系，如果将主泵流量调至设计值，则主泵扬程将明显低于设计值。所以初步判断流量或扬程的测量可能存在偏差。

3　偏差分析与处理

3.1　偏差分析

扬程是通过测量主泵出入口之间差压并计算得到的[6]。如前文所述，流量也是通过测量差压计算得到的。所以偏差分析时，首先查看了主回路升温升压过程中流量和扬程的差压历史数据。由于主回路温度从 53 ℃（6 MPa）上升至 270 ℃（15.5 MPa），根据水密度公式，直接影响了水密度的减小以及管道和节流件的热胀；又根据差压公式 $\Delta P=\Delta\rho gh$，测得的差压值必定减小[7]。

无论是流量还是扬程，差压测量的本质是相同的，计算公式都可以等效为 $\Delta P=\Delta\rho gh$。所以在回路升温过程中，两者差压的变化率应该是相同的。但是首次试验过程中，流量差压下降了 30.8%，扬程差压下降了 21.7%，两者之间存在较大偏差，最终导致流量下降了 3.6%，扬程下降了 0.2%，试验数据如表 1 所示。

表 1　首次试验流量、扬程及差压数据表

主泵频率 44 Hz	53 ℃（6 MPa）	270 ℃（15.5 MPa）	变化率/%
流量差压/kPa	81.6	56.5	↓30.8
流量/（m^3/h）	19 084.5	18 393.4	↓3.6
扬程差压/kPa	765.7	599.5	↓21.7
扬程/m	81.1	80.9	↓0.2

理论上，主泵的流量和扬程在回路升温升压过程中应该基本保持不变，在软件计算中是通过补偿公式，将温度和压力变化引起的差压变化进行了补偿。由于实际扬程仅降低 0.2%，所以判断扬程的测量基本准确，从而初步得出结论，即流量差压的测量存在较大偏差。根据流体力学基本常识，差压越大，流量或扬程就越大，所以流量差压下降偏大（30.8%>21.7%），就导致了实际流量偏小了约 3.6%。

为验证以上判断，又调出了前次试验数据，如表 2 所示。通过观察可以发现，此次试验升温过程中，扬程差压下降了 22.7%，最终扬程下降了 0.6%，基本保持不变；而流量差压下降仅有 8.1%，下降比率偏小，导致最终流量上升了 5.3%，也存在较大偏差。

表 2　前次试验流量、扬程及差压数据表

主泵频率 40 Hz	53 ℃（6 MPa）	270 ℃（15.5 MPa）	变化率/%
流量差压/kPa	67.6	62.1	↓8.1
流量/（m^3/h）	17 222.8	18 129.5	↑5.3
扬程差压/kPa	647.1	500.1	↓22.7
扬程/m	66.3	65.9	↓0.6

从以上分析基本上可以判断出，从 53 ℃（6 MPa）升温至 270 ℃（15.5 MPa）的过程中，差压值应该下降 22%左右，如果偏离过多则说明差压测量存在偏差。根据差压理论，下降比率分析如下。

无论流量还是扬程，差压测量的本质都是相同的，所以计算公式都可以等效为 $\Delta P=\Delta\rho gh$。令 53 ℃（6 MPa）时变量下标为 1，270 ℃（15.5 MPa）时变量下标为 2，则差压变化比率为：

$$R=\frac{\Delta P_2-\Delta P_1}{\Delta P_1}=\frac{\Delta\rho_2 gh_2-\Delta\rho_1 gh_1}{\Delta\rho_1 gh_1}=\frac{\rho_2 h_2-\rho_1 h_1}{\rho_1 h_1} \tag{1}$$

公式（1）中：ρ 为水的密度，根据水的密度公式求得 $\rho_1\approx0.991\,3\ \text{g/cm}^3$，$\rho_2\approx0.782\,8\ \text{g/cm}^3$；$h$ 为等效液柱高度，管道和节流件的线膨胀系数 λ 查表[8]得约为 13.4×10^{-6}。

由于管道和节流件的受压膨胀情况暂时无法得知，此处酌情忽略，则 $h_2\approx\frac{h_1}{(1+\lambda\Delta T)^2}=\frac{h_1}{(1+13.4\times10^{-6}\times(270-53))^2}\approx0.994\ h_1$，代入公式（1）得 $R=\frac{0.782\,8\times0.994h_1-0.991\,3h_1}{0.991\,3h_1}\approx-21.5\%$。所以差压的理论下降比率约为 21.5%，判断得到论证。

由于差压变送器处于校验有效期内，基本排除变送器的偏差，则偏差就极有可能是仪表取压管内残存空气造成的。原本正压侧和负压侧取压管的高度基本相同，取压管内水柱的压力可以相互抵消，但是如果其中某个取压管内残存有空气，那么就相当于该取压管内少了一段水柱，从而影响了差压的测量结果。又因为空气的体积随温度和压力不断变化，所以减少的水柱高度也在不断变化，所以导致了差压的动态偏差。根据公式 $PV=nRT$，可以计算得出在 270 ℃、15.5 MPa 下，取压管内空气体积会比 53 ℃，6 MPa 下增大近 1 倍。再结合表 1 和表 2 中的差压数据，可以具体判断出是正压测还是负压侧残存空气较多。

根据以上判断，试验终止后对差压仪表再次进行排气操作，发现确有大量气体排除，至此基本确认仪表测量的偏差来于仪表管存气。

对仪表管存气原因进行排查时发现，文丘里流量计的取压口位于整个回路的顶部，容易造成积气，且取压管的长度较长、弯折较多，也会导致通过回路底部变送器进行排气操作时排气不充分。另外，即使仪表通过静态排气将仪表管内气体完全排出，点动主泵进行回路动态排气时，气体仍有可能通过回路顶部的取压口进入取压管。

3.2 处理

已知仪表测量偏差的来源之后，在回路动态排气完成后，再次对仪表进行长时间的排气操作，用以补充静态排气的不足。完成以上操作后，重新进行补充试验，试验结果如表 3 所示，试验数据满足预期和设计要求。

表 3 补充试验流量、扬程及差压数据表

主泵频率 44 Hz	53 ℃（6 MPa）	270 ℃（15.5 MPa）	变化率/%
流量差压 1/kPa	82.8	64.4	↓22.2
流量差压 2/kPa	82.3	63.7	↓22.6
流量/（m³/h）	19 056.9	19 027.0	↓0.2
扬程差压/kPa	763.3	597.4	↓21.7
扬程/m	81.6	81.9	↑0.4

4 结束语

此次主泵样机试验过程中，因为发现流量和扬程参数不满足设计要求，因而通过分析发现是差压测量偏差所致，并最终将原因锁定为仪表管排气不充分。如果流量和扬程参数恰巧满足设计要求，那么也许就不会发现差压测量的偏差。

工艺试验人员应该充分了解工艺参数的测量原理和测量仪表的特性，在分析试验数据的同时还要对重要参数的原始数据进行分析，从而判断测量的准确性，避免产品出厂后才发现性能不满足设计要求而造成的不必要的设备返厂损失。

参考文献

[1] 何川，郭立君．泵与风机［M］．北京：中国电力出版社，2016．

[2] 黎义斌，李仁年，王秀勇，等．核主泵水力性能数值预测的缩比效应研究［J］．原子能科学技术，2015，4，609-615．

[3] 刘江，官辉，胡昌森，等．高温环境下流量变送器的修正［J］．中国核科学技术进展报告（第四卷），2015，9，39-43．

[4] 任华杰．离心泵叶片修正对运行效率影响分析［J］．机械工程师，2013，12，52-53．

[5] 李浙齐．谈节流式流量计的测量原理［J］．化工高等教育，2012，29（5），82-84．

[6] 赵立新．压差测量仪在水泵扬程测试中的应用［J］．传感器技术，2001，20（2），35-36．

[7] 郝文涛，李卫华，杨星团，等．基于 IAPWS-IF97 的自然循环差压测量修正技术［J］．原子能科学技术，2012，46（z2），763-766．

[8] 朱小良，方可人．热工测量及仪表［M］．北京：中国电力出版社，2011：273．

基于 AP1000 反应堆下部堆内构件堆芯围板、堆芯吊篮支撑板区域的异物检查及清除应用

符成伟，刘程超

（国核电站运行服务技术有限公司，上海 200233）

摘要：异物入侵是核电厂机组运行过程中重要的安全隐患。一些异物的产生过程具有一定的不可预见性，如果异物防控不当，异物可能进入反应堆压力容器内，在后续机组运行过程中，使核燃料组件受到撞击或磨损，导致燃料包壳破损，因此，为保证后续机组运行过程中核燃料的安全，需定期进行异物检查及清除。本文着眼于 AP1000 反应堆压力容器下部堆内构件堆芯围板、堆芯吊篮支撑板区域的结构复杂异物检查及清除难度的特点，并结合项目实践经验，对海阳核电与三门核电各机组下部堆内构件堆芯围板与堆芯吊篮支撑板区域的异物检查及清除应用项目过程中的创新措施方法进行介绍。

关键词：反应堆；堆内构件；异物；清除

Application of Checking and Removal of Foreign Matter in the Area of Core Hoisting Board and Core Hoisting Basket Support Board Based on the Lower Part of AP1000 Reactor

FU Chengwei，LIU Chengchao

（Shanghai Nuclear Engineering Research & Design Institute Co., Ltd.,
Shanghai 200233，China）

Abstract: Foreign materials intrusion is an important hidden danger in the operation of nuclear power plant units. Foreign material inspection and removal project is an important guarantee to ensure the safe operation of nuclear power units. Foreign materials have a certain degree of concealment，and in many stages，if foreign bodies are not properly prevented and controlled，foreign materials may enter the reactor pressure vessel. If foreign materials in the reactor pressure

---

作者简介：符成伟（1990— ），男，海南临高人，工程师，学士，现主要从事核电检测设备非标设计工作

vessel are not removed in time, nuclear fuel assemblies may be impacted or worn out during subsequent unit operation, leading to fuel cladding damage. Then there is the risk of nuclear fuel leakage. In order to ensure the safety of nuclear fuel during the operation of subsequent units, foreign materials inspection and removal must be carried out regularly for a long time. This paper focuses on the complex structural characteristics of the core fencing and core hanging basket support plate areas of AP1000 reactor pressure vessel lower reactor components, and the difficulty of foreign materials inspection and removal operation. Combining with the project practice experience, the core fencing and core hanging basket of the lower reactor inner components of Haiyang Nuclear Power Plant and Sanmen Nuclear Power Plant. This paper introduces the innovative measures and methods in the process of foreign body inspection and removal in the support plate area, hoping to contribute to the promotion of foreign materials inspection and removal methods in domestic nuclear power system equipment.

Key words: Reactor; Reactor Internals; Foreign Material; Eliminate

核电厂在调试过程中经常发现异物事件，异物会进入构筑物、系统和设备，如堆芯等区域，将对核电机组后续的安全运行构成极大威胁，造成重大经济损失，严重时，会导致核安全事故的发生。异物，指的是核电厂非系统或设备设计中应具有的组成部分，并且其引入将有可能影响系统设备的正常运行，如 O 型环、螺丝、螺母、销钉及打磨、焊接、钻孔、切割等各类工作产生的残余物。在核电厂建设期间反应堆压力容器是最易产生异物入侵风险之一的系统设备。反应堆压力容器作为核电站最关键的核安全设备，异物的入侵残留将会对核电的安全生产运行造成威胁。对入侵残留的异物进行彻底全面彻底的检查与清除显得非常重要。本文将对某核电站 AP1000 机组下部堆内构件堆芯区域堆芯围板、堆芯吊篮和燃料支撑板三者围成区域的异物检查和异物清除项目应用进行介绍。

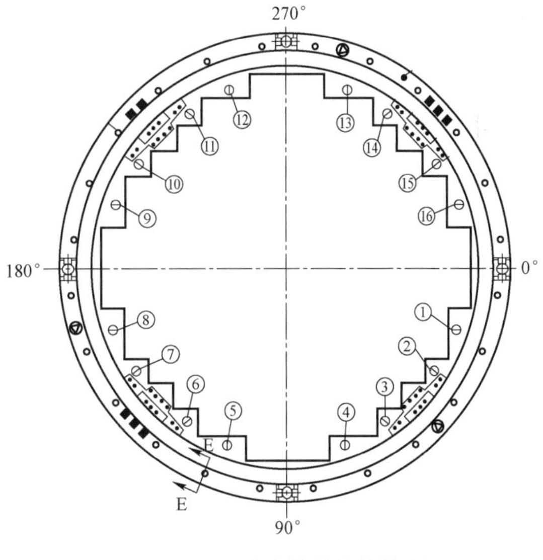

图 1　下部堆内构件结构简图

1　作业对象及内容

检查作业及异物清除的具体实施对象为某核电站 AP1000 机组下部堆内构件区域，具体的作业为堆芯围板、堆芯吊篮和燃料支撑板三者围成区域的视频检查和异物打捞。作业对象结构简图及区域简图分别如图 1、图 2 所示。

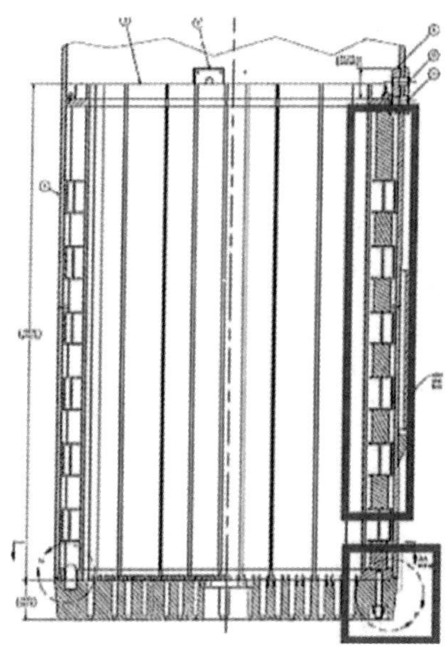

(a) 下部堆内构件作业区域位置图

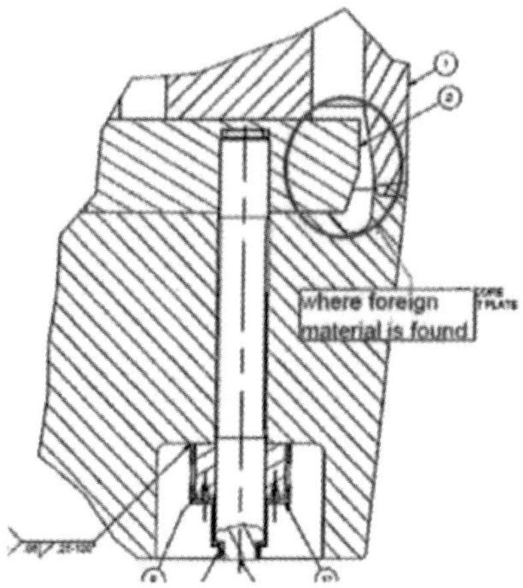

(b) 下部堆内构件作业区域局部示意图

图 2　下部堆内构件作业区域简图

1.1　作业准备

1.1.1　搭设作业平台

作业的入口通道流量旁通孔所在平面距底部燃料支撑板有 5～6 m 高度差，因此，在作业前，需搭设作业平台。所搭设作业平台面低于流量旁通孔所在平面 0.5 m 为宜。

1.1.2　残留水分烘干

底部残留的水分会对视频检查过程造成一定的视线干扰，因此，在作业正式开始前，需使用专用的气管对准支撑板与围板的缝隙对底部作业区域的水分进行吹干。

1.2　作业设备及器材

作业工作所使用的作业设备及器材主要包括以下几种：

（1）视频检查工具及检验系统；

（2）导向装置；

（3）异物打捞工具。

1.3　作业步骤

作业主要针对下部堆内构件堆芯围板、堆芯吊篮和燃料支撑板三者围成区域的下部狭小区域的视频检查及异物打捞。作业的步骤顺序为先视频检查，然后进行异物打捞工作，最后再进行一遍视频复查，此即为完整的作业过程。作业过程中的设备及工具输送通道如图 3 所示。

1.3.1　下部狭小区域视频检查

流量旁通孔直径只有 8 cm，且孔口到底部支撑板面的距离有 5 m 多深，视频探头无法直接进入到作业区域。利用自主研制的多用途径导向工具，通过流量旁通孔，将视频检查探头送至围板与支撑板的缝隙处。进入底部区域的缝隙宽度仅为 6～8 mm，同时，压力容器底部为圆环形状，为使视频检查探头能完全覆盖每个流量旁通孔左右区域范围，额外加用能进入缝隙处的导向工具，然后对底部进行视频检查，确定异物的类型、尺寸及位置，并进行拍照和视频录像。

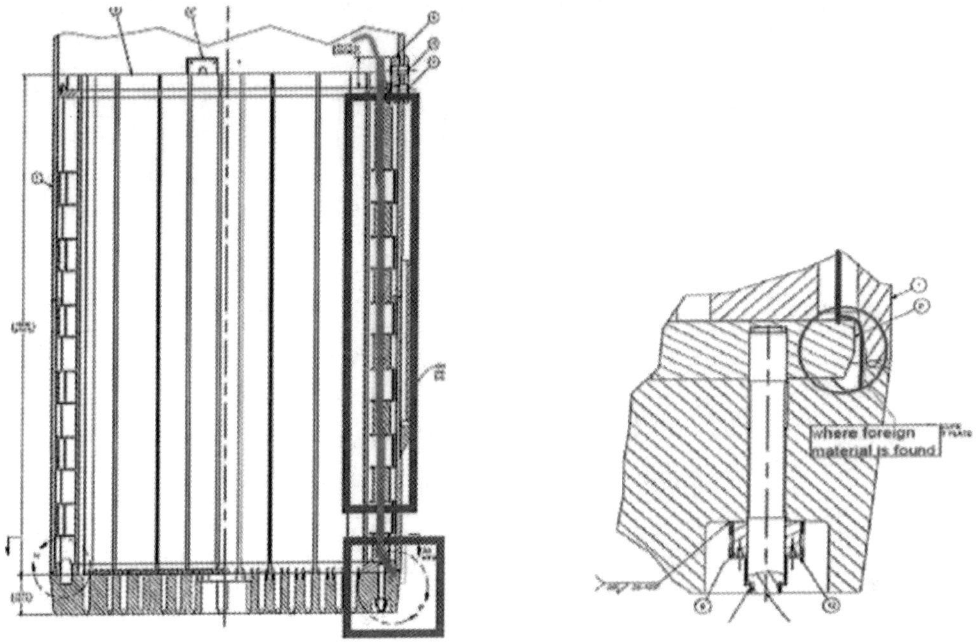

图 3　设备及工具输送通道示意图

1.3.2　下部狭小区域异物打捞

根据视频检查的结果，确认异物的位置区域，利用专用的异物打捞工具（针对不同的异物类型选用不同的打捞工具）通过流量旁通孔，借助导向工具，同时将视频探头与异物打捞工具送至下部狭小区域。底部空间复杂，虽有特制的专用工具，对操作的要求也非常高。在借助导向工具的情况下沿着流量旁通孔的左右方向推进式打捞。在打捞过程中，对所发现异物进行判断，直径大于 2 mm 的异物，采用机械手等专用的异物打捞抓取工具进行打捞。而对于直径小于 2 mm 的异物、小颗粒及粉尘等，直接采用负压抽吸的方式进行清理。作业过程中，视频探头始终要和异物打捞及抽吸工具相配合，密切关注工具在底部的状况。确保工具处于有效工作状态。

1.3.3　下部狭小区域视频复查

在对发现的异物进行打捞作业实施完毕后，再次对下部狭小区域进行视频检查，与打捞作业前的视频检查进行对比，确保每个位置的异物被清除，并以打捞起的异物进行实物比对，做到不遗漏每一处异物。在视频复查过程中，视频探头所行走路径须与作业前的视频检查路径一致。

2　检查结果及异物分析

在经过一个星期的紧张作业后，在反应堆下部堆内构件堆芯围板、堆芯吊篮和燃料支撑板三者围成区域的下部狭小区域检查打捞出的异物有：金属屑、金属丝，非金属颗粒、团状絮，同时检查发现有一金属卡圈，如图 4 所示。

(a) 金属屑

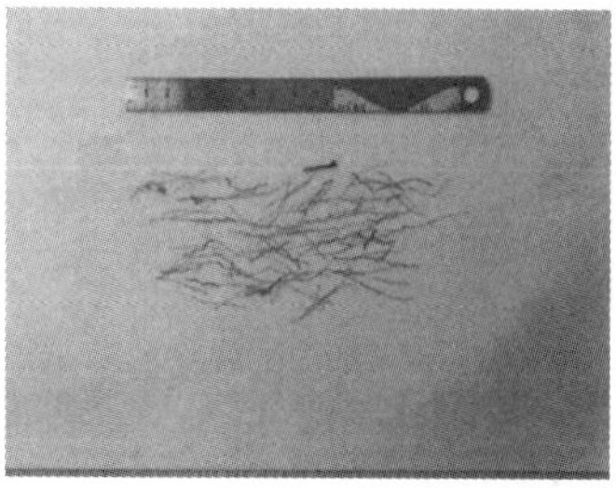

(b) 金属丝

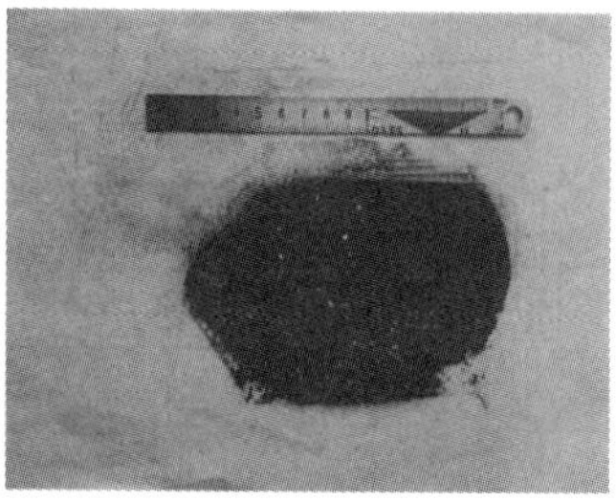

(c) 金属粉末

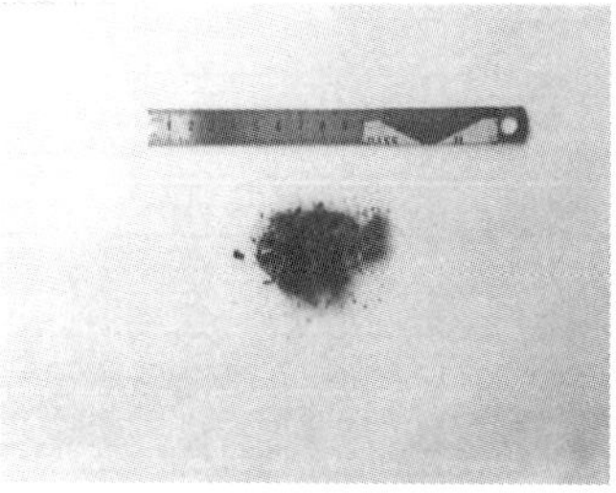

(d) 团状絮

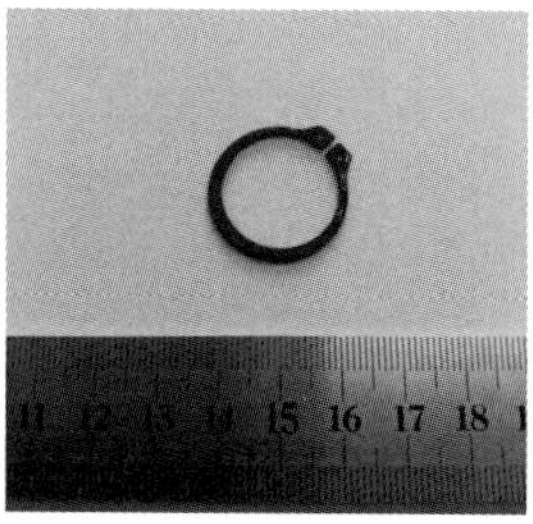

(e) 轴用挡圈

图 4　下部区域清除的异物

异物来源分析如下。

根据打捞作业过程中所打捞的异物种类，对其入侵来源进行分析。打捞出的异物金属屑、金属丝、金属粉末、团状絮，经判断分析，这些异物可能的来源途径有以下两点。

（1）设备自带。在设备加工制造环节设备运输出厂期间，其出厂前检查工作不到位，导致设备带异物出厂。

（2）设备安装施工建设过程中引入。在现场设备安装施工过程中，作业人员异物防护意识薄弱，现场异物防控工作不到位，导致开孔产生的金属屑及打磨的金属粉末掉落系统设备中。

针对打捞出来的轴用挡圈，其属于部分系统设备常用部件，但非反应堆系统内使用，因此该异物极大可能为调试过程中引入。AP1000 机组，在核岛系统运行时，如果系统内存在异物，异物会向核岛系统的一回路汇集，并且可能与反应堆设备发生碰撞。为进一步确保该挡圈是否为系统设备上脱落的部件，排查相关使用挡圈的系统设备，针对所打捞挡圈型号，较为精准的缩小了查找范围，最终在一回路某一起设备上发现了脱落丢失的挡圈，经确认，正是所打捞出的挡圈。好在检查打捞工作较为及时，未造成任何设备损伤。

3　典型的异物事件介绍

下面介绍几起近期国内核电厂在调试过程中的异物事件。

3.1　板式换热器内异物

2016 年 5 月某日，核电厂正在进行设备冷却水系统某板式换热器改造，在换热器入口处发现 1 根断裂弹簧臂、1 个半圆形异物和 1 个六方螺栓，发现换热器活动端挡板上盲孔的钛覆盖层损坏。同时，发现一个黑色疑似橡胶条物件，但因该异物已被施工人员丢弃，经排查后，将其作为系统外部异物进行分析处理。6 月某日，工作人员在该换热器底部又找到另一截断裂的弹簧长臂，随后，维修人员对同一系统某逆止阀进行拆卸检查，发现阀门弹簧也有两处发生断裂，挡块和拧紧螺栓未脱落。7 月某日，工作人员将更换了弹簧的阀门拆卸下来后，发现该阀门弹簧再次发生断裂，共发现五条臂断裂。经分析，板式换热器的异物来源为同一系统某泵出口处的逆止阀上脱落断裂的部件。

3.2　稳压器内异物

2017 年某日，核电厂对稳压器内部进行检查时在稳压器底部波动管管口滤网处发现 1 块金属块和数段金属屑丝。异物来源为稳压器安装阶段管嘴管道侧坡口加工、管道组对、管道焊接期间异物由系统设备外部进入稳压器的可能性最大。

3.3　系统阀门内异物

2016 年 5 月某日，调试人员在压力容器扣盖后进行某重要系统阀门在线时，发现该阀门内漏，在阀门关闭过程中出现较大阻力，阀门无法全部关闭。随后，维修部门对阀门解体检查，在阀座内发现一枚螺栓和金属片。经分析，与阀门同房间内的某设备盖板螺栓为最可能的螺栓异物来源，管道预制阶段钻头开孔产生的金属碎屑为金属片异物的最可能来源。

4　强化异物防控措施

由于各阶段的异物控制失效，在机组调试过程中经常发现异物事件，给机组的安全稳定运行带来了很大的安全风险隐患。如若未能及时发现异物并及时清除，在机组运行过程中，将对机组的安全运行造成威胁。

根据异物风险的大小，作业活动的防异物分级控制，针对不同分级，综合应用防异物许可，异物控制措施，控制区域内异物登记等防控措施，进一步防止异物事件的发生。同时，在设备出厂检验、安装过程、调试运行等各阶段均应进行异物检查，制定相应的防异物措施。

异物具有一定的隐蔽性，因此要将异物控制潜移默化的融入日常的生产过程当中，是一项必须长期性进行的行为。

全面开展防异物培训，推广防异物的方法和技巧，进一步提升人员防控异物的行为意识和技能，执行相关工作人员应进行防异物工作资格授权。开展异物事件安全文化教育，将异物控制传达一线作业人员。

5　结论

通过此次对 AP1000 机组反应堆下部堆内构件进行的异物检查与打捞作业分析发现，关于反应堆压力容器的异物风险分为直接异物风险和间接异物风险。

针对直接异物风险方面，可通过加强异物控制，设立防异物隔离区，工作结束后及时清理废弃物。

间接异物的来源具有不确定性，因此，要对重点区域开展定期异物检查制度，记录异物检查状态，要想完全杜绝异物的产生比较困难，在强化“防控”的同时，更要结合新式异物清除方法，一旦发生异物进入系统设备，特别为反应堆下部堆内构件底部狭小区域等类似复杂空间环境，要能及时发现并对异物进行清除，才能使系统设备避免受到异物带来的损坏后果。

参考文献

[1] 丁维民，何志伟．AP1000 核电建设成品保护管理［J］．核安全，2013，12（2）：36-38．

[2] 余腾昱，尹祥平．核电工程建设期间防异物管理探讨［J］．核安全，2016，15（2）：29-34，51．

[3] 王志明，李西安，王红洪．基于 CPR1000＋核电机组的异物查找及控制方法的分析［J］．核电研发，2016：1674-1617．

AP1000 机组主控室可居留性内漏试验解析

高　磊，刘祥祥，袁会勇

（国核电站运行服务技术有限公司，上海　200235）

摘要：主控室可居留性内漏试验是评估核电厂主控室可居留性的基础，确保主控室工作人员可以在正常情况下安全控制反应堆，在发生事故时，也可以在安全的状态下操作反应堆。AP1000 机组可居留区域包括主控室和技术支持中心，一般情况下由核岛非放射性通风系统负责其通风空调，在特定情况下会切换到主控室应急可居留系统。简述了主控室区域通风系统原理及通风系统的切换原则、主控室可居留区域压力边界及其基本维护。主控室内漏试验普遍采用示踪气体方法，恒定流量法，SF_6 为示踪气体说明了主控室内漏试验原理。主控室内漏基准试验和后续的定期试验在前期准备上存在差异，在执行主控室可居留性内漏试验时要重点考虑示踪气体的浓度平衡问题、混合均匀性措施、关键设备的精度等，如果试验不合格，要采取修复措施，重新进行试验。

关键词：AP1000；主控室可居留性；内漏试验；示踪气体

Control Room Habitability In-leakage Test for AP1000 Nuclear Power Plant

GAO Lei，LIU Xiangxiang，YUAN Huiyong

（State Nuclear Power Plant Service Company，Shanghai 200235，China）

Abstract: The control room in-leakage test is the basis of evaluating the control room habitability of the nuclear power plant，ensuring the control room staff can safely control the reactor under normal conditions，and can also operate the reactor in a safe condition in the event of an accident. The habitability area of the AP1000 unit includes the main control room and the control support area. Under normal condition，the nuclear island non-radioactive ventilation system is responsible for ventilation and air conditioning in the habitability area. In certain conditions，it will switch to the main control room emergency habitability system. The principle of those two ventilation systems and the switching of the ventilation system、the control room habitability envelope pressure boundary and its basic maintenance will be briefly described. The trace gas method is generally adopted for the control room

---

基金项目：CAP1400 核电站运行和维护技术研究，2015ZX06002005

作者简介：高　磊（1992—　），男，安徽人，助理工程师，硕士研究生，现主要从事主控室可居留性研究工作

in-leakage test. Using the constant flow method, and SF_6 as the tracer gas to illustrating the principle of the main control room in-leakage test. There are differences in the pre-preparation between the basis control in-leakage test and the periodic test. In the implementation of the test, it is important to consider the concentration balance issue、the mixing uniformity measurement, and the accuracy of key equipment. If the test failure, some repair measures and re-test are required.

Key words: AP1000; Control Room Habitability; In-Leakage Test; Trace Gas

AP1000 是美国西屋公司设计的三代先进非能动型压水堆，三门、海阳一期各建设了两台机组，由于来源于美国，在管理上，借鉴了美国核管会（NRC）的要求。传统核电厂主控室一般设计为微正压，认为该方法可有效维持主控室压力边界完整性，美国三哩岛事故之后，NRC 对美国 30%的核电厂主控室执行了主控室可居留性内漏试验，发现只有一座核电厂主控室内漏数值小于执照许可，其余均存在不同程度的超标。NRC 于 2003 年发了通用函件[1]，向美国各核电厂提出了测定主控室内漏量的要求。目前，三门、海阳 4 台 AP1000 机组顺利完成了主控室区域内漏试验，为后续开展华龙一号，CAP1400 主控室可居留性内漏试验积累了重要的理论和实践经验。

1　主控室区域可居留性

1.1　核电厂可居留系统

为保护核电厂工作人员和设备免受气载放射性和火灾的危害并使相关区域的环境温度保持在规定范围内，AP1000 设置了相关系统以保证人员的可居留性和设备安全可靠运行的条件。

在电厂可居留系统中包括了主控室应急可居留系统（VES），其他可居留系统有核岛非放射性通风系统（VBS）、辐射检测系统（RMS）、主交流电源系统（ECS）和消防系统（FPS）等。

设计基准事故后，主控室（MCR）的可居留性首先要保护运行人员免受放射性危害。AP1000 设计基准事故的气载源项来源于安全壳内泄漏出来的气载裂变产物，以及假设从乏燃料池气化产生的气载裂变产物。MCR 周围的气载裂变产物浓度是裂变产物衰减常数、安全壳泄漏率和气象条件的函数，而 MCR 内的放射量除此之外，还取决于 MCR 压力边界内漏量[2]。

1.2　主控室可居留区域

AP1000 主控室可居留区域包括 MCR 和技术支持中心（CSA），CSA 承担了部分 MCR 职能，在应急工况下向核电厂操纵员提供核电厂管理和技术支持；提供评估和诊断核电厂状态的场所，避免 MCR 过于拥挤；解除操纵员承担的与电厂操作无关的通信和辅助工作等。因此在执行主控室可居留性内漏试验时，把 CSA 也列入可居留区域，由 VBS 系统维持其可居留性，MCR 还有专设的 VES 系统。

1.3　主控室区域压力边界

MCR 和 CSA 位于辅助厂房 117'6"标高上，图 1 为主控室压力边界示意图，MCR 由主控制区、运行工作区、运行休息区、值长办公室、厕所等组成[3]，图 1 标识了主控室压力边界，明确哪些区域是被排除在边界以外的。

主控室压力边界除了上述所示的实体边界外，还包括通风系统边界，在分析主控室可居留性时，通风系统边界容易被忽略。主控室区域墙体贯穿件要采用密封设计，与混凝土接触的贯穿套管外表面采用环氧树脂填缝剂密封；套管内部，与管道、电缆等接触的内表面采用密封组件进行密封，密封材料要求可以承受 62.2 Pa 的压力。图 2 为 HVAC 贯穿件密封示意图。实践中，核电厂可能存在贯穿件密封材料使用不规范、材料不符合防火要求等问题。容易产生泄漏的位置除了贯穿件之外，还有风管焊缝、检修舱门、空气处理单元外壳、隔离阻尼器等，要切实组织边界检查，否则可能出现试验不合格情况。

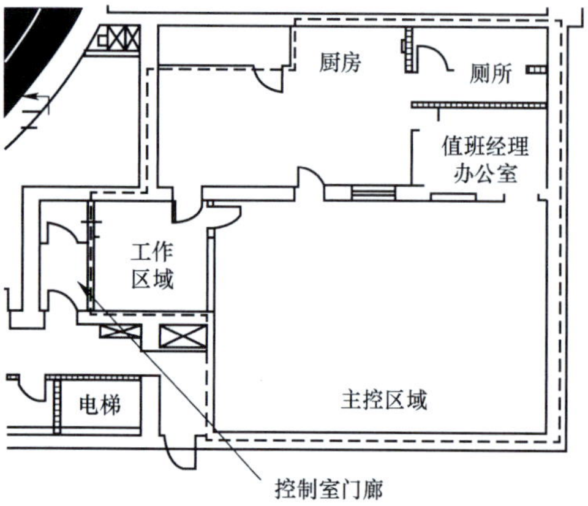

图 1　主控室压力边界示意图

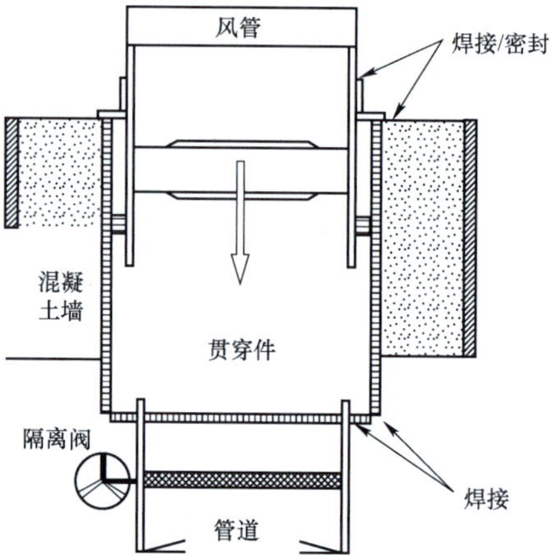

图 2　HVAC 贯穿件密封示意图

组织边界检查[8]，其中的重点工作就是检测贯穿件是否按照设计要求进行密封，执行时，首先获取 MCR 和 CSA 贯穿件图纸，然后标注所有的贯穿件，之后到现场实际查验，确保在执行基准内漏试验前没有未处理的贯穿件。

1.4　主控室区域 HVAC 系统

VES 系统是电厂专设的安全设施，为 MCR 提供可居留环境，以保证主控室工作人员可在事故后 72 h 内监视事故进程，采取必要的事故缓解和电厂恢复措施，VES 系统有 4 个 VES 应急空气储存模块，每个模块有 8 个储存箱，共计 32 个储存箱，储存箱供给呼吸用干燥气体。

在电厂正常运行时，不要求 VES 运行，由 VBS 系统为 MCR、CSA 等区域提供正常或者异常的通风空调服务，图 3 为 AP1000 核电厂主控室通风系统原理图[4]。

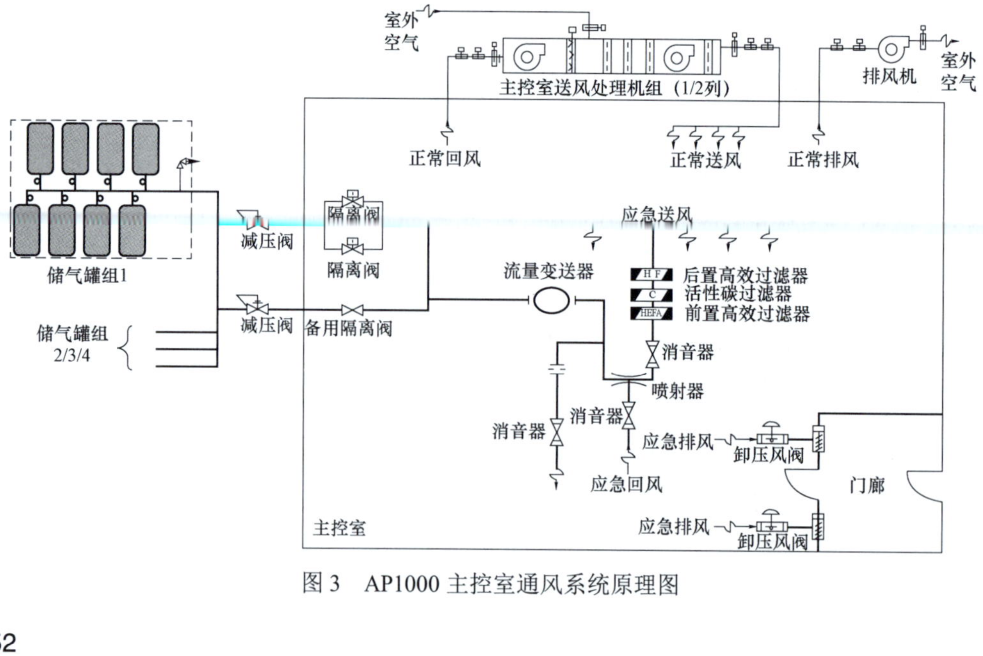

图 3　AP1000 主控室通风系统原理图

如果电厂失去正常电源而导致 VBS 无法运行时，VES 即为 MCR 提供人员呼吸条件，且提供非能动的热阱功能，在 72 h 内保证这些房间温度在规定范围内。事故工况下，当 MCR 送风管道中探测到“高—高”粒子或碘放射性，或持续丧失厂用交流电源超过 10 min，也将启动 VES 系统，为主控室人员提供可居留性环境。

2　示踪气体技术

2.1　技术原理

示踪气体测量方法的实质是用一定浓度的示踪气体标识某一部分气流，并假定在这一气流中示踪气体浓度均匀一致，则当这一气流与其他气流掺混时，示踪气体浓度变化即可代表各气流所占比例，这类释放方法特别适用于进入控制体的气流入口很多，且流量不稳定可控的试验中。

示踪气体的基本测量方法有三种：浓度衰减法，恒定浓度法和恒定流量法。这三种方法有各自的适用条件及对仪器设备的不同要求，但其共同之处都是在所研究的控制体内释放示踪气体，以使控制体内原有空气区别于从控制体外进入的空气，这一特点必然要求示踪气体与控制体内空气始终迅速混合均匀，以保证示踪气体浓度变化能表征控制体的换气量，因而在这一类测量方法中，示踪气体在空间中的混合均匀性始终是需要关注的重要问题。目前国内的主控室可居留性内漏试验是参照美国标准 ASTM E741[5]执行的，随着实践的积累和理论研究的成熟，国内执行标准《核电厂主控室可居留性内漏试验》已经制定完成，目前为待发布状态。

2.2　示踪气体选择

示踪气体一般要求无毒无味，非易燃易爆，空气中该气体浓度较低，行业普遍使用 SF_6 作为示踪气体，微量的 SF_6 也能被气相色谱仪检测到，是通风系统性能试验的理想示踪气体。

2.3　恒定流量法原理

目前示踪气体技术在核电厂主控室内漏试验的应用，国内尚处于起步阶段，只采用过恒定流量法。恒定流量法指的是将示踪气体以恒定速率注射到主控室区域，并测量主控室区域内示踪气体浓度随时间的变化。当示踪气体浓度达到平衡时，用平衡浓度来计算进入主控室区域的总气流量，其计算模型如图 4 所示。

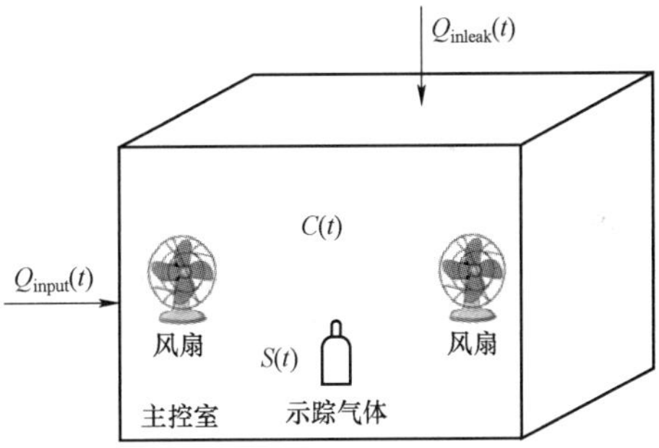

图 4　恒定流量法原理示意图

根据示踪气体质量守恒定律计算：

$$V=\frac{\mathrm{d}C(t)}{\mathrm{d}t}=S(t)+Q_{\text{input}}(t)C_0-Q_{\text{input}}(t)C(t) \tag{1}$$

式中：V——主控室区域体积，m^3；

$C(t)$——主控室区域内示踪气体浓度，m^3/m^3；

$S(t)$——示踪气体释放速率，m^3/h；

$Q_{\text{input}}(t)$——待测区域与外界的空气交换总量，m^3/h；

C_0——外界的示踪气体浓度，m^3/m^3；

t——时间，h。

恒定流量法，$S(t)=const$，忽略外界示踪气体浓度，假设 $Q_{\text{input}}(t)$为常数，得出：

$$C(t)=\frac{S}{Q}+\left(C_0-\frac{S}{Q}\right)\exp\left(-\frac{Qt}{V}\right) \tag{2}$$

经过足够长时间后，指数衰减为零，$C(t)$达到平衡，即可得出：

$$Q_{\text{input}} = S/C_{\text{equil}} \tag{3}$$

可以看出，主控室区域内示踪气体浓度先随时间增加而增加，最终达到稳定，如图 5 所示。根据 ASTM E741，达到平衡的时间大约是 3/A 的时间，A 是主控室区域换气次数，见公式（4）所示，此时主控室区域内示踪气体浓度达到了最终平衡浓度的 95%。

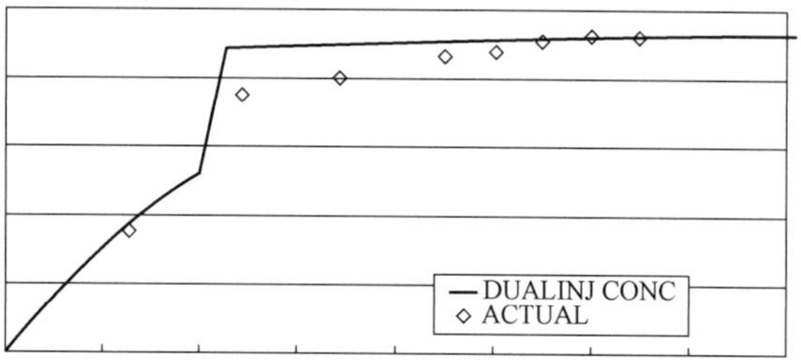

图 5 浓度增长曲线

达到平衡的时间 $T_{\text{eq}} = 3/A$，

$$A = Q_{\text{input}} \times 60 / V \tag{4}$$

式中：A——换气次数，1/h。

如果主控室区域新风量很低，对应的换气次数也很低，则主控室区域示踪气体达到平衡浓度的时间会很长，这对试验执行将是一个重大挑战，这时可使用浓度衰减法[6]进行试验，恒定浓度法在操作上存在较大难度，实际使用较少。

新风量 Q_m 测量可以使用通风系统原设计的流量测量设备，例如皮托管或者风速仪等，在 AP1000 机组实践中，为了获得更高的精度，依照标准 ASTM E2029 采用了示踪气体方法[7]，其原理是通过在新风管上游连续的引入已知浓度的示踪气体，然后测量注入点下游的示踪气体浓度，该浓度值与管道流量成反比，图 6 为其计算原理图。

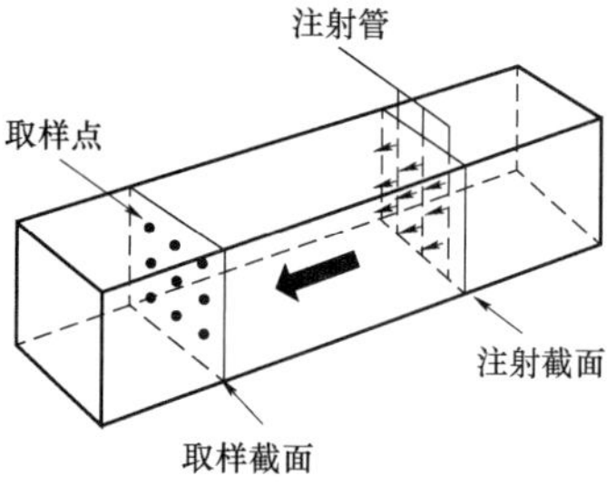

图 6 新风量计算原理图

内漏量即为：

$$Q_{\text{inleak}} = Q_{\text{input}} - Q_m \tag{5}$$

3 试验执行

3.1 试验准备

在执行 AP1000 主控室内漏试验时，无论是 VBS 系统试验还是 VES 系统试验，都有众多先决条件，试验执行前，应按照设计文件、试验技术规格书要求把主控室区域及相邻区域 HVAC 系统配置到适当的参数上。

需要明确的是，首次执行的主控室内漏试验，叫做基准试验，与后续的定期试验在试验准备阶段有所区别。在执行主控室内漏基准试验前需进行主控室区域边界检查，识别边界或组件上的会产生内漏的缺陷，以进行试验前维修或者设计变更。

即执行内漏基准试验前允许采取行动使主控室区域和相关系统性能表现与执照基础一

致，但执行定期试验，可采取的措施是有限的。定期试验执行前允许采取永久性行动，例如永久性密封管道、外壳或空气处理单元；不应对主控室区域和相关通风系统进行预调节，例如更换门密封条或临时性修复、或在执行试验之前采取强化主控室区域边界完整性的活动。因为采取这些措施意味着核电厂主控室可居留性程序没有发挥应有的作用，也可能是主控室区域维修和可居留性评估间隔太长。只有真实的内漏测量，才能对主控室区域和相关通风系统的完整性进行评估，并确定主控室可居留性程序的有效性。

3.2　浓度均匀措施

使用示踪气体技术的一个重要假设是示踪气体与被测区域内空气充分混合均匀，这个过程美国多数核电厂需要 0.5～2 h[9]，在 AP1000 机组上，这一时间要长，因此需要采用风扇辅助混合，主控室区域也需要适当的布置。通过主控室区域内不同位置的取样，可以判断出混合情况，主控室区域内示踪气体浓度相对标准偏差可以容易的达到在±10%，达到±2%也是有可能的。

3.3　浓度分析

试验时在 HVAC 系统适当位置上注入示踪气体，为了确保主控室区域内示踪气体浓度快速接近平衡浓度，可先进行高浓度示踪气体注射、然后切换到低浓度示踪气体，需要精确把握高浓度示踪气体注射时间，高浓度示踪气体一旦注射过量，可能需要较长时间主控室区域示踪气体浓度才能衰减到平衡浓度，导致试验超期。

平衡之后，开始正式取样，可使用一次性聚丙烯注射器作为取样容器，MCR 和 CSA 房间内的样品可以直接手动收集，HVAC 管道上的样品可以使用专为现场研发的取样系统进行取样。取得的样品用专门为现场试验研制的气相色谱仪进行分析，气相色谱仪使用前需要用标准气体进行标定，以确保把仪器基线漂移和灵敏度改变降到最低。

3.4　不确定度计算

内漏量测量和管道流量测量结果的不确定度计算是根据 ANSI/ASME Standard PTC 19.1[10]完成的，使用置信区间法，因为基于成本和操作上的考虑，一般不可能重复进行试验，来获得足够的内漏量数值进行统计分析，因此仅进行基于标准差计算的不确定性分析。

3.5　试验结果与问题分析

由于试验执行经验、试验准备、主控室区域 HVAC 设计等原因，可能会出现内漏量数值超过验收标准的情况，这时往往需要采取相应的措施，例如进行设计变更、系统组件维修等，然后重新进行试验。由于试验期间，需要进行 MCR、CSA 区域管制，对正常全面开展核电厂调试或运行工作有一定影响，因此试验前要进行充分的条件准备。

试验中，多项数据测量的精确性对于试验结果影响较大，因此要重点关注，例如示踪气体注射时使用的质量流量控制器，准确度应在±2%以内。

要提前考虑 MCR、CSA 区域内示踪气体浓度分布均匀问题，要采取必要的空气混合措施，并合理布置取样测量点。

3.6　压差测量

考虑到人力需求，压差测量一般在平衡之前，要一人分别在 MCR、CSA 房间不动，并每分钟记录一次压力数值，另一人带着绝压表测量周围房间压力，然后进行数值漂移和压差修正。

4　结论

在执行 AP1000 机组主控室可居留性内漏试验时，要明确以下信息：

（1）明确主控室可居留区域范围和压力边界，在试验执行前，要进行边界检查，否则可能出现试验不合格的情况；

（2）主控室可居留区域通风系统有 VBS 和 VES，明确两系统的功能界定，VBS 同时为 MCR 和 CSA 提供服务，而 VES 只在特定情况下为 MCR 服务；

（3）AP1000 主控内漏试验采用恒定流量法，以 SF_6 作为示踪气体，首先通示踪气体平衡浓度得出总风量，然后通过示踪气体方法得出新风量，两者相减，即为内漏量；

（4）首次执行的主控内漏试验叫做基准试验，与后续的定期试验在试验准备阶段有所区别，执行定期试验时，不能在试验前采取临时性措施来强化主控室区域边界完整性；

（5）试验前要制定浓度均匀性方案，使用一次性注射器取样，用气相色谱仪分析样品浓度，气相色谱仪使用前用标准气体进行校准；

（6）试验结果需进行不确定度分析，如果试验不合格，采取必要措施之后，重新进行试验；

（7）压差测量时要一人始终在 MCR 或 CSA，测得的数据用于压差修正。

致谢

在 AP1000 机组主控内漏试验执行上，美国 LAGUS 公司给予了重要的帮助，我们甚是感激。作为 AP1000 的业主单位，三门核电和海阳核电对于试验执行给予了充分的配合，让试验在融洽的气氛下高质量完成。

部门领导和同事充分参与，解决了很多技术难题，保障了试验的顺利进行。

参考文献

[1] NRC. Control Room Habitability. Generic Letter 2003-01 [R]. Washington (DC): NRC, 2003.

[2] 孙汉虹，程平东，缪鸿兴，等. 第三代核电技术 AP1000 [M]. 北京：中国电力出版社，2016.

[3] AP1000 Design Control Document, Tier 2 Material, Chapter 6: Engineered Safety Features.

[4] 杨洋. AP1000 核电厂主控室内漏示踪气体试验研究 [J]. 核动力工程，2017，38（1）：131-134.

[5] ASTM. Standard Test Method For Determining Air Change Rate In A Single Zone By Means Of A Tracer Dilution [S]. ASTM standard E741. Philadephia (PA): ASTM, 2000.

[6] Lagus, P. L. "Air Inleakage Measurements In High Equilibrium Time Control Room Envelopes [J]". Proceedings of the 28th Nuclear Air Cleaning and Treatment Conference, Albuquerque, NM, September, 2004.

[7] ASTM. Standard Test Method For Vomumetric And Mass Flow Rate Measurement Using Tracer Gas Dilution [S]. ASTM Standard E2029. ASTM: Philadephia (PA): ASTM, 1999.

[8] NEI. Control Room Habitability Assessment Guidance [R]. NEI99-03, Washington (DC): US NEI, 2001.

[9] Lagus, CIH. Control Room Inleakage Measurements Using Trace Gas Techniques [J]. Researchgate, 2006.

[10] ASME. ANSI/ASME Standard PTC 19.1, Part 1, "Measurement Uncertainty: Instruments and Apparatus" [S]. New York, 1990.

安全壳整体密封性试验工艺优化方向探讨

黄海涛，杨　炯

（国核电站运行服务技术有限公司，上海　200235）

摘要：安全壳是核电厂纵深防御的最后一道屏障。核电厂在调试和在役期间都要进行安全壳整体密封性试验，以此验证其密封性是否合格。国内的整体密封性试验借鉴了法国、美国、俄罗斯、加拿大等国的工艺，尤其是法国和美国工艺，并在此基础上自己摸索形成了一套独特的试验工艺体系。本文总结了国内机组调试期间安全壳整体密封性试验工艺特点，并将其与国外和核电厂的整体密封性试验的实施工艺进行了分析和比较。对于一些关键性的工艺方案，包括试验前预试验、试验平台设置、听音检查执行、验证试验等在各机组安全壳密封性试验的执行过程中的应用进行探讨。在此基础上提出了对国内整体密封性试验工艺优化和发展方向包括：半压平台的删除；充卸压速率的提升；验证试验的执行。

关键词：安全壳；整体密封性试验；试验工艺优化

Discussion of ILRT Process Optimization

HUANG Haitao，YANG Jiong

（State Nuclear Power Plant Service Company，Shanghai 200235，China）

Abstract： Containment is the last barrier of Nuclear Power Plant defence in depth. Containment Integrated Leakage Rate Test（ILRT）is necessary both in commission and in-service phase. Our domestic ILRT learned from France，US，Russia，Candia etc. and established our own test progress. The paper summarized domestic ILRT progress and make comparation with external ILRT. And make discussion of critical steps of ILRT progress，including pre-test，platforms of test，sound tracing，verification test. Based on these discussion the paper gives some optimization for domestic ILRT，including，delete half-test pressure leak calculation；promote pressurization rate；execute verification test.

Key words： Containment；ILRT；ILRT Process Optimization

安全壳是核电厂纵深防御的最后一道屏障。核电厂在调试和在役期间都要进行安全壳整体密封性试验（ILRT），以此验证其密封性是否合格。

作者简介：黄海涛（1983—　），男，上海人，高级工程师，硕士研究生，现主要从事核电厂性能试验研究工作安全壳整体密封性试验的基础为理想气体方程，即通过安全壳内压力、温度、湿度等参数计算干空气质量。在具体测量手段上有绝对压力衰减法、参考容积法等方法。

安全壳整体密封性试验一般采用绝对压力衰减法，即将安全壳内部加压，通过布置在安全壳内的各类传感器测量规定的时间内和规定压力下安全壳内干空气质量的变化，从而计算出泄漏率。

国内的整体密封性试验借鉴了法国、美国、俄罗斯、加拿大等国的工艺，尤其是法国和美国工艺，并在此基础上自己摸索形成了一套独特的试验工艺体系[1-7]。由于整体密封性试验属于电厂关键路径，其试验时间直接决定了调试及大修期间的关键路径窗口，对其工艺的合理优化有助于提高电厂经济效益。

1 国内试验工艺

目前国内比较典型的试验工艺曲线如下图 1 所示[1-5]。

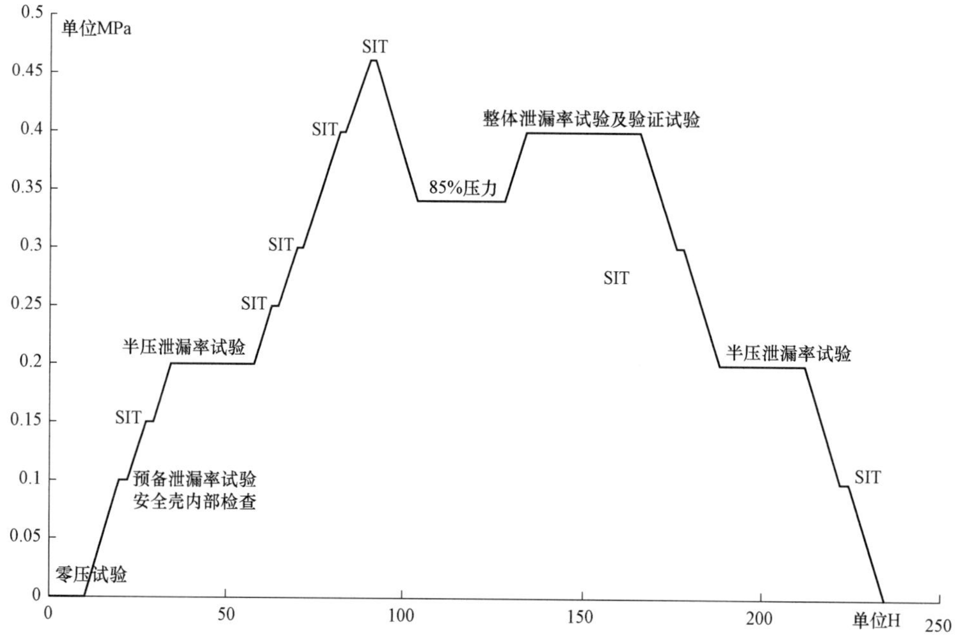

图 1 ILRT 试验工艺曲线

根据上述工艺曲线，目前国内 ILRT 试验可以划分为五个阶段。

（1）零压或负压平台。在该压力平台进行试验仪表测试。

（2）低压平台听音检查。试验人员在低压阶段进入安全壳内部进行预备泄漏率试验目视内部检查，并对贯穿件密封性做初步检查。

（3）充压阶段的半压或低压平台泄漏率测量。通过该平台的泄漏率测量对泄漏进行全面细致的检查，确保全压平台泄漏率试验的顺利进行。

（4）全压平台的泄漏率测量。该平台的工作包括全压下的泄漏率测量以及验证试验。

（5）卸压阶段的半压或低压平台泄漏率测量。该平台的数据主要供以后参考使用。

国内的充卸压速率一般控制在 1～2 psi/h（1 psi = 6.895 kPa），通常一次完整的 ILRT/SIT 试验的耗时在一周以上[1-7]。

2　国外电站试验工艺

国外电厂在役期间一般安全壳密封性试验工艺方案如下。

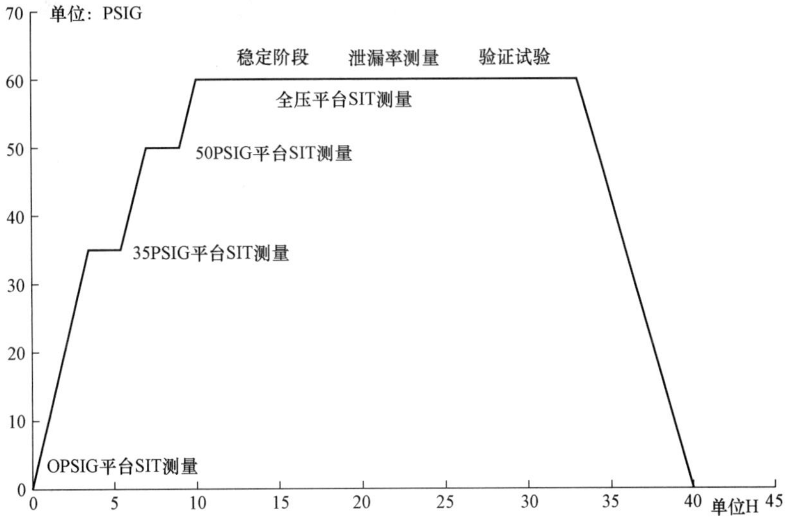

图 2　ILRT/SIT 试验打压方案

（1）充压阶段

在试验仪器安装检查完毕后进行。分别在 35 psig 和 50 psig 各停留 1 h 进行 SIT 数据采集。期间不做任何 ILRT 平台数据采集和听音检查。充压速率设定为 8 psi/h 左右，充压时间为 10 h。

（2）稳定阶段

充至试验压力后为安全壳内空气稳定而设定的时间段。根据 ANSI/ANS 56.8—1994 和 BN－TOP－1 规定该阶段不能少于 4 h。参照电厂以往试验记录，并考虑到该阶段的重要性本次试验该阶段设定为 10 h。

（3）保压阶段

该阶段为泄漏率测量阶段。根据 ANSI/ANS 56.8—1994 和 BN－TOP－1 规定，该阶段分别不能少于 8 h 和 6 h。保守期间，本次试验该阶段设定为 8 h。

（4）验证试验

通过叠加已知漏率对之前的泄漏率测量进行验证。验证试验阶段叠加的漏率 L_0 范围为：

$$0.75L_a \leqslant L_0 \leqslant 1.25L_a$$

验证试验阶段最后一小时或最后 4 组连续测得数据所计算出的泄漏率 L_c 的范围应满足以下条件：

$$L_{am}+L_0-0.25L_a \leqslant L_c \leqslant L_{am}+L_0+0.25L_a$$

其中 L_{am} 为保压阶段所测的泄漏率。

标准规定该阶段不能少于 4 h，本次试验该阶段依照标准设定为 4 h。

（5）卸压阶段

卸压阶段不进行任何的 ILRT/SIT 数据采集。考虑到过快的卸压速率会造成保温层脱落等风险，卸压速率设定为 8 psi/h 左右，卸压时间为 8 h。

下面就上述国内整体密封性各个工艺环节进行探讨。

3 听音检查

安全壳内部听音检查在为国内电厂安全壳整体密封性试验的必要步骤。一般情况下试验人员会在低压平台进入安全壳内对内部的泄漏情况进行检查。但平台设置会有不同，包括：

（1）秦山核电等核电厂采用的在 1 bar（1 bar = 0.1 MPa）压力平台进入安全壳执行的听音检查[1]；

（2）江苏核电采用在打压前对安全壳抽取负压，执行安全壳听音检查[2]。

相对而言，美国的安全壳试验过程中不会派人进入安全壳进行听音检查。而在 AP1000 三门、海阳 1、2 号机组调试期间采用了美国核电厂的工艺，在试验期间未派遣任何人进入安全壳内进行听音检查，试验实施结果证明泄漏率结果满足验收准则要求。因此，从试验工艺角度考虑，试验准备工作，包括隔离、壳内清理、安全壳局部密封性试验等，如果足够的充分，听音检查并非试验的必要步骤。

4 充卸压速率

国内试验相关法规对于充卸压速率没有明确的限制，但考虑到过快充卸压速率所带来的潜在风险，国内的充卸压速率一般都控制在 1～2 psi/h 以内，不考虑中间停留的压力平台时间，国内单次充压或卸压的时间一般都在几十个小时左右[1-4]。

Stone & Webster 公司曾在 20 世纪 80 年代初曾对七八十年代美国 13 家电厂的 28 次 ILRT 试验做过统计。统计中关于充卸压速率的数据如表 1 所示[5]。

表 1　美国 ILRT 充卸压速率

堆型	充压速率/（psi/h）	卸压速率/（psi/h）①
压水堆	3	2～6
沸水堆	8.5	10.6

注：① 在 28 次 ILRT 试验中只有 13 份试验报告中提及了卸压速率，其中压水堆的 12 份，其卸压速率在 2～6 psi/h 之间。沸水堆的卸压速率为 10.6 psi/h。

从表 1 中的数据我们可以发现：

（1）不难发现压水堆的充卸压速率远小于沸水堆；

（2）美国早期试验充卸压速率也比较低。

压水堆的充卸压速率相对慢是由于压水堆安全壳的自由容积远大于沸水堆，相同的管道直径下其充卸压速率相对就会小。而美国早期试验的充卸压速率与国内目前充卸压速率较为接近。

1982 年 Stone & Webster 公司通过 EPRI 发布了一份研究报告[5]，在该报告中将充卸压速率的上限定为 5 psi/h。但该报告结论未被 NRC 采用，因而对于充卸压速率美国现役法规标准中没有明确的规定。

美国现役电站的充卸压速率一般能达到 10 psi/h 甚至更高。充压时所加入的空气其质量和能量是恒定的，缩短加压的时间，其所带来的后果就是空气的内能变化更快。反映在试验过程中就是短时间内的温度变化更大，一般充压后安全壳内的温度会升高十几度。对试验本身而言，其影响就是会造成稳定时间的加长。对于卸压而言，过快的卸压速率会造成安全壳衬里或涂层的脱落、起泡等现象。但相对于事故工况下的瞬态温度和压力变化变化而言，该温度和压力变化在安全壳的承受范围内。

5　半压平台试验

半压平台的概念最早出现在美国原子能委员会（AEC）1966 年发布的“反应堆设计、选址、建造及运行安全标准和导则”中[6]。该概念后被 1971 年发布的 10 CFR 50 附录 J “轻水堆核电厂安全壳密封性试验” 所采用。在美国早期的安全壳密封性试验中都存在半压平台的试验。

但半压平台由于停留时间比较短，其所测量的数据受混凝土“吸排气”效应以及温度变化等因素的影响较大，该平台的数据在重复性不高，参考性也较差。而要排除这些因素的影响，则需要在半压平台留出更长以确保其充分的稳定。这样势必大大影响试验的效率。随着试验工艺的改进，该平台在美国逐渐被取消。在 1995 年发布的 10 CFR 50 附录 J “轻水堆核电站安全壳密封性试验” 方案 B 中该概念已被删除[8]。美国现行的标准以及新电厂的试验相关文件中也不存在半压平台的概念[6,9]。

国内试验过程中半压平台所测得的数据，在充压阶段的半压平台所测的泄漏率比实际偏高，卸压阶段的泄漏率比实际偏低[1,3,4]。总体而言，数据的重复性低，参考价值不大。

6　全压平台泄漏率测量

全压平台的泄漏率测量一般分为稳定阶段、保压阶段和验证试验。国内一般遵循 EJT 589—1999 “压水对核电厂安全壳密封性试验” 中的方法。该标准中的泄漏率稳定标准、保压阶段及验证试验要求和数据处理方法与美国现行标准 ANSI/ANS－56.8—1994“安全壳泄漏率试验要求” 中的要求相同。

除 ANSI/ANS－56.8—1994“安全壳泄漏率试验要求”外，美国早期的一些标准，如 Bechtel 公司在 1972 年所发布的 BN－TOP－1 报告，在现役的法规体系下也是可用的。BN－TOP－1 报告在试验方法等方面与 ANSI/ANS－56.8—1994 相同，但也有不同之处。主要的不同之处可概括为以下几点[10]：

6.1　稳定阶段的验收标准

BN－TOP－1 报告稳定阶段采用温度稳定标准，即：

（1）最近 2 h 平均温度的变化速率小于或等于 1 ℉/h；

（2）或者最近 2 h 温度变化的加速度小于或等于 0.5 ℉/h。

6.2　压阶段的泄漏率及不确定度计算

BN－TOP－1 报告中规定在役试验期间保压阶段的最短时间为 6 h，比 ANSI/ANS－56.8—1994 所规定的 8 h 短 2 h。而泄漏计算采用 ANSI 早期版本中所使用的全时间法，其具体计算方法如下：

首先计算测量泄漏率 M，该泄漏率通过后续测点质量与初始质量的差值计算

$$M_{\mathrm{i}}=\frac{2\ 400}{H_i}\left[1-\frac{T_0(P_i-P_{\mathrm{vi}})}{T_i(P_0-P_{\mathrm{v0}})}\right]\% \tag{1}$$

式中：M_{i}——ihh 时刻的测量泄漏率，干空气质量%/天；

H_i——初始测点与第 i 个测点之间的时间间隔，小时；

T_0，T_i——初始温度和第 i 个测点的温度，R；

P_0，P_i——初始压力和第 i 个测点的压力，psia；

P_{v0}，P_{vi}——初始水蒸气分压和第 i 个测点的水蒸气分压，psia；

将安全壳测量泄漏率 M 随时间 t 的变化通过最小二乘法拟合曲线：

$$L_i = At_i + B$$

得到第 i 时刻测量泄漏率 M_i 的最佳估计值 L_i 为，该值即为第 i 时刻的泄漏率。其中 A 和 B 分别代表最小二乘法拟合直线的斜率和截距，可采用下面公式计算：

$$A = \frac{n\left(\sum t_i M_i\right) - \left(\sum t_i\right)\left(\sum M_i\right)}{n\left(\sum t_i^2\right) - \left(\sum t_i\right)^2} \tag{2}$$

$$B = \frac{\left(\sum M_i\right)\left(\sum t_i^2\right) - \left(\sum t_i\right)\left(\sum t_i M_i\right)}{n\left(\sum t_i^2\right) - \left(\sum t_i\right)^2} \tag{3}$$

泄漏率 L_{am} 的 95%单侧置信区间的置信上限 UCL95%为：

$$\mathrm{UCL}_{95\%} = L_{am} + T\sigma$$

其中，T 为（$n-2$）自由度下 T 分布 95%置信区间系数，σ 为标准差。可分别采用如下公式计算：

$$T = 1.959\ 96 + \frac{2.372\ 26}{(n-2)} + \frac{2.822\ 5}{(n-2)^2} \tag{4}$$

$$\sigma = S\left[1 + \frac{1}{n} + \frac{(t_{last} - \overline{t})^2}{\sum (t_i - \overline{t})^2}\right]^{1/2} \tag{5}$$

式中：S 为而测量泄漏率 M_i 与计算泄漏率 L_i 之间的标准偏差；$\overline{t}$ 平均时间，计算公式分别如下：

$$S = \left[\frac{\sum (M_i - L_i)^2}{n-2}\right]^{1/2} \tag{6}$$

$$\overline{t} = \frac{\sum t_i}{n} \tag{7}$$

美国 Carolina Power & Light 公司曾经就同样的数据就全时间法与质量点法计算结果做过比较。全时间法的计算结果受初始测量时间的影响较大。而质量点法无论在计算结果还是在置信度方面都比全时间法要好。

6.3 验证试验

通过叠加已知漏率对之前的泄漏率测量进行验证，如试验执行过程、试验设备等均准确可靠性，则叠加已知泄漏率以后所测量的泄漏率应该在预估的范围内，反之则说明试验的测量结果可靠性存疑。根据美国法规标准规定[9]验证试验阶段叠加的漏率 L_0 范围为：

$$0.75L_a \leqslant L_0 \leqslant 1.25L_a$$

而为了确保验证试验对于试验可靠性验证不受到偶然因素的影响，验证试验需要确保一定的数据量累积，一般对顶验证试验阶段最后一小时或最后 4 组连续测得数据所计算出的泄漏率 L_c 的范围应满足以下条件：

$$L_{am}+L_0-0.25L_a \leqslant L_c \leqslant L_{am}+L_0+0.25L_a$$

其中 L_{am} 为保压阶段所测的泄漏率。

满足上述条件，说明试验数据采集系统对于试验结果的计算与已知的泄漏率吻合，且通过多组数据的连续验证，说明数据有一定的连续性，非偶然因素导致。试验阶段测量的结果准确可靠。

在美国该试验步骤为法规规定过的必要步骤[9]，如验证试验不通过则之前的试验结果均不能作为可信结果记录入试验报告，试验也会被认为不满足验收标准。在 AP1000 三门、海阳 1、2 号机组调试期间完全按照美国标准执行了验证试验，验证试验的结果证明了试验的可靠性。国内电站从设计角度考虑，完全具备执行验证试验的条件。而从试验可靠性角度考虑，而国内部分店长也在考虑验证试验执行的可能性。因此，验证试验的执行将会是未来安全壳整体密封性试验优化的重要方向。

7　结论

通过对比国内外整体密封性试验的工艺可以发现：

（1）国内安全壳整体密封性试验经过多年的发展形成了自己独特的完整工艺体系，并经过国内试验长期验证，但工艺体系也有一定的优化和改进空间。

（2）国外经过几十年的摸索其整体密封性试验工艺相对与国内优化和改进了很多步骤，包括：

1）半压平台的删除；

2）充卸压速率的提升；

3）验证试验的执行，这些工作对于国内安全壳整体密封性试验的优化有很好的借鉴和参考价值。

参考文献

［1］石益洲，肖德定，江邦治．秦山核电厂反应堆安全壳整体密封性能试验［J］．核科学与工程，1992，12（3）：193-199.

［2］欧阳钦，褚英杰．安全壳整体试验标准 ANSI ANS 56.8—1994 在田湾核电站的运用［J］．核动力工程，2010，31（6）：24-31.

［3］褚英杰，欧阳钦．安全壳整体泄漏率计算方法的比较分析［J］．核动力工程，2010，31（6）：33-37.

［4］周文权，曲小朋，孟凡彬．核电站安全壳整体密封性试验方法［J］．核动力工程，1997，18（2）：153-157.

［5］张岩．田湾核电站安全壳密封试验［J］．黑龙江科技信息，2008，（6）：37-38.

［6］詹淑文，常华健，蒋坚毅．巴基斯坦恰希玛核电站安全壳整体密封性试验［J］．环境工程，2006，24（4）：60-62，65.

［7］顾军，侍今奇，范福平．秦山三期重水堆核电工程安全壳结构强度验证试验和整体密封性试验［J］．中国核科技报告，2004.

［8］ Containment integrated lead-rate testing improvement．EPRI.
［9］ AP1000 Design Control Document.
［10］ Safety standard criteria and guild for the design，location，construction and operation of reactor．AEC.
［11］ 10CER50 Appendix J.
［12］ ANSI/ANS-56.8—1994，Containment System Leakage Testing Requirement.
［13］ BN-TOP-1.

AP1000主泵变频器调试阶段常见故障分析与处理

黄鹏瑞，满文成

（上海核工程研究设计院有限公司，上海　200233）

摘要： 本文简要概述了第三代核电AP1000机组主泵变频器的工作原理，以及对隔离变压器、功率单元、冷却系统等重要组成部分进行一定程度的介绍。对于AP1000主泵变频器调试阶段常见故障进行了总结分析，并提出相应故障的应对及改进措施，为主泵变频器调试及稳定运行提供经验。

关键词： AP1000；主泵变频器；隔离变压器；功率单元；故障分析

Case Analysis of Typical Faults in Commissioning Stage of Reactor Coolant Pump Variable Frequency Drive

HUANG Pengrui，MAN Wencheng

（Shanghai Nuclear Engineering Research & Design Institute Co., Ltd.，Shanghai 200233，China）

Abstract: This article summarizes the principle of the third nuclear power AP1000 VFD，and introduce a certain degree of important components such as isolation transformer，power cells，and cooling system. Analysis and summarize the common faults in the commissioning of the AP1000 RCP，put forward the corresponding fault response and improvement measures，Provide experience in commissioning and stable operation of the VFD.

Key words: AP1000；VFD；Isolation Transformer；Power Cell；Fault Analysis

第三代核电AP1000采用西门子WCⅢ－HA（Water Cooled Ⅲ－High Availability）型高压变频器，也称为“第三代水冷完美无谐波”高压变频器。由于反应堆冷却剂泵工作频率为60 Hz，而我国工作频率为50 Hz，在核电厂正常运行期间，主泵变频器需长期连续稳定运行。主泵变频器运行的可靠性关系到核电厂安全稳定。

本文对AP1000主泵，主泵变频器（见图1）预充电、控制系统、功率单元、冷却系统、

作者简介： 黄鹏瑞（1992—　），男，吉林榆树人，工程师，学士，现主要从事核电厂继电保护的调试工作

参数整定方面出现的典型故障进行分析，并提出相应的故障处理建议。

图 1　主泵变频器

1　主泵介绍

反应堆冷却剂泵即主泵，AP1000 反应堆冷却剂泵是立式、单级、全密闭、高惯量、离心、带屏蔽电机的屏蔽泵，如图 2 所示。

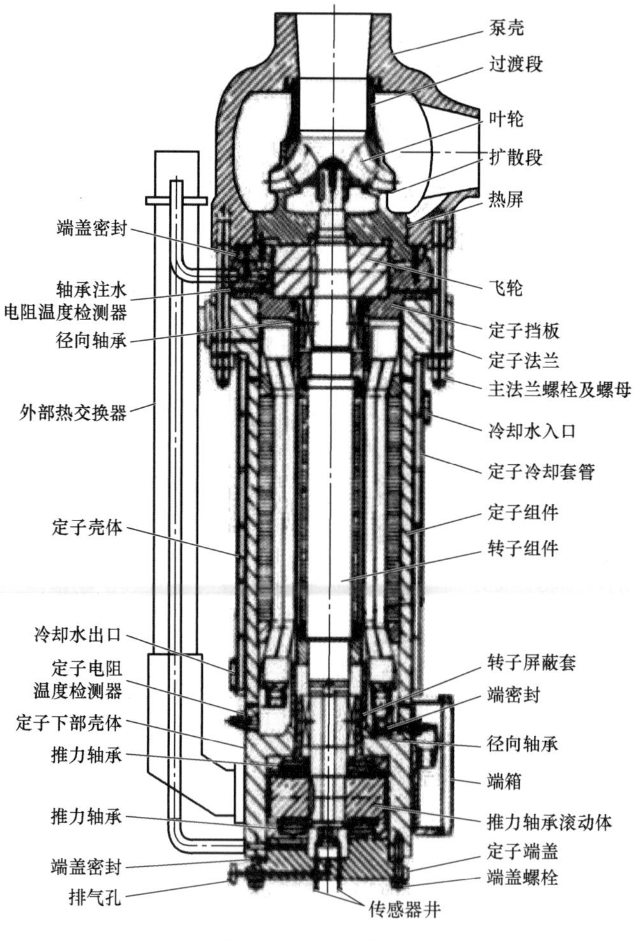

图 2　AP1000 主泵

主泵的功能是将高压、高温状态下的反应堆冷却剂升压，克服系统阻力，推动反应堆冷却剂在一回路保持循环，将核燃料裂变反应产生的热量输送到蒸汽发生器。此外主泵还配备了高转动惯量的飞轮，在反应堆紧急停堆和泵丧失电源及安全停堆地震同时发生时，泵的惰转能力仍能保持缓解事故所需的反应堆冷却剂流量，泵壳/电机壳体保证一回路压力边界的完整性，避免冷却剂泄漏。

2　主泵变频器介绍

AP1000 机组冷却剂系统包括两个环路，每个环路设置 1 台蒸汽发生器，每台蒸汽发生器配置了 2 台主泵。4 台主泵分别由电厂内四段 10.5 kV，50 Hz 中压母线带载，每台主泵的额定电压为 6.9 kV，频率为 60 Hz。每台主泵配置 1 台变频器，转换厂用电为主泵所需电压和频率，同时降低主泵启动时的启动电流并实现平滑启动和调速[1]。

西门子 WCⅢ－HA 型主泵变频器，设计容量 10 500 kVA，输入电压 10.5 kV，输出电压 0～6.9 kV，额定输出电流 850 A。变频器由进线柜、变压器柜、预充电及控制柜、功率单元柜、出线柜、冷却柜等构成。功率单元采用 6 级串联方式、设置预充电回路、功率单元配备独立的水冷系统；变频器控制方式为矢量控制，具备能量回馈制动功能。

2.1　进线柜

进线柜主要包括柜门外部联锁钥匙（K1、K2、K3）存储的 KT 面板，柜内配有进线电缆、空间加热器、温控器。同时在进线 B、C 相设有双冗余的套杆电流互感器，以提供进线电源质量的测量。每相的铜排均连接浪涌保护器（避雷器），提供吸收线路中各种雷电过电压、工频暂态过电压、操作过电压的能力。

2.2　变压器柜

变压器柜包括 1 个移相隔离变压器、1 个预充电变压器、1 个 I/O 柜、10 个强迫风冷换热风扇。

移相隔离变压器是一种特殊的水冷移相变压器，一次侧为不接地星型连接，额定电压 10.5 kV，二次侧为 18 个延边三角形接线，输出额定电压 750 V。

移相变压器均采用三相移相叠加 36 脉冲整流方式，原边只有一个绕组，为星型连接，副边为三相多绕组，共有 18 个副边绕组和 1 个预充电绕组，呈延边三角形连接，如图 3 所示。

二次绕组实现多重化结构，以达到降低输入谐波电流的目的，减少 THD 值。给 18 个功率单元供电的二次绕组每 3 个为一组，形成 6 个不同的相位组，每个二次绕组线电压的相位领先或滞后一次绕组线电压 10 度，运用傅里叶基数对一次侧与二次侧电流展开分析，变压器可以消除 35 次以下的谐波分量，以达到优质的谐波控制能力，使原边电流近似为正弦波，变频器输入的总功率因数可达到 0.95 以上，并极大地减少了谐波对电网的污染[2]。

每个功率单元由变压器的一组二次绕组供电，通过移相变压器进行电气隔离，从而使每个功率单元相互独立，实现电压叠加串联。

变压器原边、副边绕组及铁芯通过冷却水管进行冷却，同时变压器柜内配置了 4 组冷却风扇以排出变压器散发的热量。变压器原边及副边绕组上的冷却回路各配置了一个 RTD 和温度开关以检测原副边绕组的温度并发往变频器的控制系统。

2.3　功率单元柜

功率单元是变频器的核心部件，是实现电能转换和频率、幅值变换的场所。如图 4 所示。功率单元包括整流模块、IGBT、电容器、电阻器、熔断器以及控制电路和冷却回路等。

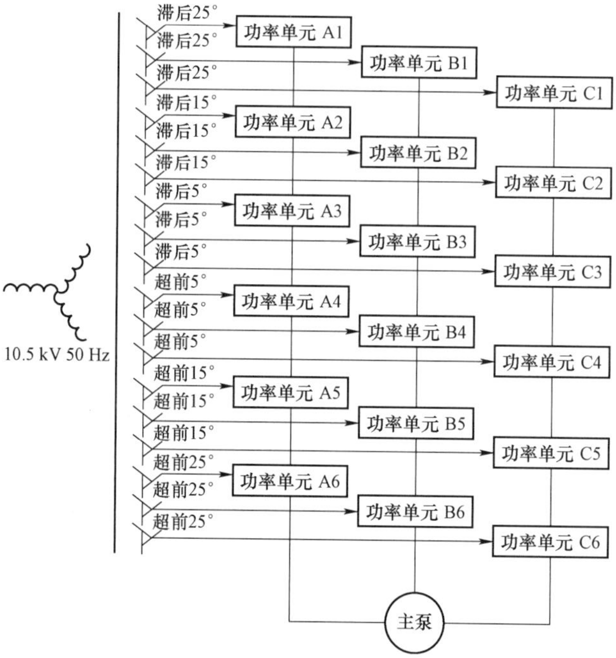

图 3　主泵变频器预充电回路示意图

电能从变压器二次侧经整流模块流入功率单元，经滤波和 IGBT 逆变输出，实现交—直—交转换，为电机提供优质可变频电源。

变频器功率单元采用模块化设计，每台功率单元参数相同，可进行互换和替代。功率单元板采取光纤通讯方式，接收控制器内主控板的 PWM 信号对 IGBT 进行驱动控制，同时继承了变频器的过流、过压、欠压、接地、超温等保护功能。

IGBT 整流模块具备能量回馈制动功能，可以实现在主泵制动及反转的情况下向电网的能量回馈，实现四象限运行，如图 5 所示。每相 6 个功率单元的设计可以使输出波形达到正弦波。

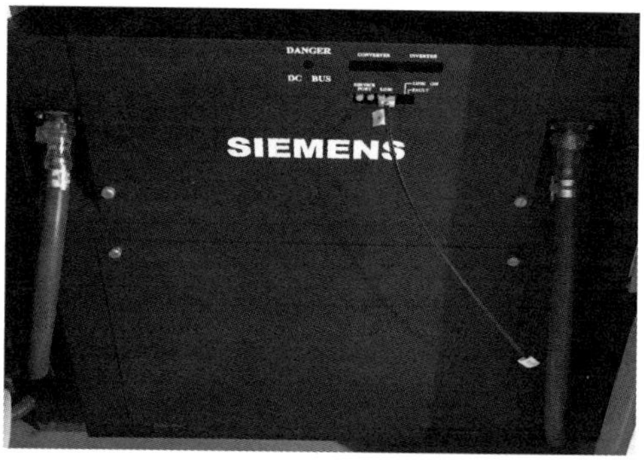

图 4　功率单元

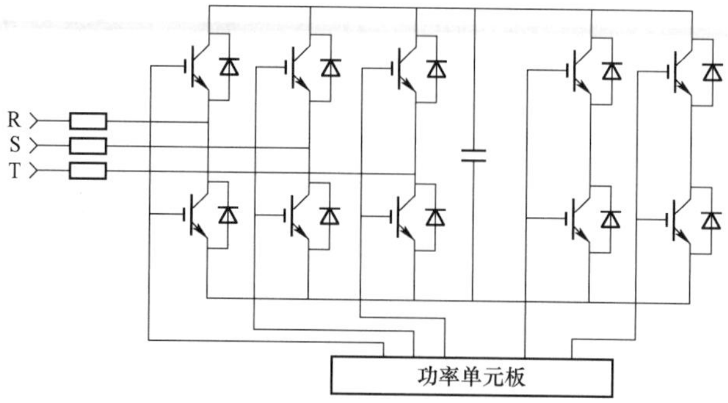

图 5　主泵变频器四象限功率单元内部示意图

2.4　预充电及控制柜

预充电过程是主泵变频器启动的关键步骤，为防止变频器启动过程中突然加压对变频器造成损坏，西门子 WCⅢ－HA 型主泵变频器采用了预充电技术，采用接触器、预充电电容、预充电电阻、预充电升压变压器的配合，逐步提升充电电压，防止功率单元内的电容受到冲击。

预充电回路包括 3 组接触器（M2，M3，M4）和 1 组电容、电阻，如图 6 所示。M1 为中压进线断路器，M1，M2，M3，M4 的初始状态均为打开。双冗余控制（NXG A 和 NXG B）预充电过程：首先接触器 M2 闭合给电容充电，同时给变压器反向充电；当预充电电容器充电至 90%（整定值）时，随即 M3 闭合 1 s 并断开 M2 以维持中压额定电压，通过充电电阻和变压器向功率单元预充电，再闭合 M4 并断开 M3 继续保持中压额定电压同时减少电阻回路压降，完成控制系统预充电过程；再次重复循环，完成另一冗余控制系统预充电，最后断开 M4 并合上 M1，启动变频器。

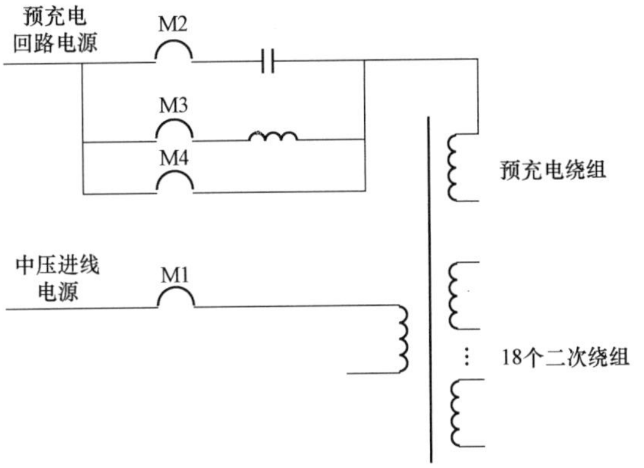

图 6　主泵变频器预充电回路示意图

变频器的控制系统由如下部件构成：NXGII A/B、信号处理板、光纤切换板、光纤切换组件、控制电源、PLC 及输入输出元件等。

NXGII A/B 为变频器的控制核心，包括 CPU、系统接口板、调制板等。系统接口板负责处理信号处理板发出的输入输出侧电流和电压信号由模拟信号转化为数字信号，数字信号用于变频器的矢量控制系统，矢量控制由 CPU 内的电机模型及算法实现。CPU 负责处理电压电流的输入输出信息，并把单元的开关信号送往调制板，同时实现变频器的计量和保护功能。调制板生成单元的调制信号，同时检测单元是否在旁路状态及发送单元的旁路信号到旁路板，旁路板实现单元的旁路。信号处理板负责采集并扫描中压系统输入的电压电流信号和电机输出端的电压电流信号并送往系统接口板。光纤切换组件传输 NXGⅡ发出的功率单元开关信号至功率单元及功率单元至 NXGⅡ的反馈信号，并在一个 NXGⅡ失效时传输光纤切换板的切换信号。

2.5　冷却柜

冷却柜包括两套冷却系统：第一套冷却系统由冷却水箱、水泵及相应的管道阀门组件组成，如图 7 所示。正常情况下冷却水通过两台泵经由变压器、功率单元、三通阀、温度调节阀进行循环，当温度调节阀检测到变压器或功率单元的出口水温较高时，温度调节阀打开，使冷却水通过热交换器进行冷却；第二套冷却系统为热交换器系统，冷却介质为电厂设备冷却水。当检测到温度调节阀故障时，即温度调节阀的出口温度大于入口温度时，三通阀打开，冷却水直接流入热交换器。冷却系统配置了一个PLC来控制电机启停及传输冷却系统的信号，冷却系统的控制逻辑为冷却系统的单一故障不会导致变频器的停机，当且仅当冷却系统某一故障且主系统检测到温度报警时，由控制核心触发变频器停机[3]。

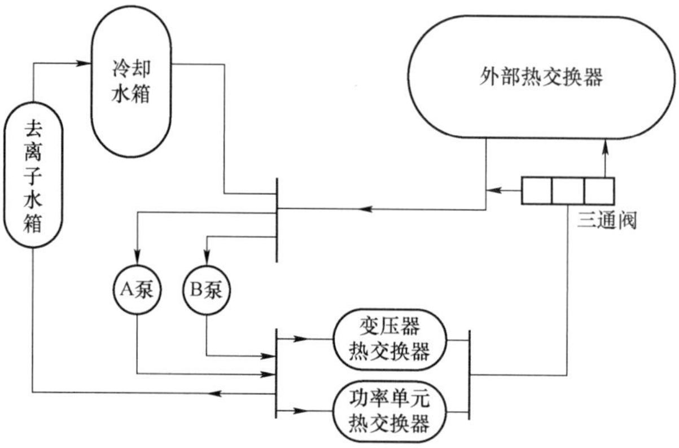

图7　冷却系统回路图

3　主泵变频器故障分析

3.1　预充电故障

典型案例："Ready to pre-charge"（准备预充电）信号未产生

事件描述：某核电2号机组ECS－EV－41主泵变频器进行首次预充电试验时，发现合上主泵变频器预充电电源开关CB_PC后，HMI面板上的Ready to pre-charge指示灯未按预期点亮。

故障原因：光纤破损。试验人员仔细排查通讯通道，发现在冷却柜内的通讯模块所连接的F.O.Link 1光纤的一部分被绝缘胶带包扎并置于线槽内，拆开后发现光纤部分裸露且存在破损，造成冷却柜与FPC柜的通讯失去，无CS_FlowPresent信号，导致Ready to pre-charge信号无法被触发。

总结建议：设备安装时应注意光纤的防护，如有破损应及时更换。调试时应对变频器的所有通讯回路进行检查，因为对于一用一备的通讯回路，当一路断线时，无法及时发现。

3.2　冷却系统故障

典型案例：主泵变频器冷却系统泄压阀动作导致主泵跳闸

事件描述：某核电1号机组正常运行时，主泵1A变频器电源开关跳闸。主泵1A跳泵前，4台主泵100%转速稳定运行。就地检查主泵1A变频器发现地上有水，主泵1A变频器冷却系统水箱液位为0。查询前一天现场巡检记录主泵1A变频器冷却系统水箱液位刻度为4.3，在正常范围内。

故障原因：变频器冷却系统安全泄压阀整定压力不合理。变频器两台冷却泵自动切换时必然出现双泵并列运行的情况（时间设定为2 s），此时泵出口压力超过安全泄压阀动作值，即每次自动切换均将导致安全阀开启，其中任何一次阀门卡涩未能及时回座，都将导致冷却剂泄漏，在极短时间内（从本次事件中看，大约在100 s内）使运行中的主泵变频器跳闸。

总结建议：主泵变频器冷却系统配置两台冷却泵，一用一备，每7天切换一次，调试时应对变频器冷却系统定值进行检查，并验证冷却系统逻辑正确。

3.3　参数整定错误引起的故障

典型案例：主泵点动失败

事件描述：某核电 1 号机组主泵 1 A 点动后变频器 EV－31 瞬时过流（IOC）动作，变频器保护动作使常规岛中压柜 ECS－EV－31（52）跳闸，PLS 收到一台主泵跳闸的信号后将其他三台常规岛中压柜跳开。

故障原因：参数 STATOR RESISTANCE 设置错误，正确的设定值是 0.33%，而西屋出定值文件中该设定值为 22.80%。变频器施加初始电压需要补偿定子绕组直阻的损耗，由于参数误差，施加的电压也将比实际需要的大，多出来的补偿电压叠加到初始启动转矩，使启动电流增加，导致 IOC 保护动作。

总结建议：调试过程中对于设计规格书、程序文件、定值计算书、变频器定值参数等各类文件应由设计单位、供货单位（变频器厂家、电机厂家）、系统相关供货单位认真审查，并加强沟通，确保定值正确。

3.4　控制系统故障

典型案例：主泵 1B 转速短时突降至 87%

事件描述：2018 年 9 月 9 日 12:14，某核电 1 号机组 APS 出现“VFD 1 B Control Status Feedback”报警，派遣现操就地查看有 5A/B/C、6A/B/C 功率单元显示紫色且有报警“Link Fault”，12:24:17 主泵 1B VFD 转速由 100%突降至 87%，反应堆冷腿 1B 流量降至 79.5%，热腿 1PMS4 个通道流量降至约 93%（跳堆值 91%），电流最低 647 A，约 17 s 后恢复，变频器就地通讯单元出现“Redunt Lost”报警，控制器 A 切换为 B，且原“LinkFault”消失。

故障原因：主泵变频器控制器 A 故障。NXG A 控制系统中的 System I/O Board 板卡故障，导致 A 控制系统不能与 A5/B5/C5/A6/B6/C6 这 6 个功率单元建立通讯，从而切换至 B 控制系统运行。由 NXG A 切换至 NXG B 需要 0.5 s，在 0.5 s 内主泵为惰转状态。切换完毕后，主泵将按照 0.5 Hz/s 的速率升速至 1 800 r/min，因此需要约 17 s 时间恢复正常。

总结建议：首先，变频器内部有较多的电路板等电子元器件，由于存储时间较长，建议存放在恒温恒湿环境中，避免电子器件的损坏。设计单位应控制器主备的无缝切换，避免变频器控制器切换时，造成反应堆停堆。

4　结论及建议

主泵变频器安全稳定运行直接影响核电站的安全性和经济性，因此应在设计、制造、运输、安装、调试、运行等各个阶段予以充分关注。根据调试及现场运行经验，提出以下建议。

4.1　设计、制造阶段

（1）变频器控制系统。双冗余的控制系统切换时，应考虑避免主泵转速下降过多造成流量下降引起反应堆停堆；对于双冗余的控制器，在控制器 A 故障时切换至控制器 B，但目前主泵变频器控制器 A 故障修复后不能由控制器 B 切回控制器 A，应考虑故障修改后切回。

（2）变频器冷却系统。设计、制造阶段应考虑变频器移相隔离变压器冷却方式，即水冷或风冷方式，选择水冷时，应充分考虑冷却剂泄漏带来的风险。制造方面考虑选择强度更高的管道（特别是软管）以避免冷却管道破损造成的冷却剂泄漏带来的设备损坏。

（3）变频器参数整定。在制造阶段应进行变频器与主泵联调，验证变频器矢量控制模型及算法，减少调试阶段因参数设置错误而到导致的工期延误。

4.2 调试阶段

（1）在试验前仔细检查相关通讯光纤及通讯模块的安装情况。对于一用一备的双通道通讯方式，若确保通讯正常，应再次排查备用通讯通道。

（2）调试阶段对变频器冷却系统再次检查，确保无泄漏点，条件允许时，建议对冷却系统逻辑进行验证。调试试验时需关注电导率、系统液位等信息，禁止电导率高时进行变频器预充电，液位低时及时补水，液位的降低并不意味着冷却系统一定存在漏点，需结合温度、压力及冷却系统排气等情况具体分析。

4.3 运行阶段

（1）运行人员应学习变频器的原理及操作，以减少人因失误引起的设备故障。

（2）变频器运行过程中加强巡视，就地检查冷却水箱液位、温度、压力等信息，发现异常波动及时采取措施，如冷却系统液位低，及时进行补水，对变频器出现的各种报警及时作出反应。

（3）检修期间应严格落实防异物措施，防止异物进入冷却系统造成冷却系统堵塞，避免因设备失去冷却而造成严重的事故。

参考文献

［1］肖卉．AP1000 核电机组冷却剂泵变频器特点及供电回路优化［J］．华电技术，2013，35（3）：48-51．

［2］AP1000 主泵变频器的应用及故障风险评估［A］中国核电，1674-1617（2013）04-0337-06．

［3］许翀．中压变频器在 AP1000 核电厂中的应用［J］．中国高新技术企业，2016，12（3）：43-44．

某核电厂棒位数据机柜通风改造探讨

孔　宁，杨广静

（上海核工程研究设计院有限公司，上海　200233）

摘要：某核电厂棒位数据机柜现场运行及调试过程中，棒位数据机柜相关卡件发生烧毁问题，阐述了棒位数据机柜通风改造方案和机柜改造性能分析，对数字式棒位指示系统基本结构和功能进行了介绍，结合棒位数据机柜调试出现的问题，重点介绍棒位数据机柜通风改造设计方案，冷却风从机柜后门下百叶窗进入柜内，从前柜门上百叶窗排出柜外，出风方式采用自然排风，并对通风改造后的结果及机柜性能进行计算评估，机柜通风改造后的平均环境温度 37.6 ℃，满足机柜性能稳定可靠运行。

关键词：棒位数据机柜；通风改造；性能评估；机柜性能；温度

Discussion on Ventilation Reformation of Rod Position Data Cabinet in Nuclear Power Plant

KONG Ning，YANG Guangjing

（Shanghai Nuclear Engineering Research & Design Institute Co., Ltd.，Shanghai 200233，China）

Abstract: During the field operation and commissioning of Rod Position Data Cabinet，the related cards of the cabinets were burned down. This paper expounds the ventilation reformation scheme and the performance analysis of the reformed cabinet，introducing the basic structure and function of the digital rod position indication system. Combining with the problems arising from the commissioning of Rod Position Data Cabinet，emphatically introduces the ventilation reformation design scheme of the Rod Position Data Cabinet. The cooling air enters the cabinet from the lower shutter of the cabinet rear door，and discharges the cabinet from the upper shutter of the cabinet front door. Natural ventilation is adopted in the ventilation mode，and the results of ventilation reformation and cabinet performance are calculated and evaluated. The average ambient temperature of the reformed cabinet is 37.6 C，which meets the stable and reliable operation of the cabinet.

Key words: Rod Position Data Cabinet；Ventilation Reformation；Performance Evaluation；Cabinet Performance；Temperature

---

作者简介：孔　宁（1989—　），男，山东枣庄人，工程师，硕士，现主要从事棒控棒位系统调试工作

棒位数据机柜是数字式棒位指示系统（Digital Rod Position Indication System，DRPI）的重要设备，主要用于监测核电厂控制棒动作及棒位置显示[1]。棒位数据机柜现场运行及调试过程中，棒位数据机柜相关卡件发生温度高紧急报警及卡件烧毁事件，致使试验多次中断，严重影响系统调试工期及相关试验的执行。试验人员巡检壳内棒位数据机柜时，检查发现机柜门顶部、电源、解码卡和电缆等设备的温度严重偏高，设备机柜外部未安装风扇，仅在前后柜门上下有百叶窗散热[2]，针对此问题，多次召开技术协调会，与各接口部门商讨棒位数据机柜通风改造方案。本文介绍棒位数据机柜通风改造设计方案，并对机柜通风改造后的结果及性能进行计算评估，使其满足后续项目正常投用。

1　DRPI 基本结构和功能介绍

DRPI 的基本结构由探测器组件，探测器电缆，堆内数据柜（数据柜 A 和 B），DRPI 逻辑柜和落棒测试系统五部分组成，图 1 所示为 DRPI 的基本架构示意图。

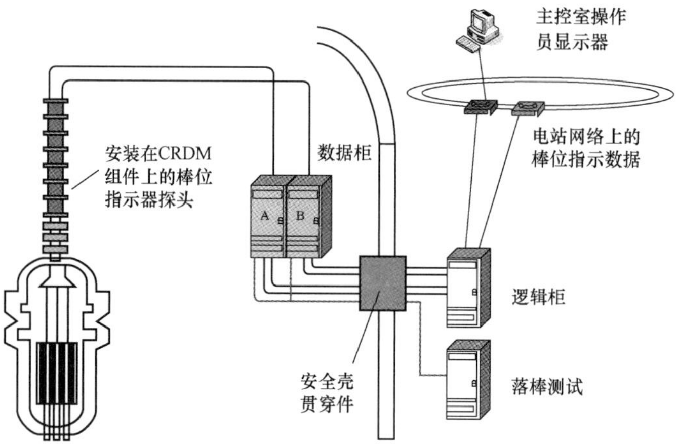

图 1　DRPI 基本架构示意图

安全壳内共包含 Data A 和 Data B 两套棒位数据机柜，数据柜包括棒位线圈信号调理的电源、板卡和电缆等设备，并和控制器以及落棒测试柜通讯接口，机柜包含电子元件和所有探测器的电源，数据柜电子元件有能力为 69 个棒位探测器供电，并处理每个 DRPI 探测器的探测信号，通过处理每个线圈的信号，最终得到控制棒的最终棒位[3]。

2　棒位数据机柜通风改造方案

某核电站壳内数据采集柜设备尺寸 2 390 mm × 900 mm × 900 mm（单柜），设备内器件功率 3 850 W，设备试验时温升 35 ℃左右（柜内 60 ℃，环境 20～30 ℃）。本设计方案包括数据采集柜门和设备安装改造，设备安装介绍了前柜门出风口设备和后柜门进风口改造方案，弃用百叶窗封堵，冷却风从机柜前门上百叶窗排出，此处加装出风口罩子，以确保柜门改造后满足防护等级要求。

2.1　柜门百叶窗结构改造

为尽可能减少风阻，需对前柜门上百叶窗、后柜门下百叶窗进行改造。前柜门上百叶窗、后柜门下百叶窗改造方式一致，具体改造方案为：拆除原柜门百叶窗出的滤网，以百叶窗中心为基准，切割 410 mm × 538 mm 方孔，方孔四周开 ϕ 9 通孔，用来固定出风口罩子或进风法兰，图 2 所示为进风口改造尺寸示意图[4,5]。

2.2　百叶窗材料改造

弃用百叶窗拆除原柜的滤网，使用 304 不锈钢板封堵，固定孔利用原柜滤网安装孔。

2.3　前柜门出风口设备改造

原前柜门上百叶窗处为机柜出风口，柜门外装出风口罩子，柜门与出风口罩子间垫方形垫片，门内装出风口加强板，紧固螺栓为 M8×25 不锈钢六角头螺栓，原柜门上的电磁相容性（Electromagnetic Compatibility，EMC）滤网安装于出风口加强板，图 3 所示为前柜门出风口改造示意图[6]。

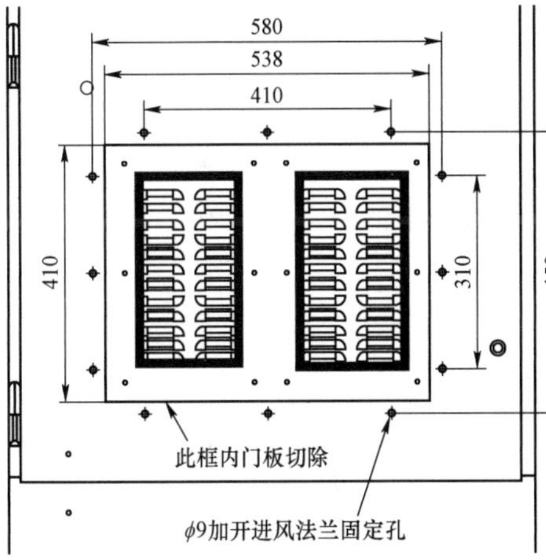

图 2　进风口改造尺寸示意图

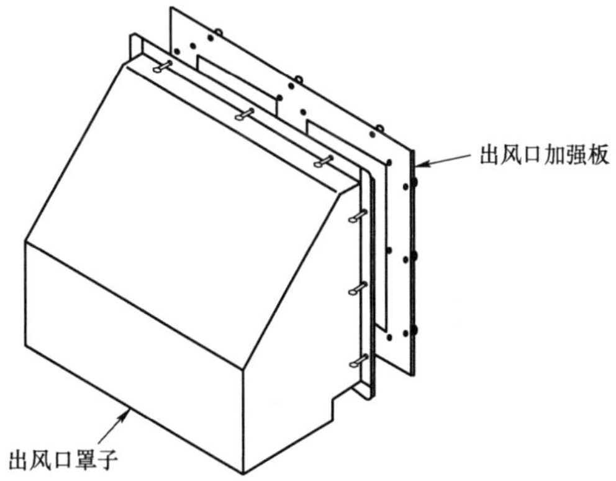

图 3　前柜门出风口改造示意图

2.4　后柜门进风口设备改造

原后柜门下百叶窗处为机柜进风口，柜门外装进风法兰，柜门与进风法兰间垫方形垫片，门内装进风口加强板，45° 弯头安装于进风法兰，两者间垫圆形垫片，紧固螺栓为 M8×25 不锈钢六角头螺栓，图 4 所示为后柜门进风口改造示意图。

2.5　现场风道法兰改造

现场风道接口需开设风道法兰安装孔，图 5 所示为现场风道法兰改造示意图，风道法兰通过螺栓固定于现场风道接口处，两者间垫圆形垫片，紧固螺栓为 M8×25 不锈钢六角头螺栓。

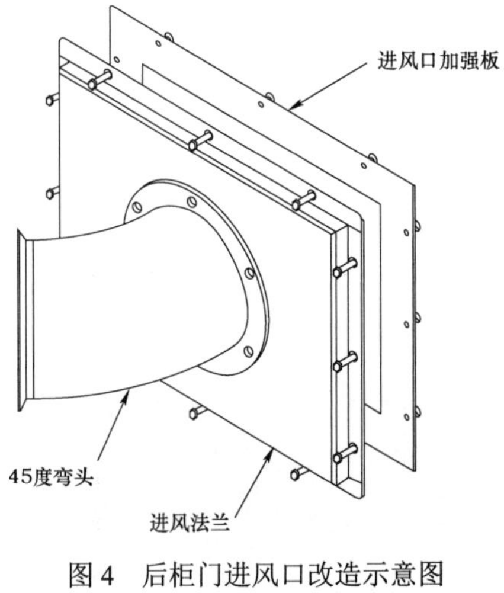

图 4　后柜门进风口改造示意图

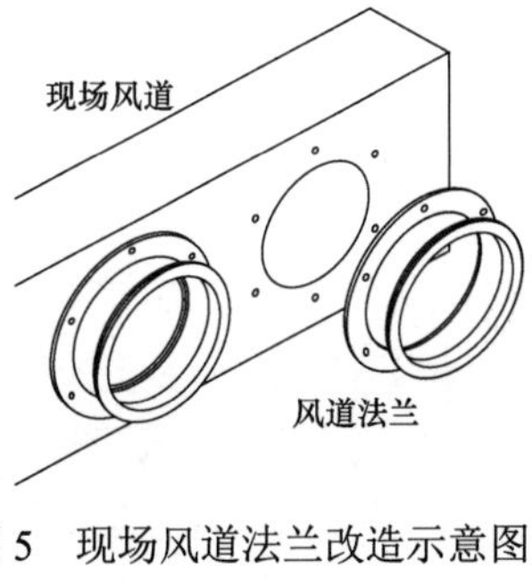

图 5　现场风道法兰改造示意图

3 性能分析

3.1 温升评估

棒位数据机柜通风改造后，假设风道通风良好，机柜内部温度均匀分布，通风热交换良好，仅考虑机柜通风散热，不考虑机柜外表面散热，反映机柜进风量 Q、机柜发热功率 P 和机柜温升之间关系如下式[7]所示：

$$Q = \frac{P}{\rho \cdot C \cdot \Delta t} \tag{1}$$

式中：ρ——20 ℃时空气密度；

C——空气比热容。

由此得出，棒位数据机柜通风改造后，机柜温升计算结果为：$\Delta t = 16.6$ ℃，得出柜内平均温度 37.6 ℃。现场要求柜内平均温度限值 35 ℃，若要再减小机柜温升，可以通过改变机柜进风量实现机柜温度调节。

3.2 EMC 性能评估

数据机柜改造的风道选用 304 不锈钢材质管道（或法兰），出风口处在设计中预留 EMC 滤网安装孔，故改造对原数据机柜 EMC 性能无影响[8,9]。

3.3 机柜密封性能评估

机柜通风风道各连接点均采取密封防护（增加密封垫片等），柜门出风口处加装出风口罩子，使风口垂直向下，故机柜通风改造满足密封性能要求[10]。

3.4 抗震性能评估

机柜柜门改造后，门内切口处垫 3 mm 后不锈钢板，门外加装进风口法兰或出风口罩子，三者通过螺栓紧固在一起，对柜门切口进行加强，保证柜门抗震强度[11]。

4 机柜通风改造温升数据测试

机柜通风改造后，对机柜主要位置及卡件进行温度测量，对测量点每隔 1 h 测量一次，共测量三次，取其平均值，表 1 所示为机柜通风改造前后，数据机柜 A/B 前部主要设备测点温度值，表 2 所示为机柜通风改造前后，数据机柜 A/B 后部主要设备测点温度值。

表 1 机柜通风改造前后，数据机柜 A/B 前部主要设备测点温度值 ℃

温度测点	数据机柜 A 前部						数据机柜 B 前部					
	改造前			改造后			改造前			改造后		
	左	中	右	左	中	右	左	中	右	左	中	右
机柜顶部	50	52	53	34	36	36	57	54	55	36	33	33
电源		50			37			52			37	
解码卡支架		45			27			52			28	
解码卡	46			28					49			28
柜内电缆		75			50			70			54	
变压器		65			48			70			52	
机柜底部	42		40	25		24	39		39	24		24
机柜底部	42		40	25		24	39		39	24		24

表 2　机柜通风改造前后，数据机柜 A/B 后部主要设备测点温度值　℃

温度测点	数据机柜 A 后部						数据机柜 B 后部					
	改造前			改造后			改造前			改造后		
	左	中	右	左	中	右	左	中	右	左	中	右
机柜顶部	59	57	65	36	34	39	53	53	56	34	34	35
电源		57			40			52			37	
RIO 卡件		59			40			52			39	
解码卡支架		58			39				49			38
变压器		71			51			70			54	
机柜底部	41		40	24		22	39		39	23		24

经通风改造后，根据表中数据可知，机柜设备的温度得以大幅度改善，数据机柜 A 局部高点温度 51 ℃，环境温度 30.8 ℃，数据机柜 B 局部高点温度 54 ℃，环境温度 29.6 ℃，壳内棒位数据机柜局部高温均已降到合理设计范围，满足机柜设备正常运行要求。

5　结论

介绍了 DRPI 的基本结构和功能，并结合棒位数据机柜现场调试和运行中的问题，提出了棒位数据机柜通风改造方案，使用金属软管将冷风引致数据机柜，冷却风从机柜后门下百叶窗进入柜内，从前柜门上百叶窗排出柜外，出风方式采用自然排风，原柜门前后部百叶窗进行封堵，形成更好的通风风道。改造后机柜温升 16.6 ℃，并对机柜基本性能要求进行评估，满足机柜设备正常稳定运行，对于后续项目建设具有重要推广价值。

参考文献

[1] 张建民，姜晶．核反应堆控制［M］．北京：原子能出版社，2009：158-160.

[2] 张星亮，于浩，张伟．CAP1400 一体化堆顶组件冷却系统通风数值研究［J］．核科学与技术，2019，5（3）：164-169.

[3] 顾申杰．AP1000 核电数字化仪控系统［M］．北京：国核大学，2012：194-197.

[4] 朱伟明，丁旭东．密闭机柜用循环通风装置的研究［J］．制冷技术，2015，35（4）：28-32.

[5] 李建冰，李尚坤．基于一体化单机柜的通风系统设计［J］．中国新通信，2018，20（20）：216-217.

[6] 王同尧．控制室和现场机柜室电缆进线密封设计探讨［J］．石油化工自动化，2014，50（3）：14-16.

[7] 邱成悌，赵惇殳，蒋全兴．电子设备结构设计原理［M］．南京：东南大学出版社，2005：57.

[8] 沈菊军．高性能屏蔽机柜的电磁兼容性（EMC）设计［D］．南京：东南大学，2007：28-35.

[9] 谢英俊．电子设备散热与电磁兼容的协同设计［J］．电子机械工程，2004，20（1）：1-3.

[10] 戴殿峰，董学京，薛思强．防火膨胀密封件［S］．北京：中国计划出版社，2019.

[11] 殷海峰．机柜抗震分析研究［J］．科技资讯，2012，（23）：249-251.

AP1000 核电厂水室真空泵频繁启停的改造分析与实践

李　欢[1]，麻敬伟[2]

（1. 上海核工程研究设计院有限公司，上海　200233；
2. 山东核电有限公司，山东 烟台　215500）

摘要：文中对 AP1000 某核电厂凝汽器水室抽真空泵的选型计算进行了简要介绍，并针对在调试过程中发现的水室真空泵频繁启停的问题，给出了不同的改造方案且进行了分析，从而得出了可行性最高的改造方案。通过对该方案的理论计算，及现场的实际验证与应用，解决了水室真空泵频繁启停问题，对于后续机组同类型问题的解决具有借鉴意义。

关键词：水室真空泵；改造；节流孔板

Analysis and Practice of the Water Box Vacuum Pump Which Frequently Starting and Stopping in AP1000 Nuclear Power Plant

LI Huan[1]，MA Jingwei[2]

（1. Shanghai Nuclear Engineering Research & Design Institute Co., Ltd., Shanghai 200233，China；
2. Shandong Nuclear Power Company，Yantai of Shandong Prov. 265100，China）

Abstract：The type Selection Calculation of condenser water box vacuum pump in AP1000 nuclear power plant are briefly introduced in this paper. Different modification schemes had been given and analyzed for the problem that the water box vacuum pump was frequently starting and stopping during commissioning，and the most feasible modification scheme was obtained. Through the theoretical calculation of the scheme and the practical verification in the field，the problem of water box vacuum pumps had been solved，which could be used for the solution of the same type of problems of the subsequent units.

Key words：The Water Box Vacuum Pump；Transformation；Throttle Orifice

---

作者简介：李　欢（1988—　），男，湖南常德人，工程师，学士，现主要从事核电站机组调试工作

对于 AP1000 滨海核电厂，为减少循环水泵功耗、减少厂用电，循环凝汽器冷却水系统常利用虹吸原理，凝汽器前后水室通常均为负压（或仅后水室为负压），当循环水流经凝汽器管束时，随着压力降低、温度的上升，会析出溶解在循环水中的气体，从而聚集在凝汽器的最上几排管束内，阻碍循环水流经管束，减少了循环水冷却面积，从而影响凝汽器的换热效率，也容易减短聚集有气体的管束的寿命。因此，在引进大型机组的凝汽器上，应设置水室真空泵，机组运行中及时抽取冷却水中分离出的空气，确保凝汽器及循环水系统高效、经济运行。[1]

本文通过对 AP1000 某核电凝汽器水室真空泵的选型计算进行简单介绍，并针对该泵在系统调试过程中遇到的启停频繁进行分析，并提出相应的解决方案。

1　水室真空泵的选型计算

核电厂循环冷却水在流经凝汽器后，由于海水温度升高及压力变化，导致海水内空气因溶解度降低而析出，其中大部分会随海水被带走，但小部分未被带走的空气会在凝汽器的后水室顶部聚集。因而凝汽器水室真空泵的主要功能是在机组正常运行时，将聚集在后水室顶部的气体抽出，避免这部分聚集在水室顶部甚至是凝汽器最顶端几排钛管内的气体，阻碍循环水流经管束，减少了凝汽器冷却面积，从而保证凝汽器的换热效率及运行寿命。

此外，在机组启动前，当循环水泵的扬程低于凝汽器水室的标高时，通过启动水室真空泵，可在凝汽器水侧建立虹吸，保证启动阶段循环水充满凝汽器水室，并完全淹没凝汽器顶部钛管。

AP1000 某电厂的循环水系统简图如图 1 所示，其中 *O* 点海平面为大气压下的溶解度。*A* 点在凝汽器前水室顶端，若 *A* 点处压力为负压，因压力降低，溶解度变小，有气体从水中析出，若 *A* 点处压力为正压，则没有气体析出。*B* 点在凝汽器后水室顶端，由于凝汽器前后水室间存在局部压力损失和沿程损失，循环水压力进一步降低，外加正常运行后，循环水温升高，空气在水中溶解度变小，有空气析出。

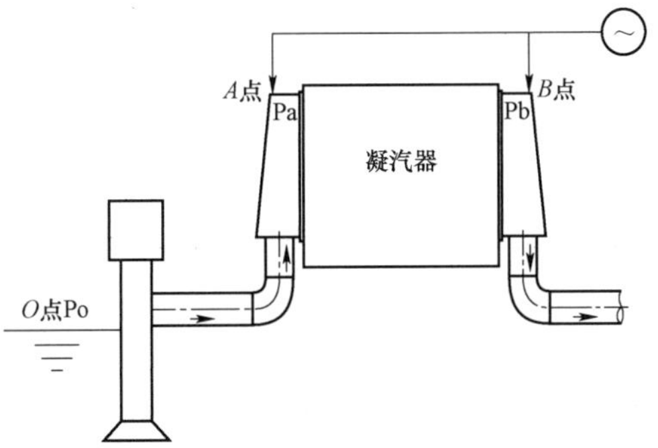

图 1　循环水系统示意图

根据已知的 *O* 点、*A* 点、*B* 点参数，并查询饱和水中空气溶解度图表，可得出各点在饱和水中空气的溶解度，通过比较 *O* 点与 *A* 点，*O* 点与 *B* 点的空气溶解度差值，即可得到理论上的空气析出量，如表 1 所示。

表 1　循环水系统不同位置的参数

位置	表压力/kPa	温度/℃	饱和水中空气溶解度/（lb/gal）	理论上空气析出量/（lb/min）
O 点	101.6	16	2.18×10^{-4}	/
A 点	75	16	1.62×10^{-4}	47.11
B 点	30	24.1	5.2×10^{-5}	92.53

注：1 lb = 0.454 kg；1 gal = 1 cm/s^2。

由于空气并非理想气体，且在压力下降、温度上升过程中析出的大量空气会被循环水流带走，根据真空泵厂家经验，实际析出空气量约为理论值的 10%。通过查询每磅干空气对应的空气－水蒸气混合物体积量，并考虑凝汽器水室顶部到真空泵入口管道布置的压力损失，最终可以得出单台真空泵入口吸入空气的体积流量，在 23.2 kPa，24.1 ℃时为：V＝1 500 m^3/h。

同时，设计方考虑到真空泵磨损等因素，真空泵增加了 10%的裕量，且根据冗余原则。最终选择了两台容量为 1 650 m^3/h 的水室真空泵。[2]

2　调试过程中存在的问题及解决方法

在 1 号机组水室真空泵的逻辑联锁试验过程中，发现水室真空泵在控制逻辑投自动后，存在泵频繁启停的现象。根据现场试验人员的测定，在低潮位阶段，真空泵运行时间约 8 s（真空泵的启停由真空罐的压力开关控制，压力区间为－89～－79 kPa），停运时间约 11 min，往复交替，每小时启停次数在 5 次以上。该种频繁启停现象容易损坏真空泵电机，不利于真空泵的正常运行，需进行改造来提高水室真空泵的安全与可靠性。

在将调试过程中发现的问题反馈给设计后，设计人员认为随自然条件及运行工况的变化，凝汽器水室实际析出空气量存在较大范围的波动，尤其是在调试工况或者是偏离了额定设计工况的情况下（即在非正常运行工况下，凝汽器前后水室循环水无温差），有可能存在泵的抽吸能力与实际产气量不匹配的问题。

2.1　国内主要核电站水室抽真空系统运行状态

为了解决频繁启停的问题，调研了国内其他核电站水室抽真空泵的运行状态。

（1）大亚湾核电站原设计中循环水设计的虹吸利用较低，非特殊情况下，不投运真空泵凝汽器最顶层钛管也能被淹没，且水室真空泵入口管道与凝汽器水室直接连接，因而泵易吸入海水被腐蚀，因此实际运行中不投运该泵。岭澳二期根据大亚湾的经验取消了水室真空泵的设计。

（2）田湾核电的原设计为射水抽气器来抽出凝汽器水室顶部气体，该设计在火电中较为常见。但核汽轮机具有蒸汽流量大，冷却用的循环水流量大，因而循环水的空气析出量较一般火电大的多，而射水抽气器的抽吸容量小，一般难以满足核电汽轮机组。田湾核电在实际运行过程中也并不投运该设备。

（3）秦山三期核电机组设置的水室真空泵每次投运 2 min，间歇 2 h，每天投运 4～5 次。

由上述情况可以看出，秦山三期核电站水室真空泵的运行方式对于解决真空泵频繁启停的问题具有一定借鉴意义。但由于该 AP1000 核电厂循环水系统设计利用的虹吸高度较高（约为 7 m），后水室顶部真空度比秦山三期核电要高出不少，循环水运行过程中空气析出量更大，因而按照秦山三期核电站水室真空泵的运行方式进行改造也无法满足凝汽器水室顶部钛管被淹没的要求。

2.2　水室真空泵改造可行措施分析

经与设计、厂家人员讨论，解决真空泵频繁启停的措施可从两方面入手，一是延长泵的停运时间，另一个是延长泵的运行时间，结合现场的实际状况，提出以下六个解决方案。

（1）通过增大气体的缓冲容积来延长停运时间。可以通过增设缓冲罐、增大真空控制罐的体积或抽真空管道的长度等来增大气体的缓冲容积。但根据真空泵的选型可知，在额定工况下理论气体析出量约 0.42 m^3/s，而根据现场的实际布置能够增加的缓冲容积非常有限，对启停的间隔时间的影响不会有显著变化。

（2）在真空泵入口增加调节阀来延长运行时间。该方法是通过调节阀来调节真空泵吸入压力，实现真空泵抽吸能力的调节，但调节范围非常有限，效果不明显，且易出现真空泵入口的负压高于真空罐（真空罐内负压未达到跳泵值），而导致水室真空泵气蚀。

（3）在工作液冷却水管路上增加调节阀来延长运行时间。该方案是通过调节设冷水流量来改变泵内水环的温度，从而实现真空泵抽吸能力的调节。但在与厂家沟通后发现，泵的冷却水温调节的范围很小。根据水环式真空泵的原理，若为了降低泵的抽吸能力，需提高泵内液环的温度，即调小冷却水流量，但泵内液环温度过高，容易导致水环汽化，对泵的叶片造成气蚀，有损坏设备的风险，因此该方案不具备可执行性。

（4）真空泵进行调速改造来延长泵的运行时间。通过增加变频器来调整真空泵转速，实现真空泵抽吸能力的调节。但经经过与设计院和厂家的沟通，真空泵的最低工作转速约 560 r/min，经计算可知，泵在最低工作转速下的抽吸能力仍远高于部分非正常运行工况下海水中的空气析出量，在这部分工况下仍会出现频繁启停的问题。另外，该方案还需要协调西屋公司更改相关的控制逻辑，经济性较差。

（5）通过减少空气泄露量来延长泵的停运时间。根据厂家和设计院的计算分析，认为调试过程中水室真空泵的停运时间本可能更长，远大于 12 min，故应排查现有的设备和管路系统是否存在漏点。其中，真空泵入口的逆止阀可能不严，在真空泵停运后，泵出口的空气通过该阀返到真空控制罐内，导致启停时间缩短，厂家反馈在其他电厂遇到过类似的问题。因此，将该逆止阀更换为带压紧弹簧的逆止阀来避免空气回流，缩短启停时间，是解决泵频繁启停问题的一个可行方案。

（6）真空泵吸入口增加空气旁路来延长真空泵的运行时间。通过空气旁路调节阀的调节，可以大范围的调节真空泵的抽吸能力，来匹配不断变化的实际空气析出量，保持真空泵的持续运行。虽然增加空气旁路会将水室真空泵由间断运行更改为持续运行，降低了一定的经济性，但该方案调节范围广，适应性强，根据现场的实际情况是一种最为可行的改造手段。

综合评估上述的六个方案可知，增加空气旁路来延长泵的运行时间是解决频繁启停的最可行方案。该改造方案有两种方向，一种是自适应调节，即空气旁路上设置节流孔板，通过节流孔板的自平衡实现真空泵抽吸能力调节。另一种是能动性调节，即在空气旁路上设置调节阀来实时调节空气的回流量以实现真空泵抽吸能力的调节。由于设置调节阀来在线调节空气回流量需要增加压力反馈及控制逻辑，与增加变频器来调整真空泵转速类似，也需协调西屋公司对相关的控制逻辑进行修改，因此相较于设置调节阀来说，采用节流孔板实现自平衡是一种更为经济的方案。改造方案的示意图如图 2 所示。

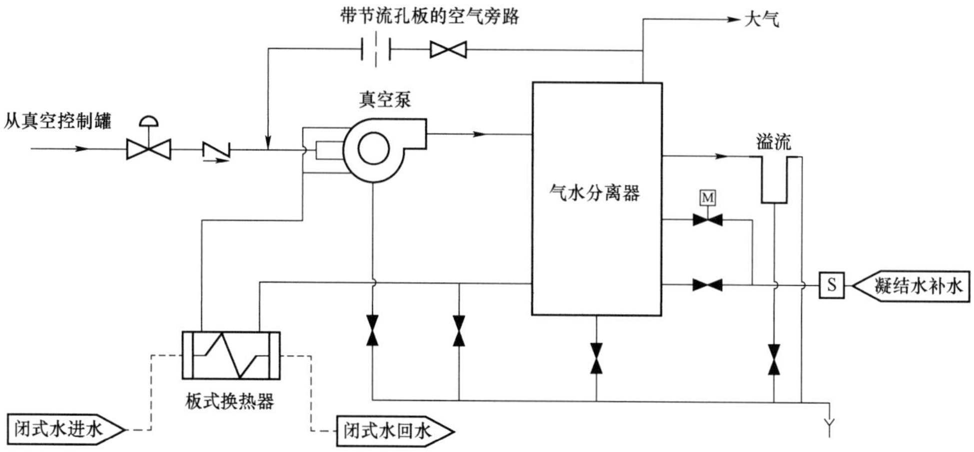

图 2　增加节流孔板的空气旁路改造示意图

3　调试过程中存在的问题及解决方法

根据真空泵的改造方案及现场的实际情况，设计院对不同孔径的节流孔板在不同压力及冷却水温度下的回流能力，利用软件进行了多次迭代计算，计算结果如图 3 所示。

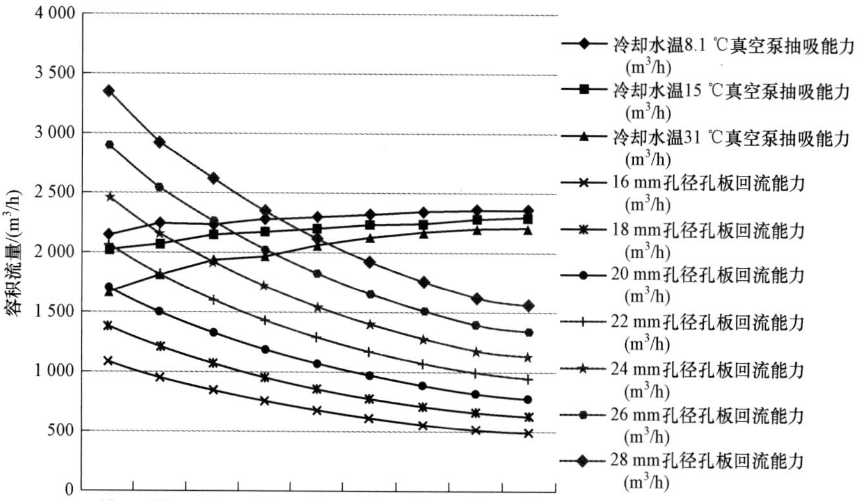

图 3　不同孔径孔板对应空气旁路回流能力不同工况下计算结果

由于频繁启停的根本原因是系统的产气能力与泵抽吸能力不匹配，因此增加空气旁路的目的是通过空气回流来匹配真空泵的抽吸能力。即：产气能力 + 回流能力 = 泵的抽吸能力。设计院在计算孔板的回流量时考虑两种极端工况，即系统无产气量及系统最大产气量。由于其他工况下，系统的产气量在两种极端工况之间，若在两种极端工况下，依靠节流孔板的空气回流保证真空泵持续运行，则真空泵频繁启停的问题得到了解决。以设计提供的 24 mm 孔板工作曲线为例，如图 4 所示。当系统不产气时，在泵的冷却水温处于 8.1 ℃～38 ℃的两个设计的极限范围内时，曲线（24 mm 孔板回流）与抽吸能力曲线的相交点位于 17～19 kPa 内，因此可以知道，只要循环水在凝汽器水室内析出空气，水室真空泵入口的压力就要高于 17～

19 kPa。当系统处于最大产气量时，在冷却水温处于 8.1～38 ℃两个极限范围内时，曲线（24 mm 孔板回流＋最大产气量）与抽吸能力曲线的相交点位于 25～27 kPa 内，因此当循环水在凝汽器水室内空气析出量达不到最大值时，真空泵入口压力应在 27 kPa 内。

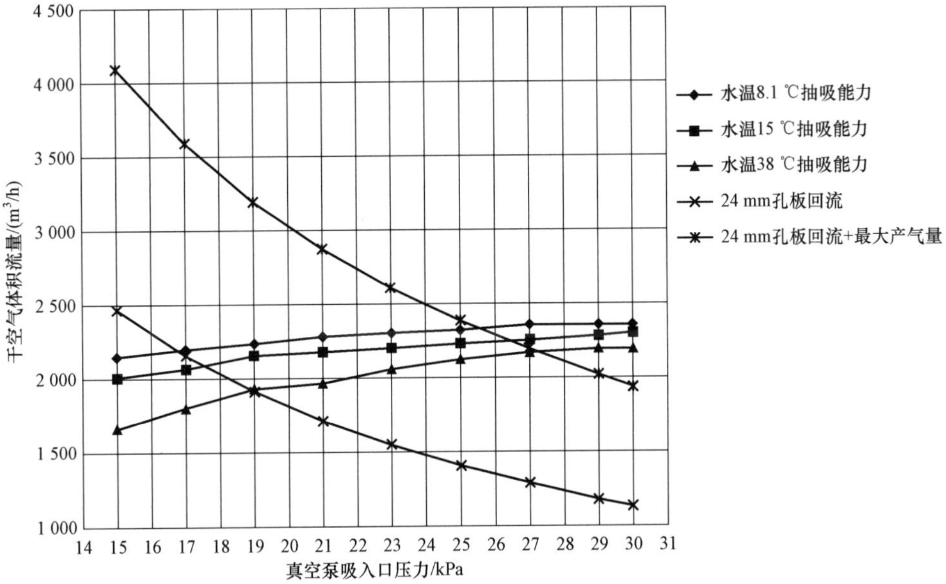

图 4　24 mm 孔径孔板的工作曲线图

经设计的理论计算，通过增加设置有 24 mm 孔径孔板的空气旁路，可保证机组在正常运行期间泵入口压力将控制在 17～27 kPa 内，这与设计院最初设计的凝汽器水室真空度为－83～－73 kPa 刚好吻合，泵的运行方式变更为长期运行且不气蚀。因此选择 24 mm 孔径的节流孔板是一种最贴合现场实际且最经济有效的方案。

因存在较大的真空差，需要验证空气旁路节流孔板处的空气流动过程中会产生较大噪声甚至是啸叫。由于现场并不具备试验验证的条件，因而噪声验证试验在厂家进行。经厂家验证反馈，分别采用 22 mm、24 mm、26 mm、29 mm、30 mm 孔径的节流孔板验证过程中噪声最大不超过 90 dB，在现场实际安装过程中采用保温等降噪措施后，噪声水平处于可以接受的范围内。

4　实际应用

2016 年年末现场完成了水室真空泵增加空气旁路的改造，2017 年 1 月 10 日开始分别对两台水室真空泵用 23 mm、24 mm、25 mm 孔径的节流孔板验证，验证结果为两台水室真空泵均能保持连续运行，均不会触发真空罐内的高真空停泵（即真空罐内压力不低于 17 kPa），且两台泵入口压力保持在 17～27 kPa 内，满足改造及设计要求。在验证了 23 mm 孔径的孔板时，当作为真空泵工作液冷源的常规岛闭式冷却水水温为 25.7 ℃时，真空罐内压力维持在－82 kPa，真空泵未跳泵，噪声测量结果最大值为 85.4 dB。

若验证试验在冬季，由于循环水温度低，且电厂处于调试阶段部分系统未投运，使得常规岛闭式冷却水温度因吸收热量较少而偏低，从而导致真空泵的冷却水温低于设计值时（或是其他未知因素），可能会出现上述孔径的节流孔板的空气回流量不能满足要求，真空泵仍然存在频繁启停的问题，此时需根据验证试验的结果，重新计算并修正节流孔板的孔径大小，并重复进行验证试验。

5 总结

通过现场水室真空泵运行实验结果的反馈，从实验结果来看旁路改造效果与前期理论计算高度吻合，在较为苛刻的边界条件下（仅投 1 台循环水泵、循环水流量小、循环水温度偏低等），均不会触发真空罐高真空压停泵，从降低水室真空泵功耗的经济性角度出发，推荐采用小孔径的节流孔板。

水室真空泵吸入口增加空气旁路，从根本上解决部分工况下，真空泵抽吸能力与实际产气量失配导致泵频繁启停的方案。对于后续 AP1000 核电厂的设计和采购阶段解决类似问题具有重要的指导意义，能够有效节省人力物力和调试周期。此外，部分已建成核电厂水室抽真空系统的改造具有一定的借鉴价值。

参考文献

[1] 许玉新，薛戟. 凝汽器水室真空泵的参数选择 [J]. 电站系统工程，2010.
[2] 赵翠莲，修恒旭. 电站水室真空泵的选型 [J]. 应用能源技术，2010.

AP1000 与 VVER－1000 堆芯功率分布监测差异性分析

李文凯，韦卓懋，李文双，孔祥卫，黄　勇

（上海核工程研究设计院有限公司，上海　200233）

摘要：堆芯功率分布是反应堆重要的堆芯状态参数，也是反应堆运行、控制、安全保护的基础。三代核电技术 AP1000 与 VVER－1000 在堆芯功率分布监测方面存在着较大差异。本文从堆内核测探测器、核测分析系统以及启动试验期间功率分布测量等方面，介绍两种反应堆堆芯功率分布监测技术特点，对比两者之间的差异，并分析差异性对反应堆运行、控制和安全保护的影响。

关键词：AP1000；VVER－1000；堆芯功率分布监测；差异性

Analysis and Comparison about Reactor Power Distribution Monitoring of AP1000 and VVER-1000

LI Wenkai，WEI Zhuomin，LI Wenshuang，KONG Xiangwei，HUANG Yong

（Shanghai Nuclear Engineering Research & Design Institute Co., Ltd.，Shanghai 200233，China）

Abstract: Reactor power distribution is critical for nuclear safety and high efficiency of NPP's operation as well as for optimizing the control system，especially when the nuclear power plant（NPP）works at a certain power level or it works in load following operation. AP1000 and VVER-1000 have a large difference in reactor power distribution monitoring. The paper introduces briefly in-core measurements，data processing and analysis software system，startup test during commissioning for Power Distribution Monitoring of Passive Pressurized Water Reactor and VVER-1000. And then it compares their differences，analyzes the impact of the differences on safety，operation and control of reactor.

Key words：AP1000；VVER-1000；Reactor Power Distribution Monitoring；Difference

---

作者简介：李文凯（1990—　），男，山东青州人，工程师，硕士研究生，现主要从事燃料物理工作

在反应堆运行过程中，功率分布是重要的堆芯状态参数，是反应堆运行、控制、安全保护的基础[1]。在反应堆转换料后的升功率阶段，通过测量分析堆芯功率分布，核查堆芯装料、验证堆芯参数满足安全准则和设计准则，保证反应堆安全运行。同时功率分布监测与反应堆经济运行密切相关，在保证安全的前提下，监测功率分布可以消除反应堆运行规程中的过度保守性，减小运行裕量，提高经济性。另外，也可以更加准确地得到反应堆循环寿期末的燃耗分布，为规划更加经济的换料方案提供可靠的依据，从而延长换料间隔，增加核电厂经济收益。因此，反应堆堆芯功率分布监测对保障反应堆堆芯的安全、提高反应堆的经济效益具有重要意义[2]。

本文以三代压水堆核电技术VVER1000与AP1000作为研究分析对象，从堆芯中子探测器、核测分析系统以及启动试验期间功率分布测量三个方面对比分析其中的差异性，分析差异性对反应堆运行、控制和安全保护的影响。

1 堆芯中子探测器测量功率分布的原理

反应堆功率水平与堆内裂变反应率成正比，当宏观裂变截面为常数时，反应堆功率和堆内的中子通量密度成正比。因此，通过堆内探测器连续或间断的测量堆内中子注量率[3]，可以获得相应的功率分布参数，进而为反应堆的监视、控制和保护提供支持。

目前国内外核电厂采用的测量方法主要有移动式微型裂变室测量法（离线）、固定式钒、铑、钴等自给能中子探测器测量法（在线）和气动球活化测量法（离线）。其中AP1000和VVER－1000均采用堆内固定式探测器在线测量中子注量率。

1.1 堆芯中子注量率测量

VVER－1000和AP1000均采用固定式β衰变自给能探测器（Self-Powered Detector，SPD）。β衰变自给能探测器结构原理如图1所示，包括发射体，收集极，绝缘体，电缆等部件[4]。其工作原理：在堆芯中子辐射场中，发射体材料与中子发生辐射俘获反应，释放γ射线，同时生成具有放射性的核素，而放射性核素衰变过程中释放β^-粒子，导致发射体会带正电荷。另外，收集极材料吸收来自穿过绝缘体的β^-粒子带负电荷。这样在收集极和发射体之间就产生了电势差，若用导线连接它们，则导线中就会有电流流过。研究表明，在中子辐射场恒定的工况下，发射体单位时间产生的β^-粒子数等于发射体的中子俘获率，发射体的中子俘获率正比于探测器灵敏体位置的中子通量。因此，平衡状态下，探测器输出的电流信号正比于其周围的中子通量[5]。

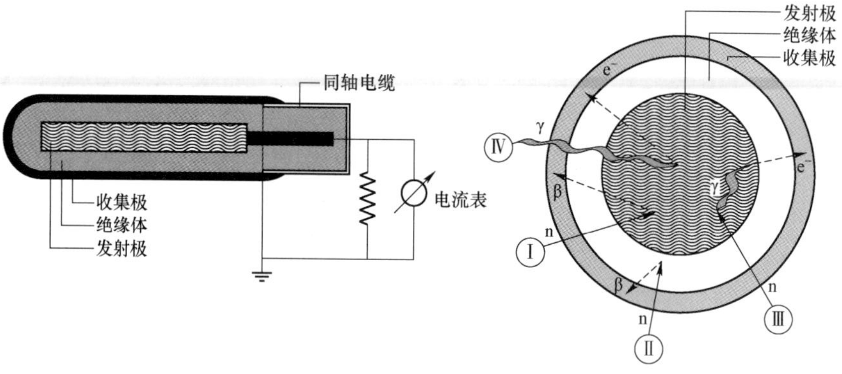

图1 自给能探测器原理图[4]

常用的 β 衰变自给能探测器发射体材料有金属钒，铑和银。VVER－1000 采用铑自给能探测器，而 AP1000 采用的钒自给能探测器。

1.2　探测器性能对比

^{51}V 与中子发生辐射俘获，生成放射性 ^{52}V 和释放瞬发 γ 射线，^{52}V 衰变并释放 $β^-$电子，如式（1）和式（2）所示[5]。

$$^{51}_{23}V + n \rightarrow ^{52}_{23}V + \gamma(\text{prompt}) \quad (1)$$

$$^{52}_{23}V \rightarrow ^{52}_{24}Cr + \beta^-(T_{1/2} = 3.76\ \text{min}) \quad (2)$$

铑 ^{103}Rh 与中子发生辐射俘获，生成两种不同比重的放射性核素（92.3%）和（7.7%），两种放射性核素衰变释放 $β^-$电子，核反应如式（3）至式（6）所示[6]。

$$^{103}_{45}Rh + n \rightarrow ^{104}_{45}Rh + \gamma(92.3\%) \quad (3)$$

$$^{104}_{45}Rh \rightarrow ^{104}_{46}Pd + \beta^-(T_{1/2} = 42.3\ \text{s}) \quad (4)$$

$$^{103}_{45}Rh + n \rightarrow ^{104m}_{45}Rh + \gamma(7.7\%) \quad (5)$$

$$^{104m}_{45}Rh \rightarrow ^{104}_{46}Pd + \beta^-(T_{1/2} = 4.3\ \text{min}) \quad (6)$$

表 1 为探测器发射体材料铑 ^{103}Rh 和钒 ^{51}V 的中子性能。由表可知，^{103}Rh 热中子活化截面远大于 ^{51}V，热中子灵敏度高于 ^{51}V，在相同的中子注量率情况下，铑探测器可以获得较大电流。但是，一方面铑探测器对其堆芯周围的功率密度产生较大的扰动，钒探测器产生的功率扰动相对较小，另一方面表明铑探测器具有相对较大的燃耗，导致其使用寿命相对缩短 3～4 a，钒探测器燃耗低，使用寿命能多达 20 a。

表 1　铑和钒探测器中子性能[7]

发射体材料	热中子活化截面/barn	热中子灵敏度 A/（cm²/s）	β 衰变半衰期	响应时间（0%～63%）	使用寿命	燃耗/每月/［10^{13} n/（cm²/s）］
铑 ^{103}Rh	11（7.7%）	3.6×10^{-20}	4.4 min	1.1 min	4 a	0.39%
	135（92.3%）		42 s			
钒 ^{51}V	4.9	4.8×10^{-21}	3.76 min	5.5 min	30 a	0.012%

钒和铑探测器都是延迟型自给能探测器，探测器信号延迟受限于活化核素的半衰期。与铑探测器相比，钒探测器中间放射性核素的半衰期相对较长，信号响应（0%～63%）时间较长。因此钒探测器测量的堆芯功率分布，不能直接应用于控制和保护，而铑探测器响应时间较短，经过信号延迟响应消除，可获得实时堆芯功率分布，并与限值比较后产生保护信号，参与反应堆安全保护。由此可见，两种探测器基本性能不同，对于反应堆堆芯功率分布监测的实现产生重要的影响。

1.3　探测器结构和功能对比

VVER－1000 型反应堆中堆内核测系统使用的中子温度测量组件集自给能探测器、热电偶和热电阻于一体，不仅能够测量堆芯中子注量率，还能测量反应堆入口和出口的冷却剂温度，并能够用于反应堆应急堆芯液位指示，其结构如图 2 所示。每套中子温度测量组件包括有 7 个 SPD、若干热电偶温度计和热电阻温度计。7 个 SPD 沿堆芯轴向高度等距离（500 mm）布置，中子温度测量组件结构的不同主要体现在热电偶温度传感器布置和数量的不同（见表 2）。

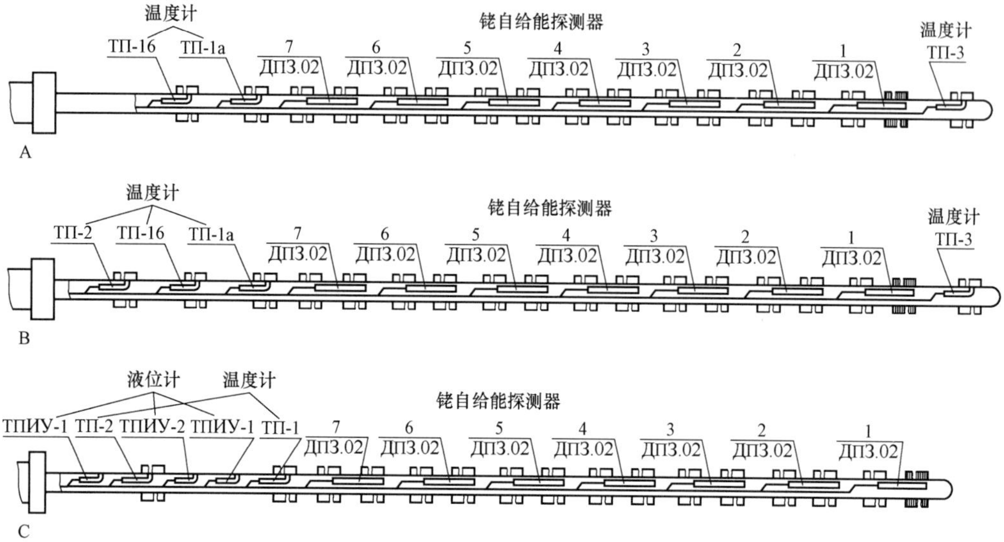

图 2　VVER 1000 堆芯自给能探测器结构图[8]

表 2　VVER 中子温度测量通道简介[8]

类型	SPD/个	冷却剂温度测点/个			事故温度	堆芯液位监测点/个
		燃料组件出口	压力壳下部	燃料组件入口		
A	7	2	/	1	/	/
B	7	2	1	1	/	/
C	7	1	1	/	监测	3

AP1000 堆内核测系统采用安装在仪表套管组件的中子温度测量通道测量堆芯参数和事故工况下对堆芯温度监测。中子温度测量通道包含 7 束不同长度的钒自给能探测器和一个堆芯出口热电偶，如图 3 所示。堆芯出口热点偶用于事故工况下堆芯温度监测。由于钒探测器热中子灵敏度相对较低，为使测量有足够的热中子灵敏度，AP1000 设计不同长度的探测器，其中最长的一个探测器灵敏带对应整个反应堆高度，其余六个探测器以最长 SPD 长度的七分之一递减[9]，这一点与 VVER－1000 等长度铑探测器设计不同。AP1000 堆芯探测器设计的优点是：SPD 的长度可以实现堆芯活性区的覆盖，以相邻两个探测器长度的差值作为堆芯轴向探测的有效高度，这样处理的好处是当某一束 SPD 失效时（非顶部和底部的探测器），可以用与其相邻的两束的探测器长度的差值来代替这束失效的探测器，从而保证堆芯轴向探测的完整性和准确性。此外，与 VVER－1000 相比，AP1000 没有堆芯液位监测的功能。

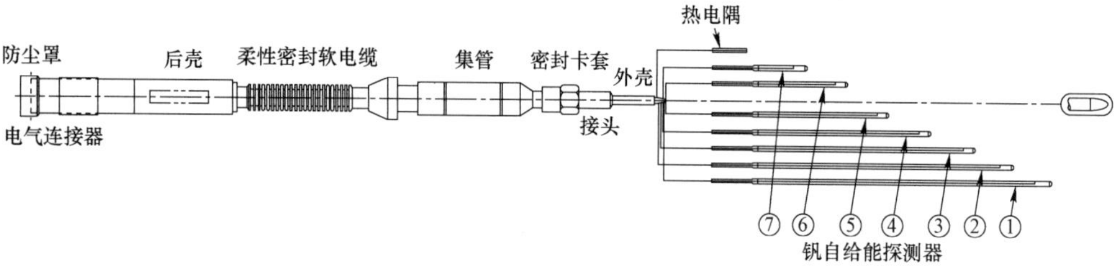

图 3　AP1000 堆芯自给能探测器结构图

表 3　中子温度测量功能对比

堆型	一个中子测量组件		温度测量	液位测量
	探测器数量	布置方式		
AP1000	7	长度逐渐递减	有	无
VVER1000	7	等长度/（50 cm）	有	有

2　核测分析系统对比

堆内核测系统作为安全级仪控系统的重要组成部分，主要功能是提供堆芯的中子通量的分布、堆芯内不同位置的温度和压力容器水位的测量。AP1000 机组和 VVER－1000 机组中堆内核测系统的设计和实现的功能存在较大的差异。

AP1000 堆芯监测和运行支持系统集分析测量、堆芯监测和预测功能于一体。分析监测利用核电厂仪表采集数据，为压水堆核电厂提供了精确而连续的堆芯监测，它提供了连续的在线功率分布测量、显示、限值监测以及运行预测信息。主要功能包括。

（1）测量分析功能。测量分析功能是所有其他功能的基础，测量分析功能主要对堆内 SPD 数据以及其他电厂数据（功率、温度、压力和控制棒位置等）进行分析、产生燃料同位素信息以及更新堆芯模型等。分析功能通过对 SPD 信号进行处理，实现对堆芯功率的精确测量供堆芯监视程序使用；分析功能还能够根据功率分布结果，给出堆外探测器用于单点校准的相关参数。

（2）堆芯监视功能。通过在线连续功率分布的监视，对堆芯限值参数峰值，包括线功率密度、偏离泡核沸腾比（DNBR）、核焓升热管因子以及热点因子的功率裕量以及停堆裕量进行实时监视。堆芯监视功能能够输出包括热工限值、氙模式、停堆裕量、寿期损耗以及轴向偏移等多种参数的监视结果，并且对自身的可用性进行自动检测。

（3）堆芯行为预测。堆芯分析监测系统内嵌了核设计软件，可以在线进行多种堆芯行为预测，主要包括临界状态评估、停堆裕量、可用停堆裕量、功率摆动、灰棒交换、快速降功率棒选择以及寿期延伸运行等。

VVER－1000 反应堆监测控制和诊断系统（MCDS）主要通过堆芯核测系统（ICIS）在机组处于正常运行工况、偏离正常运行工况、涉及事故工况以及事故后确保反应堆装置的安全保护和监测。其主要功能如下：（1）机组处于额定工况和功率调节工况下，监测反应堆堆芯的中子物理和热工水力一、二回路冷却剂参数，同时监测堆芯功率场分布；（2）在反应堆处于额定功率的 35%～110%时与相应限值进行比较，当燃料棒线功率密度和 DNBR 超出限值时，产生和给出反应堆预保护信号及应急保护信号；（3）定期监测自给能探测器的噪声信号，用于跟踪并定位反应堆堆芯冷却剂的沸腾。

除堆芯固有的 ICIS 外，MCDS 系统各终端嵌有反应堆模拟器（IR），IR 具有对堆芯状态进行在线监测和离线预测分析的程序。IR 计算程序使用组件常数数据库，基于三维粗网差分堆芯计算，同时结合堆芯在线监测和离线预测的需求，加入了图形显示界面并加强了人机交互功能。IR 具有以下功能：（1）可进行分离状态计算、燃耗计算、Xe 瞬态计算及 Sm 瞬态计算；（2）机组运行历史数据记录、存储和查询；（3）根据机组运行历史构造反应堆的瞬态状态；（4）根据构造的特定状态进行预测计算。IR 计算程序同 ICIS 系统在堆芯功率分布监测功能方面有重叠，在电厂实际运行中，操纵员和反应堆物理工程师主要关注 ICIS 系统提供的功率分布监测参数，而通过 IR 执行堆芯离线预测分析。

表 4 为 AP1000 与 VVER－1000 堆内核测分析系统对比。相对于 VVER－1000 的 ICIS 在线监测和 IR 离线预测功能分离，AP1000 堆芯分析软件集监测与预测功能与一体，这对于操作员运行反应堆十分方便。从反应堆安全保护来讲，VVER－1000 的 ICIS 基于在线中子注量率测量系统，直接生成 DNBR 和线功率密度保护信号为反应堆提供在线保护，而 AP1000 不具备相应的保护功能。

表 4　AP1000 与 VVER 堆内核测分析系统对比

机组类型	AP1000 机组	VVER1000 机组	
处理系统	监测和运行支持系统	ICIS	IR
系统功能	监测和预测	监测功能	在线监测
处理方式	在线	在线	离线预测
保护功能	无	DNBR 和线功率密度保护	无

3　启动试验对比

AP1000 堆芯功率分布测量试验，分别在＜10%，15%，25%，50%，75%，100%RTP（额定功率），6 个功率平台上执行。AP1000 关注的功率分布参数包括峰值线功率密度、DNBR、核焓升热管因子和停堆裕量。启动试验期间，在低功率下（低于 20%RTP），主要验证堆芯自给能探测器功能正常且可用，在高功率平台（大于 20%），在验证探测器功能正常基础上，执行功率分布测量、功率分布参数验证、燃料装载核查以及 SPD 电流与热平衡功率转换计算等试验。基于堆内探测器信号延迟时间和滞后时间常数需要在 100%RTP 跳堆试验中通过计算钒自给能探测器瞬发 γ 份额获得。表 5 为 AP1000 堆芯功率分布测量试验主要内容。

表 5　AP1000 堆芯功率分布测量试验内容

试验内容	功率水平/（%RTP）					
	＜10	15	25	50	75	100
SPD 电流泄露修正因子计算与验证	■	■	■	■	■	■
SPD 功能核查与验证 电流实际值与预测值对比		■	■	■	■	■
SPD 电流和功率之间转换系数计算			■	■	■	■
核查功率分布参数满足技术规格书要求			■	■	■	■
核查燃料装载错误			■	■	■	■
SPD 瞬发 γ 射线电流份数计算	100%RTP 手动停堆试验中执行计算					

VVER－1000 堆芯功率分布测量试验试验是在 50%、75%、90%和 100%功率平台下进行（见表 6），其中 50%和 100%平台上分别执行两个状态功率分布测量，50%功率平台分别在第 10 组控制棒处于 80%～90%棒位和第 10 组控制棒棒位小于 30%时执行；100%功率平台分别是在 4 台主泵同时运行且氙平衡时执行以及切除一台主泵产生瞬态之后执行。不同工况下，

通过记录功率分布数据，获得堆芯功率分布的特征参数进行计算分析，评价实测的功率分布参数与设计参数的对应性，验证 ICIS 对功率分布控制功能的有效性。

表 6　VVER－1000 堆型功率分布测量试验主要内容

<table>
<tr><th rowspan="2">试验内容</th><th colspan="4">功率水平</th></tr>
<tr><th>50%</th><th>75%</th><th>90%</th><th>100%</th></tr>
<tr><td>获得堆芯功率分布的定量和定性特征参数</td><td>第一种执行工况：H10＝80%～90%，4 台主泵运行；</td><td rowspan="3">H10＝80%～90%，4 台主泵运行</td><td rowspan="3">H10＝80%～90%，4 台主泵运行</td><td>第一种执行工况：H10＝80%～90%，4 台主泵运行；</td></tr>
<tr><td>评价实测的功率分布参数与设计参数的对应性</td><td rowspan="2">第二种执行工况：H10<30%，4 台主泵运行</td><td rowspan="2">第二种执行工况：H10＝80%～90%，3 台主泵运行</td></tr>
<tr><td>验证 ICIS 功率分布监测功能的可用性</td></tr>
</table>

注：H10 第十组控制棒棒位。

VVER－1000 关注的功率分布参数包括线功率密度、DNBR、体积相对功率不均匀系数和燃料组件相对功率。功率分布参数评价方式如下：

（1）DNBR：根据试验时间的堆芯状态，用堆芯设计软件计算出的 DNBR 值与 ICIS（堆内监测系统）测量值进行比较，堆芯对称位置比较。

（2）燃料组件相对功率：ICIS 测量值对称位置的比较、ICIS 测量值和 IR 中相同位置的比较。

（3）体积相对功率不均匀系数：ICIS 测量值对称位置的比较、ICIS 测量值和 IR 中相同位置的比较。

（4）燃料元件线功率密度：将燃料组件分为中心棒组、边缘棒组、含钆棒组，分别进行比较（同种类组件相比），堆芯设计软件计算出的线功率密度值和 ICIS 系统测量值对比，堆芯对称位置进行比较。

关于调试阶段堆芯功率分布测量试验，AP1000 与 VVER－1000 都关注参数预测值与测量值的比较，不同的是 AP1000 关注 SPD 电流，而 VVER－1000 关注 DNBR、燃料组件相对功率、体积相对功率不均匀系数和线功率密度等物理热工参数。除此之外，VVER－1000 启动试验中需验证 ICIS 的 DNBR 和线功率密度保护功能，比如满功率下切除一台主泵运行，而 AP1000 监测和运行支持系统不具有直接保护功能，更多为安全和控制系统标定提供有效数据，方便操纵员监督堆芯参数。

4　结束语

在线监测反应堆的功率分布，对提高反应堆的安全性、减少反应堆的过分安全裕量、提高经济性以及提高运行灵活性都具有重要意义。本文从堆内核测系统、核测分析系统以及启动试验期间功率分布测量三个方面对比分析，表明 VVER－1000 和 AP1000 两种堆型功率分布监测技术存在较大差异。笔者认为，这些差异主要是由于其两种堆型设计理念引起的，而堆芯自给能探测器选型是其中的一个重要因素。另外，后续压水堆发展可借鉴 VVER 的 DNBR 和线功率密度保护，借鉴 AP1000 监测和运行支持系统实现堆芯监测和预测功能于一体，这对操纵员安全运行反应堆是十分有利的。

参考文献

[1] 李富，周旭华，王登营，等. 采用堆芯外探测器监测堆内功率分布［J］. 核动力工程，2010（s2）：95-99.

[2] 李文淮，莫锟，卢皓亮，等. 堆芯功率分布重构方法分析［J］. 原子能科学技术，2013，47（s1）：280-282.

[3] 吕栋. 谐波展开技术在 PWR 核电厂堆芯功率分布测量中的应用研究［C］//反应堆数值计算和粒子输运学术会议暨反应堆物理会议. 2008.

[4] Verma V，Barbot L，Filliatre P，et al. Self powered neutron detectors as in-core detectors for Sodium-cooled Fast Reactors［J］. Nuclear Instruments & Methods in Physics Research，2017，860：6-12.

[5] 郑军伟，柳继坤，牛茂龙，等. β 衰变自给能中子探测器灵敏度影响因素研究［J］. 核电子学与探测技术，2017，37（3）：302-307.

[6] 张睿，曾力. 铑自给能探测器的测量信号计算方法研究［J］. 仪器仪表用户，2018（1）：88-90.

[7] Todt W H. Characteristics of self-powered neutron detectors used in power reactors［R］. Core Instrumentation and Core Assessment，Nuclear Energy Agency，Boulogne-Billancourt，France，1996.

[8] 姚进国，杨晓强，李载鹏，等. 线功率密度和 DNBR 保护在田湾核电站的应用［J］. 核动力工程，2012，33（s1）：119-122.

[9] 张世栋，周粲，邓天. AP1000 与 CPR1000 堆芯核测仪表差异分析［J］. 原子能科学技术，2014（s2）：984-988.

某厂一期机组性能试验直接厂用电率的分析与计算

孟超杰

（上海核工程研究设计院有限公司，上海　200233）

摘要： 厂用电率是电厂重要的技术经济指标之一，与电厂运行经济效益直接相关，不断地深入挖掘降低厂用电的计算便于电厂节能降耗。电厂在性能试验中通过对核岛负荷统计、常规岛设备负荷统计（根据某公司供货合同）满足各自合同规定的消耗负荷值。因此本文通过分析性能试验中存在问题，研究核电机组厂用电系统，参考发电厂用电率行业标准算法，利用换算系数法和平均功率因数等数学估算，提出核电机组发电厂用电率统计数学模型和计算方法，以计算电厂设计厂用电率，为运行人员提供更准确的数据，对电厂节能提供便利。

关键词： 厂用电率；换算系数法；平均功率因数

Analysis and Calculation of Direct Auxiliary Power Consumption Rate of Unit Performance Test in a Plant

MENG Chaojie

（Shanghai Nuclear Engineering Research & Design Institute Co., Ltd.，shanghai 200233，China）

Abstract: The power consumption rate of the plant is one of the important technical and economic indicators of the power plant.It is directly related to the economic benefits of the power plant operation.It is continuously digging deeper to reduce the calculation of the plant power consumption，which is convenient for the power plant to save energy and reduce consumption.In the performance test，the power plant meets the consumption load values specified in the respective contracts through the nuclear island load statistics and the conventional island equipment load statistics（according to a company's supply contract）.Therefore，this paper analyzes the problems in the performance test，studies the nuclear power plant power system，refers to the power plant industry standard algorithm，uses the conversion coefficient method and the average power factor and other mathematical estimates to propose the statistical power consumption of the nuclear power plant power consumption rate.Models and calculation methods to calculate the power consumption

---

作者简介： 孟超杰（1992-），男，浙江绍兴人，学士，现从事核电电气调试方面工作

rate of the power plant design plant，provide more accurate data for the operating personnel，and facilitate the energy saving of the power plant.

Key words: Plant Power Consumption Rate；Conversion Factor Method；Average Power Factor

厂用电率是电厂重要的技术经济指标之一，与电厂运行经济效益直接相关，不断地深入挖掘降低厂用电的计算有利于节能降耗。某核电在性能试验中厂用电率验证，通过对核岛负荷统计，以及由某公司供货合同的常规岛设备负荷统计满足各自合同规定的消耗负荷值。

1 电厂厂用电性能试验执行情况

1.1 核岛厂用电性能试验

某核电于 2018 年 09 月 26 日执行厂用电性能试验。首先，确认反应堆功率在 100%功率平台，RCS 温度压力与额定功率状态一致；四台主泵 100%运行且电厂无重大负荷切换。其次，位于 DDS 操作员站建立 10 分钟趋势图，用于采集中压电机功率及负荷中心负荷电流。在试验期间就地侧，通过 SIMO-CODE 或钳形电流表采集由常规岛 MCC 供电负荷电流。对以上负荷求和并对试验结果取平均值。

1.2 常规岛辅助负荷损耗性能试验

常规岛与核岛厂用电性能试验需满足共同工况，因此两者试验为同一时间执行。某核电于 2018.09.26 开始常规岛辅助负荷损耗试验。首先，确认反应堆功率在 100%功率平台。其次，确认 CI 负荷在线状态，满足各个负荷的运行状态。最后，位于 DDS 操作员站建立 2 分钟趋势图，用于采集中压电机功率、LC 电机电流。趋势图采集时间间隔为 30 分钟，采集 4 次数据并取平均值。就地侧通过 SIMOCODE 或钳形电流表采集 MCC 电流，时间间隔为 30 分钟，采集 3 次数据并取平均值。

2 电厂厂用电性能试验执行分析

根据核岛厂用电性能试验程序的计算公式为

核岛负荷功率=中压 1 段母线功率+中压 2 段母线功率+4 台变频器功率+仪用压空泵功率-TCS 闭式冷却水泵功率-EC122 段功率-EC222 段功率

计算最终的核岛厂用负荷损耗为 37 244.88 kW。

根据常规岛厂用电性能试验程序，常规岛负荷计算公式：

常规岛负荷功率=中压母线功率+负荷中心 LC 功率+电机控制中心 MCC 功率。

计算最终的常规岛厂用负荷损耗为 37 290.38 kW。

通过以上试验执行情况，并且根据发电量 1 250 MW 机组厂用电率，核岛厂用负荷损耗为 37 244.88 kW+常规岛厂用负荷损耗为 37 290.38 kW）/发电量 1 250 MW=5.9%，但是以上计算存在问题如下。

（1）1&2 机组存在共同使用的负荷，这对于厂用电计算须进行分摊，故按一期核电项目一共两台机组的范围去计算。

（2）按照性能试验程序及供货合同，核岛厂用电仅计算核岛内负荷，对于由 ES-1&2 段母线供电的常规岛设备未进行计算。

（3）按照试验程序及供货合同，常规岛辅助负荷损耗试验仅计算三菱供货合同上的设备，未对所有常规岛设备计算。

（4）励磁变有功电量未算入耗电量部分，需从发电出口电量扣除。

（5）电能表的采样 CT 存在精度问题，导致关口表计量有偏差。

通过以上分析，不能通过简单两者之和除以机组发电量计算。本文按照厂用电率计算说明书进行分析。按照设计值针对各类负荷，提出完整厂用电率计算公式，后续通过对现场实际运行数据进行核实。

3　设计厂用电率计算

按照《DLT 5153—2014 火力发电厂厂用电设计技术规程》附录 A，厂用电率近似计算：

$$e = \frac{S_e \cos\varphi_{av}}{P_g} \tag{1}$$

$$S_e = \sum (KP_a) \tag{2}$$

式中：e——设计厂用电率，%；

S_t——汽轮发电机组在 100%额定出力时（夏季）的厂用电计算负荷，kVA；

K——换算系数，可按本标准表 G.0.1 选取；

P_a——按汽轮发电机组夏季 100%额定出力工况电动机功率，kW；

$\cos\varphi_{av}$——电动机在运行时的平均功率因数。可取 0.8；

按照《DLT 5153—2014 火力发电厂厂用电设计技术规程》附录 F，厂用电的负荷计算。本文对厂用电的负荷计算方式，采用换算系数法。设计值中需假设换算系数法的换算系数适用于全厂所有负荷。

$$S_e = \sum (KP) \tag{3}$$

式中：S_C——计算负荷，kVA；

K——换算系数，可按表 F.0.1 取值；

P——负荷的计算功率，kW；

电动机的计算功率 P 需要按照其运行方式确定：

1 连续运行（包括经常连续和不经常连续）的电动机为：$P=Pe$（额定功率）。

2 短时及断续运行的电动机为：P=0.5 Pe（额定功率）。

为得到更准确的全厂平均功率因数，通过加权平均数算出功率因数。将各类中低压厂用负荷按照换算系数法计算出总的有效功率除以总的额定功率

$$\cos\varphi = \frac{\sum S_C \cos\varphi_a}{\sum S_a} \tag{4}$$

式中：$\cos\varphi_a$——各类厂用负荷的功率因数；

S_C——各类厂用负荷换算系数法计算负荷；

$\cos\varphi$——厂用负荷的平均功率因数。

核电厂各中低压厂用负荷的计算负荷及功率因数如下图 1 所示。

负荷名称	计算负荷	功率因数	负荷名称	计算负荷	功率因数
主给水泵	23400	0.915	余热排出泵	0	/
凝结水泵	4000	0.89	冷冻水泵	130	0.918
循环水泵	15400	0.76	EDS-DC-1	627	0.8
凝结水升压泵	1275	0.875	EDS-DT-1	0	/
闭式冷却水泵	765	0.86	EDSS-DC-1	0	/
低加疏水泵	357	0.889	乏燃料水池冷却泵	77	0.9
BOP中压母线	1700	0.931	乏燃料池起重机	0	/
BOP中压母线	1700	0.931	控制棒驱动单元	105	0.9
BOP中压母线	1700	0.931	硼酸制备箱加热器	0	/
BOP中压母线	1700	0.931	环吊	0	/
制氯车间负荷	1870	0.9	汽轮机润滑油泵	0	/
冷却真空泵	336	0.912	ECS-EC-111	320	0.9
海水池排污泵	126	0.915	ECS-EC-112	484	0.9
再循环风扇	414	0.9	ECS-EC-121	214	0.9
主起重机	0	0.9	ECS-EC-122	430	0.9
辅助起重机	0	0.9	ECS-EC-123	238	0.9
厂用空气压缩机	112	0.917	ECS-EC-124	111	0.9
CPS水箱加热器	252	0.9	ECS-EC-131	76	0.9
开式循环水泵冷却	224	0.912	ECS-EC-132	212	0.9
原水提升泵	224	0.9	ECS-EC-133	175	0.9
蒸发式空气处理机组	414	0.9	ECS-EC-141	175	0.9
ECS-EC-311	328	0.85	ECS-EC-142	175	0.9
ECS-EC-312	372	0.85	ECS-EC-143	175	0.9
ECS-EC-411	400	0.85	ECS-EC-211	318	0.9
ECS-EC-412	345	0.85	ECS-EC-212	482	0.9
反应堆冷却泵	28980	0.9	ECS-EC-221	201	0.9
冷冻水泵	1445	0.9	ECS-EC-222	397	0.9
启动给水泵	0	/	ECS-EC-223	238	0.9
补给泵	0	/	ECS-EC-224	111	0.9
设备冷却水泵	634	0.89	ECS-EC-231	51	0.9
厂用水泵	710	0.9	ECS-EC-232	194	0.9
附属厂房水加热器	168	0.9	ECS-EC-233	133	0.9
空气冷却器	350	0.9	ECS-EC-241	246	0.9
空气冷却器 02/03	423	0.9	ECS-EC-242	29	0.9
仪用空气压缩器	140	0.917	ECS-EC-243	175	0.9
再循环冷却风扇	259	0.9			
循环加热单元	70	0.9			

图 1　核电厂各中低压厂用负荷的计算负荷及功率因数

Figure 1 Calculated load and power factor of various medium and low pressure plant loads in nuclear power plants

将以上数据代入

$$\cos\varphi = \frac{\sum S_{\mathrm{C}}\cos\varphi_{\mathrm{a}}}{\sum S_{\mathrm{a}}} = \frac{85\ 389}{96\ 906} = 0.88 \tag{5}$$

按照《DLT 5153—2014 火力发电厂厂用电设计技术规程》附录 A，计算厂用电率的计算负荷采用换算系数法计算，其计算原则大部分与厂用变压器的负荷计算原则相同。不同部分按如下原则处理：

（1）只计算经常连续运行的负荷；

（2）对于备用的负荷，即使由不同变压器供电也不予计算；

（3）全厂性的公用负荷，按照机组的容量比例分摊到各机组上；

（4）随机组运行工况或季节性变动的负荷，按一年中的时间加权平均负荷值计算；

（5）照明负荷乘以系数 0.5；

运行方式栏中“经常”与“不经常”系区别该类电动机的使用机会，“连续”、“短时”“断续”系区别每次使用时间的。连续为每次连续带负荷运转 2 h 以上者；短时为每次连续带负荷运转 2 h 以内，10 min 以上者；断续为每次使用从带负荷到空载或停止，反复周期地工作，每个工作周期不超过 10 min 者；经常为与正常生产过程有关的，一般每天使用的电动机；不经常为正常不用，只是在检修、事故或停机期间使用的电动机。

换算系数 K 是考虑电动机效率、功率因数等综合因数的经验值，K 值的选取来自大量的工程实践经验。按照 DLT 5153—2014 附录 F 表 F.0.1 根据机组型号单机容量大于等于 200 MW，如下表 1 所示。

表 1　换算系数表

负荷类别	换算系数 K 取值	
单元机组容量	≤125 MW	≥200 MW
给水泵电动机	1.0	1.0
循环水泵电动机	0.8	1.0
凝结水泵电动机	0.8	1.0
其他高压电动机	0.8	0.85
其他低压电动机	0.8	0.7
直接空冷机组冷风机电动机（采用变频装置）	1.25	
静态负荷	加热器取 1.0 电子设备取 0.9	

根据某核电厂常规岛负荷提资，对所有中压连续或备用负荷，没有断续、短时负荷。换算系数主要决定于机组辅机的类型，某核电一期中采用的换算系数，如下表 3 所示。

表 2　换算系数取值

序号	电动机类型	K
1	主泵	1.3（因主泵效率偏低，K 取 1 会使结果小故折算）
2	主给水泵、循环水泵、凝结水泵、设备冷却水泵、厂用水泵	1
3	其他中压电动机及中压综合负荷	0.85
4	低压电动机	0.7

根据图 1 数据，代入式子 1，全厂平均功率因数计算如下：

$$S_e = \sum(KP);$$

$$\cos\varphi = \frac{\sum S_C \cos\varphi_a}{\sum S_a} = \frac{85\ 389}{96\ 906} = 0.88; \tag{6}$$

根据下表 3 全厂厂用电负荷容量的数据，计算得到全厂厂用电负荷容量为 Sc=96 906 kVA，

按照 $\cos\varphi=0.88$；P=1 251 000 kW；

代入式

$\epsilon=\frac{S_C\cos\varphi_a}{P_e}\times100\%=\frac{96\ 906\times0.88}{1\ 251\ 000}\times100\%=6.82\%$；$\epsilon=6.82\%$。计算得到设计厂用电率。

表 3　全厂厂用电负荷容量

序号	设备名称	额定容量/kW 或 kVA	安装台数	运行台数	换算系数	是否为经常连续运行负荷	计算负荷/kVA
常规岛中压负荷							
1	主给水泵	7 800	3	3	1	Y	23 400
2	凝结水泵	2 000	3	2	1	Y	4 000
3	循环水泵	7 700	2	2	1	Y	15 400
4	凝结水升压泵	750	2	2	0.85	Y	1 275
5	闭式冷却水泵	450	2	2	0.85	Y	765
6	低加疏水泵	210	2	2	0.85	Y	357
7	BOP 中压母线	4 000/2	1	1	0.85	Y	1 700
8	BOP 中压母线	4 000/2	1	1	0.85	Y	1 700
9	BOP 中压母线	4 000/2	1	1	0.85	Y	1 700
10	BOP 中压母线	4 000/2	1	1	0.85	Y	1 700
11	制氯车间负荷	1 100	2	2	0.85	Y	1 870
常规岛低压负荷							
12	冷却真空泵	160	3	3	0.7	Y	336
13	海水池排污泵	90	2	2	0.7	Y	126
14	再循环风扇	296	2	2	0.7	Y	414
15	主起重机	230	1	0	0.7	Y	0
16	辅助起重机	230	1	0	0.7	Y	0
17	厂用空气压缩机	160	2	1	0.7	Y	112
18	CPS 水箱加热器	90	4	4	0.7	Y	252
19	开式循环水泵冷却	160	3	2	0.7	Y	224
20	原水提升泵	160	2	2	0.7	Y	224
21	蒸发式空气处理机组	148	4	4	0.7	Y	414
22	ECS-EC-311	469	1	1	0.7	Y	328
23	ECS-EC-312	531	1	1	0.7	Y	372
24	ECS-EC-411	571	1	1	0.7	Y	400
25	ECS-EC-412	493	1	1	0.7	Y	345

续表

序号	设备名称	额定容量/kW 或 kVA	安装台数	运行台数	换算系数	是否为经常连续运行负荷	计算负荷/kVA
核岛中压负荷							
1	反应堆冷却泵	5 573	4	4	1.3	Y	28 980
2	冷冻水泵	1 700	2	1	0.85	Y	1 445
3	启动给水泵	710	2	0	0.85	Y	0
4	补给泵	500	2	0	0.85	Y	0
5	设备冷却水泵	634	2	1	1	Y	634
6	厂用水泵	710	2	1	1	Y	710
核岛低压负荷							
7	附属厂房水加热器	240	1	1	0.7	Y	168
8	空气冷却器	500	2	1	0.7	Y	350
9	空气冷却器 02/03	604	2	1	0.7	Y	423
10	仪用空气压缩器	200	2	1	0.7	Y	140
11	再循环冷却风扇	185	4	2	0.7	Y	259
12	循环加热单元	100	1	1	0.7	Y	70
13	余热排出泵	185	2	0	0.7	Y	0
14	冷冻水泵	185	2	1	0.7	Y	130
15	EDS-DC-1	224	4	4	0.7	Y	627
16	EDS-DT-1	125	4	4	0.7	Y	0
17	EDSS-DC-1	185	1	0	0.7	Y	0
18	乏燃料水池冷却泵	110	2	1	0.7	Y	77
19	乏燃料池起重机	150	1	0	0.7	Y	0
20	控制棒驱动单元	150	2	1	0.7	Y	105
21	硼酸制备箱加热器	100	1	1	0.7	Y	0
22	环吊	140	1	0	0.7	Y	0
23	汽轮机润滑油泵	90	1	1	0.7	Y	0
24	ECS-EC-111	457	1	1	0.7	Y	320
25	ECS-EC-112	692	1	1	0.7	Y	484
26	ECS-EC-121	305	1	1	0.7	Y	214
27	ECS-EC-122	614	1	1	0.7	Y	430
28	ECS-EC-123	340	1	1	0.7	Y	238
29	ECS-EC-124	158	1	1	0.7	Y	111

续表

序号	设备名称	额定容量/kW 或 kVA	安装台数	运行台数	换算系数	是否为经常连续运行负荷	计算负荷/kVA
30	ECS-EC-131	109	1	1	0.7	Y	76
31	ECS-EC-132	303	1	1	0.7	Y	212
32	ECS-EC-133	217	1	1	0.7	Y	152
33	ECS-EC-141	303	1	1	0.7	Y	212
34	ECS-EC-142	250	1	1	0.7	Y	175
35	ECS-EC-143	250	1	1	0.7	Y	175
36	ECS-EC-211	454	1	1	0.7	Y	318
37	ECS-EC-212	689	1	1	0.7	Y	482
38	ECS-EC-221	287	1	1	0.7	Y	201
39	ECS-EC-222	567	1	1	0.7	Y	397
40	ECS-EC-223	340	1	1	0.7	Y	238
41	ECS-EC-224	158	1	1	0.7	Y	111
42	ECS-EC-231	73	1	1	0.7	Y	51
43	ECS-EC-232	277	1	1	0.7	Y	194
44	ECS-EC-233	190	1	1	0.7	Y	133
45	ECS-EC-241	351	1	1	0.7	Y	246
46	ECS-EC-242	42	1	1	0.7	Y	29
47	ECS-EC-243	250	1	1	0.7	Y	175
全厂厂用电负荷总容量：96 906 kVA							

根据需要且具备条件时，也可对进行年度时间内的时间加权统计。按照发电机组在年度运行时间段内，可根据发电功率不通，分为 N 个时间段，每个时间段相应的发电功率和时间进行记录，从而计算出总度数。

4 总结

发电厂厂用电率是指机组在正常运行状态期间某一制定时段内本厂范围的各主、辅系统所耗用的总电量占用一时间机组发电量的百分比。可以用表达示为：

$$C = \frac{W_y}{W_f} \times 100\% \tag{7}$$

式中：C——厂用电率，%；

W_f——统计期内发电量，kWh；

W_y——统计期内厂用电量，kWh。

因在设计阶段未能实际测量数据，所以根据厂用电负荷估算统计后得出，而发电量按照机组额定输出功率计算，被称为发电厂用电率。

在发电厂投产之后，依靠变送器采集各段母线及各自负荷的实际耗电情况，取得电厂实际运行数据。并按一段时间内生产总耗电量与机组发电量比值，成为生产厂用电率即实际厂用电率。

根据以上试验情况，设计值一般会率高于生产厂用电率，这种差异需要在设计阶段不断优化厂用电率取值和计算方法，更新换算系数值，为后续机组提供更完善的数据。

参考文献

[1] DLT 5153—2014 火力发电厂厂用电设计技术规程 [S].

AP1000 反应堆冷却剂泵变频器冷却系统异常问题及分析

牟泽睿，满文成

（上海核工程研究设计院有限公司，上海　200233）

摘要：AP1000 三代核电机型采用西门子 WCⅢ－HA 型完美无谐波高压变频器，电厂正常运行期间，反应堆冷却剂泵变频器不能退出运行，反应堆冷却剂泵的连续稳定运行直接关系到电厂的安全及经济效益。变频器运行期间，冷却系统为变频器内部元器件进行冷却，因此变频器冷却系统稳定运行至关重要。本文对 AP1000 三代核电机型应用的反应堆冷却剂泵变频器（以下简称主泵变频器）调试及运行期间冷却系统出现的故障进行归纳总结，并提出相应故障的处理方法及后续项目改进建议，为主泵变频器稳定运行提供经验。

关键词：变频器；冷却系统；经验反馈

Reactor Coolant Pump Variable Frequency Drive Coolant System Empirical Feedback and Analysis

MU Zerui，MAN Wencheng

（Shanghai Nuclear Engineering Research & Design Institute Co., Ltd.，Shanghai 00233，China）

Abstract: The third generation nuclear power plant adopts the Siemens WCⅢ-HA type perfect perfect harmony series drive. During normal operation of the power plant，the reactor coolant pump variable frequency drive（VFD）can not be out of operation. The continuous and stable operation of the reactor coolant pump is directly related to the safety and economic benefits of the power station. During the operation of VFD，the coolant system cools the VFD's internal components. Therefore，the stable operation of the cooling system is essential. In this paper，the faults of the VFD coolant system during commissioning and operating are summarized，and proposes the corresponding fault response method and subsequent VFD improvement measures to provide experience for the stable operation of the drive.

Key words: Variable Frequency Drive；Coolant System；Faults

作者简介：牟泽睿（1993—　），男，黑龙江哈尔滨人，学士，工程师，现从事核电厂厂用电调试工作

AP1000 三代核电机型采用西门子 WCⅢ－HA 型高压变频器，输入交流 50 Hz，10.5 kV，主泵满转速时输出 60 Hz 交流电源经两台串联的 1E 级主泵断路器为主泵供电。WCⅢ－HA 型变频器结构主要包括：进线柜、变压器柜、FPC 柜、功率单元柜、出线柜、冷却柜及外部换热器组成，如图 1 所示。

图 1　主泵变频器

电厂正常运行期间，主泵变频器不能退出运行，变频器冷却系统能否正常运行直接关系到变频器及主泵的安全稳定运行，本文对变频器冷却系统故障分析总结具有重要参考意义。

1　变频器冷却系统

主泵变频器冷却系统主要用于冷却变频器内部部件，将变频器各部件温度控制在限定的范围内。

1.1　冷却系统构成

根据冷却水循环方向，可将变频器冷却系统分为以下四部分，如图 2、图 3 所示。

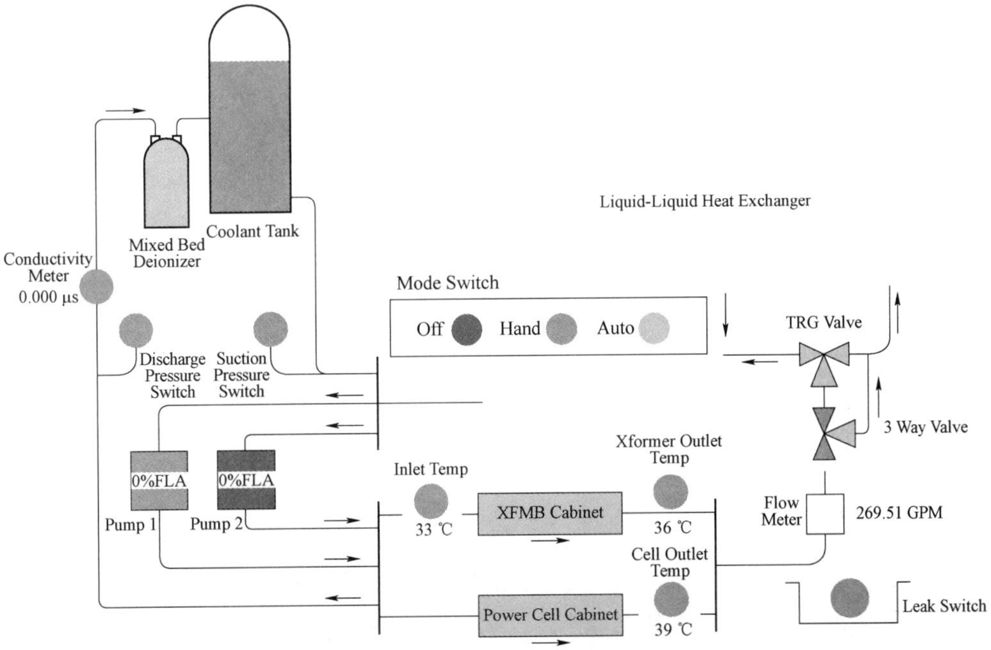

图 2　主泵变频器冷却系统

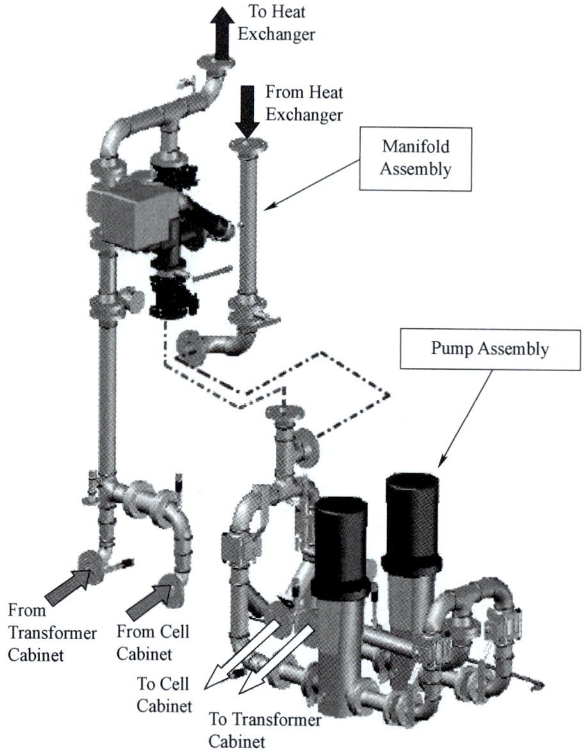

图 3　主泵变频器冷却柜内部件

第一部分由泵及相应的管道阀门组件组成。正常情况下冷却水通过两台泵（一用一备）经由变压器、功率单元、三通阀、温度调节阀进行变频器内部循环。变压器和功率单元是变频器的主要热源，变压器绕组和功率单元散热器直接与冷却水进行热量交换。

第二部分为主热交换器系统。当温度调节阀检测到变压器或功率单元的出口水温超过设定值时，温度调节阀打开，使冷却水流经外部主热交换器进行热量交换，外部冷却介质为电厂设备冷却水。当检测到温度调节阀故障时，即温度调节阀的出口温度大于入口温度时，三通阀打开，冷却水直接流入热交换器进行外部热量交换。

第三部分由泵、水箱、树脂罐以及管道组成。变频器冷却系统运行时，冷却水经由泵、树脂罐、水箱进行循环。树脂罐主要作用为去除冷却水中离子，保证冷却水电导率在限制范围内，避免冷却水导电带来的危险。

第四部分主要由变频器顶部换热风机组成。变压器柜和功率单元柜中有一部分热量不会被冷却系统带走，这部分热量释放到空气中，通过变频器柜内顶部的换热风机将热量带走。

1.2　冷却系统控制系统

冷却系统控制系统（以下简称 CSC）用于监控冷却系统运行，采用 S7－315 PLC 进行控制，冷却系统控制系统通过两套冗余的 Profibus 网络与变频器控制系统通信，如图 4 所示，监视冷却系统温度、流量、压力和电导率，控制泵和换热风机的运行。

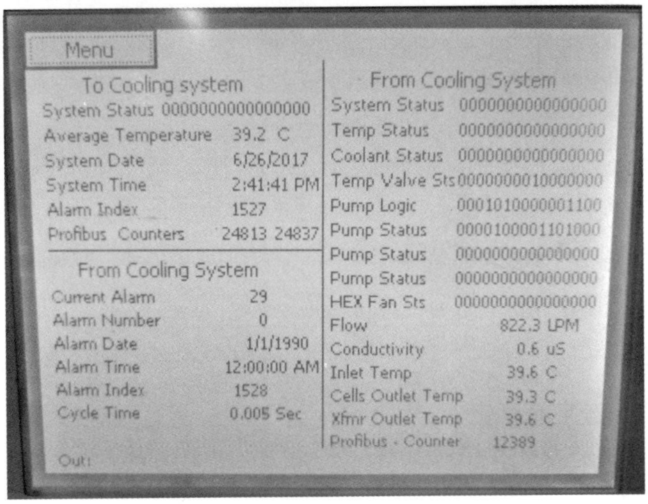

图 4　主泵变频器冷却系统显示界面

CSC 逻辑设计准则为双故障控制准则，即单一的设备故障不会导致变频器跳闸。CSC 不直接使变频器跳闸，而是向变频器控制系统提供关于冷却系统状态的信号。如果 CSC 跳闸报警与变频器控制系统中的温度报警相结合，则变频器应跳闸。由于冷却剂的大量泄漏是非常严重的事件，可能导致变频器损毁，为了保护变频器，低 – 低液位传感器与 CSC PLC 故障相结合将使变频器跳闸。

2　变频器冷却系统故障经验反馈

2.1　主泵变频器冷却系统泄露事件

AP1000 核电机组运行人员在巡检过程中发现主泵 1A/1B/2A 变频器冷却水箱液位较低，随后按照操作规程对变频器冷却系统进行补水。

一段时间后又出现冷却水箱液位低，随后维修人员检查发现变频器冷却系统存在以下渗漏点：

（1）主泵 1 A 变频器隔离变压器 24 号冷却铜管存在渗漏；

（2）主泵 1 B 变频器冷却系统 TWV 三通阀至 TRG 三通中间软连接弯管处发生渗漏；

（3）主泵 2 A 变频器外部热交换器出口管线隔离阀 BTV2 法兰处渗漏；

（4）主泵 2 B 变频器手动三通阀 TRG 手柄填料位置发生渗漏。

原因分析：变频器冷却系统管道刚性强度较低，在变频器运输过程中可能存在振动或碰撞的情况，导致冷却系统管道损坏。另外，建安人员在安装完成后对冷却系统打压检查不仔细，未能及时发现漏点。

经验反馈：根据调试及运行时发现的问题，主泵变频器冷却系统易造成泄露的位置有变压器冷却水进出口管线、功率单元软管、各处阀门法兰等位置，在调试时应加强检查，在运行期间应巡视冷却水水位，水位变化较大时应检查冷却系统是否泄露。

2.2　主泵变频器冷却系统泄压阀动作导致主泵跳闸事件

AP1000 核电机组正常运行时，主泵 1 A 跳泵（主泵 1 A 变频器电源开关断开，1E 级电源开关处于合闸状态）。主泵 1 A 跳泵前，4 台主泵 100%转速稳定运行：主泵 1 A CCS 供水流量 160 m^3/h，回水温度 42.6 ℃；轴承冷水温度 62.7 ℃；定子温度 145.5 ℃；电流 775 A；各振动值正常稳定。就地检查主泵 1 A 变频器发现地上有水，主泵 1 A 变频器冷却系统水箱液位为 0。查询前一天现场巡检记录主泵 1 A 变频器冷却系统水箱液位刻度为 4.3，在正常范围内。事件顺序如表 1 所示。

表 1　主泵 1 A 变频器跳闸事件顺序

时间/Time	事件/Event
11:41:19	APS 出现“VFD 1A Control Status Feedback”报警
11:41:21	APS 第二次出现“VFD 1A Control Status Feedback”报警
11:42:21	APS 第三次出现“VFD 1A Control Status Feedback”报警
11:42:24	APS 第四次出现“VFD 1A Control Status Feedback”报警
11:42:27	APS 出现“low－2 RCP Speed BSTrip”报警
11:42:28	APS 出现“RCP 1A Un－cmd Stop”报警
11:42:29	APS 出现“Less than 4 RCPs Running”报警
11:44:27	CRS 下令 NO 执行 AOP－342（反应堆冷却剂泵故障）
11:45:00	现操汇报主泵 1 A 变频器房间地上有水，查看主泵 1 A 变频器冷却水箱液位为 0，主泵 1 A 变频器面板存在多处报警
11:53:00	CRS 下令停运其他三台主泵，主泵惰转时间正常

查询变频器冷却系统报警日志如图 5 所示，事件序列：pump1 切至 pump2→30 s 后出现泄漏→约 50 s 后出现低液位→约 20 s 出现低－低液位，trip warning 出现→约 20 s 泄漏消失，pump2 停运，pump1 启动。

原因分析：安全泄压阀整定压力不合理。冷却泵自动切换时必然出现双泵并列运行（时间设定为 2 s），此时泵出口压力超过安全泄压阀动作值，即每次自动切换均将导致安全阀开启，其中任何一次阀门卡涩未能及时回座，都将导致冷却剂泄漏，在极短时间内（从本次事件中看，大约在 100 s 内）使运行中的主泵变频器跳闸。

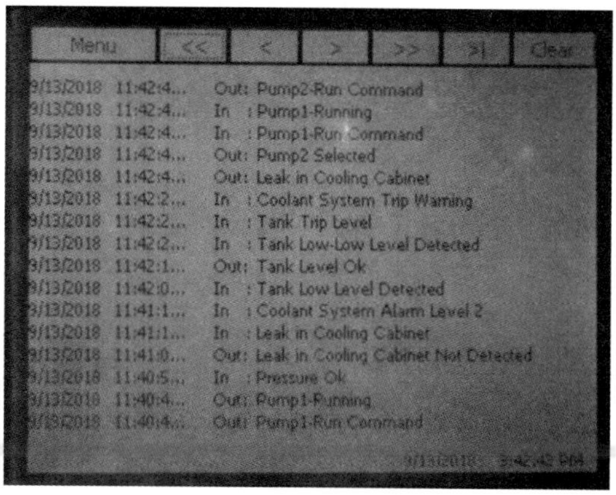

图 5　主泵 1 A 变频器冷却系统报警日志

2.3　主泵变频器功率单元异物堵塞事件

AP1000 核电机组主泵变频器进行检修时，维修人员发现主泵变频器功率单元冷却软管处存在块状异物，如下图 6 所示。维修人员随即对冷却管线进行了更换，检查其他变频器未出现此异物，维修人员对取出的异物进行化验，经鉴定异物为螺纹密封胶。

原因分析：在变频器冷却系统泄露检查时，管线的安装处会用螺纹密封胶进行涂抹，因未落实防异物措施，造成凝固的胶水进入系统。

经验反馈：主泵变频器运行时功率单元释放的大量热量由冷却系统带走，功率单元冷却管线堵塞会造成功率单元烧毁，严重威胁变频器的安全未定运行，此事件中冷却管线暂未完全堵塞，因此未造成严重事故，在后续的变频器的调试维修中应严格落实防异物措施。

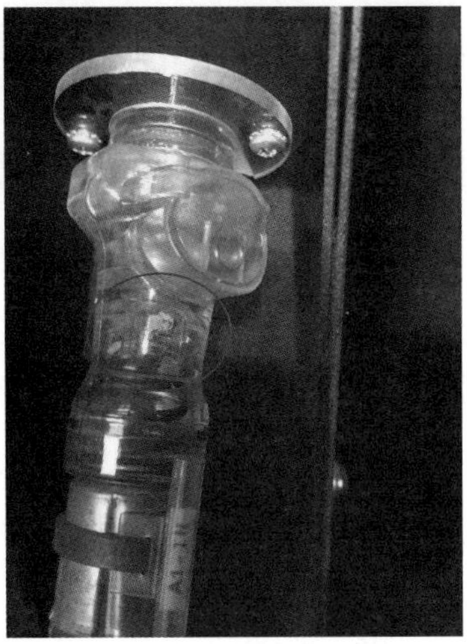

图6 主泵功率单元冷却软管异物

3 结论

主泵变频器安全稳定运行直接影响核电站的安全性和经济性，其中主泵变频器的冷却系统又直接关系到主泵变频器的稳定运行，三代核电机型主泵变频器冷却系统设计精巧，功能强大，但作为变频器稳定运行的薄弱点，应在设计、制造、运输、建安、调试、运行等各个阶段予以充分关注，根据调试及现场运行经验，对主泵变频器提出以下建议。

（1）设计、制造阶段

设计、制造阶段应考虑变频器移相隔离变压器冷却方式，即水冷或风冷方式，选择水冷时，应充分考虑冷却剂泄漏带来的风险。制造方面考虑选择强度更高的管道（特别是软管）以避免冷却管道破损造成的冷却剂泄漏带来的设备损坏。

（2）运输阶段

根据主泵变频器运输过程中存在隔离变压器冷却管道损坏的经验，运输过程应避免磕碰，设备到厂后应再次检查。

（3）建安阶段

建安阶段在设备安装时应注意保护冷却系统管线，硅胶软管应避免弯折，隔离变压器安装时注意保护冷却管线。变频器安装完成后应对冷却系统进行检查（打压等检查方式），验证变频器冷却系统无漏点。

（4）调试阶段

调试阶段对变频器冷却系统再次检查，确保无泄漏点，条件允许时，建议对冷却系统逻辑进行验证。调试试验时需关注电导率、系统液位等信息，禁止电导率高时进行变频器预充电，液位低时及时补水，液位的降低并不意味着冷却系统一定存在漏点，需结合温度、压力及冷却系统排气等情况具体分析。

（5）运行阶段

运行人员应学习变频器冷却系统操作，以应对突发情况，变频器运行过程中加强巡视，就地检查冷却水箱液位、温度、压力等信息，发现异常波动及时采取措施，对变频器出现的各种报警及时作出反应。检修期间应严格落实防异物措施，防止异物进入冷却系统造成冷却系统堵塞，避免因设备失去冷却而造成严重的事故。

参考文献

[1] 韩勇．AP1000 核电厂反应堆冷却剂泵的供电与控制设计［J］．核动力工程，2014，35（6）：96-99．

[2] 冯雪．变频器在第三代 AP1000 核电站反应堆冷却剂泵变频系统上的应用［J］．工业控制计算机，2012，25（9）：133-134．

催化树脂加氢除氧在核电厂的应用及分析

潘荣辉，荆玲玲，张　明

（上海核工程研究设计院有限公司，上海　200233）

摘要：核电厂通过控制水中氧含量来抑制金属材料的选择性腐蚀和总体腐蚀，同时减少腐蚀产物沉积在传热管表面的放射性计量累积，从而保持材料完整性和燃料包壳的完整性。常温加氢催化除氧技术在压水堆核电厂首次使用，本文从氧腐蚀机理，钯树脂催化除氧原理以及影响除氧运行的因素来分析，并对调试和运行提出建议。

关键词：核电厂；加氢催化；氧含量；影响因素；系统调试

Application and Analysis of Catalytic Resin Hydrogenation and Deoxygenation in Nuclear Power Plants

PAN Ronghui，JING Lingling，ZHANG Ming

(Shanghai Nuclear Engineering Research & Design Institute Co., Ltd.,
Shanghai 200233，China)

Abstract: Selective corrosion and overall corrosion of metal materials are suppressed by controlling oxygen content in water in nuclear power plants，at the same time，it reduces the deposition of corrosion products on the surface of heat transfer pipe and the accumulation of radioactivity metering，so as to maintain the integrity of material and fuel shell. The first Application of Catalytic deoxidizing Technology for Hydrogenation at Room temperature in PWR Nuclear Power Plant，This paper analyzes the mechanism of oxygen corrosion，the principle of catalytic deoxidation of palladium resin and the factors affecting oxygen removal operation，and provides suggestions for commissioning and operation.

Key words: Nuclear Power Station；Hydrogenation Catalysis；Oxygen Content；Influence Factor；System Commissioning

---

作者简介：潘荣辉（1976—　），男，山西运城人，工程师，学士，现主要从事核电站 BOP 相关系统调试工作

众所周知氧腐蚀为核电厂主要的腐蚀类型，溶解氧能够腐蚀碳钢，加速不锈钢的应力腐蚀开裂，主要是化学腐蚀和电化学腐蚀两类。在核电厂的一回路中氧腐蚀产物容易迁移到堆芯，堆积在燃料表面，经过中子活化变为活化腐蚀产物，其随水流堆积到其他系统设备产生辐射场，根据统计电厂运行十个燃料循环后的结果表明，就放射性核素而言，其中N－16贡献5%、裂变产物贡献5%、活化腐蚀产物贡献90%，由此可知，氧腐蚀产生的放射性活化腐蚀产物对于核电站的辐射剂量贡献最为巨大，因此通过减少水中的氧含量从而控制氧腐蚀产物的生成，对核电厂的安全生产具有较大意义。

溶解氧腐蚀机理主要为：

常温常压下除盐水中饱和溶解氧在7～8 mg/L，溶解氧对金属的主要基于以下两个反应：

阴极反应：$H_2O+1/2O_2+2e \rightarrow 2OH^-$

阳极反应：$Fe \rightarrow Fe^{2+}+2e$

而阳极反应产生的Fe^{2+}会进一步同阴极产生的OH^-进一步反应，氧将Fe^{2+}氧化为Fe^{3+}，降低了阳极附近溶液中的金属离子浓度和它的极化作用，从而加剧金属的腐蚀。生成铁的各种氧化物，反应如下：

$$Fe^{2+}+2OH^- \rightarrow Fe(OH)_2$$

$$4Fe(OH)_2+O_2+2H_2O \rightarrow 4Fe(OH)_3$$

$$Fe(OH)_2+2Fe(OH)_3 \rightarrow Fe_3O_4+4H_2O$$

生成的$Fe(OH)_3$和Fe_3O_4比较松散，在核电厂一回路系统中腐蚀产物被转移到堆芯，被活化后转移到其他相关系统设备，形成辐射场，增加辐射风险和剂量率。在二回路中则容易沉积或附着在换热设备的管壁和受热面上，形成难以溶解且换热不良的垢斑，会造成管道内部阻力增大，换热效率降低等不良影响。

上述反应速率主要的影响因素有温度、氧含量、pH、离子含量等，一般来说温度越高，离子含量越多，pH越低，氧含量越高腐蚀速率则会加快，对于核电站而言，一、二回路温度、pH以及离子含量控制相对稳定，因此通过降低所供除盐水的含氧量对于抑制腐蚀比较有效的手段。

在阐述完氧腐蚀的危害和机理后，下文重点介绍首次在国内某核电厂工程实践应用，并证明适用性较强的除氧技术：利用钯催化树脂加氢除氧。

1　钯催化树脂介绍

早在1840年就发现Pt能够催化氢氧化合反应，后来相继发现Pd、Rh、Ru、Ir和Ni等均对氢氧化合反应有催化作用。后经过大量研究表明氢氧反应在Pt和Pd表面有较低的反应表面活化能，主要是因为能将氢氧等双原子分子解离活化，为反应提供活化分析，降低了反应的活化能。同时Pd对氢气有强烈的吸附溶解能力，常温条件下1体积海绵钯可吸收900体积氢气，1体积胶体钯可吸收1 200体积氢气，被广泛应用于气体反应，特别是氢化或脱氢催化剂。钯颗粒的尺寸越小，催化活性越高，稳定性越好。且能够将敏化、活化集中在一种溶液的浸渍处理过程中同时完成。

钯催化树脂又称为触媒型除氧树脂，是以稳定的骨架结构树脂为本体，将钯金属粒子通过特殊工艺附着在本体表面，最后进行催化活性的活化处理。一般母体粒径在（0.6±0.05）mm，堆积后能提供巨大的接触面积，保证催化剂的理想分布和充分接触。但当溶解入水中的氧气和注入的氢气在经过树脂层时，被钯树脂吸附，在其催化作用下，氢气和氧气反应产生水。反应公式如下：

$$O_2 + 2H_2 \xrightarrow{Pd} 2H_2O$$

从上述反应可以看出，催化除氧可在常温下进行，且树脂无需再生和添加任何物质，反应后只有水，并无其他杂质产生，是比较理想的除氧方式。相比而言常见的热力除氧、真空除氧、化学除氧等，都需要引入热源或动力或添加其他化学物质。

在国内核电站采用催化树脂催化除氧尚属首次，选用的是进口高强度凝胶型阴离子交换树脂为载体的钯催化树脂，其主要如表 1 所示。

表 1　催化树脂主要特性

物性	指标
功能基团	季胺型
本体	高交联苯乙烯
外观	深褐色半透明球状颗粒
出厂形态	OH/Pd0
粒径	（0.640±0.05）mm
均一系数	max.1.1
体积重量	680 g/L
含水率	62%～67%
耐受温度范围	1～40 ℃
耐受 pH 范围	5～14
装填高度	900 mm
流速	5～80 m/h
最大压损	150 kPa

注：树脂贮存要求 1～30 ℃，存贮期不超过 6 个月。

2　催化除氧系统介绍

该系统称之为除盐水分配系统，在除盐水供给一、二回路之前就先采用钯树脂除氧，控制一、二回路供水含氧量≤100 ppb，同时该系统承担非安全相关纵深防御功能为启动给水泵供水，启动给水泵为蒸汽发生器提供启动给水，支持从反应堆冷却剂系统排出热量。

除盐水分配系统共设置两套催化除氧单元，分别布置在核岛侧和常规岛侧，其中核岛侧催化除氧单元主要包括一个除盐水储存箱，存储能力为 470 m^3；一套催化除氧单元，出力为 82 m^3/h；二台供水兼循环除氧水泵，其额定流量为 82 m^3/h，出口压力为 1.07 MPa，正常供水含氧量≤100 ppb。制备的除氧水主要供给安全壳内、辅助厂房、附属厂房各用户，值得一提的是上述厂房还设置大量的快速除盐水接头。其中还有一路供给二回路除盐水储存箱。常规岛侧催化除氧单元主要包括除盐水一个储存箱，存储能力为 2 485 m^3，一套催化除氧单元，出力为 45 m^3/h，一台循环除氧水泵，其额定流量为 45 m^3/h，出口压力为 0.9 MPa。除盐水存储箱出水供给二回路各用户，正常供水含氧量≤100 ppb。

两套催化除氧装置内部设备和流程基本相同，以一回路催化除氧单元为例对其大致流程介绍如图 1 所示。

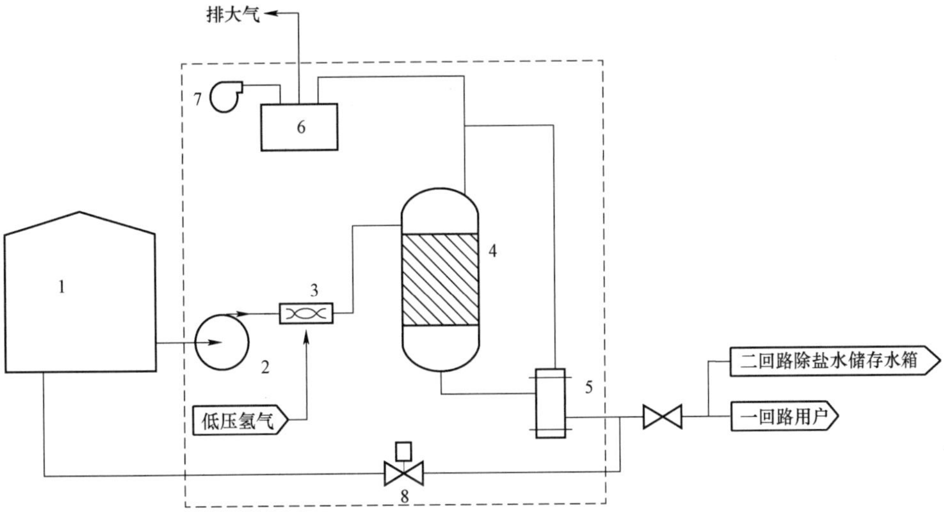

图 1　催化除氧单元流程图

1—除氧水贮存箱；2—除盐水输送泵；3—静态混合器；4—催化树脂床；5—树脂捕捉器；
6—脱气塔；7—脱气风机；8—回流自动调节阀

除盐水储存箱内的富氧水经除盐水输送泵升压后，与低压氢气（1.2 MPa）在静态混合器内混合，加氢水进入催化除氧树脂床，在其中氢气和氧气在催化树脂交换床内催化反应复合生成副产物—水。之后，除氧水经树脂捕捉器后到达分配总管供给下游用户或经循环管线返回除盐水储存箱。循环除氧目的是通过再循环提高氢气吸收效率，保证除氧过程更完全。在催化除氧单元进设置氧表，出口分别设置氢、氧含量表，检测水中含氧量变化及残余氢气量，保证供给一回路的除盐水含氧量低于 100 ppb，根据出水含氢量调节氢气供给量。设置回流调节阀的主要作用是在下游由于有用户时，自动减少回流量，反之则增加回流量，这样以保证除盐水供给的流量和压力。

同时在催化除氧树脂床出口设置一套脱气装置，主要用于收集没有参与反应并在床体和树脂捕捉器顶部聚集的氢气和其他不凝结气体，经设在脱气罐上的旋涡气泵后排至室外安全地点。

值得说明的是由于本系统要使用到低压氢气（1.2 MPa），考虑到氢气的易燃易爆特性，因此该系统及房间内的所有电气、仪控设备必须采用防爆产品，就地配电柜和仪表柜采用正压防爆柜，通入压缩空气保持柜体压力略高于环境压力，防止氢气进入。另在催化除氧房间顶部设置氢气报警装置，一旦检测到氢气聚集应立即连锁系统停运，防止氢气大量聚集发生事故。

3　催化除氧系统调试

催化除氧系统调试主要分为设备单体调试、系统冲洗、逻辑试验、系统联调四部分，下文主要介绍出现问题较多或需要注意的问题详细介绍如下。

3.1　设备单体调试

设备单体调试又分为机械、电气和仪控三个专业进行检查和调试，电气检查和仪控检查比较常规在此不做详述，下文针对出问题较多的机械方面的检查进行说明。

机械检查主要是针对系统的手动阀门、树脂床、除盐水箱、管道及支吊架等进行符合性检查，主要通过目视、操作和一些辅助手段检查设备本身性能和安装都满足要求。在本项目中因对树脂床和树脂捕捉器机械检查缺少经验和检查不够仔细认真，导致在预运行试验中发生两次树脂泄漏，因此将详述这两个设备的机械检查。

树脂床主要由筒体、多孔板、配水装置、出水水帽以及各接口组成。下文简单描述其各个部分的检查。

（1）筒体和多孔板的检查

树脂床筒体的材质为碳钢，并内衬橡胶，和多孔板之间用螺栓连接。内衬层的完整性，可通过电火花试验进行检查；对孔板为不锈钢材质。筒体和多孔板之间的缝隙是检查的重点，由于筒体的衬胶翻边不平整，且多孔板的固定螺栓设置不合理，导致多孔板和筒体连接面存在一定的缝隙，导致部分树脂泄漏。最后通过使用一种陶瓷金属的工程涂层 ED202 材料对整个多孔板和筒体的接触面进行密封。

在将上述经验反馈给制造厂家后，在二号机组相关设备上厂家对多孔板和接触面进行了重新设计，使用多块板叠加，接触面使用缠绕金属垫片密封，彻底解决了两者之间的缝隙。比较如图 2 所示。

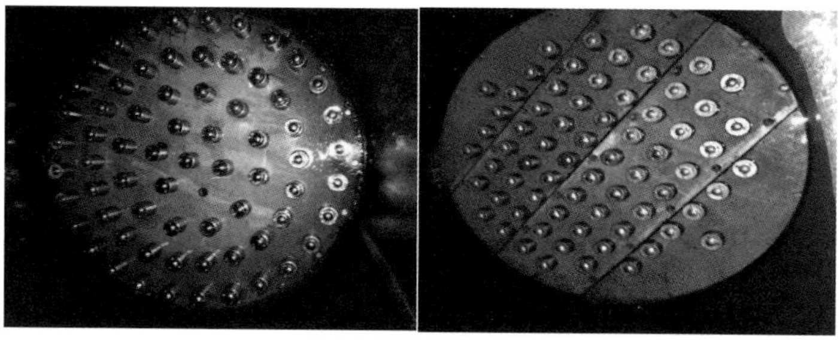

图 2　催化除氧单元树脂床底板对比

通过两台机组的调试，总结出验证底板和筒体接触面是否严实可以通过盛水试验来进行，具体的做法是在目视检查和塞尺检查完毕后，可进少量水淹没底板但水位低于水帽最下端缝隙，并做好标记，在静置 12 h 后检查水位是否下降，如有明显下降应再次仔细查找漏点。

（2）水帽的检查

水帽的检查主要集中在水帽绕丝缝隙和水帽上下密封面缝隙的检查上，同时还要认真检查水帽和多孔板的连接处的缝隙，要求上述缝隙都必须小于树脂的最小粒径，主要使用工具塞尺。本项目采用的水帽形式如图 3 所示。

图 3　催化除氧单元树脂床水帽样式

在本项目中处理完底板和筒体之间的缝隙后，添加了少量的树脂进行试验后发现仍有树脂泄漏，又将所有的水帽全部拆除进行仔细检查，发现水帽绕丝的缝隙全部合格，但上下断面的缝隙（见图 1 部分）由于机械加工原因变形，远大于树脂最小粒径。同时水帽仅靠螺纹（见图 2 部分）与多孔板连接，也存在树脂泄漏的风险。因此提出更换全部水帽。在新水帽出厂前仔细进行了质保检查，并在于多孔板连接处增加固定螺栓和垫片（见图 2 部分），后安装试验严密无树脂泄漏。

（3）配水装置的检查

配水装置的主要作用是分配进水均匀进入树脂层，同时防止在树脂反洗过程中跑树脂。其外观如图 4 所示。

图 4　催化除氧单元树脂床配水装置

其机械主要检查绕丝和查绕丝组密封断面的缝隙都小于树脂最小粒径。方法同水帽的机械检查。

（4）树脂捕捉器的检查

树脂捕捉器的主要作用是在树脂床泄漏的情况下进行树脂拦截作用，其结构较简单，主要组成就一个外部不锈钢筒体和内部绕丝桶组成，内部进水外部出水，泄漏树脂拦截在绕丝桶内部。在本项目调试过程中树脂床泄漏后在下游一回路进水滤网上也发现了少量催化树脂，因此可以断定树脂捕捉器也存在泄漏。

树脂捕捉器的机械检查重点在于绕丝内筒的检查，主要检查项目为绕丝缝隙检查和上下筒体密封面检查。在发生树脂泄漏后再次机械检查发现上部密封面存在缝隙，更换后试验无泄漏。具体如图 5 所示。

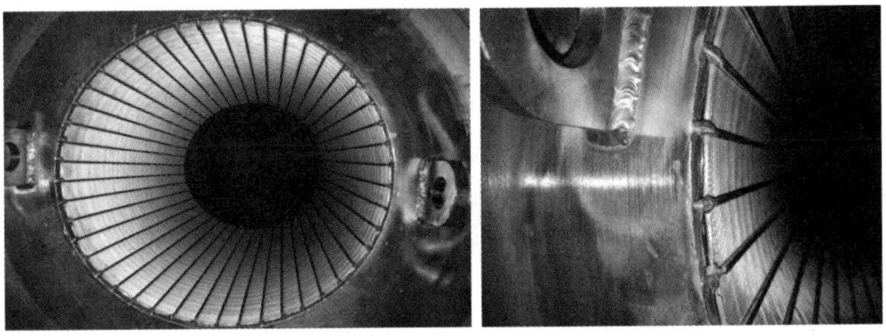

图 5　催化除氧单元出水树脂捕捉器内部图示

3.2　系统联调

在完成系统设备单体调试、系统冲洗、逻辑检查后，系统进入实际联合调试阶段，此阶段首要的任务是催化树脂的装填，催化树脂可通过上人孔人工装填即可，值得一提的是在装填前，建议在排污管设置大于 30 目的滤网，在装填过程中边冲洗观察排污是否有树脂泄漏，发现问题及时处理。树脂装填完毕后，需要对树脂进行浸泡和冲洗，具体的方法是用除盐水 40～50 m^3/h 冲洗 30 min，然后充水淹没树脂层后放置浸泡 12 h。其目的是对树脂制造过程中的附着的有机物进行处理，处理的终点判定可测定排水与进水的 TOC 基本一致即可，一般大概在 7 天左右。树脂装填后采用湿保养，充水至淹没树脂层，每三天换水一次。

（1）系统联调进氢气需要完成如下几项准备工作。

1）系统电气、仪控就地柜的正压防爆装置完成调试，用压缩空气置换原有气体后确保就地柜正压维持在 70～400 Pa 之间，压力低于 150 Pa 报警提示调试人员检查设备运行状况，低于 70 Pa 停运系统。

2）氢气管道压力试验，利用氮气或压缩空气从进氢气管道至树脂罐最后一道进氢隔离阀之间的所有阀门、管道、仪表等附件进行压力试验，试验压力为 1.38 MPa，保压 2 h，利用肥皂水或检漏液进行检查，压力无变化为试验合格。在压力试验过程中，发现多处法兰结合面、阀门阀杆、氢气流量计接头、氢气过滤器接头等有微量泄漏的情况，并一一进行了处理，确保无任何氢气泄漏的可能。

3）完成系统区域内及氢气柜内氢气报警装置试验，在完成仪控检查和参数设置后，利用高纯氢气瓶进行实际测试，确保当氢气浓度高于 10%时触发声光报警，并停运系统。

（2）催化除氧单元调试主要分三步进行。

1）建立水循环

启动除盐水水泵，调节循环启动调节阀开度，维持除盐水泵出口流量在 80～82 m^3/h，出口压力为 1.07 MPa；排氢风机启动，调节催化除氧树脂床顶部排氢流量，至脱气塔有少量水排出。除盐水压力、流量稳定后投运系统进、出口在线氧表、出口在线氢表。

2）系统进氢

系统进氢阀门开启顺序为氢气系统隔离阀、进氢电磁阀、氢气流量计、进氢隔离阀，停止进氢按照反方向操作，其目的是预防停止进氢时，除盐水在止回阀动作时部分除盐水回灌到氢气管道。

进氢初期除盐水氧含量饱和状态下，通过调试，将进氢流量计调节在 80～90 L/h，催化除氧树脂床出口水中氧含量在 30 min 内稳定在 20～40 ppb。随着循环除氧水贮存箱中含氧量持续降低，由于氢气在树脂床内处于饱和状态，且多余的氢气被排氢风机排出。此时需要逐步降低氢气供应量，防止树脂床体上部大量多余氢气聚集，造成浪费和不必要的安全风险。当树脂床进水中含氧量降低到 200 ppb 以下，氢气流量控制在 20～30 L/h 持续除氧即可。

3）系统供水持续除氧

在催化除氧床出水氧含量低于 100 ppb 时可开始对一、二回路供应合格除盐水，当除盐水贮存箱水位降低时需要不断补水，此时贮存箱除盐水含氧量不断变化，需要根据系统进水含氧量调节氢气供应量，保证对外供水氧含量合格。

4 催化除氧系统调试注意事项

在调试过程中，发现在既定的流量、压力和树脂层高等条件下，影响催化除氧效率和系统设备安全最大的三个因素：水温、加氢量和流速。

4.1 温度对除氧效果及树脂的影响

温度对多相催化反应的影响是复杂的。一方面，低温有利于放热反应的进行，但不利于传质的扩散。另一方面，温度影响物质在催化剂表面的覆盖度。再有温度还对催化剂本身的催化性能有影响。但在调试过程中，在流量、压力、供氢量等运行条件相同情况下，水位从 10 ℃持续升至 38 ℃，催化除氧树脂床出口氧含量持续低于 100 ppb。结合厂家数据和其他研究表明温度在 10～40 ℃之间，催化除氧都能够较快速的进行，出水含氧量也较稳定。因此可以认为除氧效果在此范围内基本不受温度变化影响。

但从树脂性能和结构组成来分析，催化除氧树脂为弱碱性阴树脂，其耐温性能较差，要求低于 40 ℃运行。但由于除盐水分配承担着为一、二回路连续供给除盐水的任务，需要 24 h 连续运转，当无外部用水时系统内部循环。如果持续内部循环，泵本身做功会逐步提升除盐贮存箱内除盐水温度，当在南方地区夏季温度较高的情况下，除盐水箱水位可达到 40 ℃以上，在此过程中我们监测发现除盐水 TOC 上升的情况，表明此时树脂有发生分解的风险。因此在运行中应通过换水等方式维持水温不高于 40 ℃，这地需要特别注意。

4.2　加氢量对除氧效果的影响

根据调试试验数据，绘制了除盐水中加氢量与出水含氧量之间的关系曲线，如图 6 所示，从图中看出，随着氢气量的增加，出水含氧量逐步降低，当投加量达到 1.57 ppm 时，氧含量降低到 10 ppb（仪表下限）。理论计算去除 1 mg 的溶解氧需要消耗 0.125 mg 的氢气，若以进水溶解氧 10.0 ppm 计算，理论消耗氢气量为 1.3 ppm，加氢量/溶解氧 = 0.13。当进水溶解氧高于 0.7 ppm 时，实际加氢量和理论值较为接近，在 0.125～0.127 之间。当进水溶解氧低于 0.7 ppm 时，实际耗量要若大于理论值，为理论值的 1.2 倍左右。此时即使再增加氢气投加量，水中溶解氧去除率也不会发生变化，多余的氢气被析出在除盐床上部聚齐后排至脱气塔，最终被排氢风机排出室外。

在调试过程中发现，在系统不断加氢运行过程中，水中氧含量不断降低，就必须同步减少加氢量，否则会导致出水中含氢量持续上升，输送到用户后不断析出，造成氢气聚集发生危险。但现有的工程实际中氢气的调节未实现自动化，需要人工不断干预，操作量较大。

4.3　流速对除氧效果的影响

当进水氧含量稳定在 20 ppm 时，保持加氢量不变的情况下，改变催化除盐床进水流量，计算不同流速下出水溶解氧的变化情况，根据实验数据绘制了流速与出水含氧量变化关系如图 7 所示。

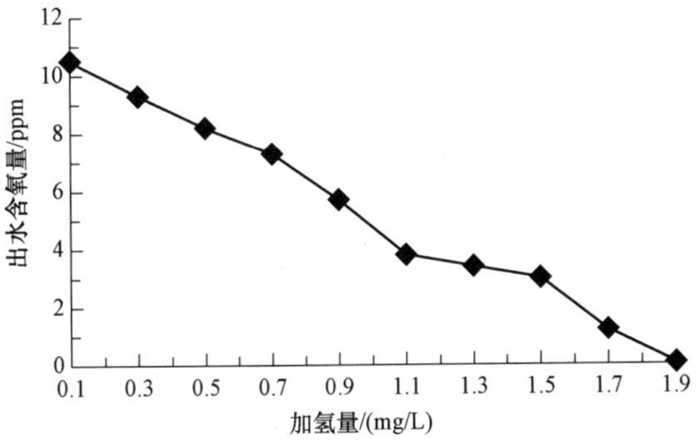

图 6　加氢量对除氧效果的影响

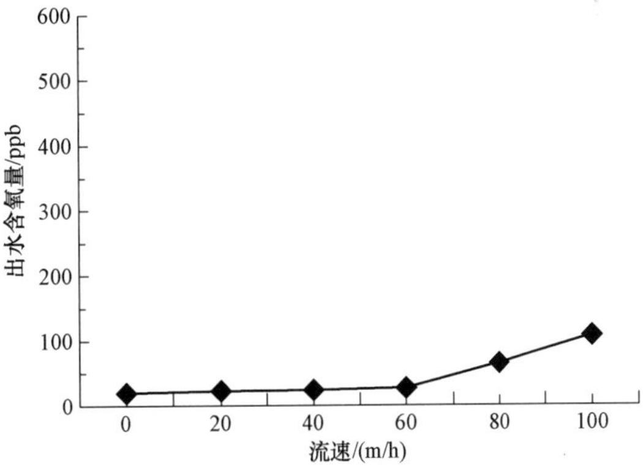

图 7　流速对除氧效果的影响

从图 7 中可看出，当流速大于 80 m/h 时，出水含氧量增加到 40 ppm，当流速降低到 60 m/h 时，出水氧含量迅速降低到 20 ppm。但再降低流速氧含量变化不大。分析主要是流速过高是，除盐水在催化除氧床内的停留时间过关，致使氢气和氧气反应没有完全进行，导致出水含氧量上升。但流速降低到一定程度是，由于钯树脂对氢、氧分析的吸附和氢、氧反应的速度是一定的，过低流速树脂床内的水流紊动性差，氢、氧扩散速率降低，从而影响了催化反应的整体反应速率，造成氢耗量增加，对除氧并无明显效果[1]。

4.4 pH 对除氧效果的影响

在实验室进行了 pH 在 5～10 的除盐水在催化树脂作用下的除氧效果试验，发现 pH 对钯树脂的催化除氧效果基本没有影响[2]。

5 总论

（1）钯催化树脂加氢除氧技术具有常温、低压、高效除氧的特点，而且反应不产生其他盐类，不引入杂质，pH 适应范围广等，值得工程推广使用。

（2）钯催化树脂的耐温必须在 40 ℃以下，需要在设计和运行模式选择上给予关注。

（3）钯树脂催化除氧过程中加氢量不断变化，工程实践中实现自动调节氢气供应量将大大降低风险和减少运行操作压力。

（4）钯树脂催化除氧过程中使用到低压氢气，在运行过程中必须时刻关注氢气泄漏的风险。

参考文献

［1］张林华，张春阳，罗家君，钯催化加氢去除水中溶解氧的实验研究［J］. 西安建筑科技大学学报：自然科学版，2007，39（4）.

［2］云霞，徐江兴，等. 钯/离子交换树脂催化加氢除氧技术的试验研究［J］. 哈尔滨工业大学学报，2005，37（2）.

核电厂蒸汽发生器传热管涡流检测数据分析软件的设计与实现

孙茂荣，李思颖

（国核电站运行服务技术公司，上海　200233）

摘要：蒸汽发生器是压水堆核电厂的主要设备之一，它将反应堆一回路所产生的高温、高压水的热量通过数千上万根 U 形传热管传给二次侧的低压水，使之产生蒸汽以驱动汽轮发电机组发电。而传热管则是一回路压力边界最薄弱的环节。世界统计资料表明约有 50%的蒸汽发生器产生不同程度的传热管降质或破损现象。核电厂核级主设备的役前和在役检查是核电安全、经济运行的关键，其中对蒸汽发生器传热管涡流数据的分析，是确保蒸汽发生器安全运行的重要环节。考虑到我国核电运行 30 多年来的数据分析工作依然依靠国外相关软件的现状，本团队设计研发并实现了一套蒸汽发生器传热管涡流检测数据分析软件。论文论述了该软件的基本架构及关键技术并通过与国外软件分析结果的比对，证实了自主研发软件对传热管实际缺陷的定位、定量、定性等分析功能的有效性。

关键词：核电厂；蒸汽发生器；涡流数据分析；滤噪；混频；三维显示

The Design and Implementation of Eddy Current Inspection Data Analysis Software for the Tubes of Nuclear Power Plant Steam Generator

SUN Maorong，LI Siying

（State Nuclear Power Plant Service Company Co., Ltd.，Shanghai 200233，China）

Abstract：The steam generator is one of the main equipments of the pressurized water reactor nuclear power plant. It transfers the heat of the high temperature and high pressure water generated by the primary circuit of the reactor to the low pressure water of the secondary side through thousands of U-shaped heat transfer tubes. Steam is generated to drive the steam turbine generator to generate electricity. The heat transfer tube is the weakest link in the primary circuit pressure boundary. World statistics show that about 50% of steam generators produce different degrees of

---

作者简介：孙茂荣（1979—　），男，江苏高邮人，工学硕士，高级工程师，现主要从事计算机应用、网络和数据库工作

heat transfer tube degradation or damage. The pre-service and in-service inspection on main equipment of nuclear power plants is the key work for nuclear power safety and economic operation. The analysis of the collected data in the eddy current inspection of the steam generator heat transfer tube is an essential part of ensuring the operation of steam generator under safe working conditions. However，considering the fact that the data analysis work in China for more than 30 years still relies mainly on foreign related data analysis software，our team design and implement a steam generator heat transfer tube eddy current inspection data analysis software. Through detailed comparison and verification with foreign software analysis results，it is confirmed that the function and performance of the software in locating，quantifying，and characterizing the actual defects of the heat transfer tube have reached the technical level of similar software abroad.

Key words：Nuclear Power Plants；Steam Generator；Eddy Current Data Analysis；Filter Noise；Mixed Frequency；Three-dimensional Display

蒸汽发生器是压水堆核电厂的主要设备之一，它将反应堆一回路所产生的高温、高压水的热量通过数千上万根 U 型传热管传给二次侧的低压水，使之产生蒸汽以驱动汽轮发电机组发电[1]。核电厂在役检查的主要目的就是为了掌握一回路压力边界部件的现状。而传热管则是一回路压力边界最薄弱的环节。世界统计资料表明约有 50%的蒸汽发生器产生不同程度的传热管降质或破损现象[2]，为此要求在停堆检修期间必须对蒸汽发生器传热管进行检查。当前检查通常以涡流检测方法为主，通过及时发现问题并采取必要的补救措施，从而防止核泄漏事故的发生。

目前，我国核电运行 30 多年来这方面的工作主要依靠国外的相关数据分析软件来完成，一方面浪费了大量外汇，另一方面还受制于国外公司的技术封锁，增加了相关设备的使用成本。为此，本文设计并开发了一套蒸汽发生器传热管涡流检测数据分析软件。通过与国外软件分析结果的对比，证实了该软件对传热管实际缺陷的定位、定量、定性等功能及性能均已达到了国外同类软件的技术水平，从而能够为我国核电站蒸汽发生器传热管役前和在役涡流检测提供高效、可靠的国产化数据分析平台。

1　平台架构

由于软件设计是本系统开发的关键，因此基于国内、外主流涡流数据格式的研究、分析和验证，进而结合对混频、信号测量、二维和三维图像显示及自动分析等核心算法的探索研究，最后根据反复修订后的软件需求分析和总体架构设计方案设计编写了各软件功能模块的具体代码。整体平台遵循“设计—编写—测试—分析—改进”的开发流程，对每一个开发模块都进行了功能测试和稳定性测试，接着根据测试结果修正或完善软件代码、核心算法和模块设计方案，最终自主开发出兼容性好、功能齐全的蒸汽发生器传热管涡流检测数据分析软件。

该涡流数据分析平台设计秉承了“模块化设计”的理念，每个子功能模块完成特定的功能，并且各模块所处的逻辑地位平等[3]。

2　功能模块设计

考虑实际应用中对蒸汽发生器涡流数据分析结果的处理和相关标准要求，结合国内、外相关涡流数据分析软件的使用特点，在软件功能满足数据分析要求的同时，应符合分析人员的使用习惯，以提高工作效率。主界面布局库中各类之间的关系如图 1 所示。此外，为满足分析人员的不同需求，在菜单栏和工具栏子目录下设置文件（配置、退出）、设定（界面布局、曲线标定、混频等）、登陆（不同权限）、管组、摘要、报告、标志、历史等选项或功能按钮。各功能模块可满足不同的功能需求。

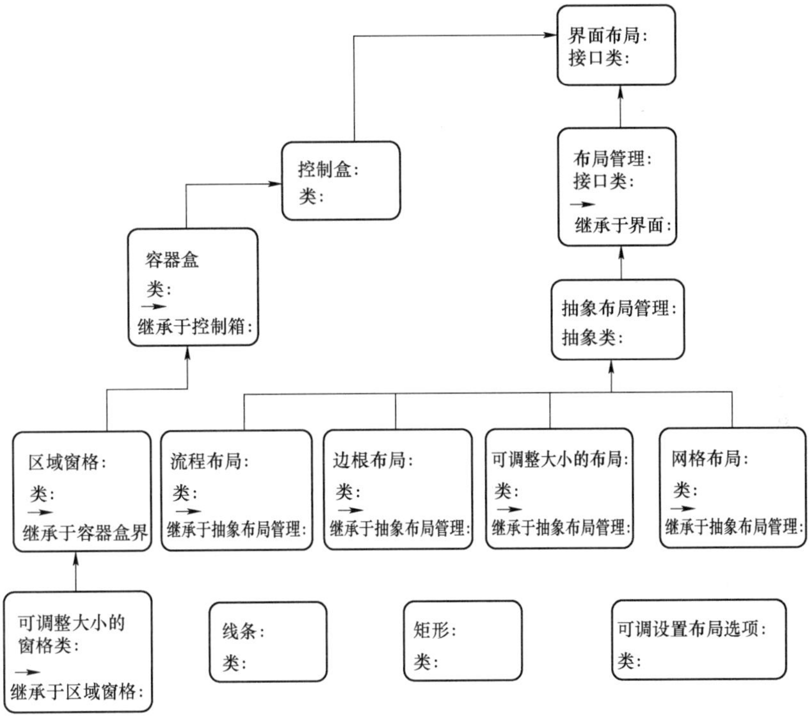

图 1　界面布局类关系图

（1）参数设置和涡流数据的读取功能：能够将当前的设置参数保存为一个文件，且能读取和恢复；能够读取多种不同类型的 Bobbin 和 MRPC 涡流数据。

（2）Landmark 功能：Landmark 是蒸发器中支撑或限制传热管的结构，在涡流分析中可以用来对传热管缺陷进行轴向定位。该功能应能在 Landmark 栏中全自动或半自动生成 landmark 列表，且必须能够反映出冷端或热端；另外，还建立了不同类型反应堆蒸汽发生器的 Landmark 数据库，对相应历史数据可以读写或编辑。

（3）条状图：数据显示方式设计为自下而上；在条状图改变选中区域时，其他图中须同步体现此变化；条状图可以用鼠标左键移动选中，也可以使用滚轮改变选中区域整体位置，在移到顶部或底部位置时隐藏的数据可以自动显示出来。

（4）李萨图及放大图：李萨图应在顶部有三个按钮：通道按钮，缩放按钮，旋转按钮；下部有四个标签：测量方式，测量值，光标位置，报告；并且实现了自动对中功能、手动测量功能和自适应功能。

（5）标定功能：为了对缺陷进行定量须实现标定功能，即能够将某一通道中的某一信号设定为设定值，此设定可以仅应用在当前通道或指定通道或全部通道；需要建立以下标定曲线：相位曲线，幅值曲线（%），幅值曲线（mm），其中相位标定曲线须同时包含内、外两种缺陷，且分别能够添加点数或编辑。

（6）报告功能：发现缺陷后，在此窗口中点击“报告”即可跳出对应窗口，此窗口中显示内容为当前产生的一条报告，在此窗口中能对当前报告进行局部修改；报告中应包含重要参数（如幅值，相位，位置等）且能读取李萨窗口或系统参数；为便于数据管理，生成的报告有两种格式，一种为二进制，另一种为 ASCII，并且读取历史数据时必须能还原生成此报告时的现场所有参数设置。

3 关键技术研究

3.1 数据格式研究

由于不同涡流仪采集到的信号数据都是以2进制或16进制的形式存储，且包含信息较多、各部分的排放顺序也不统一，因此需对各种涡流数据的格式进行研究。通常涡流数据文件由三部分组成：文件信息头、数据主体部分和注释信息，每一个部分都以特定字节为起始段。通过条状图和李萨图进行显示时，对原数据有很强的依赖性且必须保持同步，即需要实时根据条状图中选取的区域和放大倍数、旋转角度等因数更新李萨图中的显示部分，但又不能修改原数据，以避免其他模块对原数据进行调用和读取时产生误读的情况，因此必须对原数据进行预处理从而保证数据的顺利读取和原数据的唯一性。

采用先判断数据类型的方式作为处理起点，即读取后先判断是哪种数据，然后再定位到数据主体区域进行处理。考虑到分析报告和 Summary 的读取问题，须在相应类型原始数据中一并进行处理，具体流程为：

（1）在选取的文件根目录下查找数据文件逐个读取并延伸至子目录中。

（2）针对引用变量，设定一个全局对象用于存储采集到的原数据的全部内容且位于模块顶端便于其他各模块的调用，在每一个具体模块中再设定对应的对象对该全局对象进行调用后处理，提取出针对该具体模块有用的信息后经换算和更改供模块使用。

（3）针对非十进制和排列顺序不统一的问题，采取用 2 进制数据流和定位原数据区域的方法先创建数据流对象然后通过其读取 2 进制比特流的功能截取原始数据中的有用字节。

（4）对于数据字节高低位的问题，采取变换方法进行处理，即通过 $256\times256\times256\times v0+256\times256\times v1+256\times v2+v3$ 或 $256\times256\times256\times v3+256\times256\times v2+256\times v1+v0$ 的处理进行转换（其中 v0、v1、v2、v3 为单次读取的 4 个字节）。

（5）相应的条状图和李萨图的显示也需要在数据预处理后，根据当前的处理显示出相应的图像，即需要在各种类型数据预处理函数中调用定义好的绘画函数，利用每一帧读取的数据实时显示出来。

3.2 噪声滤除算法研究

3.2.1 涡流信号去噪方法

在信号处理中，噪声可导致波形畸变使得想要获取的信息不易识别或误判，因此滤除噪声可以减小无用信号对量化显示图形的影响。对于涡流信号噪声滤除的处理通常有两种方法：低通滤波和高斯滤波，本文开发的分析软件针对不同类型的涡流信号分别采用了上述两种方法。

3.2.2 低通滤波算法研究

图像在传递过程中，由于噪声主要集中在高频部分，为去除噪声改善图像质量，滤波器采用低通滤波器来抑制高频成分，通过低频成分，然后再进行逆傅立叶变换获得滤波图像，就可达到平滑图像的目的。在傅里叶变换域中，变换系数能反映某些图像的特征，如频谱的直流分量对应于图像的平均亮度，噪声对应于频率较高的区域，图像实体位于频率较低的区域等，因此频域常被用于图像增强。在图像增强中构造低通滤波器，使低频分量能够顺利通过，高频分量有效地阻止，即可滤除该领域内噪声[4,5]。

图像增强的方法分为空域法和频域法两种，空域法是对图像中的像素点进行操作，用公式描述如下：$G(x,y)=F(x,y)H(x,y)$，其中是 $F(x,y)$原图像；$H(x,y)$为空间转换函数；$G(x,y)$表示进行处理后的图像。频域法是间接的处理方法，是先在图像的频域中对图像的变换值进行操作，然后变回空域。通常是先对图像进行傅里叶变化到频域，再对图像的频谱进行某种滤波修正，最后将修正后的图像进行傅里叶反变化到空域，以此增强图像。将修正后的图像进行傅里叶反变化到空域，以此增强图像，流程如图 2 所示。

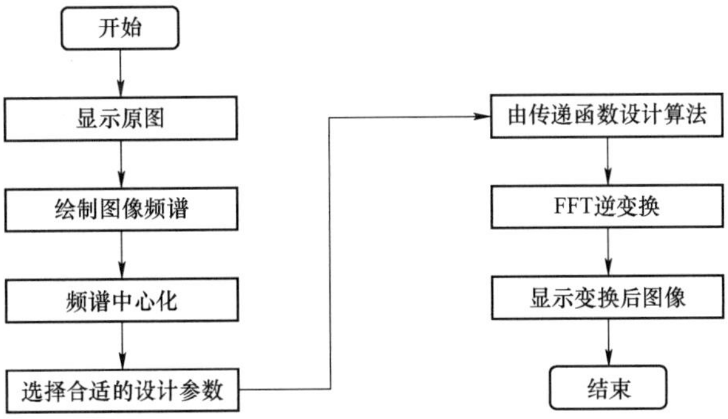

图 2　傅里叶增强算法流程

3.2.3　高斯滤波算法研究

高斯滤波实质上是一种信号滤波器，其用途是信号的平滑处理。数字图像用于后期应用，其噪声是最大的问题，由于误差会累计传递等原因，很多图像处理教材会在很早的时候介绍 Gauss 滤波器，用于得到信噪比 SNR 较高的图像（反映真实信号）[6]。与此相关的有 Gauss-Laplace 变换，其实就是为了得到较好的图像边缘，先对图像做 Gauss 平滑滤波，剔除噪声，然后求二阶导矢，用二阶导的过零点确定边缘，在计算时也是频域乘积＝＞空域卷积。高斯滤波有多种方法，比如直接法、逼近法、二维高斯滤波器[7]，本软件设计采用多种滤波方法。考虑到二维表面测量是在单一轮廓曲线上评定表面特征参数，其包含信息量少，不能综合反映表面特征。而三维表面形貌测量则是在一定区域中评定表面特征参数，能整体反映表面情况，更接近于真实情况。因此设计利用高斯逼近滤波器建立该参考面。

将一维高斯滤波器的权函数扩展到二维，就构成了三维表面形貌测量中的二维高斯滤波器。二维高斯滤波器的权函数如公式（1）：

$$h(x,y)=\frac{1}{\rho\lambda_{xc}\lambda_{yc}}\cdot\exp\left\{-\frac{\pi}{\rho}\left[\left(\frac{x}{\lambda_{xc}}\right)^2+\left(\frac{y}{\lambda_{yc}}\right)^2\right]\right\} \tag{1}$$

式中：λ_{xc}和λ_{yc}分别是 x 轴和 y 轴方向上的截止波长，当$\lambda_x=\lambda_{xc}$，$\lambda_y=\infty$或$\lambda_y=\lambda_{yc}$，$\lambda_x=\infty$时，二维高斯滤波器的幅度传输特性为 50%，所以$\rho=\ln2/\pi$。

由公式（1）可以得到：

$$H(\lambda_x,\lambda_y)=\exp\left\{-\pi\rho\left[\left(\frac{\lambda_{xc}}{\lambda_x}\right)^2+\left(\frac{\lambda_{yc}}{\lambda_y}\right)^2\right]\right\}$$
$$=\exp\left\{-\pi\rho\left(\frac{\lambda_{xc}}{\lambda_x}\right)^2\right\}\bullet\exp\left\{-\pi\rho\left(\frac{\lambda_{yc}}{\lambda_y}\right)^2\right\} \tag{2}$$
$$=H(\lambda_x)\bullet H(\lambda_y)$$

可知，二维高斯滤波器具有分离特性，能够在 x 轴和 y 轴方向上分解成两个一维高斯滤波器，并且分别计算。两组一维逼近滤波器分别沿 x 轴和 y 轴方向处理采样点，最终合成建立三维表面滤波的参考面。

3.2.4 边缘效应抑制

边缘效应存在于有限采样数据经过滤波器滤波后在数据边缘产生的数据失真。若数据量充足，边缘效应影响很小。但若需测量边缘数据时，边缘效应就会影响轮廓评定。为此，软件设计了一种边缘效应抑制方法，通过改善滤波结果边缘，从而加大表面评定长度。

研究可知，公式（2）产生边缘效应的主要因素在于 $r(i)$，若 $r(i)$的初始值，即 $r(0)$给定理想值，则能在很大程度上抑制边缘效应。设，

$$r(i)=v(i)+w(i) \tag{3}$$

式中：$v(i)$是零输入 $(x(i)=0,i=1\cdots N)$ 且 $r(0)$不为零时公式（2）的滤波输出；而 $w(i)$是输入 x 不为零且 $r(0)=0$ 的情况下，公式（2）的滤波输出。

利用最小二乘法确定 $r(0)$，

$$l[r(0)]=\sum_{i=1}^{N}[r(i)-x(i)]^2 \tag{4}$$

首先研究 $v(i)$，设 $r(0)\neq 0$，$x=0$，由公式（3）可知，

$$\begin{cases}v(1)=r(0)(1-a)\\ v(i)=r(0)(1-a)^i \quad i=2\cdots N\end{cases} \tag{5}$$

研究 $w(i)$：设 $r(0)=0$，x 为待处理数据，由公式（2）可知，

$$\begin{cases}w(1)=a\bullet x(1)\\ w(i)=ax(i)+a(1-a)x(i-1)\cdots+a(1-a)^{i-1}x(1)\\ i=2\cdots N\end{cases} \tag{6}$$

将公式（5）和公式（6）代入到公式（4）中，并对 $r(0)$建立导数为零的方程：

$$\frac{\partial l[r(0)]}{\partial r(0)}=0 \tag{7}$$

可得：

$$r(0)=\frac{a\bullet A}{(1-a)[1-(1-a)^N]} \tag{8}$$

且 $A=x(1)(1-a)^N\cdots+x(n)(1-a)^{N-i+1}\cdots+x(N)(1-a)$ 。因此由公式（8）可通过最小二乘法确定初始值 $r(0)$。

3.3 缺陷测量方法研究

缺陷信号测量是涡流定量分析中的重要功能[8]，蒸汽发生器传热管涡流检测数据分析时

常用三种测量方法为[9]：峰峰值测量（V_{pp}），最大变化率测量（V_{mr}），最大垂直分量（V_{vm}），其算法思想如下所示。

3.3.1　峰峰值测量法

（1）被测数据的开始序号为 startPoint，结束序号为 endPoint。

（2）依次取出 startPoint 和 endPoint 之间的任意两个数据点，求出此两点之间的距离 d。将此新测出的 d 值与旧 d 值相比较，如果新值更大，则替换为新 d 值，同时记录相应两点的序号。

（3）最终所得到的两点即所求点，可以计算出幅值和相位，即公式（9）。

$$V_{\mathrm{pp}} = \mathrm{Max}\left(\sqrt{(X_i - X_j)^2 + (Y_i - Y_j)^2}\right) \tag{9}$$

3.3.2　最大斜率测量法

（1）在某通道中选定 N 个连续排列的数据点后先进行峰峰值测量。

（2）求出被测数据的峰峰点，获取选定数据段在对应李莎育图上的相距最远的两个点 P_m 和 P_n。

（3）在 P_m 和 P_n 之间，依次取出任意两个数据点，序号分别为 P_i 和 P_j，此两点之间的连线为 L。

（4）依次求出 P_i 和 P_j 之间距离 L 最远的点 P_{k}，设此距离为 H，计算 H 和 L 的比值。

（5）选中不同的 P_i 和 P_j 会得到不同的 P_{k} 点，这样得到诸多 P_{k} 点组成一个数组，求出其中 H 和 L 最小的比值，由该值对应的 P_i 和 P_j 可求出相位信息，即公式（10）。

$$V_{\mathrm{mr}} = \mathrm{Min}\left(\frac{H}{L}\right) \tag{10}$$

3.3.3　最大垂直分量法

（1）在某通道中选定 N 个连续排列的数据点，开始点序号为 startPoint，结束点序号为 endPoint。

（2）依次获取每个点的垂直分量，对所有垂直分量进行比较，得出最大和最小值及相应的序号。

（3）二者之差即最大垂直分量，所得的序号即所求的点，即公式（11）。

$$V_{\mathrm{vm}} = \mathrm{Max}\left(\left|Y_i - Y_j\right|\right) \tag{11}$$

3.4　混频算法描述

设计混频算法的目的就是求出支撑板对传热管在支撑板处的信号的贡献量（或称为影响系数 E），本文经研究后采用的多频涡流信号混频的基本思路通过如下阻抗图形象地说明所示。

本文经研究后采用的多频涡流信号混频的基本思路：用 $F_1 = 80$ kHz 和 $F_2 = 48$ kHz 同时激励检测探头线圈，得到两幅频率分别为 F_1、F_2 的阻抗图形如图 3 所示，可以看出它们之间的支撑板图形有三个不同点：（1）幅度不同；（2）形状不同；（3）相互之间呈现不同的取向。保持 F_1 的参数不变，将 F_2 图形经过因子变换，即改变图形的水平和垂直比率，以及图形旋转等处理，把 F_2 图形上的支撑板轨迹调节成与 F_1 图形上支撑板轨迹一致，如图 4 所示，将两图形矢量相减即可消除支撑板信号。由于 F_1 图形和处理后的图形 F_2 缺陷相位、幅度均不相等，因此矢量相减后，缺陷信号仍可以保留。设 C_1、C_2 分别为在频率 F_1 和 F_2 下得到的测试结果。$A_1(s)$、$A_2(s)$分别为缺陷在 F_1 和 F_2 下的反应。$B_1(N)$、$B_2(N)$分别为某一干扰源在 F_1 和 F_2 下的反应，则有：

$$\begin{aligned} C_1 &= A_1(s) + B_1(N) \\ C_2 &= A_2(s) + B_2(N) \end{aligned} \tag{12}$$

可以看出在某一频率下的综合测试结果为缺陷和干扰源对探头阻抗影响的矢量和。若令 δ 为调节因子，并使 $\delta B(N) = B_2(N)$，则有：$\delta C_1 = \delta A_1(s) + \delta B_1(N)$。

由公式（12）得：

$$\delta C_1 - C_2 = \delta A_1(s) - A_2(s) \tag{13}$$

此时的测试结果只与缺陷有关，是缺陷的单值函数，这就抑制了传热管支撑板的干扰。所以混频问题即转化为如何求得调节因子 δ，而线性代数法和相位旋转相减法是常用的两种运算方法，本文采用的是了相位旋转相减法。

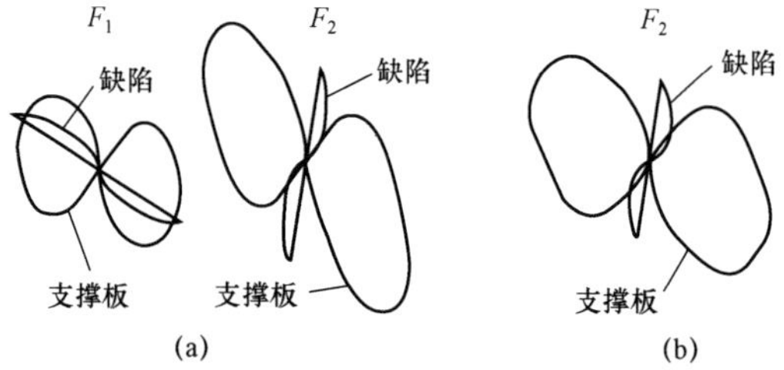

图 3　用频率 F_1 和 F_2 激励分别得到的图形（a）F_2 调整后的图形（b）

3.5　三维图像实现研究

3.5.1　坐标变换

由于空间模型需通过三维坐标来表示，而用来显示图形的输出设备（如显示器、投影仪等）都是二维的，所以欲在二维的屏幕上显示以三维坐标表示的几何模型，应用程序就必须实现从三维坐标到二维坐标（即从世界坐标到屏幕坐标）的转换，即坐标变换[10]。鉴于几何模型的基础要素是点，显示器也是由点（即像素点）组成，因此问题转化成点点之间的变换。提出的变换过程如下：

（1）模型坐标系（Object Space）及变换

（2）世界坐标系（World Space）及变换

模型在三维空间的运动和变换过程称为世界变换，如平移、旋转、缩放等。模型所在的三维空间为世界空间，所在的三维坐标系为世界坐标系，模型顶点在世界坐标系里的坐标变换为世界变换。

（3）观察坐标系（View Space）及变换

观察坐标系也可称为摄影坐标系。观察坐标系的原点是在观察者的眼睛或摄像机。观察坐标系的 Z 轴就是眼睛看到的前方，Y 轴就是相对于眼睛的上方，X 轴可由其 Y 轴和 Z 轴计算出来。

（4）投影坐标系（Projection Space）及变换

模型从世界坐标系转换到观察坐标系后，最终要将三维物体投影到二维表面上，这个过程就是投影变换。

（5）屏幕坐标系（Screen Space）及变换

屏幕坐标系（即显示器上坐标系）为二维，左上角顶点定义为原点（0，0），X轴为横向，Y轴为纵向。几何模型在投影坐标系中表示为浮点坐标，通过定义屏幕显示区域（一般为显示窗口大小），可将浮点坐标转化为像素坐标，此过程为视区变换，该像素坐标值称为屏幕坐标。

因此，本文利用 DirectX 提供的函数或接口实现上述变换功能（也可自编函数实现）。

3.5.2　MRPC 数据分割

通常现场采集到的涡流数据为原始数据。而原始数据是探头沿着管子的螺旋线采集得到，所以根据触发通道将每个通道的数据分割成多段数据（设有 M 段）。由于探头实际转速会有波动，而数据采样率保持不变，则产生各段之间数据点数不同的情况，进而影响了后续数据的处理。因此需要统计出段的平均点数（设为 N），然后对点数不为 N 的每段数据进行插值，最终可以得到一个大小为 $M\times N$ 的涡流数据数组 A，整个过程如图 4 所示。根据该数组即可建立世界坐标系内的空间点，坐标 X 值即周向序号（取值为 0 和 $N-1$ 之间），坐标 Y 值即轴向序号（取值为 0 和 $M-1$ 之间），坐标 Z 值为 A［X］［Y］对应的值。鉴于若干文件的 MRPC 涡流数据太多，分析时无须把这些数据全部显示，因此可选取数组 A 中的一部分数据进行显示和分析。

周向每个点代表的弧度为：$\pi\times D/$（$N-1$）；轴向每个点代表的长度可以由推拔器前进速度和探头旋转速度（即 pullSpeed/rps）求出。对于行列号分别为 i 和 j 的点其所处周向位置为 $i\times\pi\times D/$（$N-1$），实际轴向距离为 $j\times P+i\times P/$（$N-1$），其中 P 是螺旋线的螺距。

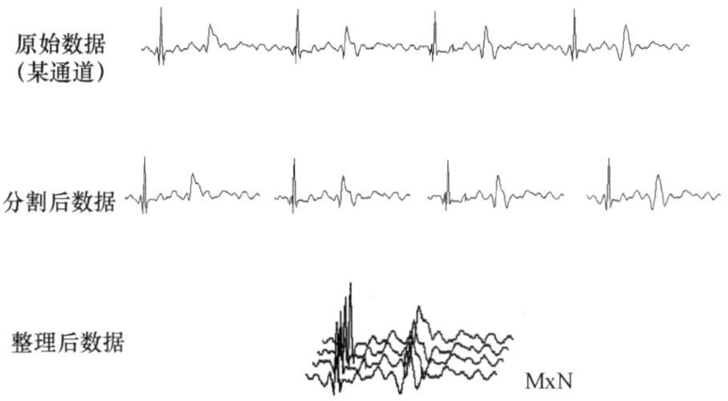

图 4　MRPC 数据分割示意图

3.5.3　三维图像实现

实际数据分析显示时会用到以下几种效果：（1）栅格图：此种图一般为两色（如数据点组成的曲线为白色，背景为黑色），尽管色彩单调，但一般都能满足分析要求。（2）渲染：彩色的三维效果图更有利于分析人员观察和分析涡流数据，所以每一空间点除了含有空间坐标分量还需要有颜色这一分量。由于 DirectX 渲染的最小单元为三角形，所以待渲染的整个空间曲面可以划分为有限个相邻的三角形。为这些待渲染的三角形建立顶点缓存（Vertex buffer）和序号缓存（Index Buffer）后交给 DirectX 即可完成渲染[11]。（3）管状图：由于检测对象为管子，将显示效果做成管状能直观显示缺陷的位置和大小，国外公司的涡流数据分析软件多用此种效果。实现过程类似上面的渲染，所不同的是渲染使用的是笛卡尔坐标系，而管状效果使用的是柱状坐标，故需作坐标转换。（4）俯视图：此种效果类似于超声检测中的 C－Scan 效果，借助该图分析人员能一目了然地看出缺陷的分布和严重程度，同时又可为缺陷测量提供帮助。以上几种均为投射投影，可以实现空间旋转等操作，俯视图可使用正交投影，故不能实现旋转操作。鉴于上述效果图的优缺点，本研究提出的三维图像实现流程如图 5 所示。

4 系统实现及对比

考虑该软件需对用户权限做区分处理及满足对数据处理的实时更新，同时还涉及多个条状图和李萨图的显示和操作以及分析报告结果的统计分析，因此为了实现软件界面操作的简便性，系统平台采用了 Tree View 显示风格。另外，兼顾其他自主开发软件接口的通用性，采用了 Visual studio 2015 作为开发平台，并通过 C#语言实现系统的设计开发[12]。

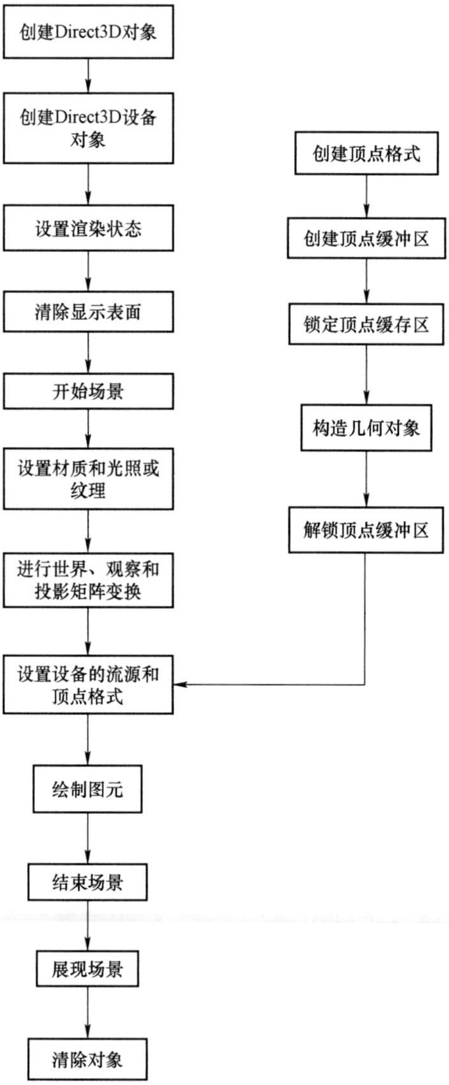

图 5　三维图像实现流程图

本系统所有操作始于对原始采集数据的识别和预处理，通过算法自动识别数据类型后，将各自信息进行提取并用于不同功能模块的后续调用、处理与读取，经相关操作后系统效果如图 6 所示。

```
Try
{ fs.Seek(0, SeekOrigin.Begin);
XXXHeader header = XXXHeader.ReadStruct(fs);
  if (header.FileType != 0x....) return false;
      string row = "", col = "";
      int entryNum = 0;
  if (ParseFileName(fs,fs.Name, ref row, ref col, ref entryNum))
    { header.ROW = row;
      header.COL = col;
      header.Entry = entryNum;

MainFrame.dataStorage.DataSets[0].Pic = row + "-" + col + "-" + entryNum;
      }
……………………………………
 for (int chan = 0; chan < NumChannels; chan++)
   { if (channelsBackup[chan] == null)
     { RawDataChannel channel =
            new RawDataChannel();
   channel.NullPoint = new DataPoint(62 000 + 500, 62 000 + 650);
        ds.AddChannel(channel);
      }
      else
       { RawDataChannel channelOld = (RawDataChannel)channelsBackup[chan];
        channelOld.Data.Clear();
        IList list = channelsBackup;
        list.Remove(channelOld);
          ds.Channels.Add(channelOld);
        }
     }
    ………………………………
  while (enumerator.MoveNext())
   { ProcessChannel processChannel = (ProcessChannel)enumerator.Current;
      processChannel.AddChannel(ds.Channels);
   }
    }
```

进一步验证本软件对数据的分析效果，采用一组实际数据样本进行对比分析。对比采用的是行业内普遍采用的国外进口涡流数据分析软件 Eddynet。鉴于篇幅，本文简要列举了测量缺陷幅值的对比效果（左图为自主软件，右图为进口软件），如图 7 所示。另外，根据后台大数据，多维度测试得出：本软件对缺陷的测量和定位精确可靠，具备替代国外同类软件的潜能。

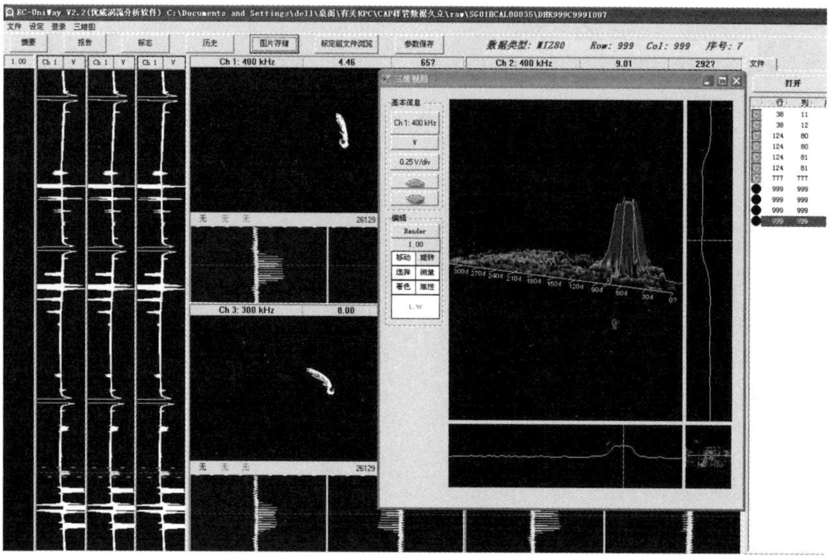

图 6　涡流数据分析软件操作主界面

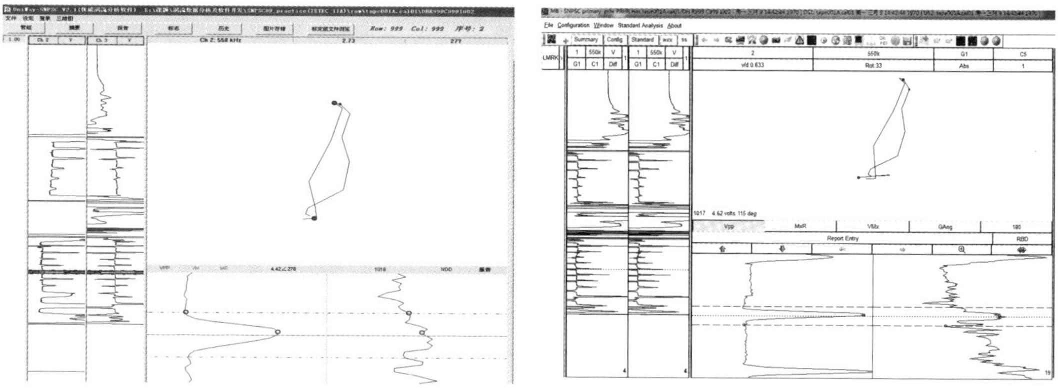

（a）EC－UniWay（4.42 V）　　（b）（b）Eddynet（4.62 V）

图 7　CH2 60%信号分析结果对比

5　总结与展望

本文对蒸汽发生器传热管涡流数据分析软件的相关功能和技术进行了研究和介绍，并经实验测试后得出结论：该软件对传热管实际缺陷的定位、定量、定性等功能及性能均已达到了国外同类软件的技术水平。该软件的研发设计不仅有利于降低核电站在役检查实施成本，而且能够及时掌握核电站蒸汽发生器传热管的运行状态，以消除存在的安全隐患，确保蒸汽发生器传热管的状态满足运行要求，从而有效减少机组故障的停机次数和核事故的发生概率。考虑到相关自动分析功能的必要性，未来软件仍有进一步提升的提升和优化空间。

参考文献

［1］林诚格，郁祖盛，等. 非能动安全先进核电厂 AP1000［M］. 北京：原子能出版社，2008.

［2］NURER/CR-6365，INEL-95/0383.

［3］Watson K，Nagel C．C#入门经典［M］. 北京：清华大学出版社，2008.

[4] 杨捷，冯兵，等. 频域图像增强混合滤波算法及在作物缺素中的应用［J］. 计算机工程与设计，2014（09）：3156-3162.

[5] 黄德威，陆健强，等. 基于大气光值图的自适应去雾算法［J］. 计算机工程与设计，2018（04）：1130-1135.

[6] 许景波，袁怡宝，等. 表面粗糙度测量中的高斯滤波快速算法［J］. 计量学报，2005，26（04）：309-312.

[7] 张静，张浩. 三维表面测量中的高斯滤波快速算法［J］. 工具技术，2011（09）：83-86.

[8] 民用核安全设备无损检验人员资格鉴定委员会. 民用核安全设备涡流检验技术［S］. 2012 年版.

[9] 任吉林，林俊明. 电磁无损检测［M］. 北京：科学出版社，2008.

[10] 赵辉，王晓玲. 计算机图形学：三维模型处理算法初步理论与实现（C#版）［M］. 北京：海洋出版社，2014.

[11] 伍逸. C#二维三维图形绘制工程实例宝典［M］. 北京：电子工业出版社，2010.

[12] 梁冰，吕双，王小科. C#程序开发范例宝典［M］. 北京：人民邮电出版社，2009.

某核电机组热试期间中央冷冻水系统 B 列启动失败事件分析

王　钊

（上海核工程研究设计院有限公司，上海　200233）

摘要： 某核电机组在热试期间其中央冷冻水 B 列启动失败，经过现场排查发现由于中压断路器合闸闭锁电磁铁故障，导致此次启动失败。在核电项目的调试过程中，此类型的故障发生频繁。为了后续项目电气调试工作顺利开展，减少此类故障的发生，本文将对此类故障进行分析，并结合现场的调试工作，在设计、采购、调试等环节提出处理措施，以达到降低此类故障频率的目的。

关键词： 热试；中央冷冻水系统；中压断路器；合闸闭锁电磁铁

The Analysis of Failure Event of Column B in Central Chilled Water System During a Nuclear Power Plant Thermal Test

WANG Zhao

(Shanghai Nuclear Engineering Research & Design Institute Co., Ltd.，Shanghai 200233，China)

Abstract: During the heat test，a nuclear power unit failed to start the central chilled water column B. After the on-site inspection，it was found that the start-up failed due to the failure of the medium-voltage circuit breaker closing electromagnet. This type of failure occurs frequently during the commissioning of nuclear power projects. In order to carry out the electrical commissioning work of the follow-up project smoothly and reduce the occurrence of such faults，this paper will analyze such faults and combine the on-site commissioning work to propose treatment measures in the aspects of design，procurement and commissioning. The purpose of reducing the frequency of such failures can be achieved.

Key words: The Heat Test；Central Chilled Water System；The Medium Voltage Circuit Breaker；Closing Lock Electromagnet

---

作者简介： 王　钊（1994—　），男，四川阆中人，工程师，学士，现主要从事核电厂继电保护调试

某核电机组在热试期间 VWS B 列（中央冷冻水 B 列）启动失败。经过现场排查，发现此次启动失败原因是中压断路器常规岛进线断路器的合闸回路闭锁电磁铁损坏，导致断路器收到合闸命令后无法正常合闸。由于此类事故曾多次发生，所以本文将结合现场的调试工作，对此类故障进行分析、总结，在设计、采购、调试等环节提出处理措施，为后续项目提供经验反馈。

1 VWS B 列启动失败描述

2017 年，某核电机组 VWS 系统 2－VWS－ES－MS01B（52）启动失败，就地控制屏显示“启动故障 3”，无法启动 VWS 的 B 列设备。

2 中压断路器合闸回路故障

经过现场排查发现此次 VWS B 列合闸失败是由于合闸闭锁电磁铁线圈 Y1 故障。

Y1 故障导致合闸回路的 Y1 辅助触点无法闭合，合闸回路接受合闸命令后无法形成回路，合闸继电器 Y3 无法带电，断路器无法合闸。常规岛 VWS B 列进线断路器无法启动。

对故障合闸闭锁电磁铁进行电阻测量，发现闭锁电磁铁线圈电阻无穷大，线圈断线。在无其他明显因素的作用下，判定为线圈发热导致线圈熔断。

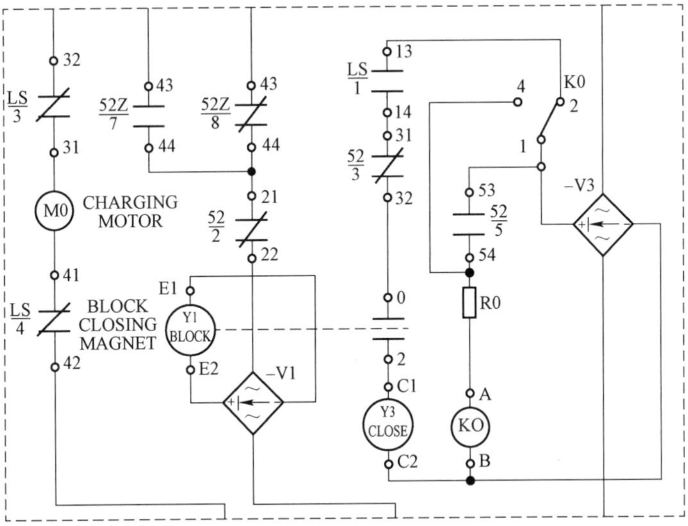

图 1 VD4 真空断路器合闸回路

本机组中压开关柜采用的 ABB 的 VD4 型中压断路器，其闭锁继电器是用来定位断路器小车位置，防止断路器小车一次侧与母排出现虚接而烧毁，当断路器处于试验隔离位置或工作位置时，断路器分闸状态下，其线圈才导通，合闸回路的闭锁电磁铁 Y1 的常开辅助触点闭合，合闸回路处于就绪状态，一旦接收到合闸命令，合闸线圈 Y3 得电，断路器合闸。其属于五防措施，其与断路器的机械位置闭锁形成双层位置闭锁，对断路器的可靠合闸有重要的意义。

图 2 合闸闭锁电磁铁实物图

3 闭锁电磁铁损坏原因分析

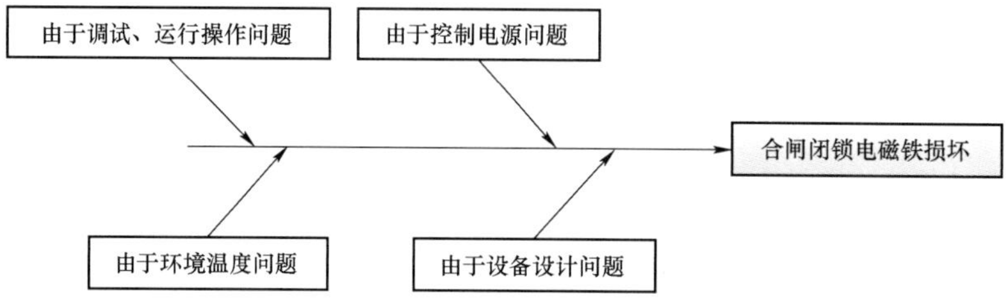

图 3 故障原因分析

3.1 调试、运行操作

（1）在断路器正常合闸运行的情况下，合闸闭锁电磁铁回路会由断路器的辅助触点 52/2 断开闭锁电磁铁线圈 Y1 回路，使 Y1 失电，所以合闸状态下的闭锁电磁铁不存在发热的问题。

（2）当处于热备用状态，核岛馈线断路器（VWS－MP－01B（52））、常规岛进线断路器（VWS－ES－MS01B（52））处于合闸状态，下游两台 01B（42－1）、01B（42－2）接触器分闸。这种情况合闸闭锁电磁铁不会得电。

（3）但是如果在此期间 VWS 核岛中压馈线断路器分闸或母线失电（此前核岛中压曾停电检修），常规岛进线断路器综保钴装置 SEL351 产生 DEAD BUS（常规岛断路器进线失电）信号动作本断路器分闸，由于其停电前为热备用状态，所以进线断路器控制电源有电，合闸闭锁电磁铁线圈会持续通电、发热。

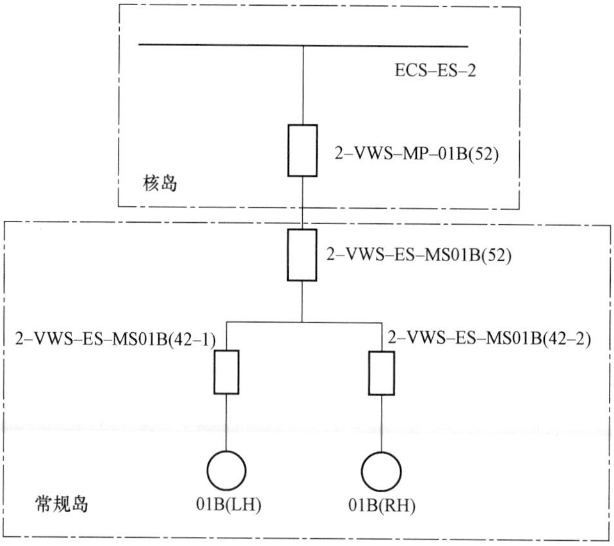

图 4 VWS B 列电气一次图

（4）常规岛进线断路器的运行分闸操作是由上游核岛的中压馈线断路器分闸后，常规岛进线断路器 SEL351 产生 DEAD BUS 信号动作分闸，如果未将进线断路器的熔丝拉掉，则合闸闭锁电磁铁会一直通电，持续发热，大大缩减其使用寿命。如果拉掉熔丝 FUP1，则合闸闭锁电磁铁失电。

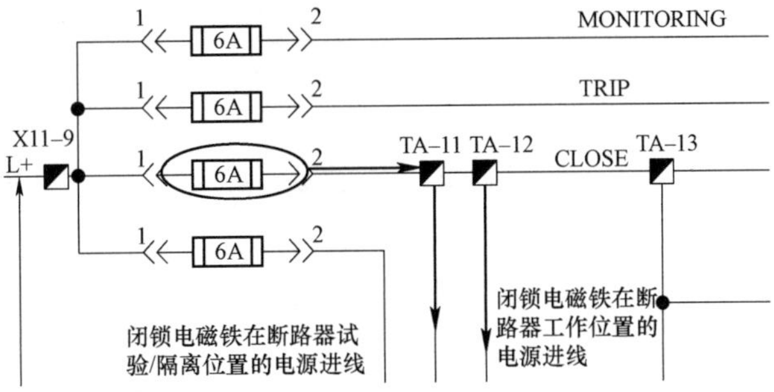

图 5　闭锁电磁铁电源进线

根据运行规程《主交流电源系统（核岛）》，其将拉掉进线断路器合闸回路控制电源熔丝写进了 5.3 VWS 高容常规岛进线断路器由工作位摇出至试验/隔离位置。所以，一旦核岛馈线柜分闸断电后较长时间内不会再次上电，则要将常规岛进线断路器按规程由工作位置摇到试验/隔离位置。

但是在上一次停机时，当时判断其短时间内不会使用，所以采用的将下游接触器分闸置于试验/隔离位置，然后核岛断路器分闸置于试验/隔离位置。因此，下游常规岛断路器会由于 DEAD BUS 分闸，其合闸闭锁电磁铁会一直处于得电状态。工艺系统试验时，都采用此方法操作，这会使得合闸闭锁电磁铁一直处于得电状态。所以，以后的 VWS 调试和运行工作中停运时设备状态，要将常规岛断路器和接触器同时分闸置于试验/隔离位置，避免出现常规岛断路器合闸闭锁电磁铁长时间上电。

除了以上描述，在操作过程中，对于进线断路器和核岛中压断路器，控制电源上电以后，并没有对合闸的时间进行规定，两者的时间间隔不确定。这也是一个风险因子。

3.2　控制电源

按照厂家规格书描述，设备的控制回路直流工作电压为 187～242 V。其中合闸线圈的工作电压为 187～242 V，分闸线圈的工作电压为 154～242 V。而合闸闭锁电磁铁与合闸线圈并联，所以厂家设定的合闸闭锁电磁铁工作电压为 187～242 V，额定工作电压为 220 V。

控制电源是额定电压 220 V 的 EDS 直流电源，厂内 EDS 系统正常运行状态（即蓄电池处于浮充状态）是 232 V 直流，均充电压是 242 V。电压控制精度为 0.5%。所以正常运行最大电压为 233.16 V，除去线损，柜内控制电源电压最大为 230 V 左右，控制电源处于合闸闭锁电磁铁工作电压范围之内，但会略高于其额定工作电压。

由于厂家并未给出合闸闭锁电磁铁的详细参数。所以，不能确定闭锁电磁铁在此电压下的具体工作寿命。后续项目在该元件采购时，应需要厂家提供该元件的详细参数。

3.3　环境温度、湿度

按照厂家规格书描述开关柜正常运行温度为 10～40 ℃，在电厂运行备用柴油机时，开关柜的运行最高环境温度可以为 50 ℃；在没有凝露的情况下，开关柜的额定运行湿度为 10%～90%。

厂内的所有电气设备间都有冷却通风系统，按照设计规定，温度都控制在 25 ℃左右、湿度低于 80%。所以，只要冷却通风系统正常运行，断路器开关柜都处于正常的环境温度。这一次的 VWS 中压进线柜的通风系统是处于运行状态，此因素可以排除。

现场中压开关柜都是放置于冷却通风房间，而 VWS（中央冷冻水系统）常规岛中压开关柜是设计变更之后放置于常规岛汽轮机层西门重新规划的小电气间，现场也加装了冷却通风系统，但是，临近汽轮机和发电机，不论设备运行与否，房间内的制冷通风系统都应该投运。

3.4 设备设计问题

VD4 中压真空断路器合闸闭锁电磁铁在厂内的故障率较高，有多次故障记录。不仅仅是在 VWS 的常规岛中压柜，VWS、CCS 等系统的核岛中压馈线柜都有出现此故障。不仅仅是在本厂内，在同类型的公司参与项目中都遇到过此类型故障。

所以，合闸闭锁电磁铁如此高的故障率与设计必然存在关系。特别关注的两点：一是长时间带电工作情况下，线圈发热问题；二是在得电失电时（即断路器合闸前后）闭锁电磁铁线圈会产生感应电压，损坏线圈绝缘性能。

4 解决措施

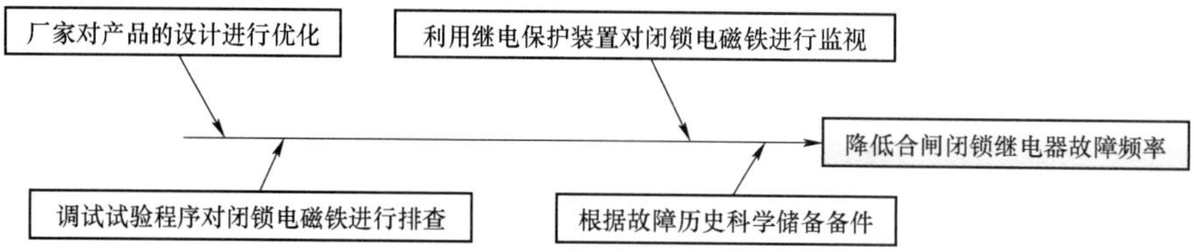

图 6 降低合闸闭锁电磁铁故障频率

4.1 厂家对产品的设计进行优化

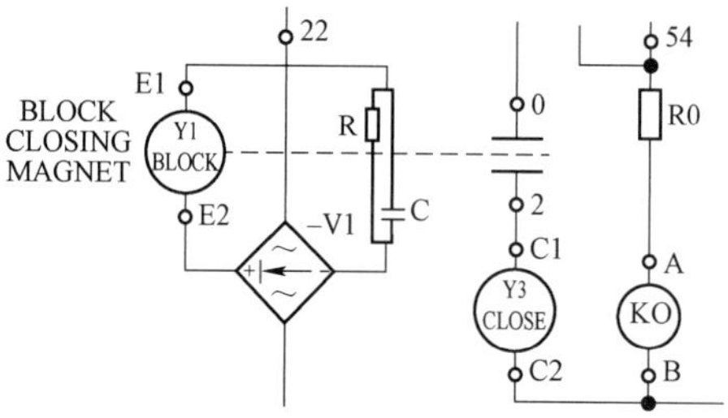

图 7 串联 RC 的合闸闭锁电磁铁线圈回路

对于断路器的闭锁电磁铁线圈回路可以进行优化。为了降低线圈的发热功率，增加线圈的使用寿命，可以在 Y1 回路串入一组 R、C 并联支路。现在已经有个人和企业提出了此方案。但厂家截至目前并未给出解决方案。

电磁铁控制电源所在的合闸回路上电，断路器小车位于试验/隔离位或者工作位置时，Y1 线圈回路接通，电磁铁动作。在动作之后，电阻 R 将会起到分压、限流作用，这样将有效降低 Y1 线圈的热功率，延长其使用寿命。

在断路器合闸后，断路器的辅助触点 52/2 常闭辅助触点断开，如果电容 C 所储存的电能小于 Y1 所储存的电能，则 Y1 形成的反向感应电压会被电容 C 的电压降低，降低后的电压通过整流桥与电阻 R 形成闭合回路被消耗；如果电容 C 所储存的电能大于 Y1 所储存的电能，则 Y1 线圈的反方向感应电动势被电容 C 的电压叠加反向，这时整流桥晶闸管被阻断，电容 C 与电阻 R 形成回路，剩余电能被 R 消耗。

所以，根据合闸闭锁电磁铁具体参数，在保证正常工作的前提下对 R、C 的参数进行计算、选择，此方案可以成为一种增加闭锁电磁铁寿命比较好的方法。

4.2　在调试试验程序中增加内容对闭锁电磁铁进行排查

合闸闭锁电磁铁可能有持续得电的工作状态。因此，关于其特性参数应该掌握，但在调试的程序里，只有断路器的单体调试程序《10.5 kV 断路器的检查》的 7.4.3.3 章节提到给合闸闭锁电磁铁提供 220 V 直流电，来验证断路器是否可以合闸，证明合闸闭锁电磁铁辅助触点的功能。其是和机械合闸按钮存在连锁，电磁铁的触头伸出，顶住合闸按钮使它不能按下来，形成一个连锁。所以其不是一个可以测量的触点，可能因此程序没有明确写明。

但是除了通过断路器的功能来验证合闸闭锁电磁铁之外，还可以增加对其线圈直阻的测量，对直阻异常的闭锁电磁铁在调试阶段就应该被识别、更换，这样使断路器的可靠性达到最佳状态。建议在后续的调试工作中能够增加该测试项目。

4.3　为方便故障排查，可增加对闭锁电磁铁线圈的监控触点

在本电厂的中压开关柜控制回路对分闸线圈有取点监测，并将其做到断路器综保装置的动作逻辑里面。但缺少对对合闸线圈、合闸闭锁电磁铁的监视。由于合闸线圈有防跳回路，所以，其并不会有长期带电的工作情况，其发生线圈发热损坏的可能性比较低。但合闸闭锁电磁铁是存在持续得电运行的工作状态。由于缺乏相关的故障指示，每次此故障发生后，都要从仪控信号开始查起，费时费力。

所以，对合闸闭锁电磁铁线圈的监视是有必要的。可以在其线圈回路接入一个监视接点，并将其与分闸线圈监视接点一样做入综保装置的逻辑里。一旦 Y1 线圈发生熔断，作为合闸的 READY 信号，可以及时发现故障。

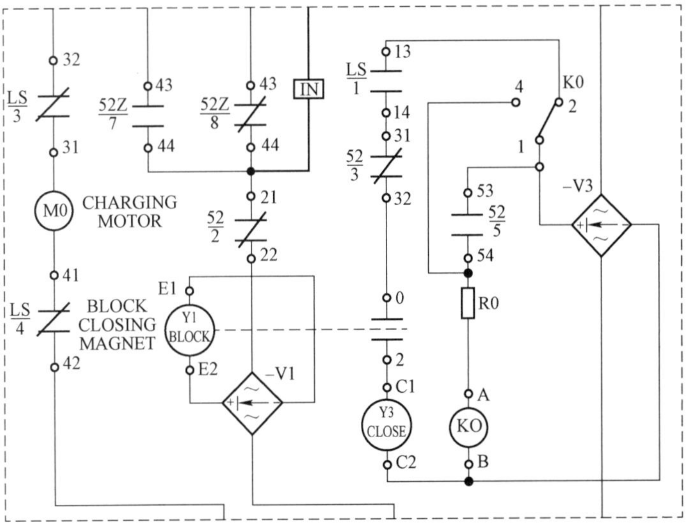

图 8　增加监视合闸闭锁电磁铁线圈监视触点

4.4　根据故障历史科学备件

此次故障发生期间正值机组热试期间，中压设备的启停频繁，闭锁电磁铁发生故障的可能性更大。所以，建议调试、维修应准备一部分备用合闸闭锁电磁铁，方便及时更换。机组商运之后，运行、维修应该根据其故障历史，对合闸闭锁电磁铁备件科学规划，减少故障处理时间。

5 结论

（1）日常运行环节应对措施

应对中央冷冻水核岛常规岛中压开关柜及其他出现合闸闭锁电磁铁损坏的中压开关柜的运行规程做出规定，在断路器控制电源上电后的规定时间内进行启动操作；在工作状态时，如果一次侧出现停电事故，在一次电源恢复之前需对断路器开关柜二次侧断电；系统长时间停机时，应将中压进线断路器拉到试验/隔离位置。

（2）调试环节应对措施

以后的中压断路器柜的单体调试，应该添加断路器合闸闭锁电磁铁线圈的直阻测量部分，在调试阶段排除个别直阻异常的电磁铁，降低后期的故障率；而且，可以在合闸闭锁电磁铁的回路加入保护监视点，在合闸闭锁电磁铁出现故障时，综保装置将会直接报警显示，以便及时发现排除故障。

（3）设计与采购环节应对措施

对于后面项目的中压开关柜的选用，应该考虑到合闸闭锁电磁铁线圈故障率较高的风险因素，完善相关设计，确保其使用寿命达标；现在的中压开关柜技术手册缺乏合闸闭锁电磁铁的详细数据，厂家应该提供详细的合闸闭锁电磁铁参数，方便试验和故障分析。

最后，本文运用系统分析的方法对VD4型中压断路器合闸闭锁电磁铁故障分析，分析了其故障原因，提出了相关的解决措施。但如果要落实相关措施，需要进一步深入研究，确保从根本上解决此类故障频发的问题。

参考文献

[1] 缪亚民．AP1000核电厂电气系统初级运行［M］．北京：原子能出版社，2011．

AP1000 机组在役检查能力验证实践和思考

肖爱武，袁光华，石　欢，张　乐

（国核电站运行服务技术有限公司，上海　200233）

摘要：核电厂无损检测在役检查是为了监测核电厂设备性能和结构的完整性，避免可能引发的核泄漏事故，是核电厂安全运行的重要保证手段之一，而核电厂在役检查能力验证是为了验证在役检查无损检测技术是否能对缺陷进行有效检测和定量，达到期望的性能要求。AP1000 是我国引进的第三代核电厂机组类型，且为全球首次建造。我国在该类机组在役检查实施和能力验证方面都缺乏现成参照经验的情况下，顺利完成了 AP1000 三门和海阳核电厂的在役检查能力验证，为役前和在役检查的可靠和有效实施提供了保障，本文主要介绍了我国 AP1000 机组在役检查能力的具体实践过程，分析了我国 AP1000 机组能力验证实施的特点，对 AP1000 机组能力验证和役前检查中遇到的问题进行了思考，以期对我国后续 AP 系列核电机组的在役检查能力验证工作的改进提供参考。

关键词：AP1000 机组；在役检查；验证

Practice and Thinking of In-service Inspection Qualification in AP1000 Nuclear Power Plant Units

XIAO Aiwu，YUAN Guanghua，SHI Huan，ZHANG Le

(State Nuclear Power Plant Service Company，Shanghai 200233，China)

Abstract：Nuclear power plant non-destructive in-service inspection is to monitor the performance and structural integrity of nuclear power plant equipments，to avoid possible nuclear leakage accident，is one of the important means of ensuring the safe operation of nuclear power plant，Qualification of nuclear power plant in-service inspection is to verify whether the in-service inspection technology can effectively detect and quantify defects，so as to meet the expected performance requirements. AP1000 units are the third generation nuclear power plant type introduced by China and the first to be built in the world. In the absence of ready-made reference experience in the inspection and qualification of such units，China has successfully completed the

---

基金项目：ASME 第 XI 卷的转化及无损检测统一规范研究 2017ZX06004001

作者简介：肖爱武（1988—　），男，江西高安人，工程师，学士，现主要从事无损检测工程应用和技术开发工作

qualifications of AP1000 Sanmen and Haiyang nuclear power plants in-service inspection, which provides a guarantee for the reliable and effective implementation of pre-service and in-service inspection. This paper mainly introduces the practical process and summarizes the characteristics of in-service inspection qualification of AP1000 units in China. The feedback problems encountered in qualification and pre-service inspections are considered in order to provide references for AP series nuclear power units in-service inspection qualification in China.

Key words: AP1000 Units; In-service; Qualification

在役检查的目的是周期性的检查和监督核电厂设备的完整性，是核电厂安全运行的必要保证手段之一，主要是通过无损检测活动，按照规范、标准和法规，对核承压设备进行周期性预防性的检验，对设备和部件中可能存在的缺陷进行监督、控制和评价，确定是否进行更换或维修，从而保证核电厂的安全运行。因此，在役检查中，无损检测技术的可靠性、结果的准确度和可追溯性将直接影响到核电厂运行状态的准确反应。

核电厂的在役检查技术能力验证为保证在役检查技术可靠性的主要手段，一般由独立的验证机构对在役检查所使用的无损检测设备、检验程序和检验人员进行综合的能力验证，判定在真实的检测条件下，在役检查技术是否能对缺陷进行有效检测和定量[1]，达到期望的性能要求。

不同的国家采用的能力验证方法不同，经过三十年的发展，国际上已经形成了比较成熟的能力验证理论体系和实践规范，目前国际上比较常用的在役检查能力验证方法主要为ENIQ、IAEA、RSME 和 ASME 等方法，其中 IAEA 与 ENIQ 方法类似。美国、法国和英国等国家分别在 21 世纪初把核电厂在役检查技术能力验证作为强制要求，并已陆续进行了在役检查能力验证[1]。

我国核电厂在役检查能力验证起步较晚，AP1000 作为我国引进的第三代核电厂机组，且为全球首次建造。我国在该类机组在役检查实施和能力验证方面都缺乏现成参照经验的情况下，顺利完成了 AP1000 三门和海阳核电厂的在役检查能力验证，且是我国首次自主完成全范围在役检查能力验证工作，对我国建设核电厂在役检查能力体系意义重大。

因此，总结分析 AP1000 机组能力验证中的成功经验，对能力验证和役前检查中遇到的问题进行思考很有必要，可为后续 AP 系列机组在役检查能力验证提供借鉴。

1 中国在役检查能力验证体系的发展

2004 年至 2007 年，中国开始大力倡导民用核电发展，核电行业界也开始逐渐意识到核电厂在役检查能力验证的重要性，在全国范围内展开了广泛的讨论[1,2]。

2011 年，国家环境保护部将开展民用核安全设备无损检验能力验证技术研究内容列入了《国家环境保护“十二五”科技发展规划》中[3]，标志着我国从国家层面开始正式研究在役检查能力验证工作；

2012 年，国家核安全局陆续批准了 AP1000 三门核电和海阳核电的役前及在役检查能力验证方案，我国开始自主开展三代核电厂全范围在役检查能力验证工作。

目前，我国核电厂在役检查（含役前检查）无损检测能力验证的工作的方式、内容、要求和流程主要按照国家核安全局 2015 的 193 号文[4]发布的“关于印发《核电厂在役检查无损检验技术能力验证实施办法（试行）》的通知执行。文件中正式将华北核与辐射监督站作为我国在役检查无损检测能力验证机构。文中明确了在役检查能力验证的验证方式及内容、能力验证的要求、人员要求以及工作接口及流程等内容。由于我国核电站机组类型较多，国情复杂，我国在实施能力验证的时候，起初的基本框架，主要参考了 IAEA/ENIQ 的验证流程，能力验证的分类主要参照 RSE－M 规范的分类原则分成了不需验证、常规验证、综合验证、特殊验证及专家评判五类[5,6]。能力验证过程中主要是依据核电机组所执行的标准规范进行，同时也会参考其他规范标准、导则的要求。

如 AP1000 机组能力验证过程中主要是依据《ASME 锅炉及压力容器规范》，参考《核电厂核岛机械在役检查规则 RSE－M》，在能力验证主要由技术论证和实际测试（盲测和明测）组成，在人员的测评中，对缺陷的评定的验收准则参照了 ASME 标准Ⅺ卷附录Ⅷ。

EPR 机组能力验证过程中主要是依据《核电站核岛机械在役检查规则 RSE－M》进行，能力验证也主要由技术论证和实际测试（盲测和明测）组成，超声波检测能力验证中，人员测评中，对验证项目的验收准则也主要参照 ASME 标准Ⅺ卷附录Ⅷ。

能力验证执行中，将个人能力验证与程序、设备验证分开，首先是进行程序和设备的验证，二者通过后，再使用这些设备和程序进行个人能力验证。

2　AP1000 机组役前/在役检查能力验证实施方案

2.1　标准规范要求

主要依据 ASME 规范（1998 年版至 2000 年补遗）及 EPRI 相关导则对运用于 AP1000 核电机组的役前/在役检查无损检验技术进行无损检验设备（系统）、无损检验程序和无损检验人员的验证，以证明用于缺陷检测和定量的检验设备、检验程序和检验人员的可靠性。

2.2　AP1000 机组检验项目验证分类

依据 AP1000 机组在役检查大纲和 ASME 第Ⅺ卷中规定的役前在役检查项目，AP1000 机组共有 47 个役前检查项目进行能力验证，将所有项目分为不需进行验证项目、常规验证项目、综合验证项目和特殊验证项目共四类。具体项目和分类对照如表 1 所示。各能力验证项目占比如图 1 所示。

表 1　AP1000 机组在役检查项目能力验证分类

序号	检验项目名称	常规	综合	特殊	不需
反应堆压力容器及其顶盖自动检查项目					
1	反应堆压力容器筒体环焊缝自动超声检验			√	
2	反应堆压力容器对焊层层下裂纹自动超声检验			√	
3	反应堆压力容器进出口接管与筒体连接焊缝自动超声检验			√	
4	反应堆压力容器安注接管与筒体连接焊缝自动声检验		√		
5	反应堆压力容器进出口接管与安全端连接异种金属焊缝自动超声检验			√	
6	反应堆压力容器安注接管安全端焊缝自动超声检验		√		
7	反应堆压力容器接管内圆角目视检查		√		
8	反应堆压力容器主螺栓自动超声检验			√	
9	反应堆压力容器主螺栓涡流检验		√		
10	反应堆压力容器主螺母涡流检验		√		

续表

序号	检验项目名称	常规	综合	特殊	不需
11	反应堆压力容器法兰螺纹孔超声检验	√			
12	反应堆压力容器顶盖 QUICKLOC 接管对接焊缝及管座自动超声检验		√		
13	反应堆压力容器顶盖 CRDM 管座对接焊缝自动超声检验		√		
14	反应堆压力容器堆内构件水下目视检验	√			
15	反应堆压力容器内部目视检验		√		
蒸汽发生器一次侧检查项目					
16	蒸汽发生器一次侧封头环焊缝超声检验		√		
17	蒸汽发生器与主泵连接焊缝自动超声检验		√		
18	蒸汽发生器进口接管与安全端连接焊缝超声检验		√		
19	蒸汽发生器 PRHR 接管与安全端连接焊缝超声检验	√			
20	蒸汽发生器传热管涡流检验检验			√	
稳压器检查项目					
21	稳压器筒体焊缝超声检验	√			
22	稳压器喷淋接管与安全端连接焊缝超声检验	√			
23	稳压器安全泄压管接管与安全端连接焊缝超声检验	√			
24	稳压器管嘴与波动管安全端连接焊缝自动超声检验		√		
堆芯补水箱检查项目					
25	堆芯补水箱筒体焊缝超声检验	√			
26	堆芯补水箱进出水接管管嘴与封头连接焊缝超声检验	√			
27	堆芯补水箱接管与安全端连接焊缝超声检验	√			
28	堆芯补水箱进出水接管内圆角区超声检验	√			
非能动余热排出热交换器检查项目					
29	非能动余热排出热交换器封头与管板连接焊缝超声检验	√			
30	非能动余热排出热交换器接管与安全端连接焊缝超声检验	√			
31	非能动余热排出热交换器传热管涡流检验		√		
32	非能动余热排出热交换器进出水接管内圆角区超声检验	√			
反应堆冷却剂主管道检查项目					
33	反应堆冷却剂主管道奥氏体不锈钢焊缝自动超声自动检验			√	
蒸汽发生器二次侧检查项目					
34	蒸汽发生器二次侧筒体焊缝超声检验	√			
35	蒸汽发生器二次侧主给水接管内圆角超声检验	√			
36	蒸汽发生器排污管与管板连接焊缝超声检验	√			
核级通用检查项目					
37	核安全级奥氏体不锈钢管道焊缝自动超声检验项目（波动管焊缝和 PRHR 管焊缝）			√	
38	核安全级设备螺栓超声检验	√			
39	核安全级奥氏体钢管道焊缝超声检验	√			

续表

序号	检验项目名称	常规	综合	特殊	不需
40	核安全级铁素体钢管道焊缝超声检验	√			
41	核安全级奥氏体钢设备焊缝超声检验	√			
42	核安全级铁素体钢设备焊缝超声检验	√			
43	核安全级设备与管道焊缝射线检验	√			
44	核安全级阀门接管与管道连接焊缝超声检验	√			
45	核安全级部件液体渗透检验				√
46	核安全级部件目视检查				√
47	核安全级部件磁粉检验				√

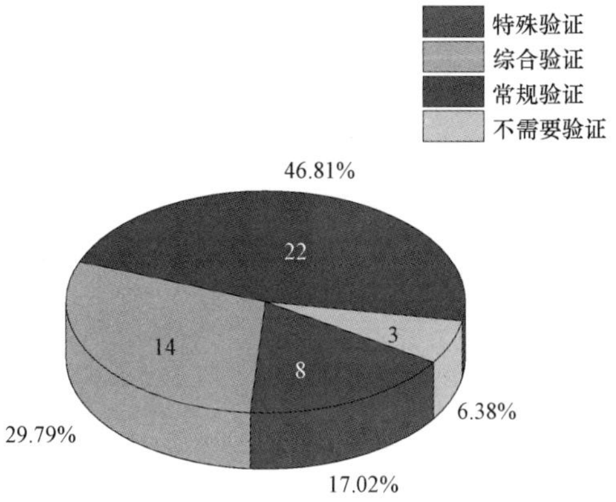

图 1　AP1000 机组能力验证方法占比

2.3　AP1000 机组能力验证流程

2.3.1　特殊验证

AP1000 核电厂的特殊验证基本按照 ASME 规范第Ⅺ卷规定性附录Ⅰ、附录Ⅷ和 EPRI 压水堆蒸汽发生器检查导则执行，并结合 AP1000 项目在役检查大纲和国内能力验证体系建设现状选择具体的验证项目。

特殊验证的验证方法主要采取对检验技术规格书、检验程序、技术论证报告等技术文件的审查和对真实缺陷或模拟真实缺陷试件的明测和盲测验证等手段来实施。特殊验证包含对检验人员的独立考核，主要是数据采集和数据分析考核，验证机构对通过的个人单独发证，只有通过了相应考核的人员才能从事对应的岗位工作。AP1000 机组特殊验证具体流程详如图 2 所示。

2.3.2　综合验证

在相似设备中，通过概率分析或国际经验证明这些设备或区域被怀疑存在影响安全的缺陷的可能性时，则这类设备所应用的无损检测技术需要进行综合验证。综合验证主要采取对检验技术规格书、检验程序和技术论证报告的审查，必要时采用明测的方法进行演示并提供演示结果的方式进行。综合验证不对检验人员独立考核。综合验证流程图如图 3 所示。

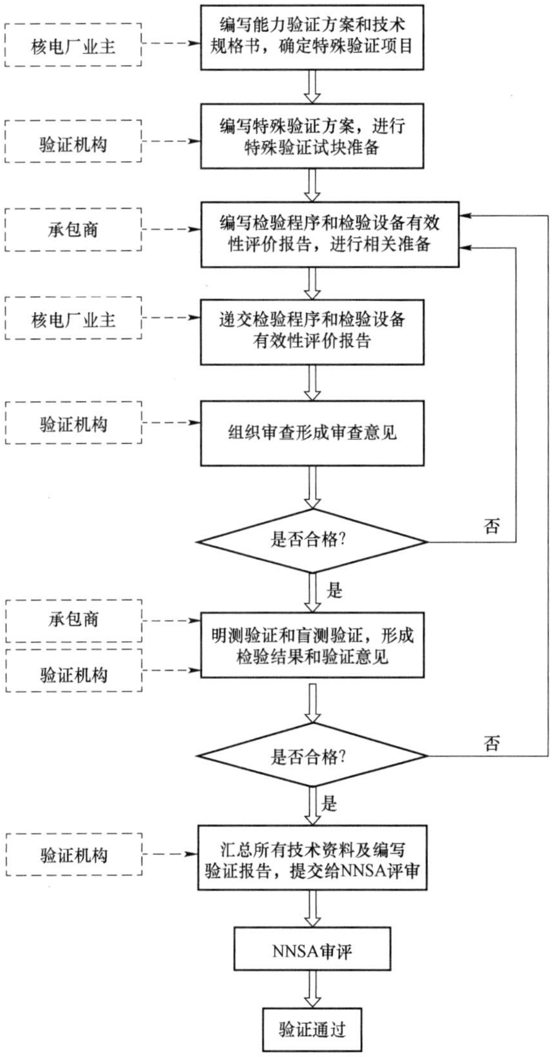

图 2　特殊验证流程图

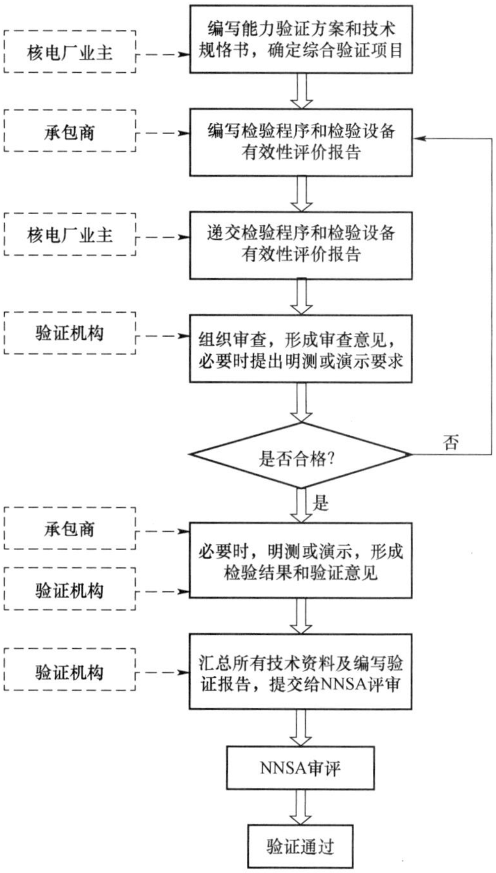

图 3　综合验证流程图

2.3.3　常规验证

对一些安全裕度较大的部件，而且从设计上考虑或以往运行状况表明从没有发生过缺陷的部件，但是基于“纵深防御”理论，防止或避免小概率事件的发生，应进行役前检查和定期检查。这类部件的在役检查技术方法通常采用常规验证方法进行验证。常规验证的验证方法主要由验证机构对承包商提供的技术文件如检验程序、技术规格书等进行评审来实施。常规验证流程图如图 4 所示。

3　AP1000 机组能力验证实施特点

3.1　技术论证与实际测试相结合

AP1000 机组能力验证上遵循了 ENIQ 能力验证体系的基本原则将验证分成了技术论证和实际测试在能力验证过程中将个人能力验证与程序、设备验证分开，首先是进行程序和设备的验证，二者通过后，再使用这些设备和程序进行个人能力验证，因此，验证失败时，容易从三者中找出原因[5]。避免了美国的能力验证PDI（ASME 规范）中，程序的验证与个人能力验证同时进行，当验证失败时，附录Ⅷ中没有澄清找出失败原因的方法，所以很难寻找验证失败的原因（程序引起或个人能力导致）。

按照法国 RSE－M 规范根据项目核安全的重要性将能力验证方法进行了分类[8]，根据不同验证方法设置了专门的验证流程，从而确保验证工作可以有序开展。

能力验证中对检验规程、设备和人员的验收准则，主要基于 ASME 规范第Ⅺ卷附录Ⅷ要求和 EPRI 的 PDI 导则进行。重视实际测试（包括盲测），强调试块的使用，注重对缺陷检测能力的统计数据。很大程度上确保了检验程序、设备和人员的可靠性。

3.2　继承了 ASME 第Ⅺ卷附录Ⅷ特点，大量使用测验试块

测验试块主要包括明测试块和盲测试块，其中明测试块主要目的是验证该项目中所涉及的程序、设备的合理性、准确性，采用明测方法能有效降低人因因素对缺陷评价的影响。主要包括设备有效性验证和程序合理性验证。

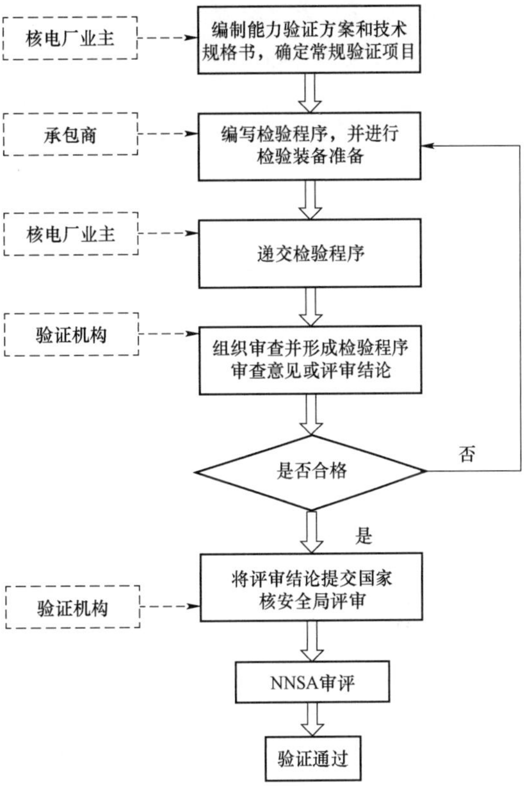

图 4　常规验证流程图

盲测试块主要是用来验证项目中程序、设备、人员三者有机结合后的无损检测技术的可靠性。在役检查承包商在验证机构提供的盲测试块上进行检验，检验完毕后提交盲测检验报告给验证机构，验证机构进行全过程验证并根据在役检承包商提交的盲测检验报告对盲测过程的规范性、数据采集完整性、缺陷检出率、缺陷定量结果准确性、质保体系运转情况等方面给出评定结果。

AP1000 机组根据检验项目的验证要求，对于综合验证项目和特殊验证项目，除了技术论证外，超声波检验需要根据 ASME 规范第Ⅺ卷附录Ⅷ的要求制作明测试块做明测演示，特殊验证需要制作盲测试块。蒸发器传热管涡流检测参照 EPRI 压水堆蒸汽发生器检查导则要求制作明测和盲测试块。

测验试块上被要求制作一定量的典型人工缺陷，如附件 2 粗晶奥氏体管道焊缝超声检验验证中要求中应使用机械疲劳裂纹和穿晶应力腐蚀裂纹或热疲劳裂纹，至少 75%的裂纹应为穿晶裂纹或热疲劳裂纹[9]。缺陷制作过程中除了缺陷性质要求外，还要求缺陷长度、高度、位置以及取向的制作都具有较高的精度，在缺陷制作过程中还要避免新增非设计缺陷。因此缺陷制作的难度很大，一旦制作失败，超出设计容差，会严重影响测试的置信度，导致验证的失败。而这种精准的缺陷制作技术，大多被国外掌握，目前世界上比较著名的缺陷试块制作公司，分别为美国的 FlawTech 公司和英国的 Sonaspection 公司。这两家公司被公认为对缺陷制作尺寸控制的比较精准，且长期为美国 EPRI 的 PDI 验证提供试块。AP1000 机组的测验试块也主要由英国的 Sonaspection 公司提供，但供货周期长，且成本高昂。

3.3 特殊验证的人员考试通过率不理想

特殊验证项目中需要对检验人员进行独立验证，人员验证考核内容包括数据采集和数据分析考核。

数据采集人员考试为验证机构根据在役检查承包商上报的人员名单，对被验证人员进行分组，每人 1 组或随机组合每 2 人一组。2 人一组时通过抽签的办法确定各自的工作内容，主要内容为采集人员针对验证小组指定的检验区域，制定扫查计划、根据程序设置参数，进行数据采集，并提交记录和数据采集文件。验证小组根据被验证人员在扫查计划制定、采集软件设置、数据采集过程及采集数据质量等方面的结果进行评定。参与考试的采集人员通常只要经过一段时间的学习和操练，基本能够保证较高的通过率。

如图 5 所示，某 AP1000 核电机组的 8 项特殊验证项目中数据采集人员能力验证考试中，参与人数为 10～30 人，通过率为 66.7%～100%。其中有 4 项数据采集人员考试通过率均不大于 80%，不够理想了，主要原因是这几项验证都是前期的验证，在役检查承包商和验证机构都是首次参与能力验证工作，经验不足，验证的流程和要求都处在实践探索阶段，且采集考试人员培训和操练的时间也不够充分，所以导致通过率较低。通过总结前期四项考试的经验，后期的四项数据采集人员考试，对参与考试的人员进行了封闭式培训，使采集人员的学习和操练时间充分，所示后期四项数据人员验证考试通过率较高，均为 100%。

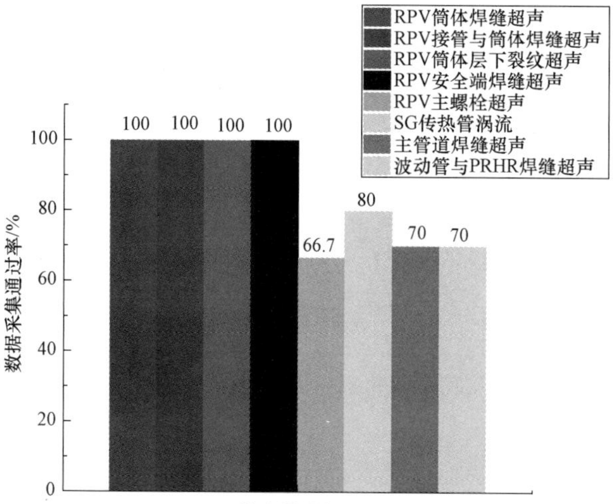

图 5　数据采集人员通过率

参加数据分析考试的人员需要持有符合 HAF602 要求的相应检验方法的Ⅱ级（及以上）资格证书并且持有的资格证书满 18 个月。按照验证机构的要求，考试人员以 1 人为单位，在指定的时间内，使用经批准的检验程序，对验证机构指定的数据进行分析，包括对缺陷的检出和定量，并填写超声检验结果报告。超声检验数据分析为缺陷检出分析和缺陷定量分析两个阶段，缺陷检出分析数量为 8～12 个，缺陷定量分析的范围由验证人员从检出分析结果中进行选择，数量通常为 4～8 个；涡流检验数据分析缺陷一般不低于 12 个；且检出分析结果不合格的数据分析人员，不允许参加定量分析。数据分析考核评定主要是测试数据分析人员对缺陷的检出、定位、定性、测长、测高等的能力。通常有一个缺陷出现漏检或定量偏差较大，数据分析可能就通不过。因此数据分析通过难度较大。如图 6 所示，某 AP1000 核电机组的八项特殊验证项目中数据分析人员能力验证考试中，参与人数为 10～20 人，通过率为 21.4%～65%，其中有五项通过率为不超过 30%，通过率非常不理想。

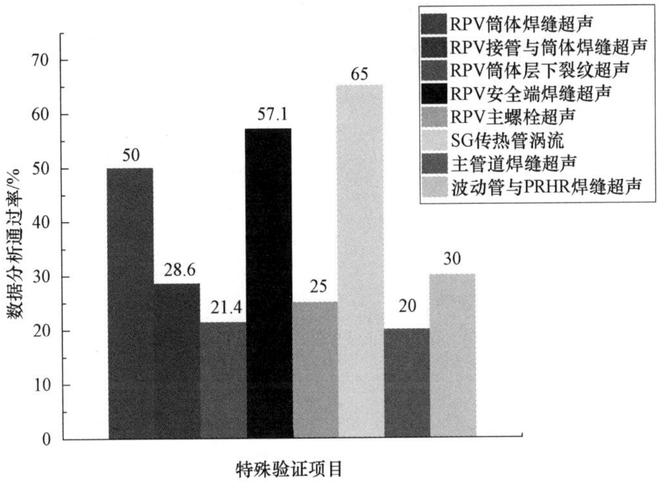

图 6　数据分析人员通过率

3.4　能力验证周期长

AP1000 机组是我国引进的第三代核电机组，且为全球首次建造，在完成 AP1000 机组的能力验证之前，我国能力验证还属于实践探索阶段，从未自主完成过一台核电机组全范围的能力验证，没有建立完整的在役检查能力验证体系。

AP1000 机组能力验证从 2012 年核安全局批准三代核电 AP1000 机组能力验证方案到 2016 年 10 月结束能力验证，整个验证周期有 4 年。某些特殊验证项目，如反应堆压力容器进出口接管与安全端焊缝的能力验证项目，如从明测和盲测试块的前期采购算起，到完成这项特殊验证工作周期有近 6 年。周期太长，导致周期比较长的原因主要还是模拟缺陷测验试块的制作周期太长，导致整体周期很长。这也是执行 ASME 规范能力验证不可避免的问题。

4　AP1000 机组经验反馈对能力验证提升的思考

4.1　AP1000 顶盖项目检测

ASME 规范第Ⅺ卷 IWB 分卷要求对反应堆压力容器顶盖 CRDM 密封壳承压焊缝定期实施体积检查或表面检查；要求每个检查间隔对 10%外围 CRDM 管密封壳实施检查[10]。ASME 规范 1998 版并没有对顶盖贯穿件 J 形焊缝提出体积性检查要求，只要求进行相应的目视检查。对钩爪壳体的盖面（简称 canopy）密封焊缝未要求进行检查[11]。因此 AP1000 机组能力验证中并未涉及对贯穿件 J 焊缝和 canopy 密封焊缝的验证。

自法国某核电站顶盖一次侧冷却剂泄露事件后，2003 年 2 月，美国核管会发布了规定性文件“EA－03－009，10CFR50.55a《压水堆反应堆压力容器顶盖检查暂行要求 Rev.1》”，将通风管、仪表管（QUICKL0C）及控制棒驱动机构钩爪壳体管（CRDM）贯穿件的 J 形焊缝纳入在役检查的范畴，为发现一次侧冷却剂可能导致的应力腐蚀裂纹（PWSCC），ASME 规范案例 N－729－4（2012 版）要求周期性地对反应堆压力容器顶盖外表面母材进行表面检查和对贯穿件母材进行表面和体积性检查[10]。AP1000 役前自主检查中根据规范案例对顶盖 CRDM 管贯穿件 J 焊缝和通风管 J 焊缝实施了内表面超声检查、内表面涡流检查、外表面涡流检查和目视检查。

尽管 ASME 规范案例中并没有要求对 canopy 密封焊缝实施在役检查，但考虑到国内外压水堆核电厂已发生多起盖面焊缝因 PWSCC 产生泄露的事件，在 AP1000 自主在役检查中根据经验反馈的建议已将 canopy 密封焊缝列入目视检查的要求，以便及时发现硼酸泄漏痕迹[12]。

目前 AP1000 顶盖贯穿件 J 焊缝和 canopy 密封焊缝的检查主要列在核电站的自主检查计划中，非规范强制要求检查的项目。根据上述经验反馈，考虑到顶盖部件的重要性，建议电站运营商和监管机构将这部分检查纳入在役检查能力验证范围，贯穿件 J 焊缝超声和涡流可作为综合验证项目，贯穿件 J 焊缝和 canopy 密封焊缝目视检查可作为常规验证项目。

4.2 核级管道焊缝超声检测单侧扫查

AP1000 机组当前管道焊缝布置和模块化设计，使得部分管道焊缝役前和在役检查的可达性不足，造成了一定程度的检验不可达。且实施过程中可能涉及栅格板、支承、仪表临时拆除等多项配合工作，检验效率较低。

对部分核级管道焊缝，如核级奥氏体不锈钢管道焊缝由于受晶粒组织粗大、各向异性和异质界面的影响，不利于超声检测，如果检测过程中仅超声单侧扫查，存在缺陷漏检风险。为确保焊缝的质量完整性，保障核电安全运行，役前检查结束后 AP1000 在役检查承包商均根据自己的检验技术补充了单侧扫查能力验证试验以评估单侧扫查对焊缝检验质量的影响。因此，后续的 AP 系列机组在能力验证时也应考虑超声单侧扫查对缺陷检出和定量的影响，并补充相关验证。

4.3 蒸汽发生器与主泵连接焊缝检测

AP1000 蒸汽发生器与主泵之间存在一条异种金属焊缝，根据规范要求，AP1000 蒸汽发生器与主泵的异种金属接管焊缝是 ASME 规范第Ⅺ卷要求的必检内容，且检查方式为体积检查，检查范围是焊缝及热影响区内壁 1/3 壁厚。由于此处焊缝壁厚较大（141.2 mm），只能从接管内壁实施超声役前和在役检查。且在役检查阶段，此焊缝所处位置为高放射性环境。检查人员不能直接进入人孔实施超声检查。需要借助相应的自动检测设备来实施在役检查。但进出水室的唯一渠道为内径仅为 457 mm 的人孔，其特殊结构给自动检测设备的运载、就位、扫查以及故障撤离等均带来极大的限制。从焊缝所处的物理环境、焊缝结构、设备可达性分析，该焊缝的在役检查不仅具有异种金属焊缝超声检测的复杂性，其自动检测设备的设计也存在较大的技术难度[13]。

另外 AP1000 机组的蒸汽发生器与主泵连接焊缝在制造过程中非常容易产生缺陷，目前在役的 AP1000 机组的蒸汽发生器与主泵连接焊缝都存在较多的制造缺陷。且在主泵运行过程中，焊缝不仅承受着较大的载荷，而且由于连续的震动可能会应力集中产生疲劳，原焊缝中的制造缺陷会不会扩展，运行中会不会产生危险性缺陷等都需要长期关注，而且该焊缝的质量关系着蒸汽发生器的结构完整性和机组 60 年的使用寿命，是 AP1000 在役检查体系中的重点项目。

基于以上原因，蒸汽发生器与主泵连接焊缝役前和在役检查的超声波检测技术必须要具备对焊缝中原有缺陷的精确跟踪和对新的记录性缺陷的及时检出和定量的能力。目前 AP1000 能力验证中蒸汽发生器与主泵连接焊缝超声检测采用的是综合验证方法，由于无相关原材料，且缺陷制作困难，焊缝在能力验证时采用校准试块作为综合验证时的明测验证试块。考虑到这类焊缝的关键性性和特殊性，建议后续在条件允许时应考虑制作模拟自然缺陷试块，来更加真实地评估超声波检测的技术能力。

4.4　热交换器表面涂层对役前检查产生影响

AP1000 机组核安全 1 级主设备堆芯补水箱（CMT）和非能动余热导出热交换器（PRHR－HX）正常运行温度为安全壳室温，无保温要求。其设计上采用涂层进行表面防护。当前役前和在役检查技术要求去除涂层进行检验，在役前检查开始前，需要对上述设备进行除漆，但是除漆面积很大，为了避免较大的打磨扩散。前期主要采用环保式喷砂进行除漆，喷砂完成后的被检部件表面粗糙度仍然不满足检查程序的要求，后期又采用抛光机进行抛光。抛光后才能实施役前检查。役前检查完成后，设备表面过于光滑，需重新喷砂后才能进行油漆恢复，工作效率极低。考虑到后续在役检查期间，核岛内部由于辐射防护控制，为防止松散污染扩散，会更加禁止大规模打磨工作。所以，因此后续重新开发带涂层实施超声检查技术非常的重要，后续 AP 系列的能力验证检验技术也应考虑到这种特殊工况的应用。

4.5　AP1000 机组部分隔间和位置结构紧凑，影响检测装置的布置

本次主管道焊缝和波动管焊缝自动超声检查过程中，发现役前检查时的现场条件与安装阶段发生了较大变化，部分空间狭小，设备安装较为困难，对检测进度产生一定的影响。

后续能力验证时需及时跟踪现场状态变化，并进行实地测绘，不断进行设备改进，并及时纳入能力验证内容中，以保证在役检查的顺利实施。

5　结语及建议

本文主介绍了我国 AP1000 机组能力验证的实践过程和经验反馈，希望对后续 AP1000 和国核一号等 AP 系列机组的能力验证工作有所改进和提升，提出建议如下：

（1）AP1000 能力验证在实施过程中需要采用大量的测验试块，且各在役检查承包商都制作了相应的测验试块，建议能力验证机构能收集并统一管理相关的能力测验试块（不限于 AP1000 机组），提高试块的利用率，实现测验试块的资源共享。

（2）由于国核一号为 AP1000 机组的升级版，部分设备和管线的规格近似，在役检查能力验证时该部分项目可以采用 AP1000 机组中通过能力验证的项目进行等效验证，可以有效缩短能力验证时间。对于不可等效验证的项目，如涉及原材料的采购和模拟缺陷的制作，需要提前考虑，在设备采购时同步进行，能节约后期能力验证的准备时间。

（3）后续能力验证工作中应考虑到顶盖贯穿件 J 形焊缝检测、管道焊缝单侧扫查、蒸汽发生器与主泵连接焊缝检测等目前国内重点关注或正在长期推动的重要项目的能力验证需求。

（4）能力验证实施过程中应充分关注到役前检查和在役检查的现场条件，如 CMT 和 PRHR－HX 带表面涂层的超声检测需求，AP1000 机组结构紧凑、设备安装存在困难的现状等。

（5）后续在建的 AP 系列机组，设计和建造时建议能考虑役前和在役检查的要求，优化设计，在设计允许的情况下尽量增加自动检查项目（如主管道焊缝）的检验设备安装空间，避免在役检查时，由于设备安装困难增加人员辐照剂量，重要管线设计时焊缝两侧应留足超声检测需要的扫查距离。建造安装时，卡箍、支架等支撑件的安放位置要避免影响役前和在役检查的无损检测的要求。

参考文献

［1］聂勇．核电站在役检查技术验证现状分析［C］// NDT 学术年会论文集．武汉：2007，17-24．

［2］王瑞平．中国在役检查能力验证的思考和建议［J］．核安全，2004，1（4）：40-44．

［3］环境保护部．关于印发《国家环境保护“十二五”科技发展规划》的通知：索引号 000014672/2011-00574，环发［2011］63 号．http://www.mee.gov.cn/gkml/hbb/bwj/201106/t20110628_214154.htm
［4］国家核安全局．关于印发《核电厂在役检查无损检验技术能力验证实施办法（试行）》的通知：索引号 000014672/2015-00935，国核安发［2015］193 号．http://www.mee.gov.cn/gkml/sthjbgw/haq/201509/t20150924_310333.htm
［5］徐清国，陈怀东，等．国内外在役检查能力验证发展综述［J］．远东无损检测新技术论坛，2013，317-328.
［6］杨成，邵凯，等．核电站在役检无损检测能力验证体系初探［J］．无损检测，2013，35（8）：22-26.
［7］European Communities. EUR 22906 EN“EUROPEAN METHODOLOGY FOR QUALIFICATION OF NON-DESTRUC-TIVE TESTING-THIRD ISSUE”［M］，Netherlands，2007.
［8］AFCEN．RSE-M，附录 4.3 评定方法［S］．2010 至 2013 增补．
［9］美国机械工程师协会．锅炉及压力容器规范：ASME［S］．1998.
［10］周路生，魏文斌，等．AP1000 顶盖全范围自动检查装置及检测技术应用［J］．压力容器，2019，36（5）：61-66.
［11］王浩．AP1000 机组反应堆压力容器顶盖在役检查［J］．无损检测，2015，37（7）：71-76.
［12］王臣，孙海涛，等．AP1000 与 EPR 机组在役检查的差异性比较与分析［J］．核安全，2015，14（1）：38-44.
［13］朱性利，周礼峰，等．AP1000 蒸汽发生器接管焊缝内部超声检测系统［J］．机械工程师，2016，（3）：136-138.
［14］钟志民．核电站在役检查无损检测鉴定的状况及发展［J］．无损检测，2010，32（5）：385-389.
［15］美国机械工程师协会．锅炉及压力容器规范：ASME 第Ⅺ卷［S］．2015.

AP1000 核电厂热试期间旁排阀超调原因分析

袁承武，李佩钊

（上海核工程研究设计院有限公司，上海　200233）

摘要：本文针对 AP1000 某核电厂旁排蒸汽吹扫试验时发生的旁排阀超调问题，进行了全面的分析、梳理，逐步排查问题发生的原因。最终确认旁排阀超调原因为旁排阀疏水管道内存有积水，旁排蒸汽吹扫试验前必须确保管道内部的疏水全部排空。后续通过修改试验程序的方法避免了同样问题的再次发生。

关键词：旁排阀；超调；疏水

Analysis of Overshoot of Turbine Bypass Valves During the Hot Function Test of AP1000 Nuclear Power Plant

YUAN Chengwu，LI Peizhao

（Shanghai Nuclear Engineering Research & Design Institute Co., Ltd., Shanghai 200233, China）

Abstract: Aiming at the overshoot problem of the turbine bypass valves in the steam blow test during the Hot Function Test（HFT）of a Nuclear Power Plant，this article makes a comprehensive analysis and finds out the causes of the problem. The overshoot reason of the turbine bypass valves is that there is water in the drainage pipe of bypass valve. Before the steam blow test of bypass valve，it is necessary to ensure that all the water in the pipeline is emptied. By revising the test procedure，the same problem is avoided.

Key words: Turbine Bypass；Overshoot；Drain Water

旁排阀属于 AP1000 常规岛旁排系统（TBS）系统，用于机组启动、停机和异常瞬态工况（汽机跳闸、阶跃降负荷、主蒸汽管线隔离等）时将主蒸汽直接排放至凝汽器。旁排阀具备快开、快关、调节的能力。旁排阀是否能够正常运行直接影响整个系统能否正常运行。本文针对某核电厂旁排吹扫发生的超调问题进行分析，总结了一套分析旁排阀突发问题的方法，得

作者简介：袁承武（1970—　），男，黑龙江齐齐哈尔人，工程师，现主要从事核电厂机组调试工作

出了旁排吹扫时疏水对旁排阀产生了水击的结论，并对相应的试验程序作出修改，为其他机组做相应试验时提供了良好的经验反馈。

本文列出了 AP1000 旁排系统的基本参数，详细描述了本次事件的具体经过，对事件的处理以及对事件出现的原因给出基本判断，并对整个事件的原因进行了分析，给出了导致本次事件出现的原因。

1　旁排阀介绍

AP1000 每台机组设有 6 个旁排阀，旁排系统总的设计排放能力为 40%额定蒸汽流量。旁排系统设计参数如表 1 所示。

表 1　AP1000 旁排系统设计参数

设计参数	值
设计压力	8.27 MPa
设计温度	316 ℃
总的蒸汽排放设计能力	40%额定蒸汽流量
总的蒸汽排放设计流量	$2\ 722\times10^3$ kg/h 在满功率的蒸汽流量、阀门入口压力 5.276 MPa（a）时
单个阀门设计流量	457×10^3 kg/h 在满功率的蒸汽流量、阀门入口压力 5.276 MPa（a）时
单个阀门允许最大流量	848×10^3 kg/h 在阀门入口压力 1 200 psia［8.27 MPa（a）］时
快开（全关到全开时间）	≤3 s　阀门入口压力在 5.516～8.274 MPa（a）
快关（全开到全关时间）	≤5 s　阀门入口压力在 0.793～8.274 MPa（a）
调节时间（全行程）	≤20 s
失气后阀门动作	关闭
失电后阀门动作	关闭
泄露等级	流体控制学会，FCI 70－2－2003，V 级

2　问题背景

2.1　旁排阀超调事件简介

AP1000 某核电厂在热试期间 NOP/NOT 平台执行调试试验旁排吹扫试验程序，排出主蒸汽及旁排管道存留的焊渣铁屑等杂质，确保后续汽轮机非核冲转时主蒸汽管道内部清洁，干净，无杂质，确保后续汽轮机运行安全。在执行旁排阀吹扫期间发生 TBS－PL－V002A，TBS－PL－V002B，TBS－PL－V003A 三台旁排阀门动作异常，出现超调现象。后续对这三台旁排阀及相关管道检查发现如下问题：

（1）旁排阀 TBS－PL－V002A 定位器支架撞弯变形，定位器过开与顶部碰磨痕迹（见图 1）。

（2）旁排阀 V002A，V003A 对应的管道位移量偏大。滑动支架在旁排阀吹扫期间出现位移超过设计值约 25 mm，系统冷态后滑动支架无法回到原位（见图 2）。

（3）旁排阀 V002A 对应液压减震器连接管弯曲变形，内部出现裂纹（见图 3）。

图 1　旁排阀 TBS－PL－V002A

图 2　滑动支架 14317H－2 无法回到原位置

图 3　液压阻尼器 14318H－6 弯曲变形

2.2　事件详细回顾

某核电厂热试期间从某日开始执行旁排阀蒸汽吹扫程序，旁排阀共计吹扫 13 次。其中 4 次吹扫时旁排阀出现超调现象。阀门动作情况记录如表 2 所示。

表 2　阀门动作情况记录

序号	阀门编号	开始时间	需求信号	结果
1	TBS－PL－V003C	第 1 日	0%—25%—50%—75%	正常
2	TBS－PL－V003C	第 1 日	0%—50%—100%	正常
3	TBS－PL－V003C	第 2 日	0%—100%	正常
4	TBS－PL－V003C	第 3 日	0%—70%	正常
5	TBS－PL－V002C		0%—70%	正常
6	TBS－PL－V002A		0%—70%	异常
7	TBS－PL－V003C		0%—100%	正常
8	TBS－PL－V002C		0%—100%	正常
9	TBS－PL－V002A	第 4 日	0%—50%—75%	异常
10	TBS－PL－V003A		0%—70%	正常
11	TBS－PL－V002B		0%—70%	异常
12	TBS－PL－V003B		0%—70%	正常
13	TBS－PL－V003A	第 5 日	0%—70%	异常

旁排阀吹扫期间 3 台阀门动作正常（V003B，V002C，V003C）。另外 3 台旁排阀（V002A，V003A，V002B）在吹扫期间发生超调现象，主要表现为阀门在开启一定位置后突然过度开启，最大超过满行程 20%，同时伴随异常振动及阀门本体执行机构内部金属撞击声音。旁排阀吹扫阀门动作曲线如图 4 和图 5 所示。

对旁排阀相关管道及支吊架检查发现，旁排阀 TBS－PL－V002A 对应的液压阻尼器 14318H－6 出现弯曲变形，滑动支架 14317H－2 热态位置偏移设计值较大。三菱设计人员计算旁排阀 TBS－PL－V002A/3A 对应的管道与凝汽器接口部位应力超过设计值，据此进行焊缝 PT 检查，发现旁排阀 TBS－PL－V003A 与凝汽器接口管道焊缝处存在 3 处裂纹（见图 3 至图 5）。

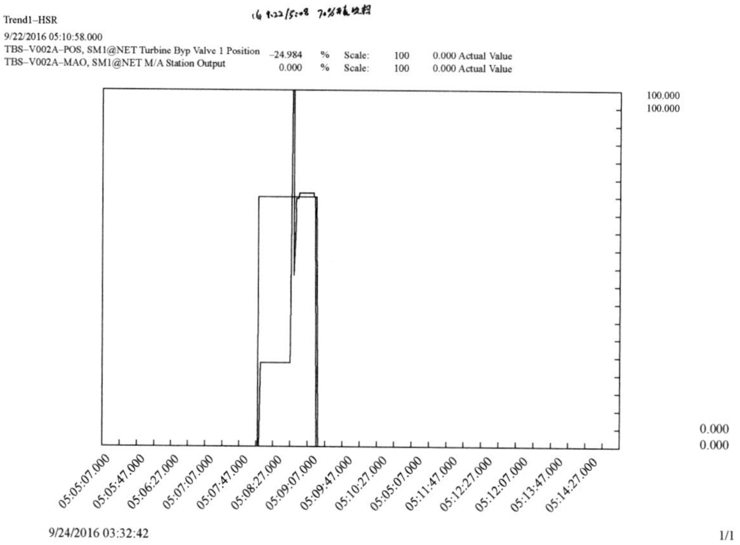

图 4　旁排阀 TBS－PL－V002A 吹扫动作曲线

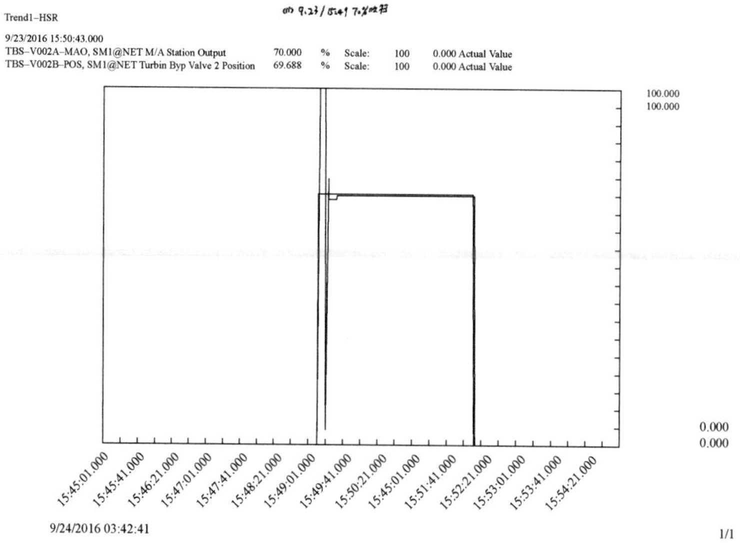

图 5　旁排阀 TBS－PL－V002A 吹扫动作曲线

3 旁排阀超调原因分析

3.1 旁排阀吹扫验证和静态诊断试验

针对旁排阀超调问题，调试人员组织多方人员进行讨论，确定优先进行旁排阀再次吹扫验证和静态诊断试验判断阀门是否需要解体检查。旁排阀诊断如表 3 所示。

表 3 旁排阀诊断概览表

试验内容	旁排阀吹扫（共 13 次）	静态单体调试（无蒸汽）	手动开关（蒸汽工况）	旁排阀解体
TBS－PL－V002A	2 次（均异常）	11 次	以 1%/s 速度开至 70%（42%开度时跳变）	需要解体
TBS－PL－V003A	2 次（第一次正常，第二次异常）	无要求	异常阀门不再试验	需要解体
TBS－PL－V002B	1 次（异常）	已完成	异常阀门不再试验	需要解体
TBS－PL－V003B	1 次（正常）	无要求	以 1%/s 速度开至 70%（正常）	无需解体
TBS－PL－V002C	2 次（均正常）	无要求	以 1%/s 速度开至 70%（正常）	无需解体
TBS－PL－V003C	5 次（均正常）	12 次	以 1%/s 速度开至 70%（正常）	需要解体

验证试验时发现旁排阀 V002A 在 42%开度时再次出现超调现象，其他阀门动作正常，至此旁排阀 TBS－PL－V002C/V003B/V003C 一切正常，未出现过度开启现象。

3.2 旁排阀解体检查

进行旁排阀解体（解体 4 台旁排阀，由旁排阀厂家派人指导进行解体工作），解体检查情况如下：

（1）TBS－PL－V002A/V003A/V003C 执行机构膜片、阀杆连接件及螺纹、外部阀杆等未发现损坏现象。

（2）TBS－PL－V002A/V002B/V003A/V003C 阀体解体后发现内部清洁情况良好，未发现损坏或刮擦现象。

（3）TBS－PL－V002A/V003A 执行机构解体后发现内部的限位杆由于阀门超调时撞到顶盖，两个执行机构的 8 根限位杆都已经变形，需要进行更换或重新加工。

（4）TBS－PL－V002A/V003A 执行机构解体后发现内部的限位杆由于阀门超调时撞到顶盖，两个执行机构的 8 根限位杆都已经变形，已完成 V002A 限位螺栓更换；拆除 V003A 弹簧室限位螺栓，切除变形部位。

（5）TBS－PL－V003B/V003C 阀门执行机构弹簧室阀体解体后检查 V003B 限位螺栓有轻微碰痕，不影响使用；V003C 执行机构弹簧室良好无严重碰痕。

通过解体 4 台旁排阀以及 2 台执行机构后，仍未发现导致 TBS－PL－V002A/V002B/V003A 超调的根本原因。完成全部 4 台旁排阀执行机构回装工作。

3.3 初步推断超调原因

（1）定位器参数设置不合理，与出厂值不一致。

（2）阀门响应灵敏度过高，原因为定位器增益设置和气动放大器旁路阀开度导致。

（3）阀体填料摩擦力相比设计值大。

（4）旁排阀上游管道疏水不充分导致积水。

3.4 落实整改措施

（1）开启气动放大器旁路阀（6 圈），以降低阀门响应灵敏度。

（2）调整定位器增益，以降低阀门响应灵敏度。

（3）在汽源管线上增加节流孔板，以降低阀门响应灵敏度。

（4）更换阀门填料，减少摩擦力。

（5）阀门动作前管道需充分疏水。

3.5 旁排阀回装后重新进行单体试验

（1）单体试验工作：完成 6 台阀门行程试验。

（2）完成 6 台旁排阀膜片室压空气源接头查漏及处理工作。

（3）完成 6 台旁排阀诊断试验：

1）0 至 100%和 100%至 0，以 25%阶跃信号进行开启，关闭试验。

2）0 至 100%开度试验（记录动作时间）；100%至 0 关闭试验（记录动作时间）。

3）0 至 100%线性开启试验；100%至 0 线性关闭试验。

（4）完成 TBS－PL－V002A 和 TBS－PL－V003C 阀门定位器相互对换；检查定位器工作状态。

（5）完成 TBS－PL－V002A/V003A/V002B/V003B/V002C/V003C 共 6 台阀门的静态单体试验，优化定位器参数。

3.6 进行旁排蒸汽吹扫，再次验证旁排阀工作是否正常

机组再次达到 NOP/NOT 平台，具备再次进行旁排阀验证条件，于当日 19:00 开始进行旁排阀试验验证（见表 4）。

通过本次验证试验没有再次发生旁排阀超调现象。旁排阀再次试验验证曲线如图 6 和图 7 所示。

表 4 阀门动作情况记录

序号	阀门编号	开始时间	需求信号	结果
1	TBS－PL－V003C	第 1 日	0%—70%—0%	正常
2	TBS－PL－V003C		0%—70%—0%	正常
3	TBS－PL－V003C		0%—25%—50%—75%—100%—75%—50%—25%—0%	正常
4	TBS－PL－V003C		0%—70%—0%	正常
5	TBS－PL－V002C		0%—70%—0%	正常
6	TBS－PL－V002A		0%—25%—50%—75%—100%—75%—50%—25%—0%	正常
7	TBS－PL－V003C	第 2 日	0%—70%—0%	正常
8	TBS－PL－V002C		（主控设定指令信号 70%阶跃开启/关闭）	正常
9	TBS－PL－V002A		0%—25%—50%—75%—100%—75%—50%—25%—0%	正常
10	TBS－PL－V003A		0%—70%—0%	正常
11	TBS－PL－V002B		（主控设定指令信号 70%阶跃开启/关闭）	正常
12	TBS－PL－V003B		0%—25%—50%—75%—100%—75%—50%—25%—0%	正常
13	TBS－PL－V003A		（主控设定指令信号 70%阶跃开启/关闭）	正常

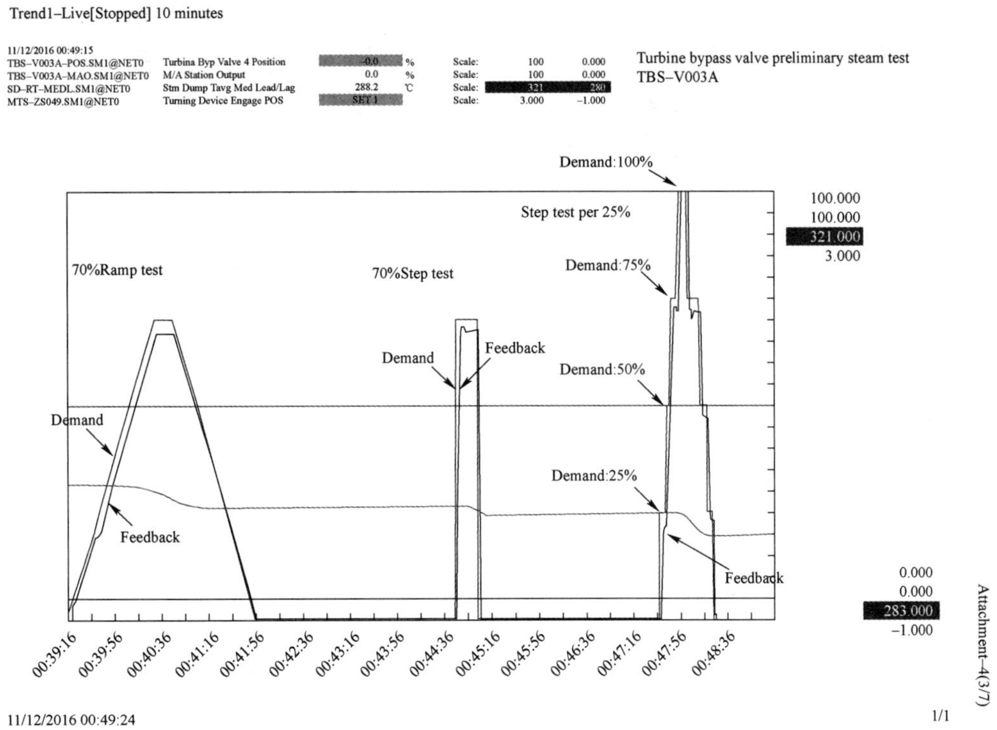

图 6　旁排阀 TBS-PL-V003A 动作曲线

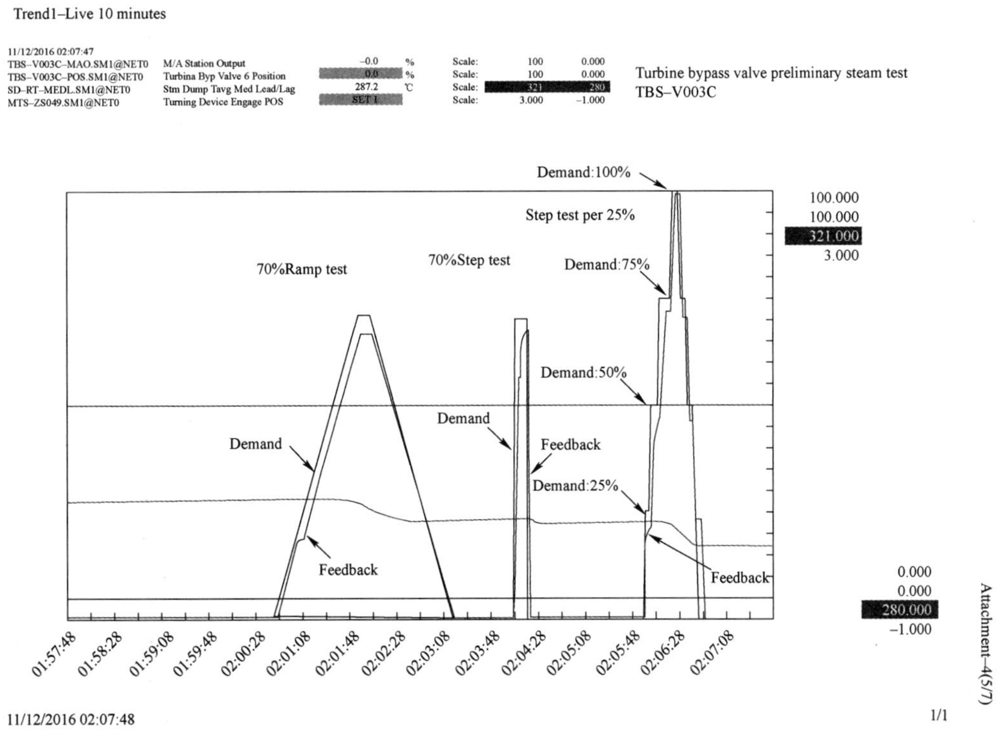

图 7　旁排阀 TBS-PL-V003C 动作曲线

4　旁排阀超调根本原因

通过旁排阀解体检查，单体试验和再次带蒸汽吹扫试验分析，产生旁排阀超调的根本原因确定为阀门水击，主要原因为最初编制调试程序时考虑到管道内部水比较脏，容易堵塞疏水器，所以刚开始没有入疏水器，而且疏水器旁路阀开度较小，导致管道中存水，吹扫时旁超排阀开启瞬间产生超调，阀门瞬间过开，导致阀门执行机构部件损坏，相连管道受冲击产生巨大的冲击应力，造成滑动支架无法复位，阻尼器产生弯曲变形等后果.通过问题查找及原因分析逐步确认了产生超调的原因，并及时修改试验程序，避免了后续吹扫试验时发生同样的问题。

参考文献

[1] 蒲小琴. 秦山核电站蒸汽旁排阀的比较研究 [J]. 云南电力技术，2005.

AP1000 三代核电厂放射性废物厂房通风空调系统温度与负压控制优化

郑金鹏

（上海核工程研究设计院有限公司，上海　200233）

摘要：基于放射性废物厂房通风空调系统的设计文件，阐述了在系统调试过程中对负压及温度控制的调节与问题解决。通过调试过程中对系统参数调节的不断尝试，对系统风阀 PID 参数的调节以及压差连锁跳机延时时间的调节，最终保证系统能够维持其区域的负压，厂房温度满足设计文件要求，不会导致系统出现频繁报警，也不会导致风机的跳机；保证了系统的持续稳定运行。根据调试结果对设计文件中的相应参数进行了修正，对系统的设计进行了优化。

关键词：核电厂；放射性废物厂房；通风空调系统（HVAC）；负压调节；低温连锁跳机

Temperature and Negative Pressure Control Optimization of AP1000 3rd Generation Power Plant Radwaste Building Heating Ventilation and Air Conditioning（HVAC）System

ZHENG Jinpeng

（Shanghai Nuclear Engineering Research & Design Institute Co., Ltd., Shanghai 200233, China）

Abstract: Based on Radwaste building HVAC system design documents，the modulation and problem solving of negative pressure and temperature control during system commissioning is described. Many attempts are tried to modulate system parameters such as PID control values of dampers，interlocked tripping time delay of negative pressure，which finally ensure that the system maintain adequate negative pressure inside its boundary，room temperature is in the design range and would not lead to frequent alarm and fan tripping; normal and steady operation of the system is guaranteed. Relevant parameters are modulated by designer according to the commissioning results.

作者简介：郑金鹏（1989—　），男，山东日照人，工程师，硕士研究生，现主要从事暖通系统调试工作

System design has been optimized.

Key words: Power Plant; Heating ventilation and Air Conditioning (HVAC); Negative Pressure Modulation; Low Temperature interlock Fan tripping

放射性废物厂房是 AP1000 核电厂保存和处理固体放射性废物的厂房（见图 1），固体放射性废物的处理由移动处理设备完成[1]；此厂房还用来保存其他遭受污染的材料，以便日后在厂内或厂外通过移动处理设备进行处理。放射性废物厂房通风空调系统（Radwaste Building HVAC System，VRS）主要实现如下功能：向工作区域提供经过处理过的空气，使环境温度满足区域内设备和人员的需要；保持厂房相对于室外环境为 –20 Pa 的微负压，防止未经检测的气体释放到环境中，确保空气的流动方向是从清洁区域流向有潜在污染的区域；气体排放到环境中前，对其放射性剂量进行监测。在调试过程中发现系统在设计参数下运行时，厂房温度和负压的调节存在许多问题，通过对系统相应参数的调节，不断尝试，对设计文件中的相应数据进行了修正，最终提高了系统的运行稳定性。

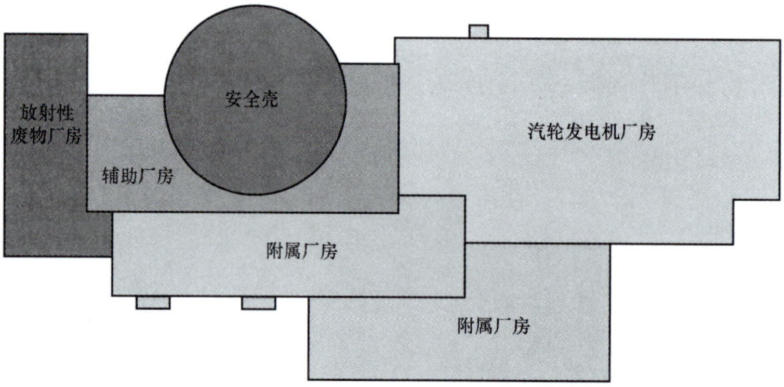

图 1　AP1000 厂房布置图

1　放射性废物厂房通风空调系统（VRS）设计简介

放射性废物厂房通风空调系统为直流通风系统，由两个综合性子系统构成：放射性废物厂房送风子系统（2×50%排量）和放射性废物厂房排风子系统（2×50%排量）。子系统间通过协调工作，保持服务区的温度，同时有效控制空气流和厂房内的负压。VRS 系统简图如图 2 所示。送风子系统由两台 50%排量的空气处理机组（每台风量大约为 9 000 scfm，1 scfm = 1.698 9 m³/h）、空气分配风道系统、自动控制和相关附件构成。空气处理机组位于放射性废物厂房的电气/机械设备室内。两台装置排出的空气进入贯穿整个厂房的公共风道分配系统内。通过从主送风道上引出支管，经过调节装置后将空气送往各服务区。对流经送风系统的空气流量进行自动控制，从而使厂房内相对于户外始终保持小于等于 –20 Pa 的负压。由压差变送器为送风处理机组流量控制器提供信号。这些流量控制器通过调节送风机的自动入口叶片 MA – 01A（VN）/MA – 01B（VN）来保持厂房内的负压。

排风子系统由两台 50%排量的离心式排风机（通过选用适当规格保持厂房内的负压）、排风道收集系统、自动控制和相关附件构成。通过对空气流速进行平衡，使风机的设计排风量保持恒定。排风机位于放射性废物厂房的设备室内。排风机将空气排入与电厂排气相连的公共风道。辐射监测器负责记录排风道内放射性剂量浓度，当浓度超标时将在主控室内发出报警。

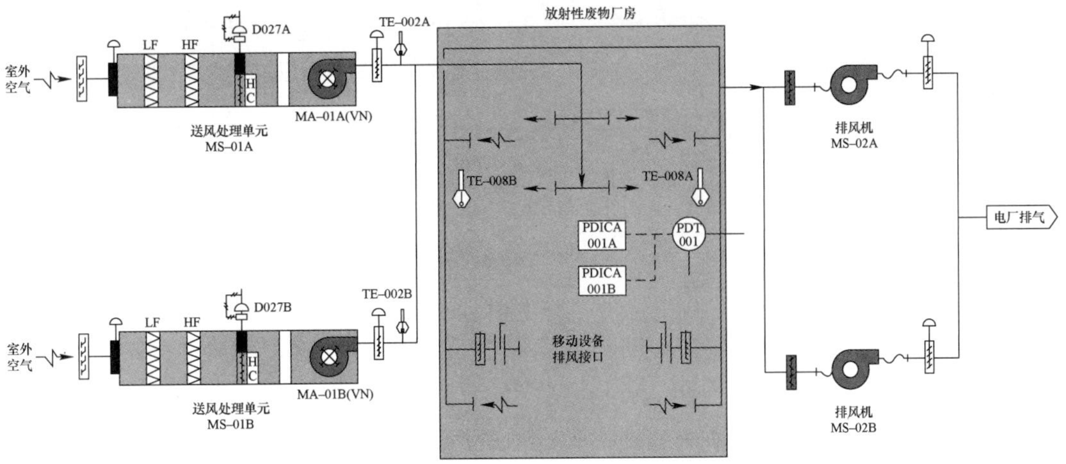

图 2 VRS 系统简图

此系统可确保空气从清洁区域流向潜在污染区，因此，如果放射性废物厂房内发生局部气载释放，可以将污染区限定到发生释放的区域。放射性废物厂房内的排风收集风道负责排出可能存在低度气载污染区域和房间内的废气。配有排风接头，用于移动系统内各设备的直接排气。由于可能存在严重的气载释放，因此移动系统内装有 HEPA 过滤器。每条移动系统接管内装有逆止风阀，在排风系统跳闸时，可防止废气回流到设备中。

2 系统负压控制解析与改进

2.1 系统负压调节介绍

为防止厂房内放射性的外泄，放射性废物厂房 HVAC 系统要保持厂房维持微负压（–20 Pa）。由于放射性废物厂房的固体废物需要通过移动设备处理，暂存的固体废物需要通过卡车运出厂房；在移动设备或卡车进出放射性废物厂房过程中，需要短暂打开厂房大门（放射性废物厂房设有三个大的对开门，系统正常运行时每次只允许一个对开门短暂打开），因此 VRS 系统允许厂房负压短暂降至 0，但要保证在关闭大门后能及时恢复负压状态，保持 VRS 系统的稳定运行。

放射性废物厂房与室外空气的差压通过差压变送器 PDT001 测量，PDT001 的测量信号通过 PDICA001A 和 PDICA001B 两路信号分别连锁 VRS 系统送风机组 MS–01A/B 的送风机入口气动导叶 MA–01A（VN）和 MA–01B（VN）；排风机风量保持不变，当厂房负压发生变化时，厂房差压变送器连锁调节送风机风量，以此保持厂房负压稳定。为了保证主控室操作人员能监测放射性废物厂房的负压，VRS 系统设置了负压的报警与连锁功能。当厂房负压低于 –11.2 Pa 时发出低压差报警（L 报警），当厂房负压高于 –60 Pa 时出现高压差报警（H 报警）并且连锁停运排风机。

2.2 调试过程中负压调节的问题及改进

在系统调试过程中发现，厂房差压高报（–60 Pa）出现时就连锁停运排风机会导致排风机频繁的停运，因此增加 45 s 的延时，只有当厂房差压高报信号出现并持续超过 45 s 之后再连锁停运排风机，这样大大减少了排风机的停运次数。

调试试验过程中需要模拟卡车进出工况，以观察厂房负压的变化及 VRS 系统的运行情况。发现问题如下：有时候会出现只有一列风机跳机而另一列风机仍然运行的情况，压差变化如图 3 所示；有时候会出现厂房压差超过差压仪表 PDT001 的量程；送风机入口导叶由“自动”调节变“手动”调节，导致厂房负压过高且无法调节的状况，如图 4 所示。

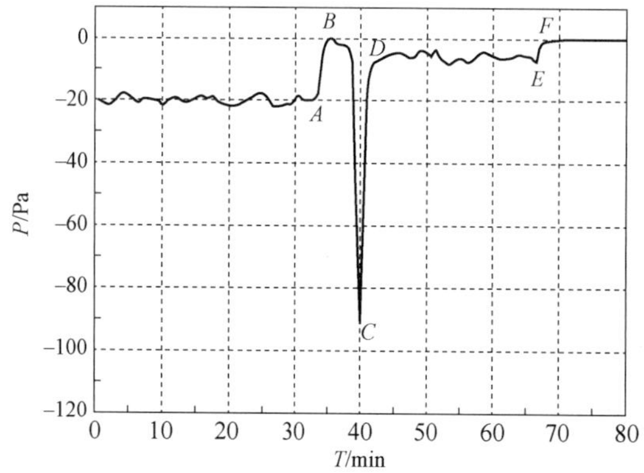

图 3　模拟卡车进出厂房压差曲线（状况 1）

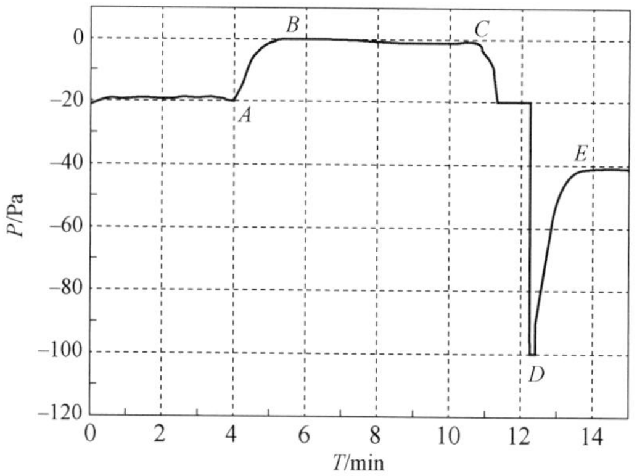

图 4　模拟卡车进出厂房压差曲线（状况 2）

在图 3 中，VRS 系统投入自动运行后，VRS 系统运行平稳，厂房负压维持在 −20 Pa 的压力；进行模拟卡车进出厂房的试验，在 *A* 点位置打开一个对开门，室外空气进入厂房，同时送风机入口导叶 MA−01A（VN）和 MA−01B（VN）开度逐渐变小，厂房压力逐渐减小到 0；保持一会儿后关闭对开门；此时，室外空气无法进入厂房，排风机风量不变，送风机入口导叶开度逐渐变大，但在关门瞬间其开度仍然非常小，导致排风量远大于送风量，因此厂房负压迅速降低，最低点将至 *C* 点的 −90 Pa，接着，随着送风机入口导叶 MA−01A/B（VN）开度逐渐增大，送风量变大，房间负压也逐渐变小。但由于房间压力低于 −60 Pa（H 报）的时间约 1 min（超过 45 s），导致 B 列风机跳机，在 *D*～*E* 阶段只有 A 列风机运行，房间负压维持在 −6 Pa 左右。在 *E* 点将 A 列风机手动停运，厂房压力回归到大气压力 0。

当厂房压力超过 −60 Pa 且持续时间超过 45 s 后，设计上要求两列风机同时连锁停运。但在本次试验中，达到连锁跳机条件后，只有 B 列风机跳机，而 A 列风机并未跳机；试验中还发现 A/B 两列送风机入口导叶开度会出现相差很大的情况（如 MA−01A（VN）开度 92%，但 MA−01B（VN）开度 57%），这不利于两列风机的同时稳定运行，这与设计要求不符。通过查找设计逻辑，差压变送器 PDT−001 传送给 PDICA−001A/B 两路信号分别连锁 A/B 两列送风机的入口导叶及两列排风机，根据 PLC 逻辑，这两路信号的值可能会出现差异，这导致在系统运行过程中由于 PDICA−001A 和 PDICA−001B 的信号值不同而出现两列风机不同步的情况，通过与设计方沟通，设计方发布设计变更将 PDT−001 压力变送器信号传送给 PDICA−001 后同时连锁 A/B 两列风机，保证了两列风机的连锁信号一致，使两列风机同步运行，避免了两列风机运行不一致的情况；同时设计变更将高压差报警连锁排风机停运的时间由 45 s 延长至 90 s，以给系统更长的反应时间来恢复厂房的负压。

在图 4 中，VRS 投入自动运行后，厂房负压稳定维持在 −20 Pa 的压力；在 *A* 点位置，打开三个对开门中的一个，随着外部空气进入厂房，厂房负压不断减小，直至降至 *B* 点的 0 Pa；与此同时，送风机入口导叶 MA−01A/B（VN）开度逐渐变小；保持对开门打开状态直至 *C* 点以模拟卡车进出厂房；*C* 点后关闭打开的对开门，此时，厂房负压迅速降低，最低点将至 *D* 点的 −100 Pa，超出了差压仪表 PDT001 的量程（−100～0 Pa），根据设计逻辑，当差压值超过仪表量程时，送风机入口导叶状态会由“自动”控制变为“手动”控制，即入口导叶

MA－01A/B（VN）会保持在关闭对开门时的非常小的开度而无法与厂房压差 PDT001 连锁进行自动调节；如图所示，厂房负压保持在约－42 Pa 附近而无法调节。此时，只能由操作员在主控室对系统进行干预来调节厂房负压，这不利于系统的自动运行，需要对系统进行改进。最终，将差压变送器的量程从－100～0 Pa 更改为－200～0 Pa；将风机入口导叶的 PID 调节参数由（0.1，50，0）更改为（1，50，0）以加快送风机入口导叶 MA－01A（VN）和 MA－01B（VN）的响应速度，使厂房负压在厂房门关闭后能够更快速地恢复。

将图 3 和图 4 进行对比分析，当模拟卡车进出厂房时，在关闭对开门的过程中，若关门速度过快，会造成厂房负压瞬间变得非常大，会超过差压变松仪表的量程（见图 4）；而当关闭对开门时速度放缓，关闭对开门的一扇后再关闭另一扇时，厂房负压降的不会太低（见图 3）；因此在电厂正常运行，有卡车进出放射性废物厂房时，应尽量缓慢地关闭厂房的对开门，以保证 VRS 系统更平稳地运行。

3　厂房温度控制解析与改进

3.1　厂房温度调节介绍

放射性废物厂房高度约 10 m，为了方便厂房内移动处理设备及大型构件的搬运，在厂房上部安装有横跨整个厂房宽度的行车；VRS 的所有送/排风风口均位于厂房上部（仅有 5 个临时排风口位于厂房底部离地面 1.5 m 高位置处）。VRS 系统维持放射性废物厂房的温度在设计范围（10～40.5 ℃）内。如图 2 所示送风机组内设置有加热盘管（Heating Coil，HC）、冷却盘管（Cooling Coil，CC），与送风空气对流换热，保证一年四季房间的温度满足要求。

图 5　加热盘管与旁通风阀

在冬季，放射性废物厂房的温度调节通过加热盘管前的迎风旁通风阀 MD－D027A/B（风阀如图 5 所示）的动作来调节送风的热量。当 D027A/B 旁通度为 0 时表示全加热，所有通过的风量均与加热盘管换热；当 D027A/B 旁通度为 100%时表示全旁通，所有通过的风量均不与加热盘管换热。厂房内的温度传感器 TE008A/B 位于厂房长边中间距离地面 1.5 m 处，TE008A/B 分别与迎风旁通阀 D027A/B 连锁，当厂房温度低于 12.8 ℃时，TE008A/B 连锁 D027A/B 减小旁通度，增加送风的加热量，以提高厂房的温度。在送风机出口处有温度传感器 TE002A/B，该温度传感器测量送风温度，当送风温度低于 8.3 ℃时，连锁对应列的送风机跳机，以防止送风温度过低导致设备冻坏。

3.2　调试过程中厂房温度调节的问题及改进

在 VRS 系统温度调试试验过程中发现：夏季时厂房温度控制较为理想，且送/排风机运行平稳；但在冬季，当室外温度低于－10 ℃时，VRS 系统送风机 MA－01A/B 会经常因为送风温度 TE002A/B 低于 8.3 ℃而连锁跳机；另外，两列送风机组会出现运行状态不一致的情况。此外，由于气候条件的差异，海阳冬天可能会出现时间不定的低于－10 ℃的天气，而三门冬天则不会出现如此低温，因此同为 AP1000 机组的三门一期工程两台机组的 VRS 系统均未出现本文介绍的低温跳机情况。

图 6～图 8 是 VRS 在室外温度低于－10 ℃时系统送风温度 TE002A/B，厂房温度 TE008A/B 和加热盘管迎风旁通阀 D027A/B 的变化趋势图。风机跳机过程描述如下：风机启

动后，将系统置于自动运行状态，由于厂房初始温度低于 12.8 ℃，迎风旁通阀 D027A/B 为全加热模式，厂房温度逐渐升高并超过 12.8 ℃，温度超过 12.8 ℃后，送风机组迎风旁通阀 D027A/B 增大旁通风量，减小加热量，直至旁通阀处于全旁通模式。如前所述，由于 VRS 送风口与排风口均位于厂房顶部（约 10 m 高），而温度传感器 TE008A/B 则基本位于厂房底部（约 1.5 m 高），而且放射性废物厂房空间非常大，因此 TE008A/B 要检测出房间温度的变化需要非常长的时间；当 TE008A/B 检测到厂房温度高于 12.8 ℃后，迎风旁通阀 D027A/B 增大旁通量来减小加热量以降低房间温度，由于 TE008A/B 检测到温度降低的过程缓慢，使 MD027A/B 一直处在全旁通状态，导致新风的加热量非常小，当室外温度低于 −10 ℃时，送风温度很快会低于 8.3 ℃，低于送风低温跳机连锁温度，导致送风机 MA−01A/B 连锁跳机。

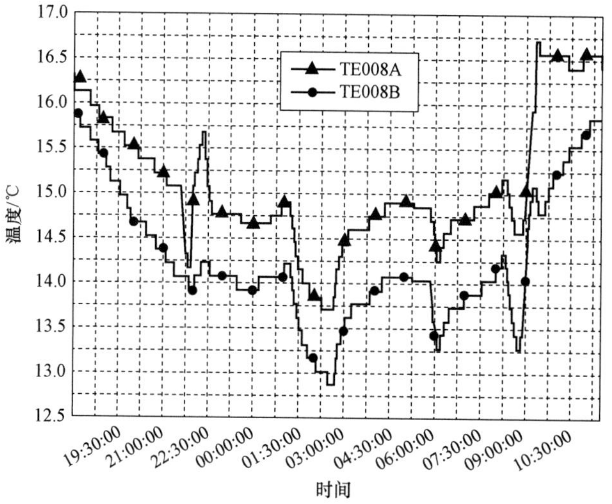

图 6　厂房温度变化曲线

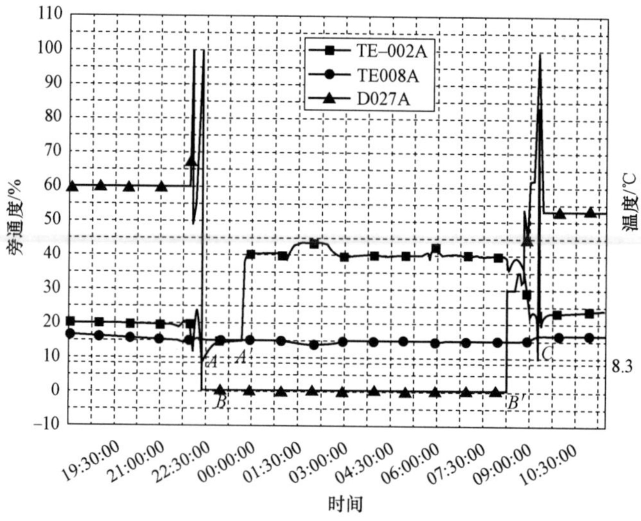

图 7　VRS A 列状态参数变化

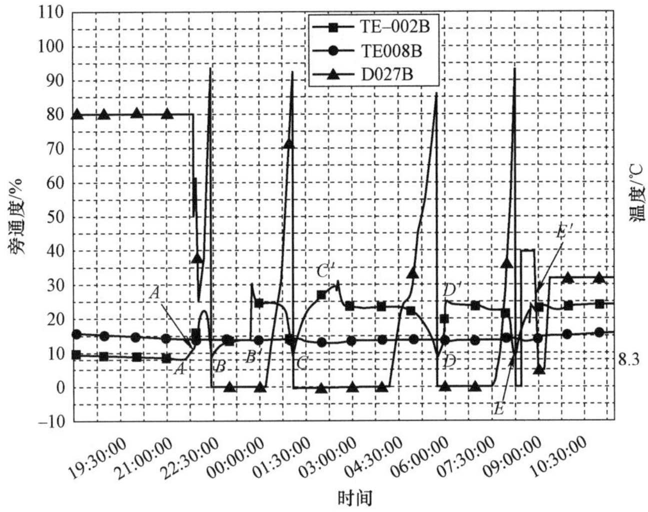

图 8　VRS B 列状态参数变化

由图 7 可以看出，A 列风机在 *A* 点位置由于送风温度 TE002A 低温而连锁跳机，在 *A′*点操作员在主控室手动启动风机，随后送风温度 TE002A 温度迅速上升；MD－D027A 在 *B* 点到 *B′*点的时间段内旁通度一直为 0（全加热状态），这段时间可能是由于风阀 D027A 在旁通度为 0 的状态下卡住了，其无法根据 TE008A 的温度进行动作，在 *B′*点之后的动作证明了之前是由于卡顿造成的风阀 D027A 开度不变；在相同的时间段内，由图 8 可以看到，B 列送风机 MA－01B 由于送风温度（TE002B）低而多次连锁跳机，在 *B*，*C*，*D*，*E* 点四个位置均由于送风温度低而连锁跳机，在 *B′*，*C′*，*D′*，*E′*四个点的位置操作员在主控室重新手动启动风机后将系统置于自动状态。从图 6 看出，TE008A 的测量温度始终大于 TE008B，这与两个温度传感器的位置有关，TE008A 位于放射性废物厂房靠近辅助厂房一侧（见图 1），该侧墙体热量散失较小；而 TE008B 位于放射性废除厂房靠近大气一侧的墙体，热量散失较大；最终导致 TE008A 的温度会高于 TE008B；设计逻辑是 TE008A/B 分别连锁对应列的加热盘管迎风旁通阀 MD－D027A/B，这导致两列风机运行状态不一致的情况的出现，不利于系统的整体稳定运行。

在多次尝试与试验后，对上述问题找到了较好的解决方案。首先将 TE－008A/B 两个温度值做一个取平均值的逻辑，平均值 TE－008 同时连锁送风机加热盘管迎风旁通阀 MD－D027A/B，以此来保证 VRS 两列送风机组运行的一致性，提高系统运行的稳定性；其次，MD－D027A/B 的跳机 PID 值由最初的（1，10，0）修改为（0.1，10，0），即将 P 值由 1 降至 0.1，减缓了 MD－D027A/B 的调节速率，以使其更缓慢地动作，缓冲 TE－008A/B 测量温度变化滞后所带来的影响；再次，对于送风温度 TE－002A/B 的低温跳机设定值 8.3 ℃，该设定值的目的是为了保证设备不被低温冻坏，实际上只要温度不低于 0 ℃就不存在设备冻伤的风险，考虑到 AP1000 其他通风系统中有的系统（如辅助/附属厂房非放射性通风系统，VXS）低温跳机连锁值为 4.4 ℃，完全能够满足保护设备不被冻伤的要求，因此 VRS 将送风低温跳机值降低至 4.4 ℃，这样可以使系统能更平稳地运行。

4 结论

调试工作是对系统设计的检验，是一个不断发现问题，解决问题的过程。要让系统可能存在的不稳定因素及问题尽可能全面地暴露出来，并想办法对问题进行解决，这样才能保证系统在投产运行后能稳定安全地运行。AP1000 的放射性废物厂房由于潜在的放射性危险，其通风系统 VRS 的稳定安全运行至关重要，而调试的质量则是其稳定运行最重要的保证。本文通过对 VRS 系统温度与负压控制在调试过程中的问题分析与解决方法的介绍，为后续国产化 CAP1400 核电站的设计及调试提供了非常宝贵的经验与借鉴。

参考文献

[1] 孙汉虹，程平东，缪鸿兴，等. 第三代核电技术 AP1000（第二版）[M]. 北京：中国电力出版社，2016：50-51.

有关反应堆堆顶排气管线流阻试验中故障排查方法的探讨

周　彬，夏　栓

（上海核工程研究设计院有限公司，上海　200233）

摘要：反应堆压力容器（RV）顶盖上方设有堆顶排气管，电厂启动时操纵员可以通过该排气管对 RV 进行放气和充水操作。在调试阶段需要通过流阻试验验证该管线的功能满足设计要求。由于该段管线内径小且弯头多，当出现堵塞情况后，很难通过工业管道内窥镜直接诊断并清除。为了解决该问题，在依托项目预运行调试过程中，采用了多种相互独立的诊断方法，验证了试验故障的原因，并开创性地制作了适合于该试验的专用检查措施。确保了故障源的消除，最终取得了试验成功。本文所介绍的诊断方法和检查措施对核电厂中其他小口径多弯头管线同样具有较强的参考意义。

关键词：堆顶排气管线；诊断方法；检查措施

Discussion about the Method of Troubleshooting in the Flow Resistance Test of the Reactor Top Exhaust Line

ZHOU Bin，XIA Shuan

(Shanghai Nuclear Research and Design Institite Co.，Ltd，Shanghai 200233，China)

Abstract: The reactor pressure vessel（RV）is equipped with an exhausting line on its top，through which the operator can vent air and fill water to the RV when the power plant is started. During the commission，it is necessary to verify the function of the pipeline to meet the design requirements through the flow resistance test. Due to the small diameter and many elbows in this section of pipeline，it is difficult to diagnose and remove the blockage directly through industrial pipe endoscope. In order to solve this problem，a variety of independent diagnostic methods were adopted during the commission of the AP1000 project to find the cause of the test failure，and a special inspection measure suitable for the test was made innovatively. The failure cause was

---

作者简介：周　彬（1986—　），男，上海人，硕士，现从事核岛工艺系统设计方面工作

figured out and the test became successful. The diagnostic methods and inspection measures introduced in this paper are also of great reference significance to other small diameter multi-bend pipelines in nuclear power plants.

Key words: The Reactor Top Exhaust Line; Diagnostic Method; Inspection Measure

1 背景介绍

反应堆压力容器（RV）顶盖上方设有堆顶排气管，电厂启动时操纵员可以通过该排气管对 RV 进行放气和充水操作。在调试阶段需要通过流阻试验验证该管线的功能满足设计要求。依托项目在进行反应堆堆顶排气管线流阻试验时，发现流道阻力异常，且远大于设计要求。由于国内 AP1000 核电厂属于全球首堆，在建造和调试方面经验较少，遇到问题后无直接先例可循。为了解决该问题，依托项目采用了多种相互独立的诊断方法，验证了试验故障的原因，并开创性地制作了适合于该试验的专用检查措施。确保了故障源的消除，最终取得了试验成功。本文所介绍的诊断方法和检查措施对核电厂中其他小口径多弯头管线同样具有较强的参考意义。

2 试验简介

反应堆压力容器（RV）堆顶排气管与反应堆压力容器顶盖上方的放气管线相连。该排气管分成两个并联的流道，每个均有冗余的阀门可以从反应堆冷却剂压力边界隔离排气管。两个流道重新相连后，母管穿过换料堆腔并通过一组自动卸压阀门的排放总管排至 IRWST。管线上电磁阀上游有一个法兰管件用以在反应堆压力容器顶盖拆卸前拆开该管线。根据试验程序的要求，需要验证 RV 堆顶排气管线流阻满足验收准则［流阻≤3.82 m/（m^3/h）^{2}］。试验路径如图 1 所示。

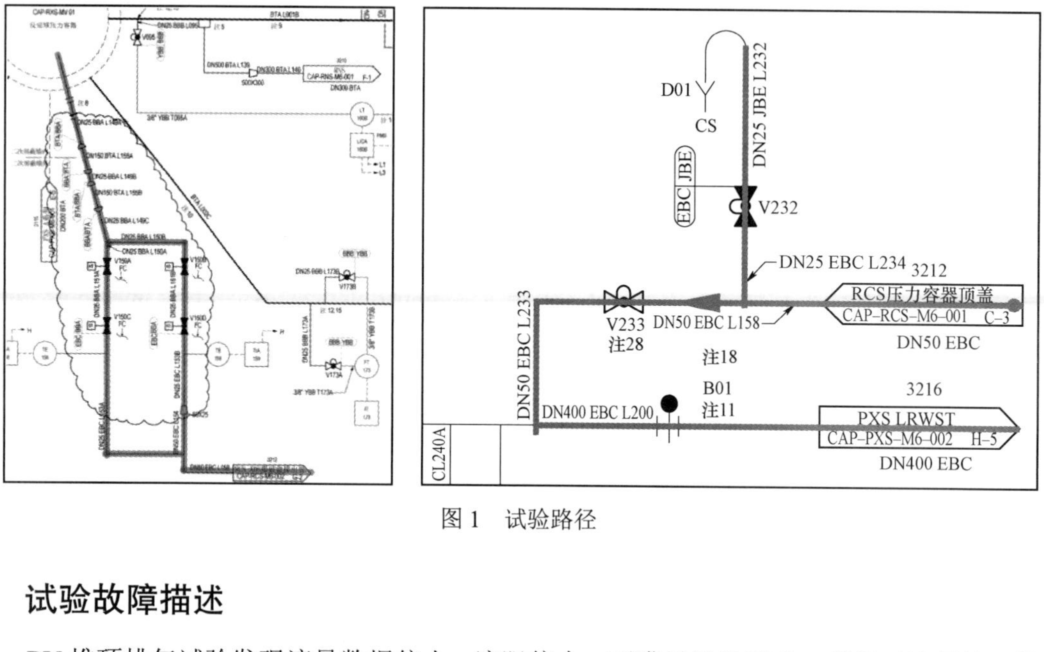

图 1 试验路径

3 试验故障描述

RV 堆顶排气试验发现流量数据偏小，流阻偏大，不满足设计要求。现场对流量计，管线在线，参数设置进行了确认，确认无误后，在试验数据稳定的前提下再次读数，超声波流量仍为 5 m^3/h 左右，未满足验收准则，试验终止。

4 故障排查过程及方法

试验终止后，现场进行了孔板对中检查、孔板实际尺寸测量、流量孔板方向检查、短管法兰对中检查、短管孔径实际尺寸测量、管道焊缝处的焊缝余高测量、管道壁厚测量、三通壁厚测量等，均未发现异常。随后，现场将 RV 顶盖排气管线的短管卸下，针对短管下游部分进行了流阻试验，结果表明管线流阻在设计要求范围之内。从而，将故障区域缩小至短管上游管线，如图 2 所示。

图 2 短管上游管线

经测量，发现短管上游管道壁厚无异常。因此，排除了壁厚超差导致的阻力增大可能。故障排查工作被重点锁定在排查流道内的异物风险。

随后，试验人员针对 RV 堆顶排气管线短管上游部分进行了流阻试验。试验在堆顶排气管线短管接口法兰处安装带临时压力表的临时接管，如图 3 和图 4 所示。

试验时，接管一端连接壳内除盐水，试验流道方向与正常排气流道方向相反。

试验过程中，管道流量初期稳定在较低水平，随后突然骤涨，且一直维持在较高水平直至试验结束。试验过程中，流量对应的流阻曲线如图 5 所示。

根据流道试验结果和之前各项分析检查结果，初步判断，试验前短管上游堆顶排气管内可能存在异物，导致之前的流道试验流阻偏大。但在上游反向流道试验中，经过最初几分钟的反向冲刷，异物可能出现松动并改变了位置或方向，使其对流阻的影响减小，甚至直接被冲出。

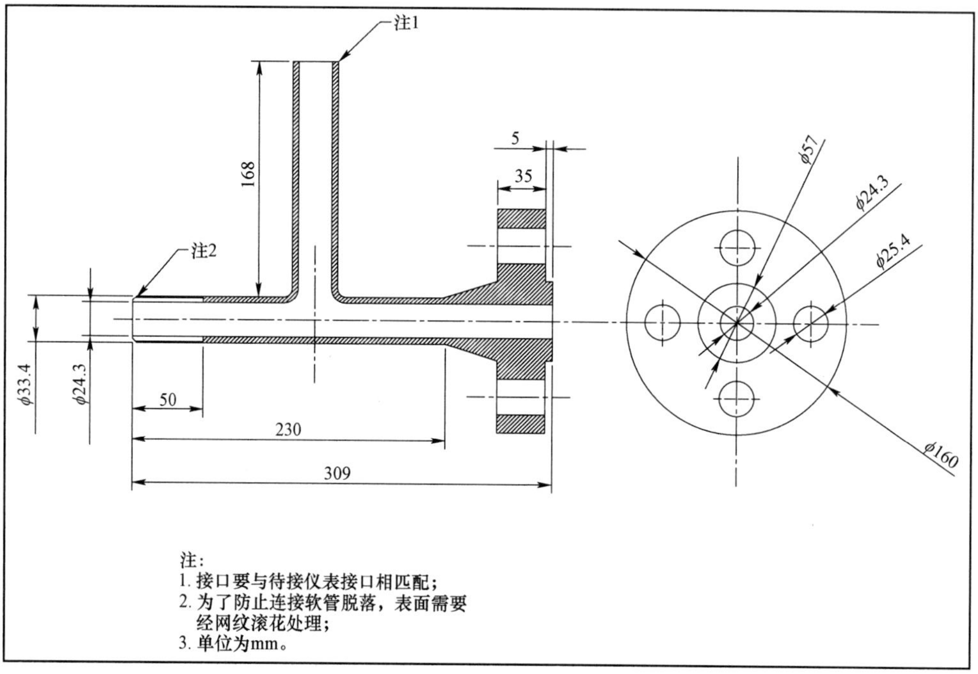

图 3　临时接管尺寸图

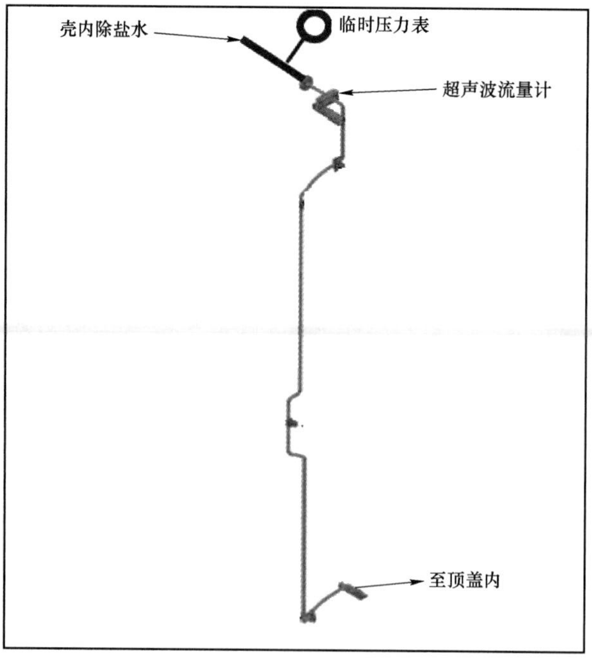

图 4　短管上游流道试验接管示意图

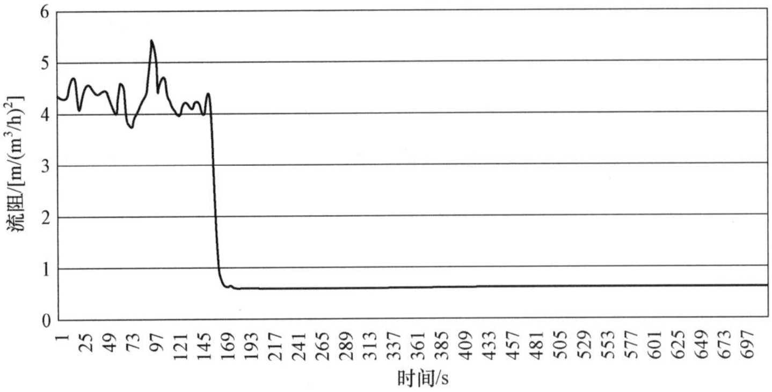

图 5　短管上游排气管道流阻曲线

在接水的水桶内装有潜水泵，其吸入侧设有一圈 10 mm × 6 mm 的格栅，如图 6 所示。

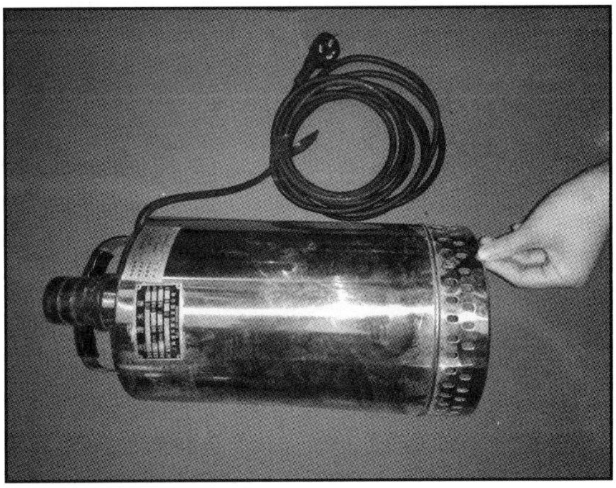

图 6　潜水泵近照

由于试验后未能在水桶内发现异物，因此不排除异物属于长度大于管道内径（约 19 mm），但宽度和厚度均小于格栅尺寸的细长型片状结构，导致异物被潜水泵吸入排出。同时，也无法排除异物仍存留在管道内的风险。

为了排除 RV 堆顶排气管线内滞留异物的风险，试验人员使用内窥镜对短管上游整段排气管线进行检查。但实践发现无论是从上至下（从短管法兰处至 RV 顶盖），还是从下至上（从 RV 顶盖至短管法兰处），工业视频内窥镜（直径 8.9 mm，长度 10 m）都无法连续过 2 个以上的弯头。

最后试验人员决定创新性地通过在内窥镜的前方系上牵引绳，通过前拉后送的方法，将内窥镜送入整个管道内。首先，先用一个连着线的小球，在压空的推动下，贯穿短管上游的 RV 堆顶排气管线。贯穿后的线将牵引着内窥镜探头，逐渐深入并探测管道内部，直至找到异物为止。

经调研发现，丁腈橡胶球和大力马鱼线是比较合适的试验材料。

丁腈橡胶球具有一定的硬度和较低的弹性，既不足以对管道表面产生磨痕和损伤，又能在较大落差下较好地沿管道向下移动，且耐针刺。因此，适用于该试验工况。

大力马鱼线（Dyneema）是一种高强度聚乙烯纤维线，其强度比碳纤维高两倍，是目前世界上强度最高的纤维。由于采用高级的编制方法，只需极细的直径就可以承受加大的载荷力，其强度是同等直径尼龙线的 5 倍以上。而且还具有耐磨，防缠绕，柔韧的特性。因此，适用于该试验工况。

通过采用多种不同尺寸的丁腈橡胶球结合大力马鱼线进行预试验。通过预试验找到最佳的小球尺寸。

为了防止试验发生意外，导致在正式管道内引入新的异物，同时也为了验证整个预试验方案的可行性。在正式开始 RV 堆顶排气管线异物检查前，先对模拟管线进行异物检查预试验。模拟正式的短管上游RV堆顶排气管线，建造一段1:1的模拟管线。管线入口处对接焊一个法兰，并同时搭建一个3 m×3 m，高度在6 m，带有爬梯和操作平台的脚手架，如图7所示。

为了尽可能减小内窥镜自身的阻力，选用了细且长的工业视频内窥镜（直径6.1 mm、长8 m），内窥镜检查分为从法兰向RV顶盖方向检查（即由上往下）和从RV顶盖向法兰进行检查（即由下往上）两部分。通过两头分别向中心进行排查，最终完全覆盖整根堆顶排气管线。

最终，无论是试验管件还是正式管件，鱼线加小球的牵引方案都能使得内窥镜顺利通过管内各处弯头，管内检查无死角和盲区。

经内窥镜检查确认无异物后（见图8），再次开展的RV堆顶排气管线流阻试验结果完全满足设计要求，试验获得了成功。

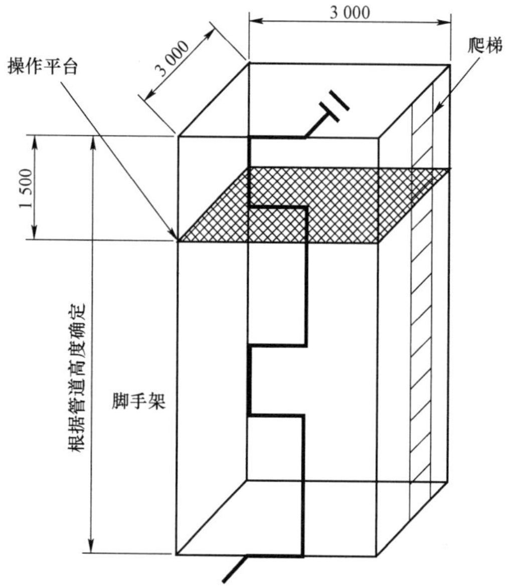

图7　脚手架示意图

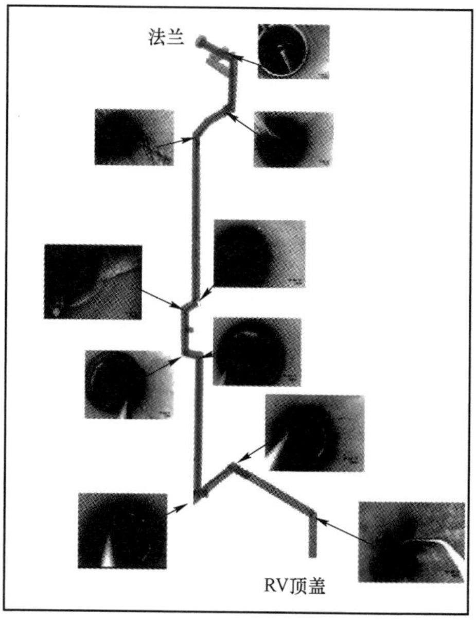

图8　窥镜检查结果

5　总结

在反应堆堆顶排气管线流阻试验中，采用了多种相互独立的诊断方法，验证了试验故障的原因，并开创性地制作了适合于该试验的专用检查措施。确保了故障源的消除，最终取得了试验成功。本文所介绍的诊断方法和检查措施对核电厂中其他小口径多弯头管线同样具有较强的参考意义。

参考文献

[1] Crane Technical Paper No.410 2009 version，Flow of Fluids Through Valves，Fittings，and Pipe.

正常余热排出泵汽蚀原因分析

庄亚平，马柏松

（山东核电有限公司，山东 海阳 265116）

摘　要：某核电厂半管运行试验，正常余热排出系统流量尚未达到最小设计流量时泵发生汽蚀。研究分析了泵入口管路的三通阻力计算方法，同时通过计算流体力学方法计算了不同缩径比例三通的阻力系数。确认发生汽蚀的主要原因是泵入口管道上的三通内径过小，另外审查发现三通阻力计算方法选择不合理。采取的措施是更换内径满足要求的三通，并尽可能增大三通内倒角。

关键词：三通；正常余热排出；半管运行；汽蚀

Analysis on Cavitations of One NPP RNS Pump

ZHUANG Yaping，MA Baisong

(Shandong Nuclear Power Company Ltd.，Haiyang of Shandong Prov. 265116，China)

Abstract: During mid-loop operation test of one NPP，pump cavitations happened before the pumps of Normal Residual Heat Removal System reach the designed minimal flow. Reviewed the TEE resistance calculation method，and calculated resistance of Tee with reduced internal diameter，confirmed that main cause of cavitations is ID of TEE much smaller than design，and selected unreasonable calculation method is another contribution. The measures are replacing with TEEs ID meeting requirement and taking large chamfering radius.

Key words: TEE；Normal Residual Heat Removal；Mid-loop Operation；Cavitation

三通是流体管网系统的普通但不可或缺的部件，在流体输配管网系统中，三通部分的局部阻力占了较大比例，其性能影响系统综合性能。随着核电机组的容量加大和非能动的广泛应用，三通的局部阻力影响越发显得重要。围绕三通局部阻力，国内外学者已进行了大量试验和理论研究，这些研究多针对管径在 100 mm 以下的三通，而对管径在 100 mm 以上的三通研究较少[1]，且实验数据和发布的公式计算的阻力系数存在显著差异。

某第三代非能动核电厂正常余热排出系统（RNS）作为非安全相关的辅助系统进行配置和设计，但出于对核安全纵深防御和电厂经济性保护等因素的考虑，该系统还是被赋予了大

作者简介：庄亚平（1976—　），男，山东招远人，硕士，高级工程师，现主要从事设计管理工作

量避免专设安全设施不必要启动的纵深防御功能和出于电厂投资保护的重要非安全相关功能[2]。RNS 主要用于机组停堆后导出堆芯和反应堆冷却剂系统的热量，还用于冷却各种与之相连的水池以及提供净化和下泄通道，在事故工况下，还可以用来为反应堆冷却剂系统提供非安全相关低压注射[3]，RNS 系统管道上设计有多个三通。

机组预运行试验期间，针对 RNS 的各种运行工况及功能开展了试验，以验证系统满足设计功能要求和泵的设计要求。进行半管运行试验时，双泵运行没有达到设计最小流量，出现泵汽蚀现象。本文对发生汽蚀的原因开展分析研究，为后续项目优化设计提供指导。

1 RNS 泵汽蚀问题

1.1 系统配置

RNS 由两个并联序列组成，每一序列包括一台泵和一台换热器。两个序列共用一根入口母管，此出口母管在安全壳内分为并联的两列支管，每列支管上设有两个常关的电动隔离阀。RNS 除了正常冷却功能外，还有乏燃料池冷却、安全壳内置换料水箱冷却、化学与容积控制系统净化、装料池循环、低压安注等非安全相关功能，管道分别接到 RNS 出入口母管[4]。泵入口母管道配置如图 1 所示。

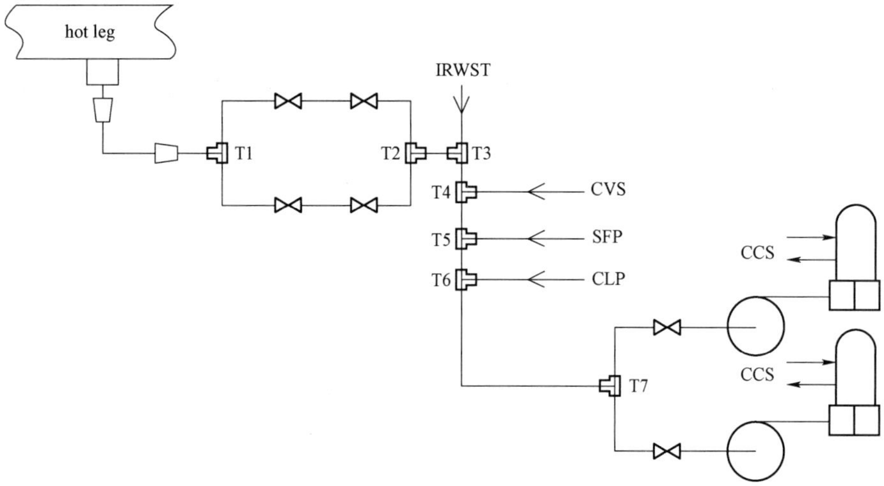

图 1 RNS 泵入口管道流程简图

1.2 半管运行

反应堆正常停堆冷却过程，第一阶段由蒸汽发生器（SG）进行冷却，设计要求反应堆停堆后 4 h 内，SG 能冷却一回路至 177 ℃以下，切入 RNS 进行第二阶段冷却。停堆后大约 96 h 后反应堆冷却剂系统（RCS）温度可以降到 52 ℃左右，压力降至常压状态。当 RCS 热管段水位降到热管段满管水位的 80%时，进入半管运行模式。

RNS 采用一个梯级接管与 RCS 二环路热管段相接，使半管运行期间吸入空气可能性最低；RNS 泵入口管线倾斜向上、无局部高点；RNS 泵的设计对将发生汽蚀的可能性降至最低。半管运行状态，水位偏低，堆芯有余热释放，稍有不慎易发生汽蚀，从而造成余热排出系统丧失冷却能力，引起堆芯冷却沸腾，直至堆芯裸露[5]。通常，RNS 泵在半管运行期间不需要通过节流来保证泵吸入压头，当一回路温度高于 85 ℃时，应通过节流确保足够的汽蚀余量。另外，非能动核电厂通常采用抽真空启动，如果 RCS 半管运行时水温接近饱和状态，设在

RNS 泵出口的节流阀就需要适当节流以维持足够的汽蚀余量。

1.3　试验

预运行试验期间，对 RNS 各运行工况进行试验，验证泵曲线满足系统流量要求和所有 RNS 流道满足设计要求。试验开始前，在泵前管道滤网的试验接口处安装临时入口压力表，通过监测压力进行验证。有效汽蚀余量计算方法：

$$NPSH_{a} = H_{atm} - H_{vap} - PLS + H_{suct} + E_{s} - E_{pump} \tag{1}$$

式中：H_{atm} 大气压力；H_{vap}82.2 ℃水的蒸汽压力；PLS 泵入口管道压头损失；H_{suct} 临时仪表压头；E_{s} 临时仪表标高；E_{pump} 泵入口标高。

半管运行试验，验收准则双泵总流量 661 m^3/h，有效汽蚀余量应大于 4.8 m。某核电厂半管运行预运行试验时，泵出口调节阀开度在 50%左右，两台 RNS 泵总流量尚未达到上述最小设计流量时 RNS 泵已出现汽蚀现象，表明泵入口管道压头损失大于设计预期。

2　原因分析

2.1　阻力计算分析

工程上系统阻力计算，将不同尺寸管道、管件阻力直接加减，以 $m/(m^3/h)^2$ 为量纲表示阻力。根据达西公式，压头损失 ΔH 的表示公式如下：

$$\sum \Delta H = f\frac{8}{gd^2\pi^2}\sum\frac{L}{D}Q^2 = RQ^2 \tag{2}$$

$$\sum R = f\frac{8}{gd^2\pi^2}\sum\frac{L}{D} \tag{3}$$

式中：H 压头损失；Q 体积流量；v 平均流速；f 管道摩擦系数。

AP600 设计开始于 1985 年，1988 年获得美国核管会最终设计批准，次年 AP1000 的开发随即启动。AP1000 在 AP600 的基础上开发，保持了 AP600 的设计理念，沿用了 AP600 的设计框架，设计上仅做了少量的改进[6]。

西屋在系统阻力计算使用 Crane 公司 1988 年发布的技术文件 TP410。该版文件中对于三通的阻力系数只考虑了管件的尺寸，简单地将三通直流的阻力损失当量长度 L/D 设定为 20，支流的阻力损失当量长度 L/D 设定 60[7]。RNS 泵入口管路为 250 mm（10 英寸）Sch 160，内径 216 mm（8.5 英寸），查手册管紊流摩擦系数 0.013 89，以总流端的流速表示，局部阻力系数分别是 0.277 8 和 0.833 4。

2009 年，Crane 公司发布了新版 TP410，更新了三通阻力系数计算公式，阻力系数不仅与尺寸有关，还与各个接管的面积截面积比例、管道的夹角、通路的流量比例、分流还是合流有关[8]。T 型三通分为图 2 所示的合流三通和分流三通两种。

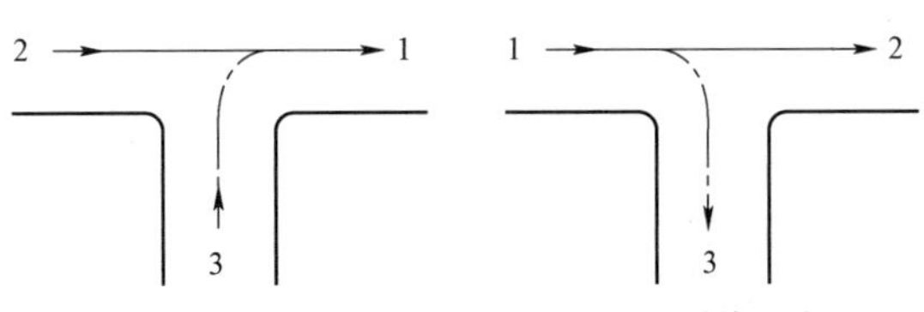

图 2　T 型三通

对于各通路的截面积相同的三通，图 2（a）所示三通的阻力系数：

$$K_{21} \approx 1.55\frac{Q_3}{Q_1} = \left(\frac{Q_3}{Q_1}\right)^2 \tag{4}$$

$$K_{31} = C\left[1+\left(\frac{Q_3}{Q_1}\right)^2 - 2\left(1-\frac{Q_3}{Q_1}\right)^2\right] \tag{5}$$

式中：

$$C = 0.9\left(1-\frac{Q_3}{Q_1}\right)，当\frac{Q_3}{Q_1} \leqslant 0.4$$

$$C = 0.55，当\frac{Q_3}{Q_1} > 0.4$$

图 2（b）所示的三通阻力系数：

$$K_{12} = M\left(\frac{Q_3}{Q_1}\right)^2 \tag{6}$$

式中：

$$M = 2\left(2\frac{Q_3}{Q_1}-1\right)，当\frac{Q_3}{Q_1} \leqslant 0.5$$

$$M = 0.3\left(\frac{Q_3}{Q_1}-1\right)，当\frac{Q_3}{Q_1} > 0.5$$

$$K_{13} = \left(1+0.3\left(\frac{Q_3}{Q_1}\right)^2\right)^2 \tag{7}$$

RNS 泵入口管路的三通 T1、T2、T3、T7 中流动如图 3 所示，三通支路作为流体共同管道，计算中均按支流的阻力系数考虑。TP410（2009）中没有对应的阻力系数计算公式。

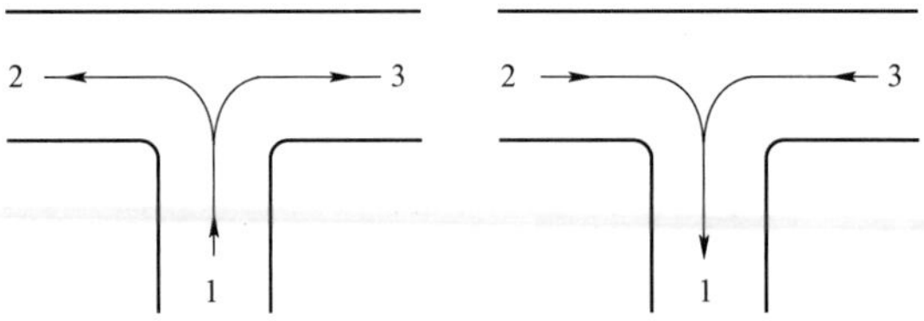

（a）分流三通　　（b）合流三通

图 3　支路作为共同流道的三通

基于其他的研究成果，Donald 在文献［8］中给出了图 3 所示的三通阻力系数的计算公式，并且考虑了三通内部倒角半径的影响：

图 3（a）所示的分流三通阻力系数：

当$0.2 \leqslant \frac{Q_2}{Q_1} \leqslant 0.8$：

$$K_{12}=0.59+1.18\frac{Q_2}{Q_1}-0.68\frac{Q_2^2}{Q_1^2} \tag{8}$$

图 3（b）所示的合流三通阻力系数：

$$K_{21}=0.81-0.95\frac{Q_2}{Q_1}-1.34\frac{Q_2^2}{Q_1^2} \tag{9}$$

上式中没有考虑三通倒角半径，按文献［9］给出的计算公式计算局部阻力系数，表 1 不同的计算公式计算的阻力系数，对比可以看出，由于三通直流通路按 20 *L/D* 计算，总的阻力计算是保守的，但支流的阻力系数计算不保守，特别是合流三通 T3 的支流阻力系数差距比较大。

表 1　不同方法计算的三通阻力系数

三通	TP410 1988	TP410 2009	文献［9］
T1	0.833 4		1.01
T2	0.833 4		0.67
T3	0.833 4	1.1	1.2
T4 T5 T6	0.277 4	0	0
T7	0.833 4		1.01

2.2　设计制造

由于 ASME B16.9 对于内径没有明确的规定，为了保证三通满足强度要求，壁厚会有不同程度的加厚导致内径小于接管的内内径，机组采购的三通如图 4 所示，具体数值如表 2 所示。

图 4　三通

表 2　三通内径实测值

三通	Pipe flow	设计 ID	实际 ID
T1	1.01	215.84	196.37
T2	0.67	215.84	190.61
T3	1.2	215.84	153.81
T7	1.01	247.7	234.91

CFD 技术具有速度快、灵活性强、结果可靠等优点，越来越多的应用于管内流动研究中。文献［1］建立本系统采用的 10 英寸 T 型三通模型。其中，内径分别不同缩径比例。计算结束后，从模型中提取三通进出口截面的平均压力，得到压差 ΔP，根据 10 式计算阻力系数 k。

$$\Delta P = K\rho\frac{v^2}{2} \tag{10}$$

式中：ρ——流体密度；

v——速度。

图 5 是不同内径比例的合流三通阻力系数，可以看出随着内径的减小，阻力系数增加，小于 90%后，支路阻力系数急剧增加。可见内径对阻力系数有很大的影响。系统中 T3 阀门由于阻力计算不保守，内径缩小过大，对于系统阻力损失影响最大，是导致泵气蚀的主要部件。

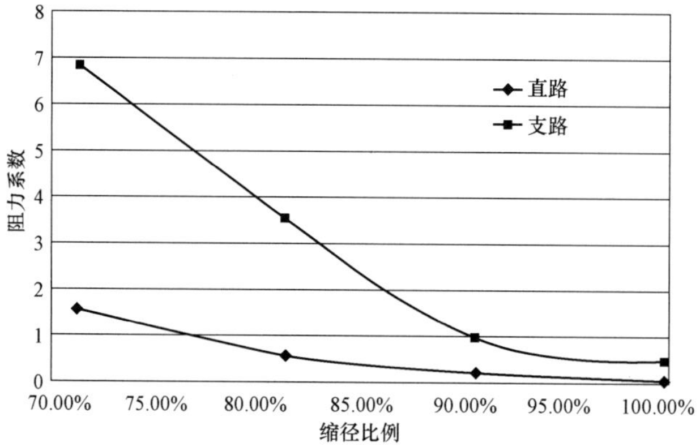

图 5　缩径三通阻力系数

3　已采取的措施及后续优化建议

3.1　采取的措施

更换壁厚偏差大的三通，替换的三通在满足 ASME B16.9 的基础上，任何位置的壁厚不得超过名义壁厚的 115%，内径尽可能与相接的管道内径相同。文献［5］研究表明，三通内倒角半径越大，阻力系数相对越小，要求更换的三通内倒角尽可能大。

3.2　优化建议

RNS 泵并联隔离阀后，通过三通支路进入合流三通 T3，而三通直通路一端通往安全壳内置换料水箱（IRWST），用于冷却 IRWST 和事故后地坑再循环低压安注，另一端通往 RNS 泵。从三通的阻力特性可知，合流三通支流 100%流量阻力系数 1.2，而直流通路 100%流量阻力系数接近 0。IRWST 接口的使用概率非常小，同样均为非安全功能，建议将并联隔离阀后的管道接到 T3 的直通路，双泵运行时可以在泵入口增加 1.4 m 汽蚀余量。

4　总结

三通是流体管网系统的普通部件，也是系统中主要的压头损失贡献，直接影响设备的选型、能耗和系统性能。RNS 系统泵上游管道中三通阻力在系统阻力中的占比大，使装置的有效汽蚀余量过小。而对于非能动系统，过大或过小的三通阻力都会对系统性能产生不利影响。不同的阻力系数计算公式的结果差异很大，设计人员在三通阻力系数计算公式选择中应格外谨慎。随着计算流体动力学 CFD 的兴起，数值模拟越来越多地应用于管内流体流动研究中，由于其计算速度快、灵活性强、结果可靠等优点，数值模拟方法已被广泛应用于三通设计与优化，如有必要，应根据实际情况进行 CFD 建模分析。

对于核电这样密集、复杂、且口径大的管道系统，管系的阻力主要来于阀门和各种管件，单个或几个阀门或管件的阻力偏差对系统性能有大的影响。而各种手册对于三通的阻力系数的公式中均未标明适用性，设计人员在选用时应做一个分析判断。设计时应尽量采用更符合实际的计算公式。

三通的阻力系数与内径的 4 次方成反比关系，如果系统阻力有严格要求，三通的采购技术条件除按照 ASME B 16.9 标准外，还需要对内径给出明确要求。另外，文献［9］研究表明，内部倒角半径越大局部阻力系数越低，应在满足要求的前提下，尽量加大倒角半径。

参考文献

［1］巩启涛，杨俊红，韩奎，等．大管径 T 型三通数值模拟及局部阻力特性分析［J］．动力工程学报，2016，36（9）：753-764.

［2］王建伟，王亮亮，李澍．AP1000 正常余热排出系统低压注射性能分析［J］．原子能科学技术，2014，48（12）：2257-2262.

［3］王国震．第三代先进压水堆正常余热排出系统设计优化［J］．中国核电，2015，8（4）：306-311.

［4］王建伟．AP1000 与 M310 堆型余热排出系统的差异分析［J］．核动力工程，2009，30（6）：11-14.

［5］顾全生．余热排出系统与核电站的安全运行［J］．核电工程与技术，2001，14（4）：9-12.

［6］孙汉虹．第三代核电技术 AP1000［M］．中国电力出版社，2010.

［7］Crane Technical Paper No. 410［M］，1988，Flow of Fluids through Valves，Fittings，and Pipe.

［8］流体流经阀门、管件和管道的流体计算 TP410［M］．2009.

［9］Donald C. Runnels，Hobart M. Hudson. Pipe Flow-A Practical and Comprehensive Guide［M］．2013.

第 5 篇

管 理 篇

核电设备暂时进出口实践中的商务要点探讨

陈　醒，周　晨

（上海核工程研究设计院有限公司，上海　200233）

摘要：在三代核电 AP1000 自主化依托项目建设过程中，核岛采购合同的供货方在设备供货外，还需进口部分支持项目建造、调试以及运行等工作的工具、仪表或其他物项，并在使用后退运出境，因此形成了暂时进出口。但由于核岛采购合同下供货设备的清关责任在于采购方，所以对于这些暂时进出口设备，由于供货方选择委托采购方代其完成清关工作。为明确该类设备临时进出口过程中供货方与采购方的权责关系，双方需签订临时进出口协议。本文对这一过程中需注意的商务要点进行了浅要分析。

关键词：核电设备；暂时进出口；商务要点

A Study on the Commercial Key Points During the Temporary Import and Re-Export Process of the Nuclear Power Equipment

CHEN Xing，ZHOU Chen

(Shanghai Nuclear Engineering Research & Design Institute Co., Ltd.，Shanghai 200233，China)

Abstract：During the constrution of the AP1000 Nuclear Power Self-reliance Program Supporting Projects，besides the “Equipment” should be deliverd under the AP1000 Nuclear Island Contract，the Supplier shall import tools，instrumentation and other items to support AP1000 plant construction erection，commissioning and startup then subsequently re-export out of China，temporary import and re-export is the preferred process. But，since the responsibility of the clearence for the “Equipment” lies in the Purchaser，the Supplier requests the Purchaser to complete the clearence for these import and re-export items. To specify the right and obligation between the Purchaser and the Supplier，both parties need to sign the agreement for this subject issue. In the paper，it is briefly analysed the key commercial points need to be noticed during this process.

Key words：Nuclear Power Equipment；Temporary Import and Re-export；Commercial Key Points

---

作者简介：陈　醒（1984—　），女，黑龙江齐齐哈尔人，高级工程师，硕士，现主要从事商务管理工作

1　设备暂时进出口的概念

根据《中华人民共和国海关法》第三十一条与《中华人民共和国海关暂时进出境货物管理办法》第六条，“供安装、调试、检测、修理设备时使用的仪器及工具”以及“工程施工中使用的设备、仪器及用品”的暂时进出境应办理审批。

2　设备暂时进出口的问题背景

在三代核电 AP1000 自主化依托项目的建设过程中，国外供货方除设备供货外，还需自行从国外进口部分配合设备装卸、运输、安装、测试等工作的设备或专用工器具。这些设备或专用工具是供货方为满足项目建设阶段履行合同供货责任所使用，为供货方自有设备，因此使用完毕后供货方将退运出境，即为暂时进口至中国，构成供货合同项下设备交付的特殊情况。

但由于三代核电 AP1000 自主化依托项目核岛采购合同下供货设备的清关责任在于采购方，所以对于这些暂时进出口设备，由于供货方缺乏经验和渠道完成相关清关及物流工作，故选择委托采购方代其完成清关工作。为明确该类设备临时进出口过程中供货方与采购方的权责关系，并为办理清关等手续提供支持，双方需签订临时进出口协议。

3　设备暂时进出口的流程

设备暂时进出口的整个流程由双方经过协商确定，首先由供货方提出申请，并在双方签订协议后进行实际操作，具体流程如图 1 所示。

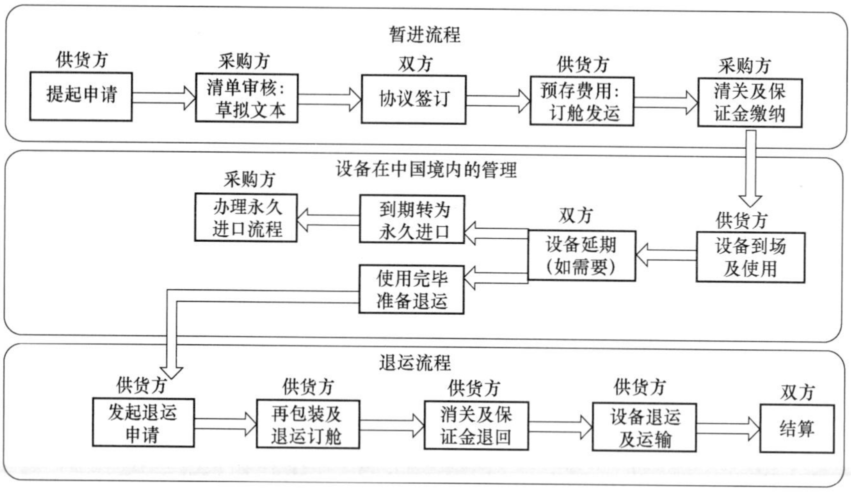

图 1　设备暂时进出口流程图

4　设备暂时进出口的流程过程中的商务要点

采购方自 2011 年开始协助供货方办理暂时进出口设备清关工作，截至 2015 年年底，已签署相关协议超过 60 份，从而积累了大量的实践工作经验并总结了需要注意的几个商务要点。

4.1　暂进设备发运价格条件

供货方在发起设备临时进口申请时，需同时明确设备发运贸易条件及相应价格、以及需采购方协助的工作范围。

根据双方签署的协议，供货方同意就暂时进出口过程中发生的实际费用提供资金。采购方将在设备发运前准备一份包括港口费、3C 认证费、检验检疫费、服务费、机场仓储费估价、港口仓储费估价、统一关税代码和代理费以及其他可能实际发生的花费在内的预估费用提供给供货方。供货方提前将预估费用以人民币的形式电汇入采购方账户。

在实际操作过程中，海关保证金可能会在关税增值税基础上进行放大从而远高于预估值，以某项设备为例，按税率预估报关保证金约 81 万元，采购方也按此金额要求供货方预存，但实际海关却收取了 90 万元的保证金。另一方面，由于核电设备种类繁杂，清关时间具有很强的不确定性，清关附加费也经常大大高于预期，比如某项设备的集装箱超期费约 21 万多元，但协议里所有口岸查验、集装箱、商检费用预估的金额仅为 2 万多元。

所以建议采购方可以考虑在对预存保证金金额进行合理估计的基础上再视情况进行一定比例的增加，保证现金流的充足。

4.2　暂进设备清单合理性问题

根据双方签署的协议，在每次交货完成后的 2 个工作日内，供货方应通过正式信函传递箱单、提单以及其他相关所需文件作为附件以用于清关同时应向采购方快递原始商业发票、箱单、提单以及其他中国海关要求的描述临时进出口物项功能和用途的文件。

暂进设备需单独开具提单、购买保险、发运及报关，而且开箱查验率很高。如暂进设备需与主设备捆绑或连接发运，则供货方可开具 FOB/FCA（船上交货价/货交承运人）价格发票，并与主设备共同发运，但其他事项仍需单独操作。

在某次的仪控测试用零部件发货时，由于发票条目非常多，海关在审查后提出要求："逐项如实申报，不能笼统地申报为××××用零件"。此时，物流人员需知道哪些条目大致可以合并使用以及详细的品名，品牌，型号，功能用途等申报信息，才能启动进口申报。由于此时货物紧急需要已经到港，在这个反复确认的过程中，不仅耽误了项目进展而且会产生不必要的滞港费。所以设备清单中需留意设备组件或工具清单中是否含有易耗品、不符合暂时进出口规定或无法识别用途的物品并应在协议中写明，同时供货方应对清单内容提供详细条目从而规避清关及滞港风险。

如果有光盘、软件等技术信息或服务，海关可能需对此类物品额外征税，此时需说明原进口申报价格是否包含技术服务费并提供合同依据（需要具体体现对应技术服务费用的章节）。如设备含技术服务费用，而进口申报价格未包含技术费用，则需重新估算税款补税。如该类技术服务费已在别处收取，则还是需要提供合同作为补充说明文件。

4.3　暂进期限的延长

根据中华人民共和国海关总署令第 157 号，《中华人民共和国海关暂时进出境货物管理办法》的规定，"暂时进出境货物应当在进出境之日起 6 个月内复运出境或者复运进境；因特殊情况需要延长期限的，暂时进出境货物收发货人应当向主管地海关提出延期申请，经直属海关批准可以延期，延期最多不超过 3 次，每次延长期限不超过 6 个月。"也就是说暂进物品在境内的停留期为 6+6+6+6 共 24 个月。

从实际操作来看，由于核电建造周期较长，所以经与海关申请，海关判定的设备合理暂进期限一般为一次 18 个月，之后可以延期一次 6 个月，总数仍不超过 2 年。如果确实现场施工进度需要，在 2 年之后仍无法出境的设备可由使用方（采购方）向海关申请再次延期，但需海关总署特批，难度大，流程时间长。具体流程为：企业打报告——进口申报所在地海关审批——主管海关——海关总署，曾经一次的办理花费了 3 个月时间。所以如有此类情况，需提前做好审批准备，如有确实来不及的情况，可考虑将设备先行出口至日韩再复运入境。

另外，许多设备到期后仍需继续留境使用，这时采购方需提醒供货方及时明确延期需求，签署相应补充协议，防止到期时海关将设备转为永久进口并将保证金转税。

4.4 物流责任的转移点

双方应在协议中标明双方应负责的包括装卸在内的物流责任，但是有时会忽略最后一段的厂区短驳，对于小型工器具而言，有时现场工人会视情况协助供货方进行场内运输。但对于大型设备，若没有对责任进行明确地落实与细化的话可能会引起争议。

4.5 设备退运信息需与暂进时保持一致

由于暂进设备产权属于供货方所有，根据实际需要，供货方选择的进出口国以及中国的进/出口港可能并不一致。根据海关总署发布的《海关总署解读暂时进出境货物管理办法》，"本办法规定暂时进境货物应当复运出境，如果暂时进口的货物最终出口到第三方而非返回原发货人，则不属复运出境的范畴。"，此种情况下可能不能保证设备及时顺利的退运清关，需提前签署补充协议并向海关予以解释。

例如一次某设备的专用工具从韩国的设备制造厂进口到中国，待使用后需返回美国项目继续使用。这样进口与出口国不一致，双方遂签订了补充协议，对该专用工具的产权、产地及退运至美国原因进行了说明，并据此向海关进行解释，最后顺利办理了再出口清关。

4.6 暂时进出口过程中的上下游资金问题

暂时进出口过程的资金首先由供货方预存至采购方账户，随后采购方会将此笔资金再付给具体进行清关报关操作的外贸代理公司，代理公司再向海关缴纳保证金等一系列费用，整个资金链条非常长。在暂进货物退运后，各方将对实际花费和供货方存入金额进行核对，并反向将资金退还至供货方账户。采购方将告知供货方保证金总额中被扣除的部分，并提供合适的支持性文件比如第三方发票或者收据。

在实际的退运结算过程中，由于资金需要层层返还，同时需要对清关过程中所发生的各种费用进行清算，有时候由于很多永久进口和暂时进口设备的保险费，运杂费混杂在一起，将暂进设备费用进行单独剥离存在难度；还有一些小额资金诸如污箱费、拖车费、操作费等很难开具票据，统计起来存在困难；同时由于核电建设周期长，每笔退运都距离货物进口时间接近甚至超过两年，造成费用追溯困难。所以每次几方对账过程都需耗费数月时间，这就需要双方都提前在过程中注意及时对往来资金进行核对和登记，做好细致记录，避免到最后退运时才对已发生的费用金额进行查阅核实，耗时耗力。

5 结论

综上，暂进协议的签订和执行主要由双方商务推动，并需双方物流、财务部门共同配合完成，其中任一环节的信息交流或沟通不畅，均可能导致无法顺利发运、清关，造成不必要的损失。因此对于双方商务人员而言，与各方进行及时有效的沟通十分重要，并应在协议签订时尽可能掌握、预见全面的信息，对双方责任作以明确界定，为各方减轻风险。

参考文献

[1] 中华人民共和国海关总署令第海关总署令第 212 号，《中华人民共和国海关暂时进出境货物管理办法》[Z].

[2]《中华人民共和国海关法》[Z].

模块化施工下核电工程档案整理模式沿革思考
——以浙江三门 AP1000 核电工程档案整理为例

冯厚娟，尹木森

（上海核工程研究设计院有限公司，浙江 台州 317110）

摘要：率先大量采用"模块化施工"建造技术的三代核电 AP1000 核电项目，从根本上改变了传统的二代核电项目先土建后安装、先车间制造后现场建安的建造模式，也由此对传统的核电项目工程档案整理的管控模式、整理内容和整理要求带来冲击与变化。文章以浙江三门 AP1000 项目核电工程档案整理为例，着手于模块化施工下核电工程档案的形成规律及档案整理新特点和对传统二代核电工程档案整理带来的影响与变化，结合 AP1000 核电项目档案整理实际利用需求，探索包含核电工程档案归档范围、整理分类、组卷框架在内的模块化施工下核电工程档案整理模式的延续与变革，从固化档案整理标准、确定档案整理责任主体、划分档案整理节点等整理要求上研究并实践新的管理方法，为后续 AP1000 核电项目工程档案的整理提供借鉴。

关键词：模块化施工；核电项目；工程档案；整理模式

Consideration on the Evolution of Nuclear Power Engineering Archives Arrangement Model Under the Modular Construction
——Take the engineering archives arrangement of Zhejiang Sanmen AP1000 NPP as an example

FENG Houjuan，YIN Musen

(Shanghai Nuclear Engineering Research & Design Institute Co., Ltd.,
Taizhou of Zhejiang Prov. 317110，China)

Abstract：AP1000 NPP takes the lead in major adopting modular construction technology，it has fundamentally changed the traditional construction mode which Civil construction followed by

---

作者简介：冯厚娟（1987— ），女，安徽六安人，馆员，管理学硕士，现主要从事项目档案管理工作

installation and workshop manufacturing followed by site installation. It also brings Impacts and changes on the traditional management and control mode，contents and requirements of archives arrangement for NPP. Taking the file arrangement of the AP1000 NPP in Zhejiang Sanmen as an example，this paper bases on the formation laws and the new characteristics of NPP archives arrangement under the modular construction. Combined with the actual utilization needs of AP1000 NPP archives collation，the paper considers the continuation and reform of the NPP archives arrangement model which including filing scope，classification，filing framework，researches and practices new management methods of fixing the standard of file arrangement，determining the subject of file arrangement responsibility and dividing the node of file arrangement，to provide a reference for the follow-up AP1000 NPP archive arrangement.

Key words：Modular Construction；Nuclear Power Projects；Engineering Archives；Arrangement Model

浙江三门 AP1000 核电项目是我国首个三代核电自主化依托项目，与传统的二代核电项目相比，除具有其他核电厂的共同特点外，其施工建造过程率先采用了先进的“标准化设计、工厂化预制、模块化施工”的建造技术，具有 AP1000 非能动核电站特有的“模块化施工”这一显著特点。模块化施工，使电站设计质量、安全系数及建设周期具有明显的优势，但也给核电工程项目管理带来系列变化。它从根本上改变了传统的先土建后安装、先车间制造后现场建安的核电建造模式，导致传统的“设备与建安分开”“土建向安装，安装向调试”的文件移交模式也随之发生变化。模块化施工对传统核电项目工程档案整理模式与方法产生的冲击和影响，值得我们进行深入的思考。

1 模块化施工的概念

按照 AP1000 的设计，模块分为结构模块和机械模块。模块化施工，即是首先在施工逻辑上引入平行作业理念，在核岛构筑物的各个平台施工中，先安装结构模块再安装机械模块和设备，将传统核电建造过程中的土建施工阶段和设备安装阶段合并，以缩短 AP1000 核电厂的建造工期；其次，依靠当今先进的模块工厂制造技术及工厂制造期间的质量保证，将一些功能相同的土建结构单元或相对密集布置的设备、管道、支架、电气仪表以及钢结构等在维修、操作方便的前提下，最大限度地集成、组装成一体，在车间或现场预制，后运至现场、吊运进安装位置，最终完成整体调整就位，以加快现场的建造速度[1]。

模块化建造技术，使土建和安装工程在 FCD 后同步施工，而模块组装和安装贯穿始终，场外模块预制与现场建安施工并行。它使 AP1000 项目建造形成了“以土建与安装平行施工为主线，以模块的制作、组装和安装为实现支持条件”新的施工逻辑特征。

2 模块化施工对传统核电工程档案整理模式的影响

AP1000 核电项目模块化施工技术的运用，在打破传统核电项目建造模式的同时，也打破了传统核电工程档案整理模式，对工程档案整理带来相应的变化。

2.1 档案整理管控模式的变化

传统核电项目，先土建后安装，推行土建向安装移交、安装向调试移交的分阶段管理模式，相应其工程档案也分阶段控制和管理，即“土建工程开始时启动前期项目档案整理和验收工作，安装工程开始时启动土建工程档案的整理和验收工作，项目调试开始时启动安装工程档案[2]”的整理和验收工作模式。阶段性档案整理管控模式目标单一，易于控制。

然而，模式化施工带来的土建与安装界线的淡化、工序的平行和交叉，打破了传统核电工程档案整理分阶段管控模式。FCD 后，即要同步启动土建工程档案和安装工程档案的整理工作，直至建安工程完成向调试移交后；同时，模块在现场的拼装组装开始后，即要启动模块现场拼装工程档案的整理工作，直至吊运进安装位置后。模块化施工下核电工程档案的整理不再简单按土建、安装和设备制作工程类型划分阶段，如何在核电厂在长达几年的建造过程中对各类工程档案进行阶段性整理管控，确保档案完整与准确，成为新难题。

2.2　档案整理内容的变化

传统核电项目档案管理内容，按照其合同和工程性质划分，包括土建工程档案（即土建工程竣工状态报告 ECSR）、安装工程档案（即安装工程竣工状态报告 EESR）和设备竣工档案（即设备制造完工报告 EOMR 和设备安装运行维修文件 EOMM）[3]。三类核电档案界线划分清晰、相互完整独立，分别整理归档。

模块化施工下土建与安装的平行作业，使土建和安装的接口增多，土建、安装作业深度交叉。建安工程档案不能再简单包括 ECSR 和 EESR，对大量交叉作业产生的施工记录，如何进行及时收集与准确整理，需要核电档案工作者们思考去解决。另外，由于模块化施工，原属于建安工程施工范围内的一些功能相同的土建结构单元或相对密集布置的设备、管道、支架、电气仪表以及钢结构等，均在模块预制工厂进行预制或现场拼装，最大限度地集成、组装成一个模块单元，后作为整体安装在电站内特定区域内。这些模块的预制、拼装和安装过程记录如何整理归类，是纳入建安工程档案还是设备竣工档案，也成为需要思考的问题。

2.3　档案整理要求的变化

模块化施工大量引用平行作业，多模块同步制造，使得各类建安施工、模块制造记录文件同时形成，文件形成及保管责任单位包括制造、运输及现场拼装、土建、安装多家单位，项目工程档案的整理无法做到集中统一。且因各家单位档案人员配置与业务水平的差异，各工程阶段档案整理标准不一、质量参差不齐。必须深度参照国标及同行业的做法，结合各工程阶段的建造特点及其文件产生的规律，研究制定适用于该建造特点的档案整理要求。

3　模块化施工核电工程档案整理新模式创建

传统核电工程档案整理模式已不能满足模块化施工带来的新特点和需求，革新核电工程档案整理模式势在必行。2018 年年底，率先采用模块化施工的浙江三门核电 AP1000 项目顺利建造完成，工程档案也全部整理完成，其整理模式与质量曾在同行评估中得到业界肯定。下面笔者将以浙江三门 AP1000 核电项目工程档案整理为例，解析模块化施工下核电工程档案整理模式的创建。

3.1　归档范围

按照模块化施工特征，结合工程实际情况，对核电站建安建造及模块施工各阶段产生的记录进行全面重新梳理后，核电工程档案的整理归档范围应包括以下几点。

（1）土建施工记录

即土建施工阶段产生的施工方案、测量报告、工艺评定、竣工图纸和混凝土浇筑/钢筋绑扎/隐蔽验收等各类施工记录、特殊介质文件等。

（2）安装施工记录

即安装施工阶段产生的施工方案、测量报告、工艺评定、竣工图纸和管道支架/电缆仪表安装/隐蔽验收等各类施工记录、特殊介质文件等。

（3）模块施工记录

即模块从车间制造到现场拼装、安装各阶段过程中产生的各类型记录。具体包括以下几点。

1）模块在车间预制、运输、到场开箱验收过程产生的各类记录。包括模块出厂时的图纸、质量数据包、产品合格证、安装运维文件、特殊介质文件等；装箱清单、清关文件等；开箱接收检查报告及验收记录、开箱照片等。这三个阶段模块施工记录，由于完全适用核电设备档案整理模式，不纳入工程档案整理范围。

2）模块在现场拼装组装过程产生的各类记录。包括大型结构模块组对、拼装后产生的图纸和各类施工记录、特殊介质文件等。

3）模块现场安装过程产生的记录。这部分竣工文件包括结构模块、设备模块安装完成后形成的各类吊装方案、浇注方案、竣工图纸和各类施工记录、特殊介质文件等[4]。

3.2 档案分类

参考 NB/T 20042—2011《核电档案分类准则及编码规则》，结合模块化施工下各类施工记录的种类与形成规律，核电工程档案的类别可分为：土建工程档案、安装工程档案和模块现场拼装工程档案，如图 1 所示。

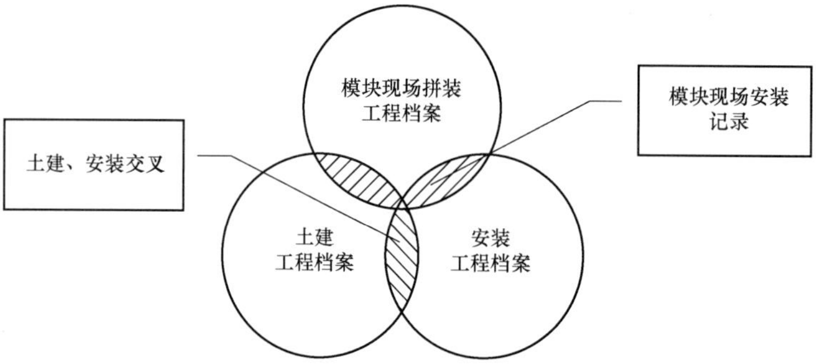

图 1　模块化施工核电工程档案类别

土建、安装交叉作业产生的施工记录，按照土建、安装施工完工顺次由最末完工单位负责收集整理，相应归入该单位承担的工程档案中。若土建、安装实行建安施工总承包模式，则由施工总承包单位负责收集整理，归入施工总承包单位负责的工程档案中（土建或安装）或直接在合同中约定其归档类别。

另外，模块现场安装记录，虽其模块是在车间预制完成，但考虑到后续施工安装的特点及档案查询利用的便利，仍将其作为安装工程档案的一部分，而非归入设备档案中设备制造部分；模块车间预制记录，与其他传统核电站相似，归入设备档案。

3.3 组卷框架

依据归档范围与整理分类，结合 AP1000 模块种类及其施工特点，模块化施工核电工程档案整理应遵照“以模块为单位”的组卷原则，组卷框架如图 2 所示。

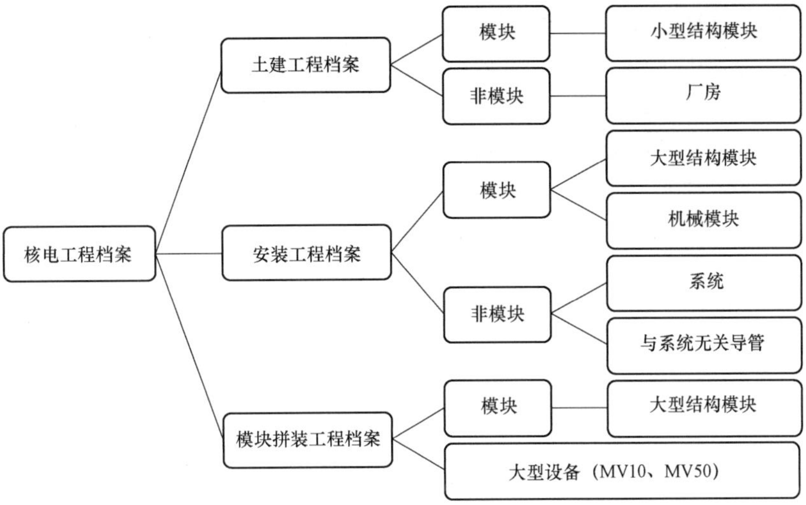

图2 模块化施工核电工程档案组卷框架

结构模块，一般由钢板和型钢及内部混凝土构成，包括CA、CB、CH、CS共计106个模块，按照模块大小划分，CA01、CA02、CA03、CA04、CA05、CA20、CB20属于大型结构模块，其他属于小型结构模块。结构模块钢板和型钢组成的结构在车间预制、运至厂区开展拼装，形成的记录分别按设备档案和模块拼装工程档案要求整理，小型结构模块现场吊装、混凝土浇筑记录按土建工程档案要求整理，大型结构模块现场组装、吊装安装记录分别按模块拼装工程档案和安装工程档案要求整理。

机械模块，包括设备模块（KB、KQ、KT、KU20、KU21）、管道物品模块（Q、R、W）、服务模块（KU05）三类，共计58个。与小型结构模块一样，体积小、重量轻，在车间预制完成后直接运抵现场安装，在车间预制形成的记录按设备档案要求整理，进场后安装所形成的记录按安装工程档案要求整理。

另外，例如一体化顶盖（MV10）和钢制安全壳（MV50）这样可视为钢壳模块的组合件设备，与大型结构模块一样，在车间预制完成后至现场经预制、吊装、焊接后组装形成一个大型设备，其在车间预制形成的记录按设备档案要求整理，进场后组装形成记录按设备现场拼装工程档案要求整理[5]。

非模块的建造施工记录，区分土建和安装工程分别整理。其中，土建按照厂房整理，安装按照系统整理。

3.4 整理要求

3.4.1 以合同与程序文件为准则，固化档案整理标准

因模块拼装工程档案和土建、安装工程档案各自形成规律不同，需先对分散保管在模块现场拼装、土建、安装多家单位的各类工程档案的整理标准进行规定。在设备预制拼装合同和土建、安装施工合同谈判时，参考国家与核电行业内档案整理标准，将工程档案收集归档范围、整理要求、移交验收要求与组织人员要求等约定写入条款，项目开工后再以程序、准则等管理文件详细规定以便具体执行。合同约定和管理程序要求，是使档案整理要求标准化和提升档案整理质量最有效的控制措施。

3.4.2 以文件“谁产生、谁整理”为主要原则，确定档案整理责任主体

整理责任主体的明确，是确保工程档案收集完整性的首要举措。模块拼装工程档案由模

块制造厂总体负责，按照设备采购类合同约定或 EPC 总包方管理程序要求进行整理；土建、安装工程档案组分别由土建、安装单位负责（建安施工总承包合同模块下，则由建安施工总承包单位总体负责）按照建安施工类合同约定或 EPC 总包方管理程序要求进行整理。土建、安装交叉施工记录，按照土建、安装施工完工顺次由最末完工单位汇总整理（建安施工总承包合同模块下，则由建安施工总承包单位总体负责）。

3.4.3 以模块为单位、以模块完工报告和建安竣工状态报告为节点，分阶段完成档案整理

模块拼装工程开始后，同步开始拼装工程档案的收集整理，至拼装完工报告完成时，不晚于三个月内完成拼装工程档案的整理组卷。大型结构模块按照子模块拼装完工或安装顺序逐个收集整理，最后汇成完整模块拼装档案或模块安装档案；小型结构模块和机械模块按照土建、安装完工顺序分别收集整理形成土建模块施工档案和安装模块施工档案；土建非模块按照各厂房、各标高段、各房间完工顺序逐个收集整理，按厂房形成土建工程档案；安装非模块按照各系统、各专业完工顺序逐个收集整理，按系统形成安装工程档案；土建、安装模块/非模块共用文件形成公用卷。

4 结论

模块化施工已成为当下核电项目建造的主流技术，研究模块化施工下核电工程档案整理模式对指导实际具有重要意义。AP1000 核电项目工程档案整理模块虽已成雏形并取得成效，但因无成熟电站经验可借鉴，仍处于探索阶段，存在难点与不足需我们进一步研究解决，如交叉施工使档案整理节点受限于多个施工窗口的完成；按厂房与系统为单位的设计图纸涵盖多个模块难以分开整理；模块拼装工程竣工图纸与模块安装竣工图纸内容分开整理不便利用等。下一步，如何根据模块化施工对核电工程档案整理提出的新要求，结合工程建造实际，创新档案整理模式与方法，仍将是 AP1000 核电项目乃至所有三代核电项目档案工作者义不容辞的重任。

参考文献

[1] 方小朋，沈文荣，魏忠. 中国核科学技术进展报告——中国核学会 2009 年学术年会论文集：AP1000 核电项目模块化施工建造管理研究［C］. 北京：原子能出版社，2009.

[2] 张珂，郭晓娟. EPC 模式下 AP1000 核电工程项目建安竣工文件管理方法的研究［J］. 机电兵船档案，2014，(3)：68-71.

[3] 戴玲. AP1000 核电依托项目竣工档案管理初探［J］. 工程建设与设计，2014，28（5）：717-718.

[4] 赵依琳，杨延鸿，李斯慧. AP1000 项目模块化建安竣工文件组卷模式简析［J］. 机电兵船档案，2014，(2)：50-52.

[5] 雷宇，卢霞，李熙. AP1000 核电工程竣工文件组卷难点及对策［J］. 浙江档案，2013，(7)：62-63.

核电项目进度管理工具和技术的应用

冯　燕

（上海核工程研究设计院有限公司，上海　200233）

摘要：针对 AP1000 压水堆核电厂首堆项目工程管理的优点与难点，剖析项目进度管理面临的各类问题及其影响，简述项目进度管理要点及常用的工具和技术，总结八项具有依托项目管理特色的进度管理方法，指出进度管理工具和技术亟待提升和优化的方向。通过灵活运用常用的进度管理工具和技术，考虑项目工程进度执行过程中实际遇到的各类问题，重点阐述八项管理方法的特点和独特的解决问题之道，并用典型案例对每种管理方法进行深入浅出的说明，同时也指出在缓冲时间设定、资源调度、进度计划实时追踪等方面，进度管理工具和技术有待完善和改进之处，为核电工程建设积累进度管理实践经验，也为 AP1000 核电厂后续项目提供切实可行的进度管理方法，更为核电项目进度管理工具和技术的应用开辟新篇章。

关键词：压水堆核电厂；工程管理；进度管理；工具和技术

The Tools and Technologies of Schedule Management Applied to Nuclear Power Project

FENG Yan

（Shanghai Nuclear Engineering Research & Design Institute Co., Ltd.，Shanghai 200233，China）

Abstract：According to the advantages and difficulties of project management for AP1000 PWR nuclear power plant，we analyze all kinds of problems and theirs influence faced in the way of controlling schedule. After briefly describing the schedule management key points and the commonly-used tools and techniques，the eight schedule management methods and tools are summarized relying on the project management characteristic，the direction pointed out to improve and optimize schedule tools and techniques. Through flexibly using schedule tools and techniques，meanwhile thinking about the problems in the actual executive process of project schedule，it is emphasized on the characteristics of the eight management methods and unique solution，which are used typical case for each profound method in simple terms. However，there is the enormous rise

---

作者简介：冯　燕（1978—　），女，湖南华容人，高级工程师，学士，现主要从事核电项目进度管理与系统移交及合同管理工作

space to improve the tools and methods in terms of setting buffer time，scheduling resource and realizing the real-time tracing of schedule management，etc. In short，practical experience is accumulated on schedule management for nuclear power engineering construction，Feasible method of schedule management provided for AP1000 nuclear power plant follow-up projects，and a new chapter opened for the application of schedule management tools and technologies in nuclear power projects.

Key words： PWR Nuclear Power Station；Project Management；Schedule Management；Tool and Technology

AP1000 压水堆核电厂作为第三代核电技术的代表，作为中国核电技术统一路线上的精选产品之一，无论在技术、成本、管理方面均具备得天独厚的优势。然而设计技术的不够成熟、采购设备设计的技术瓶颈、项目管理经验的不完备、施工工艺和方案的缺陷等首堆建设面临的意想不到问题，使进度管理陷入困境。在此境况下，三门依托项目部采用一系列的进度管理工具和管理技术，最大限度缓解进度管理缺陷带来的不良之症，为推动项目工程进展和促进业务协同发挥重要作用，也积累良好的进度管理应用实践经验。

1　依托项目进度管理面临的挑战

AP1000 核电技术在核电领域的先进性是毋容置疑的，然而作为世界首堆，上游设计的不成熟、设备制造的不顺畅、现场施工的不可控、调试过程的不可知，使得项目进度管理遭遇前所未有的挑战。“模块化”与“开顶法”施工、核电自主化要求、采用的新规范新标准、施工工艺的缺陷，均为各级各板块进度管控制造困难。参照以往核电项目，依托项目由于设计技术转让、管理组织机构复杂、参建单位较多等诸多问题，极大地增加计划接口的复杂度。以上不可避免的制约因素，加之进度计划编制存在漏洞和计划人员对进度监控的手段和工具使用的局限性，各级计划在执行过程中出现各类“突发”事件（见表 1）。

表 1　事件分类与影响分析

事件类型	影响分析	影响分类
设计变更	据不完全统计，项目全周期内设共发布图纸 52 340 份，升版图纸 45 508 份，图纸升版率达到 86.9%；发布设计变更 40 021 份，自 FCD 浇筑以来，平均每月发布 500 份变更以上；设计 Hold 共 340 个，以每个 Hold 的开启、释放日期的差值为其延误时间分析，40 个 Hold 的平均延误时间为 213.2 天，32.3%的 Hold 的延误时间超过 180 天，19.7%的 Hold 的延误时间超过 365 天	直接
设备交付滞后	据不完全统计：项目 1 号机组交付滞后超过 12 个月主要设备占比 88%；非项目现场开启设备问题相关 NCR 近 1 050 份；截至 2016 年 1 月，仍有 83 项 A1 类设备未到货，971 项非 A1 类设备未到货；2016 年 2 月至 2017 年 1 月，三门依托项目 A1 类设备新增采购 5 项，非 A1 类新增采购 465 项	直接
建安和设备质量	据不完全统计，项目现场共开启 NCR 文件 3 928 份，非 A1 类设备 NCR 文件 1 887 份，涉及施工方案的编制不规范和执行监管不力、材料误用、焊接工艺、设备不满足技术规格书和法规标准要求、设备性能缺陷等问题。此类问题在建安、调试高峰期全面爆发，影响工程工期	直接
承包商施工管理	承包商存在施工工艺经验、设备现场安装环境评估、设备成品保护经验、进度风险应变等方面能力不足问题，如：CA03 吊装过程中，承包商事先对 CA03 吊装后的变形分析不足，导致 CA03 就位后变形最大达 113.5 mm，处理该问题耗时 4 个月；项目现场一体化顶盖组合件（IHP）在吊装过程中和吊装后遭受雨淋受潮，造成 IHP 中的 8 根数字式棒位指示器（DRPI）及 69 根控制棒驱动机构（CRDM）磁轭线圈的绝缘电阻不符合设计要求，造成进度延误 8 个月；CV1 环至顶封头外侧表面存在油漆被混凝土污染、局部锈蚀并形成锈水污染等质量问题，返工工期为 5 个月	直接

续表

事件类型	影响分析	影响分类
系统移交滞后	系统移交的滞后，使调试计划需做频繁调整。以 RCS 移交里程碑为例：按照基准进度计划，三门依托项目 RCS 移交应在 2012 年 6 月 30 日完成，2011 年 12 月 30 日召开的依托项目工程节点检查协调会上调整为 2012 年 12 月 30 日，第 21 次季度会调整为 2013 年 8 月 31 日，第 24 次季度会调整为 2014 年 7 月 31 日，直到 2016 年 4 月 9 日 RCS 移交里程碑节点才完成。此间，调试计划的二次侧冲洗、半管冲洗、流道试验、冷试等均需调整	直接
调试阶段 EPC 问题	重大问题主要集中为：贯穿件 P23 和贯穿件 P24 之间区域的 CV 变形对管道分析影响；防甩支架冷/热态间隙问题；ML10 波纹管分析问题；RNS 系统低温超压保护 PV16 阀门问题；ME02 非能动余排质保问题；PV02/PV32 阀门流阻和质量问题；CCS 热交换器 UA 值问题；CRDM 贯穿件内壁缺陷及 J 型坡口焊缝缺陷；CA31 中子屏蔽块硅硼剂泄漏；主控室噪音；RV 腔室 VCS 风量问题；ADS－4 级管线振动高；ADS－1、2、3 级管线阀门问题；稳压器喷淋阀内漏；热管间距（6 英寸）问题；RCP 中压电缆间距问题；IEEE384 问题；紧固件问题等。此类 EPC 问题，使得冷试开始到补充热试完成，共历时 13 个月	直接
协同管理问题	项目全周期涉及的参建方较多，无公共的信息平台，导致某些沟通问题的出现：信息不对等、沟通渠道不畅、沟通方式繁琐、计划接口管理存在漏洞、进度管理信息收集困难等。沟通问题致使 EPCS 问题相关信息不能在第一时间传递、各责任主体对风险评估的差异、高策决策的依据不实时、进度计划修正不及时等影响进度因素产生	间接
进度风险预控不强	经验的匮乏缺失、队伍的参差不齐、风险管控的意识薄弱、现场管控力度不够强等不利因素，使得进度潜在风险响应时间滞后，严重时甚至无响应；队伍的风险和商务意识不足，进度风险的应对措施不够专业，有些应对措施无法规避或减轻风险	间接
进度管理体系不完整	EPCS 各计划之间未建立实时更新的接口关系，计划的相互影响无法准确辨识；资源管理未能纳入进度计划管理体系，无法衡量施工三级计划中尚需工期的准确性；计划编制初期尚无成熟的 AP1000 建设施工经验，进度计划员仅能通过设计要求和以前类似机型开展计划编制工作，计划中存在施工漏项或计划编制颗粒度不能满足现场管理需求	间接

2　项目进度管理要点、工具和技术

2.1　进度管理的要点

进度管理是通向目标的路线图，指引项目准确的达到目标。进度管理要想达到预期的管理效果，需从如下五个方面通盘考虑：（1）计划的本质是在工作开始之前，思考如何做好它，故计划关注的核心是预控与规划。（2）避免过于乐观，尤其在项目的初期，要留有余地，以方便在出现计划失控有调整空间。（3）计划一旦确定应成为所有人的承诺，所以其编制是“全员”的工作，需让所有参建方参与计划的编制。（4）经常召开协调和沟通会，是统一思想的法宝，以让信息共享。（5）执行总保持项目计划的及时更新、分发、一致、有效。

2.2　进度管理的工具和技术

项目进度管理作为项目管理的主线，面对各种问题千头万绪、难于理清的局面，依托项目采用诸多行之有效的进度管理工具和技术[1]，各技术相互融合，互为补充，以弥补进度管理的漏洞和不足。

2.2.1　甘特图法

甘特图是一种用线条表示进度的图表，图中横轴表示时间，纵轴方向依次表示要安排的活动，每条横道表示每个活动的计划（或实际）历时，所以也被称为“横道图”。

2.2.2　里程碑图法

在编制项目进度计划过程中，需要同时识别重要事件并将其设定为项目控制点。里程碑图中横轴表示时间，纵轴方向表示安排的里程碑点。里程碑图主要用于向项目发起人或管理层汇报工作。

2.2.3 关键路径法

在进度模型中，估算项目最短工期，确定逻辑网络路径的进度灵活性大小的一种方法。依据逻辑网络路径，将各活动的历时按路径汇总，最终得出项目总工期，即为网络图中历时最长路径的活动工期和，也称为关键路径时间，此路径上没有浮动时间。

2.2.4 计划评审技术

计划评审技术是估计三个值：最乐观值、最可能值、最悲值，然后计算期望值和标准差，进而计算不同目标值所对应的保证率，供决策参考，一般用正态概率分布曲线表示目标值和保证率间的关系。

2.2.5 关键链路法

关键链路法是一种进度规划方法，允许项目团队在任何进度网络路径上设置缓冲时间，以应对资源限制和项目不确定性。这种方法建立在关键路径法之上，考虑资源分配、资源平衡、资源优化、逻辑调整、活动历时不确定性对关键路径的影响，引入缓冲和缓冲管理的概念。关键链法重点管理剩余缓冲时间与剩余活动链持续时间的匹配关系。

2.2.6 责任矩阵法

责任矩阵是通过表格形式展示 WBS 中每项工作与该项工作负责人及参与人之间关系的一种工具。责任矩阵的实用性在于，它强调每项工作谁负责，并表明参与项目工作的每个人在整个项目中的角色和地位。

2.2.7 例外管理

管理者着重管理那些变化超出可接受范围的事项或活动，管理例外的事件。例外管理中首先要检查范围变更（一般指合同变更），然后核对进度、费用、质量等方面的变更。重点分析这些变更对计划产生的偏差，如在计划允许范围则不需采取纠正措施，否则需进行纠偏并跟踪纠偏措施实际执行效果。

2.2.8 快速跟进法

快速跟进法是在项目执行过程中通过活动搭接（平行）进行，来压缩项目总工期的方法。具体就是在一个活动没结束前，就开始下一个活动，改变活动间的“顺序”逻辑，并行的开展活动。

2.2.9 假设情景分析

假设情景分析是对各种情景进行评估，预测它们对项目目标的影响（积极或消极）。其主要是基于已有的进度计划，考虑各种可能的情景，如：延迟某项主设备的交付日期、延长某设计工作的时间、加入外部因素（如罢工或许可证申请流程变化等）。

3 依托项目进度管理工具和技术应用

面对项目建设中出现的各类问题，依托项目各参建方共同协商、积极应对，根据现场实际工作运行机制和管理模式，灵活运用项目管理和进度管理的工具和技术，形成一套进度管理方法，如：里程碑节点控制法、关键路径分析法、专项计划制定法、系统移交计划实时追踪法、IPS 项目进度管理、先决条件分析法、日报周报制约因素管理法、定期会议协调机制等。这些方法在进度管理中交互作用，规避或减少各制约因素对现场建安作业与调试作业执行的影响，实现对项目工程进度的有效管理与控制。

3.1　里程碑节点控制法

以里程碑、关键节点为目标控制点，围绕目标的实现而开展的系列设计、采购、施工、调试活动，合理利用各参建方资源，调整施工与调试逻辑，以最短工期为最终目标。

该法实施过程采用灵活变通的原则，充分采用里程碑图法、例外管理法、假设情景分析法等工具和技术。考虑先决条件的制约因素，各里程碑进度管理可作调整，无需遵循一、二级进度里程碑逻辑关系，从而提高目标计划的可控度和执行度，如：安全壳泄漏率试验（ILRT）被调至主泵 RCP 交付之前完成；主泵 RCP 交付现场和 RCS 移交被调至冷试之前。在主泵交付滞后的情况下，不带主泵移交 RCS 的建议被提出，施工逻辑如图 1 所示，推进其他主设备系统的移交。通过梳理施工先决条件，项目管理决策层制定新的关键节点，使无制约因素的工作尽快开展，同时也推动制约因素的快速释放，如：新燃料厂房可用、二次侧水压试验、半管冲洗、PMS 安装、SIT/ILRT 试验、反应堆压力容器扣盖等。设置半管冲洗节点以推动 RCS、CVS、RNS 等重要系统的移交，半管冲洗节点主要调试逻辑如图 2 所示。

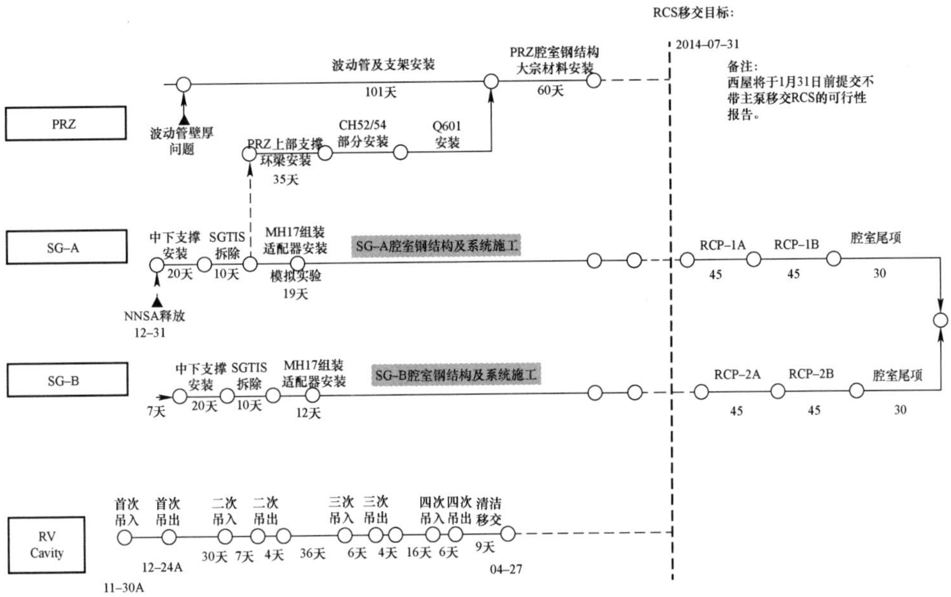

图 1　RCS 系统移交主要施工逻辑

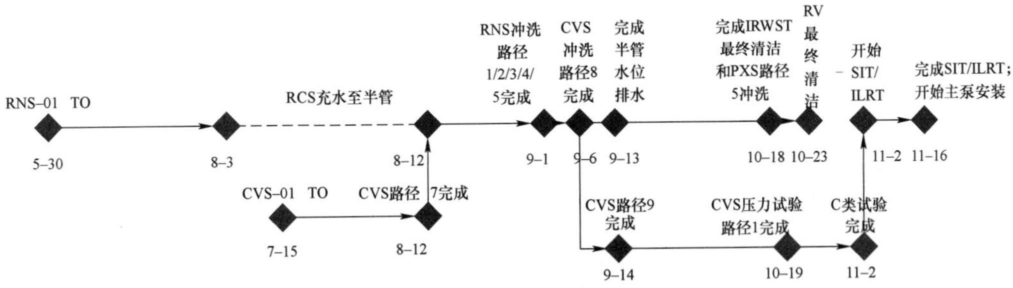

※主泵安装工期预计4个月，和冲洗、ILRT及流道试验可能存在冲突

图 2　半管冲洗主要调试逻辑

3.2 关键路径分析法

在制约因素影响或关键路径改变的情况下，分析关键路径和与之关联的非关键路径上各作业的持续时间和相互逻辑关系，利用现有所有资源，最大限度的调整各作业的时间参数，以获取项目工期最小化的方法。因时而异、因地制宜，依托项目调整关键路径以达到进度执行最优效果。依据 11 厂房关键路径（见图 3），主泵 RCP 原本在非关键路径上，由于主泵交付滞后，致使其成为关键路径的主要控制点。为了实现“高水平只等主泵”的目标，SG 腔室大宗材料安装逻辑为：RV 侧正式安装、主泵侧试装，安装进度计划如图 4 所示。由于 SG 横向支撑上游问题制约，SG 腔室总体施工逻辑改为优先 SPL/CH 钢结构施工。

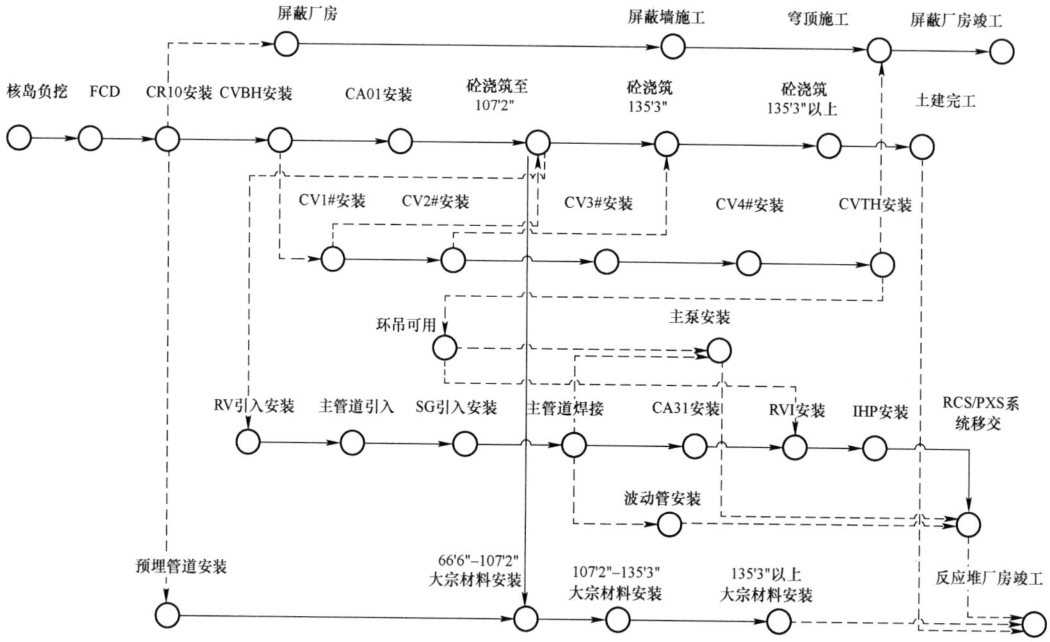

图 3　11 厂房关键路径图

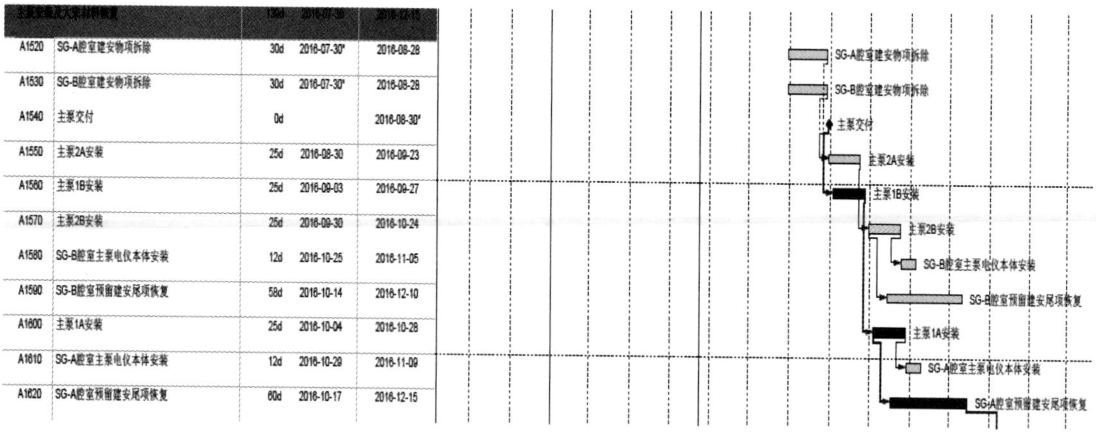

主泵安装及大宗材料恢复		139d	2016-07-30	2016-12-15
A1520	SG-A腔室建安物项拆除	30d	2016-07-30*	2016-08-28
A1530	SG-B腔室建安物项拆除	30d	2016-07-30*	2016-08-28
A1540	主泵交付	0d		2016-08-30*
A1550	主泵2A安装	25d	2016-08-30	2016-09-23
A1560	主泵1B安装	25d	2016-09-03	2016-09-27
A1570	主泵2B安装	25d	2016-09-30	2016-10-24
A1580	SG-B腔室主泵电仪本体安装	12d	2016-10-25	2016-11-05
A1590	SG-B腔室预留建安尾项恢复	58d	2016-10-14	2016-12-10
A1600	主泵1A安装	25d	2016-10-04	2016-10-28
A1610	SG-A腔室主泵电仪本体安装	12d	2016-10-29	2016-11-09
A1620	SG-A腔室预留建安尾项恢复	60d	2016-10-17	2016-12-15

图 4　主泵及大宗材料安装进度计划

3.3 专项计划制定法

对于某些具有特殊施工工艺或出现重大进度偏差的施工活动，项目制定专项计划以作重点控制，优化资源与平衡工期，以工期最小化为最终目标。一般专项计划管控对象为关键路径或次关键路径的里程碑或主设备或关键施工活动，如：CB20 组装、CVTH 吊装、主管道、主泵、主泵安装前大宗材料试装、主泵安装后大宗材料恢复等。下面以 1 号机组主泵安装后大宗材料恢复施工专项计划为例，说明专项计划的制定对进度管理的作用。

2016 年 3 月 1 日，AP1000 世界首堆三门 1 号机组 4 台主泵全部安装完成。然而受主泵安装后大宗材料恢复影响，仍有 11 个冷水相关移交包无法移交调试，进而制约冷试开始里程碑。

主泵安装后大宗材料恢复包括 SG－A 腔室 448 个施工条目、SG－B 腔室 443 个施工条目、腔室外围 74 个施工条目，合计共 965 个施工条目。该施工活动原定工期为 2 个月，无法满足冷试里程碑进度控制目标，为此制定主泵安装后大宗材料恢复专项计划。在充分考虑两台机组资源平衡情况下，该计划实行 7 天、24 小时工作制，以小时作为时间的计量单位，对每一个条目制定了绝对施工时间，每天可以保证 20 小时以上的作业时间。从本计划中可清晰查看到每一个专业、每一条作业的施工周期和完成时间，同时标识出关键路径和施工主线，以便随时了解施工进度和进行偏差调整，具体专项计划横道图如图 5 所示。通过对本专项计划的实时监控，及时协调施工过程中出现的设计、施工问题，最终本项施工活动以 28 天工期完工，比专项计划中的工期提前 12 天，使冷试里程碑又向前推进一步。

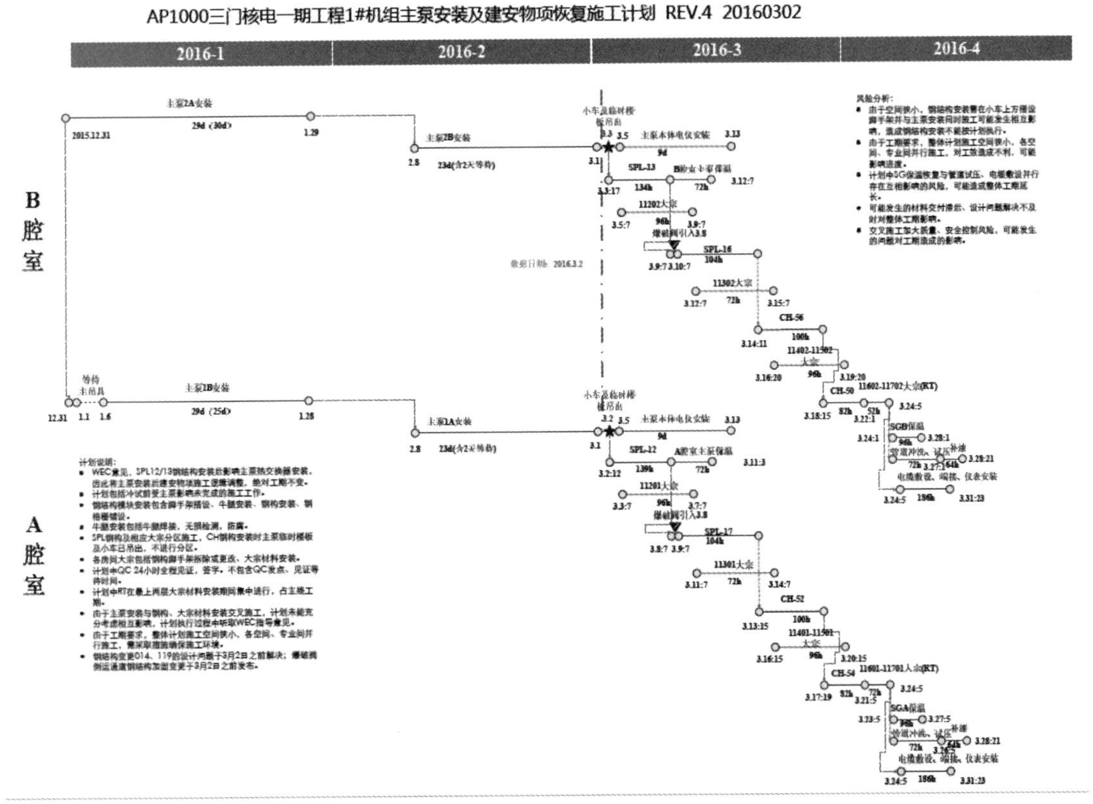

图 5　主泵安装后大宗材料恢复专项计划横道图

3.4　系统移交计划实时追踪法

在上游进度计划执行率偏低的情况下，为保证调试计划的有序开展和 EPC 制约因素的分级释放，项目制定系统移交计划，采用责任矩阵法指定各系统包的完工经理，逆向追踪建安工作的完成状态。根据完工经理梳理的制约因素释放情况和现场施工完工状态，结合调试计划需求时间，分析各月预计可移交系统包，编制系统移交计划。系统移交计划采用逐月滚动模式，根据完工经理每日反馈信息，分析移交计划偏差和系统移交优先级，将本月未完成移交包滚动入次月计划或后续其他月份计划，目的是促进里程碑或关键节点系统包的移交，关注优先级高的 EPC 问题解决。

以 2016 年 3 月 1 号机组的系统移交计划执行情况为例，具体计划如图 6 所示，SMS、RCS、WLS、VFS、RXS 为冷试相关移交包。3 月移交计划实际执行过程中，5 个冷试包中 WLS–03 在 3 月按时移交，其他 4 个冷试系统包滚动排入 4 月计划。4 月移交计划执行时，4 个冷试系统包按时移交，确保冷试里程碑的早日完成。其中，PMS–02 由于 NIS 同轴电缆接头制作工具到货制约（2016 年 5 月 30 日），滚动至 7 月移交；MHS–01 由于永久性液压均衡器到货制约（2016 年 6 月 30 日），考虑环吊施工需要滚动至 11 月移交；MHS–02S 受施工逻辑制约需等空气导流板安装后移交，当前导流板安装计划已延期，滚动至 9 月移交。

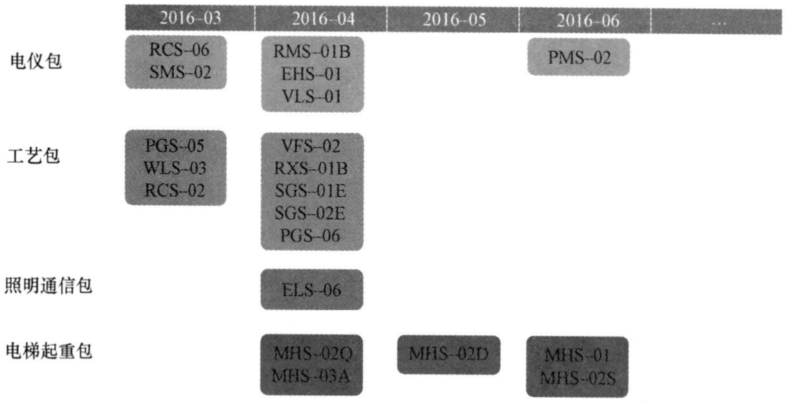

图 6　1 号机组系统移交计划（2016 年 3 月）

3.5　IPS 计划管理

IPS 计划管理是一种较为新型的管理模式，在大型项目中使用价值更高。其通过接口计划实现设计、采购、施工、调试的三级进度的关联，使得各进度之间的逻辑关系更紧密、偏差分析更准确、逻辑调整更有据。

在建安收尾、调试全启的阶段，存在 EPC 问题影响调试计划的执行。调试将 EPC 作业编入调试进度计划中，并根据 EPC 释放进度安排调试计划，如此可以更为直观的判定哪条路径存在偏差，并根据偏差协调各参建方共同努力，制定上游问题解决优先级，利用有限资源达到缩短工期的目的。如图 7 所示，截至 2016 年 4 月 14 日，影响冷试的各设计、采购、施工、调试未完作业一目了然，据此可确定重点进度控制点，集中优势资源将问题逐一解决，提升进度的全局管理水平。

3.6　先决条件分析法

各项下游作业在实施过程中，上游问题必需全部释放以满足作业执行条件，这些条件即为先决条件。计划员分析各作业开始的先决条件，结合情景分析法、例外管理法、关键路径法、关键链法等工具，编制出执行率更高的进度计划。如图 8 所示，上部环梁支撑及水平支撑安装受环梁垫板到货的影响，波动管本身缺陷问题全部处理完后才能开展波动管施工工作，

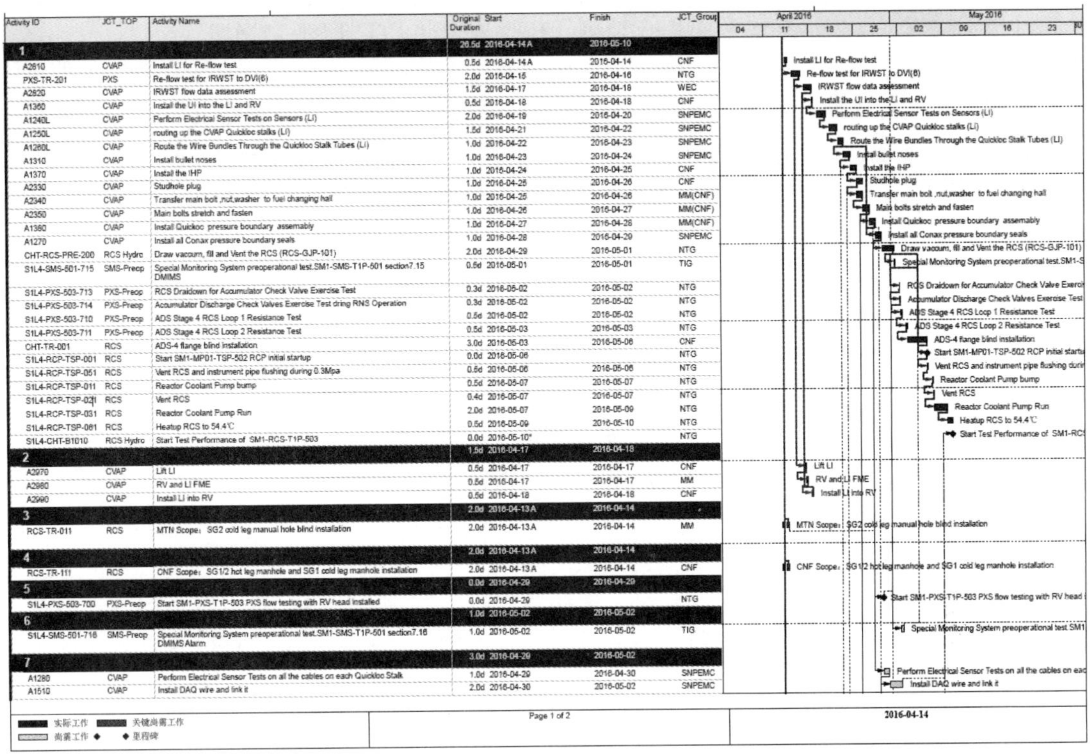

图 7　IPS 计划冷试前关键路径

Q601 阀门全部引入后管道才能施工，Q601 工作面移交和管口释放后才能进行小口径管道施工。先决条件分析法是一种灵活直观、逻辑清晰的进度管理方法，信息的收集与问题的分析是此法应用之关键。

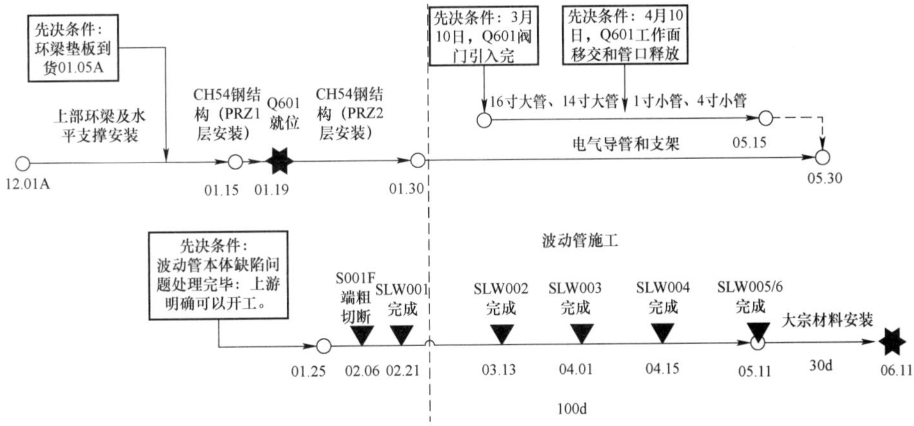

图 8　2016 年主项施工专项计划之 PRZ 腔室

3.7　日报周报制约因素管理法

在信息共享平台不够完善的情形下，项目通过每日、每周报告追踪问题的进展状态和关闭时间，为各参建方提供完整、实时、准确的信息，以推动设计、采购、施工、调试进度的执行。三门依托项目主要涉及工程进展、重要节点进展、采购、里程碑专项、系统移交等方面的日报和周报，其中采购物项“1–3 原则”执行周报和 SIT/ILRT “MIRT 表”周报是该管理法的典型报告。

采购物项“1–3 原则”执行周报中规定：“1”原则为影响 2 个月内移交的移交包的物项问题，发起 1 周内解决；“3”原则为影响 2 个月以后移交的移交包的物项问题，发起 3 周内解决。该周报对“1”原则和“3”原则执行结果进行统计和分析，充分调动各参建方执行和监管力度，有效缓解设备交付滞后对系统移交计划执行的影响。

SIT/ILRT “MIRT 表”周报以影响 SIT/ILRT 里程碑责任矩阵表为基础，通过统计各责任方 EPC 问题的条目数以及问题当前进展状态，分析影响里程碑的关键因素和系统移交计划的可执行性，锁定关键责任方和问题作为重点推进对象，集中资源解决关键问题。该周报共涉及 47 个系统包，既推动里程碑进展，也促进系统移交计划的执行。

在依托项目艰难的建设过程中，日报周报问题管理法像一盏指路的明灯，为各参建方提供明确的奋斗方向，使各项工作步入正常轨道，为夺取一个个里程碑、节点的胜利发挥不容置否的作用。

3.8 定期会议协调制

定期会议协调制是指定期召开会议，调动各方资源解决工作中的重点难点问题，协调各参建方处理各自合同职责范围问题，并形成有效合理的协调机制，促使进度管理有序，也是进度资源管理的补充手段。定期协调会议为项目管理搭建公共平台，商讨影响工程进展的各类问题，以最大可能满足工程工期要求。根据会议召开目的和层级以及规模的不同，依托项目定期协调会大体分类为：季度协调会、月度协调会、高层指挥部会议、《SMG 急需材料问题》协调会、系统移交协调会、专项协调会、四方高层协调会等，各类定期会议在项目进度管理中扮演极其重要的角色，亦或成为进度管理中不可或缺的一部分，如果 IPS 法是进度管理的“根”，而定期会议协调制则是 IPS 执行的“营养液”。

4 进度管理工具和技术的应用优化

在特殊条件下，依托项目采用系列行之有效的进度管理工具和技术。在此基础之上，进度管理工具和技术还需在缓冲时间设定、资源调度、进度执行实时跟踪等方面拓展思路。如动态实时跟踪法[2]，此法将重点进度任务作业以线程的方式管理，动态调整进程响应速度，实现任务实时监控。如资源平衡和资源平滑[3]，该法充分考虑项目执行过程中各类复杂约束条件下，平衡分配资源，最大限度地减低项目成本和风险。如关键链法[4]，该法通过设置项目缓冲时间、输入缓冲时间、资源缓冲时间，将分散在各路径的缓冲时间集中管理，充分考虑资源约束的影响，保护项目总工期。关键链法又派生出基于差分进化法的关键链项目调度[5]和基于 GERTs 的随机网络计划的关键链识别[6]。如果这些方法被应用到管理实践中，进度管理工具和技术的应用将步入新的开端。

5 结论

依托项目克服进度管理面临的困难，采用具有项目特色的进度管理工具和技术，其在特定的地点和时间发挥特殊的作用。然而，进度管理工具和技术的应用领域仍需不断拓展与完善。善用项目管理工具和前沿关键技术，将其转化为进度管理工具和技术，并有效应用于进度全过程管控，是未来核电项目进度管理的应用新领域。

参考文献

[1] 项目管理协会. 项目管理知识体系指南（第五版）[M]. 北京：电子工业出版社，2013：63-307.

[2] 黄锡伟，曹阳，等. 实现项目实时跟踪的方法 [P]. 中国：200910024978.0，2009.08.05.

[3] 高智伟. 多项目多任务管理中的资源平衡自适应调度 [P]. 中国：201310285487.8，2013.07.09.

[4] 周军华. 一种基于关键链的项目管理方法 [P]. 中国：201410024924.5，2014.01.20.

[5] 彭武良，金敏力，徐皓. 基于差分进化的关键链项目调度方法 [J]. 系统管理学报，2013，22（6）：855-860.

[6] 施骞，龚婷. 基于 GERTs 的随机网络计划关键链识别方法 [J]. 系统工程理论与实践，2012，32（7）：1531-1536.

设备潜在供应商的一种定量评价模型介绍

姜代华

（上海核工程研究设计院有限公司，上海　200233）

摘要：本文介绍了设备潜在供应商选择的一种定量评价模型，该模型从供应商的业绩指标、财务指标、市场占有率、增长率、行业专业性指标及服务质量指标等方面进行单项评分，以加权平均的方法，定量评价设备潜在供应商。此定量模型为核电设备潜在供应商的客观、公正选择提供了科学合理依据，为后续项目设备采购提供了可借鉴的信息和经验，具有较大的参考意义和实用价值。

关键词：潜在供应商选择；定量评价模型；加权平均

Introduce a Kind of Quantitative Analysis Modal of the Potential Equipment Supplier

JIANG DaiHua

（Shanghai Nuclear Engineering Research & Design Institute Co., Ltd.,
Shanghai 200233，China）

Abstract：The text introduces a kind of quantitative analysis modal of the potential equipment supplier，which give the way to score each part for the financial index，market share，rate of increase，industry index and service quality standard. Analysis the potential supplier by the weighted average methods. This kind of the modal provides a basis for the objective and fairly closes of the nuclear potential equipment supplier. This modal provides the experience and information for the subsequent equipment procurement，which has great reference and practical value.

Key words：Potential Equipment Supplier；Quantitative Analysis Modal；Weighted Average

1　世界核电机组现状

根据国际原子能机构（IAEA）统计[1]，截至 2019 年 7 月底，全世界共有 449 台核电机

作者简介：姜代华（1978—　），男，四川岳池人，学士，高级工程师，先后从事核电厂电气设计、电气设备、材料采购等工作，现从事采购招标工作

组在运行，总装机容量约 3.97 亿千瓦。主要分布在北美、欧洲及东亚的一些工业化国家，其中美国有 97 台、法国 58 台、中国 46 台、日本 37 台、俄罗斯 36 台、韩国 25 台。核电发电量约占全球总发电量的 12%，其中法国高达 71.7%，瑞典为 40.3%，瑞士为 37.7%，韩国为 23.7%，西班牙为 20.4%，已有 14 个国家和地区核发电量占发电总量的比例超过 20%（其中 11 个超过 30%），人类和平利用核能的作用越来越明显。随着中国经济持续健康的发展，国家对能源的期望越来越高，核能作为清洁、高效能源；同时，国家节能减排的能源调控政策以及供给侧改革的需求，核电建设正迎来一个良好的历史发展机遇。研究核电工程项目管理具有重要的意义，设备采购管理是工程项目管理的重要组成部分。

核电建设步伐加快，核电安全与质量成为政府及大众关切的焦点，而占核电总造价超 50% 设备采购质量更是成为核电厂安全的关键因子。科学合理选择设备潜在供应商，是把好设备采购质量的第一关，对保证核电厂安全具有重要的意义和作用。

2　核电厂设备潜在供应商的现状

据统计，目前世界范围内有上万家核电产品的直接或间接供应商。中国境内有上千家供应商为核电厂提供产品或服务。核电厂涉及专业面广、数量多，面对数量庞大、水平参差不齐的供应商，如何快速有效地选择潜在供应商、保证电厂建设安全、设备采购的产品质量，成为各个核电工程公司、业主单位研究的重要内容。其中，设备采购的潜在供应商选择更是重中之重，这也是将“严控核电产品质量、保证核电厂安全”理念融入设备采购工作的第一关口，俗称“门槛”。结合依托项目设备采购之经验，围绕技术、质保、商务、项目管理等几方面内容，建立简洁、科学的数学模型定量分析和探讨，为后续项目的采购工作打下基础。

3　潜在供货商选择因子

对于核电厂业主和承担 EPC 的工程公司而言，优良的供货商意味着高品质的产品和服务，也意味着工期的保障和发电的保障。因此，潜在供货商的选择对于采购职能部门而言尤为重要。主要可通过以下几个因子来完成潜在供应商的选择。

3.1　考察企业经营理念

考察供方企业的经营理念。主要的方式是通过多方位的了解和沟通，如与企业核心负责人的当面沟通，了解其经营企业的理念以及其对本企业的市场定位，尤其要了解该企业对核电市场的了解和理解程度。了解企业的产品规划和研发投入，要特别关注核电市场在该企业目标市场中的位置以及该企业对核电市场的资源投入情况。

3.2　考察企业响应速度与服务质量

通过与企业核心商务或项目负责人的沟通，来了解企业与客户沟通的方式，了解该企业关注客户需求的方式和对客户需求的反馈速度与途径。此外，采购负责人也应多渠道、多方位了解该企业在其他项目的响应速度以及服务质量。通过这些能够发现那些真正关注核电需求的企业，也能发现对客户需求反馈迅速的企业。

3.3　考察企业核电产品的供货能力

企业核电产品的供货能力包括其技术能力、质保体系、项目架构以及工厂产能情况。通过外围调研以及与企业核心人员的直面沟通，可辨别出企业对核电业务的熟悉程度，对核电厂本身的熟悉程度，以及企业产品在核电厂运行的熟悉程度。考察企业的质量体系与质量意识，具有完备的质量体系也是我们选择潜在供货商的必要条件。核级产品需要企业建立专门的核电质量保证体系，这是产品质量安全的体系保证。

企业文档质量和文档管理能力也应做特别关注，出色的文件质量和文档管理能力是服务核电的企业必须具备的条件之一，也能真实反映企业的技术能力、经营理念以及服务意识。这些信息能够帮助采购单位发现真正懂核电业务需求、了解核电厂特殊需求和要求的潜在供应商。信息统计如表1所示。

表1 潜在供应商供货能力信息收集

序号	方式	目的	关注要点
1	外围调研或企业负责人/项目负责人交流	考察企业经营理念	企业的总体市场定位于位置； 企业对核电市场的理解和定位； 产品的规划； 企业的研发投入； 产品的市场占有率； 对核电市场的资源投入
2	企业其他核电项目经验调研/企业核心商务或项目负责人交流	考察企业响应速度与服务质量	对客户需求的关注度与关注方式； 对客户需求的回复速度； 提供的服务质量
3	外围调研及企业核心技术负责人交流	考察企业核电产品的供货能力	对核电厂业务流程的熟悉程度； 对核电厂厂房的熟悉程度； 对系统/产品在核电厂应用的熟悉程度； 技术文档的技术含量与管理能力

4 建立评价体系与模型

通过上述考察因子对供货商进行初步鉴别和筛选后，可形成基础潜在供应商名单，对这个名单，可再通过适应于不同采购单位的评价体系进行定量打分评定。

根据典型的商务统计模型[2]以及行业特殊性，推荐选择较为通用的分项加权评分模型。按照业绩指标、财务指标、市场占有率、增长率、行业专业性指标及服务质量指标单项评分，对各项打分进行加权，形成潜在供应商的最终分数。根据这个分数，就形成了本单位的潜在供应商选择名录。在进行设备采购时，可根据潜在供方名录进行具体选择。

年度评分=业绩指标得分*X*权值+财务指标得分*X*权值+市场占有率指标得分*X*权值+增长率指标得分*X*权值+行业专业性指标得分*X*权值+服务质量指标得分*X*权值

基本原则：此模型的打分采取百分制，通过加权平均计算各项指标的得分，得到最终的分数。

权值分配原则：业绩指标得分20%，财务指标得分20%，市场占有率指标10%，增长率指标得分8%，行业专业性指标得分22%，服务质量指标得分20%。

计算频度：标准评估，可以一年或两年计算一次，如遇金额较大的投标项目，可以根据项目及时计算，作为选择潜在商的参考。

年度评分（Total Score）：*TS*

$$TS = PFM \times 20\% + FI \times 20\% + MSI \times 10\% + INCI \times 8\% + IFI \times 22\% + QSI \times 20\%$$

业绩指标得分（Performance Index）：（PFM）/20%

财务指标得分（Financial Index（FI））：/20%

市场占有率得分：Marketshare Index（MSI）/10%

增长率指标得分：Increasing Index（INCI）/8%

行业专业性：Industry Focus Index（IFI）/22%

服务质量：Quality of Services Index（QSI）20%

业绩指标/Performance Index（PFM）

业绩指标得分=*F*（合同数量，合同金额，合同分类）

基本原则：指标得分转换为百分制

设立指标原因：对潜在供货商业绩的考察，能够掌握一个企业的发展情况，预警企业经营风险，同时能够反映企业的经营能力。

指标考察内容：考察时期内签约的合同数量与总金额情况。

计算方法：

$$\text{PFM} = \text{Adj ACV} \times 60\% + \text{Adj ANC} \times 40\%$$

Adjusted Average Contract Value：Adj ACV

Total Contract Value：Annual or quarter contract signed with down payment done

$$\text{Adj ACV} = \frac{\text{Total contract(\$)in NPP}}{\text{contract number in NPP}} \times 1 + \frac{\text{Total contract(\$)in Non NPP}}{\text{contract number in Non NPP}} \times 0.6$$

$$\text{Adj} - \text{ANC} = \frac{\text{Total Contract Value}}{\text{Adj ACV}}$$

评分：

Adjusted Average Contract Value（Adj ACV：（60%）

Adj ACV	Score
0～1 000	60
1 000～3 000	65
3 000～5 000	70
5 000～8 000	75
8 000～10 000	80
10 000～15 000	85
15 000～20 000	90
20 000～30 000	95
≥30 000	100

Adjusted average number of contract（Adj ANC）：（40%）

Adj ANC	Score
0～3	60
3～5	65
5～8	70
8～10	75
10～15	80
15～20	85

20～25　　　　90

25～30　　　　95

≥30　　　　100

要求供应商提供的数据表：审计后的年度/季度财务报表。

4.1 财务指标（FI）

基本原则：FI 的得分最终转换为百分制；

设立指标原因：财务指标的设立用来考察潜在供应商的财务健康情况以及履约能力，同时可以考察其供方融资能力，为公司提供可信度较高的参考信息。

指标考察内容：考察企业的收入，现金流，应收/应付帐款的情况，以及提供帐期的能力。

计算方法：

$$\text{FI} = \text{CashFlow Ratio} \times 40\% + \text{CurrrentRatio} \times 40\% + \text{DebtRatio} \times 20\%$$

评分：FI=Cash Flow Ratio *%+Current Ratio *%+Debt Ratio *%

Cash flow ratio：

Current ratio：

Debt Ratio：

要求供应商提供的数据表：审计后的年度/季度财务报表。

市场占有率指标（MSI）

基本原则：百分制

设立指标原因：市场占有率能够反映企业在行业的实力和市场对企业的认可程度。

指标考察内容：根据销售额，企业在行业内的占有情况；

计算方法：单个企业销售额/行业总的销售额；

$$\text{MSI} = \left(\frac{\text{NPP Revenue}}{\text{Total market size}} \times 60\% + \frac{\text{Number of Professionals}}{\text{Industry Total Professionals}} \times 40\% \right) \times 100$$

Revenue of individual vendor：from financial report

$$\text{Total Mkt size} = \sum\nolimits_{n}^{i=1} \text{NPP Demand}_i$$

要求供应商提供的数据：年度/季度财务报表；按行业分类的销售额。

4.2 增长率指标（INCI）

基本原则：百分制

设立指标原因：为了考察潜在供应商的经营增长情况，该指标能够反映企业的投入情况以及企业的生存能力。

指标考察内容：考察期内企业经营业绩的增长。

计算方法：

$$\text{INCI} = (\text{Revenue Inc} \times 45\% + \text{EBIT Inc} \times 35\% + \text{RnD Inc} \times 20\%) \times 100$$

要求供应商提供的数据表：审计后的年度/季度财务报表

4.3 行业专业性指标（IFI）

该指标考察企业在核电行业发展的决心和方法

基本原则：百分制

设立指标原因：企业在一个行业内的专注度能够从根本上反映企业是否对一个行业是否有战略性的投入，对于核电这类建设周期较长的行业，这个指标尤其重要。

指标考察内容：行业内的持续时间（Industry Time）；核电行业销售额（NPP Revenue）占公司总销售额（Total Revenue）的比重；潜在供方内部核电专业技术人员的累积工作时间（∑Professional Time）；

计算方法：

$$\mathrm{IFI}=\frac{\ln(\text{Industry Time})\times\dfrac{\text{NPP Revenue}}{\text{Total Revenue}}\times\ln(\sum\text{Professional Time})}{22}\times 100$$

要求供应商提供的数据：企业财务报表与人员工资信息。

4.4　服务质量指标（QSI）

基本原则：百分制

设立指标原因：该指标能够反映出潜在供方对核电的重视程度，另外能够预见到对核电周期的影响。

指标考察内容：是否有专门针对核电的团队（P＝1/2）；该团队人数占总人数的百分比；团队总的工资额占公司总工资额的比例；售后服务响应时间（T）；质保体系是否已建立（QS）；

计算方法：

P＝1；没有专门的核电团队；P＝1.5，有专门的核电团队；

Response Time＝平均相应时间（hour）

QS＝1；核电质保体系未建立；QS＝1.5；核电质保体系已经建立；

$$\mathrm{QSI}=\mathrm{P}\times\frac{\text{NPP}\sum\text{Wage}}{\text{Total Wage}}\times\frac{1}{\ln(\text{Response Time})}\times\mathrm{QS}\times 100$$

要求供应商提供的数据：企业工资总额与核电相关人员工资总额。

5　潜在供方名录库的使用

按照上述单项打分并加权后，得出各供应商的最终得分，形成本单位潜在供方名单。

对名单的使用还需作如下特别说明：

（1）带评分的潜在供方名单仅为方便内部采购人员，能够帮助他们在每次采购时可以迅速选择参与采购的合格供应商，从而提高采购工作的效率，名单中的排序不影响设备采购评标结果。同时该名单可减少采购过程中的不合理影响，如临时推荐供应商等。

（2）名单排序的保密。名录的使用属于内部使用，不对外公开，尤其各个企业的分数更需要采购人员的保密。

（3）名单的更新与维护。名单的更新需要遵循开放性的原则，即名单需要定期更新，因企业的情况是动态变化的，名单的更新需要适应这个动态的变化。同时，公司的采购政策和选择标准也会发生变化，名单的更新也需要反应这些变化。正常的情况下，建议每年或每两年对这个名单进行一次更新。

6 结论

通过此评价模型，采用适当的加权法则，能让采购组织和人员相对客观、公正且有效地评价潜在供应商，避免个人的主观因素影响，形成采购组织内部潜在供方库，为后续采购工作的有效实施奠定基础。

参考文献

[1] IAEA，PRIS，Power Reactor Information System https：//pris.iaea.org/pris/.
[2] 谭英平，李小虎等译. 商务统计［M］. 北京：高等教育出版社. 2008：148-150，152.
[3]（美）项目管理协会. 项目管理知识体系指南 第 4 版［M］. 北京：电子工业出版社. 2009：319-323.

AP1000 依托项目进度计划分级管理和整合管理探讨

李东升

（上海核工程研究设计院有限公司，上海　200233）

摘要：AP1000 核电依托项目 4 台机组是从西屋引进的第三代先进型压水堆核电机组，作为首批次引进新堆型核电厂，合同管理模式比较复杂，建造模式与以往核电机组不同，项目进度管理方面在分级进度管理体系建立的基础上同时也采用了整合项目进度管理的新的管理模式，在进度分级管理方面体系健全，进度管控过程也在为适应项目实际情况进行动态调整，为整合进度管理方面的应用提供了新的思路，通过对依托项目进度管理的实践和探讨，总结依托项目进度管理的成功经验，分析和反思存在的问题和不足，探讨项目进度管理改进空间，为后续项目进度管理提供借鉴和经验反馈。

关键词：进度管理；分级管理；整合进度计划；计划联动

AP1000 Self-reliance Project Schedule Management of Different Levels and Integrated Project Schedule Management Research

LI Dongsheng

(Shanghai Nuclear Engineering Research & Design Institute Co., Ltd., Shanghai 200233, China)

Abstract: The four units of the AP1000 nuclear power support project are the third generation of advanced PWR nuclear power units imported from Westinghouse. As the first batch of imperted new nuclear power plants, the contract management modes are comples, the construction mode is different from the prior nuclear power units. The project schedule management adopted the Integrated Project Schedule which is a new management method based on the the different levels of schedule management system. The schedule system is complete, and the schedule control process made dynamic adjustment to adapt to the actual situation of the project, which provided new ideas for IPS management. Through the practice and discussion of the self-reliance project schedule

---

作者简介：李东升（1969—　），男，辽宁朝阳人，高级工程师，本科，现主要从事核电工程项目控制管理工作

management, this paper summarizes the successful experience of the project schedule management, analyzes and reflects on the existing problems and shortcomings, and probes into the space for the improvement of the project schedule management, so as to provide reference and experience feedback for the follow-up project schedule management.

Key words: Schedule Management; Schedule Management of Different Levels; Integrated Project Schedule; Level of Effort

AP1000 堆型核电厂为第三代先进型压水堆核电厂，设计上采用了非能动设计原理，建造方面采用了模块化建造、开顶法施工等技术特点。AP1000 自主化依托项目是世界上首批建设的 AP1000 核电机组项目，单机容量为 1 250 WM，4 台机组厂址分别位于浙江三门和山东海阳，两个厂址首台机组分别于 2009 年 3 月和 2009 年 9 月开工建造，目前 4 台机组已全部实现商运。

AP1000 依托项目采用的是中外方签署的 NI 合同、核岛总承包 EPC 合同和施工总承包的建安合同模式，管理上采用 J/SPMO 中外方联合管理的新型管理模式，国核工程有限公司作为核岛总承包方全面负责三门和海阳核电厂 4 台机组的核岛建设。

新堆型首次建造、设计制造高标准要求、建造新工艺的应用、全新管理模式的采用等都为项目进度管理带来了严峻的挑战。全新的、不断变化的外部条件导致依托项目进度管理也在寻求不断创新和优化，我们在依托项目进度管理实践的基础上进行分析和探讨，为后续核电项目进度管理提供新的思路和经验反馈。

1 依托项目进度分级管理

计划的分级：进度计划分级是将进度目标层层分解，为满足各参建方目标管理的差异化需求而进行的进度管理方式，也是对进度计划渐进明细的管理特点的充分体现。AP1000 核电依托项目采用的是 5 级进度计划管理体系。

1.1 一级进度计划

包含里程碑节点及设计、采购、建安、调试各阶段主要工作的时间框架，是项目参建各方共同遵守执行的目标，在依托项目为 NI 合同计划。

1.2 二级进度计划

在一级进度计划基础上，编制的覆盖合同范围内所有领域的、体现各领域重要接口的一体化进度计划，在依托项目作为 EPC 合同目标计划。

1.3 三级进度计划

在二级进度计划的基础上进行目标分解，项目工程各领域分别编制发布并执行的进度计划，包括设计、设备采购/制造、土建、安装、模块、调试各业务领域，其中建安三级进度计划作为建安合同控制计划，其他领域的三级进度计划为各领域的执行计划。

1.4 四/五级进度计划

四级进度计划是建安承包商编制的六个月滚动计划，五级计划是在四级计划基础上编制的四周滚动计划，四、五级进度计划作为建安进度执行计划。

1.5 专项进度计划

对于重要专项工作，编制专项进度计划作为五级进度体系的补充。

2　进度计划整合管理

2.1　整合项目计划定义和原理

2.1.1　定义

整合项目计划（IPS-Integrated Project Schedule）是将项目各领域独立的进度计划通过逻辑关联整合成一个完整的进度计划，以实现多个计划整体进行分析和管控的进度计划。

2.1.2　原理

为了实现各领域的进度计划的联动同时保持各领域进度计划的独立性，通过建立接口计划的方式实现计划的整合。根据各领域计划的分类的需求，建立多个接口计划，每个接口计划中都包含了连接上下游计划的接口点，将上游计划中的作业与接口计划中对应的接口点进行逻辑连接，将接口计划中的接口点与下游计划中对应的作业进行逻辑连接，以此完成所有领域进度计划之间逻辑关联，形成由各领域进度计划和接口计划组成的整合项目计划（IPS）。整合进度计划原理图如图1所示。

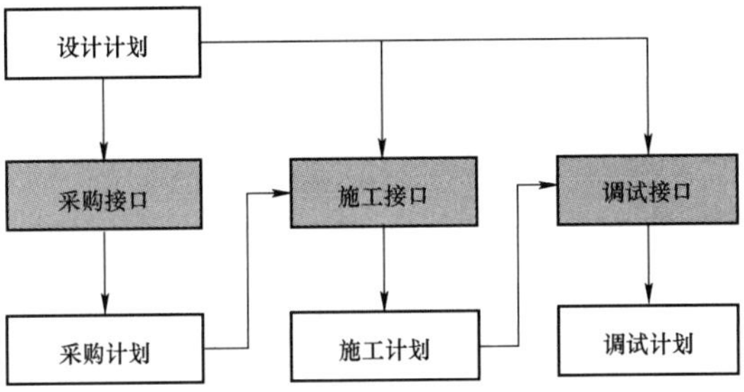

图1　项目整合计划原理图

2.2　整合进度计划目的和作用

整合进度计划是为了将建安调试的进度目标需求通过逻辑约束传递到上游的设计、采购，确保上游进度计划要满足下游进度需求；同时将上游进度计划执行状态通过逻辑关联自动传递到下游计划中，若进度计划任何一个环节出现偏差或延误，均能通过逻辑关联传递到最终目标节点，能够在进度过程管控中实时监控进度执行状态、快速有效地查找关键路径的制约因素、及时采取有效的资源平衡和逻辑调整措施，确保目标计划的实现。进度计划整合管理为进度计划实现动态管控和事前控制创造了更好的管控条件。

2.3　依托项目整合进度计划的应用

2.3.1　依托项目初期在进度计划管控中并没有采用整合进度计划的管理方式，各领域计划之间没有逻辑关联，无法实现整个项目的进度分析和预测，为能够准确的评估项目进度执行状态，优化进度管控方式，依托项目在三级计划层面进行了进度计划的整合。

2.3.2　由于依托项目合同关系的特殊性，三级进度计划种类划分为10类，整合项目计划由48个子计划组成，其中通用设计进度计划4个（含一个接口计划），三门和海阳项目每台机组11个计划（含两个接口计划）、共计44个计划，其中依托项目三门1号机组整合项目进度计划结构见表1。

表 1　依托项目三门 1 号机组整合项目计划构成表

Schedules	计划名称
Engineering（Common）	通用设计三级进度计划
S&W Engineering Schedule	绍尔设计三级计划
Engineering Schedule（Less Site Specifics）_ links to Const	西屋设计三级计划
Engineering Schedule-Archive（Closed Activities）	西屋设计三级计划（已关闭作业）
JPMO Interface Milestones	JPMO 接口计划
Sanmen Schedules	三门项目进度计划
Sanmen Unit 1	三门 1 号机组
Sanmen Unit 1 Procurement	三门 1 号机采购
L3—Sanmen Unit 1 Non-A1 Procurement	三门 1 号机组非 A1 类设备采购三级计划
L3—Sanmen Unit 1 A1 Logistics	三门 1 号西屋 A1 类设备运输三级计划
L3—Sanmen Unit 1 Simulator and I&C Logistics	三门 1 号机组仪控及模拟机运输三级计划
Sanmen Unit 1 Instrumentation & Controls	三门 1 号机组仪控三级计划
Sanmen Manufacturing Unit 1	三门 1 号机组 A1 类设备采购三级计划
S&W A1 Procurement-RMI Schedule-Sanmen Unit 1	三门 1 号机组绍尔 A1 类设备采购三级计划
Sanmen Unit 1 Fabrication（Module）	三门 1 号机组（模块）制造
L3—Sanmen Unit 1 Modules	三门 1 号机组模块制造三级计划
Sanmen Unit 1 Construction	三门 1 号机组施工
L3—Sanmen Unit 1 Interface MS	三门 1 号机组三级施工接口计划
L3—Sanmen Unit 1 NI Construction	三门 1 号机组核岛施工三级计划
Sanmen Unit 1　Startup	三门 1 号机组调试
L3—Sanmen Unit 1 Startup Interface MS	三门 1 号机组—调试接口计划
L3—Sanmen Unit 1 Commissioning and Startup	三门 1 号机组—调试三级计划

3　进度管控实践分析和探讨

3.1　进度分级管理实践分析

AP1000 核电依托项目由于是世界首批建造，且无相似参考堆型电站，进度计划的分级管控有其独特性，一、二级进度计划是由西屋联队主导编制，并同业主、总包方联合发布，其中一级进度计划由业主进行维护，二级进度计划由联合项目管理机构 JPMO 负责升版维护，三级进度计划由联合项目管理机构（JPMO/SPMO）（Joint Project Management Organization/Site Project Management Organization）负责编制发布并过程管控，其中 JPMO 负责设计、采购进度管理，SPMO 负责现场三级建安进度计划的管控，建安承包商负责建安四、五级进度计划管控。

3.1.1　进度计划分级控制

进度计划编制是将目标进度计划逐级分解的过程，根据分级原则形成多级进度计划，项目进度控制是由执行计划到控制计划再到目标计划，再根据目标调整计划落实到执行计划的闭环过程。

（1）一级进度计划

作为合同目标计划，在依托项目未做升版。在过程管控中，通过定期召开四方高层协调会的方式，共同确定新的阶段性里程碑目标，为下级执行计划提供定期更新调整依据，为推动项目进展、减少项目进度延误起到了牵引作业。

（2）二级进度计划管控

二级进度计划作为合同计划未进行升版。在过程管控中，J/SPMO作为二级进度计划主控方，根据三、四级进度计划的执行状态更新二级进度计划状态，定期将二级进度计划执行情况报业主。

（3）三级进度计划管控

三级进度计划作为IPS计划，建造前期为项目管理机构（J/SPMO）共同管控，包括前期计划的编制和发布，后优化为SPMO负责计划的更新、维护和过程管控，三级进度计划作为SPMO总体控制计划，SPMO根据四级建安进度计划执行状态每月更新建安三级进度计划，同步设计采购进度计划执行方更新设计、采购三级进度计划，SPMO在进度管控过程中对项目整体进度进行分析、风险预警以及接口协调。

SPMO在每月进度更新的基础上，通过IPS进度计划完整的逻辑关系，识别有负浮时的条目和路径，并通过逻辑路径追溯制约问题的根源。

SPMO通过关键路径分析寻找制约项目目标计划实现的根本原因，对执行计划提出风险预警及控制要求，针对制约因素，进度计划执行方通过采取资源平衡及逻辑调整等措施，调整、优化执行计划相关作业完成时间向目标时间靠拢。

通过IPS整合进度计划的逻辑关联，预测项目目标进度完成风险，实现进度前瞻控制。

（4）建安执行计划的控制

建安四级计划作为建安承包商现场执行计划，由承包商编制并报SPMO审核后发布，根据进度计划渐进明细的原则，建安承包商在四级进度母本计划的基础上截取6个月时间窗口的月度计划，每月滚动更新、发布并进行过程管控。

承包商通过更新上个月完成情况和5个月前瞻计划，确定对上游条件的需求。

承包商每月滚动更新计划、编制月度进展分析报告，分析与目标计划的偏差及针对偏差采取的应对措施，SPMO监督管控。

通过目标分解、承包商每周更新5级周进度计划，及时发现建安内部影响进展的边界条件，组织周协调会或日协调会等方式及时协调解决进度制约因素。

3.1.2　项目进度分级管控的过程调整和完善

AP1000核电依托项目工程工期长、变更量大，接口复杂，虽然在建造初期进度分级管控体系完整，责任明确，但在现场进展过程中外部条件不断变化，制约因素不断增加的情况下，为适应项目实际情况，项目进度过程管控手段也在不断的调整，后续进度分级体系也相应进行了改进。

（1）进度计划管理聚焦现场

在依托项目进度管理过程中，调整进度管理责任主体，将JPMO进度管理职责调整到SPMO，由SPMO主体负责各领域三级进度计划的协调和管控，减少接口，聚焦现场。

（2）二、三级进度计划联动

依托项目进度计划不是通过WBS进行编制，各级计划之间不能实现有效联动，项目执行计划的进展状态无法及时反映到上级计划。为及时掌控合同目标计划的进展状态，为了将执行计划的状态及时反馈到目标控制计划，依托项目将二级进度计划和三级进度计划进行逻辑关联，通过二、三级进度计划的联动，实现计划同步更新、跟踪合同目标进展。

（3）里程碑牵引、专项推动

项目进度由于诸多制约因素导致严重滞后，由于依托项目合同关系及变更频繁等原因，项目目标计划无法通过升版实现目标的调整，为了推动项目进展，根据现场实际进展情况，优化逻辑确定项目新的的目标，通过高层季度会的方式、由四方高层共同确定阶段性目标，如主泵安装与 RCS 系统移交的逻辑调整、安全壳压力试验/泄漏率试验与冷态试验开始的逻辑调整等为项目减少进度延误起到了引领作用。在计划执行方面，通过由各参建方共同组成的联合计划组编制联合进度计划和专项进度计划，精细管理、聚焦问题为推动项目进展起到了关键作用。

（4）进度分级理完善

接轨国内核电行业进度管理体系，后续项目进度管理体系按 6 级进度管理体系进行控制。一级进度计划为业主发布的包括里程碑节点和总体时间框架的进度计划，是项目建造参建各方的目标计划；二级进度计划为总包方在一级进度计划基础上深化的目标分解计划，是包括总包合同范围内所有领域的一体化进度计划，由总包方编制，经总包方和业主联合审核、批准发布；三级进度计划为总包方编制发布的 IPS 计划，是计划各执行方执行的目标计划，由总包方整体进行管控；四～六级进度计划为各领域计划执行方编制发布并执行的细化目标分解计划，由计划执行方进行管控，计划分级结构如图 2 所示。

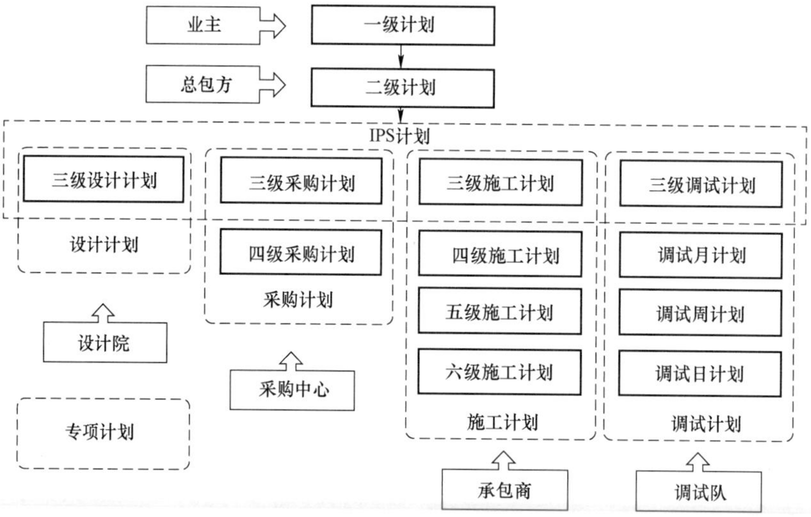

图 2　进度计划分级控制图

调整建安三级进度计划管理责任主体：由于建安三级进度计划和建安四级进度计划的管理主体不同、在依托项目三、四级进度计划未能实现有效的、完整进度计划的对应关联，项目各级进度计划目标一致性方面出现偏差，导致三级建安进度计划对项目现场进度指导作用变得弱化，原总包方编制的三级进度计划职责转移到由承包商进行编制和过程管控，总包方负责 IPS 整体进度管理、接口管理和监督三、四级进度计划执行管理。

3.2　整合进度管理实践分析

依托项目整合项目进度计划（IPS）的管控方式是首次在核电行业应用，IPS 整合进度管理的应用为项目整体进度分析和事前控制效率的提升提供了很好的思路和管控方式。

3.2.1　IPS 进度计划整合

（1）首先确定各领域进度计划接口原则，确定设计图纸交付时间与设备采购、建安施工和调试的时间接口原则；确认设备采购到场时间和建安施工开工时间的匹配原则，确定建安施工完工和调试进度计划的完工接口原则。进度计划接口逻辑图如图3所示。

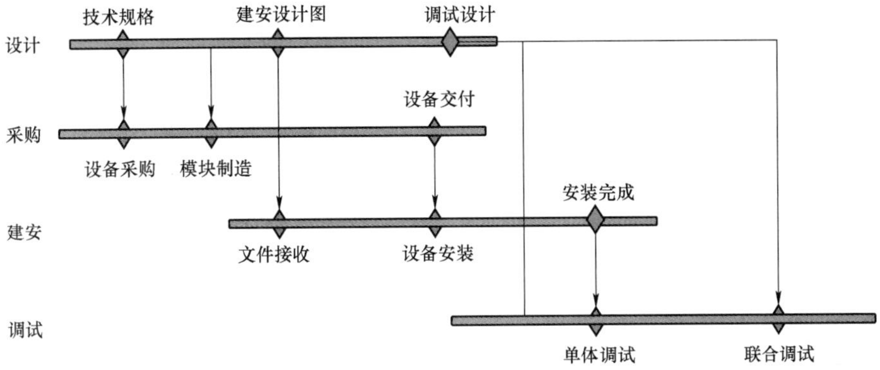

图3　进度计划接口逻辑图

（2）接口计划的选取和逻辑连接：根据 IPS 进度计划的接口原则，选取某领域进度计划与其他领域进度计划存在接口的作业，形成领域间的接口计划，将接口计划与相关领域对应的作业进行逻辑连接，形成整合项目进度计划。

3.2.2　IPS 整合进度计划过程管控

（1）三级进度计划更新

根据进度计划管控程序明确的数据日期，各三级进度计划执行方同步更新各自三级进度计划，并导入到同一平台进行整体计算和调整。

西屋联队对其合同范围内的设计和 A1 类采购三级进度计划每月进行更新，计算浮时，查找延期作业制约因素，调整进度计划时间，形成月度更新计划并报 JPMO 并导入统一数据库。

同时 JPMO/SPMO 在进度管理平台对非 A1 类采购、模块制造、施工三级进度计划进行更新，并就各自三级进度计划进行独立的分析和调整，形成各领域初步月度更新版计划。

更新接口计划，整体进行进度计算，使所有子计划和接口计划一起逻辑联动，呈现项目三级进度计划整体月度执行状态。

（2）整体进度计划执行状态分析和调整

根据整体进度计划更新状态，对三级计划进项偏差分析，针对进度偏差制定应对措施，调整进度执行计划向目标计划靠拢。

整体进度分析：SPMO 通过对关键路径的分析、分析三级进度计划月度执行状态和基准（目标）计划的偏差，查找影响项目关键路径的制约因素。针对制约关键路径上作业的偏差项，SPMO 组织各进度计划执行方制定缓解措施。

进度计划调整：针对在关键路径中的滞后作业、影响关键路径的制约因素及对关键路径作业存在滞后风险的作业，通过措施调整计划完成时间，并向目标计划靠拢，调整后的进度计划每月发布作为后续项目执行计划或指导计划。

进度跟踪和协调：以进度计划为目标，跟踪项目进展情况，定期召开季度、月度、周例会及专项协调会，通过完整的会议体系和有效的协调机制，对影响进展的各类问题和制约因素及时进行协调解决，为依托项目的推进起到了应有的作用。

（3）专项 IPS 进度计划应用

在项目调试阶段，将影响调试进展的设计、物项采购、施工尾项等先决条件纳入到调试进度计划中，形成调试阶段的 IPS 整合进度计划，作业之间直接逻辑关联，能够清晰判断关键路径，调试团队实时更新分析影响关键路径的制约因素，通过制定上游问题解决的优先级，调整资源、优化逻辑，提高了问题处理和进度管理效率，为依托项目调试进度顺利高效完成创造了有利条件。

3.2.3 后续项进度整合管理优化和探讨

（1）统一进度管理平台

依托项目进度计划是通过 P6 管理平台进行管控，但各执行进度计划在各自的计划平台上，没有统一平台，通过计划的导入实现整体可视化，计划间无法实现实时关联，后续项目统一进度管理平台，各领域进度计划统一在一个平台进行操作，为保证进度计划的完整性和进度计划协同管理提供保证。

（2）优化合同模式、简化进度计划分类

依托项目核岛由于合同模式的原因，在三级进度计划方面，设计和采购存在 9 类不同的进度计划，无法在领域内进行整合，同样在计划的颗粒度方面与建安计划也不匹配，在后续项目核岛的设计、采购、建安、调试在三级进度计划方面要形成统一、完整、颗粒度相似的独立的三级进度计划，确保在 IPS 进度计划管理的职责定位更清晰、目标管控更明确、计划管理更高效。

（3）整合进度计划和进度计划分级管理的融合

依托项目建安四级进度计划作为现场土建、安装的执行计划，与三级进度计划之间未实现完整的 WBS 分解也没有进行逻辑联动，导致目标完成时间存在差异，这与进度计划相同作业时间的唯一性特点相违背，导致在不同层级上进度的分析结论存在偏差。在保证进度分级管控体系的有效运行的下，实现 IPS 整合进度计划的管理，可考虑通过 WBS 实现不同层级的进度计划的一体化，或建安执行进度计划联动到 IPS 进度计划中，体现项目进度执行计划唯一性的特点，确保各参建方在同一计划目标的指导下开展工作。

4 结论

依托项目在进度分级管理方面进度管理体系完整且有独特性，通过进度管理责任矩阵和分级进度计划管理体系，明确了个相关方的进度管理职责和进度管理流程，体现了进度计划的渐进明细的管理特点，同时在相对成熟的进度分级管理体系下，采取的灵活的进度管理调整、不断的进度管理优化为依托项最终完成提供了良好的经验反馈；在进度整合管理反面，通过 IPS 进度计划的整合，能及时发现影响进度的问题和制约因素，提高了进度管控效率，由于 IPS 进度管理理念在核电建设行业的应用还不完全成熟，在合同条件及进度测量体系方面仍然存在制约和不足，本文意在通过依托项目实践为后续项目进度管理优化改进提供经验反馈和管理思路，为核电行业进度的分级管理和整合管理提供借鉴。

致谢

AP1000 核电机组工程项目受世人瞩目，本人能够参与 AP1000 核电首堆建设倍感荣幸，同时也深刻体会到建造过程的艰辛和挑战，在此感谢所有 AP1000 依托项目各参建方的共同协作及所有参建人员的付出，感谢在工作中给予指导、帮助的领导、同事，感谢你们的工作支持和经验分享。

参考文献

[1] 美国项目管理学会（PMI）. 项目管理知识体系指南（PMBOK GUIDE）第 4 版[S]. 2008.
[2] 林诚格，郁祖盛等. 非能动安全先进核电厂 AP1000 [M]. 北京：原子能出版社，2008.

AP1000 三门依托项目 FCD 至 CVBH 就位工期对比及优化浅析

李　坚

（上海核工程研究设计院有限公司，上海　200233）

摘要：本文通过总结 AP1000 三门 1 号机组和 2 号机组从底板 FCD 至 CVBH 之间的施工工序、工期等实施状况，分析相应关键工作的逻辑关系及工期组成，并在此基础上形成本阶段工期优化相关分析。由于 FCD 至 CVBH 的过程既是 AP1000 核岛工程建设的重要开始，同时这个阶段也是后续核岛建设展开区域划分，实施并行施工的重要前提。因此，本文还通过对比总结本阶段工程管理中易发生的问题及风险，供后续 CAP1000 机组的工程管理参考借鉴。

关键词：AP1000；FCD；CR10；CVBH

Comparison and Optimization Analysis on the Construction Period from FCD to CVBH of AP1000 Sanmen Self-Relying Project

LI Jian

（Shanghai Nuclear Engineering Research & Design Institute Co., Ltd.，Shanghai 200233，China）

Abstract: This paper summarizes the construction process，construction period and other implementation conditions of AP1000 Sanmen Unit 1 and Unit 2 from base FCD to CVBH，analyzes the logical relationship and construction period composition of the corresponding key work，and on this basis forms the correlation analysis of construction period optimization of this stage. Since the process from FCD to CVBH is not only the important beginning of AP1000 Nuclear Island（NI）construction，but also an important prerequisite for the subsequent regional division of NI construction and the implementation of parallel construction. Therefore，this paper also intends to summarize the problems and risks that are likely to occur in this stage of project management through comparison，so as to provide reference for subsequent project management of

---

作者简介：李　坚（1982—　），男，湖南祁阳人，工程师，本科，现主要从事 AP/CAP1000 核电工程建设进度管理工作

CAP1000 Units.

Key words：AP1000；FCD；CR10；CVBH

采用非能动核电技术的 AP1000 三门核电机组，是一个二环路的压水型反应堆，它的核反应堆的主要设备均放置在安全壳内，安全壳是由钢制安全壳和屏蔽墙构筑物两部分组成，实现包容放射性并为反应堆堆芯和反应堆冷却剂系统提供屏蔽的功能。

AP1000 三门核岛底板是反应堆厂房和辅助厂房一体的钢筋混凝土底板，其基础结构形式为“大体积筏板基础”，底板厚度为 1 830 mm。底板平面形状为多边形。反应堆厂房、辅助厂房、屏蔽墙及钢制安全壳的平面布置如图 1 所示。

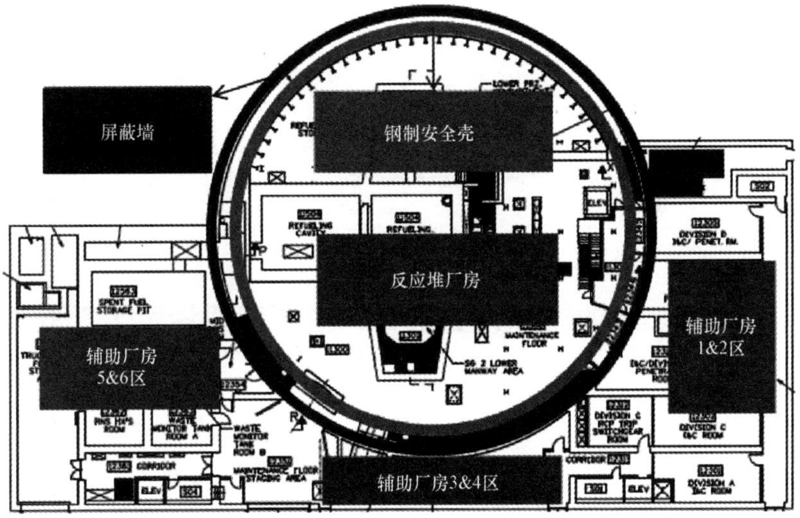

图 1　AP1000 三门核电机组核岛底板平面示意图

核岛底板混凝土第一次开始浇筑的日期（First Concrete Date，FCD），是核岛工程项目管理重要里程碑，标志着核岛工程现场结构施工的开始。

钢制安全壳（Containment Vessel，CV）是非能动安全壳冷却系统的一个重要组成部分，在 CV 内部是反应堆厂房，安装有许多重要的大型设备。

CV 由三部分组成，分别是“底封头”（Containment Vessel Bottom Head，CVBH），CV“筒体”部分（可再次划分为 3 段），CV“顶封头”（Containment Vessel Top Head，CVTH），钢制安全壳结构如图 2 所示。

完成 CVBH 的就位，标志着 AP1000 机组的反应堆厂房进入到主要施工阶段。

本文主要对三门 1 号机组和 2 号机组在 FCD 至 CVBH 就位期间的主要施工逻辑、相应的工期安排及发生的造成工期延误的事件进行归纳整理；筛查最主要的风险因素；分析总结本阶段工程建设的合理工期安排，供后续相关管理工作参考。

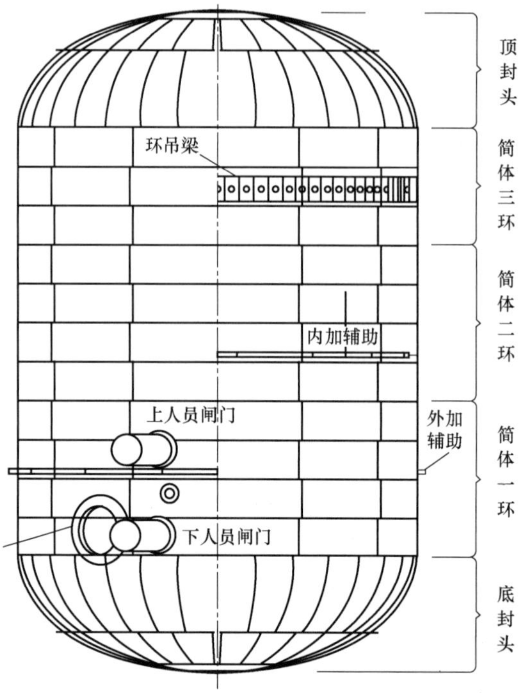

图 2　钢制安全壳结构示意图

1　FCD 至 CVBH 之间的施工作业逻辑、主要工程量及工期安排

结合三门一期两台机组的工程实践经验，从 FCD 到 CVBH 就位之间的施工作业主要涉及 8 项内容，如表 1 所示。

表 1　FCD 至 CVBH 主要施工作业步骤

序号	步骤名称
1	FCD 核岛底板混凝土浇筑
2	核岛底板养护
3	CR10 模块拼装
4	CVBH 临时支撑短柱及钢筋绑扎
5	CV 外侧 A 层混凝土浇筑
6	CVBH 吊装、就位
7	CVBH 与 A 层间隙灌浆
8	CVBH 就位完成

这 8 个步骤在三门一期 1 号机组和 2 号机组实施的逻辑关系如图 3 所示。本节就对下列的各个步骤依次进行分析说明。

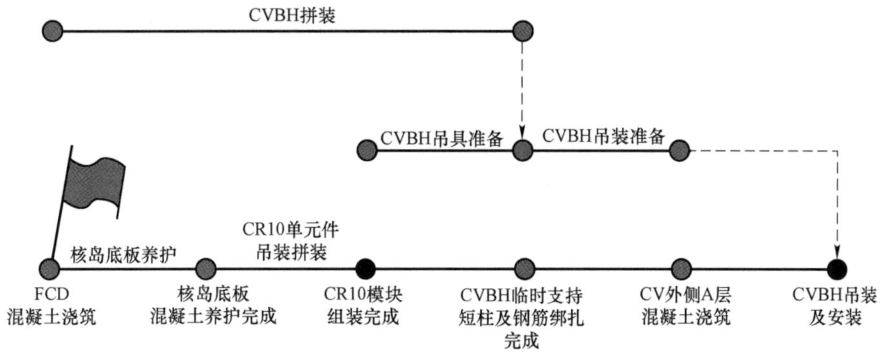

图 3　三门 1 号机组和 2 号机组 FCD 至 CVBH 就位主要逻辑关系示意图

1.1　FCD 核岛底板混凝土浇筑

FCD 核岛底板混凝土浇筑在核岛底板钢筋绑扎完成并验收合格后进行，其主要工程量如表 2 所示；结合相应规范及工程实践状况，与工程量内容所对应的工作安排时间如表 3 所示。

表 2　FCD 核岛底板主要工程量

序号	名称	单位	数量
1	混凝土	m^3	约 5 235
2	模板	m^2	约 890

表 3　FCD 核岛底板主要工作时间安排

序号	名称	时间/d
1	混凝土连续浇筑	3
2	养护	28
3	养护后综合检查	5

FCD 工作从浇筑到养护结束，并考虑混凝土养护后综合检查相关工作所需的工作时间，本阶段的合理工期应为 36 天。

表 4　三门 1 号机组和 2 号机组 FCD 浇筑执行情况

机组号	实际开始	实际完成	执行状况/d
1 号	2009 年 3 月 31 日	2009 年 4 月 2 日	3
2 号	2009 年 12 月 15 日	2009 年 12 月 17 日	3

核岛底板混凝土浇筑是大体积混凝土浇筑施工，在三门 1 号机组和 2 号机组 FCD 浇筑过程中，均严格执行了 FCD 浇筑相关质量管理要求，并且按照先决条件建立了详细的管控清单，各项准备工作充分，执行良好。

FCD 核岛底板混凝土浇筑工作经过三门 2 台 AP1000 机组建设积累总结，工期管理基本成熟。

1.2　CR10 模块安装

CR10 模块，是 CVBH 下部的钢筋支架模块，其主要作用是有利于钢筋绑扎、固定钢筋和 CVBH。该模块外形呈圆环形，是由 H 型钢、T 型钢、角钢等组成的钢结构支架，总重量约 123 t。

在三门 1 号机组和 2 号机组建设期间，CR10 模块均是在核岛底板混凝土养护完成后再在底板上拼装的方式进行，如图 4 所示。该方式在 CR10 拼装实施过程中的质量控制较好，但对核岛底板养护期的时间没有充分利用，并且形成了关键路径工期。

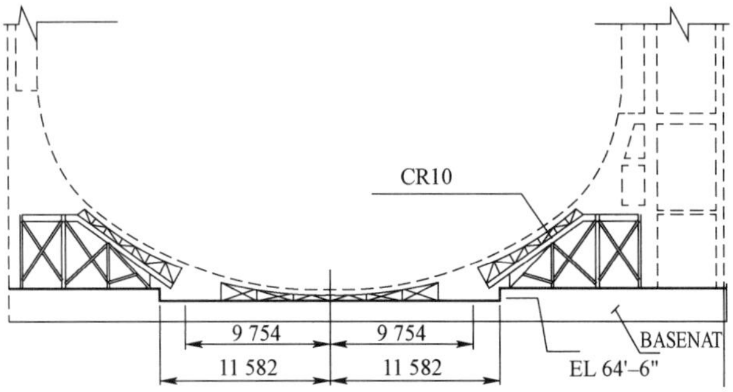

图 4　CR10 模块及钢筋支架安装示意图

为了有效利用核岛底板混凝土养护期的时间，CR10 模块可以采用在核岛底板以外的独立场地进行提前拼装，并最终整体吊装到核岛底板上，形成养护期的有效利用，在工期安排上达到一定的优化。

下边就这两种形式在工期及工作量上的内容进行对比分析。

1.2.1　CR10 模块“单元件”安装

三门核电两台机组的 CR10 均采用“单元件”形式安装，即在核岛底板养护完成并验收合格后，开始逐一吊装共计 16 榀的 CR10 模块单元件至核岛底板上（见图 5）。

图 5　三门 1 号机组 CR10 单元件吊装

然后在全部 CR10 的单元件就位后，进行 16 个支撑短柱，该短柱主要用于支撑后续就位的 CVBH，之后再安装 4 层、5 层、6 层、7 层、9 层、10 层钢筋。

CR10 拼装及就位前后主要涉及单元件吊装，钢筋绑扎等工作，相应内容的工程量如表 5 所示。

表5　CR10就位前后相关主要工程量

序号	名称	单位	数量
1	CR10	t	123
2	4～10层钢筋	t	232
3	柱底板	块	128
4	钢筋绑扎	t	100

1.2.2　CR10独立拼装和整体吊装

结合三门一期的工程经验，可以考虑设立CR10独立拼装场地，提前展开CR10模块拼装，充分利用核岛底板混凝土浇筑的养护期时间，并在底板养护完成前完成拼装，从而达到总体工期优化的目的，相应进度逻辑关系如图6所示。

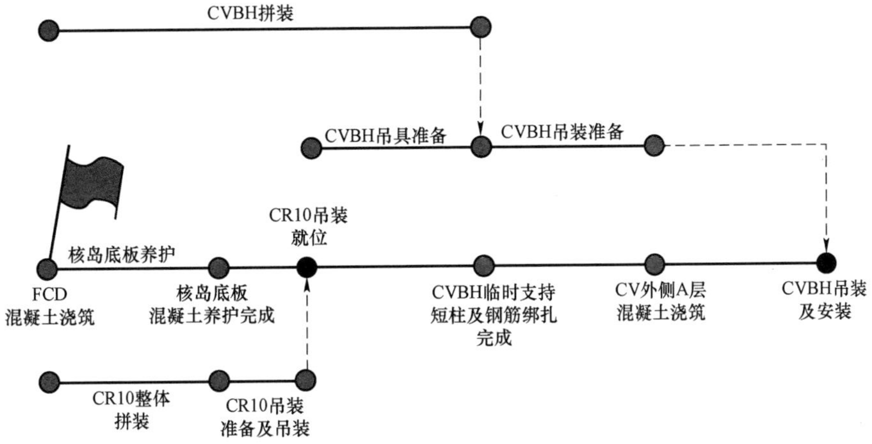

图6　CR10整体拼装主要逻辑关系示意图

1.2.3　两种方案的特点

（1）CR10单元件拼装

这种组织形式最大的优点是，拼装过程中模块质量控制更加容易，不需要独立场地设置，对作业投入的吊装资源投入较少，并且有三门、海阳两个项目四台机组成熟的实践经验。

单元件拼装这种组织形式也存在工期安排上的不足。主要体现为这种方式必须要等到核岛底板混凝土养护完成并验收合格后进行，在核岛底板混凝土养护期间不能开展相应的施工活动，养护期间的工期利用不足，核岛底板养护完成成为CR10组装的前提条件，延长了总体工期。

（2）CR10拼装后整体吊装

这种组织形式最大的优点是不受核岛底板混凝土养护影响，可以独立开展拼装工作，拼装完成后，可以迅速吊装就位到核岛底板上，对核岛底板的养护期的时间利用充分。

CR10整体拼装也存在实施上的风险，主要体现在以下几个方面。

1）CR10自重较大，整体吊装时易产生变形，且超出质量要求的变形在矫正实施上也存在一定难度；

2）CR10独立拼装需要规划相应场地，对现场的场平规划有一定要求；

3）CR10 整体吊装需要设计相应的吊装工具，并配合现场大吊车的使用，在资源投入上较“单元件”形式更多。

尽管在组织安排上，整体吊装这个方案充分利用了核岛底板养护期的时间，但如果上述因素不能有效控制，总体的工期优势效果难以显现。所以，整体吊装的实施必须做好充分的资源准备和质量控制。

综上所述，两种方案各有优势，相应的数据对比如表 6 和表 7 所示。

表 6　CR10 单元件组装工作及工期表

工序	1. 16 个单元件运至核岛现场 2. 逐件吊装 3. 拼装成整体 4. 钢筋绑扎
工期	1. 底板砼养护完成：30 天 2. 单元件吊装、拼装：30 天 3. 钢筋绑扎：20 天

表 7　CR10 整体吊装工作及工期表

工序	1. 16 个单元件运至核岛现场 2. 拼装成整体 3. 钢筋绑扎 4. 整体吊装 5. 剩余钢筋绑扎
工期	第一阶段：底板养护及 CR10 拼装 1. 提前进行 CR10 整体拼装和部分钢筋绑扎：35 天 2. 底板混凝土养护完成（CR10 拼装完成）：30 天 第二阶段：CR10 整体吊装及安装 1. 整体吊装、安装：15 天； 2. 剩余部分钢筋绑扎：15 天

在后续工程管理中，可以根据现场工期要求状况、场地资源状况、大吊车组织安排状况在这两种方案进行合理选择，达到最终的综合目标。

1.3　A 层结构混凝土施工

在 CVBH 就位前，需要先在 CVBH 下部浇筑少部分混凝土，即 A 层结构（见图 7）。A 层混凝土面与 CVBH 之间保留 100 mm 左右空隙。A 层混凝土从 64′6″到 70′6″，半径为 11.582 m（主要包括第四层，第五层钢筋及其支架安装，铁丝网模板安装，弧形标高的控制等）。

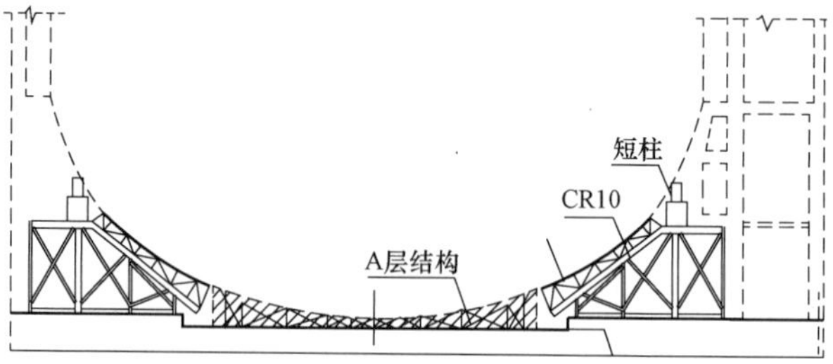

图 7　A 层混凝土结构示意图

A 层混凝土浇筑实施前主要涉及 CR10 下部 WRS 系统管道安装，然后进行 A 层结构相关的钢筋绑扎、模板支护、混凝土浇筑等工作；A 层混凝土施工相应工程量如表 8 所示。

表8 A层结构混凝土浇筑主要工程量

序号	名称	单位	数量	备注
1	钢筋工程	t	56	
2	混凝土工程	m^3	252	
3	模板工程	m^2	118	钢丝网

本阶段工作时间主要考虑 A 层钢筋、模板、混凝土浇筑，时间安排为 16 天，以及后续的混凝土养护 14 天，总体评估工期为 30 天。

1.4 CVBH 吊装和就位

A 层混凝土养护完成、施工缝清理、混凝土面凿毛后，经过检查确认满足 CVBH 就位吊装条件，即可开始吊装并就位 CVBH（见图 8）。

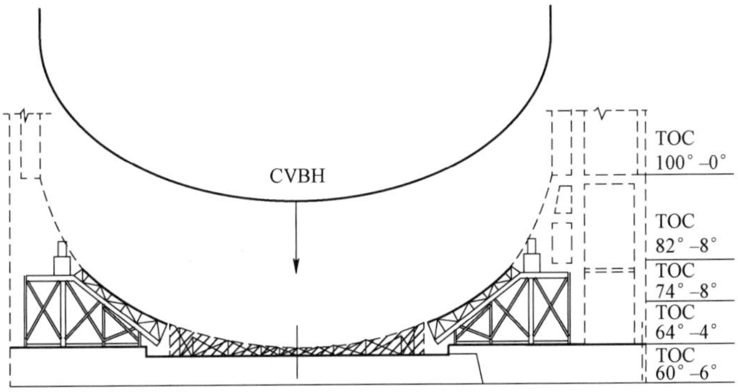

图8 CVBH 就位示意图

CVBH 就位是核岛建设过程中最重要的里程碑之一，它是反应堆厂房结构建设的基础。CVBH 自重 670 余吨，其就位前的制作、转移运输、吊装准备等状况都直接影响其吊装就位是否能顺利进行。

1.4.1 CVBH 吊装就位前的先决条件

（1）CVBH 拼装完成并转运至核岛现场；

（2）吊索具及大吊车均具备吊装条件；

（3）核岛基础复测完成，导向装置就绪；

（4）液压顶升装置、油缸安装完成。

1.4.2 CVBH 的吊装

CVBH 的吊装是 AP1000 机组工程建设现场第一个大型吊装活动，除了 CVBH 本体需要拼装完成之外，吊装工具的设计制造及吊装准备也非常关键。相关吊装重量数据见表 9，吊装活动时间安排见表 10。

表 9　CVBH 吊装重量数据表

序号	名称	单位	数量
1	CVBH	t	677.73
2	吊索具	t	139.1
3	吊梁	t	98

表 10　CVBH 吊装及安装作业时间安排表

序号	步骤名称	时间/d
1	CVBH 吊装	1
2	平面位置调整	1
3	水平度调整	2
4	螺栓连接、力矩紧固及检查	6

根据三门一期经验，CVBH 就位前的相应先决条件准备充分后，可在 10 天内完成 CVBH 的就位及安装。

1.5　CVBH 与 A 层间隙灌浆

CVBH 就位后，需要对 A 层结构混凝土与 CVBH 之间约 100 mm 的间隙进行压力灌浆施工。CVBH 与 A 层间隙压力灌浆完成后，继续进行 CVBH 外部其他混凝土基础施工（见图 9）。

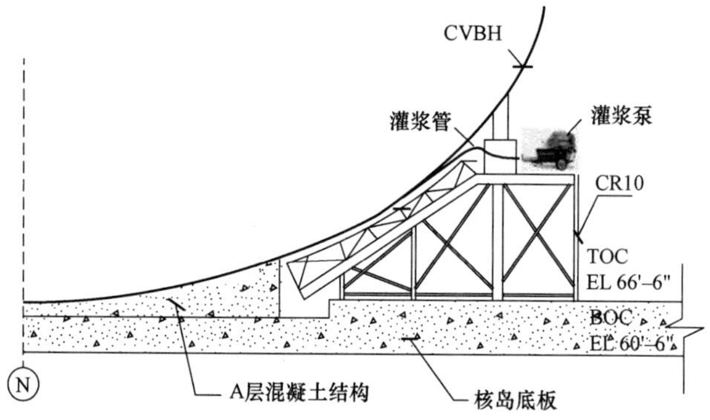

图 9　A 层结构与 CVBH 间隙灌浆示意图

CVBH 与 A 层混凝土之间间隙约为 100 mm，间隙的灌浆面积约为 306 m^2，需灌浆料用量为 30.6 m^3；本阶段工期主要考虑灌浆管埋设在 CVBH 吊装前完成，CVBH 安装完成后即可灌浆，4 个下料口同时施工，4 天工期。

2　三门 1 号机组和 2 号机组在本阶段的延误分析

上述部分相应的工作内容及工期分析都以先决条件准备充分、各项措施保障到位为前提的。

回顾三门 1 号机组和 2 号机组的实际情况，在 FCD 至 CVBH 就位过程中都出现了造成工期延误的情况，这些情况有些是由于经验不足造成的，也有的是前提条件准备不足造成的，相关的造成延误的状况可供后续工程建设提供借鉴，以便减少管理上的弯路。

2.1　三门 1 号机组实际情况

三门 1 号机组 CVBH 吊装就位实际时间比计划晚了 8 个多月，与计划信息对比状况见表 11。

表 11　三门 1 号机组 CVBH 吊装就位计划执行对比

CVBH 吊装	开始时间	完成时间
计划信息	2009 年 6 月 30 日	2009 年 7 月 10 日
实际信息	2009 年 12 月 21 日	2009 年 12 月 23 日
偏差	−174	−166

造成这 8 个多月延误的主要原因有：

CVBH 钢板、安装立柱、剪力钉交付滞后；

CVBH 吊梁及连接器问题处理和返工；

剪力钉焊接质量事件处理。

三门 1 号机组 CVBH 就位前实际工作逻辑关系如图 10 所示。期间发生主要制约事件如下所示。

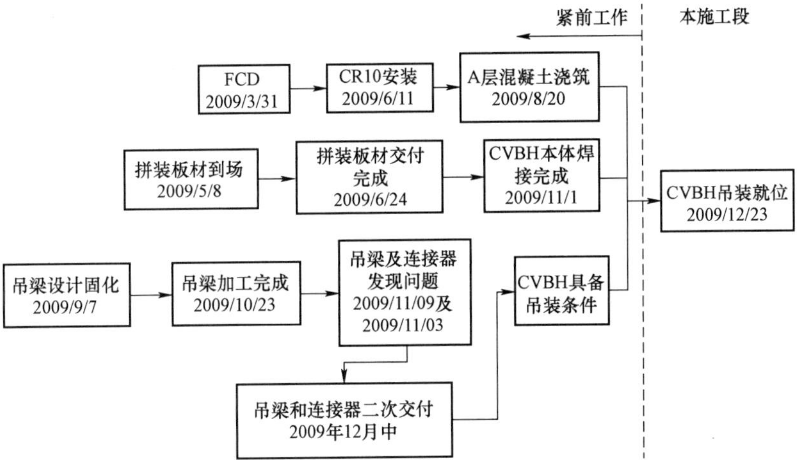

图 10　三门 1 号机组 CVBH 就位实际工作逻辑

（1）物项制约

1）CVBH 钢板交付滞后

CVBH 钢板实际于 2009 年 6 月 24 日交付完成，已接近 CVBH 计划就位时间 2009 年 6 月 30 日。

2）CVBH 剪力钉交付滞后

剪力钉的实际交付日期为 2009 年 9 月 14 日，对 CVBH 最终拼装完成有一定的影响

3）安装临时立柱交付滞后

安装临时支柱实际于 2009 年 10 月 1 日交付现场，较计划滞后 5 个月，且交付形式为散件供货，需现场拼装，现场于 2009 年 10 月 27 日才焊接完成。

以上物项交付滞后导致 CVBH 最终制作完成为 2009 年 11 月 1 日，较基准计划（推算的

计划）延误 5 个月。

（2）施工制约

1）剪力钉焊接质量事件

CVBH 剪力钉焊接时未按照设计要求进行预热处理，现场开启 NCR，对 CV 拼装工作造成约 0.5 个月的延误。

2）CVBH 的吊梁、连接器问题处理和返工

按照正常计划，2009 年 11 月 1 日 CVBH 拼装完成就应该具备吊装条件。但 WEC 设计的 CVBH 吊梁于 2009 年 11 月 9 日出现变形过大问题，需要进行加固处理；同时在 2009 年 11 月 3 日又发现吊梁连接器焊缝出现问题，需要重新制造及安装和载荷试验。上述问题直到 12 月中旬完成载荷试验，较基准计划延误 6 个月，对 CVBH 就位产生 1.5 个月的延误影响。影响延误影响状况如表 12 所示，对应实际执行路径信息如图 11 所示。

表 12　三门 1 号机组 CVBH 节点延误的主要原因

关键延误事项	事项延误原因分类	本身延误	对关键路径延误	对节点延误影响
CVBH 钢板、安装立柱、剪力钉交付滞后	物项制约	−5 M	−4.5 M	关键路径影响
CVBH 吊梁及连接器问题处理和返工	施工制约	−6 M	−1.5 M	关键路径影响
剪力钉焊接质量事件	施工质量制约	−0.5 M	−0.5 M	间接影响

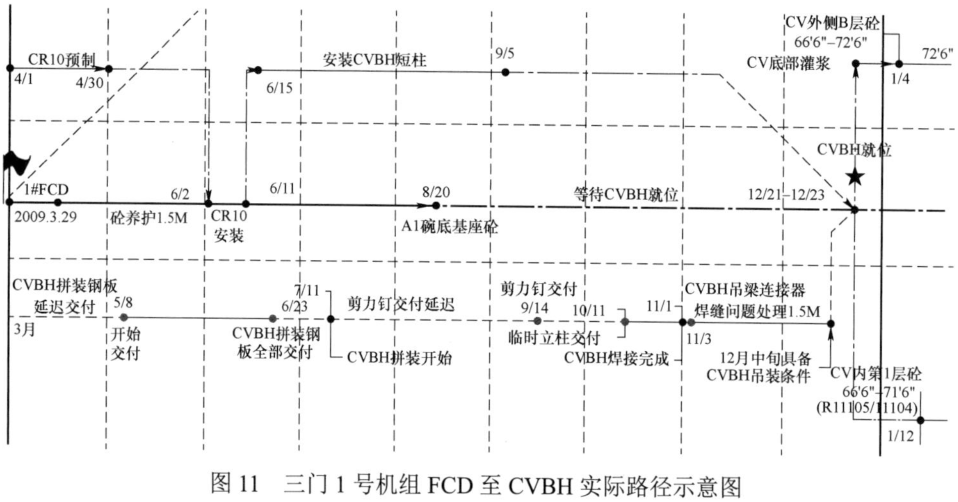

图 11　三门 1 号机组 FCD 至 CVBH 实际路径示意图

2.2　三门 2 号机组情况

三门 1 号机组 CVBH 吊装就位实际时间比计划晚了 1.5 个多月，与计划信息对比状况如表 13 所示。

表 13　三门 2 号机组 CVBH 吊装就位计划执行对比

CVBH 吊装	开始时间	完成时间
计划信息	2010 年 4 月 30 日	2010 年 4 月 30 日
实际信息	2010 年 6 月 13 日	2010 年 6 月 13 日
偏差	−44	−43

造成这1.5个多月延误的主要原因有：CVBH立柱移位和人力不足导致的CVBH拼装滞后。

三门2号机组CVBH就位实际工作逻辑关系如图12所示。期间发生主要制约事件如下。

（1）承包商人力资源不足

2号机组CVBH的拼装时间是从2010年1月10日开始到2010年6月3日结束共154天，对比1号机组CVBH拼装工期110天，2号机组的CVBH拼装时间比1号机组晚1.5个月，由承包商人力不足导致。

（2）CVBH安装立柱转移

根据施工组织，在1号机组外部基础C2层混凝土浇筑完后切割下来的CVBH立柱将用于2号机组，综合判断由于CVBH立柱从1号机组移动到2号机组所延误的工期为2个月。

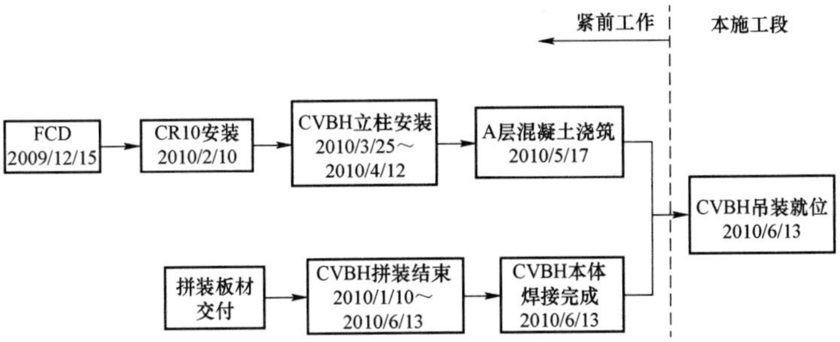

图12　三门2号机组CVBH就位实际工作逻辑

三门2号机组本阶段影响延误影响状况如表14所示，对应实际执行路径信息如图13所示。

表14　三门2号机组CVBH节点延误的主要原因

序号	关键延误事项	事项延误原因分类	本身延误	对关键路径延误	对节点延误影响
1	CVBH立柱移位	施工制约	－2 M	－2 M	关键路径影响
2	人力不足导致的CVBH拼装滞后	施工制约	－1.5 M	－1 M	关键路径影响

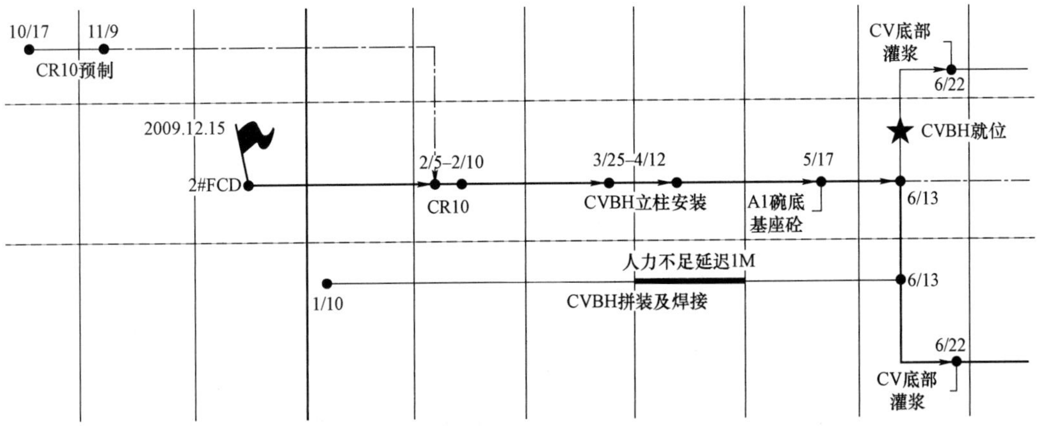

图13　三门2号机组FCD至CVBH节点实际路径示意图

2.3 两机组情况对比

根据上述两台机组发生的主要延误时间可以看出，两台机组都在 CVBH 拼装上形成了对 CVBH 最终就位的制约，但在具体原因上又有不同，主要体如表 15 所示。

表 15 三门 1 号机组和 2 号机组 CVBH 就位前提状况对比

<table>
<tr><th colspan="2">CVBH 就位前提条件</th><th>三门 1 号机组</th><th>三门 2 号机组</th></tr>
<tr><td colspan="2">核岛底板浇筑</td><td>正常</td><td>正常</td></tr>
<tr><td colspan="2">CR10 模块拼装预制</td><td>正常</td><td>正常</td></tr>
<tr><td rowspan="3">CVBH 拼装预制</td><td>CVBH 钢板材料到场</td><td>滞后</td><td>正常</td></tr>
<tr><td>安装立柱、剪力钉交付</td><td>滞后</td><td>正常</td></tr>
<tr><td>人力投入</td><td>正常</td><td>不足</td></tr>
<tr><td rowspan="2">吊装就位前准备</td><td>吊梁质量影响</td><td>滞后</td><td>无影响</td></tr>
<tr><td>CVBH 立柱移位</td><td>无影响</td><td>滞后</td></tr>
</table>

从上述对比可以明显看到，CVBH 本体的顺利制造所涉及的材料供应、过程质量控制、充足人力（焊工）投入都是项需要重点关注的。此外，CVBH 吊装准备的充分性也应该足够重视。

3 工期分析及结论

根据工程经验及上述分析，CVBH 拼装、CVBH 吊装准备是可以在核岛底板施工前后平行准备的，不占用关键路径；CR10 若采用整体吊装，其拼装过程也不占用关键路径；故此 FCD 至 CVBH 就位完成之间的工期安排按照 CR10 组装模式选择，可以有以下两种情况，见表 16。

表 16 FCD 至 CVBH 就位工期安排表

步骤	CR10 模式选择	
	整体吊装/天	单元件拼装/天
FCD 混凝土浇筑	3	3
底板养护	28	28
NNSA 验收	5	5
CR10 拼装	N/A	30
CR10 吊装	15	N/A
A 层混凝土浇筑及养护	30	30
CVBH 吊装就位及调整完成	10	10
A 间隙灌浆	4	4
合计	95	110

综上所述，通过对 AP1000 三门 1 号和 2 号机组 FCD 至 CVBH 就位直接的工作梳理及分析，可以得出如下结论：

在相应工作准备充分、现场监管到位的情况下，FCD 至 CVBH 就位的工期可控制在 3～3.7 个月之间。

4 结论

在后续项目中，需特别关注 CVBH 拼装预制的进展，保证及时的材料供应、充足的人力配置，避免依托项目出现的延误情况，形成影响总工期的制约。

还应进行充分的吊装准备，三门二期以及后续 CAP1000 项目可能会由于两台机组建造间隔缩短，CV 拼装和现场建安的前后影响更加显著。充分的吊装准备不仅能够保证 CVBH 顺利就位，也确保 CVBH 从拼装场地顺利转移，为后续 CV 封头拼装预制提供有利前提。

CR10 若采用整体拼装，应关注拼装工期的控制及吊装就位时的质量控制，避免拼装、吊装准备不足造成新的延误。

最后在所有技术条件都差异不大的情况下，再关注现场气象状况的组织施工的影响，做到未雨绸缪，让后续 CAP1000 工程管理更加顺畅。

蒸汽发生器管子管板液压胀接缺陷原因分析及预防措施

李胜道

（上海核工程研究设计院有限公司，上海　200233）

摘要：全深度液压胀接技术是核电机组蒸汽发生器及其他换热器管子–管板接头普遍采用的制造工艺。液压胀接操作简单，时间短，效率高；可根据要求设定胀接压力和保压时间，胀接压力均匀，胀后接头质量稳定，胀后尺寸、应力和拉脱力值均匀，管子和管板的残余应力小。但由于胀接设备长度设置不合理、人因操作原因或者管板本省制造缺陷带来的风险等原因，在依托项目蒸汽发生器制造过程主要出现未胀合缝隙长度过大（欠胀）、胀过、漏胀、重复胀接以及造成换热管划痕等问题。本文针对三代核电依托项目蒸汽发生器全程液压胀接过程中出现的典型缺陷，从胀接芯轴长度设定、人员操作、管板材料本身进行原因分析，结合工程制造经验，提出合理的预防措施和建议，为管子管板接头胀接质量控制提供参考。

关键词：蒸汽发生器；液压胀接；芯轴；缺陷

Cause Analysis and Preventive Measures for the Hydraulic Expansion Defect of Steam Generator Tube Plate

LI Shengdao

(Shanghai Nuclear Engineering Research & Design Institute Co., Ltd.,
Shanghai 200233，China)

Abstract: The full depth hydraulic expansion technology is widely used manufacturing process for the steam generator and other heat exchanger pipes. The hydraulic expansion joint operation is simple，the time is short，the efficiency is high；According to the requirement，the expansion pressure and pressure time can be set，the expansion pressure is uniform，the quality of the post-expansion joint is stable，the size，stress and pull force value are even，and the residual

---

作者简介：李胜道（1983—　），男，河南人，工程师，工程硕士，现主要从事核岛主设备制造和监造管理工作

stress of pipe and tube plate is small. But due to the expanding equipment length set unreasonable, for operational reasons or tube plate the risks of a manufacturing defect, the province in main steam generator manufacturing process based on projects not expanding gap length is too large (owe expansion), bilge, leakage easily bilge, repeat and brings the problems such as heat exchange tube scratches. In this paper, the typical defects in the steam generator manufacturers at home and abroad are classified disease reason analysis, combined with engineering experience feedback and preventive corrective measures are put forward, expanding quality to provide the reference for tube to tubesheet joint.

Key words: Steam Generator; hydraulic Expansion; Mandrel; Cause

压水堆核电厂运行经验表明，蒸汽发生器传热管断裂事故在核电厂施工中居首要地位；其中传热管与管板接头部分是蒸汽发生器事故多发区域[1]。传热管与管板的接头连接形式主要有胀接、焊接及胀焊结合等[2]，其中全程液压胀接属于均匀胀接，能够精准控制胀接力，管壁减薄小，残余应力小等优点[3]，目前三代核电核岛蒸汽发生器普遍采用此接头结构。

本文梳理三代核电依托项目蒸汽发生器液压胀典型问题，由于胀接芯轴长度设置不合理、人为操作原因、管板材料、芯轴断裂等原因，直接导致液压胀接接头未胀合缝隙长度过大（欠胀）、胀过、漏胀、重复胀接、换热管划痕等严重质量问题，这些质量问题造成了一回路放射性冷却剂泄漏风险，必须堵管处理。通过典型质量问题原因分析，结合工程经验，提出合理的预防措施和建议，为管子管板接头胀接质量控制提供参考。

1　液压胀接方法

液压胀接方法主要分为两种，区别在于胀接两侧的胀接密封形式，包括“O”形环法和液袋的方法，结构对比如图 1 和图 2 所示。“O”形环的方法，主要结构是液压胀接介质通过胀接芯轴轴向孔后，在芯轴中间或起始部位的径向孔将压力施压在换热管内壁上，在胀接芯轴起始和终止位置，设置有“O”型圈和辅助胀紧环用于对压力的密封，同时形成胀接过渡区。一般胀接介质入口径向孔靠近胀接芯轴入口处，辅助胀接环外侧作为胀接长度的起始和终止位置。

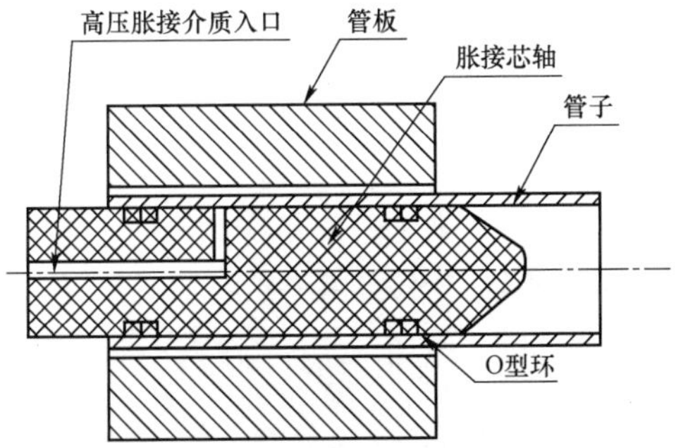

图 1　“O”型环法

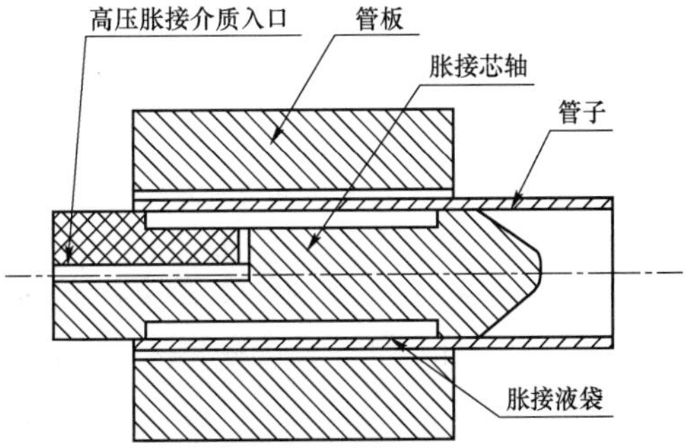

图 2　液袋法

另一种方法是液袋的方法，主要结构是液压胀接介质作用在液袋内、钢制芯轴外侧和两端的密封空间内，加压后液袋对换热管施加载荷。胀接的密封由液袋的设计实现。液袋胀接对换热管的尺寸精度及椭圆度要求不高。现广泛应用于火电厂高低压加热器等换热器设备管子管板的胀接，并取得了良好的效果。国内已完全具备胀接设备及芯轴的设计和制造能力。

2 典型胀接事故

2.1 欠胀、漏胀

某电厂 1 号机组第一台蒸汽发生器 20 050 根换热管全部完成胀接后，涡流检测换热管直段部分轮廓时，发现 A 侧（R18，C46）、（R65，C21），B 侧（R128，C60）没有进行胀接，后开启 NCR，重新胀接后照用；A 侧（R63，C115）、（R65，C115）、（R67，C115）、（R69，C31）、（R108，C30）涡流检测未胀合缝隙长度分别为 −7.69、−6.46、−8.03、−7.33、−6.35，调查发现胀接长度设定时，没有考虑整个管板区域厚度的差异，造成欠胀。

2.2 过胀

操作者按规程要求进行支撑圈（见图 4 中件 2）更换时，将胀接止环（见图 4 中件 3）倒角方向装反（图 3 为实际使用、支撑圈安装错误的胀接芯轴照片），胀接加压时，再安装错误胀接止环导向作用下，支撑圈和“O”形环就会滑过管板二次侧表面，从而造成换热管胀过事故。图 5 为换热管胀过后 ECT 轮廓曲线。

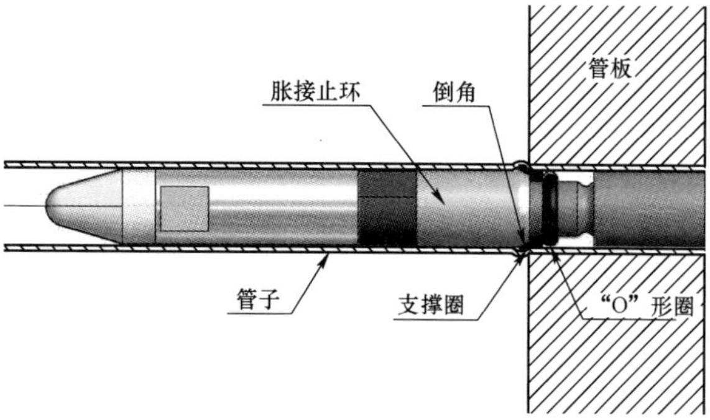

图 3　换热管胀过示意图（胀接止环错误状态）

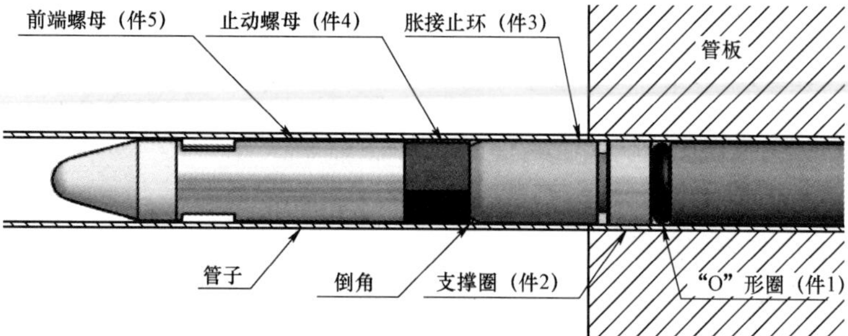

图 4　全程液压胀芯轴（胀接止环正确状态）

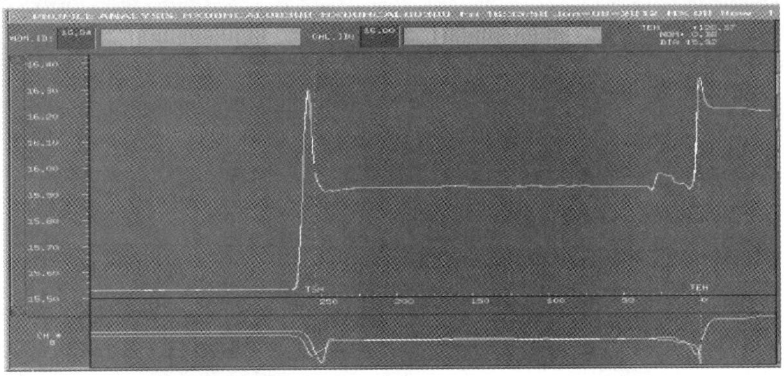

图 5　蒸汽发生器换热管胀过后 ECT 轮廓曲线

2.3　肿胀

某电厂 2 号机组第二台蒸汽发生器发生肿胀的管孔追溯、调查发现。管板深孔加工过程时由于 BTA 钻头非常切削运动，造成管子内壁螺旋槽，后经抛磨去除棱角圆滑过渡，最终形成如图 6 的凹槽，液压胀接加时，将薄壁换热管区域，金属流动在凹槽处积聚，最终出现涡流检测发现换热管肿胀情况，如图 7 所示。

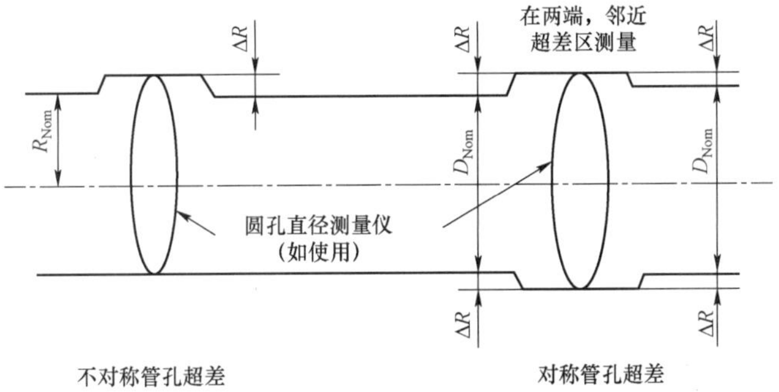

图 6　蒸汽发生器管板孔螺旋凹槽示意图

图 7　蒸汽发生器换热管肿胀后 ECT 轮廓曲线

2.4 胀接芯轴断裂

某项目核电蒸汽发生器进行管子管板液压胀时，芯轴使用寿命达到约 1 900 次胀接循环时，在胀接管板边缘孔时，压力上升阶段，芯轴突然断裂，管板二次侧换热管非管板孔弹性支撑部位孔径迅速被胀大局部隆起，造成换热管堵管严重质量事件（见图 8）。

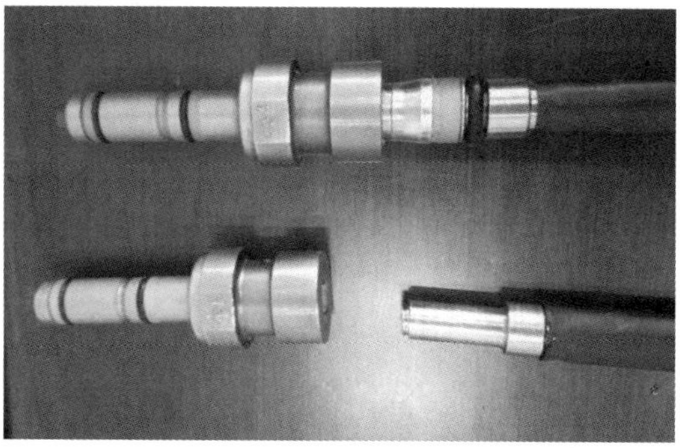

图 8　胀接芯轴断裂实图

3 原因分析

从以上事件可以看出，出现胀接不符合项的项目均为蒸汽发生器制造厂商承制的首台 AP1000 项目，对 AP1000 蒸汽发生器结构、材料及换热管胀接要求认识不足，薄壁换热液压胀接经验积累不够、在产品胀接工作开始前，胀接试验和工艺评定考虑因素不够周全，没有对胀接过程出现的风险点完全识别出来，这些原因是制造商蒸汽发生器换热管胀接过程中出现质量问题的根本原因。

蒸汽发生器管板孔胀接数量众多，以 AP1000 为例，接头数量为 2 万多，如何保证每个接头都 100%一次胀接合格，且全部接头完成后未胀合缝隙长度的平均值不能超过 2.3 mm[4]，是对制造商技术加工能力和工厂管理能力的考验。

3.1 胀接设备原因

目前国内蒸汽发生器国内制造商采用的胀接设备主要为美国 HASKEL 与法国 TCEM 公司提供，该类设备仅完成出厂设计，需与蒸汽发生器制造厂的使用经验相结合，对设备结构进行优化设计，规避出现胀接缺陷的风险。

3.2 前道工序影响

蒸汽发生器管板堆焊完成、机加后，不同区域厚度存在差异，管孔二次侧倒角深度也会不同，对管板有效厚度测量数据不足，造成胀接设备分区设置胀接长度不合理，2.1 节中局部区域管孔欠胀情况，就是胀接长度设置合理造成的。

AP1000 蒸汽发生器管板深孔加工属于群孔加工，孔径比达 45、孔数量多、加工周期长，管孔加工质量的好坏，直接影响后续换热管的胀接质量[5]，2.3 节肿胀的质量问题就是管板深孔加工的质量问题导致的。

3.3 清洁/清理重视不够

针对全程液压胀接后换热管内表面划痕的问题，原因主要有两个，一是胀接芯轴插入过程中与管子—管板焊缝或其他金属类零部件意外磕碰，在膨胀止环位置产生的毛刺与管子发生相对运动；二是前道工序在管内残留的金属颗粒或铁屑被胀接芯轴带入胀接区时与管子发生的运动。一般核电蒸汽发生器采用的 Inconel690 合金硬度要小于芯轴膨胀止环材料的硬度，相对动摩擦会在管子表面留下划痕。

3.4　胀接芯轴使用不当

液压胀接普遍采用“O”型环胀接方法，其优点是胀接胀杆结构简单，质量性能稳定，特别是对于管板孔径不一致的情况下，胀接效果最好。但是“O”型环胀接时候，芯轴不可避免会有会后退力，操作者为节省时间，不锁紧或者单边锁紧，给芯轴造成很大弯曲载荷，反复经受拉伸载荷、弯曲载荷等作用增加胀杆断裂风险，缩短张杆寿命。

4　纠正和预防措施

对于蒸汽发生器制造商在管子管板胀接过程中发生的肿胀、过胀等质量问题，通常无法通过返修或返工来进行修正，最终只能进行堵管处理，直接影响蒸汽发生器的性能和寿命。故为防止和减少胀接质量问题，建议在胀接前和过程中采取如下一些预防措施。

（1）针对之前出现的胀接问题，应归类总结，对胀接设备进行优化改进、提高使用设备本身的固有安全性，减少人为操作失误的发生，针对胀接、封口焊接之类重复而复杂的工序，可以考虑开发机器人操作。

（2）重视胀接试验和胀接工艺评定，液压胀接作为一种特种工艺，一旦出现过胀缺陷，产品无法修复。产品制造前要摸索出合适的胀接工艺参数，并将工艺、设备完全固化，不可随意更改。

（3）考虑管板厚度的差异、且管板二次侧倒角深度存在差异，胀接必须实际测量管板有效厚度，根据管板有效厚度调整胀接设备的长度，分区胀接。

（4）胀接过程中，应绘制详细的胀接图，应至少记录每个管孔胀接的操作者姓名、芯轴编号等信息，避免漏胀和重复胀接。

（5）针对全程液压胀接，除重视胀接芯轴杆的重要性外，胀接消耗品：“O”型圈、支撑圈、裂口环等直接影响胀接区域的胀接长度、接头拉脱力、残余接触压力和过渡区的残余应力，其使用寿命必须严格控制、严格执行、一次疏忽或侥幸的心理可能会造成换热管堵管不符合项的发生。

（6）为规避对换热管造成划痕，应在胀接前和胀接过程加强清洁/清理控制，胀接前，采用无油洁净的压缩空气吹扫等工艺对管内壁进行清洁操作，去除可能残留的异物和金属颗粒；胀接过程对胀接芯轴接触管子易产生毛刺的部位，可以考虑采用倒角设计，并对全程胀杆采用热缩塑料套管进行隔离。

5　结论

依托项目蒸汽发生器的管子管板液压胀管存在胀接数量大，未胀合缝隙长度要求高的特点，设备制造商在液压胀接过程中，由于胀接设备长度设置不合理、人为操作原因或者管板加工缺陷带来的风险等原因，在蒸汽发生器制造过程主要出现未胀合缝隙长度过大（欠胀）、过胀、漏胀、重复胀接以及换热管内壁划痕等问题。

针对依托化项目蒸汽发生器发生器胀管过程中发生的质量问题，蒸汽发生器制造商应吸取经验教训，不断优化胀接工艺、优化胀接设备、细化管理、从经验反馈过程中提高胀接人员操作技能和素质。

参考文献

[1] 臧希年，申世飞. 核电厂系统及设备 [M]. 北京：清华大学出版社，2010.

[2] 孙祥升. 换热器管子与管板接头连接方法的试验研究 [J]. 石油化工设备，1996（6）：38-40.

[3] 朱敏. 传热管与管板连接接头可靠性 [J]. 石油化工设备，2001，30（2）：38-39.

[4] 尹淼晶. AP1000 核电蒸发器和非能动换热器管子与管板胀接的数值模拟分析研究 [D]. 华东理工大学，2012.

[5] 韩君，杨松，马东华，等. AP1000 蒸汽发生器管板群孔高效加工技术方法：CN，CN 103286338 A [P]. 2013.

核电工程总承包项目设备竣工文件管理的实践与优化

李晓珺

（上海核工程研究设计院有限公司，上海　200233）

摘要：核电机组项目中，单台机组涉及的设备约有 1 000 多个，核电项目施工又面临着承包商多、设备种类繁多、供货周期长、上游设计未固化、国外厂家较多等诸多会对文件质量和进度产生影响的不利因素，通过"关键节点四防线"，即采取"一条主线——渗透管理；两个坚持——坚持数字化、坚持两同步；三项服从——内容管理、表单管理、多元管理；四点聚焦——差异项控制、支付点控制、前端控制、辅助管控"对设备竣工文件实施全面管控，保障移交的及时性、完整性和规范性。通过创建的设备竣工文件管理体系和制度，为整个核电项目的建设和最终的竣工奠定了扎实基础，更为后续建设的核电项目快速复制项目经验、建立标准化程序创造了良好的条件。

关键词：设备竣工文件；关键节点；四防线

Equipment As-built Document Management and Optimization for Nuclear General Contracting Projects

LI Xiaojun

(Shanghai Nuclear Engineering Research & Design Institute Co., Ltd.,
Shanghai 200233，China)

Abstract: In the Nuclear Power Project，featuring around more than 1 000 pieces of equipment. The First-of-a–Kind modular construction method，multiple contractors，overseas suppliers and numerous equipment，long delivery cycle，upstream designs waiting to be consolidated will have an adverse effect on document quality and review schedule. Four preventative measures are taken on these critical fronts. The first one is integration management. The second one is digitalization and synchronization. The third one is focusing on content，sheet and comprehensive management. The fourth one is control of variances，payment milestones and preliminary/auxiliary project works.

作者简介：李晓珺（1985—　），女，上海人，馆员，学士，现主要从事设备竣工文件管理工作

Efforts made in these regards have guaranteed that documents are turned over in a timely fashion, are complete and conform to document submission requirements. The as-build document management system for general contracting equipment has laid the groundwork for self-reliance project construction and its final completion, providing follow-up projects with reference experience for a quick establishment of standardized procedures.

Key words: Equipment As-built Document; Critical Milestones; Four Preventative Measures

竣工文件作为 EPC 总承包合同重要的交付成果，也是档案验收最主要的组成部分。根据国家法规规定，档案验收在项目验收中具有一票否决权，因此作为项目验收重要组成部分的设备竣工文件的重要性不言而喻。

总承包管理单位通过项目管理机构提供核岛的整体项目管理，并通过合同委托承包商进行设备制造和现场建安施工工作。本文着重于对某三代核电项目中设备竣工文件管理的实践与优化。

1 设备竣工文件的管理实践

某三代核电项目设备竣工文件在完成了设备竣工文件的第一批移交之后，进展缓慢。以某一年为例，当年的设备本体交付比例超过 92%，而与之对应的设备竣工文件移交率却不足 40%，文件和实体不能保持同步，相关的实践与优化工作提上议程。

1.1 分析梳理，提升效率

在设备竣工文件移交初期，文件审查合格率低下，平均每批次的审查问题率高达 60%左右，不同的设备文件审查问题相似度高、整改量大，给设备竣工文件的移交工作带来了极大的影响。

对设备竣工文件的管理，我们采取了一系列的针对性措施，首先通过对问题的梳理，明确了书写材料、如加页、空白页等问题的处理方式、文件的清晰度、页面是否符合阅读习惯、页面是否完整、有无歪斜、文件签字是否完备等提交要求，并通过对业务路径、流程环节的分类梳理，核实了检查、报审、验收、移交等路径中的制约因素，并进行了逐项优化。同时，确认了由于审查移交流程的重复冗余，对移交进度产生了影响。经过分析对比，我们简化了部分环节，提升了报审效率。

1.2 加强控制，促进移交

在设备竣工文件的管理过程中发现诸如竣工文件中的部分文件不是最终版、部分文件填写不规范、文件不清晰等问题，最终导致了收到的设备竣工文件质量低下、由于整改不完全导致的反复整改、报审移交滞后等情况。上述这些文件不满足移交要求的情况，究其原因都是由于相关的移交要求并没有在合同、程序中明确或者细化，导致要么是没有要求可执行，要么没有明确的要求，需要反复确认是否满足要求等可执行性不强等原因。

我们梳理了具体的检查项、升版了文档及业务程序中的相关内容，在检查、报审、验收、移交的各环节中加强控制、促进业务、提升效率。

1.3 联结计划，保证进度

设备竣工文件的管理涉及供应商、总包单位、和业主方的相关业务部门和文档管理部门，设备竣工文件的提交受影响于设备的生产制造过程和进度。因此，如何能打破业务壁垒，向着共同的目标去完成共同的任务。在实际的管理中发现，制定单一的设备竣工文件移交计划并不能完全满足工作的需求。由于设备的工厂制造、现场的物项需求的影响，单一的设备竣工文件移交计划由于无法匹配业务，反而造成很多核实、更新的工作。

因此，制定科学合理的设备竣工文件一体化计划，并定期匹配业务，相互关联、相互制约，做到联动更新，以使计划完整、周密、均衡、可操作。

2　设备竣工文件的管理优化

2.1　管理体系保业务

2.1.1　统一领导、分级管理的组织体系

统一领导、分级管理是档案管理的中心原则。遵循这一原则，为了促进设备竣工文件管理工作，成立了由公司分管副总经理为组长，文档和业务部门副主任为副组长的领导决策组，下设由监造、物流、采买、计划和项目控制、前后台文档人员组成的设备竣工文件工作组，负责设备竣工文件的统筹规划、组织协调和监督指导工作。

有效的组织体系能保证责任到人、协调合作，保障设备竣工文件整理及移交过程中遇到的各项问题都能得到妥善解决，并达到全员参与共同推进设备竣工文件的管理移交工作。设备竣工文件工作组旨在确保实时接收的设备竣工文件及时检查、接收和整理，合理分配，提高向业主移交文件的流程效率和移交频率。定期通过会议反馈工作完成情况及下阶段的工作重点，各组员总结文件检查接收整理移交过程中存在的问题，实现经验共享。

2.1.2　有序完整的程序体系

在统一归口管理的前提下，通过一套包括法规标准、管理程序、工作方案和工作细则及指导书等在内的竣工文件工作制度，作为竣工文件管理工作依据。涉及范围包含管理职责分工、整理与归档范围、整理原则与方法、归档流程、归档时间、归档保管要求、查询利用要求等。

2.1.3　多层次的人才队伍

作为设备竣工文件管理体系中的一环，一支出色的人才队伍，能深入业务、直面挑战。设备竣工文件小组涵盖了信息技术、档案管理等专业。为了满足业务的需求，为了促进项目服务，小组成员钻研法律法规、业主要求等上游标准，并提炼、融入工作中，细化检查点、规范审查流程等，用丰富的工作经验，严谨的工作态度去推进业务；面对业务上的挑战，如紧急的事项、未曾涉及过的管理内容等，小组成员通过主动上位、弱化组织边界等举措做好竣工文件管理工作。

2.2　管理防线促业务

2.2.1　一条主线——全渗透管理

设备竣工文件作为建造过程记录的重要载体，是后续工作查考的主要依据，也是核电站安全运行的核心支柱之一。竣工文件是由过程文件经过系统整理而来，每一份文件的编制、填写影响着文件的有效完整，每一个流程、节点左右着移交整改耗时，因此通过两个坚持、三项服从、四点聚焦来规范内容、优化流程、增强意识，通过全面、综合的渗透管理、紧抓关键节点，使设备竣工文件管理工作提质增效，做好项目管理水平的展示窗口。

2.2.2　两个坚持——坚持数字化、坚持两同步

在设备竣工文件管理过程中，发现由于文件与实体不同步导致了早期存在文件施工记录填写不完整、记录缺失等情况，对设备竣工文件的完整性、有效性提出了严峻的考验，而坚持文件与实体两同步、坚持文件线上审查，通过在时间、内容上的前端把控，保证最终移交

的设备竣工文件真实、完整、准确。

（1）坚持数字化

在后续的核电项目管理中，设备竣工文件电子文件采取文档管理系统流转，通过控制报审时间、规范移交流程，精简工作流程、减少响应时间、提高文档服务满意度[1]。

（2）坚持两同步

在后续的核电项目管理中，坚持实体验收与文件验收同步开展、同步完成。做到文件验收不通过，实体验收不得完成。这样能有效控制文件的质量和文件移交的及时性，提高下游整理和移交文件的积极性，做到实体和文件两手抓、两手同样硬。

2.2.3 三项服从——内容管理、表单管理、多元管理

文件内容作为管理的基础，其有效性是管理必要性的前提。在后续的核电项目管理中，设备竣工文件通过服从表单管理、内容管理、多元管理三方面，抓住检查方式、抓牢内容范围、抓紧管理措施，保证设备竣工文件内容的规范、有效。

（1）内容管理

设备竣工文件的编制内容和范围的确定，属于竣工文件工作开展的基础。通过标准化的程序及合同模板规范编制内容，增强竣工文件内容的规范性、统一性及查考性。

（2）表单管理

通过表单来汇总检查内容、检查要求和标准，既统一审查标准，又提高审查质量。汇总了合同要求、程序规定、业主审查意见的检查点清单，用来保证每一份文件检查点的全覆盖、检查标准的统一，利用自查互查的方式保证了检查效果。

（3）多元管理

设备竣工文件从制造出发，从监造放行，一路从制造厂家到总承包方交给业主，每一个环节每一个细节都影响着流程的质量和结果。向厂家释放程序、为厂家编制培训教材、对内部接口部门进行针对性培训（见图 1）；对业主的审查意见梳理归纳提出标准化方案，通过多渠道、多维度的多元管理提升设备竣工文件管理效率和效果。

图 1　组织各单位面对面培训

核电建设周期长，人员流动大，设备供应商数量众多，是设备竣工文件过程管控的难点。结合上述特点，通过建立竣工文件质量过程检查跟踪机制、深入设备供应商现场指导、联合检查、质量问题统计分析与培训等措施，以此加强对设备供应商的管理，提高设备竣工文件的质量。

定期开展面对面的培训；参加年度供应商评价，从文件的及时性、准确性、文档规范性、文档管理能力等方面，对供应商打分、评价；参加重大设备出厂前验收，在出厂前对文件进行审查，将问题及时进行解决，减少竣工文件提交时的大量整改返工工作。

2.2.4 四点聚焦——差异项控制、支付点控制、前端控制、辅助管控

在后续核电项目的设备竣工文件管理中，除了通过对内容的控制管理提升整体质量，通过聚焦差异项、支付点、报审前端、培训辅助等管理方式对深化管理效果，还从侧面通过对

管理流程的聚焦提质增效。

（1）差异项控制

设备竣工文件是项目竣工文件的重要组成部分，后续核电项目将设备竣工文件案卷整理的职责下放给设备供应商，这种形式属于核电行业内的先例。由于后续项目会服务于不同的业主，每家业主对于案卷的要求及案卷模板不尽相同，无法做到标准、统一。而一个项目设备供应商多达几百家，且部分供应商向多个核电项目供应设备，为确保供应商在案卷整理时做到整理要求、使用的模板以及对应项目文件准确一致，通过采取在供应商申请档号时将对应项目的案卷要求一并反馈给供应商，做好差异控制。

（2）支付点控制

吸收项目经验，后续的核电项目将设备竣工文件移交作为支付的必要条件，通过在合同执行的各个阶段的进行必要的管理参与，并设置专项支付点作为控制手段进行有利的控制。具体措施包括以下几点。

1）文档人员参与合同标准条款编制，根据实际情况及时更新要求，优化和细化合同文本中文档管理相关内容，参与工程总承包、设备采购合同谈判及合同招标文件审批等活动，对各方在文档管理工作中的责任、应遵循的标准、文件的质量要求、归档范围、归档时间、归档介质和数量等要求在合同条款或招标文件中进行明确，确保使EPC合同中的文档要求完整向下游传递。

2）在合同执行过程中，文档人员参与业务部门对各设备供应商的合同执行监督检查工作，在质保监查、履约评价、客户满意度调查等工作中对供应商是否全面、切实地履行合同条款要求，工作质量和工作进度是否与合同要求一致进行检查和反馈，提高过程中的文件编制质量及收集进度。

3）在合同支付环节，设立了设备竣工文件移交审核节点，文档人员参与文件移交完成情况的验证及签署，对于不满足要求的，延迟支付，直至完成移交。同时在合同结算时，文档人员参与结算审查，设备竣工文件按要求完成报审移交作为合同款支付的前提条件，文件未完成移交，不予结算，从而对设备竣工文件的交付进度实施控制。

同时，后续项目将竣工文件审查合格作为实体验收合格的条件之一，提高了下游提交文件效率、整改速度及重视程度。

（3）前端控制

竣工文件作为记录载体其核心内容在于质量记录，而对于过程中产生的质量记录的内容真实性、填写规范性必须在过程中进行干预、约束，才能保证最终的竣工文件的可用。因此做好前端控制应是竣工文件管理的重要手段。

后续核电项目设备竣工文件的前端控制，包括报审流程、组卷内容、管理方式、文档理念的控制。

文档相关条款在合同、招投标文件落实的同时，文档人员参与到开工会进行文档相关要求的宣贯重申，在合同执行初期做好文档要求交底，向下游传达竣工文件管理的重要理念。搭建沟通平台，为工作开展提供便利；根据设备类别，在设备发运前进行EOMR List内容的审核，保证竣工文件的完整性；通过文档管理系统进行文件级、案卷级竣工文件的报审，在竣工文件出厂前做好审核整改工作。

加强文档一体化，文件控制与档案人员共享检查标准，将设备竣工文件要求前置到文件控制阶段，避免将共性问题遗留到竣工文件移交阶段。

（4）辅助管控

核电建设周期长，人员流动大，下游厂家数量众多，是过程管控的难点。

结合上述特点，作为设备竣工文件管理措施之一，定期开展面对面的培训交流，避免出现由于要求不明确、理解偏差、理解不到位而引起的问题。此外采取编制指导手册、面对面的培训答疑（见图 1）、录制培训视频等多渠道的培训方式，解决受制于时间、地点、人员更迭等的问题，以上都是属于是行业内领先的做法。

参加质保监查或组织文档专项监查，通过监查发现下游在过程管控的薄弱环节，帮助下游完善质保管理流程。

参加年度下游设备供应商评价，从文件的及时性、准确性、文档规范性、文档管理能力等方面，对下游打分、评价，对比出文档管理较弱的下游，采取重点帮扶。

3　结束语

核电工程总承包项目设备竣工文件管理的实践与优化着力于对设备竣工文件的全局管理，聚焦于业务流程中关键节点的管控，注重继承与创新的结合，向管理反馈，将成果辐射。

设备竣工文件管理是一项长期的任务型工作，在后续核电项目中需进一步实践、完善，持续提升工程建设管理能力，以档案服务工程建设。

参考文献

［1］张柏山. 数字化核电文档管理［M］. 北京：中国原子能出版社，2018：8-10.

核电项目设计变更管理目标浅析

马腾达，程　昭

（山东核电有限公司，山东 烟台　265100）

摘要：本文针对核电设计变更管理特点，在总结海阳核电一期工程设计变更管理经验基础上，分析提出了管理权责清晰、内容有效审查、影响全面评估、文件准确分发、文件明显标识、执行有效验证等设计变更管理的六大目标，并逐一进行了详细阐述。同时，结合实际列举了海阳核电针对管理目标实施的较为有特点的设计变更管理措施。

关键词：核电；设计变更；管理目标

Brief Analysis of Design Change Management Objectives of the Nuclear Power Plant

MA Tengda，CHENG Zhao

（shandong Nuclear Power Co., Ltd.，Yantai of Shandong Prov. 265100，China）

Abstract: According to the characteristics of nuclear power plant design change management，on the basis of summarizing the experience of Haiyang nuclear power plant phase I project design change management，this paper puts forward six management objectives of design change management，including clear responsibility，effective review，comprehensive assessment，accurate distribution，obvious sign，executing state verification，and expounds in detail one by one of the objectives. This paper also lists some characteristic management measures of Haiyang nuclear power plant for the six management objectives.

Key words: Nuclear Power Plant；Design Change；Management Objectives

在工程项目实施过程中，“变是绝对的、不变是相对的”，设计变更即是“变化”的重要体现形式之一，其在项目实施阶段不可避免的会产生。核电项目由于自身特点，设计变更数量大，影响范围广，对业主及各参建单位的管理工作提出了更高要求。

海阳核电一期工程建设阶段由于设计固化的一再延期、加上缺乏同机型建造经验，产生了大量的设计变更，对项目总体进度与投资控制产生较大影响。在管理实践中，虽然有相关

作者简介：马腾达（1986—　），男，河北深州人，工程师，现主要从事核电厂设计管理工作

同行、同类型核电项目的管理经验，但缺少较为通用完整的设计变更管理目标，以致难以在项目前期结合实际制定符合自身特点的管理体系及程序。为应对大量设计变更在项目建设各个阶段持续涌现的状况，各参建单位不断优化管理程序，改进管理措施，基本满足了项目管理要求。本文通过分析核电工程特点，回顾海阳工作经验，对核电设计变更的管理目标进行了分析总结。

1 设计变更的定义

设计变更是对已审查认可的初步设计方案或已发布实施的设计文件进行修改，并记录变更原因、变更内容以及其他属性的文件形式。设计变更同设计文件具有同等效力，设计变更可能对项目进度、工程质量及投资控制造成影响。与文件升版形式相比，设计变更处理效率更高、传递信息更全面，是通知已发布设计文件使用单位和人员知晓并执行相关工作的重要方式。

设计变更的模板流程如图 1 所示。

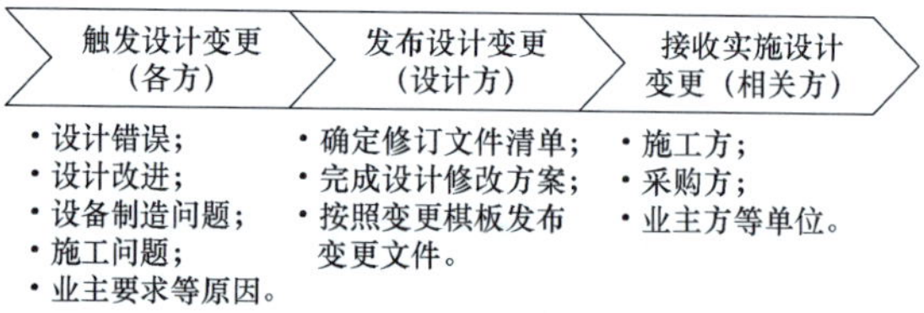

图 1　设计变更的模板流程图

2 核电设计变更管理特点

（1）设计专业多、接口关系复杂

核电涵盖核物理、辐射防护、材料、电气仪控、消防、给排水、土建结构等诸多专业，包含近百个系统、几万份设计文件，以及多家设计单位。这使得变更设计时需关注专业间、设计单位间、设计单位和厂家间等各类接口，方案制定及影响评估管理更为复杂。

（2）工程建设周期长

核电项目中存在泵、阀、容器、换热器等各类设备几万台/套，包括核岛、常规岛、实验室等各类厂房几十个，在充分准备精心组织下，从浇筑第一罐混凝土（FCD）至商运至少需 5 年时间。这期间涉及前期、建造、调试、试运行等不同阶段。工程建设周期越长、阶段划分越多，对设计变更管理分工、流程以及平台的可靠性要求越高。

（3）核安全放在首位

核电站与常规电站不同之处在于前者利用原子能，而后者利用化学能，因此核电站还存在常规电站没有的核安全风险，如反应性控制、堆芯余热导出、辐射防护等。这使在审查变更方案、开展影响分析过程中，需重点关注变更对核安全相关系统、设备的影响，确保核安全放在首位。

（4）存在执照申请文件

因涉及核安全，核电厂要接受核安全局监管，需编制核电厂初步安全分析报告、最终安全分析报告等执照申请文件提交核安全局审评。与执照申请文件相关的设计变更，在项目内部审查的同时，还需提交监管单位审评。

基于上述特点，核电设计变更不仅数量大，其管理链条长，管理参与单位也较多，因此核电设计变更管理体系、流程需结合项目特点科学策划、有效实施，且需对体系的运作情况进行监督，不断优化完善。

3 设计变更管理目标

针对核电建造阶段设计变更管理的特点，海阳项目研究总结管理经验，提出了变更管理的“六确保”目标。

（1）确保管理权责清晰

清晰的管理权责是实现设计变更有效管理的基础。设计变更管理体系、程序的制定应结合项目特点，完整规划设计变更的全流程各阶段管理工作内容及分工，如变更发布前的编、校、审、批、分发，发布后的文件管理、实施、验证，以及数据统计、监督检查等工作。使业主、设计方、工程管理单位、承包商等了解各自职责，管理流程清晰、畅通、高效。

（2）确保内容有效审查

除根据 HAF003 要求设计变更必须采用与原设计相同的设计控制措施外，应制定措施使利益相关方参与到设计变更的审查工作中，提高设计质量，降低项目风险。重点体现在设计变更的接口控制、分级控制。对设计单位内专业间、设计单位间的设计接口工作，做到准确识别及评估。对业主关注领域（如对机组安全、性能、项目控制存在较大影响等事项）、监管单位关注范围相关设计进行变更，宜采用不同级别变更形式，做到准确识别、及时上报。

（3）确保影响全面评估

设计变更对项目的影响范围是全方位的，它不局限于设计本身，和设计文件有关的工作均可能受到影响，应提前策划全面评估。如调试试验程序、生产准备技术文件等参考设计文件编制的相关规程、程序，在所参考设计文件变更后应进行相应的影响评估，并适应性修订，以确保与设计要求、现场实际保持一致。

（4）确保文件准确分发

通过技术手段、管理手段准确分发设计变更文件，确保设计单位发布的设计变更均能准确传递，收到设计文件的单位、个人均能收到相关设计变更。

（5）确保影响文件明显标识

为使设计变更执行人员最大限度的理解变更内容，设计变更在设计过程中应清晰列出受影响文件清单，用醒目颜色、云线标识出设计文件修改内容。同时，设计变更发布后，为使查询设计文件的人员可方便、准确的查找相关设计变更，文件管理部门应将设计变更与其影响文件作出关联。

（6）确保执行结果有效验证

设计变更执行验证是闭环管理的重要环节，核电设计变更数量巨大，项目建设周期长，建立有效的验证关闭机制，可避免设计变更漏执行、错执行等问题。为提高管理工作的准确性、便利性，应尽可能采用信息化管理平台实施设计变更的跟踪验证关闭工作。

以上目标需结合项目特点因地制宜制定相关管理措施，以最大限度提高管理质量。

4 海阳项目设计变更管理实践

海阳核电一期工程核岛设计由西屋负责，施工采购由国核工程负责，一期工程核岛设计变更管理采用了部分具有项目特点的个性化管理措施，这些措施符合上述提出的“六确保”目标，具有一定的经验反馈价值，设计变更管理措施如表 1 所示。

表 1　海阳项目设计变更管理措施

重要措施	对应管理目标
设计配置控制管理移交的应用	管理权责清晰
采用不同类型变更形式	内容有效审查
设置影响领域选项	影响全面评估
变更与文件的关联管理	影响文件明显标识
设计变更的执行验证管理	执行结果有效验证

4.1　设计配置控制移交的应用

（1）移交过程

根据美国项目经验，西屋提出针对依托项目四台机组，在装料前（热试后）分机组将设计配置控制工作逐步向业主移交，移交后西屋将仅负责合同范围内其相关变更文件的编制，变更是否实施、何时实施以及设计基准文件的维护等设计配置控制工作由业主负责。

西屋分别于 2017 年 8 月、2018 年 2 月正式移交海阳 1 号、2 号机组核岛设计配置控制工作，包括移交后工作原则以及分机组的设计文件清单。

（2）移交后业主管理

移交后，业主根据管理工作内容及原则编制了相关管理程序，主要包括以下几点。

1）变更的决策管理

移交前变更的最终决策单位为西屋，移交后则为业主。

为此，业主制定了变更的分级决策机制，收到西屋提交的变更文件后进行分级管理，如成立了公司变更审查委员会决策。变更审查委员会由设计、技术、运行、维修、调试等部门经理层组成，主要职责为审查权责内变更的必要性和紧迫性，提出变更的实施时机建议。

2）设计基准文件的维护

业主文档部创建了分机组的基准文件夹，定期将接受的设计变更文件纳入文件夹并依据变更影响文件列表建立文件的关联关系。

3）生产文件配置评估

业主设计部将接受的变更文件发至技术部组织开展生产文件配置评估，修订相关运行规程、维修规程、系统大纲等类型文件。

设计配置控制管理移交概念的提出，使设计单位与业主在机组设计变更管理的权责、分界更加清晰。通过这一移交形式，确保了设计配置控制管理方的唯一性。

4.2　采用不同类型变更形式

一期工程核岛设计变更形式包括两种，即设计变更申请（Design Change Proposal，DCP）与工程设计协调报告（Engineering & Design Coordination Report，E&DCR）。

（1）DCP

DCP 由西屋发起并完成审批。当预计变更的设计内容影响到执照申请文件时，必须发起 DCP 流程。当预计变更的设计内容范围广、专业多，而需要组织相关人员进一步研究讨论以最终明确变更内容时，应发起 DCP 流程。DCP 可理解为方案变更，需得到西屋变更控制委员会的批准，是解决重要、综合、复杂设计问题的主要手段。DCP 管理流程如图 2 所示。

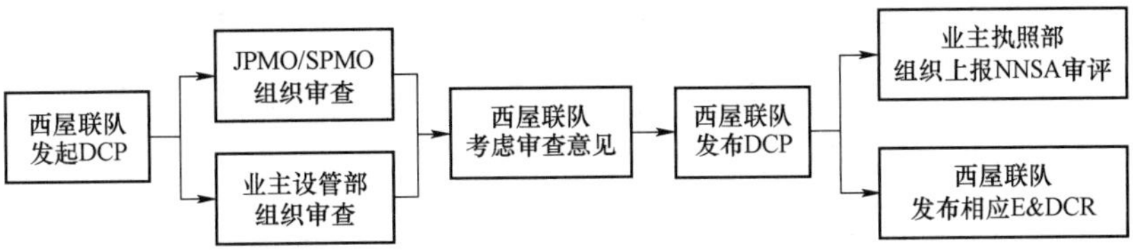

图 2　DCP 管理流程

（2）E&DCR

西屋、国核工程均可发起 E&DCR，最终均由西屋审批。当设计方预计变更的设计内容影响到下游包括采购、施工等工作，且需及时下发至下游单位时，须通过 E&DCR 对设计文件进行变更。现场施工、设备制造过程中如遇材料代换、施工或设备制造条件限制等问题时，需发起 E&DCR 申请对设计文件进行变更。E&DCR 管理流程如图 3 所示。

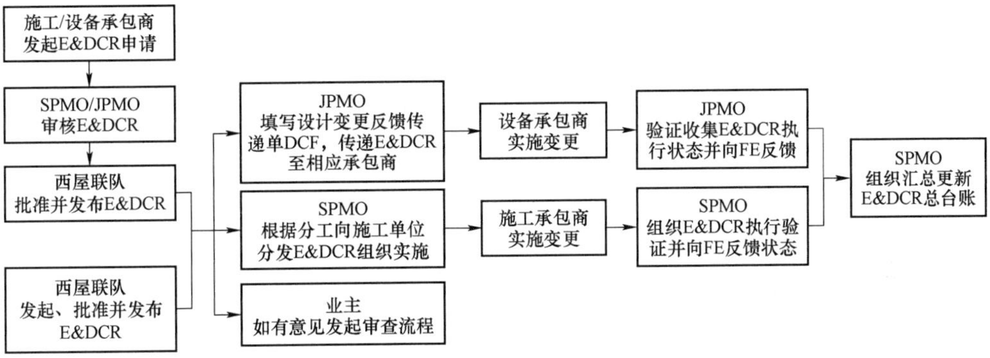

图 3　E&DCR 管理流程

E&DCR 与设计文件同是现场可实施文件，DCP 不是现场可实施文件，DCP 发布后仍需发布相应的 E&DCR 实现对设计文件的变更。

一期工程核岛设计变更从变更的形式本身实行了分级管控。重要、跨专业、影响执照文件等复杂性变更通过 DCP 审批，审批流程更加严格，参与的专业人员及决策级别更高。一般变更通过 E&DCR 审批，处理效率更高便于现场快速解决问题。两种类型变更，采用不同的文件模板及管理流程，实现了变更内容审批的分级控制，也便于业主、监管单位等相关方在变更的分级控制上合理制定管理措施，聚焦管理重点。

4.3　设置影响领域选项

西屋在 DCP 与 E&DCR 文件模板中，除列有变更原因、变更内容、分级、影响文件等常规信息外，还通过设置功能领域（Functional Area，FA）与执照文件基准（Current Licensing Basis，CLB）选项识别变更对专业领域、执照申请文件的影响，使变更在审批过程中能够得到全面评估。其中 FA 包含主泵、物理安全、布置、电气、核燃料等 27 个领域，CLB 方面则要求变更发起工程师评估对中国项目 PSAR、FSAR 文件的影响，影响领域选项举例如图 4 所示。

GROUP OR FUNCTIONAL AREA IMPACTED		GROUP OR FUNCTIONAL AREA IMPACTED EVALUATORS PRIMARY
IA7	Auxiliary Equipment ASME Material, Secondary Systems Components including HXs, Tanks, Orifices, and Pumps	Berkenpas, Dan
IA8	I&C, Electrical Integration	Sweat, Scott
IA9	Primary Equipment (CRDM, SG, PRZ, CMT, ACC, RV, IHP, PCSR, RVI, PRHR, CVAP, Headstand, Primary Supports)	Wright, Jack
IA10	Plant Analysis and Integration Safety Analysis, Core & Fuel, Tech Specs, PRA, Radiation Protection, Technical Projects Integration Proposals.	Wilmot, Aaron

图 4　FA 举例

4.4　变更与文件的关联管理

中国项目文件数据中心（China Document Center，CDC）作为核岛设计文件的基准文件库，是项目参与各方共同使用的平台。E&DCR 申请、发布及传递流程均以 CDC 为载体。西屋在将 E&DCR 上传至 CDC 后会根据 E&DCR 影响文件清单，在 CDC 中建立受影响文件与 E&DCR 的关联关系。使用者在使用设计文件时须查询其相关的 E&DCR，利用变更与文件的关联关系，可快速查找出文件相关的变更，避免文件使用错误。关联关系举例如图 5 所示。

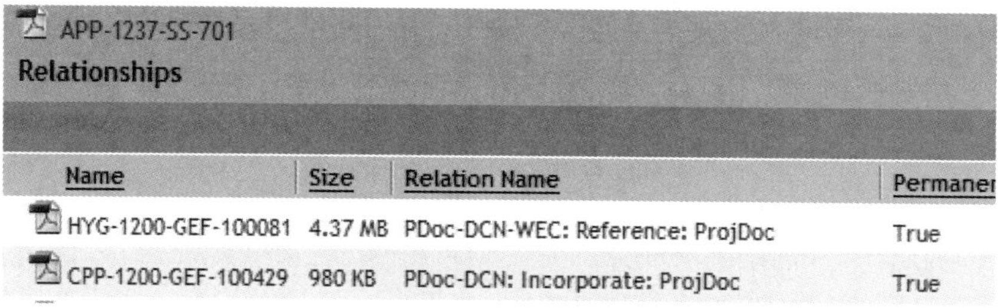

图 5　关联关系举例

4.5　设计变更的执行验证管理

由于一期工程核岛实际发布了 3 万多份 E&DCR，作为设计变更闭环管理的最后一项工作，设计变更的执行验证对清晰掌握执行状态，指导现场工作开展及移交至关重要。该项工作由国核工程负责组织管理，采购类 E&DCR 的执行验证状态通过清单形式核实反馈，施工类 E&DCR 的执行验证状态由施工单位提交验证关闭单反馈，需国核工程施工与质保部门确认。国核工程定期对执行状态汇总更新。

5　结语

明确的项目管理目标是管理人员的工作方向及指引，以管理目标为准绳制定并监督检查管理程序及执行情况，有利于项目的有效控制。本文在总结海阳核电一期工程设计变更管理经验基础上，提出了设计变更管理的六大管理目标，并结合实际列举了海阳核电实施的较为有特点的管理措施。由于核电工程建设的复杂性特点，设计变更管理的目标及其内涵也是不断发展的，通过结合工程实践持续完善变更管理的目标、体系、程序，共享发展成果，将是一项长期工作。

参考文献

[1] 秦山核电二期扩建工程项目管理实践设计篇［M］. 北京：原子能出版社，2002.12.

海阳核电一期工程设备竣工文件管理问题及对策

邱士铃

（山东核电有限公司，山东 烟台 265100）

摘要：设备竣工文件记录核电厂设备设计、制造、运输、开箱验收各项工作开展情况，为核电厂设备安装、运行、保养维护提供依据，是核电项目档案的重要组成部分，也是项目档案验收的重点检查内容之一。核电厂建设周期长，设备品种多，数量大，设备来源涉及国内外众多供应商。设备竣工文件的移交进度控制、文件质量控制、管理过程控制是设备竣工文件管理中的难点。作为首个通过项目档案预验收 AP1000 核电项目，山东核电在海阳核电项目一期工程建设中对设备竣工文件管理不断探索。在设备竣工文件进度、质量、过程控制方面，山东核电采取了一系列对策解决出现的问题，最终顺利完成项目设备竣工文件收集、归档工作。本文通过海阳核电一期工程设备竣工文件管理过程中难点问题解决对策进行介绍，旨在总结海阳核电项目设备竣工文件管理经验，为后续工作提供参考。

关键词：核电；设备竣工文件管理；问题及对策

Problems and Countermeasures of Equipment As-built Documents Management of Haiyang Nuclear Power Plant Project Phase I

QIU Shiling

(Shandong Nuclear Power Co., Ltd., Yantai of Shandong Prov. 265100, China)

Abstract: The equipment As-built document records the development of the design, manufacture, transportation, unpacking acceptance of nuclear power plant equipment, and provides the basis for the installation, operation, maintenance and maintenance of nuclear power plant equipment. It is an important part of the nuclear power project archives. And it is also the focus of project archives acceptance. The nuclear power plant has a long construction period. And Nuclear power plant equipment has many types and large quantities. The equipment of nuclear power plant comes from many domestic and foreign suppliers. The handover progress control, document quality control and management process control of equipment As-built files are the difficulties in the

---

作者简介：邱士铃（1988— ），女，四川邻水人，馆员，学士，现主要从事核电厂设计、设备档案管理工作

management of equipment As-built documents. As the first AP1000 nuclear power project through pre-acceptance of project documents，Shandong Nuclear Power has continuously explored the management of equipment As-built documents in the construction of the first phase of Haiyang Nuclear Power Project. Shandong Nuclear Power has taken a series of countermeasures to solve the problems in the progress，quality and process control of equipment As-built documents，and successfully completed the collection and archiving of project equipment As-built documents. This paper introduces the difficult problem and solving strategies in the process of equipment As-built management of Haiyang Nuclear Power Phase I project，aiming at summarizing the experience of equipment As-built document management of Haiyang Nuclear Power Project and providing reference for follow-up work.

Key words：Nuclear Power；Equipment As-built Documents Management；Problems and Solutions

2019 年 7 月 5 日山东海阳核电一期工程项目档案顺利通过预验收。在距离海阳 2 号机商运不到半年的时间内海阳核电项目业主单位山东核电有限公司（以下简称山东核电）完成了项目档案的收集、整理以及预验收的前期准备工作。项目档案验收工作与工程进展衔接之紧密，在核电行业属于领先地位。此次验收涉及工程竣工文件 45 300 余卷，其中设备竣工文件 16 400 余卷，占竣工文件总数比重超过 35%。

设备竣工文件全过程记录核电站设备制造、运输、开箱验收各项工作开展情况，为核电厂设备安装、运行、保养维护提供依据，是核电项目档案的重要组成部分，也是项目档案验收的重点检查内容之一。核电厂设备种类多、数量大，来源涉及国内外众多厂家，如何将分纷繁复杂的设备竣工文件进行有序化管理，使之顺利通过项目档案验收，并为工程建设、生产运营提供高效服务，是核电档案管理者的努力方向。

1　管理情况介绍

1.1　设备竣工文件构成

“归档范围是科技文件归档制度的核心内容。正确划定科技文件归档范围，是保证本单位科技档案完整和质量的关键”[1]海阳核电一期工程设备竣工文件主要由设备设计文件、设备质量证明文件、设备竣工图、设备运行维修手册、设备装运开箱文件设备监造文件以及设备报关清关文件构成。反映核电厂设备和材料从准备、开始制造到完工验收整个过程的真实面貌。为了便于管理，山东核电在《建设项目档案管理规范》（DA/T 28）规定的设备文件归档范围的基础上根据来源原则，结合文件形成单位及其内容构成，制定了详细的设备竣工文件分类，除设备进出口清关文件纳入商务档案管理外，其余设备竣工文件均划入 K 类设备管理档案，确保设备竣工文件的收集完整。设备竣工文件分类情况如表 1 所示。

1.2　设备竣工文件管理合同关系

在合同管理方面，海阳核电一期工程核岛管理采用总承包模式。山东核电与核岛总包单位签订核岛 EPC 合同，核岛总包单位承担核岛非 A1 类设备采购职责。同时山东核电与核岛总包单位作为联合买方与西屋公司签订核岛设计和 A1 类设备供应的核岛供应合同，核岛总包单位代表买方执行核岛供应合同。常规岛及 BOP 工程管理采用专业化分包模式。山东核电与采购服务单位签订常规岛及 BOP 设备招标采购服务合同，与设备供应商签订设备供应合同。采购服务单位受山东核电委托负责招标代理、设备监造工作。

表 1　设备竣工文件分类表

档案分类码	类目名称	基本范围
K	设备管理	
K11	设备设计	设备规范书、设计文件和图纸、设备标牌清单、计算书、设备鉴定规格书、鉴定大纲、鉴定报告等
K12	设备制造	制造记录、完工报告、产品使用说明/手册、设备运行维修手册、设备竣工图等
K13	设备运输	装箱、返运、开箱、验收（含开箱时发现的不符合项报告及关闭记录）
K18	设备监造	监造合同单位的监造总结、监造月报等

1.3　设备竣工文件管理情况

在“统一领导、分级管理，统筹规划、同步实施”和“文件一体化，文档信息化”的管理原则下，为实现“保证工程项目档案顺利通过专项验收”和“建立完整、准确和系统的工程建设项目档案，满足建设和生产工程所需”的文档管理目标，山东核电建立健全了设备竣工文件管理组织体系与制度体系。

在组织体系上山东核电建立了以文档部门为主导，设备采购承办部门为纽带，涵盖设备竣工文件内容相关业务部门的设备竣工文件管理体系。在档案管理部门配备专职设备档案管理工程师，归口管理设备竣工文件相关工作，负责对各设备竣工文件归档接口人进行业务监督、指导。在采购业务承办部门设置设备竣工文件管理接口人，负责组织设备竣工文件内容相关业务部门及文档部门审查设备竣工文件。在设备竣工文件内容相关业务部门设置设备竣工文件审查接口人，负责组织部门内部专业工程师对业务范围内设备竣工文件进行审查。采购业务承办部门作为设备竣工文件归档责任部门每年年初将设备竣工文件归档计划报文档部门。文档部门将设备竣工文件归档计划纳入公司年度归档计划，通过跟踪月度归档计划执行情况对各设备竣工文件归档责任部门进行监督，确保设备设计、制造、监造、输开箱各阶段记录收集、归档责任落实。

在设备竣工文件管理制度上，山东核电以档案法规标准、核安全法律法规标准和集团公司档案制度为依据，严格执行质保大纲要求，在《文档管理大纲》的统领下编制了《档案分类与编码》《工程文件整理与归档》《设备完工文件整理与归档》《特种介质整理与归档》《射线底片整理与归档》《设备竣工文件移交管理》等管理程序及《归档文件检查接收细则》《档案接收后处理细则》等工作细则对设备竣工文件的管理工作进行规范。同时将设备竣工文件的管理要求纳入合同条款中，做到设备竣工文件管理工作“程序化、合同化、计划化”。

2　管理难点及对策

“核电项目建设具有设备数量大、设备制造周期长、文档管理要求高等特点，设备档案系统性管理难度较大”。[2]海阳核电项目一期工程涉及国内外设备供货商近 400 余家，各厂家设备文件管理水平参差不齐。加之核电厂建设周期较长，各方面因素导致设备竣工文件管理在进度控制、质量控制、管理过程控制等方面出现了一些难题。

2.1　设备文件移交进度控制

由于前期管理经验不足，加之受现场施工进度要求，设备采购管理往往存在重实体、轻文件现象，一期设备完工文件在移交初期较设备实体移交进度存在明显的滞后。面对设备竣工文件移交进度滞后的问题山东核电采取了一系列措施加快设备竣工文件移交进度，最终实现一期项目设备完工文件的全部接收。

2.1.1　制定总体计划，把控总体进度

在对已接收设备竣工文件进行梳理的前提下，山东核电文档部门组织采购承办部门、核岛总包单位、常规岛、BOP 及送出工程采购服务单位对待移交设备完工文件进行梳理，将待移交设备竣工文件移交计划落实到采购承办处室年度归档计划中，移交时间明确到月，设置专人跟踪，发布月度文档计划，计划完成情况纳入公司部门绩效考核，确保移交计划总体可控。

2.1.2　纳入合同执行管理，加快移交进度

在设备合同款支付流程中设立设备完工文件支付节点，按设备竣工文件移交比例支付合同费用；文档人员参与合同支付审查、合同履约评价，将设备完工文件移交进度滞后实体进度列入对承包商文档管理情况考核项，督促核岛总包单位，常规岛、BOP 及送出工程采购服务单位加大设备完工文件催交力度。一系列的考核激励措施比较有效地提高了滞后设备完工文件的移交进度。

2.1.3　建立协调机制，解决移交制约问题

对于设备完工文件中移交过程中的难点、制约性问题，山东核电建立了月会/双周会—专题协调会—高层协调会三级沟通协调机制。总包单位定期召开文档月例会或双周会协调解决设备完工文件移交进度问题，业主单位不定期召开设备完工文件移交专题协调会，业主单位、总包单位文档及采购管理部门参与，协调解决制约设备完工文件移交的采购相关问题。对于制约设备完工文件移交重大问题，纳入公司领导月会议程或提交项目高层协调会协调解决。

2.2　设备制造完工文件原始性控制

众所周知，归档文件的原始性决定了档案具有任何记录无可比拟的凭证价值，以原件归档也是文件归档管理的最基本要求。档案行业规范明确要求“归档的项目文件应为原件。因故用复制件归档时，应加盖复制件提供单位公章或档案证明章，确保与原件一致”[3]。与一般设备以容易获取的产品合格证作为设备质量合格证明文件不同，根据核电厂质保要求，设备质量证明文件必须包含设备制造过程记录即设备制造完工报告 EOMR。根据核电厂质量保证要求设备制造厂家在设备制造过程中，或多或少都会存在向总包单位、核电业主电子文件报审的情况，如二次设计文件报审、不符合项报告报审等。这些文件由各方传签的 PDF 电子文件来生成最终有效文件的，这也就决定了设备完工文件中存在一定数量文件并没有传统意义上的原件。加之国外设备供应商对设备制造过程记录存档原始性要求与国内也存在较大差异，往往仅保存扫描电子版。如何在当前管理实际中灵活处理归档要求，最大限度地确保归档设备完工文件的原始性，对核电设备档案管理者而言是一项不小的挑战。

在海阳核电项目一期工程中，山东核电根据设备制造完工文件形成情况及管理流程，在总体归档要求的基础上进一步细化，确保归档设备完工文件的原始性。

2.2.1　确认归档复制件与原件的同等效力

既然复制件归档问题无法避免，做好归档复制件有效性确认工作就变成了设备完工文件归档工作首先要解决的问题。在一期工程中山东核电主要通过在设备制造完工报告中添加“原件缺失声明”并对复制件加盖有效性印章的形式对案卷中的复印件有效性进行保证。设备供应商出具“原件缺失声明”说明复制件加盖的有效印章名称（一般为质保章或公章），确认归档的复制件与原件具有同等效力。因供应商自身需要保存原件导致无法提交原件的单位还应

说明原件保存地点、保存时间，如采购方有需要可提供备查等情况。而对于复制件无法加盖有效性印章的厂家（一般为国外厂家）声明中应说明复制件无法盖章的原因，并对移交复制件有效性进行确认。“原件缺失声明”由设备供应商签字确认并加盖公章以确报其真实有效。

2.2.2 电子报审文件以文件包形式对原始性进行控制

二次设计文件、安装运维文件在形成阶段就是以 PDF 电子文件报审生成最终生效文件。厂家二次设计文件、部分安装运维文件需要报总包单位/业主单位审查通过后方可生效，如报审通过的核岛二次设计文件、安装运维文件由核岛总包单位加盖审查通过电子印章。此类文件在产生过程中未形成传统的纸质原件，归档时由厂家编制二次设计文件包、安装运维文件包，厂家对文件包编制、审核、批准进行签字确认，确保归档文件有效性、原始性。

2.2.3 制造过程记录重点确保重要质量证明文件原始性

设备制造完工报告 EOMR 包含设备制造过程产生的产品质量合格证明、设备出厂放行证明、材料质量证明文件、质量计划、检验报告、人员资质、不符合项报告等记录。产品质量合格证明、质量计划、检验报告等文件直接由设备供应商产生，在设备采购合同中明确需归档原件后原始性比较容易保证。而设备材料质量证明文件因多来源于设备供应商的上游供应商，管理流程涉及设备供应商文件管理的前端控制，管理流程长，文件质量管理难度大。设备供应商如未在前期设备原材料准备阶段做好规划，则这部分文件往往存在原件收集不全的情况。对于设备制造过程记录的归档，总体要求以设备制造完工报告的形式归档，根据设备制造文件的实际形成情况可编制一个或多个设备制造完工报告，每个报告编制专用的文件编码，设备制造完工报告整体的原始性由厂家对设备制造完工报告进行编制、审核、批准签字确认。对于设备制造过程中的重要质量记录如产品合格证、质量计划、检验报告等文件则要求原则上必须归档原件。设备材料质量证明文件如未收集原件，在设备供应商对设备材料所作的检验记录为原件的前提下，可作为检验记录附件归档，如设备供应商未形成相关记录则应对案卷中的原材料质量证明文件加盖有效性印章，以证明设备供应商对原材料质量证明文件的认可。

2.3 调用设备记录可追溯性控制

在核电施工建设中当设备出现故障、返厂维修、设备发生紧急需求等问题时，为满足现场施工进度要求，往往存在对设备进行调用的情况。设备调用既有同一机组不同位置间设备的调用，也有不同机组间设备的调用，甚至还有不同项目间设备的调用。AP1000 核电核岛设备在设计上对设备位置信息有明确的规定，如何在设备使用位置信息发生变化时及时、准确地将设备位置的变动信息与设备制造、运维文件进行关联，确保设备位置变动后能准确获取设备设计、制造、运维的相关信息，实现调用设备记录的可追溯性是设备完工文件管理中面临的又一个棘手的问题。

针对调用设备制造记录追溯性问题，山东核电会同核岛总包商明确了管理要求确保设备调用记录的可追溯性。

2.3.1 针对调用产生的不同时间，确定不同的处理原则

设备出厂前产生的调用，将设备调用申请文件放入设备制造完工报告进行归档，设备制造完工报告按照调用后位置信息进行标识；设备出厂后、设备制造完工报告移交前产生设备调用，将设备调用申请文件放入设备制造完工报告进行归档，设备制造完工报告归档时案卷信息中的设备位置信息与调用后位置保持一致；设备制造完工报告移交后产生的设备调用，将设备调用申请文件作为设备制造完工文件的现场补充包进行归档，在原有的案卷条目中注

明设备位置信息的变动情况。

2.3.2　建立设备调用信息总清单

为了便于设备调用信息的查询、检索，山东核电要求总包方建立了设备调用信息总清单。设备调用信息总清单中至少包含设备物项代码、调用申请单编码、被调用机组及调用机组、被调用物项信息、调配原因、原设备物项信息、EOMR 编号或者放行单编号等。设备调用信息总清单既作为调用记录归档，清单本身也作为归档文件检索工具清单上传档案系统便于用户查询利用。

3　结语

山东核电在设备竣工文件管理中结合项目实际采取了一系列措施解决了设备竣工文件管理在进度控制、文件质量控制和文件过程管控方面的难点问题，使海阳核电一期工程设备竣工文件在初期文件明显滞后实体的情况下奋起直追，最终完成设备项目设备竣工文件的收集、归档并顺利通过项目档案预验收，取得良好的成效。

山东核电在海阳核电一期工程设备竣工文件管理中采取的对策虽然目的在于解决项目本身问题，但对于加强建设项目中设备竣工文件管理，提升设备竣工文件质量，提高项目档案验收通过率具有一定的参考价值。

参考文献

[1] 王传宇，张斌. 科技档案管理学［M］. 北京：中国人民大学出版社，2009：141.
[2] 谢石香. 做好核电站设备档案管理的实践分析［J］. 浙江档案. 2017（8）：65.
[3] DA/28-2018 建设项目档案管理规范［S］.

AP1000 核电厂建造阶段核安全事项管理探讨

苏 勇

（上海核工程研究设计院有限公司，上海 200233）

摘要：核安全工作是确保核电行业健康发展的重中之重，在核电厂的厂址选择、设计、制造、建造、调试、运行和退役各个阶段都必须给予足够的重视。本文主要介绍 AP1000 核电厂建安阶段，核安全工作的组织及管理体系、交流机制、核安全设备控制措施、典型案例以及如何加强建安阶段核安全工作管理的措施。

关键词：核电厂；核安全；核安全设备；监管

Discussion on Nuclear Safety Issue Management in the Construction Stage of AP1000 Nuclear Power Plant

SU Yong

（Shanghai Nuclear Engineering Research & Design Institute Co., Ltd.，Shanghai 200233，China）

Abstract: Nuclear safety is the top priority to ensure the healthy development of the nuclear power industry，and enough attention must be paid to the site selection，design，manufacture，construction，commissioning，operation and decommissioning of nuclear power plants. This paper mainly introduces the organization and management system，communication mechanism，control measures adopted for nuclear safety equipment，typical cases and how to strengthen the management of nuclear safety work in the construction stage of AP1000 nuclear power plant.

Key words: Nuclear Power Plant；Nuclear Safety Equipment；Supervision

核安全是核电厂的生命线，坚持公开、透明的开展核安全信息管理，接受和支持监管部门的监督管理并保持顺畅沟通，才能有效推动核安全问题的解决，保证核电厂的安全运行。在核电厂建安阶段，应严格执行核安全监管要求，建立有效的核安全工作的组织及管理体系、完善交流机制、对核安全设备严格控制。本文介绍了 AP1000 项目三门 SPMO 核安全工作的管理，对核电工程建造阶段的核安全管理有一定的借鉴和参考价值。

作者简介：苏 勇（1982— ），男，河北沧州人，高级工程师，学士，现主要从事核电质保工作

1 核安全工作组织及管理体系

1.1 建安阶段的核安全工作组织

在 AP1000 核电厂建安阶段，SPMO 作为现场项目管理机构，在核安全管理方面接口众多，既要与国核工程有限公司（SNPEC）接口，又要与华东核与辐射安全监督站（以下简称 ECRO 或华东站）、业主、供方接口，如图 1 所示。核安全管理工作牵涉到各方，必须明确规定各方的职责、核安全管理工作流程，方可配合国家核安全局（NNSA）及其派出机构做好核安全管理工作。

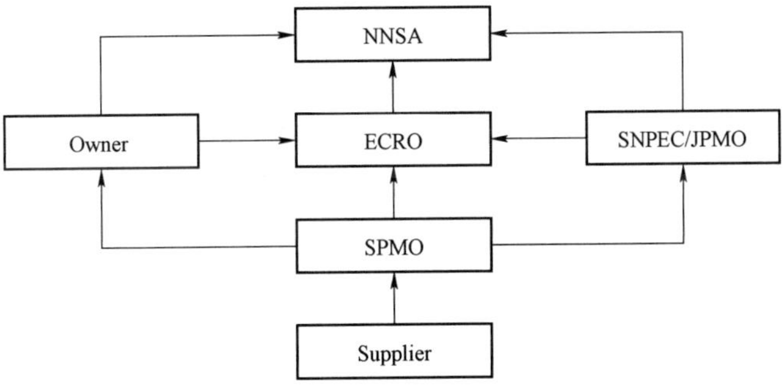

图 1 AP1000 核电厂建安阶段核安全管理接口图

1.2 建安阶段核安全工作体系

三门 SPMO 建造阶段主要的核安全工作程序包括：

（1）核安全工作的管理规定；

（2）核安全设备开口项管理程序；

（3）民用核安全设备调用管理程序；

（4）物项接收质量检查检查管理程序；

（5）设备供方到现场施工管理程序；

（6）设备维护程序。

2 核安全工作交流机制

2.1 专人负责核安全工作

SPMO 设立专门接口人，联络核安全事项，方便了沟通交流，避免了传递信息错误、行动项落实无人跟踪等情况的发生。

2.2 定期信息报送

SPMO 每月报送 EDCR 清单、四级进度计划、协调会会议纪要、核安全设备开口项申请清单等给现场监督组。

2.3 定期交流

从 2019 年 10 月开始，现场监督组组织与业主、SPMO 每月开展定期交流，SPMO 涉及的行动项均已落实。

2.4 日常信息报告

SPMO 通过信函、邮件、电话等向现场监督组汇报监督组要求的信息，落实监督组提出的监管要求。

2.5 例行和非例行核安全检查

SPMO 参加 NNSA/ECRO 组织的对业主相关检查活动，及时落实检查发现的问题并将整改情况汇总给业主，由业主统一向检查组答复。

2.6 建立核安全事项清单制度

SPMO 通过建立核安全事项清单，及时跟踪落实各项监管部门要求，通过对事项清单的及时更新，使管理层了解相关事项的进展。表格示例如图 2 所示。

核安全事项清单						更新于 2014－×－×
序号	事项	要求来源——单位	要求内容	时间要求	进展	主办部门/人
1						
以下事项已关闭在清单中删除						
1						

图 2　核安全事项清单表

3 现场核安全设备的控制措施

3.1 接收检查

物项到达现场接收人员初步检查后提前 24 小时发出正式的开箱检查通知，物项检查人员接到通知后要做好质量检查准备：查阅相关图纸、标准、技术规范，掌握物项接收质量检查重点。

对于核级物项，并且在源地检查过，物项接收检查人员需要对外观、标识和标记、保护罩壳、涂层防护、惰性气体保护、干燥剂、物理损伤、清洁度等方面进行质量检查；如果未在原地检查过，则应增加物理性能、尺寸、焊缝外观、工艺质量、润滑油、电器绝缘、特殊检验等方面的检查。

对于已经开箱完毕，质量资料移交文档的物项，如果供货厂家对该物项的质量资料再次进行改动、补充或升版，则改动、补充或升版后的资料，应重新进行审核。

参检各方共同对物项进行质量检查，及时填写《开箱检验记录单》，并由参加联合接收检验的各方物项 QC 人员共同签字。

质量检查完毕后需尽快完成《物项开箱质检报告》，并将该报告及检查时的相关资料扫描存档。同时登记物项质量检查台账。

根据 NNSA 的《华东核与辐射安全监督站三门核电项目进口核安全设备监督检查计划（2011 年 2 月 15 日）》，属于监督范围内的物项正式开箱检查前 3 天由物项接收人员通知 NNSA 和物项质量检查人员，开箱前物项质量检查人员做好检验前的准备，对 NNSA 人员提出的问题给予充分解答，并严格按照相关程序及法规进行质量检验。

对于属于 NNSA 监督计划中的物项，在物项接收检验完成后将《物项开箱质检报告》提交给 NNSA 人员审核，质量检验人员须及时跟踪审核意见并与 NNSA 进行沟通与协商，按 NNSA 意见进行整改。

3.2 设备保护

SPMO 材料管理部门设专人对设备进行维护管理，按照规范、设计技术规格书和厂家要求编制设备维护计划，规定维护频次和维护内容对仓库内的设备进行定期检查和维护，维护活动形成记录。

编制设备维护报告，每月发布。

建立施工现场设备维护及成品保护管理清单，对施工现场设备进行分级管理，坚持设备维护保养定期检查。

为便于物项维护保养管理，对物项进行管理分级，具体划分为：重要保护物项、保护物项、一般保护物项。

编制设备维护及成品保护清单，清单应按专业管道、机械、电器、仪表等进行划分，包括泵类设备的保护要求。

根据成品保护程序制作《物项保护卡》，并注明该设备的物项名称、物项位号、负责人等成品保护要求。《物项保护卡》应悬挂、张贴、绑扎于设备本体或邻近位置醒目位置，对应的最近一次维护检查记录应同处悬挂。成品保护检查时需要检查物项保护卡的完整性。

物项进入现场前，相应的保护程序经审批有效。物项保护程序应至少包括以下内容：物项保护措施、拟投入资源、检查要求、检查记录、安全注意事项等。

承包商和SPMO应定期检查设备维护保养及成品保护情况，以确定是否满足保护要求。承包商对成品保护报告执行周报告，报告内容至少包括：期间总结、整改情况、存在问题等。

SPMO各专业成品保护接口人定期对现场设备维护保养及成品保护工作进行检查，跟踪检查发现问题的落实情况。

根据已发现维护保养及成品保护问题，SPMO发出“成品保护检查整改通知单”，必要时开启质量文件或发起信函。

3.3 核安全设备带开口项安装申请

根据程序ECRO—TN—014的规定，所有交付到三门项目现场但存在或产生开口项（设备鉴定开口项和不符合项开口项）的民用核安全设备（包括国外制造和国内制造的设备）需经华东核与辐射安全监督站（以下简称华东监督站）批准后方可进行安装。为此需向华东监督站提交申请安装的评估报告，评估报告应包括以下内容：开口项的内容，设备安装的可行性和必要性，设备的质量担保，后续处理方案等。根据华东监督站程序要求，评估报告由三部分组成，即质量担保函、设备评估报告、安装评估报告。

为更好地开展开口项管理工作，JPMO/SPMO编制了开口项管理程序，明确了各评估报告的编制职责，同时，由SPMO与华东监督站现场监督组建立直接接口，协调开口项管理相关工作。开口项设备申请安装评估报告与关闭报告由SPMO以信函形式上报华东监督站现场监督组，抄送工程公司、JPMO。收到华东监督站的回复后，SPMO将通过信函将华东监督站的审批结果通知工程公司、JPMO。

开口项关闭的管理责任按照谁申请谁负责组织关闭的原则执行。即：提出开口项申请的责任部门承担开口项的管理责任，跟踪、协调关闭开口项。对于发运前存在的开口项，JPMO跟踪开口项的状态并负责组织关闭。对于发运到三门现场后的核安全设备由SPMO开启的不符合项或其他原因造成的开口项，由SPMO承担归口管理责任，跟踪开口项的处理状态并负责编制相关报告申请关闭。核安全开口项登记表（样张）如图3所示。

带开口项的核安全设备安装申请清单									
序号	申请信函编号	内容	发出时间	是否批准	回复时间	关闭报告编号	发出时间	目前状态	责任人

图3 核安全开口项登记表

3.4 核安全设备安装管理

3.4.1 NNSA 的接口管理

监督小组采用例行检查、现场监督组专项检查及现场见证的方式进行监督和检查，监督小组以工作联系单或者其他方式（如邮件）提前告知三门现场管理机构（以下简称 SPMO）关于此次检查的项目及内容，对于例行检查、现场监督组专项检查的方式，在检查开始前由 QA 部门牵头立即组织相关部门提供相关的材料，以 PPT 的形式汇报向监督小组进行汇报，并对监督小组的检查结果以正式信函的方式进行答复，在得到监督小组的正式答复前，与检查相关的实体工作不得继续进行；对于现场见证的方式，SPMO 应立即向监督小组提供 ITP 及相关资料供监督小组选取见证点，待被选取的物项实体工作展开后，SPMO 的专业检查工程师原则上提前三天告知（邮件和电话通知）现场监督小组成员，并配合小组去现场进行检查。

3.4.2 SPMO 对于核级设备的质量控制

（1）针对每台核级设备对编制独立的施工 ITP，在承包商编制前可将以往核电厂发生的不良及良好事件反馈给承包商。

（2）按照 ITP 管理程序对每份核级设备的 ITP 程序进行详细审核（包括图纸清单、材料代换清单、程序方案、NCR 清单、EDCR 清单完整性、齐全性等），审核方式初审，复审、对涉及工序多的采用会议讨论的方式审核，讨论工序的逻辑性、可操作性等。

（3）针对不同的核级设备的选点见证的比例有所不同，按照程序的要求原则上的设点率不低于 80%；如堆内构件、主管道的设点率达到 90%。

（4）针对主设备的质量控制，采用双 QC 的专人方式进行控制，一个为主、一个为辅；做到承包商只要现场有施工，QC 就应该在现场跟踪和巡检。

（5）对于承包商已发验证通知单的施工活动，SPMO 的专业 QC 验证施工承包商是否按照自身程序、相关规范、标准、图纸和技术规格书的要求完成施工，采用一次合格率、二次合格率进行控制。

（6）对于现场的施工活动，专业 QC 采用巡检的方式验证施工承包商是否按照自身程序、相关规范、标准、图纸和技术规格书的要求进行施工，利用质量监督报告（QSR）的方式告知承包商，并不定期检查其整改结果，必要时开启其他相应的质量文件（QOR、NCR、CAR 等）进行纠正。

3.5 设计变更及不符合项处理施工

已到现场的核安全设备实施设计变更及不符合项处理及时向 ECRO 报告。

（1）制定程序规范制造商到现场工作流程，包括开工前检查，过程控制，完工检查，场地交接，记录保存等。

（2）如制造商实施，提醒制造商向 NNSA 提出到现场开展工作的申请，并在工作前进行检查。

（3）开工先决条件检查时，主要检查程序、方案是否已经采购方认可，ITP 编制完成并选点，人员及资质，计量工器具及标定，材料质保文件，相关设计文件及变更清单的完整性及版次，制造厂资质符合情况，场地条件等。

（4）工作过程使用检查和试验计划进行控制，SPMO 选点见证。

（5）工作相关程序、方案、质量计划提前报送 ECRO 备案，按 ECRO 的选点通知见证。

（6）工作完成后进行验收和场地移交，并妥善保管产生的记录。

4 典型案例探讨

4.1 安注箱（ACC）设计变更实施问题

2011 年 7 月 7 日，WEC 发布了新的 E&DCR，此 E&DCR 将升级安注箱 ACC 液位计管嘴法兰的等级。JPMO 安排上海电气辅机厂来现场更换法兰。2012 年 5 月 8 日，辅机厂人员到达三门现场。2012 年 5 月 9 日，SPMO 组织了移交，安注箱从 CNF 移交给辅机厂进行施工。2012 年 5 月 24 日，在辅机厂完成工作后，SPMO 组织了反移交，安注箱从辅机厂反移交回 CNF。

2012 年 10 月 29 日，SPMO 收到转自业主的国家核安全局华东核与辐射安全监督站的"核安全监督工作单" ECRO—JD—SM—2012—002，主题为"关于三门 1 号机组安注箱法兰设计变更未经许可擅自施工问题"。在工作单中 ECRO 提出了两个问题：(1) 由于安注箱是核三级设备，针对该设备所涉及的设计变更，三门核电有限公司未上报国家核安全局及华东监督站审查，该施工是在未经认可的情况下进行。(2) 上海辅机厂在三门现场实施了核级设备的作业，与其许可证规定的工作场所范围不一致。

事件发生后，SPMO 对此事进行原因分析，发现由于设计变更的报审由业主进行，当 WEC 发出 E&DCR 时会在 E&DCR 中附一个评估，只有变更对 PSAR/FSAR 有影响时，才发出 DCP 由业主向核安全局报审，本次设计变更 WEC 的评估是对 PSAR/FSAR 无影响，故工程公司/JPMO 未建议业主报 NNSA。JPMO/SPMO 相关人员经验不足，在整个协调厂家到场施工的过程中均未关注到并提醒上海辅机厂须向国家核安全局提交特许申请。之前 SNPEMC 在现场的施工活动曾进行过特许申请，此情况未在三门 SPMO CM/QAQC 部等相关部门进行有效的经验反馈。

为此，三门 SPMO 采取了以下纠正措施。

(1) 督促上海辅机厂向国家核安全局提交特许申请，获得认可后方可开展后续工作。

(2) 就该次安注箱液位计接管法兰更换问题进行经验反馈培训，提高员工对核安全设备许可证的认识。

(3) 在《设备分包商在现场施工活动管理程序》中明确，对厂家到现场进行核安全设备作业时，必须检查是否已经获得国家核安全局特许。

4.2 RNS 泵管口堆焊层材料及焊接裂纹问题

2014 年 5 月，中核五公司（以下简称 CNF）在进行三门核电 1 号机组 RNS 系统（正常余热排出系统）管道与 RNS 泵 A 泵接管口端焊接时，打底焊接完成后，发现焊缝开裂，经后续调查发现，设备制造单位在 RNS 泵接管口端堆焊材料使用错误，同时现场焊接工艺选用错误。

在事件发生后，SPMO 核安全工作接口人及时向核安全局华东站（ECRO）现场监督组汇报了发生的焊接裂纹问题，ECRO 通过工作联系单对此问题的处理提出了包括暂停 RNS 泵焊接工作等在内的监管要求。随后，工程公司将相关分析、纠正行动等汇总给业主，业主向 ECRO 提交了事件报告，报告了相关问题和处理情况。

整改行动及后续处理方案完善后，ECRO 通过工作联系单放行了 RNS 泵的相关工作。RNS 泵焊接后续工作顺利完成，质量优良，详细信息如图 4 所示。

图 4 RNS 泵焊缝返修后

4.3 主蒸汽管道焊接良好实践

AP1000 核电站主管道是设计没有过渡段，焊接收缩变形只有在安装过程中采取措施进行控制，为了控制焊接变形采用全新的窄间隙自动焊焊接技术，通过计算机激光建模精确控制变型量。通过严格的设备材料检查，编制详细的施工方案（包括采用激光跟踪测量及 3D 建模拟合、现场数控坡口精确加工、窄间隙自动焊、激光跟踪测量焊接收缩变形的详细规定），开工前的精心准备和严格审查，严格的过程控制和选点见证顺利完成了三门 AP1000 项目 1 号机组的主管道焊接工作，质量优良，无损检验全部一次合格。

在此过程中，SPMO 积极配合 NNSA 对主管道的全程监管，多次提交主管道相关报告。配合对主管道开工前的专项检查并迅速落实检查意见。施工过程中，及时通知并配合 ECRO 的选点见证，相关信息立即汇报。透明积极的接受监管，保证了现场工作严格按要求开展，造就了主管道优质的安装焊接质量。未打磨的焊缝表面如图 5 所示，质量优良。

图 5 未打磨主管道的焊缝表面

5 加强现场核安全管理的措施

（1）开展核安全管理要求培训，包括 NNSA/ECRO 的监管要求，核安全相关工作的流程，典型核安全案例等。

（2）完善程序体系，将监管单位的监管要求落实到程序中去。

（3）持续保持开放的核安全信息态度，积极配合核安全监管。

（4）不断完善沟通渠道和方式，优化与核安全监管部门信息交流效果。

6 结束语

只有秉持核安全信息开放的态度，支持和配合核安全监管，才能保证核电站的安全，并有利于发生的核安全问题解决。本文主要介绍了 AP1000 核电站建安阶段，核安全工作的组织及管理体系、交流机制、核安全设备控制措施、典型案例、如何加强建安阶段核安全工作管理的措施。对核电工程建造阶段的核安全管理有一定的借鉴和参考价值。

参考文献

[1] 国家核安全局. HAF003 核电厂质量保证安全规定. 1991.
[2] 国务院. 民用核安全设备监督管理条例 2007.500 号令.
[3] 环境保护部. 中国核安全局网站 http://nnsa.mep.gov.cn/.
[4] 环境保护部. 民用核安全设备调配管理要求（试行）. 国核安函〔2014〕94 号.
[5] 环境保护部. 民用核安全设备监督检查大纲（试行）. 国核安函〔2012〕75 号.

AP1000 技术转让项目组织实施体系探析

王　苗，苏　杰

（上海核工程研究设计院有限公司，上海　200233）

摘要：AP1000 技术转让作为中美能源合作领域最大的核电技术转让项目，也是国家科技重大专项的重要组成部分，具有战略性并受到广泛关注。本文介绍了上海核工程研究设计院在 AP1000 引进技术接收、消化吸收实施、验收评估的技术转让工作需求，提出了 AP1000 技术转让项目的管理方法，建立了三层架构的消化吸收实施评估方法体系，对技术转让项目的全过程进行管控，有力地支持了 AP1000 技术转让项目的验收。本文提出的关于 AP1000 技术在转让项目的管理经验，可供我国大规模接收其他技术转让项目的管理进行借鉴。

关键词：AP1000 技术转让；消化吸收；验收

Exploration on Project Management and Implementation System of AP1000 Technology Transfer

WANG Miao，SU Jie

(Shanghai Nuclear Engineering Research & Design Institute Co., Ltd.，Shanghai 200233，China)

Abstract：As the biggest nuclear technology transfer project in Sino-US Energy Cooperation field，and also the important part of the National Science and Technology Major Project，AP1000 Technology Transfer occupies a strategic position and receives widespread attention. This paper discussed the project management methods，especially，the establishment and implementation of a three-level digestion and absorption system，which have been used by Shanghai Nuclear Engineering Research & Design Institute during the whole process of technology transfer for 12 years. It is demonstrated that the Project Management and Implementation System guarantees AP1000 Technology Transfer project contract acceptance and the realization of expected target，and offer reference to the similar Technology Transfer projects in China.

Key words：AP1000 Technology Transfer；Project Management；Digestion and Absorption System

---

作者简介：王　苗（1981—　）女，山东人，工程师，硕士，现从事 AP1000 核电技术转让分许可项目管理工作

AP1000 技术转让是中美能源合作领域最大的核电技术转让项目，是国家科技重大专项的重要组成部分。国家要求在 AP1000 技术引进和自主化依托项目建设的基础上，实现消化吸收、吸收、再创新，全面掌握非能动三代核电技术，建成国和一号示范工程，使我国核电设计、制造、建造和运行技术实现跨越式发展。因此，AP1000 技术转让自合同签订，就具有重要的战略性并一直受到广泛关注。

上海核工程研究设计院（以下简称“上海核工院”）作为 AP1000 技术转让合同中的指定用户，牵头接收并消化吸收 AP1000 核岛设计技术。在 AP1000 引进技术密集消化吸收的同步，还承担着 AP1000 依托项目工程设计、AP1000 标准设计、大型先进压水堆国和一号自主设计等核电工程和研发任务。

面临消化吸收任务重、工程节点紧、人力资源冲突等实际困难，且国内核电领域尚无技转管理经验予以借鉴，上海核工院基于自身在引进技术接收、消化吸收实施、验收评估的实际工作需求，提出了 AP1000 技术转让项目的管理方法，依托单项、阶段、最终三个层面的评估，建立了消化吸收实施体系，并有效应用于 AP1000 技术转让项目的全过程，有力地支持了项目验收，

至 2019 年 9 月，AP1000 技术转让合同已经执行了 12 余年，技术引进基本完成，全部七个关键引进技术领域已转入验收或补充更新的项目收尾阶段，100%完成引进技术公平共享，满足了依托项目建设、关键设备国产化及引进完整性的要求。

1　AP1000 技转项目介绍

1.1　AP1000 技转合同介绍

AP1000 技术转让依托 AP1000 技术转让合同、爆破阀技术转让合同、反应堆压力容器、蒸汽发生器技术转让合同、安全壳容器技术转让合同及反应堆主泵技术转让合同五个合同执行，有效期 15 年。

AP1000 技术转让合同，转让方是美国西屋和石伟公司联队，主要内容包括：核岛系统及其设备设计、数字化仪控设计设备、核岛设备设计和制造、核岛和燃料的运行和维护、燃料和堆芯设计和制造、核级锆材制造、核岛建筑工程、项目数据库及工程项目管理。

爆破阀技术转让合同，转让方是美国 SPX 公司，主要内容包括：爆破阀设计与制造。

反应堆压力容器、蒸汽发生器技术转让合同，转让方是韩国斗山重工业株式会社，主要内容包括：反应堆压力容器、蒸汽发生器制造。

安全壳容器技术转让合同，转让方意大利安萨尔多 AAT 联合体，主要内容包括：安全壳容器设计、制造和建造。

反应堆主泵技术转让合同，转让方是美国科蒂斯怀特 EMD 公司，主要内容包括：反应堆主泵设计与制造。

1.2　技转范围

AP1000 技术以“任务包”的方式进行技术转让，包括转让方拥有的或有权转让的 AP1000 和同类型核电厂的技术。包括：技术文件（设计文件、设计控制文件、试验研究报告、专题报告、专利等）、计算机软件、技术培训（课堂培训和岗位培训）和技术服务（技术咨询和技术支持服务）等，涉及工程和设计、执照申请、设备制造、土建施工、安装、调试、运行、维护和工程管理等专业领域。

1.3 技转要素

AP1000 技术转让的载体是技转文件、技转软件和技转培训（服务）。

技转文件，可分为纯技转类文件、服务类文件、软件类文件等。主要是指，在转让技术方面，现有的受保护和/或不受保护的，涉及核电站的设计、工程、制造、装配、建设、安装、测试、调试和启动、运行、项目管理、维修和检验的图纸、规格书、技术数据、程序、工艺和质量标准，以及其他的文件技术信息（包括计算机程序），其含有专利、专有技术和信息的描述与解释。

技转软件，按照技转合同规定，分为产权软件和第三方软件。产权软件是指有西屋及其联队产权的随任务包转让的软件。第三方软件是指 AP1000 技转合同项下，西屋及其联队产权之外的其他商业软件及政府部门所有的软件。

AP1000 技转培训以任务包为单位，范围覆盖任务包需转让的技术，由课堂培训（CRT）和岗位培训（OJT）组成。CRT 培训，主要对转让技术进行总体介绍和概述主要技术要求。OJT 培训，主要为学员提供单独的学习和有足够深度的培训，使学员理解并且能够开展特定的设计活动。培训地点根据不同工作包安排在国内或在转让方工作地。

2 项目组织实施体系构建

2.1 项目范围及内容要求

根据 AP1000 技术转让合同，明确院作为指定用户接收到的引进技术主要范围包括：总体设计、系统设计、安全分析、堆芯与燃料、建筑工程设计、土建/结构设计、数字化仪控设计、设备设计、运行维护支持、核岛项目数据等。

2.2 项目管理模式

针对 AP1000 技转合同中核岛设计技术任务包的文件、软件、培训接收和消化吸收实施、管理的工作特点，为及时高效的消化吸收 AP1000 引进技术，制定了以项目管理的方式对技转实施管理。设立完善的项目管理组织机构，自上而下分为管理层和操作层，对应的实体为技转项目管理组和技转任务包负责人。

项目组制定项目管理程序，建立技转交付信息跟踪体系，定期收集问题、分析数据，形成解决方案；任务包负责人及其专业团队作为技转接收、消化吸收的主要载体，实施文件评估、软件验证、培训协调、技术复现等具体活动，对于合同执行中遇到的问题，及时上报项目组并提供技术支持，由项目组调动资源、对外协调。

项目管理模式对技转合同执行起到了密切跟踪、监督、推动以及适时优化的作用，确保转让技术的及时交付、到位与实际应用，是消化吸收工作开展的关键保证。

2.3 消化吸收目标提出

AP1000 技术转让项目组织实施的关键是管控好对引进技术的消化吸收。

基于国家关于三代核电技术引进再发展的战略，提出消化吸收目标，即，完整引进全套 AP1000 核岛设计技术，通过消化吸收和应用实践掌握关键技术，建立 AP1000 后续项目的自主设计能力，通过重大专项的实施推动引进技术的发展。

与此同时，将转让技术交付及消化吸收完整性、有效性的实现设定在三个层面，即：实现转让技术完整性和有效性检验；实现转让技术在相同条件下的复现和工程应用验证（如 AP1000 后续项目）；实现转让技术在变化条件下的应用和发展（如厂址特异性问题处理、CAP1400 设计等）。

2.4　消化吸收体系建立

对于接收到的海量技术文件、数以百计的计算软件和密集安排的技转培训，如何快速评价和判断是否满足技转合同的要求，是否满足对外执行合同完整性与有效性的验收要求，以及提高自身能力并满足后续项目的批量化建设要求，满足再创新的要求，必须要建立一套行之有效的消化吸收实施体系对上述要求的实现进行保障。

"消化"阶段应重点关注技术文件的融会贯通，专业软件的学以致用和培训课程的深入理解。"吸收"阶段应做好关键技术文件的评价、核心软件的测试验证、培训总结评估和二次培训的实施，同时，开展技术专题复现工作，验证自主设计能力的掌握程度。"能力提升"阶段应结合评估、验收，由面构体，联动工程、反哺工程、推动科研，实现技转消化吸收的目标。

充分考虑到上述三个阶段的消化吸收特点，将消化吸收实施体系建立在单项评估、阶段评估和最终评估三个层面上。

单项评估包括四个管控手段，文件评价、软件测试验证、培训评估和二次培训，以及技术复现，同时制定相应的管理方法和要求确保接收到的技转要素的完整性、有效性。

阶段评估主要依托年度消化吸收工作评估和任务包预验收评估展开，从任务包、专业所、院三个层面对技转合同执行和消化吸收情况进行评估，找出缺项，解决问题，评估能力。组织预验收评估，为技转合同最终验收做好阶段性准备。

最终评估是指任务包最终验收评估，从技转合同的验收和自身 AP1000 技术能力获得的验收的两个层面开展评估工作，支撑任务包签署任务包合同验收证书，最终验证消化吸收目标的实现。

2.4.1　单项评估方法

文件评价根据 AP1000 技转合同交付的技术文件的重要性和应用需求急迫程度进行分类，以明确消化吸收工作重点，具体分为 A、B、C 三类。A 类，重要且紧迫，须尽快指定专人进行消化吸收评估，形成消化吸收报告；B 类，重要非紧迫，可在优先消化 A 类基础上做出安排；C 类，重要、紧迫性一般，清理核对后，需要时查阅，必要时安排消化吸收。对 A 类文件的评价内容主要涉及文件有效性、适用性，要求形成文件评价报告。通过专家独立评审机制，对所形成的文件评价报告进行抽样审核，重点关注对文件的可用性、严谨性、完整性、正确性和先进性的评估。

软件测试验证，包括软件安装测试和功能测试，用于鉴别交付软件及其配套文档的成套完整性和有效性，如数据包、安装说明、测试案例、V&V 证明材料等。测试验证需形成软件安装测试报告、功能测试报告，重点关注测试功能模块、测试方法、测试验证过程、软硬件运行环境等，重点描述软件功能测试验证过程、输入输出、计算结果分析中发现的问题等情况。

技转培训要求每位培训参与者对所学课程在课程结束后进行自我评估，形成个人培训评估报告。各任务包负责人从课程的计划制定、课时安排、知识范围、教学深度等方面进行课程总结评估并整理、汇集培训资料，形成课程培训评估报告。要求参加过培训的技术人员，在专业部所或院内开展二次讲述和技术交流，并邀请所属专业领域专家参与评价和讨论，推动技术共享。通过培训评估，巩固了所学技术知识，积累了受训经验，进一步促进了技转有效性和完整性的实现。

技术复现是以工程设计应用需求为目标，筛选出自主设计所需关键、典型技术，或其他尚待掌握的重要技术，开展复现验证，用以验证自主设计的掌握程度，进一步技转交付完整性和有效性。通过技术复现，设计人员可以进一步探究其中存在的问题或者有待进一步改进的方面，为后续项目和示范工程积累了设计经验，技术复现成果体现了技术人员在转让技术消化吸收过程中所形成的技术见解，有利于促进技术创新发展。

2.4.2 阶段评估方法

在 AP1000 技转合同执行过程中，按年度对任务包的消化吸收和技术能力掌握进行多层次多维度的评估，主要包括消化吸收评估和验收评估，形成评估报告。消化吸收评估由任务包、部所及院三个层面构成，验收评估基于任务包文件、软件、培训三要素展开。评估工作的目的是为了及时发现问题，尽快解决问题，以确保 AP1000 技术引进完整性、有效性。

2.4.3 最终评估方法

最终评估，基于阶段评估成果，重点关注 AP1000 技转合同条款和技转范围内应获技术能力的实现，验证技术转让的完整性、正确性和可靠性。最终评估通过，视为任务包技转合同验收通过。

基于合同验收和能力验收开展最终评估工作，以验证消化吸收目标的实现。一是基于技转合同的验收：应核查已接收文件（软件）、已完成培训的范围、内容及转让方应履行的义务与技转合同的一致性；二是基于自身 AP1000 技术能力获得的验收：应核查在消化吸收过程中追加的技术文件（软件）和培训需求的满足程度。

横向从任务包层面展开，基于与西屋确定的验收范围，形成缺失项清单，通过验收月度例会，每月滚动核对进展，督促西屋履行交付计划。纵向从文件、软件、培训、能力掌握四大方面深入，组织任务包结合消化吸收进展、工程项目反馈、科研课题成果，梳理出技转正面/负面清单，作为验收凭证及攻坚目标，推进验收工作。

对外，推动西屋加快了对验收缺失项的响应速度。对内，制定任务包验收原则和工作方法，组织任务包召开验收内部评审会，选取专家形成任务包验收专家组，从任务包技转合同执行和技转能力掌握两个层面对任务包验收进行审查并形成评估结论。

3 消化吸收成果控制及评估

3.1 消化吸收成果控制

技转合同执行 12 年来，消化吸收按照既定的项目管理体系和消化吸收实施体系深入推进，依照已制定的技转文件、软件、培训、消化吸收等管理规定，完成了 30 余万份技术文件、260 余个专业软件和近 600 天的技转课堂培训和 2 000 的人天岗位培训的消化吸收工作。同时，由于技转消化吸收工作又是与工程实践和重大专项实施同步开展，三者之前存在的互为需求关系，有力地促进了技转消化吸收工作成果实效及其应用时效。

在消化吸收体系的保障下，专业人员对甄别为 A/B 类技转文件指定专人研读评价，形成评估报告，期间不仅对其完整性、有效性进行检验评价，更注重对关键技术的消化吸收，识别重要的关联文件（包括支持性文献）和缺失信息，以差异项的形式列表汇总，及时反馈西屋并保持跟踪，促进问题的解决。

在技转软件安装、测试过程中所发现的文档不完整、软件功能不全、运转障碍等问题，以差异项的形式列表汇总反馈技术转让方。组织专业技术人员 12 余年的不间断检验、核查，软件的安装、测试评估全部完成，软件相关技术问题经过与转让方持续沟通，全部得以解决。同时，针对消化吸收过程发现的属于 AP1000 技术范围内但未列入合同清单的专业软件，通过反复沟通、据理力争，也予以获得。

组织专业技术人员参与完成全部的课题培训和岗位培训课程，根据自身消化吸收进展，就个别专题的内容深度和进展进行了调整，加强专业技转人员对 AP1000 技术的掌握。为了确保技转培训的完整性和有效性，及时巩固培训所获能力，按要求完成了全部 CRT 和 OJT 课程的评估工作。组织二次培训，效果明显，加深了关键技术问题的理解和掌握、推动技术共享。各任务包在培训过程中或结束后形成的培训问题，均与转让方进行多次沟通，现已全部关闭。通过技转培训，学员掌握了独立设计分析的能力，已成为各专业独当一面的专家。他们在依托项目、内陆厂址标准设计、“国核一号”等项目的实施和研发过程中起到了主力军的作用。

发布技转技术复现策划书，要求任务包以工程设计应用需求为目标，抽取具有代表性或典型性的作为技术复现专题，制定复现技术清单，形成技术复现报告 198 份，全部完成。从设计能力复现的角度，检验了 AP1000 技术转让的完整性。

3.2 消化吸收成果评估

在 AP1000 技转合同执行过程中，按年度组织对任务包的消化吸收和技术能力掌握开展多层次多维度评估，主要包括消化吸收评估和验收评估，形成评估报告。消化吸收评估由任务包、部所及院三个层面构成，验收评估基于任务包文件、软件、培训三要素展开。评估工作的目的是为了及时发现问题，尽快解决问题，以确保 AP1000 技术引进完整性、有效性。技转合同执行 12 年来，完成了 9 次消化吸收评估（2010—2018 年），形成了 200 余份消化吸收报告。完成了 7 次验收评估（2012—2018 年），形成了 200 余份文件、软件、培训验收报告。评估报告中发现的问题，均已在合同执行过程中得以解决和落实，很好的支持了任务包验收工作的开展。

制定任务包验收原则和工作方法，组织任务包召开验收内部评审会，选取专家形成任务包验收专家组，从任务包技转合同执行和技转能力掌握两个层面对任务包验收进行审查并形成评估结论。牵头任务包验收工作已基本完成，目前整个 AP1000 技转项目顺利进入技转合同补充更新阶段。

4 效果检验

通过技术转让，全面引进、消化吸收西屋 AP1000 技术，AP1000 关键核心技术的掌握和自主设计能力的掌握进一步验证了所实施的项目组织实施体系的有效性。

4.1 设计能力提升

AP1000 技术转让执行过程中，多层级、可调控管理举措与技术人员刻苦攻关相结合，使得消化吸收进展有序、可控。消化吸收评估结果显示，已掌握 AP1000 主要关键技术，具备自主设计能力，并具有持续提升的潜力。

在总体设计方面，实现了 AP1000 电厂堆芯、主设备、事故分析、非能动系统等关键技术复现；掌握 AP1000 设计技术核心（如设计理念、法规标准、方法理论、工具平台、验证手段），形成非能动核岛整体自主设计能力；具备识别设计局限、优化设计并持续改进的能力。

在堆芯燃料设计方面，反应堆物理、热工水力和安全分析、燃料、辐射屏蔽和概率安全评价等专业已建立 AP 系列核电厂工程设计的技术体系，具备独立开展 AP/CAP 系列核电厂工程设计和技术服务的能力。

在核岛关键设备设计方面，掌握核岛关键设备设计相关的设计准则、功能要求、结构形式、材料选用原则以及在各类工况载荷、设计瞬态下的分析评定能力。掌握并固化关键设备的设计流程、方法和工具，具备核岛关键设备的自主化设计能力。

在工艺系统设计方面，全面深入了解 AP1000 的安全特性与标准规范的符合性，重点关注系统设计的指导性原则、验收准则、计算方法、假定条件等，掌握了三代非能动设计理念、设计手段和分析技术，具备 AP1000 核电工艺系统自主化设计能力。

在电气仪控设计方面，掌握了 AP1000 电气和仪控系统的功能设计、系统设计、布置设计、全厂电力系统规划、火灾探测及报警、实物保护、人因工程技术等关键技术，具备非能动系列电气系统、数字化仪控系统和控制室的设计能力。

在土建、结构设计方面，掌握了 AP1000 土建结构设计相关技术，掌握了抗飞机撞击、土–结构分析、钢板混凝土设计、等关键技术，对后续 AP 系列项目自主设计的支持能力得以大幅度提升。

4.2 设计工具提升

通过 AP1000 技术转让获得核心软件、依托于技转合同采购关键第三方专业软件、搭建高性能配套平台，设计工具、三维设计能力得以大幅提升，建立了完整配套的 AP1000 核岛设计分析软件工具体系和平台能力。

在堆芯燃料设计方面，通过 AP1000 技术转让，堆芯设计与分析相关的软件体系包括物理、燃料、屏蔽、热工水力、PSA 等设计工具方面实现了突破，结合部分软件的自主开发和通用商业软件采购，建立了堆芯设计与分析的整套工程设计软件工具体系，能够满足现有 AP 系列核电厂工程设计的需求，实现堆芯设计软件体系上质的飞跃。

在工程设备设计方面，通过 AP1000 技术转让并结合商用软件和自主开发，建立了完整的三代核电设备设计专业工具体系，有效提升的设计能力和设计效率，涵盖了结构建模、热工水力分析、流体分析、结构分析等领域，基本满足后续项目工程设计和运行服务工作的需要。

在工艺系统设计方面，掌握电站停堆换热分析能力、主系统性能参数设计，提升了工作效率，把复杂的流程和繁杂的计算简单化和系统化，使计算过程简单明了易操作，提高了工艺系统设计能力。

在电气仪控设计方面，通过借鉴 AP1000 设计工具的开发理念，自主开发仪控设计工具，目前已基本满足工程设计和验证需要，将持续对软件工具进行改进和优化。

在土建、结构设计方面，在现有能动电厂基础上，根据非能动核电厂的设计特点，补充、更新完善了设计工具和平台，提高了土–结构分析模型规模和速度、掌握抗飞机撞击分析能力，提高了土建结构设计水平。

5 展望

技转消化吸收的目标是经历完整的消化、吸收、转化、应用从而真正掌握 AP1000 的核心技术，做到不仅知其然，而且知其所以然。

十余年来，在 AP1000 技术转让合同执行过程中实施的项目管理方法和建立的消化吸收体系，确保了专业技术人员掌握了 AP1000 技术，具备自主设计能力，满足了依托项目建设、关键设备国产化及引进技术完整性要求的实现，有力地支撑了重大专项，夯实了设计自主化和再创新的基础，支撑后续多堆型、多用途发展。

致谢

感谢上海核工院 AP1000 技术转让项目组在本文撰写过程中给予的大力帮助！

参考文献

［1］苏杰，王苗，张志成，等. 以管理创新促进技术体系建设的探索［C］. 中国电力企业管理电力行业优秀管理论文集. 北京：中国电力企业管理杂志社，2014：666-667.
［2］上海核工院 AP1000 技术转让消化吸收管理规定［R］.
［3］上海核工院 2010-2018AP1000 技转合同阶段性评估报告［R］.

Marian 软件和 MRP 在大宗材料管理中的应用研究

王麒翔

（上海核工程研究设计院有限公司，上海　200233）

摘要： 本文通过分析目前大宗材料管理中存在的问题，根据大宗材料自身的特点，结合国内国际上物项控制领域运用广泛的 Marian 系统软件，以及引入的材料需求计划 MRP 工作体系，通过海阳依托项目具体工作的实践，研究此二者在大宗材料管理中产生的积极作用。

关键词： 大宗材料；Marian 系统；材料需求计划 MRP

Application of Software Marian and MRP in Bulk Material Management

WANG Qixiang

（Shanghai Nuclear Engineering Research & Design Institute Co., Ltd.，Shanghai 200233，China）

Abstract: The article has studied the positive role Software Marian and MRP system have played in bulk material management through the analysis of the existing problems in bulk material management，the characteristics of bulk material itself and the extensive use of Software Marian in material control area domestically and internationally，the introduction of Material Requisition Plan（MRP）system and the practice of specific work in Haiyang self-reliance Program Supporting Project.

Key words: Bulk Material; Marian System; Material Requisition Plan（MRP）

大宗材料类物资的管理在传统电厂中基本采用了承包商（或施工安装单位）进行管理，或采购到货后成批的释放至现场承包商进行管控的管理模式，这种模式运用于较为成熟的电力建设并不会出现太大的问题，因为成熟的技术每种材料的采购量和使用量都有成熟的数据积累，但第三代核电 AP1000 依托项目是世界首堆，同时由于设计理念不同，大大减少了大宗材料的使用，而且设计变更较多，仍按照此种方式管理就显得比较粗犷，且不利于成本的控制，也不能根据现场的实际情况及时地进行采购数量及库存数量的调整。

海阳依托项目 EPC 合同模式下并没有采用以上的管理模式，而是由采购方自行管理，但

作者简介： 王麒翔（1988—　），男，吉林白城人，工程师，学士，现主要从事材料管理工作

由于没有先进但管理技术和专业的物资管理人员，导致前期在大宗材料的管理中出现很多的问题，如承包商材料需求清单重复提交，人工台账管理的低效及高错误率、大宗材料余量管控不足等。随后现场针对大宗材料现场管理的一些问题，制定了相应的解决措施，优化了材料需求计划的编制要求，利用了信息化软件进行管控，使得现场大宗材料得到了有效且合理的控制。

1　概念

大宗材料的定义，在核电领用，大宗材料通常指数量较大的通用性材料，如管道、管件、阀门、钢板、支吊架等。

Smart Plant Material 系统软件（以下简称 Marian 系统软件）是由 Intergraph（鹰图）公司开发运用的，用于解决材料管理中的问题。Marian 系统软件是一种先进适用的项目物资管理信息系统，通过这个软件可以提高项目物资管理水平，同时在推广应用的过程中也可以培养和锻炼项目物资管理人才，在 EPC 项目中的应用推广已取得了良好的效果。

材料需求计划 MRP（Material Requirements Plan）是一种科学的材料管理方法，其基本原理是将各种材料分为独立的部分和相关的部分，并按照时间段确定不同时期段材料需求，从而解决库存材料与采购厂家生产的问题。MRP 在施工的物资管理中的逻辑流程图如图 1 所示。

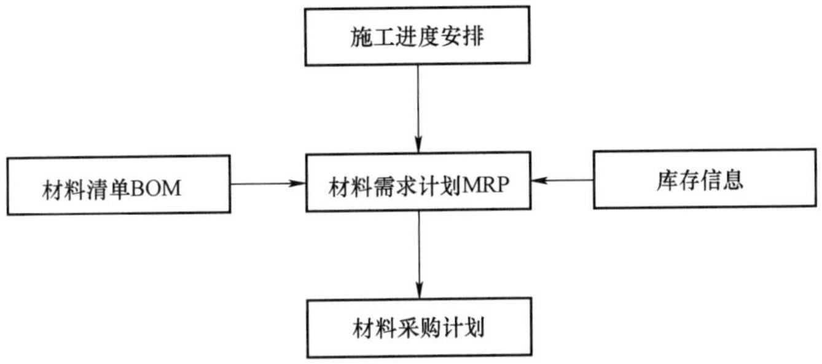

图 1　MRP 逻辑流程图

2　Marian 系统及 MRP 在现场大宗材料管理中需要解决的问题

海阳现场大宗材料控制工作牵扯的面广、内容繁多，是一项系统性和专业性都非常强的工作。需要有较先进的管理手段来实施具体的工作，确保各种信息准确、完整、及时的流转，从而确保项目的进度、质量和工期等目标的实现，通过优化 MRP 及 Marian 系统从而解决的问题主要集中在以下几个方面。

（1）大宗材料依靠人工建立 Excel 台账进行控制，存在一定的错误率，且无法准确进行余量的控制。

（2）MRP 文件承包商编制水平参差不齐，数据准确性和及时性不高，同时人工审核无法对材料量进行核实，会导致大宗材料的重复释放，造成现场材料管理的混乱。

（3）Marian 系统受限于上游数据录入，由于大宗材料数据录入不规范，Marian 无法匹配不规范的数据，故只是作为入库出库流水纪录，并不能发挥信息化平台的优势。

（4）设计变更较多，图纸多次升版，改变了其中大宗材料的用量，又缺乏与物资管理的信息沟通，导致物资管理失去对现场大宗材料量的管控。

（5）现场调配情况较多，缺乏系统性的管控手段。

3 Marian 系统应用和 MRP 结合的应用

3.1 利用 Marian 系统对 MRP 文件的审核

Marian 系统在大宗材料中都架构是基于设计图纸的 BOM 清单，与 MRP 相同，本文以列举 AP1000 核岛中 RNS 系统（正常余热排除系统）为例，首先我们研究 Marian 系统对 MRP 文件的审核应用。承包商依据 RNS 系统图纸，编制材料需求计划 MRP，按照一定的施工逻辑和进度计划进行分割，为了利于现场施工安排，一份 MRP 可包含一张图纸，或者多张图纸。整个 RNS 系统共包含 105 张图纸，依据承包商提交的 MRP 统计，RNS 系统涉及的大宗材料总量如表 1 所示。

表 1　RNS 系统中大宗材料所占的量

类别	数量	所占图纸数量	比例/%
管道	780 m	104	99
弯头	109 个	69	65.7
紧固件	168 套	17	16.2
法兰	39 个	21	20
管件	129 个	64	61

注：管道量保留至整数位。

此外为了便于阐述结果，本文统计了 MRP 中 RNS 系统各种规格的 90°弯头的数量，如表 2 所示。

表 2　RNS 各尺寸 90° 弯头数量汇总

物项尺寸	核等级	需求数量
0.75″CL6000	C	7
1″CL3000	C	16
3″S－80S	C	4
6″S－80S	C	13
8″S－80S	C	11
10″S－160	A	6
10″S－160	B	8
10″S－40S	C	1
10″S－80S	C	3
20″S－140	A	1

Marian 系统中的 BOM 数据定期进行更新，以保证设计变更导致的图纸材料量的变化及时更新于系统，物资管理人员主要通过在 Marian 系统中建立施工工作包的功能 C.10.05Work

Packages 模块，将 MRP 文件按照 RNS 系统图纸进行打包，每一份 MRP 都在 Marian 系统中建立了对应的施工工作包；并通过对 Work package 的 Forecast（预测）功能进行材料状态的查询。

通过 Marian 系统审核 MRP 关键在于以下两点。

（1）审核 MRP 中图纸被重复编制的错误，确保每一份图纸的每一项材料均被唯一提交；

（2）审核 MRP 中材料需求量是否与图纸中一致，确保承包商不增加额外的材料数量。

综上，RNS 系统的 105 张图纸均被唯一提出，MRP 中的量与 Marian 系统中 BOM 的数量稍有差别，经核实，为承包商人员对管道预留出了现场打坡口、夹具的量。

3.2 Marian 系统对库存量的匹配

经过上一步的审核后，继续通过 Marian 系统中的预测预留模块 C.30.01 Forecast Run 和 C.30.11 Reservation Run 对建立的工作包进行匹配，Marian 系统运行的原则为：分析各图纸中对于管道，管配件等大宗材料等需求情况，同时可直接匹配现有系统库存，运行出结果为是否满足系统中的图纸需求，会出现如下三种结果。

（1）Complete，表示系统中的库存量满足需求量；

（2）Partly，表示系统中库存量满足部分材料的需求量；

（3）None，表示系统中无库存可满足需求量。

3.2.1 对管道物项运行情况

通过统计管道规格为 1″、3″、4″、6″、8″、10″S－80S，核三级的管道，通过运行 Marian 系统的运行，导出报表，整理后如表 3 所示，RNS 各尺寸管道运行结果。

表 3 RNS 系统中管道材料运行结果统计

图纸	Ident	Com CODE	尺寸 1	尺寸 2	描述	运行结果
APP-RNS-PLW－66L	5511044	PAAAAADIAH-C	1	S－80S	PIPE，BE，ASME SA－312 GR TP304L，SMLS，B36.19M	Complete
APP-RNS-PLW－173	5511046	PAAAAADIAH-C	3	S－80S	PIPE，PE，ASME SA－312 GR TP304L，SMLS，B36.19M	Complete
APP-RNS-PLW－17H	5511047	PAAAAADIAH-C	4	S－80S	PIPE，PE，ASME SA－312 GR TP304L，SMLS，B36.19M	Complete
APP-RNS-PLW－177	5511049	PAAAAADIAH-C	6	S－80S	PIPE，PE，ASME SA－312 GR TP304L，SMLS，B36.19M	Complete
APP-RNS-PLW－096	5511050	PAAAAADIAH-C	8	S－80S	PIPE，PE，ASME SA－312 GR TP304L，SMLS，B36.19M	Complete

运行结果均为 Complete，为了便于数据的直观对比，我们将仓库内的材料库存量与 MRP 中的材料需求量以数值的形式显示如图 2 所示，各类管道的库存量均满足现场 RNS 系统的材料需求量。

3.2.2 对管件（90°弯头）物项运行情况

对从 RNS 系统中抽取的各尺寸的 90° 弯头的情况运行结果，如表 4 所示。

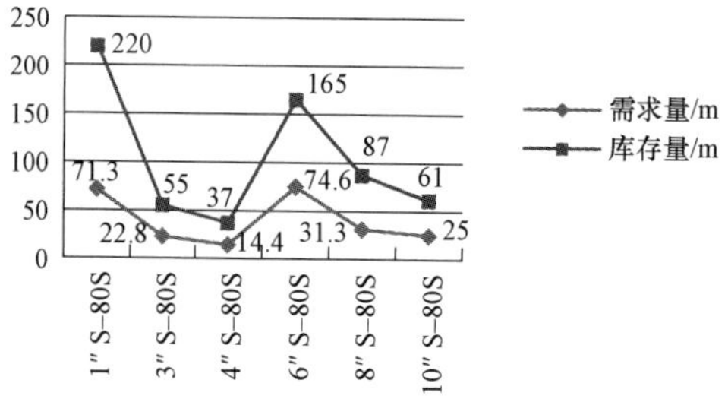

图 2　RNS 管道需求量与库存量

表 4　RNS 系统中 90° 弯头材料运行结果统计表

图纸	Ident	Com CODE	尺寸 1	尺寸 2	描述	运行结果
APP-RNS-PLW－17Q	5514176	SLARZZZIIH-C	0.75	NREQD	90 DEG ELBOW，CL 6000，SW，ASME SA－182 GR F304L OR F316L，B16.11	Complete
APP-RNS-PLW－178	5514973	WAAAAAWGAO-C	3	S－80S	90 DEG LR ELBOW，BE，ASME SA－403 GR WP304L，SMLS，B16.9	Complete
APP-RNS-PLW－142	5514974	WAAAAAWGAO-C	6	S－80S	90 DEG LR ELBOW，BE，ASME SA－403 GR WP304L，SMLS，B16.9	Partly
APP-RNS-PLW－097	5514975	WAAAAAWGAO-C	8	S－80S	90 DEG LR ELBOW，BE，ASME SA－403 GR WP304L，SMLS，B16.9	Partly
APP-RNS-PLW－013	5514985	WAAAAAWIII-A	10	S－160	90 DEG LR ELBOW，BE，ASME SA－403 GR WP316LN，SMLS，B16.9	Partly
APP-RNS-PLW－09A	5514968	WAAAAAWGAO-C	10	S－80S	90 DEG LR ELBOW，BE，ASME SA－403 GR WP304L，SMLS，B16.9	Partly

从结果可发现，出现了 Partly 的结果，为了更清楚的展示需求量和库存量直接的差异，我们将仓库内的材料库存量与 MRP 中的材料需求量以数值的形式显示出来形成折线图，如图 3 所示，我们可以看出运行结果为 Partly 的管件，其库存数量不满足需求数量，需要补充采购。

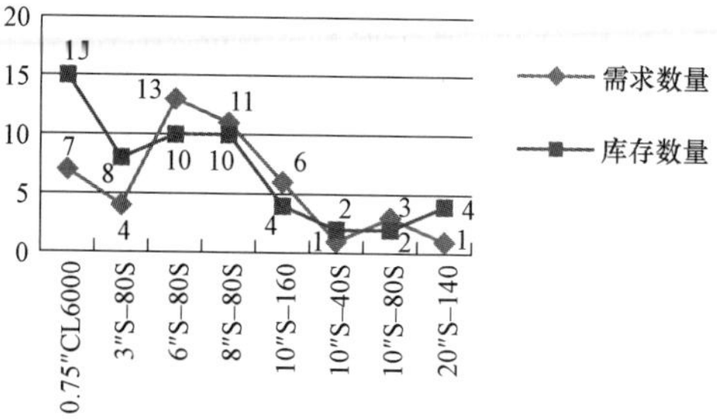

图 3　部分管件需求量与库存量

3.3 RNS 系统整体数据运行结果

通过以上两类物项统计的数据结果，我们进而将其他大宗材料的数据一并统计，如表 5 所示（数据仅供参考）所示。

表 5 RNS 大宗材料运行结果统计表

类别	数量	所占图纸数量	Marian 系统运行后	比例/%
管道	780 m	360	Complete	100
弯头	109 个	78	Partly	65.2
紧固件	192 套	21	Complete	100
法兰	39 个	21	Complete	100
管件（除弯头）	129 个	104	Partly	51.74
总计		584		

对于统计结果显示，部分大宗材料（如弯头、管件）现有库存量不能满足需求数量，统计比例较低的原因除了实际数量不足以外，还有以下两个方面点：

（1）Marian 系统中 BOM 数据更新不及时，而图纸升版改变了原有材料的数量；

（2）上游数据录入不规范，导致系统不能有效地进行运行（项目初期现场材料没有规范的流程进行控制）。

对于其中缺乏材料不能满足现场需求的情况，物资管理人员能够及时反馈后台采购中心，给采购及厂家制造留有一定的时间余地，同时定期进行跟踪和催促，确保其在现场安装前到货。

4 大宗材料管理工作措施制定及管理提升

基于以上研究的可执行性，我们制定了一系列的措施提升我们的工作模式和控制方法。具体措施列举如下。

（1）升版材料管理控制程序，将实际业务流程与系统操作相匹配，通过将 Marian 系统各类操作安排在正常工作业务流程之前，切实发挥系统的优势作用。

（2）协调上游提高对大宗材料数据录入的规范性，确保大宗材料数据按照采购技术规范书中的数据进行录入。

（3）针对不同物项采取不同的解决方案，如管道无法切割问题，通过建立 Marian 系统中设置 Over issue 仓库，将过多释放的材料系统自动进行记录和储存，用于下次承包商领用。充分考虑现场施工切割余量的问题，针对管道类物项，应提前编制现场施工排料计划。通过 Marian 系统中可对排料计划进行简单的分析审核，避免出现断料过多，长料紧缺无法使用的局面。

（4）材料替换调配问题，项目后期出现大量的材料代换情况，确保各项材料的代换在系统中进行准确的操作。

（5）督促上游对 Marian 软件中设计图纸数据 BOM 及时更新，确保使用最新的图纸版本和设计变更，避免系统中的需求数量与承包商提出的领用数量不一致的情况。

（6）以及在实施过程中良好的经验反馈工作，使我们的工作不断地完善和提升。

5 结论

通过以上研究及制定具体的工作措施不难发现，Marian 软件和 MRP 工作模式的优点颇多：

（1）可以有效的审核 MRP 编制质量，避免材料被重复释放；

（2）改变了人工台账 Excel 表格工作的低效局面；

（3）降低了人为工作中的失误，且错误率高的风险，提高了材料管理的准确性；

（4）打好提前量，通过 Marian 系统建立与 MRP 的关联，使我们能够迅速导出到场材料可以满足哪些图纸施工，不能满足哪些图纸施工，提前将库存情况反馈给后台采购和现场施工部门；

（5）减少了人力资源的投入。

希望可以通过首堆依托项目的良好实践和研究成果，在后续项目中加以完善和再次提升，实现系统在大宗材料管理乃至全场材料管理中的全面推广。

参考文献

［1］李罗秦. EPC 总承包项目的材料控制［J］. 工程建设与设计，2003.11-12.

［2］汪小敏. Marian 材料控制在 EPC 项目管理中的应用［J］. 科技与创新，2013.7.

［3］赵玉柳. Marian 软件在 EPC 项目管理中的作用［J］. 化工设备与管理，2012.2.

［4］张阳雨. 基于 Marian 系统的 EPC 项目材料控制规划与部署［J］. 化工设计，2011.1.

AP1000依托项目核岛设备采购风险管控探究

吴　捷

（上海核工程研究设计院有限公司，上海　200233）

摘要：基于依托项目 AP1000 核岛设备的技术特点，参照通用核岛设备安全分级、质量保证分级的定义，并结合采购周期、成本费用等综合因素，建立采购风险四阶段管理模型。在风险评估环节引入定量计算，按照Borda计算序值为后续风险应对提供了有效的输入依据，使得采购管理资源得以更为合理的分配和利用，对于控制设备质量、缩短采购周期、降低采购费用以及提高采购效率将起到非常积极的作用。

关键词：风险识别；风险评估；风险应对；风险监控

Research on AP1000 Nuclear Island Equipment Procurement Risk Management of Self-reliance Program Support Projects

WU Jie

(Shanghai Nuclear Engineering Research & Design Institute Co., Ltd., Shanghai 200233, China)

Abstract: Based on the technical characteristics of AP1000 self-reliance project nuclear island equipment，referring to the definition of safety classification and quality assurance classification of general nuclear island equipment，and combined with comprehensive factors such as procurement cycle and cost，a Four-Phase procurement risk management model is hereby established in this research. The introduction of quantitative calculation in risk assessment provides an effective input basis for follow-up risk responses according to Borda calculation sequence value，which makes the allocation and utilization of procurement management resources more reasonable. It would play a positively active role in controlling equipment quality，shortening procurement lead-time，reducing procurement costs and improving procurement efficiency.

Key words: Risk Identification；Risk Assessment；Risk Disposal；Risk Monitoring

---

作者简介：吴　捷（1984—　），男，江苏宝应人，高级工程师，工程硕士，现主要从事核电设备采购管理工作

依托项目 AP1000 核电技术是美国西屋电气公司在成熟压水堆基础上，引入非能动安全理念来简化传统堆型系统配置，同时对核岛单体设备的工艺设计、材料性能、制造工艺、装配测试等方面提出更高的要求。长期以来，由于核电工程的特殊政治意义以及国内工业技术水平的限制，针对核电工程设备采购风险管理的分析方法和研究手段相对比较单一且针对性不足，缺乏有效的风险管理体系，主要体现在：缺乏系统的理论基础和研究方法、缺乏有针对性的风险管理措施、缺乏有效的风险识别和评估活动、缺乏有实践经验的专业管理人员。

通过依托项目 AP1000 核岛设备采购管理实践，深入挖掘探究核岛设备采购管理的基本规律要素，夯实采购风险管理的理论体系建设和研究方法，靶向性分析其采购风险的特点，促进并拓展有针对性的研究手段和措施，进而客观建立符合实际需求的采购体系；同时，根据 AP1000 核岛设备的特性以及国家核安全局对于核安全设备分级管控的要求，运用项目风险管理理论对核岛设备采购过程中存在的风险进行有效的识别、评估、规划和控制，旨在提升产品质量、缩短采购周期、降低采购成本、提高采购效率，最终为专业化核电工程公司采购体制和管理模式的改革、优化提供可靠的建议反馈[1]。

1 依托项目 AP1000 核岛设备采购风险四阶段管理模型

1.1 核岛设备的特殊要求

按照国内工程设备市场的划分习惯，通常将工业产品划分为标准产品和非标产品两大类。而核岛设备以非标产品为主，是根据设计要求特殊定制加工而成，其通常具有以下特征[2]。

1.1.1 承担重要核安全功能

承担反应性控制功能的关键设备，承担堆芯热量排出功能的关键设备，包容放射性物质和控制运行排放的关键设备以及限制事故状态下释放的关键设备，是核电安全领域的安全底线。

1.1.2 维修、更换难度大

对于核电厂核心系统区域的关键设备，在整个服役寿期（AP1000 机组寿期 60 年）内一旦失效或损坏，维修、更换难度大，或更换的代价高。

1.1.3 制造、加工难度大

由于核电项目安全性的高要求，核岛设备制造要求通常是临界于人类先进装备制造工艺技术的顶端。该类制造工艺技术在某一阶段要求往往无法被完全、充分掌握，所以在技术应用过程中非常容易出现重大质量（潜在）缺陷而造成颠覆性的波折反复。

1.2 主流项目风险采购管理模型

风险管理模型是一组可反复持续进行的活动序列，即每个风险要素都须要按照顺序经过这些活动序列，同时这些活动序列也可能并发、交替。目前主流项目风险管理理论的研究方向主要延伸至两个比较鲜明的方向：一个方向是以风险定量评估理念为基础，侧重于风险形成、传递、加剧、扩散及变化的规律，重点包含风险识别、评估、排序等内容；另一个方向则是以风险控制理念为基础，侧重于风险承担、转移、减缓、保留和控制（见表 1）。

表 1　主流项目风险管理模型

结构	代表学者	风险要素
两阶段模型	Boehm BW	Risk Assessment、Risk Control[3]
四阶段模型	Dale F. Cooper 等	Risk Identification、Risk Analysis、Risk Control、Risk Management[4]
六阶段模型	沈建明	风险规划、风险识别、风险估计、风险评价、风险应对和风险监控[5]
全面风险管理模型	方德英等	风险识别、风险分析、风险计划、风险跟踪、风险控制和风险管理沟通[6]

1.3　依托项目 AP1000 核岛设备采购风险四阶段管理模型

基于主流项目管理理论基础并结合核岛设备采购管理的整体目标，特提出依托项目 AP1000 机组设备采购风险的四阶段管理模型。四阶段的风险要素相互之间均具有关联性及延伸性（见图 1）。

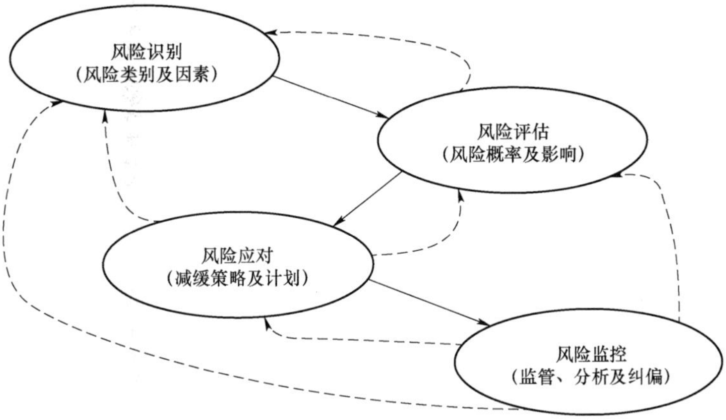

图 1　AP1000 核岛设备采购风险四阶段管理模型

1.3.1　风险识别模块

依靠采购风险识别框架来划分风险类别、识别风险因素。在典型采购风险类别中，采用工作分解结构法[7,8]，按照核岛设备全过程采购的特性筛选出流程节点，并识别每个节点可能存在的风险因素。

1.3.2　风险评估模块

引入风险矩阵作为定量评估载体，侧重于风险形成、传递、加剧、扩散及变化的规律，从管理资源和应对可能两方面综合评估、分析各类采购风险因素的发生特性和影响后果。

风险概率序值：

$$P_h=(2B_h+1+N_h)\times 0.5 \tag{1}$$

式中，$B_h=\sum_{r=1}^{h-1}N_r$ （$1<h\leqslant 5$ 且 $B_1=0$）；G_h 代表风险事件的第 h 种风险发生概率范围；N_h 代表拥有 G_h 这种风险发生概率的风险事件个数；

风险影响序值

$$I_j=(2C_j+1+M_j)\times 0.5 \qquad (2)$$

式中：$C_j=\sum_{r=1}^{j-1}M_r$ （$1<j\leqslant 5$ 且 $C_1=0$）；D_j 代表风险事件的第 j 种风险影响等级；M_j 代表拥有 Q_j 这种风险影响等级的风险事件个数[9]。

因同一风险等级的多个风险因素的重要程度不同，若要有效实现风险管理手段，就须对风险因素按其重要程度排序以实现风险管理与资源利用最优化。在概率影响矩阵中引入 Borda 数及序值法，根据多个评价准则将风险因素按照重要性进行排序，其结果可以作为风险等级评估结果的补充和印证[10]。

$$BORDA_a=(W-P_a)+(W-I_a) \quad (0\leqslant a\leqslant W \text{ 且 } P_a=I_a=0) \qquad (3)$$

式中，W 为核岛设备采购风险识别后的风险因素总数；P_a 是第 a 个风险因素对应的风险概率序值；I_a 是第 a 个风险因素对应的风险影响序值。

根据计算后的 *BORDA* 数，按照由小到大的序列排序，其相应的 *BORDA* 序值从 0 开始按整数排序。*BORDA* 数越小，*BORDA* 序值越小。

至此，可将风险识别阶段所有输出的风险因素、风险概率序值、风险影响序值、风险等级、*BORDA* 数、*BORDA* 序值等汇总至采购风险矩阵，为后续风险应对提供依据。

1.3.3 风险应对模块

目标以合理运用科学理论及有效管理工具来规避、减缓、分散风险，且应对策略与管理者自身承受能力密切关联。核岛设备采购风险应对的核心就是选取风险应对策略的最优化组合，以寻找到风险有效接受、合理规避、有限损失的平衡点。

1.3.4 风险监控模块

针对风险管理全过程进行监控，确保风险管理活动在各个阶段能够被有效执行，并针对各环节出现的不合理现象进行分析，必要时进行纠偏指导。由于核岛设备采购风险经验数据库信息不足，故须借助一种既能反映核心风险监控事项，又容易操作的载体来实施风险监控，风险监控单是一种比较主流的选择。

2 依托项目 AP1000 主管道设备采购四阶段风险管理应用实例

依托项目 AP1000 主管道设备包含 2 根热段、4 根冷段及 5 根波动管，选用 ASME 标准 SA-376 TP316LN 材料经整体锻造工艺弯制成型，用于连接核岛主回路蒸汽发生器、反应堆压力容器、主泵及稳压器并构成冷却剂回路压力边界。其弯制成型精度要求高，尺寸验收严格且运行工况极度恶劣。

2.1 风险识别

根据典型风险类别[1]，采用专家调查法对依托项目 AP1000 主管道设备采购过程开展风险因素识别（见表 2）。

表 2 AP1000 主管道设备采购风险因素识别表

阶段	节点	序号	主要风险因素
规划设计阶段	设备方案初步设计	W1	• 二代加核电机组采用铸造技术； • 未充分借鉴、反馈国内、外类似设备的功能要求及性能指标

续表

阶段	节点	序号	主要风险因素
规划设计阶段	设备方案详细设计	W2	● 设备成型尺寸要求过高，公差较小； ● 对设备提出的功能要求、性能参数、关键工艺不合理，超出现有行业水平而几乎不可实现
		W3	● 原材料采用 316LN 控氮不锈钢锻件并要求整体弯制成型； ● 设备设计过程中引入了过多的新技术、新工艺、新材料等要求
		W4	● 接口设备及土建尺寸将直接影响主管道设备现场安装、调整裕量； ● 设备对外接口设计（工艺、土建）冲突、不匹配
	设备采购进度、周期要求与费用概算	W5	● 国家核安全局颁发制造许可证的进度无法预估； ● 衡量进度、周期要求时未考虑政策、环境对项目进展的影响
		W6	● 受制于技术储备及重视程度的差异，并非所有潜在供方都能获得国家核安全局颁发的许可证； ● 衡量进度、周期要求时未充分考虑供方市场技术储备能力及供货产能
		W7	● 设备采购费用概算取决于常规产品市场价； ● 设备采购费用概算偏离行业、市场的一般规律
采购招标阶段	请购文件编制、审核	W8	● 上游设计类文件发布延迟； ● 设备请购的上游技术类文件输入延误
	招投标、合同签订	W9	● 发标时，无任何潜在供方获得国家核安全局颁发放的制造许可证，所有潜在供方均在模拟件试制过程中； ● 拟发标供方未及时进入采购方的合格供方名录
		W10	● 供方预中标后，未及时获得国家核安全局颁发的制造许可证导致弃标； ● 供方在预中标后弃标
		W11	● 供方未获得国家核安全局颁发的制造许可证之前，无法完成备案； ● 合同未按照法律法规要求进行备案
合同执行阶段	催交（采购团队）	W12	● 供方合同执行项目管理团队架构不合理、不完整
		W13	● 供方编制的制造进度计划无法满足产品交付进度需求
		W14	● 供方在合同执行过程中部分（全部）环节进度滞后于其制造进度计划
		W15	● 供方外购长周期原材料无法满足进度要求； ● 供方资源供应、保障无法满足进度要求
		W16	● 供方内部排产无法满足进度要求； ● 供方资源供应、保障无法满足进度要求
		W17	● 采购方内部业务流程、接口复杂，效率低下
		W18	● 采购方资金紧张，无法按照设备采购合同要求及时、全额向供方支付设备进度款
		W19	● 采购方的催交工作人力资源配置不合理
		W20	● 采购方未设置应急管理及风险预警机制
	设备制造（供方）	W21	● 质量保证体系无法有效运转
		W22	● 制造过程中质量隐患未能及时整改
		W23	● 未能完成理解合同设备的技术、工艺要求
		W24	● 内部资源供应无法支持制造进度计划要求

续表

阶段	节点	序号	主要风险因素
合同执行阶段	设备制造（供方）	W25	• 合同执行过程出现设计变更导致设备局部（整体）报废
		W26	• 合同执行过程中出现的不符合项未能及时处理
		W27	• 设备尺寸测量验收大纲不明确，测量方法和测量结果存在各方争议； • 设备验收大纲不规范，验收技术条件不明确、不准确、不合理、不完整
		W28	• 供方财务状况不佳，资金流紧张
		W29	• 设备交付过程中出现意外损害
		W30	• 未完成验收放行违规发运
售后服务阶段	开箱检查、仓储移交	W31	• 未按照合同技术要求对设备进行储存、维护、保养
		W32	• 未按合同要求通知相关方参加开箱验收，导致开箱验收结果存在争议
		W33	• 不完整开箱检查导致产品缺陷责任争议
		W34	• 开箱检查中发现的设备缺项、损坏等问题未及时解决
	支持、服务及培训	W35	• 技术支持、服务及培训质量不高，效率低下

2.2 风险评估

完成风险因素识别后，按照公式 1、公式 2 及公式 3 对风险矩阵中涉及的风险概率序值、风险影响序值及 *BORDA* 数及 *BORDA* 序值进行计算，并汇总至风险矩阵表（见表 3）。

表 3 AP1000 主管道设备采购风险矩阵表

序号	风险因素识别	风险概率序值	风险影响序值	*Borda* 数	*Borda* 序值
1	W5	31.5	34.5	4	0
2	W1	34.5	26.5	9	1
3	W3	34.5	26.5	9	1
4	W4	26	26.5	17.5	2
5	W14	26	26.5	17.5	2
6	W15	26	26.5	17.5	2
7	W16	26	26.5	17.5	2
8	W20	26	26.5	17.5	2
9	W25	16	34.5	19.5	3
10	W2	31.5	13.5	25	4
11	W9	31.5	13.5	25	4
12	W10	31.5	13.5	25	4
13	W11	16	26.5	27.5	5
14	W21	16	26.5	27.5	5
15	W22	16	26.5	27.5	5

续表

序号	风险因素识别	风险概率序值	风险影响序值	*Borda* 数	*Borda* 序值
16	W23	16	26.5	27.5	5
17	W26	16	26.5	27.5	5
18	W27	26	13.5	30.5	6
19	W13	5	26.5	38.5	7
20	W29	5	26.5	38.5	7
21	W8	26	4	40	8
22	W7	16	13.5	40.5	9
23	W17	16	13.5	40.5	9
24	W18	16	13.5	40.5	9
25	W24	16	13.5	40.5	9
26	W28	16	13.5	40.5	9
27	W12	16	4	50	10
28	W19	16	4	50	10
29	W6	5	13.5	51.5	11
30	W33	5	13.5	51.5	11
31	W34	5	13.5	51.5	11
32	W30	5	4	61	12
33	W31	5	4	61	12
34	W32	5	4	61	12
35	W35	5	4	61	12

按照上表 *BORDA* 序值排序可将识别的采购风险分为三个层级。第一层级为 *BORDA* 序值 0～3 的 9 个风险因素，其风险等级处于中高级以上，需给予重点关注并采取积极地管理手段类来应对；第二层级为 *BORDA* 序值 4～9 的 17 个风险因素，其风险等级处于中级左右，需给予必要的关注并采取必要的管理手段来应对；第三层级为 *BORDA* 序值 10～12 的 9 个风险因素，因其风险等级较低，可利用风险监控单予以跟踪以避免风险升级、叠加。

2.3 风险应对

对于第一层级风险因素，其应对策略及措施可以照相关原则进行深入挖掘、研究（见表 4）。对于第二、第三层级风险因素，其应对策略及措施研究方法与第一层次类似，但其优先程度、资源配置低于第一层次，在此不再逐一详解。

表 4 AP1000 主管道设备第一层级 9 个风险因素的建议应对策略及措施表

序号/类别	风险因素	应对策略	风险应对措施建议
W5	国家核安全局颁发制造许可证的进度无法预估	风险缓解 风险规避	1. 设立常驻组织、机构，跟踪、协调国家核安全局对取证审查的管理要求，并及时反馈； 2. 明确责任部门及人员，负责跟踪取证单位的取证进展等

续表

序号/类别	风险因素	应对策略	风险应对措施建议
W1	二代加核电机组采用铸造技术	风险预防 风险缓解 风险承担	1. 设计源头评估铸件与锻件性能差异及保留铸造要求的可能性； 2. 提前介入设计方对锻件路线的技术要求，并调研国内主管道锻件供方等
W3	原材料采用316LN控氮不锈钢锻件并要求整体弯制成型	风险预防 风险缓解 风险承担	1. 提前介入设计方对锻件路线的技术要求，并调研国内主管道锻件供方； 2. 根据调研结果探讨调整设计输入的可能性等； 3. 安排各相关方联合参与弯制过程及最终成型的尺寸验收
W4	接口设备及土建尺寸将直接影响主管道设备现场安装、调整裕量	风险缓解 风险承担 风险转移	1. 适当加大主管道设备调整段裕量，为安装阶段提供最大限度的可调整的机会； 2. 严格把控各接口设备、土建尺寸的公差，将其对主管道设备的影响降至可控范围内等； 3. 组织参加主管道设备最终成型尺寸验收
W14	供方在合同执行过程中部分（全部）环节的进度滞后于其制造进度计划	风险预防 风险缓解 风险承担	1. 合理制定客观的制造进度计划、建立进度跟踪、反馈及监控机制； 2. 建立催交、监造分级管理体制，当出现进度出现限定负偏差后，提升催交、监造管理等级； 3. 协调建安管理方，调整设备引入、就位及安装的工序等
W15	供方外购长周期原材料无法满足进度要求	风险预防 风险缓解 风险规避 风险转移	1. 提前介入供方对长周期原材料的潜在分供方进行调研，并协调供方扩大长周期原材料潜在分供方的范围及数量； 2. 监督供方提前启动长周期原材料采购工作；针对工艺不成熟的长周期原材料，协调供方分别向不同分供方采购； 3. 监督长周期原材料的采购、制造进展，必要时提升催交、监造管理等级等
W16	供方内部排产无法满足进度要求	风险预防 风险缓解 风险规避 风险转移	1. 协调供方调整内部排查计划，并监督执行；在供方内部排产确实无法满足进度要求时，督促供方立即启动并落实外协、分包活动； 2. 在确保产品交付时间不变的前提下，对制造进度计划的工序衔接及顺序进行调整； 3. 采购团队严格落实合同中关于合同中止或终止的约束；严格落实合同中关于进度延误罚则等
W20	采购团队未设置应急管理及风险预警机制	风险预防 风险缓解 风险承担	1. 在采购管理体系中建立应急管理机制，明确应急管理的适用范围、流程及责任归属划分； 2. 在采购管理体系中建立风险管理机制，明确风险管理的目标、流程及自认归属划分等
W25	合同执行过程中出现设计变更导致设备局部（整体）报废	风险缓解 风险承担 风险转移	1. 在设计总包合同中需对设计变更的频率进行管理约束，并对产生的损失、责任和费用进行约定； 2. 在采购管理流程中建立费用趋势跟踪流程，用于可能造成采购团队设备费用变化的风险管理； 3. 加强对设计变更的评估，探讨原样照用、让步接收或在原基础上修改的可能性等

2.4 风险监控

完成风险应对策略及措施研究后，进入风险监控阶段。本案例风险监控管理主要针对第三层次 BORDA 序值 10～12 的 9 个风险因素。这里仅选取 W12 风险因素进行风险监控分析（见表 5）。

表 5　AP1000 主管道设备采购风险监控单

<table>
<tr><th colspan="6">AP1000 主管道设备采购风险监控单</th></tr>
<tr><td>序号</td><td>风险因素描述</td><td>适用机组</td><td>XX 机组</td><td>监控启动时间</td><td>XXXX-XX-XX</td></tr>
<tr><td rowspan="8">1</td><td rowspan="8">W12 供方合同执行项目管理团队架构不合理、不完整</td><td>Borda 序值</td><td>10</td><td>计划完成时间</td><td>XXXX-XX-XX</td></tr>
<tr><td>风险等级</td><td>低</td><td>监控责任主体</td><td>采购工程师</td></tr>
<tr><td>应对策略</td><td colspan="3">风险缓解</td></tr>
<tr><td>应对措施</td><td colspan="3">采购团队正式函告供方在规定时间组建项目管理团队及并明确职责分工，报采购团队批准后生效</td></tr>
<tr><td>目前进展</td><td colspan="3">供方已经报送新项目管理团队附职责分工表，等待采购团队予以审核、批准</td></tr>
<tr><td>后续建议</td><td colspan="3">1. 采购团队监控责任主体在 5 个工作日内反馈审核意见或批准；
2. 批准后予以关闭风险监控单</td></tr>
<tr><td>备注</td><td colspan="3">不适用</td></tr>
</table>

3　专业化核电工程公司设备采购风险管控合理化建议

3.1　完善核电工程公司采购体系和管理模式

根据专业化核电工程公司采购业务的目标和定位，打破多头管理、分散管理的状况，提高采购工作效率，则必须选用项目管理的理念来打造公司级采购体系及管理模式。针对核电工程多项目多机组建设的发展趋势，公司需立足于专业化、精细化分工的采购体系及配置，并采用集约化采购模式。

3.2　优化核岛设备采购团队组织架构

旨在发挥专业化核电工程公司在多项目多机组设备集中采购的优势，需设立能独立开展采购实践活动的采购团队，其职能贯穿于设备采购业务的全流程，实行计划、技术、质量、价格、风险一体化管理，以确保采购全过程的一致性。

3.3　全面引入采购风险管理制度

基于采购风险四阶段理论模型，在公司及采购团队层面全面引入采购风险管理制度并落实于管理大纲及程序，切实掌控核岛设备采购过程中的进度状态、技术管理状态、费用投入状态、质量监督状态及可能的发展态势，提前拟定科学、合理并可接受的风险应对策略及措施，以完全实现采购团队在可控的周期内以合理的费用采购到满足要求的核岛设备，并以积极支持项目施工现场需求为最终目标。

3.4　健全核岛设备采购监督机制

根据采购业务流程的特点，科学地建立多层面、多环节的可靠监督机制，确保设备采购活动始终在严格的监督之下进行，以实现“公开”“公平”“公正”“廉洁”“高效”的目标。在采购体系和流程上明确采购决策（管理层、纪检）、采购执行（技术、商务）、采购监督（质量、项目控制）的责任主体，以形成互相监督、制约关系。

3.5　强化与政府主管部门的公关制度

核电工程的特殊性决定了政府主管部门及其下属机构对于核电行业内的各级单位都具有相当大的约束力，甚至否决权。建立常态化的沟通机制及渠道有利于各方及时交换信息、交换意见，避免因各方信息不对称而造成重大的政策性风险和隐患。专业化核电工程公司则必须正式明确归口部门作为与政府主管部门的沟通接口，维持双方或多方之间的公共关系处于稳定的良性可控状态。

3.6 建立经验反馈数据系统

通过核电工程项目实践获得的经验数据，对于后续采购风险管理体系、理论应用、管理模式、应对策略及措施等的修正、完善有着十分重要的指导意义。公司必须尽早建立并完善经验反馈数据平台系统，并设立专门部门或机构负责有效的分类反馈和跟踪。

4 研究结论

采购风险管理体系的覆盖范围主要是基于设计、采买、制造、建造、安装、调试及运行范畴下与采购管理相关的所有活动，该体系的建立可以有效支持采购团队来提前预判内、外部环境可能出现的关键机会和威胁以及对应的潜在影响，从而能够更好地调配有限的资源去应对重要威胁以实现资源利用的最优方案。

采购风险四阶段管理模型可以适用于核岛设备的采购风险管理实践，在风险评估阶段引入的定量计算（BORDA 值及 BORDA 序值）可以有效地将已识别的风险因素进行定量排序，为风险应对策略和措施的选择和实施提供了输入依据。

专业化核电工程公司引入采购风险管理体系势在必行。立足公司层面，执行与采购风险管理体系相配套的管理模式、设置相匹配的采购组织架构显得至关重要。拓展至业务层面，优化资源配置、挖掘管理潜力并完善采购管理流程等举措为采购管理的实践应用提供了积极的保证。

参考文献

[1] 吴捷. AP1000 核电设备采购风险管理研究 [D]. 北京：清华大学，2014.

[2] 程平东，等. 核电工程项目管理 [M]. 北京：中国电力出版社，2006：239-240.

[3] Boehm BW. Software Risk Management：Principles and Practices [J]. IEEE Software，1991，8：32-41.

[4] Dale F. Cooper，C. B. Chapman. Risk Analysis for Large Projects：Models，Methods and Cases [M]. US：Wiley，Chinchester，1987.

[5] 沈建明. 项目风险管理 [M]. 北京：机械工业出版社，2010：24-25.

[6] 方德英，李敏强. IT 项目风险管理理论体系构建 [J]. 合肥工业大学学报（自然科学版），2003，26（1）：907-911.

[7] 卢向南. 项目计划与控制 [M]. 北京：机械工业出版社，2004：49.

[8] 郭丽强，田延军. 基于 WBS 分解法的工程项目风险识别 [J]. 中国高新技术企业，2009，14：132-133.

[9] 李金林. 武器装备研制项目风险管理 [M]. 哈尔滨：哈尔滨工程大学出版社，2010：54-58.

[10] 常虹，高云莉. 风险矩阵方法在工程项目风险管理中的应用 [J]. 工业技术经济，2007，26（11）：134-137.

关于核岛常规岛设计接口作业整合的研究

吴琪瑜，崔爱群

（上海核工程研究设计院有限公司，上海　200233）

摘要：主要介绍在AP1000依托项目管理实施过程中，核岛与常规岛/BOP间接口管理和项目进度计划体系的现状及存在的问题。探索将核岛与常规岛间设计接口提资作业活动纳入设计三级进度计划体系中，并与设计、采购三级计划建立逻辑关系，为后续项目岛间接口的管理提供借鉴。

关键词：接口管理；设计进度逻辑关系；活动代码

Research on NI/CI BOP Design Schedule Matching

WU Qiyu，CUI Aiqun

(Shanghai Nuclear Engineering Research & Design Institute Co., Ltd., Shanghai 200233, China)

Abstract: The current status and existing problems concerning the interface control management and project schedule system between Nuclear Island（NI）and Conventional Island/Balance of Plant（CI/BOP）are presented. The activities inInterface Control Management between NI&CI/BOP will be ~~in~~ attempted to incorporate into the schedule system and establish the logic with the engineering process，and provide the valuable reference for the interface control management of domestic nuclear plant project.

Key words: Interface Management；Design Schedule；Logic Relationship；Activity Code

国家核电引进AP1000技术，建设依托项目是三代核电技术引进、消化、吸收，及再创新的载体，国核工程公司作为项目管理的执行组织，肩负着重要的历史责任。2007年国家核电技术公司联合三门、山东核电有限公司组成联合买方与以美国西屋公司为首的西屋联队作为供方签署合同，在中国三门和海阳联合建造4台三代压水核反应堆工程，称之为AP1000自主化依托项目（以下简称依托项目），自签订合同至并网发电，合同总工期为71个月。由

作者简介：吴琪瑜（1975—　），男，湖北人，高工，硕士研究生，JPMO设计管理部接口副经理，现主要从事依托项目岛间接口管理工作

于依托项目核电项目建设是世界首堆，项目实施过程中出现诸多技术和管理问题，如何从这些问题中汲取教训，寻找有益的经验反馈是我们工程管理者的任务之一。本文介绍了 AP1000 依托项目中核岛与常规岛/BOP 间接口管理和项目进度计划体系的现状及其存在的问题，并尝试将核岛与常规岛间设计接口活动管理纳入进度计划体系并与设计、采购三级计划建立逻辑关系，以保证设计接口的提资管理的可控性，进而不影响设计、采购、施工计划的执行，同时也为后续项目岛间接口的管理提供借鉴。

1 依托项目中设计接口和项目进度管理现状及问题

1.1 项目设计接口管理

（1）设计接口概述

设计技术接口按性质可以分为功能接口（Function Interface）和实体接口（Physical Interface）两大类。针对 AP1000 项目而言，功能接口又分为 01 类功能接口（合同规定）和非 01 类功能接口（包括土建接口、机械接口、电气接口以及仪表和控制接口）。

实体接口一般分为管道接口、电缆桥架、电气电缆、土建和结构接口以及仪控实体接口。本项目主要接口管理的范围是非 01 类功能接口和实体接口。

（2）依托项目设计接口的管理

依托项目设计接口采用 ICM（Interface control management）的管理方式。由业主负责根据设计分工和进度计划，委托上海核工程设计院（SNERDI）编制 ICM。ICM 定期更新，我们也称它为动态的 ICM。该 ICM 内含接口的交换方、涉及的系统或构筑物、接口信息、交换的时间进度要求等信息，以手册的形式发布供各相关方执行和跟踪协调。

ICM 是一条条有接口编码、交换时间和详细交换内容描述的设计接口信息的集合体。编制到这个集合体中的接口信息都是经过各方事先协商同意的，接口交换时间需要与设计二级、三级进度中的相应设计活动相匹配。

依托项目的 ICM 的具体情况如下所示。

1）接口分类设置，包括机械、电气、仪控、等专业。

2）根据系统和接口专业的不同，三门一期分成 16 个大类，海阳一期分为 17 个大类，以便于管理。其中三门 ICM 包括 SWS、SGS_FWS_MSS、CMS_CWS_CDS、VYS_ASS、FPS-RWS、PWS_DWS_DTS_WWS、BDS-SSS-CFS、CAS、PGS、CCS、DWS、CVS、VWS、ELEC、I&C 和 Addition，海阳 ICM 包括 SWS、SGS_FWS_MSS、CMS_CWS_CDS、VYS_ASS、FPS-RWS、PWS_DWS_DTS_WWS、BDS-SSS、CAS、PGS、CCS、DWS、CVS、VWS、ELEC、I&C、Others 和 Civil。

3）接口交换分为两种状态，分为初版“PRE” 和终版“Final”，交换时间以 ATP 为原点，时间精度 1 个月。

4）ICM 在编制阶段使用英语，接口资料的提资方和接收方采用编码代号，编码代号参考 AP1000 文件编码程序（APP-GW-GMP－005）。

5）接口详细描述栏填写时应尽量详细，以使交换双方能清晰理解。接口内容的设置应以“短、平、快”为原则，不宜将涉及地域广、子项多、接口成熟时限长、专业不同的内容放在一个接口内。

6）大多数接口交换时间属于三级进度，在安排上必须和设计二级进度相协调。

1.2　项目控制管理

（1）依托项目进度计划体系

依托项目进度计划体系包括一级进度计划、二级进度计划、三级进度计划和 JPMO-MS 进度计划。其中在联合项目管理机构（以下简称 JPMO）进度计划体系中，AP1000 项目设计三级进度计划是由西屋联队提供的 ENER（责任方为西屋）计划及 SWE（责任方为绍尔）计划组成的，由于设计三级计划内部作业活动逻辑关系较为复杂，且设计审查等内部作业活动与项目管理中对设计文件的发布需求计划不构成直接逻辑关系，因此为了更有效地控制设计文件的发布，便于与后续作业（采购、施工等作业活动）建立逻辑关系，在 JPMO 进度体系中增加设计三级进度接口计划，即 JPMO-MS 计划（计划作业活动类型为 Finish Milestone）。

根据 MS 建立的作业条目，与下游采购及施工活动建立逻辑关联，形成项目整体计划即 IPS 计划。通过建立的逻辑关联及活动状态的更新，可以按逻辑计算和分析影响项目的关键里程碑点，便于对其进行重点跟踪催交。

ICM 接口计划应作为设计计划的重要组成部分加入到三级设计计划中，但因为依托项目的设计接口复杂，且由于业主通过接口手册管理，使这部分内容只通过表格跟踪的方式来完成。

（2）项目控制软件

依托项目运用的项目控制软件是由美国 Primavera 公司开发的 P6 软件。基于广义网络计划技术的理论编制的该软件，可以满足同时管理大量项目的组织的项目管理需求。它采用标准 Windows 界面、客户端/服务器构架、网络支持技术以及独立的（SQL Server Express）或基于网络的（Oracle 和 Microsoft SQL 服务器）数据库。以及基于 SQL、Oracle 和 SQL Server Express 服务器数据库构建的 Project Management 模块。

Primavera 各组件之间的关系如图 1 所示。

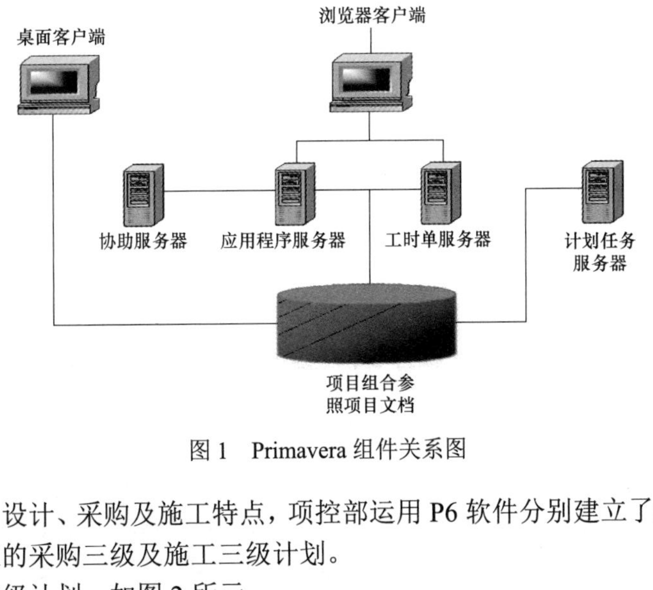

图 1　Primavera 组件关系图

根据依托项目设计、采购及施工特点，项控部运用 P6 软件分别建立了通用设计三级进度计划，分机组建立的采购三级及施工三级计划。

通用的设计三级计划，如图 2 所示。

⊟ AP1000 China E	Engineering (Common)		31022
SWE1	S&W Engineering Schedule	30-Oct-11	10519
ENER - Current	Engineering Schedule (Less Site Specifics) _ links to Const	30-Oct-11	2243
ENER - Archive	Engineering Schedule - Archive (Closed Activities)	30-Oct-11	16257
JPMO MS	JPMO Interface Milestones	13-Nov-11	1974
⊞ AP1000 China O	Engineering Common Other		29

图 2　通用设计三级计划

分机组的采购三级计划（包括 A1 类及非 A1 类设备），如图 3 所示。

⊟ Sanmen	Sanmen Schedules	37288 Active
⊟ Sanmen1	Sanmen Unit 1	19010 Active
⊟ Sanmen1P	Sanmen Unit 1 Procurement	8435 Active
S&W A1-RMI-SM1	China AP1000 S&W A1 Procurement - RMI Schedule - Sanmen Unit 1	3 Active
S1 A1 Ship Rev1 Curr	Sanmen U1 L3 A1 JPMO Shipping Rev 1 (Working)	513 Active
S1 I&C Shp Rev1 Curr	Sanmen U1 L3 Simulator and I&C Shipping (Combined) JPMO Rev 1 (Working)	115 Active
S1 PROC-Rev2-Current	Sanmen U1 L3 B & C JPMO Procurement Rev 2 (Working)	3173 Active
SM - Unit 1	Sanmen Manufacturing Unit 1	2945 Active
SMIC - Unit 1	Sanmen Unit 1 Instrumentation & Controls	1686 Active
⊟ Sanmen1F	Sanmen Unit 1 Fabrication (Modules)	810 Active
S1 MODULE Rev 2-CURR	MODULE SCHEDULE (AP1000 Sanmen Unit1) Rev 2 (Working)	810 Active

图 3　三门 1 号机组采购三级计划

分机组的施工三级进度计划，如图 4 所示。

⊟ Sanmen1C	Sanmen Unit 1 Construction	3953 Active
S1 L3 NI CON R1 CUR	Sanmen Unit 1 Construction L3 schedule Rev 1 Current	2983 Active
S1 MS	Sanmen Unit 1 Interface Milestones	962 Active

图 4　三门 1 号机组施工三级计划

1.3　问题与影响

在依托项目的设计三级计划中，JPMO-MS 计划活动是以文件包的形式涵盖合同要求的设计内容，西屋联队提供的 IED（Index Engineering Document）及与支持施工的设计活动相对应的设计文件包（CDDL-Construction Document Deliverable List）应与此计划中相应的设计活动相对应，由于设计尚未完成及设计变更的影响，使 IED 及 CDDL 文件清单缺乏完整性及准确性。设计活动即文件包在编制时尚不明确文件包所包含的文件内容、版本状态，文件代码等设计信息，因此在项目执行过程中很难及时整理、控制催交文件。

由于常规岛与核岛设计间的技术参数输入未整合到设计三级计划中，这就使得部分活动项跟踪在计划体系之外，特别是仪控设计进度的滞后，更加凸显将 ICM 作为三级计划的组成部分，整合到设计三级进度计划的必要性。

例如：2009 年，西屋联队在进度报告中提出由于常规岛设计方接口资料交换延迟，模拟机的进度将会延迟 18 个月。经 JPMO 设计管理部接口组与业主沟通，对业主通过 ICM 提交的常规岛设计资料逐条核对，发现提资基本满足模拟机开发的要求，而模拟机分包商美国 GSE 公司因为没有将 ICM 提资内容与本身的开发计划衔接而不能清楚辨识影响模拟机开发的活动。据此，业主和 JPMO 一致认为，西屋不能因为业主没有提供完整的常规岛设计输入而延迟模拟机开发进度。为帮助 GSE 及时完成模拟机开发，接口组分别在 2009 年 7 月、8 月、10 月召集各方召开了三次关于模拟机的进度协调会、数据评审会，对涉及模拟机和仪控开发的30多个系统的P&ID图和ICM条目逐条进行梳理、审议和评估，确定满足GSE（美国模拟机承包商）的模拟机开发。三次会议共持续18天，产生13个会议纪要，一百多行动项。在2009年11月的季度会上，WEC和GSE（模拟机承包商）最终承诺模拟机开发进度能够满足2级进度，不存在延误。从中可以看出，如果最初建立了ICM与设计三级进度的逻辑就可以针对每个活动项进行跟踪，就可以避免由于ICM提资进度与设计进度脱节而造成的后续人力、物力的巨大投入。

2 建立逻辑关系实践

2.1 前期准备

由于ICM是以Excel表格内的内容作为接口数据交换的依据，要想将ICM纳入P6与设计、施工和采购进度联系，必须对ICM表格中的涵盖的内容进行重新筛选和诠释。

（1）项目定义

依托项目是中美在三代核电AP1000合作的载体，合同约定，英语为依托项目文件的官方语言。所以本次研究以三门ICM第37版（SMG-GX-M8－101）为基础（英文版），对项目的总体和各个细节进行重新定义。具体如下。

1）本项目名称为ICM Test，项目起始时间设置为ATP－3，删除ICM中体现数据交换状态的Reference、Type Interface、Pre. Data Transmittal（letter No.& Date）、Final Data Transmittal（letter No.& Date）、Status of Final Details、Status、Action和Remarks & Meeting agreement栏。

2）由于接口描述一般较长，而P6对每一个活动项内容长度有限制，为了保证接口，描述尽量简洁准确，特将Interface Description活动项字节长度限制为220字节。

3）将接口提资涉及的系统和责任方栏重新分别定义为Lead Interfacing System、Follower Interfacing System、Interface Requirement Provided By和Interface Requirement Provided To四个栏。

4）根据ICM表格可以知道，ICM的提资时间共分为四种，分别为Pre. Data Required Date、Pre. Data Mutually Agreed Date、Final Data Proposed Date和Final Data Mutually Agreed Date。为了便于与进度控制相连，我们将提资时间优化为两种即初版资料提交和终版资料提交。相应的，将每个ICM条目分为两条，分别表示初版时间提交和终版时间提交。由于接口提资总体较早，且完成的状态直接影响设计进度，属于必须完成，故将所有ICM提资时间都定义为限制时期完成，即限制条件为Finish On or After。

5）依托项目对接口进行分类设置，分别为机械、电气、仪控专业。

（2）编码体系建立

P6软件的功能强大，但要充分发挥效用，首先必须根据工程特点建立一套完整的编码体系。按照合同约定，西屋公司制订出了依托项目进度计划编制办法，统一了依托项目分解结构（WBS）、作业分类码、作业代码和资源代码（详见APP-GW-GMP－005）。由于将ICM纳入进度体系并不是西屋公司的合同范围，所以必须根据ICM的特点新加入相当数量的作业代码。

1）定义系统代码

ICM接口提资涉及的除了不同系统间外还有同一个系统不同责任区域间的提资。为了更准确的反映各个提资系统和区域，共设置59个系统代码，6个系统区域代码（EFS（NI），

EFS（CI），ECS（NI），ECS（CI），ECS（BOP），ECS（CI）&ZAS）和 8 个区域代码（NI/CI，CIVIL，2000，ALL，NI，CI，BOP，CI/BOP）。

2）定义接口资料的提资方和接收方编码

根据西屋公司发布的 AP1000 文件编码程序（APP-GW-GMP–005），各个提资方都有自己的代码。由于很多提资是多方共同提资或是多方接收，为了既准确表达提资方和接受方，又满足 P6 软件的字节限制，必须对该编码重新定义。共设置单独提资或接收方编码 8 个，分别为 GW、G1、G5、G6、GJ、GX、GV1、GV5，多方提资或接收方代码 11 个，分别为 GJ/G1、GW/GJ、GJ/G6、G5/GV5、GX/G5、GJ/G5、G5/G1、GJ/GV5、GJ/GX、GX/GV5 和 G5/GX。

3）定义专业代码

ICM 提资共涉及三个专业，分别为电气、工艺和仪控，其中模拟机提资都包含在仪控提资中。专业代码分别定义为 ELC、MEC 和 I&C。

（3）设计三级活动 WBS 分解

西屋联队的设计三级计划的 WBS 按系统分解为如图 5 所示。

Layout: WBS

WBS Code	WBS Name	Total Activities	Est Weight
ENER - Archive.1.6.8.1.16.09	Plant Integration Coatings	9	1.0
ENER - Archive.1.6.8.2	Systems	1947	1.0
ENER - Archive.1.6.8.2.01	Auxiliary Fluid Systems	56	1.0
ENER - Archive.1.6.8.2.01.02	CCS - Component Cooling Water System	25	1.0
ENER - Archive.1.6.8.2.01.02..01	CCS- Sanmen	1	1.0
ENER - Archive.1.6.8.2.01.08	SWS - Service Water System	18	1.0
ENER - Archive.1.6.8.2.01.08.01	SWS- China Service Water System	18	1.0
ENER - Archive.1.6.8.2.01.08.01.1	SWS - Sanmen Service Water System	4	1.0
ENER - Archive.1.6.8.2.01.08.01.2	SWS - Haiyang Service Water System	4	1.0
ENER - Archive.1.6.8.2.01.10	VUS - Containment Leak Rate Test System	13	1.0
ENER - Archive.1.6.8.2.02	Electrical Systems	20	1.0
ENER - Archive.1.6.8.2.02.01	ECS - Main AC Power System	1	1.0
ENER - Archive.1.6.8.2.02.07	EQS - Cathodic Protection System	2	1.0
ENER - Archive.1.6.8.2.02.06	ELS - Plant Lighting System	3	1.0
ENER - Archive.1.6.8.2.02.05	EHS - Special Process Heat Tracing System	1	1.0
ENER - Archive.1.6.8.2.02.04	EGS - Grounding & Lighting Protection System	1	1.0
ENER - Archive.1.6.8.2.02.02	EDS - Non Class 1E DC & UPS System	1	1.0
ENER - Archive.1.6.8.2.02.08	IDS - Class 1E DC & UPS System	2	1.0
ENER - Archive.1.6.8.2.02.12	ZBS - Transmission Switchyard & Offsite Power System	2	1.0
ENER - Archive.1.6.8.2.02.13	ZOS - Onsite Standby Power System	1	1.0
ENER - Archive.1.6.8.2.02.15	In Containment Cable Management	1	1.0
ENER - Archive.1.6.8.2.05	Nuclear Fluid Systems	696	1.0
ENER - Archive.1.6.8.2.05.01	CVS - Chemical & Volume Control System	96	1.0
ENER - Archive.1.6.8.2.05.02	PXS - Passive Core Cooling System	82	1.0
ENER - Archive.1.6.8.2.05.03	RNS - Normal Residual Heat Removal System	70	1.0
ENER - Archive.1.6.8.2.05.04	PSS - Primary Sampling System	34	1.0

图 5　三门 1 号机组 WBS 分解图

根据以上 WBS 分解可以看出，设计活动是按专业分为：设冷水及厂用水系统、电气系统、反应堆冷却剂系统、仪控系统等。

建议在未来的设计活动策划中，将 ICM 的接口活动按专业考虑到 WBS 中。

2.2　设计逻辑关系

依托项目的核岛设计责任方是美国西屋联队，ICM 接口设计输入应与西屋的设计进度相匹配，了解设计活动之间的逻辑关系是将 ICM 接口交换进度与依托项目设计、采购和施工进度匹配的基础。

设计活动逻辑关系图如图 6 所示。

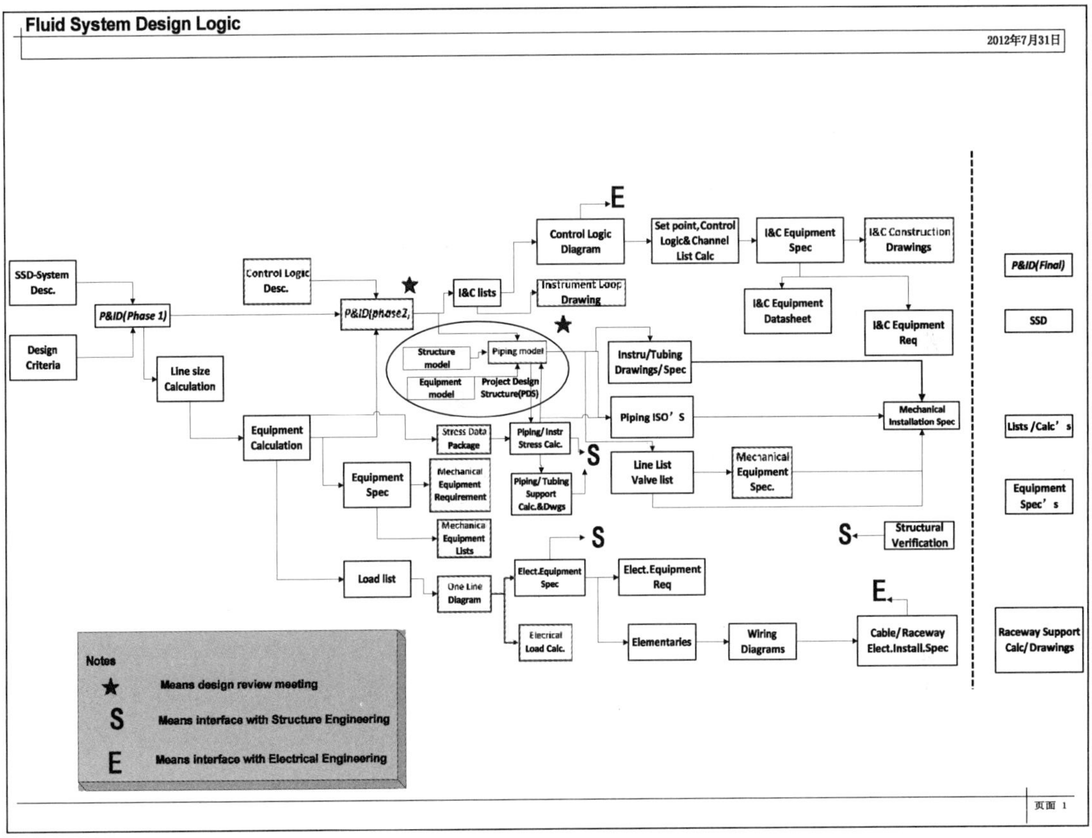

图 6　西屋公司设计逻辑图

通过以上设计逻辑可以对设计阶段作如下分解：

1）初版工艺系统布置—发布初版的 P&ID 及 SSD（Phase 1）；

2）经计算细化深入设计后，发布修改后的 P&ID（Phase 2）；

3）经评审后，提交各专业接口，进行土建、电气、通风、仪控系统的细化计算；

4）经审核通过后，做施工图设计；

5）施工图评审；

6）出版最终设计文件。

根据图 6 的逻辑图显示，常规岛向核岛 ICM 接口条件的输入，接口系统初版应控制在核岛系统布置的初版之前，终版提交应控制在终版 P&ID 之前的一段设计周期（具体视设计责任方需求确定）。

2.3　逻辑模拟示例

图 7 为以 SWS（厂用水系统）为例，将 ICM 活动加入至三级计划 IPS 系统的示例。

根据活动的 ACTIVITY ID 识别 ICM 接口活动，以上视图为由设计采购施工的逻辑模拟示例。通过提交 KT04 模块的初版资料，为 SWS 第一阶段的 P&ID 的发布提供设计输入，随后 KT04 模块终版资料的提交为 SWS 系统的计算以及第二阶段 P&ID 图的发布提供设计输入。而设计的完成及固化又是采购和施工后续活动有序开展的前提。显然，把 ICM 接口活动与三级设计计划活动建立逻辑关系，可使接口活动的提交时间更加清晰，能对设计进度影响较大的接口活动重点跟踪催交。对延误较多的接口活动，根据逻辑连接及时反馈给下游设计方，便于下游设计安排调整三级设计计划，做到重点跟踪催交，发挥计划的预警、纠偏的作用。

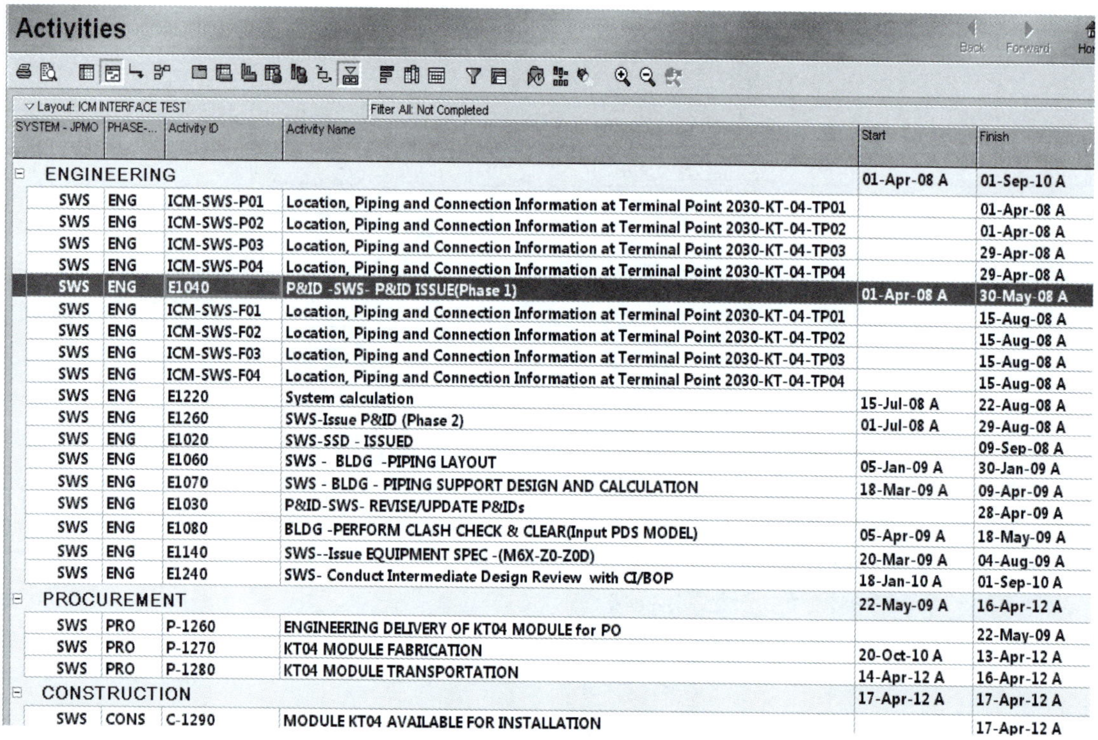

SYSTEM - JPMO	PHASE-...	Activity ID	Activity Name	Start	Finish
ENGINEERING				01-Apr-08 A	01-Sep-10 A
SWS	ENG	ICM-SWS-P01	Location, Piping and Connection Information at Terminal Point 2030-KT-04-TP01		01-Apr-08 A
SWS	ENG	ICM-SWS-P02	Location, Piping and Connection Information at Terminal Point 2030-KT-04-TP02		01-Apr-08 A
SWS	ENG	ICM-SWS-P03	Location, Piping and Connection Information at Terminal Point 2030-KT-04-TP03		29-Apr-08 A
SWS	ENG	ICM-SWS-P04	Location, Piping and Connection Information at Terminal Point 2030-KT-04-TP04		29-Apr-08 A
SWS	ENG	E1040	P&ID -SWS- P&ID ISSUE(Phase 1)	01-Apr-08 A	30-May-08 A
SWS	ENG	ICM-SWS-F01	Location, Piping and Connection Information at Terminal Point 2030-KT-04-TP01		15-Aug-08 A
SWS	ENG	ICM-SWS-F02	Location, Piping and Connection Information at Terminal Point 2030-KT-04-TP02		15-Aug-08 A
SWS	ENG	ICM-SWS-F03	Location, Piping and Connection Information at Terminal Point 2030-KT-04-TP03		15-Aug-08 A
SWS	ENG	ICM-SWS-F04	Location, Piping and Connection Information at Terminal Point 2030-KT-04-TP04		15-Aug-08 A
SWS	ENG	E1220	System calculation	15-Jul-08 A	22-Aug-08 A
SWS	ENG	E1260	SWS-Issue P&ID (Phase 2)	01-Jul-08 A	29-Aug-08 A
SWS	ENG	E1020	SWS-SSD - ISSUED		09-Sep-08 A
SWS	ENG	E1060	SWS - BLDG -PIPING LAYOUT	05-Jan-09 A	30-Jan-09 A
SWS	ENG	E1070	SWS - BLDG - PIPING SUPPORT DESIGN AND CALCULATION	18-Mar-09 A	09-Apr-09 A
SWS	ENG	E1030	P&ID-SWS- REVISE/UPDATE P&IDs		28-Apr-09 A
SWS	ENG	E1080	BLDG -PERFORM CLASH CHECK & CLEAR(Input PDS MODEL)	05-Apr-09 A	18-May-09 A
SWS	ENG	E1140	SWS--Issue EQUIPMENT SPEC -(M6X-Z0-Z0D)	20-Mar-09 A	04-Aug-09 A
SWS	ENG	E1240	SWS- Conduct Intermediate Design Review with CI/BOP	18-Jan-10 A	01-Sep-10 A
PROCUREMENT				22-May-09 A	16-Apr-12 A
SWS	PRO	P-1260	ENGINEERING DELIVERY OF KT04 MODULE for PO		22-May-09 A
SWS	PRO	P-1270	KT04 MODULE FABRICATION	20-Oct-10 A	13-Apr-12 A
SWS	PRO	P-1280	KT04 MODULE TRANSPORTATION	14-Apr-12 A	16-Apr-12 A
CONSTRUCTION				17-Apr-12 A	17-Apr-12 A
SWS	CONS	C-1290	MODULE KT04 AVAILABLE FOR INSTALLATION		17-Apr-12 A

图 7　整合 ICM 的 SWS 三级计划图

由于 ICM 涉及多方设计责任方，所以根据专业分活动并加以 ACTIVITY CODE 来识别提资料方与接收方。本次探索只将常规岛向核岛方提资的活动整合，建议后续项目可根据具体设计分包责任制定核岛对常规岛反提的活动控制。

下例可以更清晰的显示接口活动与系统设计活动的逻辑关系。

以 KT04 模块设计为例，从常规岛设计方提供初版的管道接口位置、流量到核岛设计方，支持厂用水系统规格书初版发布，随设计细化和深入，常规岛设计方提供终版的管道接口位置、流量到核岛设计方，支持厂用水系统规格书终版发布，进而开展管道及模块应力计算，出模块制造规格书，支持模块采购、制造、交运、安装等后续作业活动。设计逻辑图如图 8 所示。

以上示例均为笔者建立的模拟逻辑关系，而非依托项目中的实际操作的活动。把常规岛与核岛之间的接口活动整合到三级进度中，使其与相应的系统设计及相应的后续设计三级进度计划活动建立逻辑关系，将有利于设计活动的控制管理，便于及时与责任设计方澄清设计活动的进展状态，分析对后续设计输入活动的影响进行。该匹配尝试在以往的核电设计管理中均未应用过，传统的设计三级进度接口管理均使用 EXCEL 表格跟踪完成，而将接口活动应用 P6 程序来管理，在国内核电项目管理甚至在 AP1000 的设计管理中尚属于首次尝试。

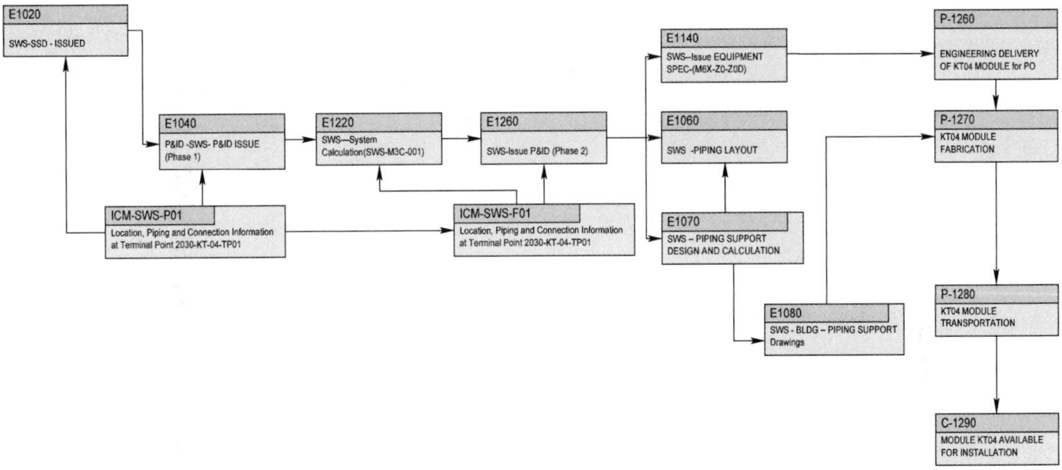

图 8　KT04 模块设计逻辑示例

3　结束语

通过以上实例，可以得出，将 ICM 接口提资活动细化整合进设计、采购和施工进度以后，可以从进度计划中清晰的了解设计、采购和施工的前期制约因素，能提前预见进度计划执行中的关键点和难点，对进度计划的有效实施起到了启示和促进作用。

由于依托项目是 AP1000 技术首次在工程实践中实施，整个项目进度计划不可避免地出现了各种各样的问题，如设计三级进度计划作业条目不够细化、作业活动重复，导致部分作业无法有效监控，设计变更频繁，主设备清单不断升版，物项代码持续修订导致采购进度计划实施困难。ICM 在整个实施工程中，增补和删减的条目很多，很多条目存在语焉不详，要求不明的情况，给后续的执行带来了诸多难题。所以目前进行匹配的 ICM 条目只有很少的一部分，课题的主要任务是探索方法的可能性。

后续计划中，主要可考虑在两方面进行改进：

（1）在优化设计、采购进度计划和 ICM 的基础上，可以将所有的实体和功能接口条目分解优化进相应的进度计划中，使得接口提资进度与设计进度、采购进度建立逻辑，特别关注重要的技术接口作业的逻辑关系的建立和跟踪。

（2）为实现不同施工单位之间的协同作业，根据 AP1000 依托项目核岛的施工特点及管理特点，按照 6 个月滚动计划合理设置提前量，采用 3D 模拟技术，构建核岛与常规岛、BOP 之间的工程接口模型，实现工程接口可视化动态控制，从而为施工单位之间的协同作业提供依据，便于协调设计、采购、施工进度，避免矛盾影响项目里程碑的实现。

参考文献

[1] 程平东，孙汉虹主编. 核电工程项目管理［M］. 北京：中国电力出版社，2016.
[2] 赵军，浅谈 Primavera6_1 在工程项目管理中的应用［J］. 矿冶，2010，（3）.

AP1000 反应堆压力容器放气管安装干涉问题及其解决方案的研究

杨 飞，邱 建

（上海核工程研究设计院有限公司，上海 200233）

摘要：AP1000 核电技术作为新型非能动压水堆第三代核电的领军技术，其在多方面进行了创新和改进。这也使得 AP1000 的主设备与以往核电项目的主设备存在诸多区别。本课题起因于某制造厂在制造某项目 AP1000 反应堆压力容器过程中未对顶盖上的控制棒驱动管座和放气管的安装顺序进行合理规划，过度依赖以往核电项目经验，致使驱动管座安装完成后对放气管的安装形成干涉，放气管无法安装到顶盖上的管孔中。问题发生后，采用在放气管直段增加一道焊缝的方案，经过模拟验证和最终安装及检查，成功解决了安装干涉的问题。经论证新增焊缝的解决方案是可行且符合 ASME 标准要求的。由于该问题得到了较好地处理，而避免了工期的拖延和质量隐患。

关键词：AP1000；反应堆压力容器；放气管；装配

AP1000 RPV Vent Pipe Assembly Interference Problem and Its Solution

YANG Fei，QIU Jian

（Shanghai Nuclear Engineering Research & Design Institute Co., Ltd.，Shanghai 200233，China）

Abstract: In order to resolve AP1000 RPV vent pipe assembly interference problem，a plan of adding a newly weld seam on the vent pipe is introduced. With simulation verification，assembly and inspections all implemented，the plan is proven to successfully resolve the assembly interference problem，in consideration of design and standard requirements being met. Results illustrate that the plan of adding a newly weld seam is a feasible scheme through ASME standard validation，and it can be a successful experience of others to go by.

Key words：AP1000；Reactor Pressure Vessel；Vent Pipe；Assembly

作者简介：杨 飞（1987— ），男，蒙古族，内蒙古赤峰人，工程师，学士，现主要从事核电采购管理工作

AP1000 核电技术作为新型非能动压水堆第三代核电的领军技术，其在多方面进行了创新和改进，这也使得 AP1000 的主设备与以往核电项目的主设备存在诸多区别，本课题涉及的正是 AP1000 核电的心脏——反应堆压力容器，在制造过程中发生因采用以往核电设备制造经验而导致顶盖放气管无法安装的一个制造问题。本课题的研究，起因于某制造厂在制造压力容器过程中未对顶盖上的控制棒驱动管座和放气管的安装顺序进行合理规划，致使驱动管座安装完成后，对放气管的安装形成干涉，放气管无法安装到顶盖上的管孔中。此问题的发生一定程度上可能会影响到某 AP1000 核电厂建造投产的周期；由于该问题得到了较好地处理，而避免了工期的拖延和质量隐患。

1 放气管干涉问题论述

1.1 放气管干涉事件的发生

AP1000 项目反应堆压力容器当进行到顶盖组件上的放气管安装时，发现放气管与 CRDM（控制棒驱动机构）的驱动管座（编号：5 号、6 号、9 号、20 号、25 号、44 号、61 号）及顶盖组件外表面发生干涉，无法正常将放气管安装到顶盖组件的放气管孔中，如图 1 所示。

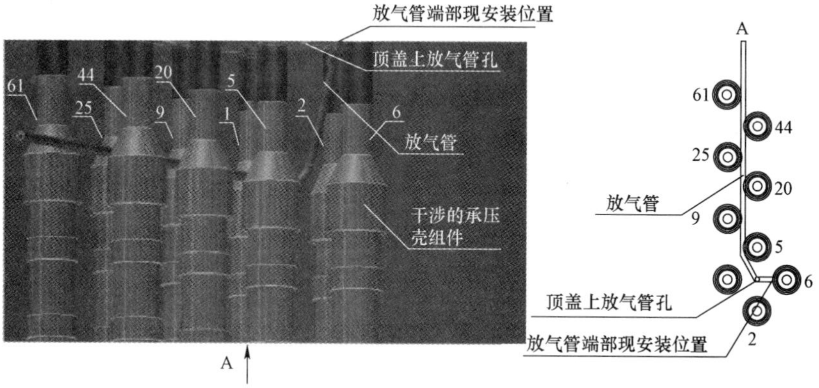

图 1 放气管安装干涉位置示意图

1.2 AP1000 压力容器顶盖构造与其他项目顶盖的区别

通过对比图 2、图 3 和图 4 发现，其他项目的反应堆压力容器放气管是从正方形排列的两排 CRDM 驱动管座中的间隙穿过。AP1000 的反应堆压力容器放气管是沿着对角线与 CRDM 驱动管座小圆外径（ϕ106.16 mm）的切线间（间距为 108.88 mm）的路径穿出而 CRDM 驱动管座大圆外径（ϕ203.2 mm），其切线间的间距为 11.84 mm。

图 2 某参考项目的放气管位置图

图 3　AP1000 项目反应堆压力容器放气管位置图

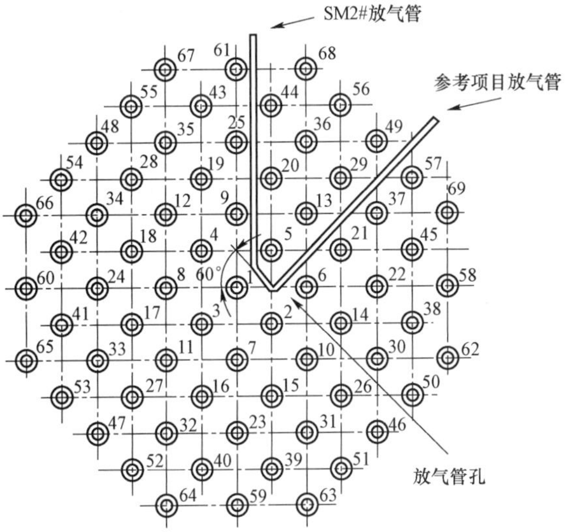

图 4　放气管路径对比示意图

1.3　干涉数据分析

通过表 1 数据分析发现放气管在竖直方向上的长度比驱动管座凸台与顶盖外表面的间隙要大 72.30 mm，放气管后引入时必须要借用 CRDM 驱动管座大圆外径的切线间距，由于此间距只有 11.84 mm，而放气管直径是ϕ33.4 mm，无法通过形成安装干涉。两个方向的干涉共同导致了钢性的放气管无法后穿入顶盖上的放气管孔。

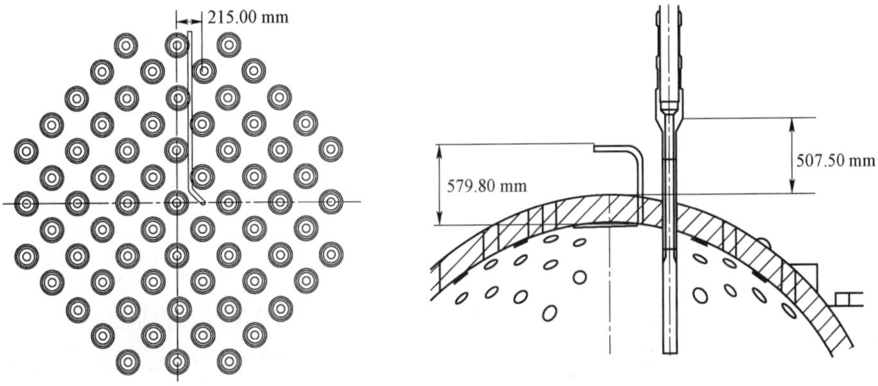

图 5　影响干涉的主要尺寸

表 1　放气管安装干涉关键尺寸

<table>
<tr><th colspan="2">水平方向相关尺寸/mm</th><th colspan="2">竖直方向相关尺寸/mm</th></tr>
<tr><td>驱动管座凸台直径（大圆）</td><td>203.2</td><td rowspan="2">驱动管座凸台底部距顶盖外表面距离</td><td rowspan="2">507.50</td></tr>
<tr><td>驱动管座中心间距</td><td>215.04</td></tr>
<tr><td>凸台部位剩余间隙</td><td>11.84</td><td rowspan="2">放气管竖直方向长度</td><td rowspan="2">579.80</td></tr>
<tr><td>放气管直径</td><td>33.40</td></tr>
<tr><td>水平干涉尺寸</td><td>21.56</td><td>垂直相干尺寸</td><td>72.30</td></tr>
</table>

2　解决问题的三种可能方案

我们在第 1.3 节分析中提到，放气管的安装干涉是在水平和竖直两个方向同时存在的。只要消除一个方向上的安装干涉，就可以成功安装放气管。

2.1　方案一：方位不变，标高改变

将放气管标高尺寸 2 336.8 mm 减少为 2 241.8 mm，放气管的其他尺寸和方位与设计图纸保持一致，将放气管的长度减少 95 mm 以后，即解决了干涉问题，又给后续顶盖保温层的装配预留了 30 mm 以上的余量，如图 6 所示。

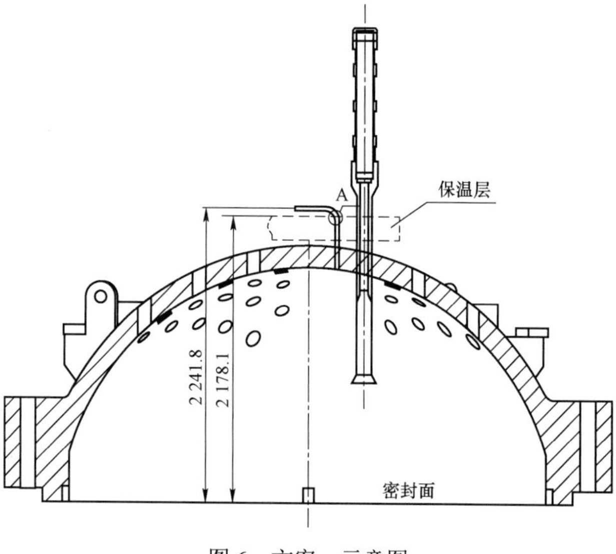

图 6　方案一示意图

2.2　方案二：标高不变，方位改变

即借鉴其他参考项目，放气管沿两排 CRDM 驱动管座的间隙穿出，两排 CRDM 驱动管座凸台的间距为 100.91 mm。这样的走线方式，在水平方向完全不会对直径 33.4 mm 的放气管安装产生影响，具体如图 7 所示。

2.3　方案三：方位和标高不变，增加全焊透焊缝

增加全焊透焊缝要考虑焊缝的焊接和后续探伤便利两方面的问题。顶盖的厚度为 164.3 mm，顶盖外表面距 CRDM 驱动管座凸台的距离为 507.50 mm，选择在距离放气管下端面 217.6 mm 的位置截断，既可以保证放气管剩余长度 362.20 mm 可避免安装干涉，又可以使

增加的焊缝深入顶盖内壁进行焊接和无损检测，如图 8 所示。

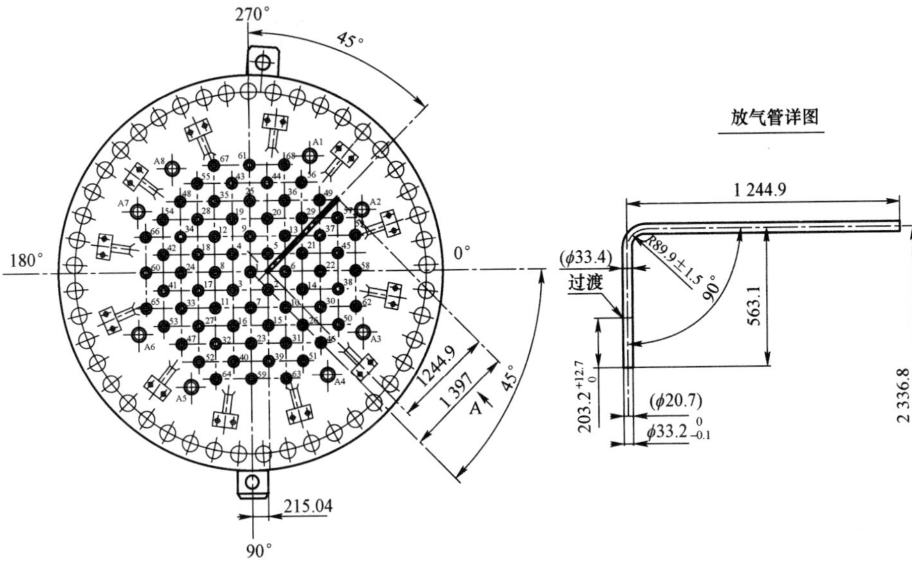

图 7　方案二示意图

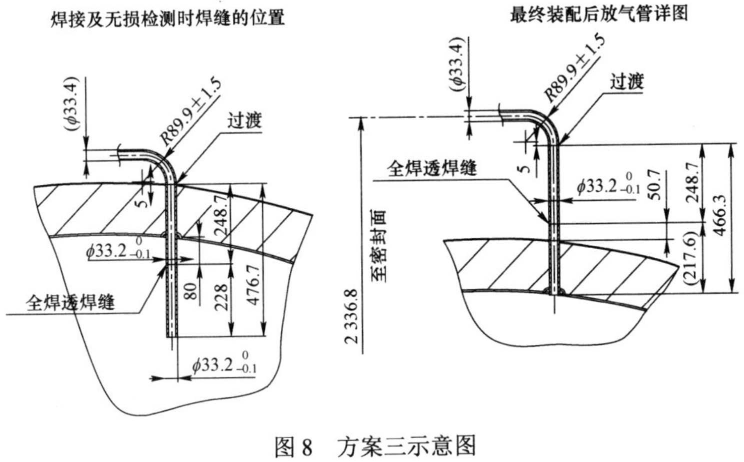

图 8　方案三示意图

3　确认最佳方案

相对于方案一，方案三不改变放气管管线的标高，因而不会导致放气管与反应堆压力容器顶盖保温层距离过近的问题，方案三改动的只是放气管本身（增加一条焊缝），不对外部管线造成影响；相对于方案二，方案三不改变管线布置，因此不需要进行新的抗震和水力学输入评估；另外，方案三使用原有放气管毋需重新制造。

综上所述，三种解决方案中，方案三相对原设计要求的影响最小，应该被视为最佳方案。

4　方案三的验证和执行

对于方案三的验证和执行采取可行性验证、模拟件试焊和焊接实施三个步骤进行，如图 9 所示。

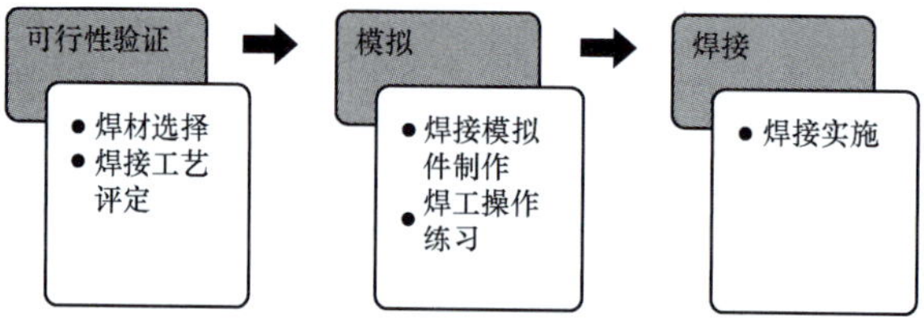

图 9　放气管装焊的工艺流程

4.1　方案三的可行性验证

4.1.1　焊接材料选

放气管的材料为镍基合金，可选择放气管与顶盖管孔间的 J 型坡口焊缝所用的 SANICRO68HP ERNiCrFe−7 ϕ0.9 mm 镍基焊丝全焊透焊缝的焊接。

4.1.2　焊接工艺评定

因没有现成的焊接工艺评定，因此增加了相应的焊接工艺评定，部分参数及评定结果如图 10 所示。

<table>
<tr><td colspan="5">焊接工艺评定主要参数</td></tr>
<tr><td colspan="2">焊接坡口</td><td colspan="3">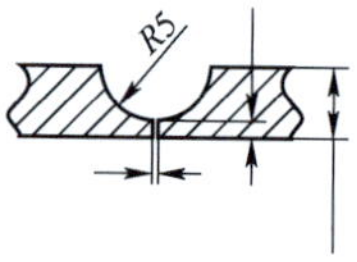</td></tr>
<tr><td colspan="2">焊接方法</td><td colspan="3">手工 GTAW 横焊</td></tr>
<tr><td colspan="5">电特性参数</td></tr>
<tr><td colspan="2">焊接电流</td><td rowspan="2">电弧电压/V</td><td colspan="2" rowspan="2">焊接速度/（mm/min）</td></tr>
<tr><td>极性</td><td>电流/A</td></tr>
<tr><td>DCEN</td><td>57～120</td><td>11～15</td><td colspan="2">56～100</td></tr>
<tr><td colspan="5">性能试验</td></tr>
<tr><td>试验项目</td><td>要求值</td><td>试验值 1</td><td>试验值 2</td><td>评判结果</td></tr>
<tr><td>抗拉强度/MPa</td><td>585</td><td>试样 1 号 741</td><td>试样 2 号 736</td><td>合格</td></tr>
<tr><td colspan="5">无损检测：对焊缝进行了 PT 和 RT 检测，均无超标显示</td></tr>
</table>

图 10　焊接工艺评定主要参数及结果图

4.2　焊接模拟件制作及焊工技能练习

4.2.1　模拟件单件的尺寸数据

按图 11 尺寸数据准备试管和试板。其中，试管Ⅱ和试管Ⅲ模拟放气管截断后的两部分，封头试板模拟顶盖，四周使用圆管模拟高出封头内侧直径 156 mm 的 CRDM 管座，还原实际焊接工况，如图 12 所示。

4.2.2　模拟件装焊及尺寸数据

按照表 2 的模拟件试验顺序进行装焊和试验并得到相应实际尺寸。模拟件实物照片如图 13 所示。

试管Ⅱ	外径	ϕ33.15 mm
	长度	228 mm
试管Ⅲ	外径	ϕ33.14 mm
	长度	200 mm
封头试板	高度	160 mm
	孔内径	ϕ33.30 mm
试管Ⅱ和试管Ⅲ的直线度		0.04 mm

图 11　模拟件单件关键尺寸图

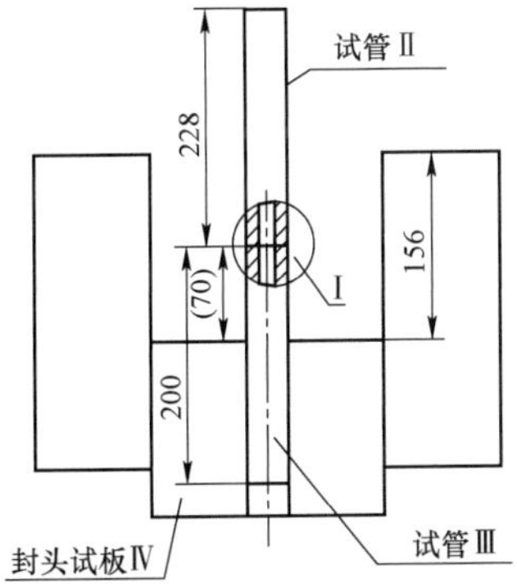

图 12　焊接模拟件示意图

图 13　焊接模拟件照片

表 2　模拟件试验具体工作步骤和数据

序号	具体工作步骤和数据
1	装配高度：70.14 mm（即图 12 中的 70 mm 尺寸）
2	试管Ⅱ和试管Ⅲ点固后的焊缝坡口宽度：12.3 mm，坡口装配间隙：2.38 mm，试管直线度：0.04 mm
3	焊缝首层焊后试管直线度：0.04 mm
4	焊缝第 2 层焊后试管直线度：0.07 mm
5	焊缝第 3 层焊后试管直线度：0.04 mm，且试管进行回落试装无阻碍顺利通过
6	焊缝第 4 层（盖面前）第 3 道焊后焊道高于母材本体，故试管直线度和回落试装未进行
7	焊缝盖面后进行修磨，修磨后试管的直线度：0.05 mm，外径尺寸：ϕ33.10～33.12 mm、试管进行回落试装无阻碍顺利通过，取出

4.2.3　无损检测

放气管模拟件焊接过程中对接焊缝首层和最终表面 PT 检测合格；焊后原始焊道 VT 检查合格；最终表面修磨后 PT 及 RT 检测合格。

4.2.4　焊工练习

为确保焊缝质量，考虑产品焊接位置特殊，使焊工在空间受限情况下熟练掌握该焊缝的焊接操作，模拟练习焊接 20 件的试验件。除首件焊接后略有变形外，其余 19 件试验件检验结果均合格，表明焊接过程稳定质量可控。

4.3 产品焊接

（1）采用专用装配工艺进行产品装配，清理。

（2）使用脱脂棉布对 J 坡口窝进行有效保护，防止污染。

（3）在直段孔内装配找正芯棒，利用芯棒与放气管弯段进行装配、找正，保证坡口间隙 2.5 mm±0.5 mm，同轴度≤0.1 mm。用 3 块筋板镍基筋板进行点焊固定，然后去除装配用芯棒。

（4）坡口均布点固 3 点，然后分段进行焊接，首层单面焊双面成型。依次去除 3 块固定筋板，完成首层焊接。首层焊道 PT 合格后，进行后续焊道焊接。随时检查同轴度，确保最终尺寸合格。

（5）全部完成后，清理表面，PT 探伤合格后，进行焊缝 RT 检测。

（6）无损检测合格后，由钳工修磨外表面余高。PT 检测合格后，回装放气管，进行 J 坡口焊缝焊接。

（7）J 坡口焊缝焊接结束后，由钳工对拼接焊缝内表面进行打磨，保证内表面平滑。

（8）全面交检。焊接完成放气管焊缝如图 14 所示。

5 效果检查

5.1 标准要求的检查

在制造阶段，根据 ASME NB5200 的要求，须对增加的焊缝进行 RT、PT 检测。为保证质量，可针对此焊缝内壁使用内窥镜 VT 检测。

5.2 检查结果

5.2.1 表面检查

放气管装焊完成后，通过内窥镜对放气管内表面进行了检查，同时通过目视检查的方法对外表面进行检查，均未发现裂纹、夹渣、气孔、咬边等焊接缺陷，焊缝处过渡圆滑，满足设计要求。图 15 为焊接完成后的放气管。

图 14 放气管附加焊缝完成

图 15 装配完成的放气管

5.2.2 尺寸检查

对焊缝处的外径尺寸进行检查，结果为 33.12～33.14 mm，满足放气管该处原设计要求的 33.10～33.20 mm 的要求；使用外径为 20.54 mm 的通棒，可完全插入放气管内孔，因而确定其满足设计要求的 20.50 的最小内径要求。

5.2.3 无损检测

在焊缝首层和最终焊缝表面及焊缝两侧 15 mm 进行了液体渗透探伤（PT），未发现相关显示；对焊缝进行了射线检测（RT），未发现相关显示，可以确认结果符合设计要求。

6　总结

AP1000 反应堆压力容器放气管安装干涉问题是我国新型三代核电技术引进与吸收和主要设备国产化过程中的一个较为典型的思维革新和经验积累的案例。在后续的 AP1000 设备制造和创新过程中，核电工作者要吸取教训，避免过度用经验指导工作。

参考文献

[1] ASME. ASME Code [S]. Section III，1998 Editon with 2000 Addenda. New York.
[2] ASME. ASME Code [S]. Section V，1998 Editon with 2000 Addenda. New York.
[3] ASME. ASME Code [S]. Section IX，1998 Editon with 2000 Addenda. New York.
[4] ASME. ASME Code [S]. Section XI，1998 Editon with 2000 Addenda. New York.

海阳 AP1000 核电项目文档管理实践与探讨

姚雪琴

（山东核电有限公司，山东 烟台 265100）

摘要：核电厂工程是一项技术含量高、接口复杂、建设周期长、投资大的建设项目，文档是信息的载体之一，建立一个严密的、科学的、有效运作的文档管理体系，不仅能保证建设项目管理中信息的沟通，而且对建成后的电厂的安全运行及维修也十分重要。山东海阳核电一期工程是国家三代核电自主化依托项目之一，在全球首批采用 AP1000 先进压水堆技术建造。海阳核电项目作为首批 AP1000 依托项目，山东核电有限公司结合自身的项目管理特点，建立了一套适应其项目发展的文档管理体系，并于 2019 年 7 月 2 日在机组商运半年内通过项目档案预验收。对其文档管理实践和探索开展研究，于后续开工建设的 AP1000 核电项目将有着重要意义。本文采用理论分析和实证分析相结合的方法，通过对海阳核电文档管理特点、管控措施等论述项目文档管理工作实践，并在此基础上探讨改进建议，为后续电厂项目档案管理工作提供参考借鉴。

关键词：海阳 AP1000；项目文档；管理实践

Haiyang AP1000 NPP Document Management Practice and Discussion

YAO Xueqin

(Shandong Nuclear Power Co. , Ltd. , Yantai of Shandong Prov. 265100，China)

Abstract: A nuclear power project is a construction project with high-level technology input, complicated interfaces，long construction period and large investment. As one of the information carriers，document is involved in all works and activities during the construction phase. Large amount of various documents will be generated from feasibility study to as built acceptance. Therefore, a rigorous, scientific and effective document management system can not only guarantee effective information communication during project construction management，but also is vital to the safety operation and maintenance after operation. “Everything should be procedure based，have designated responsible and inspection personnel，and be documented for further checking” is

---

作者简介：姚雪琴（1978— ），女，江西南昌人，馆员，硕士，现从事核电档案管理研究

emphasized in nuclear power companies. While each department is required to focus on physical construction of the NPP, document and archive management is of same importance. All construction works and activities should be based on relevant construction documents; complete documents should be developed and followed for works in every stage like engineering, manufacturing, construction, installation, construction supervision and commissioning. As a basis for the safety operation of a NPP, while qualified physical construction work should be maintained, its construction documents and archives should also be properly kept to provide traceable original records for technical improvement. As Generation III nuclear power project is on the way to rapid expansion, Haiyang nuclear power project, as the first batch of AP1000 relying project, Shandong nuclear power co., ltd.has established a set of document management system suitable for its project development based on its own project management characteristics. In July 2019, it passed the pre-acceptance of project files within half a year of the commercial operation of unit 2. Therefore, the study on its document management practice is of great significance and provides reference to following AP1000 nuclear power projects to be constructed. By adopting the method of combining theoretical analysis with empirical analysis, this paper discusses the theory of project document management, analyzes the document management practice of Haiyang nuclear power project, and provides a basis as how to manage documents in NPPs. Document management work plays a more important role in nuclear power companies than that in other industries. Therefore, document management work, whether good or bad, will directly affect the quality of nuclear power construction and operation period.

Key words: Haiyang AP1000; Project Document; Management Practice

1　项目文档管理特点

目前，我国已建的核电厂堆型众多，项目管理方式各不相同，有外方主导的交钥匙工程、有我国自主建设的专业分包工程。海阳核电项目作为首批引进建设的 AP1000 原型堆，无相同堆型参考电厂，其项目文档管理与其他核电项目有相同之处，亦有不同之处。总结海阳 AP1000 核电项目文档管理具有以下特点。

1.1　参建单位众多，管理困难

项目参建单位众多，来自不同国家，管理水平不一，业主单位对于文档管控起来难度非常大。海阳核电项目前期工作始于 1993 年，从前期的勘探选址报批，到工程设计，再到设备供货和建安施工，上百家合同单位参与到工程建设项目中。项目采用核岛总包、常规岛专业委托管理的复杂项目管理模式，该模式在其他核电项目并无先例，这么多单位及复杂的合同关系，自然导致项目文档管理接口复杂、协调困难。参建单位的文档管理水平良莠不齐，国内国外文档理念标准不一，极大地增大了文档管控的难度。海阳核电参建单位既有直接与业主单位签订合同的，又有与总承包单位签订合同的；既有国内承包商，又有国外承包商，接口复杂，极大地增加了业主单位的管控难度，要想管好并不容易。

1.2　技术文件量大，升版频繁

核电工程以技术文件为主，整个核电工程建下来，文件数量往往非常惊人。海阳核电项目一期工程截至 2018 年年底共收到技术文件 35 万多份，工程类信函年均 3 万～5 万份，文件涉及工程领域各个专业，相互接口，管理复杂。AP1000 项目在全球首次建设，属于边设计边施工，变更频繁。为确保工程的质量，工程各项工作必须执行有效的文件，任何的变更都必须及时修改到图纸上，对文件进行升版，海阳核电一期工程文件升版快、版次多，仅核岛变更文件就有 3 万余份，有的文件升版数十次。

1.3 建设周期长，人员变动快

核电厂建设周期通常比较长，工程从选址到开工就需 10 年以上，从项目开工到项目竣工验收也得 5 年至 6 年[1]。海阳核电项目于 2003 年重新启动，一期工程于 2009 年 12 月正式开工，1 号、2 号机组先后于 2018 年 10 月 22 日、2019 年 1 月 9 日投入商业运行，在这十几年的建设过程中，文件不断修改补充、产生变更、升版发布，且文件的载体类型多，有照片、视频、音频、射线底片、实物等各种介质，要自始至终对文件进行跟踪、监督，才能保证最终建设过程中文件的完整性。同时，各供应商、承包商、总承包商包括业主单位的文档人员都是在不断流动和变化的，这就可能造成前期文件遇到的问题，后人无法处理或根本找不到原始文件的现象[2]。从而导致某些文件缺失，且无从追索，给工作带来很大的困难。

1.4 大量电子文件产生，归档难度大

海阳核电 AP1000 核电项目的核岛供应单位为美国西屋公司，在合同中明确规定提交的文件介质为电子文件，用于现场施工，包括在线形成的设计文件和线下形成的设备制造文件，无传统意义的纸质原件。国内参建单位也使用各自的文档系统生成文件，给业主单位的文档信息系统开发接口带来了诸多不变。电子文件大量产生和传递，鉴定电子文件归档和档案的真实、有效性给档案人员带来了极大的挑战。

1.5 设计不固化和设备大量调用，增加了文件鉴别难度

设计不固化，设备、模块安装后，仍不断产生设计图和变更，对于判断设备文件的完整性和跟踪带来困难。同时，海阳核电项目两台机组、海阳项目和三门项目的之间发生的大量设备相互调用情况，也给设备制造文件的准确性鉴定增加了困难。

2 项目文档管控措施

山东海阳核电一期工程是国家电力投资集团有限公司第一个控股建设的核电项目，也是三代核电自主化依托项目，项目建设投资大、周期长、参建方众多，没有成熟的文档管理模式可供复制。山东核电借鉴同行经验，结合 AP1000 项目管理实际，项目档案按照总包合同及相关程序要求实行“谁形成（谁主办）、谁收集、谁整理”的原则。各参建单位完成合同规定所承包项目的全部文件的编制、收集、整理和组卷，保证归档文件的系统、完整、准确，能够全面反映工程建设活动的全过程，竣工文件必须“过五关”方可完成移交，走出了具有海阳核电特色符号的文档管理之路。

2.1 建立文档一体化管理体系，把住档案质量源头关

在山东核电成立之初，山东核电就对文档工作进行统一规划，制定了文档管理一体化的管理目标。通过统一的组织机构、统一的程序制度、统一的过程管控、统一的文档信息平台，将档案管理要求落实到文件前端，强调全员管理、全过程管理。

文档人员坚持把文件质量要求提在前面，把文件质量管控落实在前端，建立执行文档审查机制。文档人员按照文件规范标准，逐项检查每份图纸、程序和信函，详细记录发现的问题和整改情况，把好文件形成质量关。按月发布报告，统计分析文件规范性质量发展趋势，就倾向性问题及时进行干预。定期开展文件有效性检查，针对各处室产生的记录特点和突出

问题，明确记录填写规范要求并进行宣贯和培训，确保记录规范形成。档案科将归档审查工作前探，主动收集完工工程项目清单、到货设备清单、签订合同清单、会议清单等，根据职能部门实际业务开展情况审查档案完整性，防止漏归情况发生。文档人员与业务人员一起编制合同归档文件完整性检查模板，根据采购模式的不同，确定不同的应归档文件清单，对照清单检查归档合同文件的完整性，做到心中有数，减少人因失误。

同时，山东核电积极开展档案宣传工作，注重全员参与，服务项目建设大局，将档案宣传与公司重大活动相结合、与公司日常管理相结合、与档案的收集和提供利用相结合。每年开展"国际档案日"主题宣传，通过制作宣传展板、发布微信公众号、组织文档知识竞赛等；组织项目参建单位开展海阳核电项目优秀文档人技能竞赛；多次邀请国家档案局、省档案局和核电同行档案专家到现场授课；重视程序培训，组织承包商及公司员工进行新版程序宣贯。通过多种多样的宣传方式，带动项目全员参与，强化全员档案责任意识，提升项目文档管理水平。

2.2　文档管理要求纳入合同条款，把住项目文件管理责任关

山东核电文档工程师参加合同招评标、合同谈判工作，针对建安、设计、设备采购等不同合同类型分别制定了标准的文档合同条款，对于重大合同，文档人员参与合同招标、评标和合同谈判全过程。通过合同条款约定，明确项目文件管理责任，包括项目文件形成的质量要求、归档范围、归档时间、归档套数、整理标准、介质、格式等内容。同时，监理合同条款明确了监理单位对所监理项目文件和档案的检查、审查责任，总承包合同明确了总承包单位对所辖分包单位项目文件和档案的检查、审查和汇总责任。

项目管理过程中，山东核电编制程序《合同评价管理》，对合同单位履约情况实施年度评价，评价内容包括信函管理、文件控制、项目档案移交和文档专项检查等项目文档工作的责任履约情况。督促核岛总包单位、常规岛施工委托管理单位、常规岛采购委托管理单位和监理单位履行好管理职责，加强对施工单位和供应商的文档日常管控，各司其职，共同做好项目文档工作，确保项目文档质量。

2.3　移交纳入项目管理，把住项目文件移交进度关

纳入计划管理，实施同步控制。文档部门结合工程项目进展，发布年度文件归档专项计划。设置专人跟踪，将年度计划分解到月，发布月度文档专项计划，计划完成情况纳入公司部门绩效考核，计划部门跟踪项目文档移交计划与工程计划的匹配度，从而保证文档移交与工程移交同步性。

纳入合同执行管理，实施全程管控。设立文档支付节点，按文档移交比例支付合同费用；参与合同支付审查、合同履约评价，对承包商文档管理情况实施考核；参加合同结算协调会，将竣工文件移交作为合同结算的前提。

纳入领导议事日程，建立项目管理协调机制。建立有效的沟通协调机制，总包单位定期召开文档月例会或双周会，业主单位不定期召开文档专题协调会，业主、总包、监理及参建单位参加。项目文档工作纳入业主单位领导月会议程，重大问题则提交项目高层协调会商讨解决。

2.4　强化文档管理经常性检查评估，把住文档管理监督关

开展文档专项检查，发挥业主单位和管理单位监管职责。除质保监查外，业主单位每年对总包单位/委托管理单位和监理单位每年开展文档管理工作专项检查，参加总包单位/委托管理单位组织对施工单位的文档管理工作专项检查，督促参建单位针对发现的问题采取整改措

施并验证其落实情况，形成闭环管理；加强对参建单位的业务指导及监督力度，发挥业主单位和总包单位/委托管理单位监管职责，不断提升整个项目的档案管理水平。

实施分阶段归档移交，开展档案同行评估。遵循文件形成规律，采用年度移交与子项完工移交相结合的方式，实施文件分阶段归档移交，并将检查常态化，邀请文档专家检查指导，开展阶段性档案同行评估，及时发现问题及时整改[3]。项目核准后，于 2010 年 1 月开展了项目前期文件同行评估；进入调试阶段，于 2016 年 10 月开展了建安阶段项目档案同行评估工作；1 号机组投入商运后，于 2018 年 5 月完成 1 号机组及公共子项项目档案自检工作；2 号机组投入商运后，于 2019 年 7 月通过一期工程项目档案预验收。

2.5 建立文档四级审查机制，把住档案质量审查关

项目始终坚持全员参与原则，严把竣工文件的审查关，建立了施工单位自查，总包单位、监理单位、业主单位检查的四级审查机制。文档部门和技术部门相互配合，技术部门重点审查文件的完整性和准确性，文档部门重点审查文档的规范性和系统性，确保项目文件与工程实际一致，完整、准确、系统、规范。

建安竣工文件由施工单位按照项目程序要求进行收集整理，自查合格后提交总包单位审查，经总包单位技术人员和文档人员审查通过后提交监理单位审查，专业工程师审查通过后提交业主单位审查，经业主单位工程、设计、接产部门的技术人员和文档人员审查通过后，签署竣工文件验收单，并办理移交手续。审查中发现的问题，由施工单位进行整改，提出单位进行逐一验证，以确保所提问题得到整改。

设备竣工文件由供应商按项目程序要求进行收集整理，电子文件提交总包单位审查，总包单位采购部门和文档部门审查通过后提交业主单位审查，业主单位采购部门组织设计、维修、技术和文档人员进行联合审查，审查中提出的问题由供应商整改，提出单位进行验证。最后纸质文件由总包单位文档人员整理组卷，业主单位文档人员进行最后的规范性审查，审查通过后签署竣工文件验收单，并办理移交手续。

档案接收时，业主单位档案人员对档案进行逐卷检查，图纸逐张检查，电子文件逐件检查；入库时，逐盒清点，确保进馆档案的质量。

3 问题探讨

3.1 同一个合同管理接口不唯一，增加沟通障碍

一期工程建设中，核岛总承包方设有 JPMO 和 SPMO 两个管理接口，TG 包和 SRTF 合同主体是联队模式，合同方为多个单位，在文档工作中，需要梳理不同的问题然后找不同单位接口沟通，接口多、关系复杂，沟通困难，容易扯皮，效率低下。

建议：在后续合同实施工程中，每个合同设唯一的项目管理机构，合同内事宜由其内部沟通，从而提高沟通效率，减少沟通障碍。

3.2 单位之间文件信息系统无交换接口，传递效率低

一期工程建设期间，西屋联队、JPMO、SPMO 以 CDC 作为核岛工程文件控制中心；业主单位使用 CIMS 存储核岛/常规岛工程文件、调试文件、生产技术和公司管理性文件。CDC 与 CIMS 之间未能建立文件交换接口，导致大量的信函、技术文件传递需要依靠人工下载和上传，工作量大、人因失误可能性高、及时性差。

建议：在后续项目建设中，文件传递模式上，总包单位应建立与业主单位系统的文件交换接口，提高文件处理及时率和准确率，降低人因失误率。

3.3 竣工图集中编制，质量和进度风险大

海阳核电一期工程按张发布施工图，对施工图未建立 FOR USE 措施，图纸升版频繁，施工承包商未维护完整的施工图和变更清单，未建立施工图母本。核岛工程自 2015 年 10 月启动竣工图编制工作，各方就竣工图编制范围就花了半年多时间进行清单梳理，但仍存在遗漏的问题。常规岛工程后期也发现厂家安装图未纳入安装竣工图。施工承包商编制竣工图时，因为未在施工过程中做好施工图清单、变更的基础信息管理，从零开始，工作量集中，加上人员流动性大，变更多，编制人员缺乏经验，编制所需时间非常长、且质量不高。

建议：在后续项目建设中，总承包方做好前期规划。（1）总承包方在工程启动初期明确竣工图编制职责、范围（来源于设计院、厂家、建安承包商的各类施工图），结合工程实际，明确竣工图编制分步启动的时间、移交时间及可能遇到的问题的解决措施等，形成方案，并经业主单位审查认可。（2）总承包方在施工过程中，建立用于施工的有效图纸清单，并且建立变更的执行台账，确认执行完毕的变更是否需画到竣工图中，这些清单和台账通过系统实时更新，总承包方、施工承包商和业主单位均能实时在系统上查阅。（3）由施工承包商建立现场施工图纸母本，当发生现场变更（如设计变更通知、现场变更申请、澄清）和不符合项报告使得现场实际情况与现场母本不相符时，由施工承包商根据变更文件修改现场母本。确保过程中使用的施工图的准确性。（4）业主单位加强过程监管。包括施工图有效清单的建立、变更实施台账的有效控制、竣工图编制的同步性措施等。

3.4 部分设备文件质量不高，需加强过程控制

一期工程建设期间，存在 A1 类设备质量数据包中部分页面不清晰、文件不完整且无法整改；部分设备文件内容质量无法满足生产阶段维修需要；同一份设备文件的不同版本，给予不同的 AP1000 编码导致版本控制偏差；设备调用文件信息未反映在相关文件上，导致与调用设备不相符的现象；设备运维文件打包管理，机组移交时，设备竣工文件中的文件不能及时更新到最新版本；移交归档的设备竣工文件编码与过程中传递文件编码不一致等问题。

建议：在后续项目建设中，加强对设备文件的标准化管理，杜绝文件版本控制问题，进一步提高设备文件的内容质量和规范性质量，确保设备文件信息与设备的一致性，并确保为最新版。

4 结论

海阳核电项目作为首批 AP1000 自主依托化项目之一，结合自身的项目管理特点，建立了一套适应其项目发展的文档管理体系。2015 年 12 月，山东核电有限公司获山东省档案局组织的“档案工作科学化示范单位”称号，成为省档案局推荐调研交流学习单位；2019 年 7 月，于 2 号机组商运半年内就顺利通过项目档案预验收。对于新建核电项目，海阳 AP1000 核电项目文档管理有许多值得借鉴的地方。

参考文献：

[1] 王柏钊，邹鹏．基于件生命周期浅谈核电工程文档一体化管理［J］．办公室业务，2014（9）：107.

[2] 王浩文．核电工程总承包中的文件管理［J］．科技创新与应用，2014（1）：264.

[3] 纪红卫．核电工程项目档案分阶段验收模式探析［J］．档案学通讯，2014（06）：91-96.

AP1000 依托项目总承包文件的归档实践和思考

袁佳燕

（上海核工程研究设计院有限公司，上海　200233）

摘要： 国核工程有限公司作为 AP1000 依托项目 EPC 总承包管理单位，负责其职责范畴内项目管理文件的归档和移交。总承包管理文件的归档移交存在合同要求不明确、过程收集难、移交标准和接口不统一等难点，文档人员通过制定移交方案、细化工作手册等措施，并配合项目档案同行评估和预验收工作行动项要求，不断完善和提升依托项目总承包文件的规范性，最终完成向业主的移交。随着项目管理信息化进程的推进，项目文件归档工作需拓宽思路，改进总承包文件归档模式，保证项目管理文件满足准确性、完整性、系统性、规范性乃至可靠性及安全性的要求。

关键词： AP1000 依托项目；总承包管理文件归档；信息化

Practice and Thinking on EPC Project Management Documents Archiving of AP1000 Self-Reliance Project

YUAN Jiayan

(Shanghai Nuclear Engineering Research & Design Institute Co., Ltd., Shanghai 200233, China)

Abstract: State Nuclear Power Engineering Company is the EPC management unit of AP1000 Self-Reliance Project, responsible for the archiving and turnover of the project management documents. The archivists of the project encounter with difficulties such as undefined turnover scope, collection retardation, complex interfaces. They accomplish the turnover by creating procedures and instructions, normalizing documents uopon expert's evaluation comments. Project archives management should follow the steps of informatization of the project management to ensure that the EPC management archives meet the requirements of accuracy, integrity, systematicness and normalization.

Key words: AP1000 Self-Reliance Project; Project Management Archives; Informatization

---

作者简介： 袁佳燕（1987—　），女，上海人，馆员，学士，现主要从事企业档案管理工作

国核工程有限公司作为世界第三代压水堆 AP1000 核电技术首次在中国投入建造的 EPC 总承包管理单位，与美国先进的项目管理公司联合办公，负责三代核电项目共 4 台机组的设备采购、建安管理和项目管理工作，该项目称为 AP1000 依托项目（下称依托项目）。总承包项目管理机构分设联合项目管理机构（JPMO）以及现场项目管理机构（SPMO），JPMO 负责统筹协调项目管理事宜，以及两个项目非 A1 类核岛设备的采购管理，SPMO 则负责现场建安管理。

1 核电总承包文件归档管理现状

AP1000 项目中采取中外方联合办公模式，然而国外对档案移交管理的重视程度相对国内较低，核电项目档案的整理和移交标准基本以国内的为主。由于核电项目具有周期长、外部接口多、文件类型多且量大等特点，从业主到总包单位将项目档案管理的重心持续放在“老大难”的“设备竣工文件”和“建安竣工文件”上，项目管理文件虽在核电文件归档范围之内，行业内对其重视度不够，导致目前此类文件的归档管理水平参差不齐，存在总承包单位不组卷移交管理文件、或移交范围小、组卷系统性不强等情况，这对后期业主方的利用都会带来不便。

2 依托项目总承包管理文件移交的特点及难点

总承包文件是核电厂建设过程中由总承包管理单位直接形成的具有保存价值的记录，它反映了工程管理的全过程，揭示了项目管理活动的一般规律和特点，为后续项目组建管理机构，实施组织管理积累了宝贵的经验。

参考 DA/T28 中的归档范围，以及总承包合同中确定的移交归档职责，依托项目中需要整理移交的项目档案包含设计文件、非 A1 类设备竣工文件、建安竣工文件以及总承包文件。依托项目总承包文件是由 JPMO 和两个 SPMO 在实行项目管理活动过程中产生的文件总和。

如果说设备及建安竣工文件的收集和接口移交质量是总承包单位对下游单位归档管理质量的体现，那么总承包文件的归档移交情况就是自身归档管理质量的体现。文档人员必须确保总承包文件的移交进度和质量符合约定要求，体现总承包单位的管理水平，为业主单位提供最全面、准确的项目过程管理信息，成为总承包单位文档必须研究的一个课题。

依托项目总承包文件根据管理模式特点，由 JPMO 与 SPMO 两个项目管理部同时产生，并分别由所属地文档管理人员负责预归档管理，在项目结束前双方基本保持独立运作。正是由于地点和分工不同等的特点，移交工作存在以下难点。

2.1 归档范围无统一标准

确定总承包单位需承担归档职责后，就需要 JPMO 及 SPMO 文档协作梳理移交范围。从现行标准中并未找到核电项目管理文件哪些是必须包含总承包管理单位文件的，同时 EPC 合同中仅明确了总承包单位文件提交范围，未明确移交范围。业内调研发现，由于各家总承包单位与业主签订的合同范畴不同，总承包单位对项目文件的归档职责深度都与依托项目业主的要求不太一致，故借鉴意义不大。总承包文件归档范围标准的缺失，为文件移交工作带来较大挑战。

2.2 同步对口两方业主

同一项目虽是相同的总承包管理模式，不同的业主会有不同的要求，差异不仅体现在移交的范围，还体现在整编细节要求的不同，如档案分类、移交时间、移交份数、接口方式、档案装具、编目、编页等细节要求等。JPMO 文档需要在集中的移交时间节点，要同步满足双方业主要求，进行文件的收集和整编，管理成本、时间成本和人力成本都大大增加。

由于总承包文件的产生部门有 JPMO 及 SPMO 各部门，根据文档管理属地接口原则，业务人员将文件归档至所属地文档人员进行整编。若由 SPMO 统一收集后移交，就要求 JPMO 的过程归档管理十分完善，结合实际情况综合评估后，依托项目确定采取属地文档收集整编的模式。对外移交接口，则根据业主差异化要求，业主 A 由 SPMO 文档统一接口，业主 B 则由 J/SPMO 分别接口。接口方式的多样化，加上管理过程中人员的流动，对总承包文件的移交工作带来一定阻力。

2.3 文件线下发布

依托项目总承包文件基本采用线下纸质编审批，文控规范性检查设置于批准节点后，文件规范性问题很难规避。

在执行年度集中归档计划时，存在因人员流动导致的文件原件流失等情况。

因此在移交阶段，必须辅以再次催交和补归档工作，一定程度上影响了移交进度的推进。

3 总承包文件移交采取的良好实践

3.1 采取主动，不同中求大同

文档人员主动思考总承包文件的归档要求，结合行业标准和实际产生的管理文件类型，拟定归档文件类型，联合编制针对不同业主的《总承包文件整理与移交工作指导书/移交方案》，确定出需要移交的文件类型、档案分类、移交计划和整编原则；根据业主要求的差异，编制内控移交计划，计划内容包含移交文件类型、整编负责人、业主方、移交时间要求，内控各节点完成时间（内控）等，作为归档工作的重要参考文件之一。

面向两方业主的流程则基本一致，总承包文件移交流程如图 1 所示。

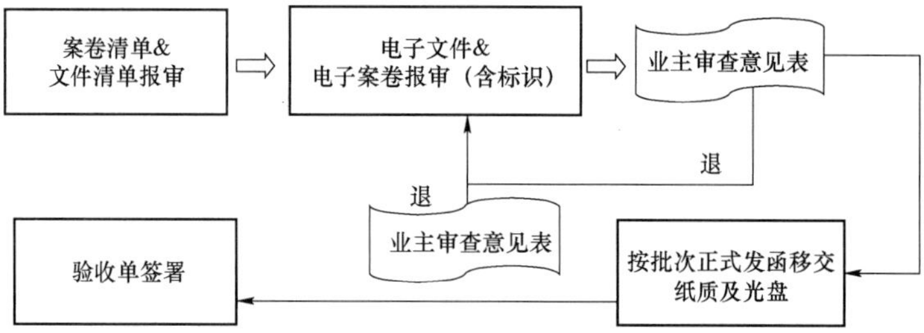

图 1 总承包文件移交流程图

注：最后批次移交时，将验收单和案卷编制说明组卷移交。

3.2 维护工作手册，以不变应万变

总承包文件的归档与竣工文件收集一样贯穿了整个项目周期，区别在于总承包单位和业主单位对针对这类归档文件的档案人员相对机动，人员工作交接成为常事。根据这一管理特点，工作手册的编制和维护至关重要。手册的维护包含上述《总承包文件整理与移交工作指导书/移交方案》的升版维护、也包含历次审核意见、纸电整改记录的汇编、总结。总结内容可以细化到纸质装订的注意事项、对外沟通注意点、系统著录关注项、电子页码标注和批量打印的技巧等等。

根据文件类分类梳理结果，移交小组成员内由一人进行工作任务分解，包括每名成员的

工作内容，每一工作阶段的时间节点，组内工作的组织协调并定期开展工作盘点小组会，集中解决总包文件整理过程中的共性问题和困难。

3.3 外部移交同时完善内部归档

根据公司归档管理要求，需移交业主的总承包文件均需移交公司档案。依托项目中档案人员负责按计划主动搜集归档文件，除了从（预）归档库中获取外，同步向业务部门发起收集指令，督促其完整归档管理文件，完成外部移交任务的同时确保内部馆藏的完整。

归档文件的准确性和规范性，元数据清单的准确性和规范性等指标也需同步保证。档案人员制定 AB 角分工，对每类待移交的文件进行自查和互查，并保留检查记录，形成经验反馈。为了提高文件检查工作效率及准确性，小组人员编制了电子文件规范性检查单（见表 1），该清单的建立为公司正式发布《档案工作细则》提供了素材，为提高档案人员标准化作业水平提供模板。

表 1 电子文件规范性检查单

检查项	检查内容
基本要素	文件编码、标题、版本是否完整、准确
编审批	签字是否完备、是否有批准或生效日期
页面	是否符合阅读习惯、完整，是否留有足够装订空间
清晰度	页面是否清晰可辨认，有无污染
完整性	文件是否完整、有无缺页情况
元数据	案卷及文件数据是否与实际一致，案卷题名是否合理
电子命名	文件夹及文件命名是否与移交要求一致

4 总承包文件归档工作的思考

4.1 提高归档意识，提升文件质量

从依托项目实践得知，总承包文件的移交要求和范围应在 EPC 合同谈判阶段作为专项讨论确定。方案一旦滞后，在管理文件大量产生的情况下，收集完整率将会大大降低。

总承包文件的归档移交方案应列入项目档案整体规划，在项目执行初期加以明确。通过提升各部门对文件移交的重视度提升计划实施效能。

尤其应重视声像文件的归档责任确定，细化到责任处室甚至责任人，并采取有效的过程管控措施，利用先进的声像文件采集工具，来确保收集的及时性和完整性。

4.2 加速文档数字化，提高归档完整性

提升主观上的归档意识的同时，还需创造归档便利的客观条件。

我国正处于核电建设的黄金时期，要充分利用信息科学技术促进并推动数字化文档信息化的提升，为核电企业的可持续性发展提供强有力支持；核电档案工作者建设好数字化文档库，是为了更好地服务于业务部门[1]。

因此，文档人员应参与到业务流程的表单化和信息化过程中，将文档要求加入前端开发需求实现在业务流程进行中同步收集、整理过程文件并对文件质量进行监控，以满足归档要求，从而实现对文件的超前控制和全程管理，最大程度保证电子文件的真实性、完整性、可用性和安全性。

4.3 加强人员培训，保障接口通畅

提升移交各批次间的前后接续性，避免移交过程中易错关键点，是提高移交效率的重要保障。针对人员流动这一任何单位都不可避免的情况，应加强文档人员在岗培训和经验反馈，确保工作细则简单易传承，不随人员变化而出现断层；对移交流程中纸质输出、光盘刻录、移交批次等频率的科学设置是流程简化的着眼点。

在信息化时代，文档人员不仅需要具备文档信息系统的操作技能，还要对业务信息化流程有一定的了解，才能提出科学的归档顶层设计和规划方案。应加速建立业务平台和档案系统的归档接口，将传统的主流纸质移交向数字化移交发展，才能体现信息化时代的档案管理水平。

参考文献

［1］张柏山．数字化核电文档管理［M］．北京：中国原子能出版社，2018：99.

AP1000依托项目大宗材料计划管理

袁景杰

（上海核工程研究设计院有限公司，上海 200233）

摘要：本文介绍了AP1000依托项目大宗材料的范畴，大宗材料在核岛安装所占比重以及大宗材料专项计划管理流程。阐述了依托项目在大宗材料计划管理方面存在的不足，并从管控意识、进度体系、管控深度、工程量转化规则、软件平台五方面提出了改进措施，为后续项目大宗材料计划管理提升提供参考。

关键词：AP1000；大宗材料；量化管理；管道；电仪；通防

AP1000 Project Bulk Material Planning Management

YUAN Jingjie

（Shanghai Nuclear Engineering Research & Design Institute Co., Ltd.，Shanghai 200233，China）

Abstract: This paper introduces the scope of the AP1000 project bulk materials，the proportion of bulk materials installed in the nuclear island installation，the management process of the bulk material special plan，expounds the shortcomings of the project in the management of bulk materials planning，and at the same time，From the five aspects of management awareness，Progress system，management depth，engineering quantity conversion rules and software platform，provide reference for the follow-up project bulk material installation schedule management improvement.

Key words: AP1000; Bulk Materials; Quantitative Management; Pipeline; Electric Instrument

大宗材料是整个核电厂的微观组成部分，通过多个系统的液态、气态流体管道，电力控制网络将所有设备、构筑物连接成一个整体，实现电厂的功能。

2014年5月，三门依托项目1号机组厂房结构基本形成，反应堆厂房管道、电仪等大宗材料施工进入高峰期，在此之前，现场各家单位对进度计划的管控主要体现甘特图的计划管理，现场管理关注点主要为里程碑目标、形象进展、关键设备施工，对于大宗材料安装缺乏计划统计管理，为解决三级、四级进度计划管理在量化方面的不足，使大宗材料的安装实质

作者简介：袁景杰（ — ），男，浙江三门人，中级，本科，现主要从事进度计划管理工作

性纳入计划管理，加强了管理单位计划管控的全面性，由管理单位牵头组织安装承包商、业主对大宗材料安装工程量进行盘点。

1 大宗材料的安装范围及工程量比重

1.1 大宗材料安装范围

通常范围的大宗材料包含管道、电仪、通风三个专业。每个专业再进行细分，管道专业包含管道、支架、阀门三项；电仪专业包含桥架、桥架支架、明装导管、明装导管支架、IED导管、电气设备、仪表设备、仪表管、电缆敷设、电缆端接10项；通风专业包含风管、风阀2项，共计15项（见表1）。

表1 大宗材料安装工程量清单

序号	施工内容	单位	SM1 设计总量	SM2 设计总量
电仪专业				
1	桥架支架安装	EA	6 589	6 387
2	明装导管支架	EA	4 866	5 061
3	IED 导管	EA	93 402	99 511
4	明装导管	M	46 698	54 266
5	电缆桥架	M	10 329	10 965
6	电气设备	EA	942	1 134
7	仪表设备	EA	1 132	1 146
8	仪表管	M	3 018	3 839
9	电缆敷设	M	460 901	444 146
10	电缆端接	EA	20 594	20 486
管道安装				
11	管道	M	40 454	40 113
12	支架	EA	12 138	13 158
13	阀门	EA	3 167	3 167
通风安装				
14	风管	M2	15 798	15 798
15	风阀	EA	743	743

从表1可见依托项目两台机组工程量不完全一致，存在差异的原因是：1号机组采用的数据是基于2013年的设计输入数值，在后续的施工过程中，设计方西屋电仪发布了大量的变更文件，且早期承包商在设计总量统计方面也存在一定的误差，2号机组大宗材料安装纳入专项计划管理，对计划统计更加重视，大宗材料设计基本固化，采用的数据为2015年的设计工程量，且两台机组设计总量本身存在差异。

1.2 大宗材料在核岛安装的比重

通过对核岛施工三级进度计划进行资源加载，将核岛安装所有工程量转化为消耗的人工资源，用人工作为统一的工程量度量单位，分别统计各专业施工在整体安装工程的占比，依托项目大宗材料安装占据核岛安装 91%的工程量，可以理解核岛安装的 91%时间是消耗在大宗材料安装。同时，从二代加核电的点值工程量分布，大宗材料安装占核岛施工的比重同样为 91%（见图 1），可见大宗材料安装是核电建造的主要组成部分，对大宗材料的安装计划管理必须重视。

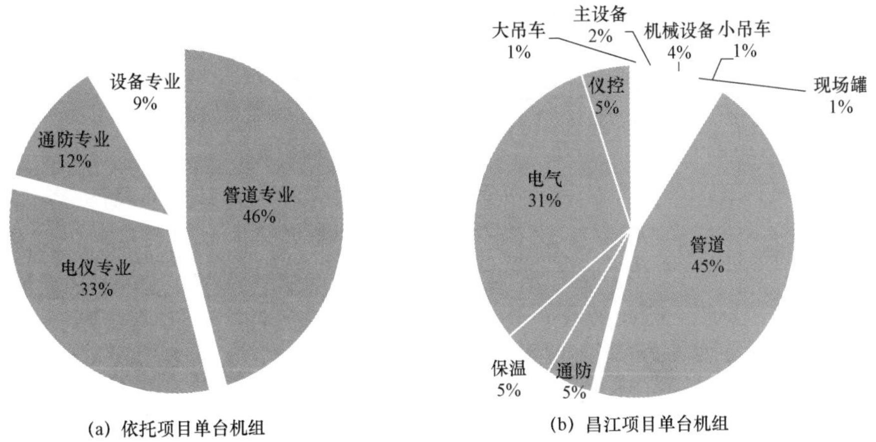

图 1　核岛安装各专业工程量比例

2　依托项目大宗材料计划管理

大宗材料安装计划管理主要针对当月计划完成状态、下月安装计划编排，图 2 是依托项目 2015 年 10 月大宗材料安装月度专项计划，区别于传统计划管理模式，大宗材料计划管理侧重于工程量管理，大宗材料从物项组成、施工特点上与土建施工、机械设备不同，土建施工、机械设备施工更侧重于施工逻辑、施工路径，而大宗材料施工的特点是整体重于个体、量重于逻辑。

依托项目大宗材料安装计划，直接推动了区域施工的完成，间接推动了相关厂房的房间移交以及系统移交，大宗材料安装完成是系统移交的基础，系统交付又可推动里程碑目标的实现。

在整个大宗材料管理过程中，每月的计划侧重点有所不同，具有倾向性，比如在施工前期，较为关注 40 厂房的电气设备、电缆敷设及端接的工程量，目的是推动倒送电里程碑的实现，在施工中期陆续关注 12 厂房 2 区电气、管道的完工，以推动主控室可用里程碑，施工后期关注 5/6 区大宗材料的收尾及完成，为了实现燃料可用里程碑，待到 11 厂房主体结构完成，正进行钢结构施工及重要设备吊装就位时期，关注点转移至电气导管、桥架等电缆路径的施工，为打通 11 厂房电缆通道创造尽量好的条件。从厂房施工方面，根据依托项目 1、2 号两个机组的经验，厂房移交的先后顺序依次为 50 厂房、60 厂房、40 厂房、12 厂房、11 厂房，大宗材料的计划管理也围绕厂房施工顺序编排计划。其管控流程如下。

2.1　月底盘点

每个月底，由管理单位项目控制部组织召开大宗材料月末盘点及下月计划会，会前由承包商单位分电仪、管道分别报送大宗材料盘点报告，报告数据日期为上月 26 日至本月 25 日，以确保数据的完整性。

20150929_SMG－GV2－GBL－100034_Bulk installation schedule for oct.2015 10 月份大宗材料作业计划

三门核岛建造工程 **2015** 年 **10** 月主要大宗物项作业计划

SMNPP Bulk Installation Schedule－Oct, 2015

序号	施工部位	单位	设计总量	累计完成量	累计完成百分比/%	剩余工程量	10 月计划	制约问题	制约量
#1 核岛#1NI									
一、电气专业									
1	桥架支架安装	ea	6 589	6 585	99.94	4		1. 主泵预留制约 4 个，主泵小车挡住	4
2	桥架安装	m	10 329	10 319	99.90	10		1. 主泵预留制约 10 m，主泵小车挡住	10
3	明装导管安装	m	46 698	46 674	99.95	24		1. 主泵预留制约 24 m	24
4	明装导管支架	ea	4 866	4 862	99.92	4		1. 主泵预留制约 4 个（腔室地面钢板制约）	4
5	IED 导管安装	m	93 402	93 402	100.00	0			
6	电缆敷设	m	457 401	44 884	97.26	12 517	393	1. A1 类设备制约 104 根电缆，共 2 804 m; 2. ILRT 试验制约 9 根电缆，共 160 m; 3. 甲供材料制约 9 根电缆，共 547 m; 4. 设计问题制约 11 根电缆，共 480 m;其中通道需设计修改(CPP－JSD7－GEF－100137) 480 m，敷设票未发布 TBD 米; 5. 预留 82 根电缆，共 8 118 m; 6. 可敷设 7 根电缆，共 277 m——（已排入 10 月份计划）; 7. 新增 3 根电缆，共 131 m——（其中 116 m 10 月份计划）	12 160

图 2 依托项目大宗材料计划截图（部分）

2.2 多方审查

管理单位项目控制部收到承包商大宗材料盘点报告后，组织管理单位设计管理部、施工管理部、业主对承包商工程量数据、制约因素等进行审核，对材料、设计问题的处理进展及到货预期给予答复，最终确认版发各方相关部门查阅。

2.3 召开会议

由管理单位、业主、承包商三方相关主管领导及专业负责人参会，会上承包商对大宗材料完成情况及下月计划量进行汇报，管理单位、业主方代表分别作出评估确认，根据会上确定的调整计划，发布下个月签字版大宗材料安装计划。

2.4 月中检查

月中盘点会召开在每个月 14 日左右，数据日期要求上月 26 日至当月 10 日，组织流程与月底盘点相同，区别是月末侧重于工程量数据的点评及下月计划的制定，而月中侧重于梳理问题，对完成率较低的进行预警。

3 大宗材料计划管理不足和改进措施

3.1 大宗材料计划管理不足

3.1.1 管理起步晚

三门核电一期工程从 2009 年 3 月底 FCD，直至 2014 年 5 月，时隔 5 年，包含管理单位、业主在内的各工程管理方方意识到需对大宗材料安装进行专项管控，此时 1 号机组管道安装累计完成已达 89.15%、电缆桥架累计完成 92.37%、明装导管累计完成 90.26%、电仪设备累计完成 85.38%；主要物项施工高峰期已过，专项管理介入较晚，前期管理重视度不足，对 80%的工程量进展缺乏监控。

3.1.2　管理范围不全面

（1）专业管控范围不全面

大宗材料包含管道、电仪、通风三个专业，而在三门依托项目的大宗材料计划管控实施过程中，主要是对管道、电仪安装的管控，对风管、风阀的工程量统计及计划安排为进行全面盘点，原因是通风专业完成状态比较理想，在大宗材料介入专项管控后，1 号机组的风管累计完成率已达 90%以上。但是从管理上是被遗忘的角落。

（2）机组管控范围不全面

大宗材料专项计划管控初始主要针对 1 号机组剩余的大宗材料安装，为了支持 5 大里程碑，支持系统移交，支持 RCS 移交等目标，在开始管控过程中，仅仅是针对 1 号机组，直至 2015 年 5 月 1 号机组整体完成率已达 90%，进入收尾工作阶段，2 号机组的大宗材料安装专项管控才开始，2 号机组管控初始的 3 个月，电仪安装也仅仅是包含 IED 导管、明装导管、电缆桥架三项，并不包含其他 6 项数据。

（3）专业细化深度范围不足

以管道专业为例，对于管材只按延长米进行管控，并未考虑不同的管径，对大小管进行区分，管道相关的支架、阀门只管控数量而未管控重量，在线部件如孔板法兰、金属软管等，并未进行管控；再以通防专业分析，风管支架以及风管上的在线部件如风口、暖风机、加湿期并未计入统计，宏观管控是否需要管控到如此细致的层面值得探讨，管控深度需要寻求一个既满足管控要求，又能抛弃繁琐和无意义的管控内容的平衡点。

3.1.3　工程量统计信息不准确

工程量统计信息不准确有两方面原因，第一，人的因素，对于已完成的工程量在当月统计时未计入，导致遗漏，也存在已完工程量重复报量，导致累计完成量和设计总量不能保持一致，通过数据检查可发现问题；第二，频繁的设计变更，设计无法固化，比如电缆的设计总量，直至 2016 年仍在变化。

工程量信息不准确在一定程度上反映了管理单位技术底蕴的薄弱，对工程量计算依赖于安装施工单位，缺乏自行计算工程量的能力，或者认为计算工程量的工作任务太困难，管理单位不愿意投入人力去完成并持续更新。

3.2　管理改进措施

针对依托项目大宗材料计划管理存在的不足，从管控意识、进度体系、管控深度、工程量转化规则、软件平台方面提出五方面改进措施。

3.2.1　强化量化管控意识

依托项目大宗材料管理采用的是被动的，逐步摸索的模式。在工程施工过程中，项目管理人员逐渐意识到大宗材料专项计划管理的必要性，定期组织会议对大宗材料进行盘点，其管理方式、管理范围和管理深度，经历了由简单到细致逐步完善的过程。

国内核电建造历经 30 年的不间断发展，吸收了欧洲核电的管理方法，对于建造管理能力和方法一定程度是超越 AP1000 发源地—美国。但在依托项目建造前期，项目管理被外方管理所左右，并未继承采用国内的一流管理方法。

国内成熟堆型的大宗材料管理从项目初始阶段就制定了一套工程量管理方案，即点值管理，对大宗材料进行全周期量化计划管控。在项目执行过程中，通过年度计划、月度计划进行阶段性管控，将大宗材料工程量计划与关键路径施工计划放在同等重视程度进行管理。

3.2.2 纳入进度体系

将大宗材料量化管理纳入进度体系，需先完善计划管理程序，规定周期性地编排大宗材料施工计划。具体体现为在项目四级进度计划编制时，通过资源加载和平衡，确定大宗材料的全周期安装计划。在计划执行过程中，管理单位从项目启动后每年、每月应组织四级进度计划盘点，确定各专业大宗材料安装量，纳入四级进度计划范畴，发挥施工承包商单位的能动性。四级计划的审查和发布从项目启动一直持续至项目结束，可实现大宗材料全范围、全周期管理。

3.2.3 优化大宗材料管理深度

管理深度的优化可从专业和区域两方面考虑。

从专业上对大宗材料进行细分，参照三门核电二期工程的各专业资源加载项目，将管道、管道支架拆分为核级与非核级；电缆敷设和端接从总量中将 IED 电缆敷设和端接进行分离；通防专业需增加风管支架、通风设备和在线部件（MY 系列）。

从厂房区域施工上，反应堆厂房按标高层、房间进行管理，具体划分为 11104/11105/11204 房间、11206/11207/11208/11209 房间、三层（107’–118’标高)、四层（118’–135’标高)、五层及以上（135’以上标高)、三大腔室（SG–A/SG–B/PRZ 腔室)；辅助厂房可按 1/2 区、3/4 区、4/6 区、7/8 区域进行管理；附属厂房按 1/2/3/4 区进行管理；放射性废物厂房、柴油发电机厂房可直接按厂房进行管理。通过统计每个厂房、区域设计总量、累计完成量、当月计划完成量和计划完成率，进行偏差分析，制定纠偏措施。

3.2.4 制定大宗材料工程量转化标准

制定工程量原则的主要目的是区分不同规格大宗材料安装工程量的差异。将多样、复杂的大宗材料施工转化为统一工程量单位，制定一种综合性指标，可量化不同施工项和不同专业之间施工差异。不同种类、不同规格的工程量（如 100 m DN250 大口径不锈钢管道、100 m DN40 碳钢管道、10 个 DN100 阀门、300 m 电缆桥架及 500 m^2 风管）如何度量，是制定工程量转化标准的思考方向。有两种思路可供参考，第一种为二代加核电采用的点值计算书，第二种根据定额及经验数据将工程量转化为人工，编制工程量人工计算书。

3.2.5 建立工程管理软件平台

大宗材料管理需数据支持，数据包含图纸及变更的设计工程量、物项的采购量及库存量、现场施工工程量等。建立工程管理软件平台有助于工程信息统计。

做好平台是一项浩大的工作，其涉及软件需求计划，靠少数员工的简单沟通，做出的软件最终将无法推广和应用。在核电行业领域内，中核建的工程管理系统属于较为成熟的系统，该系统的建立从筹划开始，花费不少于 5 年时间进行大量软件更新、修正，才最终完善。软件投入运行后，需有专职技术人员进行持续的数据输入更新。软件平台的建立应围绕借鉴、需求、集成三个方向开展。即充分借鉴核电行业现有的工程管理系统软件的特性和功能；深度剖析对软件的需求，编制软件的需求计划；集合众多管理模块为一体，做成一款客户端服务器模式软件。

4 结论

大宗材料计划管理一定意义上是四级进度计划量化管理的延伸，弥补甘特图计划的不足。

依托项目大宗材料安装专项计划管理，是从形象进度到量化进度的提升。这种对工程量的管理模式和管理方法，经过改善后可纳入进后续项目计划管理体系中。管理单位从项目启动后每月应组织四级进度计划盘点，确定各专业大宗材料安装量，承包商单位将盘点确认的工程量编入四级计划月度发布版，施工过程中对大宗材料完成数据的进行监测和管控，有利于核电工程建造目标的实现。

致谢

依托项目大宗材料专项计划管理现场各方投入了大量的人员进行统计确认，在此感谢三门核电有限公司、国核工程有限公司、中核五公司施工和进度管理部门各位同仁付出的努力，是他们的勤恳确保了核电建设的成功。

非能动AP系列核电项目设计—采购（E—P）接口管理研究与创新实践

张国平

（上海核工程研究设计院有限公司，上海　200233）

摘要：本文对具有代表性的AP1000首堆工程设计—采购（E—P）接口的实践经验进行总结和分析，为了解决依托项目中E—P接口管理缺失带来的各类问题，并结合非能动核电项目设备特点，上海核工程研究设计院研发出一套全新的EP接口管控新流程，实现了设计过程控制的优化，加强了工程设计中的进度控制，并率先在CAP1400“国和一号”中得到成功应用。

关键词：设计—采购（E—P）接口管理；管理研究；创新实践

Research and Innovation Practice on Design-Procurement (E—P) Interface Management of Passive AP Series Nuclear Power Projects

ZHANG Guoping

(Shanghai Nuclear Engineering Research & Design Institute Co., Ltd., Shanghai 200233, China)

Abstract: This paper summarizes and analyses the practical experience of the representative AP1000 first reactor engineering design-procurement（E-P）interface. In order to solve various problems caused by the lack of E-P interface management in the AP1000 relying project, and in combination with the equipment characteristics of the passive nuclear power project, SNERDI has developed a new E-P interface management process. The optimization of design process control strengthens the progress control in engineering design, and takes the lead in the successful application of CAP1400.

Key words: Design-procurement（E-P）Interface Management; Management Research; Innovation Practice

---

作者简介：张国平（1978—　），男，苏州人，工程师，学士，现主要从事核电工程项目管理工作

我国目前的核电项目主要采用 EPC（Engineering Procurement Construction）的合同模式，相对于传统的承包模式，核电项目 EPC 总承包模式具有以下优势：（1）强调和充分发挥设计在整个工程建设过程中的主导作用；（2）有效克服设计、采购、施工相互制约和相互脱节的矛盾，有利于设计、采购、施工各阶段工作的合理衔接。

为了追求安全与成本的平衡，在保证安全可靠的前提下，三代非能动核电站的低成本要求更加使设计方对设备、物项的设计裕量加强了控制。从而设计方不能简单地仅从安全角度单方面向采购方提出要求，还要从采购方获得相应的市场反馈，从而优化改进相应的系统和布置设计；并且随着我国工业体系的完善，核电设计院从市场上就可以进行大部分设备的选型，仅需提出功能及接口要求。因此在设计过程中就需要采购方将最终采购的详细设备信息作为设计输入向设计方反馈，同时，设计方参与设备的制造和供货等环节，形成设计采购闭环控制，这就是核电的设计—采购接口（E—P 接口）。设计—采购接口（E—P 接口）管理是 EPC 总承包项目管理中最重要的接口管理之一，其不仅是设计与采购之间的接口，还与施工建造计划紧密联系，关系到设计、采购、施工各阶段工作的合理衔接[1]。

1　AP1000 首堆工程设计—采购接口管理

AP1000 依托项目在设计与采购过程中，未进行设备 E—P 提资等接口管理工作，从而导致了施工过程中出现大量以下采购与设计不一致等问题（见图 1），导致项目拖期，如：

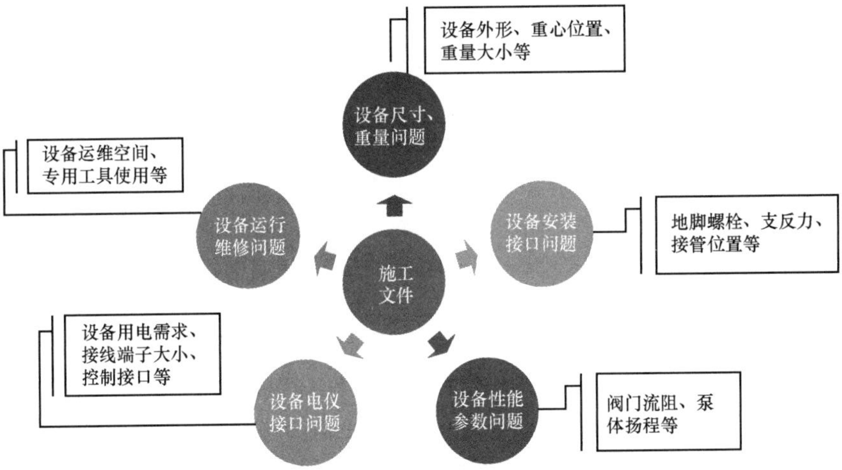

图 1　AP1000 依托项目施工文件问题

（1）设备布置空间问题：外形尺寸、重心位置、重量大小等；

（2）设备安装接口问题：地脚螺栓、支反力、接管位置等；

（3）设备性能参数问题：阀门流阻、泵体杨程等；

（4）设备电仪接口问题：用电需求、接线端子大小、控制接口等；

（5）设备运行维修问题：设备运维空间、专用工具使用等。

AP1000 首堆依托项目是一项国际合作建设项目，设计采用拆分委托分包模式，合同关系复杂，设计接口多，导致设计协调难度大、效率低、进度滞后。首堆设备设计难以支持采购工作，无法支持核岛设备采购的进度要求，导致核岛设备采购进度严重滞后。设计图纸变更多、升版频繁，设计与采购、安装等的不匹配直接造成现场大量返工，直接制约现场施工的推进效率。

为解决依托项目中 E—P 接口管理缺失带来的以上问题，亟需建立一套全新的 E—P 接口管控新流程，上海核工院在设计采购接口管理过程中，结合非能动核电项目设备特点，研发出一套全新的 E—P 接口管控新流程，实现了设计过程控制的优化，其中最重要的环节就是设备 E—P 提资和审查。

2 非能动核电项目设计—采购接口管理创新研究

上海核工程研究设计院项目部紧密结合管控现代化的管理理念，通过以往核电项目 E—P 接口管理的实践经验，在 2015 年研发了一整套核岛设备 E—P 接口提资管理方法和流程，并率先在“国和一号”示范工程核岛设备 E—P 提资工作中予以应用，并在 2016 年已全面推广至后续 CAP1000 核电项目中。以下从接口控制手册（ICM）、E—P 接口管理流程、主要优化创新等方面进行详细介绍。

2.1 建立接口控制手册（ICM）

接口控制手册（ICM）是工程设计接口资料的汇编，主要包括各接口的编码、描述、类型、计划交换时间、实际提交情况，以及接口更新等变化信息。

在核岛设备 E—P 接口提资用 ICM 信息设置中，主要考虑了批次化划分和两阶段提资。以“国和一号”示范项目为例，E—P 接口 ICM 中所需提资物项 440 多项，接口交换条目（Z0D）为 2638 个。

接口控制手册（ICM）包括的重要信息（见表 1）。

表 1 ICM 中的重要信息

项目	物项或系统	数据表编号	流水号	物项或系统描述	批次	所需资料内容	提资编码	版本号	接口状态	接口需求时间	进度偏差

（1）接口编码

一个接口资料交换单编码只能对应唯一的一个数据表。编号分为四段：第一段为工程号，第二段为物项号，第三段为文件类型，第四段为顺序号，通用设备 SNG–ME02–GEX–AAAAXXXY 为例，AAAA 表示接口资料提供方的单位代码，如 SNPE；XXXY 为通用设备交换单的流水号，XXX 与数据表号相同，Y 是区别码：Y=F，S 用于通用设备（包含仪表）交换，F 表示提资接口，适用所有设计开展所需的设备资料；S 表示审查接口，适用提交所有需设计方审查的设备资料[2]。

（2）批次划分

由于非能动核电项目的模块化特点及分层施工，按照国核联队双方达成的一致原则，设计院按照模块、分厂房分层进行批次划分并向采购方索要设备资料，批次划分见表 2。

表 2 “国和一号”E—P 接口—各厂房/层面及模块工程接口时间表（单位：月）

—	批次	厂房/层面	现场施工开始节点（FCD+）	施工准备周期	设计复核周期	设备资料确认完毕节点（FCD+）
各厂房工程设计	P1	11、12 厂房 1 层	−3	6	3	−12
	……					

续表

二	批次	模块	模块引入节点（FCD+）	图纸提交节点（FCD+）	设计复核周期	设备资料确认完毕节点（FCD+）
模块	P12	底板相关的 KB10/KB13/KB17 模块设计	-3	-10	3	-13
	……					
三	批次	厂房/层面	现场施工开始节点（FCD+）	施工准备周期	图纸提交节点（FCD+）	设备资料确认完毕节点（FCD+）
常规岛工程设计	P0	常规岛厂房第一跨（含 20 厂房）	5	3	2	-3

（3）分阶段提资（两序列）

鉴于难以满足一次性完整提交设备的所有相关资料，将设计院对设备资料的需求再按照设备资料的内容分类进行分阶段提资，针对每个设备（Z0D），原则上设置两条 E—P 接口，第 1 条用于提供所有设计开展或设计复核所需的设备资料（“提资序列”），第 2 条用于提交所有需设计方设计审查或设计评估支持材料的设备资料（“审查序列”），见表 3。

表 3 设备 E—P 资料按两个阶段提资内容表

流水号	阶段需求	对应设备资料内容（具体根据每种设备详细细分，以下为大致材料）
F	提资阶段	供建安施工图设计使用，如总图、重量、安装方式、接口位置及尺寸等
S	审查阶段	供编制调试文件等使用，如鉴定报告、维修手册等

（4）分状态审查（三状态）

设计方对采购方提交的 E-P 资料，按照“三状态”进行审查，并实时登记在 ICM 手册中。“三状态”即为：1）ACC：接受，提资内容满足设计要求；2）AEN：有条件接受，部分提资内容满足设计要求，但供应商仍需补充或升版相关资料的提资条目，设计审查须给出明确补充或修改意见；3）RFC：拒绝，提资内容不满足设计要求。

2.2 E—P 提资管理流程

设计方根据已批准的设计三级进度的需求，提出接口资料交换的需求，包括提资需求内容和需求时间（包括批次）等。

按照 ICM 的要求，E—P 接口资料由提供方（采购方）编制完成 E—P 接口资料交换单，在合同签订后 1.5 个月内，通过正式通信渠道（EDRMS 平台）提供给接口资料接收方（设计方）。E—P 接口资料接收方（设计方）按照 ICM 中需求内容的要求进行审查和确认，原则上应该在 10 个工作日内判断是否可以接受。

提交的 E—P 接口资料应为消除技术偏差后的资料，即若供应商提供的 E—P 接口资料存在技术偏差应先通过“设计变更申请”EDCR 流程消除技术偏差，再发起 E—P 接口资料交换流程。

当 E—P 接口资料接收方（设计方）对接口资料审查意见（其中布置在第一跨设备还需通过 E—E 接口转常规岛院审查）时，填写接口资料交换单选择 AEN 或 RFC，接口资料提供方应根据设计方的审查意见升版接口资料交换单，从 0 版开始，依次升版，前一版本即失效。接口资料交换单升版时，应对修改内容作出明确标识，并附上之前版本的所有最新提资资料，避免提资资料在升版过程中出现遗漏。

如果接口资料接收方（设计方）对接口资料没有意见，完全接受，填写接口资料交换单选择 ACC，表示同意接收该接口资料，并通过正式通讯渠道回复接口资料提供方，此接口资料交换流程结束。

当设计院发起的设计变更评估涉及 E—P 接口内容时，由 E—P 接口工程师对收到的变更影响分析记录进行跟踪，管控涉及外部接口的变更信息，及时传递和升版相关接口信息。

E—P 接口提资管理流程如图 2 所示。

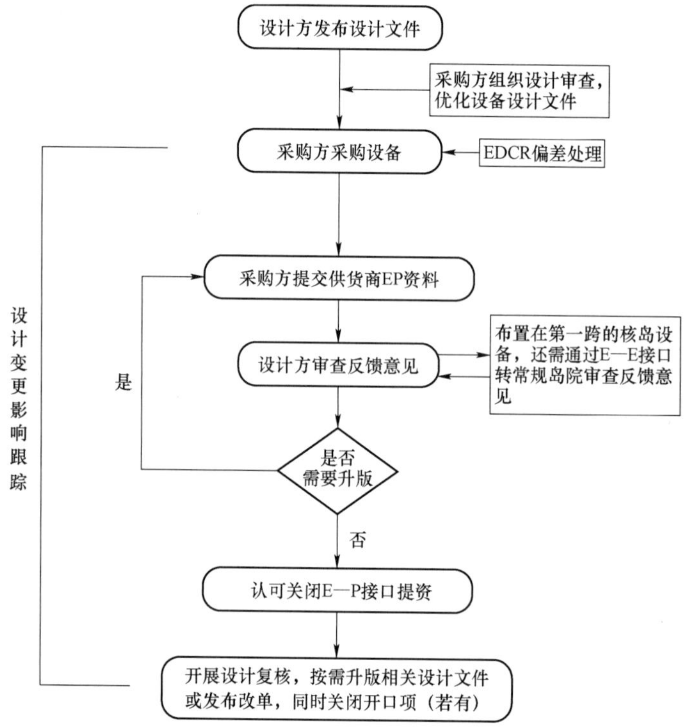

图 2　E—P 接口提资管理流程

2.3　主要优化创新

（1）E—P 交换单编码

E—P 交换单编码采用四段码（见图 3），四段码起到一个有层次的、逐渐展开的分类作用：第一段为工程号，第二段为物项号，第三段为文件类型，第四段为顺序号。物项号/顺序号直接与设备 Z0D 数据表编码形成“绑定”关系，E—P 交换单编码在技术设计上保持了设备 Z0D 数据表编码特征的连续性和相互间的逻辑联系，结构化的编码格式与设计文件编码基本保持一致，符合信息编码的简明性、适用性和唯一性等基本原则。

（2）ICM 条目的批次化

ICM 条目的批次化划分体现了非能动核电项目的模块化及分层施工特点，按照模块内/外、分厂房分层进行批次划分并按批次梳理和管控 ICM 条目，深刻挖掘了非能动核电项目现场施工节点、施工准备周期、设备采购周期、设计复核时间等主要关键时间之间的逻辑关系，并为进度偏差风险影响评估、风险应对措施响应提供了理论分析基础。因此，ICM 条目的批次化管理既符合非能动核电项目的特点，又具有核电工程项目管理的可操作性。

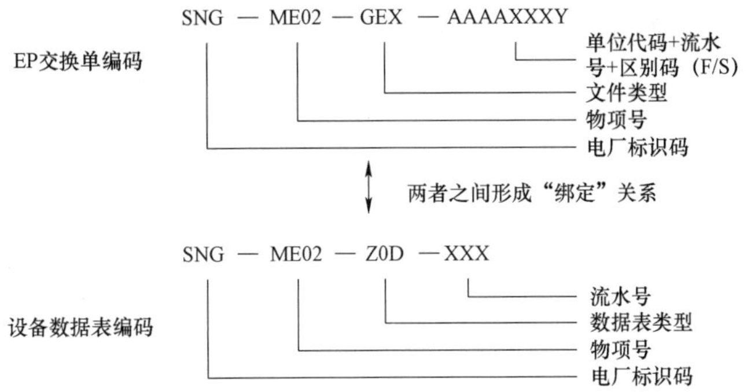

图3　EP 交换单编码与设备数据表编码

（3）E—P 提资分阶段实施

将设计院对设备资料的需求再按照设备资料的内容分类进行分两个阶段（F/S）提资，F 阶段资料一般需优先于 S 阶段进行提资，以满足设计院施工设计开展所需 E—P 接口资料作为输入的迫切需求，全力支撑核电工程土建施工图纸的正确性。另外，分阶段实施 E—P 接口提资也为设备供应商提交准确完整的资料提供了时间裕量，具有很好的可操作性。

（4）E—P 管控流程无缝衔接

在核电设备采购管理中，供应商不可避免或多或少会产生技术偏差项，为避免在 E—P 接口资料得到审查认可后才出现技术偏差，在 E—P 管控流程中将技术偏差项进行前置处理，并尽可能在合同签订前加快供应商技术偏差的前期解决。

“国和一号”示范工程设计文件开口项部分由 E—P 接口资料缺失导致，当相应 E—P 接口资料提交设计院并得到审查认可时，通过设计复核环节及时关闭开口项。

技术偏差处理针对设计院外部的供应商，开口项关闭针对设计院内部的设计文件管理。技术偏差处理、开口项关闭原本是两条孤立的流程，E—P 接口提资管理的实施使技术偏差处理、开口项关闭均与 E—P 接口管理流程实现了无缝衔接。

（5）E—E/E—P 接口设计变更影响跟踪

设计变更评估和影响分析，通过内外部接口的分析评估，再经过 E—E、E—P 接口渠道将影响传递至相关方，由 E—E、E—P 接口工程师记录并跟踪设计变更影响分析，管控涉及外部接口的变更信息，及时升版相关接口信息，有效避免设计变更受影响的相关方响应滞后，大大提升变更效率从而节约变更成本。

（6）技术与管理相互融合同步提升

E—P 接口提资管控流程的全面实施，有效推进了供应商技术偏差处理、设计院设计文件开口项跟踪管理的全面落实，保证了设计文件的自洽性、互洽性，全面提升设计文件的正确性，大大降低了核电工程现场工期的延误率、返工率。技术岗（包括设计编校审人员和专业负责人）和管理岗（包括接口工程师、计划工程师和项目经理）全面参与 E—P 接口提资流程的各个环节，有效促进了技术队伍和管理队伍的相互融合，以及技能水平的全面提升。

（7）E—P 接口管控方法的创新

1）上海核工院针对核岛通用设备采用“包络设计 – 偏差处理 – EP 提资 – 设计复核”的闭环设计管理模式，E—P 接口提资流程的全面实施有力支撑非能动核电工程先进的“包络设计”设计理念，既为“包络设计”提供了正确的设计输入，也有效控制了供应商技术偏差问题，降低了潜在偏差风险。

2）改变了依托项目中未进行设备 E—P 提资带来的设计文件相互不自洽的问题，改变了以往 E—P 提资多采用函件形式进行沟通交换，容易造成资料遗漏，效率较低的问题。E—P 接口提资全流程在 EDRMS 平台上的操作和流转都得到有效记录，实现了平台化无纸化的目标，对 E—P 接口提资大数据的后续使用、管控提升提供保证。

3）ICM 条目的批次化管理有利于进度偏差风险识别和分级管理，有利于制定专项管控措施，从而降低核电工程项目风险。

3 CAP1400“国和一号”核电项目设计—采购接口管理实践

E—P 接口提资管控流程的上线不仅实现了设计过程控制的优化，也可用于加强工程设计中的进度控制，提高了核电工程建设中资料交换的计划性和前瞻性，解决了依托项目中未进行设备 E—P 提资管理带来的设计文件相互不自洽的重大问题。E—P 接口提资管控流程既打通了设计与采购之间的接口资料交换，引导供应商按照包络设计要求进行精准化设计，敦促供应商尽量消除技术偏差，还促进了院各专业之间的协同配合，为“包络设计”提供强有力的设计输入支撑，改善了设计的自洽性和互恰性。E—P 接口提资管控流程将设计人员、专业负责人、项目管理人员以及项目经理等都被纳入其中，从而实现了技术管理和项目管理双管齐下提高设计质量的目的。

2015 年 6 月该成果首先在国核压水堆示范工程（“国和一号”）项目正式上线，截至 2019 年 5 月，已完成 926 条 ICM 条目的提资，审查关闭 595 条。对示范工程的 E—P 接口资料实现了有效控制，降低了潜在风险。大大提升了 E—P 接口管理效率，有效避免因涉及 E—P 接口提资不完整、不及时造成的设计文件不自洽、不互洽的问题。目前“国和一号”示范工程的施工文件经复核已可支撑 FCD+18 的连续施工。

E—P 接口提资全流程在 EDRMS 平台上的操作和流转，实现了平台化无纸化的目标，E—P 接口提资数据库的建立实现了对 ICM 条目的动态跟踪和宏观调控，从而提高了 E—P 接口的管理效率。该成果于 2016 年已在后续 CAP1000 核电项目中得到全面推广应用。

4 结论

E—P 接口的管理就是管控提资进度，及时发现偏差，消除偏差的过程，最终保证设计和采购进行充分的信息交换和设计固化，以减少设计、建造过程中的返工，从而优化核电厂建造的进度、费用、质量。优化后的非能动 AP 系列核电项目设计—采购（E—P）接口管理，具有如下特点：

（1）利用现有的函件处理 EDRMS 平台，开发 E—P 接口提资流程实现平台化无纸化；

（2）做好供应商技术偏差问题、设计文件开口项管理与 E—P 接口提资管理流程的有效衔接；

（3）设计接口手册（ICM）特征信息设置需体现非能动核电项目的模块化及分层施工的特点；

（4）设计变更评估影响在 E—P 接口提资流程中得到及时传递，避免受影响的相关方响应滞后；

（5）E—P 接口资料大数据助推核电项目管控能力和技术能力的全面提升。

参考文献

［1］程平东，孙汉虹主编．核电工程项目管理［M］．第二版，北京：中国电力出版社，2012.
［2］张金东．核岛设计采购接口管理规定（SNE-P0302-2R-004）［R］．2019.

大型轨道式电动膜库在核岛设备仓储中的应用

张　勇，曾庆斌，肖德先

（上海核工程研究设计院有限公司，上海　200233）

摘要：核电能源已成为我国经济发展不可或缺的绿色能源，核电厂建设周期长，大型关键设备质量要求高，尤其是核岛主设备，由于尺寸大、存储维护要求高，其运抵现场后的存储和保护成为项目建造管理的难点之一。为有效解决该问题，笔者创造性地提出了采用大型轨道式电动膜库（以下简称"移动膜库"）承担核岛主设备现场存储工作，并已成功得到应用。本文详细地描述了移动膜库的结构和使用性能，通过使用和管理总结了与常规存储方案对比的优劣，为后续核电工程提供借鉴。

关键词：核电；设备存储；移动膜库

Application of Large Motor-operated Railway Film Warehouse for Storage of Nuclear Island Equipment

ZHANG Yong，ZENG Qingbin，XIAO Dexian

（Shanghai Nuclear Engineering Research & Design Institute Co., Ltd.,
Shanghai 200233，China）

Abstract：Nuclear power has become a source of green energy that is indispensable to the economic development of China. The construction of nuclear power plants features extensively long construction cycle and high quality required for the key equipment，especially the primary components designed in the nuclear island which are large in size and require extra preservation，so the storage and preservation of them after their arrival at the site are considered a challenge in project construction management. In order to cope with this challenge，the author introduces the use of large motor-operated film warehouse（hereinafter referred to as the "mobile film warehouse"）for the storage of the primary components on site，and this practice turns out a success. With detailed description of the structure and performance of the mobile film warehouse，as well as its advantages and disadvantages identified in its use and management compared to conventional

---

作者简介：张　勇（1982—　），男，陕西三原人，中级，学士，现主要从事核电工程项目建造管理工作

storage resolutions，this paper aims to provide beneficial reference to subsequent nuclear power projects.

Key words：Nuclear Power；Equipment Storage；Mobile Film Warehouse

日本福岛核事故后，我国核电建设从高峰期转入低谷，国家一方面对于核电工程设备的质量和安全要求越来越高，一方面收紧了核电项目的批复，导致国内很多核电工程都面临设备存储问题。加之，核岛主设备尺寸大，存储要求高、存储时间长等特点，以往常规库房和脚手架棚库都难以解决该问题，而移动膜库具有规格大、防风雨、便于装拆、成本低等特点，有效解决了大型设备在项目现场存储的问题。

1 移动膜库结构和性能特点

移动膜库由轨道、钢结构骨架、防护膜组成，厂房具有规格大；抗风能力强；部分或全部厂房可移动；一端山墙可开启；厂房可通过整体吊装，实现场地受限、多工位等工况下的使用等五大特点。

1.1 钢结构特点

移动膜库是一种大型、简易、可拆卸的移动厂房，一般由 2 至 3 个可相互嵌套的子厂房组成，每个子厂房设置 7 榀主桁架（见图 1）。主桁架的骨架为钢结构拱形龙门架，榀与榀之间通过剪刀撑连接系统，高强螺栓固定后，采用钢丝绳网整体加强，每榀主桁架与行走桁架间采用高强螺栓固定连接，可抗 12 级台风。

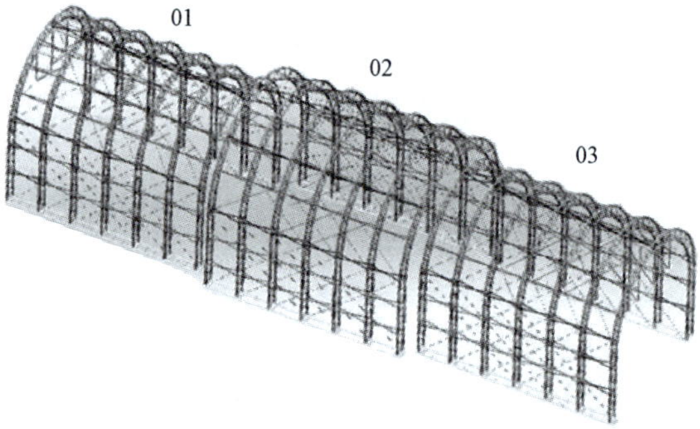

图 1 移动膜库钢结构骨架示意图

1.2 防护膜

防护膜采用 PVC 涂层膜材布，防火性能可以达到 B1 级阻燃标准，使用温度在－30～70 ℃，满足我国大部分区域环境温度要求。经纬纱拉伸强度满足沿海地区抗台风要求。内表面处理 PVDF，外表面处理亚克力，具有自清洁、耐腐蚀、使用寿命长、防霉、抗 UV 等优点。

1.3 移动方式

移动膜库可设置成全部移动或部分子厂房移动的方式，每个可移动的子厂房底部能沿着铺设在地面上的轨道向两个方向来回移动（见图 2）。

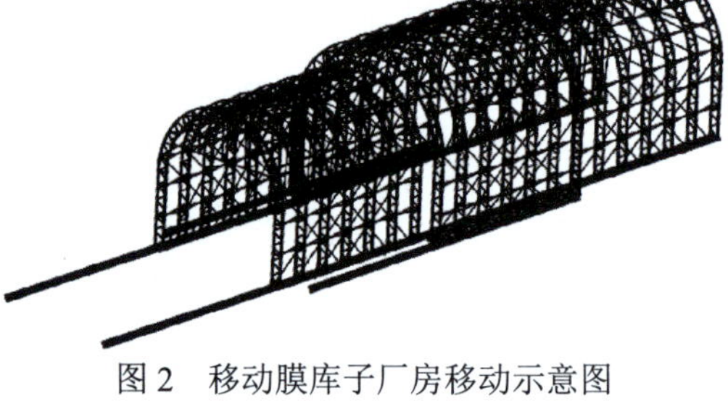

图 2 移动膜库子厂房移动示意图

每个可移动的子厂房设置两个电动机，通过 PLC 实现同步驱动。

1.4　物项吊装运输通道、人员进出通道

移动膜库分为 3 个可移动的子厂房，01 子厂房拱形结构的一个端面封闭，另外一端为敞口形式，02 子厂房拱形结构两个端面均未敞口形式，03 子厂房与 02 子厂房相邻的一个端面为敞口形式，另一个端面为一个可开启的山墙，3 个厂房相互嵌套形成一个封闭空间。可开启的山墙在一个控制装置下实现开启，02 子厂房中间设置人行小门，可供日常检查人员出入。当物项需要进出厂房时，将可开启的山墙打开，作为物项运输通道，也可将厂房沿轨道移动，物项存储区域会形成无障碍模式，实现大件物项吊装作业。

1.5　可拆卸转移

移动膜库转移、拆卸较为方便，拱形龙门架采用栓接方式，棚膜通过夹板/螺杆/螺母固定。如需较远转移厂房位置，可拆卸转移组装；如距离较近，厂房可通过整体吊装方式转移（见图 3）。

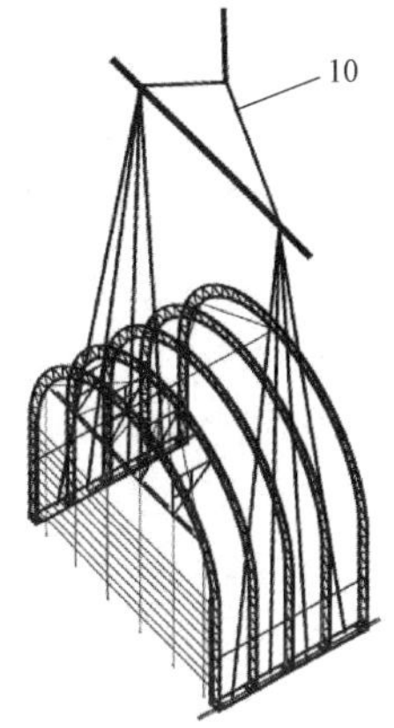

图 3　移动膜库整体吊装示意图

2　移动膜库与以往存储方式的优势

按照以往经验，核岛主设备运抵现场后，主要采用搭设固定式厂房或临时搭设脚手架后苫盖三防布等方式进行设备存储。由于固定式厂房建造难度大、工期长、且建造成本高，往往国内核电工程项目较少采用这种方式进行设备保护。临时搭设脚手架后苫盖三防布的设备存储方式较多用于短期存储，这种临时库房总体高度较低，不利于主设备长期存储期间的日常检查维护操作，同时，沿海地区风力较大、雨水较多，防风、防雨性能不足，一般抗风等级只能达到 8 级，容易在长周期存储时影响设备质量。

而移动膜库主体采用剪刀撑连接拱形龙门架，整体钢筋网加固后，由 3 张完整的棚布覆盖，在其连接位置，均设计了相应的补强，其密封、防雨、防风性能良好。棚膜厂房采用的是 PVC 涂层膜材布，比较薄，具有轻便、耐磨、防火等优点。同时，对于厂房结合部分容易造成空隙的地方，采用补焊裙摆，通过收紧钢丝的形式，提高厂房的密封性。有效地解决了核岛主设备运抵现场后长期存储工作。移动膜库与固定厂房对比分析如表 1 所示。

表 1　移动膜库与固定厂房对比分析

	移动膜库	固定式厂房
应用范围	移动膜库属于临时性建筑，主要用于临时性物品存储或阶段性设备组装作业	固定式厂房属于永久性建筑，具有广阔应用范围
场地要求	移动膜库对施工场地仅要求低，在厂房拆除后，地面无需进行处理	固定式厂房需要进行专项基础施工
建设周期	移动膜库采用模块化装配式结构，现场无焊接作业，安装拆除周期短	固定式厂房需现场进行焊接作业，施工工序较多，施工周期较长
可重复性	移动膜库具有可拆装的特性，可根据生产和仓储的需要进行反复的拆装使用	固定式厂房属于永久性建筑，拆除后大部分构件无法重复使用
可移动性	移动膜库可移动开启，便于产品直接吊装	固定式厂房无法开启，需借助运输工具倒运
报建审批	移动膜库属于绿色环保装配式临时建筑无需报批	固定式厂房需严格按照国家法律法规要求进行报建审批

3 移动膜库的应用

3.1 需求规划

堆芯补水箱、安注箱作为核电站关键设备，在现场长期存储期间需要室内存放。目前，无论是核电站运行期间的仓库，还是建造期间修建的仓库，均因技术、造价等因素，仓库门洞一般设置在 5.5 m 以内，高度普遍不足 20 m，无法满足大型设备的入库、卸车等作业要求。笔者提出采用大型轨道式电动膜库对核岛主设备进行现场长期存储。

目前，国内核电站几乎都建造于沿海地区，对于核电厂建筑物均有抗风等级要求，同时，按照《核设施应用质量保证要求》（ASME NQA－1 2004）要求，室内存放物项主要有防雨、通风、温湿度等控制要求。一般核电站仓库建筑结构简单，又处于沿海地区，因此仓库通风条件均满足要求。

3.1.1 抗风要求

综合项目现场进度、项目所在地实际环境、地理因素，移动膜库按照《建筑结构荷载规范》（GB 50009—2012）规范中项目所在地 50 年重现期风压值 0.55 kN/m^2 设计输入，满足北方沿海地区抗风等级 10 级要求。

3.1.2 地基基础

移动膜库建设于原 D 库（露天堆场）位置，原 D 库要求：路基压实后，铺设 150 厚级配碎石，250 厚水泥稳定碎石，顶层采用 220 厚 C35 混凝土，钢筋网采用横向钢架⌀8@200，纵向钢筋⌀10@150（见图 4）。为了满足项目所在地抗风等级 10 级要求，在原 D 库下方增设地基 450 mm 厚 C30 混凝土，钢筋网设置如下。

3.1.3 防雨情况

移动膜库分为三个子厂房，每个子厂房采用一张完整 PVC 棚膜覆盖，连接处采用钢丝绳拉紧方式整体封闭，对于厂房之间接缝处、厂房与地面接缝处等容易造成缝隙的地方，采用补焊裙摆的方式，提高厂房整体的密闭性（见图 5）。

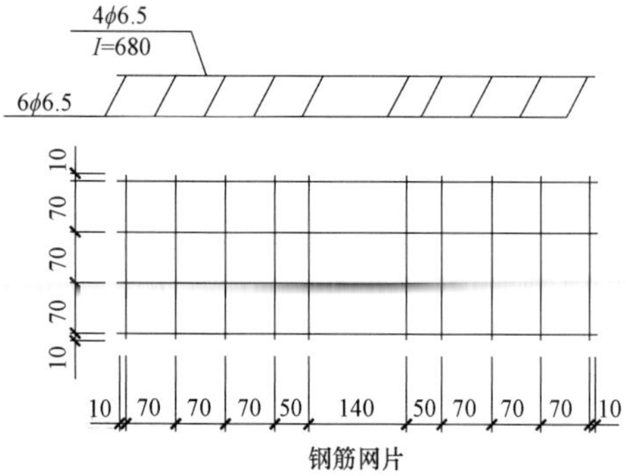

图 4　移动膜库地基基础钢筋网片示意图

图 5　移动膜库内部效果图

3.2 应用操作

核岛大件设备从码头运至现场存储地点后，将最北侧移动膜库向北移动至轨道端头，完成设备吊装卸车。移动膜库操作主要分为启动前准备、通电、厂房开启、吊装卸车、厂房复位、厂房固定等步骤完成移动位置。

3.2.1　启动前准备

（1）清除北侧子厂房行走轨道上以及行走路线扫空范围的障碍物。

（2）检查照明电缆、驱动机动力电缆是否已放置在安全位置。

（3）将北侧子厂房棚布的地锚连接松开。

（4）使用专用工具松开北侧子厂房行走轨道锚定。

（5）将北侧子厂房照明配电柜与接地扁铁之间的接地线松开。

（6）将北侧子厂房裙摆向上翻起固定。

3.2.2　通电

（1）只将驱动机动力电缆插头与厂房外部二级配电箱相应插座连接。

（2）打开驱动机配电柜，将控制手操盒取出，并将驱动机配电柜总闸上电。

3.2.3　厂房开启

（1）将手操盒按钮复位，按下开始按钮。

（2）按下手操盒“北”按钮，直至北侧子厂房行走至轨道最北侧位置。

（3）北侧子厂房向北移动过程中注意移动状态，避免电缆影响厂房移动和电机堵转。

（4）北侧子厂房移动到位后，松开手操盒“北”按钮。

3.2.4　吊装卸车

吊装各项准备工作就绪后，吊车缓慢起钩，直到设备整体底部离开平板车约 100 mm，吊车停止起钩，然后吊车作业半径由 10 m 调整至 7 m，运输车缓慢驶离现场，吊车回转主臂约 117.4°，调整好设备整体的位置后，吊车缓慢落钩，完成第一台设备吊装卸车（见图 6）。

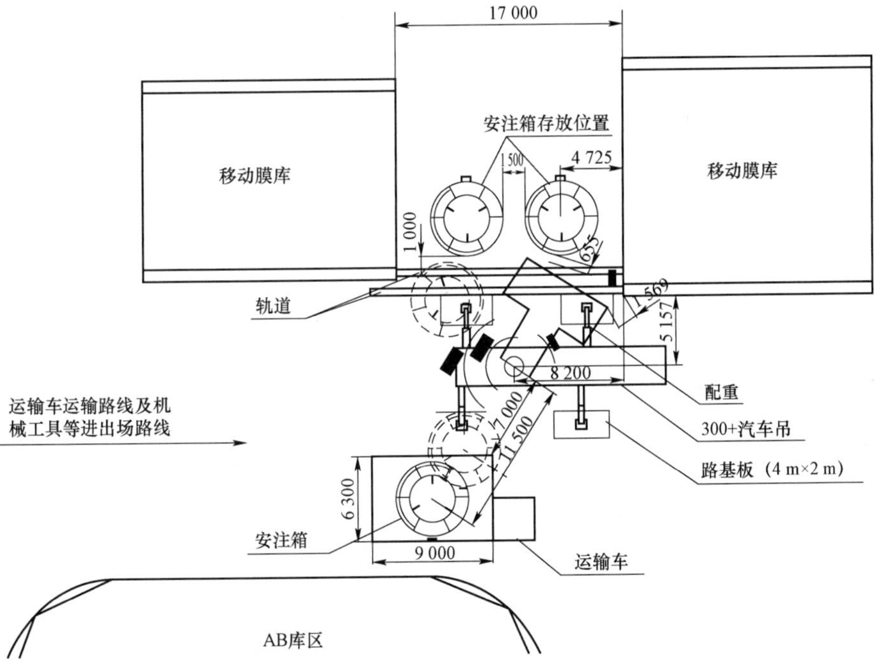

图 6　卸车平面图

3.2.5　厂房复位

（1）按下手操盒“南”按钮，直至北侧子厂房行走至起始位置。

（2）北侧子厂房向南移动过程中注意移动状态，避免电缆影响厂房移动和电机堵转。

（3）北侧子厂房移动到位后，松开手操盒“南”按钮。

3.2.6 厂房固定

（1）将北侧子厂房棚布的地锚连接拧紧。

（2）使用专用工具拧紧北侧子厂房行走轨道锚定。

（3）将北侧子厂房照明配电柜与接地扁铁之间的接地线连接。

（4）将北侧子厂房裙摆放下并与地面压实固定。

3.3 经验总结

目前，移动膜库已在工程项目现场成功应用，详见图 7。笔者对建造以及后续投用后管理工作进行总结反馈。

图 7　移动膜库实景图

3.3.1 建设过程中需要关注的问题

（1）山墙与设备高度匹配问题

考虑到建造移动膜库的场地面积较小，场地北侧坡度较大等原因，移动膜库只能在一侧设置外延轨道，并且只能将移动膜库主体放置南侧，外延轨道设置在膜库北侧。因此，南侧子厂房存放设备时，需先将南侧子厂房向北移动，设备落位后，开启南侧子厂房山墙，然后将南侧子厂房移动回位，若南侧子厂房山墙开启高度低于设备高度，将无法回位。迫于上述原因，移动膜库山墙开启的高度与设备高度匹配问题是需要重点控制的节点。

（2）厂房间及厂房与地面密封问题

移动膜库分为 3 个子厂房，两端厂房较小（高度：14.66 m），中间厂房较大（高度 16.11 m），厂房接缝处通过收紧钢丝绳的形式，确保各子厂房间的密封性。因移动膜库整体尺寸较大，厂房接缝处的钢丝绳收紧为线性接触，很难保证厂房的密封效果，因此，建造过程中在各子厂房接缝处增加裙摆，以提高子厂房的密封性。另外，移动膜库主桁架固定在行走桁架上，行走桁架在轨道上方行走，由于厂房开启关闭过程需要移动，棚膜无法固定至地面，只能固定在厂房行走桁架，导致移动膜库下方容易流入雨水，为有效解决该问题，在厂房下部补焊裙摆。综上，厂房间及厂房与地面密封问题也是需要重点控制的节点。

3.3.2 仓库使用过程中的关注点

因移动膜库厂房整体较大，内部控制节点较多，且存储设备多为核岛关键设备，因此在移动膜库正式投用前，组织移动膜库管理单位进行培训、考核，通过后安排专人管理。并制定膜库消防管理制度、安全文明操作手册、库内文明作业制度、库内设施检查维护制度等，便于后续移动膜库安全、合规使用。

3.3.3　后续应用改进提升项

移动膜库山墙开启采用手摇式提升装置，在调试、试运行过程中发现，因南侧山墙较重，山墙开启紧靠人力驱动较困难，后续建议安装电动提升装置。另外，因移动膜库行走过程中，电缆无具体放置位置，建议后续在厂房两侧增加悬挂滑线，便于厂房行走过程中电缆收放。

4　结语

目前，核电行业对于设备在现场的存储要求越来越高，文中详细阐述了大型轨道式电动膜库的结构特点以及性能优势，通过与脚手架棚库、固定式厂房等常规存储方式进行对比，大型轨道式电动膜库具有规格大、抗风强、可移动、便于转移、成本低等优势，能够满足设备存储以及成本控制的要求，有效地解决了核岛主设备现场长周期存储的难题，并对前期应用情况进行总结，为后续工程项目提供借鉴经验。

参考文献

[1] GB 50009—2012 建筑结构荷载规范 [S].

AP1000 核电工程建造阶段安全管理体系研究与应用

张云龙，薛　祥，崔恩志

（上海核工程研究设计院有限公司，上海　200233）

摘要：自全球首批 AP1000 核电工程三门核电一期、海阳核电一期项目开工建设以来，公司始终着力开展安全管理体系研究、建设与改进工作，基于与美国 Shaw 公司合作的良好契机，将外方先进的安全理念与体系融入项目工程管理中，并结合国内安全相关法律法规和技术标准，借鉴核安全文化理念（INPO《卓越核安全文化八大原则》），按照"即与国际标准接轨、又符合国情与企业实际"的原则，不断完善项目安全管理体系，持续优化施工安全技术与方法，并在体系运行过程中总结安全管理工具，为项目建设提供安全技术保障与支持。确保安全风险控制最大化，潜在损失最小化，达到"事故早预防、隐患早发现、违章早纠正"，为依托项目 4 台机组的安全建设至顺利投产保驾护航。

关键词：AP1000 核电工程；安全管理体系；建造安全风险

Research and Application of Safety Management System in the Construction Phase of Third-generation AP1000 Nuclear Power Projects

ZHANG Yunlong，XUE Xiang，CUI Enzhi

（Shanghai Nuclear Engineering Research & Design Institute Co., Ltd.，Shanghai 200233，China）

Abstract：Since 2009，when the world's first third-generation nuclear power project construction，the nuclear engineering investigation and analysis of advanced safety management mode at home and abroad，on the basis of the existing safety management system，advanced safety management system both at home and abroad to the standard，the safety of the digestion and absorption of advanced management idea and good practice，study ways to establish suitable for the three generations of nuclear power engineering construction stage and safety technology management system. Effective control of relying project construction safety risk，to ensure that depends on the construction project implementation

---

作者简介：张云龙（1987—　），男，黑龙江铁力人，工程师，学士，现主要从事 HSE 管理工作

Key words: Third Generation of AP1000 Nuclear Power Projects；Safety Management System；Construction Safety Risk

1　概述

1.1　研究内容

公司对国内外先进安全管理模式进行研究，在现有安全管理体系基础上，与国内外先进的安全管理体系与标准进行对标，充分消化吸收国内外先进安全管理理念。同时，借鉴核安全文化理念（INPO《卓越核安全文化八大原则》），研究建立适用于核电工程建造阶段安全管理体系，主要包括程序体系、责任体系、施工本质化安全、监督体系、安全风险体系、培训教育体系、应急管理体系。有效控制项目施工安全风险[1]。

1.2　技术路线

保持执行策划、实施、检查、改进四个阶段，确保安全管理体系建设与持续改进（见图 1）。

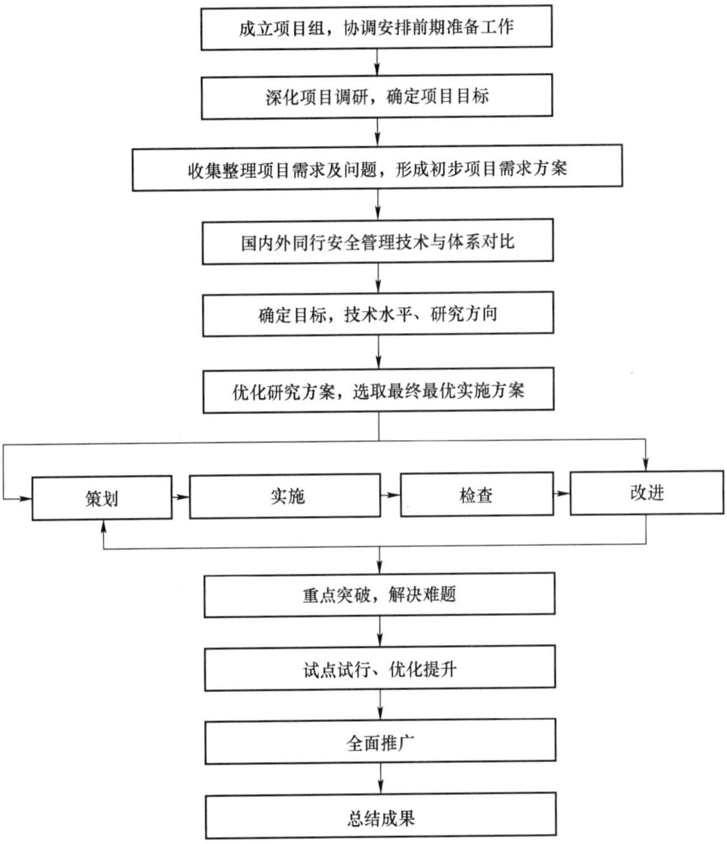

图 1　技术路线流程图

1.3　技术总体方案

1.3.1　策划阶段

公司成立安全管理体系建设领导小组和工作小组，制定建设目标，制定方案，分解落实责任，明确任务分工，确保有序完成各阶段工作目标。制定具体的安全目标与指标，在不断探索与实践过程中，建设与完善安全管理体系。

1.3.2 实施阶段

（1）摸底诊断与整改

对照企业安全生产标注化基本规范，组织对各部门安全管理情况、现场设备设施状况进行现状摸底诊断，分析出各单位存在的问题和缺陷，对于发现的问题，定责任部门、定措施、定时间、定资金，及时进行整改并验证整改效果。

（2）内外部调研分析

根据计划安排，公司组织项目相关负责人赴国内外核电企业与项目进行调研。学习了解同行先进的安全管理思路与做法。并分析总结，将适用于核电的管理手段与技术方法纳入安全体系中，提高管理体系的先进性与有效性。

（3）安全体系比对

按照评定的要素与标准，结合现状摸底所发现的问题对项目安全管理体系进行梳理，建立了安全管理体系比对模型（见图 2）。

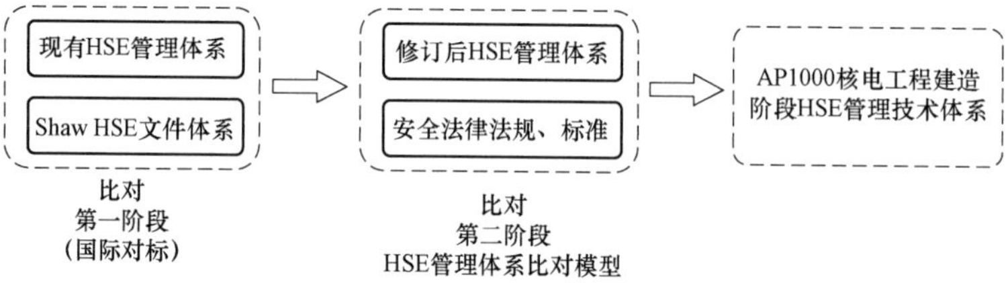

图 2 体系比对过程

第一阶段：将项目现有安全体系与部分国内外先进安全文件体系比对，比对后组织公司内外部安全专家评审比对结果，并依据评审结果初步修订完善安全体系。

第二阶段：修订后的安全体系与国家《企业安全生产标准化基本规范》的 13 个一级要素、42 个二级要素要求比对，并根据安全专家评审结果完善固化安全体系。

（4）安全管理体系宣贯与落地

项目开展安全管理体系宣贯活动，开展专题培训，使员工熟悉掌握程序，不断反馈与总结应用效果与质量。并阶段性开展合同安全条款研读等活动，强化项目员工掌握安全管理标准与要求。

1.3.3 评估检查阶段

在初步搭建的安全管理体系并运行一段时间后，根据项目反馈的效果，公司组织成立自评小组，根据评定标准对项目安全管理体系的运行效果与质量进行专项评估，针对发现的问题进行调整与优化，及时纠偏，从而实现持续完善安全管理体系。

1.3.4 改进阶段

公司按照“PDCA”动态循环，通过组织体系管理自评、安全体系评估检查、外部专家评审等工作，对项目安全管理体系进行持续改进，确保实现各阶段目标的顺利实现。

1.4 研究过程

2012 年，公司组织召开公司专题研讨会会，启动了项目安全管理标准化体系建设工作，部署了安全管理体系建设相关工作。公司总经理作为领导小组组长，全程参与项目安全管理体系建设工作。

1.4.1 安全管理程序对标

通过对比国外核电工程项目程序和依托项目安全程序，形成 AP1000 项目《安全程序清单》，共计 83 份程序文件，能够覆盖安全管理全部要素。持续完善的核电工程建造阶段安全管理体系，保证体系的系统性与完整度。

1.4.2　内外部调研学习

公司组织项目相关人员赴国内外核电与火电企业的项目现场进行调研，学习了解同行先进的安全管理思路与做法。将调研获得的心得与启发，总结实践与项目安全管理中，包括安全文化、人员配备、管理机制、培训模式与方法、安全工具、信息化系统应用等，为后续建立完善的项目安全管理体系奠定了良好基础。

1.4.3　课题研究与成果总结

公司按照“先对照学习、后优化创新、再固化提升”的思路学习、消化、吸收国内外先进的安全管理方法。对照国家安全法律法规，建立了一套适用于核电工程建造全过程的安全管理体系，保证项目安全管理水平的先进性与有效性。

2　关键技术

核电工程安全管理体系（见图 3）运用于整个核电项目建造过程[2]，能够覆盖安全管理全部要素。并开发应用安全管理工具，使用本质化安全施工技术与手段，用于支持安全体系的有效运行，确保安全目标与指标完成。

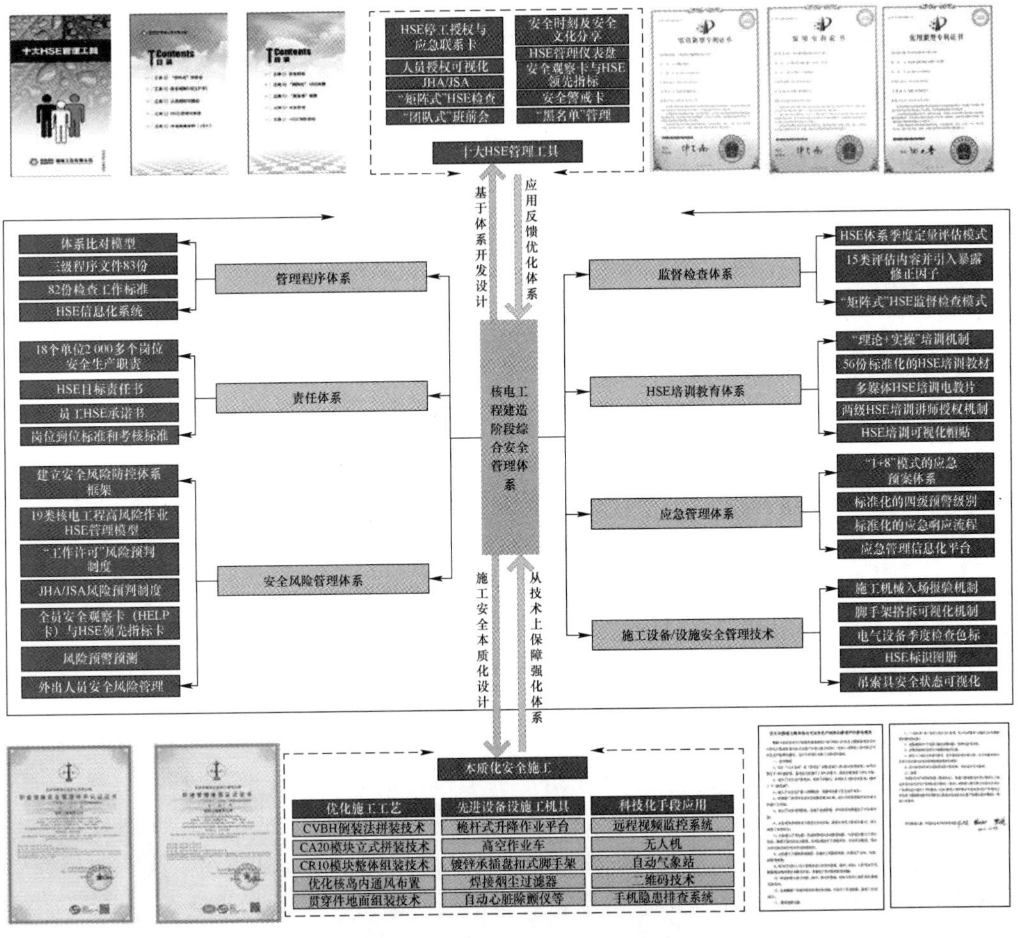

图 3　核电工程安全管理体系图

2.1 核电工程建造阶段安全管理体系

AP1000 核电工程安全管理体系研究建设过程中借鉴并对照国内安全先进评级标准与做法[3]。如公司所属项目部曾参与了广核安全质量国际标杆评级、DNV 核电工程国际安全评级等工作。同时，公司安全管理体系通过了 GB/T 28001—2011 与 GB/T 24001—2016 标准认证。

2.1.1 管理程序体系

借鉴 PDCA 管理模型，按照创建“程序化、表单化、信息化、国际化”四位一体的安全管理体系要求，建立了安全管理体系比对模型，并使用管理程序比对工具表。按照程序体系比对模型，对标国外先进安全管理体系，并对照国内安全相关法律法规，具有国际水平的核电工程项目 HSE 程序体系共计 83 份文件，其中 HSE 大纲 1 份；二级文件：管理程序 7 份；三级文件管理规定 75 份。

2.1.2 责任体系

（1）安全目标责任书

依托项目制定“零事故、零职业病、零环境事件”的安全目标，并根据组织机构与职责进行针对性的分解[4]，各单位并将目标指标分解落实至员工，实现了安全目标、指标层层分解落实。

（2）岗位安全生产职责

以公司各部门、项目部为单位，明确 18 个单位《岗位安全生产责任制》，涵盖公司（含项目部）近 2 000 多个岗位的安全职责，岗位安全生产责任制中明确安全职责的“到位标准”与“考核标准”。

2.1.3 安全培训教育体系

（1）“理论+实操”培训机制

针对起重、动火、脚手架等作业人员，由经过项目部授权的讲师进行培训，培训及考试合格后，发放授权帽贴，提高其理论知识水平的同时，验证其安全技能掌握情况，实现避免或减少现场违章作业。

（2）“团队式”班前会培训交底

改变了传统“说教式”早班会，由班组长组织班组人员围成圆圈，每个班组在完成交底后进行“手指口述”大声宣读“安全工作十点”，针对班前会开展情况，开发使用班前会检查卡。

（3）开发标准化培训教材

根据项目通用安全标准化程序，组织开发了 56 套标准化的安全培训教材及题库[5]。

（4）培训讲师授权

为确保不同层级员工接受的安全培训的专业性，对安全讲师实施分级授权管理，建立了安全生产专家库，按专业分为专业组，提升公司安全管理的专业水平；建立安全培训模式，制定公司安全培训矩阵。

（5）人员授权与岗位可视化

人员授权可视化是员工接受相应安全培训并考核合格后，对其进行相应的授权并通过帽贴实现授权的可视化。包括专项授权帽贴，针对特殊作业所开展的培训，对象是从事相关工作的工人和管理人员。高风险作业授权帽贴，主要是对重大施工活动的区域划分与授权管理。

岗位身份可视化，通过对反光背心颜色、背部文字的统一规定，实现新入厂人员/访客人员和一般工作人员的区分。

（6）安全时刻及安全分享

安全时刻是指所有会议或参访前，第一个话题是安全话题，旨在培育并提高员工安全意识。会议安全时刻主要包括会议安全疏散要求和会议安全导入。

安全文化分享是通过安全话题导入到会议主题，安全话题应与该会议主题相关或近期安全热点话题。

（7）新员工与访客培训

由现场人员安排访客进入现场前观看访客安全培训多媒体电教片。参访人员根据要求更换个人防护用品，由陪同人员告知当天现场施工作业危险源、高风险区域及相应的参观路线，并在陪同人员的指引下进行参观。

（8）经验反馈

使用经验反馈平台，录入信息与数据供后续项目参考借鉴。同时，总结依托项目安全管理良好实践，编制《核电工程安全管理良好实践》，共包括25个安全管理良好实践的案例。

为促进安全事件经验反馈，分析依托项目建设建造阶段的安全方面的典型事件案例，提炼并进行编排，结合根本原因分析方法，编制《核电工程典型安全事件案例汇编》，包括20个典型安全事件，并根据事件类型分为高空坠落篇、物体打击篇、起重吊装篇、火灾阴燃篇、脚手架篇、机械伤害篇、施工用电篇。

（9）安全警戒卡

当公司内外部发生安全相关事件时，将事件信息反馈到全员的一种经验反馈方式。安全警戒倡导透明化的安全文化理念，采用简单、规范的形式将公司内外部事件信息及时反馈到相关单位，防止了类似事故的发生。

2.1.4　监督检查体系

（1）季度体系定量评估

公司开展对项目的季度体系评估，验证项目安全管理体系运行的符合性和有效性，衡量其安全目标指标的运行及控制情况，查找并消除安全管理体系运行中存在的偏差、缺陷或事故隐患，保障项目部安全管理体系运行有效并持续改进。

为使量化结果更具有合理性，引进暴露修正因子EMF，在每个评估要素基准分基础上对其进行修正，最终采用安全管理仪表盘展示现场安全体系运行状态。

采用安全管理仪表盘显示总体和各子项的评估结果，通过“绿、黄、红”三种颜色直观展现现场安全管理状态，作为安全管理过程动态监测指标之一。

（2）项目“矩阵式”安全监督检查

项目部建立“矩阵式”安全专项检查机制，每月针对现场主要风险，编制《“矩阵式” 安全月度专项检查计划滚动表》，明确专项检查内容、检查人员及检查类型，预先识别下月安全管控重点并列入矩阵式安全检查表。同时，为保证提高检查的专业性与科学性，项目配备噪声仪、光照计、风速仪、辐射剂量仪、四合一体气体检测仪、钳式电阻测试仪等监测工具，用于现场监督检查使用。

（3）安全观察卡（HELP卡）

安全观察卡（HELP卡）是一种关注安全并与员工讨论以帮助他们安全工作的安全观察与沟通工具，它不带有惩罚性，强调全员参与安全管理。该工具内容包括观察属性、观察类型、危险描述、发现者的纠正行动、主管人员的纠正行动、潜在风险严重程度、正确项描述等。该卡不是用来处罚违章的人，而是以一种积极的方式来培养人员安全敏感性。

（4）停工授权卡

当员工现场监督检查过程中发现危及自身、他人或环境的危险时，有权叫停相应的施工活动。公司总经理签字授权，持有该卡的员工有权下令停止作业。

2.1.5 本质化安全施工

本质化安全是提升安全管理水平的关键，依托项目致力于“改善工作环境，提高机械化程度，改善施工工艺，优化施工逻辑”等方面消除、减少或转移作业风险。

（1）优化施工工艺

模块施工技术。如 CVBH 倒装法拼装技术。减少施工胎具投入，精简整体倒运准备工序，降低作业风险，改善了施工作业环境，提高了施工效率；CA20 模块立式拼装技术。节约施工场地，提高施工工效，减少双机抬吊风险，降低模块扳起和翻转过程的吊运风险；CR10 模块整体组装技术。代替子模块散吊就位后再组装，降低多次吊装风险，使整体结构更稳定，防变形能力增强，提高吊装安全性。

贯穿件地面组装技术。模块吊装就位后再进行贯穿件安装，存在高处作业风险。通过优化施工逻辑，CV1 环先在地面开孔安装贯穿件套筒、VCS 风管地面安装后再吊装就位，减少高处作业和交叉作业风险。

优化核岛内通风布置。针对核岛临时通风问题，采用现场实测的方法，确定核岛作业环境的状况（气体、温度），计算通风参数，进行数值模拟，优化通风布置与方案。同时，局部焊接使用焊烟除尘器减小电焊烟尘。

（2）先进设备设施工机具

CA 模块组装区域推行使用桅杆式升降作业平台，代替传统脚手架施工，采用标准配件在现场组装，可重复拆装，搭拆效率高；CA 模块拼装、设备设施检修使用高空作业车和升降平台，减少现场脚手架搭拆工作，降低脚手架作业风险；现场推广使用镀锌承插盘扣式脚手架，搭拆操作简单、安全性和工效高，减少现场高湿度、高盐分环境对脚手架的锈蚀影响。

（3）科技化手段应用

监控设施。现场主要区域布置监控摄像头，覆盖现场施工活动，远程监控现场作业，查找人员违章行为。同时，定期使用无人机流动监控现场，做到全覆盖。

塔吊声光报警，实时跟踪各塔机的吊臂及吊钩位置，当塔机或吊钩位于交叉作业区域且与其他塔机小于 8 m 安全间距时，提醒司机采取避让控制措施。同时，所有塔吊、起重机设备驾驶室内安装作业视频记录仪，监督驾驶员是否存在打电话等不安全行为；大吊车站位区等吊装高风险区域，围栏处设置防入侵报警系统。

（4）施工机械设备管理

针对现场工程机械、特种设备等，从进场验收、过程使用与维护，直至退场报备，实施全过程管控；定期邀请专业机构的检验，出具检测报告后，方可使用。且退场后的设施出场后，再进场需重新办理入场许可。

（5）设施季度色标管理

全场施工设施、工程机械与手动工器具等均执行季度安全检查并张贴季度色标（绿、白、蓝、黄）。如现场临时配电柜与电源箱定置化摆放，每季度检查后张贴季检标签及责任信息牌，由专业电工负责检查确认。

2.1.6 安全风险管理体系

（1）风险辨识与评价

根据 AP1000 建造技术的模块化施工特点，土建与安装的平行施工在缩短建设工期的同时，也伴随着现场深度立体交叉施工的风险，涉及起重吊装、高空作业、受限空间、动火作业等，工程建造阶段安全风险较大。开展风险辨识与评价，采取系列防控措施。

（2）核电工程高风险作业安全管理模型

根据核电建造阶段的施工逻辑，辨识出 19 类高风险作业，编制《核电工程高风险作业安全管理模型》，明确安全先决条件、辨识每个步骤存在的危险源，实施分级与分部管理。并借鉴质量管理计划（ITP）选点见证的方法，制定专项控制措施，并实施全过程管控。

（3）建立“工作许可”风险预判制度

针对放射性、起重、动火、受限空间、脚手架搭拆等较大风险作业执行作业许可制度，分析危险因素与预判作业风险、落实预控措施，严格控制 18 类施工许可类作业。

（4）建立 JHA/JSA 风险预判制度

采用 “工作危险分析法（JHA）”分析重要施工活动过程中，每个作业工序/工作步骤中存在的风险，并采取相应的预控措施，明确责任人和监督人；采用“作业安全分析法（JSA）”每天在早班会上辨识当日一般性作业可能存在的风险，并提出风险预控建议，组织班组全员学习，并签字确认。

（5）风险预警预测

通过使用安全管理系统，实时抓取安全数据，分析统计表报（20 万工时事件率、全员参与度、隐患数据统计等），获取安全管理状态，达到预测预警作用。

（6）领先指标卡

领先指标卡要是从安全管理活动中选择关键的要素，如工作安全分析、个人防护装备、坠落防护、围栏、工作许可证等，根据客观观察情况，预测可能性前兆，发出紧急信号，以避免事故隐患导致事故发生。

（7）“黑名单”管理

对发现的“三违”人员，将被列入人员“黑名单”失去进入现场工作的资格。凡被记入“黑名单”的人员禁止进入工程公司的所有项目现场。

2.1.7 应急管理体系

（1）应急预案体系

结合项目建造阶段涉及安全风险可能造成的后果，项目建立标准化的“1+8”模式的应急管理体系，包括项目应急预案、火灾事故专项应急预案、恶劣天气专项应急预案、传染病专项应急预案、辐射事故专项应急预案、危险化学品事故专项应急预案、食物中毒专项应急预案、交通事故专项应急预案、生产安全事故专项应急预案。且明确应急指挥组、应急办公室及抢险组、救护组、保卫组、后勤保障组、善后处理组及事故调查组等组成，明确赋予的权利与职责。同时，结合突发公共事件可能造成的危险程度、紧急程度和发展势态，应急划分为四级，即Ⅰ级（红色）、Ⅱ级（橙色）、Ⅲ级（黄色）和Ⅳ级（蓝色）。

（2）应急管理信息化平台

开发应用应急管理信息化平台，主要功能包括应急物资、应急演练计划、应急演练实施及报告、消防器材及设施、火灾危险因素等。

（3）应急联系卡

应急联系卡是在发生事故或突发事件后，提醒员工正确的报告流程与求救信息的一种工具。

3 结论

3.1 经济效益

三门、海阳依托项目通过运行核电工程建造阶段安全管理体系，有效管控项目建造阶段的安全风险。经统计，依托项目 4 台机组自开工建设至交付投产，未发生轻伤以上的生产安全事故，如 20 万工时事件率小于 0.5、全员参与度大于 95%等，充分体现了安全管理体系的科学性与有效性，避免项目因发生安全事故造成的直接和间接经济损失，为核电厂早日建成投产创造经济效益。

3.2 社会效益

核电工程建造阶段安全管理体系是经过系统组织，精心策划，研究与创新总结构建而成，适用于现代核电工程整个建造阶段，为项目管理提供了重要支持，成果已在依托项目工程建设中成功应用，在减少事故率、提高全员参与度等方面起到了良好效果。达到同行业国际先进水平，具有良好的社会效益，可在其他工程建设领域推广应用。

3.3 应用情况

核电工程建造阶段安全管理体系适用于所有 AP 系类三代核电项目。基于核电安全管理体系的系统性与高完整度，CAP1000 后续项目的安全管理体系均是在其体系框架基础上建立的，为项目安全管理打下夯实的基础。具体的应用效果如下。

（1）目标指标

通过运行核电工程建造阶段安全管理体系，经统计，CAP1000 陆丰项目、三门二期与海阳二期项目，自 2014 年至 2018 年，20 万工时事件率平均值为 0.16、全员参与度为 98.6%，未发生安全目标控制事故，安全管理体系运行有效。

（2）风险预控

通过运行安全管理体系，有效控制了项目前期与准备阶段开展的挖掘作业、高空作业与起重吊装等风险性较大的施工作业；预测预警方面应用“大数据”原理，将安全管理系统（PC 版）的功能拓展至移动管理终端，借助终端设备时的安全数据信息采集功能（拍照、扫描等），及时发现并消除隐患，经统计，2014 年至 2018 年期间共发现隐患 2 万余条，整改完成率 100%。

（3）培训管理

将安全培训工作视为安全管理的基础与核心，在 CAP1000 后续工程建设“核电安全培训/实操技能评估中心，为新员工、访客、特种作业人员提供仿真、体感和技能验证的平台，侧重验证特殊/特种作业人员的实操与技能水平，提高其安全意识与技能水平。经统计，2014 年至 2018 年期间共培训 258 场次、培训总学时为 41 262 人时，培训 20 368 人次，培训参与率为 100%。

（4）本质化安全技术

CAP1000 陆丰项目使用大型模块结构模块翻转平台、桅杆式升降平台（附着在大型模块上），减小了大量的人员与材料投入，机械化减人率达到 75%，其安全性能与经济效益明显。

3.4 下一步研究的方向

根据工业水平的不断发展，结合核电项目的建造特点，施工工艺与技术的不断更新优化，需要不断思考管理方法与手段，与国内外同行的安全管理进行对照与对标，保持安全理念的先进性，安全管理体系的符合性与有效性。同时，思考如何提高承包商管控能力，以及信息化技术的开发与应用。

参考文献

[1] 戚安帮．项目管理十大风险［M］．北京：中国经济出版社，2004.

[2] 周建国．工程项目管理［M］．北京：中国电力出版社，2006.

[3] 高建民．HSE 理念与管理研究［J］．中国安全生产科学技术，2006，2（2）：72-74.

[4] 王艳．浅谈进一步加强 HSE 管理体系建设［J］．管理学研究，2011，（5）：25-2.

[5] 王永龙．注重 HSE 培训构建 HSE 文化 全面落实 HSE 管理［J］．安全、健康和环境，2003，3（12）：25-27.

核岛工程质量检查方法探讨

钟安军，赫连保忠，宋 涛

（上海核工程研究设计院有限公司，浙江 三门 317100）

摘要：AP1000 及 CAP1000 三代核电项目，核岛工程的设计、建造与质量验收采用了大量的国际标准或美国标准，但其中部分工程的设计、建造与质量验收又采用国内标准，而且核岛施工涉及专业多、范围广，加之多项新技术、新工艺、新流程、新装备与新材料的应用，大量的施工活动还涉及多个专业的交叉与配合，造成对其施工的质量检查与验收存在多方面的困难。所以对于核岛工程施工质量的控制，必须按照全面质量管理的人、机、料、法、环五大要素进行，并做好质量检查的分级控制，积极吸收并利用好经验反馈，对事前准备、过程控制、事后检查验收各个环节进行高效管理。

关键词：五大要素；分级控制；事前控制；经验反馈

Probes Into Quality Inspection Methods of Nuclear Island

ZHONG Anjun，HELIAN Baozhong，SONG Tao

（Shanghai Nuclear Engineering Research & Design Institute Co., Ltd.,
Sanmen of Zhejiang Prov. 317100, China）

Abstract: Considerable quantities of international or American designing，constructional as well as quality acceptance standards are adopted to construct AP1000 and CAP1000 nuclear energy projects，and at the same time，related national standards（GB）are also partially applied. The various disciplines involved with a wide range of new technologies，procedures，equipments and materials add to the difficulty in quality inspection and acceptance，which requires the cooperation and coordination between the closely intertwined disciplines, and therefore, the quality control over the nuclear island construction should be in accordance with the 5M principles, namely Manpower，Machine，Material，Method，and Environment. Apart from that，it is highly recommended to enhance the quality managerial efficiency through the following aspects: multi-tier inspections, the best experience and lessons drawn from previous projects shall greatly, pre-control, process control

---

作者简介：钟安军（1982— ），男，四川成都人，高级工程师，学士，现主要从事核电站核岛部分电气、仪控安装的质量控制工作

and proper quality inspection and acceptance after the construction.

Key words: The Five Principles; Different-tier Quality Control; Pre-control; Best Experience and Lessons Learned

AP1000 及后续 CAP1000 核电采用先进的第三代核电技术，在传统成熟的压水堆核电技术的基础上，引入安全系统非能动理念。作为一种最新的堆型，在设计和建造方面有许多新的特点，如设计上应用了非能动设计，应用先进的三维设计技术，建造方面采用模块化建造技术，由此带来了施工技术、施工计划安排与施工组织等一系列变化，也造成了质量管理也出现了各种难点。作为核岛工程质量控制最重要的一个环节，高质量、高效率的开展施工质量验收检查，保质保量完成核岛工程建造任务，将为后续移交调试，以及核电的安全可靠运行提供有力保障。如何开展质量检查与验收，本文从以下几个方面探讨。

1　核岛工程施工及质量检查活动的分类

在 AP1000 及 CAP1000 机组的核岛工程，是按照土建及安装来分。

土建工程主要分为：钢筋工程、模板工程及混凝土工程。按照质量控制文件控制的要点分为：工程测量、材料检验、地基基础、钢筋混凝土结构、钢结构和焊接、防水工程以及建筑（普通）安装七大类。

安装工程主要按照专业分为：设备机械、管道、电气仪控、通风、防腐与保温，外加上工程测量、焊接与单体调试八大类。

质量检查分类主要包括外观质量、外形尺寸、位置测量（坐标控制）、抽样检测以及工艺过程（一般、特殊）的控制五种类型。

2　质量检查相关概念

检查的定义：根据 HAF003－91，其定义为“通过检验、观察或测量等手段，确定材料、零件、部件、系统、构筑物及工艺和程序是否符合规定要求的活动”。

ITP：即检查和试验计划。是在已批准资料包（图纸或技术文件等）的基础上建立的，在不同的施工专业内通常按照系统、区域或者一个特定的任务进行划分，原则上其包括工作范围以在 3 个月内能完成为宜。

质量控制点：作业过程中要求的与质量控制相关的需要重点检查的作业/工艺点。质量控制点分为停工待检点（*H* 点）、现场见证点（*W* 点）、和记录检查点（*R* 点）三类。

质量验收检查活动涉及的参与者包括活动的实施者（或操作者）、施工方 QC 人员及管理方 QC 与业主。

3　质量检查事前准备

3.1　设计文件研读

项目准备阶段，技术人员及各级 QC 人员按照项目的进度计划，开展设计文件的研读工作，梳理相关的法规、标准及规范的要求，从质保要求、材料材质与复验要求、施工与验收要求、存储与预防性维护要求等方面进行研读与准备，后续 CAP1000 项目还应该针对与 AP1000 依托项目的差异进行研读比对，梳理出的各项要求、疑点及差异项形成清单，在施工前澄清并解决，并将研读的成果落实至程序方案及 ITP 中。

3.2 程序方案编制

通过设计文件研读及其他准备工作，梳理出施工活动的要点，按照施工活动的流程编制切实具体的施工活动的指导文件，程序方案中应根据项目的经验，增加经验反馈章节，便于施工、技术及 QC 人员在技术交底工作实施过程中熟悉相关活动的潜在风险及施工的难点，避免类似问题的出现。

3.3 ITP 编制

根据依托项目及其他核电工程项目的经验反馈，典型质量案例的常见的原因排在第一位的是“没有明确规定工作要求”。即程序方案没有规定或规定不清晰，交底时未明确，在 ITP 上体现为缺少施工工序，导致在施工、自检及 QC 质量检查与验收时可能会忽略其技术要求，造成最终质量不满足要求，导致后续的调试或运行出现隐患及故障。如以下为 ITP 工序不全造成质量事件的案例：

三门一号机组 CAS（压缩空气）系统送气过程中出现多起管道接口压接处脱口，直接原因为管道压接接头插入深度不足技术要求的 25 mm，且管道根部无明显喇叭形状。根本原因是承包商编制的 ITP 无管道压接前深度检查工序，程序中也未明确检查的方法，导致施工与检查过程中都忽略了此重要的步骤，如图 1、图 2 所示。

图 1　管道脱口现场

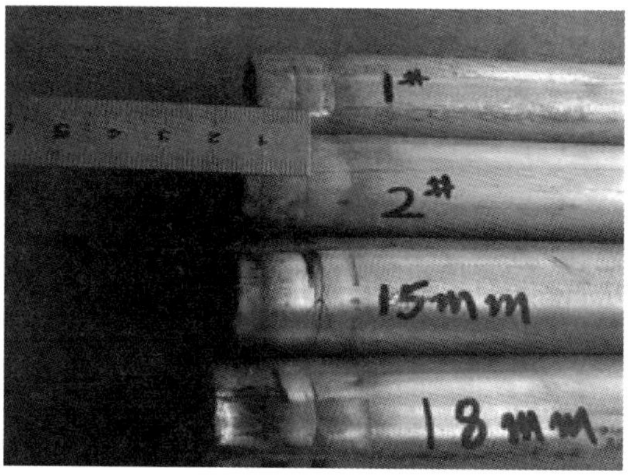

图 2　脱口管道压接深度示意

所以在项目准备阶段，应在总结其他项目的经验反馈及良好实践的基础上，针对不同专业不同的施工活动，梳理出一套标准化 ITP 工序清单，作为承包商编制 ITP 的指导或参考。ITP 工序应该全面详细，确保所有与质量相关的作业与检查活动都应体现在 ITP 工序中。在项目实施过程中，工序不满足现场要求时，需升版 ITP 或增补 ITP 工序。

4 过程控制及检查验收

4.1 施工质量过程控制分类

施工质量的过程控制主要分为日常监督检查、质量控制点检查及专项监督。

日常监督：在施工过程中，QC 日常对施工质量的巡视、监督和检查，主要是对现场施工活动进行随机的监督检查。日常监督以 ITP 未选点的施工工序为主要监督对象，重点关注质量控制的薄弱环节和较易发生质量隐患的重点部位。

例行监督：即质量控制点检查，工程（工序）施工完成后，根据有关的图纸、文件、技术要求、验收规范标准要求，对施工活动及其所形成的质量文件、记录进行检查，以确保所有已施工的工程实体符合图纸、文件、技术要求、验收规范标准的规定。

专项监督：根据施工现场近期质量控制重点、难点或重要施工活动开展的专项检查活动，专项监督应提前编制监督检查计划，定期或按月开展。

4.2 质量控制点验收的流程

（1）对于 *H* 点的验收检查，承包商必须在施工班组施工完成并自检合格后，通知承包商一级 QC 进行检查验收，经一级 QC 检查验收合格后，一般会形成相应的施工记录及质量检查记录。对于此类检查点，其特征在于一个工序或一系列工序完成后，对工作质量的验收检查。如模块组对焊接完成后的复测，贯穿件隐蔽前的位置复测，混凝土浇筑前模板检查等。其特征是对整个工作的质量有绝对性的主宰，或其有一点的偏差对接下来的工程质量都有一定的影响。

（2）对于 *W* 点的验收检查，承包商在施工开始前，需要发点通知各见证方进行见证，在条件具备情况下，可开始本工序的施工活动。对于过程点的检查，主要检查承包商现场文件的版次、E&DCR 等文件的全面性，人员是否为 ITP 开启时所接受的具备资格的人员，材料物项是否合格，机具是否标定且在有效期内，现场施工条件及临时措施是否满足安全、质量的要求等。

（3）对于 *R* 点的验收检查，*R* 点主要以审核报告、记录为主。一般为需要委托专业的检测或计量部门进行的工作，工作完成后形成记录并得到专业工程师认可，如 NDE 报告，测量报告等。

4.3 质量控制分级管理

由于现场施工活动涉及的专业多、范围广、任务量大，SPMO QC 人员数量有限，不可能做到面面俱到的质量控制，所以按照质保等级、工艺难度、五新应用、质量风险、如出现质量问题的影响五个维度将施工活动分为 QCⅠ、QCⅡ、QCⅢ、QCN 四个等级，进行分级控制，选点率也不同，四个等级推荐的选点率为 QCⅠ 100%，QCⅡ 80%，QCⅢ 20%，QCN 0%～10%。每个级别由五个维度相应分值相加得出，影响维度雷达图见图 3。

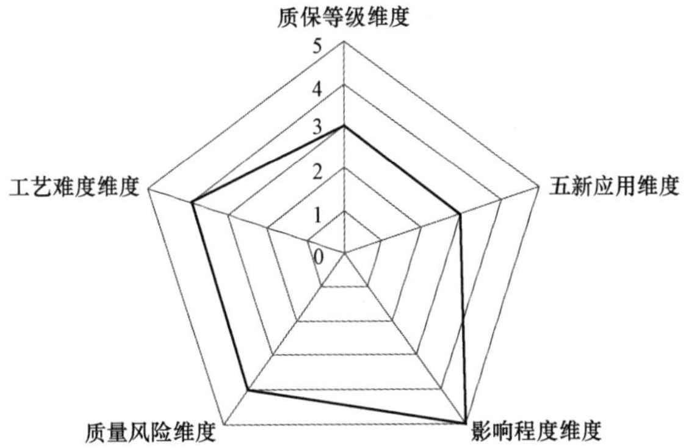

图 3 某施工活动的维度分值计算模型

4.4 QC 人员现场质量检查的要点

（1）提前熟知 ITP 工序内容，对于需要验收的工序，提前做好技术准备，包括标准的掌握。

（2）对于承包商发消点验收通知的时间，要按时到达现场指定的验收位置。

（3）如果工序内容涵盖的多，或者工序不够细，注意工序中隐蔽类的内容要加强控制。

（4）对于重要物项（主要是核级物项）使用的辅助性材料，注重检查材料的符合性及使用方法。

（5）见证的时候注意工序是否按照施工方案或作业程序、技术文件、规范要求等完成的。

（6）关注 ITP 中 E&DCR 的执行和验证，提前梳理验收相关的变更文件，为现场验收做准备。

（7）现场验收结束后，及时签署 ITP 相关步骤，避免补签，加强对承包商自检记录的检查，对无记录、无签字以及记录与实际不符的，拒绝验收并计入一次验收不合格点，以加强承包商的自我管理。

（8）加强 E&DCR 执行验证单的全面性检查，对变更内容现场及时验证、及时签字，避免后续补签字；E&DCR 现场验证后及时记录、登记、备查。

（9）ITP 中工序见证后各专业及时进行统计记录，确保验收的见证点全部统计。

5　质量验收检查的记录

记录的定义：HAF003－91 的定义是“为各种物项或服务的质量以及影响质量的各种活动提供客观证据的文件”。

记录又分为永久性记录与非永久性记录。在 AP1000 核岛工程，永久性记录指证明电站安全运行能力的记录，其在确定事故、故障、意外事件的起因方面可能具有重要的参考价值，为物项的定期检查提供原始数据。同时，其也是判断物项在役性的依据。一般永久性记录在电站或物项的使用期限内保存。非永久性记录是指某项活动按照要求执行的必要证据的记录，其保存期限一般不超过 10 年。

在现场施工活动中，质量验收检查的记录按照专业分为九大类，分别为模块机械、管道、暖通空调、防腐保温、电气、仪控、焊接与 NDE、测量、土建及主设备。根据依托项目经验，梳理总结出 347 份新版施工记录模板。新记录模板对依托项目施工记录存在的结果不清晰、采用定性方式记录需定量的施工结果等问题进行全面的优化，提高施工记录的准确性及可追溯性，确保施工记录能全面准确的记载施工结果，为调试、生产过程提供有力的数据支持。图 4、图 5 为旧版与新版的管道支吊架安装记录，旧版记录的间隙检查仅为定性的判断合格或不合格，新版将其具体的量化，包含左右，前后或上下方向的设计值，与实测值，便于施工时的检查，也能为运行阶段的支吊架的变化量进行客观判断，同时也增加了力矩值等重要的检查项目。

<table>
<tr><td colspan="2">中国核建</td><td colspan="7">支（吊）架安装记录</td><td colspan="2">第　页　共　页</td></tr>
<tr><td colspan="6">施工记录编号：04-0008</td><td colspan="3">ITP 编号：</td><td colspan="2">版本</td></tr>
<tr><td colspan="6">工作包：</td><td colspan="3">图纸号：</td><td colspan="2">版本</td></tr>
<tr><td colspan="3">堆号：</td><td colspan="3">厂房：</td><td colspan="3">区域：</td><td colspan="2">系统号：</td></tr>
<tr><td rowspan="2">序号</td><td rowspan="2">支（吊）架图纸号及版本</td><td rowspan="2">支（吊）架编号</td><td colspan="8">检查项目</td></tr>
<tr><td>支吊架型式</td><td>支吊架位置</td><td>标识及标识移植</td><td>锁紧装置/紧固性</td><td>间隙</td><td>防腐、刷漆</td><td>灌浆</td><td>检查结果</td></tr>
<tr><td></td><td></td><td></td><td></td><td></td><td></td><td></td><td></td><td></td><td></td><td></td></tr>
<tr><td></td><td></td><td></td><td></td><td></td><td></td><td></td><td></td><td></td><td></td><td></td></tr>
</table>

图 4　旧版管道支吊架安装记录模板

序号	支（吊）架图纸号及版本	支（吊）架编号	检查项目							
			支吊架型式	支吊架位置	标识及标识移植	锁紧装置/紧固性	间隙	防腐、刷漆	灌浆	检查结果
签字认可栏										
CNF							其他			
施工班组		技术员		QC						
签字： 日期：		签字： 日期：		签字： 日期：			签字： 日期：		签字： 日期：	

说明：在每个检查项目和最终的检查结果里填写 ACCP 代表合格，REJ 代表不合格。

图 4　旧版管道支吊架安装记录模板（续）

中国核建 中国核工业第五建设有限公司 三门核电工程 3、4 号机组项目部			管道支吊架安装检查记录									第　页　共　页	
施工记录编号：			ITP 编号：									ITP 版本：	
机组：	厂房：		区域：		系统：		图纸/设计变更编号：					图纸/设计变更版本：	
力矩扳手编号：													
序号	支（吊）架图纸号及版本	支（吊）架编号	检查项目										检查结果
			支吊架型式	支吊架位置	标识及标识移植	锁紧装置紧固性	间隙				力矩值		
							左右向实际值		前后或上下向实际值		设计值/（N.M）	实际值/（N.M）	
							设计值	实际值	设计值	实际值			
1													
2													
3													
4													
备注（说明）：在支吊架型式、支吊架位置、标识及标识移植、锁紧装置紧固性、检查结果里合格打 √、不合格打×，N/A 代表不适用，力矩设计值按设计文件要求填写，实际值按现场施工值填写。间隙值的填写适用于框形结构支架，填写施工实际值，其他填写合格。													
签字认可栏													
CNF							其他						
施工班组		技术员		QC			N/A				N/A		
签字： 日期：		签字： 日期：		签字： 日期：			签字： 日期：				签字： 日期：		

图 5　新版管道支吊架安装检查记录

6 质量检查要因控制

现场质量检查验收涉及的专业多，范围广，并且很多工作涉及多个专业。对于质量的控制，必须按照全面质量管理的人、机、料、法、环五大要素进行控制。

首先是“人”，人的因素是关系到质量的最重要最关键的因素。也是质量控制的源头，一个合格的施工人员，认真负责的态度再加上过硬的专业施工技术水平是得到好的施工质量的前提条件。从 QC（QS）角度，就是在 ITP 开始时候，通过文件了解施工人员是否具备专业资格，是否参加了技术交底。在 ITP 执行过程中，询问施工人员对图纸的熟悉程度，对从事的工作（工序）的要点是否领会，对相应的技术及质量指标是否知晓，在施工的时候，是否严格按照图纸、规格书及程序文件进行施工，而非全部根据经验。

其次是“机”的控制，机就是指施工所使用的施工机具及检查工具，标定合格且在有效期内的工机具是控制好施工质量的必要因素。凡用于影响质量的活动的工具、表计、仪器和其他测量和试验设备应得到有效的控制、定期标定、校准并保持其要求的精度范围。所以在选择合适的工机具及测量与试验设备时，保证其在规定的时间内进行标定以保证其所要求的精度范围是非常重要的，实际施工中，必须根据工机具及测量与试验设备的类型、特性的稳定性、要求的精度、预期的用途及其他条件来确定标定方法与频度。当发现工机具及测量与试验设备越出标定或标定不合格时，必须评价先前使用该设备进行的检查与试验结果的有效性和被检物项的可接受性。对于越出标定的设备应贴上标签或隔离，保证不被误用，直至重新标定合格。在整个“机”的控制中，必须保持设备的标定记录以确定设备的标定状态。

再次是“料”的控制，合格的材料设备、有效的材料追溯管理也是施工质量的重要因素。所以要求建立控制措施以确保仅使用或安装正确并经过验收的物项及其可追溯性的标识控制措施。对于“料”的控制，必须从源头质量开始直至使用与安装前的检查，这包括制造过程中的检查与监造（监造仅适用于安全重要物项或合同规定的其他物项），出厂验收检查，入库接收检查与施工班组领料的检查等过程。在整个过程中，应保证物项适用合适的标识，保证其不被误用和可追溯性。

另外一个就是“法”的控制。法，顾名思义，法则。指施工过程中所需遵循的规章制度。它包括：技术规格书，程序、方案，图纸，检验检查标准，各种操作规程等。他们在这里的作用是能及时准确地反映施工成品质量的要求。严格按照规程法则作业，是保证施工质量及施工进度的又一个条件。

最后就是“环”，环就是指施工环境。任何一种施工，都对现场施工环境有具体的要求，有的高，有的相对较低。如电气仪控设备的施工，其对通风、照明及潮湿度要求就非常高，但一些土建相关工作，其对环境要求就较低，但天气对其施工安排的影响较大。所以施工方应明确并了解为达到工作质量符合要求所需的环境。

7 经验反馈的利用

7.1 承包商文件（程序/ITP）审查 checklist

结合其他核电项目及 AP1000 工程的经验反馈利用计划及经验反馈平台的质量案例及经验反馈，编制此承包商文件（程序/ITP）审查 checklist，用于审查承包商编制的程序、方案及 ITP 等文件。

承包商文件（程序/ITP）审查 checklist 将 AP1000 工程发生的由于缺少程序描述或 ITP

工序的质量案例与经验反馈均进行了记录。各专业按照施工类别或者施工工序划分，覆盖了一期项目发生过质量问题的所有施工范围，也基本包含了整个项目周期核岛全部的施工活动。

承包商文件（程序/ITP）审查 checklist 的有效运用，将使各专业工程师在审核承包商编制的程序、方案及 ITP 时有的放矢，提高文件审核的效率，能全面、快速地将一期的经验反馈释放于承包商的程序及 ITP 中，提高承包商程序方案中经验反馈等章节的质量，进而从施工准备阶段开始，杜绝一期同类质量事件的发生（见图 6）。

国家电投 SPIC 国核工程有限公司
STATE NUCLEAR POWER ENGINEERING COMPANY

电仪承包商文件（程序 ITP）审查 checklist

<table>
<tr><th>序号</th><th>施工类别</th><th>审查需关注与增加的内容</th><th>一期涉及的典型案例</th><th>经验反馈利用计划编号</th><th>是否落实在程序方案及 ITP 中</th></tr>
<tr><td rowspan="9">1</td><td rowspan="9">接地网</td><td>程序方案中增加：</td><td rowspan="9">1. 三门、海阳接地线屡次（超过 20 次）被施工缝凿毛凿断、其他施工砸断
2. 接地线预留线多次发生由于浇注前绑扎、固定不牢固被浇注到混凝土中
3. 接地板在混凝土浇注后有凹陷情况发生，原因为混凝土浇注前接地板绑扎固定不牢</td><td rowspan="9">SM1-1210-GNR-270001
SM1-EGS-GNR-200036
SM1-1220-GNR-270006
SM1-EGS-GNR-200138
SM1-1220-GNR-270027
…</td><td rowspan="9"></td></tr>
<tr><td>1. 具体的预留线保护措施，预防接地线施工破坏与人为破坏</td></tr>
<tr><td>2. 具体的预防接地板凹陷的措施</td></tr>
<tr><td>3. 混凝土分层浇注前需要对预留的引上线（铜缆）固定措施的要求</td></tr>
<tr><td>4. 预埋接地线埋深要求，避免墙体凿毛时损伤接地线</td></tr>
<tr><td>ITP 中增加：</td></tr>
<tr><td>1. 增加砼浇注前接地板固定牢靠检查工序</td></tr>
<tr><td>2. 增加引上线固定（防止砼浇注落入混凝土中）的措施工序</td></tr>
<tr><td>3. 增加接地板与墙体平齐的检查工序</td></tr>
<tr><td rowspan="11">2</td><td rowspan="11">设备</td><td>程序方案中增加：</td><td rowspan="11">1. 盘柜安装后至移交前，由于设备成品保护及电缆端接时对元件保护措施不足，导致 PLS 盘柜出现多次卡件损坏、丢失
2. 仪控柜门保护圈有损坏情况
3. PLS 盘柜存盘柜门锁损坏情况，原因是开关柜门期间对门锁缺乏保护
4. KE 柜的 25 把锁在安装期间由于吊装保护不当被破坏
5. 1 号机组 IDS 盘柜在现场临时运行、存储期间由于土建施工及防尘措施不足导致盘柜内积灰严重
6. 承包商未严格执行接线图 CWD，导致 EK 盘柜内部接线未端接与端接不正确</td><td rowspan="11">SM2-PLS-GNR-100005
SM1-ECS-GNR-100008
SM1-ECS-GNR-100009
SM1-JS93-GNR-100001
SM2-PLS-GNR-100006
SM1-EK21-GNR-100001
SM1-IDS-GNR-100001
…</td><td rowspan="11"></td></tr>
<tr><td>1. 明确电仪设备门锁保护内容</td></tr>
<tr><td>2. 明确仪控设备配件保护的内容</td></tr>
<tr><td>3. 明确电仪设备配件、部件保护的内容</td></tr>
<tr><td>4. 明确设备防尘措施</td></tr>
<tr><td>5. 明确盘柜内部线的端接要求与回路测试要求</td></tr>
<tr><td>6. 明确设备开孔增加厂家图要求</td></tr>
<tr><td>7. 明确设备安装后成品保护的具体要求，采用何种材料如何保护</td></tr>
<tr><td>ITP 中增加：</td></tr>
<tr><td>1. 增加盘间内部电缆端接工序</td></tr>
<tr><td></td></tr>
</table>

图 6　承包商文件（程序/ITP）审核 checklist 模板

序号	施工类别	审查需关注与增加的内容	一期涉及的典型案例	经验反馈利用计划编号	是否落实在程序方案及ITP中
3	蓄电池	程序方案中增加：	1. 海阳 1#核岛 12204 房间 60 多个蓄电池吸酸包浸水弃 用 2. 海阳与三门都数次发现 DB01 蓄电池阻火器损坏 3. 三门 DB01 蓄电池多个（约 50 个）注酸/注水孔断裂 4. 大量蓄电池极板、连接板在长时间存储期间有氧化及露铜情况发生	HY1-IDS-GNR-000001 SNE-HS-GOR-20156377 SNE-PR-GOR-20176168 SNE-SS-GOR-20176308	
		1. 蓄电池安装后成品保护要求			
		2. 描述安装期间对阻火器、注酸/注水孔有可靠的保护措施，避免损坏			
		3. 描述吸酸包防水的措施			
4	导管	程序方案中增加：	1. 由于定位偏差导致预埋导管在混凝土浇注后超过偏差允许范围。特别三门 1 号机组 NIS 导管偏差问题 2. 三门 1 号机组 40 厂房 3 区 135'3"防弹钢板上由于采用错误的基准线导致重新开 8 个电缆孔 3. 海阳 1#机组核岛后置电气贯穿件开孔私自切断钢筋	SNE-SS-GOR-20176610 SM1-1100-GNR-200121 SNE-HS-GOR-20156274	
		1. 明确预埋管安装后的位置复测，程序附记录模板中要求有预埋管的允许偏差、实际偏差等			
		2. 需要对钢板、预制板等进行开孔前，需要核实基准线并进行位置复核后才能开孔			
		3. 明确后置贯穿件开孔时需避免破坏钢筋等物项			
		ITP 中增加：			
		1. 应包含“混凝土浇注前电缆保护管位置复测”工序			
		2. 应包含“隐蔽前检查”工序，核实是否按照最新文件进行了安装			

图 6　承包商文件（程序/ITP）审核 checklist 模板（续）

7.2　核岛工程质量验收手册

在 AP1000 工程施工与质量检查的经验基础上，结合 CAP1000 工程的设计文件及相应的参考标准、厂家手册，编制核岛工程质量验收手册，作为项目检查人员质量检查、巡查及验收的参考及依据，特别对于缺乏工程经验的新任质量人员，有较强的指导作用（见图 7）。

电气盘柜检查验收要求　　　　编号：E-001

检查项目		验收要求		依据文件	检查方法	备注
基础型钢	不直度	1 mm/m	5 mm/全长	SMS-GX1-V8-001GB50171	尺量	
	不平度	1 mm/m	5 mm/全长			
	位置误差及不平行	/	5 mm/全长			
盘柜安装	垂直度	1.5‰				
	水平偏差	相邻两盘顶	2 mm			
		成列盘顶	5 mm			
	盘面偏差	相邻两盘边	1 mm			
		成列盘面	5 mm			
	盘间间隙	2 mm			塞尺	
	墙挂箱标高	柜高≤1 575 m	柜中心距地面 1.4 m	SMS-ECS-E9-030	尺量	
		柜高≥1 575 mm	柜底距地面 0.3 m			

图 7　核岛工程质量验收手册模板

检查项目		验收要求	依据文件	检查方法	备注
连接力矩	M6	8 NM	1 期 UL 标准	力矩扳手	
	M8	26 NM			
	M12	54 NM			
盘间间距		≥100 mm	为 1 期要求	尺量	
盘/墙间距		≥100 mm			
位置偏差	平面	±6 mm			
	角度	±0.5°		换算后用卷尺或由专业测量完成	
盘面正反与标识		与图纸或 E&DCR 一致	SMS-GX1-V8-001	目视	
盘柜接地		螺栓或放热焊接：截面根据 EGS-E9 选择，一般为 120 mm²			
油漆		涂层干膜厚度、粗超度满足要求，涂刷均匀，无流挂，无气泡，无裂纹，无漏涂：详见防腐专业表面处理要求			
内部接线		按图接线正确，布局合理，满足 IEEE384 隔离要求			
盘柜清洁		柜内无杂物无尘，盘面无尘无掉漆干净整洁			
环境		温度：5～60 ℃（B 级），制造厂有要求除外		温湿度计	
焊接		按照 WPS 要求，一般为每隔 150 mm 焊接 75 mm，焊脚高度 6 mm	SMS-ECS-E9-006	目视/尺量	

图 7　核岛工程质量验收手册模板（续）

7.3　质量标准化图册

根据 AP1000 项目的施工经验，按照专业、具体的施工活动，从施工工艺的要求、质量控制要点、验收的方法及标准方面进行归纳总结，并配套每个施工工序的典型图片，形成的一套从先决条件开始至完工后整体检查的施工流程及检查的图册，用以培训、指导检查人员，以便能快速掌握质量控制的要点及其验收的标准（见图 8）。

序号	专业	工程部位名称	工程示例图片	施工工艺要求	质量控制要点	验收标准
	电仪	电缆端接	 Roxtec框架格兰  盘柜内的EMC格兰及短丝	1. 端接前检查→设备开孔→穿线及电缆头制作→电缆试验→芯线端接、整理→电缆标识 2. 端接前检查 （1）核对图纸与现场敷设的电缆； （2）检查电缆外观 3. 设备开孔 设备开孔采用短丝、EMC 格兰及 Roxtec 框架格兰 4. 剥线、穿线及电缆头制作 （1）打印标识铜牌与线号管	1. 端接前检查 （1）确认需端接的电缆已敷设完毕，电缆的型号规格正确，电缆敷设路径正确； （2）检查每根电缆芯线的连续性，然后再进行电缆绝缘测试； （3）检查电缆两端设备是否与作业票起始端设备相同； （4）检查固定电缆头的支架是否齐全 2. 设备开孔	1. 所有电缆都需要进行连续性测试，绝缘检查需要满足 DL/T 474.1-2006 标准，兆欧表指示值随时间逐步增大，读取稳定值或施加电压后 60 s 的数值作为电阻值； 2. XA 级电缆进入 PLS 柜需要预留 3 米的长度并整洁的绑扎后敷设到需要端接的部位

图 8　质量标准化图册模板

8 结论

核岛工程施工质量的控制，事前控制是最重要的一环，完善且有效的先决条件检查，应全面梳理核实人、机、料、法、环五大要素是否满足图纸、文件、技术要求、标准规范要求。同时做好过程控制的日常监督检查，以确保施工过程所涉及的材料、方法、工器具与人员符合程序的要求。最后，依据施工活动的质量控制分级，做好现场施工质量检查与验收，根据有关的图纸、文件、技术要求、验收规范标准要求，对现场施工过程中所形成的质量文件、记录进行检查，以确保工程实体符合图纸、文件、技术要求、验收规范标准的规定。

参考文献

[1] 国家核安全局. HAF003-91，核电厂质量保证安全规定 [S].

AP1000核电工程HSE领先指标预测预警模型研究与应用

朱光明

（上海核工程研究设计院有限公司，上海　200233）

摘要：在分析各行业安全生产预测预警特点的基础上，摒弃以事件统计分析预测安全趋势的“落后指标”，探索引入领先指标预测技术，研究利用一系列对安全趋势进行前瞻性预测并具有一定代表性的指标，实现安全绩效超前预测预警的量化分析模式。本文提出了HSE领先指标预测预警模型设计思路，并参考国家标准，结合AP1000核电工程项目管理实践，构建了核电工程HSE领先指标体系。实践表明：该方法应用简单，预警功能更加快捷，有利于将安全风险从事后被动管理变事前主动处置，在公司AP1000依托项目实践的基础上，被国家电投集团公司作为HSE管理工具之一在系统内各行业推广应用。

关键词：核电工程；领先指标；预测预警模型

Research and Application of AP1000 Nuclear Power Project HSE Leading Indicators Forewarning Model

ZHU Guangming

（Shanghai Nuclear Engineering Research & Design Institute Co., Ltd.，Shanghai 200233，China）

Abstract: Based on analysis of industry safety production forewarning characteristics，abandon lagging indicators which use safety incidents statistics and analysis of safety tendency，and explore introduction of leading indicators forecasting techniques which use of series of prospective forecast and representative indicators to achieve quantitative analysis model of safety performance forecast warning in advance. This paper poses design thought of HSE leading indicators forewarning model，and establish nuclear power engineering HSE indicators system reference of national standard and engineering practices.The Practice Indicates the method is simple and forewarning function quick，which is engaged in the risk control changing to active management

作者简介：朱光明（1984—　），男，河北沧州人，高级工程师，硕士，现主要从事核电工程HSE管理工作

from passive, and has been using in the number units of SPIC base on AP1000 project practices.

Key words: Nuclear Power Project; Leading Indicators; Forewarning Model

《企业安全生产标准化基本规范》(AQ/T 9006—2010) 5.8.4 规定“企业应根据生产经营状况及隐患排查治理情况，运用定量的安全生产预测预警技术，建立体现企业安全生产状况及发展趋势的预警指数系统”。传统的安全管理模式是“事故导向型”管理，从发生的事故作为出发点，分析事故发生的原因并据此采取措施，以改善企业的安全业绩，这是一种相对被动和滞后的安全管理模式；而现代先进的安全管理模式是“问题发现型”管理，从提前发现事故诱发的危险因素，采取纠正预防措施，从而改善企业的 HSE 业绩。

通过雍岐东[1]、张兴凯[2]、张文芬[3]等相关文献了解到：近年来，HSE 预测预警技术在国内石油化工、矿山、港口等行业均在进行研究，但未形成有效的定性定量安全趋势分析及预警系统。侯茜的文章[4,5]表明安全生产预警指数已完成了理论研究、数学建模、软件开发等工作，现仅限于与部分石化行业的会员单位合作、试点。但是，源于不同行业或企业间管理及安全风险特点存在较大差异，安全生产预警指数系统软件尚未引用到核电工程行业。此外通过对咨询公司调研，了解到大部分企业安全生产预测预警系统基于企业整体安全管理要素建立评估体系，量化打分形成综合评分显示企业安全综合管理水平，或石化类涉及工艺操作的企业涉及工艺原料或产品参数监测系统，参数超标预警等。前者综合性评估预测预警操作性较为繁琐，人力、物力、财力资源投入较大，且各要素权重配比确定需要历史数据，历史数据越丰富配比越合理，预警系统从建立到完善需要较长的时间。

本文将在前述基础上，结合领先指标理论，提出一套切实可行的、简捷的、适用于核电工程现场的 HSE 领先指标预警方法，解决现阶 HSE 预测预警难题。

1 HSE 领先指标预测预警模型设计

经济学领域，领先指标（又称前导指标）是指相对于国民经济周期波动，在指标的时间上领先，例如某指标走上高峰或跌入低谷比国民经济周期早若干个月，那么就称这些指标为领先指标。这些指标对即将到来的年份里的经济情况可以提供预兆。工程领域，美国国家工程院将领先指标定义为先于事故存在的且导致事故发生的条件、事件和次序。实质上，领先指标是先于不良事件而存在，且对预测不良事件的发生具有特定价值的条件、事件或措施，其中的事件包括事故、事件、未遂事件或者不良的安全状态。不同领域的诠释表明：领先指标是一种事件主动性预防工具，它们可以在不良事件发生之前反映出不足之处，可以识别危险所在的有前瞻性的活动联系在一起，有助于进行风险评估和管理，最终实现安全风险管理关口的前移。

1.1 HSE 领先指标筛选原则

HSE 领先指标是与组织的安全绩效相关联的最重要的安全文化指标。任何需客观衡量的安全绩效，均可以设定为 HSE 领先指标。为确保 HSE 领先指标符合实际，科学合理，对筛选 HSE 领先指标的原则明确如下。

（1）项目 HSE 管理大纲中 HSE 管理关键要素；

（2）项目 HSE 关键工作程序；

（3）项目现场频发的人的不安全行为、物的不安全状态及管理缺陷；

（4）更强调要素选择的针对性，而不是全面性；

（5）更强调子要素描述具体清晰，以确保可操作性。

1.2 “矩阵式”HSE 领先指标卡模型

衡量一项 HSE 领先指标的好坏，需要通过分解更多明确具体的子要素支撑，也需要采集大量数据信息进行经统计分析。鉴于此，本文设计了“矩阵式”HSE 领先指标卡模型（见图 1），作为 HSE 领先指标统计的应用工具。

国家电投 SPIC　Leading Indicator Observation Card 领先指标观察卡　SPMO AP1000

名称（中英文）

OBSERVATION 观察内容	SAFE 安全	AT RISK 有风险	IMMINENT HAZARD 重大风险	N/A 不适用
观察条目（中英文）……				
观察条目（中英文）……				
观察条目（中英文）……				
观察条目（中英文）……				
……				
……				
……				
……				
……				
……				

Inspector 检查员		Date 日期	
Location 地点		Department 部门	

Enter the total number of observation for each question.
填入各个问题的观察总数。

图 1　“矩阵式”HSE 领先指标卡模型示例

HSE 领先指标卡作为 HSE 领先指标预测预警的载体，主要组成部分包括：标题栏、观察内容栏、（安全、风险、重大风险）数量填写栏、检查人员/数量/日期栏，具体说明如下。

（1）“标题栏”是根据 HSE 管理需要选取的领先指标项，如文明施工、脚手架、临时用电、手工具、焊接和切割等；

（2）“观察内容栏”及该领先指标分解的二级指标，是针对此项领先指标高频发生的、关键的或违反可导致严重后果的标准，要求描述清晰，填写人员根据描述可直观判断所观察内容是否符合。以“起重吊装作业”为例，设定二级指标（见表 1）；

表 1　起重吊装作业二级指标示例

序号	观察项	代号
1	是否有 HSE 入场报验贴并粘贴在正确位置？	X1
2	是否有吊装方案并经过签字确认？	X2
3	吊装主管是否在场？	X3
4	检查吊索、吊钩、绳眼和保险销是否有明显破损或变形？	X4

续表

序号	观察项	代号
5	是否有指挥人员？	X5
6	是否使用了溜绳？	X6
7	吊车操作人员和锁具装配人员是否具有资质证书，且证书随手可查？	X7
8	配重和回转半径区域是否设置了警戒线？	X8
9	是否对吊车进行了日检？	X9

（3）“数量填写栏”“检查人员/数量/日期栏”是空白栏，用于填写人员记录，确保问题的可追溯性；

（4）HSE 领先指标卡内容不是一成不变，根据项目现场实际和趋势分析情况，由现场 HSE 经理决定对观察内容进行更新。

1.3 建立 HSE 领先指标体系

根据《电力建设施工企业安全生产标准化规范及达标评级标准》中作业安全部分内容，结合一定时期核电工程项目日常检查发现的隐患统计分析情况，遵循 HSE 领先指标开发原则，从作业安全、设备设施、现场环境、职业健康四个方面选取项目 HSE 管理中最关键的要素，建立了核电工程 HSE 领先指标体系（见图 2）。

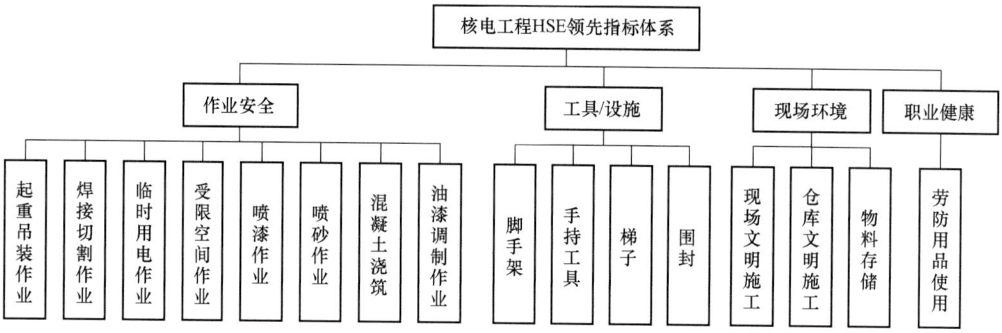

图 2　核电工程 HSE 领先指标体系

针对上述选取的领先指标，HSE 相关法律、法规、标准及工程实践经验对每个领先指标进行细化，形成观察子项作为二级领先指标，开发了 HSE 领先指标数据库包括 16 项一级领先指标，含 140 项二级领先指标。数据库目录表（见表 2）。

表 2　HSE 领先指标数据库目录表

序号	领先指标（二级指标数量）	序号	领先指标（二级指标数量）
1	起重吊装作业（9）	9	脚手架（7）
2	焊接切割作业（10）	10	手持工具（8）
3	临时用电作业（9）	11	梯子（9）
4	受限空间作业（10）	12	围封（7）
5	喷漆作业（9）	13	现场文明施工（10）
6	喷砂作业（11）	14	仓库文明施工（8）
7	混凝土浇筑作业（7）	15	物料存储（9）
8	油漆调制作业（9）	16	劳防用品使用（8）

2　HSE 领先指标预测预警技术

2.1　收集数据

HSE 领先指标预测预警技术应用的关键是数据的收集，应用“大数据”统计分析原理，来通过关键技术指标和预警值进行预测预警。上述开发的 HSE 领先指标卡鼓励全员参与，现场观察并填写 HSE 领先指标卡，既体现了全员参与 HSE 管理的安全文化特点，又可广泛收集数据，通过“大数据”分析原理探究事物的本质。为保证数据采集充足、有效，领先指标卡试用初期，需组织全员培训，并由各部门负责人督促本部门员工填写一张卡。主管部门设置专人负责每月收集并统计分析。

2.2　主要技术指标

HSE 领先指标预测预警主要包括两项技术指标。

（1）安全比：$R=S/Q$

S：安全观察项总数；

Q：指标观察项总数。

主要是反映领先指标安全状况占比，比例高低反映该项指标安全状况的好坏。

（2）线性斜率：$K=(R_t-R_{t-1})/T$

R_t 和 R_{t-1} 是指 T 时段前后指标的安全比；

T 通常按月统计。

主要反映某时段前后安全比的波动大小，可通过相邻时段安全比趋势线得出斜率 K 值。

根据全员参与观察得出的基础数据统计“安全比”和“线性斜率”两项指标，分析判断 HSE 状况，并根据分析结果有针对性地制定防范措施，推动 HSE 管理关口前移。

2.3　设置预警指标值

鉴于 HSE 领先指标的风险程度与施工进度、进度计划、人员配备等关系密切，需根据现场实践进行确认，所以综合分析了依托项目一年内的 HSE 领先指标统计数据，确定“安全比”和“安全比线性斜率”两项指标的预警范围（见表 3，表 4）。

表 3　“安全比”预警指标值

安全比	指标等级	HSE 管理状态
$90\% \leqslant R < 100\%$	合格	良好
$80\% \leqslant R < 90\%$	警告	合格，但须加强改进
$R < 80\%$	不合格	失控，须针对不合格项开展专项整治工作

表 4　“线性斜率”预警指标值

线性斜率	指标等级	HSE 管理状态
$-0.2 < K \leqslant 1$	合格	安全管理趋势较为平稳，应予以保持
$-1 \leqslant K \leqslant -0.2$	不合格	安全管理趋势恶化，且波动较大，应重点关注，进行专项整改

3 HSE 领先指标预测预警模型应用

以某三代核电技术 AP1000 百万千瓦级压水堆核电机组工程项目使用 HSE 领先指标为例，某年 7 月至 12 月对起重吊装、焊接和切割两类 HSE 领先指标进行统计分析。统计结果：共收集 1 786 张领先指标卡、4 714 项安全数量，272 项风险数量，3 项重大风险数量（见表 5）。

表 5　HSE 领先指标数据统计表（起重吊装、焊接和切割）

领先指标	技术指标	数量					
		7 月	8 月	9 月	10 月	11 月	12 月
起重吊装	安全项	321	437	462	358	218	318
	风险项	26	21	17	13	28	16
	重大风险	0	1	0	0	0	0
	安全比/%	93	95	96	96	89	95
	线性斜率	N/A	0.02	0.01	0	-0.07	-0.06
焊接和切割	安全项	437	391	417	317	437	326
	风险项	37	26	23	28	24	13
	重大风险	0	0	1	1	0	0
	安全比/%	92	94	95	92	95	96
	线性斜率	N/A	0.02	0.01	-0.03	0.03	0.01

根据数据统计分析此两项领先指标除 11 月份起重吊装作业安全比进入“警告”区域，其他领先指标的“安全比”“安全比线性斜率”值均在合格范围内，安全趋势总体平稳。

同时，项目部对 11 月份起重吊装作业的二级领先指标进一步分析，排查导致该领先指标进入“警告”区域的主要原因，并制定了相应的专项治理措施，12 月状况明显好转。

此外，HSE 领先指标也可进行 HSE 总体情况预测预警，如综合各项 HSE 领先指标利用层次分析法、模糊评价法等常规方法进行综合评价，本文在此不再论述。

4 结论与推广

（1）本文提供了一套 HSE 领先指标预测预警技术和方法，构建了 AP1000 核电工程 HSE 领先指标库，在现阶段以综合风险预警或隐患统计分析方法以外，提出了以关键 HSE 指标预测预警的新思路，可以更合理精准定位现场 HSE 管理薄弱环节，便于制定更有效的改进措施。

（2）HSE 领先指标预测预警技术，立足核电工程项目现场，简捷、实用，是一项全员参与 HSE 管理的工具。大量有效数据的积累，有利于后续对 HSE 管理综合评价与分析打牢基础。

（3）HSE 领先指标预警技术已列为公司 HSE 十大管理工具之一，并被引入集团公司 HSE 管理工具库，在集团范围内各行业推广应用。

（4）此外，为提高 HSE 领先指标应用效果，已开发了 HSE 领先指标信息化系统，实现线上填报、实时统计功能。但是，HSE 领先指标是一项持续优化提升的工具，后续结合实践经验需对领先指标的设定和筛选进一步优化。

参考文献

［1］雍岐东，刘居东，高军，等．生产安全预警预报指标体系研究［J］．中国安全科学学报，2008，18（10）：57-62.
［2］张兴凯．安全生产危机预警初探［J］．中国安全生产科学技术，2005，1（1）：36-40.
［3］张文芬，罗周全，许士民．工贸行业安全生产预警指数数学模型构建［J］．环境工程，2014：137-140.
［4］侯茜．安全生产预警指数［J］．现代职业安全，2012，114：58-61.
［5］侯茜，吴宗之，吴新涛．企业生产安全管理预警指标探研［J］．工业安全与环保，2013，39（8）：93-9.